国家出版基金项目
NATIONAL PUBLICATION FOUNDATION

"十三五"
国家重点出版物
出版规划项目

Third Edition

MOLECULAR GENETICS OF BACTERIA

细菌分子遗传学

（第三版）

【美】　拉瑞·斯尼德
温蒂·查姆普尼斯 ◎著

杨　勇 ◎译
陶文沂 ◎审

中国轻工业出版社

图书在版编目(CIP)数据

细菌分子遗传学:第3版/(美)斯尼德,查姆普尼斯著;杨勇译.
—北京:中国轻工业出版社,2016.8
国家出版基金项目
"十三五"国家重点出版物出版规划项目
ISBN 978-7-5184-0553-4

Ⅰ.①细… Ⅱ.①斯… ②查… ③杨… Ⅲ.①细菌—分子遗传学
Ⅳ.①Q939.1

中国版本图书馆 CIP 数据核字(2015)第 183045 号

责任编辑:王 朗 责任终审:唐是雯 封面设计:锋尚设计
策划编辑:江 娟 责任校对:吴大鹏 责任监印:张 可

出版发行:中国轻工业出版社(北京东长安街6号,邮编:100740)
印 刷:三河市万龙印装有限公司
经 销:各地新华书店
版 次:2016年8月第1版第1次印刷
开 本:889×1194 1/16 印张:43.75
字 数:1168 千字
书 号:ISBN 978-7-5184-0553-4 定价:240.00 元
著作权合同登记 图字:01-2006-1098
邮购电话:010-65241695 传真:65128352
发行电话:010-85119835 85119793 传真:85113293
网 址:http://www.chlip.com.cn
Email:club@chlip.com.cn
如发现图书残缺请直接与我社邮购联系调换
051402K1X101ZYW

著 者 序

　　《细菌分子遗传学》这本教材自出版以来深受读者欢迎，鉴于第二版发行之后细菌分子遗传学领域有了很多新进展，所以编写该教材的第三版。 细菌分子遗传学的一些研究在细菌细胞学方面也取得了令人鼓舞的成绩，随着技术进步，能够对细菌细胞内的蛋白质运动进行可视的实时观察，给人们展现出就是这样一类相对简单的细胞，其结构的复杂性也是令人难以理解的。 曾经被认为是真核细胞特有的一些细胞学现象，如今在细菌中找到了它们的根源，这样的研究发现还在增加。自 20 世纪 80 年代后期，研究者就多次预言所有生物有通用的细胞生物学原理，现在看来这些预言是成立的。 因此将细菌作为高等真核细胞的模式系统很显然帮助我们把细胞生物学引入一个新纪元，而且在细菌中研究细胞学现象比在真核细胞中容易得多。

　　在细菌中的发现，如细菌中 DNA 修复和突变研究，被用于证明许多其他领域的研究。 用于错配修复系统、氧损伤修复系统、剪切修复系统和产生突变的聚合酶，在人类基因组中也已经被发现，这些基因的缺失更容易引起可遗传的某些癌症。 研究重组系统是如何促进细菌通过 DNA 损伤部位继续复制，对理解真核细胞相近的功能是很有用的，而且可以用于人类癌症和其他疾病的治疗。 最近在细菌中发现的核糖开关调节，在真核细胞中也发现了这种基因调节方式。

　　细菌分子遗传学很好地与结构生物学和相关的生物物理学实验相结合，拓展了人们对细胞中蛋白质及其结构的认识。 结合结构生物学，用分子遗传学方法在细菌中发现蛋白质分子伴侣的结构同源性，现在也在真核细胞的细胞质中发现，对肌动蛋白纤丝和微管形成起作用。 对 RNA 聚合酶如何识别启动子而引发转录的细节进行遗传学和生物物理方面研究，已经被结构上的研究结果证实。 这些结果也加深了我们对单个激活因子和阻遏物作用的认识，因为几乎转录起始的每一步都是某种类型激活因子和阻遏物的作用靶点。 由于细菌分子遗传学和结构生物学方法结合应用，我们已经逐渐知道通用、保守的 SecYEG 通道是如何转运蛋白质进入并穿过细胞膜。 两种方法的结合也加深了我们对转座酶和重组酶的作用机理的理解，以及这些酶如何分开和重新联合 DNA 链。

　　细菌基因组学、相应的微阵列分析转录谱和蛋白质组学，在细菌分子遗传学研究中已经被应用，并展现出许多令人惊奇的发现。 基因组学研究显示在革兰阴性菌细胞外膜转运蛋白的蛋白质分泌系统，与细菌的转化和接合相关。 基因组学研究还显示转录调节因子和重组酶家族数量是有限的，而且一个家族中所有成员，似乎都有一个全局作用机制。 另一个来自基因组学令人惊奇的发现是尽管细菌所致疾病类型多样，或一些细菌生态差异很大，但造成这种不同的仅仅是可互换的DNA 元件，其中包括原噬菌体和基因岛。 这些发现预示着能带来非常有用的实际应用，如根据细

菌性疾病设计治疗方案。 基因组学很大程度上扩展了我们对小的非编码调节 RNA 的认识，这些 RNA 分子的首次发现是利用分子遗传学技术完成的。

更新细菌分子遗传学知识，不仅是生物学研究的需要，还在于某些生物学研究领域最强有力的技术就建立在细菌系统上。 例如：噬菌体展示技术；通过亲和标签进行蛋白质纯化；Gateway 克隆技术检测许多不同亲和标签融合蛋白溶解性，进行蛋白质纯化；无缝克隆避免在翻译融合时加入外源 DNA 序列和通过定点突变对克隆基因进行重组等。 对这些技术的有效应用，要求我们很好地掌握这些技术的基本知识。

第三版基本上沿用了前两版的内容排列。 我们充实了有关革兰阳性菌的材料，尤其是枯草芽孢杆菌（*Bacillus subtilis*）， 在需要的地方也加入了链霉菌（*Streptomyces*）和葡萄球菌（*Staphylococcus*）的材料。 我们尽可能将更多的来自基因组学和结构生物学的研究成果整合到分子遗传学中。 如上一版一样，前两章介绍细菌 DNA 复制和基因表达，也包括分子遗传学中的一些概念和技术，这些在生物化学和分子生物学课上也会讲到，但是这些章节并不仅仅用于复习，还会讲到一些令人兴奋的新进展，包括：细菌染色体是如何复制、分离和分裂；RNA 聚合酶是如何识别启动子并启动转录；蛋白质转运系统是如何把蛋白质转至或穿过细胞膜。 这些章节中前面一些内容可以作为有生物化学和分子生物学知识背景的同学复习之用，但后面一些内容应作为新的知识来学习。 第 4 章仍然包括遗传分析的基础知识，但也重写了相当大的部分，使其更加贴近细菌遗传学分析，加入了如何得到和分析细菌遗传图谱数据的内容。 在前几版中这些知识分布在 DNA 交换（转化、接合和转导）等其他章节中，然而一些基本概念，如选择和非选择标记等对所有遗传作用都是通用的， 所以我们完全可以在接触基因交换的分子机制之前来掌握这些内容，实际上，我们在达到对基因交换原理目前的认识水平之前，就已经掌握了遗传分析方法。 本章最后总结了用于反向遗传学中的各种技术，如基因敲除等，作者对内容进行了改写和更新，这些内容还将在后面的章节中得到深化。

后面章节内容与前版章节安排顺序相同，但对每章内容做了重写或更新，增加了新的信息。 最后一章主要讲到细菌细胞分区问题，详细讲解了革兰阴性菌和革兰阳性菌的蛋白质分泌系统，还讨论了枯草芽孢杆菌发育期间芽孢的形成过程以及细胞的不同区域间信息交流。 全书着重阐明了分子遗传学原理的实验，涉及的细菌种类较多：革兰阴性菌、革兰阳性菌、模式细菌及在医药和生物技术领域较为重要的细菌。 如前几版，书中并没有一一列出对分子遗传学做出贡献的研究者的名字，只提及了其研究成果对学科具有里程碑意义的学者姓名， 如 Meselson、Stahl、Luria 和 Delbrück，他们的实验具有启发性；Jacob 和 Monod，他们提出了操纵子模型；Watson 和 Crick，他们提出了 DNA 双螺旋结构。 许多研究者的姓名可以在参考文献中找到。

在此，我们要感谢那些以各种方式帮助我们的朋友，有些受我们之邀阅读文稿，提出了宝贵的建议；有些将该书作为教材，指出如何使该书更好地被老师和学生使用；有些在阅读过程中，指出其中的错误或遗漏，使我们能及时更正；还有些提供了书中使用的图片。 他（她）们是：Cindy Arvidson, Dennis Arvidson, Nora Ausmees, Melanie Berkmen, Tom Bernhardt, Helmut Bertrand, Rob Britton, Bill Burkholder, Mark Buttner, Rich Calendar, Allan Campbell, Don Court, Keith Derbyshire, Alan Derman, Marie Elliot, Jeff Errington, Kim Findlay, Peter Geiduschek, Jim Golden, Sue Golden, Sue Gottesman, Gabriel Guarneros, Tina Henkin, Mike Kahn, Ken Kreuzer, Lee Kroos, Beth Lazazzera, Bebe Magee, Pete Magee, Ian Molineaux, Justin Nodwell, Greg Pettis, Patrick Piggot, Joe Pogliano, Kit Pogliano, Larry Reitzer, Bill Reznikoff, June Scott, Maggie Smith, Linc Sonenshein, Valley Stewart, Lynn

Thomason 和 Joanne Willey。 最后要声明，书中任何错误和疏漏都由我们承担。

与前两版一样，跟专业的 ASM 出版社合作非常愉快，在第一版时，我们都是初次写书，所以得到了时任 ASM 出版社主任 Patrick Fitzgerald 的专业指导。 在准备第二、三版时，我们得到了 ASM 出版社现任主任 Jeff Holtmeier 热情鼓舞和对我们的极大耐心。 幸运的是有一批非常专业的出版、编辑人员参与前两版的工作，他（她）们是：Susan Birch，ASM 出版社产品经理；Yvonne Strong，手稿编辑；Susan Brown Schmidler 和 Terese Winslow，负责成书、封面设计及封面注解。 我们还要特别感谢现任产品经理，Kenneth April，由他负责整个出书过程，而且他以极大的热情、奉献和耐心，促成了第三版出版。 我们还要感谢 ScEYEnce 制片室的 Patrick Lane，他对我们手画的图片做了艺术加工，使其变为书中的精美图片。

拉瑞·斯尼德

温蒂·查姆普尼斯

译 者 序

　　《细菌分子遗传学》（第三版）在保持前两版特色基础上，内容广泛、选材新颖、图文并茂，系统地介绍了基因及遗传单位、基因复制和表达、基因表达调控和细菌的分子遗传学分析等方面内容。该书具有的先进性、系统性和紧随时代性，势必能够将细菌分子遗传学的现代知识、发展趋势以及实际应用传授给读者，这也是本人翻译该版《细菌分子遗传学》的初衷。

　　拉瑞·斯尼德和温蒂·查姆普尼斯是美国密歇根州立大学微生物学和分子遗传学系的教授。他（她）们的这本《细菌分子遗传学》在美国是供高年级本科生和研究生学习细菌分子遗传学的权威教科书，是微生物学、遗传学、生物化学、生物工程、医学、分子生物学或生物技术相关人员不可多得的参考书，也是从事生物学所有领域科学家的重要读物。

　　本书翻译历时数载，终于付梓，得到博士生导师、家人的鼓励和研究生的协助；得到浙江省疾病预防控制中心领导和博士后工作站导师的支持，在此表示衷心感谢。由于水平有限，书中难免有不妥之处，希望读者给予批评指正。

杨　勇

浙江省疾病预防控制中心

1

绪论

2

细菌染色体：
DNA 结构、复制及分离

3

细菌的基因表达：
转录、翻译和蛋白质折叠

5
质粒

9
溶原性:
λ 噬菌体及其在细菌致病中的溶原性转变

10
转座、位点特异性重组和重组酶家族

11
同源重组的分子机理

12
DNA 修复和突变

15

细菌细胞的分区和出芽

绪 论

细菌是相对简单的生物体,一些细菌非常易于在实验室操作,因此,许多应用于分子生物学和重组 DNA 技术的方法,首先在细菌中被成功开发,细菌还常作为模式生物帮助我们理解更复杂生物体的细胞功能和发育过程。许多细胞中的基本分子机制,如转录和翻译等都来自于对细菌的研究,这是因为细胞的核心功能在生物进化过程中很大程度上保持不变。所有生物中的核糖体均具有相似的结构,许多翻译因子也高度保守,所有生物中的 DNA 复制装置都具有共同特征,如滑动夹和编辑功能,这些都是首次在细菌和噬菌体中被描述。帮助其他蛋白质折叠的分子伴侣及能改变 DNA 拓扑结构的拓扑异构酶,也都首先在细菌及其病毒、噬菌体中被发现。对细菌中 DNA 损伤和突变发生研究是我们认识真核生物中相似过程的一种途径。剪切修复系统、产生突变的聚合酶、错配修复系统在所有生物中有惊人的相似之处,甚至在一些类型的人类癌症中也发现存在以上现象。

最近细菌细胞生物学研究也表明,细菌的结构并不像我们原先认为的那样简单,而是与真核生物一样复杂。很早以前发现在真核细胞的细胞骨架上含有能有目的移动的不同组分,然而细菌细胞很小,仅被认为是一个"装有酶的袋子",依靠被动扩散方式使细胞周围成分移动。现代新技术的出现,使我们观察细菌细胞的运动现象成为现实,例如,可以观察到与细胞分裂和细胞分隔有关的蛋白质以螺旋状从细胞的一端摆动至细胞的另一端(第 2 章),似乎螺旋状的运动轨迹很神秘。细菌甚至具有许多细胞骨架蛋白,它们原先被认为仅在真核生物中才存在,例如,细胞分裂蛋白 FtsZ,与真核生物的

微管蛋白十分相似,构成细菌中的微管,形成类似真核细胞中的动态微管结构。另一种蛋白(Mre 蛋白)能帮助细菌维持细胞的形状和结构,可以形成类肌动蛋白的丝状体,甚至在细菌中还发现了真核细胞中才具有的纤丝中间体。我们似乎正跨入另一个生物时代,就像进入分子遗传学时代一样,许多在细菌中的研究发现导致一些适用于所有生物的新的细胞生物学原理产生。历史真是惊人的相似,在分子遗传学出现之前,细菌被认为不具有与其他生物相似的遗传学,然而后来许多聪明的研究者推翻了这一观点,相对简单的细菌也能为分子遗传学和分子生物学的发展做出贡献,在科学进步中起到巨大作用。当时细菌还被认为仅仅是一个"装有酶的袋子",而不具有内部结构,现在已经被证实其具有复杂的动态细胞结构,与高等生物细胞有许多相似之处。现在,以相对简单、有易变遗传系统的细菌为材料,对目前人们还不清楚的遗传学问题进行研究,或许能揭示出所有生物都遵循的基本细胞生物学原理。

然而,细菌不仅是我们认识高等生物的重要实验工具,它本身也很重要并非常有趣。例如,它们在地球的生态系统中扮演重要角色,它们是地球上唯一能固定大气中氮气的生物,也即能将 N_2 转变为氨,氨又能被用于制造细胞中的含氮组分,如蛋白质和核酸,所以没有细菌,自然界中的氮循环就会被打破。细菌在地球上碳循环中也具有核心位置,它能降解比较难降解的纤维素和木质素,所以细菌和一些真菌能有效地防止地球被植物残骸和其他含碳物质所掩埋。包括石油在内的有毒化合物,许多含氯的碳氢化合物和一些化学工业产品,它们都能被细菌所降解,因此细菌能用于水的净化及有毒垃圾的处理。另外细菌产生的温室气体——甲烷、CO_2 等,能被另外类型的细菌利用,这种循环有利于维持气候平衡。细菌对地球的地质也产生广泛影响,它与地壳中某些铁矿及其他沉积物的形成有关。

另一些不同寻常的细菌和古菌是能在极端恶劣的环境中生存,这些极端环境中除了细菌,几乎没有其他生命存在。细菌是唯一能在死海高盐浓度中生存的生物,某些细菌甚至能在接近沸点的温泉中生存,有些细菌能在无氧的环境,如富含营养的湖泊和沼泽中生存。

在不利的生存环境中生存的细菌,有时可以通过共生关系使其他一些生物也能在此环境中生存。例如,在接近海底热液口的共生细菌能使管形软体虫也能在此生存。此处的细菌利用热液口释放的 H_2S 的还原能力,使 CO_2 转变为其他含碳化合物,从而以高能碳化合物的形式为软体虫提供食物。共生体中的蓝细菌能使真菌以地衣的形式生活在北极冻原,地衣中的细菌部分通过光合作用固定大气中的氮气,合成含碳分子,而使地衣中的真菌部分能在不含营养的土壤上得以生存。根瘤菌(*Rhizobium*)及固氮根瘤菌(*Azorhizobium*)存在于豆类及某些其他类型植物的根瘤中,通过固氮作用使这些植物能在缺乏氮的土壤中生长。有些共生细菌可消化纤维素,而使牛及其他反刍动物能靠草类食物为生。化学发光细菌甚至能为乌贼和其他海洋生物产生光,以使这些个体能在黑暗的深海中发现彼此。

细菌能致病也是值得研究的一个方面。细菌能导致许多人类、植物及动物的疾病,而且,使新的疾病不断出现。从细菌分子遗传学中获得的知识将有助于我们治疗和控制已有的疾病。

我们也直接受益于一些细菌。与人共生的细菌对人体健康的作用才刚刚开始被认识。据估计人体内有 10^{14} 个细胞,但属人体自身的细胞仅为以上数目的 10%。当然,细菌细胞与人体细胞相比小得多,但也反映出多种多样的细菌菌群适应在人体内生活,包括许多还没有被人类发现的种类,它们扮演帮助我们消化食物、避免疾病等诸多角色。

人们利用细菌生产许多有用的化合物,如抗生素、苯和柠檬酸等。细菌和噬菌体也是分子生物学中许多有用的酶类的重要来源。

尽管我们对细菌的研究取得了重大进展,但我们对周围的细菌世界的认识才刚刚开始。细菌是地球上生理学差异最大的生物群体,有关细菌对地球上的生命的重要性及其潜在的应用价值的认识还仅仅处于推测阶段。我们已发现了几千种不同类型的细菌,通过研究,其细胞机制及应用价值源源不断地被发现。但在所有土壤及其他环境存在的细菌中,被分离鉴定的还不到 1%,未被发现的细菌或许会有更令人感兴趣的功能及应用价值。显然,我们在努力地认识、控制我们周围的生物世界,并从中获益的过程中,对细菌的研究是必需的,而细菌分子遗传学将是这种努力过程中必备的工具之一。在我们探讨细菌分子遗传学领域之前,有必要先简要讨论细菌与其他生物的进化关系。

1.1　生物界

1.1.1　真细菌

根据目前的观点,地球上所有的生物可分为三大类型,即真细菌、古菌(早先称为古细菌)及真核生物。图 1.1 所示微生物学家对生物界的看法,其中微生物占绝大多数种类,而真核生物仅占很小的生态位。这并不是一个牵强附会的观点,最近的基因序列数据显示,我们人类的 DNA 序列与大猩猩相比仅有约 1.5% 的差异,而与细菌相比,典型的细菌有 25% ~ 50% 自己特有序列。另外,在高等生物中,基因序列是相似的,比如,从人类基因组计划中得到的基因序列,可以用于预测狗的基因序列,甚至是更远一些亲缘关系的鸡基因序列。在一种细菌中得到的基因序列与其他细菌的基因序列间就没有类似的情况,除非这两个种非常相近。

大多数我们所熟悉的细菌,如大肠杆菌、肺炎链球菌及金黄色葡萄球菌,是真细菌,这些生物在外观上存在很大的差异。尽管大多数真细菌是单细胞的,呈棒状或球形,但有些真细菌却是多细胞的,并具有复杂的发育周期。蓝细菌(以前称为蓝绿藻)也是真细菌,它们有叶绿体,且可呈丝状,这便是以前将它们误认为是藻类的原因。产生抗生素的放线菌属,包括链霉菌,也是真细菌,它们可形成菌丝及成堆的孢子,故极像真菌。另一个真细菌组是柄杆菌,具有自由游动和固定的两种形态,通过它们的吸盘结构黏附在表面。所有真细菌中表观差异最大的,黏球菌(*Myxococcus*)算是一个,它可以以自由生活的单细胞存在,也可以聚合起来形成酷似丝状霉菌的子实体。真细菌的细胞通常比高等生物的细胞小得多,但近期发现的一种真细菌有 1mm 长,甚至比绝大多数真核细胞长。许多真细菌是通过简单分裂来增殖的,但是生活于大堡礁刺尾鱼上的刺尾鱼菌,非常大,能产生大量活的后代。因为真细菌具有许多不同的形态和大小,所以不能从外观上对其进行区分,而只能通过它们核糖体 RNA(rRNA)序列等生化特征及细胞器存在与否进行区分。

革兰阴性和革兰阳性真细菌

真细菌可进一步分为革兰阳性及革兰阴性真细菌两个组,这种分类是根据真细菌对革兰染色的反应不同而进行的。在革兰染色后,革兰阴性真细菌保留较少的染料,呈粉红色;而革兰阳性真细菌,保留较多的染料而变为深蓝色。染色的差异反映出革兰阴性真细菌具有内外两层膜构成的较薄细胞壁,而革兰阳性真细菌由较厚的单层膜构成细胞膜,其外面被细胞壁包裹。但是两类真细菌的差异还不仅仅是有没有外膜的差异。单个类型的革兰阴性菌通常与另外的革兰阴性菌更接近,而与革兰阳性菌不接近,表明在现代细菌种类起源很早以前,真细菌就分离成这两个组了。

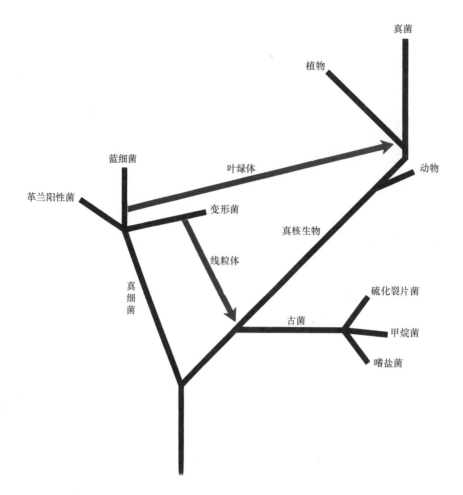

图 1.1   进化树中给出了真细菌、古菌和真核生物的进化分支点

1.1.2   古菌

古菌(以前称为古细菌),与真细菌类似,是单细胞生物,但它们之间的生化特征差异非常大。最具代表性的古菌是嗜极菌(或者称喜欢极端环境的生物),如它们的名字,它们能在其他生物不能生存的极端环境中生存,如在非常高温的硫磺泉中、高压的海底,以及在渗透压非常高的死海中等,某些古菌还具有不同寻常的生化功能,如合成甲烷等。

将古菌从真细菌中单独分离出来还是不久前的事,一般根据核糖体 RNA(rRNA)序列、RNA 聚合酶的结构及脂质成分的不同而将古菌与真细菌区分开。实际上,通过比较两者翻译因子及膜 ATP 酶序列,发现古菌与真核生物关系比其与真细菌关系更接近(图 1.1)。古菌自身形成了多种多样的类群,某些时候还可分属两个不同的界。

尽管古菌的研究已取得一些进展,但还远不及对真细菌研究所获得的认识。所以,本书的主要例子基本上都来自于对真细菌的研究,真细菌一般被称为细菌。

1.1.3   真核生物

真核生物属于地球生物第三界,包括植物、动物及真菌,将它们取名为真核生物,是因为它们具有

核膜,其细胞通常有一个核[贾第鞭毛虫属(*Giardia*)的细胞是一个例外]。"karyon"在希腊文中即为"坚果核"的意思,早期细胞学家认为细胞核就应该像坚果核。真核生物可以是单细胞的,如酵母菌、原虫及某些藻类;也可以是多细胞的,如植物、动物。尽管真核生物在外观、生活习性、复杂程度等方面有很大差异,但它们在生物化学水平上非常相似,尤其在大分子合成途径方面。

1.1.4 原核生物和真核生物

地球上的所有生物也可分成原核生物和真核生物两大类。这是基于细胞是否具有真正的核及其他细胞器来区分的。与真核生物不同,真细菌和古菌均无核膜,所以两者均归为原核生物,即在核出现以前就已存在的生物。原核生物被认为是最原始的生物,在有核的更高等的真核生物出现以前就已经存在。

核膜是否极大地影响细胞内蛋白质合成机制还不十分清楚。信使 RNA(mRNA)合成与翻译可在原核细胞内同时进行,因为无核膜将核糖体(合成蛋白质)与 DNA 相分隔。然而,在大多数真核生物细胞中,DNA 与核糖体被核膜物理性分隔开,在核内产生的 mRNA 需经核膜转运至细胞质后,才能翻译成蛋白质,转录与翻译不能同时进行。

原核生物细胞除缺少细胞核外,还缺少很多其他在真核生物细胞存在的细胞器,如线粒体、叶绿体,这一点是不足为奇的,因为这些细胞器来源于细菌。原核生物还缺少高尔基体及内质网等可见的细胞器。由于原核生物细胞中没有线粒体、叶绿体和绝大多数细胞器,故它们在显微镜下给人一种结构简单的表观印象。

线粒体和叶绿体

所有的真核生物细胞均有线粒体,此外,植物细胞和一些单细胞真核生物细胞含有叶绿体。真核细胞的线粒体是 ATP 产生的场所,而叶绿体是进行光合作用的场所。

有证据表明,真核生物的线粒体和叶绿体起源于自由生活的真细菌,然后与真核生物共生。事实上,这两种细胞器在许多方面与细菌相似。例如,它们含有编码氧化磷酸化和光合作用组分的 DNA,同时还可以编码 rRNA 和转运 RNA(tRNAs)。更令人惊奇的是线粒体及叶绿体 rRNA 蛋白质,以及这两种细胞器膜结构和与之共生的真细菌更为相近,这种相似性,可以毫无疑问推测出线粒体与叶绿体这些细胞器起源于真细菌。

毫无疑问线粒体和叶绿体起源于真细菌,而且还可以推测出它们起源于何种细菌家族。把高度保守的细胞器基因(如编码 rRNAs 的基因)的序列与真细菌进行比较后,推测线粒体起源于变形细菌,而叶绿体起源于蓝细菌(图1.1)。

早期线粒体与叶绿体可能共生在真核细胞中或者古菌中,真核细胞吞食线粒体和叶绿体或许是为了利用它们强大的产能系统或靠光合作用从光中获得能量的能力。真核细胞对共生的贡献是控制大分子 DNA 能力,被吞入真核细胞的细菌逐渐失去自身的基因,这些基因进入真核细胞染色体,然后再经染色体转移到其他细胞器上。真细菌后来完全失去自主能力,成为真核细胞永久的共生体。以上过程还在继续,现代有一种称为鞭毛藻的真核生物,在白天有光线时,它们吞入篮细菌用于光合作用,而到了晚上,蓝细菌没有用处就被它们排出而丢弃。

1.2 遗传学

遗传学可简单地定义为通过对 DNA 操作研究细胞及生物体功能的学科。DNA 编码构成细胞

及完整生物所需的所有信息,改变 DNA 产生的效应,可以为我们提供有关细胞及生物体正常功能的线索。

在体外操作 DNA 的方法出现以前,研究细胞及生物功能的唯一方法是经典遗传学。在这种类型研究中,需要分离到个体功能发生改变的突变体(例如,某个可观察到的特征或表型,或与正常个体存在差异的野生型)。经基因杂交,将与功能变化有关的 DNA 改变或突变在染色体上定位,再经等位性实验确定有多少不同的基因与该功能改变有关。基因的功能有时就可以根据突变对生物体产生的特殊效应来推导。生物系统中所涉及的突变如何改变生物系统的方式,为我们了解该生物系统正常功能提供了线索。

经典遗传学分析还为发育及细胞生物学研究做出了巨大贡献。经典遗传学分析方法的优势在于,在预先完全不了解某种分子功能基础的情况下,可分离出功能发生改变的突变体,并可对突变体的特征进行研究。经典遗传学分析常常是研究有多少基因产物与某个功能有关的唯一方法,通过抑制物分析还可发现与这些基因产物发生物理或功能相互作用的其他相关基因产物。

分子遗传学技术的产生极大地丰富了我们研究基因及其功能的方法。这些技术包括如下方法:DNA 分离、特定功能相关 DNA 区域的鉴定、在试管内使 DNA 突变并将突变 DNA 导入细胞、分析突变对生物体的效应等。

先克隆一个基因,然后在试管内使之突变,再将之导入细胞,最后分析基因改变所产生的效应,有时也称为"反向遗传学",基本上与经典遗传学分析方法相反。在经典遗传学中,人们通过观察突变体的生物学特性及功能变化,推测某个基因的存在;而在分子遗传学方法中,在完全不知道某个基因功能的情况下,克隆出这个基因,并在试管内使之突变,突变基因被导入生物体后,其功能才能被发现。

分子遗传学分析方法不是对经典遗传学分析方法的取代,这两种不同分析策略可用于研究不同类型的问题,这两种方法也常常相互补充。事实上,有时在对生物体功能进行深入研究时,往往需要这两种遗传学分析方法的结合使用。

1.3　细菌遗传学

在细菌遗传学中基因操作技术用于对细菌的研究。原理上来说,细菌遗传学分析与其他生物的遗传学分析没有差别,但实际上与其他生物的研究方法有很大差异。由于细菌在遗传学实验中的操作相对容易,故人们对细菌的认识远远超过对其他生物的认识。细菌作为遗传学研究材料的优越性列举如下。

1.3.1　细菌是单倍体生物

细菌用于遗传学研究的主要优点之一在于细菌是单倍体,也就是说细菌的每个基因只有 1 个拷贝或 1 个等位基因,这个特性使得鉴定特殊类型突变体变得更容易。

相反,绝大多数高等生物是二倍体,每个基因均有两个等位基因,分别位于一组同源染色体上。由于大多数突变是隐性的,即这些突变不引起正常基因的表型改变,因此,在二倍体生物中,大多数突变将不会产生表型改变,只有当在同源染色体上的两个等位基因均发生突变时才会带来表型的改变,因此通常需要回交,而且在回交后代中同源染色体上等位基因均发生突变时,才有可能获得可观察到表型改变的突变体后代。然而,对于细菌这样的单倍体生物,大多数突变都能产生直接可见的突变类型,而不需要回交。

1.3.2 传代时间短

细菌作为遗传学研究对象的另一优点是细菌的传代时间（代时）短。代时是指生物从产生到成熟并繁殖后代所需的时间。如果一种生物的代时较长，往往会限制实验的次数。在理想条件下，大肠杆菌在20min内便可增殖一代。由于增殖速度快，早上培养的细菌，在当天晚些时候便可对其后代进行实验了。

1.3.3 无性繁殖

细菌的另一优势是通过细胞分裂进行无性繁殖。有性繁殖则需同种个体间进行交配后产生子代，由于有性繁殖产生的子代不会完全与其亲代相同，故使遗传学实验变得复杂。在有性繁殖生物中为了获得纯系，往往需要将个体与其近亲个体反复杂交。对细菌而言，由于是通过细胞分裂进行无性繁殖，故所有的后代与其亲代之间在遗传学上完全相同。我们把遗传学上相同的生物体称为克隆，一些低等真核生物（如酵母菌）及植物（如水绵）也可通过无性繁殖形成克隆。一个受精卵母细胞也能分裂形成两个完全一样的双胞胎克隆。近来，通过将体细胞植入卵巢对一些动物进行克隆，由于几乎不受环境影响，该体细胞不再逆转为卵母细胞，而增殖形成该生物体的克隆。然而，细菌每次分裂后就能形成它们自身的克隆。

1.3.4 可在琼脂平板上形成菌落

遗传学实验常需从大量个体中筛选出具有一定性状的个体，因此研究个体能在一个小空间大量繁殖，将有助于开展遗传学实验。

利用细菌的这一特点，可以在一块含有琼脂的培养基平板上，对成千上万甚至数亿个细菌个体进行筛选。细菌在琼脂平板上接种后，便不停地分裂繁殖，直到形成肉眼可见的隆起或菌落，每个菌落都是由几百万个细菌组成的，因为来自同一株细菌，故所有的克隆都是来自初始细菌。

1.3.5 菌落易于纯化

细菌个体能在琼脂平板上繁殖形成菌落，能使细菌株及突变体得以纯化。如果含有不同突变体或菌株的细菌混合物被接种到琼脂平板上，这群细菌将会各自繁殖形成菌落，但由于菌落间可能离得太近，使其无法分离而仍含有不同的菌株。但如果将菌落挑起并稀释，再接种于琼脂平板上，便可出现单个细菌经繁殖形成的分散菌落。在最初接种的平板上，无论细菌初始浓度多高，只需一步或几步菌落纯化，便可分离得到一个纯的菌株。

1.3.6 可进行梯度稀释

在对培养的细菌进行计数或为了分离纯培养物时，常常需要先获得单细菌菌落。然而，由于细菌非常小，在较浓的培养物中，可能含有上亿个细菌，如果将这种培养物直接接种于平板上，细菌将会成团生长，很难形成单菌落。梯度稀释是很实用的方法，我们可以将菌液先稀释再涂布培养，这样就可以得到可以计数的单菌落。其原理是小量稀释连续重复，稀释倍数相乘，就可以获得总稀释度。例如，一个溶液可以对其进行3步稀释，先取1mL溶液加入99mL水，取此稀释液1mL加入99mL水，最后取第二次稀释液1mL加入99mL的水中，最终的稀释度是$10^{-2} \times 10^{-2} \times 10^{-2} = 10^{-6}$，即被稀释了

100 万倍,如果采用一步稀释法,1mL 原液需加入到 1000L 水中,才能被稀释 100 万倍。显然,进行 3 次 100mL 系列稀释要比处理 1000L 水的稀释方便得多。

1.3.7　筛选

细菌分子遗传学最大的优点是筛选便捷,通过筛选我们可以分离到非常稀有的突变体和其他类型菌株。为了分离出一个稀有菌株,将上亿个细菌接种于适合所需菌株生长的平板上,在此平板上只有所需菌株才能生长,而其余大量细菌则无法生长,这种仅适合于所需菌生长的培养条件被称为选择性条件。例如,一个营养成分是大多数细菌生长所需的,而所需菌的生长不需此成分时,缺乏这种营养成分的琼脂平板就为所需菌株提供了选择性条件,因为只有所需的被选择菌株才能在缺乏这种营养成分的条件下繁殖并形成菌落。再例如,在某温度下所需菌能够生长而其他大多数细菌会被杀死,因此可以在这种温度下进行培养,就为所需菌株提供了一个选择性条件。在选择性培养条件下,可以挑取单菌落,将污染菌排除掉,使所需菌株获得纯化。

对细菌进行选择性培养的结果是令人吃惊的。在设计出一个理想的选择性培养条件后,可在琼脂平板上的数亿个细菌中选择出一个所需的细菌,如果将这些筛选方法应用于人类,我们将会从地球上所有人群中找出想要的一个人。

1.3.8　细菌菌株具有可贮存性

大多数生物种类必须连续不断地繁殖,否则将会老化并消亡。生物的繁殖需不断地转种及供给食物,这是非常费时。然而,许多种类的细菌可被贮存于休眠状态,而不需进行不断增殖。贮存的条件依细菌类型不同而异。一些细菌可形成芽孢,以休眠的芽孢形式进行贮存,另一些细菌可冻存于甘油中或冻干后贮存。将生物在休眠状态下贮存有利于遗传学实验的进行,因为遗传学实验需要积累大量的突变体和其他菌株。贮存的菌株可以一直保持在休眠状态,在需要时再进行复苏。

1.3.9　基因交换

遗传学研究常常需要生物个体间进行某些类型的 DNA 或基因交换。地球大多数类型的生物都存在一些不同形式的基因交换,这或许加速了生物进化并增强了物种的适应性。

在细菌中,其 DNA 交换可以选用以下 3 种方式中的任意一种进行。转化,DNA 从一个细菌中释放进入另一个同种类细菌中;接合,质粒将 DNA 从一个细胞转移至另一个细胞,质粒是一种能自我复制的小的 DNA 分子;转导,噬菌体将它感染的细菌的基因注射到另一个细菌内。细菌菌株之间能够进行基因转移,从而使遗传杂交、互补实验等对遗传学分析很重要的实验可以在细菌细胞上得以实现。

1.4　噬菌体遗传学

遗传学中有些最重大的发现来源于对感染细菌的病毒研究,这些病毒被称为细菌噬菌体,简称噬菌体。噬菌体并无生命,像其他病毒一样,仅仅是被起保护作用的蛋白质或膜包裹的 DNA 分子。由于噬菌体没有生命,所以不能在细菌外繁殖。然而,当噬菌体与对噬菌体敏感的细菌相遇时,噬菌体或其 DNA、RNA 进入细菌内,指导被感染的细菌产生更多噬菌体。

噬菌体通常会在对其敏感的细菌表面形成孔或空斑而被观察到。实际上,噬菌体希腊语意思为"吃",名称也来源于此,噬菌斑给人感觉就如同细菌被吃掉一样。如果将噬菌体与数量众多的易感细菌混合在一起,并涂布于琼脂平板上,就会出现一个噬菌斑,当细菌增殖时,有些又被噬菌体所感染,最后噬菌体大量繁殖,导致细菌破裂,释放出更多的噬菌体。当周围细菌被感染后,噬菌斑就会扩大,随着细菌的增殖,最后会形成一层透明的菌苔。在第一个噬菌体出现的地方,细菌受到感染并形成噬菌斑,使琼脂上的细菌菌落出现透明的圆点。尽管表面上看起来只是一个空斑,但这空斑上含有上百万个噬菌体。

噬菌体跟细菌一样在遗传学研究中具有许多优势。在一块平板上能生长成千上万个噬菌体。同样,像细菌菌落,每个噬菌斑含有几百万个遗传学性质相同的噬菌体。利用类似于菌落纯化的技术,通过噬菌斑纯化可分离出所需的噬菌体突变体或噬菌体株。

1.4.1　噬菌体是单倍体

从某种意义上来说,噬菌体是单倍体,因为每个噬菌体仅含有一组基因拷贝,因为所有的突变体都会直接产生突变的表型,而不需要回交实验,像细菌一样,单倍体性质使噬菌体突变体的分离相对容易。

1.4.2　噬菌体筛选

筛选稀有的噬菌体株是可能的,如同细菌的筛选一样,我们可以筛选出稀有的噬菌体株,提供一个只适合所筛选噬菌体繁殖的条件,就会形成我们想要的噬菌斑。对于噬菌体的筛选条件,一般和宿主菌的筛选温度和条件相同,这样噬菌体才会增殖,否则将不会形成噬菌斑。

如果能设计出合适的选择条件,几百万个噬菌体与宿主菌混合后,只有需要的噬菌体株才能增殖形成噬菌斑。从噬菌斑中挑取噬菌体,并在相同的选择条件下进行噬菌斑纯化,可获得纯的噬菌体株。

1.4.3　噬菌体杂交

在噬菌体株之间进行杂交也非常容易,两种不同的噬菌体株或突变体感染同一细菌细胞后,不同的噬菌体 DNA 分子便存在于同一细菌细胞中,从而使这两种 DNA 分子在基因上发生相互作用,所以我们可利用噬菌体进行基因作图、基因等位性实验等。

1.5　细菌分子遗传学发展简史

由于对细菌及其噬菌体的操作较为容易,所以它们长期以来就被选作用于帮助人们认识基本细胞学规律的生物体,而且它们为该研究领域已做出巨大贡献。从随后的有关细菌分子遗传学发展历史进程表中,我们可以看到细菌及噬菌体在现代分子遗传学发展广度上的贡献,而且在现代细菌分子生物学中的中心地位。有关细菌分子遗传学发展方面的原始文献列于本章后的推荐读物中。

1.5.1　细菌中的遗传

在 20 世纪早期,生物学家承认高等生物的遗传遵循达尔文法则,根据 Charles Darwin 的观点,生

物体遗传性状的改变是随机发生的,可以传递给它们的后代,通常是有利的遗传特性改变更容易传给后代。

在遗传的分子基础被揭示后,达尔文的进化论就有了坚实的理论基础。生物特性由它们的 DNA 序列决定,在生物的繁殖过程中,DNA 序列有时可随机地发生改变,而与环境无关。然而,如果 DNA 的随机改变使得生物在所处环境中生存更为有利,则生物存活及繁殖的机会就会提高。

在 20 世纪 40 年代后期,许多细菌学家认为细菌的遗传不同于其他生物的遗传,他们认为细菌的突变不是随机的,而是为了适应环境,进行"定向的"改变,然后以某种方式传递给它们的后代。通过观察细菌在选择条件下生长,人们更加确信细菌是为了适应环境而突变的。例如,在一种抗生素存在的条件下,培养的所有细菌都会对这种抗生素产生抗性,似乎抗药性突变株是由于抗生素的出现而造成的。

在 1943 年,Salvador Luria 和 Max Delbrück 首次提出具有说服力的证据证明细菌的遗传同样遵循达尔文原理。他们通过细菌对其病毒的抗性实验证实细菌即使在病毒不存在的情况下,在生长过程中也会随机出现抗病毒的特殊表型。若根据"定向突变"或"适应性突变"的假说,只有在病毒存在的条件下,才会产生抗病毒的突变体。

有证据表明细菌和高等生物的遗传都遵循同样的遗传规律,所以可以通过对细菌的研究,认识所有生物共有的基础遗传规律。

1.5.2　转化

正如刚开始所讨论的,大多数生物都具有某种基因交换的机制。1928 年,Fred Griffith 首先证实了细菌中也存在基因交换。当时,他对肺炎球菌(现称为肺炎链球菌)的两个变种进行研究,其中一个变种在平板上形成光滑菌落,能使小鼠致病;另一个变种在平板上形成粗糙菌落,不能使小鼠死亡。活的、能形成光滑菌落的细菌才能使小鼠致病,因为只有当该菌在小鼠体内大量繁殖后才能使小鼠致病。然而,当 Griffith 把死的光滑型变种与活的粗糙型变种两者的混合物注射到小鼠体内时,小鼠发病并死亡,甚至,他从死亡小鼠体内分离得到活的光滑型变种。显然,死的光滑型变种将一些活的粗糙型变种转化成致病的光滑型变种。后来发现由死的光滑型变种释放出的"转化因子"是 DNA,因为从死的光滑型变种中提取的 DNA 加入到活的粗糙型变种中,可将一些粗糙型变种转化为光滑型。以上这种基因交换方式称为转化,Griffith 的转化实验首次提供了基因是由 DNA 组成的直接证据。后来,在 1952 年,Alfred Hershey 和 Martha Chase 发现仅噬菌体 DNA 可以指导合成更多的噬菌体。

1.5.3　接合

1946 年,Joshua Lederberg 和 Edward Tatum 在细菌中发现了另一种基因交换方式。当把大肠杆菌的不同菌株混合在一起培养时,发现有不同于任何一个亲本表型的重组体出现。在转化过程中,只需将一种细菌的 DNA 加入到另一种细菌中就可以完成,而新发现的这种基因交换在两种细菌直接接触后才能发生,后来发现是质粒在其中起中介作用,把这种基因交换方式称为接合。

1.5.4　转导

1953 年,Norton Zinder 和 Joshua Lederberg 发现了细菌间第 3 种基因转移机制,他们发现鼠伤寒沙

门菌病毒能够将携带的 DNA 从一个细菌转移至另一个细菌中,这种方式的基因交换称为转导,转导是一种很普遍的基因交换方式。

1.5.5 基因内重组

在揭示以上发现的同时,细菌及噬菌体的研究使我们认识到基因是核苷酸在 DNA 中的线性排列。在 20 世纪 50 年代初期,果蝇等高等生物中的重组现象就已经被充分证实,然而,当时认为重组仅是发生在不同基因之间的突变现象,而在相同基因上的突变不会发生重组,这使得人们认为基因就像一根绳上的各个珠子,只能在珠子(基因)间重组,而不能在基因内部发生。1955 年,Seymour Benzer 利用噬菌体遗传学研究手段发现 T4 噬菌体的 r II 基因内部可发生重组,从而推翻了以前的假设。他通过对大量的 r II 基因突变体进行基因作图,证实基因是 DNA 分子上可变位点的线性排列。再后来对其他噬菌体和细菌的基因研究发现 DNA 分子中核苷酸序列直接决定了基因的蛋白质产物中氨基酸的序列。

1.5.6 DNA 半保留复制

1953 年,James Watson 和 Francis Crick 首次提出了 DNA 的结构,该模型的一个假设就是 DNA 的半保留复制,专一的碱基配对发生在新旧链之间,因此充分地解释了生物遗传。1958 年,Matthew Meselson 和 Frank Stahl 借助细菌确认了 DNA 复制是以半保留复制机制进行的。

1.5.7 mRNA

mRNA 的存在也是首先用细菌和噬菌体实验证实的。1961 年,Sydney Brenner、François Jacob 和 Matthew Meselson 采用感染了噬菌体的细菌进行实验,发现蛋白质的合成场所是核糖体,同时确认存在"信使"RNA 能将 DNA 中的信息传递到核糖体中。

1.5.8 遗传密码

同样在 1961 年,Francis Crick 和他的同事们借助细菌和噬菌体发现遗传密码是连续的、三联体密码并且具有冗余的特点。他们也发现并不是所有的密码子都编码氨基酸,有些是无意义的,以上研究为 Marshall Nirenberg 及其同事完成遗传密码的解密工作奠定了基础,后来发现一个特定的三核苷酸组合就能编码 20 种氨基酸中的一种,并通过检测 T4 噬菌体溶菌酶基因突变导致溶菌酶氨基酸改变确认了遗传密码。

1.5.9 操纵子模型

也是在 1961 年,François Jacob 和 Jacques Monod 提出了大肠杆菌中乳糖利用基因调控的操纵子模型。他们推测有一种阻遏物与 lac 基因结合阻碍了 RNA 的合成,当有诱导物乳糖存在时,相应的 RNA 才能合成。该模型也能用于解释其他系统中基因调控,lac 基因及其调控系统至今仍用于分子遗传学实验中,甚至用于与细菌相差较远的动物细胞及其病毒的研究中。

1.5.10 分子生物学中的工具酶

早在 20 世纪 60 年代初期,开始发现了许多参与细菌及噬菌体 DNA、RNA 代谢的有趣和有用

的酶。1960 年, Arthur Kornberg 利用来源于大肠杆菌的一种酶, 在试管中合成了 DNA。次年, 许多研究团队独立利用来源于细菌的 RNA 聚合酶在试管中合成了 RNA。至此以后, 其他分子生物学中非常有用的酶, 如多聚核苷酸激酶、DNA 连接酶、拓扑异构酶及磷酸酶等相继从细菌及其噬菌体中分离出来。

从早期观察研究开始, 分子遗传学及其实验技术得到了突飞猛进的发展。例如, 在 20 世纪 60 年代早期, 开发了在硝酸纤维素膜上进行 RNA/DNA、DNA/DNA 杂交实验技术, 利用该技术发现了 RNA 只在 DNA 一条链的特定区域转录产生, 导致随后启动子及其他调控序列的发现。在 60 年代末期, 发现了能在特异位点切割 DNA 的限制性内切酶。在 70 年代初期, 限制性内切酶被用于将外源性基因导入大肠杆菌的实验中。70 年代末, 人类基因首次在大肠杆菌中得到表达, 而且借助从细菌及噬菌体中分离的酶建立了 DNA 测序方法。

1988 年, 从一种嗜热菌中分离得到对热稳定的 DNA 聚合酶, 从而诞生了聚合酶链式反应(PCR)技术, 这是一种极为灵敏的技术, 用于扩增基因及 DNA 其他区域, 该技术使基因克隆和研究极为快捷。

从以上例子可以看出, 细菌及其噬菌体在分子遗传学和重组 DNA 技术发展中居于核心地位。与物理学(20 世纪早期)和化学(20 世纪 20~30 年代)的漫长发展历程相比, 在整个科学发展史中, 分子遗传学是在近代取得的最大理论突破。

1.6　内容简介

本书重点讲解如何利用分子遗传学方法解决生物学问题, 根据以往的经验, 实验方法及实验原理往往与实验结果同样重要, 因此, 本书尽最大可能, 凡有实验结论的地方, 会对实验本身也做介绍。第 2 章和第 3 章的内容是大分子合成的知识, 这些知识对我们理解细菌分子遗传学很有必要, 然而, 这两章中也包括了最新的细菌细胞学的研究成果。在第 2 章中, 除了巩固 DNA 复制和分子生物学技术外, 还补充了染色体分离、分隔及与细胞分裂的协同作用, 以及细菌细胞骨架的发现等。第 3 章除了回顾蛋白质合成外, 还补充了当前有关蛋白质折叠和转运的最新研究成果。第 4 章内容是基本的遗传学原理, 但着重讲述细菌遗传学原理, 这些知识恐怕在普通遗传学书籍中接触得不多, 至少在深度上没有本书中的深, 本章也包括更多的最新遗传学应用内容, 如基因敲除、反向遗传学及饱和遗传学。从第 5 章到第 15 章, 讲述更专业的知识和相关技术, 尤其是重点讲述看似不相干而实际又有关联的主题。最后两章涉及细菌通过全局调控和细胞的分区, 来进行细胞间的信息交流、蛋白质分泌到细胞外以及进入到真核细胞中, 这些过程在枯草芽孢杆菌中都能完成, 而且该菌已成为研究细菌发育和芽孢形成的模式菌。我们期望本书能把现代细菌分子遗传学放入到历史发展的眼光中来, 使读者的细菌分子遗传学知识得以更新, 而且认识到这门令人兴奋、发展迅猛的学科的未来。

推荐读物

Ausmess, N., J. R. Kuhn, and C. Jacobs – Wagner. 2003. The bacterial cytoskeleton: an intermediate filament – like function in cell shape. Cell 115:705 –713.

Avery, O. T., C. M. MacLeod, and M. McCarty. 1994. Studies on the chemical nature of the

substance inducing transformation of pneumococcal types. I. Induction of transformation by a desoxyribonucleic acid fraction isolated from pneumococcus type III. J. Exp. Med. 79:137.

Brenner, S., F. Jacob, and M. Meselson. 1961. An unstable intermediate carrying information from genes to ribosomes for protein synthesis. Nature(London) 190:576.

Cairns, J., G. S. Stent, and J. D. Watson. 1996. Phage and the Origins of Molecular Biology. Cold Spring Harbor Laboratory Press, Cold Spring Harbor, N. Y.

Cohen, S. N., A. C. Y. Chang, H. W. Boyer, and R. B. Helling. 1973, Construction of biologically functional bacterial plasmids in vitro. Proc. Natl. Acad. Sci. USA 70:3240 −3244.

Crick, F. H. C., L. Barnett, S. Brenner, and R. J. Watts − Tobin. 1961. General nature of the genetic code for proteins. Nature(London)192:1227 −1232.

Danniel, R. A., and J. Errington. 2003. Control of cell morphogenesis in bacteria: two distinct ways to make a rod shaped cell. Cell 113:767 −776.

Hershey, A. D., and M. Chase. 1952. Independent functions of viral protein and nucleic acids in growth of bacteriophage. J. Gen. Physiol. 36:393.

Iwabe, N., K. Kuma, M. Hasegawa, S. Osawa, and T. Miyata. 1989. Evolutionary relationship of archaebacteria, eubacteria and eukaryotes inferred form phylogenetic trees of duplicated genes. Proc. Natl. Acad. Sci. USA 86:9355 −9359.

Jacob, F., and J. Nonod. 1961. Genetic regulatory mechanisms in the synthesis of proteins. J. Mol. Biol. 3:3183.

Lederberg, J., and E. L. Tatum. 1946. Gene recombination in *E. coli*. Nature(London) 158:558.

Linn, S., and W. Arber. 1968. Host specificity of DNA produced by *Escherichia coli*. X. In vitro restriction of phage fd replicative form. Proc. Natl. Acad. Sci. USA 59:1300 −1306.

Luria, S., and M. Delbriick. 1943. Mutations of bacteria from virus sensitivity to virus resistance. Genetics 28:491 −511.

Meselson, M., and F. W. Stahl. 1958. The replication of DNA in *Escherichia coli*. Proc. Natl. Acad. Sci. USA 44:671.

Nirenberg, M. W., and J. H. Matter. 1961. The dependence of cell −free protein synthesis in *E. coli* upon naturally occurring or synthetic polynucleotides. Proc. Natl. Acad. Sci. USA 47:1588 −1602.

Olsen, G. J., C. R. Woese, and R. Overbeek. 1974. The Path to the Double Helix. Macmillan Press, London, United Kingdom.

Olsen, G. J., C. R. Woese, and R. Overbeek. 1994. The winds of(evolutionary) change: breathing new life into microbiology. J. Bacteriol. 176:1 −6.

Schrodinger, E. 1944. What is Life? The Physical Aspect of the Living Cell. Cambridge University Press, Cambridge, United Kingdom.

Thaneder, S., and W. Margolin. 2004. FtsZ exhibits rapid movement and oscillation waves in helix −like patterns in *Escherichia coli*. Curr. Biol. 14:1167 −1173.

Van den Ent, F., L. . Amos, and J. Lowe. 2001. Prokaryotic origin of the actin cytoskeleton. Nature (London) 413:39 −44.

Watson, J. D. 1968. The Double Helix. Atheneum, New York, N. Y.

Zinder, N. D., and J. Lederberg. 1952. Genetic exchange in *Salmonella*. J. Bacteriol. 64:679 −699.

细菌染色体：
DNA 结构、复制及分离

2.1　DNA 结构

　　分子遗传学最开始是研究 DNA 结构的一门学科,20 世纪
40 年代末至 20 世纪 50 年代初,对细菌和噬菌体(即能侵染细
菌的病毒)的研究表明,与高等生物染色体中含有的 DNA 类
似,它们也含有 DNA,以上现象暗示此类大分子是遗传物质
(第 1 章)。在 20 世纪 30 年代,Erwin Chargaff 研究 DNA 碱基
的生化组成,他发现无论 DNA 碱基总量是多少,鸟嘌呤总等
于胞嘧啶的量,而腺嘌呤总等于胸腺嘧啶的量。在 20 世纪 50
年代早期,Rosalind Franklin 和 Maurice Wilkins 做了 DNA X 射
线衍射研究,发现 DNA 是双螺旋结构。最后,在 1953 年,
Francis Crick 和 James Watson 综合 DNA 化学组成和 X 射线衍
射信息,推理出著名的 DNA 结构模型,他们两人发现 DNA 结
构是科学史上最富戏剧性的故事之一,在许多历史记录中均
被收录,本章末尾也列出了部分事件。

　　图 2.1 给出 Watson - Crick 提出的 DNA 结构,其中两条
链互相缠绕形成双螺旋,这些链非常长,甚至仅在一个细菌中
可以达到 1mm,比细菌自身长度长 1000 倍。在人体细胞中,
DNA 链形成单个染色体(它是一个 DNA 分子),有数百微
米长。

2.1.1　脱氧核糖核酸

　　如果我们把 DNA 看作是链状,脱氧核糖核苷酸就是形成
链的一个个环,图 2.2 给出了脱氧核糖核苷酸碱基结构,可以

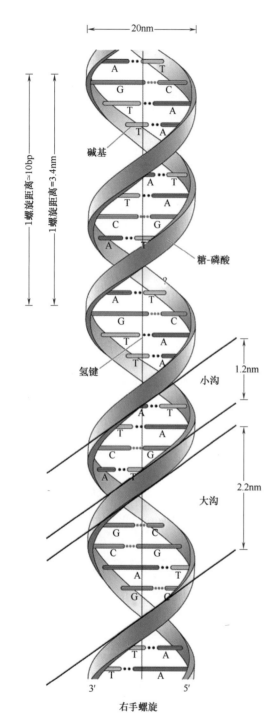

图2.1   Watson－Crick DNA 结构示意图
糖－磷酸骨架双螺旋链以碱基间氢键结合起来,图中也标出了大沟、小沟和螺旋的尺寸。

简称为脱氧核糖核酸。每个分子由碱基、糖和一个磷酸基团组成。如图2.2所示,DNA 碱基有腺嘌呤(A)、胞嘧啶(C)、鸟嘌呤(G)和胸腺嘧啶(T),它们有1个或2个环,有2个环的碱基(A 和 G)是嘌呤,仅有1个环的碱基(T 和 C)是嘧啶,第三个嘧啶是尿嘧啶(U),它在 RNA 分子中代替胸腺嘧啶。由碳和氮组成的碱基环原子按顺序标记,所有4个 DNA 碱基均连接在含5个碳的脱氧核糖上,该糖除了2号位碳原子上少了1个氧外,其他与 RNA 分子中的核糖一样,故称其为脱氧核糖。核糖中的碳原子同样也以1、2、3编号,为了与碱基中碳原子编号区分开,在数字上加撇(图2.2)。脱氧核酸中脱氧核糖碳原子上还可以在5′碳原子上连接1个或多个磷酸基团,一般不需要特别指出,因为这是磷酸基团通常连接位置。

脱氧核苷是脱氧核酸的组成成分,它是指碱基与糖链接而缺少磷酸基团,不带磷酸基团的4个脱氧核苷分别为:脱氧腺苷、脱氧胞苷、脱氧鸟苷、脱氧胸苷,如图2.2所示,脱氧核酸有1、2或3个磷酸基团连接在糖上,分别称为单磷酸、二磷酸和三磷酸脱氧核苷,缩写为 dGMP、dAMP、dCMP、dTMP,d 代表脱氧,G、A、C 和 T 代表碱基,MP 代表单磷酸。与之类似,二磷酸、三磷酸分别缩写为:dGDP、dADP、dCDP、dTDP、dGTP、dATP、dCTP、dTTP,总的说四种脱氧核苷三磷酸,则为 dNTP。

2.1.2   DNA 链

磷酸二酯键把脱氧核糖核酸连接在 DNA 链上,如图2.3所示,磷酸基团连接在脱氧核糖核酸中脱氧核糖5′碳原子上,和另一个脱氧核糖核酸中糖的3′碳原子上,形成一个5′到3′、5′到3′的连接顺序。

2.1.3   5′端和3′端

很显然,DNA 链末端的核酸只连接一个核酸,该核酸连接在下一个核酸5′碳原子上,这一端称为5′端或磷酸末端(图2.3B)。在 DNA 链的另一端,则最后一个核酸的3′碳原子上缺少一个磷酸基团,因为仅有一个羟基(图2.3B),所以称为3′端或羟基末端。

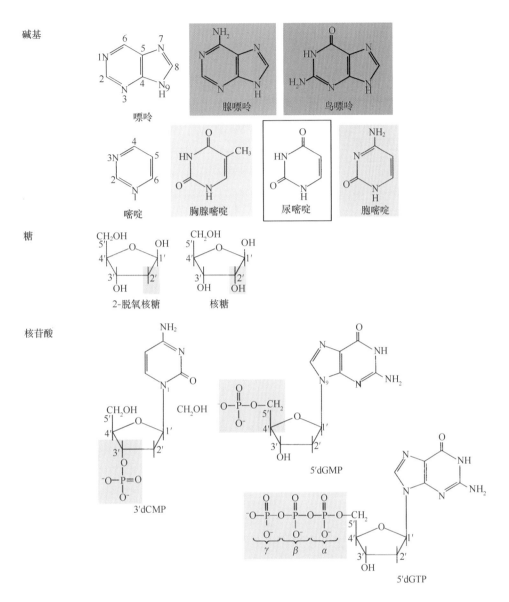

图2.2　脱氧核糖核酸的化学结构

图中表示了碱基、糖结构及其如何组成脱氧核糖核苷酸。

2.1.4　碱基配对

DNA 中的糖和磷酸组成了骨架以支撑伸出 DNA 链的碱基,这一结构使得碱基之间形成氢键,把两条分离的核酸链连接起来(图2.3B),DNA 中4 种碱基的比率提示其具有此功能。

首先,Erwin Chargaff 发现,任何来源的 DNA,其中鸟嘌呤(G)和胞嘧啶(C)含量总是相等,腺嘌呤(A)和胸腺嘧啶(T)的含量总是相等,以上比例关系称为 Chargaff 规则,为 Watson 和 Crick 提出 DNA 结构提供了重要线索。他们推测 DNA 两条链靠相对的两条链间碱基形成的特殊氢键结合在一起,如图2.4所示。由于 A 总是和 T 配对,G 总是和 C 配对,将 DNA 链结合起来,所以 A 和 T 的量相等,而 G 和 C 的量相等。每一对 A－T 和 G－C 就称为互补碱基对,如果一条链上是 T 而与之相对的是 A,当出现 G,与之相对的是 C 时,我们称这两条 DNA 链互补。

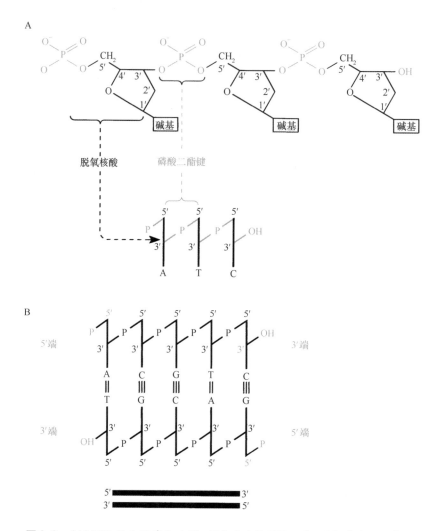

图2.3 （A）DNA 链上的磷酸以 3′-5′方向连接到糖环上,形成磷酸二酯键
（B）DNA 两条链中的磷酸–糖骨架反平行排列,被碱基连接

Watson 和 Crick 注意到,互补碱基配对原则能很好地解释遗传现象。A 仅和 T 配对,G 仅和 C 配对,因此 DNA 每条链能复制自身形成互补的拷贝,所以两个复制出的 DNA 恰巧是自己的拷贝。后代中含有这样的 DNA,就具有与其父母 DNA 相同的核酸序列,因此刚好是父母 DNA 的复制。

2.1.5　反平行结构

完整的 DNA 分子是由两条长链互相缠绕形成的双螺旋(图2.1)。可以把双链分子想象成一个环形的楼梯,其中交替出现的磷酸和脱氧核糖形成了梯子扶手,与之相连的碱基形成了台阶,然而两条链的走向是相反的,一条链上的磷酸是以 5′-3′、5′-3′的方式与糖相连,而另一条链中的磷酸则是以 3′-5′、3′-5′的方式与糖连接,这种结构称为反平行结构。除了磷酸二酯键是以相反方向排列外,反平行结构还导致 DNA 双链分子中一条链的末端是 5′端时,另一条链相同端是 3′端(图2.3B)。

2.1.6　大沟和小沟

因为 DNA 两条链彼此互相缠绕形成双螺旋,两条链之间会形成两条沟(图2.1),其中一条沟比另一条沟宽,称为大沟,另一条较窄的沟称为小沟。本章和后面要讨论的 DNA 修饰绝大部分发生在双

螺旋的大沟部位。

2.2　DNA 复制机制

地球上的生物在分子水平上可能具有相似的 DNA 复制机制。复制的基本过程是聚合或连接,以另一条链上的碱基序列为指导,将组成 DNA 的核酸连接成长链,因为在合成 DNA 之前,必须先合成核苷酸,所以核苷酸是合成 DNA 的前体物质。

2.2.1　脱氧核糖核酸前体合成

DNA 前体的合成也即 4 种脱氧核糖核苷三磷酸(dATP、dGTP、dCTP 和 dTTP)的合成。三磷酸脱氧核糖核苷是由相应的核糖核苷二磷酸合成,合成途径如图 2.5 所示。第一步,核糖核酸还原酶通过把糖 2′位上的羟基中的氧去掉变为氢,而把核糖还原为脱氧核糖,然后一种激酶将一个磷酸基团加到脱氧核糖核苷二磷酸上,形成脱氧核糖核苷三磷酸前体。

dTTP 与其他 3 种脱氧核糖核苷三磷酸的合成途径不同。第一步相同,核糖核酸还原酶从 UDP 合成 dUDP 核酸(脱氧尿苷二磷酸),随后的步骤就不同了,加上一个磷酸 dUDP 变为 dUTP,通过磷酸酶作用,将 dUTP 中的磷酸去除,转变为 dUMP,在胸腺嘧啶合成酶作用下,利用四氢叶酸的甲基,转变为 dTMP,在激酶作用下加两个磷酸基团后,变为 dTTP 前体。

2.2.2　脱氧核糖核酸聚合反应

复杂的 DNA 复制过程涉及很多酶和其他细胞组分,最终很长的 DNA 双链能合成自己的互补链。我们将讨论 DNA 复制过程中必须要克服的障碍及克服这些障碍所需的不同功能。

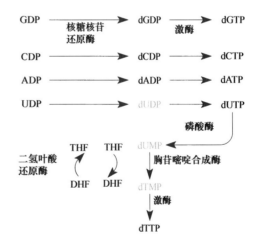

图 2.4　DNA 中出现的两个互补碱基对

A‑T 碱基对中有两个氢键,C‑G 碱基对中有三个氢键。

GDP	核糖核苷还原酶	dGDP	激酶	dGTP
CDP		dCDP		dCTP
ADP		dADP		dATP
UDP		dUDP		dUTP

二氢叶酸还原酶　THF　THF
DHF　DHF
磷酸酶
dUMP
胸苷嘧啶合成酶
dTMP
激酶
dTTP

图 2.5　由核糖核苷合成脱氧核糖核苷的途径

THF——四氢叶酸　　DHF——二氢叶酸

2.2.2.1　DNA 聚合酶

DNA 聚合酶的特性是能够将脱氧核糖核苷酸连接起来形成长的脱氧核糖核酸链,通过分析 DNA 聚合酶可以更好地理解 DNA 复制。DNA 聚合酶将一个脱氧核糖核苷酸连接到另一个脱氧核糖核苷酸上形成 DNA 长链的过程称为 DNA 聚合过程,因此将其命名为 DNA 聚合酶。

在 DNA 聚合酶作用下,DNA 聚合反应的基本过程如图 2.6 所示。DNA 聚合酶将一个脱氧核苷三磷酸的第一个磷酸(α 磷酸)连接到下一个脱氧核苷三磷酸糖上的 3′碳原子上。这个过程中将释放

出第一个脱氧核苷三磷酸其余的两个磷酸基团(β、γ 磷酸基团)为反应产生能量。另一个脱氧核糖核苷三磷酸上的 α 磷酸基团与此脱氧核糖核苷酸上的 3′ 碳原子相连,此过程一直持续到一条长链合成为止。

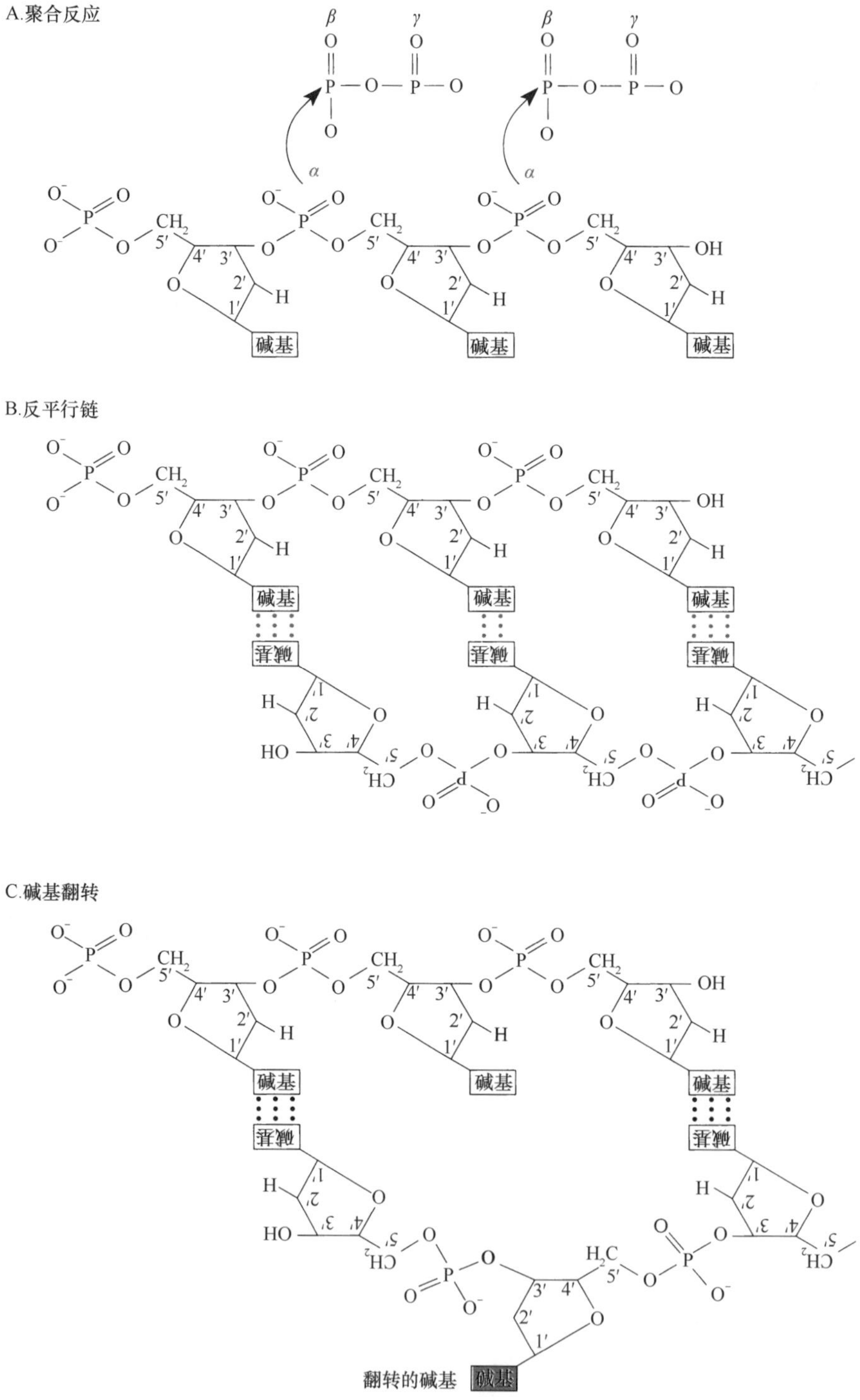

图 2.6　DNA 的特征

(A)DNA 合成期间脱氧核苷酸聚合　(B)单个碱基可以从双螺旋中翻转出去,对重组和修复比较重要
(C)DNA 双链是反平行的

DNA 聚合酶也需要一个模板链来指导新链合成。在碱基配对原则下,当模板链上是 T 时,互补碱基配对时将一个 A 插到要合成的链上,如此根据碱基配对一直持续下去。DNA 聚合酶在模板链上仅以 $5'-3'$ 的方向移动,将脱氧核糖核苷酸以 $5'-3'$ 方向连接到新链上。当复制结束时,产物是一对反向平行的双链 DNA,其中一条是旧模板链,而另一条是新合成的链。

大肠杆菌中有两种 DNA 聚合酶参与正常的 DNA 复制,它们是 DNA 聚合酶Ⅲ和 DNA 聚合酶Ⅰ(表 2.1)。DNA 聚合酶Ⅲ是一个大的复合体,在辅助蛋白协助下,以复合体形式催化聚合,在复制叉附近形成新的 DNA 链。DNA 聚合酶Ⅰ是负责清除后随链中 RNA 引物并填补冈崎片段之间缺口的酶类之一,它还扮演 DNA 修复角色,这一功能将在第 12 章中讲到。

表2.1　大肠杆菌中与 DNA 复制相关的蛋白质

蛋白质	基因	功能
DnaA	dnaA	起始蛋白,引物体(引物复合体)形成
DnaB	dnaB	DNA 解旋酶
DnaC	dnaC	运送 DnaB 至复制复合体
SSB	ssb	与单链 DNA 结合
引物酶	dnaG	RNA 引物合成
DNA 连接酶	lig	封闭 DNA 切口
DNA 促旋酶		超螺旋
α	gyrA	切口闭合
β	gyrB	ATP 酶
DNA 聚合酶Ⅰ	polA	引物切除,填补间隙
DNA 聚合酶Ⅲ(全酶,含有 11 个多肽)		
α	dnaE	聚合
ε	dnaQ	$3'-5'$ 编辑
RNA 酶 H	rnhA	移除 RNA 引物
θ	holE	在核心酶中出现($\alpha\varepsilon\theta$)
β	dnaN	滑动夹
τ^a	dnaX	组织复合体工作,连接前导链和后随链中 DNA 聚合酶Ⅲ(DNA pol Ⅲ)
γ^b	dnaX	结合夹的装载体和 SSB 蛋白
δ	holA	夹装载
δ'	holB	夹装载
χ	holC	结合 SSB
ψ	holD	结合 SSB

注:a 为 dnaX 基因的全长产物。b 为阅读框移位后,从 dnaX 基因翻译出小片段产物。

2.2.2.2　核酸酶

通过切断磷酸二酯键降解 DNA 链的酶与催化 DNA 聚合在核苷酸间形成磷酸二酯键的酶具有同样重要性。切断磷酸二酯键的酶是核酸酶,可以将其分为两类:一种类型启动 DNA 链内部键的断裂,称为内切核酸酶(endonucleases),取义于希腊文"内"(endo)的意思;另一类只能从 DNA 链末端切断磷酸二酯键,称为外切核酸酶(exonucleases),取义希腊文的"外"(outside)。外切核酸酶又可以分为

两种类型:一类外切酶只能从 DNA 链的 3′末端降解 DNA 链,作用方向是 3′－5′方向,称为 3′外切酶,与该活力相对应的例子是与 DNA 聚合酶 I 和 DNA 聚合酶 III 相关的编辑功能,这些将在下面讨论;另一类外切酶称为 5′外切酶,仅从 5′端降解 DNA 链,一个例子是 DNA 聚合酶 I 在 DNA 复制中,发挥 5′外切酶活力切除 RNA 引物。经核酸酶作用后,脱氧核糖核苷酸将留下 3′或 5′磷酸,这取决于核酸酶究竟是切磷酸二酯键的哪一端。

2.2.2.3　DNA 连接酶

DNA 连接酶在 DNA 链两端形成磷酸二酯键,DNA 聚合酶自己无法完成。在 DNA 复制过程中,这些酶将把一条 DNA 链末端的 5′磷酸与另一条 DNA 链末端的 3′羟基连接起来形成更长的连续 DNA 链。

2.2.2.4　引物酶

引物酶的催化反应功能也是 DNA 聚合酶无法完成的,它合成 RNA 引物,以便启动新 DNA 链合成。DNA 聚合酶不能启动一条新链合成,它们仅能将脱氧核糖核酸连接到预先存在的 3′OH 基团上,DNA 聚合酶将脱氧核糖核酸连接到提供 3′OH 的部分,称为引物(图 2.7)。

DNA 复制中 DNA 聚合酶需要一条引物,这点是它的一个明显的弱点。当 DNA 新链合成时,上游(如 5′一侧)没有 DNA 作为引物,细胞通常采用 RNA 作为引物以解决启动新链合成的难题。RNA 聚合酶不需要引物来启动新链合成,启动 DNA 新链合成的 RNA 引物,由 RNA 聚合酶合成(能合成所有的 RNA,包括 mRNA、tRNA 和 rRNA)或者通过特殊的引物酶合成。在 DNA 复制期间,由特殊酶识别和清除 RNA 引物。

2.2.2.5　辅助蛋白

当 DNA 复制时,DNA 复制复合体沿着模板链移动,组成 DNA 复制复合体的除 DNA 聚合酶外,还有十种不同的

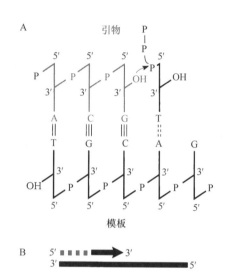

图 2.7　引物和模板在 DNA 复制中的作用 (A)DNA 引物酶在模板链指导下选择每一个碱基,脱氧核糖核苷酸被加到引物的 3′端　(B)简单表示 5′－3′合成,引物以点线标出

蛋白质,它们被称为 DNA 聚合酶辅助蛋白,构成 DNA 聚合酶 III 的核心酶,赋予其聚合活力。其中一些辅助蛋白形成滑动夹,帮助保持 DNA 聚合酶不从模板链上脱落下来,在细菌中,这种滑动夹称为 β 滑动夹,由 dnaN 基因编码的两种多肽产物组成,形成绕 DNA 的环状结构,通过该环状结构,β 滑动夹保持自身不容易脱落,也不容易让 DNA 聚合酶滑落,保证了复制能连续进行合成较长 DNA 链。然而,DNA 聚合酶还要复制后随链,需要周期性地脱落,向前跳,合成另一个冈崎片段。因此,其他蛋白构成了滑动夹装载体,帮助 β 滑动夹周期性地从 DNA 上脱落下来,再重新装载到 DNA 上。滑动夹装载体结构复杂,由三个 γ 蛋白(或两个 τ 蛋白和一个 γ 蛋白)和 σ、σ′ 和 ψ 中的任一种,组成一个五面环状结构。其他与 DNA 聚合酶一起移动的是外切核酸酶,行使编辑功能,修正 DNA 聚合酶产生的错误。表 2.1 中列出了许多 DNA 复制相关蛋白,包括编码这些蛋白的基因及其功能。

2.2.3　半保留复制

上面描述的 DNA 复制过程称为半保留复制,因为每次 DNA 分子复制时,两条旧链会成为两个新

DNA 分子的组成部分,每一个新 DNA 分子中含有一条保留链和一条新合成链,也即部分保留(或称半保留)。DNA 分子在下次复制时,每条链又作为模板,在新的双链 DNA 分子中被保留下来。

Meselson – Stahl 实验

根据 DNA 结构可以提出半保留复制机制,然而也可能有其他 DNA 复制机制。在 Watson 和 Crick 公布了他们有关 DNA 结构后不久,Matthew Meselson 和 Frank Stahl 就做了一个实验以证明 DNA 复制确实是按照半保留复制原理进行。

半保留复制假说的一个预测是复制后每个 DNA 分子中有一条新合成链和一条来自原先 DNA 分子中的旧链。如果能证明新合成的 DNA 分子中确实有一条新链和一条旧链,那么以上的假说就是成立的。图 2.8 给出了他们实验的细节,首先,选择 DNA 中含有的 3 种原子——氮、碳、氢的重同位素,作为新链标记,重同位素合成的 DNA 分子密度要大于正常原子合成的 DNA。

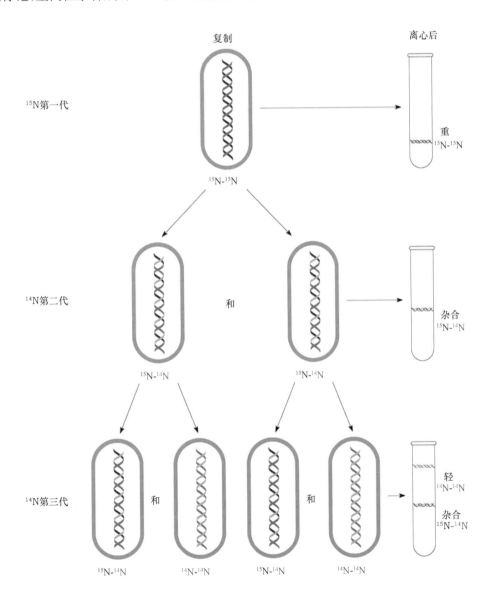

图 2.8 Meselson – Stahl 实验,轻链互补链的合成形成轻重 DNA 杂合链

轻 – 轻链、重 – 轻链和重 – 重链可以通过密度梯度离心分离。

他们先用含有重同位素的培养基培养大肠杆菌至细胞分裂,以便重同位素被吸收进入新合成链。然后,他们从细胞中提取 DNA,用密度梯度平衡离心法分析它的密度,如图 2.8 所示,DNA 密度反应在梯度离心的位置上,含有重同位素原子的 DNA 更重,离心后所处的条带位置比正常的更靠下一些。如果按照半保留复制机制复制,在重同位素中培养一个复制周期后,一条链应该由重同位素的前体物质组成,在新合成的分子中应该有一条重链和一条轻链,相应的,它的密度应该介于不含重同位素轻链和全部由重同位素组成的重链的密度之间。短时间复制之后,Meselson 和 Stahl 确实观察到存在由一条轻链和一条重链组成的中间密度 DNA,因此,他们的实验结果支持了 DNA 半保留复制机制。

2.2.4　双链 DNA 的复制

像细菌 DNA 的绝大多数长链 DNA 分子的复制是从一个点开始的,然后从这点向两个方向移动,在这个过程中,DNA 的两条旧链被分开,作为模板链合成新链。两条链分开,新合成开始的部位,被称为复制叉结构。仅靠 DNA 聚合酶是无法分开细菌染色体的两条链,复制它们,并将其与 DNA 子链分开,还需要许多其他蛋白质参与复制过程,本节讨论这些内容。

2.2.4.1　解旋酶和螺旋——去稳定蛋白

在双链 DNA 复制过程中,DNA 聚合酶不能完成在复制叉处 DNA 链的分离,而 DNA 链必须分成两条链才能作模板,否则处于双螺旋内部的 DNA 碱基无法与进入的脱氧核糖核酸配对。分离 DNA 链的蛋白质称为 DNA 解旋酶,一些蛋白围绕 DNA 链周围形成一个环,把 DNA 吸入到环中,而另一些蛋白像"铲雪器",随着链的移动而将链分开。分开 DNA 链时需要耗费能量,解旋酶在此过程中能切断许多 ATP,释放 ADP。大肠杆菌中有大约 20 种解旋酶,每种解旋酶作用方向只有一个,要么是 $3'-5'$ 方向,要么是 $5'-3'$ 方向。六聚体 DnaB 解旋酶较大,由 *dnaB* 基因编码的六个多肽组成的蛋白,像一个大的面团形。它将一条链吸入它的孔里,沿 $5'-3'$ 方向将复制叉前面的 DNA 链打开(图 2.9),因为它在复制叉处绕着 DNA 形成大环,所以还需要另外一种蛋白 DnaC 帮助形成复制叉。其他一些与重组和修复有关的解旋酶将在后面章节介绍。

一旦 DNA 双链被分离,还必须防止它们重新结合在一起(或者恰好有短的互补序列,退火时自身发生结合)。保持链的分离状态的蛋白质称为螺旋-去稳定蛋白或单链结合蛋白(SSB,这些蛋白易和单链 DNA 结合而阻止其再次形成部分双链螺旋 DNA)。

2.2.4.2　冈崎片段和复制叉

因为双链 DNA 两条链是反向平行的,所以在复制时就遇到一个问题,如前面所述,一条链中磷酸是以 $3'-5'$ 方向与糖连接,而另一条链则以 $5'-3'$ 方向连接,而 DNA 聚合酶在模板上是以 $3'-5'$ 方向移动,以 $5'-3'$ 方向合成新 DNA 链,那么在双链 DNA 上复制叉仅沿一个方向移动,如何同时复制出互补的两条链呢?因为双链 DNA 反平行结构,DNA 聚合酶势必将在两条链中之一沿错误方向移动。

上述问题可以通过双链采取不同复制方式得以解决(图 2.9),在一条模板链上,DNA 聚合酶 III 由 RNA 引物启动合成过程,沿 $3'-5'$ 在该模板链上移动,合成的新链称为前导链(图 2.9)。在复制另一条链时,DNA 聚合酶必须等到 DNA 链被 DnaB 解旋酶分开后,才能加载到 DNA 上,所以称其为后随链合成过程(图 2.9)。合成方向与复制叉移动方向相反,由 DNA 聚合酶形成的短片段称为冈崎片段,合成每一个冈崎片段时,均需要一个新的 RNA 引物,长 10~12 个核苷酸。在大肠杆菌中,这些引物由 DnaG 引物酶合成,每合成 2kb 左右片段就会合成新的引物,其识别序列是 $3'-GTC-5'$,首先合成与 T 相对的碱基开始复制。于是这些引物被 DNA 聚合酶 III 利用引导 DNA 合成,直到在 DNA 链前方遇

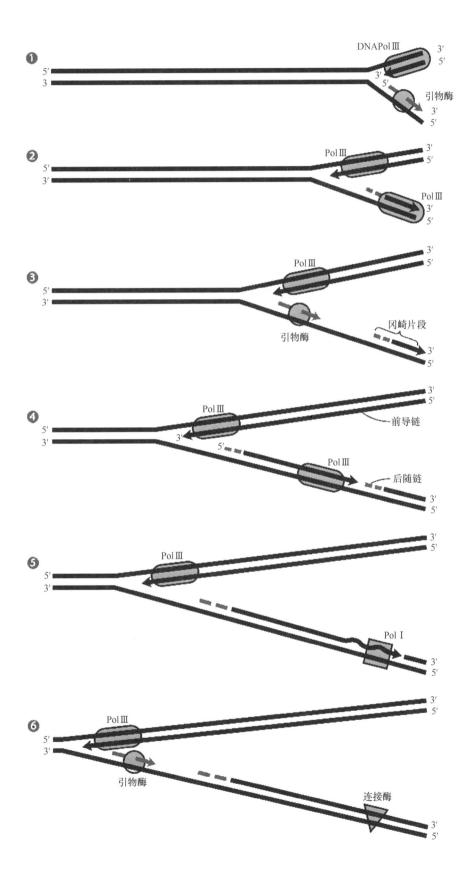

图 2.9　染色体复制时，DNA 一条链的不连续合成

（1）DNA Pol Ⅲ复制一条链引物酶在相对的另一条链上合成 RNA。（2）Pol Ⅲ 延伸 RNA 引物,合成一段冈崎片段。（3）引物酶合成另一个 RNA 引物。（4）Pol Ⅲ延伸此引物直到遇见以前的引物。（5）Pol Ⅰ清除掉第一个 RNA 引物,用 DNA 取代。（6）DNA 连接酶封闭切口形成连续的 DNA 链,这个过程持续进行。前导链的合成是连续的;后随链的合成是不连续的。

到新合成的另一个引物片段为止(图2.10)。然而在这些小片段连接起来形成一条连续DNA长链时，短的RNA引物必须被除去。绝大部分短小RNA引物是由RNase H酶剪切掉，它专门作用于DNA：RNA双螺旋，移除RNA链(表2.1)。之后DNA聚合酶Ⅰ利用它5′–3′外切酶和DNA聚合酶活力，发挥其功能(图2.11)，把每个RNA引物残余部分清除掉，然后以上游的冈崎片段为引物，合成新DNA，当复制叉向前移动时，DNA连接酶将冈崎片段连接起来，如图2.9所示。细胞用RNA而不是DNA作引物合成冈崎片段，这样可以降低出错率。

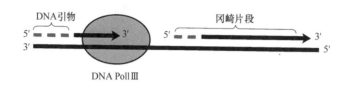

图2.10   RNA引物合成短的冈崎片段

实际发生在复制叉处的反应比上述给出的要复杂得多，上述情形中忽略了DNA在复制中的拓扑结构限制，分子的拓扑结构是指分子在空间的位置。因为环状DNA分子非常长，它的链彼此互相缠绕，将两条链扯开，将导致DNA其他区域出现超螺旋，除非DNA两条链能绕着彼此自由旋转，否则超螺旋化将导致染色体看起来像缠绕起来的电话线。拓扑异构酶能够释放张力，从而去除复制叉前的超螺旋，有关DNA超螺旋和拓扑异构酶内容将在本章后面讨论。

2.2.4.3 染色体复制的长号模型

如书中所绘制的DNA两条链独立复制有些过于简单，两条链并非独立复制，而是由两个DNA聚合酶Ⅲ的核心酶负责复制，由它们的 τ 亚基负责将两条前导链和后随链联合在一起。两个DNA聚合酶必须向相反方向移动，还依然连结在一起，为了达到上述要求，当冈崎片段合成时，其后随链模板必须形成一个环状。当滑动夹释放后随链聚合酶时，环状松弛下来，允许DNA聚合酶向前跳动至下一个RNA引物，开始合成下一个冈崎片段(图2.12)。根据现有模型，旧β滑动夹被留在后面，而由滑动夹装载体在新的RNA引物位置装载一个新的滑动夹，当DNA聚合酶遇到一个缺口时，被告知需合成的片段已经合成完毕，随后聚合酶就被释放掉。因为环状在复制叉处的形成和收缩过程，像长号演奏的"呕–啪–呕–啪"节拍，所以称该复制模型为"长号模型"。已经证实该模型不仅适用于细菌DNA复制，还适用于T4噬菌体，尽管在包括枯草芽孢杆菌在内的一些细菌和真核细胞中，具有不同的DNA聚合酶用于复制前导链和后随链，但是以上的复制模式可能适用于所有细菌，甚至更高等的生物。

2.2.4.4 复制蛋白的编码基因

绝大多数复制蛋白的编码基因已经通过在DNA复制中分离缺失突变子而得以发现，但不包括RNA和蛋白质合成中的复制蛋白。由于一个突变细胞如果不能复制它的DNA将会死亡，所以任何使编码DNA复制所需产物的基因失活的突变(有关"突变子""突变"的定义见后面"复制错误"和第4章)将杀死细胞，因此，出于实验目的，DNA复制基因突变，仅温度敏感型突变子类型才能被分离和用于研究，这些突变子在一个温度下其基因产物失活，而在另一个温度下有活性，仅当某一温度下蛋白质有活性时，突变细胞才能增殖，所以蛋白质失活效果可以通过转换另一个温度来测定。温度敏感型突变子的分子基础在第4章有更详细的介绍。

发生在DNA复制基因上的突变子，其在温度发生转变后出现效应的快慢，取决于基因产物是在复制叉处复制中持续需要的，还是仅在复制起始过程中涉及。例如，如果突变基因出现在DNA聚合

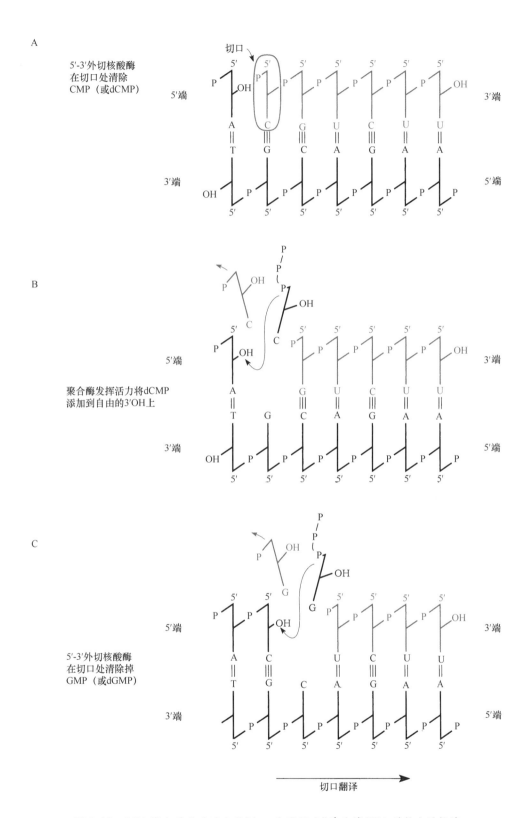

图 2.11　DNA 聚合酶 I 通过它的"切口翻译活力"清除掉 RNA 引物上的核苷

（A）DNA 聚合酶 III 全酶在遇到原先合成的 RNA 引物之前,引入上一个脱氧核糖核苷酸,于是 DNA 链上出现一处切口　（B）DNA 聚合酶 I 发挥 5′-3′ 外切酶活力,清除掉切口处的 CMP,它的 DNA 聚合酶活力将 dCMP 转移至自由的 3′ 羟基上　（C）以上过程是连续的,在切口处以 5′-3′ 方向移动

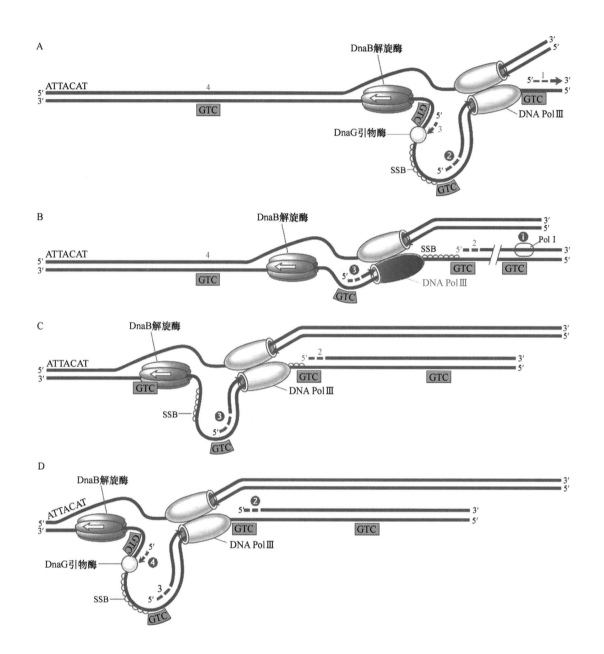

图2.12 "长号模型"可以解释为什么前导链和后随链能同时
在DNA螺旋的复制叉处复制SSB单链结合蛋白

(A)Pol Ⅲ全酶碰到引物1时从引物2合成后随链 (B)后随链Pol Ⅲ在引物1处释放,然后跳跃至DNA上的引物3,合成另一段
冈崎片段。前导链和后随链的Pol Ⅲ,除了合成滑夹结构,其他时间都结合在一起 (C)Pol Ⅲ继续从引物3合成随链 (D)Pol
Ⅲ合成另一段冈崎片段,碰到引物2,Pol Ⅲ全酶再一次跳跃至引物4。图中引物和冈崎片段的长度没有按比例给出

酶Ⅲ或DnaG引物酶上,则复制会立刻停止。然而,如果温度敏感型突变,出现在其产物仅在DNA复
制起始时,如DnaA或DnaC,则菌群的复制速率将会缓慢下降。除非使细胞同时处于一个细胞周期,
否则每一个细胞都会处于不同的复制阶段,一些细胞结束了一轮复制,另一些细胞才刚刚开始新的复
制。把处于染色体复制的细胞转换至新的温度下,它们仅会完成复制而不开始新的复制,所以复制速
率会降低,直到所有细胞完成复制。

2.3　复制错误

为了维持种的稳定性,DNA 复制时必须尽可能不产生错误。否则 DNA 序列中就会出现突变,这些变化也会被传递给后代。突变是否严重改变基因的蛋白质产物及细胞功能,取决于突变发生的部位。为了避免出现 DNA 复制中突变带来的不稳定因素,细胞有一套降低出错率的机制。

当 DNA 复制时,错误碱基有时会插入到新生成的 DNA 链中,如图 2.13 所示,与 G 错误配对的 T,像这种碱基间发生配对错误,称为错配,碱基以互变异构体形式出现时,能发生错配,其配对与正常碱基的配对不同(第 4 章)。图 2.13 中,第一次复制之后,错配的 T 通常以正常的形式与 A 正确配对,导致 DNA 两条子链的一条中 GC 转变为 AT,因此在突变的 DNA 分子随后的所有复制中,这对碱基都发生改变。

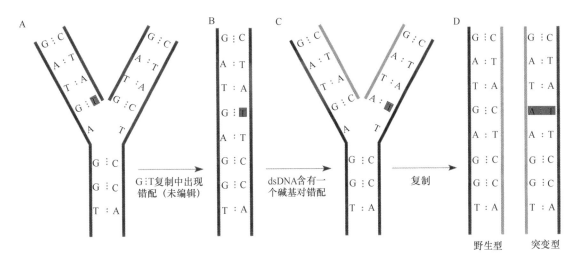

图 2.13　碱基错配将导致 DNA 序列变化,称为突变,如果在复制中 G 的对面错配成 T(A),将导致后代中 AT 碱基对替代 GC 碱基对(B 到 D)

2.3.1　编辑

细胞在复制中减少错误的一种方式是通过编辑功能实现,该功能有时由独立蛋白完成,有时由 DNA 聚合酶本身的一部分完成。编辑蛋白之所以这样命名,是因为它们总是在新合成的 DNA 链上寻找错误,识别,并将插入不正确的碱基移除(图 2.14)。如果在生成的 DNA 链末端插入一个核酸,将产生错配,这时编辑功能发挥作用,停止复制,直至错配的核酸被移除。然后复制继续进行,插入新的正确核酸。因为 DNA 链是按照 5′–3′方向增长,最后一个核酸是加在 3′端的,所以移除这些核酸的酶称为 3′端外切核酸酶。因为错配导致双螺旋 DNA 分子结构发生微小变化(如 T 和 G 错配的例子),所以编辑蛋白很可能识别出错配。

在一些 DNA 聚合酶中,例如,DNA 聚合酶 I,其 3′外切核酸酶的编辑活力是其 DNA 聚合酶本身活力的一部分。然而,也有些 DNA 聚合酶仅负责细菌染色体复制,编辑功能是由独立基因编码的辅助蛋白完成,复制中辅助蛋白沿着 DNA 链紧随 DNA 聚合酶其后。在大肠杆菌中,3′外切核酸酶编辑功能由 dnaQ 基因(表 2.1)编码。dnaQ 突变子,也称为 mutD 突变子(例如,细胞在此基因上发生突变,导致 3′外切核酸酶功能失活),比野生型细胞,也即具有正常 dnaQ 基因产物功能,表现出更高的自

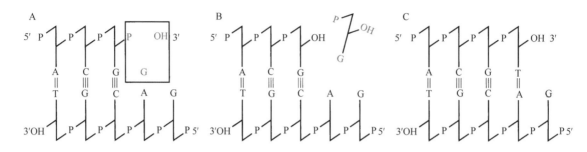

图 2.14　DNA 聚合酶的编辑功能

（A）在 DNA 复制中,G 与 A 错配。(B 和 C)在复制继续进行之前,DNA 聚合酶停下来,将 G 清除掉,用 T 取代

发突变率。因为具有高的自发突变率,所以在大肠杆菌中,*mutD* 突变子经常被用于向质粒和噬菌体中引入随机突变。

RNA 引物和编辑

在 DNA 复制过程中,引物为何是 RNA 而不是 DNA,可以用来解释编辑功能在降低错误发生上的重要性。DNA 链复制启动之初,由于螺旋太短,不容易通过编辑蛋白来识别结构的扭曲,所以复制错误不容易被校正,然而,以 RNA 而不是 DNA 为引物,则在增长的链上插入的是核苷酸而不是脱氧核苷酸,RNA 引物被移除后,可以用已经存在的上游 DNA 作为引物重新合成 DNA。在这种情况下,编辑功能被激活,避免了复制错误。

2.3.2　甲基化错配修复

尽管编辑功能高度敏感,但有时还是免不了错误碱基插入到 DNA 中,然而细胞还有预防永久错误或突变发生的机会:错误碱基可以被另一个修复系统识别,称为错配修复系统,该系统能识别和移除 DNA 链上的错配,并在 DNA 上发生错配的位置附近留下一个缺口,然后由 DNA 聚合酶插入一个正确的核苷酸。

这种错配修复系统在从 DNA 上移除错配时非常高效,然而,仅凭该系统本身无法降低自发突变率,除非修复的应该是修复的那条链。图 2.13 中的例子,一个 T 被错误地与 G 配对,如果错配修复系统能够在新合成链中将 T 校正为 C,则在这个位置上 GC 配对得以回复,DNA 顺序就没有发生变化,也即未发生突变。然而,如果将旧 DNA 链中的错配 G 改为 A,则错配也将被移除,以正确的 AT 碱基配对取代,但是在原先发生错配的地方,出现了 GC 转至 AT 的改变,DNA 序列中出现了一个突变。为了防止突变发生,错配修复系统必须有某种方法区分新合成链与旧链,以便修复应该修复的链。

为了修复错配,不同的生物体似乎有不用的识别新旧链的机制。在大肠杆菌中,DNA 链的甲基化状态,能让错配修复系统区分复制中的新旧链。在大肠杆菌和其他肠道细菌中,在对称序列 GATC/CTAG 中较大碱基 A 的双环上 6′碳原子被甲基化。腺嘌呤 A 是具有双环的较大碱基。这些甲基基团是由脱氧腺嘌呤甲基化酶(Dam 甲基化酶)加载至碱基上的,而且仅当一个个核苷酸分子进入 DNA 链之后发生。由于 DNA 是以半保留机制复制,所以含有 GATC/CTAG 的序列在复制后,新合成链上的"A"暂时还未甲基化。如果仅一条链上的甲基发生甲基化,这个部位的 DNA 被称为半甲基化。图 2.15 中给出了一条半甲基化 GATC/CTAG 序列告知错配修复系统哪条链是新链需要修复,上述这种修复系统称为甲基化错配修复系统。采用 Dam 半甲基化指导错配修复系统修复新合成链,似乎仅局

限于绝大多数肠道细菌,因为大多数其他细菌和真核细胞内不含 Dam 甲基化酶。但是,所有生物确实拥有一套能将 DNA 复制后新链与旧链区分开的错配修复系统。

大肠杆菌中的 GATC 序列甲基化同时还在染色体 DNA 复制起始中发挥作用。

A. 半甲基化DNA

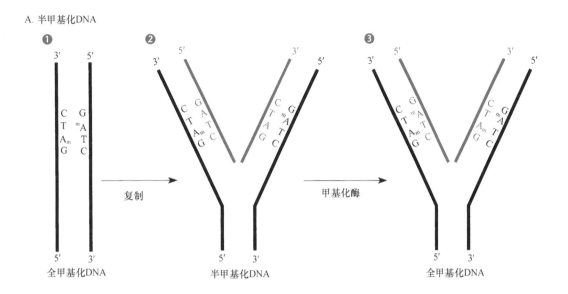

B. 甲基指导的错配修复

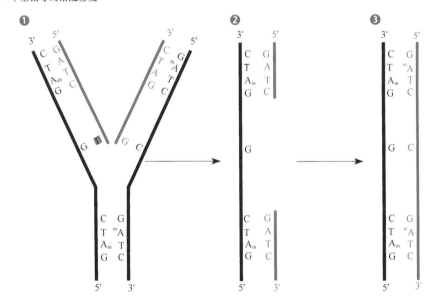

图2.15　甲基指导的错配修复系统及复制中产生半甲基化 DNA 序列

(A)两条链中 GATC 序列的 A 被甲基化(1),复制后,新链中的 GATC 没有立刻被 Dam 甲基化酶甲基化(2,3)　(B)新复制出的 DNA 含有错配的 GT 碱基对(1),新合成链上 GATC 附近未被甲基化,所以能被识别出来,于是 GATC 相邻序列中的错配碱基 T 将被清除(2)。这段序列重新被合成,正确的 C 碱基取代了 T 碱基,随后相邻 GATC 序列被 Dam 甲基化酶甲基化(3)。新合成链以紫色标出

2.3.3　编辑和错配修复在保持复制忠实性的作用

我们可以估算出每一个修复系统降低复制的出错率。按照正常突变率,大肠杆菌基因组复制后

可能在 10^{10} 核苷酸中出现 1 个错误,大肠杆菌 DNA 聚合酶 Ⅲ 在加载核苷酸时的出错率是 $1/10^5$。在复制装置向前移动时,将校正 99% 以上的错误,错配修复再校正剩余错误的 99.9%。整体上大肠杆菌 DNA 的每条链有约 4.7×10^6 核苷酸,细胞每复制一次会出现 $(1/10^{10}) \times 4.7 \times 10^6 = 4.7 \times 10^{-4}$ 错误。因为整个细菌 DNA 必须在细胞分裂时复制一次,因此,每 2000 个子代细菌中其 DNA 会产生 1 个错误。如此低的出错率显然是可以忍受的,有时为了增加群体多样性、加速进化,我们甚至还希望会有更多期望的错误发生。

与此相反,既缺乏编辑功能又没有错配修复系统的突变细菌,其发生人们难以接受的高错误率。缺少编辑功能的大肠杆菌在复制过程中,平均每次新加入核苷酸的出错率是 $1/10^8$,也即比野生型细菌增加 100 倍,这意味着,DNA 复制一轮后,每 20 个细胞就有 1 个会出现错误。如果错配修复系统也失活,错误率将再增加 1000 倍或更高,细胞分裂和 DNA 复制每进行 1 次,平均就有 50 个或更多的错误发生,也即每个细菌中将出现 50 个新的突变。如果上述情况发生,则大肠杆菌彻底突变就不会用时很久,最后与出发菌株几乎没有丝毫相似性可言。所以说,DNA 校正系统对细菌来说非常重要,它可以通过降低自发突变率来维持复制的忠实度和种的稳定性。

2.4　细菌染色体复制与细胞分裂

虽然我们已经讨论了 DNA 如何复制,但我们还没有讨论细菌 DNA 作为一个整体如何复制,也没有讨论以上复制过程如何与细菌细胞分裂协调一致。为了简便起见,我们假设细菌单个生长,并通过二分法分裂形成两个相同尺寸的细胞,尽管这只是观察到细菌复制的一种类型。

细菌 DNA 复制出现在细胞分裂周期中,细胞分裂周期是指细胞产生、长大、分裂成两个子代细胞的过程。细胞分裂是指较大的细胞分裂成两个新细胞。分裂时间或称代时,是指从一个细胞产生至分裂的时间,在某一生长条件下,群体中个体的代时大致相同。分裂前初始细胞称为母细胞,分裂后产生的两个新细胞称为子代细胞。

2.4.1　细菌染色体结构

与高等生物染色体类似,细菌 DNA 分子如果携带绝大多数正常基因,则这些 DNA 通常成为染色体 DNA,与质粒 DNA 相区别,有时质粒 DNA 几乎与染色体 DNA 一样大,但是它通常不携带细菌生长所需的基因(第 5 章)。

绝大多数细菌仅含有一条染色体,也即每个细胞仅有唯一 DNA 分子携带绝大多数正常基因。有个例外是霍乱弧菌,它与霍乱病有关,有两条染色体,但在复制起始方面来看,第二条染色体更像质粒而不像细菌染色体(第 5 章)。并不因为细菌仅有一条染色体,每个细菌细胞中就必须仅有一个染色体 DNA 拷贝数,当细菌染色体复制时,由于各种原因细胞没有分裂时,每个细胞中就不止含有一个染色体 DNA 了。后面会讨论到还有一种情况是,大肠杆菌 DNA 复制非常迅速,一些细胞中复制未完之前,为了增加 DNA 的量,新的复制已经开始,这些个体中的染色体就不是特有的,也就不能代表新的染色体,因为它们是通过彼此复制而成的。

细菌 DNA 结构与高等生物的染色体相比差异非常大,例如,绝大多数细菌染色体是环形的,周长大约 1mm(例外见专栏 2.1),然而,真核细胞染色体是线性的,并带有自由末端。如专栏 2.1 讨论的,细菌染色体 DNA 环状结构,使之能不像真核细胞染色体那样借助端粒才能完成整体复制,也不像噬菌体借助冗余末端完成复制。甚至线性细菌染色体,也不像真核细胞一样要用端粒酶复制它们的末

端。细菌与真核细胞 DNA 的不同还在于真核细胞的 DNA 被组蛋白包裹形成核仁，而细菌含有类组蛋白包括 HU、HN－S、Fis 和 IHF，包裹在 DNA 上，古菌含有与真核细胞相近的初级组蛋白。总体来说，细菌的 DNA 结构没有真核细胞那样有序。

细菌的线性染色体

　　并不是所有的细菌都具有环状染色体，伯氏疏螺旋体（是莱姆病的机会致病因子）、链霉菌属和红球菌属细菌（*Rhodococcus lasciens*），具有线性染色体。文中已经讲过，由于 DNA 聚合酶不能在没有引物的条件下复制，所以线性 DNA 末端的复制就会遇到一些问题。也就是说线性 DNA 不能一直复制到 3′末端，如果最后一个冈崎片段中的线性 DNA 末端利用 RNA 为引物，当 RNA 引物被移除之后，上游就不会有 DNA 引物来取代它，而在环状 DNA 分子中就不会遇到类似问题。真核细胞中的染色体也是线性的，它们是利用一种被称为端粒的结构解决上述问题的，这段多余的 DNA 在复制时不需要模板上具有互补序列，它们利用端粒酶，在它们的末端含有与重复序列互补的 RNA，所以能复制出末端重复的端粒序列。当线性染色体复制时，3′末端的一些重复序列将丢失，但不会引起太大的问题，因为在 DNA 复制开始前，端粒酶又能重新合成丢失的片段。

　　细菌线性染色体似乎用不同的方式解决其染色体复制中遇到的问题。螺旋体线性染色体复制机理已经清楚，其复制过程如图中所示，它线性染色体的 5′磷酸根和 3′OH 连接形成发夹结构，染色体复制从中部的复制起点开始双向复制，当前导链复制到它的末端时，它也会通过发夹结构最后形成染色体二聚体，然后端粒解离酶蛋白（ResT），与真核细胞的端粒酶类似，但作用方式不同，能从环状分子中发夹的起

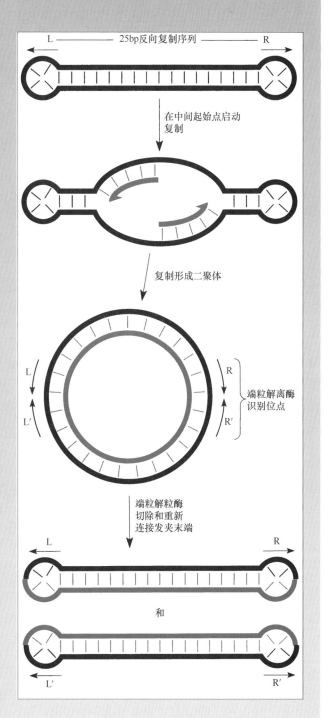

专栏2.1(续)

始部位剪开,再连接成原先的发夹结构。ResT 酶的作用类似一些拓扑异构酶和 Y 重组酶(第 10 章)。

链霉菌的线性染色体非常大,它在解决自身复制问题时与螺旋体差异很大。在它的染色体末端具有反向重复序列和一种连接在 5′端的末端蛋白(TP),在复制 3′端时涉及上述的反向重复序列和末端蛋白,此过程被称为"打补丁",线性 DNA 复制后,每个 DNA 的 3′末端仍然保持单链状态,于是它们互补形成发夹结构,在复制时还发生某些类型的滑动,复制的具体细节还不是十分清楚。有趣的是,细菌染色体如果是线性的,它的质粒也通常是线性的,一旦线性染色体复制问题解决了,质粒可以采用与染色体复制相同的方式复制,然而为什么环状染色体比线性染色体更有优势还是一个值得思考的问题。

参考文献

Kobryn,K. , and G. Chaconas. 2002.ResT, a telomere resolvase encoded by the Lyme disease spirochete. Mol. Cell 9:195 −201.

Yang, C.C. ,C. H. Huang, C. Y. Li, Y. G. Tsay, S. C. Lee, and C. W.Chen. 2002. The terminal proteins of linear *Streptomyces* chromosome and plasmids: a novel class of replication priming proteins. Mol. Microbiol. 43:297 −305.

2.4.2　细菌染色体复制

环状细菌染色体复制起始的 DNA 特殊位点被称为染色体复制起点或 *oriC*,从此点开始沿环两个方向开始复制。大肠杆菌染色体 *oriC* 位于 84.3min 处,在此位点聚合酶加载核苷酸,双链 DNA 分离形成两条新双链 DNA。如上所述,DNA 中开始复制的部位是复制叉位置,两个复制叉沿环状前进直到它们彼此相遇才终止染色体复制,如后面"复制终止"一节中所述,许多细菌并没有复制终止的特定位点,而仅在复制叉相遇处,每当两个复制叉沿环前进并相遇时,整个复制过程完成,产生两个新的子代 DNA。

2.4.3　染色体复制起始

我们已经认识到很多复制起始时发生的分子事件,这些信息帮助我们理解染色体复制起始是如何调节的,它也成为了蛋白质与 DNA 相互作用的模型。

染色体复制起始中涉及两类功能,其一是蛋白质与 DNA 上的位点或序列作用而启动复制,这些位点被称为"顺式作用位点"(cis - acting sites),前缀"cis"是"在同侧"的意思,复制起始相关蛋白被称为"反式作用因子"(trans - acting functions),前缀"trans"是"另一侧"的意思,反式作用因子不仅作用于编码它的 DNA,还作用于相同细胞中的任何 DNA,以上概念也将在本书的后面章节用到。

2.4.3.1　染色体复制起始位置

一个顺式作用位点就是 *oriC* 位点,在此处起始复制,大多数细菌中 *oriC* 位点序列十分相似并且固定不变。图 2.16 中给出了大肠杆菌复制起点的结构,在此位点起始所需的 DNA 长度不超过 260bp,在 *oriC* 中,有 9 个碱基的相似序列,被称为 DnaA 盒,重复出现 4 次,此外,有 13bp 的区域 AT 碱基出现

频率高于平均值,它重复出现 3 次,这两种类型重复序列被认为在染色体复制起始中具有重要作用。

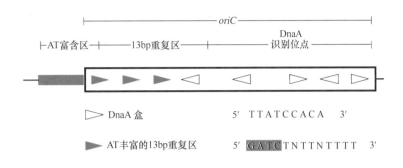

图 2.16 大肠杆菌中 *oriC* 区域的结构

图中给出了含 AT 丰富的 13bp 重复区和 DnaA 结合序列(DnaA 盒)位置,还给出了比较重要的 12bp 含 AT 丰富区。

2.4.3.2 起始蛋白

DNA 复制起始中也需要许多反式作用蛋白,它们包括 DnaA、DnaB 和 DnaC 蛋白,DnaA 仅在复制起始时需要,但是 DnaB 和 DnaC 是 DNA 复制中引物合成所需的。许多发挥其他细胞功能的蛋白是 DNA 复制所需的,如引物酶(DnaG)和正常的 RNA 聚合酶,它们能合成细胞中绝大多数 RNA。

图 2.17 给出了 DnaA、DnaB、DnaC 和其他蛋白是如何参与染色体复制起始的,第一步,10 到 12 个 DnaA 蛋白分子结合在 *oriC* 区域的 DnaA 盒上,以便在 DNA 周围缠绕聚集的 DnaA 蛋白,如图中所示,DnaA 蛋白使 DNA 弯曲,帮助 DNA 链分离。

一旦双链被部分打开后,在 DnaC 蛋白帮助下,DnaB 蛋白结合到 *oriC* 区域,这个结合过程也得到此区域超螺旋、螺旋 – 去稳定蛋白,或单链结合蛋白(SSB,图 2.17)的帮助,使解开的螺旋不再重新形成螺旋。DnaB 蛋白是一种解螺旋酶,能向前打开双链,以便加载引物和复制,这时 DnaC 蛋白就会离开 DNA 链。由许多 DnaA、DnaB 和其他蛋白组成的结构称为引物体,它能帮助 DnaG 引物酶或另一种 RNA 聚合酶合成一条 RNA 引物启动复制。

2.4.3.3 RNA 引物在复制起始中的作用

DNA 复制起始需要 RNA 引物,但究竟是哪种 RNA 聚合酶合成前导链、合成中使用的引物还并不完全清楚。细胞中合成绝大多数 RNA,包括 mRNA 分子的是 RNA 聚合酶(第 3 章),它是启动复制所必需的,然而它是通过在 *oriC* 区域转录来帮助分离 DNA 双链,因为在复制中 DnaA 蛋白与分开的双链才能结合,在此种情况下,RNA 引物可以由 DnaG 蛋白合成,它合成复制叉处后随链合成所需的 RNA 引物,与 RNA 聚合酶的功能一致。然而,正常 RNA 聚合酶一般合成前导链合成所需的 RNA 引物,只有 DnaG 蛋白才合成后随链合成中所需的引物。为什么是上述引物合成和复制机制还需要更多的实验来说明。

2.4.4 染色体复制终止

染色体复制在 *oriC* 位点启动后,两个复制叉就沿着环状染色体向相反方向前进,它们势必会在染色体的另一处相遇,两个子代染色体必须分开。

相对许多细胞过程而言,我们对大肠杆菌中染色体复制终止过程了解更多一些。在大肠杆菌中,染色体复制通常在某个固定的特殊位点终止,这个区域称为 *ter*,含有 *ter* 序列簇,仅有 20bp 长,它的功能像单向出入的停车场大门,只容许一个方向的车进入,而不允许相反方向的车进入。

图 2.18 中给出了在 *ter* 区域 *ter* 序列的单向性如何导致复制终止,示例中我们看到两个被称为 *terA* 和 *terB* 的 *ter* 位点簇夹着终止区域,复制叉能以顺时针方向通过 *terA* 位点,但不能以逆时针方向通过该位点,而 *terB* 恰恰相反。与此类似,复制叉以逆时针方向前行到达 *terA* 处就会停止,等待顺时针方向过来的复制叉。当顺时针和逆时针方向过来的复制叉在 *terA*、*terB* 或者它们两位点之间相遇时,两个复制叉就会停止复制,释放出子代 DNA。图中大大简化了复制过程,因为每个复制叉都要通过许多 *ter* 位点,每一个复制叉通过 *ter* 时会慢慢降低复制速度,逐渐才能停止复制。一个复制叉遇到下一个 *ter* 位点时行进速度放慢,另一个复制叉就有时间沿着染色体到达复制起点附近。

单凭复制叉遇到 *ter* 序列,还不足以使其停止前进,在 *ter* 位点处还需要蛋白质来终止复制。大肠杆菌中称这些蛋白质为"终止用物质"(Tus),枯草芽孢杆菌中称之为复制终止蛋白(RTP),它们与 *ter* 位点结合,使复制解旋酶停止工作,大肠杆菌中是与 DnaB 结合,DnaB 主要功能是将复制叉前面的 DNA 链分开。这些蛋白质也能有序地帮助将两条新合成的子链 DNA 分开,防止任何自由 3′端被用作引物而继续复制。尽管以上机制看似很有利,但是一些细菌似乎并非一定需要 *ter* 位点。实验表明,将枯草芽孢杆菌染色体中的整个 *ter* 区域敲除后,细菌仍然可以增殖,就是增殖速度变得比以前缓慢多了,显然,染色体复制终止仅依赖于复制叉相遇位置。在 *oriC* 复制起点相反的 *ter* 区域,或许存在更为精细的终止染色体复制机制,只是现在还没有被发现。

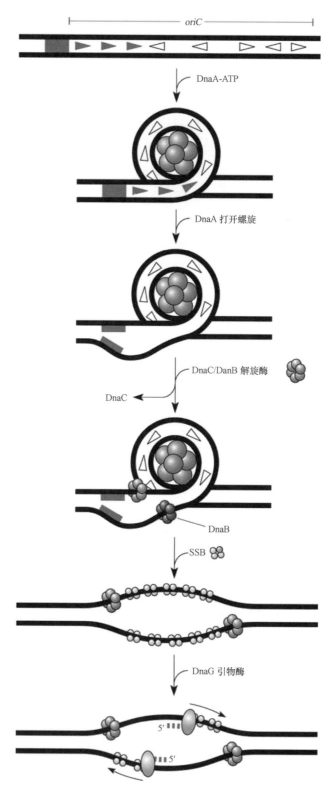

图 2.17　大肠杆菌复制起始点(*oriC*)区域的复制启动
约 12 个 DnaA – ATP 蛋白与复制起始点结合,缠绕在 DNA 上打开螺旋。DnaC 帮助 DnaB 解旋酶结合到 DNA 上,DnaG 引物酶合成 RNA 引物,启动复制。SSB 指单链结核蛋白。

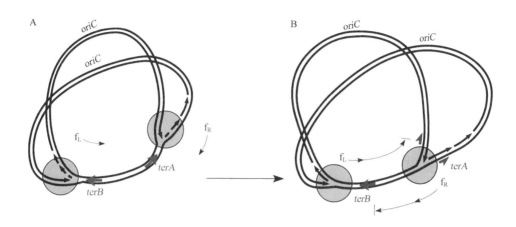

图2.18　大肠杆菌中染色体复制终止

（A）复制叉起始于 *oriC*，仅以一个方向通过 *terA* 和 *terB*　（B）当复制叉在 *terA* 和 *terB* 之间或任何一个所处的位置相遇时染色体复制终止，f_L 复制叉从左侧起始，以逆时针方向复制，f_R 复制叉从右侧起始以顺时针方向复制

2.4.5　染色体分离

一旦当 DNA 复制完成，细胞就准备开始分裂，两个子代 DNA 必须分开或者分隔开，分别进入不同的子代细胞中，否则，一个细胞就拥有所有染色体，而另一个细胞却没有染色体。染色体分离时会遇到很多障碍，非常长的子代染色体或许会通过重组连接起来，或者在复制时交错或缠绕在一起，甚至它们没有物理连接而是分散在整个细胞中，则它们就很难完成向子代细胞分离。细菌在细胞分裂时具有保证让染色体正确分离进入到子代细胞的系统，该系统将在本节中单独讨论。

2.4.5.1　二聚体染色体解离

有时两个环状子代 DNA 会首尾相连形成两倍长度的环形染色体二聚体。DNA 损伤后重新开始复制时，两个子代 DNA 链之间发生重组更容易产生二聚体染色体（专栏2.2）。显然作为一个相同大分子的组成部分时，两个子代染色体不能分离。

如果重组导致染色体形成二聚体，那么二次重组后它们就能被分离变成单个染色体。通用重组系统可以通过在有重复染色体出现的地方发生重组而使二聚体解离，但是通用重组系统是产生新的二聚体还是使原先二聚体解离，要看两个子代 DNA 链间发生多少次交联。如果两个子链 DNA 间任何两个序列发生奇数次交联，则二聚体将被解离，如果是偶数次交联，则会形成新的二聚体。

在大肠杆菌中，被用于解离二聚体的机制被称为 Xer 重组系统，已经被我们认识，而且其他细菌中或许也有同样系统。它不用通用重组系统，而是采用位点特异性的重组酶（第10章），称为 XerC，D 重组酶使染色体二聚体解离。该系统能保证将二聚体解离成单个染色体，而不会形成新的二聚体或形成更大的多聚体，而且它还与细胞分裂协调一致。Xer 重组系统由 XerC 蛋白和 XerD 两种蛋白及染色体上特异的 *dif* 位点组成。

为了确保正常情况下在细胞分裂之前仅有一个 *dif* 位点，该位点位于 *ter* 区域相邻位置，以便染色体完成复制和细胞分裂之前，*dif* 位点不被复制。为了进一步确保 Xer 位点特异性重组系统功能发挥，细胞还会形成分裂隔膜，当分裂隔膜形成时，FtsK 蛋白被召集至分裂隔膜处，这时重组系统被激活。FtsK 蛋白也是一种 DNA 转座酶，能在细胞分裂前将 DNA 泵送穿过分裂隔膜，以防止二聚染色体 DNA 被切断。

复制叉的重启

一旦复制叉形成,它将沿着染色体合成两个子代DNA,在理想状态下,复制叉应该能够复制整个染色体,形成两个完整的染色体拷贝。然而,DNA并不是静态的处于细胞中,受到来自细胞内外的化学损伤或参与细胞中重组功能等影响,将使DNA不断发生变化,当复制叉遇到DNA变化时,它不能继续前行,而是从染色体上脱落下来,与火车遇到阻碍出轨非常相似。复制叉脱离染色体并不是细胞中微不足道的一件事情,如果不完成一个回合的复制,细胞将会死亡。据估计,复制叉在进行每一轮染色体复制中均会遇到一些障碍。

当复制叉遇到DNA改变时将发生什么,这取决于DNA发生怎样的改变。如图中所示,如果由于化学损伤引起DNA的碱基改变而阻止互补碱基间配对,则前导链上的复制叉将会停止下来,但DnaB核酸酶在后随链上继续移动,于是在前导链上形成一个缺口(如图中所示)。第12章中已经提到,前导链上缺口可以通过与另一条子链重组而得以修复。有时DNA双链中的一条发生断裂,复制叉通过断裂处加工,导致两条子链DNA中的一条发生断裂,这种类型的损伤能通过另一种双链断裂修复机制利用另一条子链DNA进行修复,该修复方式将在第11章和第12章中讲述。上述两种通过损伤的方式涉及两个子代染色体重组,因此导致染色体

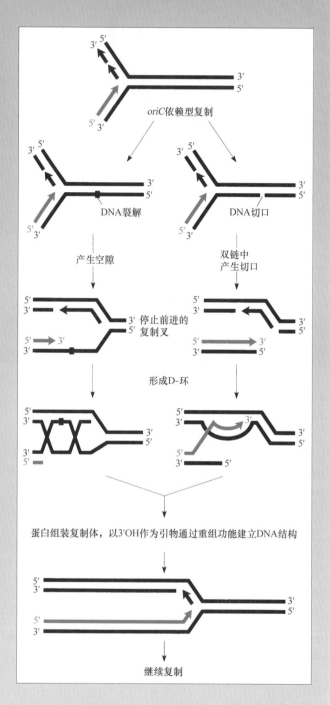

二聚体的出现,该二聚体必须在细胞分裂之前通过XerC,D重组酶解离开。实际上,重组介导的染色体二聚体化出现的主要原因是DNA复制时能通过损伤部位。当损伤修复后还有一个问题是对复制装置的组装和重新启动合成过程。正常情况下,复制装置仅在染色体的oriC区域启动DNA的合成。类似引物的蛋白质PriA、PriB和PriC,还有DnaT,辅助重组功能,在障碍处重新启

专栏 2.2(续)

动复制,以上蛋白因能启动某些噬菌体的复制而首次被发现(第8章),估计它们能帮助重新组装复制装置,利用侵入到双链的单链 3′OH 端 DNA 为引物,形成"D-环"重组中间体,启动新的 DNA 合成(见图)。

参考文献

Cox, M. M. , M. F. Goodman, K. N. Kreuzer, D. J. Sherratt, S. J. Sandler, and K. J. Marians. 2000. The important of repairing stalled replication forks. Nature 404:37 –41.

我们已经能利用观察到的现象和提出的模型解释 XexC,D 重组酶如何使二聚体解离,并且其仅促进相同分子上 *dif* 位点之间重组而不促进不同分子上 *dif* 之间发生重组,后者重组后会形成新的二聚体。根据一个模型可知,当细胞在分裂之前它尽力将二聚体染色体分离开,这时二聚体染色体会被向两端拖曳,而不是只往一端拖曳。因此当隔膜开始形成时,二聚体染色体仍然可以通过分裂隔膜,当 FtsK 蛋白结合到分裂隔膜上时,它也同时与 XexC,D 重组酶和二聚体上的 *dif* 位点结合,这时它把 DNA 泵送通过分裂隔膜,直到遇到另一个 *dif* 位点时,它促进位点特异性重组将处于分裂隔膜不同侧的两个连接在一起的染色体分离开。对枯草芽孢杆菌中与 FtsK 蛋白相近的 SpoⅢE 研究结果支持上述模型推断,SpoⅢE 蛋白作为转座酶在形成芽孢过程中能将其中一份染色体泵送到芽孢中,如果缺少该蛋白,在芽孢形成过程中染色体将被切断,芽孢只能接收到染色体的一部分,此蛋白也在正常细胞分裂时帮助分离染色体。

2.4.5.2　解联会

正在复制的 DNA 通过联会形式而互相彼此连接,子链 DNA 像一条链上的环一样连接起来,这样的交联在染色体经过一轮复制后自然形成,或者当拓扑异构酶通过两条 DNA 链其中之一时导致交联形成(见后面的拓扑异构酶)。一旦交联形成,唯一解开它们的方式是将两条链中的一条 DNA 切断,让另一条 DNA 链通过缺口,然后缺口被补齐。双链的解联会是Ⅱ型拓扑异构酶的功能之一(图2.25),大肠杆菌中一种Ⅱ型拓扑异构酶,称为拓扑异构酶Ⅳ(topo Ⅳ),在复制后,能解除子代 DNA 间绝大多数的交联。最近更多的研究证明 topo Ⅳ 还能解除前方复制叉的正超螺旋。

2.4.5.3　压缩

仅出于分离交联 DNA,而让两个子代 DNA 分子彼此通过拓扑异构酶后分离,其效果并不佳,因为 topo Ⅳ 经过两个 DNA 链时,没有办法分清哪个是需要移除的,哪个是新生成的,一般会出现旧交联刚刚解开,立刻又会有新交联形成。这就需要在两条链分开时,马上将分开部分压缩,就像钓鱼绳一样,解开的部分要缠绕在线轴上,才能与未解开部分分开。

分开两条子链 DNA 的一种方法是在细胞不同部位将它们压缩,如果它们更加密集则在细胞中就不容易重叠,也就不容易发生交联。在真核细胞中细胞分裂之前染色体要经过压缩过程很早就被发现,而且就在细胞分裂时染色体才清晰可见。尽管细菌太小,压缩后的染色体仍很难被观察到,但现在已经发现它们在分裂之前也会压缩其子代 DNA,使其更容易分离。

(1)超螺旋化　细菌压缩 DNA 的方法之一是通过超螺旋化作用(图2.24)。细菌中,所有 DNA 是负超螺旋,也即 DNA 缠绕方向与 Watson - Crick 双螺旋方向相反,产生旋转力。后面会更详细地讲

到,旋转力引入到 DNA 中,导致 DNA 自身缠绕,就像绳子两头如果向相反方向用力它会缠起来一样。DNA 环上的旋转将导致 DNA 被压缩,而变得更小。

(2)压缩蛋白　压缩蛋白在细胞中能帮助压缩 DNA,使子代 DNA 分子更容易得到分离,该蛋白首先在真核细胞中被发现,帮助压缩染色体中的 DNA,称为 SMC 蛋白(取自 structure maintenance of chromosome 的首字母)。细菌中的压缩蛋白是长哑铃型蛋白质,球形结构域在两端,中间由长螺旋相连接,它可以折叠,使两端的球形结构域彼此结合在一起。压缩蛋白通过球形结构域与 DNA 结合,把 DNA 固定在一个大的环中,它们自己能与 DNA 结合,也可以与另一种 kleisins 蛋白结合,在 kleisins 帮助下,压缩蛋白和 DNA 能形成网状结构,把 DNA 压缩得更小。

在很长一段时间,人们认为压缩蛋白只出现在真核细胞中,因为能在真核细胞中明显看到被压缩的巨大染色体。大肠杆菌中发现压缩蛋白 MukB,是由于该蛋白基因发生突变会影响到染色体分离。该蛋白与 DNA 超螺旋化作用可以互补,能将子代染色体正确地分配至子代细胞中,所以推测 MukB 具有压缩 DNA 功能。在 MukB 失活或者降低超螺旋化作用时,在染色体分离方面仅造成较小影响,然而当 MukB 失活和负超螺旋化作用同时发生时,造成染色体分离功能的重大缺失,可以推断出 MukB 和超螺旋化具有相同作用,都能压缩子代 DNA,使之在细胞分裂时更容易分离。MukB 被发现是压缩蛋白后,与 MukB 发生相互作用 MukF 和 MukE 等其他蛋白也被发现,它们尽管与真核细胞中 kleisin 的氨基酸序列不同,但结构相似。枯草芽孢杆菌中也有压缩蛋白,发现其在氨基酸序列上与真核细胞的压缩蛋白更为接近,所以也被称为 SMC 蛋白,枯草芽孢杆菌中也有 kleisin 蛋白,分别称为 ScpA 和 ScpB,它们也是更接近真核细胞的 kleisin 蛋白。一个奇怪的现象是,某些细菌的压缩蛋白与大肠杆菌中的 MukB 相似,而有些则与真核细胞中的 SMC 蛋白更相近。通常细胞中像行使压缩 DNA 这样重要功能的蛋白质,其彼此之间相关性较高,尽管这些细菌彼此之间种属关系比较远。

2.4.5.4　分配

复制后两个子代染色体不仅必须分离,而且必须保证分离后的染色体分别进入两个不同的子代细胞中。否则,一个子代细胞将会获得两条染色体,而另一个子细胞没有染色体,会逐渐死亡。细胞中无染色体现象很少发生,可以推断细胞中一定有指导两条染色体分别进入不同细胞中的方法,我们把一条子代染色体进入到两个子代细胞中其中一个的过程称为分配过程。尽管在此领域已开展了广泛研究,然而染色体分配过程还没完全被认识,不过与此过程相关的一些蛋白的基因已经被鉴定,许多相关信息正在不断积累。此领域现在是细菌细胞生物学中研究热点之一,已经发现许多令人惊喜的成果。

(1)Par 蛋白　早期研究工作集中在对分配蛋白的功能研究,该分配蛋白是 *par* 基因产物。Par 蛋白功能首先在质粒中被发现,质粒是细菌中发现的小 DNA 分子,能不依赖染色体复制(第 5 章)。因为质粒不依赖于染色体存在,所以在细胞分裂时,它们必须有一套分配系统,否则它们往往被细胞丢失。质粒的 Par 系统有两类,一类是 R1 质粒中的,另一类较大,在 P1、F 和其他许多质粒中,染色体 Par 功能属于质粒的第二类 Par 系统。由于质粒远小于染色体,所以用质粒做实验就比较容易,我们对质粒 Par 系统知道的越多,也就越能相应地推断出染色体 Par 系统是如何工作的,首先我们假设研究质粒系统的功能可以给我们与之同源的染色体功能一些提示。

质粒 Par 功能通常由两个蛋白和一个 DNA 位点(常称为 *parS*)行使,其中一个蛋白 ParB 的多个拷贝结合于 DNA 位点上,结合通常发生在质粒复制完成后;ParB 是分配两个新复制子代质粒

DNA 所需的。结合 ParB 的位点容许结合另一个蛋白 ParA,形成一个复合体,一旦 ParA 结合上来,ParA 蛋白发生聚合形成动态的丝状物,延伸至整个细胞质,能推或拉子代质粒,使之向细胞相反的两端移动,发生分离或分配。ParA 蛋白具有 ATP 酶活力,能切除影响聚合和解聚的 ATP(参见图 5.18)。

（2）丝的形成　Par 蛋白能形成不同类型丝状物,动态变化丝状物的形成似乎依赖于分配系统的类型。以 R1 分配系统为例,它形成一条长的丝,能够伸展到细胞末端。比较有趣的是 Par 蛋白形成的这些丝状物被称为 ParM,与真核细胞肌动蛋白和大肠杆菌 MreB 相关,都能在细胞中移动细胞组分(参见第 5 章、专栏 2.3)。另一个 Par 系统,就是与染色体系统相关的那个,其形成许多短丝,从质粒某位点辐射出去,像花的结构一样,让人很容易联想到有丝分裂纺锤体的结构。因此有人已经将质粒的这个位点与真核细胞染色体的中心粒进行比较,将该分配系统与推动染色体分配的有丝分裂纺锤体进行比较。质粒分配系统将在第 5 章中详细讨论。

专栏2.3

细菌细胞骨架和细菌细胞生物学

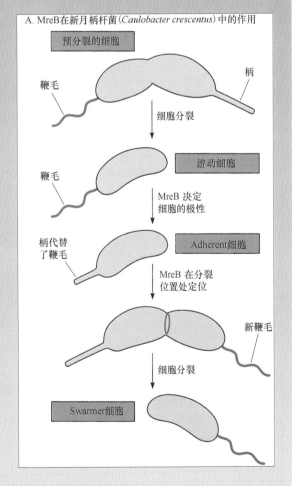

A. MreB在新月柄杆菌(*Caulobacter crescentus*)中的作用

我们能够观察真核生物中蛋白质和其他大分子化合物的运动已经很长时间了,细胞的这些成分看起来是进行有目的的运动,细胞质成分的快速流动,甚至可以用耗电少的光学显微镜观察。在真核细胞中,这些运动是由三种微丝指导的,它们是肌动蛋白、微管蛋白、中间纤维,这些成分构成细胞质骨架。然而,起初人们认为细菌细胞不需要这种有方向的运动,细菌是一个"装满酶的口袋",没有什么组织形式。因为它们大都体积微小,所以普遍认为自由扩散就足以将细菌中的细胞成分从一个地方运送到另一个地方,这样在细胞中会很省时并且细胞成分能够及时到达目的地发挥它们应有的作用。因为不需要细胞内的定向运动,细菌细胞不需要细胞质骨架系统。

最近技术上的进步已经改变了我们对于细菌细胞的全部观点。在细菌细胞中不仅发现了三种细胞骨架微丝,而且发现这些微丝指导许多细胞质组成成分的定向运动,包括染色体、细胞壁合成酶和分离装置等。虽然它们的成分与真核生物等效物质在核酸水平上并不同源,但是这些微丝与它们的真核生物等效物质拥有共同的功能特性和结构特征。

细菌中发现的第一个类似肌动蛋白的微丝是大肠杆菌中能形成高分子材料的 MreB 蛋白,

专栏2.3(续)

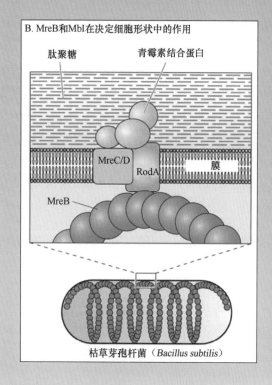

B. MreB和Mbl在决定细胞形状中的作用

肽聚糖
青霉素结合蛋白
MreC/D
RodA
膜
MreB
枯草芽孢杆菌（*Bacillus subtilis*）

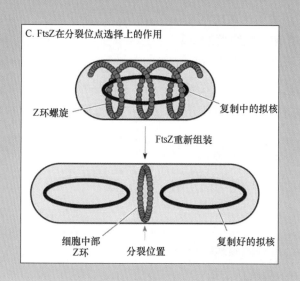

C. FtsZ在分裂位点选择上的作用

Z环螺旋
复制中的拟核
FtsZ重新组装
细胞中部 Z环
分裂位置
复制好的拟核

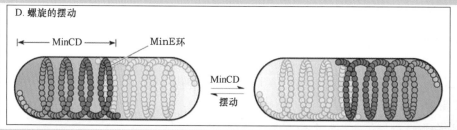

D. 螺旋的摆动

MinCD
MinE环
MinCD
摆动

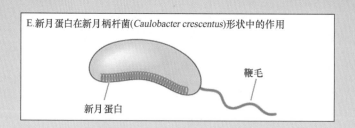

E.新月蛋白在新月柄杆菌(*Caulobacter crescentus*)形状中的作用

鞭毛
新月蛋白

这种物质以及细菌中的其他肌动蛋白类似物的作用是决定细胞形态。大肠杆菌的 MreB 蛋白基因能被发现，是因为该基因突变后将造成细菌细胞变成圆形，而不是正常的杆状。随后认识到 MreB 蛋白在结构上与真核生物的肌动蛋白非常相似，形成类似真核生物的动态的微管结构，在一边延长的同时另一边缩短，整个过程中会消耗 ATP。这些肌动蛋白类似物是螺旋状的，并且沿着细胞膜内表面分布，肌动蛋白类似物现已证明存在于许多类型细菌中。枯草芽孢杆菌含有至少三种肌动蛋白类似物，至少 MreB 蛋白和 Mbl 蛋白这两种蛋白帮助决定细胞形态。一个引人关注的想法是，合成细胞壁的酶不仅能帮助形成细胞壁，同时决定细胞的形状，这些酶是通过与

专栏 2.3（续）

肌动蛋白类似物的联系而被运送到特定的合成位置。同时也有证据证明，MreB 蛋白有助于细菌染色体的分离，至少在一些类型的细菌中已被证明。这些证据，以及与肌动蛋白同等功能的相似性合起来考虑，表明细菌染色体的分离可以在肌动蛋白类似物微丝指导下完成。

　　柄杆菌（*Caulobacter*）表现出一种很有趣的现象，表明细菌中的肌动蛋白类似物微丝怎样帮助细胞内成分定位（图 A）。与大肠杆菌和枯草芽孢杆菌不同，这种细菌是不对称的，细胞的一边形成一个很窄的根部将菌体固定在固体表面上，另一端形成一根鞭毛能够游动。在细胞分化时，一个细胞变成一个游动孢子，能够在同一部位形成根部之前游动到另一个位置，然后形成鞭毛，接下来会重复这种循环。有趣的是，MreB 蛋白能够决定哪一侧长出根部（图 B）。使用本书后面章节中描述的方法，研究人员发现，如果细胞减少 MreB 蛋白的合成，根部就不会在任何一端形成，但是当 MreB 蛋白积累以后，根部就会在两端都形成，有时甚至在中间形成。还有些研究人员发现，其他的基因产物，甚至 DNA 复制的起点，通常是严格限制在细胞的一端或者另一端，当减少 MreB 蛋白的合成时，会出现相同的起始点缺失。如果细胞缺少 MreB 蛋白，细胞就会忘记哪一端是末端。这些结果表明由一个预先存在的细胞骨架指导一个新细胞的形成是非常重要的。

　　微管蛋白是另一种也存在于细菌中的鞭毛形成蛋白，以 FtsZ 形式存在。FtsZ 蛋白在细胞分化时在隔膜起始位点形成一个环。在结构上与真核生物的微管蛋白非常相似，并形成相似的微丝，在真核生物中称为微管，都是利用 GTP 获得能量形成微丝，都形成动态的多线型结构微丝，都依靠集合或分散小的微丝前体移动。主要不同是，FtsZ 微丝是由一种蛋白形成，而真核生物微管是由两种蛋白，α 微管蛋白和 β 微管蛋白形成的。最近的研究也表明，FtsZ 蛋白形成螺旋结构在细胞中来回摆动，最后在细胞分裂之前在隔膜形成处积累形成一个环，（图 C）。在大肠杆菌中，MinC 蛋白和 MinD 蛋白也是以螺旋形式在细胞中摆动，从细胞的一端移动到另一端（图 D），抑制 FtsZ 蛋白环在两极形成。现在还不清楚是否这种蛋白造成它们自身的螺旋，或者它们是否依赖其他蛋白形成螺旋结构。

　　最后在细菌中发现的真核细胞微丝类似物是新月柄杆菌（*Caulobacter crescentus*）的新月蛋白（crescentin）。这种蛋白在细胞弯曲的内侧形成微丝的螺旋形微管，形成新月柄杆菌的新月形外形（图 E）。在真核细胞中，这种蛋白也与细胞形态的形成相关。新月蛋白与形成真核生物中间微丝的蛋白有很多相同特点。它们也是长的蛋白包含卷曲－卷曲结构域在中间。在体外，它们能被强变性剂变性失活，但是除掉变性剂后，它们能够瞬间形成长的微丝，并且不需要任何能量，不需要二价阳离子。这看起来真核生物中的与中间微丝相关的其他微丝也会在细菌中找到。正如细胞中许多其他组成成分一样，我们开始时认为只存在于真核生物中的，后来也发现能在细菌中找到它最初的原型，真核生物的细胞骨架就是一例。

参考文献

Ausmees, N., J. R. Kuhn, and C. jacobs－Wagner. 2003. The bacterial cytoskeleton：an intermediate filament－like function in cell shape. Cell, 115：705－713.

Carballido－López R, and J. Errington. 2003. A dynamic bacterial cytoskeleton. Trends Cell Biol. 13：577－583.

专栏2.3(续)

Gitai, Z. 2005. The new bacterial cell biology: moving parts and subcellular architecture. Cell 120: 577 –586.

Grantcharova, N., U. Lustig, and K. Flardh. 2005. Dynamics of FtsZ assembly during sporulation in *Streptomyces coelicolor* A3(2). J. Bacteriol. 187:3227 –3237.

Michie, K. A., L.G. Monahan, P. L. Beech, and E. J. Harry. 2006. Trapping of a spiral – like intermediate of the bacterial cytokinetic protein FtsZ. J. Bacteriol. 188:1680 –1690

Raskin, D. M., and P. A. deBoer. 1999. Rapid pole –to –pole oscillation of a protein required for directing division to the middle of *Escherichia coli*. Proc. Natl. Acad. Sci. USA 96:4971 –4976.

Thanedar, S., W. Margolin. 2004. FtsZ exhibits rapid movement and oscillation waves in helix – like patterns in *Escherichia coli*. Curr. Biol. 14:1167 –1173.

Wagner, J. K., C. D. Galvani, and Y. V. Brun. 2005. *Caulobacter crescentus* requires RodA and MreB for Stalk Synthesis and Prevention of Ectopic Pole Formation. J. Bacteriol. 184:544 –553.

(3)Par 功能和细菌染色体   前面已经提到过,有些细菌也具有 Par 功能,由细菌染色体编码在细胞分裂时,执行与染色体分配类似的任务。这种分配机制在研究 Par 系统较多的枯草芽孢杆菌(*Bacillus subtilis*)和新月柄杆菌(*Caulobacter crescentus*)中最为清楚。它们的 Par 功能与质粒的 Par 功能在拥有 ATP 酶方面相似,可以和其他 Par 蛋白结合后与染色体上的特殊位点结合。在枯草芽孢杆菌中,与质粒 ParA 和 ParB 蛋白相似的分别是 Soj 和 SpoOJ,它们名称是在早期枯草芽孢杆菌芽孢形成的遗传学研究中得来的,*spo*OJ 是芽孢形成所需的基因,而 *soj* 是 *spo*OJ 的抑制基因。在染色体复制相邻区域还有许多类似 *parS* 位点,SpoOJ 与这些位点结合,被证明与 ParB 类似。此外,如果质粒缺少自己 Par 系统,但还有与枯草芽孢杆菌染色体上 *parS* 类似的位点,则其也能忠实地将质粒分配到子代细胞中去,但仅当细胞中有 SpoOJ 和 Soj 时。以上说明这两个蛋白帮助质粒分配,然而在染色体正常分配时,仅需要 SpoOJ,而不需要 Soj。以上也说明,要么 Soj 在染色体分配上与 ParA 在质粒分配上功能不同,要么在染色体分配中有其他蛋白能代替 Soj。

在新月柄杆菌中以上分配机制更清楚,它具有与质粒类似的两个分配蛋白 ParA 和 ParB,它们是正确分配染色体所必需的,ParB 的功能是与复制临近区域结合,推测认为其在细胞分裂之前,拉或推 *oriC* 区域,使之向相反的两端移动。

令人奇怪的是大肠杆菌似乎缺少 Par 功能,至少缺少拥有与已经鉴定质粒分配系统类似的系统。然而它具有一个 *migS* 位点,位于染色体复制附近区域,担负类似中心粒的功能,在细胞分裂之前将染色体脱开。其唯一缺少的是能行使与 *migS* 位点结合,将子代染色体拉开功能的组分,似乎与结合位点结合后将 DNA 拖向细胞两端的功能是由正常细胞骨架蛋白完成而非已知 Par 功能的蛋白质。

2.4.6　复制叉的位置

细胞中染色体复制出现的位置也能给我们一些染色体如何分离的线索,这也是非常活跃的一个研究领域,研究往往得出相反的结果。细菌细胞中染色体 DNA 复制是由可复制的 DNA 聚合酶完成的,并且在许多辅助蛋白帮助下形成复制叉,因此如果我们能知道正在复制的 DNA 聚合酶在哪儿,就能知道哪里正在发生复制。早期对枯草芽孢杆菌的研究中,通过基因融合手段将 DNA 聚合酶连接到绿色荧光蛋白(GFP)上,根据看到荧光的位置,确定细胞周期中 DNA 聚合酶的位置,实验结果与图 2.19 中所示的模型一致。两个复制叉保持在细胞中央直到复制完成,然后复制叉移动到细胞四分之一和四分之三处,这里会出现下一个中点。

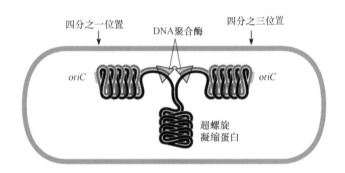

图 2.19　枯草芽孢杆菌细胞周期中染色体复制和分离模型
根据模型,染色体复制发生在细胞中部的"工厂"中,新复制出的 DNA 向细胞四分之一和四分之三处位置移动,并在那里通过超螺旋和凝缩蛋白压缩。

新月柄杆菌中的情况与上述有所不同,染色体复制终止位置在细胞一端,而起始位置在细胞的另一端,有柄状结构和鞭毛分别附着在两端。开始复制时,一个子代复制起点向细胞另一端移动,当复制完成时,两个染色体复制终止点位于细胞中央,而它们分别呈镜像位于两侧,它们的复制起始点均在最远端,其中一个的一端产生柄状结构,另一个的相应末端产生鞭毛(专栏 2.3)。在细胞拟核被合成时,处于中间的基因向它们各自位置移动,最后在合成的拟核中产生新的基因。最近对大肠杆菌研究发现,拟核合成过程中在细胞中也重新产生左 – 右布局的基因,但空间排布差异很大。采用能释放不同波长的荧光探针可以用来观察到同一个细胞中两个不同基因的位置。研究结果发现,在大肠杆菌中复制后的起始点并不是立即向细胞相反的两端移动,而是新复制出的起始点仍保留在细胞中央。当两个复制叉从复制起点开始向相反方向复制 DNA 时,新复制出的 DNA 就开始向形成的子代拟核的另一端运动,于是处于上面的基因也被左右复制叉复制,并在子代拟核中保持在它们左和右的位置。所以拟核中基因的位置大体与基因图谱上的位置一致,起始点在顶端,而终止点在底端,在基因图上位于起始点两侧的基因将会在拟核的左右两边。因为基因是从拟核的一端一层一层逐渐合成的,所以离复制起点最近的基因首先被复制,复制后处于拟核内部,而距复制起点远的则后合成,并处于拟核的外面。因此拟核上的基因顺序也可以绘制基因图谱(图 4.30 中的大肠杆菌基因图谱)。非常有意思的是大肠杆菌细胞并不对称,不像我们通常假设的一样,分为左右端,由于细胞骨架的作用,两端还有些印迹(专栏 2.3)。多少有些令人惊奇的是拟核在复制时,因其细菌类型不同,其在空间的排布差异很大,这些研究都仅仅是开始,还有很多未知的机制,随着研究证据的积累,结论会逐渐被修

正。然而,多数研究共同发现拟核刚一合成就会移动到自己的位置,不同拟核部位处于细胞的不同空间,这种排布方式并不像原先认为的那样是偶然的。

2.4.7　细胞分裂

我们也已经发现了细菌如何形成分裂隔膜的规律,在分裂隔膜形成过程中,最重要的一个蛋白称为FtsZ蛋白,它在细胞中央形成一个环。在细胞开始分裂之前,FtsZ以螺旋丝状分散在细胞中,当细胞即将分裂时,这些丝聚集到细胞中央在将要形成隔膜处生成一个环(专栏2.3)。之后FtsZ环吸引其他蛋白,包括前面提到的DNA转座酶FtsK,帮助形成分裂隔膜,逐渐将细胞分成两个子代细胞。对此过程研究中,可能会产生如下问题:为何隔膜总是在细胞中央形成? 当隔膜形成时为什么没有将细菌的拟核切断? 对Min系统和拟核摆动系统的研究或许能帮助我们回答以上问题。

2.4.7.1　Min蛋白

在大肠杆菌中,有三个蛋白MinC、MinD和MinE,参与选择分裂隔膜形成的位置。因为大肠杆菌中的min基因发生突变后将导致分裂隔膜在错误位置形成,有时将产生较小的细胞,这才发现了min基因。显然,如果没有Min蛋白,分裂隔膜就不在细胞中央形成,假设在四分之一或四分之三,下一个分裂隔膜形成处形成。当上述情况发生,将会形成一个小细胞,里面没有染色体,因此Min蛋白取义于产生小细胞的意思(minicell - producing)。推测Min蛋白位于细胞末端,在此处它能防止FtsZ不在其他任何地方形成分裂隔膜,仅在细胞中央形成。然而,采用GFP与Min蛋白融合,对细胞中Min蛋白定位研究发现了一个令人惊奇的结果:在细胞周期内,Min蛋白以螺旋形式从细胞的一极移动到细胞的另一极,好像沿着一条看不见的轨迹摆动(专栏2.3)。MinC和MinD摆动最多,先聚集在细胞的一端,然后都向另一端移动。MinD驱动MinC的摆动,而MinC反过来会抑止FtsZ环形成。有假设认为摆动的目的或许是为了保证分裂抑制因子MinC在两极最高,需要抑制FtsZ,而在中央处浓度最低,便于FtsZ通过。MinE蛋白形成一个螺旋环,在细胞中央来回摆动,显然驱动MinC和MinD的摆动,至于MinE环的作用,现在还不明确,因为它与FtsZ环形成似乎没有任何直接关系。Min蛋白好像是看管分裂位置的"警察",在细胞中不停地巡逻,以确保FtsZ不在任何不希望形成环的地方徘徊。事实上,Min蛋白更像是"基斯通警察",在细胞周期内,沿着细胞的一极到另一极,一个追逐一个。

与大肠杆菌中类似的MinC和MinD蛋白,在枯草芽孢杆菌中也已经被发现,但似乎缺少MinE蛋白,相反,它有另两个蛋白分别为DivIVA和EzrA,在细胞分裂过程中发挥作用。枯草芽孢杆菌的min基因发生突变后,其分裂隔膜会形成在细胞的端部,而不是中央。然而,它的Min蛋白并不摆动,而是聚集在两极,而行使Par功能的Soj和SpoOj似乎在摆动,尽管摆动周期比大肠杆菌中的Min蛋白要慢(专栏2.3)。新月柄杆菌似乎整体上缺少Min蛋白,尽管它们的该功能有可能由其他不相关蛋白执行。综上,细菌分裂之前,染色体如何复制和分离差异巨大,我们还远没有认识清楚,其他细菌也存在其他特殊蛋白参与此过程。

2.4.7.2　拟核的包藏

如前所述,当拟核仍然居于细胞中央时,FtsZ环不会启动分裂隔膜形成,否则它会切断染色体。实际上,在大肠杆菌中观察到,如果拟核还没有完成分离,处于细胞中央,则在细胞中央不会形成FtsZ环。几乎在相同时期,在大肠杆菌和枯草芽孢杆菌中发现,拟核存在时有蛋白质会抑制FtsZ环形成,这些蛋白被命名为拟核包藏蛋白(NO)。两种细菌中同时发现这类蛋白因为它们非常重要,尤其是Min蛋白失去活性后。据推理,NO和Min系统彼此间至少在分裂隔膜形成定位上可以部分替代。如

果其中之一缺失，FtsZ 蛋白仍然可以在拟核没有占据细胞中央时形成一个环，然而当两个系统同时缺失，则分裂隔膜可以出现在任何地方，甚至出现在拟核占据的位置。枯草芽孢杆菌中的这种蛋白称为 Noc，被偶然发现，因为它的基因 noc，与 Par 功能基因 soj 和 spoOJ 相邻，观察发现，此基因发生突变时如果不与 minD 基因突变同时发生，细胞不会发生病变。细胞如果出现病变，可能是因为形成了长绳状，而不能正确分裂。大肠杆菌中的 NO 蛋白为 SlmA，是在寻找通过合成致死选择方法将 min 基因失活后，发现的基因产物。合成致死筛选是用来分离一个基因产物缺失时，另一个基因产物必需时的情况，在此例中，是 min 基因产物缺失时，筛选另一个基因产物。研究者用一个诱导启动子表达 min 基因，寻找在无诱导物时不能形成菌落的突变体。研究者将突变子中某些发生突变的基因命名为 slmA。Min 蛋白缺失的突变子有更多的 Z 环，与拟核包藏功能缺失的突变子一样，这些环绝不出现在拟核上。诱导型启动子和其他人工表型在后面章节将详细讨论。NO 系统如何工作还不清楚，有一个观点是，Noc 和 SlmA 蛋白是能结合在 DNA 上 FtsZ 的抑制子，当 DNA 在拟核附近时，它们将抑制 FtsZ 环形成。

2.4.8 细胞分裂与染色体复制的协调

我们对细胞分裂前，染色体如何复制并分离进入子代细胞的认识还不充分。染色体复制必须与细胞分裂协调一致才行。如果细胞分裂先于染色体复制完成，则不会有两个完整的染色体分离进入子代细胞中，一个细胞中就不会有一条完整的染色体。尽管染色体复制与细胞分裂的协调机制还未被完全认识，但与此领域相关的信息已经很多。

细胞周期中的复制时机

了解细胞周期中的复制何时发生非常重要，已经有人设计实验来确定大肠杆菌的染色体复制与细胞周期之间的关系，研究结论也被广泛接受，值得我们再来详细回顾一下。

研究者意识到如果能测定出在细胞周期中不同阶段的 DNA 含量，就可能确定在细胞周期的那一刻染色体复制过程进行了多久。由于细菌细胞太小，以至于不能观察到单个细胞内的染色体复制，于是有必要测定大量细胞中的 DNA 复制。然而细胞在培养基中生长时，处于它们细胞周期的不同阶段，因此要知道细胞周期中某个阶段复制进展程度，必须使细胞群处于同一个生长阶段，也即所有细胞在同一个时间具有相同的细胞周期或处于相同生命周期的节点。

Helmstetter 和 Cooper 采用被称为细菌"婴儿机器"完成了上述实验。他们首先用放射性标记生长中细菌细胞 DNA 的核苷，并将细菌细胞固定在膜上，当滤膜上的细胞分裂时，两个子代细胞中其一就不再黏附，而是被释放至培养液中。在某一给定时间所有释放出的子代细胞均为新生细胞，它们处于相同菌龄，同时也意味着细胞处于相同的复制阶段，所以释放出细胞中放射性同位素的量可以测定这一时期细胞中染色体的复制量。在不同生长条件下进行实验，就可以测定出不同生长条件下复制时机和细胞分裂时机是如何协调的。

以上实验结果如图 2.20 所示，方便起见，我们用如下字母指代细胞周期中的不同阶段。I 指从上次染色体复制开始一直到新的一个回合复制开始的时间段；C 指复制整个染色体的时间；D 指染色体复制完成到细胞分裂发生的时间。图 2.20 中的上图是指当细胞代时为 70min，生长较慢时 I、C、D 之间的关系。在图中条件下，I 为 70min，C 为 40min，D 为 20min。然而，当细胞在更丰富的培养基中生长时，其分裂速度加快，代时仅为 30min，而 C 和 D 间隔几乎保持不变，但 I 的时间大大缩短，仅为 30min。

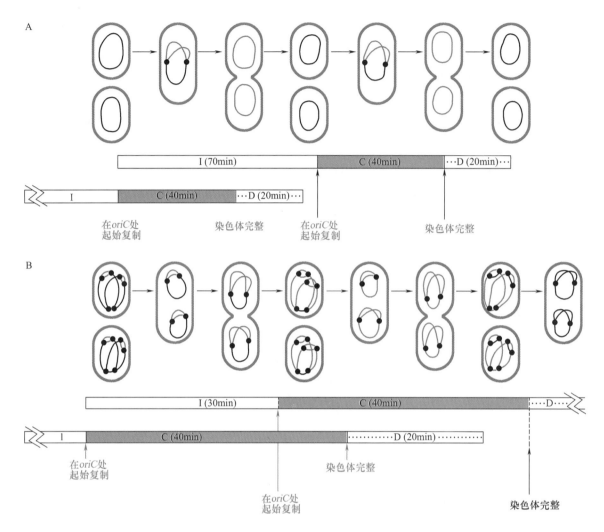

图 2.20　在细胞周期中,两个不同的代时中 DNA 复制的时间点仅在起始时间(I)有时间变化

可以从以上数据中得出如下一些结论:C 和 D 时间不依赖生长率而保持不变;在 37℃,染色体复制大约要 40min,而从复制终止到细胞分裂大约要 20min,然而当细胞生长加快,I 的时间缩短,具有较短的代时。实际上,I 的时间大体与代时相当,代时即为新生细胞从生长到分裂的时间。后面将讨论到,仅当细胞生长达到某一尺寸时,细胞才发生染色体复制,而在每个代时,细胞达到这个尺寸,并不依赖于细胞生长多快。

从数据来看,另一点也很明确,当细胞在短的代时里迅速生长时,I 的时间可以比 C 的时间短,如果 I 时间比 C 短,则旧的染色体 DNA 复制完成之前,新的复制就已经开始,这能解释为什么生长速度快的细胞中 DNA 要比生长慢的细胞中的多。也可以解释,离复制起点近的基因拷贝数比离复制终止点近的要多。

尽管有上面这些重要的实验结果,但对这些结果的精细分析还不能说明细胞分裂是否与染色体 DNA 复制起始或终止偶联。鉴于 I 的时间总是等于代时的事实,可以推测出染色体复制一轮后启动细胞分裂,而且在 60min 内完成,并不依赖于细胞生长多快。然而在细胞分裂后 20min,细胞启动染色体复制一轮后如何终止,需要更多的实验研究才能搞清楚。

2.4.9　复制起始时机

每一次细胞分裂都必将启动新一轮复制,否则细胞中的 DNA 数量将会增加到细胞被塞得满满的,或减少至没有一个细胞拥有完整的染色体拷贝。显然,复制的启动具有严格的时间性。细胞生长非常迅速,在上一回合复制完成后,紧接着就会启动下一回合复制,因此细胞含有很多复制起点,它们同时自发启动复制,需要严谨的控制才行。

有研究者做尝试建立染色体复制启动与细胞周期中其他细胞参数之间的关联,绝大多数实验证据表明复制起始与细胞质量关系密切。细胞分裂后,它们质量会持续增加,直到再一次分裂,细胞每次在达到某一质量,称为"起始质量"时,染色体复制起始发生。如果细胞在较丰富的培养基中生长,它们与生长较慢、体积小的细胞相比,长大得更快,在更短时间内就达到起始质量,这能解释为什么在生长较快的细胞中能发生终止以前染色体复制,开始新回合的复制,而在生长较慢的细胞中就不行。然而,实验本身并不能解释究竟是什么细胞质量激发了复制起始过程。

2.4.9.1　DnaA 蛋白的作用

许多证据显示,染色体复制启动时机与细胞内 DnaA 蛋白浓度关系密切,这点对我们研究染色体 DNA 复制启动时机很有意义。DnaA 蛋白是复制起始时与每一个起始位点结合的首个蛋白。多拷贝 DnaA 结合至每个复制起点上,打开 DNA 链,允许 DnaB 解旋酶蛋白也结合上来,形成复制叉(图 2.17)。仅当细胞中有足量的 DnaA,以便多拷贝 DnaA 与每个复制起点结合时,染色体复制才能发生。然而,关键的不是细胞中 DnaA 的绝对数量,而是细胞中 DnaA 蛋白与复制起点数量的比例。根据这个模型,当细胞生长时,细胞中的 DnaA 蛋白迅速增长,但由于没有新的复制启动,复制起点数量保持不变,最后只有当 DnaA 蛋白与复制起点比例达到临界值时,复制启动才会发生。

这里我们再补充一些这个模型的细节。在每个 oriC 区域,均有"DnaA 盒",为三个 DnaA 的结合序列(图 2.17)。这个序列从 5′ – 3′方向,识别其核酸序列顺序是 TT(A/T)TNCACA,(A/T)意思是,这里出现要么是 A,要么是 T;N 代表 4 个碱基中的任何一个。因为核酸序列有略微差别,所以三个位点以不同的亲和力与 DnaA 蛋白结合(如结合的紧密度)。仅当三个盒子都被 DnaA 蛋白结合后,DnaA 多个拷贝一个个跟上,如图 2.17 所示,复制起始才发生。

让我们根据这个模型预测一下当细胞经历细胞周期时会发生什么,起初,当一轮染色体复制刚刚启动后,DnaA 蛋白与复制起点的比例较低,最多仅有 1 ~ 2 个 DnaA 盒被占据。当 DnaA 增加时,复制起点的数目保持不变,DnaA 蛋白与复制起点的比例平稳增长,当 DnaA 足够多,三个 DnaA 盒全部被占据时,发生复制启动。采用人为减少细胞中 DnaA 数量,或增加 DnaA 盒拷贝数的方法,可以延长染色体复制启动发生的时间,实验证据与上述模型的推论一致。

此模型也能解释为什么复制刚启动后,不能马上再启动新的复制。一旦复制起始发生,起始点的数量将会是原先的两倍,DnaA 蛋白与起始点的比值降为原先的一半,还有一个原因是临近起始点有一个 datA 位点,能结合 300 ~ 400 个 DnaA 拷贝,染色体复制启动后,有更多的这样位点与 DnaA 结合,进一步减少能够利用的 DnaA 的数量。这里也可能有其他因子起作用,DnaA 可以和 ATP 或 ADP 结合,但仅与 ATP 结合的形式能启动复制。ATP/ADP 比例在快速生长的细胞中较高,确保仅在生长旺盛的细胞中启动复制。另外,DNA 聚合酶上滑动夹的装配能激活 ATP 与 DnaA 结合向 ADP 与之结合转变,所以复制启动后也不再启动新的复制。滑动夹与 DnaA 相关的 Hda 发生作用,而 Hda 那时能激活 DnaA 的 ATP 酶活力。

2.4.9.2　半甲基化和隔离

至少在包括大肠杆菌和新月柄杆菌中,还有另外方式推迟新一轮染色体复制的启动时间,直到细胞分裂。这些细菌中,至少 DNA 甲基化在推迟起始中发挥作用。大肠杆菌中甲基化作用是了解最为透彻的甲基化酶 Dam,与错配修复中的酶相同,能将 DNA 序列 GATC/CTAG 的两个 A 甲基化。甲基化发生在 DNA 合成后,所以新合成链上的这段序列还没有立刻被甲基化,有趣的是,GATC/CTAG 序列在染色体 oriC 区域的 245bp 上出现了 11 次,这个频率远高于随机出现的频率,而且 dnaA 基因启动子区域也含有 GATC/CTAG 序列,dnaA 基因是 mRNA 合成起始用 DnaA 蛋白的序列。除非以上序列完全甲基化,否则将不能合成 DnaA 蛋白。

图 2.21 给出了一个模型,说明 Dam 甲基化酶是如何在复制启动后,使 oriC 区域隔离的。刚被用于启动复制后,oriC 区域中的 GATC/CTAG 就被半甲基化,仅旧链中该序列中的 A 被完全甲基化。根据模型可知,半甲基化 oriC 区域通过与膜结合而被捕获,这样它就失去启动新一轮复制的功能,有 Dam 甲基化酶阻止其继续被甲基化。另外,SeqA 蛋白(隔离蛋白质A)也参与结合至膜上的半甲基化 oriC 区域。

有直接证据支持甲基化作用在复制启动后对 oriC 的隔离和 DnaA 蛋白合成调控。例如,oriC 区域的 GATC/CTAG 序列和 dnaA 基因启动子序列在复制后保持半甲基化状态的时间远长于染色体中其他部位的 GATC/CTAG。增加细胞中 Dam 甲基化酶数量将导致提前进入复制起始。如果有比正常水平高的 Dam 甲基化酶将GATC/CTAG 序列完全甲基化,未隔离 oriC 的速度要比半甲基化序列时的速度快。在 SeqA 存在情况下,半甲基化 oriC 区域要比全甲基化状态更容易与膜结合。

最近研究表明 SeqA 虽然不能存在于复制起点,但是能以簇的形式保留在细胞中央的复制叉位置上。推测 SeqA 在复制上有许多功能,包括帮助驱使新复制的 DNA 离开细胞中央向两极移动,以及我们已经知道的它在错配修复中帮助区分新旧链(第 12 章)。

2.5　细菌拟核

如本章开头所述,即使是最简单的细菌,其 DNA 也有大约 1mm 长,然而测量细菌本身发现其长度也仅为微米级,因此细菌中的 DNA 比细菌本身长约 1000 倍,必须经过压缩才能被细胞装下,而且

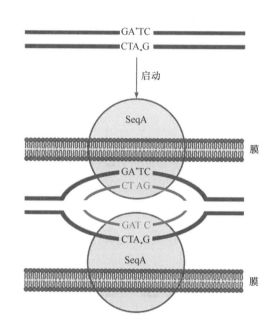

图 2.21　染色体复制起始后,

大肠杆菌染色体 oriC 区域制动模型

启动复制前,两条链中 oriC 区域甲基化,启动复制后,两条链中仅有一条链被甲基化,因此,该区域被半甲基化。SeqA 蛋白帮助将半甲基化 oriC 与膜结合,防止其进一步复制起始和甲基化过程,从而使 oriC 区域复制停止。新合成的链用紫色标示,甲基化碱基用星号标示。图中仅示意 oriC 区域 11 个 GATC/CTAG 序列中的 1 个。

必须以某种方式折叠,以便可以进行转录、重组和发挥其他功能。

图 2.22 给出了大肠杆菌的一张薄切片,从图中可以发现染色体并不是分布在整个细胞中,而是被压缩至某部位,在细胞分裂之前染色体复制时,压缩的 DNA 变大,直到最终分离成两个 DNA。

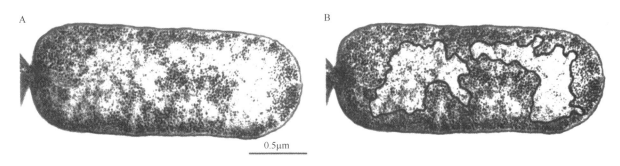

图 2.22　大肠杆菌薄切片,呈现浓缩 DNA

从细菌中分离出的被压缩的 DNA 如图 2.23 所示,这种被压缩的结构称为细菌的拟核。拟核由从更为压缩结实的区域部位,或称核心,发射出的 30 至 50 个 DNA 环组成。看着缠成一团的 DNA,很难想象其复杂结构实际上是一条长而连续的环状分子。

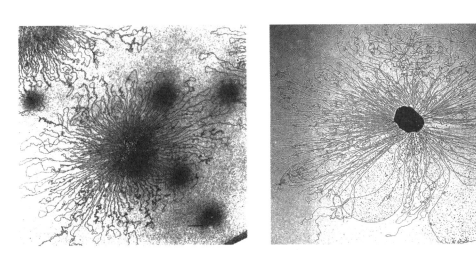

图 2.23　细菌拟核的电镜照片

2.5.1 拟核中的超螺旋

拟核最容易观察到的特征之一是绝大多数 DNA 环绕着它们自身缠绕,如前所述,这种缠绕是 DNA 发生超螺旋化的结果。

超螺旋化如图 2.24 所示,在例子中,DNA 分子以相反方向旋转后,其与自身发生缠绕以释放张力,只要 DNA 末端受到限制,其将保持超螺旋,不能再旋转,而对于环形 DNA 分子来说它没有自由末端,还能旋转。因此,超螺旋环状 DNA 保持超螺旋状态,而线性 DNA 如果末端没有任何限制,则超螺旋立刻被解除。

甚至环形 DNA 在一条链被切开后超螺旋也将被解除,随后两条链相互旋转。一条链上连接两个脱氧核糖的磷酸二酯键可以作为转环或转子,最终使 DNA 松弛下来(如不形成超螺旋)。两条链中的

一条链上 DNA 中磷酸二酯键断裂处,称为切口。在制备拟核时,在提取过程中可能引入切口,通常导致 DNA 环变松弛。实际上,在拟核中,仅有一些而不是全部 DNA 环变松弛,说明 DNA 旋转时周期性地会遇到障碍。一个环形 DNA 分子上的一个断裂或切口将使整个 DNA 分子变得松弛,除非分子的某部分周期性地被阻碍物附着阻止链的旋转,如前面提到的压缩蛋白和与之相关的 kleisins 蛋白。

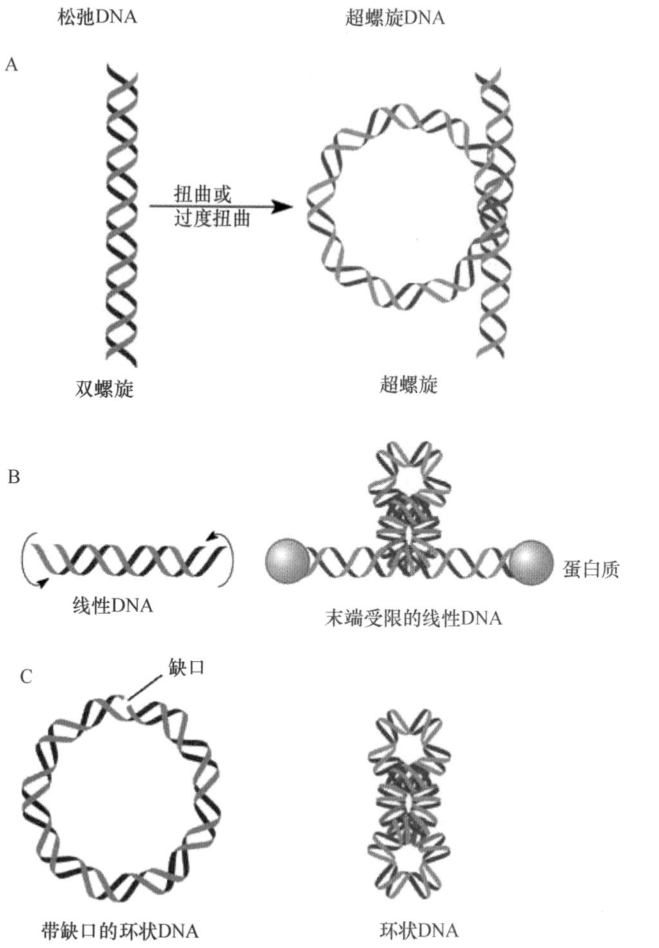

2.5.1.1　天然 DNA 中的超螺旋

我们可以估计出天然 DNA 中的超螺旋数目。根据 Watson – Crick 结构模型,两条链大约每 10.5bp 就互相缠绕一次形成双螺旋,因此,在 2100bp 的 DNA 中,两条链应该缠绕 2100/10.5 次,也即 200 次左右。在同样大小的超螺旋 DNA 分子中,两条链彼此缠绕的次数要多于或小于 200 次,如果超过每 10.5bp 缠绕形成的螺旋称为正超螺旋,如果低于每 10.5bp 缠绕形成的螺旋称为负超螺旋。

绝大多数细菌 DNA 是负超螺旋,平均每 300bp 一个负超螺旋,尽管某些固定位置的负超螺旋数会高于或低于平均值。也有些地方,比如,RNA 聚合酶转录的前方,DNA 可能是正超螺旋。

图 2.24　(A)超螺旋 DNA　(B)线性 DNA 末端以反方向扭转,自身将发生缠绕,如果 DNA 末端不受限制,超螺旋将消失 (C)环状 DNA 分子两条链中的任一条链上有一处切口或小缺口,超螺旋将松弛下来

2.5.1.2　超螺旋张力

某些由 DNA 超螺旋引起的张力,能导致 DNA 自身缠绕,如果 DNA 能缠绕到周围某些物质,如蛋白质上时,张力可以被降低。水手熟悉这样的效果:如果把绳子绕自己缠起来以便收起来时,当绳子卷好后它不会自己再展开。细胞中 DNA 绕着蛋白质缠绕,被称为限制超螺旋。没有限制的超螺旋将导致 DNA 上产生张力,可以通过 DNA 与自身缠绕而减少张力,使原先的 DNA 更为紧凑,如图 2.24 所示。没有受限制的超螺旋产生的张力同时还有其他效果,例如,在复制、重组和在启动子处 RNA 合成的起始过程的反应中帮助分离 DNA 链。

2.5.2　拓扑异构酶

细胞中 DNA 超螺旋由拓扑异构酶调控,所有生物中都有这种蛋白,它能从环状 DNA 上清除超螺旋而不永久性地切断任何一条链。只要该种酶固定在切断的 DNA 上,DNA 就不能旋转,这个过程是

链的通过,要么向 DNA 引入超螺旋,要么将 DNA 上的超螺旋清除掉。

拓扑异构酶可以分成两组,一组是Ⅰ型,另一组是Ⅱ型,如图 2.25 所示。两种类型的差别在于切断的是几条链和多少条链通过切口。Ⅰ型拓扑异构酶切断一条链,让另一条链通过切口,然后再封闭切口。Ⅱ型拓扑异构酶切断两条链,让另外的链通过切口,有时还会让另外的 DNA 通过,然后再封闭切口。因此Ⅰ型拓扑异构酶每次能改变 DNA 的一个超螺旋,而Ⅱ型拓扑异构酶却能一次改变 DNA 的两个超螺旋,如图 2.25 所示。

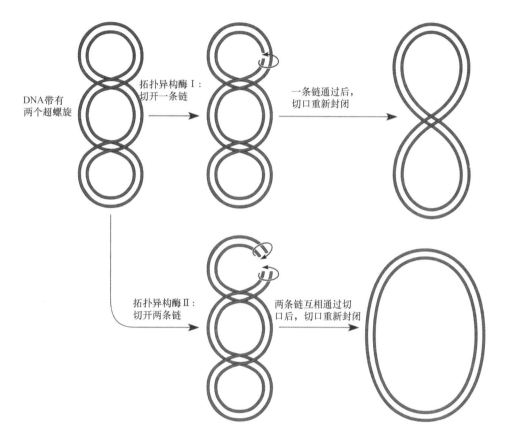

图 2.25　两种类型拓扑异构酶的作用

拓扑异构酶Ⅰ切开一条 DNA 链,让另一条链穿过切口,在一个时刻,消除一个超螺旋。拓扑异构酶Ⅱ切开两条
链,让另一条链相同 DNA 部分穿过切口,在一个时刻可以引入或消除两个超螺旋。

2.5.2.1　Ⅰ型拓扑异构酶

细菌有很多I型拓扑异构酶,主要是从 DNA 上清除负超螺旋,在大肠杆菌和鼠伤寒沙门菌中,*topA* 基因编码这种I型拓扑异构酶。和预料的一致,大肠杆菌 *topA* 突变株比正常株中有更多的负超螺旋。

2.5.2.2　Ⅱ型拓扑异构酶

细菌中也有不止一种的Ⅱ型拓扑异构酶,因为它能切断两条链,让两条另外的 DNA 链通过切口,所以它既能够分离两条交联在一起的环形 DNA 分子,也能将两条 DNA 分子连接起来,连接有时发生在复制或重组之后。细菌中主要的Ⅱ型拓扑异构酶称为促旋酶,而不是Ⅱ型拓扑异构酶这个称谓,它不仅能像绝大多数Ⅱ型拓扑异构酶一样清除负超螺旋,而且这种酶可以添加负超螺旋。首先促旋酶让 DNA 发生自身缠绕,然后切断双链,在其他 DNA 部分通过切口之前,引入两个负超

螺旋。增加负超螺旋将增加 DNA 中的张力,是需要能量的过程,所以促旋酶需要 ATP 参加它增加超螺旋的反应。

大肠杆菌的促旋酶由四个多肽组成,两个是由 *gyrA* 编码,两个是由 *gyrB* 编码,这些基因是通过抗生素抗性突变体研究首先鉴定的,这些突变也影响到了促旋酶(表 2.2)。GyrA 亚基似乎能切断 DNA,然后固定住 DNA 链使之通过切口。GyrB 亚基有 ATP 位点,帮助提供超螺旋化所需的能量。

表2.2　阻断 DNA 复制的抗生素

抗生素	来源	靶点
甲氧苄氨嘧啶	化学合成	二氢叶酸还原酶
羟基脲	化学合成	核糖核酸还原酶
5−氟尿嘧啶脱氧核苷	化学合成	胸腺嘧啶合成酶
那利得酸	化学合成	促旋酶 *gyrA* 亚基
新生霉素	拟球链霉菌(*Streptomyces sphaeroides*)	促旋酶 *gyrA* 亚基
丝裂霉素	头状链霉菌(*Streptomyces caespitosus*)	DNA 交联

如前所述,大肠杆菌中另一种主要的 Ⅱ 型拓扑异构酶是 topoⅣ,当大肠杆菌染色体 DNA 复制后,使子代染色体去联会,分离后进入子代细胞中。

2.6　细菌基因组

讨论细菌基因组复制与结构时,忽视了 DNA 序列和这些序列编码功能的复杂性。专栏 2.4 中讨论了一些细菌染色体序列特征,这些特征是从以往经测序的细菌基因组中获得的。至今,已有 500 余种细菌基因组完成了测序。绝大多数被测定基因组序列的细菌在医学和生态学上比较重要,或者是分子遗传学研究中的模式生物。细菌的基因组相对较小,严格寄生的细菌其基因组大约 0.5Mb,基因 500 个,能自由生活的细菌,基因组大约 10Mb,基因 10000 个,因此细菌是用于基因组分析的理想材料。与真核细胞基因组相比,它几乎不含内含子,没有过多的重复 DNA 序列。对不同细菌基因组测序可以揭示为什么来自相同属的细菌,有不同的生活方式,其繁殖和携带的基因岛方面差异巨大,这是很有意义的工作。例如,广泛用于分子遗传分析的无害大肠杆菌 K−12,与导致严重食物中毒爆发的强致病性大肠杆菌 O157:H7,它们具有非常相似的基因组序列,但是其繁殖和基因岛却完全不同。对细菌基因组的认识,对于我们理解细菌是如何适应不同环境、如何战胜细菌性疾病,尤其是突发性疾病很重要。我们将在第 9 章讨论细菌繁殖,在第 10 章讨论基因岛。

专栏2.4

细菌基因组特点

一个基因组被测序之后,它就可以被"注释",包括开放阅读框、RNA−编码基因、重复序列、调控序列等特性。正在发展的生物信息学允许我们从这些基因片段中得到越来越多的信息。一

个最根本的工具,基本局部序列对比搜索工具(BLAST),能够发现不同的基因组之间,同一个基因组内部的同源性。BLAST 可以用于多种形式的同源性分析(专栏 3.7)。核苷酸−核苷酸搜索方式可以在 blastn 内部分析。

细菌基因组紧密排列着编码基因。例如,大肠杆菌基因组 DNA 大约 4.6Mb,其中含有至少 4400 个基因。细菌基因组的平均密度是 1.1kb,也就是说,每隔 1.1kb 就能够找到一个基因。相比,小鼠和人类的基因组具有相同的平均基因密度,每 60 ~80kb 一个基因。编码信息是基因的主要评价形式,包括编码蛋白质,rRNAs 或者 tRNA,但是更多的区域编码小的 RNA,而且发现还有许多小肽。关于基因产物的最近研究将在后面的章节详细叙述。

越来越多的基因组序列片段已经录入数据库,发现具有相同功能的蛋白质通常具有相同的序列,称为结构域或基序。因此,仅仅得到基因序列,就可以查找数据库,找到相同的蛋白质,这样能够方便地预测生物体许多基因产物的作用。

通过基因组测序,可以革命性地发现许多未知基因组。例如,相同功能的基因在不同物种间是如何组织的,其中会发现很多有趣的组织形式。比较基因组片段一个重要的结果是观察到高水平基因连锁现象,称作同线性。例如,两个芽孢杆菌属细菌,枯草芽孢杆菌(*Bacillus subtilis*)是一种模式生物,地衣芽孢杆菌(*Bacillus lichenformis*)应用于生物技术,因为它们具有高效的分泌系统,拥有大片结合区域分散于由前噬菌体组成的唯一区域,即插入序列元件的基因簇称为基因岛。

基因组测序已经解释了为什么大肠杆菌菌株既可以成为肠道有益菌,也可以成为肠道有害菌。作为模式生物,弄清大肠杆菌的特性,重要的是去除大肠杆菌菌株的致病性,如 O157:H7 菌株是世界性致死传染病的致病因子。大肠杆菌 O157:H7 和大肠杆菌 K−12 拥有共同的长约 4.1Mb 的 DNA 同源性片段,但是通过大肠杆菌 O157:H7 基因组的分散使长片段 DNA 能够编码病毒特性。这种增加的 DNA,大约 1Mb 长,大约全部由前噬菌体和其他的可以水平转录的基因岛组成。

组成生物体必须的最小数量的基因应该通过比较不同生物体的基因组来决定。只有那些被所有类型生物体都必要的基因来进行生存的基因才是必需的。另一个要测定一个生物的全部基因的原因是判断它的身份,越清楚越好,如在传染病学,便于发现一种传染病的来源。重复的 DNA 片段对这种分析特别有用。

细菌基因组与真核细胞基因组相比,含有较少的 DNA 重复序列。例如,在大肠杆菌中不到 1% 的基因组片段是重复的,而在人类基因组中,大约有 50% 的重复片段。然而,某些类别的重复序列在许多细菌中也有发现。REP 元件,一种不完美的回文序列,长 30 ~40bp,还有 ERIC 序列,长度有数百个碱基对都是重要的例子。这些序列不仅在真核生物中发现,也广泛分布在细菌基因组中。这些序列的生物学重要性还不是很了解,但是它们在特殊复制上确实很有用。在医学、环境学方面鉴别特殊微生物菌株过程中,因为这些元件包含菌种特殊序列,所以能够用于设计引物或者应用与一种叫作 REP−PCR 的 PCR 技术。其他的重复序列代表一种特殊细菌。例如,STAR 序列是金黄色葡萄球菌的特有序列,CRISPER 序列是另一个在革兰阳性菌中发现的

专栏2.4(续)

特有序列。

表格中列出了一些常见细菌的基因组大小。

基因组大小范围		
微生物	大小	备注
生殖支原体(*Mycoplasma genitalium*)	0.58	最小的基因组
梅毒螺旋体(*Treponema pallidum*)	1.14	导致梅毒
幽门螺杆菌(*Helicobacter pylori*)	1.67	引起十二指肠溃疡
硫磺矿硫化叶菌(*Sulfolobus solfataricus*)	2.25	在黄石国家公园温泉中发现
枯草芽孢杆菌(*Bacillus subtilis*)	4.20	土壤细菌;研究发育的模式细菌
大肠杆菌(*Escherichia coli*)	4.64	肠道细菌;遗传和生理模式细菌
绿脓假单胞菌(*Pseudomonas aeruginosa*)	6.26	导致呼吸道感染
天蓝色链霉菌(*Streptomyces coelicolor*)	8.4	生产抗生素的土壤细菌

参考文献

Blattner, F. R., G. Plunkett Ⅲ, C. A, Bloch, N. T. Perna, V. Burland, M. Riley, J. Collado – Vides, J. D. Glasner, C. K. Rode, G. F. Mayhew, et al. 1997. The complete genome sequence of *Escherichia coli* K – 12. Science. 277:1453 – 1462.

Earl, A. M., R. Losick, and R. Kolter. 2007. *Bacillus subtilis* genome diversity. J. Bacteriol. 189: 1163 – 1170.

Perna, N. T., G. Plunkett Ⅲ, V. Burlande, B. Mau, J. D. Glasner, D. J. Rose, G. F. Mayhew, P. S. Evans, J. Gregor, H. A. Kirkpatrick, G. Pósfai, J. Hackett, S. Klink, A. Boutin, Y. Shao, L. Miller, E. J. Grotbeck, N. W. Davis, A. Lim, E. T. Dimalanta, K. D. Potamousis, J. Apodaca, T. S. Anantharaman, J. Lin, G. Yen, D. C. Schwartz, R. A. Welch, F. R. Blattne. 2001. Genome sequence of enterohaemorrhagic *Escherichia coli* O157:H7. Nature 409: 529 – 533.

2.7　抗生素影响 DNA 复制及其结构

抗生素是阻断细胞生长的一类物质。许多抗生素是由土壤微生物,尤其是放线菌,天然合成的化学物质,用于帮助它们对抗另外的土壤微生物,因此,这类抗生素在活性和靶标特异性方面具有广谱性。抗生素不仅能用于疾病的治疗,而且已经被证实在增强我们对细胞功能认识方面很有用。许多抗生素通过特异性阻断 DNA 复制或改变分子结构使细菌停止生长。表2.2 中列出一些有代表性对 DNA 有作用的抗生素,给出了它的细胞靶点和来源。在细菌整个进化历程中,其部分复制机制几乎没有改变,所以许多此类对 DNA 有影响的抗生素对大多数细菌有效。有些甚至对真核细胞有效而被用作抗真菌剂和肿瘤化学治疗剂。

2.7.1　阻断前体合成的抗生素

如上所述,DNA 是从三磷酸脱氧核糖核酸聚合而成,任何一种抗生素能阻断脱氧核糖核酸前体的合成,就能阻断 DNA 复制。

2.7.1.1　抑制二氢叶酸还原酶

一些最重要的 DNA 前体合成阻断剂是抑制二氢叶酸还原酶的抗生素,一个是对细菌有效的甲氧苄氨嘧啶,另一个是抑制真核细胞二氢叶酸还原酶的抗肿瘤药物氨甲喋呤。

二氢叶酸还原酶是许多生物合成反应需要的酶,抗生素甲氧苄氨嘧啶能抑制二氢叶酸还原酶活力,并通过消耗光四氢叶酸来杀死细胞。如果细胞内缺乏合成 dTMP 的胸苷酸合成酶,就能克服以上抑制作用。因此绝大多数甲氧苄氨嘧啶抗性突变体在胸苷酸合成酶 *thyA* 基因上发生突变而失去活力,其原因可以从图 2.5 中 dTMP 合成途径明显看出。在合成 dTMP 中,胸苷酸合成酶是唯一负责将四氢叶酸转变为二氢叶酸的酶,它将四氢叶酸的甲基转给 dUMP。二氢叶酸还原酶是细胞内唯一能将二氢叶酸恢复四氢叶酸的酶,而后者是其他生物合成反应所需的。然而,如果细胞缺乏胸苷酸合成酶时,也就不需要二氢叶酸还原酶来恢复四氢叶酸的量。因此对于抗生素抗性的胸苷酸合成酶基因 *thyA* 突变株,通过甲氧苄氨嘧啶抑制其二氢叶酸还原酶活力是无效的。当然,如果细胞缺乏胸苷酸合成酶,则不能合成自身所需的 dTMP,必须在培养基中提供胸苷酸,它才能完成自身 DNA 复制。

获得甲氧苄氨嘧啶抗性的机制不止一种,还有改变二氢叶酸还原酶使其不能与甲氧苄氨嘧啶结合,或者含有更多的二氢叶酸还原酶基因合成更多的酶。有些质粒和转座子携带甲氧苄氨嘧啶抗性基因,这些基因编码的二氢叶酸还原酶对甲氧苄氨嘧啶敏感度大大降低,从而能在高抗生素浓度下发挥作用。

2.7.1.2　抑制核糖核酸还原酶

抗生素羟基脲能抑制核糖核酸还原酶,该酶是 DNA 合成中,合成 4 种前体物质需要的酶(图 2.5),能催化从核糖核苷二磷酸合成脱氧核糖核苷二磷酸 dCDP、dGDP、dADP 和 dUDP,是合成脱氧核糖核苷三磷酸必需的步骤。羟基脲抗性突变株其核糖核酸还原酶发生了改变。

2.7.1.3　与 dUMP 发生竞争

5 – 氟脱氧尿嘧啶和相似物 5 – 氟尿嘧啶,其单磷酸形式与 dUMP 类似,dUMP 是胸腺嘧啶合成酶的底物。通过与胸腺嘧啶合成酶天然底物竞争,5 – 氟脱氧尿嘧啶和相似物 5 – 氟尿嘧啶能抑制脱氧胸腺嘧啶单磷酸合成,在治疗真菌和细菌感染中非常有效。对以上物质有抗性的突变株,其胸腺嘧啶合成酶发生了改变。

2.7.2　阻断脱氧核糖核酸聚合的抗生素

阻断由脱氧核糖核酸前体物聚合成 DNA 过程似乎也是抗生素的一个临时靶点。然而,似乎还没有抗生素能直接阻断这个过程,这一点让人非常惊奇。绝大多数抗生素是间接阻断聚合反应的,通过与 DNA 结合或者形成脱氧核糖核酸类似物,导致链的终止,而非抑制 DNA 聚合酶本身。

2.7.2.1　脱氧核糖核酸前体物的类似物

除了在脱氧核糖核苷 3′ 碳原子上缺失一个羟基外,双脱氧核糖核苷与正常的脱氧核糖核苷相似,结果在 DNA 复制中,它们也能掺入到 DNA 中,但是因为它们不能与下一个脱氧核糖核苷连接,会导致复制终止。或许因为这些物质在细菌细胞内没有完全磷酸化,所以抗细菌剂没有效果,然而,其能提前终止 DNA 复制,为 DNA 测序奠定了基础。

2.7.2.2 交联

细胞分裂霉素 C 能通过使 DNA 分子中鸟嘌呤碱基相互发生交联而阻断 DNA 合成。有时交联的碱基在相对的链上,如果两条链彼此接触,它们在复制时就不能被分开。甚至在 DNA 中某个交联不能被修复时,能阻止染色体复制。这类抗生素是非常有用的抗肿瘤药物,可能具有与上面所述相同的作用机制。

2.7.3 影响 DNA 结构的抗生素

2.7.3.1 吖啶染料

吖啶染料包括二氨基吖啶、溴化乙锭和氯喹,这类化合物可以插入到 DNA 碱基间,造成 DNA 框移突变,而抑制 DNA 合成。吖啶类染料能插入到 DNA 分子碱基间使之在遗传学和分子生物学中非常有用,其应用将在后面提到。一般,吖啶染料不用作抗生素,因为它能抑制真核细胞中线粒体 DNA 合成。抗生素大类中某些成员,因为能阻断锥虫线粒体(动基体)中 DNA 合成,以上也是奎宁水具有抗疟疾活性的原因。

2.7.3.2 胸腺嘧啶类似物

5-溴脱氧尿嘧啶(BUdR)是胸腺嘧啶类似物,能被高效磷酸化并替代胸腺嘧啶的位置,然而,BUdR 插入到 DNA 分子中时往往会错配并增加复制错误。DNA 分子中含有 BUdR 后,其对紫外光(UV)的某些波长更为敏感(这点使 BUdR 在分离突变体的富集方案中很有用,第 4 章)。另外,含有 BUdR 的 DNA 与仅含有胸腺嘧啶的 DNA 具有不同的密度(这一特点在实验中也非常有用)。

2.7.4 影响促旋酶的抗生素

许多抗生素和抗肿瘤药物会影响拓扑异构酶的活力。细菌中的 II 型拓扑异构酶,即促旋酶,是许多不同种类抗生素的靶标,它是细菌生长所需要的,该酶在所有细菌中都比较相似,所以能抑制该酶的抗生素,具有广谱性,能杀死多种类型的细菌。

2.7.4.1 GyrA 的抑制

那利得酸能与 GyrA 亚基特异性结合,而该亚基具有切断 DNA 分子使 DNA 链通过的能力。那利得酸能与 GyrA 亚基特异性结合,而 GyrA 与 DNA 链切割和解旋有关,因此,那利得酸及其衍生物恶喹酸、氯霉素成为非常有效的抗生素。另一个与 GyrA 亚基结合的抗生素环丙沙星(Cipro),被用于淋病、炭疽和细菌性痢疾治疗。然而,因为此类抗生素能诱导原噬菌体,它们有可能会使某些疾病恶化(第 9 章)。

我们对此类抗生素的杀菌机制还未完全认识清楚,它们能降解 DNA,使 DNA 与促旋酶共价交联,因此可以推测抗生素使链通过过程停止在中间状态。如果 *gyrA* 基因发生改变,则细菌对那利得酸就会产生抗性。

2.7.4.2 GyrB 抑制

新生霉素和与其相关且更具应用潜力的库马霉素能结合在能与 ATP 发生结合的 GyrB 亚基上。这类抗生素并不是 ATP 的类似物,却能结合在促旋酶上而在某种程度上阻止 ATP 切割,很可能是改变该酶的结构,对新生霉素具有抗性的突变株,其 *gyrB* 基因会改变。

2.8 DNA 的分子生物学操作

除了它们基础科学意义外,对细菌中 DNA 复制机制和 DNA 复制中的酶的详细研究,已经导致这些理论在许许多多分子生物学中的实际应用。这些应用对我们日常生活,如医学、农业,甚至法律实

施等方面都具有深远的影响。在本节我们回顾一下这些应用。

2.8.1　限制性内切酶

改变 DNA 中最有用的酶是限制性内切核酸酶，它们能识别 DNA 序列中的特殊位点，在该识别位点或其附近将其切开，它们还经常伴有甲基化作用，将识别序列上 DNA 甲基化后内切核酸酶能更好发挥活力将其切断。这些酶纯粹由细菌合成，似乎是为了防御噬菌体，噬菌体未经修饰进入细胞就会被内切核酸酶切除。有些是杀死含有质粒的细胞，以防止质粒的丢失（专栏5.3）。

限制性内切核酸酶分类为三种类型，类型Ⅰ、Ⅱ、Ⅲ，以上三种类型的酶在甲基化和酶切特性上差异巨大。Ⅱ型酶因为能证明其甲基化作用可以和酶切活力分开，所以是最有用的酶，现已知的Ⅱ型酶有上千种，它们中的许多能从生化供应商那里买到。它们之所以有用，是因为它们能识别 DNA 中自己特殊序列，并在识别序列处或附近将其切断。它们识别序列多数是回文序列，能产生不平齐的切口，即产生互补或称为黏性末端，能用于 DNA 克隆。它们的识别序列通常 4bp、6bp 或 8bp 长，一些限制性内切核酸酶的识别序列见表2.3。

表2.3　限制性内切酶识别序列

内切酶	识别序列	内切酶	识别序列
Sau3A	˙GATC/CTAG˙	BamH I	G˙GATCC/CCTAG˙G
EcoR I	G˙AATTC/CTTAA˙G	Pst I	CTGCA˙G/G˙ACGTC
Hind Ⅲ	A˙AGCTT/TTCGA˙A	Sma I	CCC˙GGG/GGG˙CCC
Not I	GC˙GGCCGC/CGCCGG˙CG		

2.8.1.1　用限制性内切酶制备重组 DNA

上面说过，一些很有用的Ⅱ型限制性内切核酸酶的特点是其识别序列在两条链中以 5′-3′去读，都是相同的，这样的序列称为二次旋转对称或者称为回文结构，因为它们旋转 180°后具有相同序列。例如，英语中的一句回文是"MADAM I'M ADAM"，从两边读这句话，都是相同的字母顺序。因为在两条链上读取的序列相同，所以限制性内切核酸酶结合在相同序列的两条链上，在这序列的相同位置将两条链切开。例如，限制性内切核酸酶 Hind Ⅲ，其名称来源于它是流感嗜血杆菌（*Haemophilus influenzae*）中第三个限制性内切核酸酶，其识别 6bp 序列 5′AAGCTT3′/3′TTCGAA5′，会在每条链上的两个 A 中间切开（表2.3），可见以 5′-3′的方向阅读两条链上的这段序列，其顺序是一样的。切出来的末端称为"交错末端"，因为两条链上 DNA 的切口并不彼此相对，在切断的双链末端，留下每条较短的单链末端。因为最初被切开的序列是二次旋转对称的，所以这些单链末端从 5′-3′方向具有相同序列，例子中的序列应该为 5′AGCT3′，两个单链末端彼此互补，所以可以互相配对。更为重要的是，所有采用相同限制性内切核酸酶切割后的任何 DNA 都具有相同序列的单链末端。这些单链末端被称为黏性末端，因为它们能与任何其他可互补的单链末端序列配对。另一些限制性核酸酶尽管识别的序列有些不同，但仍然能切出相同的黏性末端，我们说这种酶具有容忍性。当两个黏性末端配对后，在双链上还会留下切口，这时 DNA 连接酶会封闭此切口，如图 2.26 所示。以这种方法生成的 DNA 被称为重组 DNA，因为两个 DNA 被重组连接进入到新的序列中。虽然还有其他方法用于产生重组 DNA，但采用限制性内切核酸酶产生重组 DNA 是现在也是将来被继续广泛采用的方法。

2.8.1.2 克隆和克隆载体

新生成的重组 DNA 分子仅有一个，要利用它，还需要很多个重组 DNA 分子的拷贝，能利用克隆载体完成重组 DNA 扩增。克隆载体有自己的复制起点，能不依赖于宿主细胞完成复制，例如，质粒 DNA 就有自己的 ori 序列，在细胞中能独立复制，被称为复制子。把一段 DNA 克隆进自身带有 ori 序列环状质粒的过程如图 2.27 所示。一旦另外的 DNA 片段被引入细胞后，它就被复制出很多个一样的拷贝，由于复制的 DNA 片段与来自生物体的初始片段遗传性状相同，像是经过无性繁殖过程生成的，所以称为 DNA 克隆。噬菌体在其宿主中也能独立复制，所以某些噬菌体经修饰后可以作为使用方便的克隆载体。克隆载体的一些例子和它们的优点将在随后章节中讨论。

2.8.1.3 DNA 文库

一个 DNA 文库是一个 DNA 克隆的集合，包括生物体所有 DNA 序列，至少几乎是全部序列。创建 DNA 文库的一个方法是采用限制性内切核酸酶。生物体整个 DNA 用限制性内切核酸酶切割，把这些片段连接到采用兼容性酶切过的克隆载体上，然后用这个构建好的克隆载体去转化或转染细胞，将转化子或噬菌斑收集起来，如果转化子或噬菌斑收集量足够大，这个生物的每一个 DNA 序列将出现在克隆的集合体中，这个文库就是一个完整文库。接下来的任务就是从文库中的所有克隆中找出想要的克隆。构建文库的方法将在本节和其他章节中介绍。

创建一个生物体的完整 DNA 文库需要克隆的数量取决于生物体 DNA 的复杂程度。例如，创建大肠杆菌 DNA 文库时，用识别 6 个碱基对的 EcoR I 酶

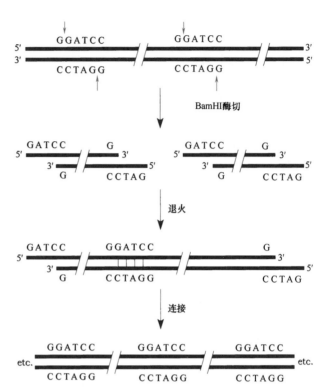

图 2.26　用限制性内切酶切产生黏性互补末端

两条单链 DNA 末端彼此配对，通过 DNA 连接酶封闭切口

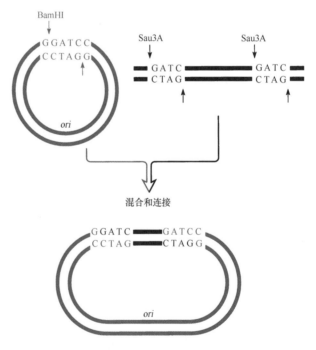

图 2.27　DNA 克隆

相匹配的限制性内切酶 Sau3A 和 BamHI 被用于将一段 DNA 克隆到克隆载体，被克隆的 DNA 先被 Sau3A 酶切，然后连接到用 BamHI 酶切的克隆载体上。因为插入到克隆载体中的 DNA 片段 ori 区域，所以不能自主复制，只有当克隆载体每次复制时它才会被复制。

切,需 $4.5\times10^{6}/(4\times10^{3})\approx1100$ 个不同克隆,因为大肠杆菌 DNA 含有约 4.5×10^{6} bp,而 EcoR I 酶切 DNA 时每 4000bp 切一次。而 λDNA 仅需要 $5\times10^{4}/(4\times10^{3})\approx13$ 个克隆,因为 λDNA 仅有 50000bp。需要注意的一点是以上仅仅是创建一个生物体 DNA 文库时所需克隆的最小估计值。由于随机统计的波动,并非所有克隆能均等地出现在文库中,而且一些片段因为较小或不含有对细胞有毒产物的基因而更容易被克隆。

2.8.1.4　物理图谱

限制性内切核酸酶的另一个重要用途是绘制物理图谱。与遗传图谱类似,遗传图谱是根据突变发生的大概位置确定遗传杂交(第 4 章中遗传分析部分),物理图谱是确定 DNA 核酸序列中特定序列的准确位置。因为限制性内切核酸酶仅在特殊序列处切割 DNA,所以可以在每个 DNA 分子上产生统一尺寸的片段。从片段大小可以确定限制性内切核酸酶识别序列在初始 DNA 上的位置,比较不同限制性内切核酸酶切割片段大小,就能排出限制性位点的顺序,构建出 DNA 物理图谱。图 2.28 和图 2.29 给出了 DNA 限制性位点物理图谱的原理。

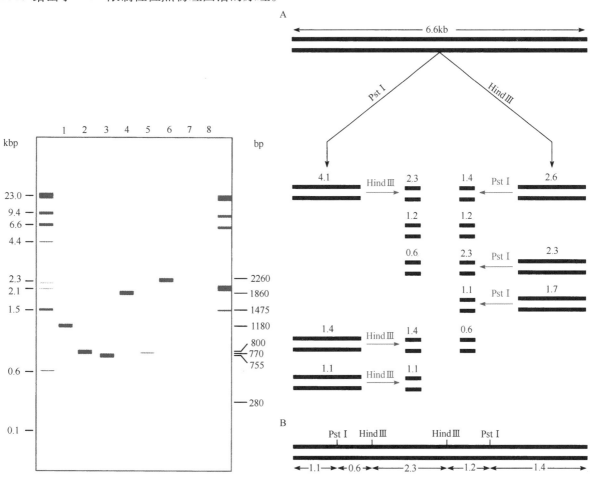

图 2.28　DNA 片段的琼脂糖凝胶电脉
较小的片段在凝胶中迁移速度较快,所以在相同时间内其移动得更远,外侧泳道中是用于比较、分子大小已知的 DNA 分子标记。

图 2.29　在 DNA 片段上绘制限制性位点图谱方法
6.6kb(6.6×10^{3} bp)的初始片段含有两个 Hind Ⅲ 识别位点和两个 Pst Ⅰ 识别位点。(A)该片段分别用 Hind Ⅲ 和 Pst Ⅰ 酶切,分离到的片段再用其他限制性内切酶酶切　(B)根据片段大小可以推测出限制性位点的顺序

2.8.1.5 限制性位点多态性

某个种的众多个体在遗传性状上都非常相似,但个体之间的细小差异,称之为多态性。这些很小的遗传差异表现在每一种生物的 DNA 序列差异上,尤其在限制性位点所处的位置上的差异,称之为限制性片段长度多态性(RFLPs),是由于这些位点之间插入或删除了一段序列,也可能是含有这些位点的 DNA 发生反转。DNA 中的 RFLPs 可以用于确定某一个体的祖先、绘制疾病遗传图谱、法医学等,其中法医学是根据罪犯留下含有 DNA 的血迹或其他材料来鉴定罪犯身份。

2.8.2 分子杂交

我们对 DNA 结构、DNA 合成与分子相互结合的认识,促成这些知识在分子遗传学上的广泛应用。在位于互补碱基对中间氢键的作用下,两条 DNA 单链以双螺旋形式结合形成双链,对双链 DNA 加热或以高 pH 处理 DNA 双链,能破坏这些氢键,而导致双链分开,如果随后温度降低或者 pH 恢复至中性,互补序列将逐渐找到另一条互补链,形成新的双螺旋。两条 RNA 链,或者一条 DNA 和一条 RNA,如果它们序列是互补的,那么它们都能结合在一起形成双螺旋结构,以上过程称为杂交。在理想条件下,仅当两条 DNA 链或 RNA 链序列几乎完全互补,才能形成双螺旋结构,这一点使得杂交变得非常特异和灵敏,使我们可以从数千条其他序列中发现我们想要的 RNA 或 DNA 特殊序列。

点杂交和平板杂交

绝大多数杂交实验,均采用由硝酸纤维或其他类似材料制成的滤膜,首先将单链 DNA 或 RNA 固定在膜上,然后将含有另外 DNA 或 RNA 溶液加在膜上。如果第二个 RNA 或 DNA 与固定在膜上的 RNA 和 DNA 杂交,那么它们也会被固定在膜上。如果第二个 DNA 或 RNA 杂交前被标记,那么是否杂交就很容易被检测到? 类似方法可以应用于对结合在滤膜上蛋白质与特异性抗体结合的检测,或者对固定在滤膜上 DNA 与蛋白质结合的检测,也可以是蛋白质被固定而检测结合的 DNA。

膜杂交技术是分子生物学中有用的技术之一(图 2.30)。将一块胶上或平板上的菌落或噬菌斑转移至滤膜上,可以通过把滤膜放在胶上或平板上,将 DNA、RNA 或蛋白质等大分子转移至滤膜相同位置上,转移可以通过自由扩散、毛细管作用或采用电场的方法,这取决于采用何种方式。将 DNA、RNA 或蛋白质从胶上转移至滤膜上称为印迹,滤膜上含有以上大分子的拷贝称为斑点,可以将此斑点与标记的探针杂交确定特殊 DNA 的位置、RNA 序列或蛋白质在原先胶或平板上的位置。

最早将 DNA 条带从胶上转移至滤膜上的操作由 Ed Southern 发明,所以将这个过程称为 Southern 印迹。后来对 RNA 和蛋白质的相似印迹方法相继被开发出来,后人很诙谐地采用指南针上的方向给它们命名,将 RNA 斑点转移称为 Northern 印迹,将蛋白斑点转移称为 Western 印迹。

Southern 印迹原理及一个印迹斑点的例子如图 2.30 和图 2.31 所示。如图 2.31 左手边的图片所示,DNA 片段混合物采用琼脂糖凝胶和外加电场进行分离,这些片段按照大小被分离,片段越小,移动越快,电泳结束后,用溴化乙锭染色拍照,就能看到所有条带的位置(图 2.31 A~G 泳道)。如果做这块胶的斑点印迹,然后用一个特殊序列 DNA 与斑点杂交,能出现条带的仅是那些含有与探针互补 DNA 的斑点(图 2.31,a~g 泳道)。

2.8.3 DNA 复制所用酶的应用

前面已经说过,对 DNA 复制中酶的性质方面的细致研究工作,不仅可以增强我们对 DNA 复制的

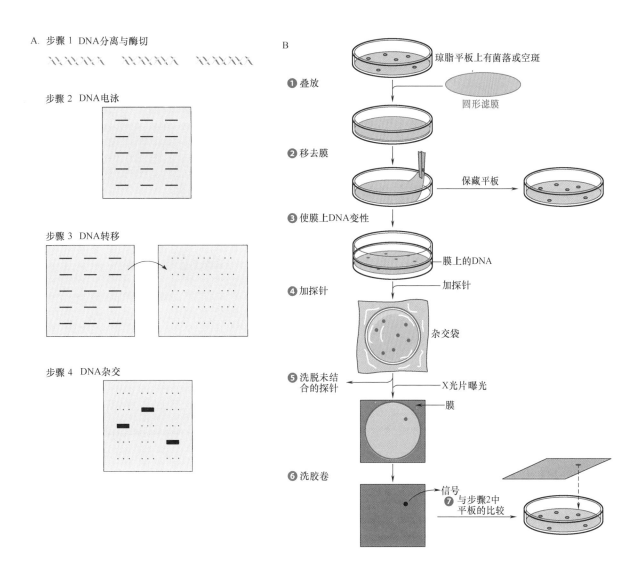

图 2.30 杂交方法

（A）Southern 点杂交方法。第 1 步,分离 DNA,并用限制性内切酶酶切。第 2 步和第 3 步,电泳后(第 2 步),将 DNA 转移至滤膜上并固定(第 3 步)。第 4 步,用探针与滤膜上的 DNA 杂交,仅与探针互补条带显现出深色,因为在信号检测步骤中,可以用放射性或化学反应显现探针　（B）平板杂交。将平板上的菌落或空斑转移至滤膜上,并使 DNA 变性。如 Southern 点杂交中的操作方法,用标记的探针与滤膜 DNA 杂交,鉴定出含有与探针互补的 DNA 的菌落或空斑

理解,还能在许多重要实际工作中得到直接应用。在第 1 章中已经讨论过,许多酶首次在细菌和噬菌体感染的细菌中被发现并纯化,但是它们的应用可以扩展到所有生物的分子遗传学研究中。在此讨论一些最主要的应用。

2.8.3.1　DNA 聚合酶

DNA 聚合酶很多特性在分子遗传学中得到了广泛应用。本章前面已经讨论过,所有的这类酶都能延伸一个带引物的多聚核酸链,它们将即将进入的脱氧核苷酸 5′ 磷酸连接到伸长的带有引物的 3′ 端。仅在引物能与模板 DNA 杂交时,它们才合成 DNA 链,每一步挑选哪一个脱氧核酸加入到链上时,是通过即将进入的脱氧核酸与模板 DNA 间互补碱基配对原则进行挑选的。由它合成的 DNA 是

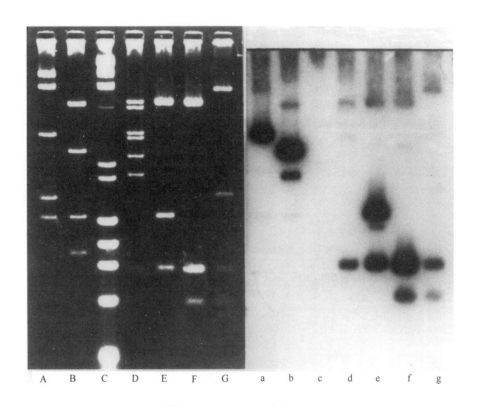

图 2.31   Southern 点杂交结果

A~G 的每条泳道是总 DNA,其中 C 泳道是分子标记。a~g 泳道显示是与一个特定探针杂交后的条带。

与模板链互补的一个拷贝。

2.8.3.2　DNA 测序

DNA 聚合酶的一个重要应用是在 DNA 测序中的应用,也即在确定 DNA 中脱氧核酸顺序中的应用。DNA 测序技术最近得到广泛关注,因为随着人类基因组计划的推进,需要测定长约 1m 的人类 DNA 完整序列,其中含有数十亿个脱氧核酸。整个基因组测序需要大量技术和精密设备,但是其原理非常简单,涉及 DNA 聚合酶特性的有关知识。

今天使用的 DNA 测序方法基于 Fred Sanger 发明的方法,他因为这项工作,获得了诺贝尔奖(他的第二项诺贝尔奖,第一项是测定了一个蛋白质序列)。这种方法称为双脱氧方法,是基于双脱氧核酸链终止特性。如前所述,双脱氧核酸除了在脱氧核糖的 3′ 位置上有氢外,其他与正常脱氧核酸一样。双脱氧核酸能被磷酸化生成双脱氧核苷三磷酸,它们能被 DNA 聚合酶加入到 DNA 中,而不能与正常脱氧核酸区分开,然而由于它在 3′ 位置缺少羟基,不能与下一个脱氧核酸上的 5′ 磷酸连接,导致延伸的 DNA 链终止。根据合成的 DNA 链的长度,可以推断出模板链的下一个碱基是哪一个,终止链的双脱氧核酸是最后加入的,所以模板链上的下一个碱基就应该是与这个双脱氧核酸互补的碱基。所有后来衍生出的 DNA 测序方法都是基于 Sanger 方法,有四个独立的聚合反应同时进行,在每个反应的混合物中,除了正常的脱氧核苷三磷酸外,有小部分双脱氧核苷三磷酸(ddTTP、ddGTP、ddATP 或 ddCTP),还有一小段与未知 DNA 序列相邻,与其已知序列互补的引物,与 DNA 杂交,再加入 DNA 聚合酶。DNA 聚合酶顺着引物延伸,合成出与模板互补的 DNA。每次当 DNA 聚合酶遇到模板链上的碱基是双脱氧核酸的互补碱基时,延伸的链就会终止。由于每个反应混合物均仅含有一种双脱

氧核苷三磷酸，所以四个反应中的每一个都能生成一套长短不一的 DNA 链，其取决于模板链 DNA 中互补核苷酸的位置。因此，模板链 DNA 的序列可以通过四个反应中产生下一个最长 DNA 链的方式读出来。

2.8.4　细菌基因组的随机鸟枪法测序

因为整个基因组太长，所以需要特殊技术对整个基因组测序。单个测序反应仅能揭示数百个碱基对，然而细菌基因组有数百万个碱基对那么长。专栏 2.5 中给出了测定细菌基因组的常用步骤。其中随机鸟枪测序法特别适用于细菌基因组测序。首先基因组随机被切成能够完整测序的较小片段，这些序列被输入计算机，有能够帮助寻找序列重叠区域的软件，这样就能将序列排序，因为细菌基因组几乎没有重复的 DNA 出现。有些序列很难获得，也许是因为它们富含 GC，而具有大量二级结构，或者表达毒性基因产物，这样就会在序列中留下缺口，填补这些缺口是非常烦琐的一项技术任务。细菌基因组测序已经实现了自动化，以前几十个人数月才能完成的任务，现在仅需要几位研究者几天时间就能完成。

专栏 2.5

细菌基因组测序

众所周知的基因组计划，正在进行全部生物有机体 DNA 测序工作，其中最著名的就是人类基因组计划，该计划的预期结果是测出人类几十亿个脱氧核苷酸顺序，这些脱氧核苷酸组成一个大约长 1m 的人类 DNA。λ 噬菌体 DNA 基因组是第一个被测出的序列。现在许多其他病毒、细菌的基因组已经完成测序工作。医学应用的、与环境有重要关系的，或者那些对细胞学和分子生物学具有模式系统意义的微生物首先被选择进行测序。在测序技术上，自动操作的发展进步已经从很大程度上加快了序列数据库的增加速度。

大多数细菌基因组测序计划所使用的方法是鸟枪法测序。因为大多数细菌基因组都相对很小，并且与真核生物相比具有较小的重复性，这种方法用于流感嗜血杆菌（*Haemophilus influenzae*）序列测定时的步骤如下所示。第一步，基因组中随机片段先被克隆，用于构建总 DNA 文库。这些片段先被测序，直到具有代表性的相同片段平均出现八次。测序是自动进行的，对这些片段的自动化的电脑分析允许这些片段集合在一起，形成一个群体被称为毗连（序列）群，这些片段是重叠交错的。这种片段随后能够被有序地排列，最后，没有被标示的序列，没有重叠群在它的一侧或者另一侧，通常需要缩小间距再排序。

基因测序流程

1	基因组 DNA 分离 DNA 片段应该大于 20kb
2	DNA 剪切 DNA 片段具有任意长度
3	按大小对 DNA 分级 收集 1.5 ~2.0kb 的 DNA 片段
4	构建质粒文库 插入片段是 1.5 ~2.0kb 的基因组 DNA
5	随机序列插入 测序过程已经实现了高度自动化
6	在随机产生的序列中，对邻近片段进行比对
7	用测定的所有序列补齐序列缺口 需要上百个反应
8	序列分析 生物信息学可以找出序列的开放阅读框

专栏2.5(续)

　　一旦基因组测序完成,就可以对其"注释",随后进行特性分析,包括开放阅读框、RNA 编码基因、重复序列、调控序列。生物信息方面的进展使得越来越多的信息能从这些信息片段中获得。

参考文献

Fleischmann, R. D. , M. D. Adams, O. White, R. A. Clayton, E. F. Kirkness, A. R. Kerlavage, C. J. Bult, J. – F. Tomb, B. Dougherty, J. M. Merrick, G. Sutton, W. FitzHugh, C. Fields, J. Gocayne, J. Scott, R. Shirley, L. – I. Liu, A. Glodek, J. M. Kelley, J. F. Weidman, Cheryl A. Phillips, T. Spriggs, E. Hedblom, M. D. Cotton, T. R. Utterback, M. C. Hanna, D. T. Nguyen, D. M. Saudek, R. C. Brandon, L. D. Fine, J. L. Fritchman, J. L. Fuhrmann, N. S. M. Geoghagen, L. C. Gnehm, L. A. McDonald, K. V. Small, C. M. Fraser, H. O. Smith, and J. C. Venter. 1995. Whole genome random sequencing and assembly of the *Haemophilus influenzae* Rd genome. Science 269：496 –512.

Frangeul, L. , K. E. Nelson, C. Buchrieser, A. Danchin, P. Glaser, F. Kunst. 1999. Cloning and assembly strategies in bacterial genome projects. Microbiology 145：2625 –34.

2.8.5　特殊位点突变

　　另一个 DNA 聚合酶特性的应用是进行特殊位点突变研究,采用 DNA 聚合酶的方法使得研究者在 DNA 序列中对特殊位点做定向的改变,而不像依赖于传统突变方法随机制造突变,不能定位到特定靶位点。绝大多数位点特异性突变依赖于合成的 DNA 引物。这段引物与要突变的 DNA 序列互补,除了期望通过突变改变的部分。当引物与 DNA 杂交,在 DNA 聚合酶共同作用下,引物引导合成新 DNA,其序列除了与引物配对部分发生改变外,其余与模板链相同。这种位点特异性突变方法用来在 DNA 中产生较小的突变,如单碱基对改变。如果引物序列改变太大,引物就不再与想要突变的模板 DNA 杂交。

　　位点特异性突变的难点在于突变 DNA 的复制及从堆积如山的未突变 DNA 分子中筛选出突变DNA,已经开发出很多方法来完成这项工作,图 2.32 中介绍了一种"双引物"法,如图中所示,将待突变的 DNA 克隆进一个带有单一限制性位点的克隆载体中,含有这个克隆的整个克隆载体用两个引物开始复制。一段引物与准备突变的序列互补,不过它上面含有期望突变的改变;另一段引物与克隆载体中包含唯一限制性位点区域互补,除了在限制性内切核酸酶识别序列上有一个碱基的改变。这两种引物浓度都很高,所以 DNA 复制时两种引物会同时被使用,而不是仅使用其中的任何一种。DNA聚合酶制造出一个拷贝的 DNA 后,将其转入细胞,并复制,然后分离,并用限制性内切核酸酶去酶切,不是由引物复制出的 DNA 将被酶切和清除掉,仅有那些由两个引物复制而来的 DNA 才不被酶切而存活下来。这样的筛选也不是 100% 有效,一些幸存下来的 DNA 克隆可能还需要对其测序,看是否有所期望的突变。

2.8.6 聚合酶链反应

DNA 聚合酶最有用的技术应用是 DNA 聚合酶链反应。这项技术使在很长 DNA 链中选择性扩增某些 DNA 片段成为可能。之所以称为聚合酶链反应,是因为每个新合成的 DNA,以链式方式合成更多的 DNA 做模板,直到由一个单个 DNA 分子形成大量的 DNA。这种方法的功能是可以从任何生物标本中检测到或扩增少量 DNA 分子序列,如可以从一滴血或一单根头发出发做聚合酶链反应。以 DNA 分型为基础,在刑事犯罪调查中确定犯罪嫌疑人是非常有用的。DNA 聚合酶链反应还在诸如 DNA 物理图谱、基因克隆、突变、DNA 测序等方面有应用。

图 2.33 给出了用 PCR 方法扩增 DNA 某一区域的原理。PCR 借助 DNA 聚合酶能够复制其他 DNA 的优势,能从

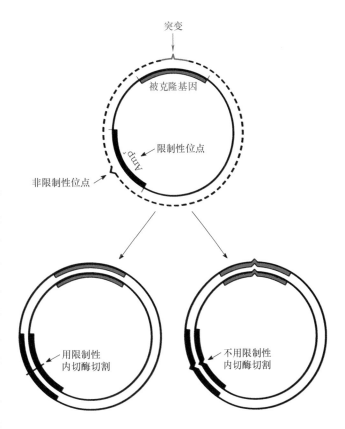

图 2.32　位点特异性突变后用两个引物清除野生型序列

DNA 引物的 3′羟基开始合成 DNA 模板链的互补拷贝。PCR 中利用与扩增序列两端互补的两条引物,一条引物序列 5′–3′方向上与一条链扩增区域的一端序列相同,另一条引物与扩增区域另一端的互补链序列相同,但书写方向相反。因此两条引物将引导以相反方向通过扩增区域合成 DNA。DNA 需先变性,而后双链分开,再与引物杂交。一条引物将通过扩增区域引导合成 DNA,并继续完成整条链聚合。通过加热再将两条链分开,然后再降低温度,其他引物可以与新合成链杂交并引导再一次经过扩增区域进行复制。然而,当 DNA 聚合酶抵达模板 DNA 的一端遇到首个引物时,聚合酶就会脱落下来,合成一段短的 DNA 序列并且两端含有引物序列。这段 DNA 再经加热分开后,又可以结合另一个引物 DNA,引导合成这条较短 DNA 的互补链。升温和降温过程可以重复 30 ~ 40 次,直到从一个或一些较长 DNA 分子中复制出含有大量特定 DNA 的拷贝为止。

原则上,任何 DNA 聚合酶都可以被用于完成这样的扩增,然而,当需要高温使双链 DNA 的链分开时,绝大多数 DNA 聚合酶将失活,所以必须在每一次升温步骤后,要添加新的 DNA 聚合酶。从嗜热菌——水栖嗜热菌(*Thermus aquaticus*)中分离的 DNA 聚合酶弥补了上面的不足。这类细菌正常生活在高温条件下,它们的 DNA 聚合酶被称为 Taq 酶,能耐受分开 DNA 双链的高温,免去了向每一步反应中添加 DNA 聚合酶。我们仅需要将引物、微量的含有需要扩增 DNA 的生物材料和 Taq 酶混合在一起,在一个热循环装置上,反复升温降温,几小时后回来,就可以得到大量 DNA 含有我们要扩增的区域,并用一块胶来检测它。

2.8.6.1　PCR 突变

PCR 方法可以被用于在 DNA 序列上产生特殊改变,也可以用于在 DNA 某区域产生随机突变。PCR 特殊突变方法与其他位点特异性突变方法相似,合成一段引物,其序列中含有期望的改变,当聚

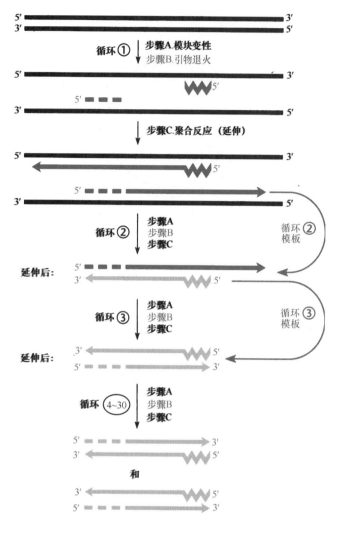

图 2.33　一个 PCR 过程的步骤

在首个循环中,通过加热使模板变性,引物也被加入;引物与分开的链杂合成互补链。DNA 链被下一个热循环分开,以上过程重复进行。DNA 聚合酶来自嗜热细菌,所以在热循环中还依然保持活性。经过 PCR 反应,DNA 序列约被扩增 10^9 倍。

合酶用这个引物去扩增时,将在扩增序列中产生特殊突变。

PCR 方法还可以被用于在序列中产生随机改变,因为 Taq 聚合酶缺少编辑功能,所以会产生许多错误,尤其当镁离子存在时。实际上,Taq 聚合酶正常扩增一段序列时产生错误的几率很高,通常应该对扩增片段进行测序,以确保没有不需要的突变被引入。

2.8.6.2　克隆 PCR 扩增片段

PCR 也可用于向扩增片段的末端添加诸如限制性克隆位点这样的序列。尽管用于 PCR 扩增的引物必须与需要的扩增序列在 3′ 端互补,但并不需要在 5′ 端也互补,所以在 5′ 端引物序列中可以包含一个特殊限制性内切酶识别序列,使克隆 PCR 扩增片段更容易些。图 2.34 给出了我们如何采用 PCR 扩增向一个扩增片段末端引入限制性位点,在表达载体中产生融合的例子如图 3.45 所示。PCR 片段也能以钝末端形式被克隆到特殊质粒载体上去,见第 5 章描述。

(1)无缝克隆　上述向 PCR 扩增片段引入限制性位点技术,几乎可以将任何 DNA 片段克隆到克隆载体上,而不依赖于该克隆载体上是否含有限制性酶切位点。然而,某些应用会存在缺点,在载体和被克隆 DNA 片段之间将引入额外碱基对。如果额外碱基对刚好插到将要被取代的编码序列中间时,将造成某种类型翻译融合等问题(第 3 章)。无缝克隆方法可以克服以上缺点,主要是依靠 Ⅱ 型限制性内切核酸酶 Eam1104 Ⅰ 的特性,它识别一段 6bp 特殊序列,但不在这序列中间切割,而是在其外边切割,其位点识别和如何切割如图 2.34B 所示。它从距离识别序列 3′ 端方向 1bp 位置和 5′ 端方向 4bp 的位置处切割,形成黏性末端,这时 5′ 端就有 3 个多余碱基。然而,不像内切核酸酶在其识别序列内部切割,被这个内切核酸酶切割后留下来的多余序列是唯一的,其序列取决于相邻识别位点碱基序列,图中以 N 表示。采用此技术就可以将已知序列融合到克隆载体的一个位点,克隆载体和插入片段都由 PCR 扩增,而引物中引入一个 Eam1104 Ⅰ 位点。此外,引物采用 Eam1104 Ⅰ 位点的 5′ 端扩增克隆载体,其序列与将被克隆片段序列互补,所以当它们被扩增时,两个片段的识别位点相邻处都有相同序列。最终,两条 PCR 扩增的 DNA,经 Eam1104 Ⅰ 酶切,它们的黏性末端碱基彼此配对,当克隆载体上的序列与被克隆片段序列连接起来时,

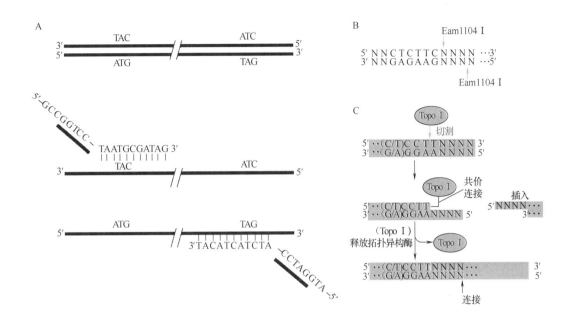

图2.34　克隆 PCR 扩增片段的方法

(A)在一个扩增片段末端用 PCR 方法添加方便操作的限制位点,引物 5′端含有不与克隆基因互补的序列,但是含有供 BamHI 切割位点的序列(下划线标出)。扩增片段两端均含有 BamHI 切割位点,所以在扩增片段中这些位点能被切开。某些限制性内切酶不能切割处于 DNA 末端的位点　(B)限制性内切酶 Eam11041 识别位点,标出了切割部位与识别序列相对位置(阴影部分),四个 N 可以是四种碱基中的任何一种　(C)牛痘病毒中拓扑异构酶Ⅰ(Topo Ⅰ)的识别位点。它切开识别序列(阴影部分)第二个胸腺嘧啶 T 的 3′端磷酸二酯键,将磷酸键转移给 Topo Ⅰ酶中的酪氨酸。以上过程导致初始 DNA 末端分开,另外的 DNA 若带有与该 DNA 互补的 5′端悬垂部分时,就能与初始的 DNA 配对,并通过 Topo Ⅰ酶连接起来。(C/T)是指识别序列中的碱基,既可以是 C 也可以是 T,N 是指任何碱基

在它们之间没有任何额外碱基对,换句话说,达到了无缝连接。

(2)TopⅠ克隆　以上克隆方法中的一个问题是它们都将涉及连接步骤。即使在最佳条件下,连接效率也是很低的,其限制了获得克隆的数量。一种更高效克隆方法称为 Topo 克隆,它不需要连接,而是利用牛痘病毒的Ⅰ型拓扑异构酶。与其他Ⅰ型拓扑异构酶一样,其在单链 DNA 上制造单链缺口,固定住断裂端直到另一条链通过,能在某个时刻向 DNA 引入或清除超螺旋。然而,牛痘病毒 topoⅠ又有别于绝大多数拓扑异构酶,它具有很强的一段特殊序列,能在 5bp 序列相邻处切开,如图2.34C 所示。它切开与 3′T 处相邻序列,并以磷酸键将酶上的酪氨酸与 T 相连形成 3′磷酸核糖酪氨酸键,与重组酶 Y 非常相似(图10.32)。正常情况下,DNA 将绕另一条链旋转,拓扑异构酶将重新连接 DNA 双链并去除掉超螺旋。然而,如果拓扑异构酶切割 DNA 时离末端太近(末端 10bp 内),DNA 将分开,拓扑异构酶仍将保持与 5′单链悬着的 T 相连,如图中所示。注意悬着的末端是由限制性内切核酸酶在 DNA 上切割的黏性末端形成的。如果有另一个 DNA 能与该 DNA 5′端悬着的部分互补,则拓扑异构酶将会连接这两端,将两个 DNA 连接起来。

应用这项技术,先构建一个带有两个拓扑异构酶识别位点的质粒克隆载体,用限制性内切核酸酶切割载体 3′端识别位点,产生出期望的悬出序列,等待拓扑异构酶的作用,之后 将拓扑异构酶加进来,它会切割 DNA 产生期望的悬出片段,并与 DNA 相连。活化后的载体与含有相同悬出序列的任何 DNA 片段混合,结合在 DNA 上的拓扑异构酶就会高效地将这条片段插入载体,一旦活化后的载体制

备好后,就可以高效地克隆许多片段了。本方法特别有用,还在于 PCR 扩增中通常使用的 Taq 酶一般会在扩增片段 5′端产生单个 A 碱基,因为 Taq 酶具有末端转移酶活力。如果构建的活化载体在 5′端有单个 T 碱基悬着,则任何 PCR 扩增片段都将被高效地克隆到该载体上。

Topo 克隆的一个缺点是准备活化的载体比较费时而且技术含量高,所以限制了选择此载体的应用。某些应用可以找到替换方法,例如,需要将编码一个蛋白的片段与其有不同亲和的标签融合起来,看哪一种标签在纯化这个特殊蛋白时最好用,为了 Topo 克隆,首先对原始载体进行工程化操作,将克隆片段置于方便限制性酶切位点之间,这样就可以用于将克隆片段运送到其他载体上。用于Topo克隆的原始载体也可以对其工程化,其主要基于溶原性噬菌体整合酶和剪切酶的作用(第 9 章),这样构建的载体能高效地将克隆片段转移至其他载体中。

小结

1. DNA 由彼此互相缠绕,并以双螺旋形式存在的两条链组成。每条链又是一条由磷酸连接脱氧核糖形成的核苷酸链。因为磷酸将一个糖上的 3 号碳与下一个糖上的 5 号碳相连,所以 DNA 链有方向性,或称为有极性,即有明显的 5′磷酸和 3′羟基端。DNA 的两条链是反向平行的,所以一条链的 5′端与另一条链的 3′端处在同一端。

2. DNA 是在 DNA 聚合酶作用下由前体物质三磷酸脱氧核糖核苷合成。每个核苷酸上的首个磷酸与下一个脱氧核苷酸中的 3′羟基相连,释放出末端两个磷酸为聚合反应提供能量。

3. DNA 聚合酶发挥功能需要同时具备引物和模板链。每一反应步骤中,模板链上碱基指导与之配对的脱氧核苷酸的加入,A 总是与 T 配对,G 总是与 C 配对。DNA 聚合酶合成 DNA 的方向是 5′至 3′,沿模板链移动方向是 3′至 5′。

4. DNA 聚合酶不能放置首个核苷酸,所以通常 RNA 被用于引导一条新链的合成,随后 RNA 引物被移除,以 DNA 取代,并以上游 DNA 为引物。使用 RNA 引物可以通过编辑过程帮助减少复制中的错误。

5. DNA 聚合酶不能仅靠自身合成 DNA,在合成 DNA 中还需要其他蛋白质帮助,这些蛋白质包括:分开 DNA 双链的解旋酶;将两个 DNA 片段连接起来的连接酶;合成 RNA 引物的引物酶;使 DNA 聚合酶保持在 DNA 链上,减少出错率的其他辅助蛋白质。

6. DNA 双链复制通常是从相同端开始,所以整体来看 DNA 复制方向是,一条链从 5′到 3′,另一条链从 3′到 5′。因为 DNA 聚合酶聚合反应仅以 5′到 3′方向进行,所以一条链的复制必定先复制小片段,然后连接起来形成一条连续的链,这些短片段被称为冈崎片段。两个 DNA 聚合酶在复制 DNA 的前导链和后随链时保持彼此结合状态,这种复制模式被称为长号模式。

7. 细菌染色体是携带细菌绝大多数基因的 DNA 分子。绝大多数细菌染色体是一条长的环状分子,从唯一的复制起点 oriC,沿两个方向同时开始复制。当细胞达到某一尺寸时,染色体才开始复制。在生长较快的细胞中,旧复制还未结束,新一轮复制就已经开始,这点也说明为什么生长快的比生长慢的细胞中含 DNA 的量更高。

8. 当复制叉相遇时,两个子代 DNA 分开,染色体复制终止。多拷贝 ter 位点扮演"只允许一个方向开的大门"功能,推迟复制叉在染色体上的移动,DnaB 解旋酶抑制蛋白在 ter 位点停止复制。

小结(续)

9.复制结束后的子代 DNA 及子代 DNA 发生重组形成的二聚体染色体的分离,由 XerC 和 XerD 完成,XerC 和 XerD 是位点特异性重组系统,促使子代染色体上 *dif* 位点间发生重组。FtsK 蛋白是一个 DNA 转座酶,能促进 XerC 和 XerD 在 *dif* 位点重组,以防止二聚体染色体 DNA 在隔膜形成处被截断。Ⅳ 型拓扑异构酶通过使双链 DNA 彼此通过方式,解除互相缠绕的子代 DNA 联会。

10.DNA 促旋酶和凝缩蛋白,使子代染色体分离、压缩,形成超螺旋,kleisin 蛋白再以较大超螺旋环固定这些 DNA。

11.FtsZ 蛋白在细胞中央位置形成一个环,吸引能形成隔膜的其他蛋白质。

12.在细胞中央以外的其他地方,Min 蛋白阻止形成 FtsZ 环。拟核包藏蛋白阻止在拟核上形成 FtsZ 环。

13.细胞每分裂一次染色体就会发生一次复制。当 DnaA 蛋白数量与复制起始时数量的比率达到某个临界值时,染色体开始复制。复制起始后,由于越来越多的 DNA 与 DnaA 蛋白结合,所以 DnaA 蛋白被稀释,它的 ATPase 与 β 夹相互作用后被激活,阻止染色体复制重新被启动。在包括大肠杆菌、相关肠道菌及新月柄杆菌等细菌中,有两种方式阻止新的复制起始,一种是通过在复制起始位置新复制 DNA 的半甲基化作用,另一种是复制叉离开起始位置后的隔离现象。

14.细菌染色体 DNA 通常是一条长的连续环状分子,大约是细菌长度的 1000 倍。这条长 DNA 分子被压缩至细胞中很小的一个,被称为拟核的部位,DNA 围绕中央压缩的核心区域以环状排布,有些 DNA 环为负超螺旋。在大肠杆菌中,绝大多数 DNA 大约每 300 个碱基就有一个超螺旋。

15.在细胞中负责调整 DNA 超螺旋的酶被称为拓扑异构酶。细胞中有两种类型拓扑异构酶：Ⅰ 型拓扑异构酶仅切断一条链让另一条链穿过切口,一次只能消除一个超螺旋；Ⅱ 型拓扑异构酶同时切断两条链,让两条链彼此穿过切口,一次消除两个超螺旋。在细菌中负责向 DNA 中添加负超螺旋的酶被称为促旋酶,属于 Ⅱ 型拓扑异构酶。Ⅳ 型拓扑异构酶负责在染色体复制后解除子代 DNA 的联会,它也能移除复制叉前方的正超螺旋。

16.Ⅱ 型限制性内切核酸酶识别 DNA 序列的确定位点,并在识别位点的确定位置上或附近切割,这点使其在制作 DNA 物理图谱或 DNA 分子克隆中非常有用。绝大多数 Ⅱ 型限制性内切核酸酶在双链对称序列相同位置上切割,如果切口不彼此正对,单链黏性末端可以和用同一种酶或兼容性酶酶切后的任意一个黏性末端杂交。此特点使之在 DNA 克隆和 DNA 体外操作中非常有用。

17.DNA 物理图谱能展示 DNA 序列在基因组中的确切位置,其中包括限制性内切核酸酶识别序列位置。

18.DNA 克隆是来自单个分子的 DNA 序列的多重拷贝。DNA 被插入克隆载体,随载体复制而复制,于是合成成千上万个初始 DNA 克隆。

19.一个 DNA 文库是生物体自身克隆的集合,含有该生物所有 DNA 序列。

小结(续)

　　20. 随着我们对 DNA 复制相关酶类性质的掌握,这些酶已经在 DNA 测序、特异性位点突变和 PCR 等领域得到广泛应用。

　　21. 某些抗生素能阻断 DNA 复制或影响 DNA 结构,其中,抑制脱氧核糖核苷酸合成或抑制促旋酶活力是最有用的抑制方式。抑制脱氧核糖核苷酸合成的抗生素:二氢叶酸还原酶抑制剂(甲氧苄氨嘧啶、氨甲喋呤)和核糖核苷酸还原酶抑制剂(羟基脲)。促旋酶抑制剂包括新生霉素、那利得酸、环丙沙星。吖啶类染料插入碱基之间影响 DNA 结构,被用于抗疟疾药物和分子生物学中。

💡 思考题

　　1. 像腺病毒类的一些病毒,为了避免后随链合成时碰到的问题,是从 DNA 单链末端沿前导链方向同时开始复制,最终完成整个分子的复制,为什么细菌染色体不以此方式进行复制?

　　2. 为什么 DNA 分子很长,而不是较容易获得的许多较短 DNA 片段? 单个长 DNA 分子的优缺点有哪些?

　　3. 为什么细胞以 DNA 作为它们的遗传物质而不是像一些病毒一样以 RNA 作为遗传物质?

　　4. 温度敏感型突变体在编码起始蛋白 DnaA 的 *dnaA* 基因上有突变,能改变 DNA 合成速率,变换培养温度,则在此突变体上会发生什么现象? 其 DNA 合成速率是按线性下降还是按指数下降? 变换温度培养时细胞的生长速率影响下降曲线中的斜率吗?

　　5. 新生霉素作为促旋酶抑制子,它几乎能抑制所有类型细菌生长,请预测新生霉素对生产它的拟球链霉菌(*Streptomyces sphaeroides*)效果如何? 如何验证你的假设?

　　6. 你认为大肠杆菌中染色体复制和细胞分裂是如何协同的? 如何验证你的假设?

　　7. 染色体复制终止比较松散,*ter* 位点对生长也不是必需的,为什么在某一方向上让复制又完全停下来,不是仅一个 *ter* 位点而是多个? 染色体复制终止不固定在某个位置的优点是什么?

❓ 习题

　　1. 假设你以上游引物 5′ACCTTACCGTAATCC3′ 为模板合成 DNA,在反应体系中加入了其他三种脱氧核糖核苷酸,却漏加了脱氧核糖胞嘧啶三磷酸,合成的 DNA 将会是什么样的? 请画出来。

　　2. 还是以上题中上游引物为模板合成 DNA,你除了加其他三种脱氧核糖核苷酸外,还加了与脱氧核糖胸腺嘧啶三磷酸等量的双脱氧核糖胸腺嘧啶三磷酸,它是复制的抑制剂,这样能合成怎样的 DNA? 请画出来。

　　3. 在培养一个代时为 25min 的大肠杆菌时,I、C 和 D 期分别何时出现? 画图表示细胞周期中出现的不同阶段。

　　4. 在培养一个代时为 90min 的大肠杆菌时,I、C 和 D 期分别何时出现? 画图表示细胞周期中出现的不同阶段。

　　5. 在测量大肠杆菌一个质粒(带有 *topA* 突变)的超螺旋时,与大肠杆菌中未发生 *topA* 突变的质

粒相比,该质粒突变体缺少主要的 I 型拓扑异构酶。你觉得该质粒突变体上的负超螺旋会更多还是更少? 为什么?

6. 设计扩增序列的下游引物,其上游引物序列为 5′CGATCTTAAT3′,要在克隆片段上增加一个 EcoRI 限制性位点。

7. 设计 PCR 引物,引入 Eam1104I 位点至末端为 5′...GCGACGTACGA3′序列上,能与克隆载体上序列 5′TACGAAGCTCT3′无缝连接。序列重叠部分以粗体表示。

推荐读物

Aussel,L.,F. - X. Barre, M. Aroyo, A. Stasiak, A. J. Stasiak, and D. Sherratt. 2002. FtsK is a DNA motor protein that activates chromosome dimer resolution by switching the catalytic state of the XerC and XerD recombinases. Cell 108:195 -205.

Bernhardt,T. G.,and P. A. J. de Boer. 2005. SlmA,a nucleoid associated,FtsZ binding protein required for blocking septal ring assembly over chromosomes in *E. coli.* Mol. Cell18: 555 -564.

Blakely,G.,G. May,R. McCulloch,L. K. Arciszewska,M. Burke,S. T. Lovett,and D. J. Sherratt. 1993. Two related recombinases are required for site - specific recombination at *dif* and *cer* in *E. coli.* Cell75:351 -361.

Britton,R. A.,D. C. Lin,and A. D. Grossman. 1998. Characterization of a prokaryotic SMC protein involved in chromosome partitioning. Genes Dev. 12:1254 -1259.

Carballido - López,R. 2006. The bacterial actin - like cytoskeleton. Microbiol. Mol. Biol. Rev. 70:888 -909.

Cohen,S. N.,A. C. Y. Chang,H. W. Boyer,and R. B. Helling. 1973. Construction of biologically functional bacterial plasmids in vitro. Proc. Natl. Acad. Sci. USA 70:3240 -3244.

Christensen,B. B.,T. Atlung,and F. G. Hansen. 1999. DanA boxes are important elements in setting the initiation mass of *Escherichia coli.* J. Bacteriol. 181:2683 -2688.

Danna,K. J.,and D. Nathans. 1971. Specific cleavage of simian virus 40 DNA by restriction endonuclease of *Haemophilus influenzae.* Proc. Natl. Acad. Sci. USA 68:2913 -2917.

Dervyn,E.,C. Suski,R. Daniel,C. Bruand,J. Chapuis,J. Errington,L. Janniere,and S. D. Ehrich. 2001. Two essential DNA polymerases at the bacterial replication fork. Science 294:1921 -1930.

Helmstetter,C. E.,and S. Cooper. 1968. DNA synthesis during the division cycle of rapidly growing *Escherichia coli* B/r. J. Mol. Biol. 31:507 -518.

Holmes,V. F.,and N. R. Cozzarelli. 2000. Closing the ring:links between SMC proteins and chromosome partitioning,condensation,and supercoiling. Proc. Natl. Sci. USA 97:1322 -1324.

Khodursky,A. B.,B. J. Peter,M. B. Schmid,J. DeRisi,D. Botstein,P. O. Brown,and N. R. Cozzarelli. 2000. Analysis of topoisomerase function in bacterial replication fork movement:use of DNA microarrays. Proc. Natl. Acad. Sci. USA 97:9419 -9424.

Kurz,M. ,B. Dalrymple,G. Wijffels,and K. Kongsuwan. 2004. Interaction of the sliding clamp β – subunit and Hda,a DnaA related protein. J. Bacteriol. 186:3508 –3515.

Lemon,K. P. ,and A. D. Grossman. 1998. Localization of bacterial DNA polymerase:evidence for a factory model of replication. Science 282:1516 –1519.

Linn,S. 1996. The DNases,topoisomerases,and helicases of *Escherichia coli* and *Salmonella*,p. 764 – 772. InF. C. Neidhardt,R. Curtiss Ⅲ ,J. L. Ingraham,E. C. C. Lin,K. B. Low,B. Magasanik,W. S. Reznikoff,M. Riley,M. Schaechter,and H. E. Umbarger(ed.),*Escherichia coli* and *Salmonella*:Cellular and Molecular Biology,2nd ed. ASM Press,Washington,D. C.

Linn,S. ,and W. Arber. 1968. Host specificity of DNA produced by *Escherichia coli* X:in vitro restriction of phage fd replicative form. Proc. Natl. Acad. Sci. USA 59:1300 –1306.

Liu,N. –J. ,R. J. Dutton,and K. Pogliano. 2006. Evidence that the Spo Ⅲ E DNA translocase participates in membrane fusion during cytokinesis and engulfment. Mol. Microbiol. 59:1097 –1113.

Olby,R. 1974. The Path to the Double Helix. Macmillan Press,London,United Kingdom.

Sambrook,J. , and D. Russell. 2001. Molecular Cloning:a Laboratory Manual,3rd ed. Cold Spring Harbor Laboratory Press,Cold Spring Harbor,N. Y.

Singleton,M. R. ,and D. B. Wigley. 2002. Modularity and specialization in superfamily 1 and 2 helicases. J. Bacteriol. 184:1819 –1826.

Shin,Y. –L. ,and L. Rothfield. 2006. The bacterial cytoskeleton. Microbiol. Mol. Biol. Rev. 70:729 –754.

Slater,S. ,S. Wold,M. Lu,E. Boye,K. Skarsted,and N. Kleckner. 1995. The *E. Coli* SeqA protein binds *oriC* in two different methyl – modulated reactions appropriate to its roles in DNA replication initiation and origin sequestration. Cell 82:927 –936.

Viollier,P. H. ,M. Thanbichler,P. T. McGrath,L. West,M. Meewan,H. H. McAdams,and L. Shapiro. 2004. Rapid and sequential movement of individual chromosomal loci to specific subcellular locations during bacterial DNA replication. Proc. Natl. Acad. Sci. USA 101:9257 –9262.

Wang,J. C. 1996. DNA topoisomerases. Annu. Rev. Biochem. 65:635 –692.

Wang,X. ,X. Liu,C. Possoz,and D. J. Sherratt. 2006. The two *Escherichia coli* chromosome arms locate to separate cell halves. Genes Dev. 20:1727 –1731.

Watson,J. D. 1968. The Double Helix. Atheneum,New York,N. Y.

Watson,J. D. ,and F. H. C. Crick. 1953. Molecular structure of nucleic acids. Nature(London) 171:737 –738.

Wu,L. J. ,and J. Errington. 2004. Coordination of cell division and chromosome segregation by a nucleoid occlusion protein in *Bacillus subtilis*. Cell 117:915 –925.

Yamaichi,Y. ,and H. Niki. 2004. migS,a *cis* – acting site that affects bipolar positioning of *oriC* on the *Escherichia coli* chromosome. EMBO J. 23:221 –233.

细菌的基因表达：
转录、翻译和蛋白质折叠

对蛋白质合成机制的了解,进而对基因表达机制的认识,是科学史上最显著的成果之一。蛋白质合成过程有时被称为分子生物学的中心法则,即遗传信息由 DNA 转录于 RNA ,再翻译为蛋白质。现在我们发现了许多违背中心法则的现象。例如,信息不总是从 DNA 流向 RNA,有时流向相反,即从 RNA 到 DNA。并且从 DNA 转录而来的 RNA,其信息也常发生改变。另外,由于 DNA 在基因上的位置不同,DNA 上的信息也会被翻译为不同的蛋白质。然而,尽管有这些例外,中心法则的基本原则仍然有效。

本章简述蛋白质合成过程和基因表达,但本章的讨论只是为了给读者一个概貌,有助于充分理解后面的章节,若要得到更详细的资料,可以参阅任何一本现代生物化学教材。

3.1 概要

携带用于转录 RNA 和合成蛋白质的遗传信息的 DNA 片段称为基因。基因表达的第一步是从 DNA 单链上转录 RNA。转录一词是描述性的,因为 RNA 复制了 DNA 上的核苷酸序列。如果这个基因携带了表达蛋白质的遗传信息,那么复制于 DNA 的 RNA 被称为信使 RNA(mRNA)。因为 mRNA 把基因上的遗传信息带到核糖体上。一旦 mRNA 到达核糖体,其携带的遗传信息就会翻译为蛋白质。翻译也是一个描述性的词语,因为一种语言以核苷酸序列方式贮存的 DNA 和 RNA上的遗传信息,翻译成为另一种语言,即蛋白质上的氨基酸序列。当 mRNA 在核糖体上以三个核苷酸为单位移动时,mRNA

就被翻译成蛋白质。每三个核苷酸序列称为一个密码子,携带一种特定的氨基酸的遗传信息,代表氨基酸的密码子的排列都称为遗传密码子。

从核苷酸翻译为氨基酸的过程是由一种称为转运 RNA(即 tRNA)的较小 RNA 和氨基酰 – tRNA 合成酶执行的,这种酶将特定的氨基酸结合到各个 tRNA 上。每一个 tRNA 特定地与在核糖体上移动的 mRNA 上的密码子配对,然后在氨基酰 – tRNA 合成酶催化下将 tRNA 结合的氨基酸连接到正在翻译的蛋白质上。tRNA 是通过三个与核糖体中 mRNA 密码子互补的序列(即反密码子)与密码子配对的。密码子与反密码子的配对遵循 DNA 复制的碱基配对原则。只是 RNA 中用 U 代替 T,并且密码子中三个碱基的最后一个碱基与反密码子中第一个碱基的配对不太严格。

以上所述基因表达中仍有许多重要的问题未被解答。例如,mRNA 是如何选择正确的 DNA 单链,如何从正确的地方开始和结束合成? 同样,翻译过程是如何从 mRNA 上的正确位置开始和终止? 在翻译过程中 tRNA 和核糖体上实际上发生了什么? 这些问题的答案对解释遗传实验十分重要,所以我们将更详细地讨论 RNA 和蛋白质结构及其合成过程。

3.2 RNA 的结构和功能

在本节中我们先回顾一下 RNA 的基本组成及合成过程,然后学习细胞中不同类型 RNA 结构上的差别及每种 RNA 在细胞中的作用。

3.2.1 RNA 的类型

在细胞内有许多不同种类的 RNA,有一些参与了蛋白质合成,这其中包括 mRNA、rRNA 和 tRNA,这些 RNA 都有自己的特殊性质,将在以后的章节中详细讨论,其他类型的 RNA 则在调节和复制中起作用。

3.2.2 RNA 的前体

RNA 与 DNA 相似,都由核苷酸链组成。然而,RNA 核苷酸链含有核糖而不是脱氧核糖,这两种五碳糖区别在于第二个碳原子,核糖第二位碳原子上含羟基,而脱氧核糖为氢(第 2 章)。图 3.1A 中给出了核糖核苷三磷酸的结构,由于含有的糖基不同命名而不同。

RNA 与 DNA 链的另一个不同之处,是它们合成时存在碱基的不同。有三个碱基:腺嘌呤、鸟嘌呤和胞嘧啶是一样的,但 RNA 用尿嘧啶代替了 DNA 上的胸腺嘧啶(图 3.1B),并且 RNA 上的碱基可更多地被修饰,在以后的章节中会介绍。

RNA 多核苷酸链如图 3.1C 所示,与 DNA 一样,RNA 核苷酸是由磷酸基将一个核糖的 5′碳原子与另一个核糖的 3′碳原子结合在一起。这种结构也使一条 RNA 多核苷酸链的两端彼此不同,5′端以磷酸基终止,3′端以羟基终止。当它开始合成时,RNA 链的 5′端有三个磷酸基附着,但其中二个磷酸基很快被移走。

通常 RNA 靠近 5′端称为上游,靠近 3′端的区域称为下游,RNA 的合成和翻译都是按照 5′ – 3′的方向。

3.2.3 RNA 的结构

除了碱基序列和螺旋结构的细微差别外,DNA 分子间的差别很小。但是,RNA 链常较 DNA 有更多的结构特点,倾向于形成复杂的折叠结构,并被广泛修饰。

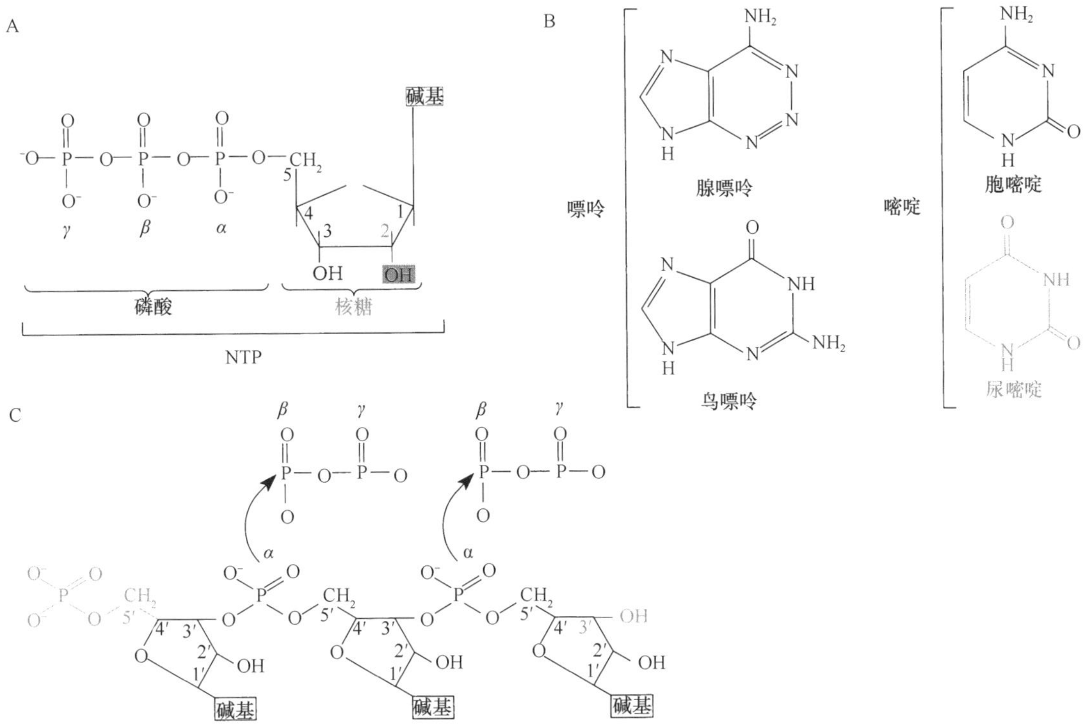

图 3.1　RNA 前体

（A）一个核糖核苷三磷酸（NIP），含有一个核糖、一个碱基和三个磷酸　　（B）RNA 中的四个碱基　　（C）一个 RNA 聚核苷酸链

3.2.3.1　一级结构

所有 RNA 生成时都一样,不管它们的功能如何,均由 DNA 模板转录而来,只是它们的核苷酸序列和长度不同。RNA 的初级结构是指 RNA 的核苷酸序列。在某些情况下,从 DNA 转录后 RNA 的初级结构就发生了改变。

3.2.3.2　二级结构

与 DNA 不同,RNA 通常是单链。但在 RNA 链的一些区域可因碱基配对而折叠形成双链区。这些双链区被称为 RNA 的二级结构。所有的 RNA,包括 mRNA,可能都有多种二级结构。

图 3.2 中显示了一个 RNA 的二级结构,该二级结构中 5′AUCGGCA 3′与同一分子中的互补碱基序列 5′UGCUGAU3′配对。同双链 DNA 一样,RNA 与互补链是反向平行的,即当阅读方向相反的(5′-3′和 3′-5′)两条链的碱基互补时,这两条链才会配对。但 RNA 双链的配对原则与 DNA 的配对原则有少许不同,在 RNA 中,鸟嘌呤既可与尿嘧啶,也可与胞嘧啶配对,因为 GU 碱基对没有形成氢键,不影响 RNA 双链的稳定性,所以,图 3.2 中的 GU 碱基即使不会增强螺旋结构的稳定性,但也不会破坏其稳定性。

RNA 中形成的每个碱基对都会使 RNA 的二级结构更稳定,因而 RNA 常会折叠以便形成最多数量的连续碱基对。可由累计氢键的能量推测结构的稳定性,人的肉眼很难判定一条长的 RNA 链中哪些区域能配对形成最稳定的结构,但是计算机软件可做到这一点,已知 RNA 的碱基序列(一级结构),可以推测最稳定的 RNA 二级结构。

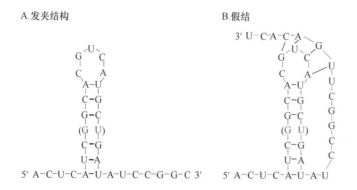

图 3.2　RNA 的二级结构

（A）RNA 回折，与自身形成发夹环，一个 GU 碱基对的出现不会破坏发夹结构

（B）不同的 RNA 之间配对可以形成假结

3.2.3.3　三级结构

由碱基配对形成的 RNA 双链区较单链区更具有结构的稳定性，所以，一条有二级结构的 RNA 会比没有双链结构的 RNA 更稳定，而且混杂的配对区使 RNA 能发生广泛地自身折叠，所有这些因素，都使许多 RNA 拥有很好的三维结构外形，称三级结构。蛋白质或其他细胞成分通过 RNA 的三级结构识别 RNA，然后启动核糖体的酶促反应。

3.2.4　RNA 加工和修饰

作为 RNA 分子的二级和三级结构的 RNA 分子折叠是非共价键改变的例子，因为只有氢键的形成和破坏，而没有化学键（共价键）改变，然而一旦 RNA 合成后，在 RNA 加工和修饰过程中可出现共价键改变。

RNA 加工包括 RNA 生成后磷酸键的形成和断裂。例如，5′端磷酸基团可被移除，RNA 可被切为小的片段，甚至形成新的结合物等，这些都有许多磷酸键的形成和断裂。

RNA 的修饰则包括 RNA 糖基及碱基的一些改变。例如，rRNA 的糖基或碱基甲基化，tRNA 碱基的酶切活力变化。真核生物中，mRNA 的 5′端有多聚 A"帽子"的结构，而细菌的 mRNA 中无"帽子"的修饰结构，只在较稳定的 rRNA 和 tRNA 上存在较多的修饰。

3.3　转录

转录是以 DNA 为模板合成 RNA 的过程。转录的过程可能在所有生物体中都大体一致，现介绍细菌中的转录过程。

3.3.1　细菌 RNA 聚合酶的结构

DNA 转录为 RNA 需要 RNA 聚合酶的作用。在细菌中，同一种 RNA 聚合酶可催化细胞内所有 RNA 转录，包括 rRNA 、tRNA 和 mRNA ，只有冈崎片段的起始 RNA 由另一种 RNA 聚合酶催化。相反，真核细胞有三种核 RNA 聚合酶和线粒体 RNA 聚合酶。

图 3.3 为大肠杆菌 RNA 聚合酶的结构。它有 6 个亚基，相对分子质量超过 400 000，是大肠杆

菌中最大的酶之一。RNA 聚合酶核心酶的 5 个亚基:2 个相同的 α 亚基,2 个很大的 β 亚基和 β' 因子,以及 σ 因子。α、β 和 β' 亚基是 RNA 聚合酶的必需组成成分,ω 亚基帮助组装而 σ 因子只是在转录开始和结束时才需要。无 σ 因子的 RNA 聚合酶称核心酶,而含有 σ 因子的 RNA 聚合酶称为全酶。

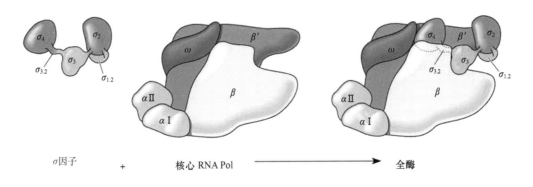

σ因子　　　+　　　核心 RNA Pol　　　⟶　　　**全酶**

图 3.3　细菌 RNA 聚合酶结构,显示 σ 因子、没有 σ 因子的核心酶和连接了 σ 因子的全酶

水生栖热菌 RNA 聚合酶的结构与大肠杆菌的相似,但是更容易结晶,其结构如图 3.3 所示,它整体结构类似一只大螃蟹的爪子,β 和 β' 亚基形成了螃蟹爪子的螯,两个 α 亚基,αⅠ 和 αⅡ 处于爪子的后部,α 多肽链的羧基端悬在酶的外部,以便与其他蛋白质或启动子上游序列接触激发转录的起始,ω 亚基也处于 RNA 聚合酶的末端,被 β' 亚基包裹着。当 σ 因子与核心酶结合形成全酶时,σ 因子首先与酶的前端接触,这个部位是酶与 DNA 接触的部位,σ 因子的一个结构域 σ_2 与 β' 亚基接触,这个部位是 DNA 上游启动子的 −10 区域,另两个结构域 σ_3 和 σ_4 与 β 亚基接触,使得 σ_4 能与启动子的 −35 区接触。所有真细菌的 RNA 聚合酶的序列和组成都比较相似,唯一已知的差异是在有些细菌中 β 和 β' 亚基会结合成更大的多肽链。真核生物和古菌的 RNA 聚合酶具有更多亚基,结构更加复杂,但是基本结构与细菌的相似。

3.3.2　转录概述

3.3.2.1　转录的起始

与 DNA 聚合酶相似(第 2 章),RNA 聚合酶催化生成与 DNA 模板链互补的 RNA,以一个核苷酸的 5′磷酸基与前一个核糖核苷酸的 3′羟基相连(图 3.4)。但是,与 DNA 聚合酶不同,RNA 聚合酶不需要引物起始一条新 RNA 链的合成。转录起始时 RNA 聚合酶与启动子序列结合,打开 DNA 双链使碱基暴露出来,DNA 聚合酶需要解旋酶才能打开 DNA 双链,而 RNA 聚合酶能自己完成这步。然后核糖核苷三磷酸在转录起始位点与 DNA 上互补的核苷酸结合,紧跟着第二个核糖核苷三磷酸又与 DNA 模板链的下一个碱基互补。在 RNA 聚合酶的作用下,第二个核苷酸的 α 磷酸与第一个核苷酸的 3′羟基相连接,后面第三个核苷酸将与第二个相连,如此反复进行,就这样 RNA 聚合酶将一条 DNA 转录成 RNA。如图 3.5 所示,其中 DNA 模板链称为被转录链,另一条与转录出来的 RNA 具有相同序列的链称为编码链。因为与编码蛋白质的 mRNA 具有相同序列,所以 RNA 即使不编码蛋白质也称为编码链,基因序列通常都是用编码链的序列表示的。

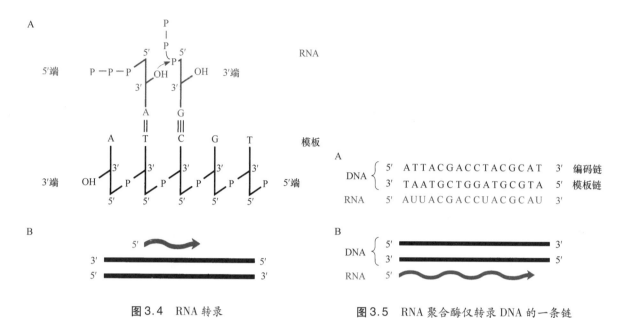

图 3.4　RNA 转录

(A)转录过程的聚合反应中,DNA 模板链与新合成的 RNA 链配对　(B)RNA 聚合酶在模板链上以 3′-5′方向移动,以 5′-3′的方向合成 RNA。RNA 用波浪线表示,两条 DNA 链用直线表示

图 3.5　RNA 聚合酶仅转录 DNA 的一条链

(A)编码链与 mRNA 的序列相同,模板链以 3′-5′的方向与 mRNA 互补　(B)DNA 和 RNA 链

3.3.2.2　启动子

RNA 的转录发生于 DNA 的特定区域,而不是转录整个 DNA 分子,所以 RNA 聚合酶催化 DNA 转录为 RNA 的过程起始于一个特殊位点,这个特殊的 DNA 区域称为启动子,RNA 聚合酶可以识别位于启动子上的一个特殊 T 或 C,此处即为转录起始位点(图 3.6)。因此,一条 RNA 链的起始碱基通常是一个 A 或 G,其模板链则为 T 或 C。编码链起始位点的 5′端称为上游区域,3′端称为下游区域。

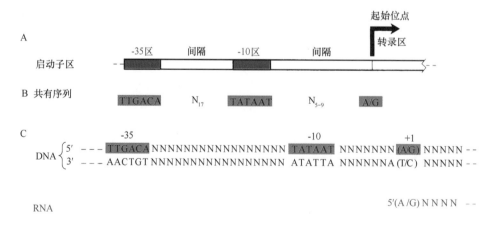

图 3.6　(A)一个典型的 σ^{70} 细菌启动子,带有 -35 和 -10 区　(B)启动子的共有序列
(C)这些序列与转录起始位点间的关系

RNA 聚合酶识别不同类别的启动子是以不同的 σ 因子为基础的。大肠杆菌 RNA 聚合酶以 σ^{70} 识别许多共同的启动子。σ 因子是以其分子大小命名,σ^{70} 相对分子质量为 70 000(或者分子质量为 70ku)。

即使相同类型的启动子也并不一定完全相同,但它们有一个共有序列,就是根据该序列来区分不同类型启动子的。大肠杆菌 σ^{70} 启动子的序列如图 3.6 所示,该启动子序列有 2 个重要的区域:一个短的、富含 AT 的上游碱基对作为转录起始点,称为 − 10 序列;另一个是距离转录起始点上游 35 个碱基对的区域,称为 − 35 序列。除一些特殊情况外, σ^{70} 因子必须同时结合在这段启动子序列上,转录才能开始。

3.3.2.3　转录步骤

转录的所有步骤如图 3.7 所示,RNA 聚合酶的核心酶部分与 σ 因子一起,识别一个启动子,以核糖核苷三磷酸开始转录。当 RNA 链增长时,RNA 聚合酶全酶就会释放 σ 因子,由 5 个亚基组成的核心酶继续沿被转录链 3′ − 5′ 方向移动,以 5′ − 3′ 的方向聚合出 RNA。在 DNA 螺旋中,有约 17 个碱基处于开放状态,这个结构称为转录泡,延伸的 RNA 链和互补 DNA 链间可以形成 8bp 或 9bp 的 RNA − DNA 杂交链,与 DNA 双螺旋类似。RNA 聚合酶就是以这种方式向前移动,直到碰见终止子,RNA 聚合酶和 RNA 转录物才被释放。

3.3.3　转录的细节

起初认为转录启动后,RNA 聚合酶会沿着 DNA 以一定的速度匀速向前移动,将核糖核苷酸聚合成 RNA,然而事实并非如此。现在已知 RNA 聚合酶在开始 RNA 聚合时,将反复终止,所以在最终离开启动子时会产生很多小片段的 RNA,甚至有时当转录正在进行时,RNA 聚合酶会经常停顿或返回。本节中我们要介绍转录的一些细节(图 3.8),但这里也不做详尽说明,只简单列举其一,因为每一步是调控机制的基础,在后面章节中还要展开讲解。

3.3.3.1　结合

在第一步中(图 3.9),RNA 聚合酶核心酶与 σ 因子结合形成全酶,结合在全酶上的 σ 因子于是指导整个酶分子

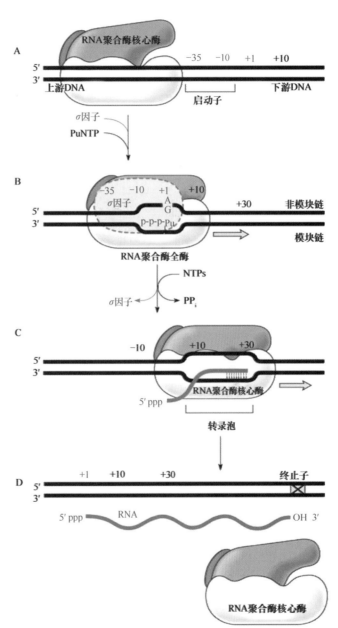

图 3.7　转录从启动子开始,在转录终止子处停止

(A、B)RNA 聚合酶核心酶随机与 DNA 结合,直到 σ 因子结合上之后,才能识别启动子。当 DNA 链在启动子处打开后转录开始　(C)当 RNA 聚合酶沿 DNA 链移动进行核糖核苷酸链聚合时会形成转录泡,含有 RNA − DNA 杂交链,该结构帮助 RNA 聚合酶与 DNA 链结合　(D)RNA 聚合酶遇见转录终止子,离开 DNA,释放出新合成的 RNA

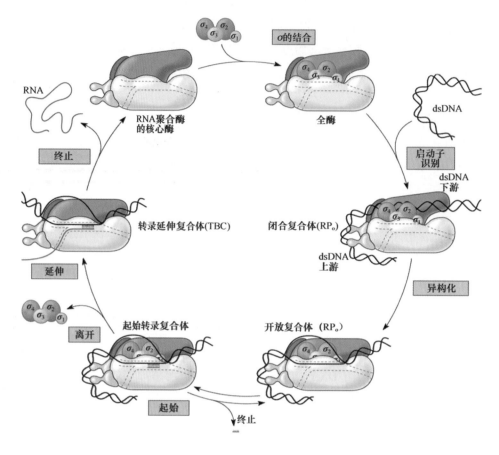

图3.8　转录循环

dsDNA,即双链 DNA。

识别正确的启动子(图3.10)。即使启动子 DNA 处于双链状态下,σ 因子也必须能够识别其中的启动子序列。首先,σ 因子的一个结构域 σ_4 因子,能识别处于双链状态的启动子上游区域 -35 序列,σ_2 结构域与双链富含 AT 的 DNA -10 序列结合,形成闭合复合体(RPc),再后来这个闭合区域将会被打开。σ_3 与 RNA 聚合酶核心酶的活性通道结构 β 亚基接触,σ_2 与 β' 亚基接触。绝大多数 σ 因子与 σ^{70} 因子相关,而且它们结构域的功能相近,能完成对特定启动子的识别。图3.11 中给出了 σ^{70} 家族 σ 因子的保守序列,以及一些保守结构域在启动子的识别和转录起始中的作用。

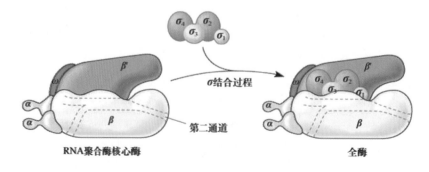

图3.9　σ 因子的结合

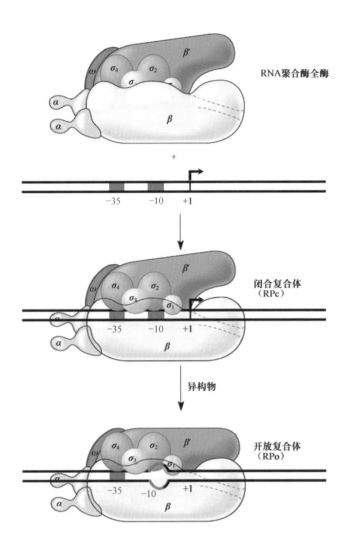

图 3.10 启动子的识别

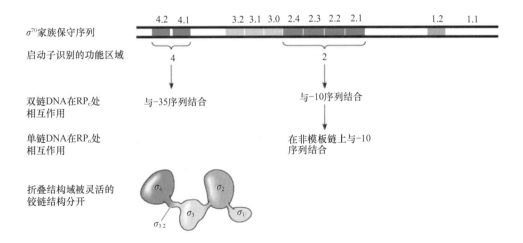

图 3.11 σ^{70} 的功能区域

σ^{70} 家庭中序列有四个主要的保守区域,如图所示它们被分成亚区。

　　并不是所有的 σ^{70} 启动子都具有相同特征,如图 3.12 所示,有些 σ^{70} 启动子还具有其他一些额外的特征,图 3.13 给出了 RNA 聚合酶识别启动子变异序列的特征部位。启动子与 RNA 聚合酶结合强度可以靠启动子上被称为 UP 的序列增强。被称为 αCTD 的 α 亚基羟基末端可以与 UP 序列结合。有些启动子缺乏 –35 序列,只具有 –10 序列的延伸序列,这时对该序列的识别就不是 σ_4,而是 σ_3。

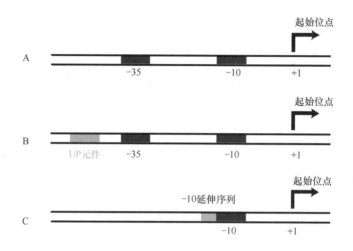

图 3.12　σ^{70} 启动子的不同变异

(A) –10、–35 共有序列　(B)UP 元件的位置　(C) –10 延伸序列位置

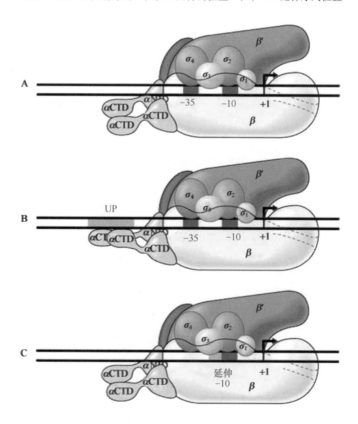

图 3.13　α 亚基羟基末端结构域(αCTD)的灵活性

(A)σ^{70} 在 –10、–35 区域的相互作用　(B)灵活的连接子使 αCTD 与 UP 元件结合　(C)σ_3 结合到延伸的 –10 区域

3.3.3.2　异构化

当 RNA 聚合酶首先与启动子结合时,DNA 还处于双链状态。因为 DNA 链是闭合的,所以称为闭合体,在下一步中,β'亚基像螃蟹的螯一样环绕着 DNA,在模板 DNA 链上形成活性通道,这样使 σ_2 在 -10 区域将 DNA 分开,然后与非模板链结合,这个过程称为异构化(图 3.8 和图 3.10)。因为 AT 碱基对没有 GC 碱基对稳定,所以相对来说在启动子富含 AT 的 -10 区容易解链,形成开放的区域。这时模板链活性通道 $+1$ 处核糖核苷酸结合上来,聚合反应随即开始。

3.3.3.3　起始

在起始过程中,通常是三磷酸核苷(ATP 或 GTP)进入 RNA 聚合酶的二级结构通道中与模板链 $+1$ 活性中心处的(T 或 C)配对,然后第二个三磷酸核苷进入,其 α 磷酸与第一个核苷酸的 3′羟基相连接形成磷酸二酯键,其余的两个磷酸残基将以焦磷酸的形式被释放。这样的结构被称为起始转录复合体,是利福平等抗生素阻断转录的步骤。如图 3.14 所示,利福平与 RNA 聚合酶的 β 活性通道结合,使 RNA 聚合酶仅走了 2 或 3 个核苷酸,就被停止在启动子处,使 RNA 链不能继续延伸,这可以解释为什么利福平仅仅阻断转录起始。

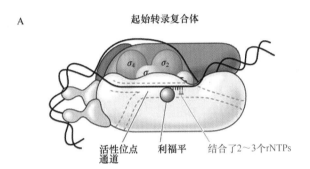

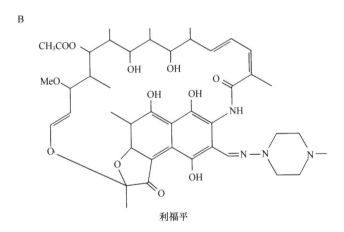

图 3.14　转录起始及抗生素利福平的作用

(A)在活性位点处有 2～3 个核糖核苷三磷酸(rNTPs)结合进来,利福平结合在活性位点通道壁上阻碍了 RNA 延伸　(B)抗生素利福平的结构

即使在没有抗生素利福平的作用下,RNA 聚合酶也不能自由地持续转录。当 RNA 链增长至 10 个核苷酸左右时,就会在活性通道处遇见 $\sigma_{3.2}$ 环,它能阻断 RNA 聚合酶离开通道,造成转录停止,释放出长约 10 个核苷酸的较短的转录物,这个过程称为流产转录,不知为什么要出现,在许多启动子中都会不同程度地发生,但是机理还不清楚。逐渐增长的转录物将 $\sigma_{3.2}$ 环推开,进而离开通道(图 3.15),造成 σ 因

子从 RNA 聚合酶核心酶上释放,再过一段时间,RNA 聚合酶也将离开启动子,转录进入延伸阶段。

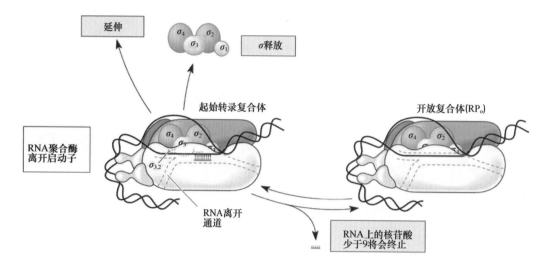

图3.15   转录终止(流产)及 RNA 聚合酶(RNAP)从启动子离开

仅当聚合产生的核苷酸超过 10 或 11 个时,RNAP 才能从启动子上逃离,在第 12 个核苷酸处,RNA 转录区被 $\sigma_{3.2}$ 区取代,从而阻断活性位点通道,当 RNAP 逃离后,σ 随即被释放。

3.3.3.4   延伸阶段

图 3.16 中给出了参与 RNA 转录延伸过程的转录延伸复合体的结构,很多特点在前面已经讲过了,如 DNA 双链分开处 17bp 的转录泡,在模板链与新合成链分离附近形成的 8bp 或 9bp 的 RNA:DNA 杂交活性位点。RNA 聚合酶将以 30~100 核苷/s 的速度合成 RNA,然而在合成过程中它也经常会停顿和走回头路,后者经常发生在发夹结构形成的时候。RNA 聚合酶后退给转录延伸复合体带来的麻烦,最后要动用 GreA 和 GreB 这两种蛋白才能解决这一问题,如图 3.17 所示,这两种蛋白将其含有核糖核酸酶活力的 N 末端插入二级结构的通道中,降解处于通道中的 RNA 的末端,直到 RNA 末端处于活性中心正确的位置处,转录才继续进行。

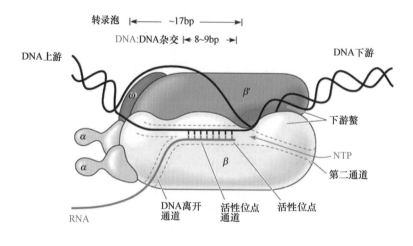

转录延伸复合体(TEC)

图3.16   转录延伸复合体

在延伸阶段,NTPs 通过第二通道进入,在活性位点发生聚合,新合成的 RNA 通过 RNA 离开通道离开转录泡。

为什么能容忍 RNA 聚合酶的停顿和后退，还不是很清楚，但这个过程会降低转录速度，而且必须有 Gre 蛋白参与反应才行。其中一个可能的原因是，它有选择地停顿，有助于转录出的 RNA 或由 RNA 翻译出的蛋白质的折叠，但对于需要大量转录产物的基因来说，如 rRNA 基因，它会形成一套特殊的机制减少 RNA 聚合酶的停顿和后退。rRNA 具有抗终止位点，该位点能与 RNA 聚合酶结合，并能优先与前方的发夹结构结合，它还有其他功能，减少停顿，还可以避免依赖于 ρ 因子的转录终止。

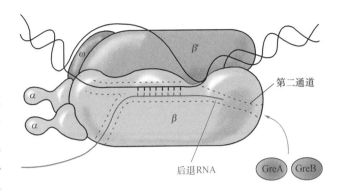

图 3.17　退缩的转录延长复合体

GreA、GreB 可以从第二通道进入降解 RNA。

3.3.3.5　终止

一旦 RNA 聚合酶在启动子上开始转录，它会沿 DNA 链聚合核糖核苷酸，直到遇到 DNA 链上的转录终止位点。独立基因的末端不必有这种终止位点。细菌常有一个以上的基因转录为单个 RNA ，所以只有在一组基因已被转录后，转录终止位点才会出现。甚至一个单个基因被转录，其转录终止位点可能在基因的远端下游出现。

细菌 DNA 有两种基本类型的转录终止模式：非依赖因子型以及依赖因子型。正如它们的命名，以是否仅需要 RNA 聚合酶及 DNA 本身、或是还需要其他因子来终止转录进行类型区分。

3.3.3.6　不依赖因子终止模式

不依赖因子的转录终止子是很容易辨认的，因为他们有类似的结构。一个典型的不依赖因子终止子序列由两段序列组成，第一个序列是回文结构。不依赖因子转录终止过程如下：当回文结构被转录成 RNA 时，RNA 形成一种称为"发夹"的二级结构（图 3.18B）。回文结构后是一组重复 A 序列。转录在 DNA 重复序列 A 中某一位点终止，在

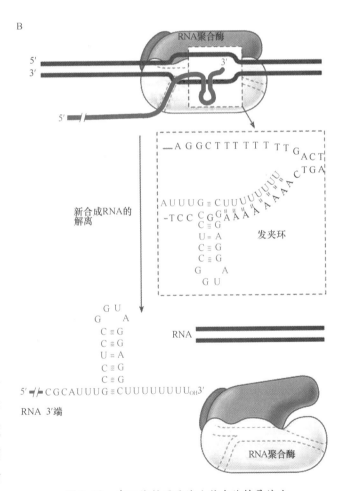

图 3.18　在不依赖因子终止位点处转录终止

（A）典型的位点序列　（B）富含 U 的 RNA 使 RNA 聚合酶停止，形成发夹环，将 RNA 与 RNA 聚合酶分开

RNA 末端形成一段重复 U 序列。

图 3.18B 也给出了不依赖因子的转录终止模型是如何工作的,从富含 A 的模板转录出富含 U 的 RNA 将造成 RNA 聚合酶的停顿,使富含 GC 区形成发夹结构,从而造成 RNA 聚合酶从 DNA 上脱落,最终导致链的终止。

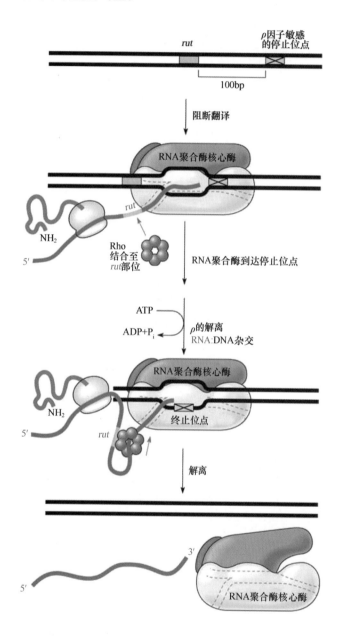

图 3.19　因子依赖型转录终止在 ρ-敏感性停止位点的转录终止模型

如果 mRNA 没有被立即翻译,则 ρ 因子就结合在 mRNA 的 rut 位点,形成围绕 mRNA 的一个环。环将沿着 mRNA 运动,并切割 ATP,直到遇见暂停在 ρ 敏感性暂停位点的 RNA 聚合酶。ρ 因子发挥解旋酶活力,解离转录泡处的 RNA-DNA 杂交链,释放 RNA 聚合酶和 RNA。

3.3.3.7　依赖因子终止模式

依赖因子的转录终止子序列相互间差异较大,几乎没有相似性。目前了解较多的大肠杆菌有 3 个转录终止因子:Rho(ρ)、Tau(τ)和 NusA。因为:τ 和 NusA 了解不多,下面着重介绍 ρ 因子。ρ 因子在 ρ-因子依赖转录终止模式中有以下 3 个特征:第一,ρ 因子只终止不能被翻译的 RNA 的合成,由于细菌缺少核膜,转录与翻译是同时进行的,因此这一限制就显然很重要;第二,ρ 因子是依赖 RNA 的 ATP 酶,它能分解 ATP 产生能量,但只有存在 RNA 时才分解 ATP;第三,ρ 因子也是 RNA-DNA 解链酶,它与 DNA 解链酶类似,DNA 解链酶在复制时解开 DNA 双链,ρ 因子则解开 RNA 和 DNA 形成的双螺旋链。

图 3.19 显示了 ρ 因子终止转录的过程:首先,在 RNA 聚合酶到达 ρ-因子依赖转录终端位点之前,ρ 因子与 RNA 上某一特定序列结合,这些序列被称为"rut"——即 ρ 因子利用位点。它们的特征不很明显,只含有较多的胞嘧啶 C,也没有更多的二级结构。如果这段 RNA 序列要被翻译,则 ρ 因子不能与"rut"序列结合,因为核糖体占据了此位点。否则 ρ 因子将在此位点与 RNA 结合;然后沿 RNA 5′-3′方向移动,追赶上 RNA 聚合酶。这个过程需 ρ 因子分解 ATP 提供能量。如果 ρ 因子在转录终止位点赶上停在那里的 RNA 聚合酶,那么 ρ 因子 RNA-DNA 解链酶的活力被激活,从而终止转录。图 3.19 还给出了 ρ 因子终止位点处的因子依赖转录终止模型。如果 mRNA 没有被翻译,那么 ρ 因子结合在 mRNA 的

rut 位点。之后 ρ 因子沿着 mRNA 链追赶 RNA 聚合酶，直到 RNA 聚合酶在 ρ 因子终止位点被终止时才追赶上。然后 ρ 因子在转录泡处分解 RNA – DNA 杂合链，使 RNA 聚合酶脱离 DNA。ρ 因子解开 RNA – DNA 杂交链，DNA 链上的 RNA 聚合酶被释放出来，导致转录被终止。转录终止与翻译阻断的连接进一步说明：当翻译在 RNA 转录端点终止之后，一旦遇到下一个 ρ 因子依赖转录信号，基因的转录将立即停止。这种类型的 ρ 因子依赖终止通常发生在转录区端点，同时也解释了极性现象。根据这两种转录终止模型看出，不依赖因子终止位点和 ρ 因子依赖终止位点的基本差别在于在转录泡处 RNA – DNA 杂交链的裂解。不依赖因子位点有一对称序列从而形成 RNA – RNA，这比 RNA – DNA 杂交链要稳定，从而促进解链；而在 ρ 因子依赖终止位点，ρ 因子蛋白裂解了 RNA – DNA 杂交链。

3.3.4 rRNA 和 tRNA

细胞所有的 RNA 转录过程基本上都是相同的。但是，rRNA 和 tRNA 在蛋白质合成中起着特别的作用，因此转录后它们的功能与 mRNA 是不相同的。

核糖体是细菌细胞中最大的细胞器之一，由蛋白质和 RNA 组成。细菌核糖体包含三种 rRNA：16S、23S 和 5S。它们的命名来自于分子的沉降率，也就是在超速离心管中分子向管底部的运动速率。总的来说，S 值越大，RNA 分子越大。除了参与核糖体的构成外，rRNA 构成了分子系统发育的基础（专栏 3.1）。23S rRNA 为肽转移酶，能将氨基酸聚合到核糖体上的蛋白质上，形成核糖酶。16S rRNA 直接参与了翻译的起始和终止。

专栏 3.1

分子系统发育

在所有细胞元件中，与翻译功能相关的元件是最保守的。核糖体、翻译因子、转氨酶、tRNAs 的结构以及遗传密码本身，在十几亿年进化过程中，也只有一点细微变化。正因如此，这些元件在分子系统发育研究中应用广泛。通过对比 rRNAs 以及其他翻译过程中元件的序列，分析它们之间差异，就有可能建立包括地球上所有生物在内的系统发育树。高度保守或许可以解释为什么这么多不同抗生素都作用于翻译元件，而不是其他细胞成分。一种用于抑制某种细菌翻译过程的抗生素也可能同时抑制其他几种细菌的翻译。

翻译相关元件的保守性非常高，所以这些"枝繁叶茂"的系统发育树不仅包含真核生物，还包含古菌（第 1 章）。这些系统发育树所描述的进化关系通常与生理学或其他比较方法所得的结果一致，但也有例外。例如，海洋中有一种生活在海底热泉喷口附近的生物，它含有 16S rRNA 序列，但是大小约 1mm，而大部分其他细菌都比它的千分之一还要小。另一方面，人们通过分析古菌翻译延伸因子的序列，发现它们与真核生物的亲缘关系近于细菌，因此才促使它们的名字更正为古菌。

真细菌所含有的许多起始和延伸因子，在古菌与真核生物中也有与之相对应的成分，但是翻译相关元件间的差异主要存在于翻译起始因子。真细菌只含有三种翻译起始因子（有些起始因子有几种不同的形式），而古菌和真核生物有多种翻译起始因子。从其他细胞功能来说，相对于细菌而言，古菌与真核生物有更多相似的翻译起始因子。

另一方面，一些起始因子在生物的三界中虽然是高度保守的，但功能会有些差别，这些差异可能反映了它们翻译起始位点的不同。

rRNA 不仅仅存在于核糖体上,当其合成时产生前体 rRNA ,这种前体 rRNA 包含三种片段或三种形式。其中也常包含一种或多种 tRNA(图 3.20)。这种前体合成后,rRNA 和 tRNA 被分别切割下来,并在此过程中发生一定的修饰,从而形成成熟的 rRNA 和 tRNA。

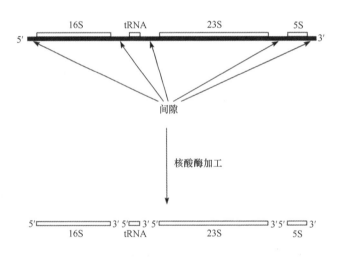

图 3.20　rRNA 的前体

长分子中含有 16S、23S、5S rRNA 和一个或多个 tRNA。合成后,核酸酶将单
个 RNA 从长的前体分子上切割下来。

核糖体是蛋白质合成的场所,因此,细胞生长速度加快,必然要产生大量的核糖体。因为只有蛋白质合成加快,它们生长过程才能加快。在许多细菌中,编码 rRNA 的序列在基因组不同位置可重复出现 7 至 10 次。这些基因的复制导致 rRNA 在这些细菌中高的合成率。尽管这些不同区域编码的前体 RNA 有相同的 rRNA,但是它们编码不同的 tRNA 和间隔区。

3.3.4.1　tRNA 的修饰

细胞中的许多 RNA 在合成后就会被修饰,比如,rRNA 在合成后经常会被甲基化,可以用来抵御某些抗生素。tRNA 是细胞中被加工和修饰最多的一类 RNA,如图 3.21 所示,成熟 tRNA 是由很长的一段包括 rRNA 在内的分子剪切而来;然后一些碱基会被特定的酶修饰,如将碱基尿嘧啶转变为假尿

嘧啶和硫脲嘧啶;最后,CCA 转移酶将 CCA 序列加至 tRNA 的 3′端。可见,在形成成熟 tRNA 之前,合成的 tRNA 分子要经过很多修饰。

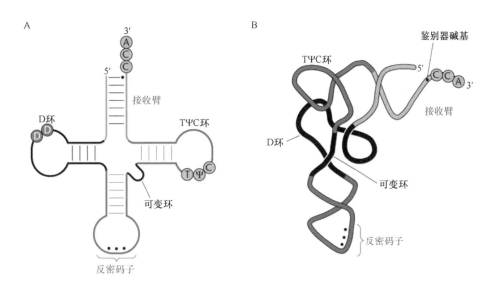

图 3.21　成熟 tRNA 的结构

显示了它的二级结构和一些修饰。

(A)tRNA 典型的三叶草结构　(B)tRNA 真正的折叠

3.4　蛋白质

蛋白质在细胞中起着重要作用。细胞的结构大都是蛋白质,具有催化功能的各类酶也是蛋白质,由于不同的需要,细胞蛋白质的种类比其他成分的种类都要多。即使在一个相对比较简单的细菌中,也有几千种不同的蛋白质,而且细菌中大多数的 DNA 序列是编码蛋白质的基因。

3.4.1　蛋白质结构

DNA 和 RNA 是由戊糖和磷酸盐之间以磷酸二酯键连接而形成的核苷酸链,而蛋白质是由 20 种不同氨基酸通过肽键连接而形成的链。一个氨基酸的—NH_2 与另一个氨基酸的羧基—OH 脱水形成肽键(图 3.22)。多个氨基酸通过肽键相连而形成一条肽链。氨基酸较少的链称为寡肽,而较长的则称为多肽。

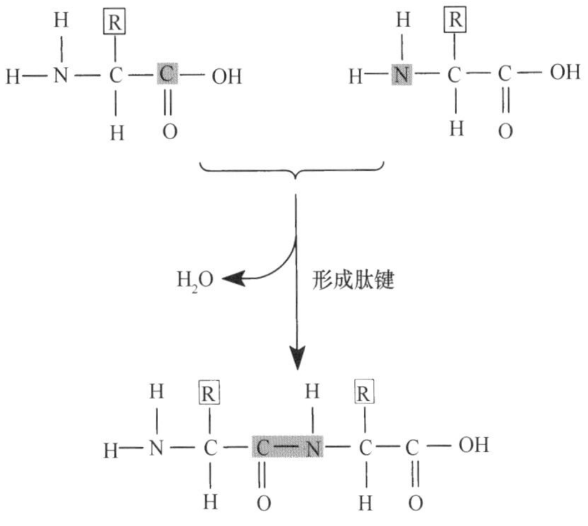

与 DNA、RNA 一样,多肽链也有方向性,其方向是由肽的—NH_2 和—COOH 来确定的。一端称为氨基端或 N 端,含有一个未被结合的—NH_2,其末端的氨基酸称为 N—末端氨基酸,相应地另一端含有一个未被结合的—COOH,称为羧基末端或 C 端,其末端的氨其酸称为 C－末端氨基酸。蛋白

图 3.22　两个氨基酸通过肽键连接

肽键连接一个氨基酸的氨基,连接另一个氨基酸的羟基。

质是由 N 端到 C 端的方向合成的。

蛋白质结构术语与 RNA 结构术语相同，蛋白质也具有一级结构、二级结构、三级结构和四级结构，所有这些结构如图 3.23 所示。

3.4.1.1　一级结构

一级结构主要指氨基酸的排列顺序及多肽链的长度。RNA 只是由 4 种核苷酸组成，而多肽链是由 20 种不同的氨基酸组成的，所以多肽链的一级结构形式比 RNA 要多得多。

3.4.1.2　二级结构

与 RNA 一样多肽链有二级结构，是由氢键来维持的。由于氨基酸的种类比核苷酸要多，因而多肽链的二级结构更加复杂。存在两种基本的二级结构形式：第一种为 α - 螺旋，由每一个氨基酸与其相邻的前一个和相邻的后一个氨基酸相互配对而成的多肽链的螺旋结构；第二种为 β - 叠片，由一段氨基酸片段与另一段氨基酸片段相互配对形成的环状或片层结构（图 3.23）。某些计算机软件程序可帮助以蛋白质一级结构为基础预测形成的二级结构。确定多肽链的二级结构的最好方法是通过 X 光衍射晶体分析法（X 射线晶体学）。

3.4.1.3　三级结构

多肽链自身多重折叠形成完整的三级结构。经过折叠的肽链，不溶于水的氨基酸如亮氨酸、异亮氨酸分布在分子内部，而亲水性的谷氨酸、赖氨酸则分布在分子表面。

3.4.1.4　四级结构

含有两条或多条多肽链的蛋白质有四级结构，由相同多肽链构成的蛋白质称为均一多聚体，相反则称为不均一多聚体。从名称上可以反映出构成蛋白质的多肽链的数目，例如，均一二聚体指由两个相同多肽链构成的蛋白质；而不均一二聚体指由两个不同的多肽链构成的蛋白质；三聚体、四聚体等都反映出了多肽链的数目。

蛋白质中的多肽链多由氢键相互连接，

一级结构

氨基酸

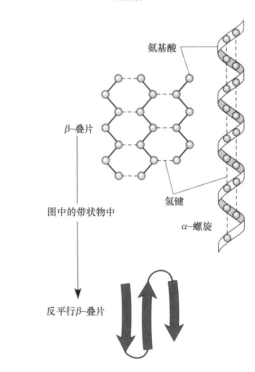

二级结构

氨基酸

β-叠片

氢键

α-螺旋

图中的带状物中

反平行 β-叠片

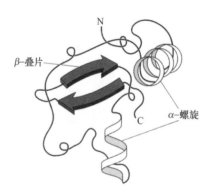

三级结构

N

β-叠片

α-螺旋

C

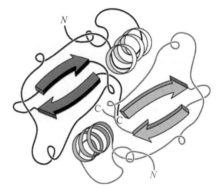

四级结构

N

C

C

N

图 3.23　蛋白质的一、二、三、四级结构

也常通过多肽链中的半胱氨酸形成的共价二硫键来连接。

各种蛋白质有各自独特的二、三、四级结构,因此即使要分析非常简单的蛋白质的结构都是非常困难的,大都需要利用 X 光衍射蛋白晶体分析法。

3.4.2　翻译

将 mRNA 上的核苷酸序列翻译成蛋白质中氨基酸序列的过程发生在核糖体上。

在 RNA 一节中已经讲过,核糖体是细胞中最大的细胞器之一,它具有非常复杂的结构,由三种 RNA 和 50 余种不同的蛋白质构成。它也是细胞中最主要的成分之一,细胞的大部分时间是在合成核糖体。每个细胞都含有成千上万个核糖体,具体数目还有赖于细胞的生长状态。核糖体也是在进化过程中最保守的细胞器之一,它的外形和结构从细菌到人类,几乎没有发生改变,所以 rRNA 经常被用于分子系统分类学对物种的鉴定。

核糖体实际上是一个非常庞大的酶,它能根据 mRNA 上的信息,将氨基酸聚合成多肽链,所以与 DNA、RNA 聚合酶类比,将其称为氨基酸聚合酶更好一些。它被称为核糖体也有其"历史"渊源,因为它足够大以至于在电子显微镜下就可以看到,故被称为"体",代表一个细胞器,又因为其含有核糖核酸,所以称之为"核糖体"。近期随着对核糖体结构的深入了解,我们掌握了核糖体聚合氨基酸的机理。

核糖体亚基

核糖体的组成如图 3.24 所示,整个核糖体称为 70S 核糖体,它由 30S 和 50S 两个亚基构成。30S 亚基又包含 16S rRNA,50S 亚基又包含 23S 和 5S rRNA,而且每个亚基又含有核糖体蛋白。30S 亚基含有 21 种不同的蛋白质,而 50S 亚基含有 31 种不同的蛋白质。通常 30S 和 50S 亚基在细胞中是分别独立存在的,只有当翻译 mRNA 时它们才结合在一起形成 70S 核糖体。

两个亚基在翻译中的功能完全不同,在启动翻译时,30S 亚基与 mRNA 结合,然后 30S 亚基再与 50S 亚基结合形成 70S 核糖体。30S 亚基主要是为每个密码选择正确的 tRNA,而 50S 亚基的主要任务是形成肽键,并将 tRNA 从核糖体的一个位置转移至另一个位置。70S 核糖体沿 mRNA 移动,由 tRNA 上的反密码子与 mRNA 上的密码子配对,将核苷酸链翻译成多肽链,多肽链合成后,核糖体又分解成 30S 和 50S 亚基。

3.4.3　蛋白质合成细节

在本节中,详细讲解翻译过程。首先讨论读码框,然后讨论翻译延伸,即在 70S 核糖体沿 mRNA 移动,将核苷酸翻译成氨基酸的过程中,究竟发生了什么。最后,讨论翻译的起始和终止问题。

3.4.3.1　读码框

mRNA 上每三个核苷酸序列称为密码子,编码一个特定的氨基酸,密码子就代表了基因密码。由于每一个密码子包含三个核苷酸,因而同一区域的 mRNA 可能被翻译成三种不同的读码框。通常翻译起始时,从起始密码子处形成翻译读码框。翻译开始后,核糖体沿着 mRNA 以每三个核苷酸为一个密码子向前移动。如果翻译是沿着蛋白质合成的正确的读码框进行的,就称此翻译是从零框区开始的。如翻译的读码框发生错误,则每一个密码子向前或向后移动了一个核苷酸(也就是形成 −1 或 +1 框)。有时,即使翻译起始是正确的,翻译过程中也会发生移码现象。

3.4.3.2　翻译的延伸

翻译开始之前,每一个 tRNA 通过它的同源氨基酰 – tRNA 合成酶结合一个特定的氨基酸

（图 3.25）。每一种酶只能特异地识别一种 tRNA，因此命名为同源。为什么同族的 tRNA 合成酶只能识别特定种类的 tRNA 呢? 反密码子(tRNA 上与密码子密切配对的序列)不是唯一的决定因子。通常，如果对于一个给定的 tRNA，其反密码子发生改变，这种合成酶仍能促使特定的氨基酸与该 tRNA 正确结合，但该氨基酸将运到 mRNA 上另一个不同的密码子处(这将在第 4 章中讨论)。最后，结合有氨基酸的 tRNA 再与链延伸因子 Tu（EF – Tu）结合。

在翻译过程中，核糖体在 mRNA 上以 5′–3′方向前移，tRNA 通过对 mRNA 密码识别与 mRNA 配对结合。因而哪一种 tRNA 能进入核糖体，主要决定于当时在核糖体上的 mRNA 的密码子。前面已提到，tRNA 上能识别密码子的序列称为反密码子(图 3.26)。要配对，这两种 RNA 序列必须是反方向上互补，也就是说，反密码子的 3′–5′顺序与密码子 5′–3′顺序是互补的。

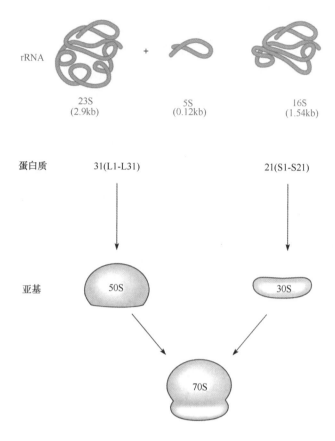

图 3.24　核糖体的组成

它含有 16S、23S、5S rRNA 各一个拷贝，同时还含有多种蛋白质。

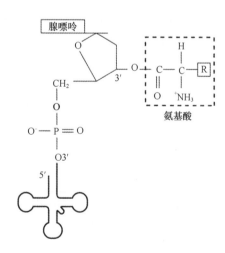

图 3.25　通过氨酰–tRNA 合成酶作用，tRNA 被氨酰基化

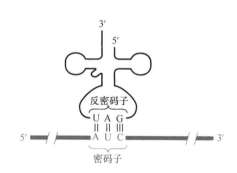

图 3.26　tRNA 反密码子与 mRNA 密码子互补配对

如果反密码子与通过核糖体的 mRNA 密码子互补，结合有 EF – Tu 的 tRNA 复合体就能进入核糖体，与核糖体上被称作 A 位的部位结合(图 3.27)。仅三个核苷酸配对就足以指导正确的 tRNA 进入核糖体的 A 位，实际上，有时即使只有两个核苷酸配对也可以指导密码子–反密码子相互结合，然而

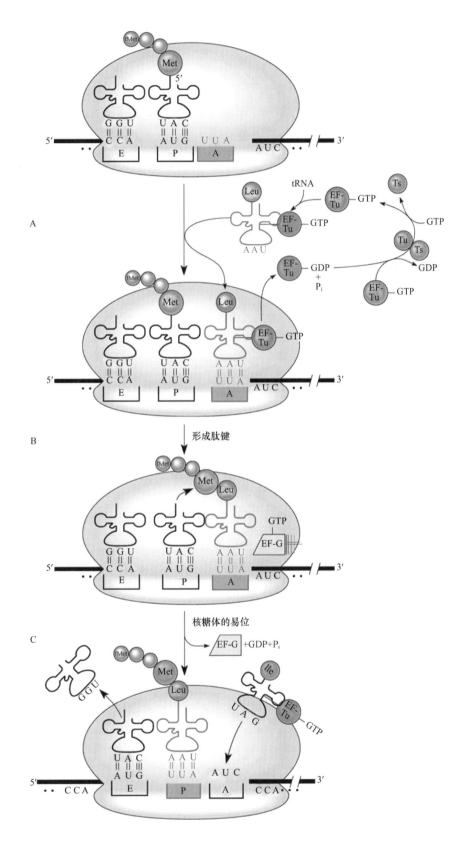

图 3.27 翻译的全过程

(A)结合了氨基酸的 tRNA 与 EF‒Tu 形成复合体,进入位于 30S 核糖体的 A 位点　(B)在 50S 核糖体上的 23S rRNA 作为肽键转移酶,结合下一个氨基酸使肽链延伸　(C)在 EF‒G 作用下,tRNA 被移走,给另一个 tRNA 在 A 位点提供空间,脱掉氨基酸的 tRNA 移至 E 位点,然后离开核糖体

配对碱基之间的氢键并不足以维持 tRNA 稳定地结合在 A 位,显然,与 tRNA 结合的 EF－Tu 的出现,以及核糖体在 A 位处的结构增强了 tRNA 在 A 位上结合的稳定性。tRNA 结合在核糖体 A 位后,释放出 EF－Tu,在另一种链延伸因子 G（EF－G）催化下 tRNA 移至 P 位,空出 A 位让下一个 tRNA 前来结合。如图 3.27 所示核糖体结合了两个 tRNA，P 位上的 tRNA 结合有新合成的肽链。实际上肽转移酶是核糖酶23S rRNA(真核细胞中是28S),其催化 A 位、P 位上 tRNA 携带氨基酸之间形成肽键,具体过程是 P 位上 tRNA 释放肽链,连接至处于 A 位上的 tRNA 携带的氨基酸上,EF－G 可催化 A 位上的 tRNA 及其上的肽链(比刚才多一个氨基酸)移位到 P 位,空出 A 位给下一个 tRNA。核糖体在 mRNA上向 3′端移动一个密码子位置,提供给氨乙酰化 tRNA 进入 A 位,重新开始循环,肽链得以延伸(专栏 3.2)。

专栏 3.2

翻译中的模仿

　　翻译过程中核糖体的工作量非常大,大量因子和 tRNA 通过 A 位和 P 位轮换结合。不同因子需要按顺序进入核糖体,一步步发挥作用,然后才脱离下来。A 位和 P 位上的蛋白质和 rRNA 的序列可以调节并特异结合所有这些因子,多种因子和 tRNA 模拟彼此的形态,以便使它们能够结合在核糖体同一位点,这可能是使这个系统复杂程度降低的一种途径。例如,翻译因子 G（EF－G）与翻译因子 Tu（EF－Tu）的形态很接近,而 EF－Tu 连接着氨酰－tRNA,所以 EF－G 就可以进入到 A 位点,取代 tRNA(然后就连接在不断增长的肽链上),再将氨酰－tRNA 移到 P 位点上。另外一个例子是 tRNAs 和释放因子之间的形态模拟,释放因子不仅在形态上模拟 tRNA,它们还结合特异的终止密码子,这种结合是释放因子的氨基酸与核苷酸碱基无义密码子的结合,而不是 tRNA 上反密码子与密码子之间的碱基对结合。当肽基转移酶准备将多肽链转移至 A 位的释放因子时,引发了一系列变化,使翻译终止,并且使多肽链和 mRNA 从核糖体上解离下来。有一种很吸引人的想法:以前曾经有对终止密码子做出反应的终止子 tRNA,后来释放因子逐渐取代它们,也许在生命的早期形态中,翻译完全是由 RNA 完成,现在 RNA 用来合成蛋白质,但是蛋白质逐渐有了更多的形态和功能,从而能够代替 RNA 的部分功能。

参考文献

Clark, B. F. C., S. Thirup, M. Kjeldgaard, and J. Nyborg. 1999. Structural information for explaining the mechanism of protein biosynthesis. FEBS Lett. 452:41－46.

Nyborg, J., P. Nissen, M. Kjeldgaard, S. Thirup, G. Polekhina, B. F. C. Clark, and L. Reshetnikova. 1996. Structure of the ternary complex of Ef－Tu: macromolecular mimicry in translation. Trends Biochem. Sci. 21:81－82.

Song, H., Mugnier, A. K. Das, H. M. Webb, D. R. Evans, M. F. Tuit,. R. A. Hemmings and D. Barford. 2000. The crystal structure of human eukaryotic release factor eRF1－mechanism of stop codon recognition and peptidyl－tRNA hydrolysis. Cell 100:311－321.

　　即使 mRNA 上只有一个密码子需要翻译,也需要消耗很多能量。首先,氨基酰－tRNA 合成酶催化 tRNA 与氨基酸的结合需消耗 ATP(图 3.25)。EF－Tu 的释放也需要 GTP 降解成 GDP 释放的能量

（图 3.27A）。EF－G 催化结合有肽链的 tRNA 从 A 位转移至 P 位也需要 GTP 降解成 GDP 释放能量。总之，翻译每一步骤的发生都可能需要 3 或 4 个三磷酸核苷的能量。

3.4.3.3　核糖体的结构

借助多种物理技术，再加上许多遗传学和生物化学中非直接相关信息的积累，才使得我们认识到核糖体的细微结构，这也是分子生物学中的一个重要里程碑，下面我们回顾一下核糖体的一些重要特征。

虽然核糖体的两个亚基绝大部分是圆形的，但是它们的结合部位却是扁平的，这样在它们的结合处形成一条缝隙，氨酰基 tRNA 通过这个缝隙进入核糖体，将氨基酸装载至伸长的多肽链上（图 3.28）。

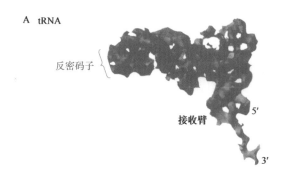

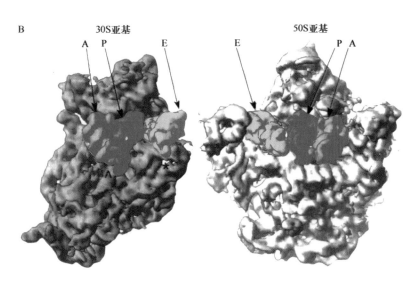

图 3.28　tRNA 和核糖体的真实结构
（A）tRNA 结合至核糖体 P 位点的结构　（B）核糖体的两个亚基被分开，显示通道结构，tRNA 由此进入

3.4.4　遗传密码

前面已经讲到，遗传密码就是 mRNA 上的每三个核苷酸组成的密码，它们用来确定蛋白质链上的氨基酸顺序，更确切地说，遗传密码就是将每三个核苷酸的可能组合分配给 20 种氨基酸。在自然界中遗传密码是通用的，只有少数例外（专栏 3.3），从细菌到人类都共用一套遗传密码，每个密码子对应的氨基酸见表 3.1。

专栏3.3

遗传密码特例

　　通用遗传密码是20世纪最伟大的科学发现之一。无论人类、细菌还是植物,地球上大部分生物都用相同的三个核酸碱基来决定某一个氨基酸。然而,尽管遗传密码多数情况下是通用的,但是在一些特例中某些密码的意义会有所不同。以起始密码子为例,它在一个基因起始的位置时总是编码甲硫氨酸,但如果这个密码子处于一段基因的内部,则可以编码不同的氨基酸。同样,在一些细胞器以及原始的微生物中,某些氨基酸有不同的遗传密码。众所周知,线粒体的某些氨基酸以及终止时会使用不同的密码来编码。例如,哺乳动物线粒体中,通常作为无义密码的UGA可以编码色氨酸。原生动物中,无义密码UAA和UAG编码谷氨酰胺。在这些生物中,UGA则是唯一的无义密码。假丝酵母属(*Candida*)酵母菌是鹅口疮、环癣、阴道酵母菌感染的病原体,在该属的某些酵母菌中,CUG编码丝氨酸而非通常情况下的亮氨酸。细菌中只发现了很少的遗传密码特例,如一些支原体中,UGA编码谷氨酰胺,这些微生物是一些动植物疾病的病原体。

　　一些遗传密码特例只发生在mRNA的特殊位点上。例如,UGA在某些位置可以编码稀有氨基酸硒代半胱氨酸,这种氨基酸只出现在特定细菌或真核生物蛋白质的一个或极少数部位。它有属于自己独特的氨酰合成酶、翻译延伸因子(EF-Tu)以及tRNA,丝氨酸连接到该tRNA上,然后转变成硒代半胱氨酸,这个tRNA随后将硒代半胱氨酸运载到UGA密码上。但是这种特殊位置非常少,而且UGA也不是每次都能作为一个单独读码框出现。但是tRNA如何辨别这些位点连接硒代半胱氨酸,不是其他那些含有UGA的位置,而它又如何辨别哪个UGA密码代表终止,这也许是因为硒代半胱氨酸具有特异的翻译延伸因子(EF-Tu)和一些其他序列,可以辨认出mRNA上硒代半胱氨酸密码子周围的遗传密码。只有UGA周围有这些特异的密码序列时,硒代半胱氨酸的EF-Tu才可以进入核糖体。很难理解,细胞为何如此大费周折的在几个蛋白质的某个特殊位点插入硒代半胱氨酸。在某些情况下,硒代半胱氨酸被半胱氨酸代替,突变蛋白虽然活性低一些但仍然可以起作用。不过,在一些无氧代谢酶的活性中心硒代半胱氨酸可能是必需的,而且这种氨基酸在经历长期进化后仍被保留下来,从细菌到人类,都含有这种氨基酸。

　　最近,在产甲烷的古菌中发现了遗传密码较特殊的个例。这些古菌用UAG这一无义密码编码吡咯赖氨酸。硒代半胱氨酸是由丝氨酸先连接到tRNA上,然后通过化学方式转变而成的,而吡咯赖氨酸则不同,它由自己的氨基转移酶装载到自己的tRNA上,因此它被称为第22个氨基酸(在甲酰甲硫氨酸之后)。吡咯赖氨酸的氨酰-tRNA使用正常的EF-Tu,这些古菌的mRNA中无论何时出现UAG,都会翻译为吡咯赖氨酸。

　　另外有些特例违背了在无义密码出现前每次以三个碱基作为密码子读取的规则。这种现象与高水平移码以及无义密码通读同时出现。在高度移码时,核糖体在继续翻译之前重读或跳过一个碱基。高水平移码通常发生于RNA中存在两个毗邻同源密码的情况,例如,在序列UUUUC中,UUU和UUC都是苯丙氨酸的密码子,所以同一个tRNA会因识别这两个密码而发生摇摆,所以带有tRNA的核糖体在继续翻译之前也许会向后滑动一个密码,发生移码。发生高水平移码的位点具有共同特征的"移码序列"。它们都有二级结构,就像RNA的假结体一样,它在移码区域的下游,可使核糖体停留(图3.2)。在移码位点的上游通常还有一个SD序列,核糖体通过16S

专栏 3.3(续)

rRNA 结合在此部位,核糖体移动一个核苷酸的位置发生移码。有时正常蛋白质和移码产生的变异蛋白在细胞中都有活性,尽管它们的羧基端不同。例如,大肠杆菌的 DNA 聚合酶组分 γ 蛋白和 τ 蛋白都是基因 *dnaX*(表 2.1)的产物,但它们由不同的读码方式产生。移码还会造成通读无义密码,从而产生"多聚蛋白",这种情况发生在很多逆转录病毒中,如人类获得性免疫缺陷综合征病毒(艾滋病病毒)。另外高水平移码还可以发挥调控作用,如大肠杆菌的 RF2 基因的调控。大肠杆菌 RF2 蛋白使核糖体在无义密码 UGA 和 UAA 处松开。大肠杆菌 RF2 的基因受到调控,所以通过移码,它终止翻译的功能可以用来调节自身的合成。核糖体在 UGA 密码子处停留多长时间取决于细胞中 RF2 的数量。如果细胞中 RF2 数量很多,核糖体停留时间就短,且肽链马上被 RF2 释放,若 RF2 数量较少,核糖体停留时间就会稍长,以便进行 −1 移码,而 RF2 蛋白正是由于 −1 移码翻译产生的,所以这样的移码会产生更多的 RF2 蛋白,最终更快地终止翻译。

在一些特例中,移码发生后,核糖体可以跳过 mRNA 上的一大段基因,然后继续翻译。这种情况发生在 T4 噬菌体的 60 基因以及大肠杆菌的 *trpR* 基因中。核糖体会在 mRNA 的特定密码处突然停止翻译,然后跳跃到较远处的相同密码。有人猜测,mRNA 两个密码间的二级结构和三级结构是核糖体跳跃的原因。T4 噬菌体 60 基因上,核糖体跳跃发生的概率是 100%,并且该基因产生的蛋白质是正常的,但是在大肠杆菌 *trpR* 基因中跳跃并没有这么高效,而且跳跃形式的生理学意义还不是很明确。

高水平通读无义密码也可以使同一个开放阅读框(ORF)产生多种不同的蛋白质。核糖体有时在特定的无义密码处并不停止翻译,而是继续在较短的蛋白质翻译后使其变长,如 Qβ 噬菌体头部蛋白与某些逆转录病毒 Gag 和 Pol 蛋白的合成,很多植物病毒都可以产生通读蛋白。同样,在高水平通读无义密码的周围也会有一些特殊序列。不过,必须强调,这些都是特例,一般情况下,翻译起始后 mRNA 上的密码子将被逐一地忠实翻译出来,直到遇见无义密码而终止。

参考文献

Alam, S. L. , J. F. Atkins, and R. F. Gesteland. 1999. Programmed ribosomal frameshifting: much ado about knotting! Proc. Natl. Acad. Sci. USA 96:14177 −14179.

Blight, S. K. , R. C. Larue, A. Mahapatra, D. G. Longstaff E. Chang, G. Zhao, P. T. Kang, K. B. Green −Church, M. K. Chan, and J. A. Krzycki. 2004. Direct charging of tRNA$_{CAU}$ with pyrrolysine in vitro and in vivo. Nature 431:333 −335.

Bock, A. , K. Forchhammer, J. Heider, W. Leinfelder, G. Sawers, B. Veprek, and F. Zinoni. 1991. Selenocysteine: the 21st amino acid . Mol. Microbiol. 5:515 −520.

Gesteland, R. F. , and J. F. Atkins. 1996. Recoding: dynamic reprocessing of translation. Annu. Rev. Biochem. 65:741 −768.

Maldonada, R. , and A. J. Herr. 1998. Efficiency of T4 gene 60 translational bypassing. J. Bacteriol. 180:1822 −1830.

表 3.1　遗传密码

5′端第一位	第二位				3′端第三位
	U	C	A	G	
U	Phe	Ser	Tyr	Cys	U
	Phe	Ser	Tyr	Cys	C
	Leu	Ser	Stop	Stop	A
	Leu	Ser	Stop	Trp	G
C	Leu	Pro	His	Arg	U
	Leu	Pro	His	Arg	C
	Leu	Pro	Gln	Arg	A
	Leu	Pro	Gln	Arg	G
A	Ile	Thr	Asn	Ser	U
	Ile	Thr	Asn	Ser	C
	Ile	Thr	Lys	Arg	A
	Met	Thr	Lys	Arg	G
G	Val	Ala	Asp	Gly	U
	Val	Ala	Asp	Gly	C
	Val	Ala	Glu	Gly	A
	Val	Ala	Glu	Gly	G

3.4.4.1　简并性

在密码中,通常有一个或几个密码编码同一种氨基酸,这种现象为简并性。密码子有 $4 \times 4 \times 4 =$ 64 种可能性(4 种核苷酸,每次 3 个),因此,如果没有简并性,对于 20 种氨基酸来讲,密码子太多。

3.4.4.2　摆动性

编码同一种氨基酸的密码子大多在第三位碱基出现摆动性(表 3.1)。如编码赖氨酸的可以是 AAA 也可以是 AAG。通常编码同一种氨基酸的密码都能与其同一种 tRNA 结合。上面已讲过,反密码子与 mRNA 上的密码子是配对互补的。由于摆动性,即密码子的第三个核苷酸和 tRNA 反密码子的第 1 个核苷酸之间可以不严格地配对,因而一个 tRNA 可以与 mRNA 上多个密码子相配对。这种第 3 个位置上的摆动性不是随机的,而是有一定规律的(图 3.29)。例如,反密码子 1 位上的 G 只可以与密码子 3 位上的 C 或 U 配对,而不能与 A 或 G 配对,这也是为什么只能是 UAU 或 UAC 而不是 UAA 或 UAG 编码酪氨酸的原因。摆动性的规则是很复杂的,因为有时 tRNA 上的核苷酸改变,特别是反密码子第 1 位上的改变,就能改变其配对对象。

3.4.4.3　无义密码子

不是所有密码子都编码氨基酸,64 种可能形式中只有 61 种能真正编码氨基酸,另外三种:UAA、UAG 和 UGA 称为无义密码子。它们通常作为终止信号在基因末端终止翻译。

3.4.4.4　不精确性

通常一个密码决定一个特定的氨基酸,但有时因为在 mRNA 上不同的位置能编码不同氨基酸。例如,AUU 和 GUG 在密码起始区编码甲基甲硫氨酸,而在密码中间区域则代表甲硫氨酸或缬氨酸;在

密码序列的起始部位,有时 CUG、UUG 甚至 AUU 都有时编码甲基甲硫氨酸。UGA 是另一个特殊的密码子,通常是作为终止信号,但在基因个别部位能编码硒代半胱氨酸(专栏 3.3),在一些种属细菌中可作为色氨酸的密码子。

3.4.4.5　密码子的使用

有一个以上的密码子编码一种氨基酸并不意味着所有的密码子在所有生物中都被平均地使用。同一个氨基酸在不同的生物体中可能被不同的密码子所编码,这可能与其含有的某种 tRNA 含量有关或与其 DNA 的基本组成有关。在某些哺乳动物或高等真核生物中,GC 含量大约占 50%(因而 AT 也大概占 50%),而在一些细菌和病毒中,GC 含量或高或低不一定。GC 含量怎么影响密码子的偏好性,可以从假单胞菌属和链霉菌属的一些细菌上得到说明,这些生物 GC 含量几乎达到 75%,为了维持这种 GC 高含量,这些生物的蛋白质合成过程中就用含有大量的 G 和 C 的密码子来编码每一种氨基酸。

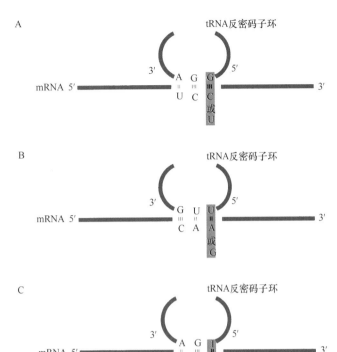

图 3.29　tRNA 上反密码子和 mRNA 上密码子之间的摆动配对
密码子三号位有很多种配对可能性,与反密码子碱基多种配对方式如图所示:鸟嘌呤(A)、尿嘧啶(B)、次黄嘌呤(仅在 tRNA 中发现的嘌呤碱基)(C)。

3.4.5　翻译起始

一条新多肽链合成的起始过程与已经进行的翻译过程存在较大差别。主要是核糖体 30S 而不是 50S,再加上一些专一的起始因子在发挥作用。细菌的翻译起始过程与真核生物的起始过程略有不同。

3.4.5.1　翻译起始区域

在 mRNA 链上有成百上千个核苷酸,开始翻译时,核糖体必须与 mRNA 上正确的位点结合才能启动翻译过程。如果核糖体从 mRNA 上错误的起始密码子开始翻译,那么将产生 N - 端氨基酸异常的蛋白质或者造成所有的读码框发生偏移,从而产生完全错误的蛋白质。mRNA 有一段称为翻译起始区的序列(TIRs),能够指引核糖体准确地与此区第 1 个密码子结合。至今,还不能准确地知道 TIRs 的序列和位置,但已经了解了有关 TIRs 的一些大致情况。

(1)起始密码子　所有 TIRs 都有一个起始密码子,编码一个确定的氨基酸,它通常是 AUG 或 GUG,少数情况下是 UUG 或者 AUA,已知只有在大肠杆菌中起始密码子为 AUU。

起始密码子不一定是 mRNA 上第一段序列,事实上,mRNA 的 5′端可能与 TIRs 和起始密码子有一定的距离。这个区域通常被称为 5′ - 非翻译区或前导序列。

作为起始密码子,它总是编码甲硫氨酸(实际上是甲基甲硫氨酸)作为 N – 端的氨基酸。翻译完成后,这个甲硫氨酸将被切除,并且起始密码子似乎会发生"反向摆动",第 1 位上的核苷酸会摆动,而第 3 位上的核苷酸不发生摆动,其作用还不清楚,但很可能与密码子的识别位点是 P 位点而不是 A 位点相关。

(2)Shine – Dalgarno 序列　如果起始密码子编码的是另外的氨基酸而不是甲硫氨酸,那么这个密码子就不能明确地决定翻译起始区。这些序列可能发生框移现象,或根本就不能编码氨基酸,它们甚至出现在 mRNA 的非翻译区。很明显,必须有另外的在起始密码子周围的序列来协助完成起始区的定位。

许多细菌基因在起始密码子 5′ 上游端有 5 ~ 10 个核苷酸来帮助确定核糖体的起始结合部位。这个序列以发现它的两个科学家名字命名,称为 Shine – Dalgarno 序列。这序列能与 16S rRNA 上某一部位的一段短序列互补。带有 Shine – Dalgarno 序列的核糖体结合部位可通过与 16S rRNA 上的序列的互补,使核糖体与 mRNA 准确结合,从而限定了起始区域(TIRs),但是这种能与 16S rRNA 某区域互补的序列很难辨认,因为它们很短,也没有明显的序列特征,并且不是所有的细菌都有 Shine – Dalgarno 序列(图 3.30)。起始密码子有时会存在 mRNA 的 5′ 最末端,根本就没有空间给这些序列,这时候与 16S rRNA 结合的这段序列可能在起始密码子的下游。

3.4.5.2　起始 tRNA

由于缺少普遍性,因而确定翻译是否从起始区开始的唯一方法是,根据多肽链 N – 末端的氨基酸,看看编码 N – 端氨基酸的密码子是否与普遍公认的起始密码子相一致,起始氨基酸及起始 tRNA 现已清楚,原核细胞中多肽的合成都由甲硫氨酸开始,但并不是以甲硫氨酸 – tRNA 作为起始物,而是以 N – 甲酰甲硫氨酸 – tRNA(缩写 fMet – tRNA$_f^{Met}$)的形式起始(图 3.31)。细胞内有一种甲酰化酶可以催化甲硫氨酸的 α – NH_2 甲基化形成 N – 甲酰甲硫氨酸 – tRNA。这个酶只能催化 Met – tRNA$_f^{Met}$,而不能催化游离的甲硫氨酸或 Met – tRNA^{Met} 的甲酰化。所以细胞内有两种携带甲硫氨酸的 tRNA:tRNA$_f^{Met}$,用来与 fMet 相结合,参与肽链合成的起始作用;tRNA^{Met},携带正常的甲硫氨酸加入肽链。

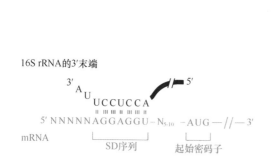

图 3.30　细菌翻译起始区域(TIR)的典型结构
SD 序列及在其后 5 ~ 10 个碱基的起始密码子 AUG。

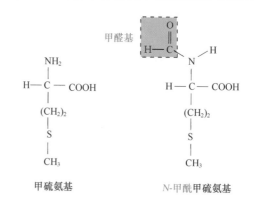

图 3.31　甲硫氨酸(Met)和
N – 甲酰甲硫氨酸(fMet)

3.4.5.3　翻译起始步骤

图 3.32 中从 TIR 开始的翻译步骤已经被大家所接受,可以看出从 TIR 起始的翻译步骤与多肽链的延伸步骤差异很大,除了 fMet – tRNA$_f^{Met}$ 的参与,还需要三种不同的起始因子 IF1、IF2 和 IF3,起始因

子更容易与核糖体 P 位点结合，而不易与 A 位点结合，而延伸因子容易与 A 位点结合。

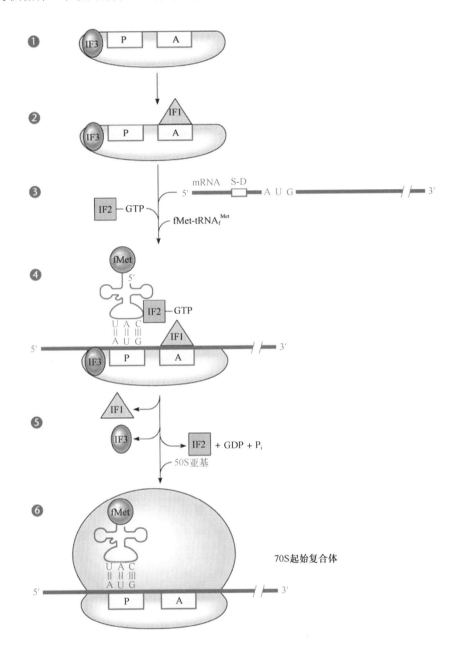

图 3.32　翻译起始

（1）IF3 因子结合在 30S 亚基上，在翻译起始时与 50S 亚基分离　（2）IF1 结合在 A 位点，使该位点被占据
（3、4）30S 亚基上的 P 位点与 tRNA 上 TIR 位点结合，fMet – tRNA 和 IF2 – GTP 可能处于无序状态　（5）IF1 和
IF3 被释放　（6）70S 核糖体的 A 位点准备接收另一个氨酰基 – tRNA

　　起始翻译时，首先必须将 70S 核糖体分开，使之解离成 30S 和 50S 亚基，解离一般出现在翻译步骤终止后，还需要 IF3 起始因子的参与，它主要与 30S 亚基结合，帮助保持亚基的解离状态。因此，核糖体在 70S 核糖体和 30S、50S 亚基间循环，这取决于翻译是否已经被启动，以上过程也称为核糖体循环。

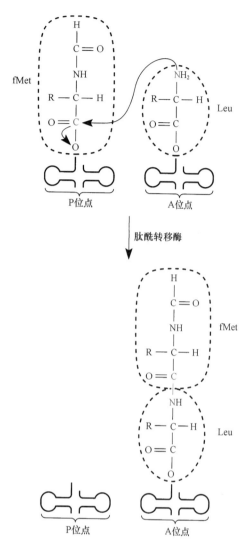

图 3.33　肽酰转移酶反应

一旦亚基被分开,IF1 与 30S 核糖体的 A 位点结合,阻止 fMet – tRNA$_f^{Met}$ 结合至该位点,并且帮助 IF$_3$ 在起始翻译阶段保持核糖体亚基处于分开状态,然后,mRNA 上的 TIR、fMet – tRNA$_f^{Met}$ 和 IF2 三种成分,都结合至核糖体的 P 位点上,也许不分先后顺序。fMet – tRNA$_f^{Met}$ 首先与反密码子结合,tRNA 与占据在 mRNA 上的任意密码子的 P 位点结合,然而在 IF3 的帮助下,IF2 将会调节 fMet – tRNA$_f^{Met}$ 与 mRNA 起始密码子的结合,从而使结合变为密码特异性结合。这时 IF1 和 IF3 被释放,IF2 促进起始复合体与 50S 大亚基结合,之后随着 GTP 水解为 ADP IF2 也将被释放,新合成的 70S 核糖体于是开始了翻译过程,另一个氨酰基 tRNA 进入 A 位点。在肽酰转移酶反应催化下,新的氨基酸加载至处于 P 位点的 fMet 上,如图 3.33 所示。由此可以知道 IF2 与 EF – Tu 在水解 GTP 提供能量、帮助 fMet – tRNA$_f^{Met}$ 在核糖体上定位的功能相似,然而与 EF – Tu 不同的是 IF2 似乎不与氨酰 tRNA 一起进入核糖体,而且它还有帮助两个核糖体亚基解离的功能。

IF3 合成的调控

如上所述,起始密码子通常是 AUG,有时也会是 GUG,UUG 和 AUA 为起始密码子,但机会很少,AUU 作为起始密码子的几率更低。有趣的是 AUU 起始密码子通常仅用于启动大肠杆菌中唯一 IF3 起始因子的 mRNA 翻译,帮助调节 IF3 的合成,细胞根据需要不多也不少地启动对 IF3 因子的翻译。该因子能帮助识别起始密码子,使 fMet – tRNA$_f^{Met}$ 仅与正确的起始密码子结合。它也识别自己的起始密码子 AUU,帮助调节自身的翻译。细胞中 IF3 越多,在 AUU 密码子处起始翻译越少,IF3 合成量就减少,当 IF3 较少时,自己的 mRNA 就被翻译得更多。

3.4.5.4　无前导序列 mRNA 的翻译起始

如前所述,一些 mRNA 分子中没有含 SD 序列的标准 TIR 序列,在这些稀有的 mRNA 中,起始密码子几乎在 5′末端或者非常靠近末端,核糖体如何识别这个起始密码子启动翻译过程还不太清楚,但其机理与正常的 TIR 识别不同,也有证据表明 fMet – tRNA$_f^{Met}$、IF2 和核糖体小亚基三者首先形成一个复合体,这个复合体能够在缺乏上游序列的情况下,帮助识别起始密码子。另有些证据表明核糖体 70S 亚基本身就能识别无前导序列的起始密码子,此过程与真核细胞中的过程相似,也许这是在生物界还没有分开时的遗留物。

3.4.5.5　甲酰基和 N 末端甲硫氨酸的清除

正常情况下在多肽的 N 末端不会有甲酰基,事实上在它的 N 末端氨基酸中也没有甲硫氨酸。当多肽链合成后,肽脱甲酰基酶将会把甲酰基从多肽链上除去,N 末端的甲硫氨酸通常是由甲硫氨酸氨肽酶除去的(图 3.34)。

3.4.5.6　古菌和真核生物中翻译的起始

古菌的翻译起始与细菌的类似，古菌也具有确定的核糖体结合位点，并带有前导序列和甲酰甲硫氨酸，用于翻译起始。相比之下，真核细胞似乎没有专门的核糖体结合位点，而通常是 mRNA 的 5′端第一个 AUG 作为起始密码子，但这并不意味着 AUG 附近的序列在识别翻译起始中并不重要，有时 mRNA 的二级结构能掩盖其他潜在被用于起始密码子 AUG 序列。虽然在真核生物中也有特殊的甲硫氨酸 – tRNA 与第一个 AUG 密码子相对应，但它从来不被甲酰基化，而且当蛋白质合成后，第一个甲硫氨酸将被氨肽酶清除掉。真核生物和古菌中似乎用到更多的起始因子和延伸因子，尽管绝大多数起始因子的确切功能还不清楚，但是很明显它们与细菌中的翻译起始因子有关联。表 3.2 中列出了真细菌的翻译因子，也将对应的真核生物和古菌中的一并列出。有趣的是古菌的翻译起始机制似乎是介于真细菌和真核生物之间的杂合方式，古菌中使用甲酰甲硫氨酸 tRNA 和 S – D 序列，这与真细菌相同，但是它的起始因子更接近于真核生物。

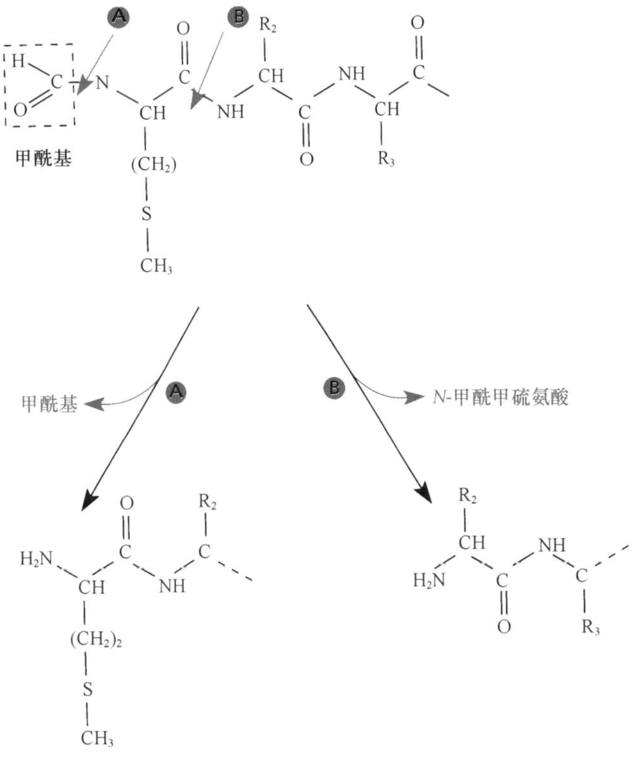

图 3.34　通过肽脱甲酰基酶清除 N - 末端甲酰基(A) 和通过甲硫氨酸氨肽酶清除 N - 末端甲硫氨酸(B)

表 3.2　翻译因子			
真细菌	古菌	真核生物	在真细菌中的作用
IF1	+	eIF1A	阻断 A 位点
	+	eIF1	结合 mRNA
IF2	+	eIF2 γ，eIF5B	启动 tRNA 结合
	+ +	eIF2 α，eIF2 β	
	Ⅰ，Ⅱ，Ⅲ	eIF2B α，eIF2B β，eIF2B δ	
		Bg λ，BB ε	
IF3		eIF3	亚单位解离
	+	eIF3A	
	+	eIF4A	
		eIF4B – eIF4H	
		eIF5	
	+ +	eIF5A，eIF5B	
		eIF6	
EF – Tu	+	eEF1 α	tRNA 结合
EF – G	+	eEF2	转座
RF1	+	eRF1	翻译终止
RF2			翻译终止
RF3		eRF3	释放 RF1、RF2

3.4.6　翻译终止

一旦翻译起始,整个过程就会沿 mRNA 进行,直到核糖体遇见无义密码子 UAA、UAG 或 UGA,这三种密码子不编码任何氨基酸,所以没有相应的 tRNA(表 3.1),当核糖体碰到无义密码子时,翻译就被迫终止。与翻译起始因子的位置相似,无义密码子并不需要在 mRNA 的末端。我们将最后的密码子与 mRNA 3′末端间的区域称为 3′非翻译区。

3.4.6.1　释放因子

除了无义密码子,翻译的终止还需要释放因子的参与,这些因子能识别无义密码子,促进多肽链从 tRNA 上释放下来,并且促进核糖体从 mRNA 上释放下来。在大肠杆菌中有两种释放因子 RF1 和 RF2,能分别识别 UAA、UAG 和 UAA、UGA,而释放因子 RF3 专门帮助以上释放因子从翻译终止的核糖体上释放下来。释放因子可能直接与 mRNA 上的无义密码子配对,与 tRNA 核苷酸和密码子的配对十分相似。有研究表明,如果 RF1 发生突变,则它能识别所有的三种无义密码子,实际上真核生物仅有一种 RF,它能识别所有的三种无义密码子。有些类型细菌和线粒体也只有一种 RF,但是它们中的 UGA 通常不用作无义密码子,而编码某种氨基酸。

3.4.6.2　多肽的释放

翻译终止的全过程如图 3.35 所示,翻译在无义密码子处停止后,A 位点将会空出来,因为没有对应的 tRNA 与无义密码子配对。这时释放因子与 A 位点结合,然后与 EF‐G 和核糖体释放因子(RRF)共同将多肽链从 tRNA 上切下来,将 mRNA 从核糖体上释放下来。如果释放因子与 A 位点结合,肽酰转移酶将把多肽链转移至释放因子上而不是正常情况下处于 A 位点 tRNA 的氨基酸上(专栏 3.2),随后 EF‐G 将带有多肽链的释放因子转移至 P 位点,这样将诱发释放多肽链的一系列反应,在此过程中 RRF 的作用还不明确,但它很有可能在翻译结束后参与 mRNA 的释放。如果无义密码子被某些特定的序列包围,则终止过程会更为高效,这可能是为什么有些细胞类型更能耐受无义抑制子的原因。

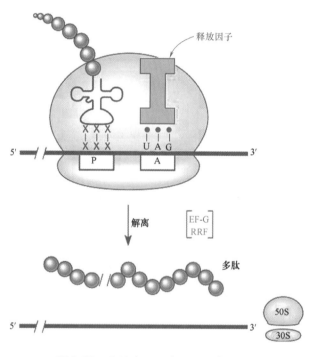

图 3.35　翻译在无义密码子处停止

当核糖体在移动过程中在 mRNA 3′端没有遇见无义密码子,释放因子就无法将核糖体从 mRNA 上释放下来,这将导致核糖体在 mRNA 上拥堵。存在一种特殊机制可以解决该问题,那就是 tRNA 和 mRNA 发生杂交,形成 tmRNA,它们被用于核糖体从 mRNA 的释放以及对缺失蛋白的降解(专栏 3.4)。

专栏 3.4

mRNA 上的拥堵:用 tmRNA 移除核糖体

当核糖体遇到一个读码框内的无义密码时,释放因子就将核糖体以及合成的肽链一起从

专栏 3.4(续)

mRNA 上释放下来。但是如果核糖体在遇到无义密码之前就已经到达了 mRNA 的末端,会如何呢?其实这种情况经常发生,因为 mRNA 会被不断地降解,而且转录终止时的 mRNA 常常是不成熟的。释放因子只能作用于无义密码子,之后核糖体就在 mRNA 上停滞,这不仅造成了阻塞,消耗了核糖体,而且产生的蛋白质有缺陷,因为它比正常的多肽链要短,异常蛋白质的积累会对细胞造成损害。此时需要一种称为 tmRNA 的小 RNA 发挥作用,正如它的名字一样,tmRNA 既是 tRNA 又是 mRNA(见图)。它像 tRNA 一样可以转运丙氨酸,但它同时像 mRNA 一样含有一段短的开放阅读框,并且以无义密码结尾。当核糖体在遇到无义密码之前就已经到达了 mRNA 的末端,tmRNA 就会进入到停滞下来的核糖体的 A 位,丙氨酸就连接到之前的肽链上。然后核糖体从 mRNA 的开放阅读框转移到 tmRNA 的开放阅读框,继续进行翻译,这样很快就会遇到终止密码子。在释放因子作用下就会释放核糖体,切去头端的多肽链与一个由 tmRNA 编码的只有 10 个氨基酸的短"标签"序列融合。与无头多肽链羟基端相连的这个"标签"序列可以被 Clp 蛋白酶识别,这种蛋白酶可以降解整个有缺陷的多肽链,这样它就不会对细胞造成损害。在某些情况下,tmRNA 引发的降解可以起调控作用,只有在必要时才降解蛋白质。

参考文献

Abo, T., T. Inada, K. Ogawa, and H. Aiba. 2000. SsrA –mediated tagging and proteolysis of LacI and its role in the regulation of the *lac* operon. EMBO J. 19:2762 –3769.

Gillet, R., and B. Felden. 2001. Emerging views on the tmRNA – mediated protein tagging and ribosome rescue. Mol. Microbol. 42:879 –885.

Keller, K. C., P. R. Waller, and R. T. Sauer. 1996. Role of peptide tagging system in degradation of proteins synthesized from damaged messenger RNA. Science 271:990 –993.

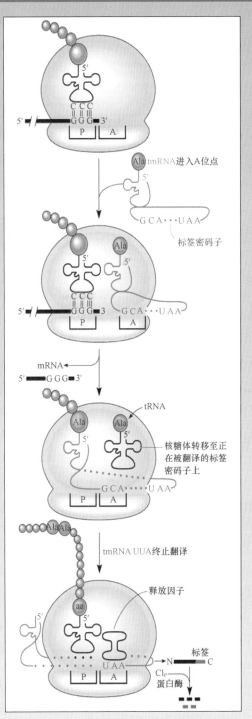

专栏 3.4(续)

Withey, J., and D. Friedman. 1999. Analysis of the role of trans – translation in the re-quirement of tmRNA for λimm^{P22} growth in *Escherichia coli*. J. Bacteriol. 181:2148 –2157.

以前人们认为肽酰 – tRNA 水解酶参与最后一个 tRNA 上的肽链的释放,现在发现这种酶与核糖体并不相关。该酶催化多肽从 tRNA 上释放下来,导致翻译终止,而且耗费大量能量,也使 tRNA 释放出来,以便重复利用,所以在 tRNA 较少时,肽酰 – tRNA 水解酶对细胞就更为重要,这也是为什么该酶是大肠杆菌生长必需的酶的原因之一。

3.4.7　多顺反子 mRNA

在细菌和古菌中,相同的 mRNA 能编码不止一条多肽链,这样的 mRNA 称为多顺反子 mRNA,它们必须具有一个以上的 TIR,允许不止一个 mRNA 序列同时翻译。

图 3.36 中给出了一个典型的多顺反子 mRNA,其中编码一个多肽链的序列紧跟另一个编码多肽链的序列,这两段编码序列间的距离可以很短,有时可以互相重叠。例如,一个序列的无义密码子 UAA 末尾的 A 可以是另一个序列起始密码子 AUG 中的 A。即使两个序列互相重叠,一条 mRNA 上的两个多肽也可以由不同的核糖体独立进行翻译。

多顺反子在真核生物中并不存在,也没有确定的 TIR 序列,翻译仅在离 mRNA 5′端最近的 AUG 密码子处开始。在真核生物中相同的 mRNA 合成不同的多肽链主要是由于对 mRNA 的不同剪切和高水平的阅读框的平移。多顺反子 mRNA 是细菌中特有的现象,这导致细菌翻译极性以及翻译偶联。

3.4.7.1　翻译偶联

由同一个多顺反子 mRNA 编码的两个或两个以上的多肽链,可以发生翻译偶联,如果一个上游基因的翻译是另一个下游基因翻译所需要的,那么这两个基因就会发生翻译偶联。

图 3.37 中给出了两个基因是如何发生翻译偶联的。带有 AUG 起始密码子的第二个基因的 TIR

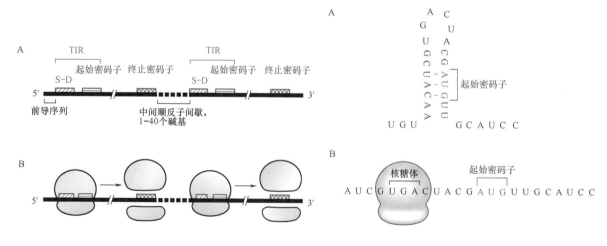

图3.36　mRNA 多顺反子结构

(A)位于 TIR 和终止密码子之间的每个多肽的编码序列　(B)核糖体的 30S 和 50S 亚基在 TIR 处结合,在终止密码子处解离

图3.37　多顺反子 mRNA 翻译偶联模型

(A)RNA 二级结构阻断了第二个多肽的翻译

(B)如果第一个多肽翻译,第二个才能被翻译

序列的 mRNA 中含有发夹结构,所以不能被核糖体识别,然而核糖体到达第一个基因的 UGA 密码子时,将会打开发夹结构,允许另一个核糖体结合至第二个基因上,启动翻译,因此第二个基因的翻译取决于第一个基因的翻译。

3.4.7.2 基因表达的极性效应

一些影响多顺反子 mRNA 中一个基因表达的突变,将会对处于下游基因转录产生影响,我们说这样的突变对基因表达产生了极性。转录终止子携带的插入突变是一类能够引起极性效应的突变。例如,当一个转座子跳入多顺反子转录单元时,转座子上的转录终止子将阻止处于相同顺反子转录单元的下游基因的转录。同样,以抗生素抗性基因插入完成基因敲除时,如果抗性基因上带有转录终止子,也将对相同转录单元的下游基因产生极性效应。

还有一种破坏翻译使核糖体解体的突变也将导致极性效应,在一个开放阅读框中,将一个编码氨基酸的密码子变为无义密码子,将会造成核糖体解体,那么处于同一个 mRNA 上的下游基因,如果原先是与上游基因具有翻译偶联的关系,则它将不被翻译。同样移码突变和删除突变能使阅读框发生转移,同样也会导致极性效应。在阅读框外进行翻译的核糖体容易遇见无义三联密码子,导致核糖体解体。

3.4.7.3 依赖 ρ 因子的极性

在细菌中 mRNA 转录和翻译均是 5′-3′ 方向,故可以在转录的同时进行翻译,而且只要 TIR 空出来,核糖体就与之结合,所以 mRNA 时刻被进行翻译的核糖体所包裹。如果突变导致核糖体解体,则不正常裸露的 mRNA 将会是转录终止 ρ 因子的作用靶点,它能特异性地识别 mRNA 上的 rut 序列,导致转录终止,具体如图 3.19 和 3.38 所示。无义突变将会导致下游基因转录受阻,然而这种依赖 ρ 因子的极性效应较少发生,因为仅当 rut 序列被识别后才能发生,并且依赖 ρ 因子的终止子处于突变点

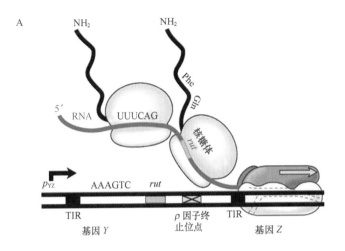

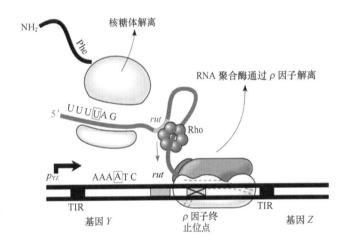

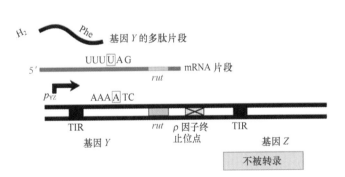

图 3.38 从 p_{YZ} 转录多顺反子 mRNA 的转录极性

(A)翻译基因 Y 时,正常情况下 rut 位点被核糖体掩盖 (B)如果翻译的基因 Y 处受阻,则 RNA 聚合酶还未到达基因 Z 时,翻译就被终止 (C)仅有正常基因 Y 翻译而来的蛋白质片段和 mRNA 产生,基因 Z 没有被转录成 mRNA

和下一个基因的 TIR 中间才行。

表面上看来,翻译偶联和极性效应都是由于转录终止造成的,而且具有相似的效果。在这两种情况中,一种多肽翻译的终止,将影响到相同 mRNA 上的另一个多肽的合成。然而,如前所述,两种现象的分子机制完全不同。

3.4.8　RNA 酶、mRNA 加工和降解

绝大多数细菌的 mRNA 半衰期很短,1～20min 不等,翻译和转录的偶联极大地影响了 mRNA 的稳定性(专栏3.5)。尽管许多 RNA 酶是已知的,但它们究竟如何调节 mRNA 的降解还不十分清楚。

专栏3.5

mRNA 的稳定性及降解

　　细菌的 mRNA 在体内停留时间较短,mRNA 降解对基因的输出起重要调控作用。不过即使在大肠杆菌中,目前 mRNA 的降解途径还不是很明确。下图给出了已经了解的 mRNA 加工和降解途径中的酶,其中图 A 部分说明 RNase E 一般与 mRNA 降解有关,图 B 部分说明 RNase Ⅲ 或 RNase P 常作用于多顺反子 mRNA。识别位点的序列现在还不能确定。

　　表格中描述了上述酶的特性。有些降解 mRNA 的酶也可以加工其他 RNA。例如,RNase Ⅲ 可以加工 rRNA 前体,RNase P 也加工 tRNA 的前体。

　　大肠杆菌及其他细菌中 1%～2% 的 RNA 含有 3′ 多聚 A 尾,这是在转录后添加上的。多聚 A 尾的存在可以增加 mRNA 的稳定性。表格中对产生及加工多聚 A 尾的酶做了介绍。

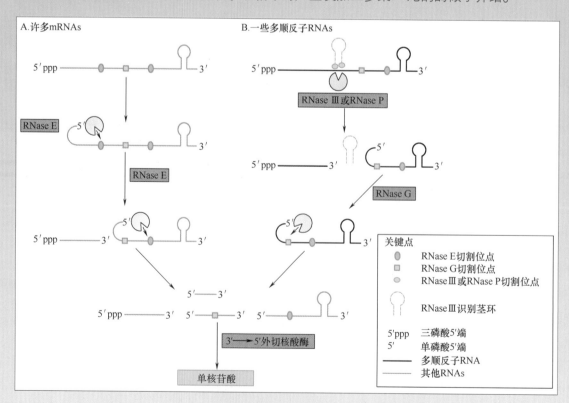

专栏 3.5（续）

大肠杆菌中 mRNA 加工所用的酶		
酶	底物	描述
RNase	mRNA,9S 和 16SrRNA,tRNA	内切核酸酶,在所有革兰阴性菌和一些革兰阳性菌中高度保守
RNase Ⅲ	30S rRNA,多顺反子 mRNA	内切核酸酶,切断一些茎－环结构中的 RNA 双链,在革兰阴性和阳性菌中都存在
RNase P	多顺反子 mRNA,tRNA 前体	核酶,是加工 tRNA 5′端必需的
RNase G	16S rRNA 5′末端,9S rRNA,mRNA	内切核酸酶,有些细菌中是 RNase E,有些细菌中两种酶都有
多聚 A 聚合酶	任何 mRNA 的 3′OH	在革兰阴性和阳性菌中都有发现
PNPase	mRNA,多聚 A 尾巴	3′–5′外切核酸酶,有时也称为多聚 A 聚合酶;在革兰阴性和阳性菌中都有发现

参考文献

　　Kusher,S. R. 2005. mRNA decay and processing, p. 327 – 345. In N. P. Higgins (ed.), The Bacterial Chromosome. ASM Press,Washington,D. C.

3.5　蛋白质折叠

　　将 mRNA 翻译成多肽链仅仅是合成活性蛋白质的第一步,合成的多肽必须折叠成为最终构型,才具有活性,而且最终构型是蛋白质最稳定的构型,是由多肽的一级结构决定的。理论上每种蛋白质均能逐渐折叠成最稳定的构型,然而没有其他因子帮助,折叠成有活性蛋白质所花费的时间会很长。

　　一些蛋白质被称为分子伴侣,它们帮助其他蛋白质折叠成最终构型,一些分子伴侣仅帮助某类蛋白质折叠,有些分子伴侣能帮助多种蛋白质折叠,后者称为通用分子伴侣,下面我们就来介绍这种通用分子伴侣。

3.5.1　DnaK 蛋白和其他 Hsp70 分子伴侣

　　Hsp70 分子伴侣家族是最常见的通用分子伴侣,除了一些古菌外,几乎存在于所有种类的细胞中。这些分子伴侣在演化过程中也比较保守,在人类和细菌中都具有几乎相同的氨基酸序列和分子大小。Hsp70 的分子大小为 70ku,在外界温度升高时表达量较多,所以称其为 Hsp70(也有热激蛋白的意思),能帮助变性蛋白质重新折叠回复活性,然而此蛋白质在正常温度下也能表达。Hsp70 蛋白在大肠杆菌中首先被发现,因为该蛋白能帮助组装 λ 噬菌体 DNA 复制装置,所以称之为 DnaK,其实它与 DNA 复制没有任何关系,仅帮助折叠蛋白质,现在大家习惯称该分子伴侣为 DnaK,所以只能将错就错了。大肠杆菌中的 DnaK 蛋白,还具有细胞温度计的作用,在热激情况下调节一些蛋白质的合成。

　　在理解包括 DnaK 在内的 Hsp70 分子伴侣帮助折叠蛋白质之前,有必要先了解一下大多数蛋白质的结构。蛋白质由氨基酸链构成,最终折叠成圆柱状或球状,构成蛋白质的氨基酸带有电荷,有的具

有极性或疏水性,带电的氨基酸(酸性或碱性氨基酸)或极性氨基酸易溶于水,称为亲水性氨基酸。不带电荷的氨基酸属于疏水性氨基酸,难溶于水,处于球形蛋白分子的内部远离表面的水分子。如果一个蛋白质分子表面具有疏水性氨基酸,另一分子表面也具有疏水性氨基酸,则两者相遇会发生沉淀。以上可以用煮鸡蛋来说明,高温使蛋白质折叠展开,将其疏水区域暴露在分子表面,当分子互相作用时就会凝聚成坚硬的蛋白质。

Hsp70 型分子伴侣能通过与变性蛋白质疏水区域结合,防止该蛋白质与其他分子发生结合,而且 Hsp70 分子具有 ATP 酶活力,可以将 ATP 切割为 ADP,能帮助分子伴侣周期性地与蛋白质疏水区域结合与分离,从而帮助蛋白质分子的折叠。Hsp70 型分子伴侣在完成帮助蛋白质折叠过程中还需要更小的辅助分子伴侣的帮助,由于历史原因,在大肠杆菌中的主要辅助分子伴侣为 DnaJ 和 GrpE,其中前者帮助 DnaK 识别一些蛋白质,调节 ATP 酶包围或离开蛋白质分子,有时也可以独自作为一种分子伴侣,后者是一种核苷酸交换蛋白,能够帮助 DnaK 分子从 ADP 结合形式转变为 ATP 结合形式,从而使蛋白质分子折叠过程循环发生。

3.5.2　引发因子和其他分子伴侣

虽然 DnaK 在大肠杆菌中广泛存在,但是在一些没有 DnaK 的突变体中,细胞仍然存活,只是细胞的复制速度变慢,原因是 DnaK 分子在细胞中已经合成许多其他种类的热激蛋白,它们能代替 DnaK 分子在细胞中行使功能,其中有一种分子称为引发因子,该类型的分子伴侣仅在细菌中被发现,对它的认识还不很清楚,它能结合至核糖体的外部,帮助从核糖体中出来的蛋白质进行折叠,它也是一种脯氨酰异构酶。所有氨基酸中,仅有脯氨酸具有非对称碳原子,所以引发因子能将蛋白质中的脯氨酸转变成另外的构型,还有多种类似的脯氨酰异构酶充当分子伴侣。

除了以上的分子伴侣还有一些称为 ClpA、ClpB 和 ClpX 的分子伴侣,它们能形成圆柱状结构将折叠错误的蛋白质吸入圆柱体,使折叠展开,这一过程需要较多的能量,必须由 ATP 水解提供能量。还有一些分子伴侣,包括 ClpA 和 ClpX,能将折叠错误的蛋白质分子直接送入 ClpP 蛋白酶,该蛋白酶直接将折叠错误的蛋白质降解掉,所以并没有分子伴侣重新帮助折叠分子,只是为其他蛋白质分子提供重复利用的氨基酸。ClpB 是另一类分子伴侣,它的功能行使并不需要其他相关蛋白酶的参与,只是需要小的热激蛋白分子 IbpA 和 IbpB 参与,将凝聚的蛋白质重新溶解,以便 DnaK 对其重新折叠。

3.5.3　伴侣蛋白

除了非常简单的分子伴侣外,细胞中还有一些结构更为庞大的帮助蛋白质折叠的伴侣蛋白分子,它们在所有生命形式包括古菌和真核生物中都存在,它们是由两个大的中空的圆柱体尾对尾形成的,在每个末端均具有一个帽子,如图 3.39 所示。它们将折叠错误的蛋白质吸入其中一个圆柱体中进行折叠,这时称为辅助伴侣分子的帽子结构将圆柱体的一端盖上,蛋白质在更有利于折叠的圆柱体环境中进行折叠。有关折叠的详细模型可以用它的结构来加以说明,当折叠错误的蛋白质进入圆柱体的腔里,由于圆柱体的内部腔表面含有疏水性氨基酸,所以可以与折叠错误的蛋白质的疏水氨基酸结合。当帽子结构将圆柱体盖上后,圆柱体内部表面的氨基酸将转变为亲水性氨基酸,将驱使折叠错误的蛋白质上的疏水性氨基酸进入蛋白质的内部,这时盖子又重新打开,将已经折叠好的蛋白质释放出来,该过程消耗的大量能量由 ATP 水解获得。当一个蛋白质释放出来时,另一个蛋白质紧接着进入另一个圆柱体腔内,以上过程在另一个腔里再一次发生。这个过程被称为"双冲发动机"工作过程,因为

折叠的角色会从一个圆柱体转移至另一个圆柱体。伴侣分子为什么具有两个圆柱体,为什么会在两个圆柱体间变换进行蛋白质折叠,还是个令人好奇的问题。仅有一个圆柱体腔构成的伴侣分子虽然具有活性,但是它的功能较弱。

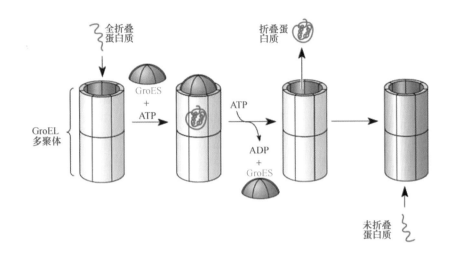

图 3.39 伴侣蛋白

第一个伴侣蛋白在大肠杆菌中被发现,因为它能帮助组装 λ 噬菌体的 E 蛋白,称为 GroEL,由 14 个相同的多肽链构成,每个圆柱体由 7 个多肽链构成,分子质量 60ku,该分子的辅助伴侣分子的帽子称为 GroES,由 7 个亚基构成,每个 10ku。不像 DnaK 和其他的分子伴侣,GroEL 和 GroES 是大肠杆菌生长所需要的,在较低的温度下,估计 GroEL 伴侣分子用于帮助折叠那些非常重要的蛋白质。

伴侣蛋白可分为两种基本类型,类型Ⅰ和类型Ⅱ,其中类型Ⅰ是 GroEL 相关的伴侣蛋白,由 60ku 亚基构成,在所有的真细菌、线粒体和叶绿体中均存在,所以可以看出这些细胞器来源于真细菌,这类蛋白质在受到热激活或其他胁迫时产生,所以被称为 Hsp60 蛋白,代表分子质量 60ku 的热激蛋白。类型Ⅱ是在古菌和真核生物的细胞质中发现的一类伴侣蛋白,它们与类型Ⅰ伴侣蛋白在氨基酸序列上几乎没有相似性,也不是由相同的亚基构成。虽然具有差别,但它们还是具有相似的圆柱体结构,估计具有相似的帮助蛋白折叠的机理。注意这里又有一个例子表明古菌与真核生物相似,而与真细菌是有差别的。

3.6 膜蛋白和蛋白质输出

蛋白质想要发挥功能,在完成折叠后还要被转运至它在细胞中的最终位置,这就意味着许多蛋白质在细胞质中合成后要进入细胞膜或者被转运至细胞外,这个过程在革兰阳性菌中比较简单,因为这类菌仅有一层细胞膜,而在革兰阴性菌中就比较复杂,因为该类细菌中具有内、外两层膜。但是蛋白质在两种细菌中的运送过程是相似的,不同之处仅在于蛋白质在阴性菌中的运输,通过内膜后还要被输送至细胞外膜,有关革兰阴性菌复杂的转运机制将在第 15 章中讲到。

有些专业术语用于蛋白质的转运过程,在革兰阴性菌内膜中的蛋白质称为内膜蛋白(IMPs),在外膜中的蛋白质称为外膜蛋白(OMPs),革兰阴性菌中通过内膜被转运进入细胞周质或外膜的蛋白质称为外运蛋白质,那些完全离开细胞的蛋白质称为分泌蛋白,蛋白质通过细胞膜的过程称为蛋白运输过程。

内膜蛋白的一部分有时处于细胞质中,一部分处于细胞周质中,在膜中的部分无电荷、非极性(疏水)氨基酸,这样有利于在脂类物质构成的细胞膜中的溶解性。由 20 个氨基酸构成的肽链已经足够长得能穿过细胞膜而延伸,在磷脂双分子层中的部分称为跨膜结构域,另两个结构域称为细胞质结构域和细胞周质结构域。跨膜蛋白在细胞通信中非常重要,它连接了细胞质的内外环境,在第 14 章中我们将介绍双组分全局调控系统就会讲到跨膜蛋白。

分泌蛋白和跨膜蛋白中含有较多的极性或带电荷的(碱性或酸性)氨基酸,这使得它们较难通过细胞膜,它们必须借助转移酶的帮助才能通过细胞膜,其中有些蛋白会用疏水核在膜上形成疏水区域的孔道,使分泌蛋白等从中穿过,有些转运蛋白利用自己的孔道,而更多的蛋白是利用转移酶形成的孔道进行转运。下面将介绍转移酶。

3.6.1　转移酶系统

许多帮助其他蛋白质通过细胞膜的蛋白质属于 Sec 系统的一部分,有关外运蛋白通道和它的工作原理如图 3.40 所示,这些基因是在研究大肠杆菌转运蛋白缺失突变体时首先发现的,有关实验的巧妙设计和突变子的筛选将在第 15 章中介绍。

如图 3.40A 所示,Sec 系统中在细胞膜中形成孔道的蛋白质,被称为转移酶,蛋白质就是通过它们进行转运的。膜上的孔道必须容许许多亲水性较强的蛋白质通过疏水性细胞膜,而且要在蛋白质通过后及时将通道关闭,否则细胞内的小分子就会流失,这对细胞来说是非常致命的,而且在蛋白质要通过时又能及时打开。这种通道由三种蛋白质构成,它们是 SecY、SecE 和 SecG,因此也称为 SecYEG 通道或者 SecYEG 转移酶,这三种蛋白质形成异源三聚体,SecY 蛋白质是最大的一个多肽链,构成通道的主要部分,另两个蛋白质相对较小,起到辅助的作用,但其作用也是非常重要的。

已知大多数有关 SecYEG 系统如何转运蛋白质来自于遗传学研究,这些研究又被结构方面的研究所证实。prl 突变体已经被分离,它使得缺失信号序列的蛋白质也能被转运,这些突变发生在 secA、secE 或 secY 上。SecY 蛋白形成疏水的"塞子",当外运蛋白通过膜时塞子被打开,被转运的蛋白带有信号肽,它能使塞子移动至通道另一端的 SecE 上,而突变将会使蛋白失去信号序列。显然 prl 突变至少使塞子部分打开,或许使之与 SecE 结合更为紧密,这样使没有较好信号序列的蛋白也能通过。另外的两个非必需蛋白 SecD 和 SecF 也与通道结合,而且高度保守,但它们在蛋白质转运过程中的作用还不太清楚。遗传分析中鉴定出 sec 和 prl 基因,这些将在第 15 章中详细讨论。

3.6.2　信号序列

如上所述,通过 SecYEG 转运至细胞内膜或者细胞外的蛋白质具有明显的特征,即在它们的 N 末端具有较短的疏水氨基酸序列,称为信号序列(图 3.40A),信号序列的最终命运根据蛋白质被转运至不同的位置而不同。转运至细胞外的蛋白质,其信号序列在通过 SecYEG 通道时将被蛋白酶切除,而处于细胞内膜的蛋白质的信号序列将继续保留,蛋白质本身转变为 IMP。大肠杆菌中最普遍的剪切信号序列的蛋白酶称为 Lep 蛋白酶(代表前导肽蛋白酶),而且还至少有一种 LspA 蛋白能从处于外膜蛋白上的脂蛋白上切除前导序列。处于内膜中的蛋白质,如果最终要被转运出细胞,将会在细胞膜上以前分泌蛋白形式存在。当短的信号序列从 SecYEG 孔道切除后,前分泌蛋白在到达细胞周质、外膜或细胞外之前将变得更短,蛋白质合成后它的序列缩短,在 SDS 聚丙烯酰胺凝胶中很容易被检测到,所以被用于研究某蛋白质是否是通过 SecYEG 孔道转运的。

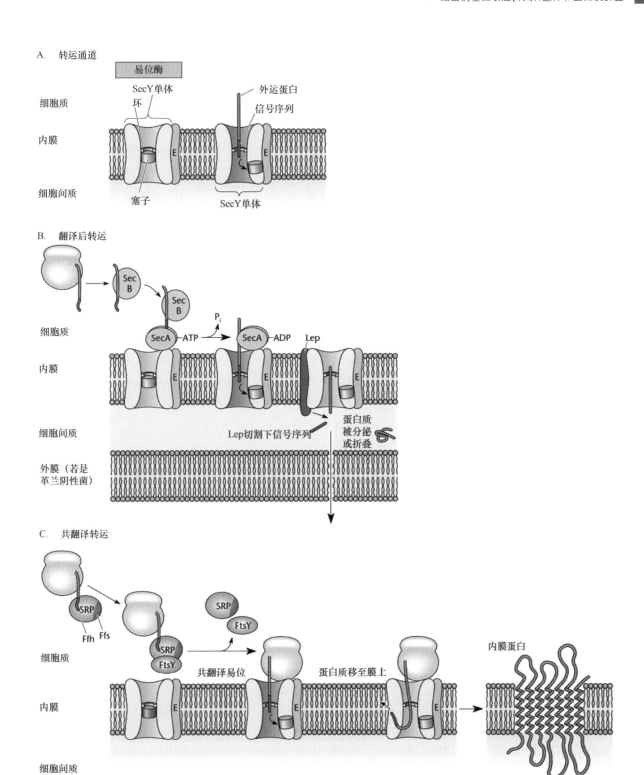

图 3.40 蛋白质转运

（A）外运通道的剖面图。SecY、SecE 和 SecG（图中未示）形成转位酶，SecY 形成通道、环和活塞，被转运蛋白的信号序列向 SecE 推动活塞   （B）通过 SecB – SecA 系统的翻译后外运。SecB 保持蛋白质未折叠状态，直至蛋白质与 SecA 结合，SecA 与 SecY 发生相互作用，在此种情况下，信号序列由 Lep 蛋白酶清除掉。在革兰阴性菌中外运蛋白折叠后，可能通过外膜被分泌出细胞外   （C）通过 SRP 系统的共翻译外运。SRP 从核糖体出来后，与首个跨膜域结合，然后与 FtsY 锚定蛋白结合，使核糖体与 SecY 发生作用。蛋白质翻译后，被核糖体压入 SecY 通道，蛋白质的跨膜域通过通道侧壁进入膜内

IMPs 在其 N 末端也具有信号序列,但它们与分泌蛋白相比,信号序列一般更长,而且疏水性更强,它是蛋白质跨膜的第一个结构域,当蛋白质进入细胞膜时也不被切除。蛋白质不同的信号序列决定着不同靶向因子参与到 SecYEG 的转运,从而决定蛋白质最终停留在内膜中还是进入细胞周质或分泌到细胞外。

3.6.3　靶向因子

靶向因子能识别被转运蛋白,帮助它们通过内膜或者停留在内膜中,大肠杆菌等革兰阴性菌至少具有两种独立的靶向蛋白质参与蛋白的转运。其中之一是 SecB 系统,这类靶向因子专门针对那些被转运至细胞周质或细胞外的蛋白质。另一系统称为信号识别颗粒(SRP)系统,它们在所有类型的细胞中均存在。在细菌中,这类蛋白专门针对那些转运至细胞内膜的蛋白质。另一种 SecA 蛋白能参与上述两种途径。

3.6.3.1　SecB 途径

SecB 系统通常作用于那些带有可移除信号序列的转运蛋白,SecB 蛋白是一种特殊的分子伴侣,能与前分泌蛋白结合,阻止它在成熟之前的折叠,使信号序列暴露出来,而且暴露出的信号序列也能阻止自身前分泌蛋白成熟之前的折叠。然后 SecB 蛋白将还没折叠好的蛋白转给 SecA,这种蛋白能帮助蛋白与 SecYEG 孔道结合,也可能与信号序列和膜中的孔道同时结合(图 3.40B)。当 SecA 与孔道结合后,SecA 上的 ATP 被水解成 ADP,这些能量使蛋白质向孔道移动,孔道的另一成分 SecG 能帮助将蛋白质转移至孔道中,这时 SecA 将转移酶孔道切开,使蛋白质释放至孔道外,在这个过程中信号序列将会丢失。SecB 并不是细胞中必需的分子伴侣,DnaK 或其他通用的分子伴侣可以取代 SecB 帮助行使转运一些蛋白质的功能。

3.6.3.2　SRP 途径

细菌中 SRP 途径专门作用于内膜上的蛋白质,以其为靶点,它由 *ffs* 基因编码的小 4.5S RNA 和 Ffh 蛋白构成,同时在大肠杆菌中还有 FtsY 受体蛋白,SRP 就结合在此受体上。FtsY 有时称之为锚定蛋白,因为它可以将 SRP 途径中的靶蛋白锚定在细胞膜上,锚定蛋白的主要作用是指导蛋白质进入 SecYEG 易位子中。SecA 蛋白也可以帮助 SRP 途径中一些蛋白质转移至 SecYEG 易位子中,尤其是帮助那些具有较长细胞周质结构域的蛋白质转运。图 3.40C 中给出了 SRP 系统的工作机制。

3.6.4　蛋白质分泌

一些转运蛋白,不能停留在内膜、细胞周质或细胞的外膜,而要被转运至细胞外,前面已经讲过这种蛋白质是分泌蛋白,胞外酶大多属于此种,它们担负降解细胞外多糖的作用,生成小分子物质,为细胞提供营养。在蛋白质的分泌系统中还需要其他一些结构,例如,菌毛和鞭毛生长在细胞表面,能分别帮助细菌在固体表面和液体中运动。另一些分泌蛋白可以由致病菌直接注入宿主细胞中,造成细菌感染(见后及第 6 章)。

在革兰阴性菌中有六种已知类型的分泌系统：Ⅰ型至Ⅵ型。有些依赖于 SecYEG 转座酶或 Tat 系统,它能完成内膜中蛋白质的后续转运过程。Ⅱ型系统的代表是霍乱弧菌霍乱毒素的分泌系统,这种毒素首先通过 SecYEG 易位子从内膜转移至细胞周质中,然后利用自身的复杂结构将毒素转移至胞外,一旦毒素到细胞外,它的 B 亚基将会帮助 A 亚基进入真核细胞。另一种利用 SecYEG 通道进行转运的系统称为Ⅴ型系统,它以淋病奈瑟菌的免疫球蛋白 A 为代表,该蛋白质自身带有通道,能直接通

过细胞外膜至细胞外。一旦进入细胞周质中,该蛋白质的一部分折叠成 β 桶状结构,插入细胞外膜,帮助余下的部分通过细胞外膜。

另一些转运系统不需要 SecYEG 易位子的帮助就能将蛋白直接转运至细胞的两层膜之外。Ⅰ型系统有时称为 ABC 转运系统,它在大肠杆菌中能专一性分泌溶血素这一种蛋白质。Ⅳ型分泌系统能直接将毒素蛋白通过双层膜注入真核细胞,与质粒结合系统相关,将在第 6 章中讲到。最引人注意的是Ⅲ型分泌系统,它也能将毒素蛋白通过双层膜直接注入真核细胞,以鼠疫(耶尔森)杆菌分泌系统为代表,它能将 Yops 蛋白直接注入真核细胞的巨噬细胞中,由于巨噬细胞起吞噬和破坏细菌的作用,所以 Yops 蛋白具有致病性,最近发现许多致病菌具有相似的Ⅲ型分泌系统,包括动植物致病菌,所以此领域吸引了不少学者的注意。以上分泌系统将在 15 章中详细介绍。

3.6.5　二硫键

转运蛋白的另一个特点是,被转运至细胞周质或细胞之外的蛋白质大都会形成二硫键,也就是蛋白质分子中的半胱氨酸间形成共价相联,可以是同一条肽链,也可以是不同的肽链。细胞需要用二硫键将蛋白质的肽链连接起来以抵御细胞周质或细胞外的恶劣环境,如果蛋白质中不能形成正确的二硫键,或在错误的半胱氨酸间形成二硫键,该蛋白质均不会有活性。形成二硫键的半胱氨酸硫原子处于氧化态,因为一个电子由两个硫原子共享,而没有形成二硫键的硫原子处于还原态,此时一个硫原子带有一个电子。在革兰阴性菌中,当蛋白质通过细胞内外膜之间的细胞周质时,由于是具有氧化性的环境,在二硫氧还酶的作用下形成二硫键,在细胞周质中形成二硫键的过程如图 3.41 所示。

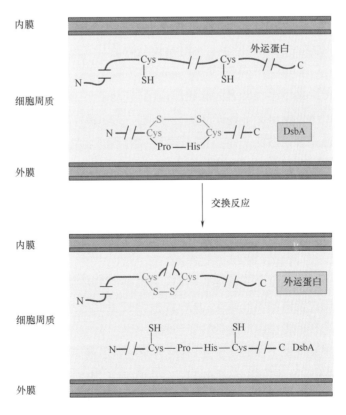

图 3.41　在细胞周质中形成二硫键
细胞周质中的氧化还原酶将二硫键与进入细胞周质中的蛋白质交换,仅标示出 DsbA,断线表示外运蛋白中半胱氨酸间的距离不同,甚至可以出现在不同的多肽上。

3.7　基因表达调控

前面章节中已经介绍过一个基因如何从 mRNA 转录,并翻译成最终的蛋白质的过程。细胞中不同基因产物数量是不同的,这主要取决于该产物在细胞中的需求量,有时基因产物的数量通常用蛋白质的拷贝数衡量,蛋白质数量受较多因素的影响,包括启动子的强弱,以及 mRNA 上的 TIR 强弱。任何一个基因产物的数量也受到细胞所处的状态影响。通常细胞中需要这种基因产物时,它才表达,而且表达量由需求量控制,这样有利于细胞节约能量,减少各基因产物之间互相干扰。基因产物根据细胞的生理状态不同而不同的调节过程称为基因表达调控,能在基因表达的任何阶段出现。有些基因产物是用来调节其他基因的表达的,将这种基因称为调控基因。调控蛋白有时既可以是正调控物,也可以是负调控物,这主要取决于细胞所处的状态。有些调控蛋白仅能调控一个其他基因的表达,而有些调控蛋白却能调节许多基因的表达。有些调控基因的产物可以调控自身基因的表达,将这种基因称为自调控基因。受一种调节基因调节的一套基因称为调控子。第 13 章将更为详细地讨论基因表达调控的分子机制,这里简要介绍基因表达调控的基本过程,以利于对后续章节内容的理解。

3.7.1　转录调控

通常通过控制 mRNA 的量来控制一个基因的表达,称为转录调控。这种调控方式有利于能量的节省,如果在 mRNA 继续到后面的翻译过程才被终止,将会耗费更多的能量。细菌的基因通常按照操纵子排列,即功能相近的基因都在同一时间表达发挥其作用。广义的操纵子概念是所有从相同 mRNA 转录的基因,并且包含启动子和其他基因表达所需要的顺式作用因子。通常调控基因不归入操纵子中,除非它与操纵子中的其他基因共转录。有时调控基因是其调控的操纵子的一部分,这种调控基因往往是自调控基因。

对操纵子的转录调控一般发生在转录的起始部位,即启动子上,一个基因表达与否主要取决于启动子是否被用来合成 mRNA。在启动子处发生的转录调控是负调控还是正调控,主要取决于调控基因的产物是转录抑制子还是转录激活子,它们对转录调控的不同之处如图 3.42 所示。抑制子与操纵子序列结合,该操纵子序列有时位于启动子附近,有时与启动子重叠,导致 RNA 聚合酶不能与启动子结合,通常构成物理性阻碍或者使启动子发生扭曲而不能使 RNA 聚合酶结合。激活子与抑制子刚好相反,它结合在启动子的上游激活子结合位点,帮助 RNA 聚合酶更好地与启动子结合,当 RNA 聚合酶与之结合后,完全打开启动子。有时一个转录调控子是一个启动子的抑制子,而是另一个启动子的激活子,这取决于该调控子与转录起始处的结合部位。

调控分子也能通过磷酸化来改变它的活性,以应对细胞所处环境变化。磷酸基团可以从一个蛋白质的氨基酸上转移至调控蛋白的氨基酸上,从而改变调控蛋白的活性。还有一些例子可以说明当调控蛋白与某些效应物结合后将会由抑制子转变为激活子。

并不是所有的转录调控均发生在启动子处,有时转录起始后还未完成时,受细胞中其他因子的影响会停下来,这种现象称为转录的弱化,该机制与其他一些转录调控机制将在后面章节中讨论。

3.7.2　转录后调控

转录后调控较少发生,它是在基因表达的后期进行的调控。例如,mRNA 转录成功后,有时其翻

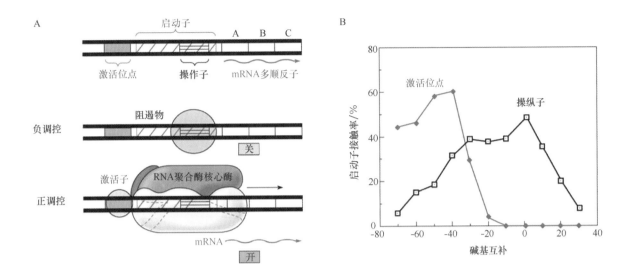

图 3.42 （A）转录调控的两个通用类型　（B）显示出激活子位点的位置与操纵子的关系

译过程会受到抑制，这种调控称为转录后调控。相应的，mRNA 已经被转录出来后，如果细胞中不需要，则会被细胞中的蛋白酶降解，如果细胞需要，该蛋白质会被磷酸化、甲基化或者腺核糖化。究竟是降解还是修饰后继续保持活性，还取决于细胞的生理状况。转录调控的例子将在后面章节中讨论。

3.8　内含子和内含肽

基因由 DNA 转录为 RNA，再忠实地翻译成蛋白质，这种简单模式由于寄生状态的 DNA 存在，而变得较为复杂，这些插入序列成为内含子或内含肽（专栏 3.6）。这些 DNA 元件可以插入 DNA 中破坏基因的编码序列，使之不再代表最终蛋白质产物中的氨基酸序列。为了不使基因的蛋白质产物失去活性伤害到宿主细胞，这些 DNA 元件通常从 mRNA 中剪切下来（内含子），或者从蛋白质产物中切割下来（内含肽）。内含子和内含肽在所有的生命形式中都有发现，但是内含子在真核生物中更普遍地存在，而且在真核细胞中是通过不同内含子的剪切进行调控的，而在细菌中还没有观察到这个过程。

专栏 3.6

自私的 DNA：RNA 内含子以及蛋白质内含肽

　　所有生物的染色体中都充满了寄生的 DNA 元件，它们不能自我复制。这些寄生的 DNA 除了从一个 DNA 移动到另一个 DNA 以便寻找新寄主之外，几乎没有其他功能（专栏 11.1）。当寄生 DNA 整合到一个编码蛋白或 RNA 的 DNA 序列中时，它就会干扰这段序列，所以有时被称为插入序列或干涉序列。如其他有益寄生物一样，这些 DNA 元件对寄主的危害少之又少，因寄主的生存状态对它们自身的存活有很大影响。有时一个插入序列也会插入到必需蛋白或必需 RNA 的编码序列中，有可能会打断这个序列，这种情况发生在单倍体生物中，也许将导致该单倍体死亡，如细菌，除非寄生元件为了减少对其寄主的危害而从 RNA 或蛋白质的序列中剪切掉，以保护 RNA 或蛋白质的功能性不受损害。从 RNA 序列中剪切出来的插入序列称为内含子，从基因的蛋

专栏 3.6(续)

白质产物中剪切出来的插入序列称为内含肽。一个基因中,内含子和内含肽的上游序列和下游序列如果可以按照剪切的方式重新连接起来,则分别称为外显子和外显肽。

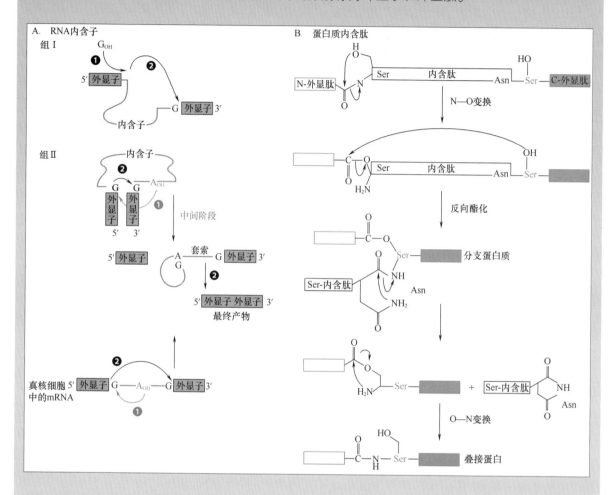

细菌中 RNA 内含子按照剪切机制不同分为两种,分别称为 I 类内含子和 II 类内含子(图 A)。两种内含子都是典型的自我剪切,也就是说它们不需要其他蛋白质帮助,能将自身从 RNA 中剪切下来。因此,内含子中的 RNA 是酶。为了与一般的酶区分开来,将由 RNA 发挥作用的酶专称核酶。另一种已知的核酶是某些 RNase 和 23S rRNA 氨基转移酶。一组内含子中,自由的鸟核腺苷或鸟核苷酸残基在 5′端剪断 RNA 起始剪切过程,从而引发一系列磷酸二酯键的传递来完成整个剪切,这个 5′端的位点称为 5′剪切位点。I 类内含子主要存在于噬菌体蛋白质编码区和某些细菌的 tRNA 基因中。I 类内含子(以及内含肽)的移动,常通过编码一种 DNA 内切核酸酶,这种 DNA 内切核酸酶可以使缺乏 I 类内含子的 DNA 双链在特异位点断开,这将引起双链修复和重新连接,这时内含子就插入到 DNA 的该位点处。内含子就是通过这种方式移动的,但是它只能插入到在同样缺少该内含子的位点,它们移动到同类位点是必需的,因为内含子两侧的序列对它们自我剪切是非常关键的。如果它们插入到不含这些序列的位点上,就不能进行自我剪切。这种只能在另一个 DNA 同一位点移动的能力,称为寻靶或归巢,它们

所含有的内切核酸酶称为寻靶内切核酸酶或归巢内切核酸酶。关于寻靶与断裂后修复连接的问题将在第 11 章进行讨论。

　　Ⅱ类内含子剪切与Ⅰ类内含子类似,但它的起始核苷酸含内含子中特殊的腺嘌呤碱基,"套索结构"是它的特点。这种剪切与真核生物 mRNA 的剪切更加相似。与低等真核生物中相比,Ⅱ类内含子在细菌中非常罕见,仅在一些可以移动的元件中出现,如接合质粒和转座子(第 6 章和第 10 章)。

　　尽管许多内含子都是将其自身从 RNA 中剪切出来的酶,还需要很多成熟酶蛋白帮助它们折叠成有剪切活性的形态。在Ⅱ类内含子中,这些成熟酶蛋白也是反转录酶,并且结合"套索"内含子 RNA 形成 DNA 内切酶,之后就可以切割目的 DNA 了。不过它们移动的方式有所不同,称为反向寻靶。因为它是从 RNA 到 DNA,这与一般的顺序是相反的。反向寻靶内含子将自己剪切到一个 DNA,而不是将自己从 RNA 中剪切出来。在这个有些类似于剪切的过程中,一些低等真核生物如锥虫和线虫也在它们 mRNA 合成后,于 5′末端上加上短的 RNA 序列,以帮助其翻译并保持稳定性。

　　内含肽和能自我剪切的内含子一样,是一类寄生的 DNA,不同的是它们并非从 mRNA 中来,它们是在 mRNA 的产物——蛋白质中进行自我剪切。从细菌到人类,内含肽几乎存在于所有的生物体中。内含肽自我剪切的机制如图 B 所示:内含肽的第一个氨基酸通常是半胱氨酸或丝氨酸。这个氨基酸可以进行重排,通过侧链与上游氨基酸相连,而非通常的肽键。根据内含肽第一个氨基酸是丝氨酸还是半胱氨酸,把相应的键分别称作酯键或磷酯键。这种移动称为 N－O 转换,因为肽键原本连接 N 的化学键,现在连在丝氨酸侧链 O 上。接下来,这个酯键或磷酯键会被内含肽下游第一个氨基酸的侧链攻击,这个氨基酸可以是半胱氨酸、丝氨酸或者苏氨酸。如图所示,这样的结果是,内含肽中第一个丝氨酸或半胱氨酸的侧链被取代,而加上下游外显肽第一个氨基酸的侧链,形成了含有支链的蛋白质,且其中一个支链是内含肽。这样的反应称为转酯作用,因为酯键被转移到另一个氨基酸中。内含肽中的最后一个氨基酸现在连接着蛋白质中的内含肽分支。几乎在所有已知的内含肽中,最后一个氨基酸都是天冬酰胺。之后天冬酰胺的侧链弯曲释放内含肽支链,两个外显肽就连接在一起了,但是并不是依靠肽键,而是通过下游外显肽第一个氨基酸的侧链酯键或磷酯键连接,再经过 N－O 转换反应的逆反应,肽键重新形成。内含肽也完成了从蛋白质中剪切下来的过程,并且没有使蛋白质发生其他变化。虽然这个反应看上去很复杂,但却没有借助其他任何蛋白,还不消耗能量,是自发反应,所以即使是在仅装有含内含肽的纯化蛋白质的试管中,这个反应也可以发生。任何一个细胞中,只要插入了包含内含肽的基因,即使没有原始的内含肽基因也可以发生这个反应,这使它们的应用更加广泛。

　　内含肽剪切不仅能在蛋白质中切除内含肽,还可以通过反式剪切,将由不同基因编码的蛋白整合在一起,这种现象最早在集胞藻属(Synechocystis)的 dnaE 中被发现,这个基因可以合成复制型 DNA 聚合酶。内含肽剪切将一个基因中相隔甚远的两部分结合在一起产生一种酶。在集胞藻属(Synechocystis)中,合成 DNA 聚合酶的基因 dnaE 分隔成 745 bp 和 226bp 的两个部分。似乎内含肽整合到 DNA 聚合酶基因内部,而且该位置允许它还可以再从蛋白质中剪切下来,

专栏3.6(续)

之后另一个大的 DNA 插入到内含肽中。DNA 聚合酶的基因分隔成相距很远的两个部分,而且 DNA 聚合酶的两个部分都有一个末端会带有一段内含肽,即使这样,内含肽的两个部分还是能找到彼此,发生剪切,并把 DNA 聚合酶的两部分连接起来,使其称为有活力的酶。内含肽即使被分到三个不同的部分中仍能从蛋白质中将自身剪切出来。这种特性可以应用到不同克隆的蛋白装配中,RNA 内含子可以发生类似的反式剪切反应。目前反式剪切在分子遗传学中应用非常广泛。

参考文献

Martinez – Abarca, F. , and N. Toro. 2000. Group II introns in the bacterial world. Mol. Microbiol. 38:917 –926. (Microreview)

Sun, W. , J. Hu, and X. –Q. Liu. 2004. Synthetic two-piece and three-piece split inteins for protein trans – splicing. J. Biol. Chem. 279:35281 –35286

Vepritskiy, A. A. , I. A. Vitol, and S. A. Nierzwicki – Bauer. 2002. Novel group I intron in the tRNA Leu (UAA) gene of a proteobacterium isolated from a deep subsurface environment. J. Bacteriol. 184:1481 –1487.

Wu, H. , Z. Hu, and X. Q. Liu. 1998. Protein trans – splicing by a split intein encoded in a split DnaE gene of *Synechocystis sp*. PCC6803, Proc. Natl. Acad. Sci. USA 95: 9226 –9231.

Xu, M. –Q. , and F. B. Perler. 1996. The mechanism of protein splicing and its modulation by mutation. EMBO J. 15:5146 –5153.

3.9　有用的概念

在本章中已经讲到了许多重要概念的细节,在此有必要对这些概念和词汇再做一下简单回顾。如同其他学科一样,分子遗传学也具有自己的专业术语,为了领会分子遗传学方面的文献或听懂这方面的学术报告,我们必须熟悉分子遗传学的专业术语。

带有启动子和转录终止子的典型基因如图 3.43 所示,mRNA 是由启动子处开始转录,在转录终止子处结束。DNA 或 RNA 的方向是由处于多核苷酸骨架上的核糖或脱氧核糖上的碳原子间的磷酸键指示出来,在糖环中的碳原子用′来标示,以区别于核苷酸链上的碳原子。在 RNA 的一端,末端的核苷酸 5′碳原子未与另一个核苷酸通过磷酸键相连,因此称为 5′端,相似的另一端称为 3′端,因为核苷酸的 3′碳原子未与另一个核苷酸通过磷酸键结合。DNA 或 RNA 从 5′端到 3′端的方向称为 5′ – 3′方向。RNA 聚合酶分子是以 5′ – 3′的方向合成 mRNA 的,而在被转录链上沿 3′ – 5′方向移动,与被转录链相对的那条链,与转录出的 RNA 具有相同的序列,而且具有 5′ – 3′的相同极性,所以被称为编码链,通常一个已知基因的序列是用编码链的序列表示的,而且将 5′末端称为上游区,3′末端称为下游区,因此一个基因的启动子和 SD 序列均处于起始密码子的上游区,而终止密码子和转录终止位点均处于下游区。

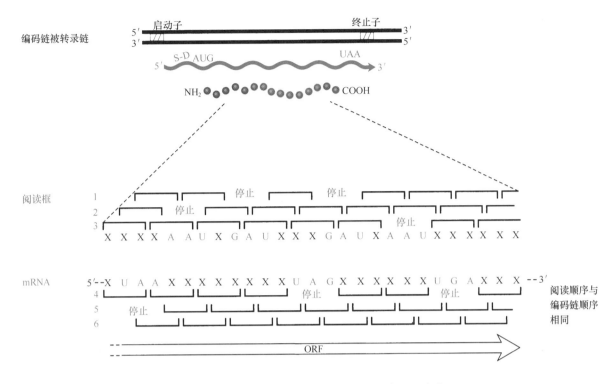

图 3.43　DNA 上的基因与 mRNA 上编码序列的关系
含有 ORF 的两条 DNA 链中总共有六个不同序列,但通常在每一个区中只有一个 ORF 编码一条多肽。

核苷酸链启动子周围的位置可以用数值表示,如图 3.42 所示,RNA 上的首个核苷酸被称为起始点,编号为 +1,由这一点出发向上游或下游一定距离,分别编号为负值或正值,图 3.6 中已经用了这种编号系统,图中显示了 σ^{70} 启动子在相对于转录起始点 -10 和 -35 处具有一致的序列。要注意以上的定义仅用于能编码 RNA 或蛋白质的 DNA 区域,而且已知它的哪条链是编码链,哪条链是被转录链,否则一条链的上游区是另一条链的下游区。

因为 mRNA 的合成和翻译均以 5′-3′的方向进行,所以 mRNA 在合成的同时就可以进行翻译,至少在原核细胞中是可以的,因为没有核膜将核糖体与 DNA 分开。我们已经讨论了这种机制如何在细菌中导致特有的依赖 ρ 因子极性现象,并被用于细菌中某些基因的 RNA 合成的衰减调控。

区分启动子与翻译起始区域(TIRs),以及区分转录终止位点和翻译终止位点非常重要,图 3.43 中展示了如何对它们进行区分,转录开始于 mRNA 5′端的启动子处,但是翻译开始的位置 TIR 可以与 5′末端有一些距离。TIR 的 mRNA 上游的 5′端非翻译区称为 5′非翻译区或前导区,可以是很长的一段核苷酸。相似的,对于蛋白质来说阅读框中的无义密码子不是转录终止子,而仅仅是翻译终止子。因此转录终止子与 mRNA 3′端的无义密码(它将终止 mRNA 的翻译)之间存在一定的距离,从最后一个无义密码子到 mRNA 3′末端的距离称为 3′末端非翻译区。以上这些区别可以在 mRNA 多顺反子中很好地表现出来,该顺反子不仅仅表达一种多肽,在这些 mRNA 中,每个基因具有独立的 TIR 和无义密码子,在上游、下游或两者之间具有不编码或不被翻译的序列。真核生物似乎没有上述多顺反子 mRNA,可能是它们的 TIR 还没有被准确地定义,所以除非在 mRNA 的 5′末端,否则不能被识别出来。

3.9.1　开放阅读框

开放阅读框(ORF)的概念非常重要,尤其处于基因组时代。如前所述,DNA 中的阅读框是在每一时刻连续读取三个核苷酸,遗传密码的翻译也遵循同样规则,如图 3.43 所示,每个 DNA 序列具有六个阅读框,每条链各 3 个。在阅读框中一个 ORF 是一条潜在编码氨基酸的密码子,不被无义密码子隔开。计算机软件可以找出一个序列中所有 ORF,双链 DNA 中绝大多数序列均含有很多 ORF。在图 3.43 中给出许多含 ORF 的序列,仅 6 中是最长的,最有可能编码一条多肽。然而,即使在 DNA 序列中有一个较长的 ORF,也并不一定就能编码出一个蛋白质,非常长的 ORF 经常偶然出现。通常需要更多的信息才能确定一个序列中的 ORF 是否能编码蛋白质。

3.9.2　转录和翻译融合

判断 DNA 上给定区域可能的 ORFs 能否被翻译成蛋白质,最简便的方法可能是对 ORFs 进行转录和翻译融合。在融合过程中为了便于观察,到报告基因 *lacZ*(编码 β – 半乳糖苷酶)、*gfp*(绿色荧光蛋白)、*lux*(萤火素酶),图 3.44 对翻译和转录融合的原理进行了解释。

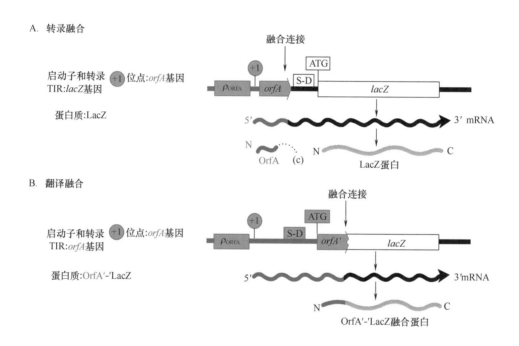

图 3.44　转录和翻译融合以表达 *lacZ*(编码 β – 半乳糖苷酶)

在所有的融合类型中,转录均起始于 OrfA 上游 ρ_{ORFA} 启动子的 +1 位点。(A)一种转录融合是 OrfA 编码区和 *lacZ* 报告基因下游区均从它们自己的 TIRs 翻译,图中仅给出了 *lacZ* 的 TIR、S – D 和 ATG(已框出)。OrfA 上游的翻译直到在阅读框中遇到无义密码子,图中用波浪线表示　(B)另一种融合是 OrfA 上游 TIR 翻译出的融合蛋白含有 LacZ 报告蛋白,并继续保持是 OrfA 的产物,OrfA′表示它的一部分蛋白质将被删除

转录和翻译融合最重要的应用是在表达载体中。我们在生化和结构学研究中通常需要大量的蛋白质,但某些蛋白质只能在生物体中微量表达,而且分离纯化比较困难。如果想得到大量蛋白质,我们可以克隆该蛋白质基因,将其转入表达载体,然后大量表达此蛋白质,而且可以和其他容易分离的蛋白质融合表达,最后分离到我们期望的蛋白质。绝大多数表达载体最初设计在大肠杆菌中使用,一

个基本的大肠杆菌质粒表达载体如图 3.45 所示。

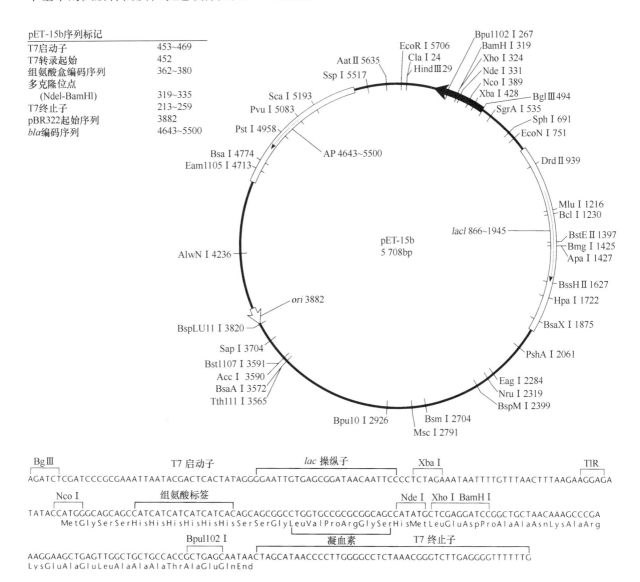

pET-15b序列标记	
T7启动子	453~469
T7转录起始	452
组氨酸盒编码序列	362~380
多克隆位点	
(NdeI-BamHI)	319~335
T7终止子	213~259
pBR322起始序列	3882
*bla*编码序列	4643~5500

图 3.45 在蛋白质上连接组氨酸标签的克隆载体

如果一个基因的 ORF 被克隆至载体的 BamHI 位点,该基因将从 TIR(图中为 RBS)上游的右侧开始翻译,6 个组氨酸的链将被加载至该蛋白质的 N 末端,该蛋白质很容易被含镍的柱子纯化,随后利用特异的蛋白酶——凝血酶可以切除掉 His 标签。此种类型的载体采用 T7 噬菌体的启动子和强的 TIR 以合成大量融合蛋白。由噬菌体衍生的克隆载体的应用将在第 8 章中讲到。

(1)亲和标签　基因融合当前应用在给分离蛋白添加亲和标签中,这项技术的功能非常强大,因为在我们还不了解蛋白活性时就可以容易地纯化出我们想要的基因表达产物。如果将编码我们需要蛋白序列与编码亲和标签序列进行翻译融合,最后在分离、纯化亲和标签过程中,我们所需的蛋白也将被分离和纯化,具体过程如图 3.45 所示。

(2)可诱导表达载体　许多表达载体能从可调控的启动子上表达克隆基因,如 *lac* 启动子,所以当启动子开启后,克隆基因的蛋白质产物才被合成,这种可诱导表达载体对表达那些对细胞有毒害的基因产物非常有利,甚至那些对细胞没有毒性的蛋白质,当大量合成时也将对细胞产生毒害作

用。如果启动子能够调控,基因被诱导表达前细胞能正常生长,在诱导之后,即使细胞死亡,它们已经含有大量克隆基因产物。*lac* 和 L – *ara* 启动子常常被用作诱导表达载体的启动子,有关它们的调控见第 13 章。

3.9.3　细菌基因组注解

本节中讨论的许多概念和方法与细菌基因组注解有关,基因组注解主要包括对基因组的特点和功能的描述(专栏 3.7),如 ORF、RNA 及对蛋白质组和转录组的分析方法,有关这方面的实验将在第 14 章、第 15 章中介绍。

专栏 3.7

基因组注释和比较基因组学

基因组测序是开始研究细菌的一种方法,然而,比起细菌的其他信息,这个序列信息是最有用的。在本书中,我们阐述了基因分析方法和基因组分析是怎样互相补充来使我们更加完整地理解细菌功能。图 1 总结了很多可用类型的基因和基因组学实验。接下来简明地描述这些实验,许多实验都是完整阐述的,而且在接下来的章节做了图文并茂的说明。有的列出了网站,而其他的由于网站更新较快,给出了网络搜索期限。

基因组测序

基因组测序方法在专栏 2.5 中讨论过。

注释和基因组比对

对于一个新的基因组序列的分析,如下描述的生物信息资源可以给我们一些有关的其他生物的相似 DNA 序列和基因产物。

功能注释

基因组序列信息出现的速度远远超出我们理解它的速度,但分析基因组序列的工具也在数量上和复杂性上快速增长。

编码 RNA 序列

编码 rRNA 的序列是高度保守的(专栏 3.1),因此很容易识别。对于 tRNA 序列的识别,www.genetics.wustl.edu/eddy/tRNAscan – SE/ 是一个很有力的生物信息学工具,现在,识别小 RNA、非编码 RNA 以及调控 RNA 的方法也发展起来了(第 14 章)。

编码蛋白质序列

对于寻找原核生物基因(如从非编码 DNA 中区分出编码 DNA),GLIMMER 是一个极其有用的工具(www.tigr.org/software/)。在一种情况下,马尔科夫模型是一个很好的统计工具。在这种情况下一个蛋白质序列要经历一系列的状态变化,期间蛋白质从一个状态转变到另一个状态都是相对独立的,与它们先前状态是没有关系的。马尔科夫模型的一种模型在基因注释中特别好用,称为隐马尔科夫模型(HMM)。HMM 模型采用以前的数据进行分析,换句话说,如果给出一套大概 50 个相关序列,HMM 模型可以自我运行,一旦运行 HMM 给出保守区一个很高的数值,如普通氨基酸替代物,这就使得它们高度敏感。另外,HMM 可以进一步用于识别密码子或者一个特殊生物的 DNA 序列特征,这种模型称作 IMM。

专栏 3.7（续）

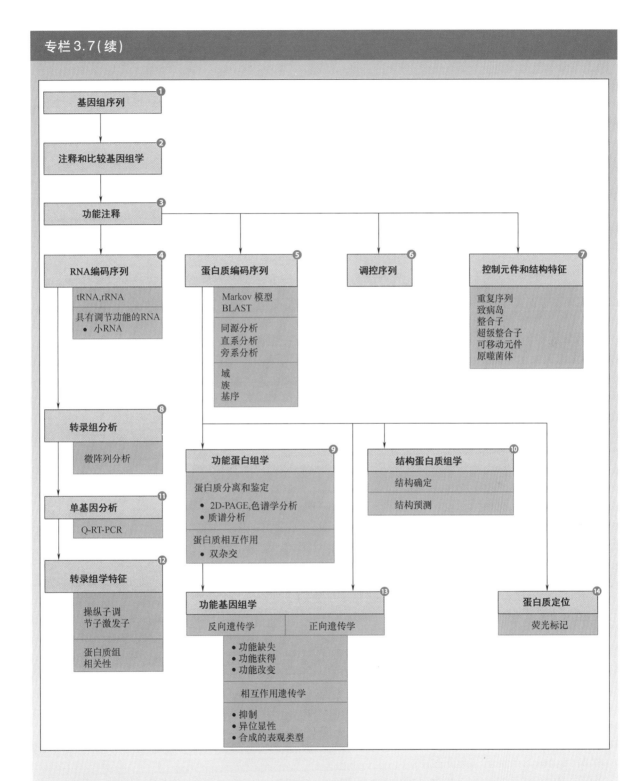

HMM 能够考虑到所有可能的重组因素，如空白、匹配和错配，这样可以影响到一套序列的联配，因此 HMM 可以找出氨基酸序列的保守或者不保守区域，HMM 的应用是基于 HMMER 统计工具的（http://hmmer.wustl.edu/）。

有趣的是，HMM 除了用于基因组注释，还有其他的应用，如在语言识别项目上的应用。对于蛋白质编码序列，预测功能的最常用的蛋白质分析工具称为 BLAST，NCBI 有一个可见的具有步

骤指导的公共网站(www.ncbi.nlm.nih.gov/BLAST)。在应用 BLAST 时,搜寻的核苷酸序列(blastn,专栏2.4)或者蛋白质序列被递交到公共可用数据库中进行比对。一般搜索序列要求递交 FASTA 格式,也就意味着序列要求呈交一个连续的、未被打断的序列,采用标准的氨基酸和核苷酸密码子。网站www.broad.mit.edu 包含了建立 FASTA 文本指南及其他一些基因组学主题。

　　BLAST 算法可以把一条蛋白质序列翻译成所有的六种可能的阅读框(图3.43),而且,BLAST 搜索可以以几种方式构成:用翻译序列搜寻蛋白质数据库(blastx),用蛋白质序列搜寻翻译后的数据库(tblastn),或者用翻译后的序列搜寻翻译后的数据库(tblastx)。BLAST 的其他一些变量可在 NCBI 的 BLAST 网站上见到,包括蛋白质对蛋白质。BLAST(blastp)和特异位点重复 BLAST(PSI-BLAST)。

　　递交所搜寻的序列后,BLAST 算法计算出任何找到的匹配的统计显著性,相似序列的显著性用 E 值表示,E 值(E 代表"期望"的意思)表示的是找到的两条序列的匹配度。一个 E 值是数据库中所找到的与期望有机会找到匹配的相似性,一条序列应该是查询序列,另一条应该是在数据库中找到的相关序列,如用 BLAST 搜索。E 值越低,搜索到的序列与比对序列越相似,一般 E 值超过 0.01~0.05 时,序列间相似度被认为不显著。

　　基因序列的相关性可以类比为同源,也就是基因或者序列拥有共同的祖先。同源又可以分为直接同源和间接同源,直接同源指的是在序列上相似的基因有共同的祖先,但发现于不同的物种并(在有些情况下)具有相似的功能;间接同源指的是在给出的物种中通过复制而产生基因而且可能具有相似的功能。另外,蛋白质以家族分类,在家族中的个体共同拥有某种特征。

　　需要指出的是在一些 BLAST 搜索中,如 blastp,搜到的匹配序列是蛋白质结构域的匹配而不是每个序列的基因。一个蛋白质结构域一般是一个蛋白质中独立的折叠元件,因此,蛋白质是结构域的拼接体,如图3.11 的 σ 因子结构域。

　　用一个 HMM 找出的蛋白质中的保守区域序列可以把蛋白质分成不同的家族,因此可以提供有关蛋白质功能的信息,"家族"这个词在上下文中出现很多,可以表示很多类型的分类。在家族的广泛分类中,蛋白质可分为三种不同的家族,一种类型的家族包含具有一个或更多蛋白质结构域的序列,第二种类型家族包括酶家族,在这里基因产物都具有相同的生物功能,酶的名字由酶学委员会命名(http://ca.expasy.org/enzyme/)。有关代谢途径的很多大的集合已经收集到了这个网站上http://www.genome.ad.jp/kegg/。这个网站提供被称为 Kegg 的图谱,提供了一种酶可能作用的初始途径,这对于酶分类的实验支持是极其重要的。第三种家族类型是"超家族",它包括两个或更多蛋白质,它们的序列相关,但还没有确定检测其生物化学功能。因此,蛋白质功能的实验研究非常重要。

　　一些研究机构已经把从 BLAST 分析中搜索的信息整合到了大的数据库中,这些包括 COGs(NCBI:www.ncbi.nlm.nih.gov/COG/)、Pfams(联合国 Sanger 中心:www.sanger.ac.uk/Software/Pfam),以及 TIGRFAMS(美国公共/公司机构基因组研究:www.tigr.org/TIGRFAMs/)。

　　一个 COG 是一个直接同源基因簇,通过对比系统发生的世系完整基因组蛋白编码区,NCBI 上已经定义了大约 18 个 COG,每一个 COG 被至少来自三个世系的蛋白质定义。NCBI COG

主要分为以下四组:

(1)信息存贮和加工,包括翻译,核糖体结构和生物起源功能;转录功能;DNA 复制、重组与修复功能。

(2)细胞加工,包括细胞分裂和分离功能;翻译后修饰、蛋白质翻转和分子伴侣;细胞内外膜生成;细胞运动和分泌;无机离子转运和代谢;信号转导机制。

(3)代谢,包括能量产生和转化作用;碳水化合物转运与代谢;氨基酸转运与代谢;核苷酸转运与代谢;辅酶代谢;液体代谢;次级代谢的生物合成、转运以及分解代谢。

(4)普通的特征,包括仅基本功能和未知功能的预测。

COG 信息可在 www. ncbi. nlm. nih. gov/COG 找到。

Pfam 家族更类似于描述全长蛋白质的结构域,如蛋白质中的 ATP 结合结构域。

TIGRFAM 家族对于蛋白质分类来说是通用的资源,包括超家族,也包括氨基酸同源但生物功能可能不同的所有蛋白质,也即包含了功能上保守的蛋白质,以及子族,它包括不完全以功能来衡量的蛋白质。

基序是一组保守的氨基酸,通常这些氨基酸组成了蛋白质的活性位点,因此,一个基序可以表明一个蛋白质的生物活性与具有相关基序的其他蛋白质相似。

调节序列

调节序列通常被实验所证实,但生物信息技术变得更加有效。例如,在提到的 NCBI 网站上,ELPH 可在 DNA(或蛋白质)序列中找到基序,TransTerm 可以找到依赖于 ρ 因子的转录终止位点,RBSfinder 可以识别潜在的原核生物翻译中核糖体结合位点。

基因元件和结构特征

随后的章节(第 5 章到第 10 章)描述了 DNA 元件如前噬菌体、整合子等的特征,结构特征如重复序列在整本书中讨论。

转录组分析

转录组的分析(微阵列分析)可以平行地分析细菌基因组中成百上千基因的表达,包括 cDNA 微阵列、寡核苷酸微阵列、Affymetrix 基因芯片微阵列(第 14 章)。微阵列数据的数据库是 GEO(基因表达全集)、MADAM 软件(微阵列数据管理)可以在 NCBI 网站上找到。

功能蛋白组学

功能蛋白质结构域以及基序可以通过特殊的算法和实验方法(蛋白质组学)来预测,以上描述的 HMM 算法在识别蛋白质结构域和基序中非常有用。一些有用的网络搜索词语如 Swiss – Prot、PIR、Ensembl Uniprot、ProDom、PROSITE、TRANS –FAC(转录因子)和 SENTRA(原核生物信号传导蛋白)。

借助二维聚丙烯酰胺凝胶电泳(ZD – PAGE),色谱或通过蛋白质碎片化处理用质谱分析肽段等蛋白质分离技术,使高通量鉴定蛋白质成为可能。通过与基因组数据进行比较,质谱数据可以用来鉴定个体蛋白。在蛋白质组分析的另一种类型中,蛋白质之间的相互作用可以用酵母杂交展示技术检测出来(第 14 章)。

结构蛋白组学

蛋白质三维结构要通过其晶体结构或核磁共振谱(NMR)来确定。预测算法的发展使得仅从序列本身就能预测出蛋白质某些结构。从氨基酸序列预测蛋白质结构是一个非常活跃与具有挑战性的领域。一些网站搜索条目的例子如"EXPASY""Swiss – model""Touchstone"和"COILS 预测"只涉及仅仅很小的一部分。另一个搜索条目是"HMMTOP""TMHMM"和"Tm-Pred",专门用于跨膜螺旋和拓扑学预测。

单基因分析

一个比较流行的单基因转录分析的方法是定量 RT – PCR。RT 的缩写既可以指反转录 PCR,也可以是实时定量 PCR。实时定量 PCR 也需要反转录酶,RT – PCR 的方法在第 14 章中介绍。

转录组学的特性

基因表达调控单位包括操纵子,操纵子是一些可以转录成相同 mRNA 的基因。调节子是一些在相同分子调控下的操纵子。刺激因子是一些被相同环境刺激所影响的调节子。蛋白质组和转录组数据之间的联系对于全面理解基因表达是非常重要的,这些将会在第 14 章中讨论。

功能基因组学

反向遗传学可以用来检测一个已知序列的基因功能。正向遗传学可以用来鉴定和预测一个已知功能的基因。这样经常需要很多而且全面的遗传学技术而不是对少数基因的敲除。互作遗传学寻找阐述互作关系和基因与基因产物精细互作的意义。遗传学分析所有这些方面的方法贯穿于整本书。

蛋白质定位

如基因融合技术的应用,荧光探针经常可以定位细胞内的基因产物。

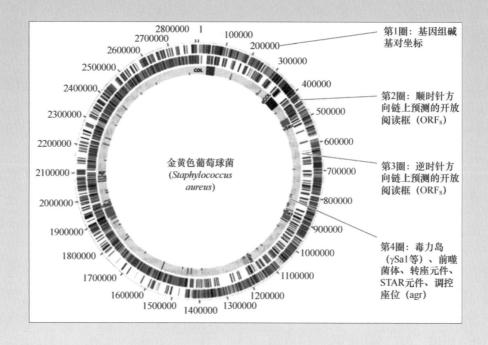

专栏 3.7（续）

参考文献

Gibson. G. , and S. V. Muse. 2004. A Primer of Genome Science, 2nd ed, Sinauer Associates, Inc. Sunderland, Mass.

Gill, S. R. , et al. 2005. Insights on evolution of virulence and resistance from the complete genome analysis of an early methicillin – resistant *Staphylococcus aureus* strain and a biofilm – producing methicillin – resistant *Staphylococcus epidermidis* strain. J. Bacteriol 187：2426 –2438.

Mount, D. W. 2004. Bioinformatics：Sequence and Genome Analysis, 2nd ed. Cold Spring Harbor Laboratory Press, Cold Spring Harbor, N.Y.

Riley, M. , T. Abe, M. B. Arnaud, M. K. B. Berlyn, F. R. Blattner, R. R. Chaudhuri, J. D. Glasner, T. Horiuchi, I. M. Keseler, T. Kosuge, H. Mori, N. T. Perna, G. Plunkett Ⅲ , K. E. Rudd, M. H. Serres , G. H. Thomas, N. R. Thomson, D. Wishart, and B. L. Wanner. 2006. *Escherichia coli* K – 12：a cooperatively developed annotation snapshot—2005. Nucleic Acids Res. 34：1 –9.

3.10　阻断转录和翻译的抗生素

在第 2 章中已经讲到抗生素,在本章介绍一些有关抗生素阻断转录和翻译的知识,抗生素不仅能用于疾病的治疗,还用于遗传学研究中突变体的分离,所以研究抗生素如何阻断转录和翻译,有利于对这些过程的理解。

3.10.1　转录的抗生素抑制因子

用抗生素对细菌感染和肿瘤进行治疗时,其作用的靶位点往往是转录装置的某个组分。有些抗生素是由土壤细菌和真菌合成,有些可以人工合成,表 3.3 列出了一些抗生素的来源及其作用的靶位点。

表 3.3　阻断 RNA 合成的抗生素

抗生素	来源	靶位点
利迪链菌素	利迪链霉菌	RNA 聚合酶 β 亚基
放线菌素 D	链霉菌	结合 DNA
利福平	地中海诺卡菌	RNA 聚合酶 β 亚基
博来霉素	轮生链霉菌	切断 DNA

3.10.1.1　三磷酸核苷合成的抑制因子

有些抗生素能够通过抑制三磷酸核苷合成抑制转录,其中的一个例子是重氮丝氨酸,它能抑制嘌呤的生物合成。

用途:重氮丝氨酸和其他一些阻断核苷酸合成的抗生素,通常对转录的抑制没有特异性,因为

ATP 和 GTP 在细胞内有很多用途,所以缺乏特异性就限制了这些抗生素在转录机制研究中的使用,不过它们还是有其他的一些用途。

3.10.1.2　RNA 合成起始的抑制因子

利福霉素及其更为常用的衍生物利福平,能与 RNA 聚合酶上的 β 亚基结合而阻断转录,尤其能特异性地阻断 RNA 合成的起始。该类抗生素与 RNA 聚合酶的活性通道结合限制了 RNA 链的继续增长(图 3.14)。

用途:仅仅阻断转录起始过程,使该抗生素在研究转录中非常有用。例如,它可以用于 RNA 合成起始步骤的分析,也可用于研究细胞中 RNA 和蛋白质的稳定性。这类抗生素能够用于治疗因细菌感染引起的肺结核和其他难治疗的疾病,因为它仅抑制所有类型细菌的 RNA 聚合酶活力,对真核生物中的 RNA 聚合酶没有影响,所以对人类和动物没有毒性。现在已经能够合成出许多类似的抗生素衍生物。

抗性:在利福平抗性突变体中,其 RNA 聚合酶 β 亚基内部的一个或多个氨基酸发生了改变,所以利福平无法与之结合,它依然保持 RNA 聚合酶活力。染色体突变导致对利福平和链伐立星抗生素产生抗性现象相当普遍,所以不同程度地限制了该类抗生素的使用。

3.10.1.3　RNA 延伸和终止的抑制因子

利迪链菌素也可以和细菌的 RNA 聚合酶 β 亚基结合,但是它能在 RNA 合成过程中阻碍 RNA 合成。与利福平相比,它与 RNA 聚合酶结合得较弱,所以要阻断转录,就必须很高浓度,这限制了它的应用。双环霉素作用的靶点是转录终止子蛋白 ρ,阻止转录的终止。

3.10.1.4　影响 DNA 模板抑制因子

放线菌素 D 和博来霉素通过与 DNA 结合阻断转录过程,博来霉素与 DNA 结合后,能在 DNA 上形成缺口,所以此类抗生素在研究细菌的转录过程有较大的用途。但因为它不具有针对细菌的专一性,对人类和动物都具有毒性,所以在细菌感染的治疗中用处并不大,然而有时也用于对肿瘤的治疗。

3.10.2　翻译的抗生素抑制因子

因为真核生物的翻译装置高度保守,与细菌的不同,所以翻译装置就成为许多抗生素药物作用的特殊的靶位点。表 3.4 中列出了针对细菌翻译装置作用的抗生素的靶位点和来源,其中的一些在真菌病治疗和化疗治疗癌症中非常有用。

表 3.4　阻断翻译的抗生素

抗生素	来源	靶位点
嘌呤霉素	马来链霉菌	核糖体 A 位
卡那霉素	链霉菌	16S rRNA
新霉素	弗雷德链霉菌	16S rRNA
链霉素	灰色链霉菌	30S 核糖体
硫链丝菌肽	远青链霉菌	23S rRNA
庆大霉素	绛红色小单胞菌	16S rRNA
四环素	龟裂链霉菌	核糖体 A 位
氯霉素	委内瑞拉链霉菌	肽酰转移酶
红霉素	红色糖多孢菌	23S rRNA
梭链孢酸	绯红梭链孢菌	翻译延伸因子 G
黄色霉素	柯林链霉菌	翻译延伸因子 Tu

3.10.2.1 tRNA 类似物抑制因子

嘌呤霉素与 3′端带有氨基酸的 tRNA(即氨酰基 tRNA)非常相似,当它进入核糖体后,肽酰转移酶与之结合,延伸肽链,但是由于该抗生素不能完成从 A 位至 P 位的转移,所以一段肽链上结合了嘌呤霉素后,它的羧基末端就会从核糖体上释放下来,终止整个翻译过程。

用途:对嘌呤霉素的研究使我们对翻译过程有了深入了解,核糖体中 A、P 位点,以及 50S 核糖体含有肽酰基形成的酶,现在研究表明是 23S rRNA 本身,以上的研究成果都来自于对这类抗生素的研究。该类抗生素在治疗细菌性疾病中的应用并不多,因为它也会抑制真核生物的翻译,所以对人类和动物是有毒性的。

3.10.2.2 与 23S rRNA 结合的抑制因子

(1)氯胺苯醇 氯胺苯醇能与核糖体结合抑制翻译过程,阻碍氨酰 tRNA 结合至 A 位点。它也能抑制肽酰转移酶反应,阻止肽键的形成,在结构方面的研究表明虽然核糖体蛋白也是氯氨苯醇结合位点的一部分,但是氯氨苯醇与 23S rRNA 中特异核苷酸结合。

用途:氯胺苯醇在较低浓度时就能发挥作用,所以是研究细胞功能最有用处的抗生素之一。例如,可以根据细胞分裂时蛋白质的需求量,以及染色体复制的起始情况,确定细胞周期所耗费的时间。而且此抗生素在治疗细菌性疾病中非常有用,因为它对人类和动物无害。它也能够通过血脑屏障,用于中枢神经系统疾病脑膜炎的治疗。较小的毒性来自对线粒体翻译装置的抑制作用,因为线粒体翻译装置与细菌的相似。氯胺苯醇属细菌抑制剂,而不是杀菌剂,所以在使用时不能与那些在细胞生长过程中杀死细菌的抗生素联用,如不要与青霉素联用,否则会降低青霉素的作用效果。

抗性:核糖体蛋白上的许多蛋白质发生突变之后,才具有氯胺苯醇抗性,所以抗氯胺苯醇的突变体非常少。一些细菌中具有使氯胺苯醇失活的酶,它能将该抗生素乙酰化而失活。该酶基因 *cat* 一般携带在质粒或转座子上,是广泛用于研究细菌和真核生物基因表达的报告基因,而且已经转入许多质粒克隆载体。

(2)大环内酯 红霉素属于大环内酯抗生素,大环内酯抗生素是抗生素家族中较大的一类,在它们的分子中具有大环结构。这种抗生素能与 23S rRNA 结合,阻断生长的多肽链的离开通道,从而抑制翻译。在肽酰转移酶反应或转座步骤中,使多肽链还没有完全合成就被释放,造成肽酰基 – tRNA 从核糖体上解离。

用途:红霉素和其他大环内酯抗生素广泛地用于治疗绝大多数革兰阳性菌引起的感染,对部分革兰阴性菌包括军团菌、支原体和立克次体引起的感染也有作用。

抗性:医学上对大环内酯的滥用导致致病性细菌对此类抗生素的抗性,细菌获得大环内酯抗生素抗性有多种途径。一种方式是通过红霉素甲基转移酶对 23S rRNA 上的特殊的腺嘌呤碱基甲基化,甲基化的 23S rRNA 构型发生变化,阻碍了抗生素与之正常结合,这些酶是由质粒或转座子编码的,所以能在细菌间进行转移。另一种方式来自于细胞中外流泵的改变,它能将大环内酯抗生素泵出细胞外,从而使细胞具有该抗生素抗性。现在为了应对将要出现的细菌抗性,这类抗生素新的衍生物在不断地开发中。

(3)硫链丝菌肽 硫链丝菌肽和一些硫肽类抗生素通过与 23S rRNA 涉及肽酰转移酶反应的区域结合并且阻止 EF – G 的结合,从而阻断翻译。这类抗生素专一性地作用于革兰阳性菌,因不能进入革兰阴性菌而对其没有效果。

用途:硫链丝菌肽因其溶解度不高,所以使用受到限制,仅用作兽药和农药。

抗性:绝大部分抗硫链丝菌肽的突变体的50S核糖体亚基上缺乏L11核糖体蛋白,该蛋白似乎在蛋白质合成中并不需要,但是在合成四磷酸鸟嘌呤(ppGpp)中发挥作用(第14章)。另外当23S rRNA上的1067位和1095位上的核苷酸发生改变也会产生硫链丝菌肽抗性,估计这些核苷酸是该抗生素结合部位。质粒和转座子基因通过甲基化23S rRNA某个位置上的核糖,而赋予宿主硫链丝菌肽抗性。真核生物对该类抗生素不敏感,因为真核细胞28S rRNA同功能的核糖通常高度甲基化。

3.10.2.3　结合A位上氨酰tRNA的抑制因子

四环素是首先被分离的抗生素之一。最近研究表明四环素也能抑制翻译,它容许氨乙酰化tRNA – EF – Tu复合体与核糖体的A位点结合,也容许EF – Tu上的GTP被剪切为GDP,但是将会抑制后续步骤,导致结合循环没有结果,氨乙酰基tRNA从A位点释放出来,它也会抑制释放因子与A位点结合。有趣的是它也是自然界中少数几个已知的含氯碳氢化合物之一,因为绝大多数上述化合物均是最近才能通过人工合成。

用途:尽管四环素也能抑制真核细胞的翻译装置,对人类是有毒性的,但是四环素已经是非常重要的用于治疗细菌感染的抗生素。它的抗菌谱较宽,能作用于革兰阴性菌和革兰阳性菌,对原生动物也有效,如对引起阿米巴病的原生动物有效。它也能用来治疗痤疮。然而,不分场合对四环素的过度依赖将导致抗生素抗性的传播,所以现在治疗多种感染时,抗生素并不是首选的。

抗性:一些细菌当核糖体S10蛋白发生突变时,就会出现对四环素低水平的抗性,然而,临床上绝大多数四环素及其衍生物的抗性,是由质粒或转座子提供的,其中一个基因是*tetM*,它是由结合型转座子Tn916及其相关转座子提供的,能编码一种酶对16S rRNA的某个碱基进行甲基化,从而赋予宿主细胞四环素抗性,*tetM*基因广泛地分布在革兰阴性菌和革兰阳性菌中。另外的四环素抗性基因*tet*在Tn10转座子和大肠杆菌pSC101质粒上存在,它能编码膜蛋白,将四环素泵出细胞外。上述四环素抗性基因已经广泛用作报告基因,并作为大肠杆菌中遗传分析标记。来自pSC101质粒上的*tetA*基因已经引入到许多克隆载体质粒中。然而来自于Tn10和pSC101质粒上的*tet*基因是大肠杆菌所特有的,所以不能赋予其他细菌四环素抗性,所以使之在其他细菌中作为标记的应用受到限制。对四环素具有抗性的另一类型是在产生四环素的土壤细菌中存在,称为核糖体保护蛋白,以TetO和TetQ为代表,它们能与核糖体的A位点结合,使四环素从A位点上释放出来,它们能结合在A位点上是因为它们能模仿翻译因子EF – G。

3.10.2.4　转座抑制因子

(1)氨基葡萄糖苷　卡那霉素及其相近的新霉素和庆大霉素等抗生素是比较大的另一类抗生素,氨基葡萄糖苷类抗生素,其中也包括链霉素。它们的作用机制还不太清楚,似乎是与核糖体上的A位点结合,影响转座发生。它们也将造成核糖体对mRNA的错读,翻译的高出错率,大多导致细菌的死亡。

用途:氨基葡萄糖苷类抗生素具有非常广谱的抗菌效果,有些能抑制植物、动物和细菌中的翻译过程,所以在生物技术领域,新霉素等被用于阻断动植物的翻译,尤其是在筛选含有细菌赋予的抗生素抗性基因的转基因植株的时候。然而在持续用药时出现的毒性以及高抗性率使它作为治疗剂的应用受到限制。

抗性:对氨基葡萄糖苷具有抗性的突变体很少,只有多位点同时突变才能具有较高水平的抗性。正因为抗性突变体较少,此类抗生素在生物技术领域被广泛应用。然而在临床医学领域出现的抗性

来源于质粒和转座子对抗性的转移,某些基因产物能通过磷酸化、乙酰化或腺嘌呤化使氨基葡萄糖苷失活。例如,来自 Tn5 转座子的卡那霉素和新生霉素的抗性基因 *neo*,能使该类抗生素磷酸化。*neo* 基因在遗传学和生物技术领域中非常重要,因为如果能在植物和动物细胞中被转录和翻译,该基因几乎在所有的革兰阴性菌中表达卡那霉素抗性,甚至使动植物细胞产生卡那霉素抗性。

(2)梭链孢酸 梭链孢酸特异性地抑制翻译延伸因子 G(EF-G,在真核生物中称为 EF-2),可能是阻止翻译延伸因子从核糖体上解离下来,它已经被用于研究核糖体的功能,在大肠杆菌中,对梭链孢酸具有抗性的突变体在编码 EF-G 因子的 *fusA* 基因上发生突变。出人意料的是,一些乙酰转移酶对氯胺苯醇有抗性,也能结合到梭链孢酸上使之失活,还不清楚为什么两种不同的抗性都与同一种蛋白质相关。

小结

1. RNA 是由核糖核酸链构成的聚合物。核苷酸碱基有四种:A、C、U 和 G,它们连接在五碳核糖上,磷酸键将一个糖环上的第三个碳原子与下一个糖环的第五个碳原子连接形成 RNA 链。RNA 的 5′端带有游离的磷酸基,3′端带有游离的羟基,RNA 的合成与翻译均是从 5′至 3′方向进行的。

2. RNA 合成后,要经过加工和修饰。在加工过程中有些磷酸键会断裂,有时会形成新的磷酸键;RNA 修饰过程中,碱基和糖环将会被改变,如甲基化。细菌中的 rRNA 和 tRNA 会被修饰,而 mRNA 不怎么被修饰。

3. RNA 的一级结构是核苷酸的顺序;二级结构是在碱基间形成氢键,是分子局部出现双链结构;三级结构是 RNA 的空间结构,主要由于二级结构中双链提供分子刚性。所有的 RNA,包括 mRNA、rRNA 和 tRNA 可能都会有二级结构和三级结构。

4. 负责 RNA 合成的酶称为 RNA 聚合酶,是细菌细胞中最大的酶之一,细菌 RNA 聚合酶具有五个亚基和一个可以分离的 σ 因子,该因子在转录起始后离开 RNA 聚合酶,另一个 ω 因子,能够帮助 RNA 聚合酶组装。

5. DNA 上发生转录起始的位点称为启动子,它的位置是固定的,启动子的不同类型有赖于与 RNA 聚合酶的 σ 因子的类型。

6. DNA 上转录终止的位置称为转录终止子,它可以是因子依赖型或非因子依赖型。非因子依赖型终止子具有腺嘌呤 A 链,是对称的序列,这样容许转录的 RNA 回折形成环状或发夹结构,使合成的 RNA 从 DNA 模板上掉下来。因子依赖型终止子没有固定的序列,ρ 蛋白是大肠杆菌中了解最清楚的终止因子,它能形成环状结构向 RNA 聚合酶运动,如果 RNA 聚合酶在 ρ 终止位点停止下来,ρ 因子将会导致 RNA 聚合酶的解体,释放出 mRNA。

7. 细胞中的绝大多数 RNA 都分属于三种类型:信使 RNA(mRNA)、核糖体 RNA(rRNA)和转运 RNA(tRNA),其中,mRNA 是最不稳定的,在降解之前仅存在几分钟。细菌 rRNA 可以继续分为三类:16S、23S 和 5S。rRNA 和 tRNA 都比较稳定,占细胞中总 RNA 的 95%。另一些 RNA 包括 DNA 复制所使用的 RNA 引物、涉及调控及 RNA 加工的小 RNA。

8. 核糖体是合成蛋白质的场所,分别由 30S、50S 亚基和许多种蛋白质构成,16S RNA 在 30S 亚基中,而 23S 和 5S 亚基在 50S 亚基中。

小结(续)

9. 多肽链是由20种氨基酸构成(少数由21种或22种构成),是由一个氨基酸中的氨基和另一个氨基酸中的羧基构成的肽键连接而成。多肽链的氨基端(即N末端)氨基酸上具有游离的氨基,羧基端(即C末端)氨基酸上具有游离的羧基。

10. 翻译过程是由mRNA合成多肽链。在翻译过程中,mRNA沿核糖体以5′-3′的方向每三个核苷酸移动一次,因核糖体在三联密码子中所处位置的不同,会出现三种阅读框。

11. 遗传密码使mRNA上每三个核苷酸密码子序列对应20种氨基酸中的一种。密码子有冗余性,即一种氨基酸对应好几种密码子;密码子有摆动性,tRNA上反密码子的第一个位置处的碱基不一定与反向平行的密码子链严格地碱基配对。

12. 翻译起始于mRNA上翻译起始区域(TIRs),通常由起始密码子(通常为AUG或GUG)、S-D序列和与16S rRNA互补的短序列构成。

13. 第一个进入核糖体中的tRNA是一种特殊的甲硫酰-tRNA,称为fMet-tRNA$_f^{Met}$,带有一个氨基酸甲酰甲硫氨酸。当多肽合成后,甲酰基和第一个甲硫氨酸通常被清除。

14. 当核糖体在mRNA上移动时遇见转录终止子之一或者无义密码子UAA、UAG和UGA时,翻译就会终止,在释放多肽过程中往往需要核糖体释放因子(RFs)的参与。

15. 蛋白质的一级结构即多肽链的氨基酸顺序。蛋白质是由一条以上的多肽链构成,这些多肽链可以相同也可以不同。蛋白质的二级结构是在氨基酸间的氢键作用下,形成α-螺旋和β-叠片结构。三级结构是多肽链发生自身折叠。四级结构是指不同的多肽链互相折叠形成的结构。

16. 能帮助其他蛋白发生折叠的蛋白称为分子伴侣,最常见的分子伴侣是Hsp70分子伴侣,在大肠杆菌中称为DnaK,它们高度保守,几乎从细菌到人类的细胞中该分子伴侣均相同。分子伴侣与蛋白质的疏水区域结合,阻止它们在成熟前互相凝集,这一过程还需有更小的分子DnaJ和GrpE的帮助,它们分别与蛋白质结合及ADP环化后从分子伴侣上滑落。另一些蛋白质称为Hsp60伴侣蛋白,它们利用与前者不同的机制来帮助蛋白质折叠,大肠杆菌中的该类伴侣蛋白称为GroEL,能形成较大的圆柱状结构,将未折叠的蛋白质吸入内部腔中,帮助其重新正确地折叠。还有一个辅助伴侣蛋白GroES,形成帽子结构,当未折叠的蛋白进入圆柱形腔体后将其盖住,这样才开始正确的折叠。在细菌和真核细胞器中发现的GroEL称为I型伴侣蛋白,而在真核细胞质和古菌中发现的此类伴侣蛋白称为II型伴侣蛋白。它们虽然具有相似的结构,但是氨基酸序列差异很大。

17. 蛋白质通过细胞膜的过程称为转运,蛋白质通过细胞内膜进入细胞周质或运送至细胞外,称为蛋白质的向外运输,也称蛋白的分泌,负责此功能的是在内膜系统上的SecYEG通道,蛋白质就是通过此通道被分泌至细胞外的。当蛋白质合成后由 *sec* 系统运送时,SecB-SecA系统参与蛋白质的识别。被转运的蛋白质在其N末端具有一段较短的疏水序列,当经过SecYEG通道时该序列将会被剪掉。膜上的靶因子是细菌特有的。另一个靶系统,也称为信号识别颗粒(SRP),能特异性地识别处于内膜中的蛋白质。当蛋白质从核糖体中出来,SRP首先与该蛋白质的疏水跨膜区域结合,将蛋白质输送至细胞膜,这时翻译过程还在继续进行,这一过程称为共翻译。SRP靶系统更为通用,在真核细胞中发现了稍稍改变结构的该系统,它不仅担负转运大多数蛋白质,还转运具有可移除信号序列的蛋白质。

小结（续）

18. 蛋白质之间也可以由半胱氨酸间的二硫键连接，通常仅有那些输出到细胞间质或胞外的蛋白质中才具有二硫键。革兰阳性菌细胞间质中，这些二硫键是在氧化还原酶催化下形成的。

19. 在革兰阴性菌中，被分泌至细胞外的蛋白质具有特殊的结构，能帮助它们通过细胞的外膜。有些是利用 SecYEG 易位子通过内膜，有些形成精细的结构使蛋白质通过内外膜，比较突出的例子是致病菌的 Ⅲ 型分泌系统，它们像注射器一样将蛋白质直接通过细菌的内外膜注入到真核宿主细胞中，可以是植物或动物。

20. 开放阅读框（ORF）是 DNA 上氨基酸密码子形成的链，没有无义密码子插入。在体外进行转录 – 翻译实验或转录 – 翻译融合时，通常需要证明 DNA 中的 ORF 确实能编码蛋白质。

21. 转录形成 mRNA 的一条 DNA 链称为被转录链，与之相对的另一条链序列与 mRNA 序列相同，称为编码链。

22. DNA 编码链的 5′端称为上游端，3′端称为下游端。

23. 一个基因的 TIR 序列不一定要在 mRNA 的开始部位出现，mRNA 的 5′端称为 5′非翻译区域，相似的，无义密码子的下游区域是 3′非翻译区域。

24. 由于 mRNA 转录与翻译都是以 5′ –3′的方向进行，所以在细菌中，因为没有核膜的限制，在转录的同时进行翻译过程。

25. 细菌通常能合成 mRNA 多顺反子，在一条 mRNA 上形成多个多肽链的编码序列，这使得细菌中的转录和翻译偶联具有极性，而且是细菌中所独有的。

26. 基因表达的调控有赖于细胞的实际状况，调控分转录调控和转录后调控。转录调控可以是负调控或正调控，要看参与的调控蛋白是抑制子还是激活子，抑制子与操纵子结合，因为操纵子与启动子通常紧挨着，所以能阻止从启动子开始的转录。激活子能与上游的激活子序列（UAS）和上游启动子结合，容许从启动子开始转录。转录调控也可以在 RNA 聚合酶离开启动子之后进行，主要是转录弱化和抗转录终止。转录后调控发生在 mRNA 的翻译阶段，主要是为了保证 mRNA 的稳定性，及加工和修饰基因产物。

27. 基因融合在分子遗传学中十分有用，可以是转录或翻译融合。在转录融合中，两个编码序列转录为相同的 mRNA，但每一个又从自己的 TIR 处翻译。在翻译融合中，两个编码序列彼此融合，使它们在一个阅读框中翻译，在它们之间没有无义密码子。翻译融合形成的融合蛋白具有两个被融合的多肽链。

28. 表达载体的设计是基于克隆基因能在操作便利的宿主如大肠杆菌中表达，它们既可以是转录载体，也可以是翻译载体。转录载体中克隆基因从载体的启动子上转录，而且从基因自带的 TIR 序列开始翻译，然而有些翻译载体也带有 TIR，外源基因可以利用载体的 TIR 进行翻译。亲和载体是翻译载体的一种，它融合了一段多肽，更利于产物的纯化。有些表达载体具有可诱导的启动子，仅当诱导物出现时，克隆基因才能被表达。

29. 许多天然抗生素能攻击转录和翻译装置的组分，如利福平、链霉素、四环素、硫链丝菌肽、氯霉素和卡那霉素等。它们除了应用于治疗细菌感染、肿瘤的化疗和生物技术领域外，还能帮助我们理解转录和翻译装置的工作机理。此外，抗生素抗性基因还能作为基因的筛选标记和报告基因在细菌和真核细胞的分子遗传学研究中得到广泛应用。

💡 思考题

1. 在地球上的最初生命体中哪种物质最先出现,是 DNA、RNA,还是蛋白质? 为什么?

2. 为什么遗传密码是通用的?

3. 为什么认为原核细胞具有多顺反子 mRNA,而真核细胞却没有?

4. 为什么线粒体基因遗传密码与染色体基因的遗传密码有所不同?

5. 为什么硒代半胱氨酸几乎存在于所有生物体的蛋白质中,但是在这些生物体中只有少数蛋白质的数个位点有硒代半胱氨酸?

6. 为什么许多抗生素能抑制翻译过程而不说成是能抑制氨基酸生物合成?

7. 为什么认为伴侣蛋白具有连接的两个室,并在两室间改变蛋白质的折叠?

8. 为什么有些蛋白质具有专化的膜转运系统,而不采用通用的 *sec* 分泌系统? 为什么并不是所有的分泌蛋白都使用 *sec* 系统?

9. 设想一种内膜蛋白跨膜结构域怎样离开 SecYEG 通道进入内膜中?

10. 为什么细菌会调控自己的基因表达? 列出能想出的所有理由。

❓ 习题

1. 在 mRNA 序列 5′AGCUAACUGAUGUGAUGUCAACGUCCUACUCUAGCGUAGUCUAAAG3′中最长的开放阅读框是什么? 注意观察所有三联密码子形成的阅读框。

2. 在 mRNA 序列中 5′UAAGUGAAAGAUGUGAAUGAAGUAGCCACCAAAGUCACUAAUGCUUCCAACA3′最有可能从哪里起始翻译,为什么?

3. 以下哪个最有可能是非因子依赖型转录终止位点? 注意,仅 DNA 被转录链采用3′−5′的方向书写)。

   a. 3′AACGACTAGATCGACATACTAGTCGTTGGCAAAAAAAATGCA5′

   b. 3′ACTAGCCTAAGCATCTTGCATCAGGCACAGAAAAAAAAATCGCA5′

4. 设计一个 20 个核苷酸的 PCR 引物,作为上游引物引入 BamH I 限制位点,并克隆一个蛋白质编码序列,该序列以 ATGUUGCGATTU 为起始,在其下游融合 His 标签,其翻译开始序列为 ATGC-CGCATCATCATCATCATCATGGTCCT。在克隆载体上的六个组氨酸密码子用下划线标出,载体上的 BamH I 限制性内切酶识别位点用粗体标示。

5. 使操纵子调节蛋白失活的突变对操纵子的表达会产生什么影响? a. 负调控时的情况;b. 正调控的情况。

6. 如果已知克隆人类基因的基因组序列,如何采用 PCR 和含有亲和标签融合体技术的克隆纯化未知功能的人类蛋白。

📑 推荐读物

Agashe,V. R.,S. Guha,H. −X. Chang,P. Genevaux,M. Hayer −Rartl,M. stemp,C. Georgop-

oulos,F. Uirich–Hartl,and J. M. Barral. 2004. Function of trigger factor and Dnak in multidomain protein folding: increase in yield at the expense of folding speed. Cell 117:199 –209.

Artsimovitch, I. 2005. Control of transcription termination and antitermination:the structure of bacterial RNA polymerase,p. 311 –326. In N. P. Higgins(ed.),The Bacterial Chromosome. ASM Press, Washington,D. C.

Ban,N. ,P. Nissen, J. C. Jansen, M. Caoel, P. B. Moore, and T. A. Steitz. 1999. Placement of protein and RNA structures into a 5 Å resolution map of the 50S ribosomal subunit. Nature 400:841 –847.

Bjork,G. R. , and T. G. Hangervall. 25 July 2005, posting date. Chapter 4. 6. 2, Transfer RNA modification. In A. Bock, R. Curtiss III, J. B. Kaper, F. C. Neidhardt, T. Nystrom, K. E. R. udd, and C. L. Squires (ed.), EcoSal—*Escherichia coli* and *Salmonella*: cellular and molecular biology. ASM Press, Washington,D. C. (Online.) http://www. ecosal. org.

Brock, J. E. , R. L. Paz, P. Cottle, and G. R. Janssen. 2007. Naturally occurring adenines within mRNA coding sequences affect ribosome binding and expression in *Escherichia* coli. J. Bacteriol. 189:501 –510.

Bukau, B. , and A. L. Horwich. 1998. The Hsp70 and Hsp60 chaperone machines. Review. Cell 92:351 –366.

Cate,J. H. ,M. M. Yusupov, G. Z. Yusupova, T. N. Earnest, and H. F. Noller. 1999. X –ray crystal structures of 70S ribosome functional complexes. Science 285:2095 –2104.

Doherty, G. P. , D. H. Meredith, and P. J. Lewis. 2006. Subcellular partitioning of transcription factors in *Bacillus subtilis*. J. Bacteriol. 188:4101 –4110.

Gabashvili, I. S. , R. K. Agrwal, C. M. T. Spahn, R. A. Grassucci, D. I. Svergun, and J. Frank. 2000. Solution structure of the *E. coli* 70S ribosome at 11. 5 Å resolution. Cell 100: 537 –549.

Ganoza, M. C. , M. C. Kiel, and H. Aoki. 2002. Evolutionary conservation of reactions in translation. Microbiol. Mol. Biol. Rev. 66:460 –485.

Geszvain, K. , and R. Landick. 2005. The structure of bacterial RNA polymerase, P. 286 –295. In N. P. Higgins (ed.), The Bacterial Chromosome. ASM press, Washington,D. C.

Han, M. –J, and S. Y. Lee. 2002. The *Escherichia coli* proteome: past, present, and future prospects. Microbiol. Mol. Biol. Rev. 66:460 –485.

Lee, H. C. , and H. D. Bernstein. 2001. The targeting pathway of *Escherichia coli* presecretory and integral membrane proteins is specified by the hydrophobicity of the targeting signal. Proc. Natl. Acad. Sci. USA 98:3471 –3476.

Maguire, B. A. , and R. A. Zimmermann. 2001 The ribosome in focus. Minireview. Cell 104:813 –816.

Meinnel, T. , C. Sacerdot, M. Graffe, S. Blanquet, and M. Springer. 1999. Discrimination by *Escherichia coli* initiation factor IF3 against initiation on non –canonical codons relies on complementarity rules. J. Mol. Biol. 290:825 –837.

Mogk, A. , E. Deuerling, S. Vorderwulbecke, E. Vierling, and B. Bukau. 2003. Small heat shock proteins, ClpB and the DnaK system form a functional triade in reversing protein aggregation. Mol. Microbiol. 50:585 –595.

Sun, Z. , D. J. Scott, and P. A. Lund. 2003. Isolation and characterisation of mutants of GroEL that are fully functional as single rings. J. Mol. Biol. 332:715 –728.

Tam, P. C. , A. P. Maillard, K. K. Chan, and F. Duong. 2005. Investigating the SecY plug movement at the SecYEG translocation channel. EMBO J. 24:3380 –3388.

Tan, J. , Y. Lu, and J. C. A. Bardwell. 2005. Mutational analysis of the disulfide catalysts DsbA and DsbB. J. Bacteriol. 187:1504 –1510.

Van den Berg, B. , W. M. Clemons, Jr. , I. Collinson, Y. Modis, E. Hartmann, S. C. Harrison, and T. A. Rapoport. 2004. X –ray structure of a protein –conducting channel. Nature 427:36 –44.

Wang, J. , and D. C. Boisvert 2003. Structural basis for GroEL assisted protein folding from the crystal structure of (GroEL KMgATP) 14 at 2.0 Å resolution. J. Mol. Biol. 327:843 –855.

Wild, K. , K. R. Rosendal, and I. Sinning. 2004. A structural step into the SPR cycle. Mol. Microbiol. 53:357 –363.

Yusupov, M. M. , G. Z. Yusupova, A. Bsucom, K. Lieberman, T. N. Earnest, J. H. Cate, and H. F. Noller. 2001. Crystal structure of the ribosome at 5.5 Å resolution. Science 292:883 – 896.

细菌遗传分析:
正向和反向

如第 1 章所述,由于细菌容易操作,所以一些细菌成为我们理解生命过程的重要模式系统,前面两章中讲到的大分子的合成大都来自于细菌的遗传学实验。本章将介绍一些遗传学概念和定义,将在后面章节中用到。

4.1 定义

与其他任何学科相同,遗传学中也有自己的定义,但是离开遗传学环境,这些定义就没有多少意义,在本章中我们仅介绍一些最基本的术语,另外一些重要术语在讲到具体内容时讲解。

4.1.1 遗传学中的术语

以下遗传学词汇无论对原核细胞还是真核细胞,都是适用的。

4.1.1.1 突变体

突变体指由野生型产生的与正常亲本不同的个体。从自然界中分离的同一种的不同个体,它们虽然存在差异,但不将其定义为突变体而是定义为变种或不同株,因为我们并不知道哪一个是突变体,哪一个是野生型。

4.1.1.2 表型

一种生物的表型就是这种生物所有能够观察到的特征,在遗传学中的表型,一般指突变体的表型,对于相应正常个体的特征,则称为野生型表型。

4.1.1.3　基因型

一个生物的基因型是指它的 DNA 的实际序列,两个基因型一致的生物,它们在基因水平上是相同的,如果两种生物仅存在一处突变的不同,那么它们除了突变外是同基因的。

4.1.1.4　突变

突变是指 DNA 中出现的可遗传的变异,实际上存在不易观察到的改变,这些改变都可以称之为突变,然而必须突出可遗传性。如果起先序列上出现了改变或损伤,但经修复后回复原来序列,这样的改变是不能遗传的,所以真正的突变是指在脱氧核糖核酸序列上发生了永久性的改变。

4.1.1.5　等位基因

相同基因的不同形式称为等位基因,如一个基因的突变型和野生型序列,就是相同基因的不同等位基因的两种形式。二倍体生物的一个基因具有两种不同的等位基因,每一种存在于自己的同源染色体上。等位基因也用于相近种类生物染色体的相同位置上出现的相同或相似序列,然而相同基因出现在不同的染色体位置上,它们就不是等位基因,而是同一基因的多个拷贝。

4.1.1.6　遗传术语的应用

以下是以前介绍的遗传学术语的应用,有关方法的介绍,请参考第 1 章。

荧光假单胞菌在琼脂平板上的菌落一般是亮绿菌落,假设出现了一个无色的菌落,那可能是突变体产生的,这种突变体的表型是无色菌落,而野生型表型是绿色菌落,形成无色菌落的突变体也许是它的一个基因发生了突变,这个基因产物可能刚好是合成绿色素过程所需要的一种酶。因此我们可以说突变体和野生型这个基因是等位基因,其中产生无色菌落的基因称为突变体等位基因,产生绿色菌落的基因称为野生型等位基因。

以上例子中,我们可以根据菌落的颜色推断发生了突变,还有一些突变虽然可以遗传,但不易被察觉,这种突变只能对其 DNA 直接测序才能发现。

4.1.2　遗传学命名

尽管不同的出版物上采用不同的注解,但是细菌中对突变体、表型和突变的命名已经有较多大家接受的规则,下面介绍的这些术语是由美国微生物学会推荐使用的。

4.1.2.1　突变体生物的命名

突变体的命名比较随意只要不与原先突变的基因或表型重复即可,这样可以避免由于突变已经在其他生物中使用而造成混乱。经常会有人以自己名字的首字母来命名突变体,再加上些编号,如大肠杆菌 AB2497,这样命名并不是标榜发现者的功勋,而是告诉其他的研究者,他们从哪里得到的这个突变株,以及了解了一些这个突变株的特性。如果突变体中又出现了新的突变,则要给此菌冠以新的名称,如大肠杆菌 AB2498。

4.1.2.2　基因的命名

基因是以三个小写斜体字母表示的,如果该基因产物的功能已知,则三字母表示出基因产物的功能,如 *his* 基因,表示合成组氨酸所需酶的基因。如果在一个酶促反应途径中,有不止一种酶参与某种基因产物的合成,则在三个小写字母后面再加上大写斜体字母以示区别,如 *hisA* 和 *hisB*,它们是合成组氨酸过程中需要的两种酶的基因,如果任意一个基因突变,均会使细胞不能合成组氨酸。

4.1.2.3　突变的命名

在单个基因上或许会有上百种不同的突变,我们可以在这些等位基因的后面加上一个特定的编号,如 *hisA4* 基因表示 *hisA* 基因的第 4 号突变,如果知道突变使基因产物失活,我们可以在原先的突变名称上加个负号或者突变二字,相应的野生型的突变名称上可以加正号。如 *hisA⁻* 表示 *hisA* 发生突变,使 *hisA* 基因产物失活,也可以称之为 *hisA* 突变,野生型可以写作 *hisA⁺*,表明它能编码有功能的基因产物。

突变命名规则还根据是删除突变还是插入突变,有不同的命名规则,我们将在讨论突变类型时对其区别进行介绍。

4.1.2.4　表型的命名

表型用三个正体字母表示,且首字母是大写的,如基因型一样,表型名称本身要体现出突变体与野生型的区别,比如 His⁻ 是指它的 *his* 基因发生突变,环境中如果没有组氨酸存在,它就不能生长。相应的野生型在没有组氨酸存在的情况下也能生长,它的表型是 His⁺。再比如,Rifʳ 具有利福平抗性,那么它的野生型就应该是利福平敏感型,或者 Rifˢ。

4.2　细菌遗传学中有用的表型

在遗传学实验中,哪种表型有用,取决于要研究的生物,对细菌遗传学来说,细菌能在琼脂平板上形成不同的菌落特征最有用。

可见的菌落特征有时能提供有用的突变体表型,如上面例子中的无色菌落。有时突变体的菌落特征或许是菌落较小,或相对于正常的平滑菌落,形成皱缩的菌落,或在某些条件下,突变体能够生长而野生型却不能生长。

许多突变体表型被用来研究细胞的 DNA 重组、修复、突变和发育等过程,下面将介绍一些比较常用的表型,在后续的章节中,我们还将介绍更多类型的突变体,而且介绍如何应用这些突变研究生命过程。

4.2.1　营养缺陷型突变体

最有用的细菌突变体是营养缺陷型突变体,这种突变体具有两种类型,一种类型是在不添加某种特殊生长物质时,它不能生长,而野生型却能生长,如 His⁻ 突变体,在不添加组氨酸时该突变体是不能生长的,而野生型是能生长的,再比如 Bio⁻ 突变体,如果培养基中不含生物素,该突变体不能生长,而野生型却能生长。

另一种类型是,某种物质突变体不能利用,而野生型却能利用,如 Mal⁻ 突变体,如果以麦芽糖为唯一碳源和能量的来源,则该突变体不能生长,它的生长必须采用其他碳源,如葡萄糖等,而野生型可以以麦芽糖为唯一碳源生长。另一些例子可以是某种特殊氨基酸作为氮源或含磷化合物作为磷酸盐来源。

尽管上述两种类型的营养缺陷型突变似乎是相反的,但它们的分子机制是相似的,在这两种突变中,均是代谢途径中的一种酶基因发生突变,从而导致该酶失活,唯一不同的是在第一种类型中,这种酶是生物合成途径中的酶,需要它来合成某种物质,而第二种类型中,这种酶是分解代谢中的酶,需要它来降解某种碳源提供能量,或者降解氮源物质和磷酸盐物质。

营养缺陷型突变体的分离

图 4.1 中给出了对氨基酸和生物素营养缺陷型简单的分离方法。在第一个完全营养平板上长出了 8 个菌落,再分别将其转接至第 2、3 块平板上,后两块平板分别缺少生物素和组氨酸,从图中我们可以看出 2 号菌落是 His⁻,6 号菌落是 Bio⁻。这里分离营养缺陷型是理想状态,在实际中,筛选一个营养突变体往往需要对成千上万个菌落进行验证。

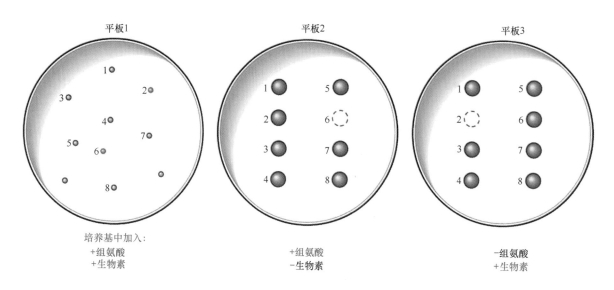

图 4.1　挑选营养缺陷型突变体

从平板 1 上接的菌落转移至平板 2 和平板 3 上,6 号菌落是生物素缺陷型,2 号菌落为组氨酸缺陷型。

4.2.2　条件致死突变体

对于营养缺陷型来说,它们需要某种营养条件,如果不加这种营养素就不能生长,而野生型在不加该营养的条件下照样能生长,所以能对其进行分离,然而许多基因产物对细胞都是必需的,在任何条件下都不能缺乏,否则细胞就不能生长,我们把这种基因称为必需基因,如 RNA 聚合酶、核糖体蛋白、DNA 连接酶和一些解旋酶基因,以上基因突变体在通常情况下是不能被分离的,只有在某些时候当该基因失活时才能被分离出来。因此对它们的突变体来说,具有条件致死突变,因为在某些条件下DNA 改变是致死的。

4.2.2.1　温度敏感突变体

最有用的条件致死突变是温度敏感突变体,通常这种突变改变一种蛋白质的氨基酸使其在某个较高温度下失活,而在较低温度下回复活力,我们将导致失活的高温称为突变体的非允许温度,将回复活力的低温称为突变体的允许温度。

突变会以不同方式影响蛋白质对温度的热稳定性,通常是改变蛋白质中的氨基酸,使其在非允许温度蛋白质的折叠部分或完全展开或发生变性,细胞中的蛋白酶将会清除部分蛋白质,但有些会残留下来,残留部分在温度降低时又会自发重新折叠,回复活力,使其恢复生长。

分离温度敏感突变体的温度范围因生物而不同。细菌是"冷血生物",所以它们的蛋白质在很宽的范围内保持活力,然而不同的细菌种类对温度的偏好也有很大差异。如大肠杆菌等嗜温菌的适宜生长温度范围是 20~42℃,而嗜热脂肪芽孢杆菌等适宜的生长温度范围是 42~60℃。对于大肠杆菌

来说,一些蛋白质在33℃具有活力,但42℃为非允许温度,将失去活力。对于嗜热脂肪芽孢杆菌来说,温度敏感型突变使一种蛋白质在47℃的允许温度下具有活力,而在55℃非允许温度下丧失活力。

温度敏感突变体的分离:理论上讲,温度敏感型突变体的分离与营养缺陷型的分离一样容易,如果一个基因改变影响温度敏感菌株中蛋白质的活力,当温度达到非允许温度时,该蛋白质失活、细胞停止繁殖。要分离这些突变体,可以将接种的平板先置于允许温度下培养,待长出菌落后,再转接至另一平板上,置于非允许温度下培养,那么在允许温度下能生长而在非允许温度下不能生长的即为温度敏感型突变体。通常温度敏感型突变体要比营养缺陷型突变体少得多,因为许多蛋白质的改变都能使其失活,但是相对来说使蛋白质在一种温度下具有功能,而在另一温度下不具有功能的情况较少。

4.2.2.2　冷敏感突变体

含有在低温下丧失功能的蛋白质的细胞,称为冷敏感突变体,这种突变往往发生在编码较大复合物如核糖体的基因上。在较高的温度下突变的蛋白质分子运动加剧,有利于进入复合体中发挥作用,但是在低温下就不能发挥作用。该类型的突变表现为生长的延缓,所以与不能在高温下生长的突变体相比,用处更小一些。其实两种突变都称为温度敏感型突变,但现在多将温度敏感型突变领会为热敏感突变而不是冷敏感突变。

4.2.2.3　无义突变

造成遗传密码改变为UAA、UAG或UGA三种无义密码子的突变也能成为条件致死突变,无义突变能导致翻译过程的终止,除非细胞中具有无义抑制子tRNA。因为无义突变在病毒遗传学中用处更大,所以将在第8章噬菌体中详细讲解。

4.2.3　抗性突变体

在所有分离到的突变体中,抗性突变体是最有用的。如果一种物质或抗生素能杀死细胞,而它的突变体还能生长,我们就可以通过在培养基中添加这种物质或抗生素来分离这种突变体。

抗性产生的不同机制取决于毒素作用机制以及突变体选择怎样的机制防止毒性的发作,表4.1中给出了一些例子。有些情况下,并不是加入的物质直接对细胞具有毒性,而是细胞中的酶能将这些无毒的物质转变为有毒物质,对于这种情况,只要突变体体内把无毒物质转化为有毒物质的酶失活,就会对加入的物质产生抗性。

表4.1　一些抗性突变

致突变物质	毒性	抗性突变
噬菌体T1	感染并杀死细菌	使tonB外膜蛋白失活,噬菌体不能吸附
链霉素	与核糖体结合,抑制翻译	改变核糖体蛋白S12结构,不再与链霉素结合
硝酸盐	转变成有毒性的亚硝酸盐	使硝酸盐还原酶失活,不能将硝酸盐转变为亚硝酸盐
高浓度缬氨酸、无异亮氨酸	反馈抑制乙酰乳酸合成酶,异亮氨酸缺乏	激活缬氨酸不敏感乙酰乳酸合成酶

4.3　细菌的遗传性

Salvador Luria 和 Max Delbrück 是首先尝试定量研究细菌遗传特性的学者,他们于1943年在遗传学杂志上发表了现在来看都是一流的文章。Luria 和 Delbrück 的研究澄清了细菌的遗传特性与高等

生物相似的事实,也遵循达尔文原则,也即突变是随机出现的,期望的和不期望的突变均会不断地发生,当环境变化时,那些期望的突变保留下来并传给后代。

　　然而许多细菌学家当时认为细菌的遗传遵循另一个原则,即细菌的突变并不是随机的而是定向适应环境的结果,只有适应环境的细菌才能将其适应性传递给后代,这个原则称为拉马克遗传规律。由于观察到与毒物接触的细菌似乎变成对毒物有抗性的个体,这更增加了以上学者的错误观念(图4.2)。

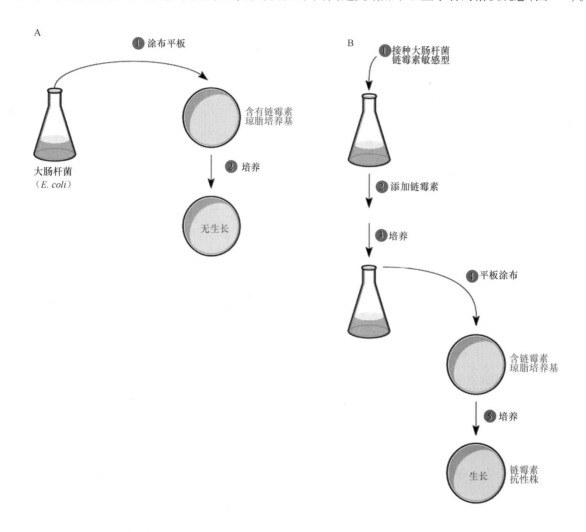

图4.2　似乎是有毒物质出现才引起抗性突变

(A)野生型大肠杆菌对抗生素链霉素是敏感的,将大肠杆菌涂布于含链霉素琼脂培养基上培养一段时间,结果是没有菌落形成　(B)链霉素抗性大肠杆菌的出现。用三角瓶在含链霉素培养基中培养野生型大肠杆菌一段时间,之后将其转移至含有链霉素的琼脂培养基上,会产生链霉素抗性突变菌落

4.3.1　Luria 和 Delbrück 实验

　　Luria 和 Delbrück 实验想验证两个假说,在细菌培养过程中的随机突变假说和定向突变假说,随机突变假说认为在加入选择试剂之前,就会发生随机突变,而定向突变是一种对选择试剂适应性的突变。

　　两个假说的区别可以从细菌培养物中突变个体的分布看出。如果随机突变假说正确,较早出现的突变对突变分布的影响比出现较晚的影响要大,而且在每个培养物中突变的数目应该是不同的。而如果

定向突变假说正确,那么每个培养物中突变体的数目,除了统计学上的差异外,应该没有太大差别。图 4.3 解释了以上原理,在培养物 1 中,虽然仅有一个突变产生,但它产生较早,所以最后有 8 个突变体产生,在培养物 2 中,尽管同时出现 2 个突变,但由于突变出现得较晚,最后仅产生 6 个突变体。

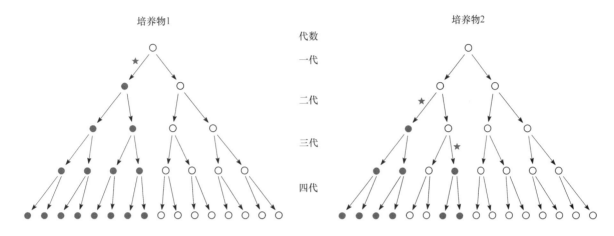

图 4.3 早期发生的突变,在生长中产生更多的突变体后代

在第 1 种培养条件下,仅有 1 个突变发生,但其产生 8 个突变后代,因为在第一代就出现了 1 个突变。在第 2 种培养条件下,发生两次突变,第二代产生 1 个突变体,第三代产生 2 个突变体,因为出现突变晚,所以仅有 6 个突变后代。突变细胞用阴影标示。

　　因此为了确定究竟细菌的突变是发生在加筛选试剂之前还是之后,可以先将细菌培养在不含筛选试剂的培养基中,之后在某个时刻同时加入筛选试剂,然后测定每一个培养物中抗筛选试剂的突变体。如果随机突变假说正确,则培养物中突变个体的数目应该差别很大,如图 4.3 所示。与此相反,如果定向突变假说正确,则每个细菌突变的几率是相同的,因为在加入筛选试剂时细菌才发生突变。可见突变数目差异较大有利于随机突变假说,突变数目一致有利于定向突变假说。

　　在 Luria 和 Delbrück 二人的实验中,以大肠杆菌为实验细菌,T1 噬菌体为筛选试剂(表 4.1,图 4.4)。噬菌体 T1 能杀死野生型的大肠杆菌,但是如果大肠杆菌的外膜蛋白 TonB 发生突变,则该细胞就不会被噬菌体杀死。将含有噬菌体的细菌涂布在琼脂平板上,仅具有抗性的个体能形成菌落,其他均被杀死,所以可以根据菌落数得出突变的比率。

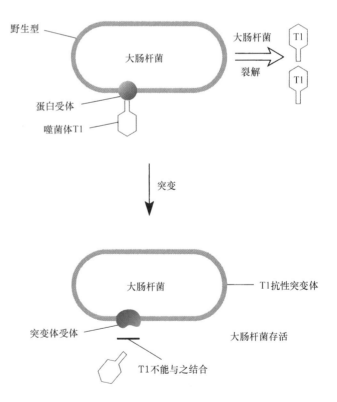

图 4.4 当 T1 噬菌体感染野生型大肠杆菌时,它与细胞外膜上 TonB 蛋白结合(表 3.1)

噬菌体复制后,大肠杆菌被裂解释放出新的噬菌体。*tonB* 基因发生突变后,大肠杆菌表面,T1 噬菌体结合位点发生改变,所以大肠杆菌不被感染而存活下来。

　　在图4.5中给出了Luria和Delbrück的两个实验,在表4.2中列出了代表性的实验结果。尽管表面上看起来两个实验比较相似,但是两个实验的结果差异很大。实验1中研究者同时培养细菌,然后取出一部分在含有噬菌体和不含噬菌体的平板上进行涂布,计算出突变的个体和菌体总数,这样就能得出突变率。在实验室中研究者分别做了数量较多的小批量培养,对这些培养物培养一段时间后,测定它的抗性突变体和每个培养中的细菌总数,很容易发现实验1中突变个体,除了取样中的误差

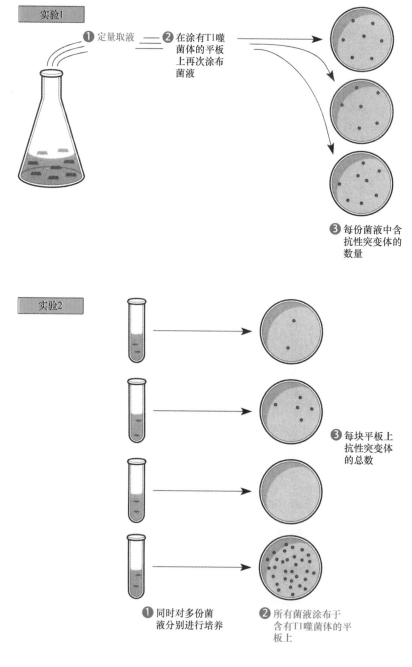

图 4.5　Luria 和 Delbrück 实验

实验1对单个三角瓶中菌体培养过夜。实验2对多份少量非突变菌液培养。

和统计学上的波动外，它们几乎都是相同的，在实验 2 中，有的没有突变体出现，有的出现许多突变体，其中一块平板中有 107 个突变体，Luria 和 Delbrück 将这种出现较多突变个体的培养物称为"中头奖"，显然这些培养物中突变出现的较早，因此以上实验结果说明了随机突变假说的正确性（专栏 4.1）。

表 4.2 Luria 和 Delbrück 实验

实验 1		实验 2	
序号	抗性细菌数量/个	序号	抗性细菌数量/个
1	14	1	1
2	15	2	0
3	13	3	3
4	21	4	0
5	15	5	0
6	14	6	5
7	26	7	0
8	16	8	5
9	20	9	0
10	13	10	6
		11	107
		12	0
		13	0
		14	0
		15	1
		16	0
		17	0
		18	64
		19	0
		20	35

专栏 4.1

培养物中突变体数目的统计分析

　　一个简单的统计分析说明 Luria 和 Delbrück 实验 2 中突变体的数目并不符合正态分布。如果符合正态分布，方差应该基本等于平均值。

　　Luria 和 Delbrück 实验 1 中的方差为 18.23，平均值为 16.7，所以它们接近相等，出现稍微差异是由于统计偏差和取样时的误差造成的。实验 2 中方差为 752.38，而平均值为 11.35，两个值差距非常大，因此每个培养物中的突变体数目并不服从正态分布，结果与定向改变假说不一致，却与随机突变和新达尔文假说一致。

4.3.2　Newcombe 实验

Luria 和 Delbrück 的实验用了许多统计学知识,不易被大家理解,所以还是有很多人坚持认为,细菌具有与其他生物不同的遗传规律。后来 Howard Newcombe 于 1951 年,设计了更为简单的实验,使更多的怀疑者确信细菌发生的是随机突变。

Newcombe 实验原理如下,如果随机突变假说正确,那么突变体应该可以无性繁殖,也就是即使没有筛选试剂存在,一个突变体也将生成更多的突变个体。如果定向突变正确,那么突变个体就不能进行无性繁殖,因为它们在加入筛选试剂之前是不能增殖的。

为了检测到抗性细菌,Newcombe 分析了长在琼脂平板上的细菌。根据随机突变假说,生长在平板上的突变体菌落,如果不干扰它,它的数目不会变化,如果重新涂布菌落,则突变个体又可以在平板的其他位置生长形成新的菌落,所以重新涂布的平板上应该形成更多的突变体菌落。然而,按照定向突变假说,突变体是不会无性繁殖的,仅当出现筛选试剂时,突变才能发生,所以重新涂布平板与原来的平板上的抗性菌落应该是相同的。

Newcombe 的实验如图4.6 所示,部分实验数据见表4.3,他首先将数目相等的细菌,平均为 5.1×10^4 菌体涂布在平板上,并进行培养(图中仅示意了6 块平板,实际上要多),培养 5h 后,他拿出其中的 3 块,其中 1 块上喷洒噬菌体,而不对它重新涂布,这一块即为非涂布平板,见表4.3。他处理第二块平板的方法与第一块相同,唯一的不同是在喷洒噬菌体之前将细菌重新涂布,这是重新涂布平板。他将第三块平板上的菌落洗下来,稀释后重新涂布来确定细菌总数。再培养 6h 后,他取出剩下的 3 块平板,按照以上相同的方法去处理。然后他将所有的平板培养过夜,在次日对噬菌体抗性突变体进行计数。表4.3 中显示重新涂布的平板上突变体要远远多于相应的没有涂布平板,这种差别当培养时间延长变得更为明显,此实验结果支持随机突变假说。

表4.3　Newcombe 实验

培养时间/h	涂布细菌的数量/个	最终细菌数量/个	抗性菌落数量/个	
			不重新涂布	重新涂布
5	5.1×10^4	2.6×10^8(第3块平板)	8(第1块)	13(第2块)
6	5.1×10^4	2.8×10^9(第6块)	49(第4块)	3 719(第5块)

4.3.3　Lederbergs 实验

Lederbergs 的平板影印法,也对推翻定向突变假说起到了部分作用。他在不含抗生素的平板上涂布了成千上万的细菌,过夜培养后形成一个个的菌落,然后将这块平板拓印在另一块含有抗生素的平板上,对该平板培养后,Lederbergs 就能确定出原始的哪一个菌落是突变体,然后将该菌落从原始平板上挑出来,稀释,再重复上面的实验,第二次会有更多的突变体出现,最后他获得了即使不暴露在抗生素下也具有抗生素抗性的纯种。所以细菌是不依赖于抗生素进行独立突变的,而且能将抗性传给它的后代。

4.4　突变率

突变是生物的 DNA 序列发生了可遗传的改变,我们可以根据生物表型的改变推知突变的发生。

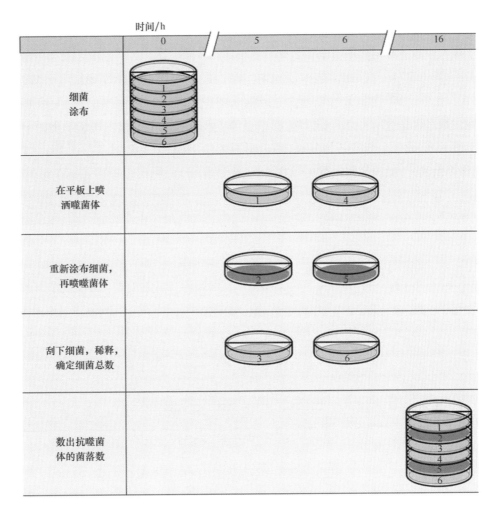

图4.6   Newcombe 实验

突变率可以粗略地估算某种表型改变的几率,然而突变率差异较大,如果 DNA 上许多不同的突变都会引起表型变化,那么该表型的突变率就高,如果仅有几个突变导致表型的改变,则该表型的突变率较低。例如,形成 His⁻ 突变体的自发突变率远高于形成 Str^r 的突变率,因为组氨酸合成需要将近11种基因,每一种基因产物中又含有上百个氨基酸,许多氨基酸对产物的活力至关重要,所以改变其中的一些氨基酸就会使酶失活。不同的是链霉素抗性仅是核糖体蛋白 S12 上几个氨基酸发生突变造成的,所以它的突变率较低。Str^r 的自发突变率是每 $10^{10} \sim 10^{11}$ 个细胞产生一个突变体,His^- 的自发突变率是每 $10^6 \sim 10^7$ 个细胞产生一个突变体。

由以上内容,可以总结出如何用某个特殊性状的突变率来反映导致该表型突变的数量和类型。通常来说,如果一个表型的突变率较高,那么该表型可能是由于失活了一个或数个基因产物;如果突变率较低,那么可能是基因产物的性质发生了微小的改变。某个特殊表型的突变率非常高,可能表示不是一个突变而是由质粒或原噬菌体丢失造成的,或者基因发生程序化重组、倒位序列发生了倒位等情况。在后面章节中我们会讨论到质粒、原噬菌体和其他的基因重排。

突变率计算

在计算突变率之前我们首先需要对突变率进行定义,突变率是指细胞每分裂一代产生突变的概

率,这一定义是合理的,因为突变确实是发生在细胞分裂 DNA 复制的过程中。在培养过程中,细胞生长和分裂的次数称为细胞的代,有时用代时表示,也即细胞生长和分裂所花的时间。突变率就是带有突变表型的个体与细胞分裂后的所有个体之间的比值。

4.4.1　确定细胞代数

总的细胞代数是以指数增长方式进行的,其数目等于所有细胞个数减去初始细胞的个数,具体的推理如图 4.7 所示,假设一个细胞开始分裂,最后形成 8 个细胞,总共经过 7 次分裂,代数确实是由 $8-1=7$ 可以计算出来,一般的细胞代数可以用 N_2-N_1 计算出来,N_2 代表最后总的个数,N_1 代表初始细胞的个数。

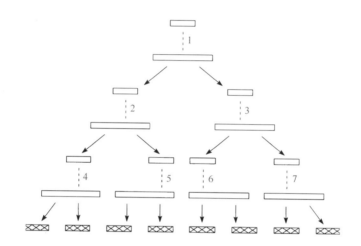

图 4.7　细胞代时(7)等于以指数生长的细胞总数(8)减去初始时细胞数量(1)

因此根据突变率的定义可知,突变率 $a=(m_2-m_1)/(N_2-N_1)$,其中 m_2、m_1 分别是时间 2 和时间 1 突变体的个数。

通常一次培养都是从不多的细胞开始培养,所以可以忽略初始细胞数,称总细胞数为细胞的代数,所以突变率等式可以简化为 $a=m/N$,此式中 m 是突变个体,N 是细菌数,在这里我们也假设不多的初始细胞中突变个数几乎没有,突变是在后面才发生的。

4.4.2　确定一次培养中突变出现的数量

从以上等式来看似乎突变率很容易计算出来,用总的突变数量除以总的细胞个数就可以了。问题是如何确定每次培养中突变发生的次数,要区分突变发生的次数并不是突变体形成的个数,图 4.3 中,单个的突变造成一个突变体,但这个突变体又能繁殖出更多的个体,因此我们不能根据突变体的个数来计算突变的个数,然而有时突变体细胞的数目是计算发生突变次数或突变几率的基础,下面将会有这方面一些例子。

(1)利用 Luria 和 Delbrück 实验数据计算突变率　Luria 和 Delbrück 实验数据见表 4.2,可以用它计算细胞对 T1 噬菌体的突变率。为了方便,认为突变体是以泊松分布分布的,如果 P_i 是一次培养中出现 i 个突变的可能性,则 $P_i=m^i e^{-m}/(i!)$,m 是每次培养中突变的平均个数,我们就是想要计算这个值。因此,如果知道多少个培养物具有的突变数目,就能计算出每次培养过程中产生突变的个数,这

显然不是很容易得出,数据中显示了每次培养中出现突变体的个数,但是没有给出发生突变的总个数,即使是 10^7 个突变体出现,但也有可能它仅含有一个突变。但有一个事实是很明确的,那就是细菌没有突变体时,它的突变数肯定为零。所以用以上的数据可以知道,不发生突变的几率是 11/20,这样再利用泊松分布公式,$11/20 = m^0 e^{-m}/0! = 1 \times e^{-m}/1 = e^{-m}$,即 $m = -\ln 11/20 = 0.59$。因此,实验中每次培养发生突变的数目平均为 0.59,再代入突变率计算公式:

$$a = m/N = 0.59/(5.6 \times 10^8) = 1.06 \times 10^{-9}$$

因此在每个细胞代时中,如果细胞总数是 5.6×10^8,则其突变率为 1.06×10^{-9},也即每 10^9 细胞产生 1 个突变。

在以上计算过程中,存在一些问题。一个问题是有些表型具有延迟性,所以虽然没有突变体出现,但也存在突变。另一个问题是,在计算时仅选用了没有出现突变体的数据,而对出现突变体的数据没有很好地利用。在 Luria 和 Delbrück 发表的原始文章中,他们利用了一个公式,以突变体的数目来估算突变的个数,随后还有些学者利用他们的数据,采用其他方法计算突变率。

(2) 利用 Newcombe 实验数据计算突变率 如图 4.6 所示,Newcombe 实验数据可以直接用于每次培养中突变个数的计算,在没有重新涂布的平板上的菌落,一个突变只能长出一个抗性菌落,因此在培养的这段时间里,未重新涂布菌落的平板上的抗性菌落数,即为突变发生的次数。

根据表 4.3 中 Newcombe 的实验数据,从 5h 到 6h,有 $49-8 = 41$ 个抗性菌落出现,因此在这段时间内,必定有 41 个噬菌体抗性突变产生。在此期间,细胞总数从 2.6×10^8 到 2.8×10^9 是基于平板上细菌的总数(表 4.3),所以根据突变率的等式可以计算出突变率。

$$a = (m_2 - m_1)/(N_2 - N_1) = (49 - 8)/(2.8 \times 10^9 - 2.6 \times 10^8) = 1.6 \times 10^{-8}$$

从这个数据可以发现,根据 Newcombe 实验数据计算出的突变率比利用 Luria 和 Delbrück 实验数据计算的值高出 10 倍。表型的延迟性对两种方法的影响可以解释这个差别,在后面将会解释。

(3) 利用突变体增长计算突变率 我们可以根据突变率越高、突变体出现的数目越多这一原理计算突变率(图 4.8),实际上我们绘制突变体的比率随时间变化,曲线的斜率即为突变率。理论上我们可以用上述方法计算突变率,但实际上,由于每一种突变带来许多突变体,所以必须对数以万计处于化学稳定态的细菌进行实验,才能得出突变率。

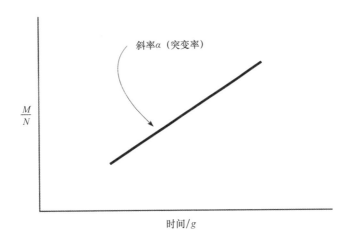

图 4.8 随着细菌增殖,突变体的比例也增多,图中的斜率即为突变率

还有一种情况也将影响用此方法计算突变率,因为有些细菌会发生回复突变,但相对来说回复突变在培养后期发生较多,在培养早期发生较少,所以用此方法计算早期的突变还是比较准确的。

4.4.3 表型延迟

造成突变率计算不准确的一个原因是表型延迟现象,绝大部分表型并不在突变后立即发生,而在过段时间才会出现突变表型,至于延迟时间要取决于不同表型的分子基础。

对噬菌体 T1 的抗性突变,也存在表型延迟现象。对噬菌体 T1 具有的抗性主要来源于细菌的外膜蛋白基因 *tonB* 发生突变或缺失,该蛋白是噬菌体结合细菌的位点,所以突变体不能被感染,如果 *tonB* 基因发生突变,在最初的几代中 TonB 蛋白仍然存在,只有繁殖数代后,所有的 TonB 蛋白都被消除,突变体才表现出抗性表型。

表型延迟现象在测定突变率时将造成一系列问题,因为细胞是按指数形式生长的,有一半的突变是在最后代时产生,所以表型延迟使突变个数少了很多。显然如果忽略发生表型延迟的一半突变会导致 Luria 和 Delbrück 以及 Newcombe 在计算突变率时出现较大偏差,然而,图 4.8 中按照突变个体在整个培养中的增长比例来计算突变率就不会受到影响。

还有一些突变率计算方法受到突变体相对于野生菌生长速度不同的影响。通常,突变体即使在没有选择压力下生长也比野生型慢,在我们介绍的两种计算方法中受到的影响不大。

4.4.4 数量遗传学的实际含义

随着培养细菌的生长,突变体的数目也将增多,这既提供了遗传学上研究的便利,同时也产生了一些问题。比如,分离链霉素抗性突变体,如果仅从很少的菌出发,培养后取 10^9 涂布在平板上,这可能很少有突变体出现,因为理论上 10^{11} 个细胞中才能产生 1 个突变体,然而,如果在培养物中加入大量的细菌进行培养,直到饱和,然后再重新对上一批的细菌培养,那么经过几代链霉素抗性突变体的数目将增多,然后取 10^9 细菌涂布平板,就能得到许多链霉素抗性突变体。

因为随着细菌的增殖,突变体的数目也在增长,所以培养足够多的代数后,整个培养物中将会出现各种各样的突变体的集合,如抗生素抗性、营养缺陷型等,如何防止突变的发生?绝大多数研究者将细胞在非生长状态下贮藏起来(如孢子、冷冻干燥细胞、冷冻细胞),这样既保存活菌,也不至于发生突变。还有一种方法是定期对培养的细菌进行纯化,分离出单个细胞,它们的突变没有我们实验中突变得快。

通过对上述突变和突变率的讨论,可以得出两个重要的事实,首先,测量突变率不像想象的那样简单,突变率并不简单地是突变个体数目与总的细菌数目的比值,我们还需采用特殊的方法来计算突变率,或者对实验数据要采用必要的统计学分析。第二,在培养细菌时突变的个体也随之增加,要想防止突变的出现,可以将细胞贮存起来不让它生长或者定期对细菌纯化,否则,随着细菌总数的增长,突变的数目也会显著增加。

4.5 突变类型

前面已经讲过突变是 DNA 上的核苷酸发生了可遗传的变异,单个碱基对的改变、删除和新碱基插入均会造成突变,许多碱基对的删除和插入也能造成突变,或者 DNA 上的大块区域发生复制或倒位也将造成突变,无论多少个碱基对受到影响,DNA 序列在复制、重组或修复中出现的仅有一次错误

被认为是单个突变。

在前面已经讨论过突变必须是可遗传的才行,所以对 DNA 损伤来说,它本身并不是突变,但是突变会在 DNA 损伤修复中产生,合成的 DNA 不能与初始序列完全互补,如果错误序列能忠实地复制并传给其后代,则就是突变。

DNA 中会出现致死突变,但通常不将其归为突变,因为突变的细胞不能存活,所以一般将可遗传但并不致死的突变作为真正的突变。比如,一个基因对细菌的生长是必需的,由于细菌是单倍体,这个基因在细胞中只有一份,当删除这个基因,细胞就会死亡,所以就不能将这个基因的删除归为突变。

不同类型的突变和导致这些突变的原因在所有生物中都大同小异,但是在细菌中研究这些突变更容易,遗传学家仅通过观察细菌特征的变化就能给出哪种突变导致哪种突变体表型的合理推断。

突变的一个特征是它是否具有渗漏性,因为有些基因虽然发生了突变,但基因产物仍然保持一定的活力。

突变的另一个特征是能否发生回复突变,因为有些基因突变后,再一次突变,其基因又回复至原先的状态,我们将回复突变的个体称为回复突变体,回复突变率是指突变的 DNA 序列转变为原始野生型序列的比例。

通常回复突变率远低于形成突变体表型的突变率,就拿刚才组氨酸营养缺陷型突变体(His⁻)为例,合成组氨酸所需 11 个基因产物的任何一种失活,将会导致 His⁻ 突变体表型的出现,由于成千上万的突变能导致以上表型,所以突变为 His⁻ 突变体的突变率较高,然而一旦 his 突变发生后,只有突变序列回复为原来的序列时才能发生回复突变。所以回复突变为 His⁺ 的几率远低于突变为 His⁻ 的几率。

有些回复突变体很容易被发现,例如,His⁺ 突变体的获得可以将 His⁻ 突变体涂布在不含组氨酸的平板上,绝大多数不能在其上形成菌落,只有 His⁺ 回复突变体才能在该平板上生长形成菌落(图 4.21)。当大量的 His⁻ 突变体涂布后形成 His⁺ 菌落,可以说明 his 发生了回复突变。

4.5.1 碱基对改变

碱基对改变是指 DNA 中一对碱基转变为另一对碱基,如 GC 碱基对转变为 AT 碱基对。碱基对改变有两种类型:转换或颠换(图 4.9),转换中嘌呤碱基(A 和 G)被另外的嘌呤碱基取代,嘧啶碱基(C 和 T)被另一个嘧啶取代,因此 AT 碱基对被 GC 碱基对取代,CG 碱基对将被 TA 碱基对取代。颠换中恰恰相反,嘌呤被嘧啶取代或者嘧啶被嘌呤取代。例如,GC 将变为 TA,或者 CG 将变为 AT。

4.5.1.1 错配导致的碱基对改变

DNA 复制、重组和修复过程中发生错误将会导致碱基对改变。如图 4.10A 所示,在复制过程中,与 G 配对的不是 C 而是 T,在下一次复制时,T 与 A 正确配对,这样导致在 DNA 的一条链中 GC - AT 的转换,由于碱基有时具有不同的烯醇式结构,所以导致配对错误(图 4.10B)。

嘌呤与嘧啶错配导致转换,两个嘌呤或两个嘧啶之间发生错配导致颠换。因为嘧啶的烯醇式通常与嘌呤配对,嘌呤的烯醇式也通常与嘧啶配对,所以在复制过程中发生的碱基错配,经常导致转换的发生。

复制中的错误导致的突变并不是随机的,有些位点更容易发生碱基突变,这些位点称为突变热点。错配突变经常发生在复制过程中,这样也有利于对错误的修复,第 2 章中已经介绍了一些细胞减少碱基对错配的机制,如编辑和甲基定向错配修复功能。

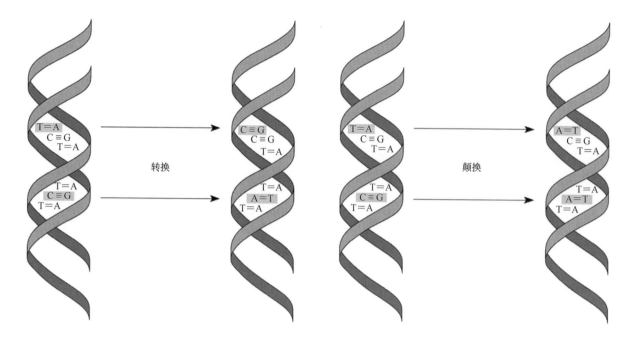

图 4.9 转换和颠换的比较

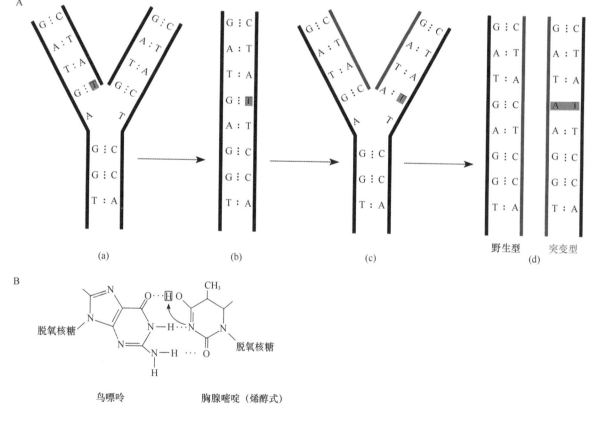

图 4.10 (A)在复制中发生碱基错配将导致 DNA 中碱基对改变

(B)鸟嘌呤和烯醇式胸腺嘧啶配对导致 G−T 错配

4.5.1.2 DNA中碱基的脱氨基

脱氨基,即碱基上氨基的脱除,也将导致碱基对改变。胞嘧啶尤其容易发生脱氨基作用。胞嘧啶脱氨基后变为尿嘧啶,它们之间仅有胞嘧啶环上第6位处的氨基差异,然而尿嘧啶与腺嘌呤配对而不是与鸟嘌呤配对,所以当胞嘧啶脱氨基后,除非从DNA上移除,否则将导致下一次复制时发生CG – TA转换。

由于细胞中脱氨基将导致特殊的突变,所以在进化过程中,细菌已经拥有了从DNA上清除尿嘧啶的功能(图4.11)。大肠杆菌中 *ung* 基因产物尿嘧啶 – *N* – 葡萄糖苷酶,能识别DNA上不正常的尿嘧啶并将其清除。DNA链上清除尿嘧啶的区域,将被降解和重新合成,使胞嘧啶与鸟嘌呤正确配对。正如预料,大肠杆菌 *ung* 基因突变体表现出较高的自发突变率,绝大部分的突变是GC – AT转换。所有生物的DNA都存在胞嘧啶脱氨基的作用,这也可以解释为什么许多温血动物的睾丸都在身体的外部,因为那里温度较低,脱氨基反应发生的几率较小。

4.5.1.3 碱基的氧化

在氧化代谢中可以释放一些副产物活性氧,它们包括过氧化物和氧自由基,这些活泼的形式能与DNA的碱基发生作用,并使之改变,一个常用的例子是8 – oxoG,它通常与A发生错配,所以导致GC – TA或AT – CG颠换突变。对脱氨基和氧化突变的修复在第12章中将详细讲到。

4.5.1.4 碱基对改变的后果

碱基对改变能否导致可觉察的表型变化,取决于突变发生在哪个部位,究竟发生了什么样的突变。即使突变发生在编码多肽链的ORF上,也有可能不会造成蛋白质的改变,如果改变的碱基刚好处于密码子的第三个碱基,由于密码子的简并性,所以不会对插入的氨基酸产生影响。如果一个突变不改变多肽链中的氨基酸,这种突变称为沉默突变。

突变并不仅仅发生在编码多肽的DNA上,有时也会发生在操纵子、启动子等调控序列上,还有些突变发生在功能尚未知的区域,下面我们先介绍突变发生在多肽编码区的情况。

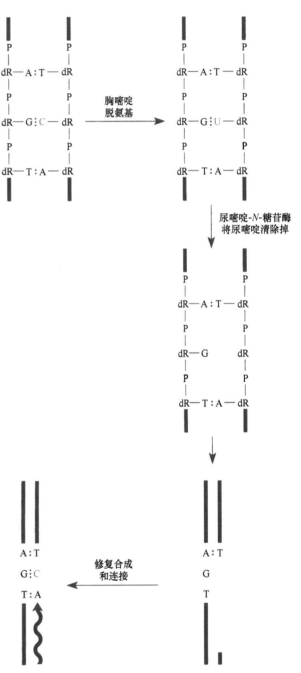

图4.11   通过尿嘧啶 – *N* – 糖苷酶
将脱氨基嘧啶从DNA上清除

4.5.1.5　错义突变

绝大多数细菌中碱基对改变将导致多肽中的一种氨基酸被另一种氨基酸所取代,这种突变称为错义突变(图4.12)。然而即使发生了错义突变,改变了蛋白质中的一种氨基酸,也不一定使蛋白质失去活力。如果原先的氨基酸与新替换的氨基酸在性质上比较接近,则这种碱基对改变几乎对蛋白质活力没有影响或造成的影响微乎其微。例如,碱基对改变后将一种酸性氨基酸谷氨酸转变为天冬氨酸,蛋白质受到的影响很小,但如果转变成一个碱性氨基酸精氨酸后,影响就会较大。突变的结果还有赖于哪个氨基酸被改变,在一个给定的蛋白质序列中,有些氨基酸改变后产生的影响效果比别的氨基酸大。研究者利用这一事实,确定不同蛋白质中,哪种氨基酸是维持蛋白质活力所必需的。在蛋白质中改变特殊的氨基酸的方法,称为位点特异性突变,有些已经在第2章中讨论,另一些方法将在后面章节中介绍。

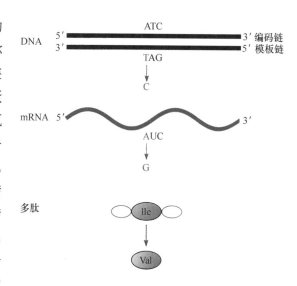

图4.12　错义突变

DNA 模板链上的 T 变成 C,将导致 mRNA 中 A 变成 G,突变密码子 GUC 将被翻译成缬氨酸而不是异亮氨酸。

4.5.1.6　无义突变

并不是每个密码子改变都会导致不同氨基酸的替代,有时会产生无义密码子,UAA、UAG 或 UGA,这样的改变称为无义突变。

虽然无义突变与其他碱基对改变的原因相同,但它们的结果差异较大,因为无义密码子通常被释放因子识别,释放翻译中的核糖体和多肽链。因此如果在 ORF 上出现无义突变,蛋白质翻译还没有结束就被终止,在无义密码子处,缩短的肽链从核糖体上释放下来(图4.13)。因此有时也将无义突变称为"链终止突变"。这种突变通常会使基因的蛋白质产物失活,但是如果出现在 DNA 的非编码区或编码 RNA 的区域,这种突变就与其他碱基对改变没有多大差别。

三个无义密码子有时还用描述颜色的词汇来描述,琥珀代表 UAG,赭石代表 UAA,猫眼代表 UGA,这些名称与突变没有任何关系,只是在加州理工学院研究者首次发现尚不知道它的分子基础时,为了防止混淆而将三个无义密码子分别冠以颜色名称。

4.5.1.7　碱基对改变的突变特点

碱基对改变通常是渗漏性的。在蛋白质链上取

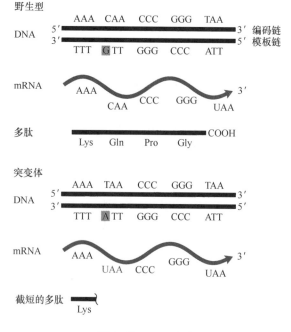

图4.13　无义突变

代一个氨基酸,它或许与原先的氨基酸有所差异,但蛋白质总的还是保持其活性。甚至产生频率并不高的无义突变也具有渗漏性,对野生型大肠杆菌来说,它们无义密码子的渗漏性顺序是 UGA > UAG > UAA。

碱基对突变也可以发生回复突变。如果碱基对被改变成其他不同的碱基对,在随后的突变中,它也能再突变为原来的碱基对。而且碱基对改变属于点突变类型,因为这种突变能在基因图谱中用一个点标示出。

4.5.2　移码突变

移码突变在自发突变中占有相当高的比例(图 4.14),移码突变是在编码多肽链的 ORF 中增加或减少了碱基对,造成阅读框的移动。由于遗传密码是 3 字母,所以碱基对的增加或减少是 3 的倍数将不会影响阅读框内基因的翻译,但如果增加或减少 1、2 或 4 个碱基对时,将造成移码突变。实际上,不论移码是否出现在 ORF 中,或者移码是否影响到多肽链的翻译,都发生了突变。

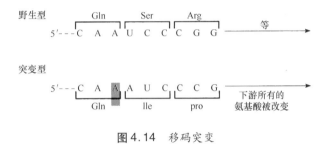

图 4.14　移码突变

野生型 mRNA 被翻译为谷氨酸(Gln) - 色氨酸(Ser) - 精氨酸(Arg) - 等,如果增加一个 A(图中已用框标示出),阅读框将发生移动,密码子将被翻译成谷氨酸(Gln) - 异亮氨酸(Ile) - 脯氨酸(Pro) - 等,所有下游的氨基酸将被改变。

4.5.2.1　移码突变的原因

自发的移码突变通常发生在序列中有些可以滑动短的重复序列上。如图 4.15 所示,在 DNA 链上有一段 AT 重复序列,一条链上的任意一个 A 能与另一条链上的 T 相配对,这两条链可以相互滑动。在复制中,随着链的滑动,有时会有一个 T 不被配对,所以在下一轮复制时,有一对 AT 就被落掉。相应的,如果滑动发生在碱基加入之前,那么在下一轮复制时,链上就会多一对 AT 碱基。

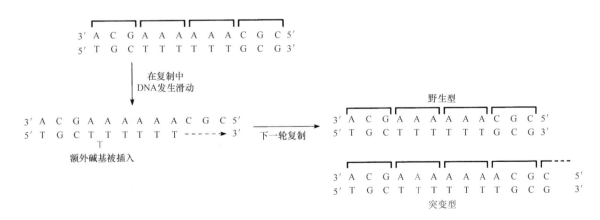

图 4.15　在重复序列附近 DNA 滑动导致移码突变

4.5.2.2　移码突变的特征

因为蛋白质中突变点后的每个氨基酸均发生错误,所以移码突变通常是非渗漏性的,几乎总能使

蛋白质失活。因为当基因以错误的阅读框翻译时,经常遇见无义密码子,所以蛋白质的链也将被截短,因为一般来说,64个密码子中有3个无义密码子,所以以错误的阅读框翻译时每20个氨基酸密码子就会碰见一个无义密码子。

移码突变的另一个特征是,它能够回复突变,因为如果碱基减少造成了移码,再一次突变,刚好增加相应碱基数,就能回复原来的阅读框,反之亦然。正常回复较少发生,而是在原来的突变处增加或减少碱基,使移码突变受到抑制,移码突变抑制方式见后面章节。最后,移码突变也是一种点突变。

有些类型的致病性细菌显然利用了移码突变及其高回复突变,所以能避免宿主的免疫系统。在这些细菌中,菌体的表面蛋白通常由重复的序列编码,宿主识别它的表面蛋白,所以细菌可以发生移码突变或随后发生回复突变,关闭或打开这些基因。移码突变也能辅助百日咳鲍特菌中毒力基因产物的合成,生成百日咳致病物。移码突变也可用于回复流感嗜血杆菌和淋病奈瑟菌一些失活的基因,这两种菌分别导致脊膜炎和淋病。

4.5.3　缺失突变

缺失突变是指在基因中缺失较长的片段,少则数千个碱基对,多则数个基因,通常细菌中发生缺失突变的限制是,不能缺失必需基因,因为细菌是单倍体,细胞中仅有一套基因组,又因为细菌中的基因组很长,所以缺失一些不太必需的片段,细胞仍然能保持活性。细菌中自发产生缺失突变的几率也较高,在所有自发突变中近5%为缺失突变。

4.5.3.1　缺失的原因

DNA的不同区域间发生重组将导致缺失。因为重组区域的DNA序列相同,所以重组又通常发生在两个DNA分子中的相同区域,然而有时重组也会发生在不同的两个序列之间,只要它们的序列足够相像。后一种情况发生时,旧链被打断,然后重新连接,形成新的重组分子,这个过程将在本章的后面以及第11章中详细讨论。

如图4.16所示,重组导致的缺失有两种方式。一种是同向重复序列,也即按照5′-3′方向,它们在DNA链上的序列相似,如果两个子代DNA分子中具有同向重复序列,那么在断裂、重新连接后,将会把其中一条DNA上的一段重复序列删

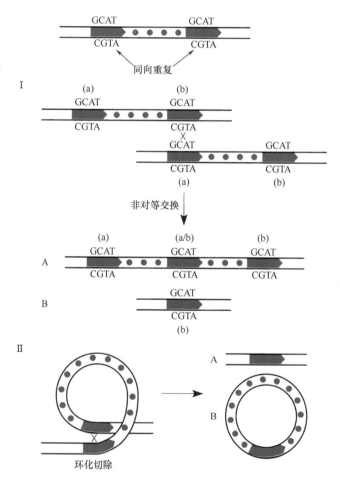

图4.16　同向重复序列间重组导致删除突变

(Ⅰ)不同DNA上的重复序列间可以发生重组,将导致重复序列拷贝增多(A)或删除(B)　(Ⅱ)相应的,同一个DNA上的重复序列间也能发生重组而导致删除(A)和环化导致部分片段被删除

除;另一种是同向重复序列在同一个分子上,所以发生重组后将其中的一段序列删除。

4.5.3.2　缺失突变的特征

缺失突变具有十分明显的特征,它们通常是不渗漏的,缺失一个基因的部分或全部通常会导致基因产物的失活,而且缺失突变经常会导致多个基因同时失活。有时缺失突变能使一个基因融合至另一个基因中,有时可以将一个基因置于另一个基因的控制之下。

较长的缺失突变最突出的一个特征是不会发生回复突变,其他类型突变有不同程度回复突变的可能,但对于缺失突变来说,如果要发生回复突变,必须重新找回缺失的片段,重新插入到突变序列中来,显然这是比较困难的。缺失突变在遗传杂交方面与点突变也有所不同,因为在图谱中不能用一点标示出来,这个性质在后面章节中讨论的一些遗传图谱绘制中是非常有用的。

4.5.3.3　缺失突变的命名

缺失突变与其他突变的命名有所不同,以希腊字母 Δ,代表缺失,将其置于基因名称和等位基因数的前面如 $\Delta his8$。通常缺失突变不止缺失一个基因,如果缺失基因是已知的,可以将这些缺失基因表示出来,后面跟上数字指出缺失基因的特定部位。例如,$\Delta(lac-proAB)195$,它指代在大肠杆菌染色体上缺失的 195 基因是从 lac 到 $proAB$。通常缺失发生在一个已知基因上,但又要延伸至一个未知的基因中,也即缺失的终点并不是已知的,这时缺失突变通常用已知的基因命名就行,如前面的例子,$\Delta his8$,它不仅仅缺失了 his 操纵子基因,而且还延伸至相邻的未知基因中。

4.5.4　倒位突变

有时一段 DNA 序列并不被移除,而是发生序列的颠倒,使之与原来基因的方向相反。

4.5.4.1　倒位的原因

倒位突变与导致缺失突变的原因相同,也是由于重复序列间发生了重组。然而与缺失突变不同,倒位突变通常发生在两个反向重复的片段之间,而且重组序列必须在相同的 DNA 上(图 4.17)。

4.5.4.2　倒位突变的特征

与缺失突变不同,倒位突变通常可以回复,倒位突变导致序列发生倒位,因为倒位发生在两个反向重复序列之间,所以回复突变时必须有相同的碱基才能发生,这样的回复突变较少。

倒位突变很少导致表型的改变,如果一个倒位突变涉及多个基因,受影响的仅仅是倒位结合区域,而大多数基因并不受影响。与缺失突变相同,倒位突变也将造成基因的融合,这一性质使我们容易发现倒位突变。专栏 4.2 中讨论了生物演化中出现的倒位现象。

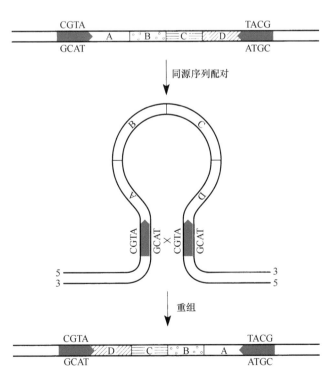

图4.17　反向重复序列之间发生重组,将导致倒位突变　重组发生后发生倒位突变内的基因顺序被颠倒过来

专栏4.2

倒位和遗传图

即使仅出现一个大的倒位,也可以使一个生物体的遗传图或 DNA 上基因顺序发生很大变化。发生倒位的两端点内,全部基因的顺序都将颠倒。我们猜想其实倒位应该是常发生的,因为重复序列的方向就经常彼此相反。尽管如此,进化中倒位发生的概率似乎还是非常低。例如,鼠伤寒沙门菌和大肠杆菌的遗传图,它们的图谱非常相似,但大肠杆菌在 25～27min 处有一个短的倒位序列。现在,我们只能猜测遗传图谱拥有高保守性的原因。也许有此基因顺序的生物体有一些选择优势,或者其他 DNA 序列不能发生对生物体无害的倒位。

染色体复制终止于 *terB* 位点(第 2 章)或许可以解释为什么细菌进化中倒位出现得这么少,也许在染色体周围存在与 *terA* 和 *terB* 很相似的序列,但是它们的顺序不对,所以不能终止复制。但是倒位突变可以使它们的方向逆转,这样如果 *terA* 被颠换到一个类似 *terB* 位置之后,这两点之间的 DNA 不能被复制。对于生物体来说,这样的情况可能是致死的。不过关于大片段倒位较罕见的原因也有其他解释,也许存在其他序列,而这些序列的方向性是复制起始所必需的。

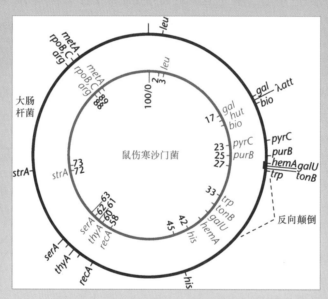

鼠伤寒沙门菌和大肠杆菌基因图谱,表现出高的保守性,大肠杆菌 *hemA* 到40min 位置处颠倒过来就是鼠伤寒沙门菌中对应部分。

参考文献

Mahan, M. J., and J. R. Roth. 1991. Ability of a bacterial chromosome to invert is dictated by included material rather than flanking sequences. Genetics 129:1021 –1032.

4.5.4.3　倒位突变的命名

如果发生倒位的基因已知,我们在字母 IN 后面跟上这段基因名称,再加上突变号就可以了,如 IN(*purB – trpA*)3,代表倒位突变数是 3,在 *purB* 基因至 *trpA* 基因间发生了倒位。

4.5.5　串联重复突变

重复突变就是一段 DNA 在基因的其他位置再次出现,串联重复突变是重复序列一个挨一个地排列,在基因中经常出现,而且序列较长。

4.5.5.1　串联重复突变的原因

与缺失突变相同,导致串联重复突变的原因是在同向重复序列之间发生重组。如图 4.18 所示,实际上,在相同时间也有可能造成缺失突变,在两个不同的 DNA 分子间,两个同向重复序列间发生重组,将产生串联重复突变或缺失突变的两种产物。

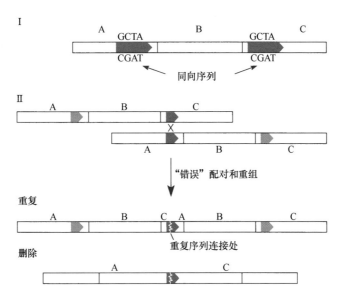

图 4.18　不同 DNA 分子的同向重复序列间发生重组形成串联重复突变

4.5.5.2　串联重复突变的特征

尽管串联重复突变与缺失或倒位突变产生的原因相同,但是串联重复突变的特征与前两种突变的特征不同。串联重复突变发生在单个基因中,通常会导致该基因失活,所以是非渗漏性的。然而,如果重复序列较长,包含一个以上的基因,就不会有基因失活,包括重复的连接序列。这个结论似乎有点令人怀疑,让我们来看图 4.18 中的一个例子,两个不同的 DNA 上,基因 A 和基因 C 中同向重复序列彼此配对,两个 DNA 上的重复序列断裂再重新连接,最后可以看出在新的分子中基因 B 没有改变,而在上游处有基因 A,下游处有基因 C,在整个 DNA 分子中又引入了基因 A 和基因 C 的一小段,所以发生串联重复突变后该 DNA 中基因 A、基因 B、基因 C 仍然没有改变,不会有表型被改变,除非基因中出现两个基因 B 影响了表型。在图 4.18 中,基因 A 的一部分已经融入基因 C,所以使得基因 A 和基因 B 处于基因 C 启动子控制之下。

串联重复突变最突出的一个特征是不稳定,经常会发生回复突变,尽管串联错误的重复突变并不容易发生,然而一旦发生,那么重复片段间还会发生重组,回复到原来的序列状态。正因为串联重复突变的不稳定性,所以使之不容易被鉴定出来,在本章的后面部分,要讲到对沙门菌中 his 操纵子重复序列的遗传分析。

4.5.5.3　串联重复突变在进化中起的作用

串联重复突变在进化中或许有非常重要的作用。通常来说,一个基因发生改变,它将会丧失其原始功能,如果丧失的功能是细胞所必需的,那么细胞将无法存活。如果细胞中有了一个基因的两份拷

贝,那么其中一份基因就可以自由地演化为其他功能的基因,而使细胞仍然存活,所以串联重复突变在进化中有非常重要的作用,至于串联重复序列如何能在进化过程中长时间保留还不太清楚。

4.5.6　插入突变

插入突变通常是由于转座子跳入 DNA,造成大片段的 DNA 插入到跳入区域。转座子是能促进自身从 DNA 的一处转移至另一处的 DNA 元件,它们常常造成插入突变。尽管转座子通常具有数千个碱基对,但发生转移的有时仅是转座子的一部分,我们将能够移动的较短的转座子序列称为插入元件,它造成绝大多数的插入突变。这些插入序列仅有 1 000bp 左右,没有携带容易被鉴定出来的基因,现在发现绝大多数细菌的染色体中都含有许多插入元件(第 10 章)。

4.5.6.1　插入突变的特征

插入突变经常导致被插入基因的失活,因此,插入突变通常是非渗漏性的。转座子中也含有许多转录终止位点,所以转座子插入将产生极性(第 3 章),阻止插入基因正常转录为 mRNA。最后,插入突变很少回复突变,因为很难将插入序列精确地从 DNA 上移除而不残留插入的 DNA 序列。后两个特殊特征导致了插入突变的发现。

4.5.6.2　插入突变的筛选

自发突变中相当一部分突变是插入突变,但是很难从它们的表型看出它是哪类突变。然而在插入突变中经常碰到的转座子,在遗传学实验中非常有用,而且往往带有选择性基因,如抗性基因,所以细胞的 DNA 中插入这样的序列有利于对突变子的筛选。而且在遗传图谱和物理图谱中都容易绘制转座子插入。转座子突变是细菌分子遗传学和生物技术的核心内容,在后面章节中将详细介绍。

4.5.6.3　插入突变的命名

特定基因插入突变时,可以用该基因的名称,加两个冒号,再跟上插入序列的名称来表示,如 *galK*::Tn5,表示 Tn5 转座子插入到 *galK* 基因中,如果有不止一个 Tn5 插入到 *galK* 基因中,可以用数字来加以区分,如 *galK*35::Tn5。当插入的序列是为了基因操作实验,我们在基因的后面加一个大写的希腊字母 Ω,如 pBR322Ω::*kan*,是指一个卡那抗性基因插入到质粒 pBR322 上。

4.6　回复突变与突变抑制

回复突变可以根据被突变的功能得以回复来发现。如前所述,回复突变实际上是一个基因重新回复至其原先的序列。然而有时功能的回复是由于在 DNA 的某处出现了第二个突变的结果,第二个突变称为抑制子突变,因为它的突变抑制了第一个突变,使第一个突变效果消失。下面介绍突变抑制的一些机制。

4.6.1　基因内抑制子

在同一个基因中,与初始突变一起发生的抑制子突变称为基因内抑制子,这种突变可以以多种方式回复突变蛋白的活性,例如,在初始的突变中一个氨基酸突变,导致蛋白质的失活,但是在多肽链中其他位置改变另一个氨基酸,则会回复蛋白质的活性,这种形式的抑制还是比较常见的,而且可以用于蛋白质中氨基酸间相互作用的研究。

在同一个基因中一个移码突变抑制另一个移码突变也是基因内抑制的一种。如果初始的移码突变导致一对碱基对的删除,那么另一次移码突变加入另一对碱基,该基因又能回复至正确的翻译阅读框,所以说第二次移码突变回复了蛋白质产物的活性。

4.6.2 基因间抑制子

基因间抑制发生在两个基因间,基因间抑制也有许多方式,这种抑制突变可以回复突变基因产物活性,或者能产生新的基因产物来取代被突变基因产物的作用。或者它能够改变与初始基因产物相互作用的基因产物,使原基因产物在突变后仍能与之相互作用。

基因间抑制突变回复细胞活力常用的方式是防止有毒中间体的积累。如果生化途径中的一个基因突变,那么在该途径中,有毒中间体将会积累,从而导致细胞死亡,然而这个途径中另一个基因的抑制突变将会阻止有毒中间体的积累,即使它仍然带有初始突变,细胞也能存活下来。通过 galK 突变抑制 galE 突变,为我们提供了基因间抑制很好的例子。细胞具有 galE 突变是半乳糖敏感型的,如果培养基中含有半乳糖它的生长将会受到抑制,具体代谢途径如图4.19所示。

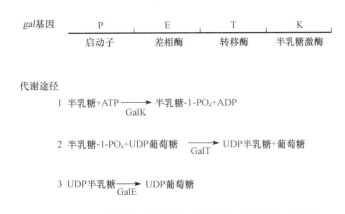

图4.19 大肠杆菌和绝大多数生物中半乳糖的代谢途径

gal K 突变抑制 gal E 突变,因为 gal K 突变能阻止有毒中间体1磷酸半乳糖和UDP半乳糖的积累。

4.6.3 无义抑制子

无义抑制子是另一种类型的基因间抑制子,无义抑制子通常是在 tRNA 基因上发生突变,改变 tRNA 反密码子的基因产物。如图4.20所示,带有反密码 3'GUC5' 的 tRNA 基因发生突变,正常情况下,它是识别谷氨酸密码子 5'CAG3' 的,在突变中反密码子变为 3'AUC5',这样反密码子能与无义密码子 UAG 配对,而不能与 CAG 密码子配对,然而反密码子突变不会严重影响 tRNA 的三级结构,这意味着与之对应的氨酰基 tRNA 合成酶仍然装载谷氨酸,因此与琥珀密码子 UAG 结合的突变 tRNA,还可以插入谷氨酸,而不造成链的终止,这将保证继续合成活性多肽,而抑制琥珀突变。

突变的 tRNA 被称为无义抑制子 tRNA,无义抑制子本身是指琥珀抑制子、赭石抑制子和猫眼抑制子,取决于它们是否分别抑制 UAG、UAA 和 UGA,表4.4列出了大肠杆菌中一些无义抑制子 tRNA。

表4.4 大肠杆菌中一些无义抑制子 tRNA			
抑制子	tRNA	反密码子的改变	抑制子类型
supE	tRNA^{Gln}	CU G – CUA	琥珀突变
supF	tRNA^{Tyr}	GUA – CUA	琥珀突变
supB	tRNA^{Gln}	UU G – UUA	赭石突变/琥珀突变
supL	tRNA^{Lys}	UU U – UUA	赭石突变/琥珀突变

A.野生型

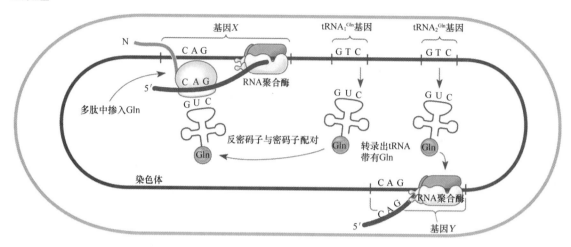

B.A突变体，在X基因上有无义突变

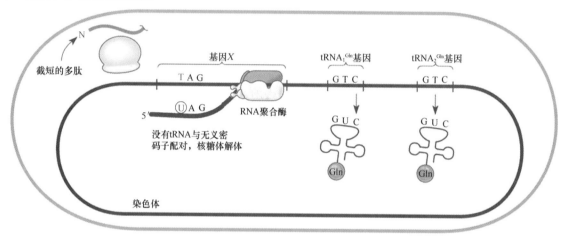

C.B突变体，在X基因上带有无义突变，在编码谷氨酰胺转运tRNA基因上有无义抑制子突变

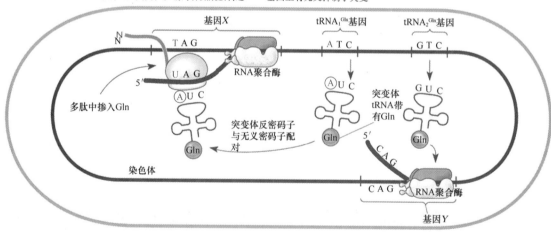

图4.20 无义抑制 tRNA 的形成

(A)基因 X 和基因 Y 含有编码谷氨酸的 CAG 密码子,其余的密码子没有标出来。细菌还有两种不同的 tRNA 基因可以将谷氨酸传递给 CAG 密码子,图中仅标出了 tRNA 的反密码子 (B)基因 X 发生突变,密码子由原先的 CAG 变为 UAG,导致合成被删节的多肽 (C)在基因 X 中发生抑制子突变,两个 tRNA 中之一改变了其反密码子使之能与 UAG 无义密码子配对,翻译过程中可以将谷氨酸加载给基因 X 上无义密码子,从而能合成完整的多肽。另一个 tRNA 的反密码子仍和 CAG 密码子配对,合成基因 Y 蛋白及另一个携带 CAG 密码子基因的产物

4.6.3.1　多肽的抑制是不寻常的

无义突变发生后合成的多肽通常不会具有全部活力,通常在无义突变位点插入的氨基酸与原始基因编码的氨基酸不同,这种氨基酸的改变,可能造成多肽的失活或温度敏感型。

4.6.3.2　无义抑制子的类型

并不是所有 tRNA 基因都能突变成无义抑制子,如果该 tRNA 仅对应一种密码子,那么那个 tRNA 就不能突变为抑制子 tRNA。与 tRNA 发生响应的密码子是一个"孤儿密码子",因为如果它在 mRNA 上出现,没有其他 tRNA 与之配对,通常如果一个 tNRA 突变后转变为无义抑制 tRNA 时,还有另一个密码子可以用来与相同的初始密码子结合。

因为密码子具有摆动性,所以即使 tRNA 对应一个密码子,它也可以被突变为相应的初始密码子。由于摆动性,所以相同的 tRNA 有时能与初始密码子或无义密码子结合,这是无义抑制子形成的一个特例。

4.6.3.3　抑制效率

无义抑制子的抑制效果并不完全,因为无义密码子也能被释放因子识别,从而可以从核糖体上释放多肽链。因此,无义密码子抑制或密码子翻译成完全蛋白质,取决于释放因子和 tRNA 抑制子间的竞争。如果释放因子终止翻译之前,tRNA 就与无义密码子结合,那么翻译将继续进行。无义密码子周围序列影响翻译与抑制的竞争,也决定了在特定位点处无义突变的抑制效率。

4.6.3.4　含无义抑制子菌株通常是病态的

无义抑制子似乎能够通过正确的无义密码子继续翻译直到基因的末端,这样导致产生的蛋白质比初始的蛋白质序列长,但是无义抑制子的抑制并不是100%,所以有时即使存在无义抑制子,但还是能够翻译出正常的蛋白质,而且当无义密码子处于基因的末端时,无义抑制子一般也不能抑制翻译的终止。

但是,无义突变也是有代价的,带有无义抑制子的细胞通常生长比较慢,仅低等生物如细菌、真菌和原虫似乎能够忍受无义抑制子,而对于高等生物,如果蝇和人类来说是致死的。

4.7　细菌的遗传分析

遗传分析的应用是现代生物学的一个重要里程碑。Gregor Mendel 在 150 年前首次用遗传分析法研究细胞的功能,它将皱皮豌豆和光皮豌豆进行杂交,然后计算后代中每种类型豌豆的数目。自那以后遗传分析得到迅猛发展,现在已经发展成为非常高端的技术,仍旧是研究细胞和发育生物学的核心手段。遗传分析的一个好处是在研究中几乎没有假设,即使对所研究生物了解得不多也没有关系,通过该方法能首先得到细胞及其发育的许多基础信息。现在数百种细菌基因组已经被测序,我们可以根据基因的序列和结构的相似性鉴定基因产物的功能。包括反向遗传学技术在内的遗传分析仍然是确定一些基因产物功能的唯一方法,抑制子分析也提供了一条分析基因产物相互作用的最好途径。细菌是证明基本遗传规律的理想材料,所以较多的遗传学规律都是在细菌中首次被发现。需要在脑海里形成这样的概念,遗传规律在细菌和其他生物中都是通用的,唯一不同点是它们的遗传分析方法有一些差别,在普通遗传学书籍中会有遗传分析方法的介绍,本节仅介绍细菌特殊的遗传分析方法和原理。

4.7.1　突变体分离

在第 1 章中已经讨论论过,经典遗传学分析都是从发现功能改变的突变体开始的,这个过程称为突变体分离,之所以要分离,是因为与突变体相伴的是无数的正常细菌。细菌作为遗传学研究对象时,其突变体的分离非常容易。由于细菌是单倍体,所以即使是隐性突变也能直接表现出来,不需要回交

实验获得同源个体,观察突变效果。细菌是无性繁殖的,所以不需要与另外的个体杂交产生后代。一般来说,如果两个生物杂交形成的后代,肯定与亲本不同,只有经过回交之后,才能得到与亲本比较接近的个体,细菌就不需要这么麻烦,因为它在繁殖时能克隆自己,产生与亲本相同的个体。细菌非常小,与地球上人类数目相同的细菌能培养在一块平板上,这样对我们分离非常稀有的突变体有利。

诱变或不诱变

突变可自发产生或经诱导而产生。自发性突变发生于生物体的正常繁殖过程中,诱发突变是经加入诱变化学物质或用紫外线辐射细菌后而产生的。

自发及诱发突变在基因分析中有各自的优势。在决定是否采用诱变或采用哪种诱变剂时,应首先考虑这种突变可能发生的概率。自发突变通常较诱发突变稀少得多,故自发突变体的分离更加困难。另一方面,自发突变体可能含有多种突变,从而导致实验结果难以分析。

为了分离非常稀少的突变体或为了分离不具备便利选择条件的突变体,我们也许应采用诱变剂。由于生物体对各种诱变剂的敏感性不同,故应选择对所研究生物最有效的诱变剂。

诱变剂的主要优势在于它们有时可引起特定类型的突变。例如,吖啶染料仅引起移码突变,碱基类似物仅导致碱基对改变。于是,使用特定的诱变剂可使突变限定在所需的特定类型。相反,自发突变可包含各种类型的突变,可能是碱基对改变、移码、缺失等。

4.7.2　独立突变体分离

我们应尽可能多分离一些某一功能缺陷的不同突变体,使之能作为引起这种表型的突变代表。如果收集的众多突变体分别具有不同的突变,我们就通过遗传分析,弄清有多少基因突变后可产生如此表型,以及是哪些类型的突变。

有两种方法可保证所分离的突变株组合中各自具有不同的突变。第一种方法是采用不同的诱变剂。所有的诱变剂都有各自的诱变特点。如果所有的突变体都是用同一诱变剂诱发而获得的,大多数突变体的突变都具有相同的特点,但用不同诱变剂诱变后而获得的突变体趋向于带有不同的突变。另一种增加突变多样性的方法是避免挑取"姐妹株",即应避免重复挑取来自同一原始突变体的后代,两个姐妹突变体的突变相同。避免挑取"姐妹株"的最好方法是从不同的培养基中分离突变体,每一次培养均从非突变细菌开始。通过不同的培养而分离的两个突变体是独立发生的,可能带有不同的突变,起码不应是"姐妹株"。

4.7.3　突变体筛选

即使通过诱变,突变体也是非常稀少的,必须从众多的功能正常的细菌中分离出来。分离突变体的过程被称为筛选,通常需要寻找选择条件,在此条件下,只有突变体(或野生型)才能繁殖并形成菌落。提供选择条件的琼脂平板或培养基被称为选择性培养基。

突变体的筛选常常是遗传分析中最具创造性的工作。需根据突变可能产生的表型来决定选择条件,在某一功能特征尚未完全弄清的情况下,要预测突变可能产生的表型是非常困难的。例如,你如何想像蛋白质跨膜转运缺陷突变体可能产生的表型呢?

突变体筛选有两种选择方法:正选择或负选择。图4.21中给出了 *his* 突变的 His⁺ 回复突变体的正选择方法。在进行正选择时,所选择的条件只适合突变体的繁殖;而在进行负选择时,所选择的条件只适宜野生型的生长繁殖。采用正选择进行突变体筛选要简便得多。从某种意义上讲,负选择不

是真正的选择,因为所采用的选择条件应筛选突变体,而不是排除其他细胞。

4.7.3.1　负选择分离突变体

大多数突变体,如营养缺陷型或温度敏感型,只能通过负选择来分离。因为以上突变所涉及的基因往往都是细菌生长繁殖所必需的。故在以上基因发生突变导致基因产物失活后,往往会影响细菌的生长繁殖。故寻找一种只有野生株能生长繁殖的选择性培养条件比寻找一种只有突变株能生长繁殖的条件要容易得多。

(1)影印平板培养　采用负选择的方法分离突变体时,首先将细菌接种于非选择性培养基,使野生型及突变体都能增殖。在菌落形成后,将每个菌落中的一些细菌转移到选择性平板上,以分析哪些菌落中含有不能在选择性条件下进行增殖的细菌。将两块平板重叠对比,若在第一块平板上某个位置有菌落,而第二块平板的对应位置上无菌落出现,则说明第一块板上的这个菌落是由突变体形成的,将这一菌落进行纯化后,即可得到突变体。

由于突变体的量很少,所以在负选择时必须对大量的菌落进行筛选,这个实验过程被称为影印接种培养(图 4.22)。将几百个细菌涂布在非选择性平板上,然后孵育,使菌落产生。在菌落形成后,将平板翻转,轻压平板使之与一块绒布接触,移去非选择性平板,再将选择性平板倒转并置于绒布上,轻压选择性平板,使之与绒布接触,从而使菌落转移至选择性平板。

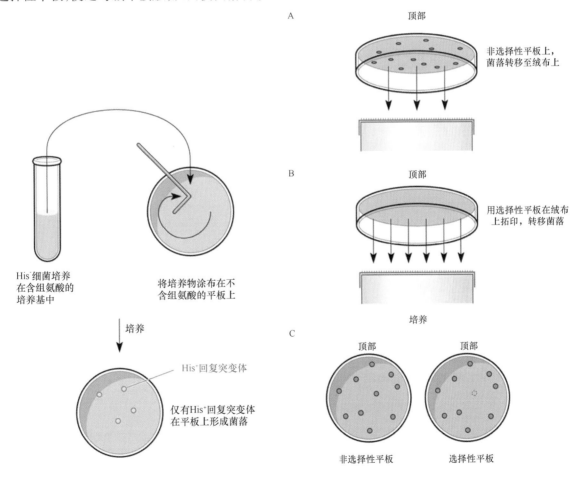

图 4.21　His⁺回复突变体的正向选择

将 His⁻突变细菌培养在除了不含组氨酸外,其他所需营养成分均含有的基础培养基中培养,在平板上形成的任何菌落均是 His⁺阳性回复突变子,只有它们能在不含有组氨酸的培养基上生长。

图 4.22　平板影印法

(A)在非选择性平板上的菌落转移至绒布上　(B)用选择性平板从绒布上转移菌落并培养　(C)培养后的两块平板比较

将选择性平板孵育后与非选择性平板重叠比对,以确定在第一块平板上哪些菌落在转移至选择性平板后未再形成菌落。这些菌落可能含有突变体的后代,从而不能在选择性平板上增殖,从第一块平板上的这些菌落中即可获得突变细菌。

(2)富集　如果所寻找的突变体极为稀少时,采用负选择,即使是影印接种培养,分离这种突变体也是相当费力的。不多于 500 个细菌接种于平板上,才可能形成不连续的菌落。所以,如果一个突变发生的频率为百万分之一时,需要将 2000 多个非选择平板进行影印接种培养后,才有可能发现这样的突变体。

如果先进行突变体富集,所需要筛选的菌落数就少得多。这种方法需利用抗生素(如氨苄西林)或溴脱氧尿嘧啶(BUdR)来杀死处于繁殖期的细菌,而对静止期的细菌影响不大。氨苄西林抑制细胞壁的合成,导致繁殖期细菌裂解。BUdR 在细菌进行 DNA 复制时可掺入 DNA 分子中,含有 BUdR 的 DNA 分子对紫外线的敏感性较正常 DNA 分子要大得多。如果细菌处于静止期,DNA 不会复制,则 BUdR 无法掺入,所以在能杀死繁殖期细菌的紫外线辐射条件下,静止期细菌则有可能幸存。

为了富集那些不能在特定选择条件下生长的突变体。可以将大量的诱变细菌在所需突变体既不生长也不死亡的条件下进行培养,同时,野性型细菌却能继续生长繁殖。加入抗生素氨苄西林或 BUdR,杀死繁殖期细菌,再将培养物进行过滤或离心,以去除抗生素,然后将细菌转移至非选择性培养基培养。因为在抗生素存在下突变细菌仍会生长,所以此时突变细菌将会成为细菌群体中的主要细菌。然而,富集不可能 100% 有效,所以幸存的细菌必须进行菌落筛选。虽然如此,如果将突变体富集 100 倍后,被影印的平板数只需原来的 1/100,即可分离出所需突变体。在上面提到的例子中,如果先将突变体富集 100 倍,我们仅需影印 20 块平板就可找出所需的突变体。所以,富集是选择遗传学中一种非常有用的手段。

不幸的是,富集不能适用于所有类型的突变体。某些突变体在选择性条件下也会被杀死,所以不能通过上述方法富集。另外,富集的突变体在去除选择性条件后,应能迅速回复生长及繁殖能力。

4.7.3.2　正选择

在正选择中,所选择的培养条件只适合突变体的生长,而野生型却不能在此条件下生长,这种选择方法适合于抗生素耐药性突变体及噬菌体耐受性突变体的筛选,营养缺陷型突变回复或抑制的突变体也可以用正选择的方法加以筛选。

如前述,正选择比负选择简便得多,可将上亿个细菌涂布在一个选择性琼脂平板上,在这种条件下只有突变株才能生长并形成菌落,即使上亿个细菌中只有一个突变细菌,也能在选择性琼脂平板上生长并形成一个菌落,从而使突变细菌得以分离纯化。

4.7.4　通过重组进行遗传作图

4.7.4.1　重组实验

在获得所需的大量突变体后,下一步就是对相应突变进行遗传作图。用于作图的方法取决于所研究的细菌发生基因交换的方式。如果有能使所研究的细菌发生普遍性转导的噬菌体,则可采用转导的方法,如果细菌可天然转化,就可采用转化的方法,对于所研究的细菌,若有一种自身可传播性质粒,则可用 Hfr 接合的方法对突变作图。

细菌的遗传作图方法及步骤不同于其他生物体,并取决于所采用的基因交换方法。于是,在我们讨

论细菌的遗传作图前,有必要复习一下一些定义及概念。有些概念及定义是通用的,也有一些概念及定义是细菌,甚至是特定作图方法所特有的,详细的内容见第11章,最简单的重组模型如图4.23所示。

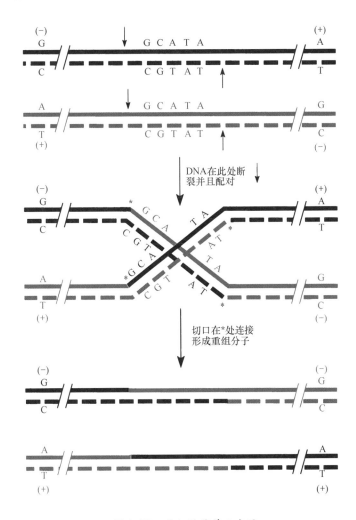

图4.23　重组的简单示意图

在两条DNA链上的相同位点切开形成非平齐切口,两条链发生交换,末端相连形成新的DNA分子,图中仅标示出发生交换和突变位置的碱基。(-)代表突变型;(+)代表野生型。

4.7.4.2　遗传标记

同种的两个个体的DNA分子基本上是相同的。然而,在DNA的某些特定位点上,不同个体的序列则有可能存在差异。导致差异的原因包括突变、转座子存在及插入等,自然株间变异也可能导致这种差异。如果这些DNA序列差异可导致表型差异,那么就可对存在差异的位点进行遗传作图。能用于遗传作图的DNA序列变异部分被称为遗传标记。

在经典的遗传作图中,应确定遗传标记间的相对位置关系。为了对这些标记作图,我们需对带有不同遗传标记的同种的两个个体进行杂交,然后分析各种重组型的发生频率,从而决定各种遗传标记在遗传连锁图中的位置。检测重组体及分析其表型,首先应考虑方法的简便性。

4.7.5　互补实验

遗传学分析的另一个通用方法是互补实验,不像重组实验中会有DNA被打断和重新连接的过

程,在互补实验中,仅是来自不同 DNA 的基因产物之间的相互作用。互补实验能使我们通过突变库了解有多少基因产物,还能获得突变对功能影响的基本信息。在互补实验中,我们将来自不同细胞中的不同 DNA 片段突变放入同一个细胞中,观察它们对突变表型的影响。对于二倍体细胞来说,它本身含有某一类型的两个同源染色体拷贝。对于病毒或噬菌体来说,可以用两个不同的病毒同时感染同一个细胞,从而得到一个细胞中同时具有两个不同的突变体病毒。对于细菌来说就比较麻烦,因为它们是单倍体,只能利用载体或噬菌体将一个细菌中的一小段染色体 DNA 转入另一个细菌中,形成部分二倍体。在第 6 章、第 9 章中将会介绍部分二倍体的制备方法。

4.7.5.1 等位基因实验

互补实验的一个用途是确定多少个基因能够被突变形成特定的表型,该过程的另一个名称是等位基因实验。

如图 4.24 所示,等位基因实验是同时对两个突变进行实验,如果两个突变居于不同的基因上,那么一个基因的多肽产物能提供给另一个基因使用,所以所有的多肽都能生成,细胞表现为 His⁺,如果两个基因是等位基因,那么没有任何一个基因能够产生需要的多肽,所以两种突变不能互补,细胞的表型为 His⁻。

通常可以采用以上原理对突变是否发生在等位基因上进行判定,如果两个突变不能互补,则说明突变发生在相同基因上,如果能互补说明突变发生在不同的基因上。然而有些时候即使两个突变在不同的基因上,也不能发生互补,如果两个基因中的一个具有极性或者两个基因发生翻译偶联,均不能互补。如果一个突变能终止一个基因的翻译,那么有时也会阻止下游基因的转录和翻译。表 4.5 中对比较复杂的互补实验,做了一些解释。

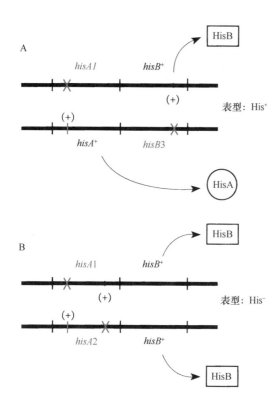

图 4.24　等位基因互补实验

对三个突变 hisA1、hisA2 和 hisB3 进行实验以确定它们哪些是等位基因突变。(A)hisA1 和 hisB3 突变发生在同一细胞的不同 DNA 上,两个突变在不同的基因上,它们的基因产物是合成组氨酸必需的。具有 hisA1 突变的 DNA 能合成 HisB,具有 hisB3 突变的 DNA 能合成 HisA,因此本细胞是 His⁺　(B)hisA1 和 hisA2 突变发生在相同基因上,两基因突变后的任何一种都不能合成 HisA,因此该细胞是 His⁻

表 4.5　互补实验的解释

实验结果	可能的解释
x 和 y 互补	突变发生在不同基因上,发生基因间互补
x 和 y 不互补	突变发生在相同的基因上,其中一个突变是显性的,另一个突变影响了调节位点,或者说具有极性

4.7.5.2 隐性或显性

互补实验可以用于判定相对于野生型等位基因,突变是隐性的还是显性的。隐性突变从属于野

生型,即在等位基因上发生突变后,表型没有发生变化,而对于显性突变来说,即使存在野生型表型,也会出现它自己的表型。隐性突变通常使基因产物失活,而显性突变通常能更精细地改变基因产物,使野生型不能发挥作用的情况下,显性突变能发挥作用,或者它能发挥野生型不具备的功能。一般隐性突变比显性突变更容易发生,因为基因产物失活比精细地改变基因产物容易一些。

为了确定突变是隐性还是显性,需要制备一个部分二倍体细胞,它具有野生型和突变型等位基因。我们再回到 his 途径的例子,对于绝大多数 His⁻ 细胞,其突变大多发生在组氨酸合成酶基因上,对于野生型来讲,这些突变均是隐性的。如果组氨酸合成有抑制途径,那么当抑制子不出现时,细胞为 His⁻;如果抑制子出现,那么对于该抑制子不敏感的突变体,就是 His⁺。因此,在部分二倍体中如果突变体和野生型同时存在,在抑制子出现时其表型是 His⁺,说明此突变体的等位基因和抗性突变是显性的。

4.7.5.3　顺反实验

互补实验的另一个用途是确定突变是反式作用,还是顺式作用。反式作用突变通常会影响基因产物蛋白质或 RNA 的扩散性,不论哪个基因发生突变,因为产物是扩散的,所以这种突变可以互补。一个顺式作用突变通常会改变 DNA 上的一个位点,例如,启动子或复制起点,它是不容易互补的。在后面章节中我们还要讨论如何利用顺反式实验分析基因表达调控以及其他细胞功能。

4.7.5.4　通过互补克隆

在细菌中,互补实验的另一个用途是克隆实验。用染色体发生突变的菌株进行互补实验,可以通过是否回复正常型或野生型鉴定带有特殊基因的克隆,如图 4.25 所示,可以采用互补实验鉴定大肠杆菌中含有胸苷酸合成酶基因(thyA)克隆。对于要互补的克隆来说,它通常应该含有完整的基因,而且该基因能在克隆载体中表达,一个基因通常不容易在亲缘关系较远的宿主中表达,所以这种方法对鉴定同源宿主克隆有效,如细菌的基因在细菌中进行实验。

4.7.6　遗传杂交

我们都是遗传杂交的产物。对于人类和许多高等真核细胞来说,它们都有有性世代,通过杂交产生后代。两个单倍体的精原(母)细胞融合形成二倍体合子,生物体就是由该合子发育而来。对于细菌来说,没有有性世代,它们仅靠分裂来繁殖,但它们也需要交换 DNA,如接合、转化和转导。在细菌中发现基因交换也是分子遗传学的重大发现之一,不同方法得到的遗传学数据,有不同的解释,在此先讨论一些共性问题。

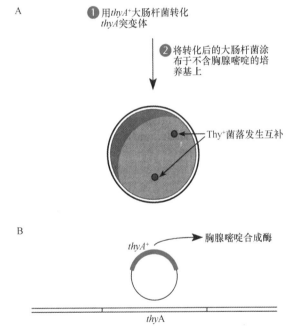

图 4.25　通过互补实验鉴定 thyA 基因克隆
(A)用 thyA⁺ 大肠杆菌转化 thyA 突变体,在不含胸腺嘧啶的培养基上直接筛选　(B) Thy⁺ 转化子含有胸腺嘧啶合成酶基因 thyA,因此在染色体中发生了基因互补

4.7.6.1　供体与受体比较

为了对遗传标记进行作图,将两个带有不同遗传标记的生物体进行杂交。细菌的杂交比较独特。生物世界中,大多数生物(包括病毒、人类等)的杂交需要两个亲代平等地参与,杂交所产生子代生物

的 DNA 来自两个亲代的可能性是相等的。然而,细菌间的杂交,无论是转导、转化,还是接合,均是将一个细菌(供体)的部分 DNA 转移给另一个细菌(受体)。结果,在细菌的杂交中,只有受体能成为重组型。重组型就是某些基因位点或序列被供体菌的相应基因位点或序列所替换的受体菌。

例如,在 His⁺供体菌与 His⁻突变株之间的杂交后,对于 HisG 标记而言,表现为 His⁺的受体菌即为重组型。因重组体中,受体的突变型 HisG 等位基因位点被供体的野生型 HisG⁺替换。相反,当供体具有 HisG 突变,受体菌是 His⁺时,对于 HisG 标记而言,重组型则应是 His⁻受体菌,在这种情况下,供体的 HisG 突变基因点替代了受体菌的野生型 HisG⁺等位基因。请再次注意,只有受体菌才有可能成为重组体,因为供体菌提供了部分 DNA 片段用于杂交。

4.7.6.2　选择和非选择标记

细菌杂交后产生的重组体常常是十分稀少的,所以首先应通过正选择进行筛选。通常先将一个遗传标记作为选择的标记,再分析重组体中其他遗传标记的重组情况,这个用于筛选的标记称为选择性标记,其他标记则被称为非选择性标记(图 4.26)。

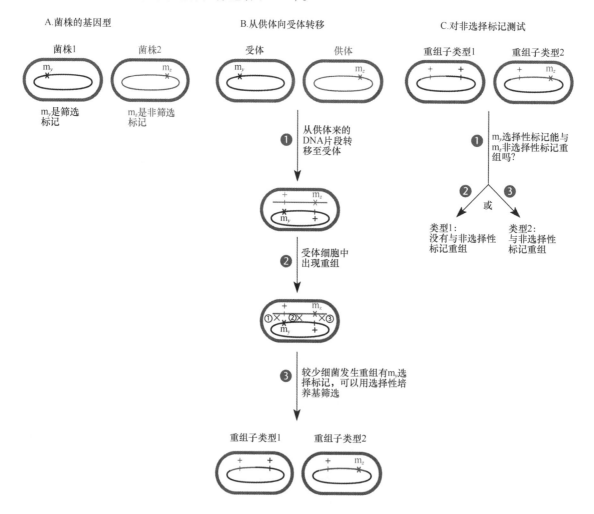

图 4.26　细菌杂交中选择和非选择性标记

受体 DNA 序列被供体 DNA 序列重组置换,产生新的一个重组类型。受体菌中有一个可选择性标记的重组子,可用于检测有多少重组子具有第二个标记。例子中,mᵧ是一个可选择标记,而 m_z 是一个非选择标记,所以对 mᵧ标记的选择较为容易。

(A)菌株的基因型　(B)供体菌的部分 DNA 转移至受体细胞中,供体和受体 DNA 间发生重组,受体细胞中受体 DNA 被供体菌中的 mᵧ区域替换,可以用选择性平板筛选和纯化重组菌　(C)被筛选的受体菌具有 mᵧ标记重组子,可以用于检测是否具有 m_z 标记重组

将哪个标记作为选择性标记,首先应考虑相应筛选方法的简便性,以及野生型或突变型是否能被分离出来。例如,如果将 HisG 作为选择性标记,且受体菌有 HisG 营养缺陷性突变,供体有野生型 HisG⁺ 等位基因时,重组型的筛选就容易得多。将杂交后的细菌接种于不含组氨酸的培养基上,即可筛选 HisG 标记的重组体,只有 HisG⁺ 重组体才能在此培养基中增殖。对于其他类型的标记,如果供体有突变等位基因,而受体菌有野生型等位基因,此时筛选重组体可能更容易。例如,当选择性标记是使细菌产生耐药性突变,将耐药性突变细菌作为供体,则重组体的筛选要容易得多。在含有特定抗生素的培养基中培养杂交菌,只有耐药性重组体才能生长。总的来说,是将供体的等位基因作为筛选重组体的标记,与供体的这个等位基因的状态(野生型与突变型)无关。

在受体菌获得供体的选择性标记(等位基因)并成为重组体后,可将重组体用于分析其他选择性标记的重组情况。至于非选择性标记的两个等位基因,哪一个在供体内则无关紧要,因为在分析带有选择性标记的重组情况时,要利用上述重组体单独进行另外的实验。然而,非选择性标记的重组体仍然是那些接受了供体等位基因的受体菌。如何解释以上杂交的实验结果取决于所采用的杂交方法。

4.7.7　用 Hfr 杂交进行遗传作图

最早用于细菌全长染色体的遗传标记作图的方法是 Hfr 杂交法。从第 6 章中已了解到 Hfr 株常在其染色体的某些位点整合了 1 个拷贝的自身可传播性质粒。当整合的质粒要自身转移时,至少有部分细菌染色体将同时被转移,即转移片段从质粒 *oriT* 位点开始,沿一个方向延伸至细菌基因组内。Hfr 株的 DNA 被转移,故为供体菌;无质粒的菌株接受 Hfr 株的 DNA,故为受体菌。已经接受了 Hfr 株的部分 DNA 的受体菌被称为转移子。如果被转移的 DNA 片段含有一些遗传(基因)标记,则受体菌的相应 DNA 区域被替换后,则可形成含有这些遗传标记的重组体。

Hfr 杂交可用于遗传标记的作图,这是因为在 *oriT* 位点后越靠近 *oriT* 位点的基因(序列)将越先进入受体菌,离 *oriT* 位点越远的基因进入受体菌的时间越晚。从理论上讲,位于质粒整合位点的另一端的染色体末端将最后进入受体菌。所以,通过观察不同遗传标记的重组体出现时间,即可得出各种遗传标记的相对排列顺序,具体过程如图 4.27 所示。

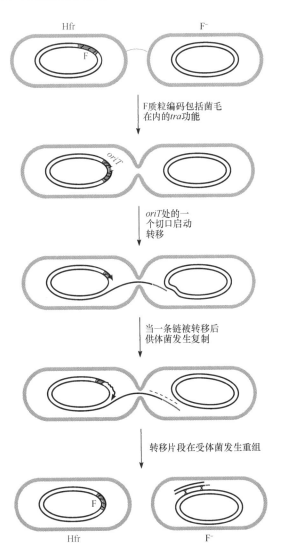

图 4.27　通过整合型质粒转移染色体 DNA

形成交配对,在 F 质粒的 *oriT* 序列上切出切口,其中的单链 DNA 5′端发生转移,其价连接的染色体 DNA 的转移长度取决于交配对的稳定性。很少发生完整染色体的转移,发生了交配,受体菌依然保持 F⁻ 的特征。供体菌的复制,往往伴随 DNA 转移,被转移的单链 DNA 也会发生复制。一旦被转移的 DNA 进入受细胞,它将可能与受体菌染色体中的同源序列发生重组。

4.7.7.1　重组型的形成

因为整个染色体的转移较少发生,所以进入受体菌中的 DNA 不能自己复制,除非该段 DNA 整合至受体菌染色体上,否则将会丢失,如果供体菌与受体菌存在差异,那么 DNA 转移后,将会形成新的重组类型。又因为新的重组类型与 Hfr 供体菌和 F⁻ 受体菌都不同,所以也很好鉴定出来,具体例子如图 4.28 所示。

4.7.7.2　转移梯度作图

上面谈到,越靠近 *oriT* 位点的基因越先进入受体菌。从理论上讲,只要 Hfr 菌与 F⁻ 受体菌的接合时间足够长,Hfr 菌的 DNA 将会全部进入 F⁻ 受体菌。但事实上由于细菌在不停地运动(布朗运动)可将 Hfr 菌与 F⁻ 菌分开,从而导致 DNA 转移中止,另外细菌染色体单链断裂同样会导致转移中止。所以,Hfr 的全部 DNA 被转移至受菌体是不可能发生的。Hfr 菌与 F⁻ 菌杂交后,受体菌 F⁻ 永远不会成为 F⁺ 的结果支持上述观点。由于 Hfr 菌与 F⁻ 受体菌的接合存在周期性的

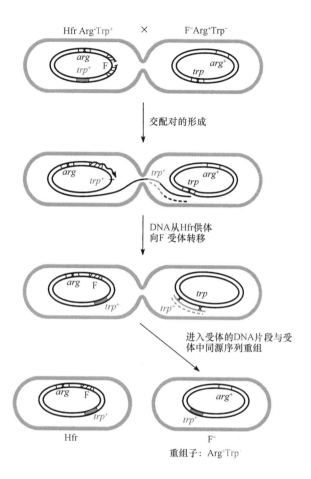

图 4.28　Hfr 菌株转移 DNA 后形成的重组类型

如果 *trp* 区域从供体菌转移至受体菌,它将与受体菌重组并取代受体菌中同源区域,于是 Trp + Arg + 重组子增多。

中断现象,所以在 *oirT* 位点后,离此位点越远的基因(序列)被转移的频率就越低,因此 Hfr 菌 DNA 的转移存在指数衰减现象,即梯度现象。

利用 Hfr 杂交,通过转移梯度对遗传标记作图。首先将 Hfr 菌与受体菌混合培养一段时间,将接合充分进行;再将接合混合物在选择性条件下(对于选择性标记而言)培养,筛选出具有选择性标记的重组体;再将每个重组体菌落的一些细菌用于检测非选择性标记,计算带有非选择性标记的重组体的产生频率;最后,根据这些标记的重组频率决定未知标记的位置。

表 4.6 列出了一个典型 Hfr 杂交所得的数据,图 4.29～图 4.31 阐明了如何分析这些数据。在这个例子中,有一个未知标记,带有 *rif* - 8 突变,即对抗生素利福平耐药。用于 Hfr 杂交 Hfr 菌株是 PK191,需要

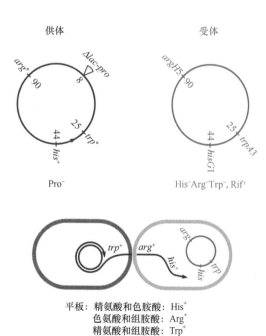

图 4.29　Hfr 杂交绘制基因图谱

供体和受体的表型和突变的基因位置已经给出,用于筛选标记的培养基如图所示。

脯氨酸[因 DNA 具有小的缺失 Δ(*lac – pro*),包括 *proC* 基因的缺失]。受体菌具有 *hisG*1、*argH*5、*trpA*3 及 *riF* – 8 突变,故培养时需组氨酸、精氨酸及色氨酸。

表 4.6　Hfr 杂交的典型结果

选择性标记	非选择性标记重组子的比例			
	hisG	*trpA*	*argH*	*rif*
hisG		1	7	6
trpA	33		29	31
orgH	28	12		89

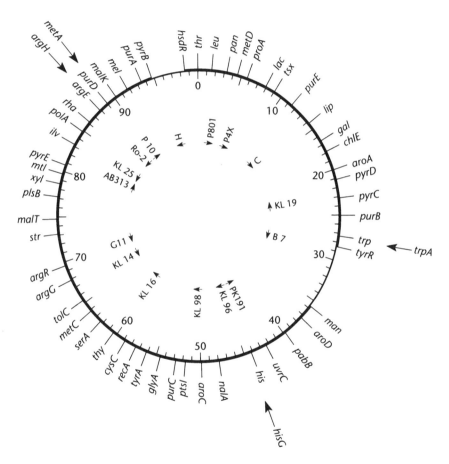

图 4.30　大肠杆菌部分基因连接图谱

大箭头标明的是在图 4.31 中用到的 Hfr 梯度转移菌株的已知标记。小箭头指明 F 质粒在某些 Hfr 菌株上的整合位置,包括 PK191(位于 *hisG* 44min 处)。在每一个 Hfr 菌株中,染色体 DNA 的转移就像一根箭射入受体细胞首先开始于箭的顶端。

　　为利用转移梯度法对遗传标记作图,首先将 Hfr 菌与受体菌混合,将此混合物培养足够时间后(37℃,大肠杆菌需 100min),接种于选择性培养板。供体及受体均不能生长,而只有带有选择性标记的重组体才能生长并形成菌落,供体菌不能生长的选择性条件,被称为供体的反选择条件。在所举例子中,平板中不含脯氨酸即可进行供体菌的反选择,因 PK191 需脯氨酸才能生长。为了筛选带有某个基因标记的重组体,即为了仅使带有选择性基因标记的重组体才能生长,在所举例子中,选择培养基只应含有 3 种遗传标记所对应氨基酸(组氨酸、精氨酸及色氨酸)中的 2 种,应不含选择性标记所对应

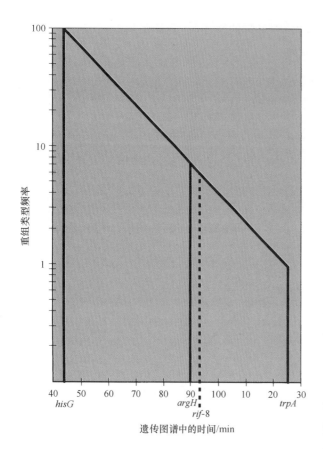

纵轴：重组类型频率

横轴：遗传图谱中的时间/min

40　50　60　70　80　90　100　10　20　30
hisG　　　　　　　argH　　　　　trpA
　　　　　　　　　rif-8

图4.31　在 Hfr 杂交期间,通过梯度转移绘基因图谱
纵轴给出每一个非选择标记和 his 选择性标记的出现频率,横轴是相
距选择性标志的时间距离。虚线是根据表4.6 中数据,基于 Rifs 重
组子发生百分率,预估的 rif 位置。

的氨基酸。如果将 hisG 作为选择性标记,则选择性平板中不应含组氨酸。

假设选择性标记为 hisG,在 PK191 与受体菌混合培养足够的时间后,将混合物接种于缺乏组氨酸的平板,则只有受体菌的 His⁺ 重组体才能增殖并形成菌落。因为平板中含有精氨酸、色氨酸,并不含利福平,则无论 His⁺ 重组体是否是 Arg⁺ 或 Arg⁻、Trp⁺ 或 Trp⁻、Rifʳ 或 Rifˢ 的重组体,均能生长并形成菌落。同样,如果将 argH 作为选择性标记,则采用基本培养基加入色氨酸、组氨酸作为选择性培养基,若将 trpA 作为选择性标记,则将基本培养基加入精氨酸及组氨酸后作为选择性培养基。

4.7.7.3　避免误解的说明

如果被作图的未知标记与用于供体菌反选择的标记太接近,通过 Hif 杂交所得的作图数据就难以解释。例如,在 Hfr 供体菌中如果 rif-8 突变非常靠近 ProC 突变,由于这两个标志间的区域几乎不会发生交叉互换。所以大多数 rif 标记的接合重组体同样是 Pro⁻,而不会在脯氨酸原养型细菌能生长的平板上生长。于是,在这种情况下,筛选出的大多数接合子对利福平敏感,而无论将哪种标记作为筛选标记。因此,为使未知标记进行可靠准确的定位,需利用大量的标记对供体菌进行反选择,或采用各种不同的 Hfr 菌作为供体菌。

4.7.8　通过转导和转化对细菌标记作图

在上面所举的例子中,通过一个单一的 Hfr 杂交对 rif-8 突变进行作图,确定 rif-8 突变在细菌染色体上的大致位置。总之,Hfr 杂交对于遗传坐标的大概定位非常有用。然而,在更精确作图时,就需利用普遍性转导或转化技术。

普遍性转导是噬菌体在感染细菌的过程中错误地包装了供体菌 DNA,并在下一次感染中将供体菌 DNA 注入到受体菌内,受体菌便称为转导子。在第 7 章、第 8 章中,对以上内容进行详细描述。在转化中,供体菌的游离 DNA 直接被受体菌摄取,受体菌便成为转化子。由于对转导或转化杂交所获作图数据的分析相类似,故在此一并讨论。利用转导产生重组子的过程如图4.32 所示。

4.7.8.1　通过共转导频率作图

噬菌体 P1 用于转导,以进一步确定 rif-8 突变的确切位置关系。

如图4.33 所示,首先应确定在 DNA 中 argH 与 rif 标记相互之间是否足够接近并能被共同转导。选择一个标记作为筛选标记,然后对转导子逐个进行分析。看每一个转导子是否也是另一个标记的

重组体。在实践中,将 *argH* 标记作为选择性标记优于将 *rif* 作为选择性标记,筛选 Arg⁺转导子较筛选 Arg⁻转导子要容易得多,因为前者仅需接种于不含精氨酸的基本培养基平板即可。因此,将 *argH*5 作为选择性标记,供体菌为 Arg⁺,而受体菌 DNA 带有 *argH*5 突变,非选择标记(利福平耐药性突变)在供体菌或受体菌均可。

转导噬菌体在 Arg⁺Rifʳ供体菌中增殖,然后用此噬菌体感染 Arg⁻Rifʳ受体菌,将感染的细胞接种于不含精氨酸的基本培养基平板,筛选 Arg⁺转导子。再将纯化的转导子逐个用于分析确定其是否也是非选择性 *rif* 标记的重组体。对利福平敏感的转导子中,受体菌的 *rif* 突变序列被供体菌的野生型序列替代。在所举的例子中,有 37% 的 Arg⁺转导子对利福平敏感(Rifˢ),说明这两

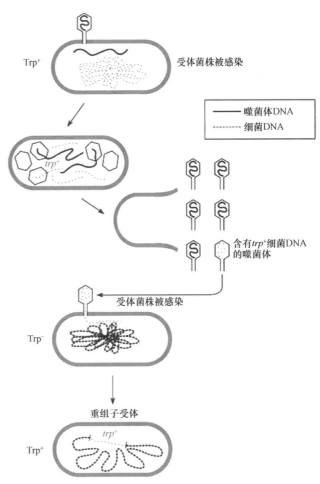

图4.32　通用型转导的例子

argH 和 *rif*－8 突变区域非常接近,两部分中均有一小段 DNA 被装入噬菌体头部(未按比例绘制)。转导发生后,一些 Arg⁺转导子仍然是利福平敏感型。在子代噬菌体中粗线代表噬菌体原有的基因组,细线代表有细菌 DNA 出现在转导颗粒中。

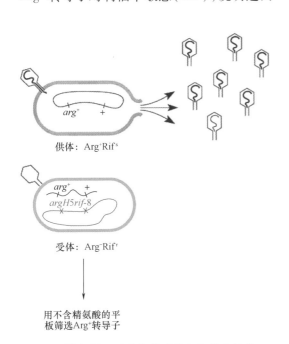

图4.33　两个细菌遗传标记的共转导

一个噬菌体感染了一个 Trp⁺细菌,在将 DNA 包装入头部时,噬菌体错误地将含有 *trp* 区域的细菌 DNA 包装入自己的头部。在接下来的感染中,转导性噬菌体将 Trp⁺细菌 DNA 而不是噬菌体 DNA 注入 Trp⁻细菌,如果新进入的 DNA 与该菌的染色体发生重组,则可能会产生 Trp⁺重组型转导子。图中仅标出 DNA 的一条链。

个遗传(基因)标记是可以共同转导的,共转导频率为 37% 。注意,如果进行相反的转导,使转导噬菌体在带有 *rif*－8 突变的供体菌中增殖,并用此噬菌体转导 *argH*5 突变基因,然后筛选对利福平耐药的转导子,并用于分析在所有的 Rifʳ转导子中有多少同时也是 Arg⁺重组体,结果发现有 37% 的 Rifʳ转导子为 Arg⁺,此结果也表明 *argH* 与 *rif* 标志的共转导频率为 37% 。

根据表 4.7 中的数据,可以大概估计两个遗传标记在 DNA 中的相互距离不超过多少 bp 数,才有可能被 P1 噬菌体转导。大肠杆菌染色体全长为 100min,P1 噬菌体仅能容纳其 2% 的长度,故两个标记间的距

离应少于 2min,用 bp 数表示则为:$0.02 \times$ 染色体总长(bp) $= 0.02 \times 4.5 \times 10^6 = 90\ 000$bp。因此,大肠杆菌中的两个遗传(基因)标记在 DNA 中相距不超过 90 000bp 时才能被共同转导。

表4.7 典型的三因子杂交中转导数据	
重组子表型	重组子数目
Arg$^+$Met$^+$Rif^r	61
Arg$^+$Met$^+$Rif^s	22
Arg$^+$Met$^-$Rif^r	2
Arg$^+$Met$^-$Rif^s	11

4.7.8.2   通过共转导频率排列三个标记

在 DNA 中,两个标记的距离越近,则两个标记包装入同一噬菌体头部的可能性就越大,被共同转导的频率就越高。可见共转导频率可用于确定哪两个标记间距离最近及用于标记间的排序。例如,可通过共转导确定 *argH*、*rif* 及 *metA* 的相互位置关系。*metA* 基因与细菌合成甲硫氨酸有关,突变后使细菌只有在甲硫氨酸存在的情况下才能生长。已经知道 *argH* 与 *rif* 标记的共转导频率为 37%,只需将 *argH* 与 *metA*、*rif* 与 *metA* 进行转导杂交即可。结果发现 *argH* 与 *metA* 的共转导频率为 20%,*rif* 与 *metA* 的共转导频率为 80%。表明在细菌 DNA 中,*metA* 标记与 *rif* 标记之间的距离最短,*rif* 标记与 *argH* 标记的距离次之,*metA* 标记与 *argH* 标记相距最远。因此,三个标记的排列顺序应是 *argH* – *rif* – *metA*。

4.7.8.3   通过三因子杂交排列突变

仔细测定一些标记相互之间的共转导频率可用于 DNA 遗传标记的排序。然而,利用两个标记进行排序时,可能会得到模棱两可的结果,尤其是当这些标记相互之间均非常靠近时,这些标记间的共转导频率可能相当靠近,加上实验的误差,则可能产生错误的排序结果或无法排序。在此,可用三因子杂交法去证实初步的排序结果。三因子杂交法是一种更准确的排序方法。

为阐述方便,假设我们用三因子杂交法对 *argH*、*metA*、*rif* 三个标记进行排序。供体菌带有 *metA* 15 突变(Arg$^+$Met$^-$Rif^r),受体菌带有 *argH* 5 突变及 *rif* – 8 突变(Arg$^-$Met$^+$Rif^r)。转导噬菌体在供体菌中生长增殖后,用其感染受体菌。将 *argH* 作为选择性标记,筛选 Arg$^+$转导子,然后逐个对 Arg$^+$转导体的 *rif* 及 *argH* 标记进行检测。在转导子中,Arg$^+$ Met$^+$ Rif^{s}占 22%,Arg$^+$ Met$^-$ Rif^{r}占 15%,Arg$^+$ Met$^+$ Rif^{r}占 17%,Arg$^+$ Met$^-$ Rif^{r}占 5%。从上述结果同样可以看出,*argH* 与 *rif* 的共转导频率为 37%,*argH* 与 *metA* 的共转导频率为 20%。由以上三因子杂交数据及共转导频率可确定三个标志的排列顺序必定为 *argH* – *rif* – *metA*(图 4.34)。

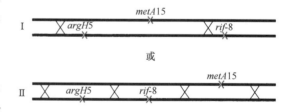

图 4.34   Arg$^+$Rif^{r}Met$^-$最少出现的重组子类型需要发生交换的数量

4.7.9   转化和转导的其他应用:菌株构建

不像 Hfr 菌株杂交,它已经被基因组学手段所取代,而转化和转导在现代分子遗传学中仍然非常

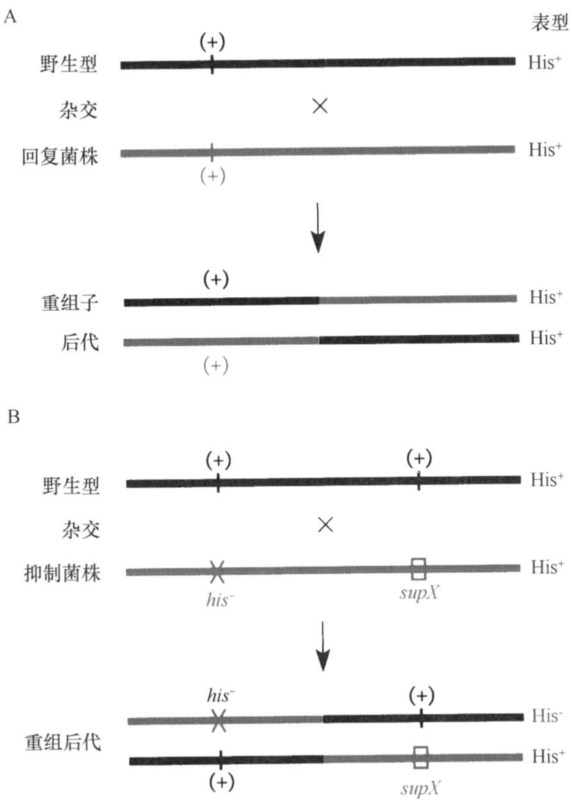

图 4.35　回复突变和抑制突变的检测

(A)回复突变,有 His$^+$ 表型紫色(+)标示出回复突变的位置,当回复突变菌株与野生型菌株(黑色)杂交,子代中没有 His$^-$ 重组子出现　(B)*supX* 抑制子突变能抑制突变发生,具有 His$^+$ 表型,当被抑制突变菌株与野生型(黑色)杂交,将产生 His$^-$ 重组子。DNA 上 *his* 突变位置用紫色 × 标示,抑制子突变位置用紫色盒标出

有用。对许多细菌来说,还没有更好的将带有已知突变染色体 DNA 导入其中构建新菌株的方法。并不是所有细菌都能进行高效转化,只有能够进行天然转化的细菌才能被高效转化,现在也开发出电转化方法,使转化在更多的细菌中发生。转导需要找到某种细菌特有的转导性噬菌体,而这一点通常并不容易做到,由于转导在分子遗传学中的重要性,所以研究者仍然在继续寻找一些细菌的转导性噬菌体。

4.7.9.1　利用转化和转导进行菌株构建

利用转化和转导进行菌株构建,主要是构建等基因细菌。有时要确定基因对表型的贡献,希望两个菌株的大部分基因相同,只有很小的一部分不同,利用转导和转化方法转移的基因刚好是较小的片段,满足构建等基因菌株的要求。

4.7.9.2　回复与抑制的比较

转化和转导的另一个用途是,鉴别菌株来自回复突变还是抑制突变,前面已经讲过,尽管这两种突变的分子机制完全不同,但它们产生的突变表型却是相似的。图 4.35 和图 4.36 中给出了如何利用转化和转导的方法确定突变究竟是回复突变还是抑制突变。

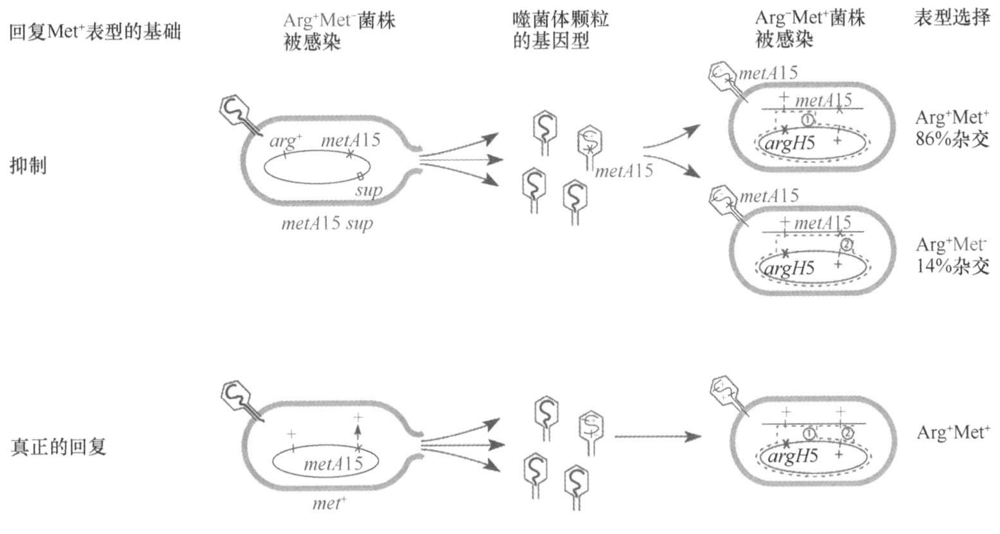

图 4.36　用转导从抑制突变中区分回复突变

如果 *metA15* 突变被抑制,约 14% 的 Arg$^+$ 转导子将是 Met$^-$,如果是回复突变,因为不存在 *metA15* 突变,所以没有 Arg$^+$ 转导子表现为 Met$^-$。

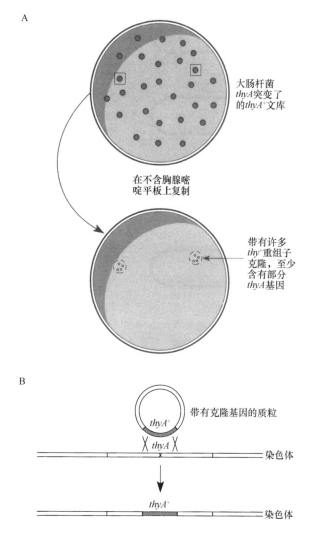

4.7.9.3 标记回复

转化的另一个用途是通过标记回复来鉴定染色体基因的克隆。通过转化的方法将一段 DNA 导入细胞中,它能与含有突变的染色体发生重组,而使该菌株回复成野生型。图 4.37 中显示了利用标记回复鉴定含有 thyA 大肠杆菌的克隆,在互补实验中对 thyA 基因的克隆如图 4.35 所示,野生型大肠杆菌 DNA 文库导入大肠杆菌 thyA 突变体菌株中,先将含有不同基因的克隆在完全培养基上培养,待菌落长出后,再用平板影印法将其转移至不含胸腺嘧啶的培养基上,如果 thyA 突变基因与染色体上的基因发生重组,则会形成 Thy⁺ 菌株。利用标记回复法克隆要比互补实验克隆好,因为前者不需要整个基因,也不需要基因的表达。

标记回复的另一个用途是对基因中出现的突变位点进行作图,对大肠杆菌 thyA 基因中发生突变作图的过程如图 4.38 所示。先从 thyA 基因的一端开始以不同距离对该基因进行删除,再将缺失突变导入染色体 thyA 基因发生突变的受体细胞中,如果形成 Thy⁺ 细胞,则该删除基因中一定带有染色体上突变的基因。而且这种缺失也能通过标记回复,确定原先突变在基因中的位置。

图 4.37 用标记回复法鉴定大肠杆菌中某克隆中是否含有 thyA 基因的一部分

(A)框起来的菌落能在复制平板上长出菌落为 Thy⁺ 重组子 (B)克隆载体上的 thyA⁺ 基因与染色体上 thyA 突变基因发生重组,产生 Thy⁺ 重组子

4.8 基因替换和反向遗传学

当前紧随转化技术之后的另一项有用技术是重组技术,可以通过此技术将外源 DNA 导入生物染色体中,重组的一些应用是用特殊突变过的等位基因取代生物体中正常基因,突变后的 DNA 序列取代了染色体上正常序列后,可以从表型变化确定基因取代效果,将预先突变好的基因转入生物体 DNA 的过程与正常的遗传分析相反,所以称为反向遗传学。在反向遗传学中,首先产生突变,然后看这个突变对生物产生什么影响;而经典遗传学中,首先发现生物体由于基因突变而发生的表型改变,然后克隆突变的 DNA 序列,确定是哪一种突变导致表型的变化。有些情况下,可以采用反向遗传学的方法使某个基因失活,然后观察该突变对生物体产生什么影响,这个过程称为基因敲除,往往是将抗生素抗性盒转入基因中,或者将克隆基因的所有或部分删除掉再重新转入。重组也经常用于向生物体转入外源 DNA,如抗生素抗性基因的转入,在染色体中带有外源基因的生物称为转基因生物,这个过

程称为转基因。

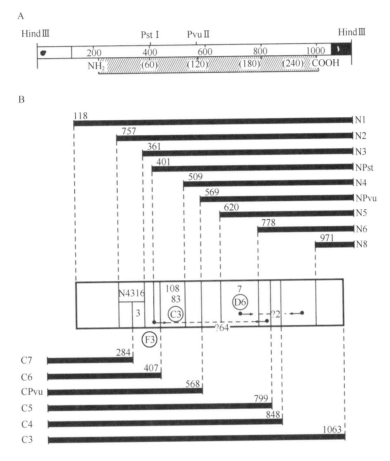

图4.38 （A）大肠杆菌中 *thyA* 基因作图 （B）与删除不同长度的大肠杆菌 *thyA* 基因杂交对染色体上的突变作图

图4.39中给出了基因取代的全部过程,与染色体同源的一小段DNA通过转化方式转入细胞中。这与细菌杂交过程中发生的重组相同,仅是一个亲本中的小段DNA转入另一亲本的染色体中。转入的DNA与染色体上的同源序列通过同源重组发生基因取代,将外源基因转入染色体发生交换的次数取决于转入的DNA是线性的还是环状的。如图4.39A所示,而且前面章节中已经讲过小片段线性DNA与较大的环状的染色体发生一次交换,会导致DNA的断裂,引起细胞的死亡,所以需要两次交换才能完成染色体上序列的取代。

如果转入的DNA是环状分子,将发生不同的情形(图4.39B),染色体的部分区域克隆至克隆载体,再在体外进行定点突变,这是基因取代的第一步,当含有克隆DNA的质粒通过转化或其他方式转入细胞中,突变的克隆DNA与相应的同源染色体序列发生一次交换,这时不会产生致死效应,而是环形的质粒插入染色体中。然而改变DNA序列后的克隆将不会取代染色体上的相应序列,而是这段序列在染色体上增加了一个拷贝,如果再有第二次交换,则会发生或者回复成原始序列,或者相应的原始序列被质粒中的突变序列所取代。

如图4.40所示,还有另一类似的情况发生,如果我们想用一个含有卡那霉素抗性盒的基因取代染色体上的基因,这一过程可以使基因产物失活,所以可以较容易地确定基因产物在细胞中的功能,

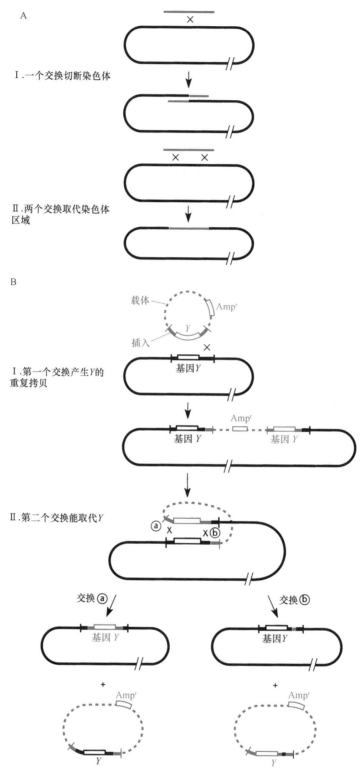

图4.39　基因替换

(A)引入的 DNA 是染色体上的一段线状 DNA,序列稍做了改变　(Ⅰ)短的线状 DNA 片段(紫色)与染色体上相应的同源序列(黑色)交换,将使染色体断开而导致潜在致死效应　(Ⅱ)需要双交换才能用引入的线性 DNA(紫色)替换染色体上的相应序列

(B)引入的染色体 DNA 片段含有带特殊突变的基因 Y,这段 DNA 被克隆至一个环状并携带氨苄青霉素的质粒上(紫色)　(Ⅰ)克隆 DNA 与染色体上相应同源区域发生单交换,质粒将被插入,含正常 Y 基因染色体区域和含有突变的 Y 基因(紫色)位于质粒部分两侧　(Ⅱ)第二次交换可以发生环化使质粒丢失,仅剩下染色体上 Y 基因的拷贝,Y 基因究竟是突变拷贝(紫色,以ⓐ方式交换),还是原始野生型拷贝(黑色,以ⓑ方式交换),取决于第二次交换发生的位置

从图中也可以看出转入的 DNA 并不要求与染色体上的基因具有同源性,但是在这个区域必须有两次交换,如果外源基因的两端带有同源序列,重组会在两个同源侧翼序列与染色体的同源序列间发生重组,这样带有卡那霉素抗性的外源基因就可以插入至染色体中形成转基因生物。

在实际中,基因取代并不是如上所述的那样顺利,而是有很多技术难题需要克服。首先必须有方法能将发生基因取代的个体筛选出来,毕竟重组发生后产生基因取代的数目较少,在众多正常的个体中仅有几个细胞发生了突变。如果取代的基因是抗生素抗性基因,则筛选较为简单。不仅可以转入抗生素抗性盒破坏基因,使基因产物几乎完全失活,还可以转入一个可选择的标记,用于后续对发生基因取代的个体筛选,有关筛选过程如图 4.40 所示。

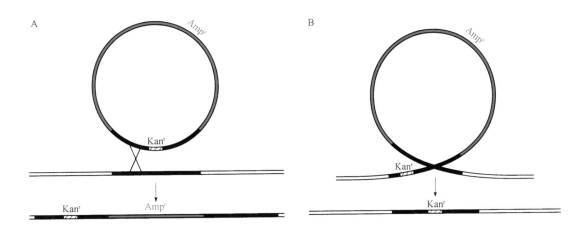

图 4.40 基因取代

(A)单交换后,克隆载体整合至染色体,细胞变为氨苄青霉素抗性(Amp^r)和卡那霉素抗性(Kan^r) (B)发生第二次交换后,细胞丢失克隆载体。因第二次交换发生部位不同,细胞可能仅剩下含有卡那霉素抗性盒的克隆序列。质粒克隆载体上的序列以紫色标出,染色体上克隆区域以黑色标出

基因取代碰到的另一个问题是 DNA 转入载体中,而该载体又是一个复制子,这样克隆片段将会随着复制子的复制而复制,而不需要与染色体发生重组。解决这一问题的方法是,如果要将一段被取代的 DNA 转入质粒中与染色体发生重组,我们首先要改造克隆载体使之不能复制,比如说自杀质粒,由于它缺乏复制起始点,如果克隆的 DNA 不与染色体发生重组,则会丢失。自杀质粒也经常用于转座子的突变中,这将在第 10 章中介绍。

在本书许多地方,我们介绍了基因替换和位点特异性突变在不同生物中的应用,其中一些应用还需要专业知识,但是它们都是功能基因组的基础。

4.9 鼠伤寒沙门菌中 *his* 操纵子串联重复序列的分离

最后我们以一个细菌的遗传分析作为本章的结束,对鼠伤寒沙门菌中 *his* 操纵子串联重复序列进行筛选和分析,通过这个例子可以知道突变的特性,以及如何解释和分析遗传数据。在细菌中串联重复这种异常的重组出现的几率较低,它可以是同向重复序列间发生重组,产生 DNA 的串联重复拷贝,而且形成的串联重复序列非常不稳定,因为重复序列本身就可以发生重组。较长的串联重复序列也不容易被发现,因为它们一般不产生可觉察的表型变化,因此必须采用特殊的筛选方法对重复突变细菌进行筛选。

例如,采用转导的方法对鼠伤寒沙门菌中 his 操纵子串联重复序列进行分离,该筛选方法取决于 his 区域的两个删除突变 Δhis2236 和 Δhis2527 的特征(图 4.41),这些删除可以互补,因为一个删除发生在 hisC 上,一个删除发生在 hisB 上,所以它们使不同的基因失活。然而由于两个删除突变的末端靠得很近,所以很少发生基因交换。

利用以上删除突变体和转导的方法筛选 his 区域的重复序列的步骤如图 4.42 所示。在带有一种 his 缺失突变的菌株被 P22 噬菌体感染后,所获得的 P22 转导噬菌体可用于将这种 his 缺失突变转移至带有另一种 his 缺失突变的菌株中。利用不含组氨酸的基础培养基可筛选出 His⁺ 转导子,即使两种缺失发生重组的频率很小,但也有 His⁺ 重组体出现。另外,许多 His⁺ 转导子具有与正常菌株不同的特征,大多数不稳定,在含有组氨酸的培养基中生长时,以较高的频率自发产生 His⁻ 分离体。此外一些 His⁺ 转导子形成的菌落带有黏性,但 His⁻ 分离体则失去黏性。以上述观察为依据,可以认为 his 区域出现

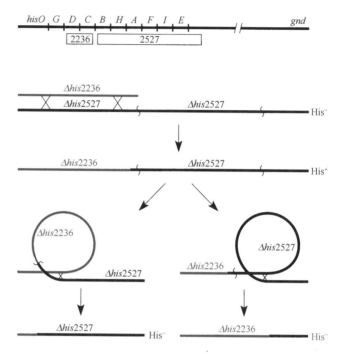

图 4.41　his 重复产生和破坏机制

先前存在的重复序列(例子中是 Δhis2527),和转导性 DNA 携带的另一种缺失突变(例子中是 Δhis2236)发生重组,供体菌的相应区域将取代重复区域的一个拷贝。两个缺失突变互补将产生 His⁺ 菌株。两个重复突变片段也可以经过任何一个重复片段的环化而破坏掉一个重复,使携带任意一种缺失突变的 His⁻ 菌株增多。

串联重复的 His⁺ 转导子就是不稳定的 His⁺ 转导子,一个 his 拷贝中有 Δhis2236 缺失,而另一个 his 拷贝则有 Δhis2527 缺失,这两个缺失可互补,故转导子为 His⁺。

图 4.41 中也显示了这些重复是如何增加的。在受体菌增殖时,所带有的一种缺失可能发生同向重复,在这两个同向重复的序列之间,与另一种缺失突变发生重组时,则可导致串联重复突变的产生。受体菌带有同向重复的两个 his 区域均发生 Δhis2527 突变,用转导噬菌体将带有 Δhis2236 突变的另一个 his 操纵子转入受体菌后,发生 Δhis2236 突变的操纵子可代替受体菌 DNA 中的一个 his 区域,从而产生 His⁺ 转导子。这种类型的转导子虽较稀少,但如果受体菌只有一个 his 缺失突变区,则产生的 His⁺ 转导子则更稀少,因为 Δhis2236 和 Δhis2527 两个缺失区域非常靠近,它们之间发生重组的可能性非常小。

His⁺ 转导子不同寻常的特征可由重复结构解释,与其他的串联重复突变一样,在重复区任何地方再次发生重组后均可使一个 his 区被保留下来,产生 His⁻ 分离体,之所以称之为分离体,是因为仅剩下重复区中的一个拷贝,且不经遗传杂交就能自发产生。一些 His⁺ 转导子所形成的菌落有黏液,可能是因为这些转导子的重复区也包括了编码类黏蛋白基因的重复,从而合成更多的类黏蛋白。

如果重复区域相互之间再次重组是串联重复不稳定性的原因,那么阻止同源性重组的 recA 突变可使串联重复稳定。为验证这种假设,研究人员通过 Hfr 杂交将 recA 突变转入含有串联重复的细菌,

用与 recA 紧密连锁的 serA 为筛选标记,再利用 recA 突变对紫外线的敏感性确认带有 recA 突变的转导子。在 recA 重组体中的串联重复稳定性大大增加,不会产生 His⁻ 单倍分离体,即使在含有组氨酸的培养基中,也不会产生 His⁻ 分离体。

4.9.1 串联重复长度的测定

遗传实验可用于测定一些菌株中重复片段的长度,尤其是观察重复区域是否延伸至 metG 基因,此基因与 his 区域相距 2min(大约 100 000bp)(图 4.43)。首先从带有 metG 突变的菌株中筛选含有 his 重复突变的菌株,将带有重复突变的菌株接种于不含组氨酸的培养基中,以维持 his 区的重复突变状态,然后用转导噬菌体将野生型 metG⁺ 基因转入上述菌株,最后筛选 Met⁺ 转导子。如果重复区域包括 metG 基因,则受体菌中就应有两个 metG 突变基因,其中任意一个被野生型 metG 基因替换后,即可产生 Met⁺ 转导子。如果转导子中仅有一个突变 metG 基因被野生型 metG 基因替换,则将转导子在含有组氨酸的培养基中培养后,一些 His⁻ 单倍分离体将同样会是 Met⁻。实验结果揭示 his 操纵子的串联重复可包括 metG 基因。事实上,一些串联重复甚至可包括 aroD 基因,与 his 区域相距约 10min,这个距离大约是细菌整个基因组长度的 1/10。

❶ 在删除 his 基因的鼠伤寒沙门菌中培养噬菌体 P22

❷ 用噬菌体转导带有另一个 his 删除的细菌

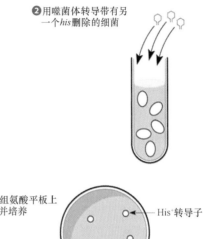

❸ 在不含组氨酸平板上涂布,并培养   ——His⁺ 转导子

图 4.42　利用转导选择在 his 区域带有突变的鼠伤寒沙门菌

P22 转导性噬菌体在含有一种缺失突变的细菌上培养,然后用该噬菌体去转导含有另一种缺失突变的细菌。将转导子涂布于不含组氨酸的培养基上,筛选 His⁺ 表型的转导子。

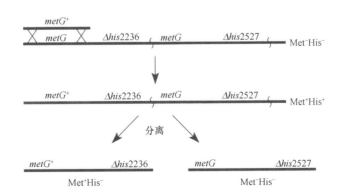

图 4.43　确定 his 重复片段是否延伸至 metG 基因

重复片段制备方法同前面一致,但必须在 metG 突变的菌株中。用在 metG⁺ 细菌上生长的噬菌体转导需要测试含有重复片段的菌株,如果 metG 基因实际上是重复的,则仅有 metG 基因之一才被转导为 metG⁺,当 His⁻ 菌株增加,则其中一些将会是 Met⁻。

4.9.2　自发重复突变的频率

最后,研究者还试图估算整个生长的细菌发生自发串联重复突变的频率。供体菌与受体菌各自带有不相同的缺失突变时,经转导后产生转导子的频率远远高于只有受体菌带有一种缺失突变时的正常转导频率。在前一种情况下,大多数被转导的细胞都带有 *his* 区域的串联重复,而在后一种情况下,大多数受体细胞的 *his* 区域仅有一个拷贝。研究者估计细菌每分裂 10^4 次,便可产生一次串联重复突变。显然,细菌中自发重复突变产生频率是细菌正常突变频率的数百倍。在细菌增殖期间,自发性重复的发生较为频繁,并可在染色体内非常大的区域发生重复。然而,由于这些重复几乎不会导致表型改变,故对生物体无多大影响。

小结

1. 突变是指生物体中 DNA 序列上发生的任何可遗传的变异,带有突变的个体称为突变体,突变体的表型包括突变体所有与野生型,即正常生物之间不同的特征。

2. 突变率就是细胞每分裂一次产生特殊表型的几率,可以根据突变率了解表型的分子基础。确定准确突变率往往很难,因为必须确定产生了多少突变。

3. 种群遗传学分析表明随着种群的增加,突变的比率也随之增高,在生产中可用冷冻贮藏或定期进行菌株纯化来克服突变的发生。

4. 不同的突变类型将会导致不同的表型变化,可以根据突变的特性做出推理。碱基突变往往可以回复而且经常是渗漏性的,移码突变也可以回复,但很少有渗漏性的,缺失突变很少能回复,而且几乎没有渗漏性。以上突变往往同时使不止一个基因失活,而且能将一个基因与另一个基因融合。串联重复突变具有较高的回复突变能力,很少造成表型的变化,除非它与其他基因融合。倒位突变通常也不会产生可观察到的表型,但通常能发生回复突变。插入突变很少回复突变,而且通常不渗漏。

5. DNA 中不同序列间发生重组将会导致缺失、倒位和串联重复突变,其中缺失和串联重复是由于 DNA 中同向重复序列间发生重组导致的,而倒位是由于相反的重复序列间重组导致的。

6. 如果第二个突变能将 DNA 突变为初始序列,我们称这种突变为回复突变。如果 DNA 的功能回复,我们就说突变受到了抑制,抑制子可以在基因中,也可以在基因间,主要取决于初始突变发生在相同基因还是不同基因上。基因内突变的一个例子是移码突变,它能回复另一个移码突变,使之变为原先的阅读框。基因间突变的例子可以是 tRNA 发生突变,使之识别一个或更多的无义密码子,使得另一个基因的翻译碰到无义突变。

7. 分离突变体就是从许多正常表型的种群中分离带有突变表型的个体。细菌在遗传分析中有许多优势,其中之一就是分离突变体较容易,它们是无性繁殖,而且通常是单倍体,在单块平板上可以培养数目巨大的个体。

8. 突变可以是自发产生的也可以是诱导产生的,自发突变一般出现在 DNA 复制时发生错误的情况下,而诱导突变是指用化学诱变剂或辐射故意造成突变。用诱变剂人为诱变产生突变具有一定的优势,首先突变频率提高,还能导致特定类型的突变。为了保证突变具有代表性,最好

小结(续)

选用多种诱变剂诱变,而且在筛选时避免选取单一突变子。

9. 突变子的筛选就是要设计一种方法将突变体从正常的或野生型的群体中挑出来,也即设计一种环境仅使突变体生长,或仅使野生型生长,这样才能将突变体分离出来。在正选择条件下,仅突变体生长,而野生型不能生长;相反,在负选择条件下,仅有野生型能生长,而突变体不能生长。大部分突变体通过阳性筛选能筛选出来,而在负选择条件下,往往要使用富集策略杀死正常的群体,使突变体出现的频率提高。

10. 在重组中两个 DNA 分子被打开,然后重新连接形成新的组合,普遍性重组或同源重组仅发生在两个 DNA 的相同序列之间,重组后的个体如果具有与亲本不同的基因型,则称为重组体类型,如果与亲本相同,则为亲本类型。

11. 互补实验可以显示不同的突变是否能使不同的基因产物失活,在进行互补实验时,将含有不同突变的两个 DNA 转入细胞中,观察表型是否回复为野生型表型。当细菌的染色体上引入质粒或原噬菌体,在该区域将形成部分二倍体。互补实验可以用来确定细胞中有多少独立的基因,也可以用来确定突变是显性的还是隐性的,或者是顺式作用还是反式作用。

12. 细菌正常的繁殖方式是无性繁殖,但也能通过接合、转化和转导交换 DNA,所以可以用细菌绘制遗传图谱和进行其他的遗传分析。虽然用以上方法得到的遗传数据有较多种不同解释,但它们之间还是有共同点的。由于杂交事件发生得较少,所以首先需要对突变体进行筛选,也即重组子中应该有一种可筛选的标记。

13. Hfr 细菌菌株在它们的染色体中整合了一个能自主转移的质粒,Hfr 菌株在遗传图谱的绘制中非常有用,因为它们能从质粒整合位点开始按照梯度转移染色体 DNA。用 Hfr 杂交定位整个基因组中的遗传标记也十分有用。

14. 转导和转化在菌株构建中非常有用,因为仅很小的 DNA 片段被转移,所以可以构建仅在一个位点上存在差异的等基因菌株。这些方法也可以用来区分回复突变子和抑制子,通过标记的回复,来判断染色体上的一段 DNA 是否存在突变区域。它们也可被用于反向遗传学中,在体外突变基因,然后用来取代染色体上的 DNA。

💡 **思考题**

1. 单一倒位突变会极大地改变基因图谱或 DNA 上的基因顺序,那为什么鼠伤寒沙门菌和大肠杆菌的基因图谱非常相似?

2. 你是否认为重复突变在进化中起到一定作用? 如果是这样,为什么它们不像形成时那样,通过重组方式被很快破坏?

3. 为什么低等生物中存在无义抑制,而高等生物中却不存在?

4. 能否提出一种机制,通过该种机制可以发生定向突变?

? 习题

1. 在一群细菌中,所有个体均来自几个野生型细菌,哪些细菌中最有可能已经有了最早期的特殊表型的突变体:是有少量突变体的细菌还是带有大量突变体的细菌?

2. 利福平抗性和精氨酸营养缺陷型(Arg⁻),哪种表型突变率更高? 利福平通过与 RNA 聚合酶结合抑制转录,而 Rif^r 突变菌株改变 RNA 聚合酶,所以利福平不再与之结合,仍然具有合成 RNA 的功能。

3. Luria 和 Delbrück 培养了 100 份培养物,每份 1mL,细菌个体数量为 2×10^9 个细菌/mL,之后他们测量了每一份培养物中抗噬菌体 T1 的细菌数量,结果为:20 份无抗性细菌,35 份中有 1 个抗性突变株,20 份中有 2 个抗性突变株,25 份中有 3 个或更多个抗性突变株。利用泊松分布计算对 T1 的抗性突变率。

4. Newcombe 在四块平板中分别涂布相等数量的细菌,培养 4h 后,他在第一块平板中喷洒 T1 噬菌体,涂布后重新放回培养箱;同时他将第二块平板的细菌洗下来,稀释至 10^{-7},涂布平板,再放回培养,用来测定细菌总数。再过 2h,他在第三块平板上喷洒 T1 噬菌体,涂布后放回;同时将在第四块平板细菌洗下来,稀释至 10^{-8},涂布后重新放回培养。第二天早上,对每块平板上的菌落计数。他发现第一块平板上有 10 个克隆、第二块平板上有 20 个克隆、第三块平板上有 120 个克隆、第四块平板上有 22 个克隆。计算细菌对 T1 噬菌体的抗性突变率。

5. 假设你已经分离了肺炎克雷伯菌(*Klebsiella pneumoniae*)的精氨酸营养缺陷型(Arg⁻)菌株。

a. 将少数具 *arg* −1 突变的细胞涂布在培养基中不含精氨酸的平板上,细菌在培养基上繁殖形成小克隆;如果涂布于平板上的细胞数量为 10^8,得到较大且生长速度很快的克隆,*arg* −1 很可能是哪种类型的突变?

b. 如是另外一种突变体 *arg* −2,即使将大量的突变细胞(>10^8)涂布于不含精氨酸平板上,细菌在无精氨酸的平板上还是不能生长,不能形成克隆。*arg* −2 很可能是哪种类型的突变?

c. 给出对 a 和 b 现象的其他可能解释。

6. 设计一个实验,证明大肠杆菌的 *dam* 突变是诱变的,即比正常的自发突变率高,假设你可以得到一株 Dam⁻ 菌株,而不需再去分离。

7. 希望得到独立的突变,为什么最好要从不同的培养物中分离突变株? 即尽量避免从同一培养物中分离突变株?

8. 为以下的每种类型突变设计一种正向选择方法。说出你将采用何种类型的选择培养基和(或)条件:

a. 抗生素香豆霉素抗性突变株。

b. 色氨酸营养缺陷型的回复突变株。

c. 在 *dnaA* 突变基础上有另外一种突变能减少温度敏感型突变的双突变株。

d. 具有 *araA* 抑制因子的突变体和 *araD* 突变体。

e. 在 *suA*(转录终止蛋白 Rho) 有突变的突变体,该突变能解除 *hisB* 基因上的 *hisC* 突变的极性(提示:产生一个部分二倍体,进行互补实验)。

9. 设计一个富集回复突变和温度敏感突变的方法,其基因产物是细胞生长所需要的。

10. 无义抑制突变是显性的还是隐性的? 为什么?

11. 假如你有一株假单胞菌菌株,该菌株的精氨酸、组氨酸和丝氨酸合成酶的编码基因发生无义突变,因此需要在培养基中加入这三种氨基酸。在不含以上三种氨基酸的培养基上涂布大量细胞时,会出现少数几个克隆,这些细胞是 Arg⁺、His⁺、Ser⁺。这些突变的频率几乎和其突变回复的频率一样高。哪种表型是三种基因同时回复突变的结果? 如何验证你的假设?

12. 一株 His⁺、Trp⁺,且具 argH 突变的 Hfr 菌株,与一株 Arg⁺,且具 hisG 和 trpA 突变的受体菌株杂交。杂交在含有组氨酸、精氨酸,但不含色氨酸的基本培养基平板上进行。哪个是选择标记? 哪两个是非选择性标记?

13. 将具有 hisB4 和 recA1 突变的大肠杆菌 Hfr 菌株,与具有 thyA8 突变的菌株杂交。杂交在基本培养基上进行,不添加生长所需物质,几乎有 80% 的 Thy⁺ 重组菌株对紫外线十分敏感。recA1 标记定位在染色体的哪个位置(注意:recA 突变会使细胞对紫外线非常敏感)?

14. 一个大肠杆菌菌株具有 metB1(90min)和 leuA5(2min)突变,这两种突变使得细胞分别需要甲硫氨酸和亮氨酸才能生长。菌株还有链霉素抗性的 strA7(73min)突变和卡那霉素抗性的 Tn5 转座子,该转座子插入细菌染色体的某个位置。你要确定转座子插入位置,将突变菌株与一链霉素敏感型的 Hfr 菌株杂交,Hfr 从 0min(图 4.30)开始按逆时针方向转移,并在第 44min 有了 hisG2 突变,该突变需要在大肠杆菌培养基中加入组氨酸才能生活。培养 100min 后,你将细胞涂布于添加了亮氨酸和组氨酸的基本培养基平板上,以便挑选 metB 标记。培养基中也加入了链霉素,以便对供体菌反选择。纯化了 100 个 Met⁺ 转接合子后,检测其他标记,发现 15 个为 His⁻,仅有 2 个为 Leu⁺,12 个为卡那霉素敏感型。哪个是选择标记? 哪些不是? 转座子很可能插入在什么位置?

15. 你分离了大肠杆菌的 His⁻ 突变体,因为它可以受到基因间抑制物的抑制,你怀疑该大肠杆菌有一个无义突变。为了在图上定位这个抑制物,你使用具有原始突变、在大肠杆菌基因图上自 30min 始按顺时针方向转移的 Hfr 菌株。用含抑制子、his 突变和 argG 突变的菌株作为受体,结果发现 80% 的 Arg⁺ 重组是 His⁻。抑制突变的位置在哪?

16. 用转导的方法来确定大肠杆菌的三个标记是 metB1 – argH5 – rif – 8 还是 argH5 – metB1 – rif – 8,将这三个因子杂交。转导的供体具 rif – 8 突变,受体具 metB1 和 argH5 突变。通过在基本培养基上加甲硫氨酸挑选 argH5 标记,纯化出 100 个 Arg⁺ 转导子,用来检验其他标记。结果发现 17 个 Arg⁺Met⁺Rifʳ,20 个 Arg⁺Met⁺Rifˢ,60 个 Arg⁺Met⁻Rifˢ,3 个 Arg⁺Met⁻Rifʳ。argH 和 metB 标记的共转导频率为多少? argH 和 rif – 8 标记的共转导频率呢? 根据三因子杂交实验数据推测,三个标记的顺序是怎样的? 这个结果是否可靠?

17. 为了检验图 4.36 中是回复突变还是抑制突变,如使用表型明显的回复子作为供体,具 metA15 和 argH6 突变的菌株为受体,在这两种情况中,你的预期结果如何? 如突变被抑制,是否会出现 Met⁺ 转导子? 若确实得到了 Met⁺ 转导子,请预计出现 Arg⁻ 和 Arg⁺ 的百分率?

18. 假如你分离到了大肠杆菌的一个 hemA 突变体,该突变体生长需要添加 δ – 氨基乙酰丙酸。你想将该突变转入其他遗传背景,从耶鲁原种收藏处(耶鲁大学大肠杆菌数据库)获得一含 Tn10 转座子的大肠杆菌菌株,该转座子具四环素抗性,插入距离 hemA 基因仅 0.5min 的距离。解释包括使用转导手段在内的将 hemA 突变转入其他大肠杆菌菌株的步骤。

19. 如果你分离到了一株不可回复的 hemA 突变体的大肠杆菌,该菌株要添加 δ – 氨基乙酰丙酸,用以制造在琥珀酸中生长需要的亚铁血红素。你希望用这个突变体克隆 hemA 基因,用 Sau3A 对大肠杆菌的 DNA 进行部分消化,消化后的片段平均大小为 2kb,将这些片段克隆进用限制性内切酶

BamHI和磷酸酶处理的pBR322质粒,之后用高效连接液转化 *hemA* 突变体,在质粒中挑选氨苄青霉素抗性基因。检验培养在不含δ-氨基乙酰丙酸而只有琥珀酸作为唯一碳源的培养基上的克隆。你至少要检验多少 Amp^r 转化子,才有机会发现一个在琥珀酸盐上生长、不再需要δ-氨基乙酰丙酸细菌的克隆(大肠杆菌染色体组的 DNA 大约为 4500kbp)?

20. 你所检验的转化克隆中,有一个克隆有数个不再需要δ-氨基乙酰丙酸的细菌,但此克隆中的大多数细菌仍需要δ-氨基乙酰丙酸。你是否认为该克隆上含有 *hemA* 的全部基因? 为什么? 这几个转化子中的 HemA$^+$ 表型是由重组引起的还是由互补作用引起的?

21. 概述如何用一个已经插入了氯霉素抗性基因(Cm^r)的大肠杆菌基因,来代替编码精氨酸合成酶的 *argH* 基因,你所期望的显性突变表型如何?

📇 推荐读物

Anderson, R. P., C. G. Miller, and J. R. Roth. 1976. Tandem duplications of the histidine operon observed following generalized transduction in *Salmonella typhimurium*. J. Mol. Biol. 105:201 –218.

Hill, C. W., J. Foulds, L. Soll, and P. Berg. 1969. Instability of a nonsense suppressor resulting from a duplication of genes. J. Mol. Biol. 39:563 –581.

Jones, M. E., S. M. Thomas, and K. Clarke. 1999. The application of linear algebra to the analysis of mutation rates. J. Theor. Biol. 199:11 –23.

Lea, D. E., and C. A. Coulson. 1949. The distribution of numbers of mutants in bacterial populations. J. Genet. 49:264 –285.

Lederberg, J., and E. M. Lederberg. 1952. Replica plating and the indirect selection of bacterial mutants. J. Bacteriol. 63:399.

Lederberg, J., and E. L. Tatum. 1946. Gene recombination in *E. coli*. Nature(London) 158:558.

Low, K. B. 1996. Genetic mapping, p. 2511 –2517. In F. C. Neidhardt, R. Curtiss Ⅲ, J. L. Ingraham, E. C. C. Lin, K. B. Low, B. Magesanik, W. Reznikoff, M. Riley, M. Schaechter, and H. E. Umbarger (ed.), *Escherichia coli* and *Salmonella*: Cellular and Molecular Biology, 2nd ed. ASM Press, Washington, D. C.

Luria, s., AND M. Delbrück. 1943. Mutations of bacteria from virus sensitivity to virus resistance. Genetics 28:491 –511.

Masters, M. 1996. Generalized transduction, p. 2421 –2441. In F. C. Neidhardt, R. Curtiss Ⅲ, J. L. Ingraham, E. C. C. Lin, K. B. Low, B. Magesanik, W. Reznikoff, M. Riley, M. Schaechter, and H. E. Umbarger (ed.), *Escherichia coli* and *Salmonella*: Cellular and Molecular Biology, 2nd ed. ASM Press, Washington, D. C.

Newcombe. H. 1949. Origin of bacterial variants. Nature(London)164:150 –151.

Yanofsky, C., B. C. Carlton, J. R. Guest, D. R. Helinski, and U. Henning. 1964. On the colinearity of gene structure and protein structure. Proc. Natl. Acad. Sci. USA 51:266 –272.

Zinder, N. D., and J. Lederberg. 1952. Genetic exchange in *Salmonella*. J. Bacteriol. 64:679 –699.

质粒

5.1 什么是质粒

细菌中除了染色体外通常含有质粒,质粒在细菌适应性和进化过程中具有重要作用,而且是研究分子生物学的重要工具。

与染色体 DNA 不同,质粒通常是双链环状 DNA 分子,大小差异较大,从几千个碱基对到几十万个碱基对不等。然而,一些细菌质粒具有线状 DNA 分子,还有一些革兰阳性菌中质粒具有采用滚环复制的单链 DNA 分子。不同质粒在细菌中的拷贝数不同,细菌质粒的拷贝数往往超过一个。一个细菌中会有两种以上质粒,有可能一种类型的质粒有上百个拷贝,而另一种质粒仅有一个或几个拷贝。

与染色体相似,质粒编码蛋白质和 RNA 分子,并随细胞生长而复制,当细胞分裂时,复制好的质粒通常分配到每个子代细胞中。它们通常与细菌染色体分享同样的 Par 功能和位点特异性重组酶。然而不像染色体,质粒通常不编码对细菌生长非常重要的蛋白质或 RNA,其基因产物能使细菌在某些环境中受益,而非生长所必需,然而有时也有例外。例如,某些根瘤菌属(*Rhizobium*)细菌的 pSymB 质粒大小几乎是染色体的一半,其上带有分裂位点选择性基因——精氨酸转移 RNA 和 *minCDE* 基因。霍乱弧菌(*Vibrio cholerae*)也具有两个大的 DNA 分子,其上均带有重要的基因。根癌农杆菌(*Agrobacterium tumefaciens*)具有一个大的环形分子和一个大的线性分子,其上也带有必需基因。在上面例子中,质粒几乎与染色体同样大小,并且带有重要基因,究竟应该将之归为质粒还是染色

体? 现在一般认为染色体 DNA 复制从典型的细菌复制起点 *oriC* 开始,而且与 *dnaA*、*dnaN* 和 *gyrA* 相连,而质粒 DNA 复制从典型的质粒复制起点类 *repABC* 基因开始。

5.1.1　质粒的命名

在发明检测质粒的物理方法之前,人们通过质粒赋予宿主的表型认识到质粒的存在。因此,原先大都是根据质粒所携带的基因命名质粒。例如,R - 因子质粒带有许多抗生素抗性基因,因此命名为抗性质粒,R - 质粒。这类质粒是在 20 世纪 50 年代首次在日本从病人粪便中抗抗生素的志贺菌(*Shigella*)和大肠杆菌(*Escherichia coli*)中分离到的;ColE1 质粒,具有编码大肠杆菌素 E1 的基因,这种大肠杆菌素能够杀死其他不带该质粒的细菌,许多克隆载体由该质粒衍生而来;Tol 质粒带有降解甲苯的基因;根癌农杆菌(*A. tumefaciens*)的 Ti 质粒带有诱发植物产生冠瘿瘤的基因。因为质粒往往还带有除最初被命名基因外的基因,所以以上的命名方法会引起一些混淆,而且为了用作克隆载体,有些质粒已经被改造得辨别不出它的原始功能。

为了避免混淆发生,质粒的命名现在有了标准可依,质粒名称用数字和字母表示,有点像细菌命名。用小写字母 p 代表质粒,在 p 字母后用大写字母描述质粒,有时是分离或构建这一质粒的人名字的大写首字母,在字母后往往加上数字以区分不同质粒。当质粒被进一步改造,这一编号将相应改变。如 pBR322 是由 Bolivar 和 Rodriguez 从 ColE 质粒构建而来,用 322 与其他 ColE 衍生质粒区分。pBR325 是在 pBR322 基础上插入氯霉素抗性基因的质粒,新数字 325 与原来的 322 相区别。

5.1.2　质粒编码的功能

根据质粒大小的不同,它能编码数种或数百种蛋白质,然而这些蛋白质很少是生长所必需的,如 RNA 聚合酶、核糖体亚单位、三羧酸循环中的酶,相反,质粒通常赋予细菌在某些选择条件下的优势。

表 5.1 列出了天然质粒编码的特性和最初分离时的宿主。质粒编码的基因产物包括利用甲苯等特殊碳源的酶;对重金属和抗生素具有抗性;合成抗生素、毒素和蛋白质,这些物质能使细菌更容易感染高等生物(专栏 5.1)。

表 5.1　一些天然质粒的特性

质粒	特性	来源
ColE1	分泌杀死大肠杆菌的细菌素	大肠杆菌
Tol	降解甲苯、苯甲酸	恶臭假单胞菌
Ti	引起植物瘤	根癌农杆菌
pJP4	降解 2,4 - D(二氯苯氧乙酸)	真养产碱杆菌
pSym	豆科植物根瘤的形成	苜蓿根瘤菌
SCP1	抗生素次甲霉素生物合成	天蓝色链霉菌
RK2	氨苄、四环素和卡那霉素抗性	气生固氮菌

专栏5.1

质粒与细菌的致病性

　　质粒通常携带细菌致病性的毒力基因,如许多大肠杆菌菌株是人体肠道中的非致病性居民,而致病性志贺菌被认为是致病性大肠杆菌的一种类型,其中含有大量携带毒素基因的质粒,还有些携带原噬菌体和基因岛等 DNA 元件(见专栏3.7 和第 9 章、第 10 章)。并不是含有质粒的大肠杆菌就有致病性,但大肠杆菌致病性确实与质粒的性质有关,它们都能导致腹泻,但是其中的机制各不相同。肠出血性大肠杆菌 O157:H7,可以造成世界范围内最严重的细菌性痢疾爆发,其中就有一个较大的质粒 pO157 携带许多毒力基因,包括影响 GTPase 的毒素,GTPase 能够调节真核细胞中的肌动蛋白结构,还携带能切断人类 C1 脂酶抑制物的特殊蛋白酶基因,所以导致炎症和组织损伤。

　　质粒和移动性元件不仅仅是细菌致病性所需,而且会造成含有质粒和不含质粒的细菌间存在较大差异。令人恐惧的炭疽芽孢杆菌与能引起食物中毒的土壤中蜡样芽孢杆菌的区别仅仅是前者含有两种能编码毒力基因的质粒。另一种相近种苏云金芽孢杆菌与蜡样芽孢杆菌的区别是含有一个能编码昆虫毒素的大质粒,所以苏云金芽孢杆菌昆虫毒素广泛用于蚊子和其他昆虫的控制。

　　质粒引起细菌致病性的突出的例子是耶尔森菌属中带有毒力基因的质粒,耶尔森菌属的三种菌:小肠结肠炎耶尔森菌(*Y. enterocolitica*)、假结核耶尔森菌(*Y. pseudotuberculosis*)、鼠疫耶尔森菌(*Y. pestis*),前两者造成中等程度的肠炎,后一种却能造成对人类毁灭性的瘟疫。这三种菌都必须含有 Lcr 质粒才能致病,该质粒大约 70kb,编码 Ⅲ 型分泌系统(第 15 章),效应蛋白称为 Yops,它能直接注射至巨噬细胞中,一旦进入巨噬细胞,效应蛋白将破坏细胞内的信号,导致细胞骨架改变阻止巨噬细胞的吞噬作用,容许细菌停留在巨噬细胞中。Yops 仅当钙离子缺乏、钠离子浓度较高时才合成,该条件与真核细胞中的环境相似,因此称为 Lcr 质粒(低钙响应质粒)。是什么将此"瘟疫芽孢杆菌"——鼠疫耶尔森菌与另两种近乎无毒的耶尔森菌区分开呢? 是耶尔森菌中存在的另外两种质粒,这些质粒能编码许多蛋白,其中一种蛋白与 Yops 蛋白类似,使毒素具有抗吞噬功能,另一种是蛋白酶,增强该细菌的侵袭性,就是这两种质粒使鼠疫耶尔森菌能在跳蚤中存活,通过跳蚤叮咬哺乳动物而感染它们,这对一般的耶尔森菌是无法实现的。

参考文献

Helgason, E., O. A. Okstad, D. A. Caugant, H. A. Johansen, A. Fouet, M. Mock, . Hegna, and A. –B. Kolsto. 2000. *Bacillus anthracis*, *Bacillus cereus*, and *Bacillus thuringiensis* – one species on the basis of genetic evidence. Appl. Environ. Microbiol. 66: 2627 –2630.

Hinnebusch, B. J., A. E. Rudolph, P. Cherepanov, J. E. Dixon, T. G. Schwan, and A. Forsberg. 2002. Role of *Yersinia* murine toxin in survival of *Yersinia pestis* in the midgut of the flea vector. Science 296:733 –735.

Lathem, W. W., T. E. Grys, S. E. Witowski, A. G. Torres, J. B. Kaper, P. I. Tarr, and R. A. Welch. 2002. StcE, a metalloprotease secreted by *Escherichia coli* O157:H7, specially cleaves C1 esterase inhibitor. Mol. Microbiol. 45:277 –288.

为什么许多非必需功能是由质粒编码而不是染色体编码？这个问题非常有趣。如果诸如抗生素抗性和毒素合成等质粒编码的基因是染色体的一部分，则所有这种细菌，而不仅仅是带有质粒的这些细菌，将具有上述基因带来的益处，当环境需要这些基因的功能时，这种细菌就具有更大的竞争优势。然而，这些基因在质粒上会比在宿主染色体上更易于宿主的存活，因为没有更大染色体的负担，在选择压力下，具有小染色体细菌比具有大染色体细菌繁殖快得多，编码不同性状质粒能很快在种群中分布，而不需要单个细菌负担太重。当环境突然变化使得质粒的基因是生存必需时，具有该质粒的细菌就会突然获得选择优势而存活下来，保证了整个物种的存活。从这种意义上来说，质粒使细菌占据了更广的生态位，对质粒本身和细菌的成功演化做出了贡献。

5.1.3　质粒的结构

除一些是线性分子外，绝大多数质粒为无游离末端的环状分子。一条链中的核苷酸通过共价键与另一条链上的核苷酸连接，互相缠绕形成共价闭合环状 DNA 分子，该结构防止了两条链的分离。第 2 章中讲过 DNA 的 Watson – Crick 双螺旋结构中 10.5 个碱基对形成一个超螺旋，质粒中由于没有自由旋转的末端，所以也会发生超螺旋，不同的是质粒分子中的超螺旋或多或少于 10.5 个碱基对，当多于 10.5 个碱基对时称为正超螺旋，当少于 10.5 个碱基对时称为负超螺旋。与染色体 DNA 类似，质粒 DNA 通常是负超螺旋。因为 DNA 分子是刚性的，通过分子自身缠绕形成负超螺旋来部分缓解分子张力(图 5.1A)。负超螺旋的形成也使质粒分子更加紧密，在琼脂糖凝胶中泳动速度更快(图 5.1B)。在细胞中，DNA 分子有时被蛋白质环绕而释放一部分张力，其余部分张力能促进 DNA 分子的复制和转录进行。

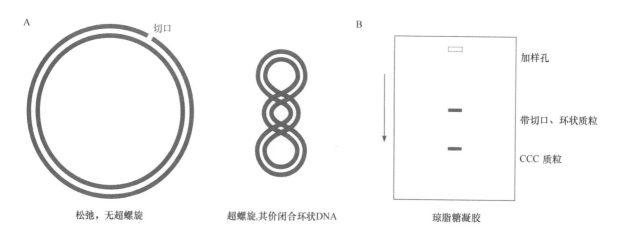

图5.1　一个共价闭合环状质粒的超螺旋结构

(A)一条链上有缺口就能使 DNA 松弛，超螺旋被解除，DNA 结构比以前松散　(B)琼脂糖凝胶电泳示意图显示共价闭合超螺旋环比有缺口松弛的环在凝胶中跑得更快。在相同条件下，线状 DNA 和带切口的共价闭合环状 DNA 泳动到达位置几乎相同

质粒纯化

利用质粒的结构特点可以将其与染色体和其他 DNA 分开，克隆手册通常给出了质粒纯化的详细方法，此处仅简要介绍。许多质粒纯化方法均基于绝大多数质粒较小的分子尺寸，质粒分子一般在使染色体沉淀的盐浓度下不沉淀，因此在处理细胞提取物时，先在高盐浓度下沉淀染色体，再通过离心分离，质粒分子会在离心后的上清液中。

另一种纯化方法是基于质粒共价闭合环状和超螺旋结构,可以使用吖啶染料溴化乙锭(EtBr)(图5.2),共价闭合环状 DNA 分子结合溴化乙锭数量低于线性或带有切口的环状 DNA 分子。溴化乙锭插入 DNA 分子碱基之间,使碱基对分开,促使两条单链互相旋转缠绕。如果共价闭合环状 DNA 分子的两条链没有自由旋转的末端,结合 EtBr 会引入正超螺旋,增加分子的张力,直至没有新的 EtBr 结合进来,结合 EtBr 分子的 DNA 在氯化铯(CsCl)等重金属盐溶液中的密度较小,离心后共价闭合环状 DNA 分子会出现在较低的条带位置,该位置处分子密度较大(图5.3)。

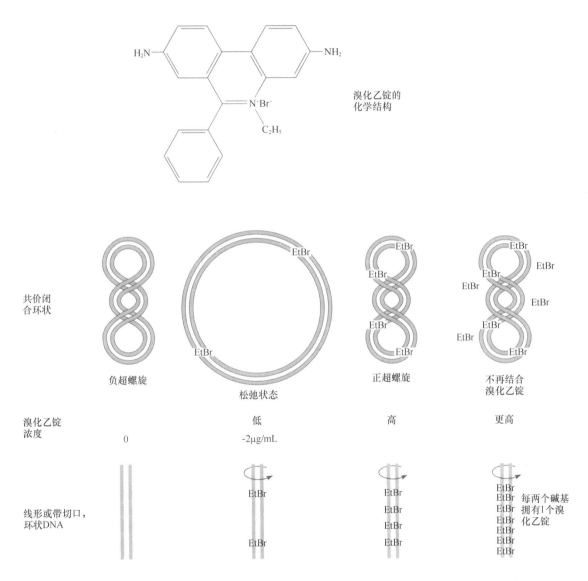

图 5.2　溴化乙锭(EtBr)与线状 DNA、带切口环状 DNA 结合,要比与共价闭合环状 DNA 结合多

超高的 EtBr 浓度能将 DNA 负超螺旋转变为正超螺旋。2μg/mL EtBr 可以使绝大多数 DNA 完全松弛下来。箭头指示线状 DNA 可以自由旋转。

以上介绍的方法对分离相对分子质量不大、拷贝数较多的质粒比较合适,对相对分子质量较大、低拷贝数质粒的分离不太适用,对后者的分离可以采取电泳法直接从染色体中分离。为避免打断大的质粒 DNA 分子,在电泳前直接将裂解细胞加入到琼脂糖凝胶中,结果会发现很明显的质粒条带,通常染色体 DNA 由于分子断裂,会出现弥散性条带。脉冲场凝胶电泳也已经被用于分离长片段 DNA

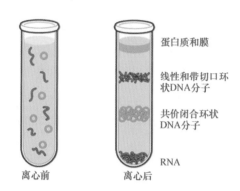

图5.3　用溴化乙锭－氯化铯(EtBr－CsCl)梯度离心,从线性和带切口环状 DNA 中分离共价闭合环状质粒 DNA
离心后,质粒 DNA 条带在其他 DNA 下面,因为质粒 DNA 结合的 EtBr 最少,浮力密度更高。

分子,主要依靠周期性地改变电场方向达到分离,每次电场变化中,DNA 分子都会尽量重新定位,由于大分子比小分子定位速度慢,在凝胶中泳动较慢,最终达到分离的目的。该方法能用于分离具有几十万碱基对长度的大质粒。

5.2　质粒的性质

5.2.1　复制

因质粒存在于染色体之外,故要求质粒必须具有独立复制的能力。能在细胞中独立复制的 DNA 分子称为复制子,质粒、噬菌体 DNA 和染色体是常见的复制子。

要成为不同类型细胞中的复制子,DNA 分子必须至少含一个复制起点,或称为 ori 位点,复制从复制起点开始。另外还必须具有帮助启动复制的蛋白质,质粒仅编码自己复制所需的一些蛋白质,而另一些如 DNA 聚合酶、连接酶、引物酶、促旋酶等复制必需的蛋白质均借用宿主的。

根据 ori 区性质不同,不同类型质粒会采用两种复制机制之一进行复制。质粒的复制起点通常命名为 oriV,与质粒中 DNA 转移起始位点 oriT 相区别。绝大多数有关质粒复制机理的证据都来自于质粒复制时的电镜观察。

5.2.1.1　θ 复制

有些质粒的复制是在 ori 区打开两条双链时开始复制,产生的结构像希腊字母 θ,因此称为 θ 复制(图5.4 A、B)。在复制中,从 RNA 引物开始复制,绕质粒分子沿一个方向或双向复制。在第一种情形下,仅有一个复制叉沿分子移动,直到返回复制原点,两个子链 DNA 分离;在第二种情况下,双向复制中,两个复制叉从 ori 区出发相背移动,直到两复制叉相遇,复制完成,子链 DNA 分离。

θ 复制机制是许多细菌尤其是革兰阴性菌 DNA 的复制方式,不仅 ColE1、RK2、F 和 P1 等质粒采用此方式复制,而且绝大多数细菌的染色体也采用此方式复制。

5.2.1.2　滚环复制

滚环复制是与 θ 复制很不相同的另一种质粒复制方式,该复制机制在噬菌体中首先被发现,模板环好像是个滚动的环形印章,蘸上墨水在一张白纸上滚动,复制出它的拷贝,该复制名称由此而得。以该方式复制的质粒称为 RC 质粒,在革兰阳性菌和革兰阴性菌及古菌中都存在。

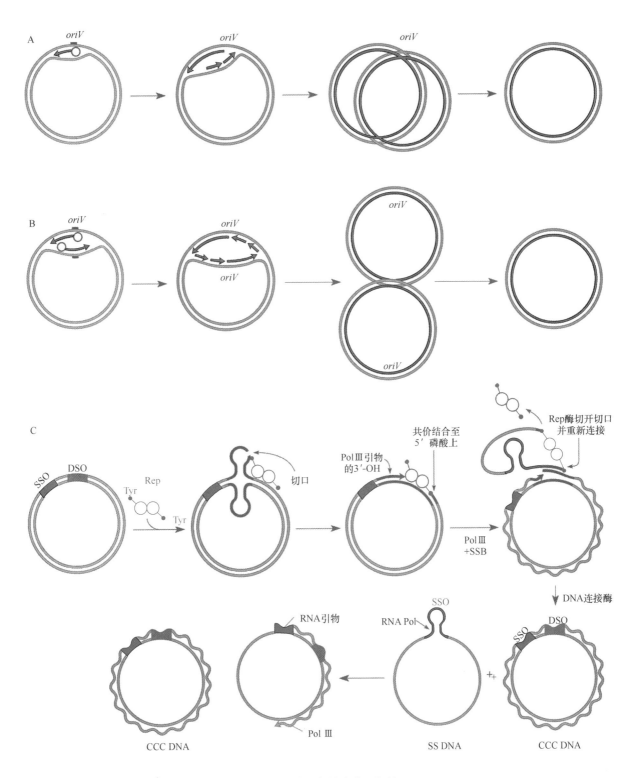

图5.4 质粒复制的共用机制

(A)单向复制。复制起点为 *oriV*,当复制叉回到复制起点时复制终止 (B)双向复制。当复制叉遇到 DNA 分子中相对的复制起点时复制终止 (C)滚环复制。质粒编码的 Rep 蛋白从双链起始区(DSO)切开,并与切口的 5′ 磷酸端结合,而暴露出的 3′ 自由末端作为 DNA 聚合酶Ⅲ(polⅢ)的引物,绕着环开始复制,替换掉一条旧的单链 DNA。随后 Rep 蛋白再切开另一个切口,释放出一个单链环,通过磷酸转移酶反应将末端连接起来形成一个环。然后 DNA 连接酶将新 DNA 末端连接起来形成一个双链环。宿主 RNA 聚合酶在单链 DNA 起始区(DSO)合成一个引物,polⅢ复制单链(SS)DNA 形成另一个双链环。DNA 聚合酶 polⅠ清除掉引物,以 DNA 替换引物部分,连接酶将末端连接起来形成另一个双链环状 DNA。CCC 为共价闭合环状;SSB 为单链 DNA 结合蛋白

RC 质粒复制分两个阶段,第一阶段中,双链环状质粒 DNA 复制形成另一个双链环状和一个单链环状 DNA,这一过程类似单链 DNA 噬菌体复制和质粒接合过程中 DNA 的转移。第二阶段中,以单链 DNA 为模板,复制成另一条新的 DNA 链。

滚环复制机制具体如图 5.4C 所示,首先 Rep 蛋白识别并结合在质粒 DNA 双链起始区(DSO),该区具有回文序列。结合 Rep 蛋白的 DSO 序列在反向重复序列处通过碱基互补形成十字形结构,一旦十字形结构形成,Rep 蛋白就会在序列上形成切口,该蛋白质通常以二聚体的形式发挥功能。当 Rep 蛋白在 DSO 序列上切开切口后,Rep 蛋白二聚体之一的酪氨酸与 DNA 5′端切口的磷酸根连接。根据质粒的不同,有的先利用宿主解旋酶解开双链,或者 Rep 蛋白本身具有分开双链的活性,然后 DNA 聚合酶Ⅲ(复制聚合酶)利用 DNA 3′羟基末端为引物绕环复制,替换双链中的一条链。一个复制循环结束,5′磷酸根从 Rep 蛋白的酪氨酸上转移至新合成链的 3′羟基上,这个过程称为磷酸根转移反应,几乎不需要能量,经接合转移至受体菌中质粒的重新环化过程也同样采用上述反应,这部分内容将在后面章节中讲到。

DNA 聚合酶Ⅲ执行完一个复制周期抵达 DSO 区后,在新形成的双链 DNA 上将发生什么还不是很清楚,为什么 DNA 聚合酶Ⅲ不继续前进复制出更长的含有头尾相连的连环 DNA 分子? 而噬菌体是可以利用滚环复制机制复制出环状 DNA 分子的? 有一种解释是 DNA 聚合酶Ⅲ确实在完成复制后越过 DSO 区一小段距离,而且复制出另一个双链 DSO,二聚体 Rep 蛋白中的另一个分子切断新合成的 DSO 链,然后如前所述的方式转移磷酸根,这样使得 Rep 蛋白失活,释放出一小段寡核苷酸。在这些反应中,还涉及宿主连接酶对切口的连接和 DNA 双链分子的释放等过程。

替换的环状单链 DNA 可以借助宿主编码的蛋白质以完全不同的复制方式进行复制。首先 RNA 聚合酶在单链起始区(SSO)合成新引物,与 DNA 聚合酶Ⅲ一起滚环复制 DNA,RNA 聚合酶合成新引物仅在第一阶段单链 DNA 替换完成后发生,为了缩短两阶段的延滞时间,SSO 紧挨在 DSO 的逆时针方向处(图 5.4C),所以当替换的 DNA 链即将复制完毕时就会遇见 SSO。当互补链复制完成后,DNA 聚合酶Ⅰ的 5′外切酶移去 RNA 引物,而用 DNA 替代它,用宿主的 DNA 连接酶连接末端形成新的双链质粒。结果从一个双链质粒合成两个新的双链质粒。

为了合成新的与替换的环状单链 DNA 互补链,宿主 RNA 聚合酶必须能够识别 DNA 链中的 SSO,然而在某些宿主细胞中 SSO 不能被很好地识别,就会有单链 DNA 积累,因此 RC 质粒最初被称为单链质粒,现在我们知道这种单链状态不是正常的状态。广宿主 RC 质粒被认为其 SSO 能被多种宿主中的 RNA 聚合酶识别,所以使得该质粒能够在很多不同的宿主中从替换的单链 DNA 分子复制出互补链。

Rep 蛋白在质粒 DNA 复制过程中仅使用一次,在完成一个回合复制后就会被破坏,这样细胞中 Rep 蛋白的量就可以控制质粒的复制,保持细胞中该种质粒的数量。后面章节中还要讨论其他类型质粒的控制方法。

5.2.1.3　线性质粒复制

一些质粒是线性的,其后随链的复制会碰到"引物问题"难题,因为后随链的末端总是 5′磷酸根,而 DNA 聚合酶不能在没有引物的条件下合成新链,它只能在前面引物的基础上添加核苷酸,而在线性质粒中不存在上游引物(专栏 5.2)。不同的线性 DNA 分子解决引物问题的方法不同,有些线性质粒具有发夹结构将 5′端和 3′端连接起来,这些质粒从内部复制起始点开始复制形成两个质粒分子首尾相连的环状二聚体。该二聚体在原端粒酶的作用下,被切割成两个线性质粒 DNA 分子,再将每个

线性分子各自的两端连接形成发夹结构。另一些线性质粒采用完全不同的复制方式,在这些质粒的末端存在广泛的反向重复序列,而且有末端蛋白附着在 5′端,现在其复制机理还不太清楚,但是它们或许是采用了某种类型的滑动机制,将末端蛋白用作重组酶或引物或两种功能都有。有趣的是具线性质粒的细菌通常具有线性染色体,而且它们的复制机制相似。

专栏 5.2

线性质粒

　　不是所有质粒都是环状的。线性质粒已经在许多细菌中发现,能生产大部分抗生素的土壤细菌链霉菌属(*Streptomyces*)和莱姆病的致病因子伯氏螺旋体(*Borrelia burgdorferi*)就是其中的例子。同样在一些噬菌体中,如在大肠杆菌 N15 噬菌体中,原噬菌体是一个与噬菌体头部线性 DNA 不同末端的线性质粒。线性质粒,如线性的染色体和噬菌体一样,因为 DNA 聚合酶的特性,都遇到"引物问题"(专栏 2.1)。DNA 聚合酶不能起始一个新的 DNA 链,它们只能将脱氧核苷酸加到事先就存在的引物中,在复制时候,当复制到一个线性 DNA 末端时,DNA 聚合酶因为没有引物而不能复制后随链 5′末端。对于环状质粒来说,DNA 上游序列始终能作为引物。

　　不同的线性质粒和线性染色体是通过不同的方式来解决"引物问题"的。实际上,经常在细胞中发现一些线性质粒和线性染色体在一起,但不知是何原因,也许是它们用同样的方式解决"引物问题"。有一些线性质粒使用与线性染色体同样的复制机制来复制它们的末端,如伯氏螺旋体中发现的 16kb 质粒(专栏 2.1)。这个质粒和细胞中的其他线性质粒具有末端发夹结构,也即其 3′末端能结合到另外一条反向平行链 5′末端(见专栏 2.1 中的图)。该质粒从其内部的复制起点开始复制,正好在末端附近复制形成一个由头尾相连的两个基因组组成的大的环状 DNA(一个二聚体环)。然后一个原端粒酶切断线性 DNA,将其末端重新连接形成发夹结构。与此相似过程也发生在大肠杆菌质粒原噬菌体 N15 中。

　　伯氏螺旋体的线性质粒携带了细菌主要的外壳蛋白基因,打破了必需基因永远不可能在质粒上的规律。甚至有可能这些细菌的线性染色体和质粒都直接来源于它们的染色体,可能是通过染色体大片段缺失而形成的。

　　这些质粒末端发夹结构的另外一个有趣特征是,它们与痘病毒类和非洲猪霍乱病毒的线性 DNA 末端的相似性。这些病毒 DNA 也带有末端发夹结构,可能有着相似的复制机制。这种相似性在这些细菌和病毒的起源方面是不是显著的还有待研究。

　　另外一个解决引物问题方式的例子就是链霉菌属的线性质粒 pSLA2 的末端。这个质粒像其他菌株中染色体一样,有一个蛋白质共价结合到它的末端。然而这个蛋白质不只是如其他噬菌体中蛋白质一样在后随链的合成过程中提供引物作用(专栏 8.3),因为这个质粒的复制起始点并不在末端,而是在质粒内部,复制朝两端进行。这个质粒含有很多串联反向重复序列或回文结构,在反向重复序列之间配对时就允许滑动。有一些模型用来解释这些回文序列是如何允许前导链自身回折与后随链形成发夹结构,以提供引物来完成后随链的合成,但是仍然不清楚哪种模型能在实际中使用。附着在前导链 5′末端蛋白也可能起到了类似于重组酶或如在滚环复制过程中 Rep 蛋白的作用。

专栏 5.2(续)

```
A  A^T A-T-A-A-T-T-T-T-T-T-A-T-T-A-G-T-A-----//-----T-A-C-T-A-A-A-T-A-A-A-T-A-T-T-A-T A^T
   T^A T-A-T-T-A-A-A-A-A-A-T-A-A-T-C-A-T---//----A-T-G-A-T-T-T-A-T-T-T-A-T-A-A-T-A T^A

B  包柔螺旋体   A^T A-T-A-A-T-T-T-T-T-T-A-T-T-A-G-T-A-----
              T^A T-A-T-T-A-A-A-A-A-A-T-A-A-T-C-A-T-----

   非洲猪瘟病毒  T^T T-A-T-A-A-T-T-T-T-A-T-A-T-A-T-A-T-----
              T   A-T-A-T-T-A-T-A-T-G-A-A-T-A-T--------
              A-T

   牛痘病毒     A-//-T-A-T-A-A-T-T-T-T-A-T-A-A-T-T-A-A-T--
              A
              A-A- — — — — — — — — — — —
```

伯氏疏螺旋体线性质粒端粒(A)与非洲猪瘟病毒和牛痘病毒(B)。DNA 末端以共价键连接。

参考文献

Casjens, S. , N. Palmer, R. van Vugt, W. M. Huang, B. Stevenson, P. Rosa, R. Lathigra, G. Sutton, J. Peterson, R. J. Dodson, D. Haft, E. Hickey, M. Gwinn, O. White, and C. M. Fraser. 2000. A bacterial genome in flux: the twelve linear and nine circular extrachromosomal DNAs in an infectious isolate of the Lyme disease spirochete *Borrelia burgdorferi*. Mol Microbiol. 35:490 –516.

Hinnebusch, J. , and A. G. Barbour. 1991. Linear plasmids of *Borrelia burgdorferi* have a telomeric structure and sequence similar to those of a eukaryotic virus. J Bacteriol. 173: 7233 –7239.

Huang, W. M. , L. Joss, T. T. Hsieh, and S. Casjens. 2004. Protelomerase uses a topoisomerase 1 β/γ –recombinase type mechanism to generate DNA hairpin ends. J Mol Biol. 337:77 –92.

Yang, C. C, C. –H. Huang, C. –Y. Li, Y. –G. Tsay, S. –C. Lee, and C. –W. Chen . 2002. The terminal proteins of linear *Streptomyces* chromosomes and plasmids: a novel class of replication priming proteins. Mol Microbiol. 43:297 –305.

5.2.2 *ori* 区域的功能

在大多数质粒中,与质粒复制有关的蛋白质的基因总是在 *ori* 序列附近,质粒复制仅需要 *ori* 序列附近一小段区域,所以即使质粒的大段 DNA 分子被移去,如果质粒 *ori* 区仍保留并且质粒的 DNA 仍然是环状分子,它还能进行复制。后面章节将会讲到质粒越小越有利于用作克隆载体,所以在克隆载体中,仅含有来自质粒 *ori* 序列中一小部分 DNA 就可以了。

另外,*ori* 序列还决定了质粒的性质,因此任何 DNA 分子只要含有质粒的 *ori* 序列,就会有那种质粒的绝大多数特征。下面将介绍质粒 *ori* 区域决定的大多数性质。

5.2.2.1 宿主范围

质粒的宿主范围包括质粒能在其中复制的所有类型细菌,在细菌中能否复制往往是由 *ori* 区决定的。具有 ColE1 类型质粒 *ori* 区的质粒,如 pBR322、pET 和 pUC,它们的宿主范围较窄,只能在大肠杆菌(*E. coli*)和比较接近的沙门菌(*Salmonella*)和克雷伯菌(*Klebsiella*)中复制。与此相反,广宿主质粒如 RK2 和 RSF1010 质粒及上面提到革兰阳性菌中以滚环复制的质粒,它们的宿主范围较广,带有 RK2 *ori* 区的质粒能在绝大多数革兰阴性菌中复制,RSF1010 衍生质粒甚至能在革兰阳性菌中复制。许多从革兰阳性菌中分离到的质粒也具有很广的宿主范围,如 pUB110 首先从金黄色葡萄球菌(*Staphylococcus aureus*)中分离到,它能在包括枯草芽孢杆菌(*Bacillus subtilis*)在内的很多革兰阳性菌中复制。然而,绝大多数从革兰阴性菌中分离的质粒不能在革兰阳性菌中复制,反之亦然,反映出这两类质粒具有不同的进化分支。

令人奇怪的是同一质粒会在亲缘关系很远的细菌中复制,这要求广宿主质粒必须能够编码起始复制所有的蛋白质,而不需要宿主菌完成此项功能,而且编码复制所需蛋白质在不同细菌中还能够表达。显然与广宿主质粒复制基因相关的启动子和核糖体启动位点也应该演化为能被绝大多数细菌所识别。

确定宿主范围

因为确定质粒在其他宿主中能否复制有时很困难,所以我们很难确定大多数质粒的真实宿主范围。首先必须要有方法把质粒转入其他细菌中,尽管在一些细菌中已经建立了转化系统,但还不是所有类型的细菌,一种转化方法一般只适用于一种细菌。常用的是电转化。而对于那些能够自主转化或移动的质粒可以通过接合的方式将质粒 DNA 转移至另一种细胞中。

即使能把质粒转入细菌中,还需要筛选出接受了质粒的细菌,许多从自然界分离到的质粒并不具有类似抗生素基因那样方便的筛选,而且即使含有类似的抗性基因,在不同于最初分离的细菌中这些基因通常不会表达。有时可以挑选那些在大多数细菌中表达的选择基因引入到质粒中利于筛选。例如,在 Tn5 转座子中首先发现的卡那霉素抗性基因,能在很多革兰阴性菌中表达,使其具有卡那霉素抗性。在第 10 章中我们会介绍将标记基因和带有选择性标记的转座子克隆到质粒中的方法。

如果能把质粒转入其他宿主,而且该质粒还带有能在该宿主中表达的筛选标记,就可以确定该质粒是否能在除发现它的初始宿主外的其他宿主中复制。显然这是一项很辛苦的工作,因为不同种属的质粒转化方法不同,而且在不同种属间还存在其他许多转化上的障碍,因此质粒的宿主范围只是根据很少的一些例子推测得来的。

5.2.2.2 拷贝数控制

质粒的拷贝数大多数情况下也是由质粒的 *ori* 区决定的,质粒的拷贝数是指每个细胞中特定质粒的数目。更精确地说,是在刚分裂的新生细胞中某种质粒的数量。所有质粒必须控制其复制,否则质粒会充满整个细胞使宿主的负担大大增加,或者质粒复制跟不上细胞的复制,在细胞分裂时质粒就会丢失。有些质粒,如天蓝色链霉菌(*Streptomyces coelicolor*)中的 pIJ101 质粒,能复制多次使得细胞中有很多该质粒的拷贝数,然而另一些质粒,如大肠杆菌中 F 质粒,在整个细胞周期中仅复制一次或很少的几次,一些质粒在宿主中的拷贝数见表 5.2。

表 5.2　一些质粒的拷贝数	
质粒	近似的拷贝数
F	1
P1 原噬菌体	1
RK2	4~7(大肠杆菌中)
pBR322	16
pUC18	30~50
pIJ101	40~300

　　高拷贝数质粒和低拷贝数质粒所采用的拷贝数调控机制往往差异很大,高拷贝数质粒,如质粒 ColE1,仅当细胞中的质粒数目达到一定数目后抑制质粒复制的起始,这类质粒称为松弛型质粒;而低拷贝数质粒,如 F 质粒,在每个细胞周期仅复制一次或很少的次数,必须具有非常严格的调控措施,因此这种质粒称为严紧型质粒。目前我们对松弛型质粒拷贝数调控机理方面的认识要多于严紧型质粒。

　　松弛型质粒的调控有三种通用类型。一些质粒通过反义 RNA 及抑制该反义 RNA 的辅助蛋白共同调节,反义 RNA 有时称为反转录 RNA(ctRNA),它也是从质粒的相同区域转录而来,但是从必需 RNA 相对的链转录的,因此 ctRNA 是可以和必需 RNA 杂交抑制其功能;另一种调节方式是仅用 ctR-NA 抑制复制中必需蛋白的翻译;第三种调节方式是仅用蛋白质,蛋白质能结合在质粒上被称为重复序列区域,抑制质粒复制。有关这些调控方式的例子在后面章节中将会讲到。

5.2.2.3　不相容性

　　质粒的不相容性也是由 *ori* 区所控制的,质粒的不相容性是指两种质粒共存于同一细胞中的能力。许多从自然界中分离的细菌含有不止一种类型的质粒,这些质粒能在细菌中稳定共存,即使繁殖很多代后也不会丢失。实际上,对于多质粒共存的细菌来说,其质粒的存在有利于另外质粒的存在,否则更容易丢失。

　　有时两类不同的质粒是不能稳定地共存于同一细胞中的,在这种情况下,两个质粒中的一个会随着细胞繁殖而丢失,与其他没有共存过的质粒更容易丢失。如果两个质粒不能共存则称为相同不相容组(Inc)成员,如果两个质粒能够稳定共存则属于不同的 Inc 组。质粒具有不相容性的方式有多种,一种是它们能相互控制对方的复制,另一种是它们具有与 *ori* 区复制控制紧密相关的相同的分离(*par*)功能。现在已经有上百种 Inc 组,可以把质粒按照不同的 Inc 组进行归类。例如,质粒 RP4,也称为 RK2 是 IncP 质粒,而 RSF1010 是 IncQ 质粒,所以质粒 RSF1010 能和质粒 RP4 稳定共存,而与其他 IncQ 质粒无法共存。

　　(1)确定不相容组　为了用不相容性对质粒进行归类,必须确定待归类质粒是否能与已知不相容性组共存,换句话说就是将质粒转入已经含有其他不相容性种类质粒的细菌中,测定宿主丢失该质粒的频率。这要求待归类的质粒必须具备抗性,它能使敏感的细菌具有抗性。

　　图 5.5 中的实验用来测定含 Cam^r 基因质粒的丢失频率。先将含有质粒的细胞在不含氯霉素的全培养基中培养,然后取样稀释后涂布在相同培养基平板上,待细菌在平板上长好后,影印到含有氯霉素的平板上,如果没有观察到任何菌落生长,则说明该菌对抗生素敏感,已经丢失了带有抗性基因的质粒。不含抗性的细菌百分数就是在平板涂布时丢失质粒细菌的百分数。

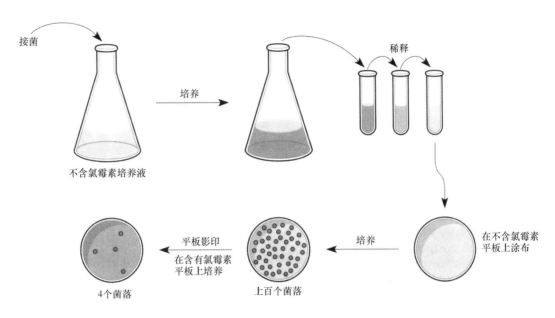

图5.5　测试带有氯霉素抗性质粒的丢失情况

采用这种方法确定两种质粒是否是同一相容性组,两种质粒必须均具有不同的筛选基因,如均具有不同抗生素的抗性。将一个质粒转入已含有另一质粒的细菌中,然后筛选具有双抗的菌株。如前面的实验,将含有两种质粒的细菌在没有任何一种抗生素的培养基中培养,再在含有该种抗生素的平板上培养,唯一不同点是每次筛选都含有一种抗生素,如果细胞中任意一个质粒的丢失率不低于它单独存在时的丢失率,则说明这两种质粒是不同 Inc 组的成员,我们连续用这种方法可以发现与已知质粒相同相容组的未知质粒。

(2)相同不相容组质粒的维持　两种相同 Inc 组的质粒,如果是高拷贝松弛型质粒,在连续选择条件下,可以在同一细胞群中共存,这要求两种质粒带有不同的抗生素抗性基因或其他的筛选标记。两个具有相同相容性质粒中的一个或另一个会比正常状态下更易丢失,但生长在含有两种抗生素培养基中,一旦丢失了任一质粒,细菌的生长就会受到限制,它的后代也会很快死亡,因此在这种条件下生长的细菌绝大多数都含有两种类型的质粒。

(3)由共同复制控制引起的不相容性　两种质粒具有相同的复制调控机制时,它们就会出现不相容性,复制调控系统中不能区分两种质粒,会随着任何一种质粒复制。当细胞分裂时,虽然质粒总数相同,但其中一种的数量会比另一种的数量少。图5.6 举例说明在细胞分裂时相容性质粒与不相容质粒在质粒分配上的不同,图 5.6A 中是两种属于不同不相容性组质粒分别采用不同的复制控制系统,在图中我们可以看到,在细胞分裂之前,每种质粒的数目相同,在细胞分裂后每种质粒的数目并不相同,然而,在新细胞中每种质粒复制后又达到它原先的数目,所以在下一次分裂,每个子代细胞都会得到相同数目的质粒。这一过程在每一代中重复发生,所以极少细胞会丢失质粒。

现在再让我们来看图5.6B 中属相同不相容性组,具有相同复制控制机制的质粒的情况。与前面相同,两种质粒在初始状态时数目相同,当细胞分裂后,两个子代细胞中获得的质粒数目不同,注意在初始时每种质粒的数目仅是正常数目的一半,它们具有相同的 ori 区,在维持自身拷贝数时,会抑制另一种质粒的复制。当细胞分裂后,两个质粒复制直到达到总的质粒拷贝数才停止,原先少的质粒在复

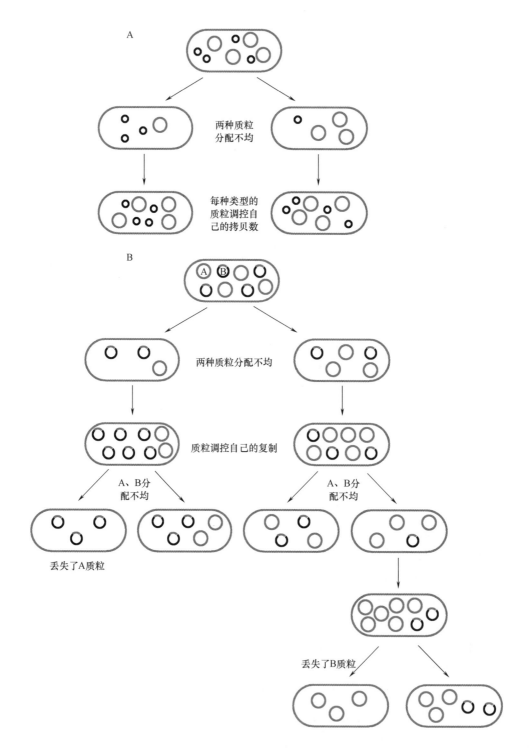

图5.6　来自不同 Inc 组的两种质粒的共存情况

（A）分裂后,每种质粒复制达到它的拷贝数　（B）如果是同一个 Inc 组的质粒,其中一种质粒有可能丢失

制后它的数目会比另外质粒的数目少,质粒数目的不平衡性会依然存在,甚至更严重。细胞进行下一次分裂后,由于数目少的质粒分配到子代细胞中的机会变少,所以在随后的细胞分裂中,其中一种质粒很容易丢失。

因拷贝数控制引起的质粒不相容性对低拷贝数质粒的危害大于高拷贝数质粒,如果拷贝数仅为一,则仅有质粒中的其一才能复制,所以在细胞分裂时,子代细胞就会丢失两种质粒中的一种。

(4)由分离引起的不相容性 如果两种质粒具有相同的 Par 系统(分离系统),也会出现质粒的不相容性。Par 系统在细胞分裂时帮助质粒或染色体分离进入子代细胞中。通常情况下,Par 系统会保证每个子代细胞中均含有至少每种质粒的一个拷贝而不使任何一种质粒丢失,然而如果共存的质粒具有相同 Par 系统时,会使子代细胞获得一种质粒类型而使另一种质粒类型丢失,有关分离机制将在后面章节中讲到。

5.2.3 质粒复制的控制机制

本节将对质粒拷贝数调节和现已掌握的机制进行详细讲解。

5.2.3.1 ColE1 衍生质粒:用互补 RNA 调节引物加工

ColE1 质粒拷贝数调控机制是第一个被人们研究的,该原始质粒的部分基因图谱如图 5.7 所示,该质粒和与之相近的质粒 pMB1 已被广泛应用于分子生物学研究中,许多质粒是由其衍生而来,如质粒 pBR322、pUC、pBAD、pACYC184 和 pET 系列质粒。尽管上述克隆载体的遗传图谱已经被改变得几乎认不出来源于 ColE1 质粒,但它们都含有 ColE1 的 ori 区,因此具有 ColE1 的特征和复制调控机制。

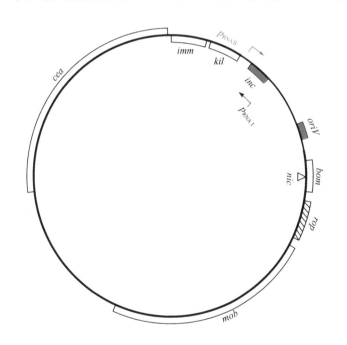

图 5.7 ColE1 质粒的基因图谱

质粒 DNA 长度为 6646bp,图谱中,oriV 是复制起点;$p_{RNAⅡ}$ 是 RNAⅡ 引物的启动子,inc 编码 RNAⅠ,rop 编码帮助控制质粒拷贝数的蛋白,bom 是可以在 nic 位置处可切开的序列,cea 编码大肠杆菌素 ColE1,mob 编码质粒移动所需的蛋白。

ColE1 衍生质粒的复制调控机制如图 5.8 所示,主要通过质粒编码的小 RNAⅠ 干扰 RNAⅡ 的加工,抑制质粒复制,而 RNAⅡ 是质粒 DNA 复制的引物。当缺少 RNAⅠ 时,RNAⅡ 与 DNA 在复制起点形成 RNA–DNA 杂交链,然后 RNA 内切酶 RNA 酶 H 切开 RNAⅡ 释放出 3′羟基作为引物在 DNA 聚合酶Ⅰ催化下进行复制,仅当 RNAⅡ 正确加工后才能行使引物功能。

在图 5.8 中 RNAⅠ 通过与引物 RNAⅡ 形成双链 RNA 而干扰 DNA 复制,因为 RNAⅠ 和 RNAⅡ 都

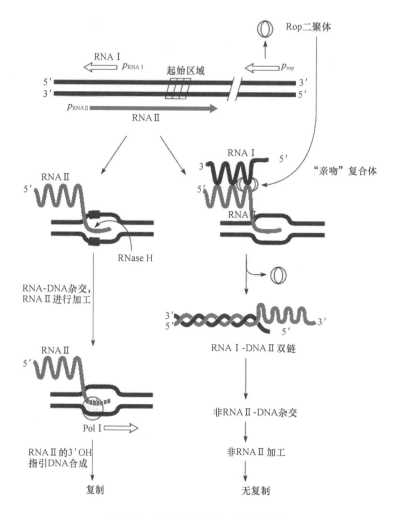

图5.8 ColE1 衍生质粒的复制调控

是从同一段 DNA 的相对链转录来的,所以可以互补。图5.9 中显示 RNA I 和 RNA II 在短的暴露在外的 RNA 区域互补,并不紧裹在二级结构中,但起始的配对较弱,仅形成"亲吻"复合体。Rop 蛋白(图5.7)能够稳定这种"亲吻"复合体,使其发展成更紧密的"拥抱"复合体,这样阻止了 RNA II 二级结构的形成,不会再与 DNA 链杂交,也就不会被 RNase H 加工成成熟的引物。

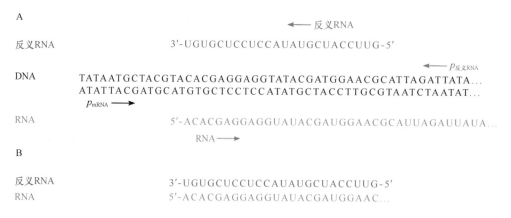

图5.9 DNA 与反义 RNA 间的配对

(A)反义 RNA 相应区域合成的　(B)两种 RNA 互补形成双链 RNA

　　尽管 Rop 蛋白能够帮助 RNA Ⅰ 与 RNA Ⅱ 配对而抑制质粒的复制,但其是如何工作的还不是十分清楚,也不知它是否是维持质粒拷贝数所必需的蛋白质。失活 Rop 蛋白的突变体,能稍稍增加质粒的拷贝数。

　　以上机理能解释 ColE1 质粒是如何保持其拷贝数的,既然 RNA Ⅰ 是由质粒编码的,所以 RNA Ⅰ 的量随着质粒数目的增加而增加。当 RNA Ⅰ 浓度较高时,就会干扰 RNA Ⅱ 的加工从而抑制质粒的复制。当每个细胞中质粒拷贝数达到 16 时,质粒复制就会完全受到抑制,ColE1 质粒的拷贝数刚好是 16。

　　由这个模型我们可以推测出如果使 RNA Ⅰ 突变将会发生什么现象,RNA Ⅰ 与 RNA Ⅱ 在非常小的区域配对形成"亲吻"复合体。这些区域必须完全配对否则质粒的复制会受到抑制,仅改变短序列中 RNA Ⅰ 一个碱基,突变的 RNA Ⅰ 就不能与未突变 ColE1 质粒的 RNA Ⅱ 互补,也就不能形成"亲吻"复合体调节质粒复制。然而突变了 RNA Ⅰ,也就要改变 RNA Ⅱ,因为它们是从同一段 DNA 转录而来,仅仅它们的转录模板是相对的两条链,因此突变的 RNA Ⅰ 仍然和突变的 RNAⅡ形成复合体而阻止后者的加工,所以突变的 RNAⅠ不能干扰同一突变质粒的复制,因此 RNAⅠ的单碱基对突变就能有效地改变质粒的 Inc 组。实际上,天然质粒 ColE1 及其相近亲缘的 p15A 质粒、衍生质粒 pACYC184,虽然属于不同的 Inc 组,但仅在 RNAⅠ与 RNAⅡ结合区域有一个碱基差异。支持该模型的遗传学实验见专栏 5.3。

专栏 5.3

一个自身的不相容组

　　在正文中描述的 ColE1 型质粒复制过程的调控模型,其中的一些证据是通过遗传学实验获得的。质粒复制调控的遗传分析是很复杂的,因为一些突变能阻遏质粒的复制起始从而导致质粒丢失,或者突变后调控功能丧失,质粒过度复制将宿主杀死,从而不能分离到质粒。因此这些实验要求不同的研究方法,其中包括使用 λ 噬菌体,在第 9 章中有详细的叙述,在这里对这些实验做一个综述。

　　为了分离在 ColE1 质粒复制起始中的突变体,研究者通过在 λ 克隆载体噬菌体中插入 ColE1 质粒构建了一个噬粒(一部分噬菌体和一部分质粒构成)(图 A)。噬粒中的 ColE1 质粒通过两侧的 *attB* 和 *attP* 位点连接,仅仅通过将噬粒导入到包含有额外的 λ 整合酶的细胞中就能将这个质粒切除,这个 λ 整合酶能如图中显示的那样促进 *attB* 和 *attP* 位点之间的重组和切除噬菌体(第 9 章)。一旦突变的质粒从噬粒中分离出来就可以用来研究它们是否调节自己的复制和调控其他质粒和噬粒复制。

　　噬粒的一个最重要特征是,噬粒有两个复制起始点,一个来源于 ColE1 质粒,另一个来源于 λ 噬菌体。这样就允许通过在质粒的 *ori* 复制起始区域引入突变来筛选突变体。由于有两个复制起始位点,这个噬粒就可以在阻遏其中一个复制起始位点的条件下,只需要另外一个复制起始位点仍然具有活性,便能复制并形成噬菌斑(图 A)。如果细胞中含有另外一个相同不相容组的 ColE1 衍生质粒,那么这个质粒的复制起始位点活性就会受到阻遏,因为这个噬粒有 λ 原噬菌体存在,所以仍然能进行复制。在前一种情形下,源于 ColE1 质粒的 RNA Ⅰ 能抑制噬粒中 ColE1 的 *ori* 位点,但是 λ *ori* 区域是有活性的。在后一种情况下,λ 溶原菌产生的阻遏能抑制 λ 对 O 和 P 蛋白的合成,并抑制 λ *ori* 区域的转录,而这些都是 λ 起始复制所必需的(第 9 章),但是在这种情

专栏5.3(续)

况下,ColE1 复制起始区域是有活性的,只有当细胞同时拥有 λ 原噬菌体和同样的不相容 ColE1 质粒时,噬菌斑才不会形成。

研究者推断,如果 ColE1 复制起点被突变,那可能是因为噬粒在携带有 ColE1 型质粒的 λ 溶原菌中复制,以至于它的复制不再受到宿主内质粒的抑制。于是研究者们将数百万的诱变处理过的噬菌体培养在带有 ColE1 质粒的 λ 溶原菌的平板上,只有少量的斑点长出,推测为质粒或 λ 噬菌体复制起始点突变的噬粒。然后,为了向前面所说的那样切除其中的噬菌体,而将这些在平板上长出的噬粒挑出并去感染带有足够 λ 整合酶的细胞,确定它对复制的控制是否改变。发现了两种 ColE1 ori 区域的突变类型,讨论如下:

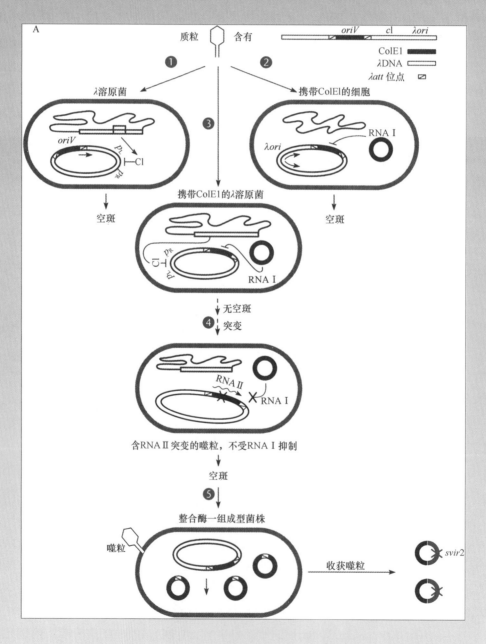

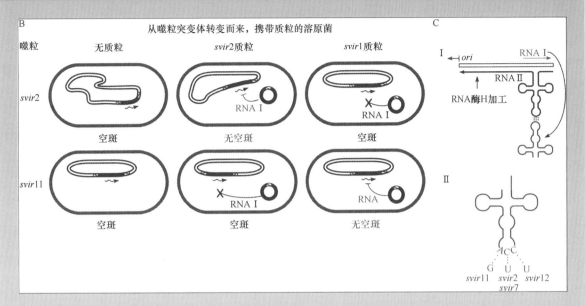

采用噬粒分离 ColE1 质粒拷贝数突变子,并改变其不相容性组别(Inc)。(A)噬粒有两个复制起点,它既可以从 λ 溶原菌开始复制,也可以从携带 ColE1 衍生质粒的细胞开始复制(第1、2步)。仅当细胞为 λ 溶原菌,而且携带相同不相容性组 ColE1 质粒时,才不出现空斑(第3步)。噬粒上发生突变:允许空斑形成以阻止对拷贝数的控制,或者改变 Inc 组。细胞内含的 λ 整合酶,能将质粒从 λ 噬菌体克隆载体上剪切下来(第5步)。(B)不相容组别专一性实验。某些 ColE1 衍生质粒 RNA I 突变子可以形成自己的 Inc 组。突变后的噬粒,在含有从自身剪切获得的质粒平板上培养时,不形成空斑;而在含有初始 ColE1 质粒或任何其他突变质粒时,将形成空斑。(C)ColE1 型质粒 RNA I 中 svir 拷贝数控制突变发生的位置。突变位于我们常见的类似 tRNA 反密码子区域处。

突变阻止了 RNA I 和 RNA II 之间的互作。当用这种类型的突变质粒转化细胞时没有得到转化产物,这些突变导致了转化细胞的死亡,显然这是由于质粒的复制失控引起的。在这种情况下,RNA I 不能再与 RNA II 相互作用抑制引物的形成,质粒持续不停地复制直到细胞被杀死。这种突变不能阻止噬菌斑的形成,因为噬粒的复制没有失控,从而能形成噬菌斑。

改变 Inc 族的突变。另外一种类型的突变更加有趣,图中 B 和 C 部分有说明。在这些突变体噬粒中的质粒能内切除,用来转化细菌时不带有质粒,在细菌中它们能维持它们的拷贝数从而不会导致死亡。但是,在含有被切除质粒的 λ 溶原菌平板上,这些噬粒突变体不能长出噬菌斑,甚至在含有原始质粒或者其他带有不同 ori 突变的被切除质粒的细胞中都不能形成噬菌斑。在图表中的一个例子,在 ColE1 ori 区域带有一个 svir2 突变的噬粒在含有 svir2 突变质粒的 λ 溶原菌平板上不能形成噬粒斑点,但是能在含有 svir1 突变的质粒的细胞中形成噬菌斑,反之亦然。

在图5.8C 中,通过检测控制 ColE1 质粒拷贝数模型,可以推测将要发生的现象。根据模型,RNA I 必须与 RNA II 通过碱基互补配对结合,才能干扰引物 RNA II 的加工,抑制质粒复制,因为这两种 RNA 是从 DNA 双链的相同区域相反的两条链上合成的,所以 RNA I 发生突变,与之互补配对的另一条 RNA II 也发生相应突变,所以突变后两条链仍然配对结合在一起抑制质粒复制。

专栏5.3(续)

　　一些位置变化能够改变不相容性,同样值得探究其原因。图中的 C 部分展示了改变不相容性的这些变化。RNA Ⅰ 被描绘成一种 tRNAs 经常被描绘的三叶草结构,这些变化出现在能与反密码环相互作用的位置。尽管如此,仍然不清楚这种三叶草结构是否形成过,如果形成了,假设结构与调控有或多或少的联系,那有什么样的联系呢? 不管怎样,在 RNA Ⅰ 中的这个环肯定在 RNA Ⅰ 和 RNA Ⅱ 的配对及与 RNA Ⅱ 形成第一个"亲吻"复合体中具有重要作用。在这个区域的 RNA Ⅰ 和 RNA Ⅱ 互补方式的变化被发现能创造一个新的不相容组,这为正文中描述的 ColE 1 调控模型提供了强有力的证据。

参考文献

　　Lacatena, R. M. and G. Cesareni. 1981. Base pairing of RNA I with its complementary sequence in the primer precursor inhibits ColE1 replication. Nature（London）294: 623–626.

5.2.3.2　R1 质粒和 CollB–P9 质粒:用反义 RNA 调控 Rep 蛋白的翻译

　　ColE1 衍生质粒在 *oriV* 区起始 DNA 复制不需要质粒编码的蛋白质,而仅需要由质粒合成的 RNA 引物,这与其他质粒不同。绝大多数质粒需要质粒编码的蛋白质 Rep 来启动 DNA 复制。在 Dna 等宿主蛋白质的帮助下,Rep 蛋白在 *oriV* 区将 DNA 双链分开,这是复制的第一步,允许复制装置与复制起点结合。Rep 蛋白具有很强的专一性,它只能结合到相同类型质粒上的 *oriV* 区的特定 DNA 序列上。Rep 蛋白能限制质粒复制,所以可以通过控制 Rep 蛋白合成控制质粒的拷贝数。

　　(1)R1 质粒　IncF Ⅱ 质粒家族中的 R1 质粒是通过调控 Rep 蛋白数量来控制质粒拷贝数的。与质粒 ColE1 类似,该质粒也是利用小反义 RNA 与靶向 RNA 形成"亲吻"复合体控制拷贝数的。细胞中质粒的数量越多,反义 RNA 合成的就越多,质粒的复制就会受到抑制,不过 R1 质粒是通过反义 RNA 抑制 Rep 蛋白的翻译,从而抑制质粒 DNA 的复制。

　　图5.10 示意了 R1 质粒复制调控的详细过程,RepA 是唯一质粒编码的,能起始质粒复制的蛋白质,*repA* 基因能从两个启动子转录而来,其中一个启动子是 p_{copB},能转录 *repA* 和 *copB* 基因并翻译成 RepA 和 CopB 蛋白,另一个启动子是 p_{repA},在 *copB* 基因内部,能转录并翻译为 RepA 蛋白。CopB 蛋白能抑制启动子 p_{repA},仅当质粒刚进入细胞,CopB 蛋白还没合成时,p_{repA} 启动子才能被激活。在质粒进入细胞后由 p_{repA} 启动 RepA 蛋白质的生成,直到质粒数达到它的拷贝数,然后 p_{repA} 就受到来自 CopB 蛋白的抑制,随后 *repA* 基因只能由启动子 p_{copB} 转录。

　　一旦质粒获得了其原有的拷贝数,RepA 合成及质粒复制就通过反义 RNA 和 CopA 调控,*copA* 基因由其自身的启动子转录,转录的 RNA 产物影响 p_{copB} 启动子转录 mRNA 的稳定性。因为 CopA RNA 由编码 *repA* 基因翻译起始区的相同区转录而来,所以这两种 RNA 能互补形成双链 RNA,由染色体编码的核酸酶Ⅲ(RNaseⅢ)能切断 CopA–RepA 杂合双链 RNA。

　　切断 RNA 杂合链阻止 RepA 合成的,原因有些复杂。mRNA 5′前导序列,也即编码 RepA 蛋白的上游区,能编码一小段本身没有什么功能的多肽,它与 RepA 偶联翻译,所以当 RNaseⅢ切断 mRNA 的前导区域时,不仅干扰了前导肽的翻译,而且阻断了下游 RepA 的翻译。因此激活 CopA RNA 切割编码 RepA

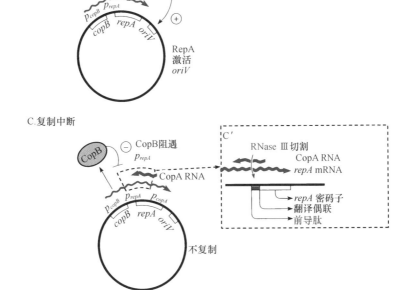

图 5.10 IncFⅡ质粒 R1 的复制调控

(A)启动子和基因的位置,及涉及复制调控的基因产物 (B)质粒刚进入细胞,就开始从启动子 p_{repA} 转录出 repA 的mRNA,直到达到质粒的拷贝数 (C)一旦质粒达到其拷贝数,CopB 蛋白将抑制从 p_{repA} 转录。repA 仅能从 p_{copB} 转录 (C')反义 RNA CopA 与编码前导肽的 repA mRNA 杂交,形成的双链 RNA 被 RNaseⅢ切割,从而阻止了 RepA 的翻译,RepA 的翻译与前导肽翻译是偶联的

蛋白上游序列的 mRNA,通过细胞中的 CopA RNA 数量控制质粒拷贝数。质粒浓度越高,生成 CopA RNA 的量越多,RepA 蛋白合成的越少,从而使质粒浓度维持在正常拷贝数附近。

(2)ColⅠb‐P9 质粒 另一种通过反义 RNA 更复杂地控制质粒拷贝数的例子是 ColⅠb‐P9 质粒(图5.11)。如 R1 质粒,Rep 蛋白编码基因 repZ 在前导序列 repY 的下游开放阅读框中被翻译,而且 repZ 和 repY 的翻译是偶联的。repY 的翻译打开了 RNA 的二级结构,该结构通常将 repZ 中 TIR 的 SD 序列包裹起来,一段序列与 repY 上游的发夹环配对,永久地破坏了二级结构使 repZ 中的 SD 序列暴露出来,核糖体与之结合后启动 repZ 的翻译。反义 Inc RNA 与发夹上游的环配对,阻止发夹结构的形成,使得 repZ 编码序列的 SD 序列翻译受阻,从而阻止了前导多肽的翻译。

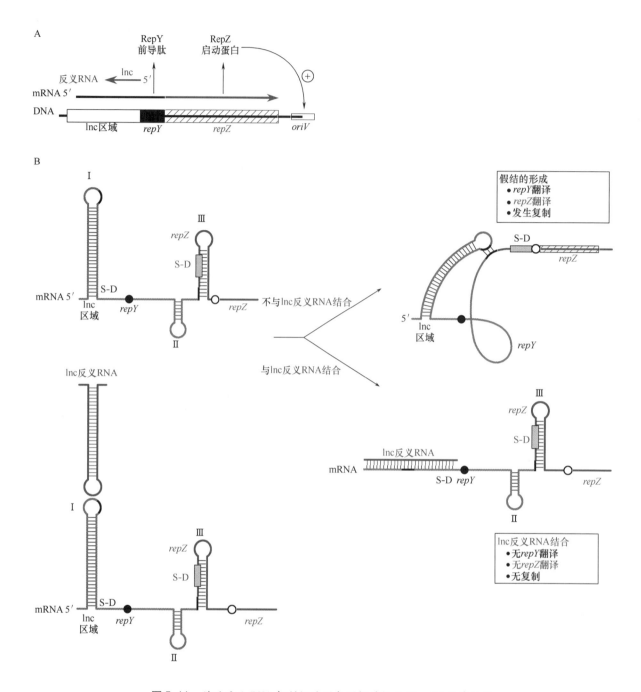

图 5.11　借助反义 RNA 抑制假结形成调控质粒 Collb‑P9 的拷贝数

(A)最小复制子含有 *repY*(前导肽)(黑色框)和 *repZ* 基因。Inc 区域编码 *repYZ* mRNA 和反义 RNA 的 5′末端　(B)*repY* 和 *repZ* 基因为翻译偶联。在 mRNA 上 *repY* S‑D 序列暴露,结构Ⅲ控制 *repZ* S‑D 序列,阻止 *repZ* 翻译。结构Ⅰ和结构Ⅲ互补区域,能够配对,形成假结。闭合环是 *repY* 起始密码子;开环部位是 *repY* 停止密码子。核糖体将伸展的结构Ⅱ停放在 *repY* 停止密码子处,通过碱基互补配对形成一个假结,容许核糖体进入 *repZ* S‑D 序列(紫色长方形)。反义 RNA Inc 与结构Ⅰ环结合,直接抑制形成假结,随后 IncRNA‑mRNA 复合体抑制 RepY 翻译和随后的 RepZ 翻译,因为这两个蛋白的翻译是偶联的

5.2.3.3　pT181 质粒:用反义 RNA 调控 *rep* 基因的转录

并不是所有质粒都通过反义 RNA 抑制翻译或干扰引物加工来调控质粒的拷贝数。一些革兰阳性菌的质粒,包括葡萄球菌 pT181,利用反义 RNA 调控 *repC* 基因的转录,这个过程称为衰减调控

（图5.12）。pT181以滚环复制机制进行复制,而RepC蛋白是起始从 *oriV* 前导链复制所必需的。在每次DNA复制后RepC蛋白的活性受到抑制,所以RepC蛋白是复制的限速步骤。如果RepC蛋白量越多,则复制的质粒数也就越多。反义RNA与RepC的mRNA结合,阻止形成二级结构,该结构通常能阻止形成不依赖因子的转录终止子发夹结构的形成。因此,如果不形成二级结构,就会形成发夹结构,转录就会终止(也即发生衰减),翻译的衰减调控将在第13章中还要详细讲到。

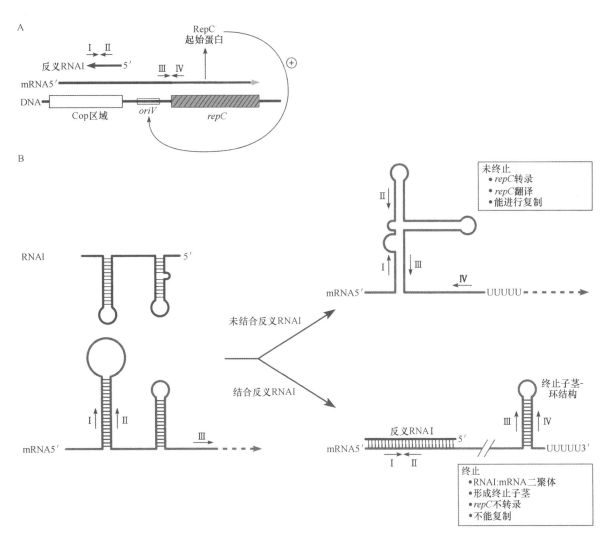

图5.12 通过反义RNA调控 *repC* 基因转录控制质粒pT181的拷贝数

（A）pT181最小复制子的基因结构 （B）以转录衰减机制通过形成反义RNA – mRNA双链调控RepC蛋白表达

这种调控非常有效,因为反义RNA不稳定,当质粒拷贝数下降时,它的浓度也迅速降低,所以允许微调质粒的拷贝数。其他革兰阳性菌质粒中的反义RNA非常稳定,这些质粒也是采用转录抑制子调控 *rep* 基因转录的。

5.2.3.4 重复子质粒;用偶联来调控

有许多常见的质粒是通过与上述完全不同的机制调控它们的复制,这些质粒被称为重复质粒,因为在它们 *oriV* 区域含有某套DNA碱基序列的多个重复,称为质粒重复序列,重复质粒包括 pSC101、

F、R6K、P1 及与 RK2 相关质粒,这些质粒的重复序列通常有 17~22 个碱基长,在 *oriV* 附近有 3~7 份拷贝,在不远处还有这些重复序列的拷贝数。

pSC101 是最简单的重复质粒(图 5.13),该质粒基本特征是具有 *repA* 基因、*ori* 区和三个重复序列 R1、R2 和 R3,其中 *repA* 基因编码起始翻译所需的 RepA 蛋白,而 RepA 蛋白通过以上三个重复序列调控质粒拷贝数。在 pSC101 和其他重复质粒中,RepA 蛋白是唯一由质粒编码的、复制所需的蛋白质,它的作用与 R1 中的 RepA 蛋白类似,是复制的正激活子。在起始复制蛋白中,包括 DnaA、DnaB、DnaC 和 DnaG 是由染色体编码的,它们也能结合到复制区域。

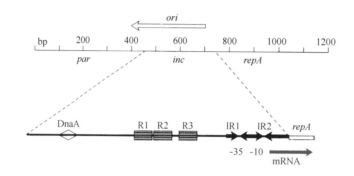

图 5.13 pSC101 的 *ori* 区域

R1、R2 和 R3 是三个重复序列(R3 的序列为 CAAAGGTCTAGCAGCAGCAGAATTTACAGA),RepA 与这三个重复序列结合,将两个质粒连接在一起,RepA 通过与反向重复序列 IR1 和 IR2 结合,自主调控它自身的合成。图中也给出了分离位置 *par* 和宿主蛋白 DnaA 结合部位。

重复质粒复制的调控机制有两种假设,其一是,RepA 蛋白能与自身启动子区域结合阻断自身基因转录从而抑制自身的合成,因此质粒浓度越高,RepA 蛋白生成的越多,它抑制自身合成就越强。因此只要将 RepA 蛋白保持在一个很窄的浓度范围内,质粒的起始复制就能被严格控制,这种类型的控制称为转录水平的自调控。

然而这种通过自身调控的方法不足以调节质粒的拷贝数,尤其像 F 和 P1 等低拷贝数质粒。重复质粒必须有控制其拷贝数在较窄范围内的其他机制。另外一种调控机制的假设来源于重复质粒通过 RepA 蛋白和它们的重复序列偶联。质粒复制调控的偶联假说如图 5.14 所示,当质粒浓度很高时,RepA 蛋白的浓度也较高,两个 RepA 蛋白分子能互相结合形成二聚体,该二聚体能与两个不同质粒上的重复序列结合,使质粒偶联起来,从而抑制这两个质粒的复制。偶联机制使得质粒复制不仅由细胞中 RepA 蛋白的数量控制,而且也由质粒的浓度控制,更精确地说是由质粒上的重复序列的浓度控制。

启发提出偶联模型的观察如图 5.15 所示,令人疑惑的实验结果是在 RepA 蛋白大量增加时确定质粒数量时发现的(图 5.15A),如果重复序列的功能仅是结合过量的 RepA 蛋白来抑制复制,那么增加 RepA 蛋白浓度使之超出重复序列的结合能力,则质粒的拷贝数将会增多。为了更容易解释实验现象,将 *repA* 基因置于一个强启动子质粒中表达,而且该质粒不含有重复序列,再对含有重复序列质粒的拷贝数进行测定,这样就可以不再通过增加 *repA* 基因拷贝数的方式来确定增加 RepA 蛋白浓度对质粒拷贝数的影响。研究者观察发现,即使增加 RepA 蛋白浓度数百倍,含重复序列质粒的拷贝数也只是略微增加,这与偶联假设的结果是一致的。

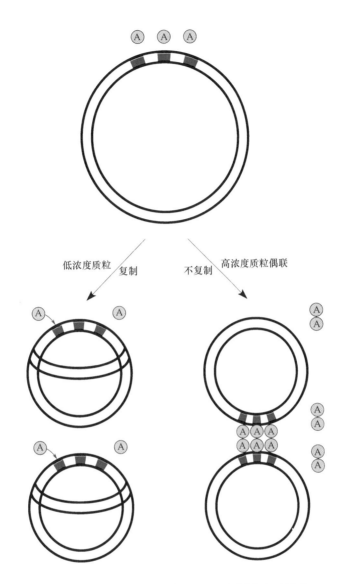

图5.14　调控质粒重复拷贝数的"手铐"或偶联模型

当质粒浓度较低时,RepA蛋白每次仅与一个质粒结合启动复制。当质粒和RepA浓度较高时,RepA蛋白可以二聚化,同时与两个质粒结合,将两个质粒"铐起来",从而抑制质粒复制。

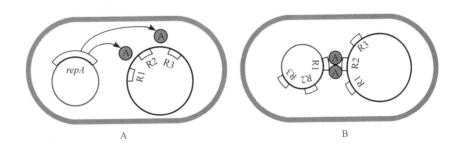

图5.15　内含子质粒调控的分子遗传学分析

(A)RepA蛋白由不相关的一个克隆载体*repA*基因表达　(B)另一个不相关质粒上的内含子序列能减少内含子质粒的拷贝数。R1、R2和R3是内含子序列

　　另外的一个实验是研究增加重复序列拷贝数的影响,如图 5.15B 所示。在实验中,将含有重复序列的另外质粒(其复制是不依赖于 RepA 蛋白的)转入同一个细胞中,额外的重复序列的引入使原先质粒的拷贝数下降,这一结果并不仅仅由后引入质粒对 RepA 蛋白的"吸收",因为 RepA 蛋白超量表达并不会比重复序列给质粒拷贝数带来的影响明显。很明显,第二个质粒通过重复序列与第一个质粒发生偶联抑制了后者的复制。

　　偶联模型也可以用来解释 repA 基因突变导致 RepA 蛋白增加的存在,这种突变被认为是削弱了RepA 蛋白与重复序列的结合,因而阻止了偶联的发生,而不影响 RepA 蛋白启动质粒复制的功能。如模型所预测,增加拷贝数增多的 RepA 蛋白突变体的浓度,并不能克服额外重复序列对质粒拷贝数的负面影响,也不像增加野生型 RepA 蛋白浓度带来的影响。显然突变的 RepA 蛋白不能使质粒发生偶联而抑制质粒复制,它们仅能引发新的复制增加质粒的拷贝数。

　　偶联假说的直接证据来自于对纯化后重复序列与 RepA 蛋白混合后的电镜观察,在图片中通常能观察到两个质粒通过 RepA 蛋白偶联起来,然而,这仍然有点像是体外的人工操作所致,还不能真正解释含重复子质粒控制其拷贝数的过程。

5.2.3.5　调控质粒复制所涉及宿主的功能

　　如前所述,除了 Rep 蛋白外,许多质粒的复制还需要宿主蛋白启动,比如,一些质粒需要 DnaA 蛋白启动质粒复制,而该蛋白通常也是启动染色体复制所需要的,在质粒的 oriV 区也有与 DnaA 蛋白结合的 dnaA 盒(图 5.13)。DnaA 蛋白也可以和某些质粒中的 Rep 蛋白直接作用,这可以解释为什么有些广宿主范围的质粒,如 RP4,具有两种 Rep 蛋白,一种可以在另一种流失后继续发挥功能,不同类型的 Rep 蛋白可以和不同类型细菌中的 DnaA 蛋白相互作用。DnaA 蛋白主要在细胞分裂时协助染色体复制,所以质粒的复制依赖于 DnaA 蛋白,也使质粒的复制与细胞分裂更好地协同。与染色体复制起始点 oriC 类似,大肠杆菌 oriV 位点附近也具有 Dam 甲基化位点,推测该位点能在细胞分裂时协同质粒的复制,如同染色体复制起点,两条链在 Dam 甲基化位点处均被甲基化后才能启动复制,复制刚启动不久,仅有一条链被甲基化(半甲基化),推迟在这一位点启动新的复制。尽管在质粒复制方面取得了实质性进展,然而对于严紧型质粒如 P1 和 F 复制来说,如何将质粒数控制在非常窄的范围内还是一个谜,而且对其复制机理的探索成为现在研究的焦点。

5.2.4　防止质粒丢失的机理

　　细胞在分裂时失去质粒称之为质粒丢失,细胞中有许多防止质粒丢失的机理,如质粒成瘾系统(专栏5.4)、位点特异性重组酶解离多聚体和细胞分离系统,在此我们介绍一下后两种机理。

专栏5.4

质粒成瘾

　　质粒具有分离功能,随着细胞的繁殖质粒经常丢失,像复仇一样,质粒能编码杀死细胞的蛋白质,将丢失质粒的细胞杀死,该功能在许多质粒中均被发现,如 F、R1 质粒和 P1 噬菌体(第9章),以上系统被称为质粒成瘾系统,它们造成丢失质粒的细胞大量死亡。

　　质粒成瘾系统均采用相同的策略,它们由两种成分组成,要么是蛋白质,要么是 RNA。一种成分的功能类似于毒素,另一种成分的功能类似于抗毒素或解毒剂,当细胞中含有质粒时,毒素

专栏5.4(续)

和抗毒素能同时形成,通过直接结合或间接作用,抗毒素可以削弱毒素的作用效果。PhD–Doc系统是这方面较先发现的一个例子(如图所示),PhD蛋白是一种抗毒素,能与Doc毒素结合,使之失活。现在的例子是限制性系统中的限制性内切酶,它能切断染色体杀死细胞的毒素,但是如果有修饰成分——抗毒素存在,对识别序列上碱基进行甲基化后,细胞就可以存活(第2章)。一旦细胞丢失了质粒,毒素和抗毒素都将不能合成,然而一般来说,毒素要比抗毒素停留更长时间,随着抗毒素逐渐被降解,细胞中就仅剩下毒素。缺少抗毒素的对抗,毒素将杀死这个丢失质粒的细胞。

根据来源不同,毒性蛋白杀死细胞的机制有很多种。比如,F质粒的毒性蛋白Ccd,通过改变DNA解旋酶来杀死细胞,因此它能引起DNA双链的破坏。质粒R1的杀手蛋白Hok破坏了细胞膜的电位,引起了细胞能量的丢失。P1编码的杀手蛋白Doc杀死细胞的机制现在还不清楚,但是它阻止了翻译的进行,并好像间接地通过另一个成瘾系统MazEF起作用,该成瘾系统由染色体编码并通过阻止翻译的进行而杀死细胞。

对质粒成瘾系统在质粒积累过程中如何阻止细胞中质粒丢失和帮助质粒生存下来有一个很好的解释。因此,发现相类似的毒素–抗毒素系统也在染色体上发生过是一件令人惊讶的事情。

它们中的一部分是在诸如基因岛和超级整合子的可变DNA元件上(第10章),也可能在质粒成瘾系统中起着相似作用来阻止DNA元件丢失。它们被认为是自私基因,阻止了自身及它们所在DNA元件从细胞中消失。然而,其他一些毒素–抗毒素模型看起来是染色体上正常基因所编码。MazEF和RelBE系统就是其中两个例子,它们都是在大肠杆菌K–12中被发现。这两个系统的工作方式非常相似。MazF和RelE是在核糖体上剪切mRNA的核糖核酸酶毒素,能阻止翻译从而杀死细胞。MazF和RelE又是抗毒素,能各自结合到毒素MazF和RelE上来抑制它们。如果翻译受到了抑制,毒素和抗毒素是不会合成的,但是毒素比抗毒素更加稳定,存活更长时间。这些系统因此被认为是自杀模块,如果翻译受到抑制,它们能引起细胞自杀,比如,通过抗生素或者一个质粒成瘾模块,如phD–Doc,如果这个细胞是P1质粒治愈的细胞。有许许多多假设用来解释这些自杀模块的存在。其中一个就是,它们能阻止噬菌体的扩散从而抑制宿主翻译。另外一个就是它们能帮助关掉细胞响应饥饿发生的新陈代谢作用,从而帮助一些细胞长期存活。这可能与细菌趋向于拥有更多这样自杀模块以获得一个能自由生活

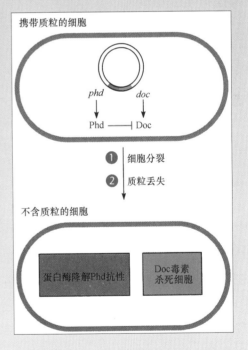

P1噬菌体编码的质粒成瘾系统Phd–Doc 含质粒的细胞中有Phd和Doc蛋白;Phd能与Doc结合,使之失活,是Doc的解毒剂;如果细胞中的质粒被清除,Phd和Doc蛋白不会被合成,但Doc比Phd更稳定,存在期比后者更长。当Phd被蛋白酶降解,Doc将杀死细胞(实际上,Doc仅抑制翻译,在响应过程中,MazE杀死细胞)。

的环境,而不是只能生活在一个营养环境更加稳定的真核宿主内有关。

另一个比较明显的自杀系统在枯草芽孢杆菌中被证实,它们的目的可能是通过杀死一些细菌从而使其他细胞生存下来。这个系统比我们已经提到过的其他系统都要复杂,*skf* 和 *sdp* 两个操纵子由很多基因组成。总的来说,当许多枯草芽孢杆菌缺乏营养处于饥饿状态时,一部分细胞开始形成芽孢。不形成芽孢的细胞能产生毒素杀死那些细胞中慢慢开始形成芽孢的个体。杀死的细胞被产毒素细胞所吞噬,阻碍了芽孢形成。以上过程使芽孢形成需要花费更多时间,避免在不需要形成芽孢条件下形成芽孢,使形成芽孢过程只在极端条件下确保生存时发生。

参考文献

Ellermeier, C. D. , E. C. Hobbs, J. E. Gonzalez - Pastor , and R. Losick. 2006. A Three - Protein Signaling Pathway Governing Immunity to a Bacterial Cannibalism Toxin. Cell 124:549 - 559.

Engelberg - Kulka, H. , R. Hazan, and S. Amitai. 2005. *mazEF*: a chromosomal toxin - antitoxin module that triggers programmed cell death in bacteria. J. Cell Sci. 118: 4327 - 4332.

Greenfield, T. J. , E. Ehli, T. Kirshenmann, T. Franch, K. Gerdes, and K. E Weaver. 2000. The antisense RNA of the *par* locus of pAD1 regulates the expression of a 33 - amino - acid toxic peptide by an unusual mechanism. Mol Microbiol. 37:652 - 660.

Hazan, R. , B. Sat, M. Reches, and H. Engelberg - Kulka. 2001. Post - segregational Killing by the P1 Phage Addiction Module *phd - doc* Requires the *Escherichia coli* Programmed Cell Death System *mazEF*. J. Bacteriol. 183:2046 - 2050.

5.2.4.1　多聚质粒的解离

在复制中形成二聚体或多聚体质粒,其在细胞分裂时丢失的几率将增加。二聚体质粒是两个单拷贝质粒分子首尾相接形成环状分子,多聚体是连接多于两个单体的聚合体,它们很可能是由于单体间同源重组而形成的,两个单体间同源重组形成二聚体,二聚体再发生重组就会形成更高的聚合体。滚环复制的 RC 质粒当复制一个循环后不能有效地终止,也会形成多聚体,多聚体的复制效率往往高于单体的复制效率,也许是因为多聚体中含有更多的复制起始区,所以当质粒没有有效的清除方法时,多聚体会在细胞中积累,这在细胞进行分裂时质粒准备分离进入子代细胞中造成麻烦。其一,多聚体降低了质粒的有效拷贝数,多聚体分离后以单个质粒的形式进入子代细胞,如果所有的质粒被用来形成大的多聚体,则该多聚体只能进入到一个子代细胞中;其二,多聚体中出现不止一个 *par* 位点,将导致多聚体被同时拖向细胞的两端部,像高等生物中双着丝粒能形成不分离现象。因此多聚体在细胞分裂时能大幅增加质粒的丢失几率。

为了避免上述情况的发生,许多质粒具有位点特异性重组酶系统,一旦多聚体形成就会将其解离。这个系统既可以由染色体编码,也可以由质粒自身编码,位点特异性重组酶系统能够促使二聚

体或多聚体质粒中出现不止一次的特异性位点间重组,重组的结果使多聚体解离成单体的质粒分子。

由 P1 噬菌体编码的 Cre/loxP 系统是质粒编码位点特异性重组酶系统研究得比较透彻的一个例子。这个噬菌体具有溶原性,其前噬菌体就是一个质粒,它也具有其他质粒面临的所有问题,包括由于重组产生多聚体的情况。Cre 蛋白是一个酪氨酸(Y)重组酶,促使二聚体质粒上的两个 loxP 位点间的重组,将二聚体解离成单体。该系统非常有效而且非常简单,所以已经被用于很多研究中,包括证明种间蛋白转移(第 6 章),它也被用作 Y 重组酶的模型,因为采用 loxP DNA 为底物,能使该重组酶结晶,Y 重组酶及其作用机制详见第 10 章。

分别由质粒 ColE1 和 pSC101 采用位点特异性重组酶系统解离二聚体的是 cer – XerC,D 和 psi – XerC,D,它们是宿主编码的位点特异性系统认识最清楚的例子。XerC,D 系统在第 2 章中已经讲到,与大肠杆菌染色体的分离相关。XerC 和 XerD 蛋白是位点特异性重组酶的组成部分,能在染色体复制时作用于染色体复制末端邻近的 dif 位点,解离染色体二聚体,质粒借用宿主的位点特异性系统在作用位点发生重组解离自身的二聚体。ColE1 上的重组位点是 cer,而 pSC101 上的重组位点是 psi。在染色体二聚体解聚过程中,除在 dif 位点发生 Xer 重组外,不需要其他蛋白质参与。与此相反,ColE1 上的 cer 位点如果没有宿主的两种蛋白 PepA 和 ArgR 结合在其附近,是不能被识别的,如图 5.16 所示。质粒 pSC101 中的情况类似,不过该质粒中采用宿主蛋白 PepA 和 ArgA – P(磷酸化的 ArgA),它们结合位置与 ArgR 结合在 cer 位点附近的位置一致。很明显结合在质粒 XerC,D 重组酶 cer 或 psi 位点的其他蛋白质是帮助定位重组过程的,对其如何行使其功能还不太清楚。唯一相同的一点是这些蛋白质通常是结合在 DNA 上,因为它们是转录因子。以上是质粒借助宿主完成自身功能的又一个例子,这种位点特异性重组是宿主解离染色体二聚体常用的方法。XerC,D 也是一种 Y 重组酶,它的作用机制将在第 10 章中讨论酪氨酸重组酶时详细介绍。

5.2.4.2　分离

在细胞分裂时,分离系统是防止质粒丢失最有效的机制,该系统保证细胞分裂时每个子代细胞中至少有一个拷贝的质粒,实现该功能的 Par 系统在许多方面与染色体分离中的 Par 系统类似,事实上,质粒中 Par 系统的发现要早于染色体分离现象的发现。

质粒中 Par 系统存在的第一个证据来自于考察质粒不能有效分配到子代细胞而发生质粒丢失的几率计算。如图 5.17 所示,假设一种质粒在细胞刚分裂后含有 4 个拷贝,而在下一轮分裂前有 8 个拷贝,如果它平均分配至子代细胞,则每个子代细胞会有 4 个质粒,然而质粒分配往往并不是均等的,一个细胞中的数目会多于 4 个,而另一个细胞中的数目会少于 4 个,当然也有这样的情况发生,一个细胞中得到所有的质粒,而另一个细胞中没有质粒,即发生质粒丢失。既然每个质粒可以随机选择进入子代细胞,那么发生质粒丢失的概率就像抛硬币出现正反面的几率一样,因此,一个质粒进入子代细胞的几率为 $1/2$,两个质粒进入同一个细胞的几率为 $1/2$ 乘 $1/2$,即 $1/4$,以此类推,所有 8 个质粒进入同一个细胞的几率为 $(1/2)^8$,即 $1/256$。又因为两个细胞中无论哪一个丢失质粒都不相关,所以丢失质粒的几率应该是 $2(1/2)^8$,即 $1/128$。假设一个细胞中质粒数为 n,则其丢失几率为 $2(1/2)^{2n}$,一般质粒数在细胞分裂时是它原先数目的 2 倍,细胞在一代中每分裂一次,丢失质粒的频率就大致与其分裂次数相同,前提是假设质粒分配到子代细胞完全是随机的。

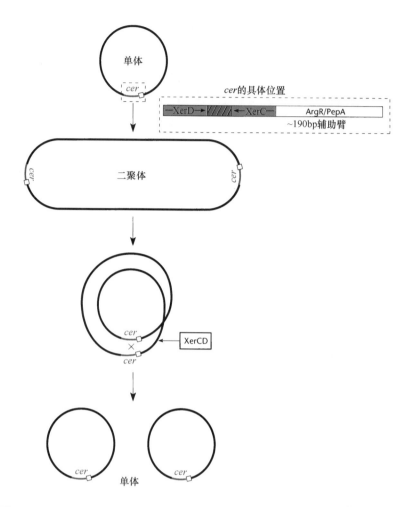

图 5.16　大肠杆菌中 Xer 的功能是催化 ColE1 质粒 *cer* 位点的重组,使二聚体解离

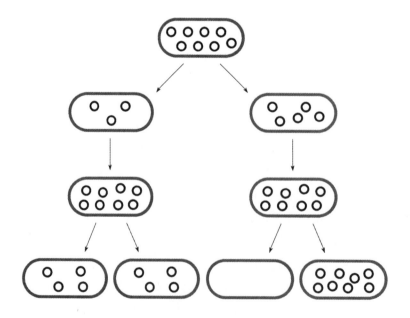

图 5.17　没有 Par 系统时质粒随机丢失

当细胞分裂时,每一个质粒有均等的机会进入子代细胞,有时细胞会丢失质粒。

由以上计算可以得出，即使没有分离系统，对高拷贝质粒来说几乎不存在质粒丢失，然而，对于低拷贝数质粒来说，绝大多数细胞都会丢失质粒。实际上，像仅有一个拷贝数的 F 和 P1 质粒，它们在每一代丢失的几率是 $2(1/2)^2$，即 $1/2$，但是它们的质粒很少丢失，故可以推测它们中必定有某种保证质粒忠实分配到子代细胞中的机制，尤其是低拷贝数质粒。

5.2.5　质粒的 Par 系统

由于质粒 Par 系统与细菌细胞生物学中染色体分离的相关性，所以对其研究非常广泛，然而至今对该系统的认识还不是完全清楚，但该方面研究非常有趣，帮助改变了我们对细菌细胞固有的看法（见第 2 章染色体分离部分）。

低拷贝数质粒的 Par 系统，按照基因序列和功能来分，可以划分为两个组（表 5.3）。不论哪个组，它们 Par 系统的功能都与一些细菌染色体 Par 系统的功能相关（表 5.3）。质粒 Par 系统的一个组是以大肠杆菌 R1 质粒 Par 系统为代表，另一个更大些的组是以 F 和 P1 质粒及广宿主 RK2 质粒为代表，后一个组的染色体分离系统属于枯草芽孢杆菌和新月柄杆菌（*Caulobacter crescentus*）。以上两种质粒 Par 系统虽然在行使质粒分离的细节上存在差异但它们具有共同的分离策略。它们首先将质粒定位在复制位置上，通常在细胞的中心，这里也是染色体复制部位，在复制后促进子代质粒配对。然后，在细胞分离之前将子代质粒推或拖至新的子代细胞即将形成部位。有证据显示在细菌细胞中形成了行使类似功能的，与真核细胞中有丝分裂纺锤体相近的动态微丝。在两种 Par 系统中相对来说我们对 R1 质粒 Par 系统更为了解，所以接下来首先介绍 R1 质粒的 Par 系统。

表5.3　分离系统

DNA	Par 系统	类中心粒位点
ParA – parB 同源		
P1 原噬菌体	ParA – ParB	*parS*
F 质粒	SopA – SopB	*sopC*
RK2	IncC2 – KorB	O_B3?
Ti	RepA – RepB	*inc2*?
枯草芽孢杆菌	Soj – Spo0J	*parS*
新月柄杆菌	ParA – ParB	*parS*
ParM – ParR 同源		
R1	ParM – ParR	*parC*
Collb – P9	ParA – ParB	未知
新月柄杆菌	MreB	未知

5.2.5.1　R1 质粒的 Par 系统

R1 质粒分离机理如图 5.18 所示，R1 质粒分离系统由两个蛋白质编码基因 *parM* 和 *parR* 及类中心粒顺式作用位点 *parC* 基因构成。首先二聚体 ParR 蛋白结合到 *parC* 位点，随后 ParM 蛋白才能结合到 ParR 上，可以说 ParR 蛋白和 *parC* 位点的复合体是 ParM 蛋白的组装核心，当质粒复制时，2 个 ParR 和 ParM 蛋白将质粒定位在细胞的中央复制，有证据表明，当 Par 系统中任一组分缺失，质粒的均匀分配就会或多或少受到影响。

A. *parCMR* 基因座

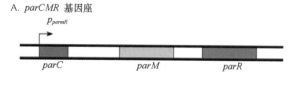

B. 质粒R1的分离

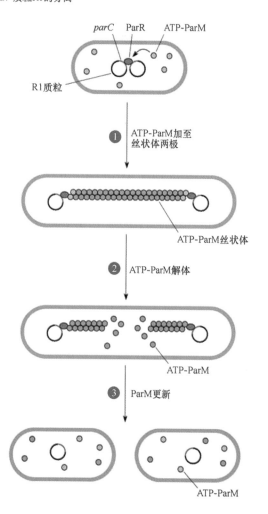

图5.18　质粒 R1 的分离

(A)R1 质粒的 par 基因结构,图中给出 *parM* 和 *parR* 基因位置和顺式作用 *parC* 位点,转录起始位点在 *parC* 上　(B)当质粒开始复制时,*parR* 结合至 *parC* 上,与正在复制的质粒处于细胞中央,*parR － parC* 为 *parM* 提供了核心区结合位点　(1)复制完成后,通过持续添加 ATP － ParM 亚单位至 *parC* 和 ParR 结合部位,质粒间的细丝增长,ATP 与 ParM 亚单位相连,之后会被切断形成 ADP 并释放能量　(2)随着多拷贝质粒被推向细胞的两端(两极),ADP － ParM 亚单位将从一端或两端同时解离下来,丝状体消失　(3)在下一次细胞分裂之前,和质粒需要再次分离之前,ParM 可以再次被 ATP 结合

当质粒复制完成将被分配至子代细胞时,细胞中会发生很大变化,首先 ParM 蛋白聚合成螺旋的丝状体从细胞中央向细胞两端延伸。这一过程是在新合成质粒配对后发生,而且在质粒和 ParR 连接 ParM 末端添加 ParM 亚基,丝状物会增长。ParM 亚基最初的形态是 ATP － ParM,当第二个亚基要连接上时,移去一分子的磷酸,而变成 ADP － ParM,这样总是倒数第二个亚基给后一个提供能量使丝状体延长。当丝状体延伸时,要分配到子代细胞中的质粒被推向细胞的两极,因为质粒刚好在丝状体两端。丝状体仅在 ParR 和 *parC* 位点出现才形成,所以推测细胞中央 ParR － *parC* 复合体为丝状体的形成提供了核心。人们很好奇 ParM 能聚合成丝状体,或许 ParM 是一种 ATP 酶,与真核细胞的肌动蛋白及细菌中类肌动蛋白 MreB 结构类似,细菌中 MreB 蛋白与细胞形状确定、染色体分离等功能相关。与激动蛋白类似,ParM 在体外也能通过切断 ATP 释放的能量聚合成长短不一的动态双链丝状物,而且聚合中需要 ParR 和 *parC*。

ParM 与肌动蛋白和细菌中 MreB 蛋白的相似性,引起了不少研究者的兴趣,真核细胞的肌动蛋白能移动细胞中的成分,实际上许多志贺菌和李斯特菌等致病菌能附着在肌动蛋白丝状体上,可以促进丝状体延伸,细菌中的 MreB 也能在细胞中形成丝状体,某些细菌的 MreB 能促进细菌染色体迁移。所以细菌中并不像人们原先认为的那样,它们实际上也具有细胞骨架能移动细胞中染色体和质粒等组分。令人不解的是 ParM、MreB 及另一些类肌动蛋白在细菌中扮演分离染色体和质粒角色,而该功能在真核生物中是靠微管蛋白组成的微管完成。细菌中与微管蛋白结构类似的是 FtsZ 蛋白,它在细胞分裂中的角色类似真核细胞中的肌动蛋白。因此,细胞骨架

在更原始的生物中也存在,不过细菌和真核生物处于两个不同的进化分支中,所以肌动蛋白和微管微丝体的功能恰好相反。

5.2.5.2　P1 和 F 质粒的 Par 系统

P1 和 F 质粒的 Par 系统是更大的一种分离系统,该系统在枯草芽孢杆菌和新月柄杆菌中行使分离染色体的功能相似,在组成上与 R1 质粒 Par 系统相似,通常有两种蛋白质和邻近的 DNA 顺式作用位点,ParB 与该位点结合,另一个蛋白是 ParA,具有 ATP 结合模式。然而 ParA 与肌动蛋白或其他骨架蛋白并不类似,而与细菌中选择分裂位置的 MinD 蛋白相关性较低,在大肠杆菌中的各细胞周期中按螺旋途径在细胞两端来回摆动。F 质粒中相对应的蛋白为 SopA 和 SopB 及 sopS 位点,为简便起见,我们用 ParA、ParB 和 parS 表示,有些质粒中的 Par 系统与复制蛋白紧密结合散布在细胞中,ParB 缺乏自主功能,这时或许会有更大的与 ParA 类似的蛋白行使两种功能。

这类 Par 系统的工作机制表面上看起来与 R1 质粒 Par 系统相似,首先 ParB 二聚体与 parS 位点结合,然后更多的 ParB 二聚体协同在附近结合上来,将 parS 位点附近的 DNA 包裹起来,包裹目的还不清楚。所谓协同结合,就是当第一个结合后,第二个结合上更为牢固,在第 9 章中要详细讲到有关 λ 抑制子与操纵子的结合就属于协同结合。

一旦 ParB 在 parS 位点结合,包裹住附近 DNA 后,ParA 就可以结合到该复合体上。与 ParM 类似,ParA 蛋白也是一种 ATP 酶,能够在 ATP 存在的情况下聚合,但也需要 ParB – parS 复合体作为聚合的核心,ParA 聚合蛋白要比 R1 质粒的 ParM 聚合丝状体短而更有活力。许多 ParA 聚合蛋白并不是一根根单一的丝状物,而是像菊花的翼瓣一般从复合体上放射状排列,这些丝状体能牵引质粒至细胞位置的 1/4 或 3/4 处,该处为子代细胞新的中心位置。因为不用将质粒从细胞的一端拖至另一端,所以可以推测它比 ParM 丝状体要短,而且由 ParB – parS 复合体发散出来,放射状 ParA 比 ParM 丝状体更像真核细胞中的纺锤体结构。质粒分离的研究与普通细胞生物学的研究紧密相关,所以质粒分离研究必定是今后研究的活跃领域。

5.2.5.3　因质粒分离造成的不相容性

两种质粒具有相同的分离机制,即使它们质粒复制机制不同也会不相容。如果两个不同质粒拥有相同的质粒分离系统,则两质粒间会互相配对,在细胞分裂前牵引到细胞两端,所以在细胞分裂后,不同质粒会进入到不同细胞而不会平均分配到各个子代细胞中,这样就会发生质粒丢失。尽管具有相同分离机制是导致质粒丢失的原因之一,但不是唯一的原因,因为具有相同分离机制的质粒通常具有相同的复制机制,毕竟这两个功能是紧密相关的,因此质粒的不相容性和质粒分离、复制都有关,事实上也是如此,控制复制和质粒分离的基因往往都在质粒复制起点位置互相重叠。

5.3　构建克隆载体质粒

第 2 章中已经讲过克隆载体是一种能够自主复制的 DNA(复制子),其他基因可以插入其中,并随质粒的复制而被动复制,使最初插入的基因得到复制。

因质粒作为克隆载体有许多优势,所以已经有许多质粒被改造成克隆载体。通常质粒克隆载体不杀死宿主细胞,易于分离纯化到克隆基因。而且质粒复制所需要质粒编码的蛋白并不多,所以质粒克隆载体可以较小,首次基因克隆实验之一是将青蛙的基因克隆至质粒 pSC101 中。

从自然界中分离的质粒,绝大多数都太大,不便用作克隆载体,通常还缺乏方便的选择基因,在本节中,我们要介绍将野生质粒改造为克隆载体的步骤,以及向质粒克隆载体中引入期望性状的方法。

5.3.1 寻找质粒的 *ori* 区

将野生型质粒改造为克隆载体的第一步是要找出野生型质粒的 *ori* 区,该区决定了质粒绝大多数性状,包括复制、拷贝数控制和质粒分离,经常用到的克隆载体的起始序列见表 5.4。

质粒	*ori*	拷贝数
pBR322	pMB1(ColE1)	15～20
pUC 载体	pMB1 突变体	数百个
pET 载体	pMB1	15～20
pBluescript	pMB1 突变体	数百个
pACYC184	p15A	10～12
pSC101	pSC101	5
pBAC	F	1

表 5.4 大肠杆菌质粒载体的复制起点

DNA 重组技术特别适用于复制起始序列的定位研究。如图 5.19 所示,用限制性内切核酸酶先将质粒切成许多片段(如图中箭头所指),将切下的片段与筛选标记如氨苄青霉素抗性基因(Amp^r)连接,但该筛选基因片段不能含有起始区序列。将连接好的混合物涂布在含有抗生素的平板上,只有含抗性基因和复制起始区杂合质粒的细菌才能生长,再用第 2 章中所讲的确定转化子中质粒片段的方法,就可以大概确定质粒中 *ori* 区的位置。

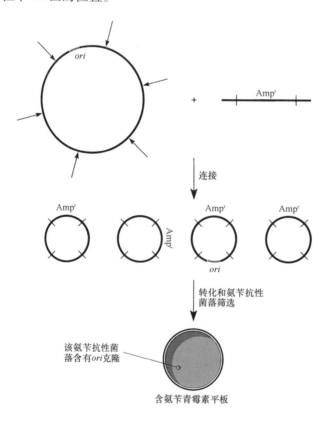

图 5.19 在质粒中寻找复制起点(*ori*)

将质粒的随机片段连接起来组成一条含有可选择基因的 DNA,但不含复制起点,将该 DNA 片段导入细胞。

在选择性平板上能形成菌落的细胞中含有被选择基因并连接有复制起点。

我们可进一步将含 *ori* 区的 DNA 片段酶切成更小的片段,并重复该操作,直到最小片段仍然具有 *ori* 的功能。

同样可以采用此方法确定质粒的分离区和质粒不相容性相关基因,在定位 *par* 序列时,用越来越小的含有 *ori* 区的 DNA 片段,看它是否赋予质粒分离特性。如果含缩短的 DNA 序列质粒更容易丢失,则说明 *par* 区也已经丢失了。一旦确定了质粒缺少 *par* 区,我们可以克隆相同质粒的对应未缺失片段,该片段能回复质粒的正常分离功能,质粒的 *par* 区就是用这种方法发现的。

5.3.1.1 引入选择性基因

确定好质粒的复制 *ori* 后,下一步是向质粒中引入抗性基因赋予带有该质粒的细菌抗生素抗性,便于我们将带质粒的细菌从其他细菌中筛选出来。含质粒的细菌可以通过在抗性平板上涂布筛选出来,而且仅有含质粒的细菌才能在抗生素平板上形成菌落。抗生素抗性基因通常是从转座子和其他质粒上获得,氯霉素抗性基因(Cam^r)来源于转座子 Tn9,四环素抗性基因(Tet^r)来源于质粒 pSC101,氨苄青霉素抗性基因(Amp^r)来源于转座子 Tn3,卡那霉素抗性基因(Kan^r)来源于转座子 Tn5。抗性基因的选择取决于用在哪种克隆载体上,如来自 pSC101 的 Tet^r 只能在与大肠杆菌关系紧密的细菌中表达,而来源于转座子 Tn5 的 Kan^r 可以在绝大多数革兰阴性菌中表达。

5.3.1.2 引入单限制性酶切位点

质粒克隆载体的许多应用中需要将克隆片段插入到限制性位点,这就要求质粒上必须具有唯一的限制性位点。同源限制性内切酶在切割质粒克隆载体,插入外源 DNA 时,仅在载体的限制性位点切开而不破坏质粒其他部位。在第 2 章中已经学过,如果某限制性内切酶识别六个碱基,则该酶切位点会在 1000bp 中出现一次,所以 3000~4000bp 的克隆载体上,就会有不止一个限制性位点。有许多除去限制性位点的方法:首先可以通过定点诱变使原位点处序列发生突变,而不被限制性酶所识别。另外,采用部分酶解的方法使质粒在某些限制性位点断裂,再用 DNA 聚合酶添加一段碱基序列,如果直接产生 5′ 端可以直接连接,否则要借助单链特异性 DNase 剪切后再连接。

我们不仅需要在克隆载体上引入唯一的限制性酶切位点,为了更利于后面的克隆工作,还要注意该限制性位点在质粒中的位置。绝大多数限制性位点都在一个抗性基因内部,当外源 DNA 片段插入该位点后抗性基因失活,称为插入失活,在后面将会讲到,通常情况下,在基因操作中,仅有很小一部分克隆载体中会插入外源 DNA 片段,所以仅当克隆载体的抗性性状不存在时,才便于我们筛选。许多克隆载体在质粒一个很小的区域会有多种限制性内切酶酶切位点,称为多克隆或多重限制性位点。这给我们克隆基因提供了方便,不论用哪种限制性酶,均会将克隆的 DNA 插入到相同位置,而且还可用于定向克隆,如果用两种不同的限制性酶切割多克隆位点上的唯一位置,则切开质粒不能自身环化,而仅当质粒吸收一段外源基因后才能完成环化,而这段被两种酶切后的 DNA 片段就会在一个方向上,即被定向克隆至多克隆位点上。

若单限制性位点置于表达载体上,则克隆的基因就能自启动子和翻译起始区,在大肠杆菌和其他宿主中表达,而且可以引入亲和标签有利于蛋白质纯化,表达载体和亲和标签在第 3 章中翻译和转录融合时已有介绍。

5.3.2 质粒克隆载体举例

根据不同目的已经构建了许多质粒克隆载体,绝大多数载体都具有上述特点,下面再归纳如下。

(1)较小,便于分离和转入不同细菌中。

（2）高拷贝数,容易纯化到较多数量质粒。

（3）带有可以选择的特征,通常带有抗性基因,便于筛选。

（4）具有一个或几个限制性酶切位点,限制性位点被切开插入外源 DNA,而且限制性位点往往在抗性基因中,会发生插入失活,易于筛选。

为了特殊用途,许多质粒克隆载体还具有其他特性。比如,带有能被噬菌体包装系统(*pac*、*cos* 位点)识别序列的载体,能被噬菌体包装到头部(第8章、第9章);表达载体能够在细菌中表达蛋白质;可移动质粒因具有 *mob* 移动位点而能通过结合作用转移至其他细菌中;广宿主范围载体具有 *ori* 区使其在很多类型细菌中能复制,有时甚至在不同界的生物中进行复制。穿梭载体含有不止一种类型的复制起始区,所以能在亲缘关系较远的生物中复制。以上特别类型的质粒克隆载体将在本节后或后面章节中详细讲到。

5.3.2.1　克隆载体 pBR322

图 5.20 中是 pBR322 质粒图谱,该图谱体现了克隆载体所具备的许多人们期望的特性,该质粒很小,仅有 4 360bp,有相当高的拷贝数,每个细胞平均含有 16 个拷贝。该质粒是通过以下改造获得的,保留类 ColE1 的 pMB1 质粒上 *ori* 必需序列,除去其他所有序列,再加入分别来源于质粒 pSC101 和转座子 Tn3 的 Tet^r 和 Amp^r 的抗性基因。该质粒还具有 BamH I 、EcoR I 、Pst I 限制性内切酶酶切位点,可以在限制性位点切开质粒,将外源 DNA 插入质粒中。

插入失活给我们提供了判断质粒 pBR322 上是否插入外源 DNA 的简单的遗传学实验方法。如图 5.21 所示,在 pBR322 的 Tet^r 基因 BamH I 位点上,插入一段外源基因,该基因破坏了质粒的四环素抗性,但对氨苄青霉素抗性基因没有影响,所以含

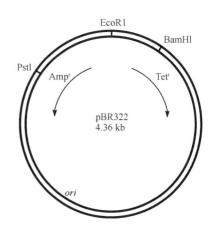

图5.20　质粒克隆载体 pBR322
仅标出唯一的限制性位点。Amp^r 为氨苄青霉素抗性;Tet^r 为四环素抗性。

有外源 DNA 的质粒应该具有氨苄青霉素抗性,而对四环素敏感,很容易从含有一种或两种抗生素的琼脂平板上进行验证。

5.3.2.2　质粒 pUC

最常用的质粒是 pUC 及其衍生质粒,图 5.22 中是 pUC18 质粒图谱,该质粒仅由 2 700bp DNA 构成,拷贝数达 30～50 个,便于纯化。它们具有易于选择的氨苄青霉素抗性(Amp^r)基因,最利于方便使用该质粒的一个性状是插入失活。它们编码 *lacZ* 基因的 N - 末端产物,称为 α - 肽,该肽仅当与蛋白的 C - 末端部分,即 *lacZβ* - 肽结合,才有活性,在细胞中单独存在是没有活性的。活性 *lacZ* 多肽能使平板中 5 - 溴 - 4 - 氯 - 3 - 吲哚 - β - D - 半乳糖吡喃糖苷(X - Gal)变为蓝色。一些菌株如大肠杆菌 JM109 被改造成能产生 *lacZβ* - 肽,所以含有 pUC 质粒的 JM109 能在 X - Gal 平板上形成蓝色菌落,而 pUC 质粒在编码 α - 肽的区域具有许多不同的限制性内切酶位点(图 5.22)。如果一段外源 DNA 在这些位点的任何一处插入,则细菌就不会合成 α - 肽,在 X - Gal 平板上形成无色菌落,很容易判断是否插入了外源 DNA。这种质粒也称为转录载体(第3章),因为克隆的 DNA 片段直接插入到质粒 *lac* 强启动子的下游进行转录,如图 5.22 中 p_{lac} 所示。*lac* 启动子是可诱导启动子,仅在培养基中加入诱导物异丙基硫代 - β - D - 半乳糖苷或乳糖苷时才启动转录,因此细菌可在诱导基因产物合成之前繁殖,这点对于基因产物对细胞有毒害时很重要。克隆的基因置于质粒 *lacZ* 基因之中,只要该基

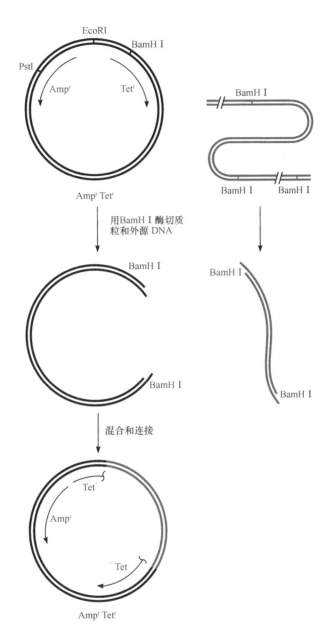

图 5.21　在 pBR322 的 BamH I 位点插入外源 DNA 使四环素抗性基因失活

Tet^r 基因被破坏,由于 Amp^r 基因仍具有活性,所以质粒依然具有氨苄青霉素抗性。

因中没有无义密码子干扰,在 *lacZ* 上游序列的阅读框中,该基因就能从质粒的 *lacZ* TIR 处被翻译成蛋白质。

5.3.2.3　BAC 载体

在利用 pUC 这类高拷贝数大质粒碰到的一个问题是稳定性较差,如果拷贝数很多,各克隆中的重复序列会发生重组,因为人类基因组中包含很多重复序列,所以在进行像人类基因组测序这样的工作时就会出现问题。为了解决此问题,人们开发出细菌人工染色体(BAC 克隆)载体(图 5.23),这种质粒载体以大肠杆菌 F 质粒的复制起点作为自己的复制起点,所以它在大肠杆菌中的拷贝数仅为 1,能够容纳 300 000bp 的 DNA,而且稳定性也比较高,与 F′因子相似,虽然它比较大,但还是比较稳定,尤其在 RecA$^-$ 宿主中,我们知道 F′因子是 F 质粒中结合了大肠杆菌中大段染色体形成的。

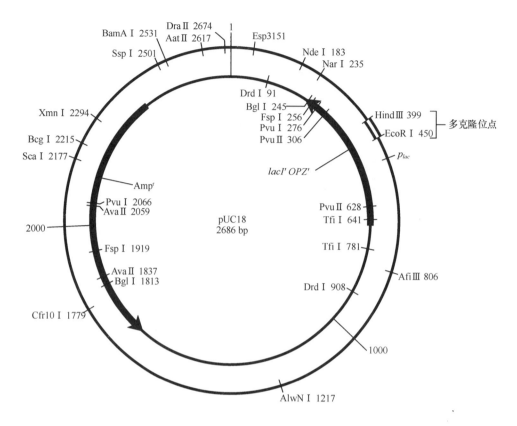

图 5.22   一个 pUC 表达载体

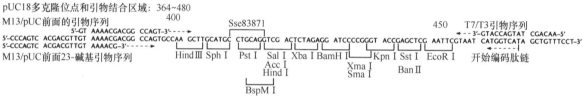

原始的 pABC 载体如图 5.23 所示,包含 F 质粒的复制起始区和分离功能,具有氯霉素抗性基因,包含唯一的 HindⅢ 和 BamHⅠ 克隆位点,能将大 DNA 片段引入载体中,还包括其他帮助大片段克隆和测序的部分特性。上述克隆位点周围的其他限制性内切酶位点,均选择富含 GC 的序列,因为这些序列在人类基因组中出现较少,这样在剪切插入 DNA 片段时,就不会切到克隆片段本身。克隆位点的两侧也通常连有噬菌体 RNA 聚合酶的启动子,这样就能在体外向克隆的 DNA 中加入噬菌体 RNA 聚合酶,形成的 RNA 将与被克隆的 DNA 片段末端互补,这些 RNA 与基因文库中其他 RNA 杂交,就能在测序中确定克隆的重叠部分。另外的两个位点 loxP 和 cosN,在质粒的酶切图谱绘制中,保证质粒在唯一位点被切开。

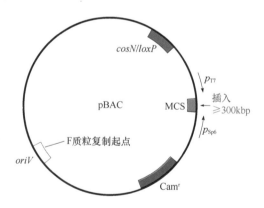

图 5.23   pBAC 克隆载体在基因组测序中用于大片段 DNA 克隆

多克隆位点(MCS)是插入克隆的位置,选用了噬菌体 T7 和 SP6 的启动子,位于多克隆位点两侧。在 loxP 和 cosN 位点,质粒分别通过 Cre 重组酶或 λ 末端酶切开质粒,可以做插入序列的限制性图谱。限制性位点足够长,所以几乎很少出现在插入序列中。

5.3.3 广宿主范围的克隆载体

许多常见的大肠杆菌克隆载体如 pBR322、pUC 和 pET 质粒,它们都是用 CoEl 相关的 pMB1 质粒的 ori 区构建,所以它们的宿主范围很窄,仅能在大肠杆菌及相近的细菌中复制。然而,有时需要质粒在除大肠杆菌外的其他革兰阴性菌中复制,这要求质粒最好从广宿主质粒如 RSF1010 和 RK2 中衍生,这些质粒能在绝大多数革兰阴性菌中复制。除具有广宿主 ori 区外,这些质粒还具有 mob 位点,能使质粒转入其他细菌中(第 6 章)。这一性状非常重要,因为质粒转移的方法目前仅有电转化(第 7 章)和接合,而许多细菌中还没有行之有效的方法。

穿梭载体

有时需要质粒克隆载体从一种生物体转入另外一种生物体,如果两种生物在种属上相差很远,同一个质粒 ori 区不会被这两种生物所识别。这样,就需要一种穿梭载体,之所以称之为穿梭,是因为它能使基因在两种生物中互相穿梭。穿梭载体具有两个复制起点,分别在两种菌中起作用,而且还具有在两种菌中能表达的筛选基因。

大多数情况下,穿梭质粒都能在大肠杆菌中复制,所以虽然穿梭质粒用在其他生物的遗传学实验中,但可以用比较成熟的方法在大肠杆菌中先进行复制和部分操作。

一些穿梭载体还能在革兰阳性菌和大肠杆菌中复制,有时甚至可以在更低等或高等的真核细胞中应用。如质粒 YEp13,它具有来自酿酒酵母(*Saccharomyces cerevisiae*)的 2μ 环质粒复制起始区,能在酿酒酵母中复制,它还具有 pBR322 的 ori 区,因此能在大肠杆菌中复制,同时它具有 *LEU2* 基因,能在酵母中被选择,具有氨苄青霉素抗性基因能在大肠杆菌中被选择(图 5.24)。类似的能在哺乳动物或昆虫细胞与大肠杆菌中穿梭的载体也已经构建成功,它们通常含有动物病毒,如猴病毒 40 和 CoEl 的复制起点。

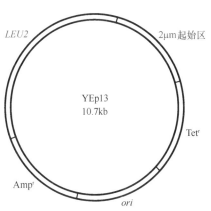

图 5.24　穿梭质粒 YEp13

该质粒含有在酿酒酵母和大肠杆菌中发挥功能的复制起点,同时含有在以上两种菌中可供筛选的基因。

5.3.4 利用质粒载体进行基因替换和功能基因组研究

有些质粒载体被用于将染色体基因替换为经改造后的克隆载体上的基因(第 4 章),也用于功能基因组中基因系统的破坏。在一些替换载体中,质粒克隆载体的复制是有条件的,也即仅在某些条件下质粒才发生复制,在其他条件下,仅当克隆基因与染色体发生重组,质粒中的序列替换了染色体中的序列后才发生复制,而重组几率很低,所以必须有方法筛选出发生重组的细胞,接下来介绍其中一种方法。

5.3.4.1 利用第二个复制起始区的致死效应在大肠杆菌中筛选基因替换

如第 4 章中所讲,绝大多数基因替换要求在克隆基因中引入选择性基因盒,如抗生素抗性。否则很难挑选出突变基因替换染色体后的二次杂合体,有时我们仅需要向染色体引入更微小的突变,如只改变蛋白质的单个氨基酸。

一种轻松引入小序列基因的替换方法已经被开发出来,该方法基于在大肠杆菌染色体中,如果含有两个活性复制起始区时,细胞就被杀死,方法如图 5.25 所示。突变基因首先被克隆到 pSC101 衍生质粒中,该质粒具有四环素抗性(Tet^r),是 repA 基因温度敏感型质粒。由于 *repA*(Ts)突变,所以使

pSC101 的 ori 区在高温下(42℃左右)失活,不能被复制从细胞中丢失,仅在低温时(30℃左右)质粒的 ori 区才具有活性,质粒才能复制。

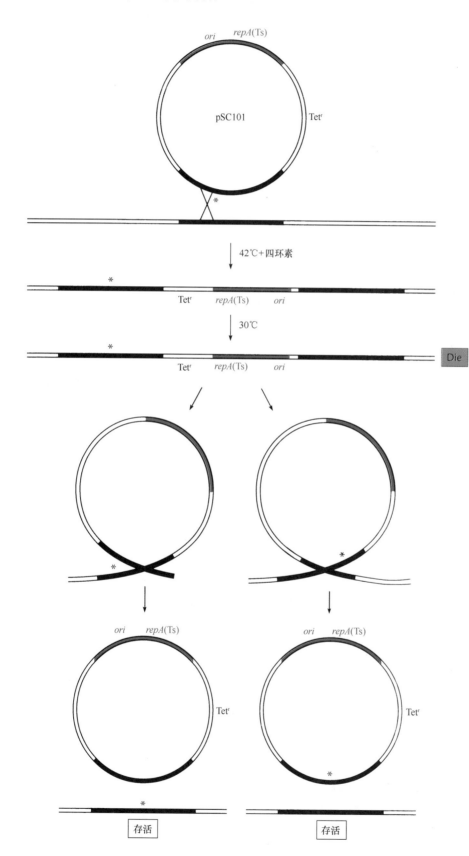

图 5.25 借助第二个复制起点致死效应筛选细胞的方法

将染色体上正常序列改变后(用星号表示),克隆至质粒中,因为 pSC101 载体的 RepA 蛋白是温度敏感型[RepA(Ts)],所以 pSC101 复制起点在 42℃ 不发挥功能。如果用质粒在 42℃ 转化细胞,并涂布于含四环素的平板上,则仅有克隆序列与染色体序列发生单交换,产生四环素抗性(Tet^r)者才能形成菌落。如果转化温度降低至 30℃,则 pSC101 起点被激活,由于细胞染色体有两个复制起点,所以绝大多数细胞将被杀死。仅存下来的细胞是将质粒剪切掉的细胞,根据第二次交换位置的不同,如果质粒含有初始染色体序列,则有些细胞将保持改变后的染色体序列。ori 指质粒复制的起始位点。

利用上述方法,将带有 repA(Ts)突变体和已突变的被克隆基因转化入大肠杆菌中,在42℃高温的四环素抗性平板上筛选转化子。因为质粒不能在此温度下复制,所以仅当被克隆的突变基因与染色体上正常基因间发生了单交换,整合到染色体中,并带 Tet'抗性的细胞才能存活下来,如图5.25所示。这些细胞可以在含四环素抗性平板上被筛选出来。筛选到的转化子染色体上具有两个潜在的复制起始区,一个是本身的 oriC,另一个由整合上的质粒带来,细胞能存活主要是因为高温下质粒的复制起始区失活。当把 Tet'抗性细胞转移至30℃下培养,pSC101 的起始区回复活性,仅当二次交换发生后将质粒从染色体上切除,仅保留染色体的复制区,细胞才能存活,所以仅将细菌放置在30℃下培养就可以筛选出切除质粒的少数细胞。由于二次交换发生的位置不同,一些细胞染色体上的基因回复正常,另一些正常的染色体上出现了突变。

该方法与大多数方法相比,其优势在于剪切下来的质粒仍然在细胞中,而且在30℃能复制。这一点有利于我们确定被突变基因替换后的细胞,染色体上存在的是突变基因,而通过互相交换后,质粒上存在的是正常基因。从存活下来的菌落中纯化质粒,对插入的 DNA 进行序列分析就能确定染色体上所含有的正常基因。与所有基因替换实验一样,染色体上基因替换也要用另外的方法进行确认,如直接对染色体基因 PCR 产物测序(第2章)。

5.3.4.2 在枯草芽孢杆菌中用于基因组基因破坏载体

随着整个基因组测序工作的开始,系统地确定某种生物成千上万个阅读框功能的方法相继产生,方法中要求在确定每个开放阅读框产物功能时,首先使该开放阅读框失活。质粒载体 pMUTIN 是为系统分析枯草芽孢杆菌而开发出的质粒载体,除了允许一个一个破坏基因外,该载体还能表达基因产物,而且表达的是下游基因产物,有效防止在下游基因中产生极性效应(见第3章有关极性的章节),因为许多枯草芽孢杆菌的基因位于操纵子中,所以防止出现极性效应非常重要,枯草芽孢杆菌的高效天然转化系统使得破坏所有基因变得更为容易。

图5.26A 中显示了 pMUTIN 的质粒图谱,该质粒能在大肠杆菌中生长并且具有 Amp'基因。由于该质粒的复制起点是来源于窄宿主范围 CoEl 质粒的复制起点,所以不能在枯草芽孢杆菌中复制,而只有质粒与染色体发生重组时,该质粒才能在枯草芽孢杆菌中存在。染色体上的基因与质粒上的同源序列发生重组,则质粒被整合到染色体中,质粒上具有红霉素抗性(Erm'),又能在枯草芽孢杆菌中表达,所以很容易选择到发生整合的细菌。因为在枯草芽孢杆菌中含有 lacZ 基因的 TIR,一旦发生整合,质粒上的 lacZ 报告基因在目标基因转录时,也会从枯草芽孢杆菌的启动子上开始转录、翻译合成 β-半乳糖苷酶。整合质粒上的诱导性启动子 p_{spac} 也能使操纵子下游基因正常转录,该启动子中含有 lac 操纵子。因为大肠杆菌 lacI 基因作为 Lac 阻遏子被引入(第13章),仅在培养基中出现 IPTG 时才被激活。当然作为大肠杆菌中的基因在转入枯草芽孢杆菌之前进行修饰后才能在其中表达。p_{spac} 启动子上游序列中 λ 噬菌体转录终止子能阻断从任何启动子的转录。

图5.26B 中描述了利用 pMUTIN 质粒破坏三个基因其中之一的克隆步骤,这三个基因具有共同的操纵子,而且要破坏的基因在三个基因的中间。利用 PCR 扩增 orf 2 中间一段序列,将其克隆至 p_{spac} 启动子下游。图5.26C 中指示了含有该基因的质粒转入枯草芽孢杆菌中所产生的结果,Erm'抗性转化子很容易被挑选出来。首先质粒上的克隆序列通过单交换与 orf 2 发生重组整合到染色体中,也使细胞具有了红霉素抗性。因为这个克隆片段是 orf 2 中的一部分,所以它的上下游都不完整,也不会有活性。如果 β-半乳糖苷酶要表达,则在给定条件下操纵子中的启动子 p_{orf123} 必须具有活性。这样使我们很容易得出操纵子正常表达的条件。如果加入 IPTG,orf 3 也能表达,则说明没有极性产生,因此

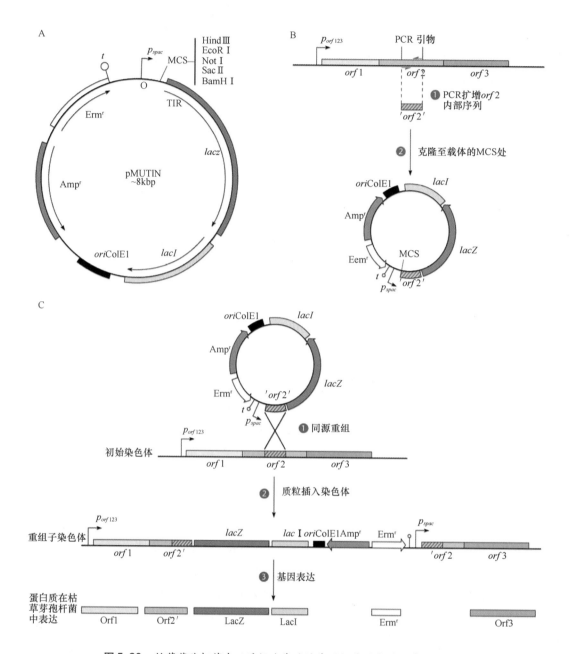

图5.26 枯草芽孢杆菌中以质粒为基础的基因组范围内破坏基因的方法

（A）pMUTIN 载体图谱中 Ampr 基因是用在大肠杆菌中筛选的，Ermr 是用在枯草芽孢杆菌中筛选的。ColE1 是复制起点，但仅允许在大肠杆菌中复制而不能在枯草芽孢杆菌中复制。lacZ 报告基因包括枯草芽孢杆菌一个基因的翻译起始区(TIR)和多克隆位点(MCS)，可以在这里克隆进入 PCR 片段。LacI 抑制子来自大肠杆菌的 lacI 基因，经过修饰后能在枯草芽孢杆菌中被表达。ρ_{spac} 是一个可诱导的杂合启动子，含有枯草芽孢杆菌噬菌体 SP01 的一个启动子序列和三个 lac 操纵子(o)，LacI 抑制子可以结合到该操纵子上，使之可以受 IPTG 诱导。t 是一个强的转录终止子，是由 λ 噬菌体和 rRNA 的操纵子杂合而成 （B）对 pMUTIN 的克隆操作 （1）定向克隆片段内部是靶基因，用 PCR 扩增时在引物上添加与 MCS 上的限制性位点互补的限制性位点(第 2 章) （2）将该片段克隆至质粒的 MCS 位点处 （C）重组载体整合至枯草芽孢杆菌染色体 （1）同源重组至天然的染色体位点 （2）质粒整合后，重组染色体的结构 （3）基因表达产物。orf 或蛋白前面或后面的撇表示仅有 orf 或蛋白的一部分被保留下来

仅 *orf* 2 被破坏,所以在 IPTG 诱导下,任何表型的出现都是因为 *orf* 2 的破坏,从而推测出 *orf* 2 基因的功能。应用本方法还要注意有例外发生,其中重要的一点是 *orf* 2 被破坏,而不是被完全删除,N 端仍然具有某些活性,第二个需要注意的是 *orf* 3 有可能是从另一个不同的启动子上表达,所以产物的量或许会多于或少于正常值,造成潜在的表型差异。

该质粒已经用于破坏枯草芽孢杆菌中超过 4 100 个被注解的开放阅读框,这项工作涉及世界范围内实验室的联合攻关,尤其是欧洲等国和日本的实验室,其中一项成果是确定了枯草芽孢杆菌近 270 个必需基因。在考察哪个基因是枯草芽孢杆菌生长所必需的基因时,必须采取如图 5.26 所示的方法,被克隆的 PCR 片段在 *orf* 2 编码区的中间,当含有该克隆的质粒以单交换插入后,它的两侧序列就不会完整。当细胞中没有一个完整的 *orf* 2 拷贝时,细胞就会死亡,因此当 *orf* 2 产物是细胞所必需的则不会出现 Erm' 转化子。然而,这只是负面证据,为了得到正面证据说明 *orf* 的产物是必需的,则克隆的 PCR 片段应该要么具有 *orf* 产物的 N 末端,要么具有 C 末端。当这样的一个克隆被用来转化细胞时,细胞中就会出现 *orf* 2 完整的一个或多个重复拷贝(第 4 章)。有完整的 *orf* 2 产物存在,细胞就会存活。通常情况下,如果当克隆的 PCR 片段包含 *orf* 两个末端中的任何一个,被克隆片段并不完全在 *orf* 内部时,得到 Erm' 转化子,则说明 *orf* 产物可能是必需的,在枯草芽孢杆菌中已经发现的必需基因中,近 70% 与真核细胞和古菌具有同源性。以上分析方法可能会漏掉那些冗余或在不同培养上生长的必需基因,但是最近已经开展了对重复基因的专门研究。

5.3.4.3 用于基因组基因失活的载体

后面章节将会介绍在染色体基因中进行框式删除,形成真正无义突变子的方法。

小结

1. 质粒是存在于细胞染色体外的 DNA 分子,大多数质粒是环形的,也有少数为线性的。质粒的大小从几千个碱基对到几乎与自身的染色体长度相当。区分质粒与染色体最明显的特点是质粒具有典型的质粒复制起点,而且在它附近具有 Rep 蛋白,而染色体的复制起点是 *oriC*,还具有 *dnaA* 基因和其他染色体复制相关的典型基因。

2. 质粒携带基因所编码的蛋白质在某些条件下对宿主细胞是必需或有益的,但不是在任何条件下都必需。在质粒上携带非必需基因,使细菌宿主染色体较小,对环境变化做出迅速反应。

3. 质粒复制是从唯一的复制起点开始,即 *oriV* 区域。绝大多数质粒特征是由质粒的复制起点决定,如复制方式、拷贝数控制、分离和不相容性。如果一个质粒的其他基因被添加或删除,而 *ori* 区域保留,那么它原先的绝大多数特征仍将保留。

4. 许多质粒以 θ 复制方式进行质粒复制,在唯一的起始区形成复制叉在前导链和后随链上移动,与环状细菌染色体复制极为相似。质粒的另一种复制是滚环复制,与某些噬菌体 DNA 复制和细菌在接合时的复制类似。在滚环复制中,质粒在唯一位点被切开,Rep 蛋白以它的一个酪氨酸与切口处 5′ 端结合,自由 3′ 端被用作引物围绕环状链复制其中一条链,当一圈的复制完成后,5′ 磷酸从 Rep 蛋白转移至 3′ 羟基,形成单链环状 DNA,再利用另一个复制起点合成与之互补的环状单链,最终形成两个双链环状 DNA。线性质粒复制要借助一种以上的复制机制来完成,一些含有发夹结构的线性质粒从内部起始复制形成二聚体环状结构,最后经原端粒酶加工成两个线性质粒。另一些质粒在它们 5′ 端具有末端蛋白及反向重复序列,能通过滑动机制复制末端。

小结(续)

5.质粒拷贝数是指细胞分裂后每个细胞中的质粒数量。

6.不同质粒采用不同的机制调控它们的复制起始和拷贝数,一些质粒用反义 RNA(ctRNA)调控它们的拷贝数。在 ColE1 衍生质粒中,它的 ctRNA 被称为 RNA Ⅰ 干扰前导链复制中引物加工。在 R1、ColIB-P9 和 pT181 质粒中 ctRNA 被称为 RNA Ⅱ,干扰起始质粒 DNA 复制所需的 Rep 蛋白的表达。

7.重复质粒通过两种相互作用的机制调节它们的拷贝数,它们控制起始质粒复制所需要的 Rep 蛋白量,Rep 蛋白也通过重复序列与质粒发生偶联。

8.一些质粒具有特殊的分离机制,保证细胞分裂时每个细胞得到一个质粒。分离系统往往是由两个基因产物蛋白和一个类似中心粒的顺式作用位点组成。其中一种蛋白结合在顺式作用位点,作为正在复制质粒附着的核心,另一种蛋白是 ATP 酶在 ATP 存在时,它能聚合成纤丝,如 R1 质粒中的 ATP 酶与细菌的肌动蛋白 MreB 类似,当细胞中有 ATP 存在时,形成类似肌动蛋白的纤丝。在细胞分裂之前,将复制的质粒推向细胞两端。绝大多数其他质粒的 ATP 酶与某些细菌中染色体分离过程中的蛋白相似,形成许多短纤丝从细胞中央辐射出去,在细胞分裂之前将质粒推向细胞的四分之一和四分之三处。

9.如果两个质粒不能稳定地共存于同一种细菌中,它们是不相容质粒,属于相同的 Inc 组。如果它们具有相同的拷贝数控制系统或相同的分离功能,那么它们不相容。

10.质粒的宿主范围是指质粒能在其中复制的所有生物的总和,一些质粒的宿主范围较宽,能在多种不同细菌中复制;而有些质粒的宿主范围较窄,仅在非常相近的细菌中复制。

11.许多质粒已经被改造为克隆载体,而且是非常理想的克隆载体,它们不杀死宿主,较小且容易分离。有些质粒带有大量的 DNA,被用来制成细菌人工染色体为真核细胞基因组测序服务。在功能基因组研究中,质粒已经被用于在细菌中表达克隆的基因、替换染色体上的基因和系统地失活基因等项任务。

💡 思考题

1.为什么质粒中携带的基因其产物不是正常生长所需要的? 请列举一些你认为会在质粒和不会在质粒中的基因。

2.为什么有些质粒的宿主范围很广,然而并不是所有质粒都具有广宿主范围?

3.单拷贝质粒分离系统(如 F 质粒)是如何发挥作用的吗? 单拷贝质粒如何控制其分离机制的完成?

4.若质粒复制所需基因不在 *ori* 位点附近,怎样确定这些基因?

5.如何判断宿主大肠杆菌的哪一个复制基因(如 *dnaA* 和 *dnaC*)是你发现质粒复制所需要的?

6.R1 质粒的基因上游有一针对 RepA 的前导多肽,为前导多肽编码的序列中有被核糖核酸酶 RNase 分开的 mRNA,因此,前导多肽和下游与翻译偶联的 *repA* 基因被阻断。假如只让 mRNA 的切割仅发生在 RepA 蛋白编码序列上,你认为是否来得更容易一些? 为什么?

7. 证据表明：严紧型质粒在细胞中心复制，但在细胞分裂之前会快速转移至细胞的四分之一位置处。在此时，你认为怎样才能定义四分之一和四分之三的位置？

8. 尝试设计一种方法，对线性质粒末端反向重复序列进行复制，但每次复制不能使 DNA 末端缩短。

❓ 习题

1. IncQ 质粒 RSF1010 具有对链霉素和磺胺药物的抗性。假如分离到了一个对卡那霉素具有抗性的质粒，如何验证你得到的新质粒是否是 IncQ 质粒。

2. 一质粒具有 6 份拷贝。若该质粒无分离机制，则每次细胞分裂，质粒丢失的概率是多少？

3. 假如希望克隆一段人类 DNA，先用限制性内切酶 BamH Ⅰ 切割，再用相同的酶切割质粒 pBR322（图 5.20）。然后连接两者，将连接混合物转化进入大肠杆菌，Amp^r 作为选择标记。简述检验含有人类 DNA 片段质粒的方法。

4. RK2 的氨苄青霉素抗性基因是不可控基因，一个细菌含有这种基因的拷贝数越多，合成的基因产物也就越多。利用这点设计一种方法分离其拷贝数比正常拷贝数多的 RK2 突变体，并确定获得的突变体其突变是否发生在 Rep 编码基因上。

5. 简述如何确定一个质粒是否具有分离系统。

6. 概述如何利用噬菌体启动子促使 pBAC 载体在其末端合成 RNA，如何利用合成的 RNA 鉴定基因文库中的重叠克隆？

7. 使质粒拷贝数中的 Collb–P9 质粒起始区结构 Ⅰ 和 Ⅲ 中两个互补序列之一发生突变，会产生什么结果？分别以有 Inc 反义 RNA 存在和无 Inc 反义 RNA 存在两种情况加以说明。

🖥 推荐读物

Azano, and K. Mizobuchi. 2000. Structural analysis of late intermediate complex formed between plasmid Co Ⅱ b –P9 Inc RNA and its target RNA. How does a single antisense RNA repress translation of two genes at different rates? J. Biol. Chem. 275:1269 –1274.

Bagdasarian, M. R. Lurz, B. Ruckert, F. C. H. Franklin, M. M. Bagdasarian, J. Frey, and K. N. Timmis. 1981. Specific purpose plasmid cloning vectors. Ⅱ. Broad host, high copy number, RSF1010 –derived vectors, and a host vector system for cloning in *Pseudomonas*. Gene 16:237 – 247.

Caspi, R., M. Pacek, G. Consiglieri, D. R. Helinski, A. Toukdarian, and I. Konieczny. 2001. The broad host range replicon with different requirements for replication initiation in three bacterial species. EMBO J. 20:3262 –3271.

Cohen, S. N., A. C. Y. Chang, H. W. Boyer, and R. B. Helling. 1973. Construction of biologically functional plasmids in vitro. Proc. Natl. Acad. Sci. USA 70:3240 –3244.

Funnel, B. E., and G. J. Phillips(ed.). 2004. Plasmid Biology. ASM Press, Washington, D. C.

Hamilton, C. M. Aldea, B. K. Washburn, P. Babitzke, and S. R. Kushner. 1989. A new method

for generating deletions and gene replacements in *Escherichia* coli. J. Bacteriol. 171：4617 −4622.

Khan，S. A. 2000. Plasmid rolling circle replication：recent developments. Mol. Microbiol. 37：477 −484.

Kim，G. E. ，A. I. Derman，and J. pogliano. 2005. Bacterial DNA segregation by dynamic SopA polymers. Proc. Natl. Acad. Sci. USA 102：17658 −17663.

Kobayashi，K. ，S. D. Ehrlich，A. Albertini，G. Amati，K. K. Andersen，M. Arnaud，et al. 203. Essential *Bacillus subtilis* genes. Proc. Natl. Acad. Sci. USA 100：4678 −4683.

Kolb，F. A. ，C. Malmgren，E. Wesof，C. Ehresmann，B. Ehresmann，E. G. H. Wagner，and P. Romby. 2000. An unusual structure formed by anti − sense target binding involves an extended kissing complex and a four − way junction and side − by − side helical alignment. RNA 6：311 −324.

McEachern，M. J. ，M. A. Bott，P. A Tooker，and D. R. Helinski. 1989. Negative control of plasmid R6K replication：possible role of intermolecular coupling of replication origins. Proc. Natl. Acad. Sci. USA 86：7942 −7946.

Meacock，P. A. ，and S. N. Cohen. 1980. Partitioning of bacterial plasmids during cell division：a cis −acting locus that accomplishes stable plasmid maintenance. Cell 20：529 −542.

Moller − Jensen，J. ，R. B. Jensen，J. Lowe，and K. Gerdes. 2002. Prokaryotic DNA segregation by an actin −like filament. EMBO J. 21：3119 −3127.

Novick，R. P. ，and F. C. Hoppensteadt. 1978. On plasmid incompatibility. Plasmid 1：421 −434.

Novick，R. P. ，S. Iordanescu，S. J. Projan，J，Kornblum，and I. Edelman. 1989. pT181 plasmid regulation is regulated by countertranscript −driven transcriptional attenuator. Cell 59：395 −404.

Radloff，R. ，W. Bauer，and J. Vinograd. 1967. A dye −buoyant density method for the detection and isolation of closed circular duplex DNA：the closed circular DNA in Hela a cells. Proc Natl. Acad. Sci. USA 57：1514 −1521.

Shizuya，H. ，B. Birren，U. − J. Kim，V. Mancino，T. Slepali. Y. TAchiiri，and M. Simon. 1992. Cloning and stable maintenance of 300 −kilobase −pair fragments of human DNA in *Escherichia* coli using a F −Factor −based vector. Proc. Natl Acad. Sci. USA 89：8794 −8797.

Thomaides，H. B. ，E. J. Davison，L. Burston，H. Johnson，D. Brown，A. C. Hunt，J. Errington，and L. Czaplewski. 2007. Essential bacterial functions encoded by gene pairs. J. Bacteriol. 189：591 −602.

Vagner，V. ，E. Dervyn，and S. D. Ehrlich. 1998. A vector for systematic gene inactivation in *Bacillus subtilis*. Microbiology 144：3097 −3104.

Yao，S. D. R. Helinski，and A. Toukdarian. 2008. Localization of the naturally occurring plasmid ColE1 at the cell pole. J. Bacteriol. 189：1946 −1953.

接 合

质粒的一个显著特征是具有接合过程,能将自身和其他 DNA 元件从一个细胞转移至另一个细胞。Joshua Lederberg 和 Edward Tatum 于 1947 年首先发现了此现象,当他们将大肠杆菌与其他菌混合培养,发现繁殖的后代在遗传上并不像原始菌株。在本章中将讨论到,Lederberg 和 Tatum 猜测两株菌交换了 DNA,也就是两亲本杂交后产生的后代不像亲本的任何一种,但具有两亲本的特征,但当时还不知道质粒的存在,直到现在才知道质粒的存在是菌株杂交的基础。

6.1 概述

发生接合时,质粒在滚环复制组装过程中将两条链分开,一条链从含有质粒的细菌——供体菌出发,进入受体菌,然后两条单链分别在供体和受体细胞中担当模板复制出完整的双链 DNA 分子。接合的最终结果是受体细胞得到 DNA,转变为接合转化子,图 6.1 给出了接合的大致过程。

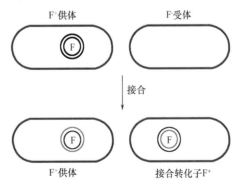

图 6.1 自主转移质粒,F 质粒接合的简单示意图
质粒复制后从供体细胞转移至受体细胞,因此供体和受体细胞均含有质粒。通过接合过程接收质粒的细胞是一个接合转化子。

许多自然界中分离的质粒能够将自身转移至其他细菌中,我们称之为自主转化质粒,自然界中接合系统普遍存在,间接说明接合作用对质粒和宿主菌均具有好处。自主转移质粒能够编码它们在细胞间转移所需的所有功能,有时它也帮助转移运动性质粒,运动性质粒不能编码转移所需的所有蛋白质,而要在自主转移质粒的帮助下才能转移。

任何带有自主转移质粒的细菌都是潜在的供体菌,在革兰阴性菌中,有种称为性菌毛的细胞结构能够帮助接合过程的进行,缺少自主转移质粒的细菌是潜在的受体菌,发生接合的两株菌被称为雌性菌株,潜在的供体菌有时称之为雄性菌株。

自主转移质粒或许存在于所有类型的细菌中,但是在革兰阴性菌中研究最多的是大肠杆菌和假单胞菌中的自主转移质粒,而革兰阳性菌肠球菌、链球菌、芽孢杆菌、葡萄球菌和链霉菌中的研究较多。现在了解最清楚的是从大肠杆菌和假单胞菌中分离到的质粒转移系统,所以接下来我们将主要介绍革兰阴性菌中质粒转移系统,而仅在章节的末尾简要介绍革兰阳性菌中的情况。

自主转移型质粒的分类

细菌质粒有许多不同类型的转移系统,它们都是由质粒 *tra* 基因所编码的,在第 5 章中已经讲过质粒通常是按照它们的不相容性(Inc)分组的,相应的 F⁻ 型质粒采用 IncF 质粒的 Tra 系统,而 RP4 质粒采用 IncP 质粒的 Tra 系统。

尽管在命名上有这样的联系,但转移系统与决定质粒 Inc 组的复制和分离功能之间并没有直接联系。实际上,转移基因与参与复制和分离的基因分布在质粒的不同区域,所以也推断不出转移系统与复制、分离系统间的相关性。但是转移系统却与质粒的 Inc 组紧密相关,一些质粒的转移系统基因产物抑制带有相同 Tra 功能的质粒进入,如果 *tra* 基因与 Inc 组并不相关,则该自主转移质粒就会进入到与之相同的 Inc 组细菌中,这样两个质粒中任何一个都有可能被丢失。

6.2　革兰阴性菌中接合过程的 DNA 转移机制

近年来已经有许多质粒接合方面的细节被搞清楚,尤其是革兰阴性菌中的接合现象,有些进展来自于似乎是两个不同领域的共同研究成果,其中一个是蛋白质分泌类型的研究,另一个是质粒接合系统在植物生物技术等领域的实际应用,促进了我们对质粒转移系统的认识,本章将介绍接合的详细过程。

6.2.1　转移(*tra*)基因

接合过程非常复杂,要完成整个过程需要许多基因产物的参与。转移相关基因被称为 *tra* 基因,该类基因产物是顺式作用因子能与相同细胞中的其他质粒发生作用。F 质粒图谱如图 6.2 所示,在图谱中有很大一段自主转移区域编码质粒转移功能,这个质粒中至少含有 20 个与转移相关的基因(表 6.1),还有 *traST* 基因(进入排阻功能),虽然 *traST* 基因在转移时不需要,但还是与转移具有相关性,能阻止具有相同 *tra* 功能的其他质粒进入细胞中。除了 *tra* 基因外,转移还需要称为 *oriT* 的顺式作用位点。因为自主转移质粒需要许多与转移有关的功能,所以该种类型的质粒通常都比较大。

名称	功能
ccdAB	抑制宿主细胞分裂
incBCE	不相容性
oriT	DNA 接合转移的起始位点
oriV	双向复制起点
sopAB	分离
traABCEFGHKLQUVWX	菌毛生物合成及组装
traGN	杂交对的稳定性
traD	偶联蛋白
traI	松弛酶
traYM	松弛体附件
tra,*finOP*	转移调节
traST	进入排阻

表6.1　一些 F–质粒基因及位点

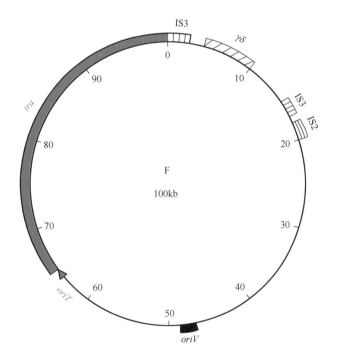

图6.2 100kbp 自主转移质粒 F 的部分遗传和物理图谱

IS3 和 IS2 区域为插入序列；γδ 是已知的转座子 Tn1000；*oriV* 是复制起点；*oriT* 是接合转移起点；*tra* 区域编码许多 *tra* 功能蛋白。

　　自主转移质粒的 *tra* 基因可以分成两种组分，一些 *tra* 基因编码用于加工质粒 DNA 的蛋白质，为转移做准备，称为 Dtr 组分（与 DNA 转移和复制有关），编码 Dtr 组分的基因通常都聚集在 *oriT* 位点。另外由 *tra* 基因编码的一大类蛋白质是 Mpf 组分（与杂交配对有关），这类较大的膜相关结构包括菌毛和膜上的通道，菌毛能将交配的细胞牵引到一起，而通道能供转移质粒通过，下面我们就分别讲解这两种组分。

6.2.1.1 Mpf 系统

Mpf 系统的功能是在交配过程中将供体细胞和受体细胞连接起来,建立供蛋白质和 DNA 转移的通道,还包括在质粒 DNA 转移开始时将交配配对信息传递给 Dtr 系统的蛋白质,图 6.3 所示是自主转移 F 质粒的完整 Mpf 系统。

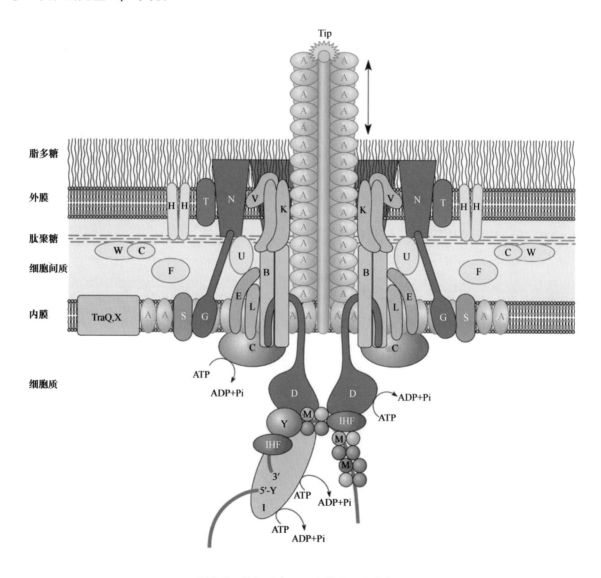

图 6.3　根据现有知识绘制的 F 转移装置

菌毛由每周 5 个 TraA 亚单位的菌毛蛋白组成,菌毛蛋白通过 TraQ 插入内膜,并被 TraX 乙酰化。如图所示,菌毛延伸至 TraB 和 TraK 形成一个孔状结构。TraK 与分泌蛋白类似,通过脂蛋白 TraV 的帮助,锚定在细胞外膜上,TraB 是一种内膜蛋白,它延伸至细胞周质中与 TraK 相接。TraL 从菌毛装配的位置上伸出来,将 TraC 吸引至菌毛的基座处,在那里 TraC 通过消耗能量的方式驱动菌毛的组装。图中给出了由 LUMEN 构成的通道,在菌毛顶部存在尚未特化的特定结构。双向箭头表示菌毛的装配和收缩是两个相反的过程。配对形成蛋白(Mps)包括 TraG 和 TraN,它们有利于配对的稳定性,还有 TraS 和 TraT,它们分别通过进入内部和表面产生清除作用,破坏配对形成。TraF、TraH、TraU、TraW 和 TraC,连同 TraN 是类似 F 系统所特有的,似乎在菌毛收缩、孔的形成、配对稳定性等方面起作用。松弛体包含 TraY、TraM、TraI 和宿主编码的 IHF,松弛体结合在 oriT 的 DNA 切口上,并与偶联蛋白 TraD 发生作用,而 TraD 又作用于 TraB。如图所示,带切口链的 5′端在 TraI 处与酪氨酸结合,3′端以非特异性方式与 TraI 相互作用,不带切口的链图中未给出。TraC、TraD 和 TraI(其上的两个位点是松弛酶和解旋酶发挥活力所必需的)具有利用 ATP 的功能域,图中用弯箭头表示,ATP 被分解成 ADP 和无机磷酸根(Pi)。

（1）菌毛　如图6.3所示，菌毛是 Mpf 结构最突出的特点，它是个类似管子的结构，伸出细胞表面，直径为10nm左右。每根菌毛又由许多菌毛蛋白单体所组成，菌毛组装如图6.4所示。菌毛蛋白合成时带有很长的信号序列，通过细胞膜时信号序列被剪切掉，然后被组装到细胞表面。菌毛蛋白也会环化，头尾相连，这是其他蛋白质中不常见到的。

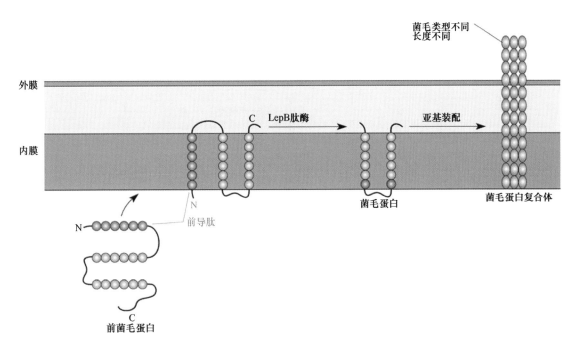

图6.4　细胞表面菌毛的装配
前菌毛蛋白穿过膜时被 LepB 肽酶加工，然后在内外膜间进行组装。

不同的质粒转移系统，其菌毛结构差异较大，比如 F 质粒编码细长而富有弹性的菌毛，pKM101 质粒的菌毛长而坚硬，IncP 组质粒 RP4 的菌毛短粗而坚硬，Mpf 系统中菌毛的不同结构在不同条件下具有不同的转移效率，如 F 质粒细长而富有弹性的菌毛有利于细胞悬浮在肉汤培养基中发生质粒转移，而 RP4 短粗坚硬的菌毛当细胞在固体表面，如膜上交配时效率更高，不怎么需要运动就可以完成。所以长的富有弹性的菌毛利于在液体环境中帮助将交配细胞聚集起来，短而坚硬的菌毛利于将交配菌富集在固体表面上。为了应对多种环境，IncI 质粒如 Col1b‐P9 能产生两种类型菌毛，一种细而长，一种短而坚硬，前者增加了在液体环境中的交配频率，后者增加了在固体表面上的交配频率。

尽管人们对雄性细胞菌毛观察研究在很早以前就开始了，但菌毛在接合中的功能还不清楚，它们或许仅将交配的细胞聚集在一起，或许在 DNA 转移功能上还有更加直接的作用，然而，早先认为 DNA 通过菌毛进行交配的假设似乎并不正确。

（2）通道　除菌毛外，Mpf 系统还编码通道或孔结构，接合过程中 DNA 由此通过。已经知道 *tra* 基因产物能够形成孔，但孔的具体结构因观察不到而了解得很少。

（3）偶联蛋白　Mpf 组分是首先与受体细胞接触的成分，在 DNA 转移之前，它与其他细胞接触的信息将会传递给 Dtr 组分，两组分间的交流是靠偶联蛋白完成的，它也是 Mpf 系统的一部分。如图6.5所示，偶联蛋白结合在通道膜上是进行专一性转运质粒所特有的，仅当结合了偶联蛋白的质粒才能发生转移。Mpf 系统遇见受体细胞的信息首先传递给偶联蛋白，然后激活松弛酶，该酶在质粒 DNA 上切

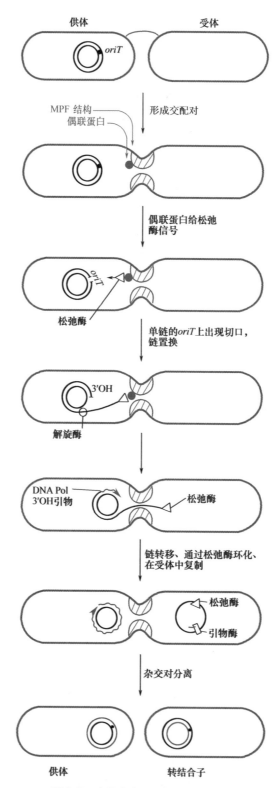

图6.5 在接合期间 DNA 转移机制

供体细胞表面先生出一根菌毛,接触潜在的受体细胞,使受体细胞与共体细胞紧密接触或者固定住受体细胞,具体采取哪种方式,取决于菌毛的类型。在细胞膜接触处形成一个孔,受体菌一旦接收到来自偶联蛋白的信号,松弛酶蛋白就会在质粒的一条单链的 *oriT* 处切开一个小口,然后质粒编码的解旋酶分开质粒 DNA 双链。解旋酶蛋白结合在单链 DNA 5′端,经通道直接将它连接的单链 DNA 从供体细胞带出来然后进入受体细胞,在松弛酶蛋白帮助下,进入受体细胞的单链 DNA 发生环化。受体细胞中由质粒或宿主菌编码的引物酶,根据互补链合成引物,并开始在受体细胞中合成双链环状质粒 DNA。供体细胞中,由松弛酶产生切口的 3′端也能作为引物,在供体细胞中合成一条单链质粒 DNA 的互补链。因此,DNA 发生转移后,供体菌和受体菌中均会有一个双链环状质粒的拷贝。

开一个缺口,启动转运过程。偶联蛋白有时也被称为船坞蛋白,因为它结合或锚定那些即将被转运的蛋白质至膜的通道上,该蛋白质专一性地识别某些质粒上 Dtr 组分的松弛酶和被转移的其他蛋白质,所以一种要被船坞蛋白锚定的蛋白质必须含有某种特定的氨基酸序列,以便系统识别并将其转运出去。

6.2.1.2 Dtr 组分

Dtr(或 DNA 加工)组分是自主转移质粒准备转移质粒 DNA 的功能性成分,现在已经知道有许多蛋白质参与构成该组分,并且许多蛋白质的功能也清楚了。

(1)松弛酶　松弛酶是质粒 Dtr 组分的一个核心组成部分,它是一种特殊的 DNA 内切核酸酶,能在 *oriT* 序列上的 *nic* 位点切开一条单链形成切口,启动转移过程。松弛酶的作用方式如图 6.6 所示,与 Rep 蛋白在质粒滚环复制中的作用类似,松弛酶在 *nic* 位点切开磷酸二酯键,将脱氧核苷键转移至自身的酪氨酸上,该反应被称为转酯反应,因为没有新化学键断裂或形成,所以反应几乎不需要能量。转移反应使松弛酶蛋白通过自己的酪氨酸与切开的单链 5′端连接,随着 DNA 转移至受体细胞中。实际上是松弛酶蛋白发生转移,而 DNA 随着松弛酶的"便车"发生了转移。

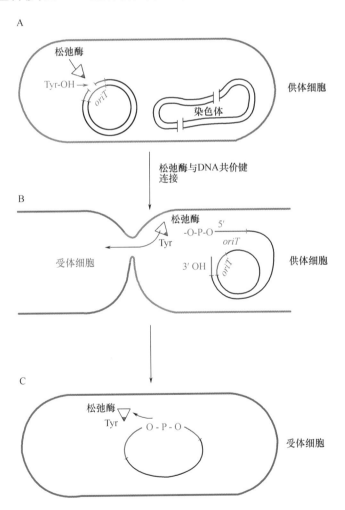

图 6.6　松弛酶催化的反应

(A)松弛酶在 DNA 上 *oriT* 特定位点切开一个切口,通过转酯化反应松弛酶上的一个酪氨酸与切口处 5′磷酸端连接　(B)松弛酶携带 DNA 链转移至受体细胞　(C)与初始的转酯反应相反,磷酸根被转移至 DNA 另一端的 3′羟基上,DNA 发生环化,释放出松弛酶

一旦进入受体细胞后,松弛酶将质粒再环化,刚好做在供体菌中相反的工作。它连接两个切断的 *oriT* 序列,将磷酸键从自身的酪氨酸上转移至 DNA 的 3′羟基脱氧核苷酸上(图 6.6)。转酯反应重新使 DNA 分子上的切口愈合,释放出松弛酶,在完成任务后松弛酶也被降解,转移的质粒在受体细胞中以单链存在。

(2)松弛体　松弛酶蛋白仅是供体细胞中较大松弛体的组成部分,松弛体通常由很多蛋白质组成,并结合在质粒 *oriT* 序列上。松弛体中大多数蛋白质的功能还不清楚,它们或许是帮助松弛酶与 *oriT* 序列结合,分开 *oriT* 序列双链启动转移。它们也许还帮助与 Mpf 系统中的偶联蛋白进行信息交流,Mpf 系统告诉松弛酶什么时候可以在 *oriT* 位点切开质粒。在某些质粒中松弛体的其他蛋白也许是解旋酶,帮助从 *oriT* 序列开始将 DNA 双链分开,而在另一些质粒中,这些解旋酶好像就是松弛酶蛋白本身的一部分。不论它们的功能如何,松弛体的其他蛋白质都不被转移至受体细胞中,也许因为被转移的 DNA 本身就是单链,不需要它的解链功能。

(3)引物酶　在供体菌中 Dtr 系统合成的另一组分是引物酶,引物酶是染色体 DNA 复制时合成 RNA 引物所需的,RNA 引物能引导 DNA 后随链及质粒的复制。然而引物酶在供体菌中的作用并不清楚,在供体中可以不需要引物酶,因为 *oriT* 的切口处有自由的 3′羟基末端,在转移中可以作为复制引物,与质粒滚环复制中的第一阶段复制起始类似(第 5 章)。当 DNA 转移至受体菌后,合成互补链时需要 RNA 引物,但引物酶是在供体细胞中而不是受体细胞中合成。

一种解决方案是在供体细胞中合成的引物酶与 DNA 一起发生转移,一些巧妙的实验也证实在某些细菌中确实如此。据研究者推测,在整个转移过程中仅有很少的引物酶分子发生转移,所以很难确定其生化特征,然而如果质粒的引物酶确实发生了转移,则该酶在 DNA 或质粒复制时能够替换宿主中的引物酶。因此他们采用了一株引物酶温度敏感型突变株作受体菌(第 4 章),当温度升高到不允许的温度时,染色体 DNA 复制因为没有引物酶而停止下来,然而如果细菌刚刚接受了自主转移质粒后,在一些细胞中复制将会继续,假定新转移质粒的引物酶替代了染色体失活的引物酶。

为什么不利用宿主细胞中的引物酶而要自己合成后从供体菌转移至受体菌呢?或许是因为这样能使质粒在更广的细菌种类中转移。有时滥交质粒能转移至与之最初的宿主菌相差很远的细菌中,该细菌中的引物酶并不能识别质粒 DNA 上的序列,引导互补链的合成,这时质粒就会左右为难,因为它不能在细胞中合成自己的引物酶(因为转移的质粒 DNA 是单链分子,不能作为模板进行复制),在没有自己的引物酶时,就不能合成模板双链 DNA。将自己的引物酶连同 DNA 一块转移进受体细胞就会避免上述问题的出现。然而,一些质粒确实有引物酶基因,能够从单链 DNA 上转录获得,所以这也不是所有质粒碰到的问题。

除引物酶外,接合系统还会分泌其他种类的蛋白质,包括在受体菌细胞膜上形成通道的蛋白质,这可以解释为什么有些转移能力非常强的质粒其至能够将自己转移至真核细胞中,因为它们能在受体细胞上用质粒蛋白形成转移通道。宿主蛋白 RecA 也可以通过质粒被转移,然而必须清楚只有被转移的蛋白质被偶联蛋白所识别,并被锚定到通道上才能发生转移。

6.2.2　*oriT* 序列

oriT 位点不但是质粒转移的起始位点,而且是质粒转移之后 DNA 末端重新环化的位点。由于一个 *tra* 基因编码的特异内切核酸酶只作用于这个序列,因此质粒转移在 *oriT* 位点特异地启动。还可推测,质粒编码的解旋酶也在此进入 DNA 并分离 DNA 双链。此外,转移之后 DNA 的两个末端可能也是

在 *oriT* 序列处重新被连接,所以质粒要能转移,就必须拥有特异的 *oriT* 序列。事实上,如下所述,一个自主转移质粒可转移任一含有 *oriT* 序列的 DNA。

oriT 序列的基本特点正在研究之中,已经知道 F 质粒的 *oriT* 序列不到 300bp,含有反向重复序列和一个富含 AT 碱基对区域,这些序列对 *oriT* 功能的重要性正在研究。

6.2.3　雄性专一性噬菌体

某些类型的噬菌体仅侵染细胞表面具有菌毛的细菌,而所有噬菌体均是先吸附在细胞表面启动侵染的(第 8 章)。我们将吸附在自主转移质粒性菌毛上的噬菌体称为雄性专一性噬菌体,因为它们仅侵染供体菌,即"雄性"能转移 DNA 的细菌。M13 和 R17 是专门侵染带有 F 质粒细菌的雄性专一性噬菌体,而 Pf3 和 PRR1 是专门侵染带有 IncP 组 RP4 质粒细菌的雄性专一性噬菌体。

如果雄性专一性噬菌体仅侵染表达菌毛细菌,则突变菌毛组装所需要的任何 *tra* 基因都能防止噬菌体的侵染。这为我们提供了一个简便确定哪些 *tra* 基因是编码表达于细胞表面菌毛所需的蛋白质,哪些又与编码 DNA 转移功能有关。采用本方法检测特定的 *tra* 基因时,可以用噬菌体侵染含有 *tra* 突变基因质粒的细菌,如果噬菌体能在宿主中繁殖,说明被突变的基因并不是编码表达菌毛蛋白所必需的。

带菌毛的细菌容易被噬菌体侵染,这可以解释为什么质粒的 *tra* 基因通常是严谨型控制。绝大多数自主转移质粒进入细菌后立即表达菌毛,之后仅会间断地表达。如果含有该质粒的细胞一直表达菌毛,则很容易被雄性专一性噬菌体侵染,含质粒的细菌将被破坏,所以含自主转移质粒间断表达菌毛时,就能限制噬菌体通过菌毛侵染细胞。

6.2.4　转移效率

转移系统的一个重要特征就是它们的转移效率。在最适条件下,一些质粒能差不多 100% 转移到相接触的细菌中,这种高效性已被用于细菌及转座子突变中克隆基因的转移中,两者都需要高效地转移 DNA,下面章节将讨论这些方法。

6.2.4.1　*tra* 基因的调节

许多自然存在的质粒进入细菌后,只在非常短暂的时间里高效转移,以后转移仅零星发生。大部分时间 *tra* 基因被抑制,不合成菌毛蛋白,不具有 *tra* 基因的其他功能,菌毛丢失。偶尔抑制被解除,在某个时间内有小部分细菌发生质粒转移。

前面已经讲过,质粒通常会通过抑制 *tra* 基因阻止一些噬菌体感染,菌毛为一些噬菌体提供吸附点,假如菌群中所有细菌一直都有菌毛,噬菌体就能迅速繁殖并侵染乃至杀死所有带有质粒的细菌。

间歇性表达 *tra* 基因可能不会阻止质粒在菌群间的迅速传递,当一个含有质粒的菌群,遇到一个不含质粒的菌群时,带有质粒的菌群中质粒 *tra* 基因表达,质粒将转入另一个细菌中。当质粒进入一个新的细菌后,*tra* 基因有效表达会导致质粒从一个细菌转移到另一细菌的连锁瀑布式反应,最终菌群中的绝大部分细菌都将含有该质粒。

6.2.4.2　IncF 质粒 *tra* 基因的调节

IncF 质粒 *tra* 基因的调节比其他类型的质粒研究得更广泛。如图 6.7 所示,这类质粒的转移依赖 TraJ(一种转录激活子)。转录激活子是启动 RNA 合成时所需的一种蛋白质。如果 TraJ 一直被合成,其他 *tra* 基因产物就被不停地合成,细菌就会一直拥有菌毛。但是,TraJ 的转录在 *finP* 和 *finO* 两种质粒基因产物的共同作用下被抑制,*finP* 和 *finO* 分别编码一种 RNA 和一种蛋白质。FinP RNA 为一种

反义 RNA,它从一个操纵子内部开始转录,并且同 *traJ* 基因的转录起始位点正好相反。FinP RNA 和 *traJ* 基因的配对结合阻止了 TraJ 的翻译。FinO 蛋白质能稳定 *FinP 反义 RNA*。当质粒首次进入一个细菌,*FinP RNA* 和 FinO 蛋白质都不存在,因此 *traJ* 基因产物被转录,其他 *tra* 基因产物也被合成,其结果是细菌上菌毛出现,质粒被转移。质粒双链形成后,质粒将合成 FinP RNA 和 FinO 蛋白,从而抑制 *traJ* 基因,以致质粒不再传递。至于以后为什么质粒 *tra* 基因呈间歇性表达,目前还不清楚。

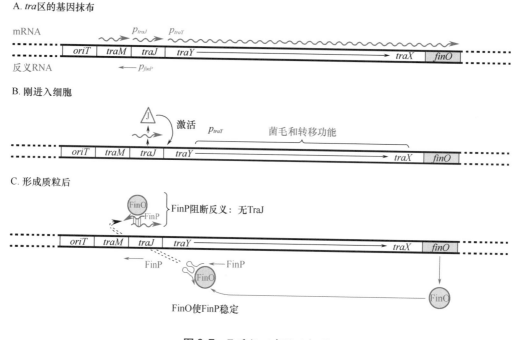

图 6.7　F 质粒可育性的抑制

图中仅给出文中讨论的 *tra* 基因相关内容。

(A)*tra* 区的基因排布　(B)*traJ* 基因产物是一种转录激活子,从启动子 p_{traY} 转录其他 *tra Y-X* 基因和 *finO* 基因需要这个激活子　(C)反义 RNA——FinO 与 *traJ* mRNA 杂交,阻断了 *traJ* mRNA 的翻译,使 FinP RNA 更稳定

　　F 质粒是第一个被发现的转移质粒(图 6.2,表 6.1),巧合的是它的发现还得益于 *finO* 基因的发现。由于 *finO* 基因插入突变,F 质粒自身成为一个总能表达 *tra* 基因的变异体,性菌毛几乎总是从含有 F 质粒的细菌表面伸出。只要有受体细胞,F 质粒总能发生转移,提高质粒转移效率,促进接合发生。高转移率突变体已经从普通的转移系统中分离出来,并用于基因克隆及其他应用领域。

6.2.5　质粒的种间转移

　　许多质粒的转移系统能使 DNA 在亲缘关系并不相近的细菌种类间转移,这些质粒被称为滥交质粒,包括 IncW 组质粒,如 R388;IncP 组质粒,如 RP4;IncN 组质粒,如 pKM101。IncP 组质粒能将自己或其他质粒从大肠杆菌中转移至任何革兰阴性菌中,最近研究表明它还能以较低频率转移至蓝细菌、革兰阳性菌,如链霉菌,甚至植物细胞中。F 质粒能从大肠杆菌中转移至酵母细胞中,但以前还不知道它是滥交质粒(专栏 6.1)。

　　滥交质粒转移 DNA 或许在生物进化中具有重要作用,这样的转移可以解释为什么相关种类不同生物中会有功能相近的基因,这些基因可以通过滥交质粒在较近的进化时期进行转移,这是为什么相

近的基因会在两种生物中存在。

种间质粒转移在采用抗生素治疗人类和动物疾病时,将产生严重后果。绝大多数滥交质粒,包括 IncP 组质粒 RP4 和 IncW 组质粒 R388 均从医院分离到。这些大质粒(也称为 R 质粒,因为它们具有抗生素抗性)的大量涌现主要是由于抗生素在医学和农业领域的混乱应用,抗性基因可能来源于产生抗生素的土壤细菌中,如放线菌。在第 10 章中,我们将讨论在转座子帮助下抗生素抗性基因是如何组装到滥交 R 质粒上的。

不管抗性基因的来源如何,R 质粒的出现提示我们抗生素只能在绝对需要的时候才能使用。随便将抗生素用于人类和动物疾病的治疗时,带有 R 质粒的细菌就从正常菌群中筛选出来,它们又能很快地转移至外来致病菌中,使其具有抗生素抗性,最后感染反而更难控制。

专栏6.1

不同生物界的基因交流

一些质粒不仅能进入各种细菌中,有时也能进入到真核生物中,也就是说可以进入到不同生物界的生物体中。

植物中的根癌农杆菌(*A. tumefaciens*)和冠瘿瘤

关于细菌质粒能进入真核生物的第一次发现是在植物根癌疾病中。根癌疾病是由根癌农杆菌引起的。根癌病通常是植物上根连着茎部位(根茎)上的一种肿瘤。根癌农杆菌的有毒菌株含有一种能产生肿瘤的 Ti 质粒。这种 Ti 质粒是正常细菌自主转移的许多质粒中的一种。在图 A 部分显示了一种典型的 Ti 质粒图谱,跟其他自主转移的质粒一样,Ti 质粒编码具有转移功能的蛋白质以允许它们自己可进入到其他细菌中。为什么这种质粒备受关注? 是因为它们能够只转移自身的部分片段,也就是 T - DNA 区域进入到植物体内。1970 年的这个发现促使转基因植物的出现。因为任何一个外来基因都能克隆到 Ti 质粒 T - DNA 区域上,然后随着 T - DNA 片段一起转入到植物体内,最终整合到植物 DNA 上。整合的外来基因能够改变植物体,因为它们会在植物体内转录和翻译。图 B 部分显示了整个操作流程,按照这个流程,将一个对卡那霉素有抗

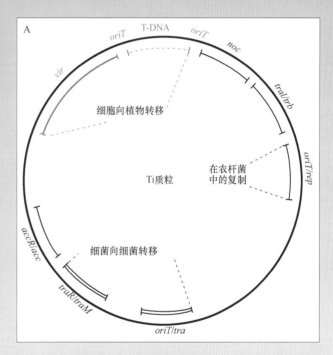

(A)Ti 质粒

(A)一个 Ti 质粒的结构,标出不同区域并从顶部按照顺时针方向一一讨论。T - DNA 与 oriT 序列相邻,将会转移至植物中。T - DNA 含有能在植物体中表达的冠瘿碱和植物激素基因(未标出);noc 基因编码胭脂氨酸酶用于冠瘿碱在细菌中的分解代谢;tra 基因用于向其他细菌的转移;oriV 区域用于细菌中质粒的复制;oriT 和 tra 功能基因,用于向其他细菌转移;acc 基因用于分解代谢其他种类的冠瘿碱;vir 基因用于向植物转移。

性的基因插入到 Ti 质粒的 T−DNA 区域,最终这个基因便能在植物中表达。把一片叶子浸泡在含有许多工程 Ti 质粒的细菌溶液中,有 T−DNA 插入到染色体的转基因植物能再生,并选择性地出现在含有卡那霉素的植株上。关于这个技术以及重组质粒转化农杆菌都已经工业化,并且应用到转基因植物上,作为它们自身的杀虫剂。这样更加安全健康,使植物能在更恶劣的环境下生存。

vir 区域(图 A)编码具有能将 T−DNA 转移进植物体的功能蛋白。这个区域与质粒转移区域(tra)不同,质粒转移区域要求将整个质粒转移进其他细菌中,但是它的功能与其他质粒转移基因和其他Ⅳ型分泌系统的功能类似。图 C 所示Ⅳ型分泌系统的结构是由 Ti 质粒 vir 区域编码。跟质粒转移区域(tra)类似,vir 区域编码一种交配对生成(Mpf)系统,这个交配对形成系统能精细地形成一个菌毛,一个处理用于转移的 DNA 的 Dtr 系统。菌毛由菌毛蛋白组成。菌毛蛋白是 virB2 基因的产物,而且它是环状的,跟其他Ⅳ型分泌系统菌毛的菌毛蛋白一样。Mpf 系统也含有一个偶联蛋白。这个偶联蛋白是 virD4 基因的产物,它能与含有特殊松弛酶的松弛体交流。而松弛酶是 virD2 基因的产物,它能分开位于质粒 T−DNA 边缘的序列。另外它还能在 T−DNA 转移进植物时,一直保持与单链 T−DNAs 的 5′末端共价结合。松弛酶切断的边缘序列与 IncP 质粒的 oriT 序列类似。而且,它切断的位点也与 IncP 质粒松弛酶在 oriT 序列上切断的位点完全一致。

这就是 T−DNA 转移系统开始不同于正常的质粒转移基因(tra)DNA 转移系统的地方。除了作为释放素的功能外,VirD2 蛋白也含有进入植物体内就能立刻锚定到植物细胞核上的氨基酸序列,这些序列称为核酸定位信号。它们是最基本的"密码",告诉植物体一种特殊的植物核蛋白在细胞质中被翻译后立刻被转移进细胞核。通过模拟这种"密码",VirD2 蛋白能欺骗植物并携带 T−DNA 一起转移到细胞核。一旦进入到细胞核,T−DNA 便会重组到植物 DNA 上。当 T−DNA 重组到植物 DNA 上后,质粒的 T−DNA 便编码合成植物激素,这些植物激素能诱导植物细胞大量增生并形成肿瘤,也就是冠瘿瘤。T−DNA 也能编码一系列的酶,这些酶能合成一些特殊的小分子。而这些特殊的小分子又是由一个氨基酸(如精氨酸)连接到碳水化合物(如丙酮酸盐)组成的。这些称为冠瘿碱的化合物是从肿瘤中分泌出来的。植物能够表达位于 T−DNA 上的基因并制造这些化合物。因为位于 T−DNA 上的基因是基本的植物基因,它含有植物启动子和植物翻译起始区域。同时,早在细菌中,Ti 质粒运输的基因便是允许使用特异冠瘿碱的基因,这些特异的冠瘿碱是由以碳氮为来源的菌株制造的。只有很一少部分细菌能够降解冠瘿碱。这给了含有特异 Ti 质粒的农杆

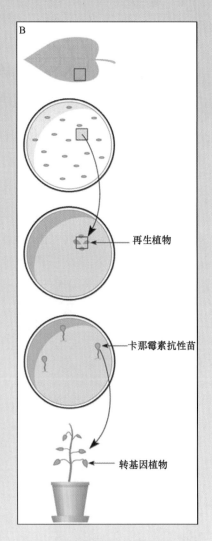

(B)制备转基因植物的过程

专栏 6.1（续）

菌属一个好处。以这种方式,细菌在消耗植物营养的同时能制造自身特殊的"生态小环境"。

根癌农杆菌与寄主植物的相互作用呈现出另一些有趣的生态学现象。当含有 Ti 质粒的细菌遇见一种植物,植物产生的酚残基和单糖活化了一个双组分调控系统 VirA – VirG。VirA – VirG 可以激活转移 T – DNA 进入植物的 vir 基因转录。犹如要分享发现易感植物的幸运,质粒也诱导 VirA – VirB 系统,激活 tra 基因转录,将 Ti 质粒转移至周围缺少 Ti 质粒的农杆菌中,缺乏 Ti 质粒的农杆菌不能将冠瘿碱作为碳源、氮源和能源使用。关于双组分系统以及双组分系统在面对体外信号时如何激活基因等更详细的讨论见第 14 章。

另一个质粒编码的蛋白质 VirE2,也会转移到植物的细胞质中。这个蛋白质并不进入到细胞核中,但是可能会在植物细胞膜上形成一个允许 T – DNA 进入的通道。如果其他 tra 系统编码蛋白质,它将帮助解释一些共轭系统极端混乱情况。如果其他转移系统也分泌蛋白形成它们自己在受体细胞膜上允许 DNA 通过的通道,tra 系统在选择受体细胞时就会变得更自由。细胞膜通道可能在大多数类型的细胞中都能组装起来,因为双极性脂膜在所有生物中都是相似的。

转移广谱宿主性质粒到真核生物中

很明显,Ti 质粒被设计成能将它自身一部分转移到植物细胞中。最近一些出人意料的研究结果是其他细菌质粒也能转移自身或动员其他质粒进入到真核生物细胞中。一个典型的例子是,Ti 质粒能动员其他质粒进入到植物细胞中。正如前面提到的,Ti 质粒 T – DNA 的序列被认为是 oriT 位点,Ti 质粒的 tra 功能被认为是移动 T – DNA 进入到植物细胞中。质粒 RSF1010 和由它衍生的质粒,也能通过 Ti 质粒转移进入到植物细胞中,这证明了它们含有正确的 mob 序列。

质粒不仅能进入到植物中,有时它们也能转移进入到更低等的真菌中。因为真菌细胞表面和植物的细胞表面差异较大,所以这一发现是非常令人惊讶的。但是从 Ti 质粒这种情况来说,我们推测其转移功能已经发展到可以识别植物细胞。但至于细菌质粒为什么能发展到可以识别其他生物界生物的原因还不清楚。无论是什么原因,真核生物和细菌之间的基因转移将在进化中扮演重要角色。

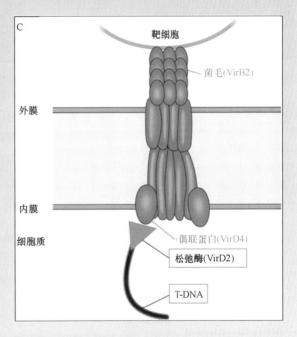

（C）用于将 T – DNA 转移至植物的
细菌Ⅳ型分泌系统的结构

参考文献

Bates,S.,A. M. Cashmore,and B. M. Wilkins. 1998. IncP plasmids are unusually effective in mediating conjugation of *Escherichia coli* and *Saccharomyces cerevisiae*: involvement of the Tra2 mating system. J. Bacteriol. 180:6538 –6543.

专栏 6.1(续)

　　Brencic,A.,and S.C.Winans.2005.Detection of and response to signals involved in host - microbe interactions by plant -associated bacteria.Microbiol.Mol.Biol.Rev.69:155 -194.

　　Buchanan - Wollasten,U.,J.E.Passiatore,and F.Cannon.1987.The *mob* and *oriT* mobilization functions of a bacterial plasmid promote its transfer to plants.Nature (London) 328:172 -175.

接合系统和Ⅳ型分泌系统

　　在接合过程中,涉及 DNA 转移的 Mpf 系统结构与Ⅳ型蛋白质分泌系统非常相似(专栏6.2),该系统能直接将致病性蛋白转移至真核细胞中,Mpf 系统还与自然界中细菌吸收 DNA 相关(第7章)。蛋白质Ⅳ型分泌系统将在第15章中讲到。

专栏6.2

接合和Ⅳ型蛋白质分泌系统

　　现代细胞生物学中一个有趣的发现是适应某种环境而产生的机制,同样被用于适应别的条件。也即在长期与环境斗争中,细胞的一种分子机制能应用于多种环境条件下。有一个例子是关于注射器状的Ⅲ型分泌系统和细菌鞭毛系统的亲缘关系。注射器状的Ⅲ型分泌系统能分泌蛋白质直接进入到真核细胞中,并且此过程可作为疾病发生过程的一部分,而细菌鞭毛系统能够帮助细菌游动。这些发现被提上日程,因为随着计算机技术的发展,研究相关序列的数据库发展起来,如 GenBank 含有成千上万的序列。这些序列都是长年积累起来的。一旦测定了某个基因序列,那么就能在这些数据库中搜索到相关基因(专栏3.7)。用许多接合系统中 *tra* 基因序列与Ⅳ型分泌系统的 *vir* 基因序列进行比对,很明显可以发现它们当中的大部分都有共同祖先。显然,从一个细胞转移大分子到另一个细胞的基本机制也适用于许多不同的特异功能中。

　　接合和Ⅳ型分泌系统有很多相同的地方,在接合发生时,Tra 发挥功能,将 DNA 和与之相伴的蛋白质从一个细菌转移到另一个细菌。这些其他细胞可以是细菌,在一些情况下如 Ti 质粒,也可以是真核植物细胞。Ⅳ型分泌系统也类似,它们从一个细菌细胞中直接转移蛋白质到真核细胞,是致疾机制之一。在转移大分子通过特殊的膜结构时,这两种系统类型都需要菌毛或者另一个外源凝集素来保持细胞聚集在一起。这两个系统都非常特殊,而且只有一些类型的蛋白质或者质粒 DNAs 能被转移。然而这两个系统类型的紧密联系是非常让人惊讶的,实际上,它们可能拥有相同的过程而呈现不同的表型。

　　Ⅳ型分泌系统与接合的亲缘关系通过比较称为 VirB 的根癌农杆菌将 T - DNA 转移系统与一些Ⅳ分泌系统来加以说明。VirB 转移系统 Mpf 的图显示在专栏6.1图中。正如专栏6.1所讨论的那样,T - DNA 转移系统从细菌中转移质粒的 T - DNA 部分到植物细胞中,它也转移能形成植物细胞膜通道的蛋白质和松弛酶蛋白。松弛酶蛋白作为蛋白质是双重的,因为它能够把 T - DNA 定位到可进入植物 DNA 的细胞核上。这个转移系统与其他质粒的接合系统具有共同特征。因为它也能编码菌毛、松弛酶、偶联蛋白和分子伴侣,还有其他一些转移系统所需的蛋白质。

专栏6.2(续)

实际上,在 T-DNA 转移系统中,F 和 R388 质粒 Tra 系统的大多数蛋白质被认为是同系物。而且,一些致病细菌能转移蛋白质到真核细胞中并作为疾病发生过程的成员。这些蛋白质也有类似的功能。最令人惊讶的相似性系统之一是引起胃溃疡的幽门螺旋杆菌(*Helicobacter pylori*)CagA 毒素分泌系统。这种Ⅳ型毒素分泌系统至少有五种蛋白质与农杆菌属 Ti 质粒 T-DNA 系统相似。这个系统传递毒素直接进入细菌细胞膜和真核生物细胞,在这里毒素在酪氨酸处被磷酸化,在磷酸化的状态下,毒素会在细胞内引起许多改变,包括改变肌动蛋白细胞骨架。另一个致病细菌是引起百日咳的百日咳杆菌(*Bordetella pertussis*),也有Ⅳ型分泌系统。这个Ⅳ型分泌系统与 T-DNA 系统之间有 9 种同源蛋白。这个系统通过细菌细胞外膜分泌百日咳毒素。一旦分泌到细胞外,百日咳毒素便会组装成一种能进入到真核细胞的类型,进入到真核细胞中,百日咳毒素便会 ADP 糖基化 G 蛋白,然后干涉信号途径并引起疾病症状。

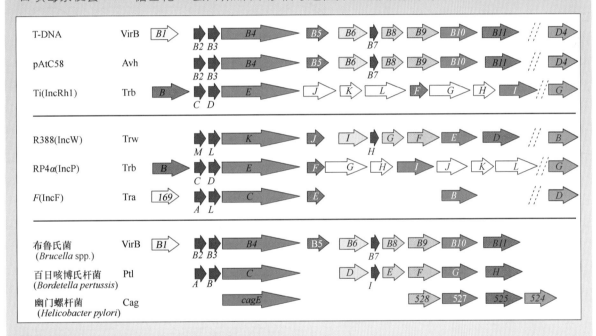

Ⅳ型分泌基因座中基因的排列。编码 VirB 同源物的相似基因用阴影标出,编码与 VirB 无关蛋白质未用阴影标出。(上)根癌农杆菌(*A. tumefaciens*)是首个被确认携带三种不同底物的Ⅳ型分泌系统的细菌,例如,向植物转移 T-DNA 和蛋白质效应分子的 VirB 系统,向其他细菌转移 pATC58 的 Avh 和转移 Ti 质粒的 Trb。(中)其他细菌中直接进行接合型 DNA 转移的典型Ⅳ型分泌系统。(下)在感染过程中,直接进行蛋白质转移的典型Ⅳ型分泌系统。

　　然而大部分令人惊讶的证据是与Ⅳ型分泌有关的接合,是来自于能引起军团菌病的嗜肺军团菌(*Legionella pneumophila*)的毒力系统。跟许多致病细菌一样,这些细菌也能在巨噬细胞中繁殖,特别是在用来杀死它们的白细胞中繁殖。这些细菌被巨噬细胞吞噬,但是接着它便分泌蛋白质分解吞噬它们的吞噬小体。Ⅳ型分泌系统的成分与一些自主转移质粒中 Tra 功能中的成分类似。而且Ⅳ型分泌系统能以很低的频率移动质粒 RSF1010。

参考文献

Christie, P. J., K. Atmakuri, V. Krishnamoorthy, S. Jakubowski, and E. Cascales. 2005.

专栏6.2(续)

Biogenesis, architecture, and function of bacterial type IV secretion systems. Annu. Rev. Microbiol. 59:451 −485.

　　Covacci, A., J. L. Telford, G. Del Giudice, J. Parsonnet, and R. Rappuoli. 1999. *Helicobacter pylori* virulence and genetic geography. Science 284:1328 −1333.

　　Vogel, J. P., H. L. Andrews, S. K. Wong, and R. R. Isberg. 1998. Conjugative tranfer by the virulence system of *Legionella pneumophila*. Science 279:873 −876.

6.2.6　可移动性质粒

　　一些质粒并非自主转移质粒,但能借助同一细胞中的自主转移质粒发生转移,这种本身不能转移而借助别的质粒转移的质粒称为可移动性质粒,该过程被称为质粒的移动。最简单的可移动性质粒仅含有自主转移质粒的 *oriT* 序列,由于任何质粒只要含有自主转移质粒的 *oriT* 序列,它就能被转移。用遗传学术语来说,自主转移质粒的 Mpf 和 Dtr 系统能够以反式作用方式作用于质粒 *oriT* 上的顺式作用位点,将该质粒转移到其他细菌中。

　　质粒的转移能力能够被用于定位质粒上的 *oriT* 序列(图6.8),将自主转移质粒的 DNA 克隆随机地构建到非移动克隆载体上,然后将其转入含有自主转移质粒的细菌中,任何能够转移至受体菌中的质粒可能含有插入 *oriT* 序列的 DNA。因能够移动,所以转座子和含有自主转移质粒 *oriT* 的质粒克隆载体在分子遗传学上有许多应用。

　　含有自主转移质粒 *oriT* 的较小可移动质粒,一般在自然界中很少存在,但我们可以构建这种质粒。所有分离得到的移动质粒都能编码自己的 Dtr 系统,包括自己的松弛酶和解旋酶。由于历史原因,移动质粒 Dtr 系统的 *tra* 基因被称为 *mob* 基因,移动所需区域被称为 *mob* 区域。移

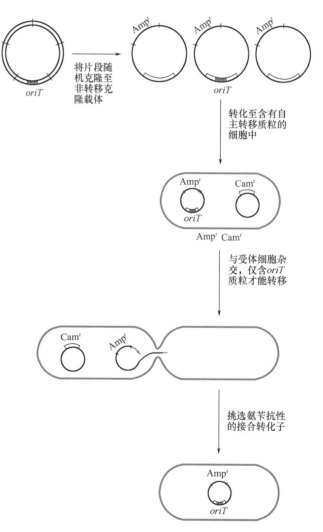

图6.8　鉴定质粒上的 *oriT* 位点

将质粒片段随机克隆至一个非转移克隆载体,将带有质粒片段的载体转化含有自主可转移质粒的细胞中,并与合适的受体菌混合。如果被克隆的这段 DNA 含有质粒的 *oriT* 位点,则带有这段 DNA 的克隆载体可以发生转移。

动质粒的 *mob* 基因产物扩展了质粒的移动范围。仅含有自主转移质粒 *oriT* 质粒的移动质粒只能被具有相同 *tra* 系统的自主转移质粒移动,其他质粒不能将其移动,然而自然界中出现的可移动质粒也能被 *tra* 系统移动。

由自主转移质粒进行的质粒转移过程如图 6.9所示,该过程与自主转移质粒的转移过程一样,除了自主转移质粒 Mpf 系统作用于自己 Dtr 系统外,还将作用于可移动质粒 Dtr 系统上。首先自主转移质粒与受体细胞形成交配桥,通过偶联蛋白交流信息,不仅传输给自己的松弛酶,还要传输给在同一细胞中的可移动性质粒上的对应成分,可移动性质粒的松弛酶在一条链的 *oriT* 位点切开,解旋酶将双链分开,松弛酶结合在单链 DNA 5′端,然后转移至受体细胞,将可移动性质粒的一条单链 DNA 带入。自主转移质粒在帮助其他质粒转移时,自己也发生转移,然而由于对偶联蛋白的竞争,通常只有一种质粒转移至特定的受体细胞。

如果能被另外的质粒转移,那么该质粒能被另外质粒的偶联蛋白识别。任何编码自己 Dtr 系统的质粒,能被共栖的自主转移质粒转移,如果松弛酶能够与 Mpf 系统的偶联蛋白交流,相应地,可移动性质粒的松弛酶被设计成能与更多种类的自主转移质粒的偶联蛋白发生交流,则它们就能利用许多不同 Mpf 系统,而不像自主转移质粒松弛酶那样专一。这提示我们将可移动性质粒设计成寄生性的由自主转移质粒转移,而不是失去自己 Mpf 系统以前的质粒,甚至有些可移动性质粒的复制与转移功能互相重叠,它们在两个过程中使用相同的解旋酶和引物酶,*oriV* 位点经常与 *oriT* 位点放在一起,使其不像自主转移质粒。

尽管可移动性质粒种类多样,但并不是所有的可移动性质粒都能被自主转移质粒转移。例如,IncQ 质粒 RSF1010,能被 IncP 质粒 RP4 转移,而不能被 IncF 质粒 F 转移。显然,RP4 的偶联蛋白能与 RSF1010 松弛酶交流,而 F 质粒的却不行,Mpf 和 Dtr 系统间复杂的相互作用,在 Ti 质粒和 RSF1010 中最显著,Ti 质粒的 *tra* 系统,不能转移 RSF1010 质粒进入其他细菌中,但是 Ti 质粒的 *vir*

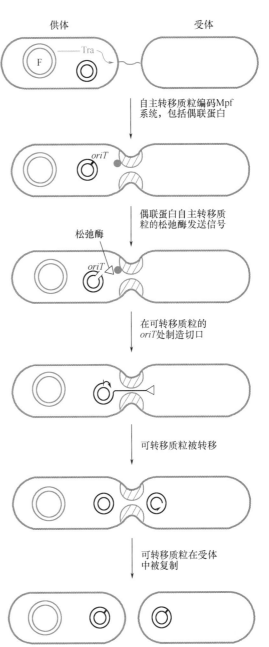

图 6.9 质粒转移机制

供体菌携带两种质粒,一种是自主转移型 F 质粒,它可以编码 *tra* 功能蛋白,促进细胞接合和质粒转移;另一种是一个可转移质粒,它可以编码 *mob* 功能蛋白在一条单链的 *mob* 区 *oriT* 位点切开一个切口。可移动质粒能发生转移和复制,自主转移质粒也可能发生转移。

系统能将 RSF1010 转移至植物中。

6.2.6.1 质粒可移动性在生物技术中的应用

质粒可移动性在生物技术中具有重要的作用,因为可转移过程能够高效地将外源 DNA 转入细菌中。克隆载体中通常引入 mob 位点,所以它能高效地转移至细胞中,克隆载体越小越好(第5章),因为可转移质粒不需要 15 个左右的组装交配桥 Mpf 基因,而仅需要 4 个左右进行 DNA 加工的 Dtr 基因,所以比自主转移质粒小。一旦外源 DNA 被克隆至克隆载体中,该载体能被更大的滥交自主转移质粒转入较远亲缘的细菌中。除此之外,一些自主转移质粒的功能已经被削弱,所以它们不能转移自己,仅能转移可移动性质粒,在转移过程中受体细胞仅接受移动性克隆载体,而不接受帮助可转移质粒转移的自主转移质粒。

质粒转移技术的最常见应用是转座子突变,该方法在革兰阴性菌中比较成熟,如 RP4 滥交质粒能将自己转移至任何一种革兰阴性菌株。如果通过一种质粒向细胞引入一个小的移动质粒,该质粒本身具有窄宿主范围复制起点,如 ColE1 起始点(第5章),这个小质粒被移动至细菌后,很有可能不会复制而逐渐丢失(如自杀性载体)。如果小质粒中含有 Tn5 这样的转座子,含有选择性卡那霉素抗性基因,在广宿主范围内发生转座时,若转座子插入突变体将使克隆实验更为容易,如果转座子中引入 oriT 序列还能用于 Hfr 作图。在第 10 章中我们将再介绍转座子突变的方法。质粒还能应用于检测自然界中天然质粒的转移性,当这些质粒不带选择性时,如果该质粒能够转移带有容易选择标记的其他质粒时,它就具有转移功能,是自主转移质粒。

然而,可转移质粒的调控比较复杂,为了满足调节的需要或其他原因,遗传工程学家通常不得不证明含重组基因质粒可赋予细菌期望的特性,但不能转移至另一种未知细菌中,说不定重组基因可能对后者是有害的。但是我们怎样才能真正知道不含 oriT 位点质粒将被 Tra 功能识别呢? 而且通过所有已知的自主转移质粒转移的不利证据并不意味着该质粒就不能转移某些质粒。

6.2.6.2 三亲本杂交

质粒转移至受体细菌常常被用于克隆、转座子突变或其他技术中。已经讲过可移动性质粒比自主转移质粒小,因而也更具优越性。尽管如此,质粒转移之前仍会碰到一些麻烦。自主转移质粒和被转移质粒可能是相同 Inc 组成员,因此不能稳定地共存于同一细菌内,而且自主转移质粒在进入受体细菌中仅在很短的一段时间里表达 tra 基因,所以转移效率不高。

三亲本杂交帮助克服了高效质粒转移中碰到的障碍,如名称所讲,三个菌株参加交配,第一个菌株含有自主转移质粒,第二个菌株含有可移动性质粒,第三个菌株为最终受体(图 6.10)。菌株被混合后,第一种菌株中的一些自主转移质粒将转移进入含有可移动性质粒的菌株中,因为它是可繁殖的,当刚进入细胞时,自主转移质粒迅速扩散至含有可移动性质粒的菌群中。随后它能高效地将运动性质粒转移至第三个菌株中,因为新的接合转化子转移能力至少能保持 6 代。与其中一株菌含有自主转移质粒而另一菌株含有可移动性质粒的两菌株杂交相比,双杂交仅有一小部分细胞可能将迁移质粒转移至受体菌中,在三亲本杂交中,即使两种质粒都在同一个 Inc 组中,它们也将长期共存直至发生转移。

6.2.7 革兰阴性菌中 Tra 系统的遗传分析

对质粒 tra 基因进行遗传分析,主要是检测基因和绘制基因图谱,研究它们在接合过程中的基本功能。在本节中我们介绍质粒 pKM101 上 tra 基因的鉴定和作图,虽然类似的研究报道也有,但在这

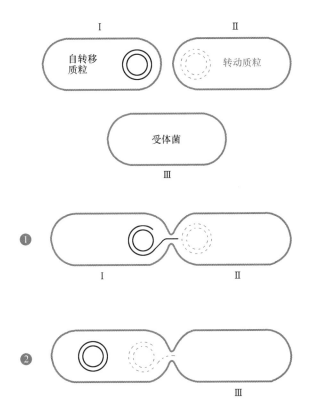

图 6.10   三亲本杂交

第 1 步,自主转移质粒从亲本 I 转移至亲本 II。第 2 步,自主转移质粒
将可转移质粒转移至亲本 III。如果自主转移质粒和可转移质粒属于相
同 Inc 组,如果自主转移质粒不能在亲本 II 中复制,本方法也是可行的。

里集中介绍便于我们更好地了解此方面的研究。

6.2.8   Tra 突变质粒的分离

鉴定 pKM101 上 tra 基因的第一步工作是用 Tn5 转座子突变质粒,获得大量不能转移的(Tra⁻)突
变子,图 10.21B 中列举了利用转座子随机突变质粒的一种方法。实验中用 λ 突变体作为自杀性质
粒,它的复制基因中存在无义突变,所以在没有无义抑制子的细胞中该质粒不能复制,质粒上的 *attP*
位点也被删除,所以无法整合到染色体中(第 9 章)。含 pKM101 质粒的细胞被含有 Tn5 转座子的 λ
自杀性质粒侵染后,分离转座子插入突变体,并进行转化,得到经转座子插入突变的卡那霉素转化子。
第二种突变方法,同样也是由 λ 自杀载体携带转座子,然而在侵染后,细胞仅培养很短时间,允许转座
子的转座发生,然后将其与受体菌混合,最后分离卡那霉素抗性接合转化子,通常仅当转座子跃入染
色体中,才能赋予受体菌卡那霉素抗性。转座子跃入质粒上 *tra* 基因中,质粒将仍然发生转移,得到质
粒的细胞具有 Tra 功能(第 4 章)。利用接合而不是转化分离带有转座子插入的质粒具有更多优势,
能分离到更多的突变质粒,因为接合效率高于转化效率。

一旦许多转座子插入质粒并分离得到该质粒,接下来就需要确定哪种转座子插入失活 *tra* 基因,
如果转座子插入 *tra* 基因,该质粒将不能发生转移,因此可以对每个突变质粒的转移能力进行测定。

平板影印法用来检测质粒的转移,突变体筛选的大致过程如图 6.11 所示。在此例中,含质粒细

菌被涂布在平板上,每个菌落含有不同的突变质粒,培养一段时间后,将菌落影印至利福平平板上,使利福平抗性菌增殖,筛选供体菌,培养后将形成接合转化子,再将第二块平板上的受体菌,影印至第三块含有卡那霉素和利福平的双抗平板上。如果转座子插入 *tra* 基因,则在第三块平板上不会形成菌落,这样就可以鉴定出许多转座子插入 *tra* 基因的突变质粒,再采用第 10 章中的方法,绘制出转座子插入 *tra* 质粒位置的物理图谱(图 10.22、图 10.24)。

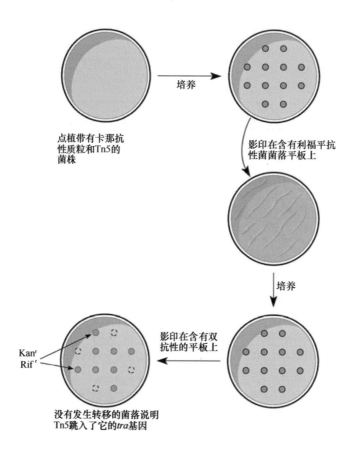

图 6.11　通过平板影印法,来发现由于转座子插入导致的质粒 *tra* 突变体

将含有在不同部位存在转座子插入的细胞涂布于不含抗生素的平板上培养,形成菌落。按图中的步骤操作,培养后在第三块平板上不能形成菌落,说明转座子插入质粒的 *tra* 基因上,因此在第二块平板上不能形成接合转化子。

6.2.9　互补实验确定 *tra* 基因数量

转座子在 *tra* 突变质粒插入位点的图谱,仅能说明 *tra* 基因在质粒上所处的位置,而不能说明 *tra* 基因的数量。唯有互补实验可以确定突变质粒中 *tra* 基因数量,在互补实验中,含有两个不同 *tra* 突变的质粒必须转入同一个细胞中。如果突变失活的基因不同,则每个突变质粒能帮助另一个缺少 Tra 功能的细菌回复功能,两个质粒都可以发生转移。如果两个突变体失活的 *tra* 基因相同,则任何一个质粒都不能产生该基因产物,两个质粒都不能发生转移。为了节省时间,应该选取插入突变位置比较接近的质粒来做互补实验,任何两个转座子插入突变,如果它们的位置并不靠近,或者转座插入不失活 *tra* 基因,则转座子不在 *tra* 基因的内部,所以就没有必要进行互补实验。

pKM101 质粒中的两个不同突变体的互补实验比较复杂。因为两个质粒是相同的 Inc 组，所以不能共存很长时间。图 6.12 告诉我们克服这一难题的一种方法，质粒 pKM101 的一段区域插入别的不同 Inc 组中 tra（图中为 tra₁），将该质粒转入带有另外一个 tra 突变（tra₂）pKM101 质粒的细菌中，由于质粒带的两个 tra 突变是不同 Inc 组的，所以这两个质粒能够稳定共存。如果这两个 tra 突变在不同的基因中，则它们会发生互补使突变 pKM101 可以转移至受体菌中。然而，为了使实验结果更加确定，则被克隆的 tra₁ 区必须包含有整个基因，并能够在克隆载体中被表达。

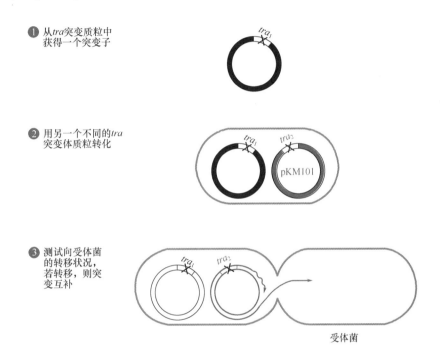

图 6.12　两个 tra 突变间的互补实验

将 tra 突变的片段之一克隆至来自不同 Inc 组克隆载体中，如果两个突变彼此互补则
质粒可发生转移，用图 6.11 中的大致步骤进行鉴定。克隆载体用黑色标出。

另一种避免不相容性的方法是进行瞬时"异质杂合"。即使质粒属于相同的 Inc 组，它们也能短暂共存，有发生互补的时间，因此，如果一个突变质粒转移至含有另外一个突变质粒的细菌后，不筛选转化子，而是将转化细胞迅速与受体细胞混合，任何卡那霉素和利福平抗性接合转化子的出现，都将说明插入突变的两个质粒间发生了互补。

通过以上步骤，研究者可以估计 pKM101 质粒上 tra 基因数目，因为还有些 tra 基因中并没有插入转座子。所以这个数目将低于实际数目。有时转座子插入会有极性，导致在互补实验中，不同基因中的两个突变好像是一个基因中发生的一样。尽管有各种困难，研究者通过插入失活方法，已经鉴定出 pKM101 质粒中绝大多数 tra 基因。获得如图 6.13 所示的 tra 基因图。接下来的实验是寻找质粒的 oriT 区域，并确定在接合过程中，每个 tra 基因产物的功能，这些研究在前面章节中已全面介绍。

6.3　借助质粒进行的染色体转移

通常情况下，在接合过程中，仅是质粒从一个细胞转移至另一个细胞，然而有时质粒也会将宿主 DNA 染色体转移至另一个细胞中，质粒转移染色体的功能已经很好地应用于细菌遗传学中。若不能

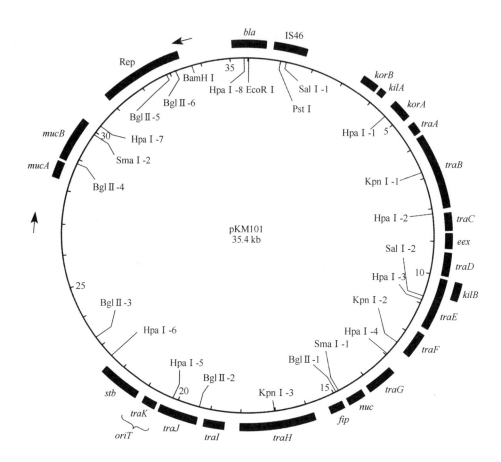

图 6.13　自主转移质粒 pKM101 的物理和基因图谱

oriT 是质粒转移起点。tra 基因编码许多本章中所讲的转移功能。mucA 和 mucB 基因通过编码类似
大肠杆菌中的 umuD 和 umuC 基因,从而增强了 UV 诱变的发生。

进行基因转移,就不会有细菌遗传学。接合是进行染色体和质粒转移的方法之一,另外的两种方法是
转导和转化。在第 4 章中已经讨论过细菌菌株间基因交换途径方式被用于绘制遗传标记,本章深入
讲解质粒转移染色体 DNA。

6.3.1　Hfr 菌株的形成

　　有时候质粒能整合到染色体中,当这种质粒转移时,它们携带部分染色体。通过整合的质粒转移
自身染色体的细菌被称作 Hfr 株,Hfr 代表:高频重组。我们用这个名称是由于当用 Hfr 株同另一株同
样的细菌混合培养时能产生许多重组型。

　　质粒整合至染色体可通过几种不同的机制,包括质粒和染色体序列间重组。正常重组时,两者
DNA 必须具有共有序列(第 11 章)。绝大多数质粒的序列都是质粒所特有的,但有时质粒和染色体
拥有相同的插入元件,这是它们发生重组的原因之一,这些小转座子常在染色体中有许多拷贝,也会
出现在质粒中,这些共有序列间的重组导致质粒整合到染色体中。

　　图 6.14 中显示 F 质粒可通过 IS2 成分和大肠杆菌染色体中 IS2 成分重组而整合到染色体上,F
质粒一旦整合到染色体上,两个 IS2 成分分别在 F 质粒的两侧,该细菌便成了 Hfr 株。大肠杆菌染色
体中含有 20 个由 IS 介导 F 质粒形成 Hfr 株的位点。

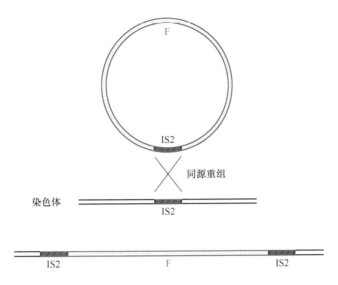

图 6.14　通过质粒和染色体上 IS2 元件同源重组,将 F 质粒整合至 Hfr 细胞中

整合也可以通过质粒上的 IS3 或 γδ 序列重组完成(图 6.2)。

转座也能导致质粒整合到染色体上,质粒常携带转座子,即使质粒和染色体中没有共有序列,质粒也能通过转座子作用整合到染色体上,详细内容在第 10 章转座子和转座中会讲到。

6.3.2　通过整合质粒进行染色体 DNA 转移

我们已经讲过自主转移质粒在 1947 年首先由 Joshua Lederberg 和 Edward Tatum 发现,但当时他们并不知道确切的质粒是什么。他们将大肠杆菌菌株与别的菌株混合后观察到了重组的发生,重组型不同于亲代菌株。实际上,通过 F 质粒整合到染色体上,染色体 DNA 从一个细菌株转入另一个细菌株,现在看来 Lederberg 和 Tatum 使用含有 F 质粒的菌株做实验还是比较幸运的,因为 F 质粒是一个随时准备转移的 *finO* 变异体,它比其他细菌能产生更多的重组型。

图 4.27 展示了染色体 DNA 如何转移入 Hfr 株的全过程,该转移过程的启动与质粒转移启动相同(图 6.5)。在质粒整合到染色体上之后,整合质粒仍然表达 *tra* 基因,并合成菌毛。一旦接触受体细胞,偶联蛋白与松弛酶交流,在整合质粒 DNA 的 *oriT* 位点切开,一条链转入受体菌中,并复制出另一条链。当缺口一边 *oriT* 序列和质粒的一部分序列转移以后,染色体 DNA 也将被转移至新细胞中。如果转移持续足够长时间(大肠杆菌,37℃,100min),则整个细菌染色体将被转移,最后以质粒 *oriT* 序列存在于染色体端部。然而,大概是因为细菌融合体常被打断,或者是因为接合期间 DNA 容易被打断,整个染色体的转移(整个整合质粒转移)现象很少发生。染色体不能完全转移的现象被用来利用 Hfr 杂交进行遗传图谱的绘制,该方法被称为梯度转移。因为质粒很少完全转移,所以受体菌很少变成雄性细胞,可以用这些特征分离接合转化子。

6.3.3　染色体转移

假如染色体上整合了可转移质粒或含有质粒的 *oriT* 序列,自主转移质粒可通过发挥 *tra* 基因的功能而转移染色体。染色体转移也开始于 *oriT* 序列,因此我们在染色体转座子中引入 *oriT* 位点,通过梯度转移方法可获得很多细菌的基因图谱。

6.3.4 prime 因子

染色体基因整合到质粒上之后,同样也能发生转移,这样的质粒被称为 prime 因子。不仅能转移自身,而且能转移所含染色体基因。prime 因子通常根据质粒的名字命名,在质粒的名字上加上一撇,如 F′因子。含有细菌染色体 DNA 的 R 质粒,称为 R′因子。

6.3.4.1 prime 因子的产生

像 Hfr 菌株一样,可以通过转座或同源重组产生 prime 因子,如图 6.15 所示,prime 因子来自 Hfr 菌株染色体组,在该菌株中环形质粒通过同源重组整合至染色体上,并被 IS 单元夹在中间(图 6.14),两侧重复序列使 Hfr 菌株不稳定,因为两侧 IS 单元会通过成环发生重组将质粒切除掉。有时与质粒紧挨的 IS 序列间并不发生重组,而是在质粒较远的 IS 发生重组,如图 6.15 所示。重组后生成的较大部分质粒,即为 prime 因子,在重组 DNA 序列间还存在染色体 DNA。prime 因子可以通过两个相同 IS 序列间发生重组形成,也可以由细菌 rRNA 间重组产生。

可以注意到,当 prime 因子环化后丢失,染色体也就会有部分序列被删除。有些从染色体上删除的基因还对细菌的生长具有重要作用,但是如果细胞中含有 prime 因子,该细胞就不会死亡,而且质粒复制后也会传给子代细胞,不含有 prime 因子的细胞将死亡。

prime 因子可以很大,有时接近染色体大小,通常 prime 因子越大越不稳定,在实验室保存 prime 因子,必须要设计筛选步骤进行选择,丢失部分或整个 prime 因子时,细胞就会死亡。绝大多数 prime 因子还是比较小的,适于转移,因为 prime 因子含有完整的自主转移质粒,一旦细胞接受了 prime 因子,它就变为供体菌,将 DNA 转移至其他细菌中。因为 prime 因子是带有自身复制起点的复制子,所以,它们能在任何新质粒宿主范围内细菌中复制(第 5 章),这个特性也能用来筛选含有 prime 因子的细胞。

6.3.4.2 用 prime 因子进行互补实验

互补实验能够显示出两个突变是否处于相同或不同的基因中,相同表型的突变体有多少种基因突变,互补实验还能提供我们所研究突变的类型,如显性、隐性,影响反式作用功能,还是 DNA 上的顺式作用位点。然而,互补实验要求同一基因的两个不同等位基因转入同一个细胞中,细菌通常是单倍体,在细胞中每个基因仅有一个等位基因。

因为 prime 因子含有染色体区域,所以它们被用来制备含有染色体区域的稳定单倍体。然而仅含有较短的一段染色体区域时,二倍体仅是染色体的一部分,含有部分染色体的二倍体被称为部分二倍体或杂合二倍体。

6.3.4.3 prime 因子的筛选

在用 prime 因子进行互补实验时,首先必须挑选含有染色体的 prime 因子,如图 6.15 所示,prime 因子通常来源于 Hfr 菌株重组,但重组几率较低,所以要有从众多 Hfr 菌株中筛选含有 prime 因子的方法,而且该质粒还必须整合在染色体中,接下来讨论两种筛选方法。

(1)基于端部标记早期转移的筛选 基于端部标记早期转移的筛选是 prime 因子筛选的方法之一,该筛选方法基于 Hfr 在交配时能转移整个染色体组,整合在质粒一端的基因,比在另一较远端的基因转移效率高,而远端标记仅在较长延滞期后以低频率转移。然而,有些 Hfr 供体菌中,prime 因子已经从染色体上切下来,携带整合到 Hfr 时染色体的两端基因(图 6.15),这样的 prime 因子将转移整合质粒两端基因,较早地发生转移,因此大多数远端标记出现得早的重组子,其很有可能是 prime 因子发

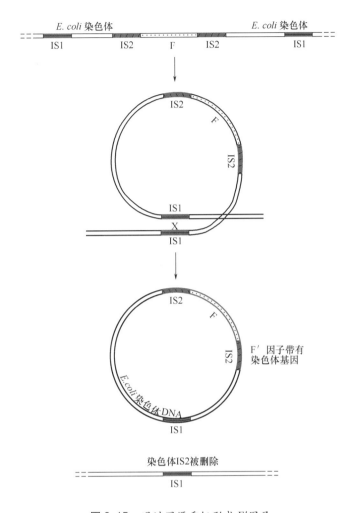

图 6.15　通过同源重组形成 F′ 因子

在 F 因子之外的染色体上,有诸如 IS 序列等的同源序列,这些同源序列可能
发生重组。于是 F 因子含有染色体序列而染色体就会发生部分片段的删除。

生转移,而非 Hfr 发生转移。

如图 6.16 所示,我们可以利用 prime 因子以上特征筛选接合转化子,该接合转化子含有 prime 因子,在染色体上有 proA 区域。首先第一步中,Hfr 菌株与受体菌杂交,Hfr 菌株转移 proA 标记较迟,因为受到质粒整合位置以及定位方式的影响,可以通过 proA 标记对 Pro⁺ 显性重组体筛选。如果交配时间较短,绝大多数重组子是 Pro⁺ 显性,因为与之交配的细菌含有从质粒上切除下来的 prime 因子,而并不是真正的重组子,它们有的是部分二倍体,含有 2 拷贝 proA 基因,其中之一与另外一个互补。由 Hfr 杂交产生的真正重组体可以与部分二倍体细胞区分开,因为部分二倍体含有完整的质粒序列,它自己能产生菌毛,对雄性专一性噬菌体敏感(见前面叙述)。它们也能高效地向其他细菌 F′ 因子上转移标记,其中包括 proA 标记。

(2)基于 prime 因子作为复制子的筛选　另一种筛选 prime 因子的方法是基于它们是质粒复制子的一部分,因此能够不依赖染色体而进行复制。相反,当 Hfr 菌株交配时,转移的基因并不含有完整质粒,除非它们能与染色体重组,否则将丢失,本方法如图 6.17 所示。在例子中,Hfr 菌株中的质粒整合在靠近 his 基因的位置,与 his 突变受体菌交配,该突变体是由 recA 突变产生,不能发生重组,因为绝大

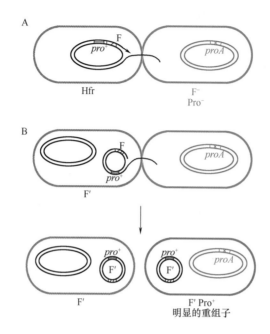

图6.16 以早期转移标记为基础的 F′ 因子的筛选

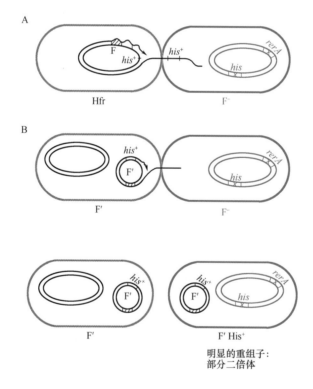

图6.17 与 Rec⁻ 受体菌交配挑选 F′ 因子

多数重组途径需要 *recA* 基因产物 RecA 蛋白参与(第 11 章)。Hfr 菌株的杂交不会得到 His⁺ 重组子,因为进入受体菌的 DNA 既不能复制,也不能与染色体重组,最后质粒已经被剪切下来,形成带有 *his* 标记的 prime 因子。当这种 prime 因子转入受体细胞后,质粒能活下来,并能独立复制,它的 His⁺ 基因能够与染色体中 His 突变体互补,使 His⁺ 显性重组子数量增加。通常倾向于采用第二种方法分离

prime 因子,因为转移后,prime 因子在 *recA* 突变细胞中,不会与染色体重组,所以更稳定。当然,后一种方法可行的前提是必须获得被研究细菌的 *recA* 突变体。

已经讲到 prime 因子遇到的问题是,如果它们非常大,就不稳定,经常会碰到质粒的大片段被删除,或在增殖时周期性地发生质粒丢失,因此含有 prime 因子的细胞,通常在筛选条件下培养。

一旦分离得到含有新区域的 prime 因子后,就可以将其与另外的细菌交配,获得互补实验要用的二倍体。互补实验可以用来分析 *lac* 操纵子的调节(第 13 章)和其他早期的遗传分析,然而现在基因克隆的方法已经取代了许多利用 prime 因子的互补实验。

6.3.4.4　prime 因子在进化中的作用

由滥交质粒和广宿主质粒形成的 prime 因子,也许在细菌进化中具有重要作用,一旦染色体基因在广宿主滥交质粒上,它们就能被转移至亲缘关系较远的细菌上,而且在细菌中作为广宿主质粒复制子的一部分存在,后来它们可以通过重组或转座整合至染色体上。在细菌中,甚至亲缘关系较远的细菌中,某种基因的相似性说明,在最近的进化中,某些基因已经被交换,prime 因子的作用或许是其中一种机理。

6.4　革兰阳性菌的转移系统

革兰阳性菌中也发现许多自主转移质粒,包括芽孢杆菌、链球菌、葡萄球菌和链霉菌,在上述某些菌中,质粒的转移系统与革兰阴性菌转化系统相似,它们在转移时将自己的松弛酶和 *oriT* 序列也一同转移。实际上,革兰阳性菌的 *oriT* 序列与革兰阴性菌的很接近,但链霉菌的 *oriT* 序列与革兰阴性菌的差异很大。另一些在革兰阳性链霉菌与其相关的细菌中发现的质粒与上面讲的质粒差别较大,将在专栏 6.3 中讲到。

两种类型细菌中质粒的最大差别是它们交配对形成系统不同,由于革兰阳性菌没有外膜,所以它的交配对形成系统较简单,在本节中,我们仅讨论肠球菌的质粒,因为它们具有吸引交配细胞有趣的方法,并且在医学上比较重要。

专栏 6.3

链霉菌的接合

链霉菌非常重要,是因为它们的产物是对我们非常有用的抗生素。它们具有接合能力。实际上,它的接合与大肠杆菌接合同时被发现。革兰阳性链霉菌接合机制与我们之前所讨论的接合机制区别很大。比如,在大部分细菌中,稳定的交配对形成要求大量的 *tra* 基因产物。然而,链霉菌形态学和生活周期与质粒编码的基因无关。在土壤中经常发现的链霉菌从芽孢到分枝,再到形成缠绕的菌丝的生长形态,缠绕的菌丝最后分化形成单倍体芽孢。

正如图中所示,因为没有发现建立和维持与细胞联系的质粒编码基因,菌丝生长相互缠绕显然给各种亲本菌株之间提供了稳定的联系。链霉菌转移质粒也缺乏编码蛋白质性质的含 DNA 转移通过的细胞膜和细胞壁结构。菌丝的部分融合可能会创造一种 DNA 转移的机会。

已经充分研究的质粒 pIJ101 的接合所需的单链质粒编码 *tra* 基因产物像大肠杆菌和枯草芽孢杆菌中起 DNA 易位功能的基因产物(见第 2 章中关于 *ftsk/spo*ⅢE 的讨论)。蛋白 TraB 的精

专栏6.3(续)

确功能仍然未知,但是它定位在菌丝的顶部。我们能推测它的功能是在部分融合菌丝间转移DNA。

　　在琼脂培养基上培养供体和受体菌的菌丝体混合物后,质粒pIJ101转移效率非常高,接近100%,而且质粒在整个受体菌菌丝体中分布也很高效。链霉菌菌丝几乎没有横隔,细胞是多类核小体。高拷贝和低拷贝可转移质粒能分布在菌丝体中的各处,并与芽孢结合。一个质粒基因位点 *spd*,负责质粒在菌丝中的高效分布,但是它的活动机制还不清楚。

　　与其他许多细菌相比,链霉菌基因转移的另一个不同是,即使质粒是不完整的,染色体与质粒也能同时发生转移,而且重组(有明显的染色体转移)是不限制在一个亲本上的。更确切地说,两个亲本的基因型在重组时会发生改变,所以在单倍体芽孢中有1%的基因组后代是重组体。通常染色体和质粒之间没有共价联系,所以没有梯度转移的发生。然而,如果接合质粒含有染色体序列,它能与同源重组体接合,之后梯度转移就会很明显。

　　与革兰阴性菌Hfr相比,链霉菌产生重组染色体的机制在许多途径中明显不同。现在还不知道质粒或者染色体DNA的转移是否需要 *oriT* 序列的切割和供体亲本单链的转移。链霉菌属质粒pIJ101含有一个顺式作用 *oriT* –类似位点,这个位点是质粒转移所需的,但是没有关于这个位点切割的证据。值得注意的是,在交配培养时,这个位点不是重组染色体增殖所需的。

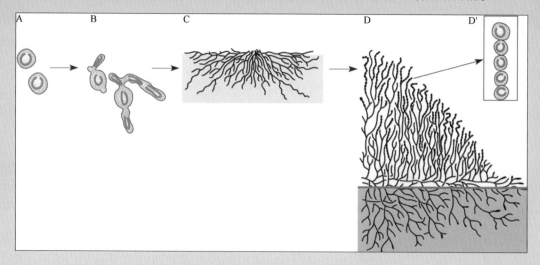

链霉菌菌落形成及质粒介导的接合

　　(A)链霉菌的孢子。染色体以紫色线表示,染色体是线性的但是末端可能合在一起(专栏2.1)。小结表示一种接合型质粒,如多拷贝pIJ101　(B)孢子萌发。当孢子萌发时形成菌丝　(C)生长的菌苔,生长中的分支菌丝形成所谓的"基生"菌丝体。正在生长的菌丝体中几乎没有横隔,所以染色体并未被分隔到单个空间　(D)生孢菌丝体,垂直向上的"气生"菌丝体分化后形成孢子链。如图中D′所示,孢子是单倍体的。基因组染色体一小部分是由来自不同亲本的染色体组成的重组子(重组子未标示出)。在成熟的菌苔中,基生菌丝体产生抗生素

参考文献

　　Kieser,T.,M. J. Bibb,M. J. Buttner,K. F. Chater,and D. A. Hopwood. 2000. Practical *Streptomyces* Genetics. The John Innes Foundation,Norwich,United Kingdom.

Pettis,G. S. , and S. N. Cohen. 2000. Mutational analysis of the *tra* locus of the broad – host – range *Streptomyces* plasmid pIJ101. J. Bacteriol. 182：4500 – 4504.

Possoz,C. ,C. Ribard,J. Cagnat, J. L. Pernodet,and M. Guerineau. 2001. The integrative element pSAM2 from *Streptomyces*：kinetics and mode of conjugal transfer. Mol. Microbiol. 42：159 – 166.

Reuther,J. ,C. Gekeler,Y. Tiffert, W. Wohlleben, and G. Muth. 2006. Unique conjugation mechanism in mycelial streptomycetes：a DNA – binding ATPase translocates unprocessed plasmid DNA at the hyphal tip. Mol. Microbiol. 61：436 – 446.

吸引质粒的外激素

某些粪肠球菌（*Enterococcus faecalis*）能分泌类信息素化合物,刺激供体菌交配,这些信息素是小分子肽,每一种都能刺激携带特殊质粒细胞间发生交配。这种信息素肽通过专一性刺激相邻细胞中质粒 *tra* 基因表达,因此诱导聚集和交配。一旦某个细胞已经获得了一个质粒,它就不再分泌同种特异的肽,但它还将继续分泌其他种类的肽,用来刺激与含有其他种类质粒的细菌交配。仅当潜在受体细胞在附近时,质粒才诱导它的 Tra 功能发挥,这样将节省能量,限制表面抗原表达,抗原为宿主免疫系统提供靶点,并且是雄性专一性噬菌体的受体。虽然肠球菌中有许多可转移质粒的不同家族成员,但所有这些质粒均具有某些共有特征和基本的接合机制。

信息素感应受体细胞机制如图6.18所示,所有编码信息素肽的基因位于肠球菌的染色体上,由正常细胞的脂蛋白信号肽中剪切而来。活性信号肽是由该脂蛋白 C 末端水解下来的 7 ~ 8 个氨基酸组成,当信息素从细胞中分泌出来时,要经过加工,所以由许多不同的脂蛋白信号肽序列上切下来的信号素,结构上有所差别,能吸引许多不同质粒。

信息素的感应机制在不同质粒家族中,具有保守性,含质粒的潜在供体菌去感应信息素,要求含有质粒的受供体细胞表面有特异性的蛋白质。感应蛋白由可转移质粒编码,每种类型的可转移质粒表达的蛋白质,都专一性识别一类信息素,信息素是根据它所吸引的质粒进行命名的。例如,在研究较多的 pAD1 中,质粒编码的信息素结合蛋白被称为 TraC,而信息素被称为 cAD1,假设信息素结合蛋白结合在一个特定的指使细胞对肽的吸收系统上,这种寡肽是透性酶,可以吸收肽。在细胞中信息素可以诱导质粒表达转移相关的基因,包括聚集的底物,这种蛋白质包裹在供体菌表面启动与受体细胞的接触。当细胞与细胞接触之后,质粒通过交配通道转移,与革兰阴性菌中质粒比较相似。

质粒进入受体细胞后,新的接合转化子不再具有受体菌功能,于是不能接受相同家族的另外质粒。通过供体细胞限制质粒吸收有三种机制,第一种机制涉及表面排阻蛋白表达,与革兰阴性菌 *eex* 系统中的进入排阻功能相似。第二种机制是通过合成质粒编码的抑制子关闭信息素感应,抑制子基因产物是一个 7、8 个氨基酸的肽,与信息素本身相似,但还是与信息素之间存在一个或几个氨基酸的差别,能与特定信息素结合蛋白结合,通过供体细胞竞争性抑制信息素分泌,阻止诱导自身和其他潜在供体菌交配系统发生交配。第三种机制是关闭 pAD1 和 PrgY 中被称为 TraB 的蛋白,该蛋白与信息素间的感应方式如图 6.19 所示,这些抑制子蛋白的功能还不太清楚,但它们是膜蛋白,能干扰信息素加工和分布,可进一步阻止自诱导,避免吸引其他供体菌。

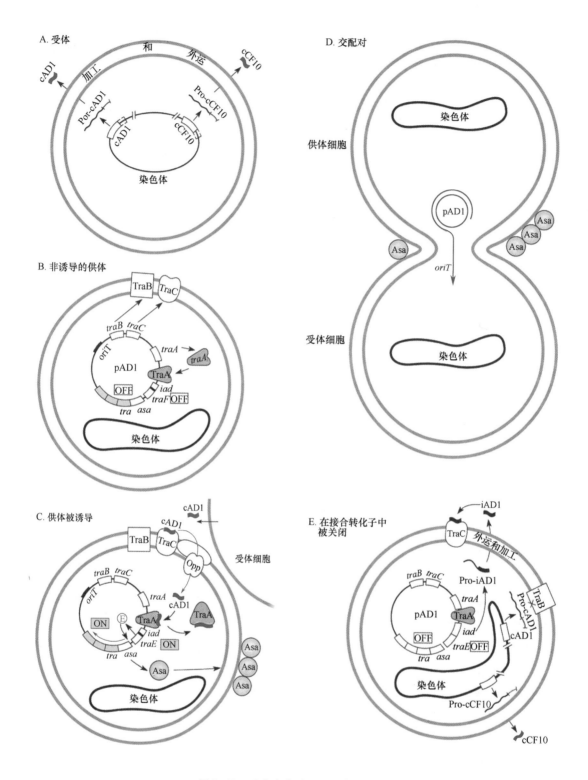

图 6.18　信息素在质粒转移中的作用

(A)受体细胞。信息素基因位于肠球菌染色体上。前信息素肽 cAD1 和 cCF10 由正常细胞蛋白上剪切下来的信号序列加工而成。信息素是由前信息素 Pro－cCF 和 Pro－cAD1 外运加工而来　(B)供体细胞。携带质粒的细胞表达 TraA，TraA 抑制除 *traC* 以外基因的转录，*traC* 编码能感应信息素的细胞表面蛋白，图中也给出了在 E 中讲到的 TraB　(C)交配诱导。信息素向质粒靠近，本例中信息素为 cAD1，它与供体细胞表面紧密结合，通过寡肽渗透酶系统(Opp)进入细胞。之后 cAD1 与抑制子 TraA 结合，将 TraA 从 DNA 上释放下来，并解除对 TraE 合成抑制。TraE 能激活 *tra* 基因的表达，其中包括编码聚合物(Asa)的基因　(D)质粒转移。供体菌与受体菌建立联系，质粒发生转移，产生接合转化子　(E)接合转化子中信息素的关闭。一旦细胞变成接合转化子，抑制子 iAD1 肽将与 TraC 结合，阻止自诱导或者阻止信息素刺激与其他供体细胞交配。TraB 也是一种抑制子蛋白，某种程度上能关闭诱导，阻止 cAD1 分泌，但信息素 cCF10 还将继续表达

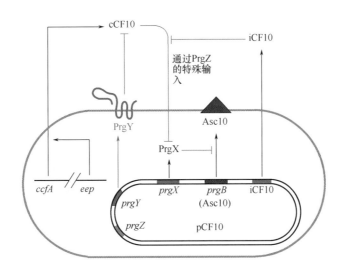

图 6.19 pCF10 信息素产生、控制和应答模型

编码 cCF10 信息素的 ccfA 基因和 eep 基因都是由染色体基因所表达。成熟的 cCF10 是由信号序列脂蛋白 CcfA，经膜蛋白酶 Eep 加工而成。PrgY、PrgX、PrgZ、Asc10（由 prgB 表达的聚合物）和 iCF10 在 pCF10 质粒中编码。当缺乏 PrgY 或抑制子 iCF10 肽时，内源性成熟 cCF10 通过 PrgZ 进入供体细胞持续诱导 pCF10 转移蛋白。通过内源性 cCF10、PrgY 和抑制子 iCF10 肽能阻止自身诱导的发生。iCF10 可以中和介质中内源性 cCF10，PrgY 可以捕获或阻断内源性 cCF10，使之丧失活性。PrgX 的功能是诱导开关，可以与信息素发生作用，解除对 Asc10 表达的抑制，而 Asc10 能介导细胞聚集，是将 pCF10 质粒高效转移到受体细胞所必需的。

与信息素产生及其感应相反，信息素诱导 tra 基因表达机制在一种质粒与另一种质粒间存在较大差异，例如，在 pAD1 中，traA 基因编码负调节子（阻遏子），它能阻遏编码聚集底物基因转录，cAD1 信息素结合到 TraA 上，使之从 DNA 上释放下来再开始转录，显然其他质粒采用的是其他不同机制，但对这些机理了解得还不够。

肠球菌和它的质粒具有特别重要的作用，因为它们是医院的重要致病菌，多种质粒携带毒力较强和多种抗生素抗性基因。肠球菌质粒还能将它们的基因转移给其他革兰阳性菌，其中包括非常危险的致病菌金黄色葡萄球菌，因为金黄色葡萄球菌能产生信息素吸引肠球菌质粒。这类转移在医学上非常重要，因为肠球菌质粒能赋予万可霉素抗性，而这种抗生素是治疗金黄色葡萄球菌感染能使用的最后一种方法。

6.5 其他类型的可转移因子

质粒并非是细菌中唯一通过接合转移的 DNA 元件，还有许多其他转移元件的例子，通常称为 ICEs（整合性接合元件），它们通常整合到染色体上，不像质粒一样能够自由存在，但是它们经常编码 Tra 功能，并将自身或其他元件转移至受体细胞。其他一些元件在专栏 6.4 中讲到。

接合转座子

被称为接合转座子的某些整合元件能编码 Tra 功能，促进它们自己的转移，例如，来自肠球菌的 Tn916，是一个自主复制的复制子，但是在不转移染色体基因的情况下，它能从一个细菌的染色体上转移至另一个细菌的染色体上，被瞬时地从一段 DNA 上切下来转移至另一个细胞，然后整合至受体细

菌的 DNA 中。

　　已知 Tn916 接合转座子和它的相近转座子是滥交性的,能转移至许多革兰阳性菌中,它们所含有的抗生素抗性基因 *tetM* 已经在很多革兰阴性和阳性菌中被发现,所以可以推测接合转座子 Tn916 的广泛传播,在第 10 章我们将详细介绍接合转座子。

　　另外相似的接合转座子在拟杆菌属(*Bacteroides*)中被发现,这种元件不仅能转移自身,而且还能转移染色体中其他小的 DNA 元件。

专栏6.4

接合转座子(整合接合性元件)

　　接合转座子和转移功能对自主转移质粒来说是必需的,也许将接合转座子称为整合接合性元件(ICEs)更合适,因为经过转录以后它们删除供体细胞 DNA 并整合到受体细胞 DNA 中,而这种机制比起真的转录更类似于噬菌体的整合机制(第 10 章)。

　　ICEs 非常巨大,因为其不仅要转运 *tra* 基因,也要转运整合功能元件。第一个被发现的 ICEs 是 Tn916,在粪肠球菌中被发现,带有四环素抗性基因。稍后,其他的 ICEs 比如 CTnDOT,同样具有四环素抗性,在拟杆菌属中被发现,这些拟杆菌属 ICEs 同样能在拟杆菌属染色体上转移其他小的元件,称之为非复制型载体拟杆菌单元(NBUs)。就像能自主转移的质粒可以转移其他小的质粒一样。事实上,NBUs 还可以被 IncQ 质粒转移。

　　为了从一个细胞的 DNA 转移到另一个细胞的 DNA,ICEs 必须先将细胞中其所在位置的 DNA 剪切下来,然后才能转移到其他细胞中,最后才可以整合到后者细胞 DNA 中。对这一过程研究较为广泛的是 Tn916,就像 λ 噬菌体(第 9 章),Tn916 需要 Int 和 Xis 两个蛋白质用于切除 DNA。对元件的切除要求是切除直到此元件末端为止的 DNA。整合酶首先使供体宿主 DNA 转座子末端形成交叉并断开,游离出 6 个核苷酸长度的单链末端。虽然这些元件倾向于结合那些与元件另一边结合过的序列有点相似的序列,但是图中显示的两边的序列是比较随机的,因为它们依赖于不同的转座子插入位点。它们在一定程度上是随机的,这些单链末端相互之间是不互补的,然而这些类似成对的末端形成了一个环状介导元件,包括元件末端形成的不成对区域,这个区域被认为形成了一个称为偶联序列的异源双链结构。现在已经证明因为转运前后偶联序列可能发生直接错配,使得很难确认这个模型受到多变的影响。

　　通过类似质粒转移融合的过程,这种环状介导能够转移到第三方细胞中,但却不能够被复制,这种元件具有其自身的 *oriT* 序列和 *tra* 基因。事实上,这个 *oriT* 序列与自主传递质粒 RP4 和 F 具有相关性。*tra* 基因是 *orf*23 – *orf*13,并且 *oriT* 序列位于 *orf*20 和 *orf*21 之间。Orf20 表现出 Tn916 释放酶的功能。为了起始转运,打断的 *oriT* 环状元件生成一个单链片段,并且一个单链的元件通过元件编码的 Tra 功能被转运到受体细胞中。一旦到达受体细胞,末端就重新结合并且合成互补链以生成新的双链环状元件。元件的 Int 蛋白随后单独整合元件到受体细胞 DNA 中,这与需要 Int 蛋白但不需要 Xis 的 λ 噬菌体基因组整合到染色体的过程相似。

　　在染色体上含有 ICE 的细菌菌株可能是具有转移染色体 DNA 到受体细胞的 Hfr 菌株。然而,这不会发生,因为已知的 ICE,包括 Tn916,只在它们被活化后转移,而不是它们在染色体中保持完整性时才转移。Tn916 使用了一个高明的机制来确认它只在被活化后才转移。*tra* 基因排列

专栏 6.4（续）

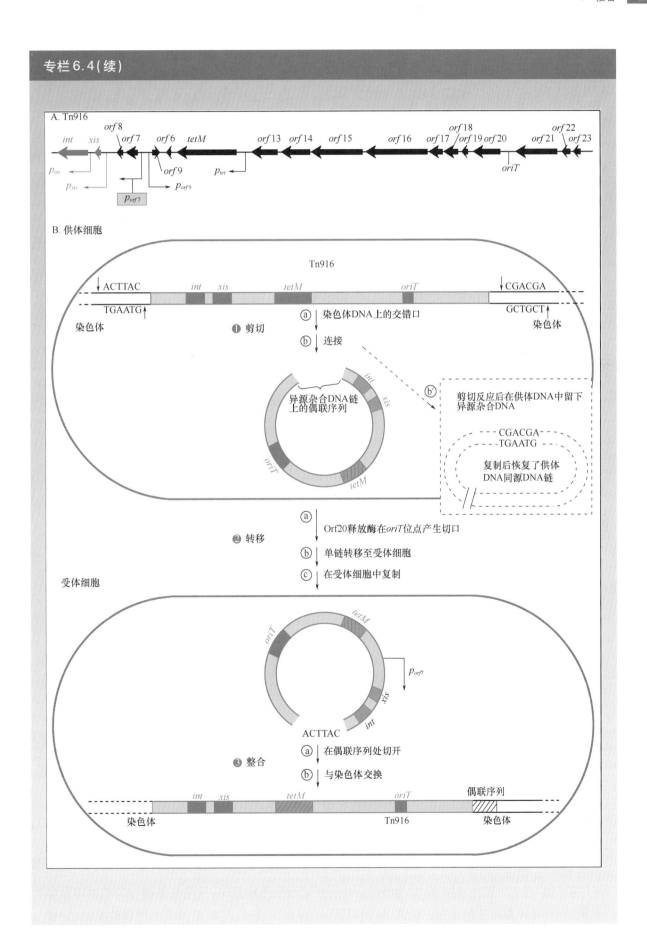

A. Tn916

B. 供体细胞

Tn916

ACTTAC   *int xis   tetM   oriT*   CGACGA

TGAATG   染色体   GCTGCT   染色体

染色体

ⓐ 染色体DNA上的交错口

❶ 剪切

ⓑ 连接

异源杂合DNA链上的偶联序列

ⓑ' 剪切反应后在供体DNA中留下异源杂合DNA

— CGACGA —
— TGAATG —

复制后恢复了供体DNA同源DNA链

❷ 转移

ⓐ Orf20释放酶在*oriT*位点产生切口

ⓑ 单链转移至受体细胞

ⓒ 在受体细胞中复制

受体细胞

ACTTAC

❸ 整合

ⓐ 在偶联序列处切开

ⓑ 与染色体交换

int xis   tetM   oriT   偶联序列

染色体   Tn916   染色体

专栏6.4(续)

起来,所以它们可以在元件被激活并形成一个环后转录。*tra* 基因完成这一步是通过定位启动子 Porf7,所以 *tra* 基因(*orf* 23 – *orf* 13)只在元件被活化和形成环后转录。当 ICE 插入到染色体,通过 Tra 功能阻止 *oriT* 序列的使用而且妨碍转录时,Int 蛋白也能结合到 *oriT* 序列。如此调控基因转录的元件的好处是很明显的,在染色体保持完整的时候,它们如果能够进行自主转移,就能够转移染色体,这非常像 Hfr 菌株中自主转移质粒能转移染色体一样。然而,当 Hfr 转移发生时,只有当位于 *oriT* 位点一边的元件部分进入到受体中,这些元件才会发生自主切割。

拟杆菌属接合元件如 CTnDOT 的转移过程可能与此类似,但是它们又有重要差别。CTnDOT 元件似乎比 Tn916 在靶标位点选择上有更多限制,而且倾向于那些含有与元件本身序列有 10bp 相似序列的位点。CTnDOT 元件的转移也能被培养基中的四环素所诱导,这与冠瘿碱诱导 Ti 质粒的转移是一样的,但是与 Tn916 的转移不同,因为 Tn916 的转移不需要四环素的诱导。有趣的是,四环素诱导 CTnDOT 移动更小的 NBU 元件,这似乎是 DNA 元件和它们寄主间很清楚的合作关系。

参考文献

Cheng, Q. , B. J. Paszkiet, N. B. Shoemaker, J. F. Gardner, and A. A. Salyers. 2000. Integration and excisions of a *Bacteroides* conjugative transposon, CTnDOT. J. Bacteriol. 182: 4035 –4043.

Hinerfeld, D. , and G. Churchward. 2001. Specific binding of integrase to the origin of transfer(*oriT*)of the conjugative transposon Tn 916. J. Bacteriol. 183:2947 –2951.

Marra, D. , and J. R. Scott. 1999. Regulation of excision of the conjugative transposon Tn 916. Mol. Microbiol. 31:609 –621.

Rocco, J. M. , and G. Churchward. 2006. The integrase of the conjugative tranposon Tn 916 directs strand – and sequence –specific cleavage of the origin of conjugal transfer, *oriT*, by the endonuclease Orf20. J. Bacteriol. 188:2207 –2213.

Senghas, E. , J. M. Jones, M. Yamamoto, C. Gawron – Burke, and D. B. Clewell. 1988. Genetic organization of the bacterial conjugative transposon, Tn 916. J. Bacteriol. 170: 245 –249.

小结

1. 自主转移质粒能将自身转移至其他细菌细胞中,这个过程称为接合,一些质粒能转移至许多不同种属细菌中,我们称这种质粒为滥交质粒。

2. 与质粒转移过程相关的质粒基因称为 *tra* 基因,开始转移质粒 DNA 的位点称为转移起始区(*oriT*), *tra* 基因可以分为两类,一类基因产物 Mpf 涉及配对的形成,另一类基因产物 Dtr 涉及质粒 DNA 的加工。

3. Mpf 组分中包括性菌毛,它伸出细胞外将交配细胞连接起来,菌毛也是雄性特异性噬菌体吸附位点,Mpf 系统还包括膜上的通道,供 DNA 和蛋白质通过,还包括通道上的偶联蛋白,它能

小结(续)

锚定 Dtr 系统的松弛酶和即将穿过通道被转移的蛋白质。

4. Dtr 组分包括松弛酶,它在质粒 *oriT* 序列的 *nic* 位点处切开,在受体细胞中再重新连接,松弛酶也具有解旋酶活力,在转移过程中分开 DNA 双链。Dtr 组分还包括与 *oriT* 序列结合的蛋白质,它们形成多蛋白复合体的松弛体,还包括引物酶,它在 DNA 转移过程中一起转入受体细胞中。

5. 绝大多数质粒转入受体细胞后即刻短暂地表达它的 Mpf *tra* 基因,之后会间断地表达,估计为了避免雄性特异性噬菌体利用性菌毛作为吸附位点感染细菌。

6. 可移动质粒不能发生自身转移,仅能借助其他质粒转移,运动性质粒仅能编码 Dtr 组分,缺少编码 Mpf 组分的基因。运动性质粒 *tra* 基因用于编码 Dtr 组分的基因称为 *mob* 基因。如果自主转移质粒的偶联蛋白能将运动性质粒松弛酶锚定在膜上,那么就能转移运动性质粒。由于缺少 Mpf 组分,运动性质粒比自主转移质粒小得多,这使其在分子遗传学和生物技术领域更有用处。

7. 在 Hfr 菌株中,自主转移质粒整合至细菌染色体中,由于 Hfr 菌株能从质粒整合位点开始梯度性转移染色体 DNA,所以在细菌基因图谱绘制以及对整个基因组中遗传标记定位十分有用。

8. prime 因子是携带细菌部分染色体的自主转移质粒,它们能用在互补实验中制备部分二倍体,如果 prime 因子被转移至细胞中,那么细胞中带有 prime 因子的那段染色体将形成部分二倍体,在互补实验中非常有用。

9. 革兰阳性菌中也存在自主转移质粒,然而这些质粒不能编码性菌毛。一些革兰阳性菌能分泌小的类信息素化合物,能激发与某些质粒发生交配,以上系统的出现说明细菌之间交换质粒的重要性。

10. 革兰阳性菌中一些整合元件也是可以自主转移的,这些所谓的接合型转座子,尽管不是能够复制的复制子,但也能进行剪切,将自己转移至其他细胞中。

思考题

1. 为什么认为 Tra(包括排除相同类型的其他质粒的 *eex* 基因)在相同的 Inc 族质粒中,其功能一般是相同的?

2. 为什么产物与 DNA 转移有关的 *tra* 基因通常位于 *oriT* 位点附近?

3. 为什么具有一确定 *mob* 位点的质粒只能被确定类型的自主转移质粒带动转移?

4. 为什么自主转移质粒通常编码自己的引物酶功能?

5. 你认为革兰阳性菌和革兰阴性菌细胞表面结构有何差别? 为什么仅含有自主转移质粒的革兰阴性菌才编码菌毛?

6. 为什么许多噬菌体将质粒的性菌毛作为它们的吸附点?

7. 为什么质粒要么是自主转移的,要么是可移动的? 为什么有许多泛宿主质粒?

8. 有什么证据证明可移动质粒不仅仅是丢失 Mpf 的自主转移质粒?

❓ 习题

1. 将两个细菌菌株混合,观察到一些与双亲不同的重组类型,这些重组类型似乎是接合的结果,因为它们出现在细胞相互接触之后。你如何确定哪个是供体菌株,哪个是受体菌株? 转移是由 Hfr 菌株还是由 prime 因子引起的?

2. 怎样判断自主转移质粒中哪个 *tra* 基因编码菌毛蛋白? 切割 *oriT* 的专一性内切核酸酶是哪种? 解旋酶又是哪种?

3. 怎样确定在质粒转移过程中,质粒 DNA 仅有一条链进入到受体细胞?

4. 四环素抗性可以由一种细菌菌株转移到另外一种菌株中,怎样确定四环素抗性基因是由自主转移质粒转移,还是由接合转座子转移?

5. 雄性特异噬菌体仅侵染含有可移动质粒的细菌吗? 为什么?

6. 简要说明如何确定质粒 *tra* 区的哪个开放阅读框编码排斥蛋白(Eex)?

7. 如何利用可移动质粒来确定从野生型细菌中分离到的一个天然质粒是自主转移质粒(假设你不知道该质粒的任何选择性基因)?

8. 如何设计一个信息素响应质粒(如 pAD1)既编码抑制肽 iAD1,又编码干扰信息素加工的内膜蛋白?

📑 推荐读物

Bagdasarian, M. , R. Lurz, B. Rukert, F. C. H. Frankloin, M. M. Bagdasarian, J. Frey, and K. N. Timmis. 1981. Specific – purpose plasmid cloning vectors. II. Broad host range, high copy number, RSF1010 – derived vector, and a host – vector system for gene cloning in *Pseudomonas*. Gene 16:237 –247.

Buttaro, B. A. , M. H. Antiporta, and G. M. Dunny. 2000. Cell associated pheromone peptide(cCF10) production and pheromone inhibition in *Enterococcus faecalis*. J. Bacteriol. 182:4926 –4933.

Chandler, J. R. , A. R. Flynn, E. M. Bryan, and G. M. Dunny. 2005. Specific control of endogenous cCF10 pheromone by a conserved domain of the pCF10 – encoded regulatory protein PrgY in *Enterccoccus faecalis*. J. Bacteriol. 187:4830 –4843.

Clewelle, D. B. , and M. V. Francia. 2004. Conjugation in gram – positive bacteria, p. 227 – 256. In B. E. Funnell and G. J. Phillips(ed.), Plasmid Biology. ASM Press, Washington, D. C.

De Boever, E. H. , D. B. Clewell, and C. M. Fraser. 2000. *Enterococcus faecalis* conjugative plasmid pAM373: complete nucleotide sequence and genetic analyses of sex pheromone response. Microbiol. 37:1327 –1341.

Derbshire, K. M. , G. Hatfull, and N. Willets. 1987. Mobilization of the nonconjugative plasmid RSF1010: a genetic and DNA sequence analysis of the mobilization region. Mol. Gen. Genet. 206: 161 –168.

Firth,N. ,K. Ippen – Ihler,and R. A. Skurray. 1996. Structure and function of the F factor and mechanism of conjugation,p. 2377 –2401. In F. C. Neidhardt,R. Curtis Ⅲ ,J. L. Ingraham,E. C. C. Lin,K. B. Low,B. Magasanik,W. S. Reznikoff,M. Riley,M. Schaechter,and Molecular Biology,2nd ed. ASM Press,Washington,D. C.

Gilmour,M. W. , T. D. Lawley, and D. E. Taylor. 15 Novermber 2004, posting date. The cytology of bacterial conjugation In A. Bock et al. (ed.), Ecosal – *Escherichia coli* and *Salmonella*: Cellular and Molecular Biology. www. ecosal. org. ASM Press,Washington,D. C.

Grahn,A. M. , J. Haase, D. H. Bamford, and E. Lanka. 2000. Components of the RP4 conjugative transfer apparatus form an envelope structure bridging inner and outer membranes of donor cells: implications for related macromolecule transport systems. J. Bacteriol. 182:1564 –1574.

Kurenbach,B. ,D. Grothe,M. E. Farias,U. Szewzyk,and E. Grohmann. 2002. The *tra* region of the conjugative plasmid pIP501 is organized in an operon with the first gene encoding the relaxase. J. Bacteriol. 184:1801 –1805.

Lawlcy,T. , B. M. Wilkins, and L. S. Frost. 2004. Bacterial conjugation in gram – negative bacteria,Phillips(ed.),Plasmid Biology. ASM Press,Washington,D. C.

Lederberg,J. ,and E. L. Tatum. 1946. Gene recombination in *E. coli*. Nature(London)158:58.

Low,K. B. 1968. Formation of merodiploids in matings with a class of Rec ¯ recipient strains of *E. coli* K12. Proc. Natl. Acad. Sci. USA 60:160 –167.

Manchak,J. , K. G. Anthony, and L. S. Frost. 2002. Mutational analysis of F – pilin reveals domains for pilus assembly,phage infection,and DNA transfer. Mol. Microbiol. 43:195 –205.

Marra,D. ,B. Pethel,G. G. Churchward,and J. R. Scott. 1999. The frequency of Tn916 is not determined by the frequency of excision. J. Bacterial. 181:5414 –5418.

Matson,S. W. ,J. K. Sampson,and D. R. N. Byrd. 2001. F plasmid conjugative DNA transfer: the TraI helicase activity is essential for DNA strand transfer. J. Biol. Chem. 276:2372 –2379.

Samuels,A. L. , E. Lanka, and J. E. Davies. 2000. Conjugative junctions in RP4 – mediated mating of *Escherichia coli*. J. Bacterial. 182:2709 –2715.

Schmidt,J. W. , L. Rajcev, A. A. Salyers, and J. F. Gardner. 2006. NBU1 integrase: evidence for an altered recombination mechanism. Mol. Microbiol. 60:152 –164.

Schroder,G. ,and E. Lanka. 2005. The mating pair formation system of conjugative plasmids – a versatile secretion,machinery for transfer of proteins and DNA. Plasmid 54:1 –5.

Watanabe. T. , and T. Fukasawa. 1961. Episome – mediated transfer of drug resistance in *Enterobacteriaceae*. 1. Transfer of resistance factors by conjugation. J. Bacteriol. 81:669 –678.

Wilkins, B. M. , and A. T. Thomas. 2000. DNA transfer independent transport of plasmid primase protein between bacteria by the I1 conjugation system. Mol. Microbiol. 38:650 –657.

Winans S. C. ,and G. C. Walker. 1985. Conjugal transfer system of the IncN plasmid pKM101. J. Bacteriol. 161:402 –410.

7

转 化

细菌间 DNA 的交换有三种方式:接合、转导和转化。我们在第 6 章中已经介绍了接合的机理,质粒或其他自主转移 DNA 元件,将自身或其他 DNA 转入其他细菌中。转导机制将在第 8 章中讨论,它是由噬菌体携带 DNA 从一个细菌转入另一个细菌。本章将讨论转化,它是细菌直接从环境中吸收游离 DNA 的过程。

转化是分子生物学发展的里程碑之一,因为将实验室中改造后的 DNA 重新转入细胞中,转化是最好的一种方法。转化首先在细菌中被发现,但该方法现在也已经用于动植物等细胞的转化中。

在遗传学术语中,转化与接合、转导相似(第 4 章),供体菌产生的 DNA,被受体菌吸收,吸收 DNA 的菌体被称为转化子,如果转化的 DNA 与细胞中原有的染色体 DNA 重组就可以形成重组类型。不同遗传标记重组子形成频率可以用来进行遗传分析,对转化的遗传分析,与对转导的遗传分析类似,转化频率越高,说明 DNA 中这两个标记越靠近,在第 4 章中介绍了利用转导、转化绘制遗传图谱的原理,本章将集中介绍不同菌中转化机制,以及它们与其他生物学现象的关系。

7.1 天然转化

绝大多数细胞不能高效地吸收 DNA,除非采用特殊的化学或电场处理细胞,使它们更容易穿透。然而,有些类型细菌是具有天然转化能力的,它们不经特殊处理也能从环境中吸收 DNA,但也仅在生命周期的某个阶段才具有吸收 DNA 的能力。我们把能吸收 DNA 的细菌细胞称为感受态细胞,将天然

具有吸收 DNA 能力的细菌称为天然感受态细胞,据最新统计,近 40 种细菌是能够发生转化的天然感受态细胞。天然感受态细胞转化在许多种类细菌中被发现,革兰阳性菌中有枯草芽孢杆菌(*Bacillus subtilis*)、引起喉部感染的土壤细菌肺炎链球菌(*Streptococcus pneumoniae*);革兰阴性菌中有引起机会性脑膜炎致病菌流感嗜血杆菌(*Haemophilus influenzae*)、引起淋病的淋病奈瑟菌(*Neisseria gonorrhoeae*)、胃病致病菌幽门螺杆菌(*Helicobacter pylori*)、土壤微生物贝伊不动杆菌(*Acinetobacter baylyi*),它们是转化频率很高的细菌,还包括一些海洋蓝细菌。

7.1.1　转化的发现

转化是细菌中第一个被发现的基因交换机制。在 1928 年 Fred Griffith 发现致病性肺炎球菌[现为肺炎链球菌(*Streptococcus pneumoniae*)],能神秘地从一种型态转化为另一种型态。他的实验基于肺炎链球菌具有两种菌落形态,其中一种致病,另一种不致病,致病菌在琼脂平板上是光滑的,因为菌体能分泌多糖形成荚膜,该荚膜能保护该菌使其在脊椎动物宿主中存活,它能感染小鼠并将其杀死,而形成粗糙菌落的突变体,不形成荚膜,在小鼠中不致病,有时能由光滑型菌落转变过来。

在 Griffith 的实验中,将死的形成光滑菌落的肺炎链球菌与活的非致病、形成粗糙菌落的肺炎链球菌混合后注入小鼠体内(图 7.1)。仅注射了粗糙型菌株的小鼠存活,注入了死的光滑型菌株与活的粗糙菌型菌株混合物的小鼠死亡,另外 Griffith 还从死亡小鼠血液中分离到活的光滑型肺炎链球菌。他得出死的致病菌释放出一种转化因子,该因子能将活的非致病菌粗糙型转变为致病性光滑型,他推测这种转化因子是多糖本身。在 Griffith 小鼠实验 16 年之后,Oswald Avery 和他的同事做了如下实验,将粗糙型菌株与在试管中提取的光滑型菌株 DNA 混合,成功将粗糙型转化为光滑型,他们从光滑型菌株中纯化到转化因子,是 DNA,因此,Avery 和他的同事是第一个证实细胞中遗传物质是 DNA 而不是蛋白质或其他因子。

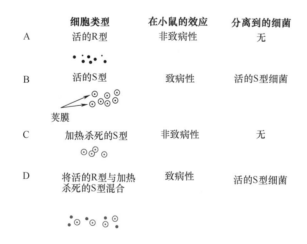

图 7.1　Griffith 实验
热致死带荚膜致病菌,能作用于非致病性不带荚膜细菌,将其转变为致病性带荚膜类型。R 型为粗糙的菌落形态,S 型为光滑的菌落形态。

7.1.2　感受态细胞

如上所述,感受态细胞是指一些细菌的一个生长阶段,在此期间它能从环境中吸收裸露的 DNA,

这种能力在遗传上是程序化的,整个 DNA 吸收过程通常被称为天然转化,与通过电穿孔、热激、钙离子诱导或原生质体吸收 DNA 产生的转化有区别。感受态细胞在遗传上广泛存在,但并非普遍存在,通常有十几种基因编码包括转化调节和结构成分。

天然转化的大致步骤因革兰阴性和革兰阳性不同而存在差异,对革兰阴性菌来说:①双链 DNA 与细菌表面结合;②DNA 穿过细胞壁和外膜;③DNA 一条链被降解;④剩下的 DNA 单链跨过内膜进入细胞质中。一旦进入细胞,转化的 DNA 单链将会合成互补链,重新形成一个质粒,通过同源重组稳定地整合到染色体上,或转移至其他受体细胞,或被降解。在革兰阳性菌中,由于缺乏外膜,所以除了移动时穿过外膜可以省去,其他步骤与革兰阴性菌中相似,它仅需要转运 DNA 穿过细胞壁和一层膜。下面将讨论革兰阴性菌和革兰阳性菌中 DNA 的吸收,尽管这两种菌的 DNA 吸收系统具有许多相同的特征,但在某些重要方面仍存在差异,所以下面将分别对它们进行阐述。

7.1.2.1　革兰阳性菌中的感受态

枯草芽孢杆菌和肺炎链球菌是研究较多的两种革兰阳性菌,它们中与转化相关蛋白是在研究缺失 DNA 吸收能力突变体时发现的,突变体中受影响的基因被命名为 com(代表感受态缺失基因)。在枯草芽孢杆菌中,com 基因被置于多个操纵子之中,其中有 comA 和 comK 操纵子,它们与转化调节有关。另外还包括 comE、comF 和 comG 操纵子,是感受态机构中的一部分,用于将 DNA 吸收至细菌中,这些基因用双字母命名,第一个字母代表操纵子,第二个字母说明基因在操纵子中的位置,如 comFA 指 comF 操纵子中的第一个基因,comEC 是 comE 操纵子的第三个基因。相应的基因产物将首字母大写,如 ComFA 和 ComEC。

一些 Com 蛋白在枯草芽孢杆菌感受态机制中的作用如图 7.2A 所示。comE 操纵子的第一个基因 comEA 编码与细胞外双链 DNA 直接接合的蛋白质,comF 基因编码的蛋白质能把 DNA 转移至细胞中。例如,ComFA 是一种 ATP 酶,能够为 DNA 跨膜提供能量,也可能 ComEA、ComEC 和 ComFA 形成一个 ATP 结合盒式转运结构(ABC),将 DNA 转运至细胞中,已经有许多不同的 ABC 转运蛋白被发现,负责转运细胞内外的分子。在 comG 操纵子中的基因编码形成假菌毛的蛋白质,能够帮助 DNA 通过 ComEC 通道,它们能与胞外 DNA 结合,将 DNA 拖入细胞中。该假设与其他系统中Ⅳ型菌毛蛋白的功能相似。

comE、comF 和 comG 操纵子均在 ComK 转录控制之下,而 ComK 转录因子通过 ComA 进行自我调节。

有些与转化相关的基因,并没有被称为 com,因为这些基因首次在别的过程中被发现,例如,在细胞外能切开双链 DNA 的是 nucA 基因产物,具有核酸酶活性,在自由 DNA 末端是感受态细胞蛋白的底物。另外一个例子是一些蛋白具有多重功能,包括单链 DNA 结合蛋白(SSB)和 RecA,它们在转化 DNA 与染色体重组中以及普通的重组中都起作用(第 11 章)。

单链 DNA 整合到受体细胞染色体中的长度为 8.5～12kb,这些基因可以作为共转化的基因标记,整个共转化过程在几分钟之内就可以完成。

肺炎链球菌转化采用的机制与枯草芽孢杆菌的相似,尽管 com 基因名称通常不一样。

7.1.2.2　革兰阴性菌中的感受态

如前所述,革兰阴性菌中也存在天然感受态细胞,如不动杆菌(*Acinetobacter cacoaceticus*)、幽门螺杆菌(*Helicobacter pylori*)、奈瑟菌属(*Neisseria* spp.)和嗜血杆菌属(*Haemophilus* spp.),后两种菌要求吸收的 DNA 必须具有特殊的 DNA 结合位点,所以通常这些菌只能吸收来自相同细菌的 DNA,这一点与革兰阳性菌不同,它们能吸收可以来自革兰阴性菌的 DNA,对吸收序列没有特别要求。

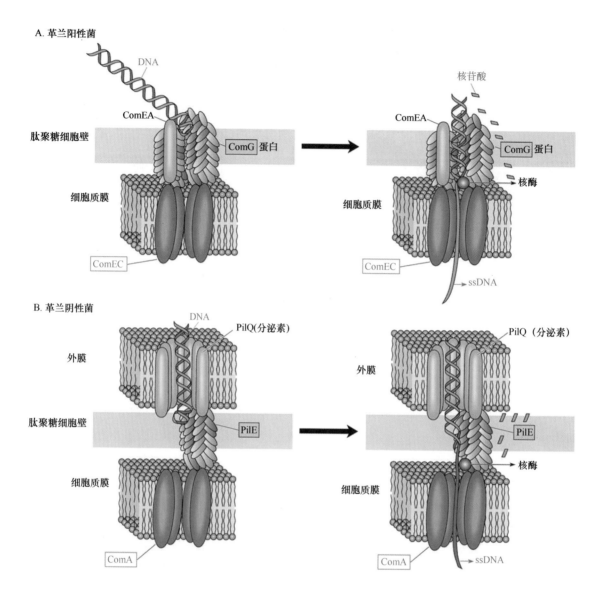

图7.2 革兰阳性菌中 DNA 摄取感受态系统的结构(A),革兰阴性菌中 DNA 摄取感受态系统的结构(B)
图中给出了涉及一些蛋白和形成的通道。图 A 中的术语基于枯草芽孢杆菌,图 B 中的术语基于淋病奈瑟菌。枯草芽孢杆菌中的 ComG 蛋白与奈瑟菌中 PilE 蛋白同源(带阴影的框里),枯草芽孢杆菌中的 ComEC 蛋白是奈瑟菌中 ComA 蛋白(无阴影的框中)的同系物,尽管这些蛋白质的确切作用机制还不清楚。ss 指单链。沿假菌毛(枯草芽孢杆菌中是 ComG 蛋白,奈瑟菌中是 PilE)穿过细胞壁的 DNA 已在图中标出。革兰阳性菌和革兰阴性菌的感受态系统均与 II 型蛋白质分泌系统相关,该内容将在第 15 章中讨论。

(1)基于 II 型分泌系统的转化系统　革兰阴性菌采用两种不同的 DNA 吸收系统,绝大多数采用与 II 型分泌系统相关的吸收系统,该系统能够在细胞表面组装 IV 型菌毛,与前面讲过的革兰阳性菌中分泌系统相似,如图 7.2 所示。G⁻ 和 G⁺ 菌中感受态系统的主要差别是 G⁻ 中有外膜存在造成的,在 G⁻ 中水溶性(亲水)DNA 必须首先穿过疏水的外膜才能通过细胞质膜进入细胞的原生质体中,为了帮助 DNA 穿过细胞的外膜,G⁻ 菌的感受态系统在外膜上有一个小孔,由 12 ~ 14 个分泌蛋白组成(在奈瑟菌中称为 PilQ),该孔具有亲水性的液态环境通道,双链 DNA 可以从中通过。通过内膜通道后,一条链被降解,在奈瑟菌中内膜通道由 ComA 蛋白形成,它的序列与枯草芽孢杆菌中的通道 ComEC 的序列相似。

感受态系统与Ⅱ型分泌系统很像,它们均组装Ⅳ型菌毛,在细胞表面形成较长的Ⅳ型菌毛,然而它在转化中的功能还不清楚。Ⅳ型菌毛细长,如同头发一样附着在细胞表面,被用来将细胞吸附到固体表面上,或真核细胞表面上,它们通常与细菌的致病性有关。在黏细菌(*Myxococcus xanthus*)中,它们也被用来完成一种称为"蠕动"的运动,菌毛在细菌前进端,细菌移动时,首先菌毛伸出并附着在固体表面,然后再缩短收回,将细胞拉向前方,很像一个登山运动员,在悬崖上用岩钉将自己向上拉。推测Ⅳ型菌毛系统在DNA转化时的功能与此相似,首先与细胞表面结合,然后再收回,将DNA拉入细胞中,然而真正的机理并不这么简单。尽管具有Ⅳ型菌毛的细菌好像在转化时也要利用该系统,而且绝大多数发生转化的感受态细胞也需要与Ⅱ型分泌系统相关的Ⅳ型菌毛,但是并不是所有能发生天然转化细菌表面均具有Ⅳ型菌毛。另外尽管感受态细胞需要蛋白质合成众多的菌毛,如大部分菌毛蛋白(奈瑟菌中称为PilE,图7.2B)和小部分菌毛蛋白,在菌毛形成中并不需要小分子菌毛蛋白,这说明在Ⅳ型菌毛中,小部分菌毛蛋白与其相关蛋白处于不同的阶段。解决这个问题的合理推理是在感受态和Ⅱ型分泌系统中菌毛会被改变来完成各自的功能,有时这些菌毛也被称为假菌毛。假菌毛由主要菌毛蛋白构成,但是由于不同的少部分菌毛蛋白相关,假菌毛并不真正伸出细胞表面,而是保持在细胞表面附近。在Ⅱ型分泌系统中,这种假菌毛会生长,并将蛋白质通过外膜上的蛋白孔道推出细胞外,在转化中,假菌毛或许具有相反的功能,它结合DNA,再收缩,使DNA通过外膜分泌蛋白通道被拉入细胞内。并没有任何证据说明菌毛蛋白能与DNA结合,尽管这项任务可以由类似枯草芽孢杆菌中ComEA DNA结合蛋白完成。

(2)基于Ⅳ型分泌系统的转化系统　绝大多数感受态细胞的感受态系统基于Ⅱ型分泌系统,至今仅有的例外是幽门螺杆菌,在第6章中讨论过,它的感受态基于Ⅳ型分泌接合系统。幽门螺杆菌是一种机会性致病菌,可导致消化道疾病,在2005年,两位澳大利亚科学家因为证实该菌是胃溃疡的主要致病因子而被授予诺贝尔生理学或医学奖,而该病原先一直被认为是由于精神紧张造成的,幽门螺杆菌感受态系统和Ⅳ型分泌接合系统的相似性被发现,是因为这两个系统中的蛋白质具有相似性,根癌农杆菌中的VirB结合蛋白,能将Ti质粒中的T-DNA转移至植物中。幽门螺杆菌中的Com蛋白是人类致病因子,根据它们的来源用字母和数字进行命名,如果该蛋白基因在根癌农杆菌Ti质粒上的T-DNA转化系统中,就是植物致病菌。表7.1列出了这些Com蛋白及根癌农杆菌中Ti质粒的来源,显然Ⅳ型分泌途径系统可采用两种DNA转化系统功能,既可以将DNA转入,也可以转出细胞,有趣的是除了转化系统,幽门螺杆菌还有一个忠实的Ⅳ型分泌系统能将蛋白直接分泌至真核细胞中,然而,尽管这两个系统相关,它们的功能各自独立,也没有共用的蛋白。

感受态细胞的命名令人迷惑,反复地说Ⅳ型菌毛与Ⅳ型分泌系统,其实它们并不相关,Ⅳ型分泌系统具有Ⅱ型菌毛,而Ⅳ型菌毛却在Ⅱ型分泌系统中被组装在细胞的表面。一些接合系统中除了它们的Ⅱ型菌毛外,还具有Ⅳ型菌毛。Ⅳ型菌毛在DNA转移过程中,帮助将细胞聚集在一起。淋病奈瑟菌中的Ⅳ型分泌系统能将DNA释放入环境中,被与Ⅱ型分泌系统相关的转化系统吸收。在分泌系统、转化系统和菌毛被命名时,还没有人能预测到它们之间的相互关系,所以造成命名的混乱。

表7.1　幽门螺杆菌Com蛋白和根癌农杆菌Vir蛋白的同源性

螺杆菌蛋白	功能	农杆菌同源物
ComB2	假菌毛?	VirB2
ComB3	未知	VirB3

表 7.1(续)

螺杆菌蛋白	功能	农杆菌同源物
ComB4	ATP 酶	VirB4
ComB6	DNA 结合?	VirB6
ComB7	通道	VirB7
ComB8	通道	VirB8
ComB9	通道	VirB9
ComB10	通道	VirB10

7.1.3　枯草芽孢杆菌中感受态的调控

与细菌中其他调节系统类似,枯草芽孢杆菌中感受态的调控可以通过双成分调节系统调节(第14章)。首先,细胞的营养即将耗尽,细胞密度较高的信号由 ComP(一种膜感应蛋白)所感受到,高细胞密度促使感应激酶将磷酸根从 ATP 转移给自身,也即自身磷酸化,然后磷酸根由 ComP 转移至应答调节蛋白 ComA,磷酸化后的 ComA 是许多基因(包括进入感受态细胞所需基因)的转录激活子(第3章),逐渐地另一种转录激活子 ComK 生成,该激活子直接激活其他 com 基因转录,包括图 7.2A 中转化机制中的基因转录。

7.1.3.1　感受态信息素

枯草芽孢杆菌是如何知道附近的其他细胞而将其诱导为感受态的? 高细胞密度通过细菌分泌的小肽——感受态信息素被指示出来,细胞浓度越高,释放出的感受态信息素的量就越多,而细胞仅在感受态信息素浓度高时才会被转变为感受态细胞。对感受态信息素的需求保证了仅当枯草芽孢杆菌在附近并释放出 DNA,细胞才能吸收 DNA。以上是通过信息素进行定量感应的例子,由细胞释放出的小分子物质将信号传给其他细胞群体,还有许多小分子物质包括高丝氨酸、内酯,能指示 G⁻ 的密度,另一些定量感应例子将在后面章节中讨论到。

第二个问题是细胞如何判断感受态信息素是来自其他细胞,而非自身细胞分泌的,当较大分子通过细胞膜时,将这段信息素肽切下来,如图 7.3 所示,一旦分泌至细胞外,信息素肽将被周围培养基稀释,仅当细胞密度高,周围众多细胞

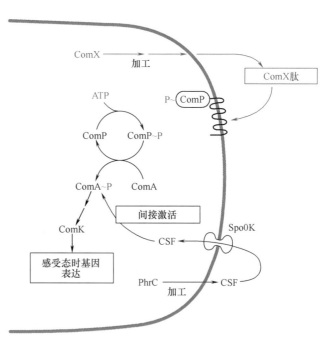

图7.3　枯草芽孢杆菌通过群体感应调节感受态的形成
位于膜中的 ComP 蛋白能感应高浓度的 ComX 肽,并能从 ATP 转移磷酸基团进行自身磷酸化。然后将磷酸基团传递给 ComA,启动许多基因转录,包括 com 基因的激活子 ComK。在另一条途径中,有时被称为 CSF(感受态刺激因子)的一个肽由另一个蛋白(PhrC)的信号序列加工而成,被 SpoOK 寡肽渗透酶运入细胞内。该肽段能抑制另一种蛋白 RapC 活性(图中未给出),而间接激活 ComA ~ P。这条途径的意义在于:当细胞遇到营养缺乏进入静止状态时,细胞的感受态状态与形成芽孢等其他功能阶段相协调。

不断分泌这种肽,使肽的浓度积累到足够高的浓度,才能诱导感受态细胞的形成。枯草芽孢杆菌的主要感受态信息素是 ComX,是由 *comX* 基因产物中切下的一个大段肽分子。另一种成分是 *comQ* 基因,它的产物是蛋白酶,在感受态信息素合成时,用于将感受态信息素从大段肽中切下来,当感受态信息素从大分子中切下后,它与膜上 ComP 结合,引发自身磷酸化,具体机制还不太清楚。

研究发现,不论外部条件怎么好,或细胞的浓度多高,至多有 10% 的枯草芽孢杆菌变为感受态细胞。这其中的优点是显而易见的,如果全部细胞都是感受态细胞,就没有细胞会释放 DNA 供感受态细胞吸收。以上过程称为双稳态,由 ComK 激活子蛋白通过自身调节所控制,该机制在生物界中普遍存在,根据枯草芽孢杆菌的这种现象已经建立了实验模型。

7.1.3.2 感受态、芽孢形成和其他细胞状态的联系

当枯草芽孢杆菌进入稳定期时,一些细胞变为感受态细胞,而另一些细胞会形成芽孢(第 15 章)。芽孢形成是许多细菌发育中常见的,使细菌进入一种休眠状态,在饥饿、辐射和热等逆境中存活下去,在芽孢形成期间,细菌染色体被包装到一个抗性芽孢中,它会一直存活直到条件改善后,又重新萌发成具有活力的生长的细菌。为了协调芽孢形成和感受态,枯草芽孢杆菌可能会产生其他感受态中的肽分子,至少有两种肽用来间接调控 ComA,它们是抑制蛋白 Rap,它能与磷酸化的 ComA C-末端的 DNA 结合域结合,阻止 ComA 与 DNA 结合激活转录。这些肽是由 *phr* 基因产物——较大片段的多肽信号序列加工而来(图 7.3),通过寡肽透性酶 SpoOK 转入细胞中。

spoOK 基因是芽孢形成和感受态形成所共同需要的调节基因的例子,该基因首先因在芽孢形成中的作用而被发现,*spoOK* 突变体能够阻断芽孢形成的第一个阶段,即"0"阶段,K 代表芽孢形成中被发现的第 11 个基因(因为 K 是字母表中第 11 号字母)。

7.1.4 天然转化模式的实验证据

天然转化模式是基于许多不同系统的实验获得的,在设计理解天然转化中 DNA 吸收过程的实验时,需要解释如下三个问题:DNA 摄取效率如何? 是否只有同种属的细胞间才发生 DNA 摄取? cDNA 双链是否都被摄取并结合到细胞的 DNA 上?

7.1.4.1 DNA 摄取效率

生化检测 DNA 摄取效率相当容易,实验基于如下事实:进入细胞的游离 DNA 链对核酸酶变得不敏感。因为感受态细胞只允许 DNA 进入,而不允许蛋白质进入,因此核酸酶无法进入菌体内。如图 7.4 所示,实验中将供体菌置于含有 P-32 放射性同位素标记的培养基中,其 DNA 将会被放射性所标记,提取放射性 DNA,与感受态细胞混合,将混合物再用核酸酶在不同的时间段内进行处理,任何未经降解而完好无损的 DNA 应该都被细菌摄取。这些 DNA 可以同已降解的 DNA 区分开来,因为完整的 DNA 能被酸沉淀而用滤器收集,已降解的 DNA 不被沉淀而通过滤器。因此,如果计数滤器上的放射性并同加入细胞中总的放射性 DNA 相比,就能计算出 DNA 摄取百分比和 DNA 的

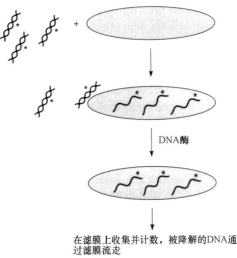

图 7.4 转化过程中确定 DNA 的吸收效率
细胞中的 DNA 对 DNase 敏感。降解的 DNA 通过一个滤膜。星号指代放射性标记的 DNA。

摄取效率。实验证明一些感受态细菌摄取 DNA 的效率相当高。

7.1.4.2　DNA 吸收的特异性

第二个问题——是否只有同种细菌间才会发生 DNA 摄取? 这个问题也相当容易回答,采用上述核酸酶抗性实验原理,就能确定各种细菌是只摄取同种 DNA 还是能摄取其他来源的 DNA。研究表明,一些种类的细菌仅能摄取来自相同种类的 DNA,而另一些种类可以摄取不同细菌来源的 DNA,淋病奈瑟菌和流感嗜血杆菌仅能吸收相同种类的 DNA。

细菌倾向于吸收它们自己的 DNA,因为在它们的 DNA 中含有特定的"摄取序列"。如图 7.5 所示为淋病奈瑟菌和流感嗜血杆菌的最短摄取序列,但它仍然足够长,不会在别的 DNA 中出现。与此相反,枯草芽孢杆菌似乎可以摄取任何来源的 DNA。至于为什么有些细菌只摄取同源 DNA,而另外一些细菌却摄取任何 DNA,这是一个前沿课题,有待进一步研究。

流感嗜血菌　　　5′ AAGTGCGGT 3′

淋病奈瑟菌　　　5′ GCCGTCTGAA 3′

图 7.5　某些类型细菌能摄取的 DNA 序列

仅有这些 DNA 序列才能被提到的细菌摄取。图中仅给出 DNA 的一条链。

7.1.4.3　肺炎链球菌摄取 DNA 的命运

尽管枯草芽孢杆菌转化的遗传学背景较为清楚,但为了提高其他天然转化细菌的 DNA 摄取效率,许多研究者在别的细菌上做了大量有关 DNA 摄取的生化实验,最终建立了摄取模型,DNA 摄取的通用途径首先在肺炎链球菌中得出,与其他绝大多数天然转化细菌很相似。

图 7.6 给出了肺炎链球菌转化期间 DNA 摄取的一般过程。首先,供体菌解体释放出的双链 DNA 结合到受体菌表面特殊受体上。然后,吸附的 DNA 被内切核酸酶切成小片段,互补链中的一条被一种外切核酸酶降解,保留的另一条单链转化至细胞内,转化的 DNA 以链替换方式整合到细菌 DNA 同源区,其机制为新链侵入 DNA 双螺旋并替换拥有相同序列的旧链,然后旧链被降解。如果供体 DNA 和受体 DNA 序列有细微差别,就会产生重组型。该模式的证据来源于许多不同实验,一些实验将在下面讲到,降解双链 DNA 一条链的膜结合核酸酶基因在肺炎链球菌中也被发现。

7.1.4.4　转化体

上述天然感受态细菌摄取 DNA 过程,虽然基本过程相同,但也存在一些差异,如流感嗜血杆菌首先是把双链 DNA 摄取到一个称为"转化小体"的亚细胞组分中(图 7.7),只有当新 DNA 进入细胞质时才变为单链,一条 DNA 链进入细胞内部,并整合到受体菌 DNA 中产生重组类型。

7.1.4.5　吸收单链 DNA 的遗传学证据

基于转化的分子生物学基础上设计的遗传学实验可用来研究转化的分子基础,换句话说,转化能被用于对自身的研究。DNA 转入细胞的证据通常是基于转化后重组型的出现,只有当受体菌和供体菌的基因型不同,而且从供体菌摄入的 DNA 和受体菌交换了遗传物质后,重组型才能形成,重组型的染色体中在转化 DNA 区域具有供体菌 DNA 序列。

实验证明只有双链 DNA 能够结合到细菌表面的特异受体上,所以只有双链 DNA 才能转化细菌形成重组型。但是,我们也可从一些实验推断出细胞确实只摄取单链 DNA,因为 DNA 可有一段隐蔽期,在此期间,无法进行转化。例如,在图 7.8 中,Arg⁻ 突变型生长时需要精氨酸,用它们作为受体菌,

相应的 Arg⁺ 原养型细菌作为 DNA 供体。将供体 DNA 和受体细胞混合后的不同时间里,用 DNA 酶处理受体菌,该酶不能进入细胞但可以破坏培养基里的 DNA,提取受体菌中的 DNA,重新转化更多的营养缺陷型受体菌,在没有精氨酸的琼脂培养基上筛选 Arg⁺ 转化株,可知任何 Arg⁺ 转化株都是由于受体细菌和供体双链 DNA 作用的结果。

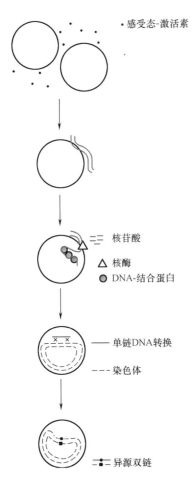

图 7.6 肺炎链球菌的转化

当细胞达到较高密度时感受态刺激肽积累,双链 DNA 结合到细胞上,其中一条链被降解,保留下来的一条单链受到 DNA 结合蛋白的保护,这条链将取代染色体上的相同序列,产生一条异源二聚体,其中一条链来自供体菌,另一条链来自受体菌。

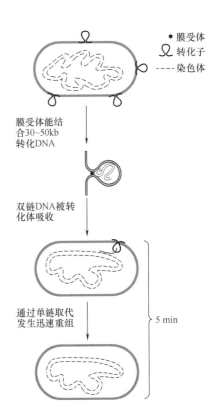

图 7.7 流感嗜血菌的转化

首先双链 DNA 被转化体摄取,然后一条链被降解,而另一条链侵入染色体,取代一条染色体链。

能否获得转化子取决于从供体菌摄取 DNA 的时段,在图 7.8 中,当在时间 1 时摄取 DNA,DNA 仍停留在细胞外,易受核酸酶分解,由于 Arg⁺ 供体 DNA 全部被 DNA 酶破坏,因此不能获得转化子。在第二时段,部分 DNA 已进入到细胞里,不会被 DNA 酶降解,但这种 DNA 是单链的,它还没来得及同染色体重组,以至于仍不能获得 Arg⁺ 转化子。只有在第三时段,当部分 DNA 与受体菌染色体发生重组而重新成为双链,步骤 4 中才能获得 Arg⁺ 转化子。因此,正如我们期望的那样 DNA 单链状态进入细胞,转化 DNA 进入感受态细胞后会进入一个短暂的隐蔽期。

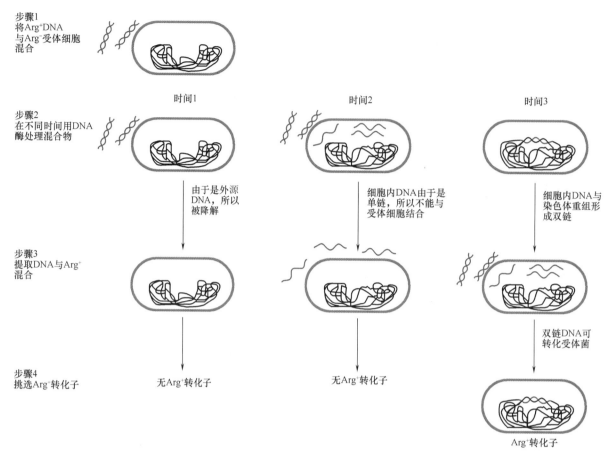

步骤1
将Arg⁺DNA
与Arg⁻受体细胞
混合

时间1　　　　　　时间2　　　　　　时间3

步骤2
在不同时间用DNA
酶处理混合物

由于是外源
DNA，所以
被降解

细胞内DNA由于是
单链，所以不能与
受体细胞结合

细胞内DNA与
染色体重组形
成双链

步骤3
提取DNA与Arg⁺
混合

双链DNA可
转化受体菌

步骤4
挑选Arg⁺转化子

无Arg⁺转化子　　　　无Arg⁺转化子

Arg⁺转化子

Arg⁺转化子

图7.8　转化期间 DNA 状态的遗传分析

仅当双链 DNA 结合至细胞上才启动转化过程。步骤 4 中转化子的出现表明在 DNase 处理正在转化的 DNA 时,该 DNA 是双链的。

7.1.5　天然感受态细菌的质粒转化和噬菌体转染

染色体 DNA 能够有效地转化处于天然感受态下的任何同种细菌,然而,无论是质粒或噬菌体 DNA 都不能有效地转化天然感受态细菌,因为它们必须环化才能复制。天然转化需要破坏双链 DNA,并降解其中一条,这样,另一条线性单链才能进入细胞。而质粒和噬菌体 DNA 通常只有在双链 时 DNA 才自发复制。然而,如果在单链质粒和噬菌体 DNA 的末端没有重复或互补序列,将不能环化 或合成互补 DNA。

用质粒或噬菌体 DNA 转化天然感受态细菌时,如果在它们的末端没有重复或互补序列时,通常 要用二聚体 DNA 或很长的串联 DNA 多聚体(第 5 章、第 8 章),二聚体或多聚体 DNA 是两个或多于 两个拷贝数首尾相接形成的 DNA 分子,如图 7.9 所示。如果二聚体质粒或噬菌体 DNA 只被切割一 次,在其末端仍会有互补序列,还能重组为环状质粒。如图中所示,这样的二聚体或更高的多聚体通 常在质粒或噬菌体 DNA 复制时出现,所以绝大多数制备的质粒或噬菌体中含有二聚体,事实上仅有 质粒二聚体或噬菌体 DNA 二聚体才能转化天然感受态细菌,有力地支持了前面描述的在转化期间单 链 DNA 的摄取模式。

7.1.6　天然转化的作用

许多基因产物在感受态细胞从环境中摄取 DNA 中起直接作用,说明转化过程是对细菌有用的,

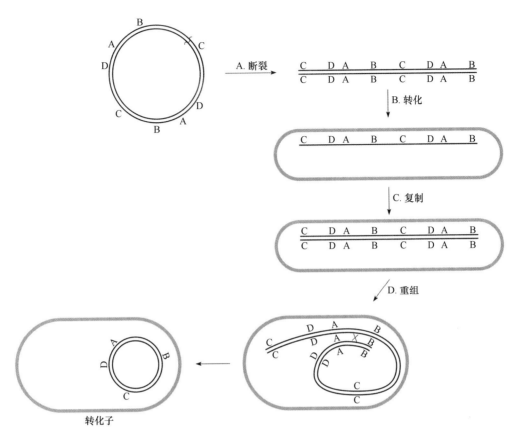

图 7.9　借助二聚体质粒进行的转化

当单链二聚体质粒 DNA 被摄取后,它作为模板能合成双链 DNA。重复末端彼此间重组再次形成环状质粒。

下面我们将讨论可能的三点好处,其中也有赞成和反对的观点。

7.1.6.1　营养功能

生物体会将摄取的 DNA 作为碳源和氮源。反对该学说的一个理由是:摄取整个 DNA 链,然后在细胞内降解,比在细胞外降解 DNA 后摄取核苷酸难得多。事实上,一些细菌可分泌 DNA 酶,它能降解 DNA 使其更容易被摄取。而且一些细菌只摄取同种细菌 DNA 的事实也不能支持该学说,因为其他生物体来源的 DNA 也可提供同样的营养功能。此外,一个菌群通常只有少数菌存在感受态的事实(至少枯草芽孢杆菌是这样)也反对营养学说,因为菌群中的所有细菌应该都需要营养。

这些意见似乎很有说服力,但不足以推翻营养学说。细菌只摄取同种 DNA 是因为摄取异源 DNA 有遗传上的危险,如果异源 DNA 是原噬菌体、转座子或其他可能变为细菌寄生物的成分,就会存在被整合到感受态细胞中的风险。另外消化自己同种 DNA,或许是形成正常菌落的需要,细胞死亡和同类相食是原核细胞发育过程中的一部分,这个过程要求群体中仅一些细胞成为 DNA 消费者,而另一些成为"牺牲的羔羊"。枯草芽孢杆菌中存在的特殊细胞杀伤机制,能支持上述解释,当细胞进入稳定期时,群体中的一些细胞将被杀死(第 5 章)。

7.1.6.2　修复

细菌或许能从别的细菌摄取 DNA 来修复自身受损的 DNA,如图 7.10 所示。一个菌群暴露在紫外线下,射线损伤 DNA,产生嘧啶二聚体和其他损伤。DNA 从一些死亡细菌中渗出并进入其他细菌,

因为 DNA 损伤并不刚好出现在相同位置,所以摄入未受损的 DNA 序列就能替换受体菌中受损区域,这样至少可以让部分细菌继续存活,这种现象解释为什么一些细胞只摄取同种细菌 DNA,因为只有这种 DNA 才能重组参与修复。

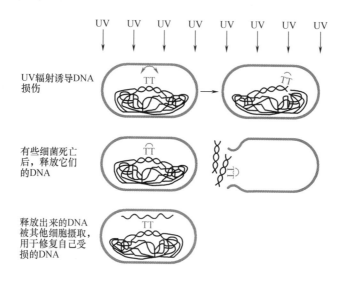

图 7.10　通过 DNA 转化修复 DNA 损伤

由于 UV 辐射在 DNA 某个区域诱导产生胸腺嘧啶二聚体(TT),该区域能被辐射杀死细菌中的未诱变的相同序列所取代,这种用转化 DNA 修复 DNA 损伤的机制使许多细菌存活下来。

如果天然转化能帮助 DNA 修复,我们推测当细胞受到 UV 辐射或其他损伤时,细胞在形成感受态时,修复基因将被诱导。事实上,包括枯草芽孢杆菌和肺炎链球菌在内的一些细菌,重组修复所需要的 *recA* 基因在形成感受态细胞时受到诱导,然而另一些细菌,如流感嗜血杆菌中的 *recA* 基因并不因感受态的形成而被诱导,因此并无明显证据表明感受态基因是在相应的 DNA 受损时被诱导的。但是,为什么至少在某些类型细菌中会形成感受态? 一个吸引人的解释是 DNA 修复所需。

7.1.6.3　重组

转化使不同种类成员间发生基因重组,也是一个具有吸引力但难证实的假说。根据这个假说,转化的作用就如同较高等生物体中的有性过程,该过程允许基因的重新组合,增加其多样性,加速进化进程,而细菌并没有一个必需的有性周期,因此,借助基因交换方式,细菌在生活周期中累积任何与其他细菌间必要的交换基因。

一些可天然转化细菌在生长时,能释放 DNA,这是对转化的基因交换功能的支持。可以想象到释放的 DNA 被别的细菌所摄取。

包括淋病奈瑟菌在内的一些奈瑟菌,转化能增加抗原的多样性,导致细菌避开宿主免疫系统(专栏7.1)。在实验室的混合培养中,转化确实对细菌抗原多样性做出了贡献,然而在天然转化中,抗原多样性的产生是由于转化过程中 DNA 间的重组,还是仅仅由于细菌染色体自身的重组,至今仍有争议。

我们还不清楚为什么一些类型的细菌能发生天然转化,而另一些却不能,或许绝大多数细菌天然转化水平很低。转化在不同的生物体中有不同的功能,也许土壤菌如枯草芽孢杆菌的转化用于 DNA 修复,而被淋病奈瑟菌等专性寄生菌用于增加遗传多样性。

专栏7.1

淋病奈瑟菌(Neisseria gonorrhoeae)抗原变异

许多致病微生物为了逃避宿主免疫系统,经常会改变其细胞表面抗原。这方面研究比较清楚的是引起人嗜睡的锥虫和性传播疾病的淋病奈瑟菌。

淋病奈瑟菌菌毛用于吸附宿主细胞表面,这些菌毛可以自发地改变其特征,以对抗宿主的免疫系统结合到宿主表面。淋病奈瑟菌能合成成千上万种菌毛。

我们已经掌握了淋病奈瑟菌菌毛蛋白的变异机理,菌毛蛋白主要的亚基是由 pilE 基因编码,另外还有缺乏启动子的 pilS 沉默基因,它具有与前者相同的保守序列,不过删除了部分片段,在可变区与 pilE 基因存在差别,而且 pilS 基因不能直接表达菌毛蛋白。当 pilS 与 pilE 基因发生重组,使 pilE 基因发生改变,合成不同种类的菌毛蛋白。有趣的是,铁的存在会影响抗原改变频率,因为许多细菌把有铁利用作为在真核细胞中生活或者出现在宿主的某种组织中的指示,提示细菌何时应该改变其抗原。

因为淋病奈瑟菌可以发生天然转化,所以不光在同一菌中 pilS 和 pilE 基因间发生重组,而且 pilS 基因还能与其他菌中的基因发生交换。实验表明菌毛蛋白变异受到 DNase 的影响,可见不同个体间的转化对抗原变异是有帮助的。还发现重组主要利用 RecFOR 途径而非 RecBCD,因为在淋病奈瑟菌发生转化时仅有一条 DNA 链进入,这是 RecFOR 途径的一个特征。通过对 pil 基因标记发现确实在细菌间发生了交换。虽然转化对抗原改变贡献较大,但还不能证明在感染期间能发挥作用,这需要在感染后的宿主中通过实验进一步证明。

参考文献

Sechman, E. V. , M. S. Rohrer, and H. S. Seifert. 2005. A genetic screen indentifies genes and sites involved in pilin antigenic variation in Neisseria gonorrhoeae. Mol. Microbiol. 57:468 –483.

Seifert, H. S. , R. S. Ajioka, C. Marchal, P. F. Sparling, and M. So. 1988. DNA transformation leads to pilin antigenic variation in Neisseria gonorrhoeae. Nature (London) 336:392 –395.

7.2 天然转化对正向和反向遗传学的重要性

无论细菌天然转化目的是什么,天然转化在分子遗传学中有许多用途,转化已经被用于绘制染色体上的遗传标记,也被用来将在试管中改造后的 DNA 转入细胞中,该过程是分子遗传学实验理想的模式系统,对转化和转导得来的遗传数据的解释是相似的(第4章)。最近淋病奈瑟菌、不动杆菌和蓝细菌中高效转化系统的发现,使它们成为功能基因组学中理想的研究对象。功能基因组学要确定生物体中每个基因的功能,在枯草芽孢杆菌中 pMUTIN 已经被用于功能基因组的研究(第5章)。在不动杆菌中转化效率很高,仅仅少量的 DNA 限制性片段或平板上受体菌的 PCR 扩增片段,就可以转化成功,这为我们构建许多基因缺失、基因增加或改变基因功能突变类型提供了便利,以上操作如果离开高效天然转化系统是很难的。

7.3   人工诱导感受态

大多数类型细菌不是天然可转化的,至少低至不易检测到的水平。仅靠它自身装置,这些细菌是无法从周围环境中摄取 DNA 的,然而这些细菌有时可以通过某些化学处理变成感受态,或采用强电场迫使 DNA 进入细菌,这种过程被称为电穿孔法。

7.3.1   钙离子诱导

尽管不是很了解其原因,但我们可以用 Ca^{2+} 处理大肠杆菌、沙门菌和一些假单胞菌,将其制备成感受态细胞。

化学诱导转化过程往往并不高效,只有很少一部分细胞被转化,相应地,细胞必须在选择条件下涂布在平板上筛选出已转化的细胞。因此,用于转化的 DNA 应该含有一个可供选择的基因,如编码抗生素耐药性基因。

7.3.1.1   通过质粒转化

与天然感受态细胞不同,用 Ca^{2+} 处理后使细胞对 DNA 具有通透性,单链和双链 DNA 都能被摄取。因此,线性和环状双链质粒 DNA 均能被有效地转入经化学处理的细胞中。使 Ca^{2+} 诱导的感受态细胞在克隆和其他需要将质粒和噬菌体 DNA 转入细胞的实验中非常有用。

7.3.1.2   通过噬菌体 DNA 转染

除质粒 DNA 外,病毒基因组 DNA 或 RNA 也能通过转化转入细胞中,从而启动病毒感染,这个过程被称为转染而非转化,尽管它们的原理相同。为了检测转染,潜在的已被转染细胞通常与指示菌混合,涂布在琼脂平板表面,如果转染成功,转染细菌裂解产生噬菌体,感染指示菌后形成噬菌斑。

有些病毒感染并不能仅靠病毒 DNA 的转染引发。这些病毒无法转染细菌,因为在一些天然感染中,病毒头部蛋白必须随着 DNA 一起注入,这些蛋白是感染必需的。例如,大肠杆菌噬菌体 N4 携带位于噬菌体头部的噬菌体特异的 RNA 聚合酶,与 DNA 一起注入细菌后,这些酶被用于早期基因的转录(第 8 章)。用纯的噬菌体 DNA 转染将不能启动感染,因为没有 RNA 聚合酶,早期基因不被转录。另一个例子是噬菌体 $\varphi6$,它对细胞的感染也不能由核酸单独启动,该噬菌体头部含有 RNA 而不是 DNA,所以必须注入一种 RNA 复制酶才能启动感染,所以细胞也就不能仅用 RNA 来感染。上面讲到的噬菌体在侵染时注入需要蛋白质的例子相当少,对大多数噬菌体而言,可以通过转染来启动它的侵染。

一个例外是,许多动物病毒注入增殖所需的蛋白质,但这些蛋白质只注入裸露的 DNA 或 RNA 是不能被合成的。例如,可引发艾滋病(AIDS)的人类免疫缺陷反转录病毒(HIV),在侵染时注入反转录酶,需要它将转入的 RNA 逆转录成 DNA,因此单纯的 HIV 的 RNA 无法转染人类细胞。

7.3.1.3   用染色体基因转化细胞

线性 DNA 转化是一个在体外用选择性基因替换内源性基因的好方法,但是大多数用 Ca^{2+} 处理产生的感受态细菌转化染色体 DNA 效率不高,因为线性双链 DNA 片段进入细胞后会被一种称为 RecBCD 核酸酶降解,这种酶从 DNA 末端开始降解,所以无法降解环状质粒和噬菌体 DNA。然而,通过突变使 RecBCD 核酸酶失活,却能预防即将进入的 DNA 与染色体间发生重组,因为这种核酸酶是大肠杆菌和其他细菌中正常重组所需要的。

尽管如此,我们还是设计出了许多用线性 DNA 转化感受态大肠杆菌的方法,其中之一是使用一种缺失 D 亚基 RecBCD 核酸酶的突变株,*recD* 突变株仍然具有重组活性,而不能降解线性双链 DNA,因此该突变体能用双链 DNA 转化。另一种方法有时称为重组工程,利用 λ 噬菌体的重组系统,双链 DNA 能被转入具有 λ 重组功能的细胞中,该细胞中被称为 γ 的 λ 蛋白能抑制 RecBCD,该方法也能用于单链 DNA 的转化,如 PCR 引物,它不能被 RecBCD 降解,该过程将在第 11 章中讲到。

7.3.2 电穿孔

另一种电穿孔法,可以将 DNA 导入细菌细胞中,在电穿孔过程中,细菌与 DNA 混合在一起,短暂地置于一个强电场下。首先用离子强度较低的缓冲液,蒸馏水也可以,将受体细胞多洗几遍,在缓冲溶液中还可以含有一些甘油等非离子溶液,以防止渗透压的冲击。短暂的电场穿过细胞膜在其表面形成人工孔道,该孔道是由磷脂的头部基团被 H_2O 分子连接起来,DNA 可以通过这个暂时亲水性的孔。电穿孔法能用于许多细菌的转化,不像上面谈到的方法只对特定细菌有效。电穿孔法能将线性染色体和环状质粒 DNA 导入细胞,但是电穿孔法需要特殊的装置。

小结

1. 转化是细胞直接摄取 DNA 的过程。转化是第一个被发现进行基因交换的过程,通过对转化的研究,发现发生转化的主要物质是 DNA,揭示 DNA 是遗传物质这一重大发现。提供 DNA 的细菌称为供体,接受 DNA 的细菌称为受体,将摄取 DNA 的细菌称为转化子。

2. 将能摄取 DNA 的细胞称为感受态细胞。

3. 在生命周期的某个阶段,一些细菌能天然地摄取 DNA,细胞中编码感受态相关机能的许多基因已经被鉴定,有些编码蛋白与 II 型分泌系统相关,有些与 IV 型分泌 –结合系统相关。

4. 在天然转化过程中 DNA 的去向研究得较清楚,双链 DNA 首先与细胞表面结合,在内切核酸酶作用下,断裂成小片段,随后 DNA 一条链被外切核酸酶降解,于是单链 DNA 片段侵入染色体同源区域,取代该位置上的一条链。通过后面的修复和复制,进入的 DNA 就将取代染色体上该区域的初始染色体序列。

5. 天然感受态细胞能用线性染色体 DNA 转化,但通常不能用单体环状质粒和环状噬菌体 DNA 转化。质粒 DNA 转化经常发生在二聚体或多聚体质粒上,它们在重复序列两端重组发生环化。

6. 有些细菌,如嗜血流感菌和淋病奈瑟菌,仅摄取相同种类的 DNA,在它们的 DNA 序列中含有摄取同类 DNA 的短小片段。另一些细菌,如枯草芽孢杆菌、肺炎链球菌似乎能摄取任何 DNA。

7. 天然感受态可能有三种功能:营养功能,使细胞能够将 DNA 作为碳源、能源和氮源利用;修复功能,细胞借助外界 DNA 修复自身的染色体损伤,保证自己存活下来;重组功能,多种细菌之间互相交换遗传物质,使其多样性增强,加速进化过程。不同类型细菌转化目的不同。

8. 有些类型的细菌没有天然感受态,即使在化学试剂处理或电转化情况下也不会发生转化。标准的使大肠杆菌对 DNA 透性增强的方法是钙离子处理。利用钙离子处理获得的感受态细胞广泛地用于质粒和噬菌体转化,是分子遗传学实验技术的一个里程碑。

小结(续)

> 9. 转染就是细胞被病毒感染后,病毒 DNA 转移到细胞的过程。
> 10. 电穿孔法是将细胞置于电场之下,使细胞吸收 DNA 的技术。

💡 思考题

1. 为什么某些类型的细菌能形成感受态? 感应态的真正功能是什么?

2. 你如何确定当枯草芽孢杆菌受紫外线照射,或其他类型 DNA 损伤时,感受态基因将被启动?

3. 你如何确定淋病奈瑟菌(*Neisseria gonorrhoeae*) 的抗原变异是由不同细菌个体之间转化引起,还是由同一个体内的重组引起?

❓ 习题

1. 怎样检测你分离到的一株细菌是否处于天然感受态? 简述你的实验步骤。

2. 假如你从土壤中分离了具有天然感受态的细菌。简述怎样从细菌中分离转化缺陷突变体,并区分重组缺陷型和 DNA 吸收缺陷型。

3. 你能否确定一株具有天然转化能力的细菌是仅能吸收同类细菌 DNA,还是能够吸收来自任何细菌的 DNA?

4. 怎样测定 DNA 片段中是否含有吸收其他细菌中的序列?

5. 怎样测定噬菌体 DNA 能否用来转染大肠杆菌?

📖 推荐读物

Avery, O. T, C. M. Macleod, and M. McCarty. 1944. Studies on the chemical nature of the substrance inducing transformation of *pneumococcal* types. Induction of transformation by a deoxyribonucleic acid fraction isolated from *Pneumococcus* type III. J. Exp. Med. 79:137 –159.

Berge, M,. M. Moscoso, M. Prudhomme, B. Martin, and J. P. Claverys. 2002. Uptake of transforming DNA in Grampositive bacteria: a view from *Streptococcus pneumoniae*. Mol. Microbiol. 45:411 –421.

Bongiorni, C., S. Ishikawa, S. Stephenson, N. Ogasawara, and M, Perego. 2005. Synergistic regulation of competence development in *Bacillus subtilis* by two Rap –Phr systems. J. Bacteriol. 187:4353 –4361.

Chen, I., and D. Dubnau. 2004. DNA uptake during bacterial transfortion. Nat. Rev. Microbiol. 2:241 –249.

Clerico, E. M., JL. Ditty, and S. F. Golden. 2006. Specialized techniques for site directed mutagenesis in *Cyanobacteria*, p. 155 –171. In E. Rosato(ed.), Methods in Molecular Biology.

Humana Press,Totowa,N. J.

Cohen,S. N. , A. C. Y. Chang, and L. Hsu. 1972. Nonchromosomal antibiotic resistance in bacteria:genetic transformation of *Escherichia coli* by R –factor DNA. Proc. Natl. Acad. Sci. USA 69:2110.

Cornella,N. ,and A. D. Grossman. 2005. Conservation of genes and process controlled by the quorum response in bacteria: characterization of gene controlled by the quorumsensing transcription factor ComA in *Bacillus subtilis*. Mol. Microbiol. 57:1159 –1174.

Haijema,B. J. , D. van Sinderen, K. Winterling, J. Kooistra, G. Venema, and L. W. Hamoen. 1996. Regulated expression of the *dinR* and *recA* genes during competence development and SOS induction in *Bacillus subtilis*. Mol. Microbiol. 22:75 –86.

Karnholz,A. , C. Hoefler, S. Odenreit, W, Fischer, D. Hofreuter, and R. Haas. 2006. Functional and topological characterization of components of the *comB* DNA transformation system in *Helicobacter pylori*. J. Bacteriol. 188:882 –893.

Lazazzera,B. A. , T. Palmer, J. Quisel, and A. D. Grossman. 1999. Cell desity control of gene expression and development in *Bacillus subtilis*, p. 27 – 46. InG. M Dunny and S. C. Winans (ed.),Cell –cell Signaling in Bacteria. ASM Press,Washington,D. C.

Maamer,H. ,and D. Dubnau. 2005. Bistability in the *Bacillus subtilis* K –state(competence) system requires a positive feedback loop. Mol. Microbiol. 56:615 –624.

Mongold,J. A. 1992. DNA repair and the evolution of competence in *Haemophilus influenzae*. Genetics 132:893 –898.

Peterson,S,N. , C. K. Sung, R. Cline, B. V. Desai, E. C. Snesrud, P. Luo, J. Walling, H, Li, M. Mingntz, G. Tsegaye, P. C. Burr, Y. Do, S. Ahn, J. Gilbert, R. D. Fleischmann, and D. A. Morrison. 2004. Identification of competence pheromone responsive genes in *Streptococcus pneumoniae* by use of DNA microarrays. Mol. Microbiol. 51:1051 –1070.

Provedi, R. , I. Chen, and D. Dubnau. 2001. NucA is required for DNA cleavage during transformation *Bacillus subtilis*. Mol. Microbiol. 40:634 –644.

Raymond –Denise,A. ,and N. Guillen. 1992. Expression of the *Bacillus subtilis dinR* and *recA* genes after DNA damage and during competence. J. Bacteriol. 174:3171 –3176.

Redfild,R, J. 1993. Genes for breakfast: the have your cake and eat it too of bacterial transformation. J. Hered. 84:400 –404.

Tieleman,D. P. 2004. The molecular basis of electroporation. BMC Biochem. 5:10.

Young, D. M. , D. Parke, and L. N. Ornston. 2005. Opportunities for genetic investigation afforded by *Acinetobacter baylyi*,a nutritionally versatile bacterial species that is highly competent for natural transformation. Annu. Rev. Microbiol. 53:519 –551.

8

烈性噬菌体:
发育、遗传和普遍性转导

地球上所有的生物中都可能寄生病毒,细菌也不例外。由于历史原因,感染细菌的病毒不称为病毒,而称之为噬菌体,尽管它们的生活方式与植物和动物病毒相似。噬菌体可能是最大、最丰富的生物群体,据估计地球上噬菌体数达 10^{13} 之多。如第 1 章所述,噬菌体这个名字由希腊语中的"吃"这个动词衍生而来,它描述当噬菌体"吃光"细菌菌苔时留下的噬菌斑。噬菌体在英文中本身具有复数含义,而"phages"表示有不止一种噬菌体。

与所有病毒类似,噬菌体很小,仅能在电镜下观察到,如图 8.1A 所示,噬菌体通常具有明显的衣壳或二十面体头部和精细的尾部,构成了噬菌体如同登月飞船的结构。尾部结构使噬菌体能穿过细菌细胞壁和细胞膜,将 DNA 注入细胞中。动物和植物病毒因不需要精细的尾部结构,所以外形相对简单,动物病毒通常被细胞吞入体内,而植物病毒往往通过伤口进入植物体内。

噬菌体的复杂度差异很大,较小的 MS2 噬菌体通常没有尾巴,头部仅仅由两种不同的蛋白质构成,而大一些的 T4 噬菌体头和尾中有 20 种不同蛋白质,根据在噬菌体结构上的角色不同,这些蛋白数量从 1 个拷贝到 1000 个拷贝不等。下面还要讲到,噬菌体侵染特定细菌宿主,不同噬菌体具有不同的宿主范围。不同噬菌体家族的数量较少,但每个家族中的数目却很庞大,能侵染不同的细菌宿主,近来对不同家族中噬菌体基因组序列比较后,发现噬菌体基因的杂合性,同一家族中不同噬菌体基因好像是由相同功能的基因簇组成,如 DNA 复

制基因、噬菌体头部形成基因等,推测这些基因是在不同细菌的近期演化中相互交换基因后形成的,因此噬菌体不是和宿主一起进化的,而是按一个家族进化的,它们交换基因后,能传染不同的宿主。

与其他病毒一样,噬菌体并非活的生物体,而仅仅是一个被蛋白质或膜衣壳包裹的核酸分子,根据噬菌体的类型不同,核酸分为 DNA 或 RNA,它们携带用来指导合成更多噬菌体的基因。因此,噬菌体基因组必须足够长,以保证每个噬菌体基因都至少有一个拷贝。噬菌体 DNA 或 RNA 基因组长度反映了噬菌体的大小和复杂性,例如,小噬菌体 MS2 相当小的 RNA 基因组中仅有 4 个基因,T4 噬菌体 $10\,\mu m$ 长的 DNA 基因组中则有 200 多个基因。一些长的噬菌体基因组长度可达头部的 1000 多倍,因此基因组必须被紧密地包装在噬菌体头部。

因为噬菌体很小,所以通常用在易感宿主细菌菌苔上形成的噬菌斑判断噬菌体的有无(图8.1B)。每种噬菌体都有特定的宿主菌范围,只能在特定的宿主菌菌苔上形成噬菌斑,噬菌体 DNA 的突变可以改变噬菌体的宿主范围,也会改变形成噬菌斑的条件,这使我们能发现突变的噬菌体。首先回顾一下噬菌体发育的一般特征。

8.1 噬菌体的裂解周期

像所有病毒一样,由于噬菌体的基因都被蛋白或衣壳包裹,因此,若没有宿主细胞的帮助,噬菌体就不能增殖。病毒首先将其基因注入宿主细胞,而宿主细胞则提供部分或所有的途径来表达这些基因,并产生更多噬菌体。

典型的噬菌体增殖过程如图 8.2 所示。感染初期,噬菌体通过与宿主细胞表面特异性受体结合而吸附在宿主细胞表面。此后,噬菌体将 DNA 全部注入宿主细胞。当噬菌体 DNA 注入细胞后,常在宿主细胞 RNA 聚合酶的参与下,噬菌体 DNA 开始转录。由于噬菌体基因只有一部分具有宿主细胞 DNA 相似的启动子,从而能被宿主细胞 RNA 聚合酶识别。因此,当噬菌体 DNA 第一次注入细胞的时候,并非所有噬菌体基因都被转录成 mRNA。那些在感染后能迅速转录的基因称为噬菌体早期基因,它们绝大多数编码 DNA 合成的酶,如 DNA 聚合酶、引物酶、DNA 连接酶和解旋酶等。在这些酶的作用下,噬菌体 DNA 开始复制,并在细胞中积累许多拷贝数。

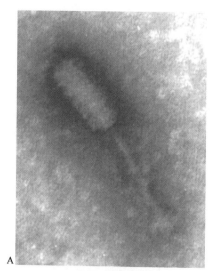

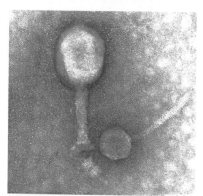

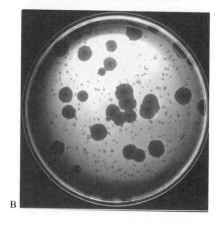

图8.1 一些细菌的噬菌斑和电镜照片 (A)上图是肠球菌的噬菌体,下图是该噬菌体电镜照片 (B)大肠杆菌噬菌体 M13 形成的噬菌斑(较小的噬斑),T3 和 T7 形成的噬菌斑(较大的噬斑)

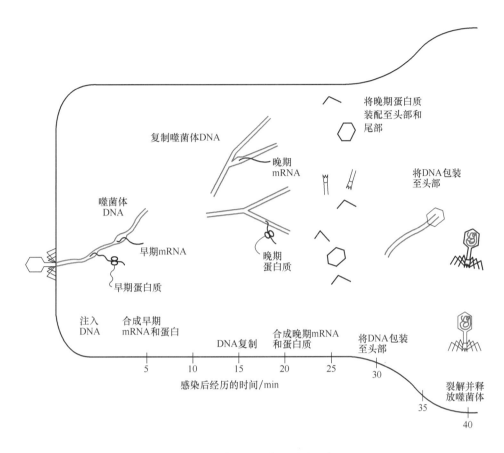

图8.2　典型的噬菌体增殖周期

噬菌体将其 DNA 注入宿主菌后,其早期基因开始转录和翻译,这些早期基因绝大多数是编码与 DNA 复制相关的产物。随着 DNA 复制开始,晚期基因也开始转录和翻译,形成噬菌体的头部和尾部。DNA 被包装进入头部;连接上尾部;细胞裂解,释放出噬菌体去感染其他细胞。

接着,剩下的噬菌体基因被转录为 mRNA,这部分基因为晚期基因,根据噬菌体的不同,有时单独被转录,有时与早期基因一起被转录。噬菌体基因带有不同于宿主菌的启动子,所以仅凭宿主菌 RNA 聚合酶是不能单独识别这些基因的。这类基因绝大多数编码头部和尾部的组装蛋白。当噬菌体粒子合成后,DNA 被头部吸收,然后尾部附着其上,最后宿主细胞裂解,新噬菌体被释放出来,感染其他敏感细胞,整个裂解过程还不到 1 小时。仅感染一个噬菌体,就能产生数百个噬菌体后代。

在实际过程中,由于噬菌体不同基因的表达受特异性调节,因此噬菌体发育周期的复杂程度远远高于上述基本过程。大多数噬菌体基因表达调节是通过在特定时间内使基因转录成 mRNA,这种调节方式称为转录调节。然而有些基因表达的调节在 mRNA 形成后发生,这种调节方式称为转录后调节,例如,调控是根据 mRNA 是否被翻译而进行的,另一些调节涉及 RNA 的稳定性调节,除非 RNA 是在合适的发育阶段合成,否则很快被降解。

噬菌体基因转录调节的基本过程如图8.3所示。噬菌体每一个发育阶段的一个或多个基因产物的合成将启动下一阶段的基因转录,每个阶段合成的基因产物也能关闭前阶段表达基因的转录。这种调节其他基因转录的噬菌体基因称为调节基因,这种类型的调节方式称为瀑布式调节,即每一步均启动下一步而终止上一步。

许多基因的突变仅影响自身基因表达,但是,调节基因突变却能影响其他许多基因的表达。因

此,通过检测突变可以很容易地鉴别调节基因,此方法已广泛应用于噬菌体调节基因的鉴别,下面以 DNA 噬菌体为例介绍部分噬菌体调节基因及其功能。专栏 8.1 中简要描述了一些 RNA 噬菌体的特征。

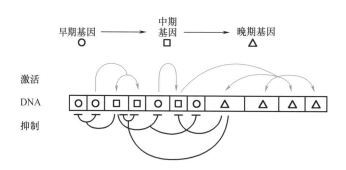

图 8.3　一个典型的大 DNA 噬菌体发育期间的转录调控
紫色箭头表示基因表达被激活;黑色线表示基因表达被抑制。

专栏 8.1

噬菌体

　　许多动物和植物病毒的衣壳(即头部)都含有 RNA,而不是 DNA,这些病毒中有一些是逆转录病毒,它们利用逆转录酶把 RNA 逆转录成 DNA。这些逆转录酶都是一些基本的 DNA 聚合酶,起作用都需要引物,相反其他一些含有 RNA 的动物病毒,例如,能引起流感的流感病毒和能引起着凉感冒的呼吸道肠道病毒,都通过 RNA 合成酶复制 RNA,而不需要 DNA 作中介。因为这些 RNA 合成酶不需要引物,所以 RNA 病毒的基因组是线性的且没有末端重复片段。正如我们所期望的,RNA 病毒在复制时似乎有更高的自发突变率,这可能是因为它们的 RNA 合成酶没有编辑功能。

　　一些噬菌体也用 RNA 作为基因组,如 Qβ、MS2、R17、f2、和 φ6。大肠杆菌 RNA 噬菌体 Qβ、MS2、R17 和 f2 彼此类似,都有一条单链 RNA 基因组,这条单链 RNA 基因组只能编码四种蛋白:一种复制酶、两种头部蛋白和一种细胞溶解素。一旦病毒 RNA 进入细胞,RNA 就能作为信使 RNA(mRNA)并翻译成复制酶,这种酶复制 RNA,一开始是形成一些互补的小片段链,然后用形成的小片段链作模板去合成更多的正链。噬菌体基因组 RNA 必须作为信使 RNA(mRNA)去合成复制酶,是因为大肠杆菌中没有这样的复制酶能以 RNA 作模板去合成 RNA。有趣的是,噬菌体 Qβ 复制酶有四个亚基,但只有一个能编码,其他三个都是宿主翻译机制的成员:EF - Tu 和 EF - Ts 是翻译的延伸因子;S1 是核糖体蛋白。EF - TU、EF - TS 和 SI 三个翻译元件还需要另一种复制噬菌体基因组必需的蛋白——Hfq(Qβ 的宿主因子)。Hfq 可被小的非编码 RNAs 调控,详细讨论见第 14 章。因为这些 RNA 噬菌体基因组也可作为一种 mRNA;所以在翻译研究中它们可以方便地作为单一物种 mRNA 应用。

　　另一个 RNA 噬菌体 φ6 是从大豆病原体丁香假单胞菌菜豆亚种(*Pseudomonas syringae* subsp. *phaseolicola*)中分离出来的。这种噬菌体的 RNA 基因组是双链的,并分为三个片段存

在于噬菌体的衣壳中,这个特征非常类似于哺乳动物中的呼吸道肠道病毒,这三个片段分别称为 S、M 和 L 片段,分别代表小片段、中片段和大片段。和动物病毒类似,这种噬菌体也能被宿主细胞的外膜所包围,而且其进入宿主细胞的方式和动物病毒进入宿主细胞的方式相同。然而,与许多动物病毒不同的是,φ6 的释放是通过细胞溶解完成的。

病毒如 φ6 的双链 RNA 复制、转录和翻译都呈现出特殊的问题。噬菌体不仅要复制它们的双链 RNA,还要在双链 RNA 不能翻译时,将双链 RNA 转录成单链 mRNA。未感染宿主细胞没有这些功能所需的任何一种酶,病毒要自身编码这些酶并将它们包装进噬菌体的头部,这样病毒就可以携带 RNA 共同进入细胞。另外,未感染的寄主细胞也没有病毒所需的转录酶和复制酶,另一个关于这个噬菌体的有趣问题是,三个分离的 RNAs 如何被包装到噬菌体头部。这个基因组的三个片段按 S 片段第一、M 片段第二、L 片段第三的顺序转录成正链转录物,然后再包装成一个完整的头部。包装起始于 200bp *pac* 序列处,在这三个 RNAs 中似乎很少有序列或结构相似的部分,只有当单正链进入头部后,其负链才互补合成,形成双链基因组 RNA。

参考文献

Blumenthal. T. ,and G. G. Carmichael. 1979. RNA replication:function and structure of Qβ replicase. Annu. Rev. Biochem. 48:525 –548.

Qiao,X. ,J. Qiao,and L. Mindich. 2003. Analysis of specific binding involved in genomic packaging of the double –stranded RNA bacteriophage φ6. J. Bacteriol. 185:6409 –6414.

8.1.1　T7 噬菌体:一种编码 RNA 聚合酶的噬菌体

与一些大的噬菌体相比,T7 噬菌体在感染过程中基因表达程序相对较为简单,仅涉及早、晚期两类主要基因,它含有约 50 个基因(图 8.4)。侵染后,噬菌体 T7 的基因从左到右开始表达,基因图谱最左端至基因 1.3 的基因最先表达,这些是早期基因。位于基因 1.3 右边的基因——中期 DNA 代谢和晚期噬菌体组装基因,在延迟几分钟之后才被转录。

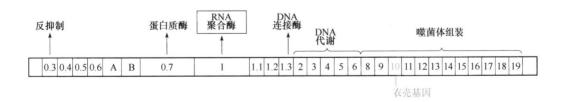

图 8.4　T7 噬菌体的基因图谱
用于表达载体的 RNA 聚合酶基因和用于噬菌体展示的主要衣壳蛋白基因在图中已被标出。

无意义突变和温度敏感型突变被用于鉴别在早期基因产物中是哪一个负责启动晚期基因表达。基因 1 中的琥珀和温度敏感型突变阻止晚期基因的转录,因此基因 1 是调节基因,研究表明,基因 1 产物是一类 RNA 聚合酶,能识别用于晚期基因转录的启动子。实际上基因 1 产物启动的晚期基因转录能帮助将 DNA 拖入细胞中,导致后续的基因表达,这些启动子序列与细菌 RNA 聚合酶识别的启动子

序列差异较大,因此,这些噬菌体启动子只能被 T7 编码的特异性 RNA 聚合酶识别。另一些噬菌体包括与 T7 亲缘较近的枯草芽孢杆菌中的 T3 和 φ29 噬菌体也合成自己的启动子。

8.1.1.1　以 T7 噬菌体为基础的表达载体

一些大肠杆菌中最有用的表达载体是利用 T7 RNA 聚合酶进行外源基因的表达,载体 pET 是一种表达载体,用 T7 噬菌体 RNA 聚合酶和 T7 基因 10 的启动子在大肠杆菌中表达外源基因。pET 表达载体采用的头部蛋白基因(基因 10)启动子,是 T7 的强启动子。因为在 T7 侵染几分钟后,就要求必须合成成千上万的 T7 拷贝数,所以该启动子是已知的最强的启动子之一。T7 启动子下游有许多供外源基因克隆用的限制性位点,任何克隆至 T7 启动子下游的外源基因均会以较高的速率由 T7 RNA 聚合酶转录,该质粒的许多变形如图 3.45 所示。一些 pET 载体有强的翻译起始区(第 3 章),可以与 His 等亲和标签形成翻译融合,使蛋白质在镍柱上容易检测和纯化。也可以通过提供 T7 RNA 聚合酶来诱导启动子使外源基因表达,在融合蛋白对细胞有毒害作用的情况下,这点尤为重要。

pET 载体应用的一般策略如图 8.5 所示,给大肠杆菌提供可诱导的 T7 RNA 聚合酶的底物,在该菌株中表达 RNA 聚合酶的噬菌体基因 1 已经被克隆至 lac 启动子的下游,并整合在染色体中。在这些菌株中,通常具有 DE3 词尾(如 JM109DE3),噬菌体聚合酶基因仅从 lac 启动子开始转录,因此 T7 RNA 聚合酶的合成仅当 lac 启动子的异丙基 – β – D – 硫代半乳糖吡喃糖苷(IPTG)诱导物加入后,才合成 RNA 聚合酶。新合成的 T7 RNA 聚合酶可以使 pET 上外源基因转录成大量 mRNA,从而表达出大量的蛋白产物。

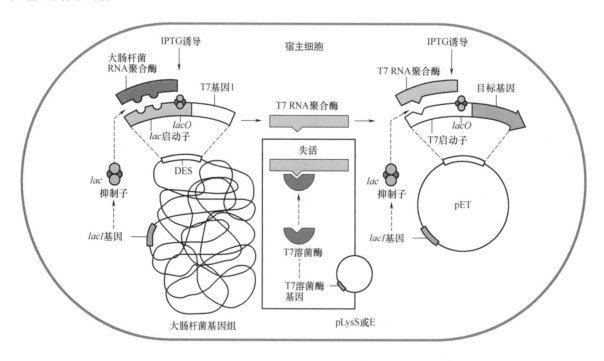

图 8.5　对 pET 上克隆基因的表达调控策略

插入到染色体 T7 RNA 聚合酶基因(基因 1)从 lac 启动子开始转录,因此仅当加入 IPTG 诱导物时,T7 RNA 聚合酶基因才开始表达。T7 RNA 聚合酶转录在 pET 克隆载体上位于 T7 晚期启动子下游的克隆基因。如果克隆基因的产物是有毒蛋白,则有毒产物在诱导前,就会降低克隆基因的继续转录。T7 溶菌酶是由相容性质粒 pLysS 编码。在没有诱导产生 T7 RNA 聚合酶时,T7 溶菌酶可以结合至 T7 RNA 聚合酶的任何残基上,并使 T7 RNA 聚合酶失活。lac 操纵子处于 T7 启动子和克隆基因之间,进一步降低了克隆基因在无 IPTG 时的转录。

8.1.1.2 核酸探针和加工底物

T7 噬菌体和其他相近噬菌体 RNA 聚合酶的其他应用是在体外合成特殊 RNA。单个基因对应的特定 RNA 是杂交实验中很有用的探针或可以作为反应过程所需的底物,如剪接过程中的底物。以上技术也基于噬菌体 RNA 聚合酶仅从自己的启动子转录 RNA 这一事实。人类基因组计划和其他大的基因组计划中使用的 pBAC 载体,采用噬菌体启动子合成 RNA,用新合成的 RNA 作为杂交探针来鉴定克隆中的相邻序列(图 5.23)。在以上和其他应用中,载体被设计为含有多个限制性酶切位点并被噬菌体 RNA 聚合酶的启动子分隔开。将拟转录为 RNA 的基因克隆至 pET 载体的一个限制性位点上,纯化载体 DNA,用限制性内切酶从噬菌体启动子与克隆基因外的一端切开,然后加入纯化的噬菌体 RNA 聚合酶和 RNA 合成时用到的三磷酸核糖核苷等成分,合成的 RNA 仅仅是克隆拟转录基因的互补链。要制备另一条链的互补链时,可以将这段基因反向克隆至克隆载体上,或克隆至在克隆位点的另一侧具有另外噬菌体启动子的特殊载体上。例如,有这样一个载体,克隆位点在 T7 启动子和 Sp6 启动子之间,当加入纯的 T7 RNA 聚合酶时,克隆基因的一条 DNA 链被转录,如果加入 Sp6RNA 聚合酶,另一条链将被转录。纯化的 RNA 聚合酶和其他噬菌体可以从生化公司供应商购买。

8.1.1.3 噬菌体展示

T7 噬菌体的另一个应用是噬菌体展示(专栏 8.2),这是检测结合在另一个分子上的,如激素或特殊抗体上肽的方法。应用该技术,可以将编码肽的序列随机融合到 T7 头部蛋白上,所以不同的噬菌体在它们的表面将展示不同的肽。将展示不同类型肽的噬菌体与其他分子结合就可以与其他噬菌体区分开,从而分离得到。被克隆 DNA 序列确定后,可以确定结合在分子上的特殊肽链的序列。

专栏 8.2

噬菌体展示

现代噬菌体最有力的应用方面是噬菌体展示,这种重要技术允许鉴定和合成能与配体蛋白紧密结合的多肽和蛋白,该技术现在用于鉴定抗原,例如,在自身免疫类疾病如多发性硬化症中提纯人类抗特异抗原的抗体、鉴定药物靶标、发展可将化学治疗药物定位到组织的多肽等。

噬菌体展示技术依赖于噬菌体是由 DNA 以及包裹它的由其编码的蛋白两者组成的这个事实。如果一个特殊的肽编码序列被翻译并作为编码其中一个噬菌体头部蛋白的序列,那么噬菌体的所有后代将会在它们的表面展示这种特殊肽。展示这种特殊肽的噬菌体能从其他噬菌体中分离出来,是因为这种肽具有结合特殊靶标的优点,一旦这种噬菌体被分离,它就能被大量繁殖,编码融合蛋白的基因能被测序以获得其 DNA 序列,然后将这种肽序列输入数据库以鉴定可能含有这种序列的蛋白质。

T7 噬菌体是一种适用于进行噬菌体展示技术的噬菌体之一。图中描述了 T7 噬菌体展示步骤的更多细节,我们使用如图所示的方法,改造后的 T7 噬菌体可判断肽抗原能结合到哪种特异的抗体上。图 A 部分,将任意一段编码蛋白质的序列克隆至噬菌体 DNA 的多克隆位点,使编码任意肽段的基因序列与编码噬菌体头部蛋白基因 10 区域发生融合。然后通过此 DNA 片段直接转染细胞,或者将这段 DNA 包装进入噬菌体头部,再用这个噬菌体去感染细胞。当噬菌体增殖时,每个噬菌体的后代都在它们的表面展示出融合到它们头部蛋白的肽序列(图 B)。然而,当随机收集的肽编码序列已经融合进基因 10 的蛋白编码序列中时,每个噬菌体的后代在它们的表面

专栏8.2(续)

能展示不同的融合肽。为了鉴定噬菌体能表达特殊肽,我们进行漂洗,之所以用"漂洗"这个词,是因为我们的操作类似于淘洗黄金和其他矿物质。图 C 表明最重要的部分存在于漂洗之后,能结合靶蛋白序列的配位分子被固定在数个固体表面,如微孔板、纤维素或琼脂糖的小孔中。配体是一些能结合蛋白的 RNA、DNA、其他蛋白或者像激素之类的小分子。根据配体性质,配体被固定到固体表面有很多方法。在我们的实验中,抗体是一种蛋白,它能通过一个或多个氨基酸并以化学交联方式交联到固体表面。接着,噬菌体混合液中一些含有抗体可结合的肽序列的噬菌体被固定在小孔中,多余的噬菌体被冲洗掉,任何一个结合到孔中配体上的噬菌体都会优先被固定,被固定的噬菌体接着会从任何被结合的物质上分离出来,然后根据各个噬菌体的耐受性和与配体结合的紧密性,将噬菌体从它们的配体上洗脱下来。我们实验中所用的 T7 噬菌体在未经灭活的情况下能被十二烷基硫酸钠等洗涤剂洗脱下来,对 M13 和 T4 洗脱时必须要更温和一些,一旦结合的噬菌体被洗脱,就能结合到它的宿主菌上(我们的实验中用的是大肠杆菌)并进行繁殖。一次的增殖步骤对于纯化噬菌体来说是不够的,这个步骤必须重复多遍才能获得足够的噬菌体用来展示目标的配体结合肽序列。噬菌体中展示目标蛋白序列的 DNA 可以被测序,以确定结合

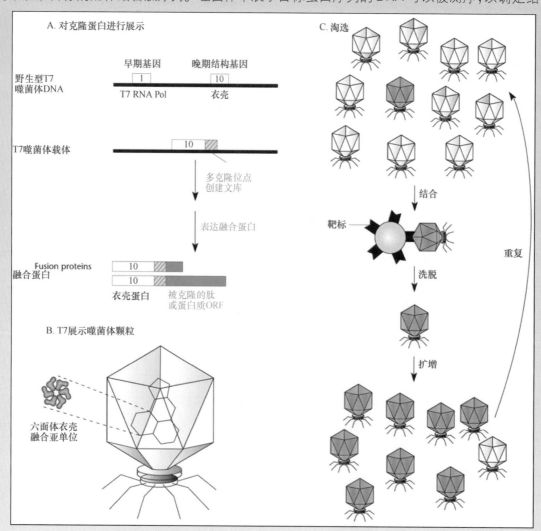

到配体或靶分子上的肽序列,在我们的实验中,肽抗原是结合到抗体上的。

第一个用于噬菌体展示的噬菌体载体是以单链 DNA 噬菌体 M13 为基础发展起来的。噬菌体头部的任何一个蛋白都可以进行翻译融合,但一般来说,最好是使用 gpⅧ蛋白,因为有多个这种蛋白存在于噬菌体头部。M13 载体虽然已经成功地应用于大量实验中,但是以 M13 为基础的系统的缺点是只有那些很短片段的肽才可以融合到头部蛋白中,而且要求这种融合肽必须是细胞所分泌的。这些噬菌体组装进周质,并在细胞外分泌,所以当它们被融合后融合肽也和头部蛋白一起分泌,一些高度离子化的含有许多酸性或碱性氨基酸的肽分泌可能不是很容易。

T7 或 T4 噬菌体展示的好处是这些噬菌体可以裂解细胞,所以融合肽不需要被分泌,这些噬菌体也能调节长的多肽融合到它们的头部蛋白中,尤其以 T4 为基础的系统在这方面优势更明显,但是在这个系统中,多肽却不受欢迎地融合到这些噬菌体头部蛋白 HOC 和/或 SOC 蛋白中(图8.8)。这些蛋白对于头部组装不是必需的,但当它们组装后,这两种蛋白有 10^3 个拷贝数与头部的外表面紧密结合,这些不受欢迎的多肽的编码序列不直接克隆进噬菌体,它们和 M13 或 T7 一起克隆进含有 HOC 或者 SOC 编码序列的质粒而形成翻译融合。接着含有这种融合物质粒的细胞被 T4 所感染,这种融合物通过重组而进入噬菌体,它们进入的噬菌体有一个 e 基因,也就是编码溶菌酶基因上的缺失突变,这个突变可以阻止噬菌体的释放,除非外加溶菌酶。克隆的融合基因重组会回复 e 基因,允许噬菌体在溶菌酶缺失情况下释放,允许选择的噬菌体有完整的表达肽的融合基因,所以它们能在头部表面表达融合蛋白。

参考文献

Gupta, A., A. B. Oppenheim, and V. K. Chaudhary. 2005. Phage display: a molecular fashion show, p. 415 –429. In M. K. Waldor, D. I. Friedman, and S. L. Adhya (ed.), Phages: Theirs Roles in Bacterial Pathogenesis and Biotechnology. ASM Press, Washington, D. C.

Harrison, J. L., S. C. Williams, G. Winter, and A. Nissim. 1996. Screening phage antibody libraries. Methods Enzymol. 267:83 –109.

Malys, N., D. – Y. Chang, R. G. Baumann, D. Xie, and L. W. Black. 2002. A bipartite bacteriophage T4 SOC and HOC randomized peptide display library: detection and analysis of phage T4 terminase and late σ factor (gp 55) interaction. J. Mol. Biol. 319:289 –304.

8.1.2　T4 噬菌体:转录激活子、抗终止、一种新的 σ 因子、复制偶联转录

T4 噬菌体是迄今已知最大的病毒之一,其结构复杂,在许多生物教科书中都会讲到(图8.1A)。该噬菌体对分子遗传学实验的发展作用,就如同孟德尔遗传实验中的豌豆(第1章)。核糖体的功能、mRNA 的存在、遗传密码属性、密码子的确认和其他许多基础知识均来自于对 T4 噬菌体的研究。

T4 噬菌体含有 200 多个基因,比 T7 噬菌体大(T4 基因组图谱如图8.6所示),其基因表达调节更加复杂。事实上,T4 噬菌体在它生长周期的不同阶段利用许多我们已经知道的基因表达调节机制进行调节。

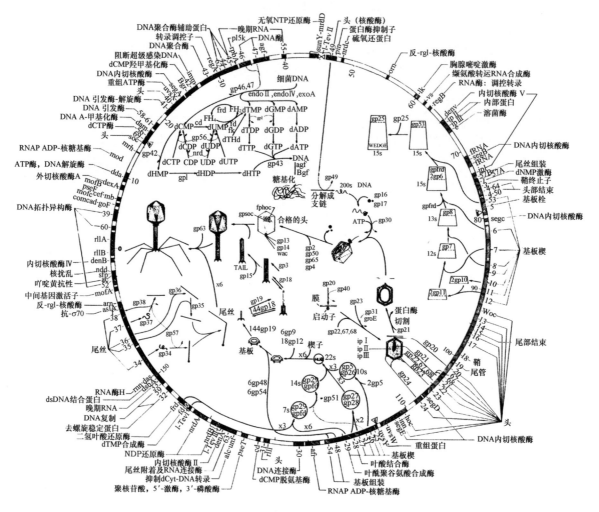

图 8.6   T4 噬菌体的遗传图谱

T4 噬菌体感染细菌后,合成的蛋白质如图 8.7 所示,图中的每一条带是 T4 噬菌体一个基因的多肽产物,这些基因产物可以通过所编码基因来鉴定。例如,p37 是基因 37 的产物(图 8.6)。通过对基因表达产物进行蛋白电泳分析可知,一条蛋白带第一次出现的时间正是基因开始表达的时间,一条蛋白带消失的时间正是基因表达终止的时间。很明显,T4 基因中一部分在感染后很快就得以表达,这些基因称为极早期基因。其他的基因,在感染后几分钟表达,称为迟早期基因和中期基因。其后,真正晚期基因开始表达,之所以有这样的称呼,是可将其与整个感染过程中都有表达的迟早期基因和中期基因加以区别。总体来说,在生长过程中 T4 噬菌体的蛋白合成调控是非常复杂的。

利用基因的琥珀突变可以确定基因与多肽产物的一一对应关系。如果一个非抑制子细胞(第 4 章)被在基因中含有琥珀突变的噬菌体感染,则该基因对应的蛋白条带将消失。该基因在无抑制细胞翻译时在琥珀突变处停止,仅合成一条较短的多肽,可以通过凝胶电泳对它检测。有时两个或更多的条带由于琥珀突变而消失。如基因 23 上出现琥珀突变会导致 p23 和 p23* 两条带的消失(图 8.7)。单个基因突变导致多条带消失的原因很多,在本例中基因 23 的多肽产物用于形成噬菌体头部,它合成后会被继续切割,通常用于构建每个噬菌体头部的 p23 多肽需要 1000 个左右。首先 p23 多肽对头部进行组装,DNA 在装入衣壳之前,该多肽的 N 末端部分被切下来形成短的多肽 p23*,这才是成熟衣

壳的最后形式。因此,破坏 p23 合成的突变将会阻止 p23* 的出现,T4 中该基因的产物通常用 gp23 来表示。每个基因产物在 T4 颗粒中的位置如图 8.8 所示。

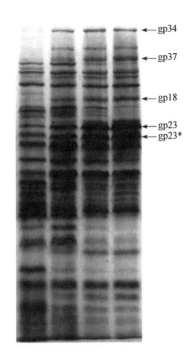

图8.7   T4 噬菌体形成过程中合成蛋白质的聚丙烯酰氨凝胶电泳

噬菌体加入细菌时,在不同时间通过向氨基酸中加入含 [14]C 放射性同位素的方式对蛋白质进行标记。因为 T4 噬菌体感染细菌后能终止宿主菌蛋白质合成,所以放射性氨基酸仅插入到噬菌体蛋白质中,也即仅有噬菌体蛋白质会有放射性,而且是在加入放射性氨基酸后合成的蛋白质才被标记,因此,我们可以分清在何时合成了何种蛋白质。为了分离蛋白质,先用十二烷基磺酸钠表面活性剂将细胞裂解开,表面活性剂也能使多聚体蛋白质的组成部分——多肽得到分离。电泳使多肽在聚丙烯酰胺凝胶迁移,在用泳道中形成条带,越小的多肽在胶中移动地越快,所以多肽会按照尺寸大小从大到小排列,顶部分子最大,底部分子最小。随后用滤纸吸干凝胶上的水分,把凝胶放置于相纸上,在高能量光波下使放射物质衰变曝光,每一个条带代表 T4 噬菌体单个基因的多肽产物。从左数起,第一泳道是感染后 5 ~ 10min 合成的蛋白质,第二泳道是感染后 10 ~ 15min 合成的蛋白质,第三泳道是感染后 15 ~ 20min 合成的蛋白质,第四泳道是感染后 30 ~ 35min 合成的蛋白质。

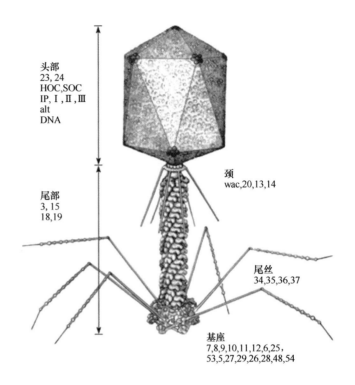

图8.8   T4 噬菌体的结构组成

T4 噬菌体颗粒约 3nm 大小,图中给出了基座和尾丝蛋白的位置。HOC 和 SOC 蛋白是在噬菌体组装时,用于包裹噬菌体展示的头部。

8.1.2.1   T4 噬菌体发育中基因的表达调控

在图 8.7 中的实验也被用于鉴定噬菌体的调控基因。能阻止许多其他基因表达的基因突变,将导致许多条带从胶上消失。在 T4 中,*motA* 和 *asiA* 基因突变,将导致中期基因产物的出现,基因 33、55 和与 T4 DNA 复制所需的基因突变,将阻止真正晚期基因产物的出现。因此,基因 *motA*、*asiA*、33、55 以及其他在 DNA 复制过程中需要其基因产物的许多基因,都被推测为调节基因。

8.1.2.2   中期基因转录

噬菌体在侵染细胞几分钟之后表达的基因被分为迟早期基因和中期基因两类,在此,仅讨论启动真正晚期基因表达的调节基因功能。迟早期基因转录与早期基因转录一样都是从相同的正常 σ^{70} 启动子转录的,但是前者由抗终止机制调节。在没有 T4 噬菌体调节基因产物时,启动早期基因启动子的 RNA 聚合酶在到达晚期基因时将会停止,因此,这些基因的转录要等噬菌体合成抗转录终止

子才能开始,抗转录终止调解机理将在第9章中以λ噬菌体为例讲解。然而,中期基因产物的转录是从自己的启动子开始的,称为中期启动子,它们与正常的σ^{70}启动子在−35处有所差别,取而代之的是−30Mot盒(图8.9)。由于启动子的差异,它们的转录需要MotA和AsiA蛋白,它们是晚期基因产物。现在认为AsiA蛋白结合到σ^{70}的区域4上,抑制σ^{70}与−35序列结合(第3章),事实上该蛋白最初被认为是σ^{70}抑制子。一旦与σ^{70}区域4结合,AsiA蛋白允许MotA结合上,MotA结合到σ^{70}区域4后,σ^{70}就能识别T4中期基因的−30序列而不识别在未感染细胞中σ^{70}正常识别的−35序列。

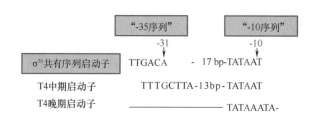

图8.9　T4噬菌体中期和晚期启动子序列

图中标出了用于RNA聚合酶识别的重要序列。

8.1.2.3　真晚期基因的转录

如同中期基因转录,T4真晚期基因转录的启动子与宿主中的不同(图8.9),它们的−10序列为TAAAATA,而不是典型细菌σ^{70}启动子的−10序列,缺少−35序列(第3章)。由于以上的差异,宿主RNA聚合酶不能正常识别T4启动子,然而T4调节基因55的产物能改变σ因子,它与宿主RNA聚合酶结合改变聚合酶的专一性,使其仅能识别T4真晚期基因的启动子。该σ因子与其他σ因子并无同源性,有一个明确的区域2可以识别T4真晚期基因启动子的−10序列。它没有识别−35序列的区域4,所以使该σ因子不能形成开放复合体有效地启动转录,另一种gp33蛋白是T4晚期转录所需的,它结合到RNA聚合酶β环上,这是σ^{70}区域4正常结合部位。在这种意义上来说,gp33代替了σ^{70}上的区域4,然而gp33蛋白还不能仅靠自己激活转录,而是结合在由gp45组成的滑动夹上,这样就形成了开放复合体,启动转录。

并不只有T4噬菌体及其相近的噬菌体通过改变σ因子来激活它们的晚期基因表达,例如,枯草芽孢杆菌SPO1噬菌体也采用这样的调节机制。SPO1晚期基因的启动子与正常细菌启动子的差别较大,也不像T4晚期基因启动子,实际上,宿主RNA聚合酶仅通过改变σ辅助因子就能适应识别各种各样的启动子序列。这个通用策略被用于许多细菌发育过程的调节,如芽孢的形成过程调节,将在第15章中讲到。

8.1.2.4　复制偶联转录

除了替代σ因子的gp55和辅助蛋白gp33外,启动噬菌体晚期基因转录还需要其他T4噬菌体的基因产物,尤其是44、62和45基因产物是需要,以上这些基因产物也是噬菌体DNA复制所需要的。gp45蛋白是DNA聚合酶的辅助蛋白,与大肠杆菌中DNA复制的β夹相似,缠绕在DNA上形成滑动夹,随着DNA聚合酶移动,防止在复制过程中DNA聚合酶从DNA上滑落下来(表8.1)(第2章)。gp44和gp62蛋白是"滑夹装载者"与大肠杆菌中的γ复合体类似,将gp45夹装载至DNA上。通过以上观察到的这些现象,可以得出如下假说:T4噬菌体DNA复制时也需要晚期基因的表达;宿主RNA聚合酶复合体与基因55蛋白,仅当T4噬菌体DNA复制时才启动RNA的高效合成。将真正晚期基

转录与噬菌体 DNA 复制偶联对于噬菌体来说具有战略意义。许多真正晚期基因编码噬菌体颗粒的组成部分,如头部,只有噬菌体 DNA 复制出来需要被包装时,才需要噬菌体头部,所以噬菌体 DNA 复制实际上是如何激活转录还不清楚。另有证据表明 T4 噬菌体 DNA 复制并不需要激活后期基因的转录,因为 DNA 聚合酶和其他复制蛋白在 T4 DNA 连接酶失活、T4 DNA 上积累有缺口和末端时并不需要。然而即使在这种情况下,仍然需要 gp45 夹。

表 8.1　T4 与复制相关的基因产物,及其与大肠杆菌和真核细胞的同源性比较		
T4 基因产物	大肠杆菌中的功能	真核细胞中的功能
起始位点特异性复制		
gp43	Pol Ⅲ α 和 ε	DNA pol α、β、γ
gp45	β 滑夹	PCNA
gp44,gp62	滑夹装载体(γ 复合体)	RFC
gp41	复制性解旋酶(Dna B)	Mcm 复合体
gp61	引物酶(Dna G)	Pol α
gp39,gp52,gp60	GyrAB,拓扑异构酶 IV	拓扑异构酶 II
gp30	DNA 连接酶	—
Rnh	RNA 酶 H	—
重组依赖性复制		
UvsW	RecG,RuvAB	
UvsX	RecA	Rad51(酵母菌)
UvsY	RecFOR	Rad52(酵母菌)
gp46,gp47	RecBCD,SbcCD	Rad50,Mrell(酵母菌)
gp32	SSB	RPA
gp59	PriABC,DnaT,DnaC	
gp49	RuvC	—

图 8.10 中给出了 gp33 蛋白和 T4 DNA 复制蛋白如何激活真晚期基因转录的模型。根据模型,当 gp33 蛋白与 RNA 聚合酶的 β 夹结合后,真晚期基因激活子被激活,然后与 gp45 夹接触,gp45 夹是复制装置中的一部分。gp45 夹能在 DNA 切口或末端在 gp44 和 gp62 装载环的帮助下,装载至双链 DNA 上,一旦装载上就能在 DNA 上保持装载状态,当聚合酶复制后随链上上下下,合成冈崎片段(参见第 2 章有关长号模型的描述)。实际上,长号模型中 DNA 聚合酶在复制后随链时闭合、打开,已经在 T4 DNA 复制装置中得到明确的证实。假设在 DNA 聚合酶离开时,gp45 仍然在 DNA 上,则不再与复制装置相连的 gp45 夹就会沿 DNA 任一方向滑动。如果这个夹与结合在 RNA 聚合酶上的 gp33 蛋白相接触,就会使处于真晚期基因启动子处的 RNA 聚合酶启动该基因的转录。这就能解释为什么 gp33 和 gp45 蛋白与 gp44 和 gp62 蛋白一样都是优化晚期基因转录所需要的,由于后者是在正常条件下将 gp45 蛋白装载在 DNA 上形成滑动夹所需要的,也解释了为什么在没有 DNA 连接酶时不再需要滑夹装载物和 DNA 复制。gp45 夹能够从缺少 DNA 连接酶时积累的 DNA 切口和末端处装载至 DNA 上,而不再需要滑夹装载物和其他复制装置。

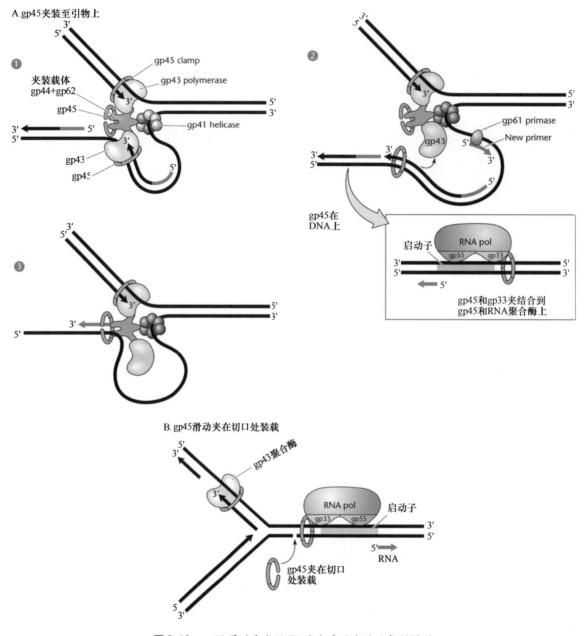

图 8.10　gp45 滑动夹激活 T4 晚期基因启动子复制模型

(A)(1)正常情况下,当 DNA 聚合酶(gp43)开始在 RNA 引物上合成冈崎片段时,gp44 和 gp62 组成的滑动夹装载体将 gp45 装载至 DNA 上。由 gp41 解旋酶打开双链 (2)冈崎片段合成后,gp43 从 gp45 滑动夹上下来,滑动夹 gp45 仍然在 DNA 上,直到滑动至真正的晚期启动子处并激活转录,该启动子在 RNA 聚合酶(RNA pol)上并含有 gp33 (3)当继续复制时,一个新的 gp45 滑动夹被装载至 DNA 上 (B)一个被 T4 噬菌体突变子感染后,该 T4 噬菌体突变子为 DNA 连接酶缺失型,DNA 上将持续保留一个切口。gp45 滑动夹将不依赖于其他复制蛋白,可以直接加载至这个切口上,在 DNA 上滑动直到遇见 RNA 聚合酶晚期启动子附近的 gp33

8.2　噬菌体 DNA 的复制

　　不同于染色体或质粒 DNA 的复制,噬菌体 DNA 的复制必须与细胞分裂相协调,仅有一个目的:在尽可能短的时间里复制出最多数量的噬菌体基因组。噬菌体的 DNA 复制也是惊人的,最初仅一个噬菌体 DNA 分子进入细胞,在短短 10 ~ 20min 内,可以复制出成百上千个拷贝数包装到噬菌体头部。

噬菌体的这种不加抑制的复制,使得研究它的 DNA 复制比研究其他系统的更加容易。但是,噬菌体复制也具有所有生物细胞复制的许多特征,所以噬菌体 DNA 复制已经被用作理解细菌甚至人类 DNA 复制的模式系统。

和线性的染色体和质粒一样,从许多噬菌体基因组的结构来看,多数噬菌体 DNA 的复制存在特殊困难。有时称为"引物问题",因为只有在加入引物时,DNA 聚合酶才能启动并合成新 DNA 链(第 2 章、第 5 章),当后随链在线性模板分子末端开始复制时,上游没有 DNA 分子作模板合成新链。RNA 聚合酶可以启动新链的合成,尽管 5′末端 RNA 引物合成,一旦 RNA 引物移走后,没有上游 DNA 作为引物替代 RNA 引物。因此,由于引物问题,线状 DNA 分子每复制一次就变短一些,最终,线状 DNA 的关键基因丢失。一些噬菌体基因组,如噬菌体 M13 是单链环状分子,可以解决引物问题,而真核细胞染色体也是线性分子,但它的末端有多余的 DNA 端粒结构,在不需要 DNA 模板的情况下,从复制后缩短的 DNA 处进行复制。但线状噬菌体没有真核细胞染色体中的端粒结构,而是以其他不同方式解决引物问题。有的采用蛋白质作引物(专栏8.3),另一些噬菌体在其基因组 DNA 末端有重复序列,称为末端冗余,将在下面讲到。还有一些像某些线性质粒一样,具有发夹结构,能使它们在末端重复并形成二聚体环(第 5 章)。噬菌体通过各种方式解决自身基因组 DNA 复制的引发问题,本节将讨论其中的部分机制。

专栏8.3

蛋白质作引物

一些病毒包括腺病毒和枯草芽孢杆菌噬菌体 φ29,都是通过使用蛋白解决引物问题,而不是用 RNA 作引物起始 DNA 复制。在病毒头部,一种蛋白与病毒 DNA 的 5′端共价结合,当病毒感染细胞后,病毒 DNA 的第一个核苷酸与这个蛋白上的特异丝氨酸位点结合,于是病毒 DNA 从这个蛋白上开始延伸,因此这个病毒 DNA 不需要形成环或者串联体就可以复制。于是周围的其他一些细菌被召集起来帮助感染植物。通过一种特殊的回滑机制,噬菌体 DNA 聚合酶使用这些蛋白起始它们的复制。首先,DNA 聚合酶加入一种 dAMP 到这个蛋白特异丝氨酸的羟基部分,dAMP 由模板 DNA 中的 T 定向,然而 T 是这个模板 3′端的第二个核苷酸,而不是第一个脱氧核苷酸,接着 DNA 聚合酶会在复制继续进行前重新获得 3′端脱氧核苷酸上信息。复制后新合成链的 5′端多余的 dAMP 会被除去,蛋白会转移到新合成的复制链的 5′端,再重新开始复制,以这种方式复制,整个过程中没有信息被丢失。

噬菌体 φ29 也是一种在研究噬菌体突变方面重要的模型系统,因为在试管中这种噬菌体 DNA 能被包装且有效地进入噬菌体头部。有趣的是包装马达含有 RNA,6 个 RNA 连接起来形成一个环将进入的 DNA 包围起来。结合 ATP 的 RNA 环可以转动以帮助 DNA 进入噬菌体头部,RNA 帮助泵送 DNA 还没有在其他系统中被发现。

参考文献

Escarmis, C., D. Guirao, and M. Salas. 1989. Replication of recombinant φ29 DNA molecules in *Bacillus subtilis* protoplasts. Virology. 169:152 –160.

Lee, T. –J., and P. Guo. 2006. Interaction of gp 16 with pRNA and DNA for genome packaging by motor of bacterial virus φ29. J. Mol. Biol. 356:589 –599.

专栏 8.3(续)

Meijer, W. J., J. A. Horcajadas, and M. Salas. 2001. ϕ29 family of phages. Microbiol. Mol. Biol. Rev. 65:261–287.

8.2.1 单链环状 DNA 噬菌体

一些小噬菌体基因组是单链环状 DNA。符合这一类噬菌体的大肠杆菌小噬菌体可分为具有代表性的两组:以噬菌体 φX174 为代表的环状单链噬菌体,其特征是衣壳呈刺突球状;以噬菌体 M13 和 f1 为代表的丝状噬菌体,其特征是单层蛋白将线状 DNA 包裹成丝状外观。

两组噬菌体因为形状的不同,进入和感染细胞,以及何时离开感染细胞就有所不同。二十面体噬菌体进入、离开细胞与其他噬菌体相似,它们先结合到细胞表面,然后仅 DNA 进入细胞内,当发育成熟时会裂解细胞从细胞中出来。M13 和其他丝状噬菌体却采用不同的方式进入细胞,它们是雄性特异性噬菌体,即噬菌体颗粒只特异性地吸附到特定质粒编码的性菌毛,而且只感染雄性细菌菌株(第6章)。与其他许多噬菌体不同,丝状噬菌体感染宿主菌时并不向宿主菌注入 DNA,而是整个噬菌体颗粒都被宿主细菌摄入。当噬菌体通过细菌内膜时,蛋白质外壳从 DNA 上清除,当 DNA 复制好后,从细胞膜上出来时又被裹上蛋白质外衣。这些噬菌体并不裂解被感染的细胞,而是逐渐从细胞中泄漏出来,所以被 M13 或其他线状噬菌体感染的细胞,属于慢性感染,而非急性感染。但是线状噬菌体还是能形成可见的噬菌斑,因为慢性感染的细胞比未感染的细胞长得慢。

线状单链 DNA 噬菌体感染细胞,并从细胞中释放出的过程得到了深入研究,因为该过程是大颗粒病毒进入细胞膜的模式系统。绝大多数这类研究虽然是以 f1 噬菌体为研究材料,但与之相关病毒采用进入细胞的机理相似。

f1 噬菌体仅有 5 种蛋白质,其中之一是主要的头部蛋白质 pⅧ,大概有 2700 个拷贝,用来包装 DNA。其他 4 种蛋白质在噬菌体的两端,每个噬菌体中含有 4~5 个拷贝,其中两个蛋白 pⅦ 和 pⅨ 位于噬菌体的一端,pⅥ 和 pⅢ 位于另一端。感染初期,pⅢ 蛋白质首先与性菌毛端部接触,性菌毛从细胞中伸出,是最先也是最好的接触点,然后性菌毛收缩,将与之结合的噬菌体拉向细胞表面,这时 pⅢ 蛋白质的另一部位与宿主内膜蛋白 TolA 接触,使之更好地保持与外膜的接触。噬菌体 DNA 进入细胞质后,主要的衣壳蛋白就会被脱在宿主内膜的外面。

噬菌体从细胞中释放出来,采用不同的过程,如图 8.11 所示,噬菌体 DNA 注入细菌时必须依赖于宿主蛋白质,与此不同,当噬菌体 DNA 从被感染细胞中释放时,将利用在感染过程中新合成的噬菌体蛋白质。当噬菌体 DNA 复制几次后形成复制型 DNA,这些 DNA 将进入滚环复制阶段。当新合成的单链 DNA 从复制环上下来后,就会被另一种 pⅤ 蛋白包裹,在膜上还有噬菌体外壳蛋白 pⅢ 等候在那里,当 DNA 进入膜中,其上的 pⅤ 蛋白将被 pⅢ 取代。仅当 DNA 中含有 *pac* 脱氧核苷酸位点序列时,DNA 才被包装起来,另外的噬菌体蛋白质才能被加入到噬菌体颗粒上,同时噬菌体编码的分泌蛋白 pⅣ 在膜上形成一个通道,通过这个通道组装的噬菌体被运送到细胞外部,该通道与在细胞表面组装菌毛的 Ⅱ 型分泌系统相关,在感受态细胞中将允许 DNA 进入细胞(第 3 章、第 7 章和第 15 章)。

8.2.1.1 单链噬菌体 DNA 复制

对单链噬菌体 DNA 复制的研究有助于我们认识 DNA 复制的一般过程,正是对这类噬菌体的研

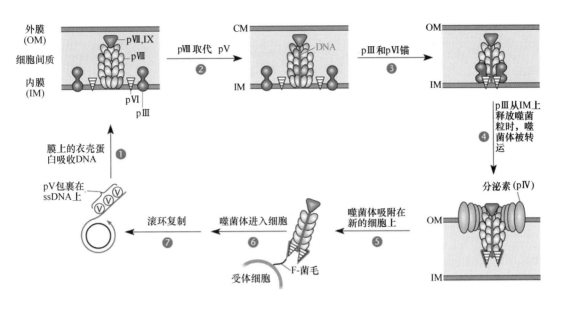

图 8.11　单链 DNA 噬菌体 f1 的感染周期

第 1 步至第 7 步给出了噬菌体通过 pⅣ分泌装置形成的膜孔，噬菌体 DNA 被装入衣壳中，噬菌体被释放，感染新细胞等过程，详细内容见文中，ssDNA 是指单链 DNA。

究使我们发现了滚环复制，而且还发现了 PriA、PriB、PriC 和 DnaT 等宿主 DNA 复制的必需蛋白，DNA 损伤出现时，DNA 复制必需蛋白帮助重新启动染色体复制叉（专栏 2.2），这些宿主蛋白基因是在研究不支持噬菌体形成的宿主突变体时被发现的，在体外向噬菌体 DNA 加入宿主 DNA 复制蛋白质后，噬菌体才能复制。

　　这两组单链噬菌体从细胞中分泌出来以及噬菌体 DNA 复制过程都不相同，有关 DNA 复制在 M13 和 φX174 中也做了研究，发现这些基因与 f1 中的不同。

　　首先我们来介绍线状 M13 噬菌体 DNA 复制，然后将之与 φX174 二十面体噬菌体复制进行比较，我们发现它们的复制机制差别很大。

　　（1）互补链合成及首个 RF 分子的形成　M13 噬菌体 DNA 复制步骤如图 8.12 所示，噬菌体头部中包含的 DNA 链被称为 + 链，当 + 链进入细胞后，就会合成互补的 - 链，+ 链和 - 链一起形成复制型（RF）双链 DNA。第一个 RF 形成完全依赖于宿主功能，因为噬菌体蛋白没有与噬菌体 DNA 一起进入细胞，而噬菌体蛋白也不能由单链 DNA 合成。互补链是以正常宿主 RNA 聚合酶合成的 RNA 引物合成的，正常情况下宿主 RNA 聚合酶仅能识别双链 DNA，所以在复制起点处，单链噬菌体 DNA 形成发夹结构，一旦 RNA 引物合成，DNA 聚合酶Ⅲ和辅助蛋白质装载到单链 DNA 上，开始合成互补链，直到复制完成一圈，再次遇到 RNA 引物。DNA 聚合酶Ⅰ发挥 5′外切核酸酶活力，清除掉 RNA 引物，DNA 连接酶封闭切口，形成双链共价闭合超螺旋 RF 分子（第 2 章）。复制也可以出现在细菌细胞膜特殊位点，有时称为还原序列，与这个序列结合能指导噬菌体 DNA 处于宿主复制装置处。

　　二十面体 φX174 噬菌体采用更为复杂的机制启动首个 RF 合成，不仅利用宿主 RNA 聚合酶，它们还在单链噬菌体 DNA 链上特殊位点组装一个大的引物体。该引物体由 7 种蛋白质的多拷贝构成，它们分别是 DnaB（复制解旋酶）、DnaC（将解旋酶装载至 DNA 上）、DnaG（引物酶），这些蛋白能启动染色体 *oriC* 处的复制，被噬菌体用于相同的目的。引物体还包括 PriA、PriB、PriC 和 DnaT 蛋白，它们在

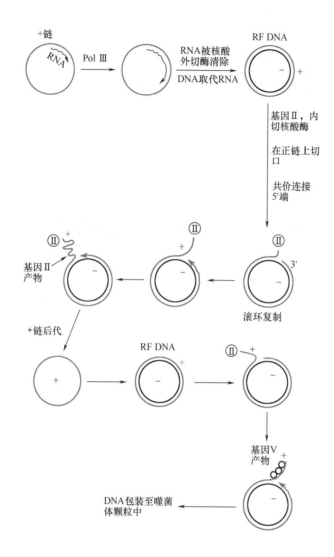

图 8.12　环状单链 DNA 噬菌体 M13 的复制

首先,用 RNA 引物合成互补的负链(黑色),形成双链复制型(RF)DNA。基因 II 的产物一种内切核酸酶,在 RF DNA 的正链上切开一个切口,并与切口的 5′磷酸连接。随后通过滚换复制合成更多的正链和负链,形成更多的 RF。最后,正链合成过程中,基因 V 产物与其结合,阻止正链继续被作为模板形成更多的 RF。在基因 V 产物的帮助下将合成的 DNA 分子包装进噬菌体头部。

启动染色体 *oriC* 处复制上并不需要,而仅在 DNA 模板遭到损伤时阻断染色体复制,用于重新开始染色体复制。这些蛋白在启动 φX174 DNA 复制中的作用还不清楚,一些是解旋酶,可能用于在单链 DNA 复制起始点打开发夹结构,使复制装置装载到 DNA 上,引物体在 DNA 上移动。

　　Pri 蛋白功能的发现在历史上很有趣,是科学与医学界重要的一个研究分支。对 φX174 DNA 的复制研究,使 Pri 蛋白被发现,首先令人迷惑的是该蛋白在宿主 DNA 复制中并不需要,而为何在启动 φX174 DNA 复制时需要? *oriC* 位点是染色体正常复制的起始点,仅有 DnaC 需要装载复制解旋酶 DnaB 起始复制。后来发现当染色体复制叉在损伤 DNA 处消失后,需要 Pri 和 DnaT 蛋白重新启动染色体复制叉。如果复制叉在 DNA 模板链碰到损伤并消失,重组功能将促使形成重组中间体,Pri 和 DnaT 蛋白将 DnaB 解旋酶装载到该结构上,重新启动复制。这与 T4 噬菌体重组依赖型复制类似。

φX174噬菌体利用宿主的机制启动自己的RF复制,可以想象存在一个与重组中间体相仿的复制起点。包括人类在内的真核生物用一个相似的机制来重新启动复制叉,防止DNA损伤具有重要作用,如防止癌症带来的DNA损伤,这个例子说明对噬菌体的研究发现能应用于所有生物中,DNA复制规律具有普遍性。

(2)更多RF和噬菌体DNA的合成　由RF开始噬菌体DNA复制在所有单链DNA噬菌体中几乎相同,但M13中的过程了解得最清楚。一旦M13的首个RF分子合成,就可以通过半保留复制合成更多的RF,这个过程中需要由首个RF分子合成噬菌体蛋白质。RF双链是按不同合成机制分别合成的。＋链是通过滚环复制进行复制,与结合过程中转移质粒DNA复制过程相似,但复制起点不同(第6章)。首先,M13中基因Ⅱ产物——特殊内切核酸酶,在RF中正链合成起始位置产生一个切口。基因Ⅱ蛋白附着在DNA切口5′末端的一个酪氨酸上,另一辅助蛋白DNA聚合酶Ⅲ,延伸至3′末端,合成更多的＋链,从而取代旧链。处于被取代旧链上的基因Ⅱ蛋白,通过转酯反应,将与之相连的磷酸根,通过酪氨酸与旧链3′自由端相连,环化的旧链又可以作为合成链的模板合成另一个RF。这种转酯反应几乎不消耗能量,在接合过程中也用来环化质粒(第6章),也用于位点特异性重组酶和某些转座酶中(第10章)。

RF积累过程一直持续到噬菌体基因Ⅴ产物也开始积累,pⅤ蛋白是单链正链DNA包装蛋白,可能是与pⅡ接触后,阻止RF继续合成。以上过程较复杂,目前我们仅了解其中很小一部分。单链病毒DNA被包装进头部后,细胞裂解(φX174),或者转移至膜上病毒颗粒组装处从细胞中泄漏出去(M13)。

8.2.1.2　M13克隆载体

因为M13和相近噬菌体在它们的头部仅包装进DNA一条链,所以这类噬菌体在涉及单链DNA操作应用中给我们带来了便利,如提供克隆DNA的载体、用于测序和用作探针等。因为丝状噬菌体没有固定长度,病毒颗粒长度因其DNA长度的不同而不同,所以不同长度的外源DNA都能被克隆至噬菌体DNA中,形成较长的不破坏噬菌体功能的分子。

如图8.13所示,由噬菌体M13衍生而来的克隆载体M13mp18,像pUC质粒载体(图5.22),M13mp系列载体含有大肠杆菌lacZ编码的α片段部分序列,在其中引入一些方便操作的限制性位点(如图8.13中多连接子克隆位点,在图的下面标出了限制性位点)。噬菌体中若有一个外源DNA分子插入其中一个位点会导致插入失活,通过在含有X‐Gal(5‐溴‐4‐氯‐3‐吲哚‐β‐D‐半乳糖苷)平板上形成的蓝白斑很容易鉴定出来。

要用单链DNA噬菌体载体,首先要从被感染的细胞中分离双链RF分子,因为绝大多数限制性内切核酸酶和DNA连接酶作用的是双链DNA,将外源DNA片段通过限制性内切酶克隆至RF中,然后用重组DNA转染感受态细菌细胞,转染是指采用病毒DNA人工诱导病毒感染(第7章)。当含有外源DNA的RF复制,形成单链DNA后代时,被克隆DNA的一条链就被包装至噬菌体头部。将这些噬菌体涂布在平板上,形成噬菌斑的即为克隆DNA分子一条链的方便来源。被克隆DNA分子哪条链出现在单链DNA中,取决于克隆至载体上的方向,一个方向的克隆得到一条链,另一个方向的克隆就会得到另一条链。

一些质粒克隆载体也被改造成含有单链DNA噬菌体pac位点,如果含有这样质粒的细胞被前面提到的噬菌体感染,这个质粒就会被以单链形式包装至噬菌体头部,这种噬菌体被称为噬粒,表明它是质粒和噬菌体的杂交体,在第5章中已经讲到利用噬粒研究ColE1质粒的非相容性。

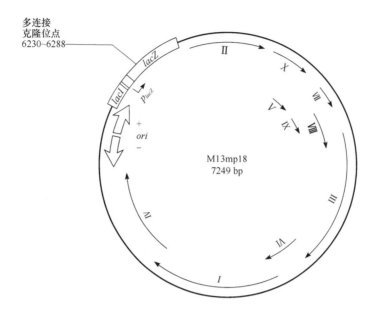

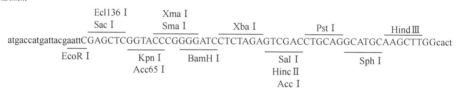

图 8.13　M13mp18 克隆载体图谱

图中给出了 M13 基因位置,在图的下方给出了含有多限制性酶切位点的多连接克隆位点。在这些多限制性酶切位点之一进行克隆操作将引起克隆载体上 *lacZ* 部分基因插入失活。克隆载体中也含有 *lacI* 基因,其产物抑制从 ρ_{lac} 启动子处开始转录(第 12 章)。

　　单链丝状噬菌体在噬菌体展示中很有用,实际上,它们是最先被用于噬菌体展示的噬菌体。噬菌体展示用的载体与克隆和测序载体不同。在噬菌体展示中,多连接子克隆位点在编码头部蛋白区域中,所以编码肽的序列克隆至该位点,将与头部蛋白序列融合,最后这个肽以某种方式在噬菌体颗粒表面暴露或展示出来。能用于展示的头部蛋白如图 8.14 所示,展示一种期望的肽的噬菌体,可以通过与之结合的另一个分子分离。由于展示噬菌体较小,所以在展示中具有优势,使得一次能更容易得到更多数量的噬菌体,然而被展示的短肽,必须与蛋白质头部一起通过膜通道,才能被展示在它们的表面。因此这些噬菌体必须通过细胞膜分泌至细胞外(图 8.11)。

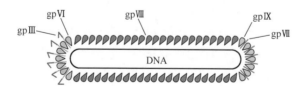

图 8.14　丝状噬菌体 M13 的示意图

单链环状 DNA 被 5 个毒力蛋白包被,图中给出了不同蛋白所处的位置。gpⅧ有大约 2700 个拷贝,gpⅢ、gpⅥ、gpⅦ和 gpⅨ每个有约 5 个拷贝,除了 gp 衣壳蛋白较小仅有 33～112 个氨基酸之外,其余均能在蛋白质展示平台上应用。

8.2.1.3　M13 克隆的位点特异性突变

因为 M13 单链 DNA 噬菌体能够提供克隆 DNA 双链中的一条链,所以是首先被用于位点特异性突变的。如第 2 章中所述,位点特异性突变涉及在 DNA 序列中形成预期的突变,不像随机突变过程。利用 M13 进行的位点特异性突变的标准方法如图 8.15 所示。要被突变的基因首先被克隆至 M13mp18 克隆载体上,一段与突变区域链互补的含有改变部分碱基的寡核苷酸序列被合成,然后与单链 DNA 杂交,加入 DNA 聚合酶后,以寡核苷酸为引物,合成 M13 DNA 的互补(或 -)链,其中就包含待突变的克隆。双链 RF DNA 被连接成共价闭合的 RF 分子,当这个 DNA 分子转染细胞时,一些形成噬菌斑的噬菌体中就含有已在寡核苷酸引物处改变序列的克隆,这取决于它们来自初始模板链还是在 RF 中已被突变的互补链。

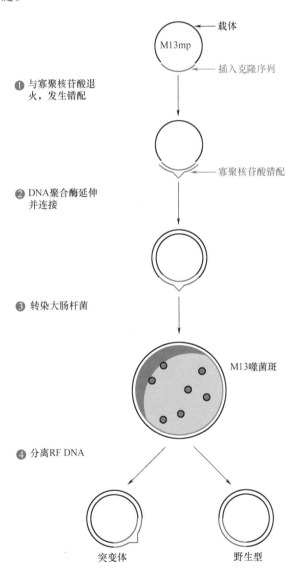

图 8.15　用 M13 和错配寡聚核苷酸引物进行位点特异性突变

这种位点特异性突变方法也适用于在一个 DNA 区域产生随机突变,使每个碱基对的改变都出现在分子集合体中。不用特定的引物,而是用通用引物去突变 DNA,这些寡核苷酸引物在合成中稳定地引入错误,而且在每一步中加入核苷酸,故意使其中一种的浓度低于其他三种浓度,这样有利于出现

错配。当这些错配碱基被用作引物进行互补链的合成时,合成的 DNA 分子中就会出现随机突变,这种方法比采用化学诱变剂进行诱变要好,因为它能产生所有碱基对的改变,而且避免出现突变热点。

许多基于 M13 位点特异性突变方法的主要困难是从众多含有野生型序列的噬菌体中挑选出含有 M13 突变的克隆。已经有些方法用来消除没有突变的噬菌体,其中一种方法如图 8.16 所示,M13 克

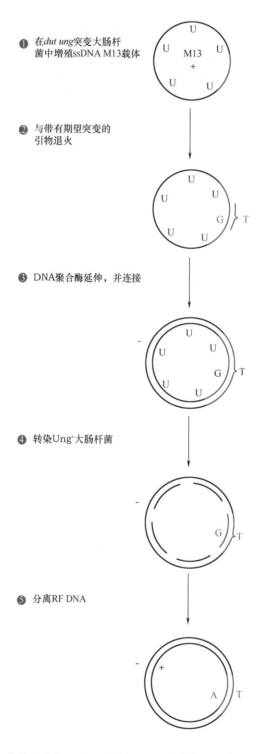

图 8.16 位点特异性突变后利用尿嘧啶 – N – 葡萄糖苷酶清除掉野生型的序列

ssDNA 是单链 DNA,RF 是可复制类型。

隆载体中 U 被 T 取代,而且在 dUTPase 和尿嘧啶 – N – 糖基化酶缺陷型(Dut⁻、Ung⁻)宿主中(第 2 章)。当双链 RF 分子由这一模板合成后,新合成链中含有 T,而模板链中仍然含有 U。当 RF 转染至 Ung⁺ 细胞后,含 U 模板链被尿嘧啶 – N – 糖基化酶降解,所以绝大多数存活下来的噬菌体是从突变的互补链复制而来的。在第 2 章中,我们也讨论了另一种清除非突变亲本 DNA 的方法。这种位点特异性突变中,采用两对引物,其中一个改变克隆载体的限制性位点,另一个是改变克隆基因中想要改变的序列(图 2.32)。绝大多数互补链是同时用两对引物合成的,所以其上也就不含有限制性位点,将 RF 转染细胞,噬菌体大量繁殖,然后将其从被感染细胞中分离出来,并用限制性内切酶处理,在分离到的 RF 中,如果限制性酶切位点没有改变,则该 RF 将被限制性酶切断,剩下的绝大多数 RF,将具有期望的新突变。

M13 克隆的位点特异性突变方法大部分已被 PCR 或重组工程方法所取代,后两种方法中不需要克隆步骤,然而原理比较相似,至少 PCR 突变的方法与 M13 的位点特异性突变相似。

8.2.2　T7 噬菌体:形成串联体线性 DNA

M13 和 φX174 是通过具有环状 DNA 来解决引物问题的,使其在 DNA 上游总能合成新 DNA 分子。λ 和 p22 噬菌体在它们的末端具有黏性末端,当感染细胞完成后,能配对形成环状(第 9 章)。然而 T7 和 T4 噬菌体不会成环,但能形成由单个基因组成的 DNA 末端相连的串联体,噬菌体在包装时能从串联体上切下来,而不丢失信息。

如图 8.17 所示,T7 噬菌体复制起始于 *ori* 位点,并同时进行双向复制,最后剩下单链 3′末端,因为这端缺乏引导复制的方式。由于 T7 在其两末端均有相同序列,这些单链可以互补配对形成串联体,使基因组首尾相连,结果是 3′末端不完全复制丢失的信息,由另一个子代 DNA 分子 5′末端提供完整的信息。在 T7 DNA 末端唯一的 *pac* 位点处,单个分子被切下来,并被包装进噬菌体头部,在成熟噬菌体 DNA 中,末端冗余是如何再次形成的还不清楚,但可能是通过形成黏性末端,由 DNA 聚合酶填补或者仅通过丢失每个串联体中似乎无用的其他基因组。

单链 DNA 噬菌体仅编码两种自己的复制蛋白(M13 中的基因 Ⅱ、Ⅴ 产物),其他均依赖于宿主细胞的复制功能。而噬菌体 T7 却要编码许多自身复制所需的蛋白质,包括 DNA 聚合酶、DNA 连接酶、DNA 解旋酶和引物酶等。噬菌体 T7 DNA 复制所需初始引物的合成还需要噬菌体 T7 RNA 聚合酶。另外,噬菌体 T7 DNA 还编码将宿主 DNA 降解为脱氧核苷酸的内切和外切核酸酶,从而为噬菌体 DNA 复制提供脱氧核苷酸原料。由于一些相似的宿主酶可以替代 T7 DNA 部分基因产物,因此对于 T7 DNA 复制,上述 T7 DNA 基因产物并非是完全必需的。例如,T7 DNA 连接酶就是非必需的,因为宿主 DNA 连接酶可以替代它。与细菌染色体和其他许多大的 DNA 噬菌体复制相比,噬菌体 T7 DNA 复制需要的基因产物比较少而显得非常简单。

8.2.3　T4 噬菌体:另一个形成串联体的线性 DNA

T4 噬菌体头部中也含有线性 DNA 分子,而且不会成环。它能像 T7 一样形成串联体,不过它是通过重组而不是在互补单链末端碱基配对形成的。T4 和 T7 间最大的差别在于它们 DNA 复制和包装过程。T4 得益于较大的尺寸,比 T7 有更多的基因产物参与 DNA 复制(图 8.6、表 8.1)。T4 有 30 种基因产物参与复制,实际上,T4 在复制中编码许多自己的复制蛋白,而不仅仅利用宿主蛋白,所以研究 T4 复制有它的意义。T4 编码自身 DNA 聚合酶、滑动夹、夹装载蛋白、引物酶、复制解旋酶和 DNA 连

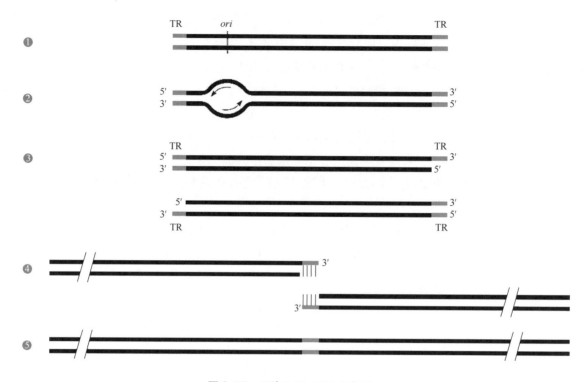

图 8.17　噬菌体 T7 DNA 的复制

复制从复制起点(*ori*)开始双向复制。如图所示,已完成复制的 DNA 在其末端有可以配对重复区,形成长的串联结构。

接酶等。这些蛋白与细菌和真核细胞中复制蛋白相似(表8.1),往往这些复制蛋白功能是在 T4 中首先被发现,然后在未感染的细菌和真核生物中发现它们类似的功能,有趣的是 T4 噬菌体复制功能与真核细胞的更相似,而不是与它感染的细菌更相似。例如,T4 的滑动夹(基因 45 产物)在结构上更像真核细胞的滑动夹,被称为增殖细胞核抗原,其次才与大肠杆菌中滑动夹相似。

8.2.3.1　T4 噬菌体复制和包装概述

T4 噬菌体复制有两个阶段,如图 8.18 所示。在第一阶段,T4 噬菌体 DNA 复制起始于确定的复制起点,类似细菌染色体复制,导致单基因组长度分子的积累。然而,在两个子代分子中,由于 DNA

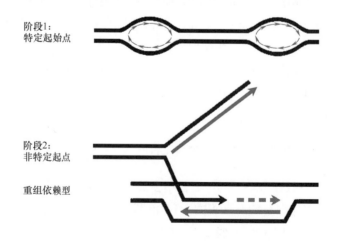

图 8.18　T4 DNA 噬菌体的复制起始

第一阶段,在特殊起始位点由 RNA 引物启动复制。第二阶段,由重组中间体利用引物启动复制。

聚合酶不能完全复制末端,因此具有单链 3′末端。不过它不会因此而丢失信息,因为 T4 DNA 末端序列是重复的。后来,这种类型复制终止,开始完全新的复制类型。在基因组长度分子中,其末端单链重复序列(末端冗余),可以侵入另一个具有相同序列中的子代 DNA,形成 D - 环,能引导复制形成大的分支串联体,这种重组依赖型复制 RDR 与第 2 章中讨论的"复制重启"相似。现在已经知道它出现在所有生物中,而 T4 的这种类型复制是首先被发现的,T4 DNA 复制的两个阶段在下面将详细讨论。

T7、T4 DNA 也是从串联体上切下包装进噬菌体头部的,RDR 周期性循环使单个基因组长度 DNA 分子合成非常大的、带有分支的串联体,然后被切割包装至噬菌体头部。然而,T7 噬菌体是在唯一的 pac 位点进行 DNA 切割,而 T4 DNA 切割是按照头部装满为原则,如图 8.19 所示。该过程很像用嘴去吸一根面条,直到嘴里装满,才将面条咬断,这样在 T4 DNA 末端形成末端冗余或重复序列。T4 噬菌体头部具有比单个 T4 基因组多 3% 的 DNA,所以从串联体上切下来的每个 DNA 分子均含有下一基因组的部分序列。在头部 DNA 分子的两端均有重复序列,又因为并不在唯一的 pac 位点切割,所以每个被包装的 T4 DNA 在其末端具有不同的序列,换而言之,从感染细胞中出来的噬菌体,其每个基因组是环状的排列组合,有关排列组合的数学定义是,以固定的模式排列每个元素,在末端没被排上的元素将会被插回至开始所在的位置。这也许解释了为什么 T4 DNA 本身从来不成环,但它的遗传图谱却是环状的。噬菌体不同的复制和包装模式有不同的遗传图谱,将在本章噬菌体遗传分析中讲到。

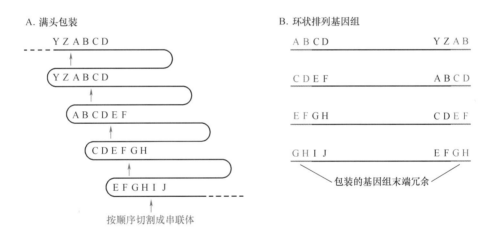

图 8.19　T4 噬菌体的满头包装

如果将要包装的 DNA 比噬菌体基因组长,则包装出重复冗余末端和环状排列基因组的几率增高。

(A)满头包装时 DNA 按顺序从串联体中被切割下来包装进入头部,垂直箭头指包装时对 DNA 的切

割部位　(B)每个被包装的基因组是一个不同的环状排布,且带有不同冗余末端的 DNA

8.2.3.2　T4 噬菌体第一阶段复制:从确定的起始点开始复制

如前所述,T4 DNA 复制的第一阶段是从确定的起始点开始复制,这与其他细菌和真核生物中,由唯一的起始点复制染色体相似。T4 在其染色体周围有许多被用来启动复制的起点,这与绝大多数细菌和 T7 噬菌体不同,它们通常仅有一个唯一的起始点来启动复制,而 T4 噬菌体通常也仅用起始点之一的 oriE 来复制每份染色体。

从 T4 起始点启动复制的第一步是用宿主 RNA 聚合酶合成此起始点的 RNA 引物。有时这些引物 RNA 可以由中间模式类型启动子合成,其数量是合成中间模式蛋白质所需 mRNA 数量的 2 倍。这些启动子在感染细胞后的几分钟内首先被打开,还需要 RNA 聚合酶,它的 σ^{70} 已经被 MotA、AsiA 蛋白

结合而被改变。作为引物这些短 RNA 在起始点处侵入双链 DNA 分子,与互补 DNA 链杂交,取代另一条链形成 R – 环,侵入的 RNA 能引导从起始点复制前导 DNA 链。gp41 复制解旋酶,与未感染大肠杆菌中 DnaB 的功能相同,被装载至 DNA 上,gp59 解旋酶装载蛋白似乎会帮助 gp41,但并不是绝对必需的,另一些解旋酶装载蛋白在特殊的启动子处帮助 gp41 装载至 DNA 上。一旦 gp41 解旋酶装载完毕,复制就开始。

  T4 噬菌体的复制装置中许多蛋白及其功能,都能在大肠杆菌和真核细胞中找到相应部分(第 2 章),而且差别很小,表 8.1 中将 T4、大肠杆菌和真核细胞的这些功能进行比较。gp41 解旋酶与引导后随链复制的 gp61 后随链引物酶相关,与在大肠杆菌 DNA 复制中的 DnaG 引物酶作用相似。复制开始,DNA 聚合酶(gp43)被滑动夹(gp45)装载至 DNA 上,而 gp45 是由滑动夹装载蛋白(gp44 和 gp62)装载至 DNA 上的(T4 复制机制如图 8.10 所示)。T4 的滑动夹与大肠杆菌中的 β 夹很相似,它能在 DNA 上形成环,不同点是每个夹由 3 个亚基构成,而 β 夹由 2 个亚基构成,这样使 T4 滑动夹更像真核细胞中的滑动夹——增殖细胞核抗原。一旦冈崎片段合成后,T4 编码的 DNA 连接酶(gp30)就会将片段连接起来,尽管宿主 DNA 连接酶会部分替代这些功能。一个或几个 DNA 拷贝从确定的起始点合成后,UvsW 解旋酶将取代 R – 环,抑制起始点特异性复制,而促进重组依赖型复制。

8.2.3.3　阶段二:重组依赖型复制(RDR)

  在复制的第二阶段,T4 前导链的复制是以重组中间体作引物,而不以 RNA 聚合酶合成的 RNA 作引物。T4 重组依赖型复制与未感染细胞中复制相似(第 2 章)。相似性和相关蛋白在下面讨论(表 8.1)。

  重组依赖型复制的第一步是单链 3′ 末端侵入互补双链 DNA 形成三链 D – 环(图 8.18)。侵入的单链 3′ 末端是在起始点特异性复制早期过程中,由于 DNA 聚合酶不能复制分子末端造成的。它将通过分子末端的 gp46、gp47 外切酶的作用而延伸。在这里,gp46、gp47 与大肠杆菌中 RecBCD 蛋白相似(表 8.1)(第 11 章)。如果细胞被不止一个 T4 噬菌颗粒感染,3′ 自由末端侵入的互补序列将会在共感染噬菌体 DNA 的任何地方出现,因为 T4 DNA 是环状排列的,然而如果细胞仅被单个噬菌体感染,新复制的噬菌体 DNA 在它们的 DNA 末端具有共同序列,单链将侵入到另一子代 DNA 的冗余末端。*uvsX* 基因产物能促进 T4 侵入链与互补链配对(表 8.1),其功能与 RecA 蛋白的相似。

  在大肠杆菌中,RecA 促进未感染细胞中单链的侵入(第 11 章)。正常单链 T4 DNA 被单链 DNA 结合蛋白 gp32 包裹,该蛋白由 T4 编码。UvsX 蛋白也需要 UvsY 的帮助来取代 gp32,如同 RecFOR 蛋白在未感染的大肠杆菌中取代单链接合蛋白。一旦 D – 环形成,复制解旋酶 gp41 通过 gp59 装载到 DNA 上,整个过程与正常细胞中重新复制时 Pri 蛋白装载 DnaB 解旋酶相似。侵入的 3′ 末端能作为新前导链 DNA 复制引物,引物酶 gp62 也能被装载至被替换链上进行后随链的复制。之后当 DNA 复制从确定的起始点被终止,且此处没有双链末端,重组将由另外的 gp17 和 gp49 蛋白启动,它们切开 DNA,产生供单链侵入的末端,然后就可以继续复制。链侵入和复制的重复进行,将产生非常长的分支串联体,供噬菌体包装至其头部。

8.2.3.4　DNA 从串联体上包装

  将 DNA 包装至 T4 噬菌体头部,是由附着在其端部的末端酶复合体切割 DNA 而引发,该复合体于是结合到头部的开口处,DNA 开始被吸入头部。然而,由于重组原因,串联体有不少分支,在分支处串联体的包装就存在潜在问题。是什么令噬菌体头部通过 DNA 分支时,尽量把 DNA 包装至满头状态,而不过多包装 DNA,使其被"噎着"呢? 其实,此处是 gp 蛋白发挥作用。gp 蛋白是嗜剪切蛋白(第 11 章),能切开 Holliday 叉和带有分支的 DNA。gp49 蛋白切掉分支,使噬菌体通过分支用 DNA 填满

整个头部。

以上是复杂的重组依赖型机制的简化过程，其中忽略了 RDR 的一些特征，如双向性、解旋酶和外切核酸酶的详细功能。在噬菌体的 RDR 和其他系统中的 RDR 细节还没有被发现。

8.2.3.5　重组依赖型复制的发现

RDR 的发现是一个有趣的例子，能说明基础细胞生物学的成绩是如何取得的。一个基本的细胞机理往往首先在相当简单的生物或噬菌体中被发现，因为在这些生物中做实验，要比在更高级生物体中做实验更容易。一旦基本的细胞功能在简单系统中被描述后，会发现在所有生物中均存在。发育中有难以计数的共有基本过程，当然包括蛋白质合成和折叠的基本特征及 DNA 复制过程。

RDR 复制模式提出也是如此，在 19 世纪 60 年代，已知 T4 DNA 复制在没有重组时，DNA 复制还没完成就会终止。证据来自，当带有重组功能的任一基因突变的 T4 感染细胞时，如基因 46、47、49、59，*uvsX* 等其中之一被突变（第 11 章）。复制可以正常开始，但不久就会停止，被称为 DNA 逮捕表型。在 19 世纪 80 年代早期，Gisela Mosig 猜测，在感染后期，T4 DNA 复制需要重组功能，因为后期复制取决于重组中间体。她提出了引导链复制模型：由链侵入形成的 D－环在该模型中被普遍接受之前和更早时期，认为这类噬菌体复制机制是神秘的。仅在近期，才认识到双链断裂修复、复制重启、内含子和蛋白质内含子运动性普遍现象。以上过程对任何生物都是通用的，基本上采用 RDR 相同机制，这方面的研究进展在第 2 章、第 11 章和第 12 章中讲到。

8.3　噬菌体裂解性

一旦噬菌体 DNA 完成复制，被包装至头部，其余部件组装至噬菌体上，该噬菌体就会从被感染细胞中释放出来去感染其他细胞。M13、F1 的线状 DNA 噬菌体，在细胞膜上组装，利用改变的分泌系统，从细胞中释放出来。感受态系统中用于 DNA 转化的 II 型系统被用于分泌 IV 型菌毛蛋白，而噬菌体利用它们编码分泌蛋白以形成供组装好的噬菌体穿过外膜通道。

前面已经讲过，噬菌体从被感染的细胞中泄漏出，不杀死细胞，而且宿主细胞会连续产生噬菌体，所以被称为慢性感染，然而，绝大多数噬菌体造成急性感染，被感染细胞不久就变得膨大，最后突然爆裂，释放出噬菌体。造成细胞裂解（或爆裂）的噬菌体编码两种蛋白：一种是切开细胞壁上肽聚糖键，用于打开细胞的溶菌酶；另一种是位于内膜上的孔蛋白，在适当的时机，激活溶菌酶来裂解细胞。孔蛋白这个名称本身就提示我们它在膜上能形成孔或洞的蛋白质，能使溶菌酶出入细胞。孔蛋白之所以能在细胞膜上形成孔，是因为它们具有疏水氨基酸形成的跨膜结构域，能跨膜（第 3 章）。然而，也有一些溶菌酶，特别是革兰阴性菌中噬菌体的溶菌酶，它们具有信号序列，似乎是通过 *sec* 系统被运输出细胞膜，所以在膜上，就不需要孔，但这些噬菌体也编码孔蛋白，用于激活溶菌酶。在这种情况下，从表面上来看孔蛋白以不同的机制控制细胞裂解。

裂解的时机显然对噬菌体来说非常重要，如果细胞裂解太早，还没来得及产生多少噬菌体，如果裂解太迟，时间就会被耽误，以至于要花较长时间在一种细菌群体中扩散，为了确保有效的竞争力，裂解周期被精细地调控。许多噬菌体也合成抗孔蛋白，对孔蛋白进行抑制，直到应该激活溶菌酶和裂解细胞时才解除抑制。一些噬菌体的孔蛋白－抗孔蛋白如图 8.20 所示，抗孔蛋白通常是比孔蛋白短的或改变形式的孔蛋白，能与孔蛋白结合使之失活。例如，λ 噬菌体的抗孔蛋白（第 9 章）比它的孔蛋白稍长，是从相同开放阅读框翻译而来，但它的翻译从不同的一个 AUG 密码子上游开始，在 N 末端添加了额外的甲硫氨酸和赖氨酸。N 末端这两个额外氨基酸使孔蛋白失活，变为抗孔蛋白，也许是因为带

正电荷的赖氨酸不能进入细胞膜的原因,然而它却依然能结合到孔蛋白上,使它失活。待到裂解细胞的时机成熟,抗孔蛋白或许会丢失它额外的氨基酸,变成有活性的孔蛋白,解除对孔蛋白的抑制,对细胞裂解做出贡献。

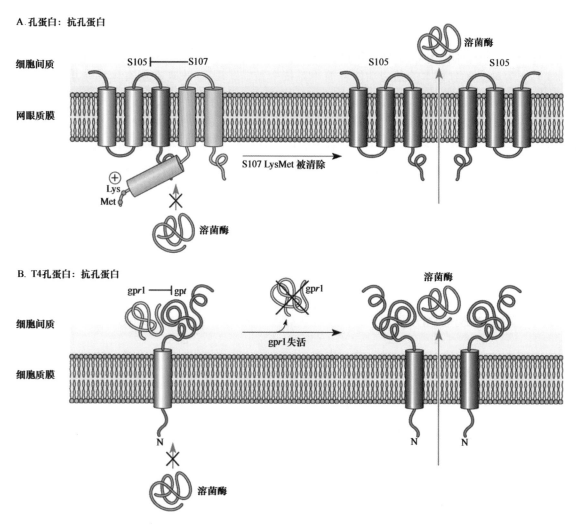

图 8.20　通过激活孔蛋白来控制噬菌体裂解时机

抗孔蛋白能使孔蛋白保持在非活性状态直到噬菌体开始裂解。孔蛋白活化后,形成一个孔,容许溶菌酶跨膜进入细胞,降解细胞壁,溶解细胞。

(A)λ 噬菌体。抗孔蛋白(S107)和孔蛋白(S105)的唯一差别是抗孔蛋白的 N 末端有额外两个氨基酸,这使得抗孔蛋白没有孔蛋白那样的活性,但是抗孔蛋白仍然能结合到孔蛋白上并使孔蛋白失活。当 λ 噬菌体裂解时,抗孔蛋白上的两个氨基酸被切除,它就转变为有活性的孔蛋白,参与孔的形成,并穿过细胞膜　(B)T4 噬菌体。在细胞周质中抗孔蛋白(gpr1)结合在孔蛋白(gpt)上,使抗孔蛋白(gpt)失活。当 T4 噬菌体裂解时,抗孔蛋白失活,允许孔蛋白在膜中形成孔结构

　　相比之下,T4 的抗孔蛋白 gpr1 是基因 r1 的产物,与基因 t 编码的孔蛋白之间并没有相关性。但是,它也能以一种我们不太清楚的机制抑制孔蛋白的活性,直到细胞裂解。基因 r1 和基因 t 很早就已经知道了,基因 r1 突变将导致未成熟裂解,而基因 t 突变后导致延迟裂解,它们扮演抗孔蛋白和孔蛋白的角色。

　　许多噬菌体中控制裂解的成分已知,而且通过突变研究在控制裂解中特殊氨基酸和蛋白区域的功能,然而我们还并不清楚失活抗孔蛋白、激活孔蛋白和细胞裂解的真正原因。现在看来,至少有些

例子中已经说明以上过程与细胞膜势－质子动力(PMF)的损失有关。膜势在膜 ATP 酶的作用下,驱动 ATP 合成,当抗孔蛋白失活时 PMF 即刻消失,孔蛋白被激活,细胞裂解,然而是哪个反应导致另一个反应的发生还不清楚,可能是孔蛋白的激活导致 PMF 的丢失,也可能是细胞中的其他变化引起的,也许是膜上积累的损伤导致抗孔蛋白失活,从而激活孔蛋白,导致细胞裂解。

8.4　噬菌体遗传分析

噬菌体是遗传分析的理想材料(第 1 章),它们代时短,是单倍体,突变株可以保存较长时间,可在需要用的时候复活。而且噬菌体以噬菌斑的形式无性增殖,在平板或少量液体培养基中可得到大量增殖的噬菌体,不同噬菌体突变体之间很容易杂交,而且对后代分析也比较方便。由于以上优点,噬菌体是分子遗传学发展的核心内容,许多重要的遗传学原理(如重组、互补、抑制和顺、反作用突变等)在噬菌体中很容易被证明。本节中,我们将讨论噬菌体遗传分析的一般原则,这些原则在包括人类的所有生物中都是相同的,不同点只是遗传学实验在细节上会因不同的生物而有所差别。

8.4.1　细胞感染

对噬菌体进行遗传分析的第一步是要用噬菌体去感染细胞,许多其他病毒的遗传分析也是如此。噬菌体仅能感染对它敏感的细胞,而且它只能在允许它发育的细胞中增殖。在细胞中增殖,不仅需要噬菌体吸附到细菌表面将 DNA 或 RNA 注入其中,而且还需要宿主细胞给噬菌体增殖提供需要的所有功能,因此大多数噬菌体仅能感染有限的细菌类型,并在其中增殖,噬菌体能在其中增殖的细菌称为宿主范围,当这些宿主发生单突变或其他遗传改变时,它能转变为非允许宿主。也有可能突变病毒或噬菌体,虽然能在一类宿主细胞中增殖,但只能在一定条件下(如低温条件等),如果条件改变,噬菌体就不会增殖(如在高温条件下)。我们把噬菌体能在宿主中增殖的条件称为允许条件,不能增殖的条件称为非允许条件。

感染倍数

感染倍数通常用噬菌体感染允许它增殖的细胞来计算,非常简单,只需要将噬菌体和细菌宿主混合,它们就会随机碰撞,导致噬菌体感染,被感染细胞的比例取决于噬菌体和细胞浓度,若两者浓度较高,它们互相碰撞引发感染的几率就高于稀浓度的情况。

影响噬菌体感染效率的还不仅仅是噬菌体和细菌的浓度,还与感染倍数 MOI 有关。例如,假设有 2.5×10^9 个噬菌体加入到 5×10^8 个细菌中,那么 $(2.5 \times 10^9)/(5 \times 10^8) = 5$,也即平均每一个细菌拥有 5 个噬菌体,MOI = 5,如果仅有 2.5×10^8 个噬菌体加入到与前面相同数目的细菌中,则 MOI = 0.5。

MOI 可高可低,如果在感染时噬菌体数目远远超过细菌数目,则细菌是以高感染倍数(MOI)被感染,反之则以低感染倍数感染,这时细胞数目超过了噬菌体数目。在刚才的例子中,MOI 为 5,被认为是高 MOI,噬菌体数目是细菌的 5 倍;MOI 为 0.5,被认为是低 MOI。每两个细菌才有一个噬菌体。至于 MOI 的高低要取决于实验本身,以高 MOI 去感染细菌,绝大多数细胞至少感染一个噬菌体;以低 MOI 感染时,许多细胞都不会被感染,而且每个感染细胞通常仅被一个噬菌体感染。

即使以很高的 MOI 去感染细胞,也不会是所有细胞被感染,原因:其一,噬菌体感染效率不会是 100%,每个细胞表面仅有一个或几个噬菌体受体,只有当噬菌体与这些受体之一结合后,它才能感染细胞。其二,随机结合到每个细胞上的噬菌体存在统计学变动,因为每个噬菌体结合到细胞上是随机的,所以感染每个细胞的噬菌体数量遵循正态分布。一些细胞被 5 个噬菌体感染(平均 MOI 值),但

有些被 6 个、4 个或 3 个噬菌体感染,所以依此推断,即使以最高的 MOI 值去感染,也会存在没有被噬菌体感染的细胞。

在接近正态分布的条件下,可以通过泊松分布计算出由于统计学变动造成未被感染细胞的最小比例。在第 4 章中,我们已经讲了 Luria 和 Delbrück 用泊松分布估算突变率。根据泊松分布,细胞没有得到噬菌体,保持没被感染的几率(P)至少为 e^{-MOI},其中 MOI 是每个细胞平均拥有噬菌体的数目。如果 MOI = 5,则 $P = e^{-5} = 0.0067$,所以至少 0.67% 的细胞未被感染;若 MOI = 1,则 $e^{-1} = 0.37$,至少 37% 的细胞不会被感染。换言之,在 MOI 为 1 时,至少有 63% 的细胞被感染。尽管以上是对未感染细胞的过量估计,但实际上,某些病毒从来不感染细胞。

8.4.2　噬菌体杂交

在任何噬菌体遗传分析中,第一步是分离期望的突变子,当选择好准备分析的突变后,将同种的不同突变体 DNA 引入到同一个细胞中,这一过程称为杂交。如果两个不同生物的 DNA 同时在一个细胞中,两个突变菌株的基因都会表达,而且两种 DNA 之间会发生重组。具有细胞结构生物间的杂交通常是让两个生物交配,形成合子,最后发育为成熟个体。噬菌体和其他病毒的杂交是通过不同的病毒株同时感染相同细胞完成的。

为了确保一批培养物中尽可能多的细胞同时被两个噬菌体感染,我们必须选用两种均为高 MOI 的噬菌体。我们又可以用泊松分布计算在给定 MOI 值的条件下,同时被两个突变子噬菌体感染的细胞比例。如果用于感染细胞的每个突变噬菌体的 MOI 为 1,则至少有 e^{-1},即 0.37(37%)的细胞不被任何一个噬菌体感染,也即至多 1 − 0.37 = 0.63(63%)的细胞能被任一噬菌体感染。因为一种噬菌体感染细胞的机会与另一种噬菌体的感染是独立事件,所以,至多有 0.63 × 0.63 = 0.40(40%)细胞同时被 MOI 为 1 的两个噬菌体感染。从以上分析可以看出,只有当两个噬菌体都具有高的 MOI 时,同时被这两个噬菌体感染的细菌数才最多。

8.4.3　噬菌体重组和互补实验

如第 4 章所讨论,经典遗传学分析的两个基本概念是重组和互补,由这两个实验中得到的信息类型完全不同。在重组实验中,两个亲本生物 DNA 在新的组合中重组,所以后代的 DNA 序列来自父母双方,而在互补实验中,两个不同 DNA 在同一个细胞中互相作用合成新基因产物,最后形成另一种表型。

8.4.3.1　重组实验

对所有生物来说,重组的原理是相同的,但在噬菌体中最容易阐明重组。图 8.21 给出了一个简单的重组,告诉我们从不同菌株来的两个噬菌体 DNA 分子发生重组后的结果。这两个突变噬菌体除了在其 DNA 端部发生突变外,其余部分几乎相同,所以两个 DNA 分子仅在突变发生的端部有所不同。通过杂交,两个 DNA 分子在相同位置断裂,然后发生重组,一个 DNA 分子末端被切开与另一个 DNA 分子末端相连接,则生成两个新的分子,它们除了一部分来自另一个分子外,序列上与原始分子相同。杂交的效果取决于在哪里发生重组,如果杂交刚好出现在两个突变位点之间,那么就会形成两个新的重组 DNA 分子:一个不含有任何突变,另一个含有两个突变。在噬菌体后代中,包装有新 DNA 序列的称为重组型,因为它们与两个亲本都不相似(第 4 章)。如果噬菌体后代中包装的 DNA 分子仅有一种突变,称为亲本型。因为它们与感染细胞的初始噬菌体相似。重组型告诉我们重组的出现,需

要注意,突变在两亲本噬菌体中的分布决定了重组型和亲本型的多少。在图8.21中,两个亲本各有一个突变,然而一个菌株如果有两个突变,则另一个菌株就有可能没有突变,在这种情况下,重组型将只能是两个突变中的一个;而亲本型,要么有两个突变,要么没有突变。

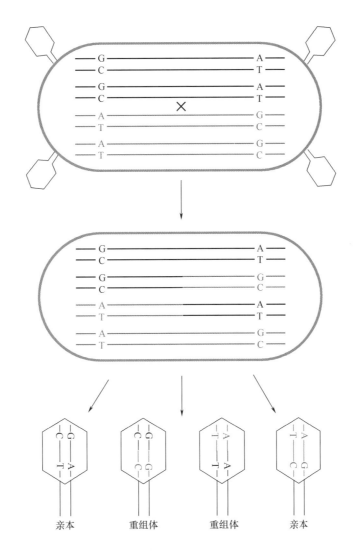

图8.21 两个噬菌体中突变的重组

两个不同突变子亲本噬菌体感染同一个相容性宿主细胞,噬菌体 DNA 被复制。两
个突变区域发生交换产生不同于任何一个亲本的重组子类型。图中仅给出了突变
后碱基对的位置。一个亲本的 DNA 用黑色标出,另一个亲本的 DNA 用紫色标出。

8.4.3.2 重组频率

DNA 中不同序列越接近,它们间发生杂交的余地就越小。因此,重组型后代出现频率,是测量噬菌体 DNA 分子中突变之间距离的方法,通常用重组频率来表示。一般,重组频率与杂交菌株的类型无关,被定义为图距单位。例如,在 DNA 两个突变区域中,重组频率为 0.01,即 100 个后代中有 1 个是重组型,那么这两个突变区域的图距为 $0.01 \times 100 = 1$ 个图距。

不同生物间重组活动的差异很大,所以图距仅是一种相对的测量方法,一个图距代表不同生物中 DNA 物理长度的差异,而且只有当突变不太远时,重组频率才能指示两个突变区域的近似距离,如果

相距太远,杂交会发生在突变中间,明显降低重组频率。可以发现两个突变间杂交一次,将产生重组型,杂交两次将产生亲本型,一般,奇数倍杂交产生重组型,而偶数倍杂交产生亲本型。

8.4.3.3　互补实验

尽管所有生物的互补实验的命名和概念都相同,但在噬菌体和其他病毒中,互补实验最容易被证实。与重组实验相同,用噬菌体进行互补实验时,也要用同一噬菌体的不同菌株同时感染细胞,然而,不是测定突变区域中出现重组的频率,而是测定在同一细胞中从不同DNA合成基因产物间的相互作用(表4.5)。通常在噬菌体互补实验中,我们考查分别在两个噬菌体上的突变发生互补后,能否使任一子代噬菌体在非允许条件下单独增殖,如果突变互补,两个突变噬菌体将增殖,如果不互补,任何一个都不会增殖,而且,如果两个突变互补,那么它们很可能在不同基因上。

噬菌体的互补实验如图8.22所示,两个不同突变噬菌体感染相同的宿主细胞,该宿主细胞是野生噬菌体允许性宿主,但任一突变噬菌体都不能在其中增殖,因为突变噬菌体自己不能合成在那个宿主中增殖所需要的基因产物。感染结果取决于突变是在相同还是不同的基因上,如果突变在不同的基因上(图8.22左图),每个DNA负责合成需要的基因产物,所以两个突变互补,可以增殖。如果两个突变在相同基因上(如图8.22右图所示),则任一种DNA都不能负责合成需要的基因产物,所以突变就不能互补,形成的后代不能增殖。通常对互补实验是按照如上简单的规则解释,然而如第4章所讲,互补实验由于基因内互补、极性和翻译偶联等有时会很复杂。互补实验还可以被用来确定一个突变是否影响另一个基因的产物(如反式作用)或者是否影响DNA上诸如启动子和复制起点等位点(顺式作用)。如果突变影响反式作用基因产物,能发生互补,如果影响顺式作用位点,则不能互补。

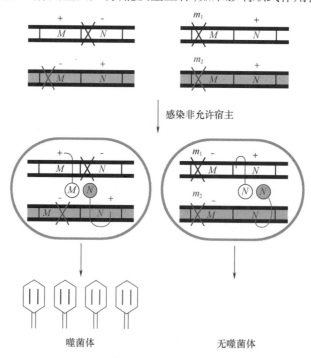

图8.22　噬菌体突变间的互补实验

含有不同突变的噬菌体感染相同宿主细胞,含任何一种突变的噬菌体均不能在该宿主细胞中增殖。左图,在基因(M和N)上有突变,用负号表示,每个突变子噬菌体合成的基因产物,另一种是不能合成的,如果发生互补,则新噬菌体能产生被突变基因的产物。右图,两个突变均阻止了M基因产物的合成,突变也用负号标出,没有互补发生,所以突变子噬菌体不能帮助彼此增殖,也就没有噬菌体产生。

应该注意用于噬菌体重组和互补实验中宿主的不同,在重组实验中,允许性宿主细胞被两种噬菌体感染,而且在检测后代噬菌体的重组类型之前,这些噬菌体能在宿主中增殖。然而,在互补实验中,在非允许条件下用两个突变噬菌体去感染宿主细胞,仅当突变互补时,它们才能增殖。如果互补发生,大多数噬菌体后代将是亲本型,在不允许的条件下,不能单独在随后的感染中增殖。

8.4.4　用 T4 噬菌体 γⅡ 基因进行的遗传学实验

本节介绍用 T4 噬菌体 γⅡ 基因解释噬菌体遗传学基本原理。该基因的相关实验对分子遗传学发展做出了重要贡献,其中包括无义密码子的发现、遗传密码子的自然属性和基因可分割性的发现。在第 4 章中已经谈到,遗传学分析的优点之一是,即使对所分析基因功能一无所知,我们仍可以进行遗传分析。

γⅡ 基因其含义是快速裂解Ⅱ型突变子,给 T4 噬菌体中许多基因命名时都在当今普遍采用的三字母基因命名法出现之前,当带有 γ 型突变的噬菌体感染细胞后,能比正常噬菌体(γ⁺)更迅速地裂解细胞,这个特性不光是 γⅡ 突变噬菌体是这样, γⅠ 和 γⅢ 型突变噬菌体也是如此,其中 γⅠ 的产物是抗孔蛋白, γⅢ 产物的功能还不清楚。快速裂解突变噬菌体很容易在指示菌大肠杆菌 B 中根据噬菌斑辨认出来,野生型 γ⁺ 噬菌体由于存在裂解抑制现象,所以形成模糊不清的噬菌斑边缘,而 γ 型突变子不存在裂解抑制,形成边缘清晰的噬菌斑,很容易与野生噬菌体形成的噬菌斑相区分(图 8.23)。

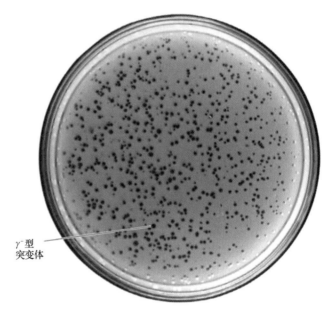

γ⁻型突变体

图 8.23　T4 噬菌体的噬菌斑

绝大多数噬菌斑的边缘模糊,但有些由于 rⅡ 或其他 r⁻ 类型突变子出现,其噬菌斑边缘坚硬,原因是裂解宿主细胞太快。

γⅡ 突变子与其他快速裂解突变子的区别是它不能在大肠杆菌溶原性 λ 原噬菌体中增殖,所以可以采用染色体中含有 λ 原噬菌体的大肠杆菌 K-12λ 或 Kλ 来指示该噬菌体存在与否,有关溶原性内容将在第 9 章中讲到。下面将要讲到 γⅡ 噬菌体,它不能在 λ 溶原菌中增殖,对我们用它做互补实验提供了极大的便利,使我们能够发现非常稀有的重组类型。

8.4.4.1　用 γⅡ 突变体进行的互补实验

在 1950 年左右,Seymour Benzer 和其他研究人员认识到利用 T4 噬菌体 γⅡ 基因确定基因精细结构的潜力。首先要知道 γⅡ 突变中有多少基因,也即有多少个互补组,为了回答这个问题,我们要分离大量 γⅡ 突变噬菌体,然后两两组对。同时感染非允许宿主大肠杆菌 Kλ,进行互补实验,当两个 γⅡ 突变体互补时,就能产生新噬菌体。从互补实验中得出,所有的 γⅡ 突变体可以分成两个互补组或两个基因,基因 γⅡA 和 γⅡB。研究者得出结论:基因 γⅡA 和 γⅡB 编码不同的多肽, γⅡ 突变体在大肠杆菌 Kλ 中增殖,形成正常的噬菌斑,以上两种基因产物都是必需的。

8.4.4.2 用 γⅡ突变体进行的重组实验

遗传分析的下一步就是要用 γⅡ突变体进行重组,以确定 γⅡA 和 γⅡB 在基因中的位置。重组的测定是用两个不同的 γⅡ突变子去感染大肠杆菌 B,让噬菌体在其中增殖,然后将噬菌体后代涂布到平板上测定其重组频率。

如果两个 γⅡ突变体间发生重组,将会出现两种不同重组类型后代:同时具有两个 γⅡ突变噬菌体和野生型噬菌体,或者是 γ⁺和不带任何突变的重组子,其中带有两种突变的重组类型很难与亲本类型分开,然而不带任何 γⅡ突变的 γ⁺重组体因为能在大肠杆菌 Kλ 中增殖形成噬菌斑而容易检测到。因此,当杂交后代涂布在长有大肠杆菌 Kλ 的平板,只要形成噬菌斑的就是 γ⁺重组子。如前所述,重组频率等于重组型总数除以杂交后代总数,据估计由于双突变重组子的形成,近一半的重组子检测不出来,所以重组型总数应在 γ⁺重组子数量上乘以 2,所有后代都应该在大肠杆菌 B 上形成噬菌斑,所以这也是测量后代总数的方法。因此,两个 γⅡ突变间重组频率应该是大肠杆菌 Kλ 噬菌斑数量除以在大肠杆菌 B 上形成噬菌斑数量,再乘以 2,然而,由于实际原因,我们不能仅仅把杂交子涂布在这两种细菌上对噬菌斑进行计数,因为 γ⁺重组子后代要比噬菌体后代总数少很多,若将杂交子直接涂布于两种细菌上,就会在大肠杆菌 Kλ 上仅有少量噬菌斑,而在大肠杆菌 B 上有数百万个噬菌斑,其数量太多以至于不能计数,因此杂交噬菌体后代必须以不同量进行梯度稀释后,再涂布到两种细菌上,在计算最终重组频率时,将不同稀释倍数考虑进来就可以了。

为了进一步说明 γⅡ突变体的重组,让我们来对 γ168 和 γ131 两个 γⅡ突变子进行杂交。先用这两个突变子去感染大肠杆菌 B,培养感染后的细胞,让噬菌体增殖,为了确定 γ⁺重组子数量,我们对噬菌体进行 10^5 倍稀释,然后涂布在大肠杆菌 Kλ 指示菌平板上;当确定后代总数时,将噬菌体稀释 10^7 倍,涂布在大肠杆菌 B 指示平板上,上述两种平板培养过夜后,在大肠杆菌 Kλ 平板上观察到 108 个噬菌斑,大肠杆菌 B 板上 144 个噬菌斑,重组型噬菌斑的总数应该是大肠杆菌 Kλ 平板上数量的 2 倍,即 $2 \times 108 = 216$,因为仅能计出 γ⁺重组子数目,而不能计出双突变重组子数目,而这两者的数量又是相等的。以上数值还必须乘以稀释倍数 10^5,所以重组噬菌体总数为 2.16×10^7。噬菌体后代总数是在允许增殖的大肠杆菌 B 上噬菌斑数量,乘以稀释倍数,即为 $144 \times 10^7 = 1.44 \times 10^9$。由重组频率公式 RF = 重组后代总数/后代总数,可知,这两个突变间的重组频率为 0.015,如果想用图距表示,再乘以 100,等于 1.5,则 γ168 和 γ131 之间相距 1.5 个图距,这在 T4 DNA 中很靠近,从而反映出,γⅡA 突变在 γⅡB 突变附近,还可以进一步推知 γⅡA 和 γⅡB 基因在 T4 DNA 上紧挨着排列。

8.4.4.3 用三因子杂交确定 γⅡ突变顺序

测定两个突变间的重组频率能估计出这两个突变在 DNA 上的距离,然而从杂交中确定突变在基因上的顺序,必须精确地测定其重组频率。例如,假设我们要确定三个突变基因 γ21、γ3 和 γ12 在 γⅡA 基因上的顺序,用 γ3 和 γ12 杂交,重组频率约为 0.01;用 γ12 与 γ12 杂交,重组频率也约为 0.01;用 γ21 与 γ3 杂交时,杂交频率大约为 0.02,从这些数据,我们可以推测出 γ12 在 γ3 与 γ21 之间,三个突变顺序是 γ3—γ12—γ21,然而准确测定重组频率还是比较困难的。

三因子杂交给我们提供了更为准确的基因排序方法,三因子杂交原理如图 8.24 所示。在这个方法中,一个具有两个突变的菌株与具有第三种突变的菌株杂交,然后确定野生型重组子数量,其多少取决于三个突变在 DNA 中所处的位置。形成野生重组子所需的交换越多,发生重组的频率就越小。在图 8.24 中,三因子杂交被用来排列三个 γⅡ突变的顺序。首先,以 γ21 和 γ3 突变共同构成一个双突变子,然后用仅有一个 γ12 突变的突变子与之杂交,如果基因顺序是 γ3—γ21—γ12,则只需在 γ21

和 $\gamma 12$ 间进行一次交换,就能形成 γ^+ 重组子,重组频率应该是 0.01 左右,也即两个单突变 $\gamma 21$ 和 $\gamma 12$ 间的重组频率。如果基因顺序为 $\gamma 21$—$\gamma 3$—$\gamma 12$,情况相同,也仅需一次交换就可以形成 γ^+ 重组子(数据未列出),然而如果基因顺序为 $\gamma 3$—$\gamma 12$—$\gamma 21$,$\gamma 12$ 在中间,根据早先双因子杂交实验推测,需要两次交换,才能形成 γ^+ 重组子,而且重组频率远远低于 0.01。

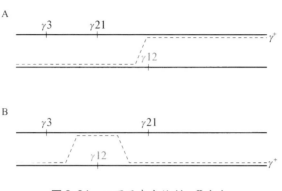

图 8.24   三因子杂交绘制 $\gamma \mathrm{II}$ 突变

从理论上讲,如果两次交换彼此独立,则得到双交换产物的频率应该是单交换频率的乘积,即 $0.01 \times 0.01 = 0.0001$,该数值仅为单交换的 1/100,然而因为高阴性干扰,也称基因交换(第 11 章),DNA 中靠得很近的两个基因间的交换并不是真正独立的,第一次交换能极大地增加附近第二次交换的出现,因此双交换频率往往比预期的要高,但无论如何,采用三因子杂交进行基因排序时,双交换频率要比单交换频率低得多。

8.4.4.4   通过删除作图,对大量 $\gamma \mathrm{II}$ 突变进行排序

$\gamma \mathrm{II}$ 基因对遗传学的早期贡献是由 Benze 进行的,对 $\gamma \mathrm{II}$ 基因的大量突变体进行排序,这些突变有的是自发产生,有些是由诱变剂诱导产生。在 $\gamma \mathrm{II}$ 基因遗传分析实验中,Benze 想弄清究竟 $\gamma \mathrm{II} \mathrm{A}$ 和 $\gamma \mathrm{II} \mathrm{B}$ 中有多少个突变位点,而且想知道这些基因位点的突变是均等的,还是具有偏好性的。为了找到答案,他求助于删除作图的方法,该方法的原理是如果带有点突变的噬菌体与另一个删除突变的噬菌体杂交,那么当点突变在删除区域时,就不会有野生型重组体出现,这样确定是否存在 γ^+ 重组子要比仔细测定重组频率简单得多,因此删除作图为我们提供了一种对大量突变作图的方便方法。

按照这种方法,Benzer 需要在 $\gamma \mathrm{II}$ 基因上进行删除突变,删除区域需逐渐趋向 $\gamma \mathrm{II}$ 基因的已知部位,分离的一些 $\gamma \mathrm{II}$ 突变子本身就具有删除突变(第 4 章)。首先,这些 $\gamma \mathrm{II}$ 突变子不能回复突变,可以通过将大量 $\gamma \mathrm{II}$ 突变子噬菌体涂布在 Kλ 大肠杆菌上,而不会因为 γ^+ 回复噬菌体出现而形成噬菌斑做判断。其次,这些突变不能是单个位置的点突变,也不能是碱基对改变或移码突变。当许多不同 $\gamma \mathrm{II}$ 突变杂交时,不产生 γ^+ 重组子,即使彼此杂交后出现了 γ^+ 重组子,那么至少它们重组发生在 $\gamma \mathrm{II}$ 基因的不同位置上。

图 8.25 中给出了一组 Benzer 的删除突变,它们在 $\gamma \mathrm{II} \mathrm{A}$ 突变作图中特别有用,很长的一个删除源自 $\gamma \mathrm{II} \mathrm{B}$ 外端某处,然后删除整个 $\gamma \mathrm{II} \mathrm{B}$,再逐渐以不同的距离向 $\gamma \mathrm{II} \mathrm{A}$ 删除,其中 $\gamma 1272$,删除区域延伸至整个 $\gamma \mathrm{II}$ 基因,使 $\gamma \mathrm{II} \mathrm{A}$ 和 $\gamma \mathrm{II} \mathrm{B}$ 完全被删除。

借助已知端点的删除突变子,Benzer 将突变噬菌体与含有删除突变的噬菌体杂交,迅速定位出在 $\gamma \mathrm{II}$ 中任何新的点突变位置。例如,如果一个与 $\gamma A105$ 删除突变子杂交形成 γ^+ 重组子,而不能与 $\gamma pB242$ 杂交形成 γ^+ 重组子时,则这个点突变必定位于 $\gamma A105$ 末端与 $\gamma pB242$ 末端间非常小的区域中,

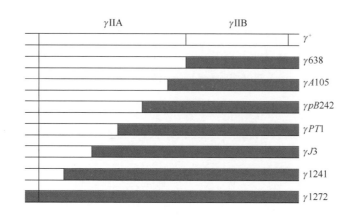

图8.25   T4 噬菌体中 Benzer 的 γⅡ 删除

删除中清除了所有 γⅡB 部分,并且向 γⅡA 有不同距离的延伸。阴影部分代表每种突变中被删除的区域。

因此,用不了7次杂交,就可以把这个突变定位于这段 γⅡ基因的7个片段之上。这个突变位置也可以通过与其他的突变体进行额外杂交,而更精确地定位到更小片段上。

8.4.4.5   突变谱

由 Benzer 采用删除作图的方法在 γⅡA 和 γⅡB 中发现了大量点突变,包括自发突变和诱发突变,图8.26中列出了部分自发突变的图谱位置。自发突变能在 γⅡ基因的任何位置上出现,但 Benzer 也发现了更容易发生突变的位点,被称为突变热点,诱变剂诱发的突变也具有突变热点,而且随诱变剂的不同而不同,并且与自发突变的热点不同。

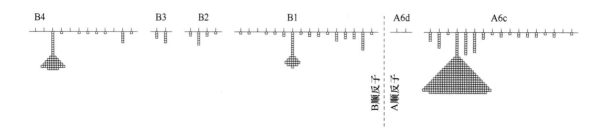

图8.26   γⅡ基因中短序列的自发突变谱

每个小框表明在那个位置发现一个突变。某个位置出现大量的框,表明那里是经常发生自发突变的热点部位。

不同诱变剂倾向于突变不同的位点,在遗传学分析中具有实际的应用价值(第4章),由图8.26显然可知,如果 Benzer 当时仅研究 γⅡ基因的自发突变体,则几乎30%的这些突变将会在 A6c 中,它是最主要的自发突变热点,因此,要获得某个基因的随机突变库,不仅需要自发突变体,而且还需要用不同诱变剂诱变的突变体。

现在有许多对选定 DNA 区域进行随机突变的方法,包括以特异的寡核苷酸引物进行的位点特异性突变、PCR 突变等,这些方法已在第2章中讲过。

8.4.4.6   γⅡ基因及遗传密码

在 T4 γⅡ基因的早期实验中,最精细的部分实验揭示了遗传密码的自然属性,这些实验是由 Francis Crick 和他的同事完成的,这些实验不仅具有极大的历史意义,而且是解释经典遗传学原理和分析的最好例子。

在 Crick 和他的同事开始这些实验之前,他已经和 James Watson 利用 Rosalind Franklin 和 Maurice Wilkins 的 X – 衍射数据,以及 Erwin Chargaff 和其他研究者的生化数据揭示了 DNA 结构,该结构指出了 DNA 中碱基序列决定了蛋白质中氨基酸序列,然而,碱基序列是如何读取的这个问题在当时还没有答案。具体的问题如下:在 DNA 中多少个碱基编码一个氨基酸?每个可能的碱基序列都能编码一种氨基酸吗?密码是间断的,还是从基因起始处开始读起?一直读到基因末尾或者每个时间段只读某些碱基?由于对 T4 γⅡ基因操作很容易,所以使这个系统脱颖而出,利用它来做实验,回答了以上所有问题。

Crick 等人的这些实验能够成功,其原因有二,第一 γⅡB 多肽的 N – 端区域,B1 区是 γⅡB 蛋白活性非必需成分,B1 区可以被删除,也可以将它编码的氨基酸序列改变,而不影响多肽活性。要知道这对大多数蛋白来说是不正常的,它们一般不能忍受在某个区域多个氨基酸的改变。第二个成功的原因是实验中吖啶染料特异性地诱导移码突变,也即在 DNA 上移去或添加一个碱基对(第 12 章),这个结论在当时来看还缺乏 一定的可信度,因为吖啶染料造成的突变通常不遗漏碱基,很明显也不删除碱基,因为它们大多数是点突变和回复突变。由于吖啶染料引起回复突变,所以当有吖啶染料存在第二次增殖突变噬菌体时,回复频率增加,而在碱基类似物出现时,第二次增殖突变噬菌体的回复突变率却不变,所以在当时推测吖啶染料仅导致碱基改变。推测可知如果吖啶染料诱导的突变不能通过改变碱基回复突变,那么该突变也不可能是由于吖啶染料本身造成的碱基对的改变。这证实了吖啶染料造成的突变是移码突变,其回复突变微乎其微,所以 Crick 等人很确信可以通过他们的实验揭示遗传密码的自然属性。

(1)γⅡB1 中移码突变的基因内抑制子 他们实验的第一步是通过在二氨基吖啶存在的条件下增殖已被噬菌体感染的细胞,用来诱导 γⅡB1 产生移码突变。Crick 和他的同事将他们的第 1 个 γⅡ突变命名为 FC0,代表 Francis Crick 0,FC0 突变能阻止 T4 在大肠杆菌 Kλ 中增殖,因为该突变能使 γⅡB 多肽失活。吖啶在诱导编码 B 多肽的 B1 非必需部分时本身使 γⅡB 蛋白失活,提示我们发生了移码突变,因为如前所述,仅仅改变 B1 区的一个氨基酸,是不会使这个基因失活的。

(2)FC0 抑制子突变的筛选 Crick 等人的下一步实验是筛选出 FC0 抑制子突变体,在第 4 章中已经讨论过,通过改变 DNA 序列,不是原始的突变位点,比如一个抑制子突变也能回复野生型表型,筛选 FC0 抑制子时,Crick 等人仅需要将大量 FC0 突变噬菌体涂布到大肠杆菌 Kλ 平板上,γ⁺ 表型的噬菌体就会形成噬菌斑,这个噬菌体可能具有初始 FC0 突变的回复突变,或者具有两种突变,初始的 FC0 突变加上抑制子突变。

为了确定哪一个 γ⁺ 噬菌体是抑制子突变,Crick 等人应用了传统遗传学抑制实验(第 4 章)。在这个实验中,将显性回复突变子与野生型杂交,如果任何一个噬菌体后代是具有突变子表型的重组子类型,则可以说明这个突变没有发生回复突变,而是由于第二个位点被抑制,后来又回复了野生表型。

图 8.27 中解释了应用 T4 FC0 γⅡ突变进行实验的原理,将显性野生回复子与野生型杂交,如果回复突变,所有的后代都应是 γ⁺,没有 γⅡ突变重组子,相反,如果突变是被抑制了,则抑制突变可以从 FC0 突变中变换出来,γⅡ突变重组子型不能在大肠杆菌 Kλ 中增殖。在 Crick 等人的实验中,将表面上类似 γ⁺FC0 突变子与野生型杂交,绝大多数形成 γⅡ突变重组子,因此,在表面上是 FC0 突变的回复突变子,其实是突变抑制而不是回复突变。而且,γⅡ突变重组子也较少,因此可知抑制突变必定与初始的 FC0 突变较近,因为只有这两个突变间发生交换,才能形成 γⅡ突变重组子。

(3)抑制子突变的分离 FC0 突变和抑制子突变的双突变子是 γ⁺,可以在大肠杆菌 Kλ 中增殖,

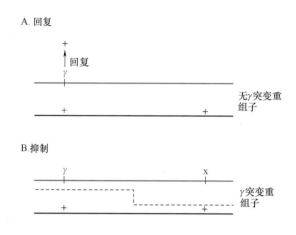

图 8.27 对抑制突变经典的遗传学分析

将明显带有回复野生型突变的噬菌体(γ^+)与野生型 γ^+ 噬菌体杂交。

(A)如果是回复突变,则后代全部是 γ^+ (B)如果突变被另一个 x 突变抑制,则后代中将有一些 $\gamma \mathrm{II}$ 突变重组子

但是仅带有抑制子突变的突变子其表型是 $\gamma \mathrm{II}$ 还是 γ^+ 呢? 如果抑制子突变本身能形成 $\gamma \mathrm{II}$ 突变子表型,则可推测 $\gamma \mathrm{II}$ 突变重组子是由受抑制的 FC0 突变子与野生型杂交后,形成仅带有抑制子突变的单突变重组子,这点很容易验证,如果重组子表型为 $\gamma \mathrm{II}^-$,因为它具有抑制子突变而不具 FC0 突变,则与 FC0 单重组子杂交,就会形成一些 γ^+ 重组子。一些 $\gamma \mathrm{II}$ 突变重组噬菌体与 FC0 突变子杂交时,会形成 γ^+ 重组子,提示这些噬菌体 $\gamma \mathrm{II}$ 突变与 FC0 突变不同,可以推测这种突变是抑制子突变本身。

(4)筛选抑制子 – 抑制子突变 因为 FC0 自身的抑制子突变能使该噬菌体变为 $\gamma \mathrm{II} \mathrm{B}^-$,而且不能在大肠杆菌 K$\lambda$ 中增殖,接下来的问题就是 FC0 抑制子突变能否被抑制子 – 抑制子突变所抑制。还是用最初的 FC0 突变体,Crick 等人用含有抑制子突变的 T4 噬菌体涂布至大量大肠杆菌 Kλ 上,他们观察到了一些噬菌斑,绝大多数是由第二位点的抑制子抑制造成的,在这其中可以分离到抑制子 – 抑制子突变体 $\gamma \mathrm{II} \mathrm{B}^-$,这个过程可以无限地继续下去。

(5)移码突变及对遗传密码存在的提示 为了解释结果,Crick 和他的同事提出了如图 8.28 中所

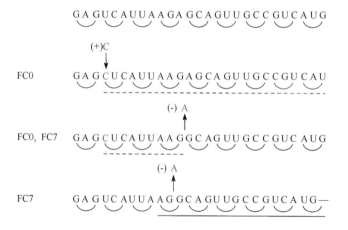

图 8.28 移码突变和对移码突变的抑制

增加 1bp 导致 FC0 移码突变,经改变阅读框并产生 $\gamma \mathrm{II}$ 突变子表型。FC7 是删除了 1bp 的突变,所以 FC7 突变能抑制 FC0 突变,使 FC0 回复正确的阅读框和 γ^+ 表型。单独的 FC7 突变将产生 $\gamma \mathrm{II}$ 突变子表型。以错误阅读框翻译的区域在其下方用横线标出。

示的模型,他们先假设 FC0 是一种移码突变,由于碱基对的增加或移除,使所有插入在该处之后的氨基酸在蛋白质中出现错误,这能解释 FC0 突变为什么能使 $\gamma \text{II} B$ 多肽失活,尽管它出现在非必需 N – 端编码 B1 区的基因中。

FC0 抑制子也是在 $\gamma \text{II} B1$ 区上发生移码突变,这个抑制要么移除,要么添加碱基对,取决于 FC0 突变是添加还是移除碱基对。只要有突变与 FC0 具有相反的效果,通常会合成一个有活性的 $\gamma \text{II} B$ 多肽。这些实验结果暗示存在遗传密码。

密码是不间断的:在当时,还不清楚在 DNA 中是否存在密码开始和结束的分界点,在一种语言中,所有的单词都用相同的字母,如果单词与单词之间有间隔,我们就知道一个单词在哪里结束,下一个单词从哪里开始,从而正确地读懂整个句子。然而,如果单词间没有间隔,唯一的方法就要通过数字母的个数来确定单词的开始与结束,如果一个单词中去掉或增加一个字母,则我们读到后面的单词将是错误的,这与基因中添加或删除一个碱基对发生的结果一样,后面的基因将出现判读错误,所以密码必定是不间断的。

密码是三字母的:Crick 等人的实验也回答了遗传语言每个单词中含有多少个字母的问题,也就是在 DNA 中多少个碱基被读取后,就能在蛋白质中插入一个氨基酸。在当时从理论上已经推测得知密码中字母数量应大于 2,因为 DNA 是由 4 个字母,即碱基(A、G、T 和 C)组成,如果使用两个字母构成密码,那么仅有 $4 \times 4 = 16$ 个可能的氨基酸,然而已知至少有 20 种氨基酸可以用来合成蛋白质。如果把硒代半胱氨酸包括在内,现在已知有 22 种氨基酸,所以双字母密码不能产生足够的密码子来编码所有氨基酸。然而,如果每个密码由 3 个字母组成,会有 $4 \times 4 \times 4 = 64$ 个可能的密码子,对编码 20 种氨基酸来说太多了。

Crick 他们当时就证实了密码子是三字母的假设,从 $\gamma \text{II} B1$ 区中添加或移去 3 个碱基,则三字母的密码阅读框将不会被改变,只是增加或移除一个多余的单词,其他单词还会被正确判读。因此在 B1 区中,如果 FC0 三字母抑制子或抑制子的抑制子与同一个噬菌体 DNA 结合,则一个完全新的密码将被加入或从分子上减去,正确的阅读框将被回复,因此,噬菌体将变成 γ^+ 并且可以在大肠杆菌 Kλ 中增殖。实验结果与上面假设一致,说明确实是 DNA 中 3 个碱基编码蛋白质中的 1 个氨基酸。

密码是冗余的:实验结果也说明密码是冗余的,即不止一个密码编码一种氨基酸。据 Crick 等人推理,如果密码不冗余,那么大多数密码,也即 44($64 - 20 = 44$)个密码将不编码氨基酸,那么核糖体在翻译过程中几乎很快碰到不编码氨基酸的密码,翻译过程也很快停止下来。事实上,FC0 抑制子与抑制子的抑制子发生重组回复 γ^+ 表型,说明大多数密码子可能编码同一个氨基酸。

一些密码子无意义,能终止翻译:尽管实验显示大多数密码子编码一种氨基酸,但也显示并不是所有的都会编码氨基酸。如果所有密码都编码一种氨基酸,那么在翻译至 $\gamma \text{II} B$ 基因时,整个 $\gamma \text{II} B1$ 区都应该以任一阅读框开始翻译,产生功能多肽。然而,如果不是所有密码编码氨基酸,那么一个"停止"密码,它不编码氨基酸,将在翻译时碰上错误的阅读框,在这种情况下,并不是所有抑制子和抑制子的抑制子重组就会回复 γ^+ 表型,Crick 等人观察到一些重组会导致在 $\gamma \text{II} B$ 区域碰见"停止"密码,而在相同区域的其他重组将产生有功能的多肽。例如,图 8.29 中,由于 1 个碱基被移去,该区域以 +1 阅读框翻译时就会碰到无义密码子(UAA),然而在同样区域加入 1 个碱基,以 –1 框翻译时,没有遇到无义密码子。

一些密码子不编码氨基酸的更确切的证据来自于 $\gamma1589$ 删除实验(图 8.30),删除 $\gamma1589$ 将移去 $\gamma \text{II} A$ 的大部分和非必需 $\gamma \text{II} B1$ 区域,所以将删除位于 $\gamma \text{II} A$ 基因末端的无义密码子和 $\gamma \text{II} B$ 的翻译

起始区,这种删除突变将启动 γⅡA 的翻译,一直到 γⅡB,产生 γⅡA N-末端和 γⅡB 的融合蛋白,由于大多数 γⅡA 被删除,而 γⅡB 仅是非必需 γⅡB1 区域被删除,所以融合蛋白具有 γⅡB 活性而无 γⅡA 活性,这点已经在互补实验中被证实。

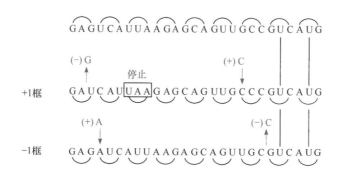

图 8.29　移码抑制和无义密码子

在 +1 阅读框中,由于从 DNA 中删除了 1bp,出现了无义密码子,翻译终止。即使下游回复了正确的翻译框,翻译依然被终止。在 -1 阅读框中,因为增加了 1bp,没有无义密码子出现,下游删除 1bp 后,回复了正确阅读框,能翻译出活性多肽。

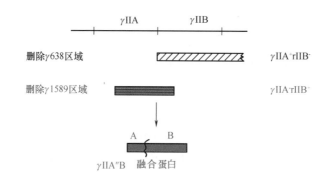

图 8.30　γⅡ中 γ638 和 γ1589 的删除

尽管融合蛋白中 γⅡB 活性并不需要 γⅡA 部分,但是 Benzer 和 Champ 发现,γⅡA 区域中一些碱基对改变的突变能阻止 γⅡB 活性,推测可能是碱基对变化造成无义密码子出现,从而使 γⅡA 区的翻译中途停止,另一些不破坏 γⅡB 活性的碱基突变可能是无义突变,导致在融合蛋白 γⅡA 部分中加入错误的氨基酸而不停止翻译。

Benzer 和 Champ 也发现即使有无义突变,也不会影响某些大肠杆菌菌株和温和性菌株中 γⅡB 活性,现在我们知道,大肠杆菌无义抑制子菌株中 tRNA 能通读一个或多个无义密码子。

Crick 等人的实验为后来遗传密码解密工作奠定了基础。Marshall Nireberg 和他的同事,为 61 个 3 碱基有意义密码子解析出其对应的氨基酸,后来另一些学者利用反向和抑制研究,确定无义密码子是 UAG、UAA 和 UGA。

(6)γⅡ区域重复突变子的分离　有关 T4 γⅡ基因遗传操作的最后一个例子是分离串联重复突变子。这些实验有助于我们区分重组和互补,而且得到有串联重复突变的一些遗传学性质,在某些方面,本实验与第 4 章所讲的对 his 重组分析相似,但该实验有助于区分噬菌体与细菌之间的遗传学。

分离 γⅡ区域串联重复突变,取决于 γ1589 和 γ638 两个删除 γⅡ区域的性质,如前所述,γ1589 删除了 γⅡB 基因中编码的 N-末端 B1 区及 γⅡA 的 C-末端编码区,该删除使噬菌体生成 γⅡ N-末

端与大部分 γⅡB 的融合蛋白,表型为 γⅡA⁻ 和 γⅡB⁻。γ638 删除突变删除了全部 γⅡB,但没有删除 γⅡA 的任何部分,所以其表型为 γⅡA 和 γⅡB⁻,因为一个删除突变的 DNA 能合成 γⅡA 基因产物,而另一个删除突变能合成 γⅡB 基因产物,所以这两个删除突变能彼此互补,然而,它们不能互补生成 γ⁺ 重组子,因为它们互相重叠部分中,均删除了 γⅡB 基因中的 B1 区。

尽管两种删除突变 γ1589 和 γ638 间的重组不能形成 γ⁺ 重组子,但两个删除突变子能自发感染大肠杆菌 B,涂布于大肠杆菌 Kλ 上时,还会有很少的 γ⁺ 噬菌体出现,这些 γ⁺ 表型噬菌体在 γⅡ 区具有串联重复序列(图8.31A),每个 γⅡ 区的拷贝中都具有不同的删除突变,这些突变彼此互补后,能形成 γ⁺ 表型。

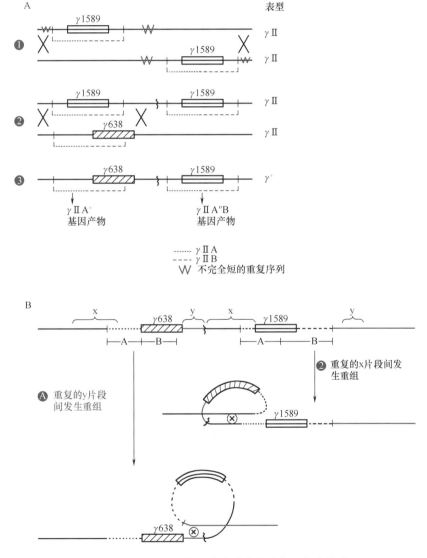

图8.31 (A)γⅡ 区域串联重复结构形成的模型

(A)端部带有 γⅡ 区域(W)的短重复序列间可以发生低频率重组,能形成一个或多个基因的重复。重复区域可以和其他重复序列处有删除的菌株发生重组,则产生 γⅡB,其中一个拷贝含有 γ1589 删除,另一个拷贝含有 γ638 删除,这两个删除之间发生互补,可以产生 γ⁺ 表型的噬菌体 (B)串联重复不稳定,因为重复区域之间区域发生重组将会破坏重复。删除突变是否保留在单倍体的分离体中取决于重组发生的部位 (1)重复片段 y 之间发生重组,产生的单倍体的分离体仅带有 γ638 删除 (2)重复片段 x 之间发生重组,产生的单倍体的分离体仅带有 γ1589 删除。在本例子中 γ1589 单倍体的分离体出现的频率是 γ638 的 3 倍,因为 x 的长度是 y 的 3 倍。一个 ⊗ 表示发生一次交换

　　串联重复突变的出现,如图8.31A所示,有时为DNA复制时,在γⅡ区域的两端,两个很短的重复区域错误地发生重组(易位重组),这样错误的交换很少发生,但还是有的,因为DNA中重复序列通常非常短,然而,一旦这种交换发生,重组型噬菌体之一就会含有γⅡ区域的拷贝,在例子中,这两个重复拷贝中均含有γ1589突变。如果用含有γ1589重复突变的噬菌体与含有γ638删除突变的噬菌体去感染相同细胞,则γⅡ区域的一个拷贝与另一个亲本的DNA重组,γ638删除取代一个拷贝中的γ1589删除,这第二个重组发生的频率较高,因为两个重复序列间有较多的同源性。于是这个噬菌体也会包装两个拷贝的γⅡ区域,一个拷贝中含有γ1589删除,另一个含有γ638删除。在后续的感染中,两个删除突变互补就能形成γ⁺表型噬菌体,由于含有γⅡ基因的两个拷贝,所以这些噬菌体是γⅡ区及其周围基因的二倍体。

　　串联重复突变非常不稳定,所以通常表现出沉默的特性,主要是因为在较长的重复区域任意处发生重组,都会破坏重复性(第4章),而且在γ⁺噬菌体上就表现出了这种不稳定。如果γ⁺噬菌体上假设带有重复突变,并在没有选择重复突变的条件下在大肠杆菌B中增殖,很高比例的噬菌体后代将不能在大肠杆菌Kλ中增殖。

　　图8.31B中解释了为什么重复突变不稳定。重复片段x或y间任一种变换,导致干扰序列被删除,重复的一个拷贝丢失,产生的噬菌体,一些具有γ1589删除突变,一些具有γ683删除突变,变成了仅具有一个拷贝重复突变的单倍体分割子,采用分割子而不用重组子,是因为破坏重复突变的重组在噬菌体增殖时会自发出现,而不需要杂交。在序列中x、y区域通常很长,所以这些单倍体分割子出现的频率较高。

　　每个重复突变以特定的频率分离成两个单倍体类型,我们从图8.31B中可以看出重复状况,在x区发生交换形成γ1589单倍体,而在y区发生交换则形成γ638单倍体。因此,单倍体类型分割出来的频率取决于x或y区域的长短,也就是如果x比y长,γ1589单倍体更容易分离出来,如果x比y短,则γ638更容易分离出来。

8.4.5　噬菌体遗传连锁图谱的构建

　　γⅡ基因仅是T4噬菌体中数百个基因中的一个(图8.6),这些基因甚至在其他类型的噬菌体中不存在。想获得噬菌体的遗传图谱,我们需要一种鉴定噬菌体中更多基因的方法。表示一个生物许多基因及各基因之间顺序的图称为这种生物的遗传连锁图,物理图谱通常与遗传图谱是有关联的。

　　包括温度敏感和无义突变等条件致死突变是噬菌体中十分有用的突变类型,可以用来鉴定对噬菌体增殖必需的任何基因。如果一个噬菌体的一个必需基因中有一个无义密码子(UAA、UAG或UGA)的突变,那它仅能在有无义抑制子tRNA的允许宿主中增殖并形成噬菌斑(第3章)。在必需基因中有温度敏感型突变的噬菌体能在低温(允许条件)但不能在高温(非允许条件)下增殖而形成噬菌斑。因为这种突变能在任何必需基因中被分离到,所以无义和温度敏感型突变被用来鉴定许多必需基因,从而构建噬菌体最完整的基因连锁图谱。但也并不是所有的基因可以用这种方法鉴定,因为对特定宿主而言,它们并不需要有些噬菌体的基因产物,这样的基因就不能采用条件致死型突变鉴定,而必须用其他方法。例如,γⅡ基因不可能通过这种方法鉴定,除非用λ溶原菌作为宿主才行。

　　在构建一个噬菌体条件致死图谱的第一步是用不同的诱变剂去诱变噬菌体,然后涂布在允许温度下受抑制的细菌上,分离得到大量温度敏感型和无义突变噬菌体,然后挑取噬菌斑,非允许温度下在不受抑制的细菌中验证其是否可增殖。在非抑制细菌中不能形成噬菌斑,或者在非允许温度下具

有无义突变或温度敏感型突变,这样的基因是必需的。

8.4.5.1 通过互补实验鉴定噬菌体基因

一旦大量的噬菌体突变株收集好后,就可以将其归到不同的互补组或基因中。如前所述,两个突变不能彼此互补,则它们很有可能在相同的互补组或基因中,互补实验是在任何一个突变都不能增殖的条件下进行的。例如,对两个不同的琥珀(UAG)无义突变进行互补实验,可以先用这两个突变子同时感染非抑制细菌,然后将后代涂布于琥珀抑制细菌上,确定产生噬菌体后代的数目。在用温度敏感型突变和无义突变做互补实验时,在高温(非允许)条件下感染非抑制细菌,后代噬菌体在允许温度下,涂布在琥珀抑制细菌上,然后确定生成噬菌体的数量。注意温度敏感型突变和琥珀突变可能在相同基因中,即它们是等位基因,即使它们是不同的突变类型,但如果是等位基因,就不会彼此互补。

每次当我们发现一个突变与突变库中的所有突变都互补时,我们就发现了一个新基因,一旦两个突变被发现彼此不能互补,仅需要对它们中的一个突变进行进一步互补实验。即使许多互补组能用单个突变代表,那么许多其他必需基因也可能不能用任何突变代表,所以要分离鉴定更多的必需基因,逐渐地越来越多的新突变就可以归到以前鉴定过的互补组中,必需基因中的突变集合就会接近完全了。

8.4.5.2 噬菌体基因作图

噬菌体的多数基因被鉴定出来后,我们就可以将每个基因中代表性突变根据它们的特点绘制。为了测定两个突变间的重组频率,在对两个突变都允许的条件下去感染细胞,例如,用温度敏感型突变与琥珀突变杂交,可以在低温(允许)的条件下感染琥珀抑制子细胞,当产生后代后,将后代噬菌体在允许两种突变增殖的条件下涂布,计算后代总数,在不允许两个突变的条件下涂布,计算野生型重组子数量。因此,如果一个突变子的一个基因上有无义突变,而另一个突变子的另一个基因上有温度敏感型突变,它们两者之间杂交应该在高温(非允许)条件下非抑制细菌上涂布计算野生重组子有数目;在低温(允许)条件下无义突变抑制的细菌上涂布计算总的后代数,从野生重组型频率中通过上面讲到的重组频率公式计算这两个突变间的图距。当突变基因间的重组频率低于随机重组频率时,我们就称这两个基因发生连锁,表明它们之间出现交换的数目也少于随机变换数目。

8.4.5.3 用三因子杂交对突变排序

对紧密连锁的基因仅采用测定重组频率的方法排列突变通常是比较困难的。在非常精确地测定重组频率以确定突变顺序时,采用三因子杂交来排列突变是比较好的一种方法。

图 8.32 中解释了如何用三因子杂交实验排列两个琥珀突变和一个温度敏感型突变,这些推理可以用于任何突变的重组实验中。在这个例子中我们想知道温度敏感型位点是在两个琥珀突变之间,还是在它们之外。方法一中,我们用仅含有温度敏感型突变的单突变子与含两个琥珀突变的双突变子杂交,然后将后代在允许温度敏感型突变增殖的条件下涂布在非琥珀抑制的细胞上,所以仅有缺失所有三个突变的重组子才能形成噬菌斑。如果温度敏感型突变在两个琥珀突变的外面,则仅需要 *am*2 和 *ts*3 突变间发生一次交换就可以形成野生型重组子,这样重组频率应该比较高,事实上,它应该与 *am*2 单突变与 *ts*3 单突变杂交后重组频率一样高。但是,如果温度敏感型突变位于两个琥珀突变的中间,需要发生两次交换才能形成野生重组子,野生重组子发生频率也就更低。如前所述,由于高阴性干扰,所以在连锁非常紧密的突变间发生双交换的频率高于单交换频率。与重组相关的高阴性干扰和基因交换在第 11 章中将详细讨论。

在图 8.32 中方法二,是用三因子杂交对突变排列的更清楚的解释。在此方法中,双突变噬菌体

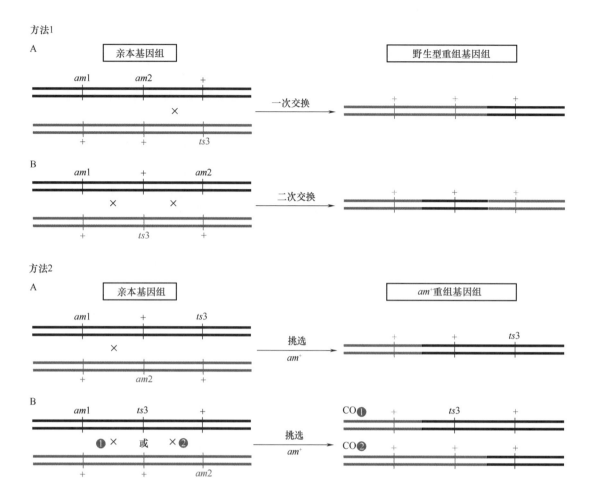

图8.32　三因子杂交排列条件致死突变的顺序

方法1：在三因子交换中，野生型重组子出现频率取决于三种突变的顺序。(A)ts3 温度敏感型突变，位于两个琥珀突变 am1 和 am2 之外。单交换产生的野生型重组子不带以上任何一种突变。(B)如果 ts3 突变位于两个琥珀突变之间，则产生野生型突变子，必须要经过两次交换，所以发生这样的重组几率非常低。方法2：噬菌体的一个亲本带有 am1 和 ts3 突变，另一个亲本噬菌体带有 am2 突变。Am + 重组子用于测定 Ts 表型。(A)如果 ts3 突变位于两个琥珀突变之外，大多数重组子是 Ts。(B)如果 ts3 突变位于两个琥珀突变之间，则有些重组子是 Ts，有些则不是。CO1：区域 1 交换。CO2：区域 2 交换。

含有两个琥珀突变的一个 am1 突变，还含有温度敏感型突变 ts3，与另一个琥珀突变 am2 杂交，将杂交后产物涂布于不受低温抑制的细菌上，置于允许温度敏感型突变体生长的低温条件下培养，当噬菌斑形成后，挑取并再次点种至两种平板上，一个放在非允许温度下培养，来确定具有温度敏感型突变后代的比例。如果 ts3 在 am1 和 am2 突变之间，则绝大数后代应该是温度敏感型，在允许温度下增殖，在非允许温度下不能增殖。然而，如果在 am1、am2 之间，一些后代会是温度敏感型，而另一些不是，这取决于交换在何处发生。

8.4.5.4　一些噬菌体的基因连锁图

采用上述方法，许多常用噬菌体的基因连锁图可以被确定下来，这些图谱连同它们基因产物的功能在本章和接下来的章节中会经常提到(图8.4、图8.6 和图8.13)。

许多噬菌体基因图谱的一个突出的特征是相邻基因其产物的功能会有联系，如涉及头和尾部形成产物，它们的基因趋向于成簇排列，有些学者认为这种基因成簇现象允许紧密相关的噬菌体间发生

重组,不至于破坏基因的功能。如果基因产物必须发生物理性相互作用,不互相挨着,则两个非常相近噬菌体间的重组,会分离那些基因,而使噬菌体不能生存。例如,如果头部基因不成簇,与另一个相关噬菌体发生重组时,另一个噬菌体相应的头部基因将取代第一个噬菌体的一些头部基因,如果这个头部蛋白混合物不能组装成噬菌体头部,则这个噬菌体就不能生存,因此,新重组噬菌体的潜在优势将丢失。该假说已经在相关的 λ 噬菌体家族结构中获得了支持。这些噬菌体在构建时,似乎是模块化的,由噬菌体大家族中不同的区域组装成区域或盒式。

8.4.5.5　决定连锁图谱形成的因子

噬菌体基因图谱的另一个明显的特点是一些是线性的,而另一些却是环状的(比较图8.4 中的 T7 基因图谱与图 8.6 中的 T4 基因图)。什么时候基因图谱是环形的呢? 通过遗传杂交发现基因由左至右排列时,最后一个基因与第一个基因连锁,则我们可以得出环形的基因图谱。然而基因图谱形式并不需要与噬菌体本身的 DNA 线性与环状相联系。λ 在细胞中的 DNA 是环状的(第 9 章),具有线性连锁图,而在细胞中 DNA 是线性的 T4 噬菌体,其基因图谱却是环状的。为了理解基因图谱是如何绘制的,我们需要回顾一下这些噬菌体是如何复制 DNA,并如何将它们包装至噬菌体头部。

(1)λ 噬菌体　λ 噬菌体有一个线性基因图谱,尽管它进入细胞后形成环状的 DNA 分子。如第 9 章所述,因为 λ 噬菌体 DNA 被包装至噬菌体头部之前,串联体会在唯一的 cos 位点被切割,所以 λ 噬菌体具有线性基因图谱,cos 位点位置决定了线性基因图谱的端点。假设将位于噬菌体 DNA 相反的两端中 A、R 基因进行杂交(参见第 9 章中 λ 图谱),尽管不同亲本的 A、R 等位基因在包装前,会在串联体相邻排列,但是在 DNA 包装期间,DNA 在 cos 位点被切开,这些等位基因就会被分开,因此当在遗传杂交中测定重组频率时,基因 A 和基因 R 相距较远,基本不连锁,所以在基因图谱中基因 A、R 在线状基因的两端。由于上述原因,所有从唯一的 pac 或 cos 位点包装 DNA 的噬菌体,具有线性基因连锁图,其末端由 pac 或 cos 位点的位置确定。

(2)T4 噬菌体　尽管 T4 噬菌体的 DNA 从来不成环,但它的基因图谱却是环形的,环状基因图谱的原因是 T4 没有唯一的 pac 位点,它的 DNA 是从长的串联体上以满头机制包装的(图 8.19)。所以,在同一个感染细胞中,在不同噬菌体中 T4 噬菌体 DNA 均不会有相同的末端,它们是环状排列的。因此,在串联体上与另一个基因相邻的基因,在多数噬菌体头部仍然是相邻的,除非这些基因偶然出现在冗余末端,仅占基因组的 3%,因此,在杂交中它们将出现连锁,所以形成环状基因图谱。

(3)噬菌体 P22　噬菌体 P22 是一个沙门菌噬菌体,它与 λ 噬菌体较接近而且以相似机制复制。然而,不像 λ,它具有环状连锁图。P22 像 λ 一样在唯一的 pac 或 cos 位点开始包装,但后来像 T4 一样以连续的满头机制包装一部分基因组,所以形成环状基因图谱。

(4)噬菌体 P1　P1 噬菌体头部中 DNA 是线性的,在感染细胞后,它末端重复序列发生重组形成一个环状,然后以环状复制形成串联体,再通过满头机制把串联体包装起来。然而,不像大多数以满头机制包装的噬菌体,它的基因图谱是线性的。因为它具有非常强的位点特异性重组系统 cre - lox,能促进在 DNA 的特异位点处重组,因为在这个位点经常发生重组,所以这个位点两侧的遗传标记不会出现连锁,所以形成以 cre - lox 位点为终点的线性基因图谱。这个位点特异性重组系统在噬菌体发育中的功能还不清楚,但它或许能解除原噬菌体状态时的二聚体环。因为它的敏感性和专一性,P1 的 cre - lox 重组系统有许多用途,用途之一已在第 6 章中讲过,用该系统展示由 Ti 质粒编码的一些蛋白质,在冠瘿瘤形成期间,这些 T - DNA 进入植物细胞核。该系统也能作为位点特异性重组酶的模式系统,将在第 10 章中讲到。

8.5 普遍性转导

噬菌体不仅能感染并杀死细胞,而且有时能够将细菌的 DNA 从一个细胞转导至另一个细胞。细菌的转导有两种方式,普遍性转导中任何重要区域都能被转导,还有一种称为特殊性转导,它仅能转导在染色体中溶原性噬菌体结合位点处的某些基因,以上两类转导机制不同,所以经常被分别考虑,本节中我们仅讨论普遍性转导,特殊性转导将在第 9 章中讲解溶原性噬菌体时涉及。由于普遍性转导的遗传数据分析已经在第 4 章中讲过,所以本节主要讲解普遍性转导机制及转导性噬菌体的组成。

如图 8.33 所示,图中给出了普遍性转导的全过程,当噬菌体包装自己的 DNA 时,有时误将宿主细菌 DNA 包装起来,这些噬菌体仍然能感染其他细胞,但是不能产生后代。来自细菌的 DNA,当进入新细胞后其后续变化或作用取决于它的来源,如果这段 DNA 来源于同种细菌染色体,它通常含有与染色体广泛同源序列,与宿主染色体发生重组形成重组子;如果包装并注入细胞中的是质粒 DNA,它

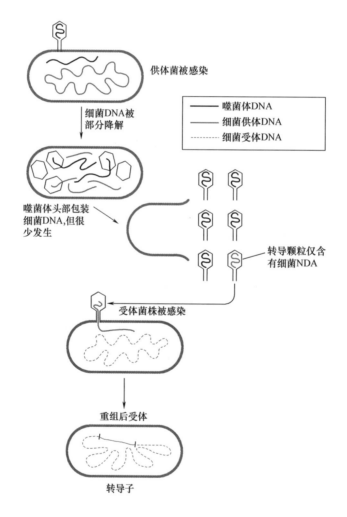

图 8.33 普遍性转导

一个噬菌体感染细菌时将 DNA 包装进入头部的过程。噬菌体错误地将
细菌的部分 DNA 包装进头部,在下一轮感染中,这个转导颗粒与大多数
噬菌体将噬菌体 DNA 注入受体菌不同,它将来自细菌染色体的 DNA 注
入细菌,该 DNA 很可能与受体菌染色体发生重组,形成一个重组子。

在注入后自主复制,被保留下来;如果这段 DNA 含有转座子,它能跳跃插入到宿主质粒或染色体中,尽管它们的 DNA 序列与进入的细菌 DNA 没有共同序列(第 10 章)。

对转导的命名与转化和接合中的命名非常相似,能发生转导的噬菌体称为转导性噬菌体,一个包装有细菌 DNA 的噬菌体称为转导性粒子,而提供给转导性粒子增殖和包装宿主 DNA 的起始菌株被称为供体菌,转导性粒子感染的细胞称为受体菌,通过转导接受另一细菌 DNA 的细胞被称为转导子。

由于多种原因转导很少发生,首先错误地包装宿主 DNA 很少发生,而且转导的 DNA 还必须能在受体细胞中形成稳定的转导子,由于每一步的成功几率有限,所以只有很强大的筛选技术作支撑才能获得转导子。

8.5.1 转导性噬菌体的组成

并不是所有噬菌体都能转导,它们必须具有一些特征,才能成为普遍性转导噬菌体。它一定不能在感染细菌后完全降解宿主 DNA,如前面所述,绝大多数噬菌体包装 DNA 是从 DNA 上 *pac* 或 *cos* 位点开始的,如果一段 DNA 缺少这样的特殊位点,通常不会被包装,转导性噬菌体的包装位点或 *pac* 位点不能太专一,哪怕宿主 DNA 中没有这段序列也能被包装,而且如果该噬菌体是属于宿主范围的,能吸附到多种细菌上,那它就很可能会被用于 DNA 转导。我们还应该清楚地认识到有些转导性噬菌体只能吸附至细胞将它的 DNA 注入细胞中,而不能在受体宿主中增殖。

表 8.2 将两个较好的转导性噬菌体 P1 和 P22 进行了比较,P1 噬菌体是一个较好的转导性噬菌体,能感染革兰阴性菌,与大多数噬菌体相比,它的 *pac* 位点专一性不强,以满头机制包装 DNA。P1 噬菌体的转导频率大约是 1/106,而且它能吸附到广泛的宿主上,将 DNA 从大肠杆菌转导至多种革兰阴性菌中,其中包括克雷伯菌属(*Klebsiella*)和黏球菌属(*Myxococcus*),但是它不能像在大肠杆菌中一样在其他菌中增殖,只能通过转导质粒,靠质粒在其他宿主中增殖。

特征	噬菌体	
	P1	P22
包装 DNA 的长度/kb	100	44
转导染色体的长度/%	2	1
包装机制	顺序的满头包装	顺序的满头包装
标记转导特异性	几乎没有	一些标记以较低频率转导
宿主 DNA 包装	从末端包装	从类 *pac* 序列包装
裂解物中转导颗粒/%	1	2
转导 DNA 重组到染色体中的比例/%	1~2	1~2

表 8.2 P1 和 P22 噬菌体的普遍性转导特征

鼠伤寒肠道沙门菌噬菌体 P22,也是较好的转导性噬菌体,事实上,这也是首个被发现的转导性噬菌体。与 P1 相似,P22 的 *pac* 位点专一性也不高,并且也是通过满头机制包装的,从单个类似 *pac* 的位点,可以包装约 10 个满头 DNA,直到下一个 *pac* 位点。由于有限的 *pac* 位点专一性,所以沙门菌上一些 DNA 区域,被 P22 以很高的频率进行转导。

通过特殊处理,一些通常不能正常转导的噬菌体可以转变为转导性噬菌体。例如,T4 在感染细胞后通常会降解宿主 DNA,所以不能作为转导性噬菌体,然而如果将其降解宿主 DNA 的基因失活,它

也能作为非常好的转导性噬菌体,因为 T4 在包装 DNA 时并不需要 *pac* 位点,它能包装包括宿主 DNA 的任何 DNA,而且效率相等。

相对而言,λ 噬菌体就不适合作转导性噬菌体,因为它通常包装两个 *cos* 位点间的 DNA,而不采取满头包装机制,它很难错误地包装宿主 DNA,而且当 DNA 包装至头部中,直至碰到基因组上的另一个 *cos* 位点,才能正确地切割 DNA,因此,潜在的转导粒子带有悬挂的一段 DNA,通常会在加尾过程中被核酸酶切除。尽管对 λ 噬菌体也进行了这样或那样的改造,但它仍然不能较好地应用于普遍性转导。

已经分离到许多不同类型细菌的转导性噬菌体,这极大地帮助我们对宿主细菌进行遗传分析。在不同细菌间移动等位基因时转导尤为有用,可以制造仅在它们染色体很小区域上存在较小差异的等基因菌株,在功能基因组学中菌株构建和基因敲除方面用处最大(第 4 章)。然而,如果一个细菌特定菌株的转导性噬菌体不知道,而要去寻找它,那将是很花时间的一项工作,因此,对这样的细菌进行普遍性转导,就要用其他方法取代。

8.5.2 　穿梭噬粒

当一种细菌没有转导性噬菌体时,我们有时用穿梭噬菌体进行另一种转导方式。穿梭噬粒已经构建成功,并有效地应用于黏细菌(*Mycobacterium*)和链霉菌(*Streptomyces*)中,它们均属革兰阳性菌,并没有可用的转导性噬菌体。一个噬粒是由噬菌体和质粒的一部分组成,在研究质粒不相容性时用到了噬粒,在第 6 章中已经讨论论过。在那个例子中,噬粒由 COLE1 质粒和 λ 噬菌体构成,用到的质粒和噬菌体只在大肠杆菌中有功能,然而穿梭噬粒可以由与大肠杆菌不相关的噬菌体和质粒构成,这样就会出现一个问题,为大肠杆菌亲缘关系较远细菌构建的穿梭噬粒,如果在大肠杆菌中表达,其基因产物对大肠杆菌细胞有毒性。由于通过自身噬菌体部分去感染并将 DNA 转导至细菌中,所以穿梭噬粒能将 DNA 高效地转移至细菌中。在许多分子遗传学实验中,如转座诱变、等位基因替换等,均需要高效的 DNA 转移系统。

为了构建一个特定细菌的穿梭噬粒,首先要分离一株能在该细菌菌苔上形成噬菌斑的噬菌体,除了需要知道它的基因组大小应该与 λ 噬菌体的相近外(40 ~ 50kb),其他方面可以不用掌握。这个基因组大小也是噬菌体的常见大小。它还应具有与 λ 噬菌体相类似的黏性末端,彼此间能互补配对,这也是多数噬菌体共有的特征。先将该噬菌体纯化,提取 DNA,然后连接 DNA 形成大的串联体,再用每次识别 4 个碱基对的限制性内切酶如 Sau3A,随机部分消化串联体,使之形成 40 ~ 50kb 基因组长度噬菌体,这些片段然后与柯斯质粒的一半相连。柯斯质粒是含有 λ 噬菌体 *pac* 位点,在大肠杆菌中有复制起点,还有抗生素抗性基因的质粒。许多细胞中含有的柯斯质粒已经插入到噬菌体基因组中不同位置,并不仅是柯斯质粒分子,而且还有噬菌体所带的细菌 DNA(它们不能在大肠杆菌中复制,也不一定赋予大肠杆菌抗生素抗性)。

为了确定哪种抗生素抗性大肠杆菌中含有有用噬粒,我们可以将这些菌收集起来,分离到噬粒 DNA,通过转化或电穿孔将其引入研究的细菌中,这些细菌再与同种类的指示细菌混合,使部分菌出现噬菌斑。任何形成噬菌斑的噬菌体均含有有用的噬粒,柯斯质粒插入到噬菌体 DNA 非必需区域。然而,这些噬粒也应该重复上述过程,检测它们的 DNA 能否形成串联体,能否包装进入 λ 噬菌体头部,感染大肠杆菌,最后筛选柯斯质粒上具有抗生素抗性的噬粒。

一旦得到有用的噬粒,就可以用含有来自研究细菌上克隆的 DNA 片段柯斯质粒来取代噬粒上的柯斯质粒,从而向细菌中引入任何 DNA。然后将这个噬粒通过感染细菌的方法,高效地引入细菌中,

使 DNA 分子也被高效引入,在转座诱变和等位基因替换等应用中还必须在噬粒之外制造自杀性载体,通过分离在某些条件下不能复制的突变子,如在较高温度下,其中就要用到噬菌体的自杀载体,与等位基因替换相类似的转座诱变将在第 10 章中讲到。

最近穿梭噬粒应用前景较好的一个方向是噬菌体分型和抗生素易感性检测。检测细菌感染的标准方法是将细菌涂布培养,鉴定其血清型,并检测其对不同抗生素的易感性。通常抗生素敏感实验之前,对病人使用抗生素是严格控制的,如果细菌对一种抗生素不敏感,那么必须给病人使用另外不同的抗生素,以防耽误最佳治疗期。穿梭噬粒含有荧光素酶报告基因,使得诊断实验非常迅速。在穿梭噬粒的柯斯质粒中克隆荧光素酶基因,它就能感染许多细菌的不同血清型,而且要保证克隆的荧光素酶必须能在检测菌中表达。如果噬粒能感染细菌,荧光素酶被表达,培养的细菌细胞就会发光,可以用光度计检测出来。而且如果细菌表现出对某种抗生素敏感,尤其这种抗生素能阻断翻译(第 3 章),这时在噬粒感染细菌后,荧光素酶并不表达,就没有光放出,这样该抗生素就可以被用于处理该细菌感染,而不再需要等待其他耗时较长的抗生素敏感实验。

8.5.3 转导在细菌进化中的作用

噬菌体在细菌进化中,对促进基因在不同亲缘关系的细菌中转移具有重要作用,因为它的 DNA 在噬菌体头部,所以比裸露的 DNA 更稳定,在环境中能存在更长的时间。而且许多噬菌体都能吸附到很广范围的噬菌体宿主上,我们已经举例说过,P1 噬菌体不仅能感染大肠杆菌,并在其中增殖,而且还能将其 DNA 注入其他革兰阴性菌中,包括黄黏球菌(*Myxococcus xanthus*),P1 宿主范围部分地受到编码尾丝的反向 DNA 片段取向的影响(第 10 章)。尽管从另一种细菌中得来的 DNA,如果与另一不同细菌没有共有序列,则它们的染色体不能发生重组,但稳定地转导 DNA 还是可能发生重组,因为它能在受体菌中通过广宿主范围质粒进行复制,或者含有广宿主范围转座子,能跳入受体细胞的 DNA 中。

小结

1. 感染细菌的病毒称为噬菌体。

2. 产生一个新噬菌体的发育过程,称为裂解周期。在发育期含较大 DNA 的噬菌体,有较复杂的基因表达程序。

3. 在发育期间,噬菌体调节基因产物调节其他噬菌体基因的表达。在噬菌体的每个发育阶段一个或更多调控基因开启随后的基因,而关闭前面的基因,形成一种瀑布式控制模式,以这种方式噬菌体每步发育的信息提前在噬菌体 DNA 中被程序化。

4. T7 噬菌体编码一种 RNA 聚合酶,能特异性地识别噬菌体晚期基因的启动子,由于它的特异性以及从 T7 启动子开始转录活性较强,所以这一系统被用来制备克隆载体,从克隆基因上表达大量的蛋白质。

5. T4 噬菌体的所有基因,都由宿主 RNA 聚合酶转录,并且宿主 RNA 聚合酶在感染过程中会发生许多变化。在发育过程中 T4 噬菌体会发生许多基因调控步骤,而且基因的名字根据在感染细胞中出现的产物命名。早早期基因在感染后从 σ^{70} 启动子上立即转录,而晚早期基因是通过抗转录终止,由早早期基因开始转录。中期基因是从噬菌体特殊的中期模式启动子转录的,而且

小结(续)

还需要转录激活子 MotA1 和多肽 AsiA,该多肽能与 RNA 聚合酶紧密结合。真晚期基因也是从噬菌体特殊启动子上转录,需要噬菌体编码的 T 因子 gp55。另外,T4 的晚期基因转录与噬菌体 DNA 复制相偶联,所以直到噬菌体 DNA 开始复制时晚期基因才被转录。

6. 所有噬菌体至少要编码复制自己核酸所需蛋白的一部分,其余的功能要借用宿主细胞的复制系统。

7. DNA 聚合酶在复制线性 DNA 5′末端时,需要引物,噬菌体以多种不同方式解决引物问题。一些以环形 DNA 进行复制,另一些以滚环复制形成串联体,或者通过重组进行末端连接,要么通过末端互补配对进行连接。

8. 噬菌体是解释传统遗传分析基本原理(如重组和互补)最理想的材料。用噬菌体进行重组实验时,先用不同的两个噬菌体突变体或菌株去感染细胞,形成后代,再对后代进行重组类型分析。用噬菌体进行互补实验时,在不允许两个突变子生长条件下,用两个不同菌株感染细胞,如果突变间互补,则噬菌体可以增殖。重组实验可以用来对不同突变排序,互补实验可以用来确定两个突变是否在相同的功能单元或基因上。

9. 无义突变和温度敏感型突变在鉴定噬菌体中对增殖起重要作用的基因很有用。

10. 噬菌体连锁图谱可以显示出已知基因的相对位置。噬菌体连锁图是环形的还是线性的,取决于噬菌体 DNA 如何复制,如何被包装到其头部。

11. 转导出现在噬菌体偶尔将细菌 DNA 包装起来,并从一个宿主带到另一个宿主,在普遍性转导中,细菌的任何重要 DNA 区域都能被转移。

12. 并不是所有的噬菌体,都能形成较好的转导性噬菌体,要成为一个好的转导性噬菌体,它感染细胞后必定不能降解宿主 DNA,不能具有十分专一的 *pac* 位点,必须以满头方式包装 DNA。

13. 转导在细菌基因图谱绘制和菌株构建中非常有用,用转导为细菌中被标记基因作图,其基于这样的事实:在噬菌体头部仅有很小的一部分细菌染色体被包装进来。如果两个标记十分近,被同时包装入噬菌体头部,也即发生了共转导。由于转导的频率很低,所以仅筛选一个标记基因,对转座子中是否有其他标记基因区域共转导进行测试,若共转导频率增加,则说明这两个标记基因靠得很近。

💡 **思考题**

1. 噬菌体在发育过程中能调控自身的基因表达,以使与 DNA 复制有关的基因及其基因产物在包装入黏粒之前被转录? 如果不这样,将会发生什么情况?

2. 噬菌体编码自己的 RNA 聚合酶而不依赖于改变宿主 RNA 聚合酶,这样的优点是什么? 如果利用寄主的 RNA 聚合酶又有什么优点?

3. 为什么噬菌体常常编码它们自己的复制装置,而不依赖于它们的寄主?

4. 为什么一些具有单链 DNA 的病毒(如 φ174)利用一套复杂的机制开始复制,其起始复制需要利用细胞内的 PriA、PriB、PriC 和 DnaT 蛋白(这些蛋白通常用于细胞从复制叉处起始复制)? 而其他

一些种类(如 f1)的起始复制过程非常简单,仅涉及寄主的 RNA 聚合酶,来引发复制。

5.噬菌体会使感染的细菌发生改变,以防同类其他个体的再次侵染,此现象称超感染排斥。假如不存在这种机制,属于同种类的另外一个噬菌体,超感染一个处于发育后期的细菌,请推测将发生什么结果?

⑦ 习题

1.通过电镜下计数的方法,我们可以精确测定出病毒的浓度。如何在给定的条件下检测出侵染细菌的病毒数 MOI(即实际感染病毒细胞的比率)?

2.噬菌体裂解后的成分(如头部和尾部)可以在电镜下观察到,即使在它们装配成噬菌体颗粒之前也可以观察到。现在观察到恶臭假单胞菌的噬菌体基因 C 发生琥珀突变后,噬菌体的尾部消失。基因 T 发生突变后,头部消失,基因 M 发生突变后,尾部和头部同时消失,试问这三个基因哪个最有可能是调控基因? 为什么?

3.能否分离到在噬菌体 *ori* 序列上发生琥珀突变的突变体? 为什么?

4.为了给分离到的噬菌体中的三个基因 *A*、*M* 和 *Ω* 排序,用基因 *A* 的琥珀突变体与基因 *M* 上有温度敏感突变和基因 *Ω* 上有琥珀突变的双突变体杂交。大约90%有 Am⁺ 重组子在非抑制宿主中形成的噬菌斑为温度敏感型。问:基因顺序是 *Ω—A—M* 还是 *A—Ω—M*? 为什么?

5.T1 噬菌体从串联体的唯一 *pac* 位点开始包装 DNA,通过连续的满头包装机制进行包装,每次切开的长度比染色体组大约长6%,但每个噬菌体最大允许包装三个满头。你认为 T1 噬菌体的基因图谱是线性的还是环形的? 请绘制一张假设的 T1 噬菌体基因图谱。

6.多数类型的噬菌体能编码溶菌酶,用以切断侵染细胞的细胞壁,以便释放噬菌体。假如分离到了噬菌体,根据基因连锁图,你怎样确定是哪个基因编码溶菌酶(提示:你可从生化公司购买到卵清溶菌酶)?

7.氯仿($CHCl_3$)能溶解细菌细胞膜,但对细胞壁无影响。将氯仿加到 T4 噬菌体的 *rⅠ*(抗孔蛋白)突变个体上,会有什么效果? 加到 *t*(孔蛋白)突变个体呢? 加到 *e*(溶菌酶)突变个体呢?

8.为什么在噬菌体展示技术中,采用 MOI 低的噬菌体非常重要?

📰 推荐读物

Banaiee,N. ,M. Bobadilla – Del – Valle, P. F. Riska, S. Bardarov, Jr. P. M. Small, A. Ponce – de – Leon,W. R. Jacobs, Jr. ,G. F. Hatfull, and J. Sifuents – Osornio. 2003. Rapid identification and susceptibility testing of *Mycobacterium tuberculosis* from MGIT cultures with luciferase reporter mycobacteriophages. J. Med. Microbiol. 52:557 –561.

Bardarov, S. , S. Bardarov, Jr. , M. S. Pavelka, Jr. , V. Sambandamurthy, M. Larsen, J. Tufariello,J. Chan, G. Hatfull, and W. R. Jacobs, Jr. 2002. Specialized transduction:an efficient method for generating marked and unmarked targeted gene disruptions in *Mycobacterium tuberculosis*,*M. bovis* and *M. smegmatis*. Microbiology 148:3007 –3017.

Benzer,S. 1961. On the topography of genetic fine structure. Proc. Natl. Acad. Sci. USA 47:

403 –415.

Benzer,S. ,and S. P. Champe. 1962. A change from nonsense to sense in the genetic code. Proc. Natl. Acad. Sci. USA 48：1114 –1121.

Benzer,S. ,A. O. W. Stretton, and S. Kaplan. 1965. Genetic code：the nonsense triplets for chain termination and their suppression. Nature(London)206：994 –998.

Calender,R. (ed.). 2005. The Bacteriophages,2nd ed. Oxford University Press,New York, N. Y.

Chastian,P. D. ,Jr. ,A. M. Makhow, N. G. N. ossal, and J. Griffth. 2003. Architecture of the replication complex and DNA loops at the fork generated by the bacteriophage T4 proteins. J. Biol. Chem. 278：21276 –21285.

Colland,F. ,G. Orsini, E. N. Brody, H. Buc, and A. Kolb. 1998. The bacteriophage T4 AsiA protein：a molecular switch for σ^{70} dependent promoters. Mol. Microbiol. 27：819 –829.

Crick,F. H. C. ,L. Barnett, S. Brenner, and R. J. Watts – Tobin. 1961. General nature of the genetic code for proteins. Nature(London)192：1227 –1232.

Fluck,M. M. ,and R. H. Epstein. 1980. Isolation and characterization of context mutations affecting the suppressibility of nonsense mutations. Mol. Gen. Genet. 177：615 –627.

Hendrix,RW. 2005. Bacteriophage evolution and the role of phages in host evolution,p. 55 – 65 In M. K. Waldor, D. I. Friedman, and S. L. Adhya (ed.), phages：Their Role in Bacterial Pathogenesis and Biotechnology. ASM Press,Washington,D,C.

Herendeen,DR. ,G. A. Kassavetis, and E. P. Geiduschek. 1992. A transcriptional enhancer whose function imposes a requirement that proteins tack along the DNA. Science 256：1298 –1303.

Kreuzer,K. N. 2005. Interplay between replication and recombination in prokaryotes. Annu. Rev. Microbiol. 59：43 –67.

Marciano,D. K. ,M. Russel, and S. M. Simon. 2001. Assembling filamentous phage occlude pIV channels. Proc. Natl. Acad. Sci. USA 98：9359 –9364.

Miller,E. S. ,E. Kytter. G. Mosig, F. Arisaka, T. Kunisawa, and W. Ruger. 2003. Bacteriophage T4 genome. Microbiol. Mol. Biol. Rev. 67：86 –156.

Molineux,I. J. 2001. No syringes please,ejection pf phage T7 DNA from the virion is enzyme driven. Mol. Microbiol. 40：1 –8.

Mosig,G. 1998. Recombination and recombination – dependent replication in bacteriophage T4. Annu. Rev. Genet. 32：379 –413.

Nechaev,S. ,M. Kamali – Moghaddam, E. Andre, J. P. Leonetti, and E. P. Geiduschek. 2004. The bacteriophage T4 latetranscription coactivator gp33 binds the flap domain of *Escherichia coli* RNA polymerase. Proc. Natl. Acad. Sci USA 101：17365 –17370.

Nelson, S. W. ,J. Yany, and S. J. Benkovic. 2006. Site – directed mutations of T4 helicase loading protein(gp59)reveal multiple modes of DNA polymerase inhibition and the mechanism of unlocking by gp41 helicase. J. Biol. Chem. 281：8697 –8706.

Nomura, M. and S. Benzer. 1961. The nature of deletion mutants in the r Ⅱ region of phage T4. J. Mol. Biol. 3:684 -692.

Rakonjac, J., J. Feng, and P. Model. 1999. Filamentous phage are released from the bacterial membrane by a two -step mechanism involving a short C -terminal fragment of p Ⅲ. J. Mol. Biol. 289:1253 -1265.

Shutt, T. E., and M. W. Gray. 2006. Bacteriophage origins of mitochondrial replication and transcription protein. Trends Genet. 22:90 -95.

Studier, F. W. 1969. The genetics and physiology of bacteiophage T7. Virology 39:562 -574.

Studier, F. W., A. H. Rosenberg, J. J. Dunn, and J. W. Dubendoff. 1990. Use of T7 RNA polymerase to direct expression of cloned genes. Methods Enzymol. 185:60 -89.

Symonds, N., P. Vander Ende, A. Dunston, and P. White. 1972. The structure of r Ⅱ diploids of phage T4. Mol. Gen. Genet. 116:223 -238.

Yanisch -Perron, C., J. Vieira, and J. Messing. 1985. Improved M13 phage cloning vectors and host strains:nucleotide sequences of the M13 mp18 and pUC19 vectors. Gene 33:103 -119.

Zinder, N. D., and J. Lederberg. 1952. Genetic exchange in *Salmonella*. J. Bacteriol. 64:679 -699.

9

溶原性:

λ 噬菌体及其在细菌致病中的溶原性转变

在第8章中,我们已经学习了一些代表性噬菌体的裂解周期,在裂解周期中,噬菌体感染细胞,在细胞中增殖产生更多噬菌体,然后感染更多细胞。有些噬菌体在宿主细胞中稳定存在,既不增殖也不丢失,这样的噬菌体称为溶原性噬菌体或温和噬菌体。处于溶原状态的噬菌体,它的DNA可能整合在宿主染色体上或者像质粒一样复制,溶原状态下的噬菌体DNA称为原噬菌体,带有原噬菌体的细菌称为那种噬菌体的溶原菌,如一种细菌中带有原噬菌体P2,该细菌就称为P2溶原菌。

在溶原菌中,原噬菌体像宿主中的寄生虫一样不会给宿主带来太多负担。绝大多数原噬菌体DNA在细胞中是不活动的,仅有维持溶原状态的基因被表达,其余绝大多数基因被关闭。对于带有原噬菌体的细菌来说,其唯一的特点是它对同类型噬菌体的超感染具有免疫性。原噬菌体可以在宿主细胞中一直存在下去,除非宿主细胞染色体DNA受到破坏或被其他噬菌体感染,像老鼠要离开即将沉没的轮船一样,该噬菌体受到诱导后,就会进入裂解周期产生更多噬菌体,释放出噬菌体再去感染新的细菌细胞,要么进入裂解周期产生更多噬菌体,要么进入溶原周期在宿主中。

对噬菌体溶原性的研究,对我们了解病毒如何在宿主中处于休眠状态,也可以知道病毒如何使正常细胞转变为癌细胞,还能了解一些毒力基因,它们通常携带在原噬菌体上,其产物能使细菌致病,本章后面部分将对此进行专题介绍。除

了原噬菌体能在某些情况下被诱导外,还有许多细菌带有缺失的原噬菌体,由于缺失原噬菌体缺少某些必需基因,所以不能被诱导转变成带有感染力的噬菌体。缺失原噬菌体可能在生物进化过程中具有重要作用,因为它们逐渐丢失了原噬菌体的特征,变为宿主染色体基因的组成部分。

在本章中,我们将介绍形成溶原性噬菌体的例子,还将阐明它们是如何获得溶原性并维持溶原性的。

9.1 λ 噬菌体

λ 噬菌体能形成溶原性噬菌体,是该类噬菌体中研究最深入的一种。尽管在 20 世纪 20 年代就已经估计有溶原性细菌存在,但直到 20 世纪 50 年代才在带有 λ 噬菌体的细菌中发现噬菌体的溶原现象。

图 9.1 中给出了 λ 噬菌体的两种生活周期,以及每个周期中 DNA 的去向,图 9.2 中给出了 λ 噬菌体详细的基因组图谱。λ 噬菌体 DNA 以线状存在噬菌体头部,该 DNA 一注入细胞中,就会启动感染过程,噬菌体在 cos 位点间配对发生环化(图 9.3),使裂解基因(S 和 R)和头尾基因(A 和 J)集中在

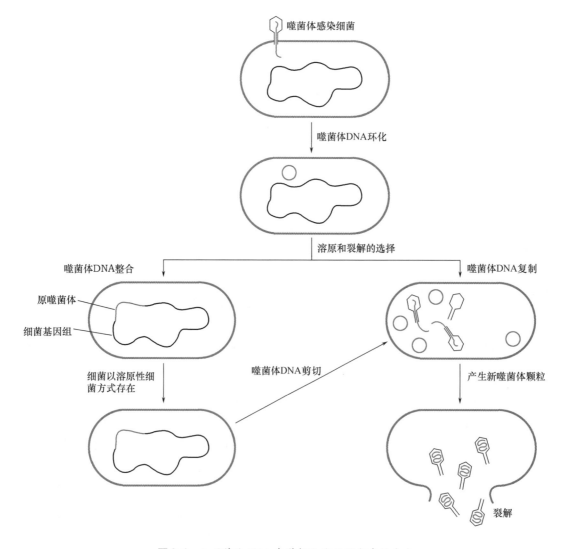

图 9.1 λ 噬菌体 DNA 在裂解和溶原周期中的去向

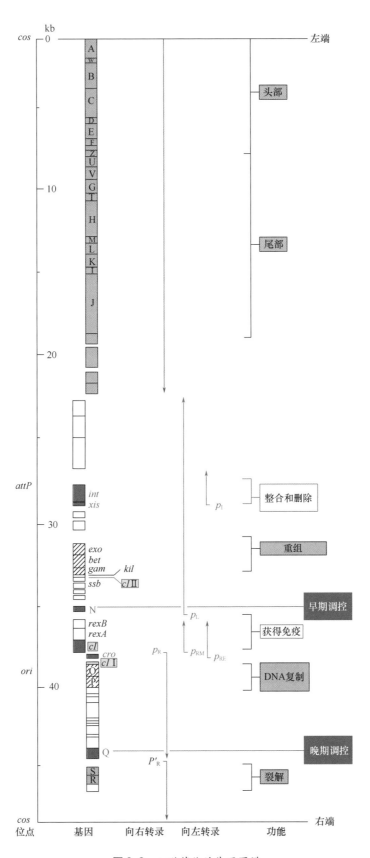

图9.2 λ 噬菌体的基因图谱

一起,都从晚期 p'_R 启动子开始转录。环化 DNA 既可以整合到宿主染色体上(溶原性周期),又可以复制后被包装至噬菌体头部形成更多噬菌体(裂解周期),究竟进入哪种周期取决于细胞所处的生理状态,后期,整合在染色体上的噬菌体 DNA 也能被切割、复制形成更多的噬菌体(诱导)。接下来我们首先详细讨论 λ 噬菌体在裂解周期是如何复制的,然后介绍它是如何形成溶原性的,最后了解这两个周期是如何协调的。

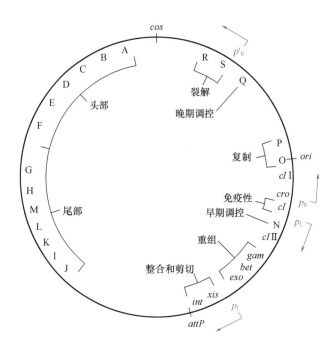

图9.3 λ 噬菌体 cos 位点配对环化后的基因图谱

9.1.1 裂解周期的形成

λ 噬菌体与前面所讲的 T4、T7 噬菌体不同,它是大肠杆菌的温和噬菌体,在其生活周期中有溶原周期和裂解周期。λ 噬菌体是一类相当大的噬菌体,其基因组大小介于噬菌体 T7 和 T4 之间。由 λ 噬菌体编码在转录调控中起作用的基因产物和基因位点分别列于表9.1 和表9.2 中。在 λ 噬菌体的生长周期中主要有三个阶段,λ 噬菌体感染宿主后第一个表达的 λ 基因是 N 和 cro,随后表达的大部分基因产物在 λ 噬菌体 DNA 复制和重组中起作用,最后噬菌体的晚期基因表达,它编码噬菌体颗粒头部和尾部蛋白以及在细胞裂解阶段的酶。

表9.1　一些 λ 基因产物及其功能	
基因产物	功能
N	抗终止蛋白,作用于 t'_L、t'_R 和 t'_R 处
O,P	λ DNA 复制起始
Q	抗终止蛋白作用于 t_R'
CI	阻遏蛋白;抑制从 p_L 和 p_R 处转录的蛋白
CI I	cI 和 int 转录激活
CI II	稳定 CI I
Cro	CI 合成的抑制蛋白
Gam	滚环复制中所需的蛋白
Red	λ 重组相关蛋白
Int	整合酶;与染色体进行位点特异性重组所需蛋白
Xis	剪切酶;与 Int 形成复合体蛋白,对原噬菌体切割

表 9.2　　λ 噬菌体转录和复制相关位点	
位点	功能
p_L	左启动子
$p_{R'}, p'_R$	右启动子
Q_L	向左转录操纵子,CI 和 Cro 阻遏蛋白结合位点
Q_R	向右转录操纵子,CI 和 Cro 阻遏蛋白结合位点
t^1_L, t^2_L	向左转录终止
t^1_R, t^{234}_R, t'_R	向右转录终止
nutL	RNA 聚合酶向左转录,利用 N 的位点
nutR	RNA 聚合酶向右转录,利用 N 的位点
qut	在 p'_R 抗终止的 Q 利用位点
p_{RE}	阻遏蛋白合成启动子,由 CI I 激活
p_{RM}	阻遏蛋白维持启动子,由 CI 激活
p_I	Int 转录启动子,由 CI I 激活
POP'	黏附位点(attP)
cos	λ 基因组黏性末端

9.1.1.1　抗转录终止

现在人们已知的基因调控通用机制首次是在 λ 噬菌体中被发现的,其中就包括抗转录终止(第 3 章)。在抗转录终止调控下,转录从启动子开始,但很快停止下来,直到满足某种条件后,才继续转录下游的其他基因。之所以称为抗转录终止,就是因为有对抗转录终止的作用。自从在 λ 噬菌体中发现了抗转录终止调控机制后,该类型的调控机制也在其他物种中被发现,包括人类免疫缺陷病毒。

λ 噬菌体在发育的两个时期用到了抗终止调控。在早期,它利用抗终止 N 蛋白,来调控与自身重组和复制功能相关蛋白合成。在后一个时期,它利用抗终止蛋白 Q 调节头和尾部蛋白等晚期蛋白合成。

(1)N 蛋白　N 蛋白负责早期 λ 噬菌体的抗终止,如图 9.4 所示。当 λDNA 一进入细胞,就从两个启动子 p_L 和 p_R 开始转录,这两个启动子的转录方向相反,于是从 DNA 左右侧各合成一条 RNA,然而在仅仅合成很短的 RNA 时,RNA 转录就在转录终止位点 t^1_L 和 t^1_R 处停止下来(图 9.4 A)。合成的一条短 RNA 编码阻遏蛋白抑制子 Cro 蛋白,该蛋白在溶原性细菌一节讨论过。合成的另一条短 RNA 编码 N 蛋白,它是抗终止因子,允许 RNA 聚合酶穿过转录终止位点继续沿 DNA 模板移动,如图 9.4 B 所示。

图 9.4 C 和图 9.4 D 概述了仅在向右转录的方向上 N 蛋白抗终止作用的流程图,起初,转录从向右转录的 p_R 启动子开始,当遇到终止子 t^1_R 时转录终止,转录出的 RNA 为 nutR。同时,N 蛋白从左边 RNA 上被翻译出来,并与 RNA 聚合酶结合(图 9.4 D)。据推测,N 蛋白与 RNA 聚合酶形成复合体后,nutR 也随之结合上来,宿主蛋白 Nus 蛋白帮助它们之间的结合,于是形成了一个抗终止复合体用于对抗包括 t^1_R 在内的几乎所有类型转录终止信号,直到到达编码复制蛋白的 O 和 P 基因,然后启动复制。另一个基因 Q 的产物是开启晚期基因转录的蛋白。

在向左转录过程中也会发生类似的情况。当 DNA 上 nut 位点处的 nutL 转录完成后,N 蛋白也与

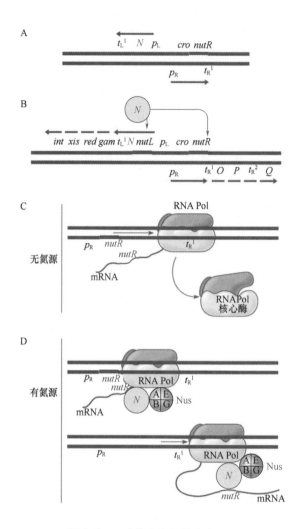

图 9.4　λ 噬菌体中抗转录终止

（A）在 N 蛋白合成之前，转录在 p_L 和 p_R 启动子处开始，转录在终止子 t_L^1 和 t_R^1 处停止　（B）N 蛋白能造成转录继续，分别通过 t_L^1 到 $gam - red - xis - int$，通过 t_R^1 到 $O - P - Q$（C 和 D）。图中仅给出 N 蛋白对向右转录的抗终止机制　（C）在缺少 N 时，转录从 p_R 启动子处开始，在 t_R^1 处终止　（D）如果有 N 合成，N 蛋白将与转录至 $nutR$ 位置的 RNA 聚合酶（RNA pol）结合，很可能 N 蛋白在结合到 RNA 的 $nutR$ 序列后，发生构型改变，然后才能与 RNA 聚合酶结合。N 蛋白与 RNA 聚合酶结合还需要宿主 Nus 蛋白 A、B、E 和 G 的帮助。抗终止复合体包括 RNA 聚合酶、N、$nutR$、Nus ABEG，转录能通过转录终止子 t_R^1 和下游的任何转录终止子。λ 基因位置和产物的定义见表 9.1 和表 9.2

RNA 聚合酶结合，从而使转录顺利通过任何终止子继续转录左侧的其他基因，如 gam 和 red 基因，它们与 λ 噬菌体的重组功能有关。包括 BoxA 和 BoxB 序列在内的 $nutL$ 位点上的重要序列与 $nutR$ 位点上的重要序列相同。

　　N 蛋白通过抗终止转录来调控早期基因表达模型最初是基于间接遗传学实验研究提出的。首先，转录从 λ 噬菌体 p_L 和 p_R 开始（图 9.2 中的基因图），除非 N 蛋白出现，否则转录很快就会终止。于是推测 N 蛋白扮演抗终止子的角色，允许转录通过下游的转录终止子继续转录。然而，令人惊奇的是 N 蛋白抗终止功能仅当从 p_L 和 p_R 开始的转录才有效，其他在终止子附近的启动子开始的转录，N 蛋白

则无法使其终止。这又导致如下假设,N 蛋白需要与 p_L 和 p_R 上游的某位点或者这两个启动子本身,共同完成抗转录终止的任务。后来证明并非 p_L 和 p_R 本身,而是其附近的位点是 N 蛋白抗终止所需要的,推测 N 蛋白必须与这些序列结合,才允许转录通过下游终止位点,把与 N 蛋白结合的位点称为 N 利用位点或 *nut* 位点。

在鉴定 mRNA 上假设的 *nut* 位点中用到一些很巧妙的选择遗传学方法。虽然有证据表明确实存在 *nut* 位点,但所有证据都是间接的,让人有点儿不太确信。然而,研究者分离到 *nutL* 的突变,它具有预想中 *nutL* 突变的所有特征:该突变阻止了位于终止子下游基因的表达,不再执行抗转录终止。

nut 位点所处位置还支持抗转录终止模型的另一个方面:N 蛋白是与 mRNA 上的 *nut* 位点序列结合而非 DNA 序列。因为 *nut* 序列不能翻译成蛋白,其翻译受到抗转录终止的影响,显然,只有当核糖体翻译 mRNA 时才会干扰 N 蛋白与 *nut* 位点结合,因此干扰抗终止作用,所以推测 N 蛋白是与 mRNA 结合而并不是与 DNA 结合。

图9.5 给出了 λ 噬菌体的 *nut* 位点序列。由 *nut* 位点组成的序列被称为 BoxB,在 mRNA 上形成了一个发夹二级结构,与 N 蛋白结合时该发夹结构非常重要。最新有关结构方面研究显示 N 蛋白仅与含有 BoxB 发夹结构的 RNA 结合,结合后 N 蛋白和 BoxB 的二级结构都会发生改变。以上研究支持另一种观点:N 蛋白改变结构与 BoxB 序列结合,只有改变结构的 N 蛋白才能与 RNA 聚合酶结合来阻止转录终止。

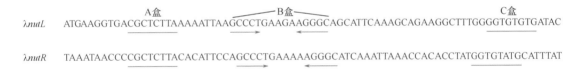

图9.5 λ 噬菌体中 *nutL* 和 *nutR* 区域的序列

A、B、C 盒下有下划线。B 盒中的双回文对称序列将导致 mRNA 中发夹结构的形成。

nut 位点中的 BoxA 和 BoxC 序列的功能还不清楚,以上序列与所有 λ 噬菌体相似的噬菌体中的 *nut* 位点相同。BoxA 类似序列还出现在一些细菌中,与其阻止未成熟转录终止有关(第14章)。令人奇怪的是 λ 噬菌体 *nut* 位点中的 BoxA 的点突变能阻止抗终止,而删除整个 BoxA 序列则不能。所以现在一种新的观点是 *nut* 位点中的 BoxA 序列与另外抗终止序列帮助结合至宿主的 Nus 蛋白上以促进抗终止。至今还未发现 BoxC 的功能。

(2)宿主 Nus 蛋白 如前所述,N 蛋白不能单独行使抗终止功能,在未受到噬菌体侵染的大肠杆菌中也存在部分参与转录终止和抗终止的细菌蛋白。与 N 蛋白共同完成抗终止的来自宿主的蛋白称为 Nus 蛋白。许多 *nus* 基因首先是通过大肠杆菌突变的手段获得的,这些突变使得大肠杆菌遭到 λ 噬菌体侵染后不被杀死。用以上和其他类型的大肠杆菌突变体,已经鉴定出 *nusA* 至 *nusG* 等 6 个 *nus* 基因,其中 *nusA*、*nusB*、*nusE* 和 *nusG* 4 个基因编码的蛋白与未感染噬菌体宿主中的转录终止和抗终止有关。以上基因产物与 N – *nut* – RNA 聚合酶复合体一同移动,帮助复合体结合在一起(图9.4)。

令人奇怪的是 *nusE* 突变发生在核糖体蛋白 S10 的基因中,所以推测 S10 蛋白在细胞中具有双重功能,一种功能是翻译,另一种功能是抗转录终止。另外一些 *nus* 突变对抗终止没有直接影响,例如,*nusD* 突变会影响宿主的 ρ 因子,而 ρ 因子是 ρ – 依赖型转录终止所需要的因子(第3章)。另一个 *nusC* 突变发生在 RNA 聚合酶的 β 亚基上,它们将改变抗终止复合体与 RNA 聚合酶的结合从而降低

抗终止效果。

(3)Q 蛋白　基因 Q 是处于 N 抗终止子控制之下的其中一个基因,它的产物负责转录噬菌体头和尾等晚期基因。因此,λ 噬菌体具有一套可控的级联反应,以其中一个最早期的基因产物 N 知道另一个基因产物 Q 的合成,Q 再指导晚期基因的转录。与 N 蛋白类似,λ 噬菌体的 Q 蛋白是一种抗终止子,允许从晚期启动子 p_R' 转录,一直通过终止子至下游基因。Q 蛋白抗终止机制完全不同于 N 蛋白抗终止机制。起初,Q 蛋白探测到其启动子附近的 qut 序列(表 9.2)后与 RNA 聚合酶结合。qut 位点不在 mRNA 上,而是在 DNA 上,有些必需的 qut 序列甚至不转录为 mRNA,仅是处于 p_R' 上游起始位点。

已经有 Q 蛋白抗终止方面的详细研究。作为抗终止的前提,在转录停止前,RNA 聚合酶需从晚期启动子 p_R 处转录出长为 16 ~ 17 个核苷酸的短链 RNA。随后 Q 蛋白结合至停下来的 RNA 聚合酶上,于是 RNA 聚合酶逃离暂停点。一旦结合至 RNA 聚合酶上,Q 蛋白就会随 RNA 聚合酶移动,使该复合体忽略后面遇到的转录终止和停止位点,允许转录持续进行直到噬菌体的晚期基因,显然 Q 蛋白要与 RNA 聚合酶结合的一个条件是 RNA 聚合酶必须停在正确的位置上。

9.1.1.2　其他系统中的抗转录终止

与许多调节系统相似,抗终止首先在噬菌体中被发现,但是能应用于许多其他系统中,抗终止机制不仅在相关的 P22 噬菌体中适用,而且在许多细菌的基因中也适用。如前所述,抗终止调节所有细菌的 rRNA 基因转录,它也调节大肠杆菌的 bgl 操纵子和枯草芽孢杆菌中氨酰 – tRNA 合成酶基因,尽管在这种情形下,它涉及对终止子本身的特殊作用(第 13 章)。通常是抗终止蛋白在调解区域与 RNA 聚合酶结合,结合区域序列与 λnut 序列相似。抗终止蛋白还可以被用来调节真核生物的基因,如哺乳动物的癌基因 myc,而且也能通过抗终止调节人类免疫缺陷病毒的转录,该病毒能导致 AIDS,虽然以上的调节机理有所不同,但是它们以抗终止方式调节转录的理念都首先来自于 λ 噬菌体。

9.1.2　λDNA 的复制

有关 λDNA 的复制已经得到广泛的研究,而且其复制过程已经成为我们更好理解复制现象的主要模式系统。λDNA 在头部是以线性分子存在,但当进入细胞后,便通过黏性末端或 cos 位点间配对,形成环状分子(图 9.3)。黏性末端是由 12 个碱基构成的单链分子,可以通过碱基互补配对,然后 DNA 连接酶可以连接两个末端形成共价、闭合、环状 λDNA 分子,该分子能完整地复制,因为 DNA 上游总能为复制提供引物。

9.1.2.1　λDNA 的环 – 环复制和 θ 复制

一旦 λDNA 分子在细胞中形成,它们就以类似于染色体和质粒的 θ 复制机制进行复制,复制起始于基因 O 的 ori 位点,双向复制,在复制叉处同时合成前导链和后随链(图 9.6),当两个复制叉在环的另一端相遇时,两个子代分子分离,再以各自为模板复制新的环状 DNA 分子。

9.1.2.2　λDNA 的滚环复制

以 θ 复制的环状 λDNA 分子在细胞中积累后,接着就会发生滚环复制,λ 噬菌体的滚环复制类似于 M13,首先环状 DNA 分子的一条链被切开,释放出的自由 3′ 末端作为引物启动新链的合成,再通过互补在新的单链基础上合成新的双链 DNA 分子。λ 噬菌体的复制过程稍有不同,替换的单个单链分子当复制一圈后仍然不被释放下来,而是随着环的滚动,生成较长的单个首尾相连的 λDNA 分子的串联体(图 9.6),这个过程可以与一个环在墨水中蘸一下,然后在纸上滚动类比,当环在滚动时,在纸上

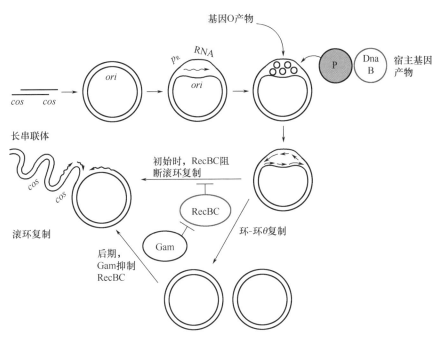

图9.6　λ 噬菌体的复制

留下一个环的重复印迹。

在最后一步,长的串联体在 cos 位点处被切成 λ 基因组大小的片段包装到噬菌体头部,所以在串联体中至少有两个 λ 基因组首尾相连,因为 λ 头部包装系统识别串联体上的一个 cos 位点后,切割并包装 DNA 分子,然后再转至下一个 cos 位点。λ 串联体上 DNA 包装方式对发现 chi 位点和 RecBCD 重组作用具有重要的意义(第 11 章)。

9.1.2.3　λDNA 复制的遗传学要求

不像 T4 和 T7 噬菌体,它们编码许多与复制相关的蛋白,而 λ 噬菌体只合成两种 λDNA 产物,O 和 P,如图 9.6 所示,O 蛋白被认为是与重复序列结合,使 DNA 在此位点处弯曲,其机制与 DnaA 蛋白启动染色体复制相似(第 2 章)。P 蛋白能与 O 蛋白结合,而且还与宿主复制中用到的 DnaB 结合,使之为 λDNA 复制服务,因此与 DnaC 的作用相似。

在 λ 复制的启动过程中,还需要在 ori 区域合成 RNA,通常在启动子 p_R 处起始复制,需要它将 DNA 链在起始点分开,并作为向右复制的引物。

第三种 λ 蛋白,即 gam 基因产物,需要用它转变滚环复制类型,虽然这个作用并不是直接的。RecBCD 核酸酶(帮助大肠杆菌重组)不同程度上会抑制滚环复制的转变,也许是通过降解自由 3′ 末端,然而 Gam 是抑制 RecBCD 核酸酶活力的。因此,λ 的 gam 突变体严格进行 θ 复制,串联体仅能通过单个环状 DNA 分子重组形成,因为 λ 需要串联体进行包装,所以 λgam 突变体不能在缺失自己重组功能的系统或没有宿主 RecBCD 的系统中增殖,这个事实对发现 chi 序列非常重要,将在第 11 章中讲到。

9.1.2.4　λ 噬菌体克隆载体

由 λ 噬菌体衍生出的许多克隆载体具有很多优点,首先噬菌体增殖后拷贝数较高,允许合成大量的 DNA 和蛋白质;如果克隆基因编码的是有毒蛋白,与质粒克隆载体相比,其影响会小一些,因为直到感染细胞后毒蛋白才被合成,而且被感染的细胞最终是要死的;还有个好处是,易于保藏基因文库,

因为基因在 λ 噬菌体头部相当稳定。

9.1.2.5 黏粒

λ 噬菌体将 DNA 包装进头部是通过识别串联体 DNA 上的 *cos* 位点,如果两个 *cos* 位点间相距 50kb 左右,则两个 *cos* 位点的序列将会被包装进头部。特别是质粒中如果含有 *cos* 位点也能被包装至 λ 噬菌体头部中,这样的克隆载体称为黏粒,它给遗传工程提供了很多便利,其中之一就是在体外进行包装。先将质粒 DNA 与被 λ 感染的细胞提取物混合,其中包含噬菌体头部和尾部。DNA 被头吸收后,在试管中发生自组装,然后尾部连接到头部,形成感染性 λ 粒子,它们能作为黏粒感染细胞,任何 λ 克隆载体都能以此方法构建,并且通过感染细胞将 DNA 导入细胞的效率高于转染和转化,以黏粒为基础的噬粒已经在第 8 章中讲过。

黏粒的另一个主要优势是克隆 DNA 的大小由噬菌体的头部大小决定,如果克隆至黏粒的 DNA 较大,则 *cos* 位点相距较远,DNA 就会太长以至于不能装入整个头部,如果 DNA 片段太小,则 *cos* 位点相距较近,噬菌体头部就几乎没有 DNA 可供包装,而且很不稳定,所以黏粒的应用保证了克隆载体的 DNA 分子大小相近,这在创建 DNA 文库时很重要(第 2 章)。

9.2 溶原性

λ 噬菌体是溶原性噬菌体的典型例子,在溶原阶段几乎没有 λ 基因表达,主要证明细胞含有原噬菌体的证据是这些溶原性细胞对 λ 超感染的免疫。溶原免疫性可以在噬菌斑上表现出特征性的"煎蛋"外形,其中溶原菌在噬菌斑中央形成"蛋黄"(图 9.7)。

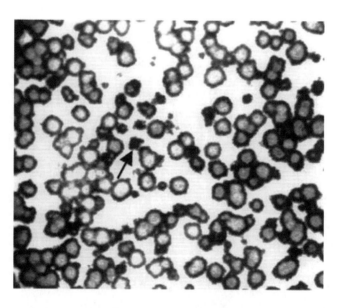

图 9.7   λ 噬菌斑中心有些模糊,整个看上去像一个煎蛋
箭头所指的噬菌斑是由透明噬菌斑突变造成的。

一些 λ 噬菌体因为不具有溶原免疫性,所以形成清晰的噬菌斑,这些噬菌体在 *cI*、*cI* Ⅰ 和 *cI* Ⅱ 基因上有突变,阻止了溶原性形成,为了理解 λ 溶原性途径的调节,需要许多研究者共同协作研究在溶原阶段 *cI*、*cI* Ⅰ 和 *cI* Ⅱ 基因产物的功能。他们的研究成果给我们展示了生物调节途径的复杂性和精细性,而且为其他生物提供了模型。

9.2.1 *cI* 基因产物

在图 9.8 中显示了 λ 感染细胞后,形成溶原菌的过程,以及 *cI*、*cI*Ⅰ 和 *cI*Ⅱ 基因产物是如何参与其中,而为何 CIⅠ蛋白居于中心地位。λ 感染细胞后,噬菌体究竟是进入裂解周期制造更多噬菌体,还是形成溶原性噬菌体,取决于 *cI*Ⅰ产物量和在裂解周期中基因产物量的竞争,*cI*Ⅰ产物有利于形成溶原性,而裂解周期中的基因产物有利于 DNA 复制和生成更多噬菌体颗粒,往往是裂解周期获胜,仅有 1% 的时间进入溶原周期,这主要取决于培养基营养等。

CIⅠ蛋白通过激活 RNA 聚合酶开始两个启动子处的转录而促进溶原性的形成,而这两个启动子通常状态下是未被激活的(图9.8)。能使 RNA 聚合酶在某个启动子处转录的蛋白质称为转录激活子(第 3 章),被 CIⅠ激活的启动子之一是 p_{R1},它允许 *cI* 基因的转录,该基因的产物是 CI 抑制子,能阻止 p_R 和 p_L 启动子对 λ 其他基因的转录。另一个被 CIⅠ蛋白激活的启动子是 p_I,它能转录整合酶(*int*)基因,Int 酶能将 λDNA 整合至细菌的 DNA 中形成溶原性噬菌体。

在溶原过程中,*c*Ⅲ基因产物的作用并不直接,CIⅡ蛋白抑制降解 CIⅠ的细胞蛋白酶,因此当缺少 CIⅡ蛋白时,CIⅠ蛋白很快被降解将不会形成溶原性。

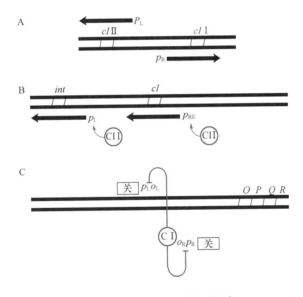

图 9.8 λ 感染后溶原性的形成

(A)基因 *cI*Ⅰ 和 *cI*Ⅱ 分别从启动子 p_R 和 p_L 转录   (B)*cI*Ⅰ激活从启动子 p_R 和 p_I 转录,分别合成 *cI* 抑制子和整合酶 Int   (C)抑制子通过与 O_R 和 O_L 结合,关闭从启动子 p_L 和 p_R 的转录。最后,Int 蛋白将 λDNA 整合至染色体中

9.2.2 λ 噬菌体整合

如上所述,λDNA 在感染细胞后,会通过其末端 *cos* 位点配对,立即形成环状,Int 蛋白能够促使 λDNA 整合至染色体上,如图 9.9 所示。Int 是一个位点特异性重组酶,能特异性地促进噬菌体与细菌中的连接序列间的重组,噬菌体中称为 *attP*,细菌中称为 *attB*,其中细菌 *attB* 在大肠杆菌染色体上的 *gal* 和 *bio* 操纵子之间,该区域是非必需区,所以 λ 插入该区域不会造成可观察到的表型变化,有些噬菌体能将其 DNA 整合至细菌的重要基因中,这需要噬菌体特殊的适应性(专栏9.1)。

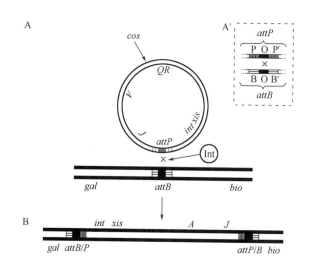

图9.9　λDNA 整合至大肠杆菌染色体中

(A)Int 蛋白促进λDNA中 attP 序列与染色体中的 attB 序列重组。重组部位 POP′和 BOB′序列的细节如小图 A′所示,两个共有的核心序列以黑色表示　(B)原噬菌体中基因顺序。cos 位点是感染后,λDNA 被切割包装和再次环化的位置。基因 int、xis、A 和 J 在原噬菌体中的位置已标出(参见图9.2 中 λ 噬菌体基因图)。处于染色体上的原噬菌体 DNA 两端是大肠杆菌的 gal 和 bio 操纵子

　　因为 Int 促进的重组出现在 attP 位点,而不在 λDNA 末端,所以原噬菌体和噬菌体的 DNA 图谱不同,λ 头部 DNA 基因的两端分别是 A 和 R 基因(图9.2),而原噬菌体的两端分别是 int 基因和 J 基因(图9.9),由于它们的基因图是环形排列的,所以基因的相对排列顺序相同,噬菌体与原噬菌体的基因图谱的差异导致了整合模型的产生,我们称之为 Campbell 模型。

　　由 Int 促进的重组为位点特异性重组,因为整合出现在特异性位点之间,一个在细菌 DNA 上,另一个在噬菌体 DNA 上,位点特异性重组不是正常的同源重组,而是一种非同源重组,因为噬菌体和细菌的 att 位点几乎没有相似性。它们具有共同的核心序列 O,该序列的 15bp 为 GCTT T(TTTATAC) TAA,两端连接着不具相似性的序列,重组通常发生在括号中的 7bp 序列上,如果没有 Int 蛋白识别 attP 和 attB 位点促进重组,重组也不能发生。λ 整合酶属于 Y 重组酶家族,因为它具有酪氨酸活性位点(Y),在重组过程中,当 DNA 被切开后,它与 DNA 的 3′磷酸共价连接形成 Holliday 叉。Y 重组酶的作用机制以及其他位点特异性酶将在第 10 章中介绍。

专栏9.1

原噬菌体插入对宿主的影响

　　原噬菌体插入到宿主细胞 DNA 中能对宿主细胞产生很多影响。比如说,插入的原噬菌体可能编码一些毒力蛋白,这些毒力蛋白可能在宿主细胞的溶原性转化过程中增强宿主细胞的致病性。然而,有的时候,原噬菌体的插入能通过扰乱宿主基因表达而引起其自身的显性效应。令人感到惊奇的是,由于各种各样的原因,这种效应通常不会发生。原噬菌体 λ 就是通过整合进入到大肠杆菌 gal 和 bio 操纵子之间的一个非核心区域来避免引起显性效应。现在我们都知道,一些噬菌体和一些其他的 DNA 元件如致病岛(第 10 章)直接整合到宿主基因中时,经常整合到

专栏 9.1(续)

tRNAs 基因中。沙门噬菌体 P22 就是其中的一个例子,它能整合到苏氨酸转运 tRNA 基因中,然而大肠杆菌噬菌体 P4 是整合到亮氨酸转运 tRNA 基因中,流感嗜血杆菌(*Haemophilus influenzae*)噬菌体 HPc1 也是同样整合到亮氨酸转运 tRNA 基因中。硫叶菌属(*Sulfolobus* sp.)产甲烷菌的病毒类似元件 SSV1 则是整合进入到精氨酸转运 tRNA 基因中。为什么有如此之多的噬菌体选择用 tRNA 基因作为它们的附着位点现在还不清楚。这可能是因为 tRNA 基因在进化过程中具有相关的高保守性。如果不同细菌种属之间的附着位点序列有很高的保守性,噬菌体就能在它们之间引起溶原现象。如果它的 *attB* 位点在某一个 tRNA 基因的高度保守区域内,那么它很可能在其他宿主的染色体上找到,而且序列不会改变。另外一个可能的解释是,噬菌体倾向于选择呈双倍旋转对称结构的序列作为它的附着位点。tRNA 基因的序列有很多对称结构,因为这些基因的产物 tRNA 能形成发夹环,实际上大部分噬菌体似乎是整合到 tRNA 基因编码反密码环的区域。

　　尽管如此,但并不是所有的噬菌体整合到宿主基因内都选择用 tRNA 基因作为它们整合的附着位点。比如说,与 λ 噬菌体有很近亲缘关系的噬菌体 φ21 和有缺陷的原噬菌体 e14 都是整合到大肠杆菌的异柠檬酸脱氢酶基因 *icd* 中。*icd* 基因的编码产物是参与三羧酸循环过程的一种酶,这种酶受大部分能源物质最优化利用的控制,同时也受到一些前体生物合成反应产物的影响。抑制 *icd* 基因的活性能引起细胞在碳源非常充裕的情况下生长缓慢。

　　噬菌体怎么样才能在整合到宿主关键基因内部而不抑制基因的表达从而不影响到宿主的生长呢? 在有些时候是因为它们在宿主的 *attP* 位点复制了宿主基因的部分序列,宿主基因的 3′末端序列与噬菌体 *attP* 位点是重复的,而且很少有改变,因此当噬菌体整合发生的时候,宿主基因正常的 3′末端序列被噬菌体非常相似的噬菌体编码序列所取代。事实上,一些噬菌体,如噬菌体 φ21,能整合到宿主的编码蛋白质的序列中去,而另一些噬菌体则能整合到一个重要的 tRNA 基因中去。在进化中有一个非常有趣的现象,那就是为什么细菌的序列能在噬菌体内找到呢? 可能的情况是,噬菌体第一次是作为一种特异的转导粒子出现,然后习惯了使用被替代的细菌基因序列作为它们染色体上标准的整合附着位点。

　　另外一些噬菌体可能会破坏被它们整合的宿主基因,比如说一个 tRNA 基因,但是它们带有的 tRNAs 基因可能能替代被它们破坏的宿主 tRNA 基因。现在已经知道一些原噬菌体插入到哪里能引起显性效应的原因。在一些病原细菌中,可通过插入原噬菌体干扰宿主基因的表达,并通过被干扰基因的表达产物来干扰致病性,从而影响细菌的致病性。

参考文献

Al Mamun, A. , A. Tominaga, and M. Enomoto. 1997. Cloning and characterization of the region III flagellar operons of the four *Shigella* subgroups:genetic defects that cause loss of flagella of *Shigella boydii* and *Shigella sonnei*. J. Bacteriol. 179:4493 –4500.

Hill, C. W. , J. A. Gray, and H. Brody. 1989. Use of the isocitrate dehydrogenase structural gene for attachment of e14 *in Escherichia coli* K –12. J. Bacteriol. 171:4083 –4084.

Ventura, M. , C. Canchaya, D. Pridmore, B. Berger, and H. Brüssow. 2003. Integration and Distribution of *Lactobacillus johnsonii* Prophages. J. Bacteriol. 185:4603 –4608.

9.2.3 溶原性的保持

溶原菌形成后,λ 的 cI 基因是为数不多被转录的基因,CI 抑制子结合在两个操纵子区域 o_R 和 o_L 上,它们分别与 p_R 和 p_L 启动子相邻,由于结合了抑制子,所以阻止了 λ 的其他大多数基因转录,抑制子和操纵子将在第 13 章中讲到。在原噬菌体状态下,cI 基因是从其上游 p_{RM} 启动子处转录,而不是从 p_{RE} 开始转录,它是刚感染后的转录起点。p_{RM} 启动子不是刚感染后就被用于启动转录,是由于它要发挥功能需要 CI 抑制子的激活,下面将详细介绍 CI 合成的调控。

抑制子合成的调节

CI 抑制子是维持溶原状态的主要蛋白质,因此在形成溶原菌之后,它的合成就必须被调控,如果抑制子的量低于某个水平,则与裂解有关的基因开始转录,原噬菌体被诱导产生噬菌体,然而,如果抑制子的量超过最佳水平,细胞的能量被耗费在额外抑制子的合成上,使得诱导原噬菌体转变成噬菌体十分困难。在溶原菌中有关抑制子的合成调节研究得较多,它已经成为其他系统中基因调控的模型。

CI 抑制子的合成如图 9.10 所示,每个 CI 多肽由两部分组成,或称为由两个结构域组成,实际上 λ 抑制子是人类第一个发现的具有两个独立结构域的大分子蛋白质,我们现在已知许多蛋白都具有类似的结构模式,而且可以按照蛋白的功能将其划归到不同的结构域。CI 多肽的一个结构域能通过与另外多肽的相应位置结合,促进二聚体和四聚体的形成,另一个结构域能与 DNA 上的操纵子结合。

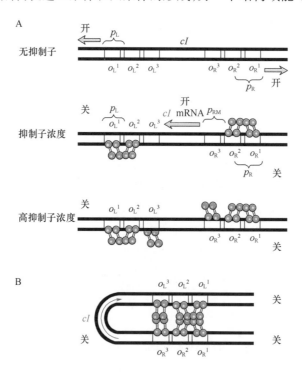

图 9.10 溶原状态下抑制子合成的调控

哑铃形代表抑制子的两个结构域。

(A)二聚体抑制子,图中以两个哑铃表示,协同与 O_R^1、O_R^2 结合,(和 O_L^1、O_L^2 结合),抑制从 p_R 转录 (p_L),激活从 p_{RM} 转录 (B)当抑制子处于较高浓度时,抑制子也将与 O_R^3、O_L^3 结合,形成三聚体使 DNA 弯曲,抑制从 p_{RM} 转录。抑制子对位点的相对亲和力分别是:$O_R^1 > O_R^2 > O_R^3$ 和 $O_L^1 > O_L^2 > O_L^3$

为了更好地解释 CI 多肽两个结构域结构,我们一般把它画成一个哑铃形,哑铃两端指示两个结构域(图 9.10)。为了行使功能,CI 抑制子必须两两结合形成二聚体,二聚体再与二聚体两两结合形成四聚体,如果 CI 抑制子浓度太低,不形成二聚体,则 CI 抑制子没有活性,如果浓度较高形成二聚体后,就具有活性,对它自身合成的调控机理如下。

9.2.4　超感染的免疫

在溶原菌细胞中的 CI 阻遏蛋白不仅通过与操纵子 o_R 和 o_L 的结合而阻断其他前噬菌体基因的转录,而且可以通过与其他任何感染溶原菌细胞的 λ 噬菌体操纵子结合而阻碍这些 λ 噬菌体基因转录。因此,λ 溶原细菌对于 λ 噬菌体超感染有免疫力。然而,具有不同操纵子序列的任何噬菌体近亲仍然可以感染 λ 溶原菌,因为 λCI 阻遏蛋白不能与那些操纵子序列结合。因此具有不同操纵子序列的任何两种噬菌体可以看作具有异源免疫性。

9.2.5　λ 诱导

溶原菌受某些能够损伤 DNA 的理化因素(如紫外线、丝裂霉素 C 等)的作用,前噬菌体又可以被切割游离出来,进入裂解周期,最后导致宿主菌裂解,这一过程称诱导作用,图 9.11 给出了 λ 噬菌体的诱导过程。溶原菌进入裂解周期的先决条件是宿主 DNA 的合成受到抑制及 CI 阻遏蛋白失活。在宿主细胞 DNA 受到破坏之前,λ 噬菌体一直保持原噬菌体状态。对 λ 噬菌体的诱导过程如下:当细胞试图修复自身受损 DNA 时,一些因 DNA 受损所形成的小片段 ssDNA 积聚并与宿主 RecA 蛋白结合。然后,RecA 蛋白-ssDNA 复合物与 λCI 阻遏蛋白结合,导致 CI 阻遏蛋白产生自身切割现象而失活,即与 CI 二聚体形成有关的 DNA 结合区分离。在无二聚作用区域形成的情况下,DNA 结合区将不再与操纵子紧密结合,从而使 CI 阻遏蛋白从操纵子上脱落下来,使从启动子 p_R 和 p_L 起始的转录得以回复于是 Int 蛋白和 Xis 蛋白(xis 基因编码的切割酶)得以合成,这两种蛋白共同作用将原噬菌体基因组 DNA 从宿主染色体中切割下来,进入裂解周期,前噬菌体的诱导切割过程与整合过程相反,但切割作用需要 int 基因和 xis 基因的合作。

9.2.5.1　Cro 蛋白

Cro 蛋白是 p_R 启动子起始的早期转录产物之一。CI 和 Cro 是 λ 噬菌体的两种调节蛋白,它们都结合于左右两个操纵子上(o_R、o_L),只是与操纵子中的不同位点的亲和力次序不同:CI 蛋白与操纵子的亲和力次序为 $o_R^1 > o_R^2 > o_R^3$,而对于 Cro 则是 $o_R^1 < o_R^2 < o_R^3$。因此当 λ 噬菌体感染宿主后,是进入裂解周期还是进入溶原周期取决于 CI 和 Cro 两种蛋白相互竞争左右两个操纵子的结果,在此竞争过程中,CI 和 Cro 的数量是决定其胜负的主要因素,即 cI 和 cro 两个基因中转录得快、翻译得快的占优势。从时间顺利上而言,cro 基因表达在先,并远远早于 cI 基因的表达,而且,如果没有 cI Ⅰ 和 cI Ⅱ 基因的外来帮助,cI 基因根本就不能表达。在诱导的早期,可以形成较多的 CI 阻遏蛋白干扰裂解周期的晚期阶段或者重新形成溶原菌。cro 基因产物是诱导后合成的首批 λ 蛋白之一,它能阻遏合成更多的 CI 阻遏蛋白:Cro 首先与 o_R^3 位点结合,其后又与 o_R^2 位点结合,从而阻碍了 CI 与 o_R^2 的结合,因后者的结合可以激活起始于 p_{RM} 启动子的 CI 阻遏蛋白自身合成(图 9.12);此外,Cro 与 o_R^3 位点结合还可阻断 CI 阻遏蛋白与操纵子 o_L 的结合,从而使起始于启动子 p_L 的转录不再受到阻遏。

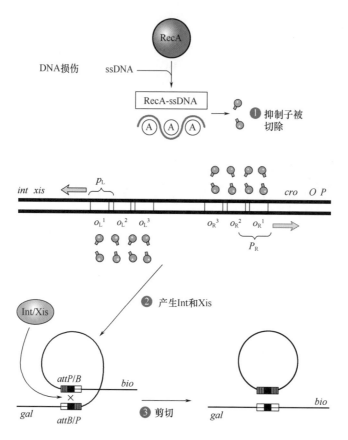

图9.11 λ噬菌体的诱导

由于 DNA 损伤,产生单链 DNA(ssDNA),单链 DNA 的积累激活了 RecA 蛋白,RecA 蛋白促进了抑制子 CI 蛋白的自剪切,使 CI 蛋白的二聚体从结合的 DNA 域中解离,不再形成二聚体与 DNA 结合。$int-xis$ 和 cro 被转录,接着是 o 和 p 被转录,噬菌体 DNA 从染色体上剪切下来,并被复制。

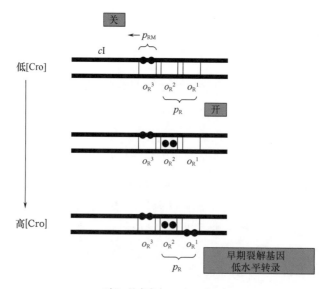

o_R 对 Cro 的亲和力:$o_R^3 > o_R^2 = o_R^1$

图9.12 Cro 以相反的顺序结合在操纵子位点阻止抑制子结合和合成

与 o_R^3 结合后,Cro 阻止了抑制子从 p_{RM} 激活转录,仅允许从 p_R 转录,等待 Cro 逐渐积累至一定浓度,Cro 就与 o_R^1 和 o_R^2 结合,阻断早期 RNA 的转录。

9.2.5.2　切除

一旦 CI 阻遏蛋白失活, 则起始于启动子 p_L 与 p_R 的转录就变得相当容易。从启动子 p_L 与 p_R 的起始转录基因包括 *int* 与 *xis*, 与感染后仅有 Int 的合成不同, 在诱导作用后, Int 和 Xis 两种蛋白都合成, 而将原噬菌体基因组 DNA 从宿主染色体中切割下来需要这两种蛋白的共同作用。整合需要在噬菌体 *attP* 位点的细菌 *attB* 位点之间重组, 而切割则需要在前噬菌体 DNA 和染色体 DNA 接合处杂合 *attP - attB* 序列之间的重组。这些序列与 *attB* 或 *attP* 位点序列均不相同, 因此, Int 独自不能切割前噬菌体基因组 DNA。通过在感染后迅速合成 Int 蛋白, 噬菌体确保了新整合上的前噬菌体不会被切割, 因为整合过程是不可逆的。仅仅在受诱导作用以后, 当合成 Int 和 Xis 两种蛋白时才会将前噬菌体基因组从宿主染色体上切割下来 (专栏9.2)。

当 Int 和 Xis 蛋白从染色体上切割 λDNA 时, 同时进行 *o* 基因和 *p* 基因起始于 p_R 的转录。O 蛋白和 P 蛋白会促进切割下来的 λDNA 的复制。因此, 在细胞 DNA 受损后几分钟, 噬菌体 DNA 开始复制, CI 阻遏蛋白水平开始下降, 噬菌体不可逆地进入裂解周期。在一定的培养基及温度条件下, 大约 1 小时, 细胞裂解, 并释放出大约 100 个噬菌体到培养基中。

专栏9.2

反向调控

　　反向调控是指一个基因的表达受到下游序列的调控而不是上游序列调控, 如调控大部分基因表达的启动子序列的调控。λ 噬菌体侵染后只有 Int 得到表达, 而受原噬菌体诱导后 *int* 和 *xis* 都获得表达, 这种调控方式就是一种反向调控模式。开始的时候, 侵染后, *int* 和 *xis* 基因都在启动子 p_L 作用下转录。但是, *int* 和 *xis* 基因编码部分转录后得到的 RNA 并不能完整地存在足够时间, 从而不能被翻译成蛋白质, 这是因为 *int* 和 *xis* 基因编码序列转录后得到的 RNA 在其下游区域包含有一个 RNaseIII 的剪切位点。转录成的 RNA 在这个位点被剪切后在 3' 外切核酸酶, 可能为 RNaseII (参见专栏3.5 中的表格) 的作用下被降解, 并降解了 *int* 和 *xis* 基因的编码序列。这种调控方式称为反向调控是因为基因

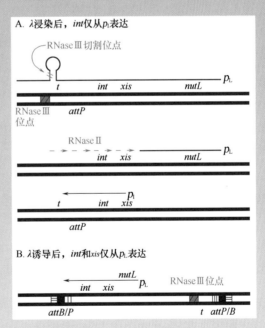

（A）侵染后, *xis* 和 *int* 基因不能从 p_L 启动子表达, 因为从 p_L 继续转录的 *nutL* 经过终止子 *t* 进入到另一侧的 *attP*, 它含有 RNA 酶Ⅲ切割位点。这段 RNA 被切割和降解时, 连同 *xis* 和 *int* 被移除。Xis 也不能从 p_L 表达, 因为 p_I 启动子在 *xis* 基因中。从 p_I 转录的 RNA 是稳定的, 然而, 由于转录产物中不含 *nut* 位点, 所以不能够持续转录通过 RNA 酶Ⅲ切割位点　（B）然而, 当前噬菌体首次被诱导, 在编码 RNA 酶Ⅲ切割位点被剪切之前, 这个序列从 *xis - int* 编码序列中分离, 所以从 p_L 转录的 RNA 是稳定的, 也会生成 Int 和 Xis。（A）侵染后不久（B）诱导后不久

专栏9.2(续)

下游序列的突变能改变基因的表达。后来,突变改变了 RNaseⅢ 的剪切位点,从而阻止了 RNaseⅢ 的识别,进而稳定了转录后的 RNA,所以最后经过 p_L 启动子起始转录得到的 int 和 xis 基因转录物,最终能被翻译成蛋白质。

在正文中已经讨论,int 基因也受到实际存在于 xis 基因内部启动子 p_1 的转录控制(图9.2)。这样产生的 RNA 就不包含 nut 位点,因此 N 蛋白就不能结合到 RNA 聚合酶上,从而允许它通过终止信号直到 RNaseⅢ 剪切位点的编码序列,因此 RNA 是稳定的。此外,int RNA 包含了 int 基因的全部序列,但是只含有 xis 序列的一部分,因此,这种 RNA 只能合成 Int。

受原噬菌体诱导后,Int 和 Xis 从启动子 p_L 控制转录得到的 RNA 能立即合成 Int 和 Xis,因为,启动子 p_L 控制转录的 xis – int RNA 已经稳定下来。如图中所描述,在噬菌体整合到宿主的过程中,RNaseⅢ 剪切位点的编码区域已经被 xis – int 编码区分隔开来,因为这个区域是在 attP 位点的另一边,attP 位点是在噬菌体 DNA 整合过程中被剪接的。因此启动子 p_L 起始的长 RNA 转录物在其 3′末端不含有 RNaseⅢ 的剪切位点,从而是稳定的,这种 RNA 在经过诱导后能翻译成 Int 和 Xis,这也是一个转录后调控的例子,因为这是发生在基因 RNA 合成之后(第13章)。还有一些其他的基因表达因为插入的序列将基因与启动子序列分隔开后而受到阻遏的例子,例如,连接有插入元件 Tn916 序列的 tra 基因就不能表达,除非这个插入元件被切除并形成一个环(第6章)。

参考文献

Guarneros, G., C. Montanez, T. Hernandez, and D. Court. 1982. Posttranscriptional control of bacteriophage λ int gene expression from a site distal to the gene. Proc. Natl. Acad. Sci. USA 79:238 –242.

Schmeissner, U., K. M. McKenney, M. Rosenberg and D. Court. 1984. Removal of a terminator structure by RNA processing regulates int gene expression. J Mol Biol. 176: 39 –53.

9.2.6　裂解和溶原周期的竞争

在感染早期,λ 噬菌体可以选择以下两种复制方式之一进行复制:进入裂解周期,环状噬菌体 DNA 分子被复制了许多倍,λ 噬菌体 DNA 大量合成,并组装成子代 λ 噬菌体颗粒,最终宿主细胞裂解,释放出大量感染性噬菌体颗粒(表9.3、图9.13);进入溶原周期 λ 噬菌体基因组通过位点专一重组整合到宿主菌 DNA 分子中,并随宿主 DNA 的复制转入子代噬菌体,在溶原状态下,只有一个 λ 基因(cI)处于表达状态。因此,一些细胞在受 λ 噬菌体感染后进入裂解周期,而另一些则进入溶原周期而产生溶原菌,宿主菌感染 λ 噬菌体后是进入裂解周期还是进入溶原周期,存在着一个竞争过程。在感染后,细胞中若没有 CI 阻遏蛋白,则 N 和 cro 基因被转录。如前所述,N 基因产物是一类抗终止子,能促进多种基因的转录,包括基因 cIⅠ、cIⅡ、O 和 P。

表 9.3　导致裂解和溶原性生活周期的步骤	
导致裂解生活周期步骤	导致溶原生活周期步骤
1. 从 p_L 和 p_R 处转录	1. 与裂解周期相同
2. 合成 N 和 Cro	2. 与裂解周期相同
3. N 使 CI II 表达	3. 与裂解周期相同
4. CI II 被降解	4. CI II 稳定
5. 低 CI II 浓度,意味着几乎没有 CI 合成	5a. 高浓度 CI II 激活 $p_{I'}$,生成 Int,λDNA 发生整合
	5b. 高浓度 CI II 激活 p_{RE},合成 CI
6. Cro 结合在 O_R^3,O_L^3,阻断低浓度 CI 与它们结合	6. CI 与 Cro 竞争,结合在 o_R 和 o_L 上,同时抑制了 p_L 和 p_R,在 $p_{RM'}$ 处自主正调控,维持溶原状态
7. 同时,N 允许 O、P 复制基因转录	
8. 第二个抗终止子 Q,允许晚期基因转录,所以形成 λ 噬菌体颗粒	

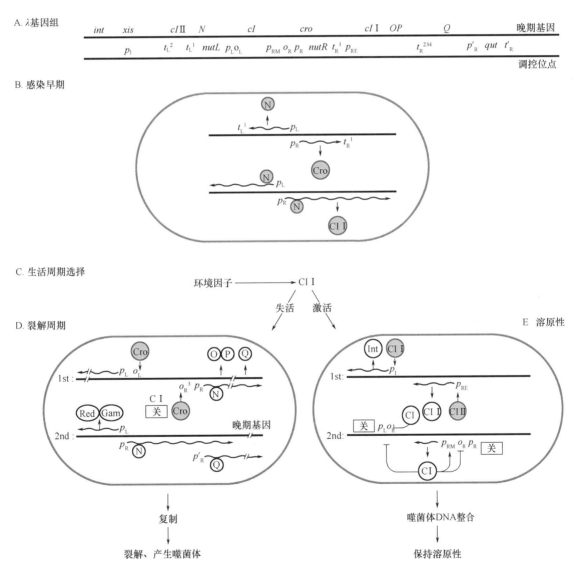

图 9.13　裂解周期和溶原周期的竞争性选择

(A)关键基因(顶部)和位点(底部)　(B)感染后基因的早期表达　(C)活性 CI II 蛋白的丰度,决定噬菌体进入裂解周期还是溶原周期　(D)Cro 蛋白合成促进进入裂解周期,同时抑制 CI 抑制子合成。一旦 O 和 P 被合成,λDNA 复制中就会稀释 CI 抑制子　(E)CI II 合成促进噬菌体进入溶原期

噬菌体进入裂解周期还是溶原周期取决于 CI I 和 Cro 蛋白之间的竞争,此过程由多重感染决定,也受宿主细胞代谢状态影响。如果 CI I 蛋白占优势,它将激发 CI 阻遏蛋白和 Int 蛋白的合成,它们的启动子分别为 p_{RE} 和 p_I。CI 阻遏蛋白将与操纵子 o_L 和 o_R 结合,抑制合成更多的 Cro、O 和 P,阻碍 DNA 整合及溶原菌的形成。然而,若 Cro 蛋白占优势,这时,没有过多 CI 阻遏蛋白,在基因 O 和 P 处发生一些转录,并且 λDNA 开始复制。逐渐地 DNA 产生过多,而阻遏蛋白不能与所有的 DNA 结合,从 O 和 P 处的转录进一步增强,随后有更多 DNA 发生复制。接下来 Q 蛋白合成,容许头、尾和裂解基因转录,然而,Q 蛋白合成受到反义 RNA 抑制,反义 RNA 需要 CI I 激活,所以激活不能即刻发生。

9.3 特殊转导

由于特殊转导噬菌体非常稀少,因此,若要检测这种噬菌体需要极有效的选择手段。要选择带有宿主 gal 基因的 λ 噬菌体,就用转导噬菌体去感染 Gal⁻ 受体菌,并且用以 Gal(半乳糖)为唯一碳源的培养基筛选 Gal⁺ 转导子。在稀少的 Gal⁺ 转导子中,带有 gal 基因的 λ 噬菌体将整合到 Gal⁻ 受体菌染色体,从而提供 Gal⁻ 受体菌缺乏的 gal 基因及其产物。如果该 Gal⁺ 溶原菌克隆得以纯化并将其前噬菌体诱导切割,则形成的子代噬菌体都带有 gal 基因,这种溶原菌株可以产生高频转导性裂解菌株,因为它以极高的频率产生可以转导细菌基因的噬菌体。

由于 λ 噬菌体头部只能包装一定长度的 DNA,因此,转导噬菌体颗粒必须丢失一部分噬菌体自身的基因以便为宿主菌基因腾出空间。至于丢失何种噬菌体基因取决于错误重组发生的位点,若重组发生于前噬菌体的左侧,则噬菌体的部分头部和尾部基因将被宿主 gal 基因所取代(图 9.14)。然而,若错误重组发生在右侧,则噬菌体的 int 和 xis 基因将被宿主 bio 基因所取代。

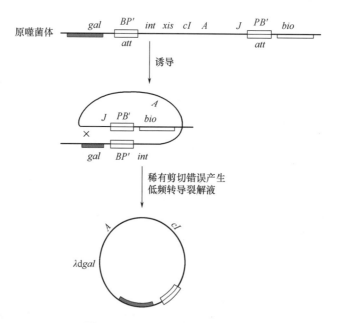

图 9.14   λdgal 转导颗粒的形成

尽管前噬菌体 DNA(本例中是 A 和 J 之间)和细菌位于原噬菌体和 gal 操纵子之间的部位
错误地发生重组很少发生。但重组后将导致细菌 DNA 中的 gal 基因被噬菌体 DNA 取代。

很显然,转导噬菌体颗粒的性质由所丢失的噬菌体基因所决定。例如,图 9.14 中 λdgal 噬菌体由于缺乏必要的头部和尾部基因,若没有野生型 λ 辅助噬菌体提供它所缺乏的头部和尾部蛋白,λdgal

噬菌体就不能增殖,因此,这些噬菌体称为 λdgal(图 9.15)。

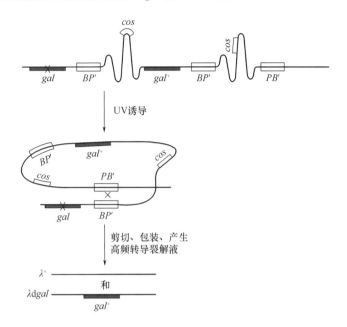

图 9.15 从含有 λdgal 和野生型 λ 的串联双溶原体诱导出 λdgal

两个杂交末端 PB' 和 BP' 间发生重组,将剪切掉两个噬菌体。野生型 λ 噬菌体帮助 λdgal
噬菌体形成噬菌体颗粒,两种噬菌体均是从重复的 cos 位点被包装成长的串联体。

int 和 *xis* 基因被 *bio* 基因取代的转导噬菌体(λpbio)可以增殖,因为在 *attp* 左侧的基因并非增殖所必需的,即被切割的一部分 λDNA 对于裂解作用是不必需的,所以 λpbio 可以进入裂解周期。然而,若没有野生型 λ 辅助噬菌体,它们就不能进入溶原周期,也就不能形成溶原菌;由于 *int* 和 *xis* 基因被 *bio* 基因取代的转导噬菌体能够增殖并形成噬菌斑,因此,把 *bio* 转导噬菌体称作 λpbio,字母 p 代表噬菌斑。

专一转导噬菌体颗粒在细菌分子生物学的发展过程中曾起到重要作用,包括细菌基因的首次分离和细菌 IS 元件的首次发现。尽管它们的一般性应用已大部分被重组 DNA 技术所取代,但它们仍然具有特殊的应用价值。

9.4 其他的溶原性噬菌体

λ 噬菌体是第一个研究得比较彻底的溶原性噬菌体,从而成为溶原性噬菌体的经典代表。然而,还有其他许多溶原性噬菌体,在此做简要介绍。

9.4.1 P2 噬菌体

噬菌体 P2 是另一个大肠杆菌溶原性噬菌体。与几乎总是整合到大肠杆菌染色体相同位点的 λ 噬菌体不同,P2 噬菌体可以整合到细菌 DNA 的许多位点。与 λ 相似,P2 噬菌体的整合需要一个基因产物,诱导切割需要两个基因产物。然而,P2 前噬菌体的诱导切割比 λ 困难得多,不受 UV 照射诱导,且温度敏感型阻遏蛋白突变也不能有效地诱导切割。

9.4.2 P4 噬菌体

病毒中也有寄生虫,P4 噬菌体就是依靠 P2 噬菌体完成裂解周期的病毒寄生虫,因此被称为卫星

病毒,也即它的增殖需要其他病毒的帮助,P4 噬菌体不能合成头部和尾部蛋白,而只能借用 P2,因此 P4 噬菌体只能在 P2 溶原性细菌中增殖,或者与 P2 噬菌体同时感染细胞。P4 噬菌体在 P2 溶原性细菌中增殖时,诱导 P2 噬菌体的头部和尾部基因转录,而这些基因通常在 P2 溶原菌中不转录(图 9.16A)。P4 采用两种机制诱导 P2 晚期基因转录,它能诱导 P2 溶原性噬菌体,因为它能生成 P2 抑制蛋白的抑制子,与 P2 抑制蛋白结合,激活它并诱导 P2 进入裂解周期,尽管在 P4 诱导后,P2 所有的蛋白都能被合成,但形成新的噬菌体几乎全部含有 P4 DNA,因为 P4 合成一种 Sid 蛋白,能导致 P2 蛋白组装的头部比正常的尺寸要小,其头部仅能容纳正常 P2 的 1/3,因此这个头部太小不能容纳 P2 DNA,但可以容纳仅有 P2 DNA 1/3 的 P4,所以头部充满了 P4 DNA。但是一个不能合成 Sid 蛋白的 P4 突变体仍然能在 P2 溶原性噬菌体中增殖。在裂解物中含有较大尺寸的 P2 头部,所以能同时含有 P2 和 P4 的 DNA,而仅含有 P4 DNA 的头部,其中会含有 2 ~ 3 个 P4 DNA 的拷贝。

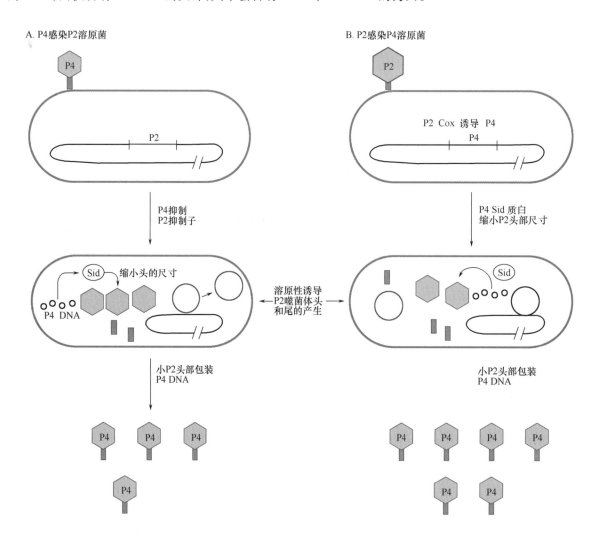

图 9.16　P2 的丢失

(A)一个 P2 溶原菌被 P4 噬菌体感染。P4 产生一种蛋白与 P2 抑制子结合并抑制 P2 抑制子,P2 抑制子能诱导 P2 原噬菌体。P4 蛋白 Sid 合成的 P2 头部蛋白只能形成较小的头部,它仅包装的 P4 噬菌体 DNA 较小,而能完全包装 P2 DNA。当细菌裂解时,P4 噬菌体颗粒更容易被释放出来　(B)一个 P4 溶原菌被 P2 噬菌体感染。P4 原噬菌体被诱导,P4 DNA 复制后被 P2 产生的头部蛋白包装。尽管是 P2 噬菌体感染细胞,但从裂解的细胞中释放出来的还是 P4 噬菌体颗粒

即使 P4 不能诱导 P2 原噬菌体转变, P4 仍然能够在 P2 溶原菌中增殖, 起初 P4 是如何诱导 P2 晚期基因转录还不很清楚。与 T4 噬菌体相似, 正常情况下, P2 DNA 晚期基因转录与复制偶联, 如果 P2 原噬菌体不被诱导, 则 P2 DNA 就不会复制。P4 完成增殖是通过合成一种 δ 蛋白, 以反式作用方式激活 P2 头和尾部基因的转录, 在不需复制 P2 的情况下转录 P2 晚期基因。

因为 P4 带有 P2 的蛋白质外壳, 所以噬菌体 P4 颗粒外表像 P2 噬菌体, 仅仅是 P4 的头部要小一点, 容纳的 DNA 也更短一些, 虽然 P2 和 P4 的 DNA 序列存在非常大的差异, 但它们的末端都含有相同的 cos 位点, 所以 P2 的头部蛋白对两种 DNA 都能进行包装。

P4 噬菌体也能形成溶原性, 当形成溶原性时, 通常仅在染色体的唯一位点上整合, 它能诱导 P2 产生原噬菌体。P2 噬菌体感染也能诱导 P4 原噬菌体的产生, 合成 Cox 蛋白进行诱导(图 9.16B)。显然, P4 噬菌体并不能自己增殖, 而且不希望当细胞被 P2 偶然感染时, 还在睡眠状态, 所以至少在感染细胞中有一些 P4 DNA 被诱导, 被包装至比正常 P2 头部蛋白较小的外壳中。

P4 噬菌体不仅能够整合至染色体, 而且在原噬菌体状态时, 能像 P1 一样以环的形式自主复制。因为能够有能力保持环状, 所以也被用于克隆载体的构建。

P2 和 P4 及其相近的噬菌体具有较广的宿主范围, 能感染许多肠杆菌科细菌, 包括沙门菌、克雷伯菌属和一些假单胞菌, 它们也与 P1 噬菌体相关, 尽管它们的生活周期和溶原性及裂解周期转变策略差异很大。

P2 和 P4 的相互作用已经被发现和描述, 另外 DNA 寄生在病毒上的例子也被发现, 如寄生在金黄色葡萄球菌中的噬菌体带有引起中毒休克症状的毒素基因, 通过致病岛发生作用, 而噬菌体赋予产生病变的毒力岛运动性, 以使它在金黄色葡萄球菌中转移(专栏 9.3)。

专栏 9.3

致病岛是如何传播的?

许多细菌染色体中都整合了较大的 DNA 片段, 这些整合进去的元件被称为基因岛, 通常含有将某些特性转移到它们的宿主细菌的基因(第 10 章), 像原噬菌体、整合后的质粒和基因岛等都不是染色体上的正常区域。有些个别物种的所有品系都不携带这些非正常区域, 它们都非常精细地从染色体上被切除, 没有任何染色体原有序列被切除, 而插入序列则被完全切除不留任何痕迹。它们通常也带有那种允许细菌携带它们去占领物种生态位。致病岛是基因岛的一种, 它携带有致病性基因。如耶尔森菌有一个致病岛, 它携带有从动物宿主中清除铁垃圾的基因, 另外还带有一个幽门螺杆菌的 cag 致病岛, 能编码一种 IV 型分泌系统蛋白来分泌一种致病性所需的毒素(专栏 6.2)。但是, 致病岛既不是整合后的质粒, 也不是原噬菌体, 甚至也不是有缺陷的噬菌体。它们没有自主复制的能力, 也不能编码任何介导噬菌体合成的基因产物。然而, 它们看起来好像是可移动的, 能从细菌的一个菌株移动到另一个菌株, 因为相同的基因岛有时能在不同的、很少相关的细菌菌株中找到。它们编码了一种整合酶基因 int, 该基因产物能够介导它们特异性地整合到宿主 DNA 的特定区域, 通常是整合到在一个 tRNA 基因上。它们在其末端也携带反向重复序列, 这些回文序列很可能参与了它们的整合过程。由于在一个物种中, 不是所有的品系中都能找到致病岛, 因此认为致病岛能从一个宿主转移到另一个宿主。但是, 在实验室里, 只有少之又少的基因岛被证明是能转移的。

专栏 9.3(续)

　　第一个被证明能转移的致病岛是 SaPI1，它是在金黄色葡萄球菌(*Staphylococcus aureus*)的一些菌株中发现的。SaPI1 是金黄色葡萄球菌致病岛家族的原型,是能携带毒素基因从而引起毒素休克综合征类基因岛的一员。SaPI1 致病岛是通过特异性地寄生在一个称作 80 α 的金黄色葡萄球菌噬菌体而转移的,这种寄生方式与 P4 寄生于 P2 噬菌体的方式有着非常惊人的相似。当噬菌体 80 α 侵染带有 SaPI1 的金黄色葡萄球菌,这个致病岛就从染色体上切下来,并复制,显然是在噬菌体复制蛋白质的帮助下复制的。就像 P4 一样,这个致病岛指导噬菌体制造一种小的外壳,然后包装致病岛而不是噬菌体 DNA。当一个这样的噬菌体侵染另一个细胞时,致病岛就被插入并通过它的 Int 蛋白作用整合到新的宿主细胞染色体上。因此,噬菌体 P4 与 SaPI1 致病岛最主要的不同就是,P4 编码了所有的蛋白去复制它自己的 DNA,而 SaPI1 的复制所需蛋白质则依赖于被其侵染的噬菌体。也许 P4 更应该被称为基因岛而不是噬菌体,也不能从它单独的外壳判断它的 DNA 元件。

　　基因岛通过噬菌体的转移引起了抗生素应用方面的某些问题。一些抗生素,特别是抑制DNA 解旋酶的一些抗生素,如包括环丙沙星在内的氟喹诺酮类抗生素(第 2 章),能够引起 DNA的损伤从而诱发原噬菌体。如果原噬菌体存在的宿主细胞的染色体上也包含有基因岛,这些致病岛就可能转移到其他无害的细菌中,从而使它们带有致病性。因此,在某些情况下,低于致死剂量的抗生素可能会导致更坏的结果。

参考文献

　　Ruzin, A. , J. Lindsay, and R. P. Novick. 2001. Molecular genetics of SaPI1 – a mobile pathogenicity island in *Staphylococcus aureus*. Mol. Microbiol. 41 ;365 –377.

　　Ubeda, C. , E. Maiques, E. Knecht, I. Lasa, R. P. Novick, and J. R. Penades. 2005. Antibiotic –induced SOS response promotes horizontal dissemination of pathogenicity island – encoded virulence factors in *Staphylococci*. Mol. Microbiol. 56 ;836 –844.

9.4.3　P1、N15 噬菌体:质粒原噬菌体

　　并非所有前噬菌体都是通过整合到宿主染色体中才形成溶原菌的。以 P1 噬菌体为代表的一些噬菌体所形成的前噬菌体就可以像质粒一样自主复制。由于 P1 可以作为噬菌体和质粒而同时存在,因此在质粒复制及细胞分裂的研究中,P1 都非常有用。当以质粒形式存在时,每次染色体复制时 P1前噬菌体都要自主复制一次,并通过细胞分裂时,将一个拷贝准确传到每个子代细胞中。然而,当它被诱导产生噬菌体时,它会产生自身的数百个拷贝,并被包装到噬菌体头部。

　　另一种大肠杆菌噬菌体 N15,也是一种质粒原噬菌体,这种质粒是线性而非环状,它已经成为一些线性质粒复制的研究模型,在它 3′和 5′端的发夹结构可以相互连接,在端部周围从内部起始区开始复制产生二聚体环状结构,在原端粒酶作用下解离。N15 原噬菌体和另一些线性质粒在第 5 章中讲解。

9.4.4　Mu 噬菌体

另一种溶原性噬菌体是 Mu,它能随机插入染色体中,因为它的随机插入,将导致随机插入突变,因此得名 Mu(突变噬菌体),该噬菌体通常是一种转化子包裹在噬菌体外壳中,通过转座进行整合和复制,在第 10 章中我们将详细讲解 Mu 噬菌体。

9.4.5　溶原性噬菌体作为克隆载体

溶原性噬菌体作克隆载体时,有一些显著优势:溶原性噬菌体载体以噬菌体形式增殖,得到大量的克隆 DNA 比较容易;由于溶原性噬菌体克隆载体也被整合到宿主 DNA 中,因此,一个克隆基因只有两个拷贝,一个在前噬菌体中,一个在正常位点,这对细菌的互补实验非常重要。

溶原性噬菌体克隆载体也有利于遗传图谱的绘制。在此类实验中,所用的前噬菌体缺乏自身 *att* 位点,并且引入了简单的标记(如抗生素抗性基因),通过体外包装和感染或转染将噬菌体 DNA 导入细胞,可将感兴趣的基因克隆到噬菌体 DNA。通过在噬菌体的克隆基因及其在宿主染色体中相应部分的重组,形成溶原菌(图 9.17)。由于噬菌体只能整合到宿主染色体的上述位点,而不是在宿主菌的 *attB* 位点发生整合,因为噬菌体缺乏与之对应的 *attP* 位点,当绘制出噬菌体 DNA 上抗生素抗性基因的遗传图谱之后,就能知道克隆基因在染色体上的原始位置了。由于绘制抗生素抗性标记的遗传图谱相对比较容易,因此,上述方法对于绘制无特殊表型的克隆基因的遗传图谱可能是首选方法。

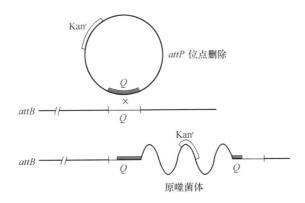

图 9.17　用缺失 *attP* 位点的噬菌体作克隆载体来标记克隆的染色体基因
用缺少 *attp* 位点的噬菌体克隆载体标记被克隆的染色体基因,用于基因图谱绘制或基因取代。本例中,一个带有细菌 DNA 克隆基因 *Q* 的烈性噬菌体去感染细菌。因为噬菌体的 *attP* 位点已经被删除,所以该噬菌体要整合至细菌染色体,则只能是噬菌体上 *Q* 基因与染色体发生重组。染色体上 *Q* 基因的位置则可以通过原噬菌体上卡那霉素抗性基因位置确定下来。

9.5　溶原性转变和细菌的致病性

有许多惊人的例子说明,原噬菌体的毒力因子和毒素是致病性细菌形成溶原菌后具有的,这些基因有时被称为 morons(代表"more DNA"的意思),它们不会在同类型的所有噬菌体中出现,说明它们是后期新获得的。它们通常用自己的启动子开始转录,而且在转录时其他原噬菌体基因会受到抑制,

一些细菌如果带有原噬菌体,而如果原噬菌体中含有毒力因子,这种细菌将导致白喉、猩红热、肉毒素中毒、破伤风和霍乱等疾病。就连 λ 噬菌体携带的某些基因,能赋予大肠杆菌宿主不同的血清抗性和在巨噬细胞中的存活能力。前面已经讲过,原噬菌体将非致病菌转变为致病菌是溶原转化的一个例子。

9.5.1　大肠杆菌和痢疾:志贺毒素

大肠杆菌的致病菌株是一个很好的例子,只有当它携带原噬菌体和其他 DNA 元件时,并且这些元件和原噬菌体中具有毒力基因,它才具有致病性。在没有携带这些致病基因前它是肠道的正常菌群,一旦携带致病基因,它就导致严重的疾病,如细菌性痢疾,常常伴有出血性腹泻的症状。臭名昭著的大肠杆菌 O157:H7 就是引发世界范围内爆发细菌性痢疾的致病菌,是大肠杆菌的一种溶原菌。实际上,细菌引起的痢疾是导致世界上婴幼儿死亡的主要原因。

另一个特别明显的例子是,有一组与 λ 比较接近的原噬菌体,它们编码一种志贺毒素,使大肠杆菌溶原菌致病,之所以称为志贺毒素,是因为它首先在痢疾志贺杆菌(*Shigella dysenteriae*)中被发现,该菌与大肠杆菌很接近,被放在同一个属中。与霍乱毒素相似,志贺毒素由两个亚基 A 和 B 组成,B 亚基帮助 A 亚基进入宿主内皮细胞并与某些组织细胞上的特殊表面受体结合。A 亚基是一种 $N-$ 葡萄糖苷酶,能切断核酸分子上的碱基和糖之间的糖苷键,将碱基从 RNA 或 DNA 上移去。在第 2 章中已经讲了有许多 $N-$ 葡萄糖苷酶,如尿嘧啶 $-N-$ 葡萄糖苷酶,它能将尿嘧啶从 DNA 中移走;还有一些 $N-$ 葡萄糖苷酶能将受损的碱基从 DNA 上移走,防止产生诱变(第 2 章、第 12 章)。志贺毒素的 A 亚基特异性较高,只能从 28S rRNA 上移去腺嘌呤,而从核糖体 28S rRNA 上移去腺嘌呤后,翻译因子 $EF-1\alpha$(原核)和 $EF-Tu$(真核)不能与核糖体结合,从而翻译被阻断。有趣的是腺嘌呤对 28S rRNA,如同阿吉勒斯脚后跟一样,是翻译阻断系统中最致命的靶点。28S rRNA 高度保守,在所有的真核生物中都存在。植物中的篦麻毒素也是一种 $N-$ 葡萄糖苷酶,通过阻断细胞中的翻译过程,保护被病毒感染的植物,它从自己的 28S rRNA 上移去腺嘌呤,杀死该细胞防止病毒的增殖。酵母细胞合成的 saracin 与篦麻毒素的作用位点相似,但它的功能还不清楚。

根据志贺毒素氨基酸序列,可以将它们分为两个组:Stx1 组包括分别由大肠杆菌溶原菌和痢疾志贺菌染色体编码的毒素及植物中的篦麻毒素;Stx2 组至今仅在大肠杆菌携带的原噬菌体中发现。通常是 Stx1 组毒素使细菌造成人类非常严重的疾病,而且水样便转向血溶尿毒症状时需要表达这种毒素,其中血溶尿毒症是导致儿童肾衰竭的头号原因。

在原噬菌体中的 *stx* 基因通常在基因组中处于两个位置,编码志贺毒素 2(Stx2) 的 φ361 噬菌体的原噬菌体基因图谱如图 9.18 所示,我们发现该基因图谱与图 9.2 中 λ 原噬菌体的基因图谱很像,说明它们亲缘关系很近,毒素基因 *stx*1 和 *stx*2 位于 Q 基因的下游,S 和 R 溶解相关基因的上游,该基因处于对应 λ 原噬菌体上的晚期基因处,从 p'_R 与其他晚期基因一同转录,所以仅当溶原菌受到诱导后,该基因才被转录。然而,志贺毒素基因在 φ361 噬菌体中还有一个较弱的 p_{stx} 启动子,它在溶原阶段也进行微弱的表达。

通过对志贺毒素的调控与分泌的掌握,我们对志贺杆菌中毒病的病原学也有了新的认识。许多 *stx* 基因都插入在 Q 基因下游,仅在诱导后期从 p'_R 启动子开始表达。一些还有自己的启动子,它们能在溶原状态下表达,有趣的是可以通过铁离子的有无来调节处于志贺杆菌染色体上的 *stx*1 基因,通常铁缺乏是真核生物环境中的一个传感信号,能开启该基因在真核生物小肠中的表达(参见第 14 章有

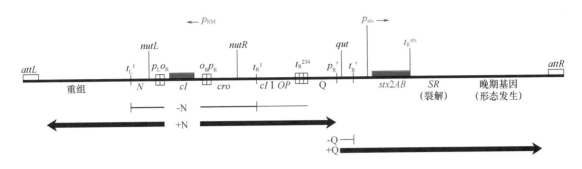

图 9.18　λ 噬菌体编码的志贺毒素

溶原性 Φ361 噬菌体基因图中毒素基因的位置。阴影表示抑制子和毒素基因在溶原状态时的表达。

关铁离子调控部分)。然而,即使合成毒素蛋白,细菌也不能将其分泌到细胞外,因为该蛋白自身不含有信号肽,宿主中其他类型分泌系统也不能帮助将它分泌到肠道外的环境中。我们猜测,它分泌到细菌外部的唯一方式是原噬菌体经诱导后被裂解释放出毒素,虽然毒素通过这种方式能够分泌到胞外,但是要以杀死细胞为代价,所以不利于噬菌体的增殖。另一种可能是一些细菌裂解和释放出噬菌体,而释放出的噬菌体又去感染正常的细菌菌群,使非致病性大肠杆菌形成溶原性菌,在非致病的噬菌体将杀死宿主细菌,如果该菌含有原噬菌体,则释放出的毒素被致病菌利用参与细菌的致病过程,最终导致溶血性尿毒症(HUS)。这就出现一个问题,采用破坏 DNA 的抗生素会诱导噬菌体的产生,有时不仅不能降低严重疾病的发生,反而帮助扩散噬菌体而增加疾病的发生。环丙沙星和类似的抗生素用于治疗由大肠杆菌引起的细菌性腹泻时,就会增加该病发展成严重 HUS 的机会。

9.5.2　白喉

白喉是一个由噬菌体携带基因产物导致疾病的典型例子,白喉棒杆菌(*Corynebacterium diphtheriae*)致病菌与非致病菌的区别是,它携带溶原性噬菌体 β 或相近的溶原性噬菌体,该溶原性噬菌体带有 *tox* 基因,编码白喉毒素(图 9.19)。白喉毒素是一种能杀死真核细胞的酶,它通过 ADP 核糖基化与 EF-2 翻译因子结合,使其失活阻断细胞中的翻译过程。β 原噬菌体上的 *tox* 基因仅当白喉棒杆菌感染宿主细胞或在类似的环境中才被转录,而且虽然 *tox* 基因在原噬菌体上,但还受到染色体基因产物的调控。有关白喉棒杆菌与 β 噬菌体的关系以及白喉毒素的作用方式和 *tox* 基因的调控参见第 14 章毒力基因的全局调控。

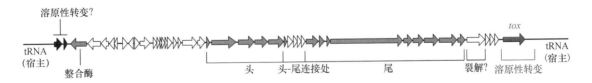

图 9.19　白喉棒杆菌中含有白喉毒素基因(*tox*)的原噬菌体基因组图谱

选择部分基因进行标注,原噬菌体位于宿主 tRNA 基因之间,其他涉及溶原性转变的基因位于原噬菌体的另一端。

9.5.3　霍乱

另一个新近发现的由噬菌体携带的毒素基因导致疾病的例子是霍乱,涉及的细菌是霍乱弧菌

(*Vibrio cholerae*),在这个例子中,毒素基因由单链丝状噬菌体 CTXφ 携带,该噬菌体的很多方面都与另一种丝状单链 DNA 噬菌体 fd 相似(第 8 章),它感染细胞时先与菌毛接触,再经 TolA、TolQ 和 TolR 通道进入细胞。该噬菌体与大肠杆菌噬菌体具有极高的相似性,fd 大肠杆菌噬菌体的 pⅢ头部蛋白区域与 CTXφ 的相应区域能互换,所以大肠杆菌噬菌体也能感染霍乱弧菌。

CTXφ 噬菌体与大肠杆菌噬菌体的不同点在于,它具有溶原性,能以原噬菌体形式存在,原噬菌体借助宿主 XerCD 重组酶,解离染色体和质粒二聚体,整合到霍乱弧菌染色体特殊细菌黏附位点,如果染色体上缺乏这个位点,原噬菌体就在细胞中以双链质粒形式存在,并以滚环复制方式复制。当整合到染色体之后,原噬菌体以串联重复存在,两个或更多的噬菌体的基因组头尾相连,之所以这样,是因为该噬菌体不能像 λ 噬菌体一样从染色体上将自己剪切下来,而是通过滚环复制的方式将自己的＋链从染色体上释放出来,然后将＋链包装到噬菌体的头部中,很像其他噬菌体中以环状复制形式生成＋链的包装。它从一个原噬菌体的滚环复制起点开始复制,直到邻近的第二个原噬菌体的复制终点合成完全的噬菌体基因组,这就解释了为什么原噬菌体必须以多重串联重复形式存在于染色体中,如果仅以单拷贝存在于染色体中,则当诱导时,只能复制该噬菌体的一部分。

霍乱毒素基因 *ctxA* 和 *ctxB* 编码另一种 AB 类型的毒素,其中 B 亚基帮助 A 亚基进入真核细胞,霍乱弧菌中分泌毒素亚基的装置是Ⅱ型分泌系统的一个例子,在第 3 章中已经提到,在第 15 章还要讲到。有趣的是位于原噬菌体上的霍乱毒素基因受到染色体 *toxR* 的调节,它同样也调节噬菌体受体位点的菌毛合成。菌毛是重要的毒力决定因素,因为它能允许细菌粘附在小肠的黏膜上,有关霍乱毒素基因的调节在第 14 章中讨论。

9.5.4　肉毒杆菌中毒和破伤风

肉毒杆菌中毒和破伤风是溶原性噬菌体编码毒素造成疾病的另一个典型例子。肉毒杆菌毒素造成肌肉无法收缩即软弱麻痹,破伤风造成肌肉持续弯曲即僵硬麻痹。因为肉毒杆菌毒素(Botox)能使肌肉松弛,所以现在其被用于治疗非自主肌肉痉挛,如面部抽搐,现在也被用于化妆品中清除由于衰老造成的面部皱纹。最近研究表明肉毒杆菌毒素和破伤风毒素的作用机制相同,尽管它们进入宿主的途径和致病后的症状不同,但它们都能在同一个神经蛋白上相同氨基酸位置处进行切割。

有些类型的肉毒杆菌毒素是由染色体或质粒所编码,而一些是由噬菌体编码,它们能在许多革兰阳性梭状芽孢杆菌中形成不稳定的溶原性噬菌体,目前 Botox 可通过从原噬菌体上克隆基因利用重组 DNA 技术合成。由于缺乏方便的操作技术,所以对这些噬菌体的测序和性质研究进展缓慢。

9.5.5　提要

现在逐渐明朗的是一些使细菌具有毒力的基因位于原噬菌体上,以上仅仅列举了几个例子,然而自有记录的人类历史开始,有许多发生在人类身上的瘟疫都与原噬菌体有关,据估计原噬菌体能合成细菌 10%～20% 的 DNA,它们通常使某个种具有不同的菌株特征,相同种的细菌,由于菌株不同导致的疾病差异很大,很大程度上取决于其中携带的原噬菌体的种类不同。为什么毒素基因和致病因子通常是由原噬菌体编码而不是染色体上的正常基因呢? 答案与为什么会在质粒上带有基因的解释相似(第 5 章)。毒素和毒力基因携带在可移动的 DNA 元件噬菌体上,可以使细菌更有利于致病性的传播,而不至于在整个种群中都携带额外的基因。另外,许多毒力蛋白都是较强的抗原,因此不需要改变宿主的免疫系统,非溶原性细菌就能侵入宿主中,仅当被噬菌体感染后才转变为致病菌。而且毒力

基因携带在噬菌体上,如果感染了非致病菌,这种非致病菌便形成溶原性细菌,毒素就会在其中被表达,最终导致非致病菌转变为致病菌。

9.6　用λ噬菌体进行的遗传学实验

早先已介绍了研究λ噬菌体及其宿主的相互作用是我们理解细胞功能的主要方法,对其具体的方法如选择性遗传学和遗传学方法没有展开阐述,下面我们将举一些采用选择遗传学分析λ噬菌体及其宿主大肠杆菌相互作用的例子,例子中实验结果帮助我们提出了前面讨论过的一些概念。在此我们没有一一叙述这些实验的每一位研究者,只是在后面的目录里列出了他们的文章,我们建议大家不要仅知道他们实验的历史重要性,而是要理解他们创造性思维对科学进展的推动作用。

9.6.1　λ溶原性噬菌体的遗传学

我们通过遗传分析理解到λ噬菌体能够形成溶原性噬菌体,λ由于免疫溶原性所以在噬菌斑中央会形成浑浊(图9.7),而不能形成溶原性的λ突变体,因为不具有免疫溶原性所以形成的噬菌斑是清晰透明的,透明噬菌斑突变体又称为 C – 型突变体,在形成溶原噬菌斑所需产物的基因上出现了突变。

互补实验可以显示出透明噬菌斑突变体多少个基因出现了突变,现在我们不探究两个突变子间是否通过互补可以增殖,而是看看通过互补它们能否形成一个溶原性噬菌体。同时用两个不同的透明噬菌斑突变体去感染细胞,再通过溶原性噬菌体应该具有的表型来观察实验结果,溶原性可以通过溶原菌对感染的免疫性来判断,溶原菌往往在噬菌体出现时也能形成菌落。其中一种实验方法如下,先将两个突变子之一与细菌混合,然后在平板上划线接菌,另一个突变体以垂直第一次划线方向划线接菌,则在划线上很少有菌落形成,因为单个的突变体不能形成溶原性细菌,然而在划线的交叉处,如果两个突变体在感染后经互补可以形成溶原性细菌从而有菌落出现。以上互补实验,发现λ透明噬菌斑突变属于三个基因组中:cI、cII和$cIII$,另外 Int 突变也将会阻止稳定溶原性的形成,尽管 Int⁻ 突变子能形成浑浊噬菌斑,是因为λDNA 没有完全整合至染色体中,将会出现短暂的免疫性。

遗传学实验还可以更进一步区分 cI、cII 和 $cIII$ 在形成溶原性中的不同作用。cII 和 $cIII$ 可以互补,所以在溶原性噬菌体中可以仅有其中之一,然而从来没有观察到 cI 单独存在的溶原性噬菌体,说明它需要其他的突变维持溶原状态,通过实验观察,我们可以得出这样的结论:cII 和 $cIII$ 在形成溶原性中是必需的,但在维持溶原性状态时就不必要了,而 CI 蛋白无论在溶原性形成还是维持阶段都是需要的。

因为它们的功能可以互补,所以 cI、cII 和 $cIII$ 突变影响的是反式作用,即溶原性形成时需要的蛋白质或 RNA。另一组突变称为 vir 突变,也能阻止溶原性的出现,发生透明噬菌斑现象,不能通过互补实验被互补,所以是以顺式作用方式作用的(第4章),vir 突变噬菌体甚至能在λ溶原性噬菌体上增殖并形成透明噬菌斑,DNA 测序发现 vir 突变后代在 o_R^1、o_R^2 和 o_L^1 上有突变,改变后的操纵子不能与 CI 抑制蛋白结合,因此阻止形成溶原性噬菌体。

9.6.2　CI 抑制子遗传学

现在已知许多蛋白是由独立功能的结构域组成,现代蛋白质学的目标之一是鉴定蛋白质的结构域从而预测蛋白质的功能。作为λ抑制子的 cI 基因产物是首先被发现具有独立结构域的蛋白,其中

的一个结构域结合在 DNA 操纵子序列上,另一个结构域结合在另一个抑制子单体上形成有活性的抑制子二聚体。通过遗传学实验发现温度敏感型突变的 *cI* 基因发生了基因内互补,证明了 CI 抑制蛋白具有独立的结构域。如第 4 章所讨论的,互补仅发生在不同的基因间,基因内发生互补只能是那个基因能编码不止一个多肽链,由它们再形成多聚体。

在 *cI* 基因中用温度敏感型突变体进行的互补实验如图 9.20 所示,将携带有一个温度敏感型突变原噬菌体的溶原细胞放置在非允许温度下培养,再用另一个不同的 *cI* 温度敏感型突变体去感染,在这样的温度下,这两个温度敏感型突变体都将被杀死,然而如果发生了互补,形成具有活性的抑制子,则一些细胞就会形成溶原细胞而存活下来。

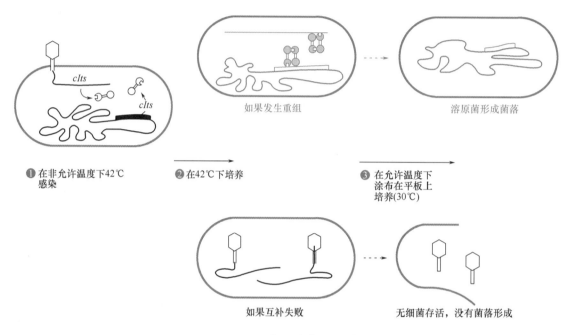

① 在非允许温度下42℃感染　　② 在42℃下培养　　③ 在允许温度下涂布在平板上培养(30℃)

如果发生重组　　　　　　　　溶原菌形成菌落

如果互补失败　　　　　　　　无细菌存活,没有菌落形成

图 9.20　λ*cI* 基因内部互补实验

实验结果明显证明 *cI* 基因间发生了互补,尤其是多肽的氨基末端和羧基末端发生互补,它们原先分别与结合 DNA 和二聚体形成有关。显然,两个肽中仅有一个 C - 端或 N - 端突变,还是可以通过互补,形成一个具有活性的抑制子,所以导致基因内互补。

9.6.3　λ*nut* 突变体的分离

在 λ 中最精细的遗传学实验是有关 λ 中的 *nut* 位点分离和对该位点的遗传作图,该实验也阐明了一些遗传选择和分析的基本原理,所以接下来对它进行详细介绍。在本章前面已经讲过 *nut* 位点的存在使我们推测出 N 蛋白是如何进行抗转录终止的。*nut* 位点(代表 N 蛋白利用位点)在 mRNA 上,是 N 蛋白在抗转录终止时,与 RNA 聚合酶结合之前必须结合的部位。因此在 *nut* 位点之一处 DNA 的编码序列发生突变,将会阻止 N 蛋白与 mRNA 的结合,从而造成转录在下一个转录终点处停止下来,阻止下游基因转录。

首先必须选择分离 *nutL* 还是 *nutR*,研究者聪明地判断出首先分离 *nutL* 要比分离 *nutR* 容易,因为 *nutL* 突变将会阻止 *cI* 以左基因的转录,而这些基因包括 *gam* 和 *red*,都不是必需基因;而 *nutR* 突变将会阻止 *cI* 以右必需基因的转录,包括 *O* 和 *P* 基因,它们都是复制所必需的(参见图 9.2 中的 λ 基因图

谱），因此噬菌体中使 *nutL* 失活，噬菌体还能存活，而使 *nutR* 失活噬菌体将会死亡，阻止了 *nutR* 的分离。即使 *nutL* 的失活不会使噬菌体致死，但该突变体还是比较稀少，所有的研究者都知道，在 DNA 中

nut 序列非常短，仅由几个碱基对组成，只有当突变改变这些碱基对之一才能使 *nut* 位点失活，所以需要一种正筛选方法才能分离到 *nutL* 突变体，即找到一种条件，使 *nutL* 突变体形成噬菌斑，而野生型不能形成。

用于分离 *nutL* 突变的正筛选如图 9.21 所示，基于野生型 λ 噬菌体不能在 P2 溶原性大肠杆菌中增殖，因为感染后 λ 的 *gam* 和 *red* 基因与 P2 原噬菌体的 *old* 基因相互作用杀死细胞，而在 *nutL* 位点上出现突变，阻止了 *gam* 和 *red* 基因的转录，所以能在 P2 溶原性大肠杆菌上形成噬菌斑。在分离时只需要将 λ 突变体形成的溶原菌涂布在 P2 原噬菌体的平板上，形成噬菌斑的即为 *nutL* 突变体。

不巧的是，在此条件下，形成噬菌斑的不止是 *nutL* 突变体，从图中可以看出 *gam* 和 *red* 基因上的点突变或者两个基因上的删除突变都将同时使 *gam* 和 *red* 基因失活，在 P2 溶原菌中增殖并形成噬菌斑。在 *gam* 和 *red* 基因上的双突变出现的几率并没有 *nutL* 突变高，因为它是两个单突变结果的累加，而在这两

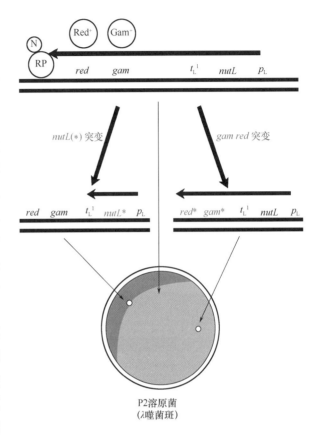

图 9.21　λ*nutL* 突变的正选择

个基因中的删除突变更容易发生，可以采用诱变剂诱变的方法降低删除突变发生的可能性，因为诱变剂通常只引起点突变。无论做了怎样的准备工作，还是要将 *nutL* 突变体与能在 P2 溶原菌中可增殖的 *gam* 和 *red* 基因突变的 λ 突变体区分开。

区分这些突变的一种方法是采用遗传图谱法，*gam* 和 *red* 突变应该在 t_L^1 终止子的左侧，而 *nutL* 应该在它的右侧（图 9.2）。λ 噬菌体的遗传图谱的绘制可以借助在大肠杆菌中的 λ*pbio* 特殊转导性噬菌体，该噬菌体的部分基因已经被大肠杆菌中部分基因取代，而且取代的末端在大多数噬菌体中已经很精确地被绘制出，如图 9.22 所示。在这个例子中，一个 Red⁻ Gam⁻ 的 λ 突变体生长在 P2 溶原菌上，与 *red* 和 *gam* 基因被 *bio* 替换的 λ 噬菌体杂交，有 Red⁺ Gam⁺ 重组子时说明造成 Red⁻ Gam⁻ 的突变一定在 *bio* 替换区域的外部。如第 11 章所讲，与发现 *chi*(χ) 位点相关，仅有 λRed⁺ Gam⁺ 重组子才能形成串联体，在 RecA⁻ 大肠杆菌中形成噬菌斑，因此即使 Red⁺ Gam⁺ 重组子出现的频率再低，可以通过在 RecA⁻ 大肠杆菌上涂布得到后代。

尽管在 t_L^1 终止子右侧的突变能使它在 P2 溶原菌中增殖，也不一定是 *nutL* 突变，其他类型的突变也能降低 *gam* 和 *red* 基因的转录，如 N 的部分突变也将降低 *gam* 和 *red* 基因的转录，允许它在 P2 溶原菌上形成噬菌斑，但它同时也能转录足够的 O 和 P 以形成噬菌斑。然而这种 N 突变也能与 *nutL* 突变区分开，因为前者是反式作用，而后者是顺式作用。确定一个突变是否是顺式作用，首先用两个不同

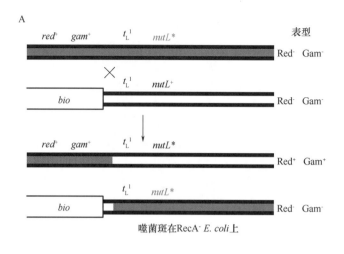

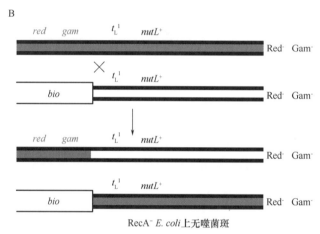

图9.22 利用λpbio 取代的噬菌体绘制 *nutL* 突变

（A）如果突变 Gam⁻ Red⁻ 具有 λ 噬菌体的表型,位于取代区域之外,例如,*nutL* 突变,则产生的
Gam⁺ Red⁺ 重组子将在 RecA⁻ 大肠杆菌中增殖 （B）如果突变位于取代区域中间,例如,*red*
gam 双突变子,将没有 Red⁺ Gam⁺ 重组子产生。图中仅给出了 *nutL*、*gam* 和 *red* 基因的区域

突变同时感染 P2 溶原菌,假设一个是 *nutL* 突变,另一个是 *gam red* 删除突变。如果 *nutL* 是潜在的顺
式作用,则该噬菌体应该在 P2 溶原菌上生长,*nutL* 突变子即使在其他 λ 噬菌体基因产物帮助下,也不
能合成 *gam* 和 *red* 基因产物。值得注意的是 *nut* 突变是采用顺式作用的,尽管它只影响 RNA 上的位
点,而不影响 DNA 上的位点,该突变仅从相同 DNA 的位点影响转录终止。

一旦 *nutL* 突变的基因图谱绘制出来,研究者就可以通过 DNA 测序,与野生型 λDNA 相应区域进
行比对,确定突变中碱基发生突变的位置,后来他们还在 *cI* 右侧发现了相同的序列,被认为是 *nutR*
（图9.5）。

9.6.4 宿主 *nus* 突变体的分离

最后要讨论的有关 λ 的遗传学实验是对宿主中 *nus* 突变的分离,该实验采用选择性遗传学手段
阐释了另外的重要概念。宿主 *nus* 突变影响了宿主 N 抗终止过程中所需的基因产物,λN 基因产物不
能独自作用,还需要宿主蛋白帮助 N 抗终止作用的完成,当宿主染色体突变影响一些蛋白表达时,将
会降低由 λN 基因产物的抗终止作用,然而宿主的 *nus* 突变很少,需要一种正选择方式分离 *nus* 突变,

这样才能降低筛选到其他比 *nus* 突变发生频率高很多的突变体。

对 *nus* 突变体筛选基于野生型 λ 噬菌体在诱导后将杀死细胞，而带有 N⁻ 突变原噬菌体的细胞在诱导后仍然存活。原因是 N 抗终止作用是合成 *P* 基因产物和其他 λ 基因所需的，这些基因产物能杀死细胞，同样 *nus* 突变能阻止 N 的抗终止，所以宿主的 *nus* 突变体在受到诱导时也将存活，因此对原噬菌体诱导也能采用正向筛选 *nus* 突变的方法。如果大肠杆菌溶原菌含有一个在 *cI* 基因上有温度敏感型突变的 λ 原噬菌体，升高温度对它进行诱导，在低温下（允许温度下）划线培养，形成菌落中的细菌中至少有一些在它们的染色体上出现了 *nus* 突变，然而如同分离 *nut* 突变，这样还不能减少对其他突变频率较高的突变体的筛选。例如，当细胞丢失原噬菌体时它能在高温下存活，为了检测这种突变的检出率，研究者选用了含有 *P* 基因的删除突变原噬菌体，它能杀死细胞但不能经诱导从染色体上剪切下来，而且该噬菌体上也有 N 突变，允许在诱导中存活下来。通过双溶原性，也即染色体上含有两个原噬菌体拷贝，在原噬菌体上的 N 突变或其他类型的突变频率将会减少。研究者推测只有在原噬菌体的两个拷贝中都出现 N 突变时，细胞才能存活，例如只有一个拷贝出现了 N 突变，细胞将不能存活，因此大大降低了突变中能存活下来的突变子。一旦筛选到存活下来的突变体，可以通过第 4 章中所讲的 Hfr 杂交和转导方法对它们进行基因图谱绘制。研究者在绘制基因图时并不关心原噬菌体插入染色体的位置以及突变在原噬菌体中发生的位置，而只关心在大肠杆菌染色体上的突变位置，这些突变被定义为染色体 *nus* 基因。以这种方式，在大肠杆菌中发现了 *nusA* 和 *nusB* 等基因，它们的基因产物在非感染宿主中表现出与转录终止和抗终止有关。

小结

1. 一些噬菌体以原噬菌体形式存在于细菌中形成溶原性噬菌体，携带有原噬菌体的细菌被称为溶原菌，在溶原菌中，绝大多数噬菌体基因产物与维持原噬菌体状态有关。原噬菌体 DNA 既可以整合至染色体中，也可以像质粒一样自主复制。

2. 大肠杆菌中的 λ 噬菌体是典型的溶原性噬菌体，通常将发现的其他类似噬菌体与它进行比较研究。

3. λ 噬菌体通过抗终止蛋白 N 和 Q，对早期转录进行调节，这些蛋白与 RNA 聚合酶结合使其能够通过转录终止位点继续转录。

4. N 蛋白在与 RNA 聚合酶结合之前，首先必须与 mRNA 上的 *nut* 序列结合，另一些宿主蛋白 Nus 蛋白也要帮助 N 蛋白与 *nut* 的结合。RNA 聚合酶与 N、NusA、NusB、NusE 和 NusG 结合后，就能通过转录终止子在右侧转录 *O*、*P* 和 *Q* 基因，在左侧转录 *red*、*gam* 和 *int* 基因。至少有一些 Nus 蛋白在宿主中涉及转录终止和抗终止。

5. Q 蛋白允许 RNA 聚合酶通过一个终止位点转录晚期基因，如噬菌体的头、尾和裂解基因，RNA 聚合酶首先合成一小段 RNA，然后停止。Q 基因产物必须先结合至 DNA 启动子附近的 *qut* 序列上，才能结合到 RNA 聚合酶上，允许噬菌体晚期基因转录。

6. 在噬菌体头部，λ 噬菌体 DNA 为线形，具有短的单链 5′ 末端，称为 *cos* 位点或黏性末端，因为它们序列互补，所以当它们进入细胞后，*cos* 位点碱基配对就可以形成环状分子，然后噬菌体 DNA 以环状复制一段时间，然后转入滚环复制模式，形成许多以基因组长度为单位的 DNA 串联体，它们都是 *cos* 位点首尾相连而成。

小结(续)

7. λ 噬菌体 DNA 的包装仅从串联体开始而不会将整个长度的基因组全部包装起来,包装首先从一个 *cos* 位点开始,待碰到串联体中的下一个 *cos* 位点时才停止,包装用的串联体是通过滚环复制或单长度环的重组形成的。

8. λ 噬菌体是否能进入溶原状态,主要取决于 *cII* 基因产物和噬菌体裂解基因产物的竞争,*cII* 基因产物是一种转录激活子,在感染细胞后激活 *cI* 和 *int* 基因的转录,*cI* 基因产物是一种抑制子,阻断处于原噬菌体状态的 λ 噬菌体绝大多数基因转录,而 *int* 基因产物是位点特异性重组酶通过促进在噬菌体上的 *attP* 位点与染色体上 *attB* 位点间的重组,将 λ DNA 整合至细菌基因组中。

9. CI 抑制子蛋白是由 *cI* 基因编码的相同多肽组成的均一二聚体,它能与 *cI* 基因两侧的操纵子 o_R 和 o_L 结合,阻断从 p_R 和 p_L 转录 *cI* 基因。

10. 溶原状态下抑制子是通过三个抑制子在 o_R 位点的结合达到对自身合成的调节。这三个位点为 o_R^1、o_R^2 和 o_R^3,是以与抑制子的亲和性顺序命名的,抑制子首先结合在 o_R^1 上阻断从 p_R 的转录;在较高浓度时,抑制子也与 o_R^2 结合激活对 *cI* 基因的转录,在更高浓度时,抑制子与 o_R^3 结合然后与 o_L^3 结合形成四聚体,弯曲 DNA,阻止更多抑制子形成。一个基因产物具有调节自身合成的能力,我们称之为自主调节。

11. 宿主 DNA 受到损伤后,λ 原噬菌体将会被诱导产生噬菌体。宿主 DNA 损伤后,单链 DNA 积累并与宿主的 RecA 蛋白结合,激活其活性。被激活的宿主 RecA 蛋白导致 λ 抑制子蛋白从自身 DNA 结合区域与形成二聚体结构域中间切开,使其不再形成二聚体而具有活性。λ DNA 的剪切过程基本上与整合过程相反,但在剪切过程中,同时需要 *int* 和 *xis* 基因产物的参与,因为需要在原噬菌体两端的 *attP* – *attB* 部分发生重组。

12. 当 λ DNA 剪切时,将邻近的细菌 DNA 剪切下来包装,形成转导性颗粒,虽然很少发生,但有时也会出现,这种类型的转导称为特异性转导,因为仅有与原噬菌体插入序列相近的细菌基因才能被转导。

13. 溶原性噬菌体通常作为克隆载体很有用,克隆的细菌基因在原噬菌体中往往只有两个拷贝,一个在染色体的正常位置,另一个在 *attB* 位点的原噬菌体上,如果原噬菌体受到诱导后,就会形成大量克隆 DNA。

14. 溶原性噬菌体通常带有对细菌来说有毒的基因,这些毒素的例子包括溶血性尿毒综合征(HUS)、白喉、肉毒杆菌中毒、猩红热、霍乱和毒素休克症。

💡 思考题

1. 为什么 λ 原噬菌体在侵染之后还处在溶原性阶段时,就立刻利用不同的启动子转录 *cI* 阻遏蛋白基因?

2. 为什么噬菌体 DNA 整合到染色体只需一种 Int 蛋白,而将噬菌体 DNA 从染色体上切除下来,却需要 Int 和 Xis 两种蛋白?为什么不仅仅采用与 Int 类似的蛋白用于原噬菌体的剪切?

3. 含有毒素和其他毒性基因的 moron 是如何转移至噬菌体之上的?噬菌体获得 moron 的选择

压力是什么? moron 来自于哪里?

4. 为什么一些类型的原噬菌体,只有在同种类型的噬菌体侵染时,才被诱导? 其主要功能如何?

5. P4 是噬菌体还是基因岛? 这两种类型的 DNA 元件如何区分?

❓ 习题

1. 因为改变了操纵基因序列,而不再受抑制的约束,因此有 *vir* 突变的 λ 噬菌体形成清晰的噬菌斑。如何确定你分离的一个能形成清晰噬菌斑的突变体,是 *vir* 突变,而不是 *cl*、*cl* I 、*cl* II 三个基因突变中的任何一个?

2. λ 噬菌体在半乳糖利用基因(*gal*)和另一端的生物素合成基因(*bio*)之间的区域整合进细菌染色体。如果已分离到携带大肠杆菌 *bio* 操纵子的 HFT 菌株。预期转导噬菌体能否形成噬菌斑? 为什么?

3. *vir* 突变改变了操纵子序列,预计在 o_R^1 和 o_L^1 位点有 *vir* 突变的 λ 噬菌体,在 λ 溶原体上是否会形成噬菌斑? 为什么?

4. λ 特异性转导颗粒的 DNA 通常整合已经存在的原噬菌体上或其临近的位置。根据这两种整合方式,绘出你所预期的结构,注意表示两个噬菌体末端的 *att* 位点结构,并考虑在这两个结构中,是否需要 Int 和 Xis 来剪切噬菌体? 你采取什么实验验证其结构是否是特殊的双溶原菌?

5. 为什么有时可以得到 λ 噬菌体 *cl* 基因两个温度敏感型突变的基因内互补,但决不可能在两个琥珀(UAG)突变之间得到?

6. λ CI 阻遏蛋白必须形成二聚体才能发挥功能。怎么利用这点鉴定另外一种蛋白质(如 LacZ) ,存在二聚化所需的区域?

7. 从污水中分离到一个 P2 噬菌体的亲缘种,用大肠杆菌作为指示菌,怎样确定 P4 噬菌体是否可以寄生(即成为卫星病毒)于这个 P2 噬菌体的亲缘种中?

📑 推荐读物

Brussow,H. , C. Canchaya, and W. D. Hardt. 2004. Phages and the evolution of bacterial pathogens:from genomic rearrangements to lysogenic conversion. Microbiol. Mol. Biol. Rev. 68: 560 –602.

Cairns,J. , M. Delbruck, G. S. Stent, and J. D. Watson. 1966. Phage and the Origins of Molecular Biology. Cold Spring Harbor Laboratory Press,Cold Spring Harbor,N. Y.

Calendar,R. L. (ed.). 2005. The Bacteriophages,2nd ed. Oxford University Press,New York, N. Y.

Casjens,S. 2003. Prophages and bacterial genomics:what have we learned so far? Mol. Microbiol. 49:277 –300.

Court,D. L. ,A. B. Oppenheim,and S. L. Adhya. 2007. A new look at bacteriophage λ genetic networks. J. Bacteriol. 189:298 –304.

Echols,H. , and H. Murialdo. 1978. Genetic map of bacteriophage lambda. Microbiol. Rev. 42:

577 –591.

Freeman, V. J. 1951. Studies on the virulence bacteriophage infected strains of *Corynebacterium diphtheriae*. J. Bacteriol. 61:675 –688.

Friedman, D. I., M. F. Baumann, and L. S. Baron. 1976. Cooperative effects of bacterial mutations affecting λ N gene expression. Virology 73:119 –180.

Heilpern, A. J., and M. K. Waldor. 2003. p Ⅲ CTX, a predicted CTX φ minor coat protein, can expand the host range of coliphage fd to include *Vibrio cholerae*. J. Bacteriol. 185:1037 –1044.

Hendrix, R. W., J. W. Roberts, F. W. Stahl, and R. A. Weisberg (ed.). 1983. Lambda Ⅱ. Cold Spring Harbor Laboratory Press, Cold Spring Harbor, N. Y.

Johnson, L. P., M. A. Tomai, and P. M. Schlievert, 1986. Bacteriophage involvement in group A *Streptococcal* pyrogenic exotoxin A production. J. Bacteriol. 166:623 –627.

Juhala, R. J., M. E. Ford, R. L. Duda, A. Youlton, G. F. Hatfull, and R. W. Hendrix. 2000. Genomic sequences of bacteriophages HK97 and HK022: pervasive mosaicism in the lambdoid phages. J. Mol. Biol. 299:27 –51.

Kahn, M. L., R. Ziermann, G. Deho, D. W. Ow, M. G. Sunshine, and R. Calendar. 1991. Bacteriophage P2 and P4. Methods Enzymol. 204:264 –280.

Kobiler, O., A. Rokney, N. Friedman, D. L. Court, J. Stavans, and A. B. Oppenheim. 2005. Quantitive kinetic analysis of the bacteriophage λ genetic network. Proc. Natl. Acad. Sci. USA 102: 4470 –4475.

Li, J., R. Horwitz, S. Mccracken, and J. Greenblatt. 1922. NusG, a new *Escherichia coli* elongation factor of phage λ. J. Biol. Chem. 267:6012 –6019.

Lieb, M. 1976. Lambda cl mutants: intragenic complementation and complementation with a cl promoter mutant. Mol. Gen. Genet. 146:291 –297.

Livny, J., and D. I. Friedman. 2004. Characterizing spontaneous induction of Stx encoding phages using a selectable reporter system. Mol. Microbiol. 51:1691 –1704.

Lwoff, A. 1953. Lysogeny. Bacteriol. Rev. 17:269 –337.

McLeod, S. M., H. H. Kimsey, B. M. Davis, and M. K. Waldor. 2005. CTX φ. and *Vibrio cholerae*: exploring a newly recognized type of of phage – host cell relationship. Mol. Microbiol. 57:347 –356.

Moyer. K. E., H. H. Kimsey, and M. K. Waldor. 2001. Evidence for a rolling circle mechanism of phage DNA synthesis from both replicative and integrated forms of CTXφ. Mol. Microbiol. 41: 311 –323.

Nickels, B. E., C. W. Roberts. H. I. Sun, J. W. Roberts, and A. Hochschild. 2002. The CTX λ σ^{70} subunit of RNA polymerase is contacted by the λ Q antiterminator during early elongation. Mol. Cell 10:611 –622.

Ptashne, M. 2004. A Genetic Switch: Phage Lambda Revisited, 3rd ed. Cold Spring Harbor Laboratory Press, Cold Spring Harbor, N. Y.

Salstrom, J. S., and W. Szybalski. 1978. Coliphage λ nutL: a unique class of mutations

defective in the site of N product utilization for antitermination of leftward transcription. J. Mol. Biol. 124:195 –222.

Schiavo,G. , F. Benfenati, B. Poulain, O. Rossetto, P. Polverino de Laureto, B. R. DasGupta, and C. Montecucco. 1992. Tetanus and botulinum – B neurotoxins block neurotransmitter release by proteolyic cleavage of synaptobrevin. Nature(London)359:832 –835.

Sunagawa, H. , T. Obyama, T. Watanabe, and K. Inoue. 1992. The complete amino acid sequence of the *Clostridium botulinum* type D neurotoxin, deduced by nucleotide sequence analysis of the encoding phage d –16φ genome. J. Vet. Med. Sci. 54:905 –913.

Svenningsen,S. L. , N. Constantine, D. L. Court, and S. Adhya. 2005. On the role of Cro in λ prophage induction. Proc. Natl. Acad. Sci. USA 102:4465 –4469.

Wanger,P. L. , M. N. Neely, X. Zhang, D. W. K. Acheson, M. K. Waldor, and D. L. Friedman. 2001. Role for a phage promoter in Shiga toxin 2 expression from a pathogenic *Escherichia coli* strain. J. Bacteriol. 183:2081 –2085.

Waldor,M. K. , D. I. Friedman, and S. L. Adhya(ed.). 2005. phages:Their Role in Bacterial Pathogenesis and Biotechnology. ASM Press,Washington,. D. C.

Waldor,M. K. ,J. J. Mekalanos. 1996. Lysogenic conversion by a filamentous phage encoding cholera toxin. Science 272:1910 –1914.

转座、位点特异性重组和重组酶家族

重组是将原先的 DNA 分子切断,重新连接成新的重组分子,在同源重组中,这种方式是细胞中最常见的重组方式,切断和连接分子仅发生在相似或相同序列上,也即 DNA 通过碱基互补配对进行同源重组。然而另一种非同源重组,不依赖 DNA 序列间同源性,有时由于酶的作用错误地将 DNA 分子切断后再连接起来进行重组,如拓扑异构酶(第 2 章)。另一些非同源重组并不是错误地切断和连接,而是由特殊的酶促使非同源序列间发生重组。本章列举细菌中一些非同源重组的例子,包括通过转座子转座、原噬菌体和其他 DNA 元件在细菌中整合与剪切的位点特异性重组、反向序列颠换以及在解离酶作用下对共整合的解离。近来有证据显示在非同源重组中行使不同功能的酶具有很多共同特征。

10.1　转座

转座子是可以跳跃或转移的 DNA 元件,能从 DNA 的一处移动到另一处。可转座元件首先由 McClintock 在 19 世纪 50 年代在玉米中发现,在约 20 年后又由别人发现细菌中也有转座子,现在知道转座子存在于地球上包括人类在内的所有生物中,事实上人类基因组计划的研究结果显示几乎人类基因的一半都可能是转座子。靠转座子进行的基因移动称为转座,促进转座的酶称为转座酶,通常转座子本身编码自己的转座酶,所以转座子能够在任意时间跳跃,转座子又称为跳跃基因。

并不是所有可以移动的 DNA 元件都是真正的转座子,如

归巢 DNA 元件,它包括一些可移动 RNA 和蛋白质内含子。通过内切核酸酶在 DNA 的固定位点将双链 DNA 切开,然后通过同源重组将这些归巢基因插入到切断的位点,目标是修复 DNA 双链上的缺口。在归巢基因移动过程中并不需要特殊的转座酶,而且这些 DNA 元件只能移动到别处缺少同样序列的地方,归巢内切核酸酶将在第 11 章中讲到。

真正的转座子也要与反转座子区分开,之所以这样称它,是因为它像 RNA 反转录病毒,具有 DNA 中间体,先是在一个区域合成 RNA,然后在反转录酶作用下复制成 DNA,该 DNA 中间体通过与转座相同或不同的方式将 DNA 中间体整合至别的位置,尽管反转座子在细菌中的例子并不多,但在真菌中很多。

虽然转座子可能在地球上所有的生物中存在,但它们在细菌中的研究最深入,而且它对生物进化起到很重要的作用。转座子或许可以提供将基因导入细菌的一种方法,在 DNA 无任何同源性情况下,可以将之从一种细菌中转移至另一种细菌的染色体上,在不同属细菌中发现的转座子可能比较相近,这说明转座子在不同细菌中是在某种共同调节机制下移动的。如前面章节中所述,转座子在滥交质粒转移或转导性质粒转导过程中进入到其他细胞中,一些转座子自身还具有接合性,能被诱导形成噬菌体。

10.1.1　转座概述

转座的净结果是转座子出现在不同于原先位置的 DNA 上,许多转座子从一个 DNA 上剪下来,然后插入到另一个 DNA 上(图 10.1)。但是另一种转座子是将自己拷贝下来,然后插入到其他位置,不论哪种类型的转座子,提供转座子的称为供体 DNA,跳入的 DNA 称之为靶或受体 DNA。

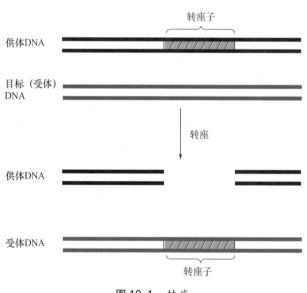

图 10.1　转座

在所有转座过程中,都是转座酶在供体 DNA 上转座子末端切开,然后将其插入靶 DNA 上,具体过程是不同的,在转座过程中,一些转座子保持独立存在于 DNA 中,但是更多的转座子是在转座前后,与 DNA 分子中的两翼接合而存在,在本章后面,我们将介绍不同的转座类型模型。

转座必须是严格调控的,而且发生几率不高,否则细胞的 DNA 将会充满转座子产生许多有害的影响。转座子已经进化成具有非常精细的调控机制,所以转座不经常发生,而且不会杀死宿主细胞,

我们在后面讲到具体的转座子时再介绍这些机制。根据转座子的不同,转座频率从10^3代发生一次到10^8代发生一次不等,因此转座子跳入一个基因使其失活的几率并不比其他类型突变使基因失活的频率高。

10.1.2　细菌转座子结构

细菌转座子有许多不同类型,一些较小的转座子长度约1000bp,仅带有促进和调节转座子在DNA上移动的转座酶和调节基因,大型转座子可能还带有其他抗性基因。

在至今鉴定的细菌转座子中,除了滚环转座子外,其他所有的转座子均含有反向重复序列(图10.1),在第2章中已经讲过,反向重复序列是一条链上的一个区域的5′-3′方向的核苷酸顺序与相对链的5′-3′方向的核苷酸顺序相同或相近。

另一个共同特征是,也是滚环转座子除外,在靶DNA上会出现短的同向重复序列,能将转座子夹在中间(图10.2),通常重复序列一般是在同一条链相同方向上具有相同或几乎相同的核苷酸序列,如图10.2所示,靶DNA起先在转座子插入位置仅含有一个同向重复序列拷贝,当转座子插入时,该序列被复制。绝大多数转座子能插入到DNA的许多位置,所以几乎没有靶序列专一性,因此在靶序列中插入转座子的位点处会有不同数目的重复序列,重复序列个数差异很大,然而,每个转座子中的重复碱基对具有自己的特征,一些仅含有3bp重复碱基对,有些则有9bp重复碱基对,下面在讲到转座的分子模型时还要讲到这些重复序列。

10.1.3　细菌转座子类型

尽管许多不同种属细菌转座子都相关,但每种类型的细菌还是拥有自己独特的转座子,下面我们介绍一些常见的转座子类型。

10.1.3.1　插入序列元件

最小的细菌转座子称为插入序列(IS)元件,这类转座子通常仅有750~2000bp,不编码或仅编码促进转座的转座酶。

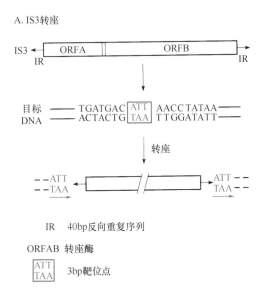

A. IS3转座

IR　40bp反向重复序列

ORFAB　转座酶

ATT / TAA　3bp靶位点

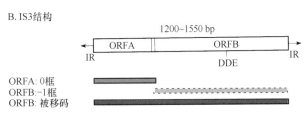

B. IS3结构

ORFA: 0框
ORFB: -1框
ORFB: 被移码

图10.2　插入序列 IS3 元件结构及其相关家族成员

插入序列元件 IS3 的结构及其相关家族成员。

(A)反向重复序列用箭头表示,3bp 靶序列转座后被复制以框标出。ORFA 和 ORFB 编码转座酶的 N 和 C 末端。转座酶在不同的阅读框中被翻译出来,本身并没有活力　(B)程序化的 -1 移码使 ORFA 和 ORFB 处于同一阅读框中,合成具有活力的转座酶。IS3 转座酶的 C 末端含有该类型转座酶 DDE 特征性基序

因为 IS 元件不带可选择性基因,所以仅当它跳入一个基因并使基因失活时才被发现。第一个被发现的 IS 元件是 *gal* 突变,因为它与其他已知突变都不相同,该突变是一种删除突变,与一般的删除突变不同,它能回复突变,但回复突变的频率低于碱基改变或移码突变的频率。这种反常的 *gal* 突变

具有非常强的极性,能阻止下游基因转录(第 3 章)。后来发现这种突变是因在 *gal* 基因中插入 1000bp 左右 DNA 片段引起的,而且插入序列并不是任意的 DNA 片段,而是极少数序列中的一些。

　　最先在大肠杆菌中中发现了四种 IS 元件,IS1、IS2、IS3 和 IS4,绝大多数大肠杆菌中 K - 12 菌株中含有 6 个 IS1 拷贝、7 个 IS2 拷贝和少量其他的拷贝。几乎所有细菌中都含有 IS 元件,而且在不同种细菌中含有自己特定的 IS 元件,尽管有时会发现相关的 IS 会在不同细菌中出现,至今在细菌中已经发现近千种 IS 元件。质粒有时也携带 IS 元件以 Hfr 菌株形式存在,而且质粒本身也是由 IS 元件组装而成的(第 6 章)。

　　IS3 的结构与如何编码转座酶如图 10.2 所示,除了在它的末端具有反向重复序列外,还有两个开放阅读框(ORFA 和 ORFB),开放阅读框 ORFB 是 ORFA 相对移动 -1 单位形成的,而且 -1 的移码框是已经定好的,这样能合成融合蛋白 ORFAB,它是具有活力的转座酶,在移码还未出现时,由 ORFA 合成的小的蛋白质对转座酶基因进行调节。在靶 DNA 上复制的靶位点序列,也即 IS3 插入位点,是一个长仅为 3bp 序列,如前所述,这段同向重复序列的长度是它的特征,由每个转座子的类型决定。

　　尽管最初 IS 元件仅在基因中跳跃产生可观察的表型变化时才被发现,现在可以以克隆细菌 DNA 作为探针,通过杂交实验发现 IS,或在基因组测序时发现它们。

10.1.3.2　复合型转座子

　　有时两个相同类型的 IS 元件组成一个更大的转座子,称为复合型转座子,用来将其他基因夹在中间。图 10.3 中显示了 3 个复合型转座子:Tn5、Tn9 和 Tn10,Tn5 由卡那霉素(Kan^r)和链霉素抗性(Str^r)基因夹在 IS50 中构成,Tn9 由两拷贝 IS1 将氯霉素抗性(Cam^r)基因夹在中间构成,Tn10 由 IS10 夹着四环素抗性(Tet^r)基因构成,两个用来夹其他基因的 IS 元件在 Tn9 中同向排列,而在 Tn5 和 Tn10 中反向排列。

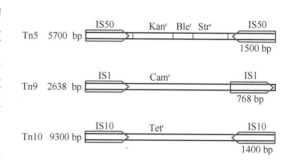

图 10.3　一些复合型转座子的结构

常用的卡那霉素抗性基因 Kan^r 和氯霉素抗性基因 Cam^r 分别来自 Tn5 和 Tn9。有活力的转座酶基因位于两个 IS 元件中之一。IS 元件可以是相同方向也可以是相反方向排列(箭头所示)。Str^r 是编码链霉素抗性的基因,Tet^r 是编码四环素抗性基因,Ble^r 是编码博来霉素抗性基因。

　　(1)外端转座　复合型转座子转座如图 10.4 所示,只要转座酶作用在两个末端,每个 IS 元件都能独立转座,然而因为所有复合型转座子 IS 元件末端相同,由 IS 序列编码的转座酶能够识别 IS 的任意末端,当转座酶作用在复合型转座子两个最远末端时,这两个 IS 元件就可以以一个单位与其中间的基因共同转移,我们把最远端反向重复的两个 IS 元件末端称为外端。

　　两个 IS 元件并不是完全自主地形成复合型转座子,因为在一个元件上的转座酶基因会发生突变,所以只有 IS 元件的其中之一编码有活力的转座酶,然而这种转座酶能作用于外端,促进复合型转座子发生转座。

　　(2)内端转座　由复合型转座子中之一的 IS 元件编码的转座酶也能作用在两个 IS 元件的内端,如果这两个 IS 元件靠得非常近,估计内端转座和外端转座发生的几率相同,但它们导致的结果极为不同。

　　在 Tn10 中首先证明内端重组有可能形成新的复合型转座子,在该实验中,将 Tn10 插入到带有复

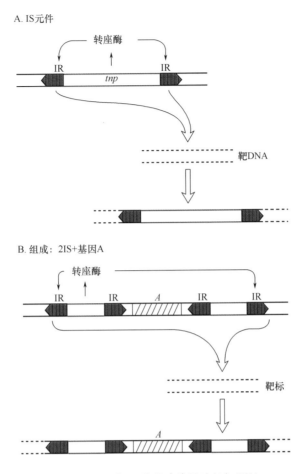

A. IS元件

转座酶

IR　　　　IR

tnp

靶DNA

B. 组成：2IS+基因A

转座酶

IR　　IR　　*A*　　IR　　IR

靶标

A

图10.4　两个 IS 能转座其间的任何 DNA

制起点 *ori* 和氨苄青霉素抗性基因（Amp^r）质粒中，质粒作为 DNA 供体，如图 10.5 所示，IS10 元件发生外端转座，则将 Tn10 与四环素抗性基因转移到另一个 DNA 中，然而，转座如果从内端开始，则会制造出带有 Amp^r 和复制起点（*ori*）的新转座子，如果新的复合型转座子跳跃至没有复制功能的靶 DNA 上，则赋予该靶序列复制能力。在本实验中采用在复制基因 *O* 和 *P* 上具有琥珀突变的 λ 噬菌体，去感染琥珀抑制细胞，该细胞含有新转座子的供体质粒。然后将后代噬菌体涂布在不含琥珀抑制子的宿主上，在该宿主中，噬菌体不能以 λ 的复制起点复制，因为该复制起点上具有琥珀突变，然而任

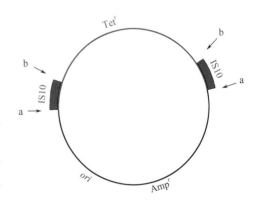

图10.5　在复合型转座子中，要么在 IS 外侧，要么在其内侧被用于转座

何转座子转入的噬菌体，可以利用质粒复制起点复制。正如所料，一些形成噬菌斑的噬菌体确实含有新的复合转座子，所以说 Tn10 内端的 IS10 元件必定用于转座。

　　内端转座还能导致在同一个 DNA 靶点附近发生删除和颠倒（图 10.6），也即在插入转座子的起始位点和要转座的位点将发生删除和颠倒，至于是哪一种要取决于 IS 元件的内端是如何与靶 DNA 连接的。如果内端 DNA 在接合之前互相交换，邻近序列将会被颠倒，如果不交换，邻近序列将会被删除。

如图10.6所示,无论邻近的DNA上发生了什么,在复合型转座子上IS元件间的DNA都将被删除,因此这些基因重组往往伴随复合型转座子上抗性基因丢失,这又被用来对复合转座子进行筛选。举例来说,有一种筛选对四环素敏感的大肠杆菌的方法,这株菌中含有Tn10转座子,绝大多数四环素敏感菌在Tn10元件插入位点附近发生DNA删除或颠倒,假设内端转座与复合型转座引起的可观察到的DNA不稳定性有关。为了避免基因重排的发生,一些复合型转座子具有避免发生内端转座机制,一个例子是Tn5转座子中,在反向重复序列的内端腺嘌呤发生甲基化,使之不易被转座酶识别。

(3)通过IS元件组装质粒 在任何时候只要两个相同类型IS元件跳跃到同一个DNA上很近的位置,就会形成一个复合型转座子,尽管这个转座子还没有进化为具有所谓转座子的确定结构,但IS元件还是能对夹在其间的DNA进行转座,于是由IS夹着的基因盒就会从一个DNA分子转移至另一个分子上。

许多质粒似乎就是由这样的基因盒组装而成,图10.7中展示了常见质粒带有许多抗生素抗性基因,这些质粒原先称之为R质粒,因为它赋予宿主菌许多抗生素抗性(第5章)。注意质粒中的抗性基因也是由相同的IS元件夹着,IS3两侧有四环素抗性基因,而IS1夹着四环素抗性基因使其对许多抗生素具有抗性。显然自然界中的质粒是由夹在IS元件的抗性基因跳入其他质粒DNA中形成的。原则上任何两个相同的转座子可以用相同的机制移动夹在其间的DNA,但是由于IS是最常见的转座子,所以在每个细胞中存在不止一个IS拷贝,它们在质粒的组装中起重要作用。

10.1.3.3 非复合型转座子

复合型转座子并不是唯一携带抗性基因的转座子,抗性基因也可以是转座子中被整合的一部分,即非复合型转座子(图10.8),它们被短的反向重复序列夹着,是很小的可转移单位。尽管非复合转座子不具有IS序列的完整末端,不能发生内端转座,但是它们仍然能够使邻近的染色体DNA发生

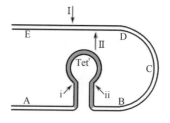

❶ 双链DNA在Tn10内侧断裂

❷ 在靶DNA上产生黏性末端断裂（Ⅰ、Ⅱ）

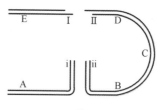

❸ Tet'基因被破坏

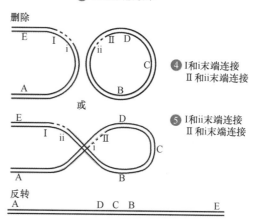

❹ Ⅰ和i末端连接
Ⅱ和ii末端连接

或

❺ Ⅰ和ii末端连接
Ⅱ和i末端连接

图10.6 复合型转座子导致的DNA重排

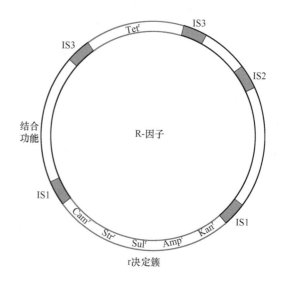

图10.7 R质粒带有许多抗性基因,
可以由IS元件组装

重排,因为它们是采用复制机制进行转座而且在转座期间转座子末端仍然与染色体 DNA 两侧相连。以这种转座子转座的也能使相同 DNA 分子中供体和受体部位 DNA 间发生重排,这也是靶序列为什么表现出免疫性的原因。

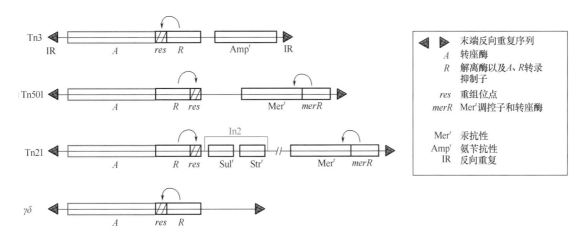

图 10.8　一些非复合型转座子的例子

非复合型转座子从序列和结构来看似乎分属于许多不同的家族,而且各家族间有相互关联,有趣的是不同转座子家族成员,最明显的是 Tn21 家族,尽管它们几乎相同但它们携带不同的抗性基因(图 10.8)。这主要是因为抗性基因以一个盒的形式整合到转座子上,原先存在于基因组上的这个抗性盒被剪下后形成环状,然后整合至转座子的 att 位点,就如同利用整合酶将其整合至溶原性噬菌体上一样,这些抗性盒整合至插入元件中是细菌获得对各种抗生素抗性的主要方法。事实上,20 世纪 50 年代早期在日本第一个被发现的致病菌多重抗药性是由于通过插入元件获得 Tn21 转座子带来的多重抗性造成的。以上抗性盒插入 Tn21 转座子是许多抗性基因以超整合子(SIs)存贮于染色体中的普遍现象,然后单个抗性盒就可以插入到可移动的质粒等元件中。

10.1.4　转座分析

要研究转座必须要有研究方法,插入元件的发现是由于它们在基因中跳跃时会使基因突变,但由于转座突变频率较低,所以用这种方法将转座突变与其他的大量突变区分开,比较费力,很不方便。如果转座子中含有抗性基因,分析转座子的工作就会容易一些,但我们怎么能够知道转座子进入细胞? 细胞的抗生素抗性与转座子的插入位置关系不大,也即转座子从一个地方跳到另一个地方,细胞的抗性水平没有多大区别,显然对转座的检测还需要特殊的方法。

10.1.4.1　自杀载体

利用自杀载体是分析转座的一种方法,包括质粒、噬菌体在内的任何 DNA,只要在特殊宿主中不能复制就可以将其用作自杀载体,称为自杀载体的 DNA 进入细胞后不能复制,基本上会将自己杀死。用自杀载体分析转座子时,我们先将带有抗生素抗性基因的一个转座子导入适当的宿主中,如果是噬菌体,用转染的方法导入,如果是质粒,用接合的方法导入,可根据自杀载体的不同来源选择导入方法,不论采用什么方法,都需要保证高效性,因为转座发生的几率较低。

一旦当自杀载体在细胞中保持不复制状态,它就会逐渐被丢失。转座子要幸存下来,并赋予细胞抗生素抗性的唯一途径是,它跳到细胞中另外的能自主复制的 DNA 分子,如质粒或染色体上。因此,

我们研究的细胞涂布在含有抗生素琼脂平板上培养,有菌落出现,就说明有抗生素抗性细菌繁殖,发生了转座,也即这些细胞通过转座子被诱变,转座子已经跳到细胞染色体或质粒的 DNA 分子上,导致插入突变。

(1)自杀性噬菌体载体　一些 λ 的衍生噬菌体被改造成自杀载体,这些载体由于在复制基因 O 和 P 中出现了无义密码子,所以在无抑制宿主中无法复制,它的 $attP$ 黏附位点也被删除,所以不能整合至宿主 DNA 中,这种 λ 能在带有无义抑制子的大肠杆菌中繁殖,而在非抑制大肠杆菌中不能复制和整合,由于 λ 宿主范围较窄,所以该自杀载体只能在大肠杆菌 K – 12 中使用。

(2)自杀性质粒载体　在转座出现时只要质粒克隆载体不能在细胞中复制,就可以被用作自杀载体。将含有抗性基因转座子的质粒在一个能复制的宿主中繁殖,然后转入不能复制的细胞中,理论上来说,任何在质粒复制所需基因上发生的条件致死突变、无义突变或者温度敏感型质粒都能用作自杀载体,该质粒能在允许的宿主或者允许条件下繁殖,然后转入非允许宿主或在非允许条件下转入同一个宿主中,这取决于突变种类。还有一种方法就是能利用窄宿主范围质粒,它能在一种宿主中增殖,而在其他不同种的宿主中不能增殖。

许多通用的转座研究方法基于对滥交自主转移质粒的应用,因为它通过接合方式转入宿主的效率较高,在某些条件下,几乎达到100%。如果质粒中转座子含有 mob 区域,它就可以通过自主转移的 Tra 功能跳跃到受体细胞中(第 6 章),这种方法在革兰阴性菌中得到了很好的开发,因为利用了革兰阴性菌中自主转移质粒极端滥交特性,它们几乎能转入任何革兰阴性菌中。如果可移动质粒具有较窄宿主范围,那么它进入新宿主中就能复制,逐渐被丢失,ColE1 衍生质粒就属于这种情况,在它上面已经转入了 mob 转座子,由于它只能在大肠杆菌中复制,所以可作为自杀载体用于其他革兰阴性菌。这样转座子的跳跃就可以通过它所携带的选择基因进行分析,如抗生素抗性基因仅当转座子跳至其他复制子中才可以在受体宿主中表达。一些类型的转座子具有很宽的宿主范围,所以转座子或许能够跳跃到几乎任何受体细菌中,这些将在本章后面部分讲到。

10.1.4.2　对转座的交配分析

转座也能通过基于接合的交配进行分析,在这种分析中,转座子在非转移质粒或染色体上,除非它跳至可转移的质粒上,否则不能转移到其他细胞中。图 10.9 中给出了在大肠杆菌中进行的交配分析实验,带有四环素抗性基因转座子 Tn10 被插入到一个既不能自主转移又不能被转移的小质粒上,用该质粒转化含有 F 质粒的较大质粒。当细胞生长时,转座子可以从小质粒跳至 F 质粒上,然后将这些细胞与具有链霉素抗性的受体细胞混合,任何带有转座子的 F 质粒也会将转座子带入新细胞中,赋予它四环素抗性,因此可以通过在含有四环素的琼脂平板上筛选转座子,通过链霉素平板反向筛选供体菌。

在交配分析中抗生素抗性接合转化子的获得还不能确切地说明发生了转座,有些并不需要转座子转入更大的自主转移质粒才具有抗生素抗性。含有转座子的较小质粒有时会借助更大的质粒转移,或者通过重组或共整合与较大质粒融合,所以选取一些代表性的接合转化子,采用限制性酶切和 Southern 杂交方法验证是否它们仅含有被转座子插入的较大质粒。

10.2　转座机制

可以采用分子遗传学通用的分析过程来描述转座子如何移动。首先对挑选到的某个转座子进行遗传分析,鉴定其基因产物和 DNA 序列,以期获得转座子转座的完整概貌。然后再深入到分子水平,

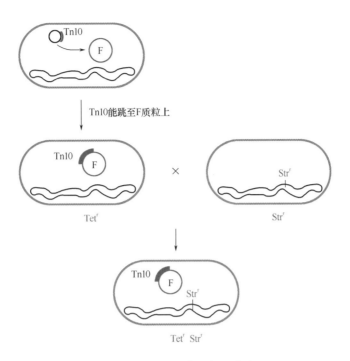

图 10.9 利用交配方式分析转座的例子

明确所需的分子反应,确定在转座过程中涉及的分子结构,以及其结构对转座过程的作用等。对一些转座子的研究表明,不同转座子有不同的转座机理,而且它们转座过程中所涉及的分子也不相同,接下来回顾一下早期遗传学有关转座子是如何移动,然后详细介绍转座过程中涉及的分子过程。

10.2.1 Tn3 转座的遗传学条件

对转座的遗传学条件研究首先在 Tn3 和 Mu 转座子中展开,恰好它们的转座机制相同,所以在此以 Tn3 作为基本例子来研究。如同任何其他遗传学分析,首先必须回答如下的问题,然后才能得出 Tn3 转座的分子模型,Tn3 转座过程中需要多少个基因产物? 它们的作用位点在哪里? 转座中所需基因处于转座子哪些位置? 在转座中一个或多个基因产物失活后,有没有中间产物的积累?

10.2.1.1 分离转座子突变体

如任何遗传分析一样,分析转座的遗传条件时首先要分离转座子突变体。用脱氧核糖核酸酶(DNase)随机酶切含有转座子的质粒,然后将含有限制性内切酶识别序列的 DNA 连接子与切开的质粒连接。于是在质粒上形成任意的突变,包括转座子上也出现了突变,由于限制性位点的引入,所以绘制突变质粒的物理图谱非常容易(第 2 章)。连接子的插入也会破坏 DNA 序列,如果插入到翻译阅读框,将导致移码突变或导致阅读框内无义突变。以上突变方法已经被更方便的聚合酶链反应或重组工程手段所取代(第 2 章)。

一旦在转座子周围分布的许多插入突变被分离后,就可以通过杂交实验来检验其对转座作用的影响。如图 10.10 所示,一些细胞中含有较小的非移动质粒,该质粒上还带有 Tn3 突变,另一些细胞含有较大的能自主转移的质粒,将这两种细胞与受体细胞混合,以青霉素抗性检测发生转移的细胞。因为小一些的质粒不能移动,所以转座接合子只可能是由于供体细胞中转座子从小质粒跳入较大的能发生自主转移的质粒上,随后又转移至受体细胞。当没有氨苄抗性的转座接合子出现时,说明转座

子中的突变肯定阻碍了在自主转移质粒上的转座,当有多于正常水平的氨苄抗性转座接合子出现时,说明转座子上的突变必定是增加了转座频率。

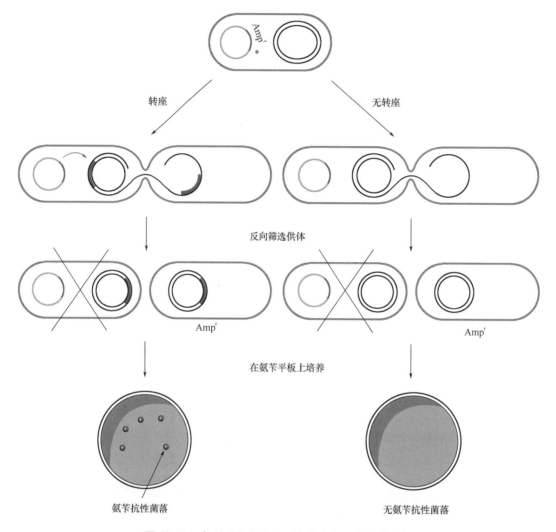

图 10.10　复制型转座子 Tn3 转座的分子遗传学分析

　　如期望的一样,突变的效果取决于突变在转座子上出现的位置,如图 10.11 所示,在反向重复(IR)序列上的突变会破坏 *tnpA* ORF,所以从整体上阻碍了转座发生。相反,如果突变破坏了 *tnpR* ORF 使转座频率提高,形成共整合体,共整合体由自主转移质粒和小质粒共同构成,小质粒中含有转座子,最后接合在一起共同转入受体细胞。共整合体含有两个拷贝的转座子,将小质粒分割成两部分,在较短的 *res* 序列中发生突变,将会增加共整合体的产生,但与 *tnpR* 突变不同,它并不会提高转座速率,只是产生正常的转座而已。

10.2.1.2　突变转座子的互补实验

　　下一步就要用互补实验来确定 Tn3 转座子中哪种突变破坏反式作用,哪种突变破坏顺式作用序列或位点。除了 Tn3 相关转座子在转座时能插入染色体外,互补实验与图 10.11 所示的杂交分析相同(图 10.12)。另一种转座子能发生转座,但缺少氨苄抗性基因(Amp^r),因此单凭自己的转座是不能产生氨苄抗性的转座接合子,这将干扰我们对互补实验结果的分析。数据解释与其他任何互补实验

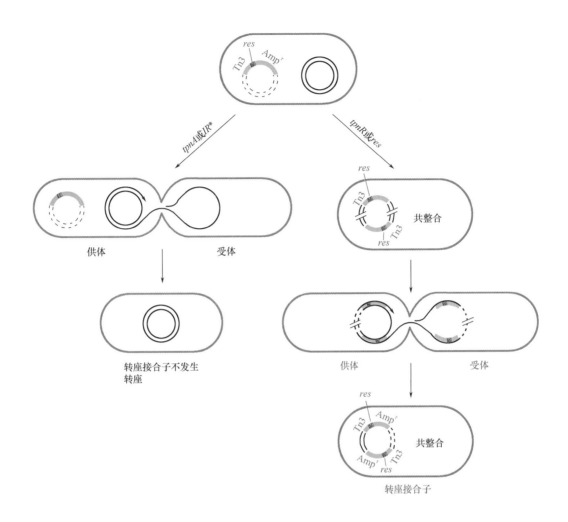

图 10.11　Tn3 转座所需基因的突变效应

一致。如果在质粒中的转座子发生突变使反式作用功能失活,那么可以通过染色体中转座子相应基因进行互补,所以突变转座子也能发生转座。然而,如果质粒中转座子的突变发生在顺式作用位点上,它将不能发生互补,即使在染色体上有正常的转座子,也将不能发生正常转座。我们已经知道使顺式作用位点失活的突变不能发生互补。互补实验结果表明对 ORF A 或 R 的失活突变都能够被互补,发生正常的转座现象。然而,在 IR 末端序列或 *res* 序列上发生了突变就不能进行正常的互补。IR 序列上的突变阻碍了共转座,即使有 Tn3 互补拷贝出现时也不发生转座互补,Res 上的突变,虽然允许转座发生,但生成的共整合体较多。鉴于此,研究者得出,*tnpA* 和 *tnpR* 编码反式作用蛋白,而 IR 和 *res* 是转座子 DNA 上的顺式作用位点。

这些遗传学资料促成了 Tn3 及其类似转座子复制转座模型的提出。简而言之,*tnpA* 基因上的突变阻碍了转座,是因为 *tnpA* 基因编码转座酶 TnpA,而这种酶是促进转座发生的。转座子末端 IR 元件的突变能阻止转座,是因为该位点是 TnpA 转座酶促进转座的作用位点。

tnpR 和 *res* 突变产生的后果就不容易解释清楚。已经说过 *tnpR* 突变是反式作用,不仅导致较高的转座速率,而且还导致形成共整合体,而 *res* 突变只导致共整合体形成,而不影响转座频率。为了解释以上结果,研究者提出 *tnpR* 编码的蛋白具有两种功能,首先,TnpR 蛋白作为抑制子(第 3 章和第 13

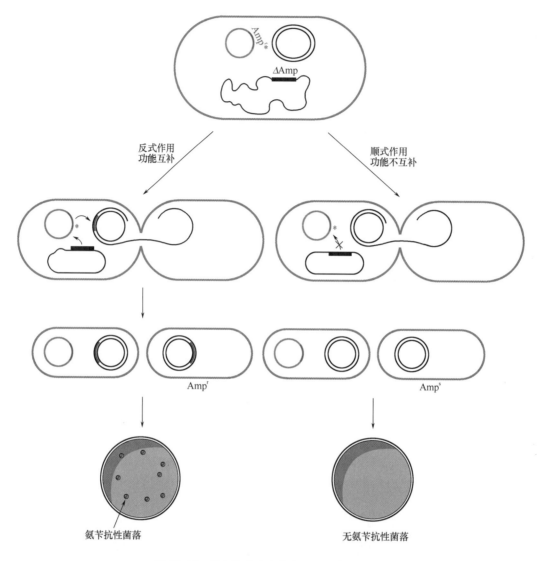

图 10.12   Tn3 转座缺失突变的互补实验检测

章),抑制 *tnpA* 基因对转座酶的转录,使 TnpR 抑制子失活之后,TnpA 的合成增加,所以转座速率提高。TnpR 蛋白的另一个功能是作为重组酶存在,促使共整合体中两个转座子拷贝的 *res* 序列之间发生位点特异性重组,从而促进共整合体的拆分(图 10.13)。这点可以解释为什么 *tnpR* 和 *res* 突变能导致共整合体的积累,但仅仅 *tnpR* 突变能够被互补。因为任何阻止位点特异性重组拆分共整合体的行为都会导致共整合体的积累,而 *tnpR* 还编码了一种能扩散的蛋白,所以仅有它能被互补,而 *res* 却不能。

10.2.2   Tn3 和 Mu 转座的分子模型

第一个精细模型解释了 Tn3 及其他转座子,如 Mu 噬菌体的转座作用。这个模型对那些转座子来说仍然被广泛接受,体现在下列观察结果,与模型解释很相符,其中一些我们在前面已经提到过。

(1)不论何时一个转座子(如 Tn3)移动到一个位置,一个靶 DNA 的短序列将被复制。所复制的碱基数是每个转座子的特征(Tn3 有 5bp 被复制,Tnl 有 9bp 被复制)。

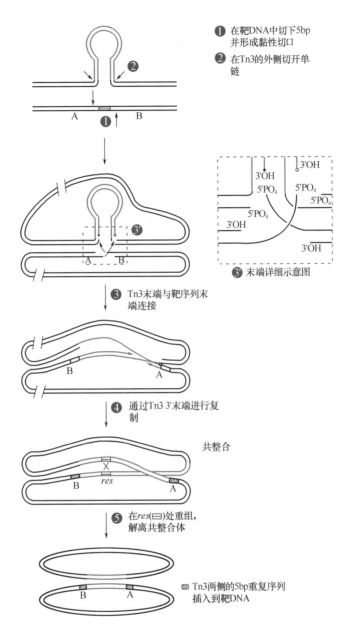

① 在靶DNA中切下5bp 并形成黏性切口

② 在Tn3的外侧切开单链

③ 末端详细示意图

③ Tn3末端与靶序列末端连接

④ 通过Tn3 3′末端进行复制

共整合

⑤ 在res(▭)处重组，解离共整合体

▨ Tn3两侧的5bp重复序列插入到靶DNA

图10.13 Tn3的复制型转座,其整合体形成与解离

（2）共整合体的形成是转座过程的中间步骤,在此过程中,供体 DNA 和靶 DNA 融合在一起,形成编码转座子的两个拷贝。

（3）一旦共整合体形成,就可通过宿主重组功能或一个转座子编码的能在 res 序列内促进重组的拆分酶作用下,拆分进入供体 DNA 和靶 DNA 分子。

（4）在共整合体拆分之后,供体 DNA 和靶 DNA 分子均有一个转座子拷贝。因此转座子实际上没有移动,只是复制它自身而已,这个新的拷贝将在其他某个地方出现,因此称为复制转座。

（5）对一些转座子来说,转座及共整合体拆分均不需要重组酶,也不必在转座子与靶 DNA 之间具有广泛同源性。

图 10.13 显示了复制转座详细的分子模型。第一步,转座酶使单链上转座子与供体 DNA 的每个接合位点断裂,使靶 DNA 双链断裂。在靶 DNA 上的断裂是非平末端,但碱基数相同,在转座子插入

过程中靶 DNA 上也复制同样数目的碱基,如下所述。断裂使靶 DNA 上产生了两个 5′末端和两个 3′末端,在转座子和供体 DNA 之间的每个接合位点均有一个 5′末端和一个 3′末端。靶 DNA 上的 5′末端连接到转座子的 3′末端上。而后以靶 DNA 自由 3′末端作为引物从转座子的两个方向进行复制,复制完成后,新合成链的 3′末端连接到供体 DNA 的自由 5′末端上,形成共整合体。最后一步,转座子的拆分酶促进共整合体的两个 *res* 之间重组,从而导致共整合体的拆分。共整合体的拆分产生了两个转座子拷贝,一个在供体位点,而另一个在靶 DNA 上。

　　这个模型解释了为什么共整合体是复制转座的必需中间体。在转座子以两个方向进行复制之后,供体 DNA 和靶 DNA 彼此融合到一起,而后被转座子的两个拷贝分隔开。

　　这个模型也解释了为什么在转座之后,一个给定了长度的短靶 DNA 序列在转座子的每个末端进行复制。因为它在靶 DNA 上产生了一个非平末端,当以转座子为模板从这个末端进行复制时,转座酶引起靶 DNA 上一个短区域复制。在转座子末端复制的靶 DNA 碱基对的数目将和不平齐的双链缺口间的碱基数相同,这也是对每种类型转座子而言转座酶的一个特点。

　　最后,这个模型也解释了为什么复制转座不依赖于宿主功能包括连接酶和正常的重组功能,如 RecA(第 11 章)。转座酶切断靶 DNA 及供体 DNA 链,促进末端连接。同样,因为拆分酶特异性地促进共整合体间重组,将共整合体拆分为最初的复制子也不需要正常的重组系统。虽然在转座子重复拷贝中共整合体也能通过同源性重组进行拆分,但拆分酶因积极地促进 *res* 序列间的重组而大大加快拆分速度。

　　并不是所有的转座子通过此机制拆分共整合体,例如,Mu 噬菌体以与 Tn3 转座子类似的复制机制复制自身,而且插入到细菌宿主染色体周围,然而,共整合体不能被拆分,染色体被 Mu 基因组分隔开,在 Mu 噬菌体繁殖时,将夹在 Mu 噬菌体间的细菌染色体包装入噬菌体头部。

专栏 10.1

Mu 噬菌体:一个貌似噬菌体的转座子

　　Mu 噬菌体是一种溶原性噬菌体,它在侵染细菌后能整合到细菌 DNA 中,然而人们几乎在首次发现它时就意识到 Mu 噬菌体与大多数溶原性噬菌体是不同的。它的不寻常之处是会发生随机突变,形成溶原菌,所以将其命名为 Mu,意思是致突变噬菌体。这种噬菌体导致可检测到的突变是因为它不像 λ 和其他已发现的噬菌体,大多数情况下,Mu 噬菌体随机插入染色体而不需要特殊的细菌接合位点。当它插入一个基因时,它能使基因沉默,并且导致突变表型的出现。相比之下,λ 噬菌体总是整合到 *gal* 基因与 *bio* 基因之间的无义区域的特异性位点(第 9 章),因此,λ 噬菌体的溶原作用几乎不会导致突变表现型出现。Mu 噬菌体其他特性可以通过加热、复性等手段在电子显微镜下观察噬菌体头部中的 DNA 双链。以上实验是为了证明 Mu 噬菌体的 DNA 是像 T7 噬菌体或 λ 噬菌体一样有特异末端还是像 T4 噬菌体或 P22 噬菌体一样是环状排列的。如果 Mu 噬菌体的 DNA 有特异末端,则单链的 DNA 会在 DNA 全长序列中找到与其互补片段,因此复性的 DNA 是双链分子而没有单链末端。然而,复性后,环状排列的 DNA 分子却不同了,每一个单链的 DNA 分子常常与另一个不同末端的分子配对,大多数分子有能与其他分子单链末端互补区域配对单链末端,形成十分复杂的支链结构。奇怪的是,复性后的 Mu 噬菌体 DNA 并不按照上述任何一种机制发展,反而这些单链末端由宿主 DNA 染色体的 500 ~2000 个不等碱基

专栏 10.1（续）

片段所组成,这些片段之间并不互补。正是由于 Mu 噬菌体复制和包装的方式不同,其末端才有宿主 DNA 分子随机插入。Mu 复制是通过复制转座方式进行的,而不是通过串联体分割进行复制。首先,Mu 噬菌体 DNA 复制转座到染色体上的某处位置,加上染色体原有的复制起点,染色体上存在两个复制位点,分别为原来的位点和新产生的复制位点。这两个 Mu 噬菌体 DNA 分别复制转座到已经存在的另一个位点,就这样直到细菌整个染色体形成成百上千个 Mu 噬菌体 DNA。这些 Mu 噬菌体 DNA 的众多拷贝被周围的宿主 DNA 切割成 500 ~2000bp 的片段装配到噬菌体头部,剩下的宿主 DNA 与噬菌体末端共价接合。每个 Mu 噬菌体 DNA 整合到染色体上不同位置,而且每个 Mu 噬菌体 DNA 分子的装配末端有不同的宿主 DNA 序列,它们在变性和复性后发生剪切。

Mu 噬菌体通过转座作用将噬菌体自身的遗传物质整合到宿主 DNA 上形成溶原性细菌,并且在裂解周期复制自身 DNA。但是,在这两个过程中使用了不同的转座机制。噬菌体的整合过程需要一个剪切 - 复制转座过程,然而,复制过程需要复制型转座周而复始地进行。至于 Mu 噬菌体是如何使用两种不同的转座机制至今仍不太清楚,因为它们都需要两个同样的复合型转座酶 Mu 蛋白:Mu A 和 Mu B。一些已经被证明的假说提到侵染细胞的起始 DNA 末端有一个蛋白结合位点,这种起始 DNA 引导 DNA 整合,但同时又阻碍了进一步转座。另外一点是,Mu B 蛋白的不同区域可能参与了这两个不同的过程。

复性 Mu 噬菌体 DNA 的另一个不寻常的特征是,在其中间部分经常有一个大约 3000 bp 的未配对区域,当 DNA 在复性的时候形成一个复制泡。Mu 噬菌体的这个区域被称之为 G 片段。仅有在某个方向上带有 G 片段的 Mu 噬菌体才能感染大肠杆菌 K - 12,所以可以根据在 K - 12 中的生长情况筛选不同方向的 G 片段,然而当溶原菌在生长时,这两个方向的片段都会积累。当原噬菌体受到诱导时,会产生具有相同数目的两个方向的 G - 片段的噬菌体颗粒,在变性和复性时会形成泡状结构。

因为 Mu 噬菌体是随机转座到染色体上的,Mu 噬菌体也常用于转座突变和产生随机的基因融合。除了它在细菌基因组中的作用和作为噬菌体的共同有利之处外,Mu 噬菌体在转座的生物化学研究过程中是一个非常有用的工具,因为它的转座频率非常高。Mu 噬菌体在随机基因融合和体外克隆中的应用在本章的其他部分有讨论。

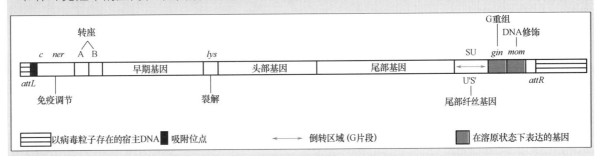

参考文献

Ljungquist,E.,and A. I. Bukhari. 1977. State of prophage Mu upon induction. Proc. Natl.

Acad. Sci. USA. 74:3143 –3147.

　　Roldan, L. A. S. , and T. A. Baker. 2001. Differential role of MuB protein in phage Mu integration vs replication:mechanistic insights into two transposition pathway. Mol. Microbiol. 40:141 –156.

10.2.3　Tn10 和 Tn5 转座

　　有证据表明并不是所有的转座都如同 Tn3 和 Mu 的转座机制,另一些类型转座子如 Tn10 和 Tn5,是通过剪切 – 粘贴机制进行转座的(也称之为保守性机制),其转座方式如图 10.14 所示,在这种机制中,转座酶使双链在转座子的末端断开,从供体 DNA 中剪切下来,而后将其粘贴到以黏性末端断开的靶 DNA 上。当靶 DNA 上的单链缺口被填充后,就开始复制一段短序列。对许多转座子来说,从供体 DNA 上移走转座子后就可能在供体 DNA 上遗留下缺口,随后该链被降解。

剪切 – 粘贴转座的遗传学证据

　　下面我们通过 Tn10 描述剪切 – 粘贴机制的早期证据,而且与复制型转座进行对比。

　　(1)非共整合中间体　在剪切 – 粘贴转座方式中共整合体不像复制转座方式那样是一个必要的中间体。一些间接证据表明在共整合体中没有转座子 Tn10 和 Tn5 的突变型存在,而 Tn3 则有,而且即使通过 DNA 重组技术人工形成了共整合体,也没有共整合体拆分证据,除非通过正常宿主重组系统进行拆分。因此剪切 – 粘贴转座子似乎不编码它们自己的拆分酶,而在转座过程中若存在共整合中间体,则通常应该编码自己的拆分酶。

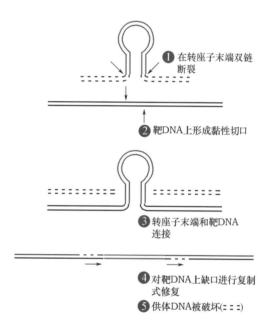

❶ 在转座子末端双链断裂

❷ 靶DNA上形成黏性切口

❸ 转座子末端和靶DNA连接

❹ 对靶DNA上缺口进行复制式修复
❺ 供体DNA被破坏(▫▫▫)

图 10.14　剪切 – 粘贴转座

　　(2)转座子的双链转座　复制转座和剪切 – 粘贴转座的最基本差异是后者的转座子双链均移到靶 DNA 上,对 Tn10 进行遗传学研究的结果支持这一结论(图 10.15)。

　　实验的第一步是将转座子 Tn10 不同衍生物转入 λ 自杀载体,两个 Tn10 的衍生物均含有一个 *lacZ* 基因的拷贝和 Tet' 基因。但 Tn10 衍生物之一在 *lacZ* 基因上携带三个错义突变从而使之失活。两条 λDNA 链被分离后再退火产生异源 DNA 配对,其中每条链来源于一个不同的 Tn10。于是衍生物的 λ 噬菌体 DNA 有一条链带有 *lacZ* 基因的突变拷贝。

　　在下一步中,异源双链 DNA 被包裹到 λ 噬菌体头部并感染 Lac⁻ 细胞。因为这个 λ 是一个自杀载体,具有 Tet' 基因的细胞只能是其染色体中插入了 Tn10 衍生物的细胞。假如进行的是复制转座,Tet' 克隆必将含有 *lac*⁺ 或 *lac*⁻ 两者之一,因为两条链中只有一条的信息能被转座。但假如以剪切 – 粘贴机制转座时,那么至少因转座产生的一些 Tet' 克隆细胞会同时含有异源双链 DNA 的 *lac*⁺ 和 *lac*⁻ 链。

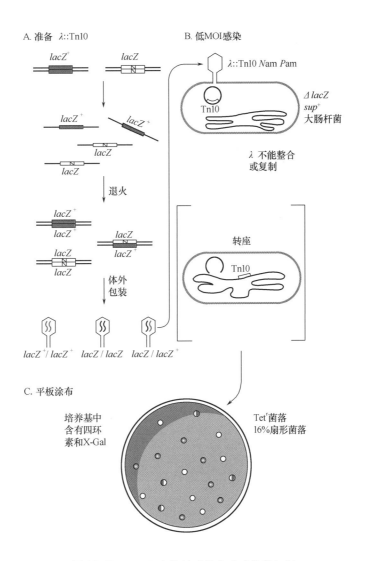

图 10.15 Tn10 非复制型转座的遗传学证据

当这些异源双链 DNA 复制后,同一个菌落中同时出现 *Lac⁺* 和 *Lac⁻* 表型机会增多,在 X–Gal 平板上上出现部分显蓝色部分显白色的情况,如图 10.16 所示。实验中观察到 16% 菌落出现蓝白相间的现象,支持两条链均参与转座的假设。

(3)转座子如何离开供体 DNA　复制转座与剪切–粘贴转座的一个主要区别是转座后转座子拷贝的数目。复制转座在细胞中留下两个拷贝,而剪切–粘贴转座只留下一个拷贝。在转座之后确定在供体 DNA 上是否仍有一个拷贝存在似乎比较容易,但实际上比较困难。例如,含有转座子的供体 DNA 是一个多拷贝质粒并由剪切–粘贴机制进行转座,将只有一个拷贝丢失转座子,而其他许多质粒将保存有完整的转座子。即使转座作用发生于一个仅以单拷贝形式存在的 DNA 上(如染色体或一个单拷贝质粒),留在供体 DNA 上的一个转座子拷贝也是供体 DNA 的复制物,而不是转座的结果。

由于很多同样的原因,确定供体 DNA 中转座子因剪切–粘贴转座作用而被移走之后是否再重新连接起来也比较困难。似乎在转座子移走之后供体 DNA 一定要重新连接,否则转座作用将在供体双链 DNA 上留下一个缺口,对细胞来说,这是致命的。但是,细胞常常携带一个质粒的多个拷贝,甚至染色体也常常处于部分复制状态,因此在每个细胞中,许多区域存在不止一个拷贝。假如转座子在染

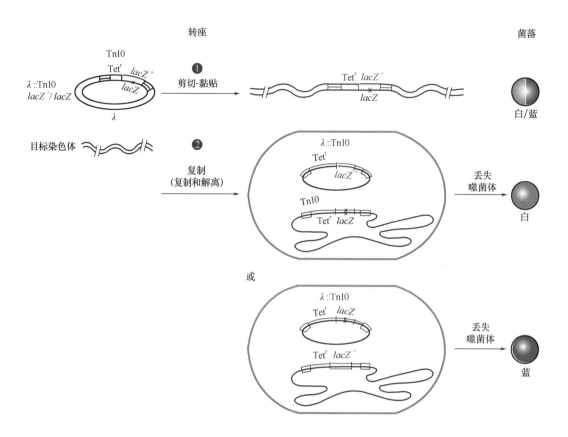

图 10.16　结合图 10.15 中的实验结果,以 Tn10 为例对剪切－粘贴转座和复制转座进行比较

色体的一个不可复制区域以剪切－粘贴方式被移走,那么这个细胞将会死亡。但转座事件发生率较低,在较大群体的细菌中,这种很少发生的致命情况很难检测到。转座后,供体 DNA 双链出现的断裂可以通过子链 DNA 进行修复,修复机制称为双链断裂修复(第 11 章)。值得一提的是既然子代 DNA 仍然含有转座子,双链断裂修复将在原来断裂位点处进行修复,所以即使不进行复制转座,但结果与复制转录相同,甚至转座子从染色体的非复制区剪切下来,供体 DNA 没有得到修复,细胞将发生死亡,这也是很难检测到的,因为死亡的细胞与大量细菌群体相比很少,很难进行检测。

经剪切－粘贴机制发生转座后供体 DNA 没被重新连接或至少没有正确连接,其最好的证据来源于反向研究。一个转座子插入突变将发生回复突变,在一个被称为精确切除的过程中转座子必须被完整地从 DNA 中移走,不留一点儿转座子的踪迹,包括短的靶序列复制品,不然基因可能被破坏并失去功能。

假如每次由剪切－粘贴机制移动转座子时,转座子都被精确地切除,供体 DNA 都被重新连接,那么每次转座子移动时转座子插入突变都将被逆转。但是插入突变的逆转所发生的频率比转座本身发生的频率低得多。而且转座子自身发生突变会导致转座酶失活,使转座子不能转座,不能进一步降低逆转频率,假如所看到的少数逆转来源于另一个转座事件,这是可以预料的。可以推测,导致转座子插入突变回复突变的精确切除是在夹有转座子短的复制靶序列之间进行同源重组,与转座子本身无关。因此,对剪切－粘贴转座作用来说,供体 DNA 在转座子被切除之后明显留下了缺口,如图 10.14 所示。

10.3 DDE 转座子转座的详细过程

所有讨论过的转座子,都认为是 DDE 转座子,因为它们的转座酶中均含有两个天冬氨酸(D)和一个谷氨酸(E),它们对转座酶的活力至关重要。这些氨基酸在多肽链上并不直接相邻,但当蛋白质折叠时均处于活性中心处,该活性中心通过螯合作用与 Mg^{2+} 相连,在转座过程中参与切断磷酸二酯键。也发现了一些与上述转座酶结构相近的其他酶类,如人免疫缺陷病毒整合酶,在脊椎动物体内担负产生多种抗体的 RAG – 1 蛋白,在重组过程中切断 Holliday 叉的 RuvC(第 11 章),然而,详细的几条链被切及其最终命运因酶的种类不同而异。

Tn5 和 Tn7 转座机制

Tn5 是 DDE 转座子,有关它的转座机理研究得较为深入,如图 10.17 所示。首先两个转座酶单体分别接合至供体 DNA 分子上转座子两端,然后转座酶单体通过羧基末端的二聚化区域将转座子的两个末端连接到一起,然后转座酶切断 DNA 分子在每个转座子末端留下 3′OH端,活性 3′OH 端攻击另一条链的磷酸二酯键,形成 3′ – 5′磷酸二酯发夹结构,这样转座子就从供体 DNA 上切下来,当转座酶接合至靶 DNA 时,它切断发夹结构末端,3′OH 末端攻击离靶 DNA 9bp 处磷酸二酯键,于是转座子的 3′OH 与 5′磷酸末端相连,将转座子插入靶 DNA中,转座子上 9bp 长的单链缺口通过 DNA 聚合酶填充,在靶 DNA 上产生 9bp 重复序列,这也是 Tn5 转座子的特征。

尽管复制转座与剪切 – 粘贴转座看起来不同,但实际上它们的机制是相关联的。其主要区别是转座酶在转座子与供体 DNA 之间的连接处切开链的数量。剪切 – 粘贴转座酶在连接处切断两条链,而复制型转座酶在连接处只断开一条链。另外,两个机制是相似的,它们均是 DNA 断开的 5′末端与转座子的自由 3′末端接合,而后靶 DNA 的自由 3′作为复制引物,复制直到供体 DNA 的自由 5′末端,新复制的 DNA可以与之接合。差别在于在到达 5′末端之前有多少 DNA 被复制。在剪切 – 粘贴转座中,在延伸的 3′末端到达转座子末端与自由 5′末端相连接之前,由于靶 DNA 的断裂端不整齐,只复制一个较短序列。前面提到过,这种复制只产生靶 DNA的短拷贝,而不复制转座子本身。相反,在复制型转座中,复制过程不仅包括整个不整齐的缺口区域,

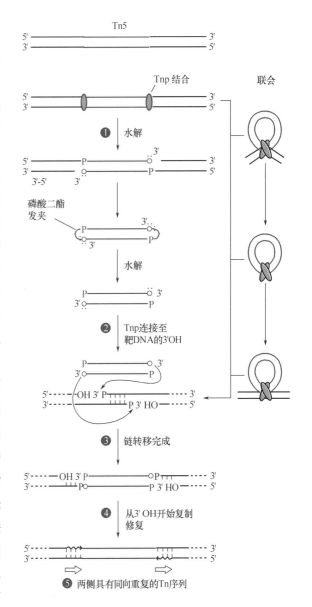

图 10.17 Tn5 的转座机制

还包括在自由 5′ 末端到达转座子的另一侧之前的整个转座子。这个过程复制了靶 DNA，也复制了转座子，从而产生了一个共整合体。

通过改变转座酶上一个氨基酸，剪切－粘贴转座可以转化为复制转座，这样就戏剧性地证实了剪切－粘贴转座与复制转座机制的相似性。转座子 Tn7 正常情况下通过剪切－粘贴机制进行转座，转座酶的不同区域使转座子末端 DNA 的相对链发生断裂。假如产生一个或两个断点的区域因为一个突变而失活，转座酶将只切断两条链中的一条，就像复制转座酶一样。在转座酶发生这种变化之后，Tn7 转座子就以复制转座机制发生转座，形成一个共整合体。显然，只需转座酶进行适当的切割和连接，剩下由细胞的复制装置来完成。复制转座过程中上万个碱基对的复制与剪切－粘贴转座过程中少量碱基对的复制相比是一个更复杂的过程。

另一些 DDE 转座子所采取的转座机制不能严格地归为复制转座还是剪切－粘贴转座机制，像插入序列 IS2、IS3 和 IS911 就具有两种转座的特点。基本上是转座子与供体 DNA 相连的一条链被切断，该链末端连接起来形成单链环状，然后再复制形成双链环状转座子，它接着攻击靶 DNA，将自身整合进去。从供体 DNA 中切下的链通过复制得以替换，在供体 DNA 中仅留下一个转座子拷贝，因此这种转座是复制转座，因为靶 DNA 和供体 DNA 中均含有转座子，然而又不形成共整合体，所以从这个意义上来说，又是从供体 DNA 上将转座子剪切下来，粘贴至靶 DNA 上。

另外，当 DDE 转座子采用不同机制转座时，它们都有个共同特征，那就是当转座子从供体 DNA 上切下来后，它的 5′ 末端会受到不同方式的保护。对复制转座来说，不存在 5′ 端保护问题，因为转座子中只暴露 3′OH 端，Tn5（和 Tn10 中）在切开的转座子末端形成发夹结构，所以 5′ 末端不会被暴露。对 IS2、IS3 和 IS911 来说，单链转座子切下来后将形成环状 DNA，所以它的末端也被保护起来了。似乎在 Tn7 转座子上有所例外，线性转座子从供体 DNA 上剪切下来后，不形成发夹结构（图 10.18），然而 Tn7 只有当靶 DNA 上接合转座酶之后才进行剪切，所以剪切和连接反应是协同的，这样 5′ 末端同样不会暴露很长时间（图 10.18）。所

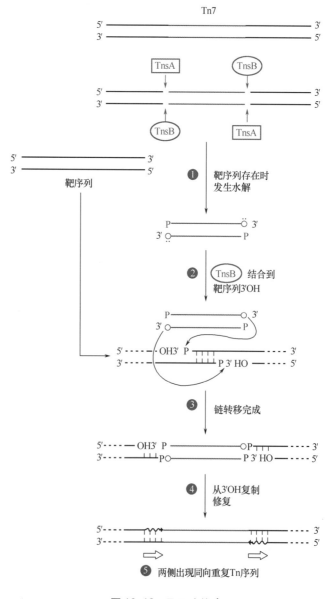

图 10.18 Tn7 的转座

有以上机理或许能够反映保护转座子 5′ 自由末端不被 RecBC 核酸酶降解的必要性, 而 RecBC 核酸酶专门从 5′ 末端降解线性 DNA, 这将在第 11 章中讲到。

10.4　滚环复制转座子

并非所有转座子都像 DDE 转座子那样通过链交换机制进行转座, 以 IS91 为代表的其他转座子是通过滚环复制方式将自身转移至靶 DNA 上。它不具有 DDE 转座子结构域, 在其活性中心含有两个必需的酪氨酸, 因此称之为 Y2 转座子或滚环转座子。在前面章节中我们已经碰到过这种复制类型, 如质粒复制(第 5 章)、噬菌体 DNA 复制(第 8 章、第 9 章)、接合过程中 DNA 转移时发生的链置换(第 6 章)。在以上所有例子中, 功能蛋白质具有酪氨酸, 在 DNA 复制或转移过程中, 它能与 DNA 5′ 端接合。图 10.19 示意了 DDE 转座子与滚环或 Y2 转座子之间的差异。

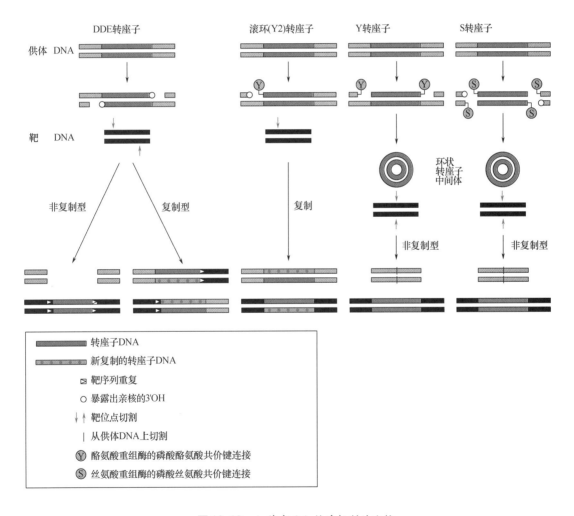

图 10.19　细菌中已知转座机制的比较

Y2 和 DDE 转座子的结构差异非常大, 反映在转座机制的不同, 前者的末端没有反向重复序列, 在整合过程中也不会复制靶序列, 其转座细节还没有彻底搞清楚, 但基本上是切断与转座子末端相邻的一条 DNA 链(与 RC 质粒的 *ori* 序列相仿), 在切口处 5′ 磷酸与转座酶活性中心的一个酪氨酸相连, 自由的 3′OH 末端作为引物复制转座子序列, 直到转座子的 *ter* 端。替换掉的转座子旧链进入靶 DNA,

然后合成新的互补链,所以最后在供体和靶 DNA 上均含有一个转座子拷贝,这显然是一种复制转座。对靶 DNA 的切割及侵入过程还不太清楚,而且前面讲到滚环复制仅需要活性中心的一个酪氨酸,所以在此过程中两个酪氨酸的确切功能是什么也不太清楚,只是猜测这两个酪氨酸与转座子自由 5'磷酸接合,与 DDE 转座一样,对 5'磷酸起保护作用。

10.5　Y 和 S 转座

还有一些类似转座子的 DNA 元件,它们既不使用 DDE 转座酶,也不使用 RC 转座酶,这类转座子我们通常称之为 Y 和 S 转座子,因为它们的转座酶,要么含有一个必需的酪氨酸(Y),要么含有一个丝氨酸(S),这种转座酶的作用方式更接近整合酶而不是转座酶,尽管它整合位点的特异性并不高。根据我们讲过的整合酶和在下节中将要介绍的位点特异性重组酶,图 10.19 给出了所有已知的转座子类型,表 10.1 对它们各自的特点进行了总结。

表 10.1　转座子家族的特征

家族	特征			
	活性位点	蛋白 - DNA 共价连接	靶位点复制	举例
DDE 转座子	DDE	否	是	Tn3
				Tn5
				Tn7
				Tn10
				Mu
滚环复制/Y2 转座子	YY	是,与 5'-P 连接	否	IS91
Y 转座子	Y 重组酶	是,与 3'-P 连接	否	Tn916
S 转座子	S 重组酶	是,与 5'-P 连接	否	IS607(来自幽门螺杆菌)

10.6　转座子的一般特征

尽管不同类型的转座子具有不同的转座机理,但它们还是具有一些共同特征。

10.6.1　靶位点特异性

一些转座元件的转座似乎是完全随机的,但没有一个转座元件是完全随机插入到靶 DNA 中的,绝大多数转座子表现出靶位点特异性,跃入一些位点要比跃入另一些位点更容易发生。尽管 Tn5 和 Mu 是随机转座的突出代表,但它们仍然倾向于在某些位点转座,虽然这种倾向性较弱。

Tn7 是转座子中具有靶位点特异性的典型代表,它有极强的靶位点特异性,以极高频率转座至大肠杆菌 DNATn7 的 *att* 位点,最近研究已经发现它是如何获得转座位点选择性的。Tn7 转座子由五种蛋白构成,分别是 TnsA、TnsB、TnsC、TnsD 和 TnsE,其中 TnsA 和 TnsB 构成转座酶和其他辅助蛋白,用于 DNA 链的切割和连接(图 10.18)。TnsD 的作用可能是指引转座子转移至靶序列 *att*Tn7 上,通过与该序列接合,TnsD 能够诱导 *att*Tn7 序列处出现三股螺旋,指引 TnsC 向该位点转座。若没有 TnsD,TnsE 将会指引 TnsC 转向染色体的另外位点,虽然这种转座效率不高,但是随机性很高。很可能随机

转座位点出现在复制叉处,因为 Tn7 转座酶的亚基单位 TnsD 识别位点就在复制中间体的后随链上。当 Tn7 转座子进入细胞时,如果 glmS 基因没有被接合,则会转座至该基因的下游,这是它的正常转座位点。glmS 基因产物在细胞壁生物合成过程中起重要作用,具有很高的保守性,所以在许多不同种类的细胞中都存在该基因。而且 Tn7 插入 glmS 基因下游,不会破坏基因本身,只是提供了一个转录终止位点。然而如果 Tn7 转座子仅跳入这个位点,它的移动性就会受到限制,为了在缺少天然转化条件下能在细胞间移动,它将跳入自主转移或移动的质粒等接合元件中。然而质粒通常不含带有 attTn7 位点的 glmS 基因,所以只能通过随机转座来弥补,但随机转座效率极低,仅偶尔跳入接合元件,然后将自己转移至其他细菌中。

10.6.2　对插入位点邻近基因的影响

如果插入元件或转座子插入的基因是一个多顺反子 mRNA 基因,则绝大多数情况下将产生极性效应。插入序列含有转录终止信号,而且还有可能含有能被转录而不能被翻译的较长序列,导致 ρ 因子依赖型转录终止。

一些转座子的插入能加强插入位点邻近基因的表达,导致极性效应,尤其是转座子插入被转录的多顺反子 mRNA 中。插入成分包含转录停止位点,也可能含有只转录不翻译的延伸序列,后者可以引起 Rho 依赖的转录终止。一些插入行为也能增强邻近插入位点基因的表达,这种表达可由源于转座子内部的转录而引起。例如,Tn5 和 Tn10 末端均含有外向的启动子,能启动邻近基因的转录。

10.6.3　转座调节

如上所述,因为转座子进行其转座频率的自我调节,多数转座子转座极少发生。不同转座子使用的调节机制有很大差别,我们已经介绍过 Tn3 转座子的 TnpR 蛋白能抑制转座酶基因转录。对 Tn10 转座子来说,转座很少发生,只有在复制叉经过转座子成分时才发生转座。新复制的大肠杆菌 DNA 在 GATC 位点处于半甲基化状态(第 2 章),半甲基化 DNA 不仅激活 Tn10 转座酶启动子,而且增加转座子末端活性,但 Tn10 转座酶基因的翻译也受到反义 RNA 抑制。Tn5 转座酶不是很活跃,它采用截短转座酶分子而抑制转座酶活力。如图 10.20 所示,截短的转座酶分子的翻译从 TIR 内部开始启动,缺少 N 末端,但具有能形成二聚体的 C 末端,当这种缺失的转座酶与正常转座酶配对时,转座过程将受到抑制。大多数转座子使用这种或与之相似的机制调节转座酶转录和(或)翻译水平。

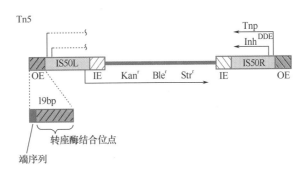

图 10.20　Tn5 转座调控

10.6.4 靶点免疫性

转座子的另外一个特征是它不倾向于跳入同类转座子所处的 DNA 附近,我们称这种现象为靶位点免疫性,因为发生转座附近 DNA 序列,对其他同类转座子具有免疫性,这种免疫性因转座子不同而异,可以达到 100000bp 的范围。靶位点免疫性对细胞或转座子的好处显而易见,如果两个相同的转座子在一起,则在拆分酶拆分两拷贝时会发生同源重组,从而造成大片段 DNA 被删除,引起细胞死亡。而且两个转座子靠得很近,会导致它们在染色体中不稳定,具体原因与内端转座机制相近。

靶点免疫性仅局限在一部分转座子中,Mu、Tn3(Tn21)和 Tn7 转座子家族是已知的具有靶位点免疫性的转座子。虽然还不是十分清楚,但发现免疫过程与转座酶上结合其他蛋白有关。对 Mu 靶位点免疫性研究得较多,MuB 蛋白似乎对免疫性具有间接作用,MuB 结合至一段 DNA 后,这段 DNA 就成为 MuA 转座酶的靶位点,一旦 MuA 与该位点结合之后,MuB 就从靶位点解离下来,而 MuA 存在于靶位点上会阻止另外 MuB 蛋白与靶位点结合,从而阻止其他同类转座子在该段 DNA 上发生转座。Tn7 也具有相似的靶位点免疫机制,它相应的两个蛋白是 TnsB 和 TnsC。

10.7 转座子突变

转座子最重要的应用之一是转座子突变,它的突变是非常高效的,因为一个基因被转座子标记后很容易通过遗传杂交或限制性酶切和 PCR 反应,绘制出基因的物理图谱。而且含有转座子基因,尤其携带筛选基因,较容易通过平板杂交或筛选进行克隆。

并不是所有类型的转座子都能用于突变,用于突变的转座子应该有如下特征。

(1)转座子出现频率较高。

(2)容易从靶基因中筛选出来。

(3)携带易被选择的抗生素抗性基因。

(4)转座子宿主范围较广,能在多种不同细菌中转座。

Tn5 是一种在革兰阴性菌中进行随机转座突变的理想转座子,它具有以上所有特征。Tn5 不仅出现的频率较高,而且几乎没有靶序列特异性,还带有在多数革兰阴性菌中表达的卡那霉素抗性基因。图 10.21A 中给出了在大肠杆菌中进行转座突变的常用方法,除了 Tn5 的广宿主范围和 RP4 的滥交性外,还得益于 ColE1 衍生质粒的窄宿主范围,它仅能在大肠杆菌和相近种中复制。噬菌体 Mu 也是一种能在革兰阴性菌中跳动、没有靶序列特异性的转座元件(专栏 10.1)。在革兰阳性菌中没有类似的突变方法,因为在革兰阳性菌中没有完全满足以上特征的转座子存在,尽管 Tn917 能在革兰阳性菌中任意跳动,虽然 Tn916 能从一个细胞转入另一个细胞,但还是不能在许多革兰阳性菌中转移。根据前面所述,它们都不是严格意义上的转座子,因为它们通过整合酶整合更像噬菌体,然而它们确实会随机跳动。为了解决没有合适的转座子现象,目前发明了体外转座子突变方法,可以在许多细菌中进行转座子突变(专栏 10.2)。

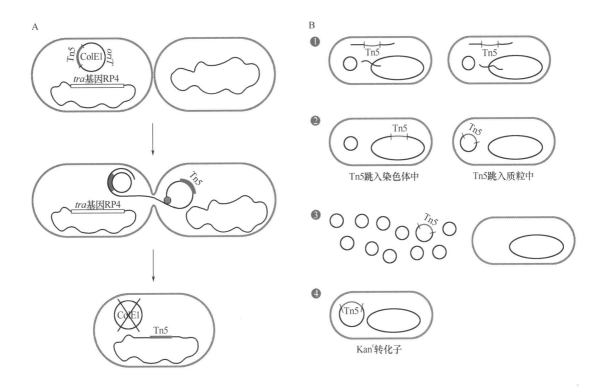

图 10.21 转座子 Tn5 引起的突变

(A)革兰阴性菌中转座子突变的标准方法 (B)一个质粒中随机转座子突变

专栏 10.2

体外转座子突变

转座子的体内突变是一个非常有用的技术,但是也存在一些局限性。其中的一个局限性就是必需将转座子引入一个自杀载体,如果这个自杀载体能限制复制,则它能对转座子插入突变产生一些残留的假阳性结果。另外一个局限性是体外突变的效率不高,需要强有力的阳性选择技术来分离突变体,而且对一个特殊的质粒或者其他的小 DNA 序列进行突变也有其局限性。插入突变体没有靶向特异性,因此在大多数情况下,转座子都会跳跃进入染色体,必须在染色体的无数个突变体中才能找到很少的转座子整合到小的靶标 DNA 中。另外一个局限性就是,待突变的靶标 DNA 中一定要是有突变后细胞的一个复制子。多个转座的发生也有一定可能性。因此到最后,在大多数细胞中很难找到有用的转座子。

转座子的体外突变能够避免很多体内突变的局限性。使转座子体外突变成为可能是因为转座酶的存在,这种酶自身能够在大多数剪切 - 粘贴转座反应中发挥作用。这种酶能够同时剪切转座子的颠倒重复序列的外侧末端和靶标 DNA,并将这些末端相互连接起来。因此,如果靶标 DNA 与含有转座子的供体 DNA 混合,并添加纯化的转座酶,那这个转座子就会被插入到靶标 DNA 中。这样一种技术已经在诸如 Tn5、Tn552、Mu、Tn7、*mariner* 和一些其他衍生转座子中得到发展。这些转座子每个都有自己的优势,比如说,可得到的 Tn5 转座酶突变体能够加强转座的发生频率,这种突变是非常必要的,因为野生型的 Tn5 转座酶实质上并没有活力,只有 Tn5 末端的颠倒重复序列才是必需的,这些序列只有 19bp。Tn5 的缺点是,转座作用完成后转座酶仍然

专栏 10.2(续)

结合在转座子上,并且必须在苯酚或者去垢剂变性后才能除掉。很显然,需要用宿主中的酶移除 DNA 上的转座子在当前的纯化系统中还达不到。来源于角蝇而不是细菌的 *mariner* 转座子对宿主功能没有要求,这个优势使它在许多类型细胞突变的应用中,深受欢迎。通过 *mariner* 转座子介导的突变已经获得了很多衍生物,这其中包括与大肠杆菌复制起始点互作而获得的一个能方便基因克隆的突变体。一旦突变发生,靶标 DNA 不管用何种可用的方式都能导入到细胞中,这些插入的转座子通过与体内转座突变一样的方式被选择。如果转座子经过改造使之丧失转座酶基因,它将不会在后代中跳动,否则将会导致遗传上的不稳定性,如染色体上将会发生删除突变。靶 DNA 可以是能在受体菌中复制的质粒等复制子,也可以是转入受体细胞中的线性 DNA(第 7 章),线性片段与染色体发生重组后,转座子突变后的片段将取代染色体中的序列。以上提供了一种当没有转座子突变系统时对染色体进行随机转座子突变的方法。相应的,如果转座酶在要突变的细胞中表达,则这种突变就成为细胞内转座子突变。

对以上转座子稍加改进后,就能用于对任何细菌,甚至某些真核细胞的 DNA 进行突变。转座体是一类将转座酶蛋白直接连接在转座体上,而不需要在细胞中合成。与其他转座子突变方法类似,转座体上应该带有可选择基因在突变细胞中表达。基于 Tn5 转座子的转座体在缺少镁离子的情况下在体外进行转座反应,事先将供体中转座子切下来,带有供体 DNA 的末端,这样形成转座体,采用电转化的方法将其导入细胞,粘附在转座子的转座酶将会促进 DNA 链发生交换,这是转座子转入染色体或其他细胞 DNA 所必需的。随转座子一同进入细胞的转座酶不久会被降解掉,有效阻止了继续转座。

参考文献

Gering, A. M., J. N. Nodwell, S. M. Beverley, and R. Losick. 2000. Genomewide insertional mutagenesis in *Streptomyces coelicolor* reveals additional genes involved in morphological differentiation. Proc. Natl. Acad. Sci. USA 97:9642–9647.

Goryshin, I. Y., J. Jendrisak, L. M. Hoffman, R. Mais, and W. S. Reznikoff. 2000. Insertional transposon mutagenesis by electroporation of released Tn5 transposition complexes. Nat Biotechnol. 18:97–100.

Zhang, J. K., M. A. Pritchett, D. J. Lampe, H. M. Robertson, and W. W. Metcalf. 2000. In vivo transposon mutagenesis of the methanogenic archaeon *Methanosarcina acetivorans* C2A using a modified version of the insect mariner–family transposable element Himar1. Proc. Natl. Acad. Sci. USA 97:9665–9670.

10.7.1   质粒的转座子突变

转座子突变常用于鉴定较大质粒的基因,如果转座子跳入质粒的基因组中,则质粒的基因组遭到破坏,根据转座子跳入位置就可以确定质粒基因位置。由于质粒相对来说基因组较小,所以很容易绘制出其物理图谱,而且插入转座子的质粒也很容易分离。

图 10.21B 给出了筛选转座子插入大肠杆菌质粒的步骤,自杀载体含有转座子(以 Tn5 为例)转入含有质粒的细胞中,在细胞中转座子可以跳到质粒上,也可以跳到染色体组上,可以通过含有抗生素的平板进行筛选,因为转座子将赋予细胞卡那霉素抗性。仅当细胞中的转座子转入另外 DNA 上才能使细胞具有抗性,因为抗性基因在自杀载体上,随细胞复制将发生丢失,在绝大多数抗生素抗性细菌中,转座子优先跳入到染色体上而不是质粒上,因为染色体是较大的靶序列,也可以通过将质粒与其他细菌混合,筛选具有抗生素抗性的细菌,因为跳入质粒上的转座子能够使质粒突变后发生自主转移。在不知道转座子是跳入质粒上还是染色体中时,可以通过第 5 章中所讲的方法之一,来提取质粒,然后将其转入新的大肠杆菌中,再通过抗性平板来筛选,通过几步简单步骤,就可以获得插入转座子质粒。所以转座子可以用来突变质粒上克隆的基因片段,也可以用来突变质粒本身。

转座子插入质粒位点的物理图谱

分离到插入转座子的质粒突变体后,很容易确定其插入质粒的位置,这个图谱主要由 DNA 片段的大小和数量决定,转座子的插入引入新的限制性位点,而且改变了一些片段的大小。

举例来说,小质粒 pAT153 和 Tn5 转座子(图 10.22),之所以举小质粒 pAT153 来说物理图谱绘制,是因为解释起来比较容易,其方法与大质粒相同。

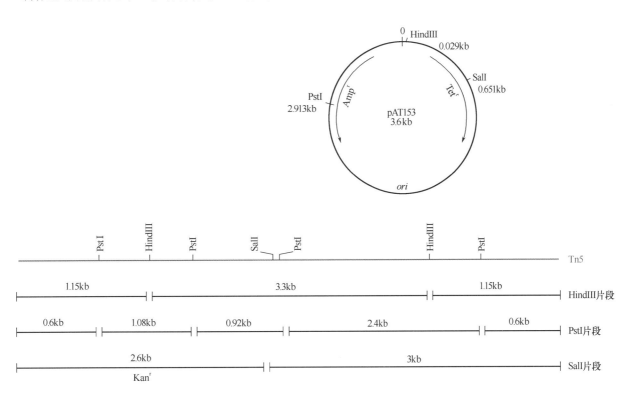

图 10.22 质粒 pAT153 和转座子 Tn5 的限制性酶切图谱

对插入序列定位,我们需要两种不同的限制性内切酶,每种都能在转座子和最初的质粒上切割,Pst Ⅰ 和 Hind Ⅲ 两种限制性内切酶就能满足这一要求(图 10.22)。质粒 pAT153 长 3.6kb,其上有 Pst Ⅰ和 Hind Ⅲ 各一个酶切位点,Tn5 长 5.6kb,有两个 Hind Ⅲ 酶切位点和四个 Pst Ⅰ 酶切位点,值得一提的是,这两种酶对转座子进行酶切时均会距离其末端切除相同长度的两个片段,Hind Ⅲ 切出 1.15kb,Pst Ⅰ切出 0.6kb,因为转座子 IS50 元件两端有反向重复序列(图 10.3)。

在没有转座子插入之前,用 Pst Ⅰ 和 Hind Ⅲ 对质粒 pAT153 进行酶切,仅产生一个 3.6kb 的条带,

然而当转座子插入后,质粒变得更大(3.6+5.6=9.2kb),而且转座子带来了新的酶切位点,所以当以上两种酶再对其进行酶切时,HindⅢ作用后产生3条带,PstⅠ作用后产生5条带。不论用哪种酶进行酶切,其最终的片段加起来应该为9.2kb,有些片段不论转座子插入在何位置,它的大小不变,这样的片段称为内部片段,它是转座子上的DNA。当HindⅢ酶切后产生一个3.3kb的内部片段,PstⅠ酶切后产生1.08kb、0.92kb、2.40kb的内部片段,然而还有一些片段从转座子上延伸至质粒上,这样的片段称为连接片段,其大小取决于转座子插入质粒的位置,根据连接片段的大小,我们就可以确定转座子插入质粒的位置。

图10.23中一些代表性数据说明在转座子插入突变中,如何确定Tn5转座子的插入位点。为了获得图10.23A中的数据,先分别采用PstⅠ和HindⅢ对插入转座子质粒进行酶切,对酶切后的片段再进行琼脂糖凝胶电泳,由于小片段迁移速率快于大片段,而且大片段迁移速率随片段大小呈指数减小(第2章)。因此在半对数坐标上,以迁移距离和标准DNA分子大小作图,将得到一条近似的直线(图10.23B),所以我们可以根据电泳距离来推算出片段的分子大小。根据图10.23B,我们已知HindⅢ的酶切片段分别为4.60kb、3.45kb和1.40kb,其总和等于9.45kb与所期望的9.2kb非常接近,PstⅠ的酶切片段有5个,它们的大小分别为3.40kb、2.20kb、1.60kb、1.00kb和0.87kb,总和为9.07kb与预期的9.20kb也比较接近,这样我们就计算出了所有酶切片段的大小。

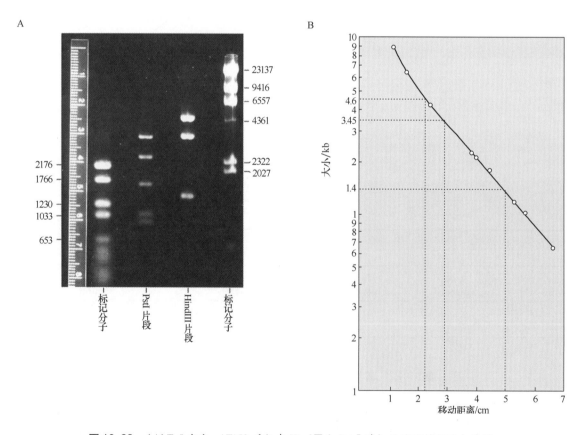

图10.23   (A)Tn5突变pAT153质粒在HindⅢ和PstⅠ酶切后琼脂糖凝胶电泳图
(B)在图A中已知分子大小片段与其移动距离作图

下面一步就是判断哪些是内部片段,从而得出连接片段有哪些。HindⅢ酶切后,3.30kb的内部片段可以估计是3.45kb这个HindⅢ限制性酶切片段,剩下的4.60kb和1.40kb即为连接片段,同样在

PstⅠ酶切片段中,内部片段为1.08kb、0.92kb和2.40kb,我们估计会是1.00kb、0.87kb和2.20kb,所以3.40kb和1.60kb应该是PstⅠ的连接片段。

下一步通过检测连接片段,以确定质粒上转座子与酶切位点的距离,让我们先来看质粒上HindⅢ位点,两个连接片段中较小片段为1.40kb,这必定是质粒上酶切位点与转座子上酶切位点最近的距离,又因为在转座子DNA上具有1.15kb的连接片段,所以与质粒上HindⅢ实际最近的距离应该是1.40 − 1.15 = 0.25kb。然而根据图10.24中所示,转座子可以顺时针或逆时针以0.25kb的距离插入至质粒中,要确定究竟采取哪种方式插入,还需要参考PstⅠ酶切片段的大小。PstⅠ最小的酶切连接片段,估计是1.60kb,所以转座子一定是插入至距离质粒PstⅠ酶切位点1.60 − 0.60 = 1.00kb处,因为0.6kb的连接片段是在转座子DNA上。转座子唯一能够满足插入质粒的位置,距HindⅢ酶切位点0.25kb,距PstⅠ酶切位点1.00kb,只能在距质粒HindⅢ酶切位点顺时针方向0.25kb处插入(图10.24)。

10.7.2　细菌染色体转座子突变

用转座子对质粒的突变方法也同样适用于对染色体进行突变,带有转座子基因的插入突变比普通基因引起的突变更容易作图和克隆,所以采用转座子对染色体进行突变也是一种比较普遍的突变方法,用于突变染色体的转座子已经被人工改造为带有细菌的复制起点(*oriV*)或者转移起点(*oriT*),这样有助于对转座子插入区域的克隆,或通过接合方式进行遗传图谱绘制。

转座子突变的主要限制就是转座子插入通常会使基因失活,尤其使细胞非常重要的基因失活,将导致单倍体细菌死亡,因此在用转座子突变时往往突变非必需基因,而且要突变必需基因时,也将采用有条件突变,但也可以采用转座子插入必需基因相邻的基因,从而对插入突变分离,绘制出相邻的必需基因图谱,但也要注意,插入突变会影响附近基因的表达水平。

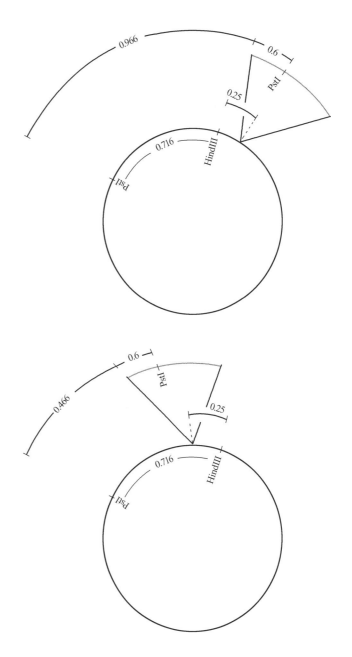

图10.24　利用图10.23中最小的连接片段确定转座子插入质粒的位置

转座子插入染色体的物理图谱绘制

因为染色体较大，所以对插入染色体的转座子突变的物理图谱绘制要比在质粒中的情况困难，通常采用 8 碱基切割的限制性内切酶取代 6 碱基限制性内切酶，这样酶切的片段就会大一些，少一些，然而通过普通的琼脂糖凝胶电泳还不能将酶切片段很好地分开，还要借助脉冲场凝胶电泳进行片段分离（第 2 章）。

即使片段被分离，含有插入转座子的片段也很难从其他片段中分开，因为转座子几千个碱基不足以引起染色体片段大的变化，然而，如果在转座子内部存在 8 碱基酶切位点，任何含有该转座子的片段都会被酶切成两个片段，容易被鉴定。巧的是 Tn5 转座子上就存在 Not I 8 碱基酶切位点，一旦 Tn5 插入染色体后，就新引入了一个 Not I 酶切位点，可以利用它进行转座子插入的物理图谱绘制。当 8 碱基酶切片段中含有的转座子被鉴定出来后，可以再通过 6 碱基限制性内切酶酶切和其他标准方法对更小的片段进行定位。

10.7.3　所有细菌中的转座子突变

转座子突变最有用的一个特点是，它几乎可以用于所有的细菌突变，即使细菌的特性还没有完全搞清楚。已经在革兰阴阳性菌中建立了转座子突变的方法，所必需的是将能够在细菌中跳跃的转座子导入细菌中，转座子带有易于被筛选的基因，一些步骤已经在前面讲过，下面对这些方法再详细地讲解一下。

10.7.3.1　滥交质粒的应用

对革兰阴性菌最通用的突变方法是先选用一个自主转移质粒 IncP 质粒，这个质粒是一个滥交质粒能将自己或其他质粒转入几乎任何革兰阴性菌中（图 10.21A），该质粒被用于转移一个更小的质粒，这个小质粒上含有互相兼容的 mob 位点和转座子 Tn5，其中转座子能在大多数革兰阴性菌中转座，而且还带有卡那霉素抗性，小质粒还含有 ColE1 质粒的复制起点，它是窄宿主范围的，仅能在大肠杆菌及相近细菌中复制，所以在绝大多数革兰阴性菌中是自杀性质粒。将准备突变的含有两种质粒的细菌混合，大质粒可以帮助含有 Tn5 质粒移动，而且转座子会发生跳跃，含转座子细胞可以通过卡那霉素进行筛选。

10.7.3.2　转座子插入突变基因的克隆

对转座子插入引起的突变基因可以采取克隆转座子中抗性基因的方法对该突变基因进行克隆，方法相对比较简单。例如，Tn5 转座子中的卡那霉素抗性基因可以在许多细菌中表达，所以用大多数克隆载体对其克隆，这一特点对我们十分有利，因为现在许多克隆工作和重组 DNA 技术所采用的载体是大肠杆菌中的载体。所以克隆与大肠杆菌相距较远的细菌中转座子，可以用酶切下转座子后，然后连接到大肠杆菌的载体上，再用连接好的载体转化大肠杆菌，用抗生素平板对转化子进行筛选。

在转座子中引入复制起点，将会使转座子突变的克隆变得更高效，带有复制起点的转座子被酶切下来后，只需自身环化，就可以在大肠杆菌中自主复制，具体如图 10.25 所示。在例子中，转座子中含有质粒的 ori 复制起点，它插入到我们要克隆的基因中，从突变细胞中分离染色体 DNA，再用 EcoR I 酶切，将酶切下的片段进行连接，含有转座子的片段就会成环，再用它去转化大肠杆菌，用氨苄青霉素进行筛选就可以了，于是与转座子相邻的染色体片段也将被克隆到。

克隆到的含有转座子插入突变基因有很多用途，我们可以直接用互补引物对其进行测序；也可以用它来克隆不含转座子的野生型基因，我们首先以含有转座子的克隆为探针，通过平板杂交对野生型

文库中 DNA 进行筛选,从而鉴定出野生型基因(第 2 章)。本方法适用于克隆那些还不太清楚的基因,只需要知道基因突变后的表型就可以了,适用于对任何转座子跳跃引起的转座子突变的染色体基因进行克隆。获得转座子插入突变子后,随后的工作都可以在大肠杆菌中进行,这对那些在实验室条件下培养困难的细菌来说非常有利。

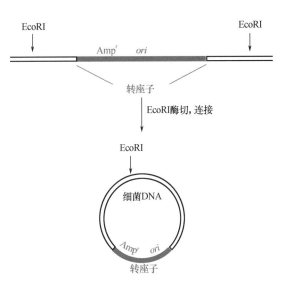

图 10.25 转座子插入突变克隆基因

10.7.4 用转座子突变进行随机基因融合

转座子能够在 DNA 上随机跳跃使得向报告基因上进行基因随机融合很有利(第 3 章)。向报告基因上融合新基因可以对原先的基因进行调节,是比较容易研究的。而且可以通过基因融合鉴定出调控基因或对基因在细胞中所处的部位进行定位,一旦一个调控基因被鉴定出来,我们就可以采用上述方法轻易地对其进行克隆。

转座子已经被人工改造成适于转录或翻译融合,如第 3 章中所讲,在转录融合中,一个基因融合至另一个基因的启动子之后,两个基因就会被一起转录成 mRNA。在翻译融合中,两个蛋白的 ORF 框融合在一起,所以翻译时,在 TIR 作用下,翻译出一个蛋白质后,接着翻译另一个蛋白质。

改造成进行基因随机融合的转座子包括 Tn3*HoHo*1、Tn5*lac* 和 Tn5*lux*,这些转座子均含有一段报告基因,对转录融合转座子来说,它会带有自己的 TIR,而对翻译融合转座子来说它们不带 TIR。当转座子跳入染色体后,只要跳入基因的位置正确,它就会把报告基因融合至插入基因上。

Mud(Amp^r, *lac*)

最早应用的随机基因融合转座子是 Mud(Amp^r, *lac*),该转座子根据特定用途,被大幅度地改造了,在此为了说明随机基因融合原理,我们不妨还是应用 Mud(Amp^r, *lac*)转座子原型进行讲解。该转座子来源于噬菌体 Mu,几乎没有靶位点特异性,噬菌体 Mu 具有非常广的宿主范围,能在大多数革兰阴性菌中转座,其中包括软腐欧文菌(*Erwinia carotovora*)、弗氏柠檬酸杆菌(*Citrobacter freundii*)和大肠杆菌,而且在感染细菌后增殖数量较多。

通过 Mud(Amp^r, *lac*)转座子进行的随机基因融合的基本特征如图 10.26 所示,除了它的末端和 Mu 基因 A 和 B 产物转座酶外,噬菌体 Mu 中绝大多数 DNA 已经被删除。噬菌体 Mu 末端和转座酶的存在,足以使感染细菌后的噬菌体在染色体上发生转座。在任意一个末端上,该转座子带有大肠杆菌的 *lacZ* 基因作为报告基因,但不带 *lacZ* 启动子,所以不能正常转录,然而当转座子正确插入一个基因的启动子之后,就可以启动 *lacZ* 基因,表达 β - 半乳糖苷酶,很容易借助 X - Gal 或 ONPG 显色物质,通过显色法进行分析。Mud(Amp^r, *lac*)还具有氨苄青霉素抗性基因,所以可以用来挑选仅在 DNA 中插入转座子的突变体。

图 10.26 由初始的 Mud(Amp$r$, *lac*)转座子产生随机基因融合的结构

利用 Mud(Amp^r,lac)进行随机基因融合的步骤如图 10.27 所示,首先用 Mu 噬菌体去感染细胞,其中包括正常的 Mu 噬菌体和 Mud(Amp^r,lac)噬菌体,正常的噬菌体主要起辅助噬菌体作用,因为它可以合成 Mud(Amp^r,lac)所需的其他蛋白质,如头部和尾部蛋白。由于噬菌体 Mu 不能区分自身和 Mud(Amp^r,lac),所以在包装时就可以包装成 Mud(Amp^r,lac)噬菌体颗粒,当裂解后,释放出的 Mud(Amp^r,lac)用于感染正常细胞,任何在氨苄青霉素平板上筛选到的氨苄青霉素抗性细菌必定带有 Mud(Amp^r,lac),如果转座子插入位点刚好在一个基因的启动子之后,那么 $lacZ$ 基因也会表达,生成 β - 半乳糖苷酶。

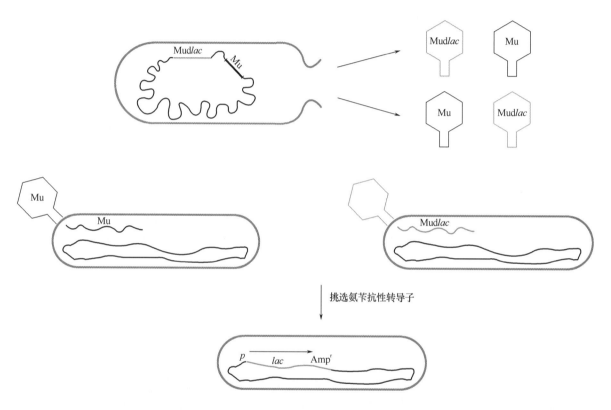

图 10.27　分离带有 Mud(Amp^r,lac)的随机基因融合

Mud(Amp^r,lac)转座子仅在某些条件下表达 $lacZ$ 基因的特点可以用来鉴定基因,其中一个经典的例子是,鉴定大肠杆菌中的 din 基因(损伤诱导基因),该基因只有当 DNA 受到损伤时,才能表达。为了鉴定该基因,首先分离带有 Mud(Amp^r,lac)转座子,具有抗性的转导子,接下来还要鉴定该转座子是否插入到正确的位置,当 DNA 受到损伤时,该基因能够诱导表达。为了完成以上的实验操作,可以先将 Amp^{r}转导子在两套平板上复制,其中一套平板中含有 X - Gal,另一套中含有 X - Gal 和 DNA 损伤剂,如丝裂霉素。在后一种平板上显蓝色的而在前一种平板上不显色的平板即为插入 din 基因正确位置的转座子所在的细菌。通过对转座子氨苄青霉素抗性基因作图就可以找出大肠杆菌中许多 DNA 受损后表达的 din 基因。有关该基因及其诱导表达将在第 12 章中讨论。

10.7.5　体内克隆

转座子还能用于体内基因克隆。与其他克隆步骤类似,在体内进行基因克隆,首先必须有重组 DNA 文库,然而,建立这个文库建立并不需要在体外用限制性内切酶、DNA 连接酶进行操作,而是体

内克隆依赖于遗传学方法,让噬菌体和转座子完成创建文库的大多数工作。

　　绝大多数体内克隆步骤中依赖于 Mu 噬菌体,它采用复制型转座方式复制 Mu,而不解离共整合体。当 Mu 复制后,噬菌体基因组会在整个染色体中插入,在正常感染周期中,这些噬菌体基因组通过噬菌体末端 DNA 上 *pac* 特异性位点被包装至噬菌体头部。

构建小 Mu 元件

　　因为噬菌体 Mu 的包装系统识别噬菌体 DNA 末端,所以理论上识别位于染色体上两个噬菌体基因组的外末端部分,包装两个噬菌体外加它们中间的一段染色体 DNA,然而通常不会发生上述现象,因为 Mu 头部只能容纳一个噬菌体 Mu 基因组。如果将 Mu 缩短,称之为小 Mu 元件,那么它就能为染色体 DNA 在噬菌体头部提供额外空间,小 Mu 元件除了具有转座和包装功能外,不再具有其他功能,而且它含有质粒的复制起点和抗生素抗性,所以在体内进行基因克隆时很有用。

　　小 Mu 元件在体内进行克隆的过程如图 10.28 所示,处于质粒上小 Mu 元件首先转入细胞中,诱导小 Mu 元件在被感染细胞中复制(转座),野生型 Mu 作为辅助噬菌体提供转座过程中所需的转座酶。野生型 Mu 和小 Mu 元件同时在染色体上发生转座,产生它们自身的许多拷贝。在感染后期,正常的 Mu 被切下来包装,与此同时小 Mu 元件连同染色体 DNA 也被按照 Mu 的大小切下并包装起来,所以细胞裂解后会产生含有正常噬菌体 Mu 和含有染色体 DNA 的小 Mu 噬菌体。

　　在小 Mu 上的质粒复制起点和抗生素抗性基因在接下来就可以派上用场,用噬菌体裂解物以低感染方式感染细胞,一些含有小 Mu 元件和染色体 DNA 的噬菌体注入细胞后,两个小 Mu 序列间会发生重组,形成环状分子,并从质粒的复制原点开始复制。因为小 Mu 元件含有氨苄青霉素抗性基因,所以很容易在抗性平板上筛选出含有自主复制质粒的转化子。如果在噬菌体裂解液中含有足够染色体

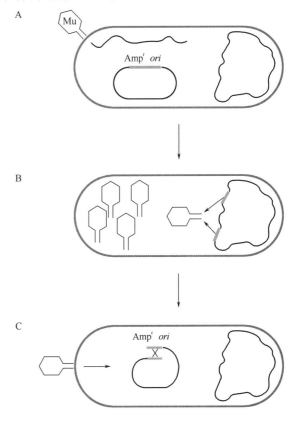

图 10.28　细胞内小 Mu 的克隆

DNA,那么细菌的任何区域都会出现在质粒中,构成细菌 DNA 文库。一旦获得基因文库,我们就可以采用第 2 章和第 4 章中互补或杂交实验,克隆到含有我们所期望的基因。该方法已经用于包括大肠杆菌、克雷伯菌属(*Klebsiella*)和欧文菌属(*Erwinia*)等细菌中。

10.8　位点特异性重组

　　另外一种非同源性重组是位点特异性重组,只发生在 DNA 上特异的序列或位点。它由位点特异性重组酶来启动,这个酶识别 DNA 上的两个特异位点并启动它们之间的重组。这两个位点一般为短序列,其同源性区域常常太短,不能进行有效的同源性重组。因此在两个位点之间的重组需要一个特

异的重组酶。我们在讲染色体和 ColE1 质粒二聚体分离时,已经讲过它们采用 XerCD 位点特异性重组酶进行位点特异性重组系统,还讲了 λ 噬菌体整合酶。Tn3 转座子中的 TnpR 在复制型转座发生时作为拆分酶对整合体进行拆分。在本节中,我们讨论细菌和噬菌体非特异性重组的其他一些例子,而且新发现的所有位点特异性重组酶都可以根据它们的作用原理归为 S 和 Y 这两类重组酶。

10.8.1　对介入 DNA 进行发育调控切除

有些细菌的基因在最后分化阶段并不出现在 RNA 或蛋白产物中,已经讲过的位点特异性重组的例子中,发生重组的基因最终在 RNA 中出现,还有一类重组基因,它们是额外的或者是介入序列,在 RNA 和蛋白质合成过程中通过编辑功能将其从 RNA 或蛋白质分子中切除。然而,介入序列有时在基因表达之前会将自己从 DNA 中剪切下来,其中位点特异性重组酶的一个功能是从基因中清除介入的 DNA 序列。要注意这种基因重组可能只发生在不必自我复制的细胞株中,也就是那些处于末期分化的细胞株,不然介入 DNA 序列将在其后代中丢失。

在分化末期 DNA 重组的典型例子是在脊椎动物中产生抗体的免疫细胞。在免疫细胞分化期的位点特异性重组,从编码抗体的少数菌株基因中清除不同长度的序列,这样产生编码相同特异性抗体的数十万个新基因。虽然体细胞中基因再无法回复到原来状态,但对于胚胎干细胞来说,编码抗体的基因仍保持完整,在后代中也不会有 DNA 序列的丢失,而且这些基因在后代中还能进行相似的重组。

多数细菌通过细胞分裂进行繁殖,所以没有细菌进行终期分化,因此在细菌中不可逆转的 DNA 重组现象不经常发生。

一些种类的细菌,如枯草芽孢杆菌(*Bacillus subtilis*)在形成芽孢时会发生终期分化。它通过形成内生孢子而产生芽孢,在这个过程中细胞分化为一个母细胞和一个芽孢。芽孢必须含有细菌 DNA 的全部成分,而母细胞产生芽孢后最终溶解,所以在芽孢形成过程中芽孢中需要不可逆的 DNA 重组,而母细胞是不需要的。在枯草芽孢杆菌芽孢形成过程中,一个 42kb 的介入序列要从基因中剪切掉 σ^k 因子才能形成,该因子必须对母细胞中一些基因进行转录。除非这个介入序列被切除,否则 σ^k 将不再合成,芽孢形成所需的一些基因产物将不能表达,芽孢形成过程就会被阻断。

终期分化也发生于起固氮作用的一些丝状蓝细菌的高度异化细胞的形成过程。这些异化细胞被称为异囊,当细菌在氮饥饿条件下生长时,周期性地出现在丝状体细胞中,当提供较充足的氮源时,异囊不分裂形成新细胞,最后会消失。因为它不分裂形成新细胞,所以这种细胞不需要完整的 DNA 互补链,就能进行不可逆的 DNA 重组。正如枯草芽孢杆菌在芽孢形成过程中所发生的一样,当细胞处于分化状态时介入序列将从一些基因中被剪切掉。在蓝细菌中,这些序列至少在两个基因中被剪切掉,其中一个基因是在一个 11kb 的介入序列被剪切掉之后编码异囊固氮作用所需产物的 *nifD* 基因。

切除介入序列的过程在芽孢形成和固氮两个发育系统中似乎是相似的。在夹有介入序列的同向位点间重组,其结果是介入序列被切除。在以上两个例子中,启动两个位点之间重组的位点特异性重组酶由介入序列自身编码,并只在分化期间进行表达,介入序列在正常复制细胞中并不会丢失。

枯草芽孢杆菌和蓝细菌中的介入序列,其功能尚不清楚。虽然它们只在发育过程中被切除,但它们在芽孢形成或异囊分化过程中似乎并没有重要的调节作用。永久性地从染色体中切除介入序列(这样 σ^k 和 *nifD* 基因不会间断)对细菌芽孢形成和异囊发育的能力没有负面影响。一个可能性是这些介入序列是像噬菌体或转座子一样的寄生 DNA。假如它们被整合至重要的基因中,细胞若不自杀则很难清除它们。如同对待转座子一样,除非介入序列能被精确地清除,否则基因将失活,某个重要

的细胞功能将被阻断。但寄生 DNA 通过在分化时切除自身这种方式,允许宿主形成芽孢或进行固氮,因此它对宿主无害,说明它是一个有益的寄生 DNA。

10.8.2 整合酶

整合酶也能识别 DNA 上的两个序列并启动它们之间的重组,因此从原理上来说,它们与位点特异性重组酶没有区别。但整合酶不仅通过启动同一 DNA 上的两个同向重复序列之间的重组而移去一个 DNA 序列,而且还可启动不同 DNA 上的两个位点之间的重组将一个 DNA 整合入另一个 DNA 中。

10.8.2.1 噬菌体整合酶

目前了解最清楚的整合酶是 λ 噬菌体的 Int 酶,它负责将环状噬菌体 DNA 整合到宿主 DNA 中形成一个原噬菌体(第 9 章)。简要地说,噬菌体整合酶特异地识别噬菌体 DNA 上的 *attP* 位点和细菌染色体上的 *attB* 位点,并启动它们之间的重组。通常噬菌体整合酶具有较强特异性,只识别 *attP* 和 *attB* 位点,因此,噬菌体在细菌染色体上只在一个位置或最多只在几个位置上进行整合。另一些整合酶的特异性差一些,如整合型、接合转座子 Tn916 的整合酶,还有整合子的整合酶,它们对 *attB* 位点的要求好像更灵活些。整合酶的相反过程是由整合酶和剪切酶共同完成的,它们促成 *attP* 和 *attB* 位点的杂交,将整合的 DNA 剪切下来。

因为噬菌体整合酶的特异性,所以在分子遗传学中有许多潜在用途,例如,λ 噬菌体 Int 酶就被用于克隆技术中。在这些应用中,PCR 片段含有我们想要的基因,将其克隆至入门载体,该克隆中还具有质粒和整合细菌中染色体的 *attB – attP* 杂合位点,把该载体与含有另外 *attB – attP* 杂合位点的目的载体混合,再加入 λ 整合酶和剪切酶,则克隆基因就会转移至目的载体上。该方法不能在一开始就筛选出所需要克隆的基因,所以比较费时费力,一旦将一个基因转入入门载体,接下来就可以直接转入不同的目的载体,这一点非常重要,如果要研究一个蛋白溶解性对亲和标签的影响,我们就可以通过以上方法研究,只需选取一定数量不同的目的载体对其进行表达。

10.8.2.2 转座子上整合子的整合酶

整合酶在一些转座子的进化中也具有重要作用。第一个证据是转座子能够挑选和带有抗生素抗性基因,这种转座子与 Tn21 家族关系紧密,在该转座子相同位置上插入不同的抗性基因(图 10.8)。图 10.29 中显示了整合子位置的详细结构,以及它是如何获得抗生素抗性基因的。一个基本的整合子由整合酶基因(图中为 *intI*1)和与之相邻的 *attI* 基因构成,*attI* 基因由 Pc 启动子启动转录。转座子开始并没有抗性基因,在细胞中其他地方存在抗生素抗性盒,它是由抗性基因和 *attC* 位点构成,当整合酶识别到抗性盒后,抗性盒被剪切下来,形成环状分子,其 *attC* 位点再与转座子上整合子 *attI* 位点发生位点特异性重组,整合至 *attI* 位点上。其他时候,另外细胞中的不同抗生素抗性基因还能整合至已有的抗性盒旁边。这种抗性基因获得方式的好处是显而易见的,不同抗生素抗性基因使细胞能在含有不同毒性化学物质的环境中生活,至于这些抗性基因最初来自哪里还是一个谜。

有一种推测抗生素抗性基因来自许多不同细菌中染色体的超级整合子,来自霍乱弧菌(*Vibrio cholerae*)中的一个结构如图 10.30 所示,它由 179 个 ORF 盒组成,其功能大都不清楚,以部分保守序列进行分类时,它们很可能是 *attC* 位点,估计转座子上整合子的一些区域就来自于这些盒的不同拷贝。

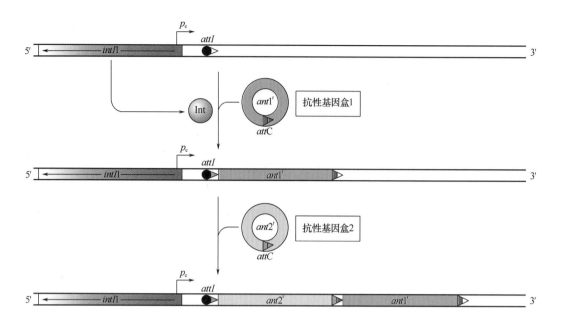

图 10.29 整合子的装配

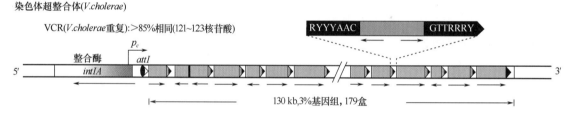

图 10.30 霍乱弧菌的超整合子

10.8.2.3 基因(致病)岛

整合酶和非同源重组在基因岛整合至染色体中起一定作用,与质粒和原噬菌体相似,基因岛使携带它的细菌能在特殊的生态位中生长,基因岛的大小可以由数百万个脱氧核糖核酸构成,其中具有数百个基因。致病岛(PAI)是基因岛的一类,能使细菌致病。不同的致病岛赋予细菌不同功能,致病岛赋予弗志贺菌(*Shigella flexneri*)多种抗生素抗性,使大肠杆菌产生 α - 溶血素和菌毛,使耶尔森菌(*Yersinia*)能清除和贮存铁,使幽门螺杆菌(*Helicobacter pylori*)具有Ⅲ型分泌系统。我们已经讲过金黄色葡萄球菌中的 PAI SaPI1 致病岛,能引起毒素休克性综合征,这种致病岛带有自己的整合酶,能将自己整合至新的金黄色葡萄球菌染色体上,使之致病。它以噬菌体 80α 的卫星病毒存在,由噬菌体 80α 诱导,如果一个细胞中含有该种 PAI,当噬菌体 80α 侵染后,在该噬菌体复制蛋白帮助下,致病岛剪切下来并被复制,最后包装至噬菌体头部,然后可以注射至其他细菌中整合至染色体上,这样没有携带致病岛的细菌就被转化成致病菌。

多数 PAI 没有被证实可以移动至没有 PAI 的 DNA 上,而 SaPⅠ1 却是个例外,它被证明是可以移动的,它的碱基组成(G + C 含量)和密码子选择与染色体的有所不同,这些特点说明了 SaPⅠ1 的水平移动。PAI 通常也带有部分整合酶基因,被无义和其他突变分开,在它两端有同向或反向重复的短序列,这是整合酶作用位点。显然,PAI 在很早以前是可以移动的,或许是通过滥交质粒整合至染色体

上,后来由于 DNA 的突变,不再移动。有趣的是,许多 PAI 被整合至染色体的 tRNA 基因上,部分 tRNA 基因还能继续表达,还仍然具有 tRNA 的功能,之所以将 tRNA 作为整合至染色体基因组中的优先位点,是因为它在许多细菌中几乎具有相同序列。所以用高保守的 tRNA 基因作为细菌的附着位点,可以使 PAI 整合至任何细菌菌株中。

10.8.3 解离酶

前面讨论过转座子解离酶是另一类位点特异性重组酶,如 Tn3 的 TnpR 蛋白。实际上,与 Tn3 较近的转座子 $\gamma\delta$,它的解离酶是研究得最深入的位点特异性重组酶,与 DNA 底物结合的晶体也已经得到。该酶通过识别 res 序列来促进共整合体的解离,res 序列在转座子中有一个拷贝,在共整合体中有两个同向拷贝。重组在两个 res 序列之间发生,将其间的 DNA 剪切掉,完成共整合体的解离,最后获得供体 DNA 和靶 DNA,它们中均含有转座子。

另一类已经提到过的解离酶能够解离质粒二聚体,质粒二聚体的形成降低了质粒的稳定性,尤其是低拷贝质粒,因为质粒二聚体被误认为是一个质粒,在细胞分裂时,进入一个细胞,而另一个细胞丢失。由于突变解离酶基因,可以影响质粒的分离,所以最初将质粒的解离系统误认为是分离系统 Par。Cre 重组酶是促使质粒二聚体解离的解离酶,通过使二聚体质粒上的重复 loxP 位点发生重组解离 P1 原噬菌体质粒,XerCD 重组酶,能够促进重复序列 cer 和 psi 位点间的重组而使 ColE1 和 pSC101 质粒二聚体解离。XerCD 重组酶也能解离染色体二聚体,它们是重组修复停止的染色体复制叉时形成的,在细胞分裂时促进重复位点 dif 间的重组,整合酶整合至产生霍乱毒素噬菌体的单链 DNA 上。对以上特殊序列间的重组现象阐述,揭开促进重组的功能,对其今后的应用具有重要意义。

10.8.4 DNA 反转酶

DNA 反转酶与解离酶的功能相近,都是促进相同 DNA 片段间位点特异性重组,主要区别是前者在两段反向序列间重组,而后者是在两段同向序列间发生重组,其结果是反转酶促进的重组将会形成反向干扰 DNA 插入,而解离酶促进的重组,使重组位点间的 DNA 被删除。

DNA 反转酶作用的序列称之为可反向序列,在这段短的序列上或其附近携带有反转酶基因序列,所以可反向序列与其特定的反转酶形成了反转盒,在细胞中起到重要的调节作用,下面是其中的一些例子。

10.8.4.1 沙门菌的相变化

一个典型例子是可反向序列使沙门菌株发生相变化。相变化于 20 世纪 40 年代被发现,当时观察到一些沙门菌的表面抗原可以变化,可以由鞭毛蛋白 H1 变为鞭毛蛋白 H2,也可由鞭毛蛋白 H2 转变为鞭毛蛋白 H1。在许多细菌中,鞭毛蛋白是最强的表面抗原,周期性地改变它们的鞭毛蛋白可以帮助细菌逃脱宿主免疫系统的监视。

沙门菌相变化现象的两个特征提示鞭毛蛋白的改变不是正常突变的结果。首先,这种改变的发生频率为 $10^{-3} \sim 10^{-2}$/个细胞,比正常突变频率高得多。其次,两种表现型都是完全可逆的,细胞可在两个鞭毛蛋白间反复变化。

沙门菌抗原相变化的分子基础如图 10.31 所示。DNA 反转酶 Hin,可以通过将鞭毛蛋白 H2 基因上游区的一个可反向序列进行反转化而引起菌体的相变化。这个可反向序列包含反转酶基因本身和两个其他基因的启动子,fljB 编码鞭毛蛋白 H2 型,fljA 编码 H1 基因转录的抑制蛋白。可反向序列在一个方向时,启动子将转录 H2 基因和抑制蛋白基因,只有 H2 型鞭毛在细胞表面表达。当可反向序

列在另一方向时,因为启动子在其后面,H2 基因和抑制蛋白基因都不能被转录,但此时因为没有 H1 基因转录抑制蛋白,*fljC* 基因就能被转录,最终产生鞭毛蛋白 H1。因此在这种状态下,只有鞭毛蛋白 H1 在细胞表面表达。显然,由可反向序列编码的 Hin DNA 反转酶在两个方向均可表达,否则反转将不可逆。

10.8.4.2 其他反向序列

在细菌中也有少数其他关于由可反向序列进行调节的例子。例如,一些病原性大肠杆菌菌株菌毛合成是由一个可反向序列进行调节的。菌毛为细菌粘附于真核细胞表面所必需,也可能是宿主免疫系统的一个重要靶点。

在一些噬菌体中也存在可反向序列,如噬菌体 Mu、噬菌体 P1 以及有缺失的前噬菌体 e14,它们均含有可反向序列区域,这些噬菌体利用可反向序列改变它们的尾丝(图 10.31)。可反向序列在一个方向时产生一种尾丝,在另一个方向时产生另一种尾丝,这扩大了噬菌体的宿主范围。在 Mu 噬菌体中,当可反向序列在一个方向时所表达的尾丝允许噬菌体吸附到大肠杆菌 K - 12,黏质沙雷

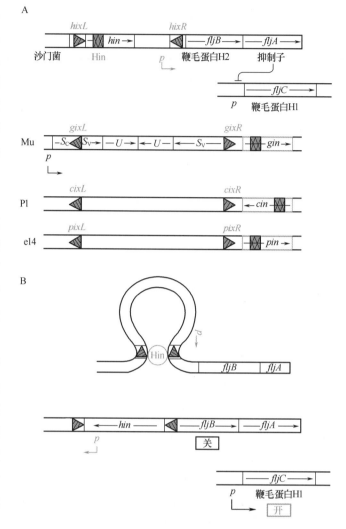

图 10.31 沙门菌相变化和 Hin 倒位酶家族成员的调控
(A)沙门菌和许多噬菌体的可反向序列 (B)Hin 介导的倒位

菌(*Serratia marcescens*)和伤寒肠沙门菌(*Salmonella enterica* serovar Typhi),而可反向序列在另一方向时,*Mu* 菌体可以吸附到大肠杆菌、柠檬酸杆菌(*Citrobacter*)和宋内志贺菌(*Shigella sonnei*)。

这些噬菌体的反转酶不仅功能相近,而且同源性较高,如 Hin 反转酶能使噬菌体 Mu、P1 和 e14 的反向序列发生反转,显然反向盒与抗性盒相似,能赋予宿主许多新的功能。

或许反转酶在细菌变异性方面最典型的例子是在自主转移质粒 R64 和 Col1b - P9 中的重排。质粒 R64 中,Rci 反转酶使编码性菌毛小分子蛋白的 C 末端许多短序列发生反向排列,不同的菌毛蛋白能够与许多革兰阴性菌的表面脂多糖结合,因为反转酶在质粒上,所以使该质粒成为滥交质粒。

10.9 Y 和 S 重组酶

如上所述,许多位点特异性重组酶,不管是整合酶、解离酶还是反转酶,其彼此之间都比较接近,这一点并不奇怪,因为它们都要完成一些基本反应。首先它们必须切断 DNA 的四条链,而且在链上具有两个识别序列,可能会在相同的 DNA 上(解离酶、反转酶),也可能在不同的 DNA 上(整合酶),接下来它们还必须将切开的每个链末端与相应的从其他识别序列上切开的末端连接起来。我们也可以

预测出为了完成以上功能位点特异性重组酶必须具有的特点,首先,它们必须将切开的末端连接起来,因此它们不能自由地游离于 DNA 链之外,而是与碰到的链末端结合。其次,链被切开后,DNA 或重组酶必须以一定方式旋转,将不同链末端移动到并排的位置,以使正确的连接出现。如果连接的链末端刚好是开始切开的相同链,则不会发生重组,分子又回复至开始的状态。

实验已经证明所有的位点特异性重组酶均可以归为两个家族,其中一个是 Y(酪氨酸)家族,另一个是 S(丝氨酸)家族,分类主要基于它们催化活性中心氨基酸的种类,它们的共同特点是在侧链上具有羟基,可以与 DNA 上的磷酸基团结合。当 DNA 被切断后,起催化作用的氨基酸上的羟基会与 DNA 上的自由磷酸末端形成共价键,以保护链末端,使重组酶能够将其移动到所要连接的不同链上,这是发生重组最基本的步骤。然而当链切开后,连接至催化氨基酸上的 DNA 末端,以及形成的结构因两类重组酶的不同而异,下面我们分别对这两类酶的催化途径进行讲解。

10.9.1　Y 重组酶作用机理

Y 重组酶似乎包括了最多的不同种类,进行最复杂的反应。一些 Y 重组酶见表 10.2,其中一些的结构如图 10.32 所示,有些已经在前面章节中提到过,如 Cre 重组酶,它能使 loxP 序列发生重组,解离 P1 质粒原噬菌体二聚体。XerC,D 重组酶通过重组重复的 dif 位点解离染色体,通过重组重复的 cer 位点,解离质粒 ColE1 二聚体,同时也能将产生霍乱毒素噬菌体整合至霍乱弧菌的染色体上。在第 9 章中讲过的 λ 噬菌体整合酶也是一种 Y 重组酶,它是整合子的整合酶,也是结合型整合子(整合结合元件)。Rci 反转酶在 R64 质粒上可以形成重排子,也是一种 Y 重组酶,尽管它们催化的反应与其他的有所不同,但还是具有该族重组酶相似的作用机理,终止酶能够对疏螺旋体属(Borrelia)中复制的线性质粒发挥作用,解离环状二聚体质粒(第 5 章)。Y 重组酶还不仅仅局限于细菌中,在低等真核生物中反转酵母 2μm 环上较短序列的 Flp 重组酶属于 Y 重组酶(表 10.2),它们与真核生物中 I 型拓扑异构酶相关,具有相同的起源。

表 10.2　酪氨酸(Y)重组酶	
来源	酶
解离酶	
大肠杆菌	质粒/噬菌体 P1 Cre
	F 质粒 ResD
	噬菌体 N15 端粒体解离酶
疏螺旋体属	端粒体解离酶
弗雷德链霉菌	Tn4556
索氏志贺菌	质粒 ColIb - P9 穿梭子
农杆菌属	Ti 质粒
真细菌	XerC,D
酿酒酵母	Flp
整合酶	
大肠杆菌	λ 噬菌体
	整合子
超家族	
真核细胞	拓扑异构酶
病毒,如牛痘病毒	拓扑异构酶

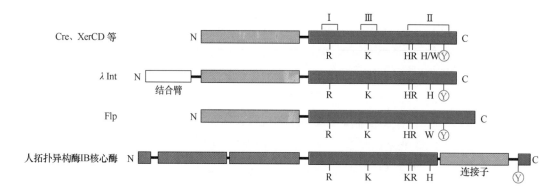

图 10.32　酪氨酸重组酶(Cre、XerCD、λint 和 Flp)的结构域及真核细胞 IB 拓扑异构酶

　　由 Y 重组酶进行的重组,其详细的分子机制如图 10.33 所示,其中它们识别位点的结构如图 10.34所示。绝大多数现在已知有关 Y 重组酶的工作原理,来自对相对简单 Cre 重组酶的研究,它能结合在不同形式的 *loxP* DNA 底物上,并被结晶出来,对比较复杂的 Y 重组酶复合体的反应,尽管没有直接实验证据,但我们可以通过类推的方法获得。Cre 重组酶识别 *loxP* 位点的序列长 8bp,链交换就发生在此处,在其两端还有两个长为 11bp 的相同反向序列,也被重组酶用于识别。在第一步中,四个拷贝的 Cre 解离酶与两个 *loxP* 位点结合,形成一个大复合体,然后每个链交换处的识别序列被活性酪氨酸切割产生 5′OH,之后 3′磷酸末端结合到两个重组酶侧链上的活性酪氨酸位点,形成酪氨酸 – 3′ –磷酸键,这样 3′磷酸末端得到了保护。另外自由的 5′OH 末端能供给另外一个分子中的 3′酪氨酸 – 磷酸键,将 5′OH 末端与其他相应 DNA 链的 3′磷酸末端相连,而不与自己的 DNA 链相连,这样就产生了链的交换,形成被称为 Holliday 叉的结构。Holliday 叉在同源重组时也会形成,将在第 11 章中深入讲解,其晶体结构显示,它被解离酶扁平固定,4 个 DNA 分支从复合体的同一个水平面伸展出来。

　　Holliday 叉形成后,接下来发生什么还不清楚,但肯定是不同的 Y 重组酶会发生不同的反应。为了获得重组,没有交换的链必定要被切断,与相应的链进行连接,如果交换的链被切断后又与它原先的链连接,就不会出现链交换,没有重组发生,因此重组酶必须知道应该切 Holliday 叉中的哪条链,又与哪条链进行连接才能出现重组。在第 11 章中我们将讲到,Holliday 叉具有许多惊人的功能,它能发生异构化,从没有链交换的形式转变为链交换的形式,反之亦然。它们在链交换处还能发生迁移,如果两个 DNA 分子序列基本相同,它们就会在这区间移动。对于解离酶来说,Holliday 叉形成后,最有可能的是酶本身发生反转,强迫 Holliday 叉发生异构化,于是正确的链进入到两个拷贝的解离酶活性中心,重复剪切和连接反应,但是在晶体中并没有发现较大的变化,所以按以上假设发生的可能性不大。还有一种假设是,Holliday 叉发生迁移,将链反转使即将被剪切的链与解离酶活性中心接触,随后进行剪切和重新连接。然而我们也很难想象到,Holliday 叉能够迁移那么远的距离,而不使其 DNA 发生缠绕,从而破坏 DNA 复合体的结构。

　　更复杂的模型是一些表观 Y 解离酶,包括被称为结合转座子 Tn916 以及整合子的整合酶将要重组的两个位点,也即链交换区域不太需要广泛的同源性。Tn916 整合性元件似乎能整合至染色体的任何位置,也即它们能将许多不同的序列作为细菌的 *att* 位点,尽管它倾向作用于后者。抗性盒中的 *attC* 位点之间也几乎没有同源性,与整合子上的 *intI* 位点间也没有同源性。Holliday 叉形成过程以及分支迁移都需要在链交叉处有广泛的同源性,我们现在仅讲 Y 重组酶反应的有关研究和问题。

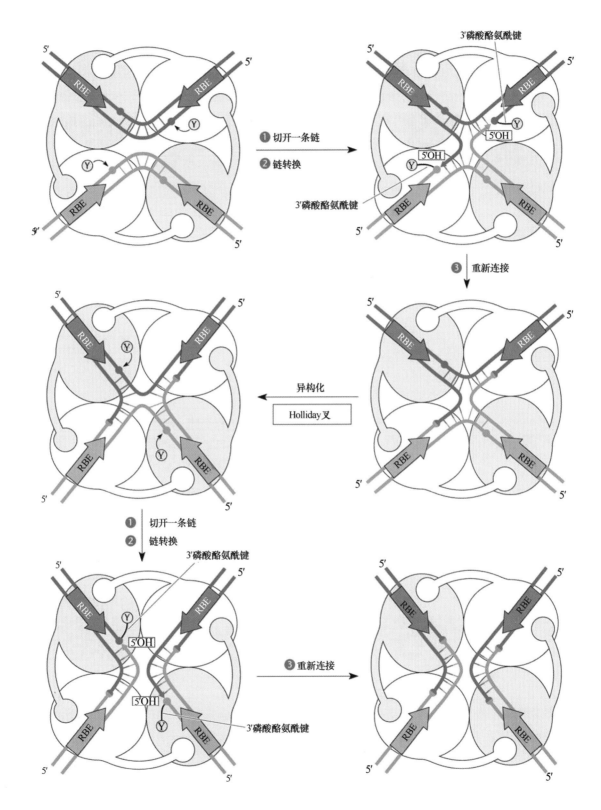

图 10.33 Cre 酪蛋白(Y)重组酶促进反应的模型

四个 Cre 重组酶分子结合在两个 *loxP* 位点,将之紧密地连接在一起;RBE,重组酶结合元件。

在 Y 重组酶发生作用的同时,还有其他蛋白质参与整个重组过程(图 10.34),这些蛋白结合到 Y 重组酶核心区附近,以辅助臂的形式帮助稳定重组酶 – DNA 复合物,以及(或)将重组酶定位在 DNA 上。例如,XerC,D 重组酶需要另外两种蛋白质 ArgR 和 PepA,促进在质粒 ColE1 的 *cer* 位点上的重组,使二聚体解离(第 5 章),这些蛋白在细胞中还具有其他不同的功能:一种是精氨酸生物合成操纵子的抑制子,另一种是氨基肽酶,质粒 ColE1 为什么需要这些蛋白参与二聚体解离还不太清楚,但这些蛋白的结构或序列恰好能够帮助重组的发生。无论这些蛋白出现的原因如何,对其功能的揭示是遗传学家非常艰难的任务,例如,*argR* 基因突变后,导致组成型合成精氨酸生物合成酶的产生,但也降低了 ColE1 质粒的稳定性。λ 整合酶也需要其他宿主蛋白的参与,如整合宿主因子,它结合在重组发生的 *attP* 相邻位点处,这个蛋白也结合在染色体 DNA 的其他许多地方,在那里起多重作用。

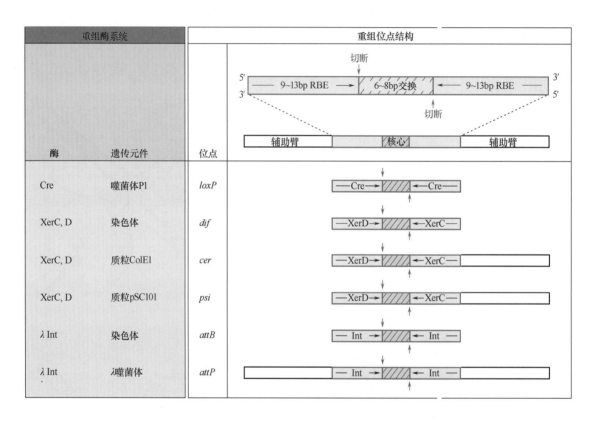

图 10.34　酪氨酸(Y)重组酶识别位点的结构

10.9.2　S 重组酶作用机理

　　S 重组酶同样是一个较大的家族,包括存在于革兰阴性菌、革兰阳性菌中的许多质粒解离酶和反转录酶体系,其中一些 S 重组酶列于表 10.3 中。与 Tn3 类似的转座子 γδ 其 TnpR 共整合解离系统就属于此家族,还有革兰阴性菌中滥交质粒 RK2 和 RP4,以及革兰阳性菌粪肠球菌的质粒 pAMβ 的二聚体解离系统也属于此家族。上述一些质粒早些时候已经在书中的一些地方提到过。沙门菌中的 Hin 反转酶以及能使一些噬菌体中的基因尾部发生反转的酶也属于此家族,在枯草芽孢杆菌出芽期间移除插入序列,在鱼腥藻(*Anabaena*)中形成异核体剪切酶也属于此家族。一些结合型转座子(整合结合元件)利用 S 重组酶而不是 Y 重组酶将其整合至受体细胞 DNA 上,然而除了在海洋里生活的硅藻中

发现了 S 重组酶,迄今在其他真核生物中还没有发现与之相对应的酶。

表10.3 色氨酸(S)重组酶	
来源	酶
解离酶	
大肠杆菌	Tn3 的 TnpR
	γδ 解离酶
	RP4/RK2 的 ParA
肠球菌	Tn917
反转酶	
鼠伤寒沙门菌	Hin 鞭毛反转酶
大肠杆菌 Mu 噬菌体	Gin 尾纤毛反转酶
超家族	
天蓝色链霉菌	噬菌体 φC31 整合酶
枯草芽孢杆菌	SpoIVCA 重组酶
淡水藻属	异形细胞重组酶

S 重组酶结构域如图 10.35 所示,作用模式如图 10.36 所示。有关 S 重组酶的知识大都来自于对 γσ 的研究,已经获得它与 DNA 底物的结晶。从表面上看,S 重组酶特异性位点重组作用模式与 Y 重组酶的相似,识别位点也处于短的链交换处,被相同的重组酶结合位点夹着,四个拷贝的重组酶与识别序列结合在重组位置形成复合体,除此,S 与 Y 重组酶家族没有其他相似点。在两个重组酶分子上并不存在酪氨酸活性中心,发生亲核反应,在两个 DNA 分子上攻击相同的磷酸二酯键,而是在四个重组酶中的丝氨酸活性中心发生亲核反应同时攻击核酸使之形成黏性末端产生四处断裂。同时黏性末端具有 5′磷酸和 3′OH 末端,最终形成 5′磷酸丝氨酰键,而不是 5′磷酸酪氨酰键。图 10.37 显示了亲核攻击以及 5′磷酸丝氨酰键是如何形成的,在每个切开的链上,亲核的 3′OH 键可以攻击相应的另一个识别序列上的 5′磷酸丝氨酰键,重新连接缺口,最终形成重组子产物,与 Y 重组酶类似,还不清楚每条链是如何移动,并如何找到正确的与之相对应的链,一种假说是每个重组酶的一部分发生翻转,使与之相结合的末端与要切割的对应链并行排列。

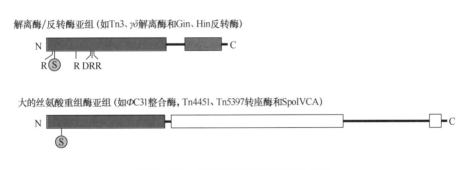

解离酶/反转酶亚组(如Tn3、γδ解离酶和Gin、Hin反转酶)

N — R (S) R DRR — C

大的丝氨酸重组酶亚组(如ΦC31整合酶, Tn4451、Tn5397转座酶和SpoIVCA)

N — (S) — C

图 10.35 丝氨酸(S)重组酶的结构域

与 Y 重组酶相似,S 重组酶通常也利用其他的蛋白质结合在识别位点附近,以帮助稳定重组中的复合体,有些情况下,这些蛋白只是重组酶本身的额外拷贝。

10.10 转座和位点特异性重组在细菌适应性中的重要性

通过对转座子和其他类型可移动元件的研究,我们得出最主要的结论是,这些转座子和移动元件增加了细菌的适应性。我们已经知道整合子如何将抗生素抗性基因从大的贮备区整合至转座子上,再由转座子转座至其他 DNA 上,接合元件包括自主转移质粒和接合型整合元件,能将转座子从一个细菌转移至另一个细菌,有时甚至转移至不同的细菌属中。我们可以假设细菌在保持自身较小的基因组前提下,利用引入其他类型基因,以增强它们适应不同环境的能力。细菌对我们人类的直接影响

是抗生素抗性的获得，表10.4中列出了在革兰阴阳性菌中，携带有抗生素抗性基因的可以移动元件。如果我们还想继续有效地控制细菌性感染，我们必须对可移动元件在抗生素抗性传播中的作用有一个清醒认识，这样才能知道如何去战胜它。

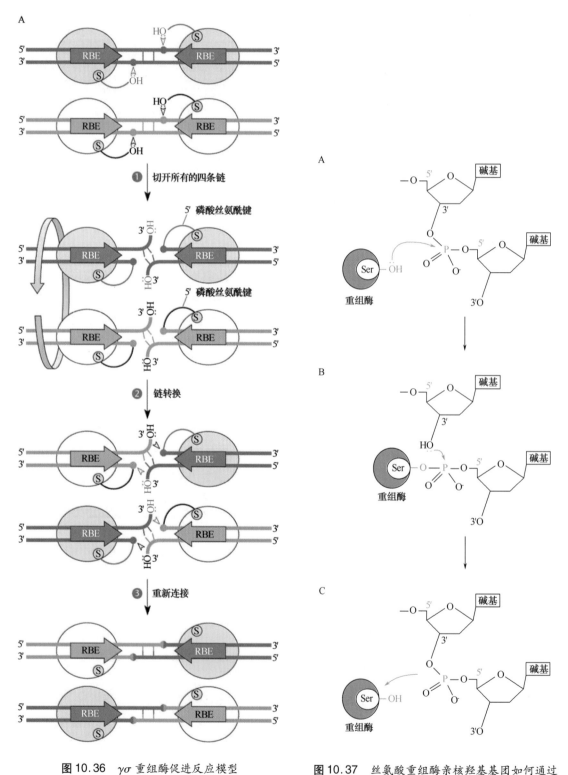

图 10.36   γσ 重组酶促进反应模型

图 10.37   丝氨酸重组酶亲核羟基基团如何通过连续攻击，产生重组 DNA 产物

表10.4 与抗生素抗性基因扩散相关遗传单元的特征

遗传单元	特征	对抗性基因扩散的作用
自主转移质粒	环状、可自主复制的元件;携带接合型DNA转移所需要的基因	转移抗性基因;输送携带抗性基因的其他元件
接合型转座子	整合型元件切除后形成一个不可复制环状转移中间体;携带接合型DNA转移所需要的基因	与自主转移质粒一样:极为活跃,可以在革兰阳性和革兰阴性菌的种、属间转移
可移动质粒	环状、可自主复制的元件;携带的位点和基因,能使该类质粒可以利用自主转移质粒提供的接合元件	抗性基因的转移
转座子	从同一个细胞中的一段DNA转移至另一段DNA上	将携带的抗性基因从染色体转移至质粒或者从质粒转移至染色体
基因盒	环状、不可复制的DNA片段仅含有开放阅读框;可以被整合至整合子中	携带抗性基因
整合子	整合进的DNA片段含有整合酶、启动子、基因盒整合位点	形成抗性基因簇,在整合子的启动子控制下转录

小结

1. 非同源重组是发生在特殊序列上DNA间的重组,有时这些序列相似性很低。

2. 转座是指转座子从DNA的一处移动至另一处,我们已知最小的细菌转座子是IS元件,它仅带有自身转座所需的基因,有些转座子还带有抗生素或重金属抗性基因,转座子在进化中起很重要的作用,广泛应用于基因突变、基因克隆和随机基因融合中。

3. 复合型转座子由IS元件夹着一段DNA序列构成,当发生内端转座时,会造成临近DNA的删除和反转。

4. 迄今已知最多的转座子是DDE转座子(天冬氨酸–天冬氨酸–谷氨酸),它带有的两个镁离子在转座中具有重要作用。通常它们末端具有反向重复序列,在靶DNA上有短的重复序列。另一些转座子称为Y2转座子或者滚环复制转座子,通常以自由的3′羟基端为引物将自身复制至靶DNA上,它们的末端没有反向重复序列。另一些转座子称为Y和S转座子,很像溶原性噬菌体中的整合酶元件,利用整合酶将自己整合至靶DNA中,尽管它的靶位点特异性没有整合酶那么强。

5. 细菌DDE转座子转座有两种不同的机理:复制型转座和剪切–粘贴转座(或称之为保守性转座)。Tn3和噬菌体Mu是复制型转座子,它们复制整个转座子,形成共整合体。剪切–粘贴转座是许多IS元件和复合型转座子的转座类型,转座时切下供体DNA,插入到其他地方。这两种机理是紧密相连的,其差别仅在于对转座子末端双链上供体DNA剪切的不同。剪切–粘贴DDE转座子Tn7的某一部位发生单个突变,可转变为复制型转座子,于是能在转座子末端切割一条链。

6. 在转座子突变中,由于转座子的插入打乱了基因,而且在转座子插入位点引入选择性基因和额外限制性酶切位点,能应用于基因的遗传和物理图谱的绘制。

小结(续)

7. 经特别改造的转座子,携带报告基因,能用于基因的随机融合,某个基因上插入的转座子能导致转座子上报告基因由被破坏基因的启动子或 TIR 进行表达,至于是转录还是翻译取决于基因融合是转录融合还是翻译融合。

8. 如果转座子上含有抗生素抗性基因,则该转座子插入大肠杆菌中某个基因引起突变时,很容易分离到突变克隆,一些转座子经改造后,含有大肠杆菌质粒的复制起始区,所以含有限制性片段的转座子不需要再在其他克隆载体中克隆,因为它经切割环化后,连接起来形成复制子。

9. 位点特异性重组酶能促进 DNA 上某些位点间发生重组,位点特异性重组酶包括解离酶、整合酶和 DNA 反转酶,这些位点特异重组酶基因在序列上有许多共同点,提示我们它们很有可能来源于同一个祖先。

10. 解离酶是位点特异性重组酶,由复制型转座子编码,通过促进转座子中短 *res* 序列间的重组,解离共整合体。

11. 整合酶促进 DNA 元件中特殊序列的非同源重组,例如,噬菌体 DNA 以及整合至细菌染色体上形成溶原性噬菌体的一段染色体,整合酶还可以整合抗生素抗性基因盒至转座子上,接受抗性盒又能编码整合酶的转座子称之为整合子。整合酶还能整合 PAIs 和其他一些种类的基因岛至染色体中,这些较大的 DNA 片段(50000 至 100000bp)能携带致病性基因,使细菌能够占有不同的生态位。

12. DNA 反转酶能促进反向重复序列间的非同源重组,因此改变 DNA 序列间的方向,被反转的可反向序列在改变噬菌体的宿主范围和细菌的表面抗原中具有重要作用,使噬菌体和细菌避免了宿主的免疫防御。

13. 重组酶可分为 Y(酪氨酸)和 S(丝氨酸)型重组酶,两种类型的重组酶都涉及核酸水解,其中侧链磷酸二酯键上羟基被水解,氨基酸被磷酸化。不同点是 Y 转座子形成 3′磷酸化酪氨酸键,而 S 转座子形成 5′磷酸丝氨酸键。另一个不同点是 Y 重组酶同时切断两条链,形成 Holliday 叉,然后异构化,而 S 重组酶同时切断四条链,没有什么先后顺序,不形成 Holliday 叉。S 重组酶可以依赖重组酶的某些部位旋转,使不同的链形成并列结构。

💡 思考题

1. 以复制方式进行转座的转座子(如 Tn3),为什么在转座子周围没有多个拷贝?

2. 为什么转座子 Tn3 和其相近的转座子在细菌界普遍分布?

3. 转座子不仅仅寄生在 DNA 上,对寄主来讲,它也有用处,请列举一些转座子对宿主的用途。

4. 被插入到整合子上的转座子基因来自哪里?

5. 如果 DNA 反转酶不停地被合成,为什么可反向序列并不是频繁地被反转?

❓ 习题

1. 如何利用 Hft λ 菌株说明大肠杆菌的某些 *gal* 变异是由于 IS 成分插入引起的?

2. 图 10.15 和图 10.16 所示的实验中,若 Tn10 通过复制机制转座,会观察到什么现象?

3. 列举通过转座子诱变的优缺点(与化学诱变相比)。

4. 如何利用转座子诱变方式用 Tn5 转座子诱变大肠杆菌质粒 pBR322? 如转座子跳跃至质粒顺时针方向 0kb 到 1kb 之间,那么用 PstⅠ 和 HindⅢ 酶切获得多大的连接片段(pBR322 的基因图谱参见第 5 章,质粒 4.36kb,PstⅠ 和 HindⅢ 位点分别是 0.029kb 和 3.673kb,Tn5 基因图谱如图 10.22 所示)?

5. 如何验证分离到的新转座子是随机插入 DNA 的?

6. 如图 10.22 ~ 图 10.24 所示,用限制性内切酶 SalⅠ 消化得到 2.972kb 和 6.228kb 两个片段,转座子是以哪个方向插入的? 画图表示转座子在质粒上插入的位置,标明卡那霉素抗性基因在转座子上的位置。

7. 假如你分离到一株恶臭假单胞菌菌株,该菌株能在除草剂 2,4 –D 上生长,并将其作为唯一的碳源和能源。简述如何克隆利用 2,4 –D 的基因:(1) 通过转座子突变;(2) 通过初始宿主互补实验。

8. 提出一种机制说明为什么噬菌体侵染后,同种蛋白质 MuA 和 MuB 可以通过单一的剪切和粘贴的转座方式整合到 Mu 上,形成溶原性噬菌体,但溶原菌被诱导后转座的 Mu DNA 会复制数百次。

9. 接合转座子的 Int 蛋白(如 Tn916),在转移后必须将转座子整合至受体细胞的染色体上。如何说明转座子的 Int 蛋白必须在受体细胞中合成,还是如同某些类型质粒接合过程中引物酶的转移那样,与转座子一起在接合过程中转移而来?

10. 如何说明噬菌体 Mu 的 G 片段在处于原噬菌体状态时就可以逆转? 还是只有当噬菌体受到诱导后才可以逆转?

11. 存在于大肠杆菌染色体上的有缺陷的原噬菌体 e14,具有一段可反向序列。如何验证它的反转酶能否逆转 Mu P1 和鼠伤寒沙门菌中的反向序列?

12. 失去黏质沙雷菌(*Serratia marcescens*)红色的回复突变频率很高。请简述如何判定颜色改变是由一段可反向序列引起的。

13. 如何证明 Mu 噬菌体转座子可能不编码解离酶?

📖 推荐读物

Bender,J. , and N. Kleckner. 1986. Genetic evidence that Tn10 transposes by a nonreplicative mechanism. Cell 45:801 –815.

Casadaban,M. J. , and S. N. Cohen. 1979. Lactose genes fused to exogenous promoters in one step using a Mu – lac bacteriophage:in vivo probe for transcriptional control sequences. Proc. Natl. Acad. Sci. USA 76:4530 –4533.

Collis,C. M. , G. D. Recchia, M. – J. Kim, H. W. Stokes, and R. M. Hall. 2001. Efficiency of recombination reactions catalyzed by class I integrase inti1. J. Bacteriol. 183:2535 –2542.

Craig. N. L. 2002. Tn7, p. 423 – 456. In N. L. Craing, R. Craigie, M. Gellert, and A. M.

Lambowitz(ed.),Mobile DNA ii. ASM Press,Washington,D. C.

Derbyshire, K. M. , and N. D. F. Grindley. 2005. DNA transposons:different proteins and mechanisms but similar rearrangements,p. 467 –497. in N. P. Higgins,the bacterial chromosome. asm Press,Washington,D. C.

Foster, T. J. M. A. Davis, D. E. Roberts, L. Takeshita, and N. Kleckner. 1981. Genetic organization of transposon Tn10. Cell 23:201 –213.

Gill,R. , F. Heffron, G. Dougan, and S. Falkow. 1978. Analysis of sequence transposed by complementation of two classes of transposition – deficient mutants of Tn3. J. Bacteriol. 136:742 – 756.

Golden,J. W. , S. G. Robinson, and R. Haselkornl. 1985. Rearrangement of nitrogen fixation genes during heterocyst differentiation in the cyanobacterium *Anabaena*. Nature (London) 327: 419 –423.

Groisman,E. O. ,and M. J. Casadaban. 1986. Mini – Mu bacteriophage with plasmid replicons for in vivo cloning and *lac* gene fusing. J. Bacteriol. 168:357 –364.

Gueguen,E. ,P. Rousseau, G. Dubal – Valentin,and M. Chandler. 2005. The transpososome: control of transposition at the level of catalysis. Trends Microbial. 13:543 –549.

Hallet,B. ,V. Vanhooff,and F. Cornet. 2004. DNA site – specific resolution systems,p. 145 – 180. In B. F. Funnnell and G. J. Phillips,plasmid biology. ASM Press,Washington,D. C.

Hughes,K. Y. ,and S. M. Maloy. 2007. Methods in enzymology,vol. 421. Advanced bacterial genetics:use of transposons and phage for genomic engineering. Elsevier, London, United Kingdom.

Kenyon,C. J. ,and G. C. Walker. 1980. DNA – damaging agents stimulate gene expression at specific loci in *Escherichia coli*. Proc. Natl. Acad. Sci. USA 77:2819 –2823.

Komano,T. 1999. Shufflons:multiple inversion systems and integrons. Annu. Rev. Genet. 33: 171 –191.

Kunkel,B. ,R. Losick,and P. Stragier. 1990. The *Bacillus subtilis* gene for the developmental transcription factor is generated by excision of a dispensable DNA element containing a sporulation recombinase gene. Genes Dev. 4:525 –535.

Martin,S. S. ,E. Pulido,V. C. Chu,T. S. Lechner,and E. P. Baldwin. 2002. The order of strand exchanges in Cre – Loxp recombination and its basis suggested by the crystal structure of the Cre –Loxp Holliday junction complex. J. Mol. Biol. 319:107 –127.

May, E. W. , and N. L. Craig. 1996. Switching from cut – and paste to replicative Tn7 transposition. Science 272:401 –404.

Reznikoff,W. S. 2003. Tn5 as a model for understangding DNA transposition. Mol. Microbiol. 47:1199 –1206.

Rowe – Magnus,D. A. ,A. – M. Guerout,P. Ploncard,B. Dychinco,J. Davies,and D. Mazel. 2001. The evolutionary history of chromosomal superintegrons provides an ancestry for multiresistant integrons. Proc. Natl. Acad. Sci. USA 98:652 –657.

同源重组的分子机理

　　即使是同属于一个有性繁殖物种的两个有机体,在遗传学上也不尽一致。当染色体被分配到胚细胞(精子和卵细胞)时,每对同源染色体中一条染色体被随机选择同时发生基因重组,因此出现两个子代完全一样的情况很少发生,由于重组,原本与一个 DNA 分子有关的遗传信息可能变得与另一个 DNA 分子相关,或者某一个 DNA 单链上的遗传信息序列发生改变。在第 10 章开始部分已经提到,普通的重组分为两种:非同源重组(位点特异性重组)和同源性重组。位点特异性重组仅在特定条件下出现,需要特殊蛋白来识别特异性序列和启动重组。当我们谈到重组时一般指同源性重组,它的发生频率较高,这种重组可发生在任何两个相同或非常相似的序列之间,它常常涉及两个 DNA 分子在序列相似的同一区域内断裂和一个 DNA 与另一个 DNA 的连接,其结果称之为交换或杂交。依赖同源性的杂交可以在短至 23 个碱基的同源序列间发生,尽管在更大的同源片段间发生的频率更高。

　　地球上所有的生物体都可能具有重组机制,这提示重组对物种生存是非常重要的,通过重组所获得的新的基因组合,有利于物种更快地适应环境和加快进化进程。重组允许一个生物体改变它自身的基因顺序或将基因移动到不同的复制子上,例如,从一个染色体上移动到一个质粒上。重组基因在 DNA 损伤修复和突变中也起着十分重要的作用,相关内容将在下一章中进行论述,最主要的作用是在复制过程中能够重新启动受损 DNA 复制,使复制叉能以正确方式重新组装并继续复制。

　　由于同源重组在遗传学上的重要性,在前面章节中我们

在讨论缺失突变、回复突变和遗传分析中提到它。在第 4 章、第 8 章中我们讲到根据重组频率测量突变之间的距离,用于绘制突变谱。另外,对重组的灵活应用也使我们免于基因克隆、DNA 分子的构建等复杂工作。

在以前的章节中,谈到基因重组在基因图谱绘制和其他类型的应用时,对基因重组描述的非常简单:两个 DNA 分子双链在共有序列处解开,然后又重新连接形成一个新的 DNA 分子,这种解释没有给出重组原理,显然过于简单,但丝毫不影响我们对它的应用,我们已经在不知道其机理的情况下应用它 80 余年,实际上,不同条件下重组机理是不同的。本章将重点讨论重组的实际机制所涉及的 DNA 分子究竟发生了什么变化? 讨论一些分子模型及其遗传学证据,还将讨论在其重组过程中所涉及的蛋白质,主要讨论大肠杆菌中的重组情况,作为模式生物它是迄今研究重组最深入的细菌。

11.1　同源重组概述

重组是一个值得注意的过程,它通常只发生在两条 DNA 的同源区域,因此这些区域必须排列起来以便它们能被打断和重新连接,在重组两侧的长 DNA 分子必须改变它们的构型,这一复杂过程涉及许多功能,但在讨论详细重组模型及其所涉及的功能之前,我们首先了解一下任何一种重组模型所必须满足的基本条件及在重组过程中所涉及基因产物的预期功能。

11.1.1　条件 1:在杂交区域具有相同或非常相似的序列

同源重组的显著特征是,发生交换的两条 DNA 区域脱氧核苷酸序列必须一致或非常相似,所有的重组模型必须首先满足这一条件,这个先决条件在重组过程中具有非常实际的意义。从同一种群的不同个体中分离出来的 DNA 分子,其核苷酸序列在整个分子长度上常常是几乎一样的,广义上讲,两个 DNA 分子常常只在同一区域具有相同的序列,因此重组通常发生在相对于整个分子来讲是两条 DNA 链上处于同样位置的位点之间。因为在两条 DNA 链上有不止一个区域具有相同或相似序列,所以有时在 DNA 分子不同区域会发生不止一次重组。这一类型重组,有时称为异位或同源重组,会引起缺失、重复、回复和其他 DNA 重排(第 4 章)。值得一提的是,细胞形成了一些特殊机制阻止异位重组的发生,其中之一我们将在下一章有关错配修复一节中进行讨论。

11.1.2　条件 2:双链 DNA 分子间碱基互补配对

按理说 DNA 分子是通过碱基互补配对来寻找其互补链,强制性碱基互补配对保证了重组只发生在序列间的相同位置处,即在 DNA 分子的相同位置上。两个双链 DNA 分子间通过碱基互补配对的结合处称为联会,所有重组模型中都会有联会形成。然而在双链 DNA 分子中碱基一般都在双螺旋的内部,不容易进行碱基互补配对,所以在链的不同部位将链分开暴露出碱基将会非常缓慢以至于不能进行高效重组。我们又知道通过转化、转导或接合进入细菌中的 DNA 分子,在几分钟内就能找到互补序列而非常迅速地发生重组,因此细胞必定具有在大量细菌染色体 DNA 中寻找与目标 DNA 互补配对的定位功能。

11.1.3　条件 3:重组酶切割和再连接

一旦互补序列找到与之匹配的互补链准备发生交换时,DNA 分子的每条链必须断裂,然后重新与相应的另一个 DNA 分子的相应链进行连接,因此就需要 DNA 内切核酸酶和连接酶参与重组过程,肩

负 DNA 链的切断和重新连接功能。

11.1.4   条件 4：四条链参与杂合双链的形成

在一个联会处两个 DNA 分子之间的碱基互补配对区域称为异源双链核酸,在这个区域的双链来源于不同的 DNA 分子。原则上,对一个联会来说,异源双链核酸只需在重组 DNA 分子的两条链之间形成,然而,有证据显示两个 DNA 分子的四条链都参与异源双链的形成,这一现象将在后面的模型中进行解释。

11.2   重组的分子模型

目前已经建立了几个能在分子水平上解释重组的模型,这些模型能解释前面所讨论的重组所必须具备的特征,也可以解释其他实验现象。但是,没有一个重组模型能单独解释所有的实验现象,因为在不同情况下重组会以不同方式发生,然而这些模型形成了重组的假说框架,能帮助我们在分子水平通过实验验证重组的发生。

11.2.1   Holliday 双链侵入模型

第一个被广泛接受的重组模型是由 Robin 在 1964 年提出的。图 11.1 说明了这个模型的基本步骤。按照这个模型:在发生重组的位置,DNA 分子的两个单链同时断裂而引发重组,然后两个断裂链的自由末端互相交换,每个与另外 DNA 分子上的与之互补的序列配对形成两个异源双链核酸分子。末端连接后形成十字形结构,称为 Holliday 叉,如图 11.1 所示,两个双链 DNA 分子在链交换处被紧紧连接起来。Holliday 叉的形成在所有重组模型中都居于中心位置,对以 Cre 和 Y 重组酶为主的位点特异性重组中也不例外。

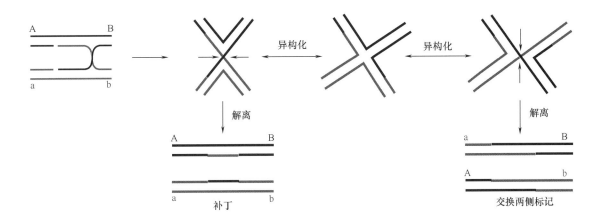

图 11.1   基因重组的 Holliday 模型

在每个 DNA 分子中一条链的相同部位切开,然后与另一个 DNA 分子形成异源二聚体(紫色和黑色配对的区域)。这些链连接起来形成 Holliday 叉。这个 Holliday 叉的 DNA 结构可以在构型 I 和构型 II 之间变换构型。切断和连接可以解除 Holliday 叉。端部的标记 A、B、a 和 b 是否重组或保持在初始位置,取决于交叉处的构型。DNA 分子的产物含有异源二聚体片段。

一旦 Holliday 叉形成,它就可以发生链间重排以改变与其他链间的关系,之所以称为异构化,是因为整个过程没有键的断裂。如图所示,交换的双链在构型 I 处解开,在构型 II 处又重新发生重组,可

以发现原来没有发生重组的双链可以通过 Holliday 叉的异构化发生重组,而原先发生重组的后来又重新回复到原先状态。DNA 杂合双链分子能够很轻易地改变其位置,看似非常不可思议,但实验确实证明了这一事实的存在,Holliday 叉发生重排,由构型Ⅰ转变为构型Ⅱ,而且不需要能量,所以两构型间的转变很快,它们各自的量大体应该是各占一半。

如图 11.1 所示,一旦 Holliday 叉形成,交换的双链可以被剪切,再重新连接,或称为解离。是否能发生重组取决于在联合处解离时 Holliday 叉处于何种构型,若是处于构型Ⅰ,则 DNA 序列不重组,各条链又回复至原来状态,若处于构型Ⅱ,则发生重组,图中两侧标记(AB、ab)的变化能显示出发生了重组。

通过碱基间氢键的断裂和重新形成,Holliday 叉能够沿 DNA 链来回移动,该过程称为分支迁移(图 11.2)。如果打开的氢键数目与重新形成的数目相同,则整个过程不需要能量。没有能量消耗,氢键的打开效率较低,加上 Holliday 叉遇上碱基错配,则分支迁移速度会降低,所以必须有特定的 ATP 水解蛋白加速分支迁移和指引迁移的方向。在大肠杆菌中这些蛋白包括 Ruv、RecG 和 RecA 蛋白。

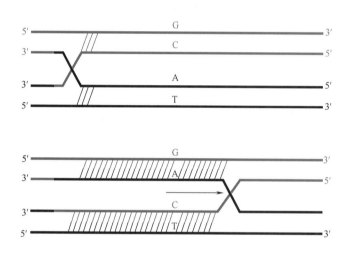

图 11.2　Holliday 叉的迁移
通过将分支前固定 DNA 的氢键切断,之后重新连接,Holliday 叉将在两个 DNA 上迁移并向配对区域延伸(如异源二聚体),异源二聚体用斜线标出。在本例中异源二聚体区域有两个错配,GA 和 CT,因为在其中一个 DNA 分子上本区域发生了突变。

如图 11.2 所示,在 Holliday 叉中分支迁移将使异源核酸分子区域的长度增大,更多序列的错配将会出现,很可能导致基因的转换。其他模型中同样也会用到 Holliday 叉中分支迁移理论来解释有关基因交换和异源核酸分子长度增长、分布等实验现象。

Holliday 模型之所以称为双链侵入模型,是因为重组的引发必须是两条链的相同部位同时断裂,再重新连接。然而碱基都隐藏在双链内部,不能自由地与其他 DNA 分子配对排列,也就不能在相同部位被剪切。Holliday 是这样回答此问题的,他认为存在特殊的位点由特定的酶来剪切,然而没有实验证据,所以重组似乎是随意在整个 DNA 链上发生的。

尽管有以上的不足,但 Holliday 双链侵入模型还是作为其他重组模型的参照标准,所有其他模型中仍然涉及 Holliday 叉的形成、异构化和分支迁移,不同点主要在 Holliday 叉形成之前的早些时候。

11.2.2　单链侵入模型

单链侵入模型的提出克服了双链侵入模型的不足,如图 11.3 所示,该模型认为两个 DNA 分子之一的一条链被随机切断,暴露出的 3'羟基端侵入到另一个双链 DNA 链,直到找到互补序列。找到互补序列后,互补序列将取代非互补序列,被取代的链被剪切,与另一 DNA 分子的相应链连接,形成 Holliday 叉,其后随着 Holliday 叉移动在两条链上形成异源核酸分子,发生异构化和解离。该模型中不需要两个 DNA 分子在同一位置同时断裂,它符合 RecBCD 酶在重组末端的处理过程和 RecA 蛋白在形成联会时的作用。RecBCD 酶使单链 DNA 分子产生 3'羟基侵入到另一个 DNA 分子中;RecA 蛋白能与单链 DNA 结合,使其侵入到双链 DNA 中。

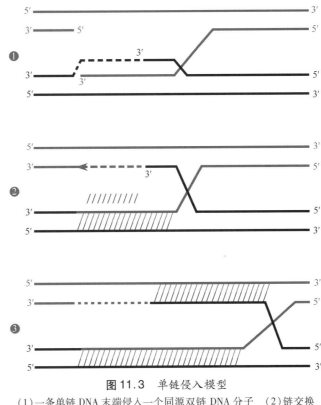

图 11.3　单链侵入模型

(1)一条单链 DNA 末端侵入一个同源双链 DNA 分子　(2)链交换后,双链 DNA 分子上被取代的链被降解(黑虚线标出),DNA 聚合酶填补缺口。刚开始,仅在两个 DNA 分子中的其中之一上形成异源二聚体(紫－黑色斜线表示)　(3)分支的迁移导致在另一个 DNA 分子上也形成异源二聚体。与 Holliday 模型中发生的类似,异构化能使 DNA 分子的端部发生重组

11.2.3　双链断裂修复模型

在单链和双链侵入模型中,DNA 分子中的一个或两个的一条链将被切断从而启动重组,如果仅一个 DNA 分子的单链断裂,另一条链还能将整个分子结合在一起,如果是两个 DNA 分子的每条链断裂则两部分 DNA 会分开,导致细胞的死亡。因此似乎双链断裂不会启动重组,但在某些条件下确实是由于双链断裂引发重组的,所以事实告诉我们应该有双链断裂模型。

双链断裂引发重组的实验证据首先来自对酿酒酵母的遗传学实验研究,实验主要目的是分析质

粒和染色体间发生重组修复质粒双链断裂部位的能力,细胞可以通过重组将染色体上序列插入到质粒上。现在我们已经知道通过双链断裂是一种普遍的重组机制,在细菌、噬菌体和低等真核生物中存在自身的 DNA 内切核酸酶通过制造双链断裂而启动重组(专栏 11.1)。

该模型中的重组机制如图 11.4 所示,参与重组的两个 DNA 分子之一的两条链均断裂,断裂后每条链从 5′端开始被外切核酸酶降解,形成一个带有 3′尾巴的间隙,其中之一侵入到双链 DNA 中,直至找到其互补序列,在 DNA 聚合酶的作用下,使该侵入链尾部沿互补链延伸,取代另一条与之有相同序列的链,直到碰见侵入链的自由 5′末端,停止延伸,在 DNA 连接酶作用下连接起来。另一条链的 3′自由端作为引物,以取代链为模板,合成新序列填补开始留下的间隙,最后到达自己的 5′端通过连接酶连接,在这个过程中将形成两个 Holliday 叉(图 11.4)。

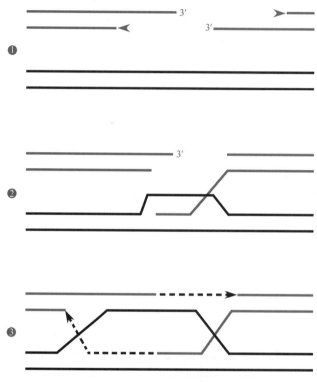

图 11.4　双链断裂修复模型

(1)两个 DNA 分子之一的双链上出现断裂,引发重组发生。箭头指示在断裂处的 5′端发生降解　(2)3′末端或尾部侵入另一条 DNA,取代了其中一条链　(3)进入的 3′端称为 DNA 聚合酶的引物,延伸尾部直到与 5′端连接上(黑色箭头),同时被取代的链(黑色)作为模板,填补由第一条 DNA 留下来的缺口(虚线)。形成两个 Holliday 叉,其端部 DNA 是否发生重组,取决于交叉如何被消除

重组是否发生也取决于当 Holliday 叉解离时其构型如何,如果两个 Holliday 叉都处于同一个构型 Ⅰ 或 Ⅱ 时(图 11.1)发生解离,则没有链的交换,也就不发生重组,只有当两个 Holliday 叉处于不同构型时发生解离才发生重组。

在这个模型中,异源双链 DNA 在侵入链与其互补链间形成,仅在一个 DNA 分子中形成,而在单链入侵模型中,随着 Holliday 叉的移动,在两个 DNA 分子间形成异源双链 DNA。这两个模型都能克服双链入侵模型中的不足,至于重组究竟以哪种方式发生,还取决于 DNA 结构和涉及的蛋白质种类。

断裂和进入：内含子和内含肽通过双链断裂修复或归巢移动

有时会在基因中发现寄生于其中的内含子和内含肽等 DNA 元件，它们在真核生物和原核生物中都存在（专栏 3.6）。像所有寄生虫一样，它们尽可能对寄主的健康影响最小。这里存在一个自身利益问题，如果它们的寄主死了，它们也会随之死亡。当它们跳进一个 DNA，可以影响一个基因，可以降低基因活性并且对寄主有害。如专栏 3.6 所述，它们可以通过翻译之前从 mRNA 剪接出序列片段（内含子方式）或者翻译后剪接出蛋白产物（内含肽方式），从而避免所寄生的基因失活。有时这种剪接需要其他基因的内含肽产物或寄主基因，有时这种作用是自然发生的，即依靠了一个自我剪接过程。自我剪接内含子是已知的第一个具有 RNA 酶活力或核酶的例子。

许多内含子和内含肽能够从一个 DNA 移动到另一个 DNA，它们移动时通常从一个基因精确地移动到缺乏内含子和内含肽的相同种类基因的相同位点。通过这种方式，它们可以移动一个群体，直到几乎群体中每个个体的相同位置都有这种内含子。因为它们总是回到相同位点，所以将这种移动过程称为归巢。这里有一个合理的解释，说明它们为何要精确地移动到相同基因的相同位点而不是进入相同基因的其他位点或者基因组中的其他位点。基因中内含子和内含肽周围的序列称为外显子或外显蛋白，它们也会参加剪接反应，剪接过程中，如果它们发现自身侧翼的外显子序列是不同的，它们就不能把自己从 RNA 或蛋白质中剪接出来。归巢允许内含子和内含肽通过寄生在不具有它们的 DNA 上从而在一个群体中展开，但是它们从不干扰必需基因的复制也不失活或杀死它移动到的新宿主 DNA。

内含子的归巢有两个基本机制。一些内含子和内含肽，称作第一组内含子内含肽，通过双链损伤修复归巢，内含子和内含肽首先在必须移动到的目标双链 DNA 的归巢位点上造成损伤。为了完成损伤修复，内含子或内含肽编码一种特殊的 DNA 内切核酸酶称为归巢核酸酶，它可以只在特殊序列上制造损伤。在第一组内含子中，这种归巢内切核酸酶通常是由内含子的一个开放阅读框所编码，在内含蛋白中，这种内含肽自己从蛋白中剪切出来以后起到归巢核酸酶的作用。当双链被特殊内切核酸酶切开以后，含有这种内含子的对应基因通过双链切口修复机制修复这个切口，通过基因转变将没有内含子的序列替换含有内含子的对应序列（图 11.4）。修复结束后，两条 DNA 所含内含子都处于相同的位点。其他 DNA 元件，包括酵母的交配型位点，都是根据这种双链损伤修复机制移动形成的。

另一类内含子，称作第二组内含子，通过一种称作后归巢的方式移动。这些内含子实质上通过一个和从 mRNA 剪切出内含子的过程相似，但相反的过程把自己拼接进入目标 DNA 的一条链中。内含子同样编码合成一种内切核酸酶，能够在另一条链上形成切口，暴露出的 3′ 羟基末端，引出一个内含子编码的反转录，使得 DNA 拷贝了内含子序列，这个序列通过宿主 DNA 修复酶进入到目标 DNA 的特定位点。这样，内含子通过内含子中的同源序列和特定位点定位到靶位点。这种以补充为基础的配对到归巢位点的重要内含子序列只有 15bp 长，其他更短的补充位点侧翼区域的序列是通过切断位点，允许内含子整合的核酸酶识别的。对于第二组内含子来说，通过专一互补机制识别它们特定位点的 15bp 序列比较关键，在它两侧具有核酸酶，能切断归巢位点，插入内含子。第二组内含子重新定位到新位点的能力仅仅是依靠改变内含子部分序列，所以这个系统被 Sigma－Aldrich 公司市场化，在理论上允许内含子插入到任何组织的任何基因中。其原理：采用 PCR 方法造成一个突变体序列，它的转座子边缘 15bp 和即将插入区域是互补的。软件根据哪一区域在互补侧翼序列上需要的变化最小，提供基因中

专栏 11.1(续)

最容易插入内含子的区域,序列也可以根据 PCR 引物的多样性改变。用 PCR 扩增后,一旦得到转座子序列,就可以将其克隆到含有转座子剩余序列的载体中,只有在内含子从载体中切除后才会增加一条卡那霉素抗性条带。当内含子决定的 RNA 由使用 T7 噬菌体 RNA 聚合酶引物和 T7 噬菌体 RNA 聚合酶从一个不同的 DNA 上表达时,内含子编码的 RNA 内切酶和反转录酶才会表达,并且内含子自身会整合到特异选择目标位点。这种整合可以在含有卡那霉素的抗性平板上筛选到。如果另一个基因已经被克隆到质粒的内含子中,另外的基因就会整合到新的位点上。该方法的不同之处就是用一个突变的内含子在归巢位点附近引入小范围碱基对变化。虽然与重组相比,该方法没有重组那么有效(专栏 11.3),但通过这种方法从诱变处理的不同细菌载体表达 T7 噬菌体 RNA 聚合酶或者用一个不同引物去转录这个内含子对于除了大肠杆菌及其亲缘以外的细菌具有很好的适用性。

参考文献

Belfort, M., M. E. Reaban, T. Coetzee, and J. Z. Dalgaard. 1995. Prokaryotic introns and inteins: a panoply of form and function. J. Bacteriol. 177: 3897 – 3903.

Karberg, M., H. Guo, J. Zhong, R. Coon, J. Perutka, and A. M. Lambowitz. 2001. Group II introns as controllable gene targeting vectors for genetic manipulation of bacteria. Nat. Biotechnol. 19: 1162 –1167.

11.3　大肠杆菌中基因重组的分子基础

如同其他细胞一样,在大肠杆菌中了解的重组分子机制要比其他任何生物中的多,已经在大肠杆菌中至少 25 种涉及重组的蛋白质被鉴定,并确定了其特定的功能(表 11.1)。

表 11.1　大肠杆菌中编码重组功能的一些基因

基因	突变体表型	酶活力	在重组中可能的作用
recA	重组缺失	增强同源 DNA 配对	联会形成
recBC	重组减少	外切核酸酶、ATP 酶、解旋酶、χ 特异性内切核酸酶	分离双链,降解 DNA 直到 χ 位点,起始重组
recD	Rec⁺χ 不依赖型	激活外切核酸酶	降解 3′端
recF	质粒重组减少	结合 ATP 和单链 DNA	在缺口处替代 RecBCD
recJ	在 RecBC⁻ 中重组减少	单链 DNA 外切核酸酶	在缺口处替代 RecBCD
recN	在 RecBC⁻ 中重组减少	ATP 结合	在缺口处替代 RecBCD
recO	在 RecBC⁻ 中重组减少	DNA 结合和复性	在缺口处替代 RecBCD
recQ	在 RecBC⁻ 中重组减少	DNA 解旋酶	在缺口处替代 RecBCD
recR	在 RecBC⁻ 中重组减少	结合双链 DNA	在缺口处替代 RecBCD
recG	在 RuvA⁻B⁻C⁻ 中 Rec 减少	分支特异性解旋酶	Holliday 叉迁移
ruvA	在 RecG⁻ 中重组减少	结合至 Holliday 叉上	Holliday 叉迁移

表 14.1（续）

基因	突变体表型	酶活力	在重组中可能的作用
ruvB	在 RecG⁻ 中重组减少	Holliday 叉特异性解旋酶	Holliday 叉迁移
ruvC	在 RecG⁻ 中重组减少	Holliday 叉特异性核酸酶	Holliday 叉解离
priA, priB, priC, dnaT	重组减少	核酸酶	重新装载复制叉

11.3.1　chi(χ) 位点和 RecBCD 核酸酶

首次分析大肠杆菌中重组的遗传条件采用了高频重组菌株间的杂交。Hfr 杂交实验中首次发现的 rec 基因是 recB 和 recC 基因，因为它们是高频重组菌株杂交后所需的基因产物，而且其在转导杂交时也是需要的，这些基因产物与 recD 基因产物共同形成异源三聚体，相应地命名为 RecBCD 核酸酶。然而，recD 基因产物在重组中并不需要，所以要通过其他方法发现该基因。我们现在已知 RecBCD 酶在结合和转导中是重组所需要的，因为通过 Hrf 杂交和转导方式转移进细胞中的小片段 DNA 是 RecBCD 酶的天然底物。在该酶对 DNA 片段作用后，形成单链 3′末端，然后能侵入到染色体 DNA 形成重组子。如果最初的研究选择其他不同方式进行，可能会发现别的 rec 基因，如研究单链 DNA 中间隙的重组引发条件时，编码 RecFOR 酶的基因及其途径将被首先发现。

11.3.1.1　RecBCD 工作原理

RecBCD 蛋白具有多种酶活力，所以具有比较明显的特点。它具有单链 DNA 内切核酸酶和外切核酸酶活力、DNA 解旋酶活力、依赖 DNA 的 ATP 酶活力。纵观其所有的活力，我们可以把它看成是具有核酸酶活力的 DNA 解旋酶，它的主要功能是将单链 DNA 的 3′尾巴侵入到另一个 DNA 分子中，启动重组。在发挥功能时，首先与双链 DNA 的末端结合，打开双链，随着它的移动使 3′至 5′DNA 链成环（图 11.5），发挥 3′-5′核酸酶活力将 3′-5′DNA 环切成碎片，而

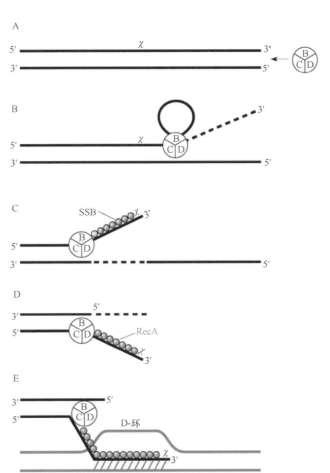

图 11.5　RecBCD 酶在 chi(χ) 位点促进重组起始模型
（A）RecBCD 酶进入双链 DNA 末端　（B）RecBCD 酶的解旋酶活力打开双链，其 3′-5′端核酸酶活力降解一条链，直到遇见 χ 位点　（C）χ 位点抑制 3′-5′端核酸酶活力，激活 5′-3′端核酸酶活力，单链 3′端结合上 SSB 蛋白（黑色颗粒）　（D）在 RecBCD 蛋白帮助下，RecA 取代 SSB，加载到单链末端，形成一个延伸的螺旋结构　（E）螺旋状 RecA 核酸-蛋白丝侵入到一条互补的双链 DNA，形成一个 D-环或三链结构（图 11.7）

5′－3′不被破坏,这个过程一直能持续30000bp或者RecBCD蛋白遇到Chi(χ)位点,其在大肠杆菌中的顺序为5′GCTGGTGG3′,但在其他细菌中略有不同,这些位点在λ噬菌体中首次被发现,因为它能激发噬菌体RNA发生重组,之所以用希腊字母χ来表示,因为它像一个叉,代表交换。当RecBCD遇到χ位点时,它的3′－5′核酸酶活力受到抑制而5′－3′核酸酶活力激活,导致自由3′末端尾巴的单链出现。值得注意的是χ序列并不像多数限制性酶所作用的反向重复序列,该序列只是在一条DNA链上识别,RecBCD核酸酶遇到该位点,能通过该位点,而且在χ位点的定位上起到重要作用。

RecBC核酸酶在DNA链上形成3′单链尾部后,它指导RecA蛋白分子结合到DNA分子与RecBC相邻处,这个过程称为协同结合,因为一个蛋白的结合能帮助另一个分子的结合。用更专业的生理生化方面术语来说,新的RecA蛋白只与已经结合有RecBC蛋白的DNA结合,RecBC蛋白使RecA蛋白更紧密地结合于DNA上,这种协同结合是必需的,因为单链DNA结合蛋白(SSB)已经与单链DNA结合,单凭RecA不能取代SSB蛋白。RecD蛋白能够抑制RecA蛋白的结合,所以只有当遇到χ位点,RecD蛋白活性受到抑制时才能发生RecA蛋白结合。一个RecA蛋白结合后,另外的RecA蛋白就可以接着结合,形成螺旋状核酸蛋白纤丝为后面的重组步骤和联会的形成做准备。RecA蛋白依赖于RecBCD的结合方式也保证了RecA不会与任意单链DNA结合而仅与带有RecBCD蛋白的DNA链结合。

χ位点及其在重组中作用的发现纯属意外,所以花了很多年时间,借助许多设计巧妙的实验才阐明了它的功能。有一个模型如下:RecBCD酶的RecD亚基本身不具有任何外切核酸酶活力,但它能激发RecB亚基3′－5′核酸酶活力,而χ位点通过抑制RecD亚基间接抑制3′－5′外切核酸酶活力,从而使剩下的RecBC核酸酶的5′－3′活力受到激发。因此随着RecBCD在DNA上的移动,打开双链,降解3′－5′方向单链直到遇见5′GCTGGTGG3′(χ序列),具有χ序列的DNA能与RecD亚基结合抑制其活力,当RecBCD酶继续移动时,它会降解5′－3′链,而不降解3′－5′链,最终在末端含有χ序列的DNA单链带有3′末端尾巴,如图11.5所示。

有关χ位点作用的证据大都来自遗传学。首先,虽然在缺失RecD亚基时,RecBCD酶具有3′－5′核酸酶活力,但是RecD亚基的出现能大大激活该酶的活力,因此将线性DNA分子转化至RecD⁻大肠杆菌突变体,线性DNA分子不会被降解。可以预计RecD⁻大肠杆菌突变体能很好地应用于重组中,因为它即使不含有χ位点,它的单链末端也不会被降解,还能正常地侵入到另外DNA分子中而促进重组发生。所以RecD⁻大肠杆菌突变体在线性DNA分子的取代实验中非常有用,因为它不会降解线性DNA分子。

该模型也能解释为什么重组仅在χ位点5′端被激活。当RecBCD酶到达χ位点时,被取代的链已经被降解所以没有用来重组的部分,仅当RecBCD酶完全通过χ位点后存在的链才能发生链的侵入,而仅有该位点的5′端保留完整。另外的实验证据来源于体外对RecBCD酶的纯化以及酶活测定,含有χ位点的DNA的发现,在电子显微镜下观察到RecBCD蛋白与DNA的作用等。

11.3.1.2　为什么需要χ位点

在大肠杆菌和其他细菌中为什么存在χ位点参与复杂的DNA末端和双链断裂而引发重组?另一个难以理解的事实是如果RecD亚基从RecBCD核酸酶上分离下来,就根本不需要χ位点,也能发生重组而且细胞能存活。

有一种假设认为对自身χ位点的依赖使RecBCD核酸酶能同时在重组和防御噬菌体或外来DNA上发挥双重功能。进入细菌中的噬菌体外源DNA一般不具有χ位点,因为该位点是由8bp核苷酸构

成,在65000bp长度中才有可能出现一次,而RecBCD核酸酶在不遇到χ位点时会一直降解DNA,相比较而言,大肠杆菌中就存在许多χ位点,有效防止了对自身DNA的降解。噬菌体为了躲避细菌RecBCD核酸酶的降解,就会在它们的DNA末端结合其他蛋白质,或者直接合成抑制RecBCD核酸酶的蛋白等方式阻止降解的发生,如λ噬菌体中的Gam蛋白(第9章)。

χ位点存在的另一种解释是,它能指导在DNA中发生重组的位置,有利于三股DNA形成。χ序列本身具有非常丰富的GT含量(8个碱基中含有7个G或T),而且在这个序列周围存在许多其他的G和T序列,这些富含GT序列是RecA结合的偏爱序列。当χ位点出现,在单链3′末端尾巴上通常会出现富含GT序列,增加了其他DNA的侵入几率。

χ位点的存在也有可能帮助重新启动复制,因为在重组时复制叉在断裂末端会发生解体。细菌中重组主要作用是促进复制重新开始(专栏11.2),而且发现χ位点通常会位于前导链上促进复制的重新开始。

无论χ位点的功能如何,它的存在具有普遍性,枯草芽孢杆菌等革兰阳性菌中也同样含有与RecBCD相似的被称为AddAB酶,它的功能除了在遇见χ位点前也会降解5′-3′链外,其他功能与RecBCD一致。

专栏11.2

三个R:重组、复制和修复

自然科学最令人满意的时刻之一是最初的关于某个现象的设想得到证实,随之而来的是关于不同现象的迅速增长的知识和信息发表、知识整合和重新解释。这也发生在有关重组(Recombination)、复制(Replication)和DNA修复(Repair)方面,称之为3R。复制可以从包括重组的很多不同方式开始,重组经常需要染色体的复制,而且一些类型的DNA修复需要重组和通用的复制。

鉴别重组在复制中的作用姗姗来迟。在一些噬菌体中,如T4噬菌体需要借助重组功能来启动自身复制。对于这些噬菌体,重组中间物的作用是起始DNA复制,然而当时认为仅有噬菌体中才存在这种现象,而细菌的染色体复制起始不需要重组功能。当DNA由于辐射或者其他因素导致大面积损伤,一种新的需要重组的起始方式开始在细菌中发挥作用。这种起始方式开始被称为稳定DNA复制(SDR),因为这种机制一直持续到蛋白质合成结束。通常DNA在染色体上的oriC位点起始复制,需要新蛋白质的合成,所以如果新蛋白缺失,复制只会持续到已经开始的复制结束,并且不会有新的区域开始复制。然而,当辐射造成大范围DNA损伤时,即使在缺乏新蛋白合成的情况下,也会发生新一轮复制的起始。有趣的是,这种稳定DNA复制经常起始于距离oriC位点很近的位置,尽管其他位点也是可用的。起始DNA5′复制,一个DNA双链损伤会发生在DNA上距离oriC位点很近的位置,并且重组作用会造成一个DNA侵入另外一个DNA。PriA、PriB、PriC和DnaT四种蛋白以及其他复制体装载作用,也许包含DnaC,会在DNA上再装载复制需要的装置,并且复制会继续开始。

在复制遇到缺口或者DNA模板链上有其他损伤时,复制工具已经被转移,重组也会重新起始复制叉,类似一个稳定的DNA复制过程。事实上,一些研究者已经提出以上过程是重组对于细菌来说最重要的作用:在复制工具转移后重新起始复制。重组起作用的途径决定于遇到的损伤类型,如果复制过程中,在单链DNA前导链或者后随链上遇到缺口,双链缺口会紧跟着出现。

专栏 11.2(续)

这时 RecBCD 酶就会在缺口处降解单链,直到遇见一个 χ 位点,3′单链末端形成了,这种降解作用能够结合 RecA 去侵入姐妹 DNA 从而形成一个三链结构。在这种结构中 PriA、PriB、PriC 和 DnaT 能够结合 DnaB,复制可以继续进行。然而,在复制叉前进过程中,如果前导链与 DNA 损伤有一段距离,导致复制不能进行,后随链会继续复制,但是前导链就会停滞下来,在单链上形成一个缺口。这时,RecFOR 途径就会负责引导 RecA,形成分支结构,PriC 蛋白帮助重新组合 DnaB 以及其他在复制叉分支处需要的复制叉蛋白,使得复制继续进行。Pri 蛋白对重新启动复制叉很重要,因为 DnaB 通常只存在于 DNA 的 oriC 位点处。

发现 Pri 蛋白参与重组介导的复制,重新启动复制也经历了一个很长而有趣的历史。这里有三种 Pri 蛋白 PriA、PriB、PriC 和 DnaT,帮助重新形成复制叉。这些蛋白是先被发现的,因为它们是一些单链 DNA 噬菌体复制所必需的。所以,它们被假定为在大肠杆菌 DNA 复制中也起作用,然而使表达这些蛋白基因失活后,其突变体并不是致死的,尽管它们在重组方面是有缺陷的,并且对 DNA 损伤更敏感。后来的工作表明 PriA 和 PriC 或者 PriB 和 PriC 的双重突变是致死的,证明了 PriA、PriB 和 PriC 参与不同的机制。遗传学以及生物化学证据说明在 RecBCD 途径中,生成装载 DnaB 重组中间体需要 PriA、PriB 和 DnaT 的参与,然而 PriC 是在 RecFOR 途径重组中间体生成去装载 DnaB 中间体过程中所需要的。

PriA 以及其他蛋白在复制中间体时期,装载复制工具的机制还不是很清楚。最近的观点认为 PriA 结合到重组形成的三条链集合处,然后与 PriB、DnaT 和 DnaC 混合,导致 DnaB 螺旋并与之结合。PriC,从另一个角度说,优先结合到单链 DNA 已经侵入了一个双链 DNA 所形成的缺口中,这种结构是由 RecFOR 形成的,可以帮助 DnaC 装载 DnaB。已经知道的 DnaC 的作用是帮助 DnaB 解旋酶结合到复制子 oriC 点处,然而,还不清楚在复制重新启动时它是如何帮助 DnaB 在其他区域装载的。DnaC 在复制重新启动时的另一个作用是通过 dnaC 突变需要 PriA 旁路获得灵感后被发现,有趣的是一些细菌不能编码 PriA 蛋白并且在这两个过程中需要 DnaC。有关复制重新启动的细节问题将在 12 章中详细介绍。

复制在重组中的一个作用是完成循环。正如文中所述,大多数模型表明重组过程经过一个或者多个 Holliday 模型交汇点,这些集合点随后被像 RuvC 的一类嗜 χ 剪切过程降解。根据解聚酶如何降解并切断 Holliday 模型交汇点的原理,接着产生的重组体就会容易接受。然而,重组体不一定需要这种方式来产生,如果一个重组体在细胞中两个不同的 DNA 之间形成有作用的分支,并且复制工具以前面提到的方式装载在这个分支上,这时复制工具就会起始复制,这样,一条 DNA 就会转换去复制另一条 DNA,这样重组体就会形成。这种类型的重组体过去被称为"复制选择性"重组体,现在又一次受到欢迎,至少一些重组体产物的出现,比如染色体复制过程中出现的引物二聚体可以用它来解释。

参考文献

Kogoma, T. 1997. Stable DNA replication: interplay between DNA replication, homologous recombination, and transcription. Microbiol Mol Biol Rev. 61: 212 –38.

专栏 11.2(续)

Kuzminov, A., and F. W. Stahl. 1999. Double – strand end repair via the RecBC pathway in *Escherichia coli* primes DNA replication. Genes Dev. 13：345 –356.

Lovett, S. T. 2005. Filling the Gaps in Replication Restart Pathways. Mol. Cell 17：751 –752.

Mosig, G. 1987. The essential role of recombination in phage T4 growth. Annu Rev Genet. 21：347 –371.

11.3.2　RecFOR 途径

在大肠杆菌中准备侵入另一个 DNA 分子单链 DNA 途径是 RecFOR 途径(图 11.6)。在这个途径中需要 *recF*、*recO*、*recR*、*recQ* 和 *recJ* 基因产物参与,它们在 RecBCD 途径无法形成 DNA 末端引发重组时发挥作用,常常用于单链 DNA 间隙处的重组。这个间隙可能在 DNA 损伤修复中或者由于复制叉经过前导链时受到损伤形成。RecFOR 蛋白能在间隙处形成单链 DNA 用于侵入另外的 DNA 链,所以该途径在 DNA 损伤的重组修复中具有重要作用。

RecFOR 途径中并没有一个像 RecBCD 核酸酶这样能完成所有任务的复合酶,而要依赖一系列蛋白完成整个任务。RecQ 蛋白像 RecBCD 一样具有解旋酶活力,但缺乏降解取代链的核酸酶活力。RecJ 提供给 RecQ 所缺乏的外切核酸酶活力,帮助继续延伸单链间隙,RecQ 也缺乏取代 SSB 蛋白的能力,因此只能利用解旋酶活力将 RecA 蛋白置于单链 DNA 上。RecF、RecO 和 RecR 蛋白能够帮助 RecA 蛋白与 RecQ 和 RecJ 蛋白形成的单链 DNA 结合,第一个 RecA 蛋白与单链间隙相连后,将取代单链上的 SSB 蛋白,在与另一个 DNA 形成联会之前,RecFOR 蛋白也能终止 RecA 侵入邻近的双链 DNA。

11.3.3　联会形成和 RecA 蛋白

在 RecBCD 或 RecFOR 途径中一旦单链 DNA 形成,它必须找到与之互补的序列并侵入该链,两个处于这种状态下的 DNA 称为发生了联会,侵入链取代双链 DNA 中之一的过程称为链交换。链交换是一个非常显著的过程,单链 DNA 通过扫描细胞中所有双链 DNA 必须找到与之互补的链,而一个最简单的细菌其 DNA 长度也要超过 1mm,那么单链 DNA 是如何知道遇见的序列就是互补序列呢? 而且互补碱基均处于双链内部的情况,形成联会的时间很短,几乎在单链 DNA 进入细胞的第一时间就会形成,所以效率非常高,这点在 Hfr 杂交中可得到验证。

搜寻互补 DNA 序列的主要任务是由 RecA 蛋白完成,其在重组中的主要过程如图 11.7 所示。在 RecBCD 或 RecFOR 途径中形成的单链 DNA,被 RecA 蛋白覆盖形成核蛋白纤丝,如图 11.5 和图 11.6 所示,RecBCD 或 RecFOR 蛋白帮助 RecA 从单链 DNA 中取代 SSB 蛋白,这是形成纤丝的前提。在 DNA 中 RecA 纤丝也似螺旋状但与 DNA 中正常部分相比比较疏松,它需要两倍的核苷酸形成一个螺旋,由这种螺旋核蛋白纤丝在细胞中扫描双链 DNA 从而发现它的同源序列。有研究表明 RecA 纤丝扫描双链 DNA 的大沟,当发现与之碱基互补的序列时,在原位进行碱基配对,不破坏 DNA 的螺旋结构。在这之后又要将发生什么呢? 要么它将取代双链 DNA 中的其中一条,形成 D – 环,要么形成如

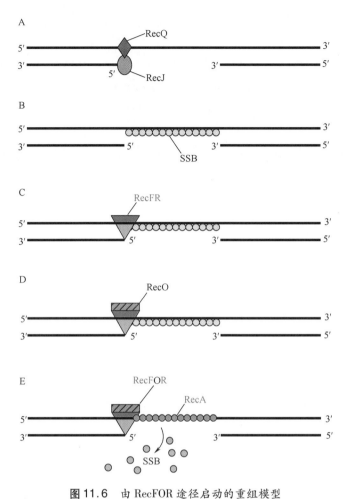

图 11.6　由 RecFOR 途径启动的重组模型
(A)RecQ 解旋酶和 RecJ 外切核酸酶处理带缺口的 DNA　(B)SSB
蛋白包裹在缺口上　(C)RecF 和 RecR 结合至 SSB 包裹的缺口上
(D)RecO 结合至 RecFR DNA 复合体上　(E)RecA 核酸蛋白丝以
RecFOR 复合体为核心组装,取代 SSB 蛋白

图 11.7 所示的三股 DNA 结构,还有证据显示 RecA 通过小沟接近 DNA,可以跳至互补序列上。为了方便阐述我们的问题,一般用 D – 环结构描述链的替换。

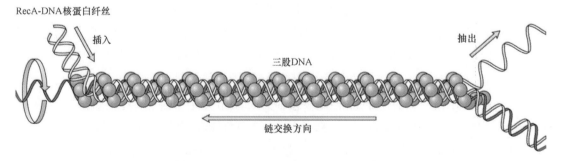

图 11.7　联会形成模型和两个同源 DNA 通过 RecA 蛋白发生链交换
RecA 蛋白与一条单链末端结合,与图 11.5 和图 11.6 中情形一样,强行进入一段延伸的螺旋结构,在螺旋结构的大沟处与双链
DNA 的同源序列配对,形成一个三链结构。RecA 通过缠绕线轴机制,将这个三链结构推向邻近的双链 DNA,形成四链 Holliday
叉(图中未显示出)。

虽然单链 DNA – RecA 纤丝和双链 DNA 如何识别以及形成何种结构还不十分清楚,但还是有一些实验证据能说明其中的某些问题。有实验观察到单链 RecA 核蛋白纤丝某种程度上会改变或活化结合的双链 DNA,双链 DNA 即使被与之不互补的 RecA 核蛋白纤丝激活,另一个没有结合 RecA 的与之互补单链 DNA 能侵入该 DNA 分子发生链的交换,这过程称之为反向激活,因为激活的 DNA 并不是RecA 核蛋白纤丝所要侵入的。被 RecA 核蛋白纤丝激活的双链 DNA 究竟发生何种变化还不清楚,但是双螺旋会不同程度的分离,允许单链 DNA 扫描,寻找它的互补序列。

RecA 蛋白首先在单链 DNA 末端或断裂处形成核酸纤丝,不侵入邻近双链 DNA,然而当核酸纤丝侵入到双链 DNA,形成三股螺旋后,RecA 能继续在同一条链上进行聚合反应延伸核酸纤丝至邻近的双链 DNA,这样导致单链 DNA 上的间隙被侵入链交换并填平形成 Holliday 叉。与第一个 RecA 结合至单链 DNA 上有所不同,纤丝延伸至双链 DNA 需要耗费 ATP,前面已经说过 Holliday 叉能够自发地迁移,直到碰见侵入 DNA 与被侵入的链之间错配时停止,而 RecA 蛋白能够驱使 Holliday 叉越过这种错配形成异源核酸双链,在 RecA 蛋白作用下 Holliday 叉的迁移比以前要快而且方向固定,不像原先可以沿着 DNA 链任意来回迁移。当纤丝沿着 5′ – 3′ 方向移动时,逐渐侵入双链 DNA 的过程称为"脱离"过程(图 11.7),它将在另一端解离出来,留下一个单链缺口,然后另一种酶参与它的修复,在两个双链 DNA 间形成的 Holliday 叉随后也将被解离,这在下面将讲到。

11.3.4 Ruv 和 RecG 蛋白,Holliday 叉的迁移和剪切

在前面已经讲过 Holliday 叉的结构具有很多用途,它的分支能够异构化,由交换的链转变为非交换链,整个过程是自发进行的,因为不涉及氢键的断裂和重新形成。Holliday 叉也能够移动,这时一条链上的氢键要被打断,在另一条链上形成新的氢键,也就是 Holliday 叉能够通过剪切,将其自身解离,至于回复到原来的构型还是形成新重组子有赖于两条链是如何切割的。

在 RecBCD 和 RecA 作用下或在 RecFOR 和 RecA 作用下形成的 Holliday 叉,至少有两种不同的途径解离该 Holliday 叉,产生重组产物。其中一个途径采用 Ruv 蛋白:RuvA、RuvB 和 RuvC,它们是由相邻的基因编码的。另一种途径用到 RecG 蛋白和另一种不太清楚其结构的蛋白,究竟采用哪种途径要看细胞所处的条件,下面首先讨论 Ruv 途径。

11.3.4.1 RuvABC

最近对 Ruv 蛋白晶体研究发现它们形成有趣的结构,给我们解析其在 Holliday 叉的迁移和解离提供了一些线索(图 11.8)。RuvA 是一种特异的与 Holliday 叉结合的蛋白,它的主要功能是强迫 Holliday 叉转变成为利于后面迁移和解离的结构。四个 RuvA 蛋白分子在一起形成扁平结构如同花朵的四个花瓣,Holliday 叉于是被挤压变成扁平形平躺在"花瓣"上,与 RuvA 蛋白结合后,Holliday 叉中间碱基没有配对部位与单链 DNA 形成一小块平面,之后由一个 RuvA 四聚体与第一个四聚体结合形成一个龟壳结构,双链 DNA 从龟壳下伸出来像四只脚一样。RuvB 六聚体环在其中的一个 DNA 壁上,如图 11.8 所示。利用切割 ATP 产生的能量,通过 RuvB 环驱动DNA,从而使 Holliday 叉发生迁移。

当 RuvA 和 RuvB 蛋白强迫 Holliday 叉迁移时,RuvC 蛋白能切断(或解离)Holliday 叉,而且它仅解离与 RuvA 和 RuvB 蛋白结合的 Holliday 叉。RuvC 蛋白是一种特异的 DNA 内切核酸酶,其能够同时切断发生交换的 Holliday 叉双链,该酶被称为嗜 X 酶,因为它能切断 Holliday 叉中发生交换的 DNA链,或者切断像字母 X 形的分支结构。与多数在 DNA 双链分子上形成缺口的酶相似,该酶由 *ruvC* 基

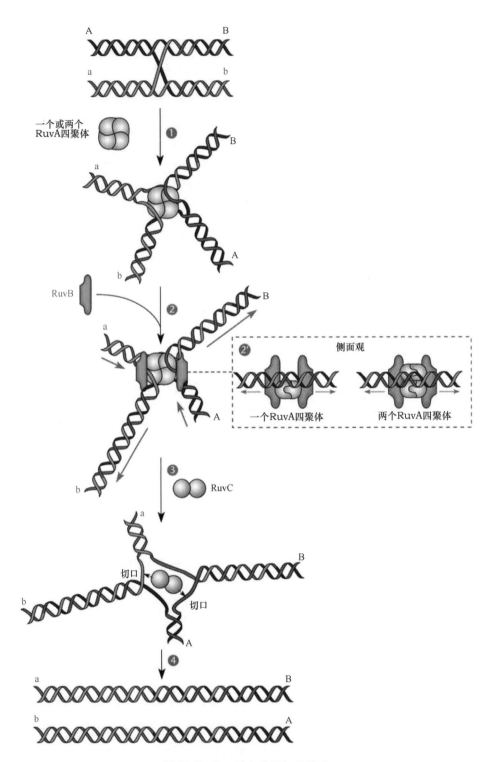

图11.8 Ruv 蛋白作用机制模型

第1步:一个或两个 RuvA 蛋白的四聚体结合至 Holliday 叉上,固定 Holliday 叉呈平面(扁平)构型。在刚开始时,DNA 上仅有一圈异源二聚体。第2步:两个六聚体 RuvB 蛋白与 RuvA 复合体结合,每个形成一个绕着 DNA 一条链的环。第2′步:具有一个或两个四聚体复合体的侧面图。第3步:RuvC 结合到复合体上,并切开两条链。第4步:Holliday 叉解除后形成两种不同构型,因为链的切割方式不同。这时 DNA 上有更多圈异源双链。

因编码的两个相同多肽构成,最终活力酶以相同而具体的形式出现,正因为有两个拷贝,所以具有两

个 DNA 内切核酸酶活性中心,能将双链 DNA 切开。

　　RuvC 蛋白仅能切断与 RuvA 和 RuvB 蛋白结合的 Holliday 叉,其证据大多来自于遗传学实验:*ruvA*、*ruvB* 或 *ruvC* 的任意一种突变体都毫无例外的是 Holliday 叉解离缺陷型,对于遗传学家来说这就意味着如果没有RuvA和RuvB 蛋白,RuvC 蛋白就不能使 Holliday 叉解离。然而这与前面讲到的 RuvA 和 RuvB 蛋白的结构又有不相符之处,因为 RuvA 蛋白形成的龟壳结构将 Holliday 叉覆盖住,RuvC 蛋白怎样进入其中切断 Holliday 叉,也许 RuvA 四聚体仅与 Holliday 叉的一个面结合,使另一些面暴露给 RuvC 蛋白进行结合和剪切双链,然而 Holliday 叉似乎并不能结合得十分紧凑而 RuvB 蛋白不能使其易位,那么另一种解释是 RuvA 壳能打开并允许 RuvC 进入,将交换后的双链切开。

　　以上模型中 RuvA、RuvB 和 RuvC 蛋白协同作用的证据来自 Ruv 蛋白对人工合成类似 Holliday 叉结构的作用研究。如图 11.9 所示,Holliday 叉是由碱基互补配对的四条链退火形成的,这些链并不直接来自天然 DNA,它们在所示区域是成对交叉互补的,比天然 Holliday 叉稳定,不会自发迁移,也不会在实验中很快分离成两个双链 DNA 分子。

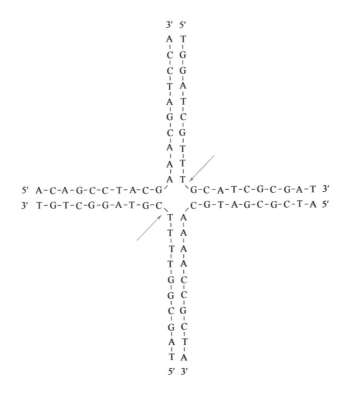

图 11.9　四条互补链合成的 Holliday 叉
这个 Holliday 叉不能被 RuvA 和 RuvB 移动,但能被它们切断。这个 Holliday 叉也能被 RuvC 切断(箭头所示),还能被其他如 T4 噬菌体基因 49 和 T7 噬菌体基因 3 产物中 Holliday 叉解离酶作用。

　　用人工合成 Holliday 叉实验表明纯化的 Ruv 蛋白在依次发生作用时与模型中的作用方式一致,首先 RuvA 蛋白特异性地与 Holliday 叉结合,然后 RuvA 和 RuvB 蛋白共同作用使人工合成的 Holliday 叉解离,与在天然 DNA 分子中的分支迁移相似。在 Holliday 叉解离时需要 ATP 断开连接 Holliday 叉的氢键,这与预期的一致,最后 RuvC 蛋白能成功地将 Holliday 叉切割成两个 DNA 分子的四条链。

　　RuvC 蛋白是一类特异性的 DNA 内切核酸酶被称为嗜 X 酶,有时也称为十字形切割酶,它的切割

位点有序列特异性,一般它切割连续两个 T,在其上游是 A 或 T,下游紧跟着 G 或 C(图 11.9)。起初认为这是不可能的,因为与两个 T 互补的碱基不可能仍然是两个 T,后来我们知道具有相同序列的两条链并不一定在此处互补,而是可以发生迁移,直到在 RuvA 和 RuvB 蛋白帮助下,使 Holliday 叉迁移至 RuvC 能够识别的 5′(A/T)TT(G/C)3′,然后将交换的链切断。在大肠杆菌中另一种解离酶是 RusA,它由原噬菌体编码,具有独特的序列,在其上游的两个 G 处进行切割。有假设推理说 Holliday 叉解离酶能够识别 Holliday 叉和带有识别序列分支,虽然带有识别序列的分支能被切割,但通常它不能移动,所以交换的链通常带有相同序列,因此解离酶不容易识别并切割,而 Holliday 叉却可以移动,使之移动到容易被识别和切割的位置。

绝大多数细菌都具有与 RuvC 类似的 Holliday 叉解离酶,然而枯草芽孢杆菌中解离酶为 YggF,与大肠杆菌中 RusA 相似,编码 RusA 的基因位于原噬菌体上通常情况下不表达,包括 T4、T7 等许多噬菌体,通常编码自己的嗜 X 酶,也能切断与 Holliday 叉结构类似的分支,要搞清楚不同种类嗜 X 酶在重组、重新起始复制和 DNA 代谢方面的功能还需要更多努力。

11.3.4.2   RecG

表 11.1 所示,大肠杆菌中另一种帮助 Holliday 叉迁移的解旋酶是 RecG。在很长一段时间,该酶的功能是未知的,当 RuvABC 出现时,它在重组中的作用几乎看不出来,这也暗示它的功能与 RuvABC 的功能有所重叠,也即 RecG 具有 RuvAB 相似功能,能帮助 Holliday 叉迁移,另一种解离酶具有 RuvC 相似功能,能解离 Holliday 叉,为 RuvABC 提供备份。然而现在看来这些蛋白质的功能并不重叠,各有各的作用,首先,它们的移动方向不一致,RuvAB 沿 DNA 5′–3′方向移动,而 RecG 按照 3′–5′方向移动。与 RuvAB 在 Holliday 叉形成后才发挥作用不同,RecG 能阻断复制叉形成 Holliday 叉,或者结合到三股链上。而且由 RecG 蛋白促进形成的 Holliday 叉似乎只能被嗜 X 酶 RusA 而不是 RuvC 切割。究竟这两个途径的关系如何还不太清楚,但这两个途径似乎完全不同,但它们的最终结果是一致的,都形成重组子。

上面已经讲过 RecG 的功能之一是当复制叉在 DNA 受到损伤或者当 RNA 聚合酶在前进过程中遇到阻力停止时,能够使停止的复制叉向后移动,恰似火车遇到故障后被拖回到修车厂检修,相应的当复制叉后移时,结合重组功能就能形成“鸡爪形”Holliday 叉(第 12 章)。假设在 PriA 和 DnaC 蛋白帮助下,将 DnaB 解旋酶重新装载至 DNA 上,复制能够重新通过受损 DNA 继续进行。另外如果损伤无法修复,则先前由 RecG 形成的 Holliday 叉被嗜 X 酶剪切,暴露出 Holliday 末端,然后侵入到另一个子链 DNA 形成分支结构,Pri 蛋白作用于其上重新启动复制叉前进。以上机理增加了 DNA 受损后细胞的存活率或者增加了重组发生的几率。以上研究也可以解释为什么 recG 突变体对 DNA 损伤敏感,而且在某些情况下缺失重组功能。在大肠杆菌中至少有 12 种解旋酶,还需要更多的投入来研究各种解旋酶在重组和复制中的功能,这也是当前研究的一个热点领域。

在第 4 章中已经讲过,细菌中的重组与其他生物中的重组有所不同,通常进入细菌中的供体 DNA 是较小的 DNA 片段,它将整合至染色体上,然而在其他生物中通常是两条非常大的具有相似尺寸的双链 DNA 分子进行重组。但是它们的重组机理是相似的,有越来越多的证据表明在细菌中存在与真核生物和古菌中相似的重组相关蛋白质,例如,酵母和人类中 Rad51 蛋白与细菌中 RecA 蛋白相似,能形成螺旋状核蛋白纤丝,另外在酵母线粒体上有一种称为 CCE1 的蛋白能特异性地剪切 Holliday 叉,与细菌中的 RuvC 相似。

11.4 噬菌体基因重组途径

许多噬菌体编码自身与重组功能相关蛋白,有些蛋白对噬菌体增殖非常重要。如第 8 章所讨论的,有些噬菌体利用重组合成复制引物和包装用的串联体。而且噬菌体重组系统对修复损伤 DNA 以及在不同噬菌体间进行 DNA 交换十分重要,后者增加了噬菌体的多样性。噬菌体自己能编码重组系统使之在重组功能上不依赖于宿主。

许多噬菌体重组功能与宿主细菌的重组功能相似(表 11.2),往往噬菌体重组蛋白的发现要早于宿主细菌的,所以噬菌体重组系统的研究深刻地影响着细菌重组系统的研究。

表 11.2 噬菌体与宿主大肠杆菌重组功能相似性比较	
噬菌体中的功能	大肠杆菌中类似功能
T4 UvsX	RecA
T4 基因 49	RuvC
T7 基因 3	RuvC
T4 基因 46 和基因 47	RecBCD
ORF 在 *nin* 区域	RecO,RecR,RecF
Rac *recE* 基因	RecJ,RecQ
gam	抑制 RecBCD
exo	RecBCD,RecJ
bet	RecA
rusA(DLP12 原噬菌体)	RuvC

11.4.1 T4、T7 噬菌体的 Rec 蛋白

噬菌体 T4 和 T7 感染宿主后 DNA 串联体的形成依赖于重组(第 8 章),所以重组功能对这些噬菌体的增殖具有重要作用,T4 和 T7 噬菌体的 RecC 蛋白与宿主的类似,比如 T4 噬菌体基因 49 与 T7 噬菌体的基因 3 蛋白是嗜 X 内切核酸酶能够解离 Holliday 叉,是噬菌体重组蛋白的代表,它的发现早于细菌中的 RuvC 蛋白。T4 噬菌体中基因 46 和 47 蛋白其功能与宿主的 RecBCD 相似,尽管还没有证据显示有与该酶对应的 χ 位点出现。另外 T4 噬菌体 UvsX 蛋白与 λ 噬菌体 Bet 蛋白与宿主的 RecA 蛋白相似。

11.4.2 *rac* 原噬菌体的 RecE 途径

另一个典型的由噬菌体编码的重组途径是大肠杆菌 K-12 原噬菌体 *rac* 编码的 RecE 途径。Rac 原噬菌体整合至大肠杆菌 29min 的基因组位置上,缺失该原噬菌体的宿主不能被诱导产生感染性噬菌体,因为它们缺乏一些复制的重要功能。

RecE 途径是在分离 *recBCD* 突变抑制子时发现的,该突变体称为 *sbcA*(代表 *BC* 抑制子的意思),它能够回复交换链连接处的重组。后来发现 *sbcA* 突变体能够激活正常状态下缺失原噬菌体受抑制的重组功能,也能够使阻止 *recE* 基因和其他原噬菌体基因转录的抑制子失活。当抑制子基因失活后,*RecE* 蛋白被合成,从而取代重组中的 *RecBCD* 核酸酶。

11.4.3 λ 噬菌体 *red* 系统

λ 噬菌体同样编码自己的重组功能,最具特征性的是 *red* 系统,它需要 λ 噬菌体两个相邻的 *exo* 和 *bet* 基因产物。*exo* 基因产物是一种外切核酸酶,能从 5′ 端降解双链 DNA 的一条链,产生 3′ 单链 DNA 末端,*bet* 基因产物可以结合至 λ 外切核酸酶上帮助变性 DNA 复性。与其他多数重组系统不同,λ 噬菌体 *red* 系统不需要 RecA 蛋白,因为它有自己的联会形成蛋白 Bet。λ 噬菌体

red 系统是基因取代技术的基础,该技术现在被称为重组工程(专栏 11.3)。

有趣的是 *rac* 原噬菌体的 RecE 蛋白与 λ 的 *exo* 外切核酸酶相似。不同的是 RecE 蛋白需要 RecA 促进大肠杆菌重组,而 *exo* 外切核酸酶不需要 RecA 蛋白促进 λ 重组。*rac* 原噬菌体和 λ 噬菌体编码相似的重组功能一点都不令人惊奇,因为它们本身就是比较接近的噬菌体。

除了 *red* 系统外,λ 噬菌体还能编码其他的重组功能以取代大肠杆菌中 RecF 途径中的组分,因此可以得出噬菌体能够携带不止一套组分来完成重组途径(表 11.2)。

专栏 11.3

重组工程:λ 噬菌体介导的在大肠杆菌中的基因替换

在分子生物学研究工作中使用细菌等低等生物的一个优势是利用这些微生物来进行基因替换(参考第 4 章有关基因替换的描述)。基因替换就是在试管中用一种合适的操作改变生物体一段 DNA 序列,然后将这段改造后的 DNA 再重新引入细胞,这时细胞的重组系统会导致重新引入的且已经发生改变的 DNA 片段去替换染色体中相对应的正常 DNA 片段。由于同源重组的作用,基因替换要求重新引入改变后的 DNA 片段与它所替换的 DNA 片段同源。然而,这种同源片段并不要求非常完整,碱基配对发生轻微变化是允许的,这样刚好可以引入一种位点特异性突变。当然,重新引入的 DNA 不需要与它的原长完全相同,仅在发生重组的部位需要遵守同源性。这样使得利用基因替换造成如符合阅读框的缺失去避免极性效应以及在染色体中插入大的抗性基因序列等大的改变是有可能的。如果发生变化片段的两端序列与染色体的序列同源,染色体与这些边缘序列的重组会插入变化序列。由于 RecBCD - RecA 重组途径是大肠杆菌重组的主要途径,所以大多数重组都会依赖这种途径进行。我们在第 4 章和本章提出利用这种途径进行基因替换的一些方法。

最近新开发出的一种称为重组工程的方法,采用大肠杆菌中 λ 原噬菌体 Rac 途径中的 Red 和 RecET 途径,在大肠杆菌中进行位点特异性突变和基因替换(表 11.2)。与 RecBCD - RecA 系统相比,在这种操作中 λ - Red 重组系统具有很多优势,这种方法使得应用 30 个寡聚核苷酸单链 DNA 或 60 个寡聚核苷酸或更长的片段操作工作成为可能。这是非常重要的,因为这种长度的单链 DNA 已经可以很常规地作为 PCR 引物合成使用,其他造成序列中特殊变化的位点特异突变方法是很麻烦的,并且通常需要特殊的技术手段来完成。也许使用以上方法进行基因替换最重要的是高效率,如蛋白中的单核苷酸突变,通常没有提供任何积极的选择,并且大多数方法需要筛选成千上万个体去找到合适的一个突变。

图中描绘出使用 λ - Red 重组系统进行基因替换的原始过程。图 A 表明所需大肠杆菌菌株的结构,它包含一个有缺陷的前噬菌体,除了重组基因 *gam - bet - exo* 外,其余大部分基因都已被删除。(表 11.2,图 9.1)。图 B 表明质粒上要被替换的序列,它是通过另一个质粒配对区域由于引入抗生素抗性突变基因而形成的。这个质粒的一些区域应用 PCR 扩增后制造出许多含有抗生素抗性突变基因序列以及边缘序列的双链 DNA 片段。首先,细胞要加热使 λ 阻遏物失活并且引起前噬菌体的 *red* 基因转录。细胞被处理后可采用电穿孔方式,将需要的 PCR 片段通过电穿孔导入细胞。*gam* 基因产物 Gam 蛋白,结合在 RecBCD 酶上,所以线性 DNA 片段不会在进入细胞时被瞬时降解。*exo* 基因的产物 Exo 蛋白处理片段,为重组做准备。Exo 蛋白是一种外切核酸酶具

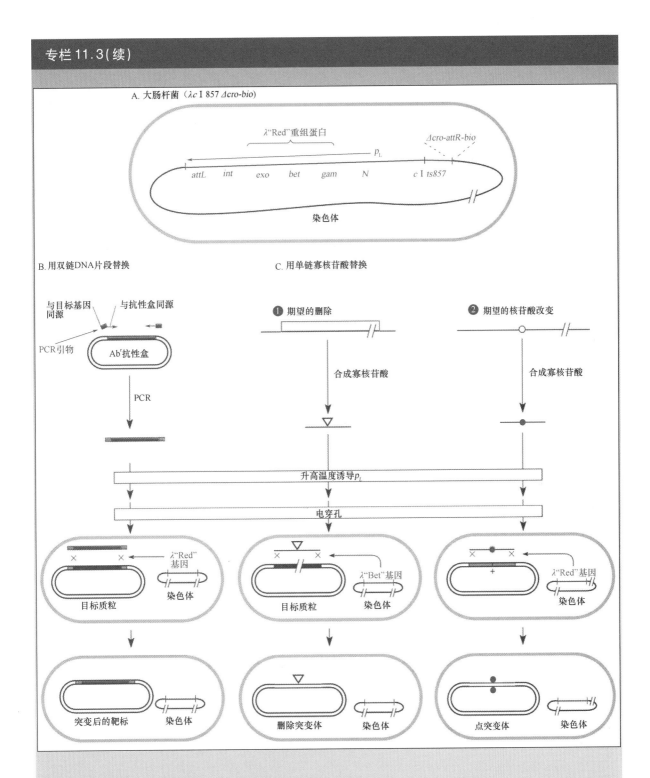

专栏 11.3(续)

A. 大肠杆菌（λc I 857 Δcro-bio）

λ"Red"重组蛋白

Δcro-attR-bio

p_L

attL int exo bet gam N c I ts857

染色体

B. 用双链DNA片段替换

与目标基因同源   与抗性盒同源

PCR引物

Ab'抗性盒

PCR

C. 用单链寡核苷酸替换

❶ 期望的删除

合成寡核苷酸

❷ 期望的核苷酸改变

合成寡核苷酸

升高温度诱导p_L

电穿孔

目标质粒   染色体   λ"Red"基因

目标质粒   染色体   λ"Bet"基因

染色体   λ"Red"基因

突变后的靶标   染色体

删除突变体   染色体

点突变体   染色体

有类似 RecBCD 酶的作用,从5′端降解双链 DNA 的一条链使得3′末端暴露出来,等待新链侵入。bet 基因的产物 Bet 蛋白,具有 RecA 蛋白的作用,结合到 Exo 蛋白作用与后暴露的单链 DNA 上起始联会作用,并且细胞中一条链被替换为互补 DNA 链。细胞中 PCR 片段已经和细胞 DNA 重新融合,所以含有抗生素抗性的突变基因已经替换了细胞中相应基因上的片段,随后含有这段基因的细胞会在平板上被筛选出来。

专栏 11.3(续)

确定细胞中某个基因表达的产物如何,最好的方式就是删除原有基因,用抗生素抗性的突变基因替换它。这种替换可以通过 PCR 技术完成,使用 5′端序列与要删除的基因边缘序列互补的引物去扩增。使用 PCR 技术引物的 5′端序列不一定需要与扩增片段的边缘序列互补,当这种扩增序列使用电穿孔方法进入细胞后,含有抗生素抗性突变基因就会替换全部原有基因。

向基因中引入一个抗生素抗性突变基因将使替换基因和该基因失活更容易。然而,有时我们想要引入仅一个碱基对改变,如我们仅改变对蛋白质具有重要作用的一个氨基酸时,就会缺少筛选方法。有时可以采取使细胞拥有一个基因盒的方法进行正向筛选,或者在一些情况下蛋白产物是致死的。蔗糖酶基因是有毒基因的一个很好的例子,它的表达产物将会杀死有蔗糖存在时的细菌(第 4 章)。首先,一个 DNA 盒同时含有抗生素抗性基因及有毒基因,基因周围是基因移位所需的特殊序列。这种基因通过电穿孔方式进入细胞,然后像上述过程一样筛选抗生素抗体基因。这时,另一个同 DNA 序列区域相同的片段,携带着需要的已经改变后的碱基对进入细胞,用于筛选有毒基因的损伤。大多数存活的细菌含有我们所需要的替代基因,这种基因中拥有至少一个在配对时发生了变化的碱基对。

当发现这种在基因中造成特异性位点突变的方法在单链 DNA 细胞电穿孔中也可以应用时,它的有效性显著增加。这种含有有限序列的单链 DNA 是很容易得到的。使用单链 DNA 也使带有 Exo 蛋白和 Gam 蛋白而不被 RecBCD 降解成为可能,并且这些 DNA 不需要 Exo 蛋白使之成为单链,因为它们已经是单链了。图 C 中表示出一种替换,一个寡聚核苷酸单链用于引起目标 DNA 一个阅读框内的降解或者单个碱基对的变化。这些程序是相似的,只是 *bet* 基因需要从前噬菌体中表达出来。Bet 蛋白起始引入的单链 DNA 与染色体 DNA 以及链变化的配对,然后重组或者修复用上面叙述的方式发生突变的双链序列,从而替换普通序列。

有趣的是,单链 DNA 的基因替换表明了一种强烈的链的偏好,说明单链寡聚核苷酸相比另一条互补链中的一些特殊区域更容易与染色体中一条链的互补区域互补。链中的这些区域是与复制方向最相关的。大肠杆菌染色体从复制起点处开始双向复制(第 2 章),所以在 *oriC* 区域的一端复制叉朝着一个方向移动,同时,在另一边朝着相反的方向移动。它结合的序列与后随链相符。可推测到,后随链随复制叉移动形成的单链空缺是由 Bet 蛋白引起的单链侵入位点,这种蛋白不同于 RecA 蛋白,不能帮助单链 DNA 侵入一个完整的双链 DNA。Bet 蛋白在它能够"一只脚迈进门"之前,需要侵入的 DNA 上应有一个单链空隙让它去结合。这种对 DNA 中单链空隙的需要也许也能解释它为何能够诱变处理多拷贝质粒。如果这些质粒是通过电穿孔方式引入寡聚核苷酸的,进入细胞后,质粒复制到它拷贝的数量,在后随链上暴露广阔的单链空隙,这样可以与结合有 Bet 蛋白的单链 DNA 结合。

这种方法也能显著提高在缺失错配修复系统菌株中进行重组突变的效率,或者还能人为制造C∶C错配而不被错配修复系统识别。因为一些原因,错配修复系统寻找错配碱基对降低了重组效率,这种现象也许是因为 RecA 蛋白或者 Bet 蛋白妨碍了微管形成,所有这些进展增加了子代出现所需突变的概率,经常能达到接近50%,但是筛选存活的个体仍然是非常必要的,这种个体中引入的外源 DNA 序列已经替换了染色体或者质粒的相应区域。到目前为止,这种方法仅仅

专栏11.3(续)

适合于大肠杆菌以及其的邻近菌种,比如沙门菌(*Salmonella*)和耶尔森菌(*Yersinia*),但是不久就能适用于其他菌种,因为这种方法是非常有价值的,一种有希望的方法也许会是用于鉴别前噬菌体。前噬菌体能插入到细菌基因组序列引发重组,所以可以尝试利用前噬菌体重组作用,在其他细菌中进行重组工程操作。

参考文献

Costantino, N., and D. L. Court. 2003. Enhanced levels of λ Red – mediated recombinants in mismatch repair mutants. Proc. Natl. Acad. Sci. USA 100:15748 –15753.

Ellis, H. M., D. Yu, T. DiTizio, and D. L. Court. 2001. High efficiency mutagenesis, repair, and engineering of chromosomal DNA using single – stranded oligonucleotides. Proc. Natl. Acad. Sci. USA 98:6742 –6746.

11.5 细菌中基因重组的遗传分析

我们了解大肠杆菌中重组知识要比任何其他生物多,因为在大肠杆菌中进行遗传学实验比在其他生物中容易得多,下面我们讨论一些大肠杆菌重组机理的一些实验。

11.5.1 分离大肠杆菌 Rec⁻ 突变子

同任何遗传学实验相似,在研究大肠杆菌重组的第一步就是要分离重组功能缺失的重组子,这类重组子被称为 Rec 突变子,发生突变的 *rec* 基因本身的产物是重组必需的,在分离突变子之初,可以采用两种完全不同的方法。

一些 Rec⁻ 突变子可以直接分离得到,主要基于它们不再支持重组的事实。在这种方法的背后意味着失活所需要的 *rec* 基因的突变体当与其他菌株杂交时不能产生重组类型。其中一个实验中,用亚硝基胍突变大肠杆菌使之成为 Leu⁻ 菌株,有些 Leu⁻ 菌株又有可能是 *rec* 突变体,然后将它们与 Hfr 菌株杂交,那么 Rec⁻ 突变体应该不会产生 Hfr 菌株。

将成千上万的突变子通过与 Hfr 杂交,来挑选出 *rec* 突变体是非常烦琐的一项工作,所以研究者采用平板影印法使突变子筛选工作变得简单一些。将诱变后的单个大肠杆菌涂布在含有 Hfr 菌株而缺乏亮氨酸的平板上,若出现菌落,说明发生重组形成了 Leu⁺ 菌株,而与 Hfr 杂交后不形成 Leu⁻ 的突变体,往往成为 Rec⁻ 突变体的候选对象,平板影印法是细菌遗传学中常用技术已经在第4章中讲过。

然而仅根据不能形成重组子这一点并不能说明一定是 Rec⁻ 突变子。例如,一个突变子可能是重组功能正常仅在结合时缺失吸收 DNA 的能力,这些可能性可以通过与 F′菌株杂交而不用 Hfr 菌株杂交排除。在第6章中已经讲过,显性重组子类型即使没有重组功能但与 F′菌株杂交后,因为 F′菌株能够在受体菌中自主复制,是复制子,所以可得到重组突变体。然而在 F′因子转移时必须吸收 DNA,当 DNA 吸收功能缺失时,与 F′杂交后不会出现显性重组类型。因此在发生结合时没有 DNA 吸收功能缺

失,却缺失重组功能的突变子是真正的重组突变体。以上的原理被用于分离许多 Rec⁻ 重组缺失突
变体。

另外分离大肠杆菌中重组缺失突变体的方法是间接方法,分离基于重组功能往往与 DNA 的 UV
损伤相联系,因此用第 12 章中的方法,Howard–Flanders 和 Theriot 分离了许多修复缺失突变体,并验
证它们是否是重组功能缺失突变体,在与 Hfr 菌株杂交过程中,可以发现一些修复缺失突变体也是重
组缺失的突变体。

11.5.1.1 *rec* 突变的互补实验

一旦 Rec⁻ 突变体被分离得到,我们就可以通过互补实验确定 *rec* 基因的数量(第 4 章)。在
细菌中最初确定 *rec* 突变基因是 *recA*、*recB* 和 *recC*,其中后两种基因在重组和修复中的缺失突变
与 *recA* 相比比较少见。实际上,在大肠杆菌和其他细菌中仅有 RecA 基因产物对重组来说是必
需的。

11.5.1.2 *rec* 基因作图

下一步就是对 *rec* 基因进行作图,这个任务似乎是不可能的,因为 *rec* 突变将导致重组功能缺失,
但是以已知标记在重组中出现的频率高低可以显示基因在图谱中的位置(第 4 章),与 Rec 突变子杂
交仅当供体菌中而不是受体菌中含有 *rec* 突变才能成功,当 DNA 转移后,表型延迟性出现保证了受体
菌通过重组获得 *rec* 突变,逐渐转变为 Rec⁻,保持重组活性直到重组发生,另一些 *rec* 突变出现与否的
筛选标记是对 UV 的敏感性或由于 *rec* 突变造成的表型变化。

利用上述杂交方法,研究者发现 *recA* 突变在大肠杆菌基因图谱的51min 处,而 *recB* 和 *recC* 突变紧
挨着在基因图谱的 54min 处排列。后来的研究还表明 *recB* 和 *recC* 基因产物以及邻近的 *recD* 基因产
物属于 RecBCD 核酸酶,与 Hfr 杂交后首先启动主要的重组途径,起初的筛选中没有发现 *recD* 基因,
因为它的产物在这些条件下并不是重组所必需的,实际上,如前所述,*recD* 基因突变可以通过阻止取
代链的降解和产生重组中独立的 χ 位点,从而激发重组。

11.5.2 其他重组基因突变体的分离

除了 *recA* 和 *recBCD* 基因外,其他一些参与大肠杆菌重组的基因产物也被发现(表 11.1),许多基
因在首次筛选时没有被发现,因为使它们单个失活,还不足以降低野生型大肠杆菌中 Hfr 或转导杂交
的重组几率。

11.5.2.1 RecFOR 途径

如上所述,大肠杆菌中的 RecFOR 途径涉及 *recF*、*recJ*、*recN*、*recO*、*recQ* 和 *recR* 基因,它们在起初筛
选时没有被发现,因为在 Hfr 杂交后正常情况下重组中不需要这些基因产物,与 Hfr 杂交后,*recB* 和
recC 突变会导致重组率比原先正常状态下发生的重组率降低 1%。在 RecFOR 途径中的任何基因发
生突变,能阻止 *recB* 或 *recC* 细胞中重组的再次发生,提示我们,这些基因在大肠杆菌中不是很重要的
重组途径,然而进一步实验证明,RecFOR 途径与 RecBCD 途径一样重要,只是在与 Hfr 杂交时前者从
DNA 单链缺口处启动重组而后者从 DNA 的自由末端启动重组。

RecFOR 途径是在 Hfr 杂交后因两个基因突变能抑制 RecBC 的需求被发现,这些基因因此而被命
名为 *sbcB* 和 *sbcC*(因为它们抑制 *recB* 和 *recC* 突变体中重组缺失的发生),现在我们已经知道这些抑制
子突变是 Hfr 杂交中 RecFOR 途径的作用,因为该途径中像 *recQ* 等第三个基因在 *recB*、*sbcB* 突变子发
生突变能够消除额外重组的发生,换句话说,*recB sbcB recD* 三重突变子重组功能的缺失与 *recA* 突变子

相同。显然 *sbcB* 和 *sbcC* 基因产物在正常状态下能够干扰 RecFOR 途径中酶的功能,从而在 Hfr 杂交中对供体菌发生作用。

11.5.2.2 *ruvABC* 和 *recG* 基因

前面已经讲过,*ruv* 和 *recG* 基因产物参与 Holliday 叉的迁移和切割,*ruv* 有三个相邻的基因:*ruvA*、*ruvB* 和 *ruvC*,前两种基因被转录为多顺反子 mRNA(第 3 章),虽然 *ruvC* 与前两种基因相邻,但它是独立转录的,而 *recG* 基因位于基因组的其他位置。

ruv 基因功能的发现涉及一些很有趣的遗传学知识。在首次筛选重组缺失突变体的研究中并没有发现 *recG* 和 *ruvABC* 基因,因为仅凭这些基因自身的突变不能明显降低重组的发生。*ruv* 基因的发现是由于它的突变能增加大肠杆菌对 UV 辐射的敏感性,*recG* 基因的发现是由于该基因与 *ruv* 基因之一共突变会导致重组的严重缺失。在遗传分析中,这意味着在重组中 *recG* 和 *ruv* 基因的功能有所重叠,彼此能互相替代。如果 *ruv* 基因中的其中之一发生突变,则整个 Ruv 途径会失活,但 *recG* 基因产物仍然存在继续发挥迁移 Holliday 叉的作用,反之亦然,*ruv* 突变子中解离 Holliday 叉的酶还不是很清楚。在遗传学研究中对不重要的基因产物的一种常见解释是功能冗余,在本书中其他地方还会讲到其他的功能冗余现象。

自 Ruv 蛋白被发现与重组有关后,就有一些巧妙的方法来揭示它在 Holliday 叉迁移和解离中的作用。因为一个令人迷惑的实验现象,Ruv 蛋白最初被认为是在细胞晚期发生重组,*ruv* 突变体与含有 F′ 质粒的菌株杂交能生成许多接合转化子,甚至与 Hfr 杂交时生成一些正常的接合转化子。如上所述,如果与 F′ 因子杂交,应该比与 Hfr 杂交产生更多的接合转化子,因为 F′ 因子是复制子,能自主复制而不依赖于重组来维持其复制。

以上现象的一种解释就提出 Ruv 蛋白重组功能在细胞后期才发挥作用,如果 Ruv 蛋白功能发挥较晚,在 *ruv* 突变体的细胞中积累重组中间体,因此对细胞产生毒性,如果确实如假设所说,那么 *recA* 突变将会阻断重组中早期步骤联会的形成,从而抑制 F′ 因子杂交产生的重组中间体对 *ruv* 突变体的毒性作用,实验结果也确实如此。如果受体菌中存在 *recA* 突变,则 *ruv* 突变对 F′ 杂交产生的接合转化子的量没有影响。Ruv 蛋白在重组中后期起作用的遗传学证据是解离 Holliday 叉,因为这个过程是重组中的最后一步,所以成为 Ruv 蛋白功能的最佳候选,前面所述的生化实验可以用来说明 Ruv 蛋白确实是帮助 Holliday 叉的迁移和解离。

11.5.2.3 *chi*(χ) 位点的发现

DNA 上的 χ 位点能激发由 RecBCD 核酸酶引起的重组,它的发现也需要巧妙的遗传学实验,而且它的发现也是遗传推理的成功。许多与 DNA 单链或双链断裂有关的位点,在重组中称之为热点。虽然一些重组是由自身的酶引发的,但在某个位点处切断链引发重组也是很清楚的。一般的,重组出现的频率好像与 DNA 上的物理距离相关性较高,而且在整个 DNA 分子中重组出现得相当均匀。

因此在大肠杆菌的 Hfr 杂交中 RecBCD 重组途径中发现 χ 位点是令人惊奇的,如同科学上的许多重大发现,χ 位点的发现得益于非常细心地观察 λ 噬菌体在宿主中的重组现象。实验设计了当噬菌体中 *red* 重组基因(包括 *exo* 和 *bet*)被删除后所形成的重组子类型,没有了自己的重组基因,它需要宿主的 RecBCD 核酸酶进行重组。此外,如果噬菌体是一个 *gam* 突变子,如果不发生重组,则不会形成噬菌斑,因此可以将 λ 噬菌体的 *red gam* 突变子形成噬菌斑来指示重组的发生。

至于 λ 噬菌体的 *red gam* 突变子如果不发生重组就不会形成噬菌斑,其原因较为复杂,在第 9 章中已经讨论过 λ 噬菌体不能将整个基因组 DNA 包装起来而是仅从串联体的末端部位一个一个包装。正常情况下包装用的串联体是以滚环方式复制的,然而在 *gam* 突变体中,因为没有 Gam 对 RecBCD 核酸酶进行抑制,所以噬菌体不能转向正常的滚环复制,因此 *gam* 突变子只能在通过 θ 复制形成的环状 λ 噬菌体 DNA 间发生重组以形成串联体(图 9.6)。如果噬菌体也是 *red* 突变体(如缺乏自己的重组功能),那么只能通过宿主 RecBCD 重组途径形成串联体。因此 λ 噬菌体 *red gam* 突变子需要 RecBCD 重组作用形成噬菌斑,在这种条件下,形成噬菌斑的多少就可以用来测定 RecBCD 重组了。

χ 位点突变首先是通过将大量 λ 噬菌体 *red gam* 突变子涂布在 RecBCD⁺ 大肠杆菌中仅能产生很少的噬菌体,形成的噬菌体斑很小,才被发现,显然由 θ 复制形成的环状 λ 噬菌体 DNA 间发生的 RecBCD 重组较少。然而 λ 突变体有时也会产生一些较大的噬菌斑,这说明环状 λDNA 在突变体中发生较多的重组,将这种突变命名为 χ 位点突变,因为它增加了链交换的频率(在真核生物中交叉的染色体称为交叉)。对突变体作图后,对 DNA 进行测序,发现 χ 位点突变会改变 λDNA 上的 5′GCTGGTGG3′序列,以上序列的出现可以激发 RecBCD 途径的重组作用。由于野生型 λ 不需要 RecBCD,因此在它的 DNA 序列中不存在 χ 序列,除非突变产生该序列,否则由 RecBCD 产生的重组很少出现。

对 χ 位点的进一步实验发现其更多的有趣性质。例如,该位点仅能激发它们一侧 5′端发生链交换,3′端很少发生链交换。再者,如果两个噬菌体母链中之一存在 χ 位点,那么绝大多数重组子后代将不会拥有 χ 位点,所以该位点在复制过程中倾向于丢失。这些性质逐渐使我们得到了 χ 位点的作用模型,在早先的章节中已经讲过。

11.5.3 重组中基因交换和异源双链体形成的其他证明

本章早些时候已经讲过,重组模型主要基于在重组中会形成异源双链体,而且有证据表明异源双链必须由 DNA 的两条链形成。

11.5.3.1 基因交换

在重组过程中形成异源双链体的第一个证据来自于对真菌基因交换的研究,在理解这个过程之前,首先需要了解一些有关真菌有性世代的知识。因为真菌孢子经简单减数分裂后存在于孢子囊中,所以在重组的研究中真菌受到青睐。当两个单倍体真菌细胞交配时,两个细胞融合形成二倍体合子,同源染色体配对,在复制一次后形成 4 个染色体分体,重组后形成孢子,因此孢子囊中含有 4 个孢子(粗糙脉孢菌中含有 8 个孢子,在孢子包装前,其染色质复制了不止一次)。

因为每个单倍体真菌赋予合子的染色体数目相同,所以它们在子囊中的基因数目应该相同,换句话说,如果两个单倍体真菌在同一个基因上具有不同的等位基因,那么 4 个孢子中,其中两个具有一种亲本的等位基因,而另两个具有另一种亲本的等位基因,这称之为 2:2 分裂。然而两个亲本的等位基因有时也不会完全均等地分配至孢子中,例如,一个孢子囊中有三个孢子,那么一个孢子中含有从一种亲本来的等位基因,而另两个孢子中含有另外一个亲本的等位基因,它们的分裂方式为 3:1,而不是常见的 2:2 分裂。在上述情况下,当发生减数分裂时,一个亲本的等位基因会转变为另一个亲本的等位基因,所以称之为基因交换。

在重组过程中异源双链体上的错配修复也能导致基因交换,图 11.10 显示了当来自两个亲本中的 DNA 分子发生重组,错配修复是如何将一个等位基因转变为另一个等位基因的,两亲本的 DNA 在重组区域是相同的,只是在野生型的 AT 被突变成 GC,因此两个亲本具有不同的等位基因,当两个个体交配形成二倍体合子,在减数分裂时它们的 DNA 发生重组,一条链与该区域中的另一条互补链配对。随后出现一组错配,在一个 DNA 中 G 与 T 配对,在另一条 DNA 中 A 与 C 配对(图 11.10),如果修复系统将与 G 相对的 T 改变成 C,发生减数分裂后三个分子将带有相同的突变等位基因,在该位置上出现 GC,仅有一个 DNA 分子具有野生型等位基因,在该位置上是 AT,因此两个野生型等位基因之一转变为突变的等位基因。

11.5.3.2 噬菌体和细菌中异源双链错配修复的证据

在细菌杂交中发现基因转变要比在真菌中困难,因为单个重组事件的产物在细菌或噬菌体中不会在一起出现,然而在细菌和噬菌体中发生重组后会形成异源双链体,同时在这个结构中会有错配修复,这一点已经以不同方式得到证明。

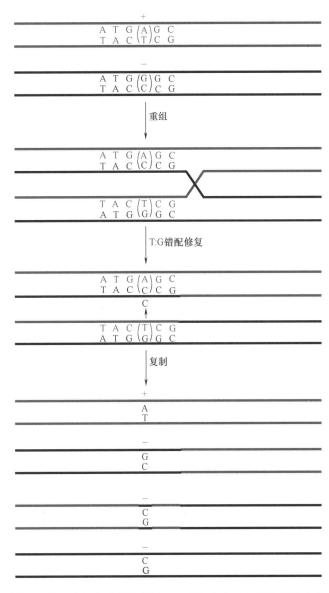

图 11.10 重组中形成的异源双链错配修复时会导致基因交换
+表示野生型序列,−表示突变型序列。

(1)基因图谱扩展 在原核生物中,异源双链体的错配修复能增加彼此接近的两个标记之间的表观重组频率,使两个标记间的距离显得比实际距离远,所以基因图谱的距离扩展能证明重组过程中异源双链体错配修复。

图 11.11 显示了错配修复是如何影响两个标记间表观重组频率的,在图中参加重组的两个 DNA 分子中的突变位置非常接近,所以在两个突变间发生交换形成野生型重组子的几率非常低,在附近出现 Holliday 叉,两个突变之一的区域在异源双链体上,形成的错配也能被修复,如果一个 DNA 分子的 GT 错配中 G 被修复为 A,则含有该 DNA 分子的后代会出现野生型重组子。因此尽管潜在的交换导致异源双链的出现,而且也不会在两个突变间的区域出现,但还是能产生野生型重组子。由于错配修复的存在,即使 Holliday 叉解离后,两侧的序列又回复到原来的位置,表观重组也会发生,也就是真正的交换没有发生。因此尽管基因转变和与重组 DNA 分子相关的错配修复已经被证实,但是在 DNA 分子交换时不会出现。

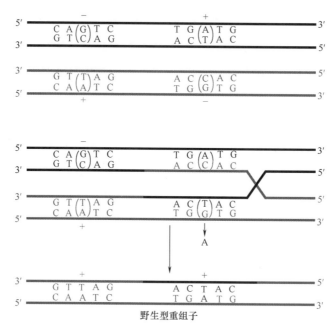

图 11.11 错配修复将导致两个突变间产生新的重组类型
+表示野生型序列,－表示突变型序列,突变部位用括号表示。

(2)标记效应 异源双链体的错配修复能导致标记效应,也就是在相同的基因座的两个不同标记与附近相同的标记杂交,会有不同的重组频率。例如,两个不同的颠换突变将把不同菌中的 UAC 密码子转变成 UAA 和 UAG,然而当这两个菌株与带有第三种突变的另外菌株杂交时,则赭石突变与之杂交出现的重组几率要高于琥珀突变与之杂交出现的重组频率,尽管赭石突变与琥珀突变与 DNA 上第三个突变的距离相同。对上述现象的一个合理解释是,赭石突变与琥珀突变在重组中形成不同的错配,修复不同错配的系统有所不同,有的容易修复而有些较难修复,在大肠杆菌中至少 CC 错配就没法用错配修复系统来修复,我们也注意到在 UAC 序列的琥珀突变构成的异源双链体在突变位点上将会出现 CC 错配,而赭石突变就不会发生这种情况。

由于不同修复系统在 DNA 链上的移动和重新合成也会造成标记效应(第 12 章),错配修复的几率也依赖于修复的长度和序列本身。在图 11.11 中明显地显示出野生型重组子仅在相同的修复部位,不发生移动条件下形成,如果移动,一个亲本 DNA 序列将被回复,没有显性重组发生。在大肠杆菌中,某个甲基化胞嘧啶脱氨基引起的错配使用非常短的片段进行修复(VSP 修复;第 2 章)。

(3)高阴性干扰 另一种证明异源双链体错配修复的证明方法是高阴性干扰,这在真核生物中具有相反的干扰效应,也即染色分体的刚性增强会导致一个交换,而会降低在附近出现另一个交换,在原核生物中的高阴性干扰,一个交换能极大地增加另一个交换在附近的出现频率。

经常在标记紧挨排列的三因子杂交中发现高阴性干扰,在第 4 章和第 8 章中,我们已经讨论过如何应用三因子杂交对三个紧挨的突变进行排序。简要地说,如果一个亲本上具有两种突变,而另一亲本上具有第三种突变,则杂交后不同类型重组子出现的频率取决于 DNA 上三个突变的排列顺序,想得到非常稀有的重组子,则表观交换次数是常见重组子的两倍。

　　然而,因为有异源双链体的错配修复机制,所以稀有重组子出现几率要比预计的高。图 11.12 中显示了三个突变造成的标记间发生三因子杂交情况,野生型序列以 + 标记,突变子的序列以 − 标记,如图 11.12 所示,要形成野生型重组子应该需要两次交换:一个交换是 1 和 2 突变间的交换,另一个交换发生在 2 和 3 之间。理论上来说,如果两个交换互相独立,则三因子杂交中野生型重组子出现的频率应该是在单个交换中,突变 1 和突变 2 杂交频率乘以突变 2 与突变 3 杂交频率。但实际上,三因子杂交中产生的野生型重组子的频率高于以上的计算值。如图 11.12 所示,如果两个突变间发生交换,通过 Holliday 叉形成的异源双链会包含第三个突变,所以在修复第三个突变位点处异源双链体错配时,会引起邻近位置上第二个交换的发生,因此增加了交换的表型频率。

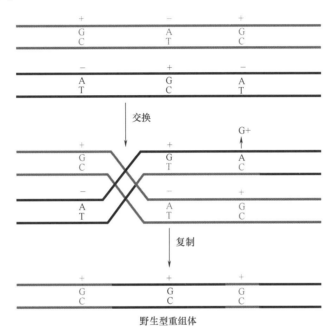

图 11.12 　由于错配修复导致的高阴性干扰
在异源双链核酸分子上含有的第三个突变区域发生错配修复时,将产生第二个交换的表型。

　　认识到两个正在重组的 DNA 会发生错配修复很重要,然而也要认识到如果两个标记相距很近而且正常交换不经常发生时,异源双链体上的错配修复才会增加重组表型的出现频率,导致基因图谱扩展、高阴性干扰和标记效应。

小结

　　1. 重组是将 DNA 链以新的方式连接,同源重组仅出现在两个 DNA 分子发生交换的区域存在相同序列。

　　2. 重组模型可分为单链侵入模型、双链侵入模型和双链断裂修复模型。

　　3. 所有重组模型中均涉及 Holliday 叉的形成,它能迁移和异构化,所以交叉的链能够解开然后以不同方式重新交叉。Holliday 叉在特异性 DNA 内切核酸酶作用下解离生成 DNA 重组子产物。

　　4. 来自不同 DNA 分子,在 Holliday 叉连接处排列的两条链形成异源双链体。

小结(续)

　　5. 在异源双链体 DNA 分子错配修复过程中,基因交换、基因图谱扩展、高阴性干扰和标记效应等现象会增多。

　　6. 大肠杆菌中接合和转导过程中,重组的主要途径是 RecBCD 途径。RecBCD 蛋白装载至双链断裂处,随着 DNA 移动,将一条单链排挤在外,并从链的 3′端降解,如果该蛋白在沿着 DNA 移动过程中遇到 χ 序列,RecBCD 的 3′ –5′核酸酶活力受到抑制,5′ –3′核酸酶活力被激活,使 3′末端能够侵入到另外的双链 DNA 中。

　　7. RecFOR 途径是大肠杆菌中的另一条重组途径,它的重组发生在 DNA 单链缺口和双链 DNA 之间,而且需要 recF、recJ、recN、recO、recQ、recR 基因产物参与。因为它的功能仅在单链 DNA 的缺口处发生,所以该途径在 Hfr 杂交中 sbcB、sbcC 基因受到抑制后也能发挥功能。显然,在 RecFOR 途径的重组过程中形成的中间体能被 SbcB、SbcC 酶破坏。

　　8. RecA 蛋白能促进联会的形成、链的取代,是 RecBCD 途径和 RecFOR 途径都需要的蛋白质。RecA 蛋白能使单链 DNA 形成螺旋状核蛋白纤丝,它能扫描双链 DNA 从而发现它的互补链,如果发现互补链,它就侵入双链形成 D – 环或者形成三股链结构,该结构能迁移形成 Holliday 叉。

　　9. 在大肠杆菌中 Holliday 叉至少能以两种不同的方式进行迁移,它们是 RuvABC 途径和 RecG 途径。在第一个途径中,RuvA 蛋白与 Holliday 叉结合,然后 RuvB 结合至 RuvA 上,促进分支迁移,由 ATP 提供能量,RuvC 蛋白是 Holliday 叉特异性内切核酸酶,能切开 Holliday 叉解离出重组子产物。RecG 蛋白也是一种 Holliday 叉特异性重组蛋白,但它从 RuvB 开始向相反方向移动 Holliday 叉,而取代 RuvABC 系统。

　　10. 许多噬菌体能编码自己的重组系统,有时其功能与宿主的重组系统相似。T4 噬菌体 49 基因产物,T7 噬菌体的 3 基因产物能够解离 Holliday 叉。λ 噬菌体的重组系统为 red 系统,由 exo 和 bet 基因编码,exo 基因产物与 RecBCD 相似能降解双链 DNA 的一条链形成单链 DNA 为链的侵入做准备。bet 基因产物与 RecA 蛋白的功能相近,能促进两个 DNA 间形成联会结构,这些 λ 基因已经成为定点突变和基因取代,有时也称为重组工程的基础。

💡 思考题

　　1. 为什么一切生物体基本上都具有重组系统?

　　2. 为什么 RecBCD 蛋白通过非常复杂的过程启动重组?

　　3. 为什么不同的重组途径有互相重叠的部分?

　　4. 为什么细胞编码 sbcB 和 sbcC 基因产物来干扰 RecFOR 途径?

　　5. 为什么一些噬菌体编码自己的重组系统? 而不仅仅依赖于寄主的重组系统?

　　6. 设计一个模型:当 RecG 蛋白仅具解旋酶活力而不具嗜 X 解离酶活力时,它如何取代 RuvABC?

？ 习题

1. 简述如何判定在 Hfr 菌株中的重组子上 *recA* 发生突变(提示：*recA* 突变会使细胞对丝裂霉素和紫外线照射非常敏感)？

2. 如何确定其他基因产物是否参与 *recG* 途径中 Holliday 叉的迁移和解离？ 如何发现这些基因？

3. 描述通过双链断裂修复模型利用归巢双链核酸酶插入内含子的重组过程。

4. 设计一个实验确定即使在无 RecD 亚单位的情况下，RecBC 核酸酶引起的重组仍可由 χ 激发。

📑 推荐读物

Baharoglu, Z. , M. Petranovic, M. –J. Flores, and B. Michel. 2006. RuvAB is essential for replication forks reversal in certain replication mutants. EMBO J. 25：596 –604.

Bolt, E. L. , and R. G. Lloyd. 2002. Substrate specificity of RusA resolvase reveals the DNA structures targeted by RuvAB and RecG in vivo. Mol. Cell 10：187 –198.

Clark, A. J. , and A. D. Margulies. 1965. Isolation and characterization of recombination –deficient mutants of *Escherichia coli* K12. Proc. Natl. Acad. Sci. USA 62：451 –459.

Cox, M. M. 2003. The bacterial RecA protein as a motor protein. Annu. Rev. Microbiol. 57：551 –577.

Dixon, D. A. , and S. C. Kowalczykowski. 1993. The recombination hotspot Chi is a regulatory sequence that acts by attenuating the nuclease activity of the *E. coli* RecBCD enzyme. Cell 73：87 –96.

Holliday, R. 1964. A mechanism for gene conversion in fungi. Genet, Res. 5：282 –304.

Howard –Flanders, P. , and L. Theriot. 1966. Mutants of *Escherichia coli* defective in DNA repair and in genetic recombination. Genetics 53：1137 –1150.

Jones, M. , R. Wagner, and M. Radman. 1987. Mismatch repair and recombination in *E. coli*. Cell 50：621 –626.

Lloyd, R. G. 1991. Conjugal recombination in resolvasedeficient *ruvC* mutants of *Escherichia coli* K –12 depends on *recG*. J. Bacteriol. 173：5414 –5418.

Mazin, A. V. , and S. C. Kowalczykowskj. 1999. A novel property of the RecA nucleoprotein filament：activation of doubleatranded DNA for strand exchange in trains. Genes Dev. 13：2005 –2016.

Meselson. M. S. , and C. M. Radding. 1975. A general model for genetic recombination. Proc. Natl. Acad. Sci. USA 72：358 –361.

Morimatsu, K. , and S. C. Kowalczykowski. 2003. RecFOR proteins load RecA protein onto gapped DNA to accelerate DNA strand exchange, a universal step in recombinational repair. Mol.

Cell 11：337 −1347.

Parsons,C. A. ,I. Tsaneva,R. G. Lloyd,and S. C. West. 1992. Interaction of *Escherichia coli* RuvB proteins with synthetic Holliday junctions. Proc. Natl. Acad. Sci. USA 89：5452 −5456.

Radding,C. M. 1991. Helical interactions in homologous pairing and strand exchange driven by the RecA protein. J. Biol. Chem. 266：5355 −5358.

Renzette,N. , N. Gumlaw, and S. J. Sandler. 2007. DinI and RecX modulate RecA − DNA structures in *Escherichia coli* K −12. Mol. Microbiol. 63：103 −115.

Sawitzke,J. A. ,and F. W. Stahl. 1992. Phage λ has an analog of *Escherichia coli* recO,recR and recF genes. Genetics 130：7 −16.

Sharples,G. J. 2001. The X philes：structure − specific endonucleases that resolve Holliday junctions. Mol. Microbiol. 39：823 −834.

Stahl,F. W. ,M. M. Stahl,R. E. Malone,and J. M. Crasemann. 1980. Directionality and nonreciprocality of Chi −stimulated recombination in phage λ. Genetics 94：235 −248.

Szostak,J. W. , T. L. Orr − Weaver, R. J. Rothstein, and F. W. Stahl. 1983. The double − strand −break repair model for recombination. Cell 33：25 −35.

Taylor,A. F. ,and G. R. Smith. 2003. RecBCD enzyme is a DNA helicase with fast and slow motors of opppsite polarity. Nature 423：889 −893.

West,S. C. 1998. RuvA gets X −rayed on Holliday. Cell 94：699 −701.

DNA 修复和突变

　　物种从一代传至下一代的连续性要归功于 DNA 的稳定性,如果 DNA 不稳定,不能忠实地进行复制,世界上就没有物种可言。在 DNA 被确定为遗传物质及其结构确定之前,有许多关于何种物质能足够稳定保证遗传信息在历代中相传递,后来发现 DNA 是遗传物质,它的化学结构比其他聚合物结构稳定得多,大家都很惊讶。

　　进化导致 DNA 复制装置的完善,使复制过程中发生错误的几率大大降低(第 2 章),然而 DNA 受到破坏的威胁不仅来自于复制错误,因为 DNA 是化学物质,所以经常有许多化学反应能破坏它。许多环境因子也能破坏这种分子,热能够加速化学反应,导致 DNA 碱基上氨基的脱落,化学物质与 DNA 反应后打开 DNA 的化学键,将其他基团加到碱基或糖链上,或者 DNA 分子的部分片段能互相融合。某种波长下的辐射也能引起 DNA 的化学损伤,一旦给 DNA 分子一定能量,它的键就会被打开,某些部分将发生融合。DNA 损伤后细胞中此种 DNA 会发生缺失,因为受损的 DNA 在复制时不能通过受损区域,细胞无法增殖,即使损伤没有阻断复制,在受损部位的复制也常常是删除突变或是致死的,显然细胞需要一种 DNA 受损后的修复机制。

　　在叙述 DNA 损伤和修复之前,我们先给出一些专业术语的定义。DNA 受到化学物质损伤被称为受损,造成 DNA 化学受损的物质能杀死细胞,还可以增加 DNA 突变几率,以上述化学物质处理 DNA 产生突变的过程称为诱变处理,那些化学物质被称为诱变剂,它又被分为体外诱变剂,是在 DNA 进入细胞之前在试管中对其进行处理的一类诱变剂,另一种诱变

剂被称为体内诱变剂,它仅在细胞内发挥作用,在 DNA 复制过程中干扰碱基配对。

本章中我们将讨论 DNA 损伤类型,每种类型的 DNA 损伤造成的突变,以及细菌细胞是如何修复 DNA 损伤的,其中很多机理具有普遍性,包括人在内的高等生物也遵循这些规律。

12.1　DNA 修复的证据

在讨论具体的 DNA 损伤类型之前,我们来看看 DNA 损伤和修复是如何被发现的。首先我们想知道细胞是否具有特殊的 DNA 损伤修复途径,一种方法是测定化学物质和辐射对细胞的杀伤力,在受到上述化学物质或射线处理时,细胞中的其他组分通常也会受到损伤,包括 RNA 和蛋白质,但细胞的死亡与 DNA 受损直接相关,因为其他成分可以通过在另外的细胞中合成用于替代受损的组分,而很长的染色体 DNA 链受损后,它阻止了那些分子的复制,除非受损的 DNA 被修复,否则细胞就会死亡。

在测定杀伤细胞,以证明 DNA 修复系统的存在时,我们比较了较小剂量以两种不同方式处理细胞的结果,一种是间歇式照射,另一种是持续照射,如果存在 DNA 修复机制,则在辐照间歇细胞会发生 DNA 修复,存活的细胞应该多于连续照射的情况,如果没有修复机制,这两种处理方式得到的存活细胞数应该没有差别。最终实验结果表明间歇辐照导致细胞的致死率低于持续辐照。

另一种指示修复系统存在与否的方法是杀伤曲线的形状,杀伤曲线是以存活细胞与致 DNA 损伤物质的处理程度所作的曲线,处理的程度一般是指细胞暴露在化学诱变剂下的时间或辐照强度及诱变剂浓度。

如图 12.1 所示,将细胞中有和没有修复系统的杀伤曲线做了对比,细胞经 DNA 损伤剂处理后,若没有修复系统,由于 DNA 受损是致死的,所以细胞随着处理时间延长呈对数下降,在半对数坐标中表现为一条直线。

另一条线是细胞中具有修复系统的情况,随着处理的延长,细胞刚开始并没有呈对数下降,而是形成一个"平台",意味着在处理之初,修复机制能修复较少的 DNA 损伤,随着处理时间延长,细胞已经无法修复更多的损伤,细胞才会呈对数下降。

在存活下来的细胞中,许多也发生了突变,然而分清 DNA 损伤和诱变是非常重要的,有的类型 DNA 损伤会导致诱变,而有些却不是,这与细胞是否能存活下来无关。回顾第 4 章的内容,突变是指在 DNA 分子中的核苷酸发生了可永久遗传的变异。受损的 DNA 本身并没有发生突变,因为它不能遗传,但随着受损 DNA 修复的进行,在受损部位不能

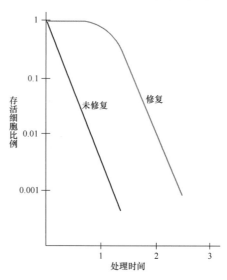

图 12.1　随着 DNA 损伤剂的作用时间延长,细胞的存活状况

正常地发生碱基互补配对,造成受损部位碱基的改变,这才出现了突变,在下面的章节中,我们将讨论 DNA 损伤类型,及损伤所引起突变,以及 DNA 受损修复系统,绝大多数以大肠杆菌为例,因为它的这些系统我们了解得最清楚,而且有些已经被证明具有普遍性。

12.2　特异性修复途径

不同的物质损伤 DNA 的方式不同,而且不同的 DNA 受损情况需要不同的修复途径来修复,有些修复途径仅能修复某种类型的突变,而有些特异性较低的修复途径能修复许多类型的损伤,我们首先

来讨论特异性修复途径。

12.2.1 碱基的脱氨基

最常见的一种 DNA 损伤是 DNA 的碱基发生脱氨基,在腺嘌呤、胞嘧啶和鸟嘌呤中的氨基非常脆弱,很多化学物质能自发地将其移去(图 12.2)。腺嘌呤脱氨基后变为次黄嘌呤,鸟嘌呤脱氨基变为黄嘌呤,胞嘧啶脱氨基后变为尿嘧啶。

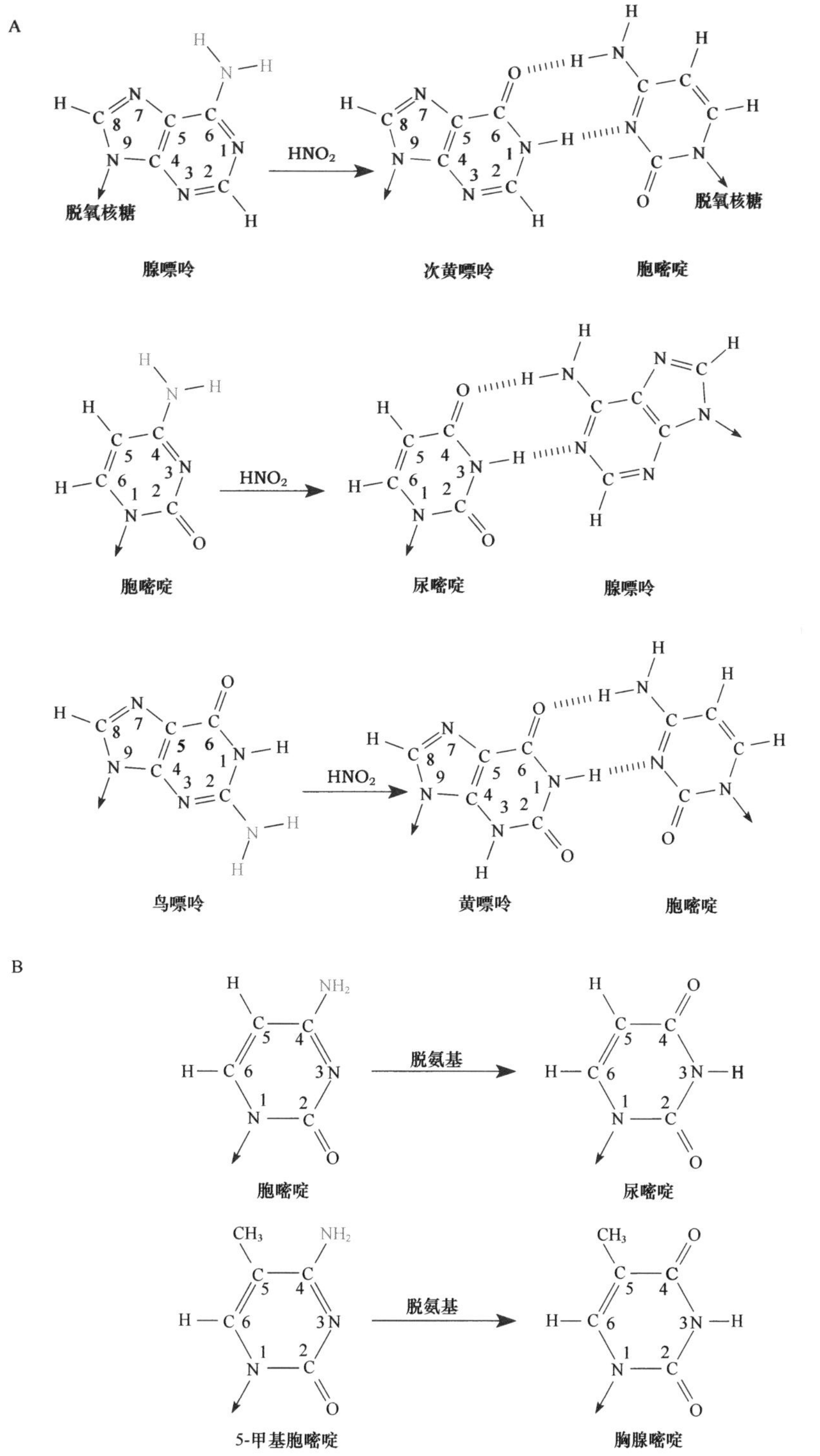

图 12.2 (A)亚硝酸脱氨基剂对碱基的修饰,有些脱氨基碱基发生错配,导致突变
(B)自发脱氨基,5-甲基胞嘧啶脱氨基生成胸腺嘧啶,不能被尿嘧啶-N-葡萄糖苷酶清除

DNA 碱基中氨基的脱除是一种突变,因为会导致碱基错配,如图 12.2 所示,由腺嘌呤衍生来的次黄嘌呤与胞嘧啶配对,而不与胸腺嘧啶配对,由胞嘧啶脱氨基而来的尿嘧啶与腺嘌呤配对,而不与鸟嘌呤配对。

由脱氨基造成的突变类型因不同碱基发生了改变而不同,比如因腺嘌呤脱氨基产生次黄嘌呤,它在复制的时候与 C 配对而不与 T 配对,所以在该是 T 的位置上引入了 C,随后 C 与 G 配对,导致 DNA 中 AT 转换为 GC。与此类似,有胞嘧啶脱氨基产生的尿嘧啶在复制时与 A 配对,导致 GC – AT 转换。

12.2.1.1　脱氨基试剂

尽管脱氨基经常能自发进行,尤其在较高温度下,然而有些化学物质能与 DNA 反应,移除其碱基上的氨基,用这些物质,也即脱氨基剂处理细胞或 DNA 能大大增加突变率,在一定条件下哪种脱氨基剂是诱变剂取决于化学物质的性质。

(1)羟胺类物质　羟胺类物质可特异性地移除胞嘧啶上的氨基,能导致 DNA 上发生 GC – AT 转变,然而羟胺类物质属于体外诱变剂,不能进入细胞内,所以仅能用于对纯化的 DNA 或病毒进行诱变。由羟胺类物质诱变的 DNA 通过尿嘧啶 – N – 葡萄糖苷酶转入修复缺失的细胞中,其诱变效率相当高。

(2)二硫化合物　二硫化合物也是仅能作用于胞嘧啶,而且胞嘧啶必须在单链 DNA 上,二硫化合物的这个特点使之在定点突变中非常有用,如果将一个克隆中要突变的区域转变为单链,那么二硫化合物就会仅在单链上进行突变,当然现在利用二硫化合物对 DNA 进行定点突变的手段已经被定向寡核苷酸、PCR 和重组工程等技术所取代(第 2 章和第 11 章)。

(3)亚硝酸　亚硝酸不仅能使胞嘧啶脱氨基,而且能使腺嘌呤和鸟嘌呤脱氨基(图 12.2),能造成其他损伤,由于它专一性不强,所以亚硝酸能够导致 GC – AT、AT – GC 转换和删除突变,亚硝酸也能进入到细胞内,故可以作为体内或体外诱变剂使用。

12.2.1.2　脱氨基碱基的修复

因为碱基脱除氨基是一种潜在的突变,所以在进化过程中已经有特殊的酶能将脱去氨基的碱基从 DNA 分子上移走,这类酶称为 DNA 葡萄糖苷酶,能切断受损碱基与核苷酸链上糖链之间的葡萄糖苷键,每一种类型的脱氨基的碱基都具有唯一的 DNA 葡萄糖苷酶,用于移除特定的碱基。特殊的 DNA 葡萄糖苷酶在下面将提到,第 14 章中将提到移除受损碱基的其他方法。大肠杆菌中至少含有 12 种 N – 葡萄糖苷酶用于损伤碱基的清除,它们作用的基本机理相同。

由 DNA 葡萄糖苷酶从 DNA 上清除受损碱基的过程如图 12.3 所示。有两种类型的葡萄糖苷酶,一种仅能移去碱基,另一种被称为 AP 溶解酶,不仅能移除碱基,还能在受损碱基的 3′侧切断 DNA 骨架。如果仅通过特殊的葡萄糖苷酶切除碱基,则这种酶称为 AP 内切核酸酶,在即将切除的碱基 5′端切断 DNA 的糖 – 磷酸盐骨架,产生 3′OH 基团,该酶还能够在移除嘌呤或嘧啶的位置继续切割,在切除碱基后,自由 3′OH 末端能作为修复 DNA 聚合酶的引物合成更多的 DNA,然而 5′外切酶活力与 DNA 聚合酶共同降解 DNA 聚合酶前面的链,以这种方式,DNA 整条链上的脱氨基处又被重新合成新的碱基取代。

12.2.1.3　脱氨基 5 – 甲基胞嘧啶小片段修复

绝大多数生物在 DNA 的特殊位置上具有 5 – 甲基胞嘧啶,而不是胞嘧啶,这些碱基是在胞嘧啶的 5′位置上,其氢原子被一个甲基取代而成(图 12.2B)。有一种被称为甲基转移酶的特殊酶能在 DNA 合成后,将甲基基团转移至胞嘧啶上,5 – 甲基胞嘧啶的功能还不是十分清楚,但是我们已经知道它能

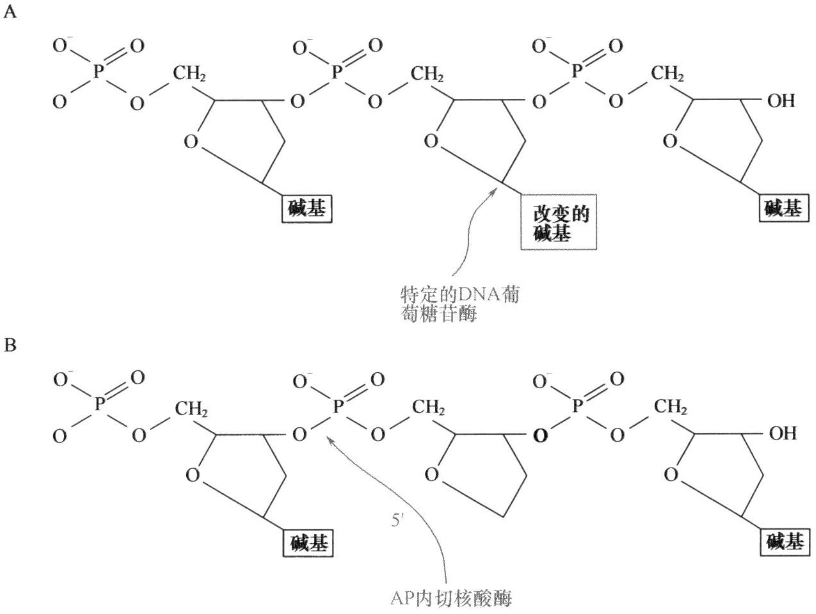

图 12.3 DNA 葡萄糖苷酶修复改变的碱基

保护 DNA 不被限制性内切核酸酶剪切,在高等生物中帮助调节基因表达。

　　DNA 上的 5 - 甲基胞嘧啶一般不是突变的热点,因为 5 - 甲基胞嘧啶脱氨基后形成胸腺嘧啶,而不是尿嘧啶(图 12.2B),在 DNA 上的胸腺嘧啶一般不被尿嘧啶 - N - 葡萄糖苷酶识别,因为它是正常碱基,而在 DNA 上的胸腺嘧啶位于鸟嘌呤的对面,所以原则上可以通过甲基定向的错配修复系统进行修复(第 2 章)。然而在复制过程中产生的 GT 错配,因为是新合成的链,还没有来得及被 Dam 酶甲基化,所以可以识别错配碱基,但是通过 5 - 甲基胞嘧啶脱氨基产生的 GT 错配在新合成的 DNA 链中,通常不容易被发现。对以上错配链的修复将在 DNA 中产生 GC - AT 转换。

　　在大肠杆菌 K - 12 和另一些肠道细菌中,绝大多数 5 - 甲基胞嘧啶出现在 5′CCWGG3′/3′GG-WCC5′序列的第二个 C 上,中间的 W 是 AT 或 TA,第二个 C 是由 DNA 胞嘧啶甲基化酶(Dcm)甲基化为 C^{m}CWGG/GGWC^{m}C。由于存在突变潜力,所以大肠杆菌 K - 12 在进化中形成了特殊修复机制,当序列中出现 5 - 甲基胞嘧啶脱氨基时就会去修补,当序列出现 TG 错配,修复系统特异性地将 T 除去。

　　因为在修复过程中,仅有含 T 的一小段 DNA 被除去,所以称之为非常短片段修复(VSP),在此过程中,修复酶(Vsr 内切核酸酶)是 *vsr* 基因产物,与 C^{m}CWGG/GGWC^{m}C 序列上的 TG 错配碱基结合,在紧挨着 T 处产生一个缺口,然后将其除去,通过 DNA 聚合酶 I 重新合成新链,在移除 T 的位置插入 C。

　　Vsr 修复系统的特异性较高,通常仅能修复上述序列中的 TG 错配,因此如果序列中没有甲基化,该修复系统的应用就会受到限制。*vsr* 基因刚好处于 Dcm 甲基化酶基因的下游,保证在 C^{m}CWGG/GG-WC^{m}C 甲基化序列出现的细胞中有这段基因,而且当脱氨基后具有正确修复错配的能力。尽管只在类似大肠杆菌的肠道菌中发现了该特殊修复系统,但在其他生物的 DNA 中也发现了 5 - 甲基胞嘧啶的存在,所以我们期待未来在它们中也能发现相似的修复系统。

12.2.2　活性氧导致的损伤

尽管分子氧对 DNA 的损伤不及大多数其他大分子,但获得一个额外电子的活性氧会变得很有杀伤力,这些更活泼的氧的形式是超氧根、过氧化氢和氢氧根,它们能在正常的细胞反应中产生(专栏 12.1),也有可能因环境因子的变化而产生,如 UV 辐射和除草剂"百草枯"等化学物质。

因为在正常细胞中存在活性氧,所以所有好氧生物在进化过程中都逐渐具备从环境中清除这些化学物质的精密机制,从而抵御 DNA 损伤。在细菌中,当活性氧出现时有些系统会被诱导,这些系统中有超氧化物歧化酶、过氧化氢酶和过氧化物还原酶,它们能帮助破坏活性氧,这些系统中也包括修复由活性氧造成 DNA 损伤的酶类。上述类型的损伤会随着年龄的增长而积累,所以能导致老年人癌症的发病以及老年退化等症状的出现(专栏 12.1)。

专栏 12.1

氧：内部敌人

包括人类在内的所有好氧生物必须吸收分子氧(O_2),在常温下,氧分子能与少数几种分子发生反应,然而氧分子能转变为更加活跃的形式,如氧自由基(O_2^-)、过氧化氢(H_2O_2)和氢氧根自由基(·OH)。过氧化氢也许是氧化呼吸期间通过黄素酶不可逆形成的,也可以在肝脏中特异性合成,帮助行使解毒功能,和溶菌酶一起杀死入侵的细菌。细胞中的 Fe 能催化过氧化氢转变为氢氧根自由基,这是对 DNA 造成最大损伤的氧的一种形式。

细胞中所含的多种酶能帮助降低这种损害。其中包括许多过氧化氢酶能降低分子氧化反应,以及像外切核酸酶的一类修复酶,还有能够在碱基配对错误出现突变之前把它们移除的转葡萄糖基酶。

DNA 损伤的积累归因于氧化反应,已经发现和癌症、关节炎、白内障以及心血管疾病等一些退行性疾病有联系。据有关部门估算,对于一个细胞每两年就会有大约 200 万基因损伤,并且已经证实人类一些细胞中基因损伤会随着年龄的增长而积累。这些主动形式的氧化作用帮助解释了为什么这些混合物(如石棉)或慢性感染不是诱变因子,却能增加人体的患病率。这些活性状态的氧自由基为了适应这些环境,由巨噬细胞合成也许是真正的原因。

在癌症内部产生活性氧自由基的重要性最近得到了证实。这些作者报道说以癌症比率增高为特征的遗传疾病归因于人类修复基因 *MYH* 的突变,这个基因与大肠杆菌的 *mutY* 基因同源。兄弟姐妹中谁遗传了这种癌症相关的遗传缺陷,被称作家族性腺瘤息肉病的遗传缺陷,是因为 *MYH* 基因的杂合子突变。大肠杆菌的 *mutY* 基因产物是 *N*-转葡萄糖基酶,它能够在 DNA 中使腺嘌呤与 8-oxoG 形成错配,并且人类的酶也已经被证实具有类似功能。一类小鼠,它们的 *Ogg*-1 基因 *Myh* 基因失活(所以被称为基因敲除小鼠)非常容易得肺部肿瘤、卵巢肿瘤以及淋巴瘤。小鼠的 *Ogg*-1 基因产物作用与大肠杆菌的 MutM 基因相似。更进一步说,这种小鼠的原始突变类型是 GC-AT 碱基颠换,与大肠杆菌相似。

　　很明显,任何有助于降低这种活性氧自由基的机制都应该能延长生命,减少很多基因老化性疾病。蔬菜、水果中富含这种产生抗氧化作用的物质,包括维生素 C、维生素 E 和胡萝卜素等,大量存在于胡萝卜中的 β - 胡萝卜素能够破坏氧化分子,保护种子中的 DNA 以及光合装置不受紫外线辐射所产生的氧自由基成分影响。一些证据显示饮食中注意摄取足量的含有这些物质的蔬菜、水果会降低得癌症的几率,降低患退行性疾病的可能性。

参考文献

Ames, B. N., M. K. Shigenega, and T. M. Hagen. 1993. Oxidants, antioxidants and the degenerative diseases of aging. Proc. Natl. Acad. Sci. USA 90:7915—7922.

Chmiel, N. H., A. L. Livingston, and S. S. David. 2005. Insight into the functional consequences of inherited variants of the *hMYH* adenine glycosylase associated with corectal cancer: Complementation assays with *hMYH* variants and pre - steady state kinetics of the corresponding mutated *E. coli* enzymes. J. Mol. Biol. 327:431 –443.

Park, S., X. You, and J. A. Imlay. 2005. Substantial DNA damage from submicromolar intracellular hydrogen peroxide detected in Hpx⁻ mutants of *Escherichia coli*. Proc. Natl. Acad. Sci. USA 102:9317 –9322.

Seaver, L. C., and J. A. Imlay. 2001. Alky hyperoxide reductase is the primary scavenger of endogenous hydrogen peroxide in *Escherichia coli*. J. Bacteriol. 183:7173 –7181.

Xie, Y., H. Yang, C. Cunanan, K. Okamoto, D. Shibata, J. Pan, D. E. Barnes, T. Lindahl, M. McIlhatton, R. Fishel, and J. H. Miller. 2004. Deficiencies in mouse Myh and Ogg1 result in tumor predisposition and G to T mutations in codon 12 of the K –ras oncogene in lung tumors. Cancer Res. 64:3096 –3102.

12.2.2.1　8 - oxoG

　　最容易造成 DNA 损伤引起突变的活性氧是被氧化的碱基——7,8 - 二氢 - 8 - 氧鸟嘌呤(8 - oxoG或 GO)(图 12.4)。这种碱基是由细胞内部的氧自由基导致损伤,所以在 DNA 中经常出现,除非修复系统能修复该损伤,否则 DNA 聚合酶Ⅲ经常用 A 与其错配,导致自发突变。由于 8 - oxoG 的致突变潜力,所以大肠杆菌进化出许多机制来避免突变结果的发生,下面让我们来讨论这些机制。

12.2.2.2　MutM、MutY 和 MutT

　　生物中 *mut* 基因产物能减少正常的自发突变率,因此如果生物体发生突变产生抑制 *mut* 基因的产物,则该生物的自发突变率将会很高,也可以利用这一点分离 *mut* 突变体。我们已经讨论过大肠杆菌的一些 *mut* 基因,根据自发突变率增加的现象分离到突变体,它们包括错配修复系统和 *dnaQ* (*mutD*)基因编码的具有编辑功能的 ε,接下来要讲到 *mut* 基因的另外几种 *mutM*、*mutY* 和 *mutT*,这些基因产物主要是用于防止由 8 - oxoG 引起的突变,对以上基因突变体考察发现,其突变体的自发突变率增加,而且 DNA 内部氧化是重要的突变原因,尤其 8 - oxoG 是重要的 DNA 损伤形式。

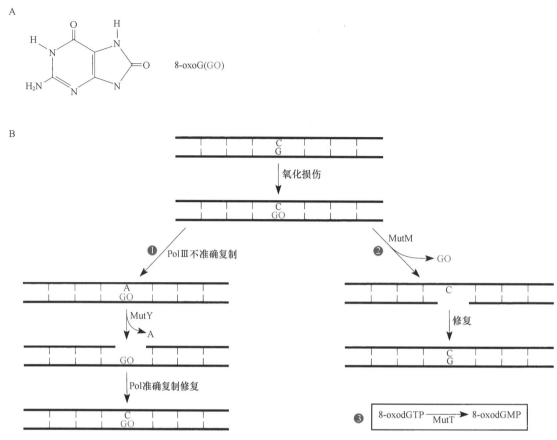

图 12.4　(A)8 – oxoG 的结构　(B)避免由于 8 – oxoG 引起突变的机制

　　以上三个 *mut* 基因的发现,揭示了 8 – oxoG 的突变效应,而且定位这三个基因的功能时,用到了很巧妙的遗传学实验。首先根据一个、两个或三个 *mut* 基因突变能提高突变率,可以得出它们的功能是降低自发突变,而且发现每一种 *mut* 基因的突变,专一性地引起某一类型的自发突变,说明它们有各自的功能。

　　(1)MutM　MutM 酶是 *N* – 葡萄糖苷酶,能特异性地从 DNA 脱氧核糖上将 8 – oxoG 切除(图12.4),本修复途径与前面讲过的其他 *N* – 葡萄糖苷酶修复途径相同,只是脱嘌呤链是由 MutM 自身的 AP 内切酶发挥活力进行切割,通过外切酶降解,通过 DNA 聚合酶 I 重新合成(图12.3)。MutM蛋白仅在细胞中大量积累活性氧的状态下出现,是由氧胁迫诱导的调节子的一部分,有关调节子的内容我们将在第 14 章详细讲解。

　　(2)MutY　MutY 酶也是一种特异性的 *N* – 葡萄糖苷酶,然而它不直接切除 8 – oxoG,而是特异地移除 DNA 链上与 8 – oxoG 相对的腺嘌呤碱基(图12.4),然后与其他 *N* – 葡萄糖苷酶修复途径相同,以 DNA 聚合酶 I 引入正确的 C,以阻止突变的产生。

　　MutY 酶也能识别偶然发生的与正常 G 错配的 A,并将其移除,然而它的主要功能还是阻止8 – oxoG 引起的突变。有研究发现突变引起 MutM 超量表达,能完全抑制 *mutY* 突变子表型出现,对这一现象的解释可以证明上述的论断。如果在 *mutY* 突变子中绝大多数自发突变是因为正常的 G 与 A错配产生,那么过量的 MutM 将对突变率没有影响,因为 8 – oxoG 切除功能对以上的错配不发生作用。然而事实上,超量的 MutM 几乎能完全抑制 *mutY* 突变子中额外突变的产生,这意味着 *mutY* 突变子的

自发突变是由于 $A:8-oxoG$ 错配,而不是 $A:G$ 错配。

(3)MutT   MutT 酶的作用机理与前两种相比有很大不同(图 12.4),它首先阻止 $8-oxoG$ 进入 DNA 中,活性氧不仅仅氧化 G 为 $8-oxoG$,还能氧化 dGTP 为 $8-oxoGTP$,在没有 MutT 时,DNA 聚合酶 Ⅲ能将 $8-oxoGTP$ 引入 DNA 中,因为它不能很好地将 $8-oxoGTP$ 从正常的 dGTP 中区分出来。MutT 酶是一种磷酸酶,所以能特异性地将 $8-oxoGTP$ 降解为 $8-oxoGMP$,不能用于 DNA 的合成。

12.2.2.3 8-oxoG 突变的遗传学

通过许多遗传学实验我们可以获得 *mutM*、*mutY* 和 *mutT* 突变子,从而证明这些基因的功能。首先,上述酶的作用能说明为什么上述基因的突变效果会出现叠加,如果 *mutT* 发生突变,则细胞中会出现更多的 $8-oxoGTP$ 进入 DNA 中增加自发突变的几率;如果 MutM 不能从 DNA 上切除 $8-oxoGTP$,则自发突变率将增加得更高;如果 MutY 不切除与 $8-oxoGTP$ 错配的 A,则自发突变率将增加得更高。

mutM、*mutY* 和 *mutT* 突变仅导致一种突变,这也可以通过这些酶的作用来解释。例如,在 *mutM* 和 *mutY* 突变子中,仅仅是 GC-TA 颠换突变的频率升高,这是有实际意义的,因为通常颠换突变发生的几率要低于转换突变发生几率(第 2 章)。以上两基因的突变能同时增加一种不常见的突变类型,说明它们在相同的修复途径中发挥作用,如果 MutM 不能从 DNA 上切除 $8-oxoG$,则 $8-oxoG$ 就与 A 发生错配,导致 GC-TA 颠换发生,而且如果 MutY 不切除 DNA 链上与 $8-oxoGTP$ 错配的 A,则 GC-TA 颠换也将出现。比较而言,MutT 不仅能增加相对不常见的 GC-TA 颠换的出现,也能增加TA-GC颠换的发生,因为如果缺乏 MutT,$8-oxoGTP$ 就不能被降解,随后可能导致发生两种不同的突变,它有可能通过与 A 错误配对进入 DNA,一旦进入后,又与 C 正确配对,所以产生 AT-GC 颠换突变,如果它以正常的 $G:C$ 配对方式进入 DNA,一旦错误地与 A 配对就会发生 GC-TA 颠换。

12.2.3 烷化剂导致的损伤

烷基化是另一种常见的造成 DNA 损伤的类型,DNA 上的碱基和磷酸基团均能被烷基化,导致烷基化的化学物质称为烷化剂,它们通常能将烷基(CH_3、CH_2CH_3 等)添加至 DNA 的碱基和磷酸基团上,而且任何一种能与 DNA 发生反应的亲电试剂都可以被认为是烷化剂。例如,抗癌药物顺氯氨铂是一种烷化剂,能与 DNA 上的鸟嘌呤发生反应。另一些烷化剂有乙基甲磺酸乙烯酯(EMS、氮芥子气)、甲基甲磺酸乙烯酯(MMS)和 $N-$甲基$-N'-$硝基$-N-$亚硝基胍(亚硝基胍、NTG,或者 MNNG)。以上有些烷化剂直接作用 DNA,一些作用于使烷化剂失活细胞的组分如谷胱甘肽,从而增加烷化效果。现在已知的许多烷化剂大都是诱变剂或致癌剂,有些用于癌症的化学治疗。并不是所有的烷化剂都是人造的,一些正常细胞或环境中能产生此类物质,如一些海洋中的藻类能产生大量的甲基氯是一种烷化剂,还有细胞代谢过程中产生的 $S-$腺苷甲硫氨酸和甲基脲等也是烷化剂,显然细胞需要修复系统来应付 DNA 损伤。

许多碱基的活泼基团都能受到烷化剂的攻击,最活跃的是鸟嘌呤上的 N^7 和腺嘌呤上的 N^3,这些氮原子被 EMS 或 MMS 烷基化后,产生带甲基或乙基的碱基,分别形成 N^7-甲基鸟嘌呤和 N^3-甲基腺嘌呤,碱基在这些位置发生烷基化后,会严重改变它们与其他碱基的配对情况,导致 DNA 分子螺旋的扭曲。

还有一些亚硝基胍之类的烷化剂,能攻击碱基环上的其他原子,如鸟嘌呤的 O^6 和腺嘌呤的 O^4 原子,在这些原子上添加甲基可以分别产生 O^6-甲基鸟嘌呤(图 12.5)和 O^4-甲基腺嘌呤,这些位置上带有烷基基团后特别容易发生突变,因为螺旋的扭曲不是特别严重,造成的损伤不能用下面介绍的通

用修复系统进行修复,然而改变的碱基通常发生错配而产生突变,接下来我们讨论这种烷基化后碱基的特殊修复系统。

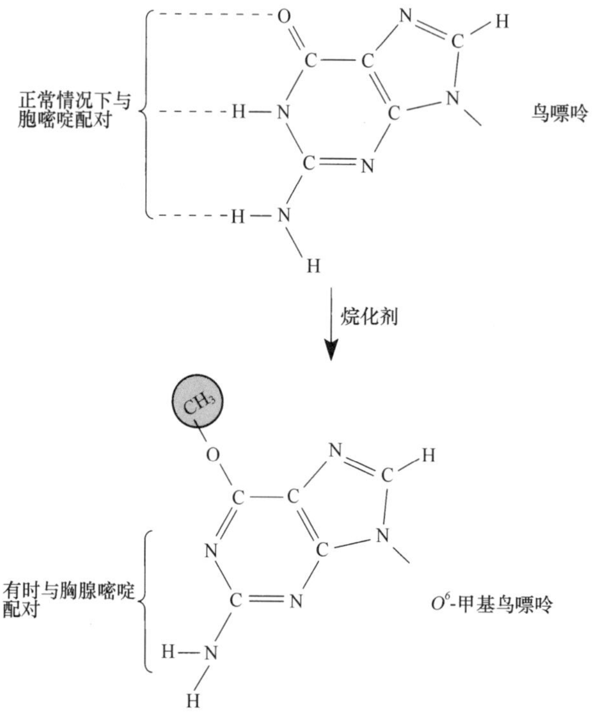

图 12.5　鸟嘌呤烷基化后生成 O^6 – 甲基鸟嘌呤

12.2.3.1　特异的 N – 葡萄糖苷酶

某些类型的烷基化碱基能被特异的 N – 葡萄糖苷酶切除,修复该类碱基的途径与其他 N – 葡萄糖苷酶修复途径相同,首先烷基化碱基被特异的 N – 葡萄糖苷酶切除,然后无嘌呤或无嘧啶的 DNA 链被 AP 内切核酸酶切开,外切核酸酶降解切开的单链,然后由 DNA 聚合酶 I 重新合成。在大肠杆菌中能从 DNA 上切除甲基化和乙基化碱基的 N – 葡萄糖苷酶已经被鉴定,其中有一种 TagA 能切除 3 – 甲基腺嘌呤和一些相近的甲基化和乙基化碱基。另一种 AlkA 的特异性较差,不仅能从 DNA 上切除 3 – 甲基腺嘌呤,还能切除其他烷基化碱基,如切除 3 – 甲基鸟嘌呤和 7 – 甲基鸟嘌呤,该酶由 *alkA* 基因编码,受到部分适应性应急反应的诱导。

12.2.3.2　甲基转移酶

另一种烷基化碱基修复系统是通过修复受损的碱基,并合成新的碱基,而不是从 DNA 上切除它。这类蛋白被称为甲基转移酶,它能将甲基或其他烷基从 DNA 改变的碱基上切除,转移至自身,一旦它们将甲基或烷基转移至自身,就会失活而被降解。大肠杆菌中的两个主要甲基转移酶是 Ada 和 Ogt,有时也被分别称为烷基转移酶 I 和烷基转移酶 II。这两种蛋白都能修复鸟嘌呤 O^6 碳和胸腺嘧啶 O^4 碳的烷基化损伤。当细胞处于生长旺盛期,Ogt 发挥主要作用,然而当细胞进入稳定期停止生长时,或者暴露在甲基化试剂的外部环境时,Ada 受到部分适应性应激反应的诱导,成为主要的甲基转移酶,细胞愿意牺牲整个蛋白质分子以修复 O^6 – 甲基鸟嘌呤或 O^4 – 甲基胸腺嘧啶带来的损伤,说明这种损伤具有引起突变的潜力。

另两个修复由烷化剂引发损伤的酶是 AlkB 和 AidB,AlkB 酶通常是氧化 1 – 甲基腺嘌呤和 3 – 甲

基胞嘧啶上的甲基,使之成为甲醛,然后释放甲醛,回复成正常碱基,更准确地说,它是一种 α-酮戊二酸依赖型加双氧酶,它将 α-酮戊二酸脱羧和 1-甲基腺嘌呤或 3-甲基胞嘧啶上的甲基羟化作用相结合,释放出甲醛。它的辅因子是三羧酸循环中的中间体 α-酮戊二酸,在氮素同化中具有许多用处,因此它在细胞中的数目较多。AidB 的功能还不太清楚,由于它被认为具有防止 DNA 发生烷化损伤的功能,在防治癌症中具有重要作用,所以确定它的功能就显得意义重大。

12.2.3.3 适应性应激反应

许多基因产物,包括 N-葡萄糖苷酶和甲基转移酶,能修复大肠杆菌中的烷基化损伤,它们都是适应性应激反应的一部分。通常情况下这些基因产物合成的量较低,但如果当细胞暴露在烷化剂中,它们的合成量就会激增。适应性应激反应这一概念最早来于大肠杆菌对烷化剂损伤的适应性研究。如果大肠杆菌细胞用亚硝基胍(NTG)之类的烷化剂处理后,随后再用该烷化剂或其他烷化剂处理该菌,其存活率会增高,现在我们知道细胞为了适应烷化剂,会诱导修复烷化剂损伤 DNA 的基因产物表达。适应性应激反应基因似乎绝大多数都对给 DNA 提供甲基基团的烷化剂具有抗性,对转移稍长烷基如乙基的抗性主要体现在剪切修复。

用烷化剂对大肠杆菌进行处理,可以导致涉及烷化剂损伤修复蛋白从几个拷贝增加至成千个拷贝,被诱导的基因有上面讲到过的 ada、aidB、alkA 和 alkB,对应激反应调节是通过烷基化修复 Ada 蛋白甲基化状态变化实现的(图 12.6),其中 ada 基因是 alkB 基因操纵子的一部分,而 aidB 和 alkA 基因是进行独立转录的。在 Ada 蛋白的控制下,除了能修复烷化剂带来的损伤,它还能调节自身和其他基因的转录,因为它是转录激活子,然而仅当烷化剂损伤较严重时,Ada 蛋白才能变为转录激活子。它可以根据其上的两个氨基酸中甲基转移来分辨损伤程度,这两个氨基酸是半胱氨酸-321 和半胱氨酸-38(分别为从 N 末端开始第 321 和第 38 号氨基酸)。当出现轻度的烷基损伤时,绝大多数甲基化碱基局限于 O^6-甲基鸟嘌呤或 O^4-甲基鸟嘌呤,而且将碱基转移至靠近 C 末端的半胱氨酸-321,就越来越多的甲基从碱基上切除而言,虽然甲基从碱基上被切除,但是 Ada 蛋白也将失活。当烷化损伤较重时,DNA 骨架上的磷酸基团也被甲基化,形成磷酸甲基三

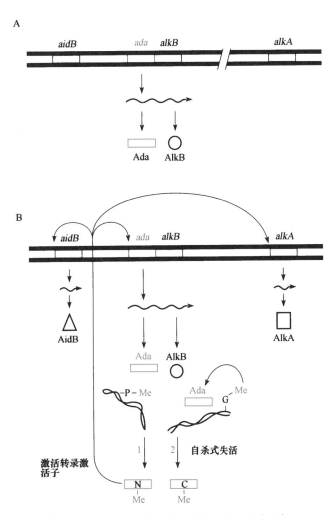

图 12.6 (A)适应性反应 (B)适应性反应调控

酯,这些碱基被转移至离 N 末端比较近的半胱氨酸 – 38 上。甲基基团出现在半胱氨酸 – 38 上后,Ada 蛋白就会转变为转录激活子调节自身和其他基因的转录,有关转录激活子的详细内容将在第 13 章讲解。

有趣的是在细胞停止生长的稳定期,一些适应性应激反应基因表达被开启。在稳定期的基因转录需要的是 σ^s 而不是 σ^{70}(第 14 章),甲基化的 Ada 蛋白也能够在含有 σ^s 因子的 RNA 聚合酶的识别下激活转录。然而在稳定期甲基化仅能激活 *ada – alkB* 操纵子和 *aidB* 基因的转录,而 *alkA* 基因的转录不仅没有被激活反而受到处于甲基化状态下 Ada 蛋白的抑制。诱导上述基因表达的目的是为了防止亚硝胺类物质积累造成的 DNA 损伤,它们在细胞中氧气耗尽时积累,如亚硝脲这样的亚硝胺类物质,它们在细胞中氧气耗尽时积累并且在无氧呼吸过程中以硝酸盐为电子的最终受体。接受电子的硝酸盐转变为更为活泼的亚硝酸盐之后,能与其他细胞组分发生反应生成烷化剂。以上内容也可以解释为什么 *alkA* 基因在生长稳定期会受到抑制,AlkA 蛋白是一种特异的葡萄糖苷酶可以切割烷基化的 DNA,但是需要 DNA 复制功能,完成 DNA 损伤链的删除和重新合成(图 12.3)。然而在细胞处于稳定期时,DNA 几乎没有复制功能,因此在稳定期对 DNA 进行的切割将是致死性的。

12.2.4 UV 辐射导致的损伤

另一种对 DNA 的自然损伤来自于暴露于阳光下受到的 UV 辐射,暴露在阳光下遭受 UV 损伤的任何生物,也都具有修复 DNA 损伤的机制。DNA 中的共轭碱基能够强烈吸收不同波长的 UV,使碱基的能量增高,使双键与其他邻近的原子反应形成另外的化学键,这种化学键会导致 DNA 中碱基连接异常化,也会导致核苷酸上的碱基与糖基连接异常化。

UV 辐射造成 DNA 损伤的常见类型之一是形成嘧啶二聚体,也即邻近的两个嘧啶碱基环互相融合,一种二聚体是两个相邻嘧啶的 5、6 位碳原子连接起来形成环丁烷环,另一种二聚体是一个嘧啶的 6 位碳原子与另一嘧啶的 4 位碳原子连接形成6 – 4聚合损伤形式(图 12.7)。

12.2.4.1 环丁烷二聚体的光反应

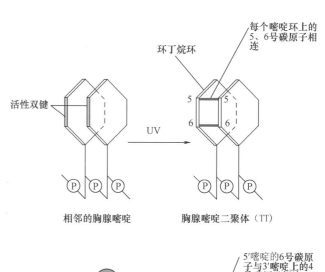

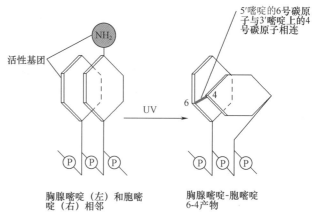

图 12.7 紫外辐射导致的两种常见嘧啶二聚体

因为环丁烷二聚体是 UV 辐射造成的损伤中最常见的一种,所以在进化过程中,已经获得了该损伤的修复系统,称之为光反应。光反应在修复中并不取代二聚体,而是利用修复系统将嘧

啶二聚体分离,之所以称之为光反应,是因为该反应中必须有可见光参与(所以之前将其称之为光修复)。

实际上,光反应是最早发现的 DNA 损伤修复系统,在 19 世纪 40 年代,首先发现灰色链霉菌(*Streptomyces griseus*)遭受 UV 辐照时在可见光下存活率要高于在黑暗条件下。现在已知地球上大多数生物都具有光反应修复系统,但胎生的人类除外,所以不要错误地认为暴露在 UV 射线中受到的损伤可以在可见光下得到修复,当然人类和其他胎生生物虽然没有光修复机制,但是它们具有从这种方式衍生出来的其他修复系统参与修复。

光反应的作用机理如图 12.8 所示,参与修复的酶是光解酶,它含有还原型黄素腺嘌呤二核苷酸(FADH$_2$)基团,能吸收 350~500nm 处的可见光提供分离二聚体所需的能量,另一种与上述光解酶相关的不同种类的酶参与真核细胞中的 6-4 二聚体修复。

也有证据表明,光反应修复系统也能与剪切修复系统协同作用,在黑暗条件下对嘧啶二聚体修复,在核苷酸剪切修复系统的帮助下,整个系统能更容易识别嘧啶二聚体并与之结合完成修复。

12.2.4.2 特异性的嘧啶二聚体 N-葡萄糖苷酶

也存在特异性 N-葡萄糖苷酶识别并切除嘧啶二聚体,该修复机制与对脱氨基和烷基化损伤的修复类似,首先由 AP 内切核酸酶或溶解酶将嘧啶二聚体切除,随后重新合成原来二聚体 DNA 部分。

12.3　通用修复机制

如前所述,并不是所有的修复机制都是特异性地针对某一种 DNA 损伤,一些修复系统能修复不同种类的损伤,它们不去识别损伤本身,而是能识别由于碱基错配导致的 DNA 扭曲,至于是何种损伤造成的扭曲对修复并无多大影响。

12.3.1　甲基化错配修复系统

在大肠杆菌中避免损伤的一种重要途径是甲基化错配修复系统,该系统已经在第 2 章 DNA 复制中提到过,与较小的复制错误有关,在第 11 章中与基因交换有关。该修复系统不是一个特定的修复系统,它能修复 DNA 螺旋上出现的所

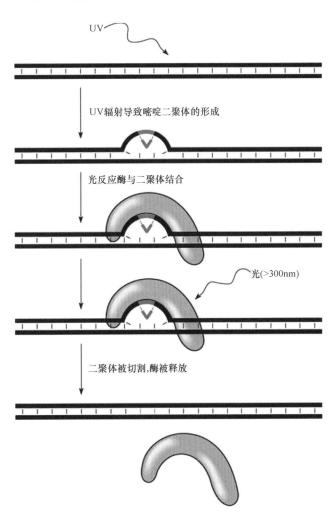

图 12.8　光反应作用机理

图中标注:
UV
UV辐射导致嘧啶二聚体的形成
光反应酶与二聚体结合
光(>300nm)
二聚体被切割,酶被释放

有微小扭曲,不管其成因如何,包括错配、移码、碱基类似物介入、8 - oxoG 和烷基化损伤造成的 DNA 螺旋微小扭曲,甲基化错配修复系统都能修复。当 DNA 发生严重扭曲变形时,将会被另外的修复系统修复,包括核苷酸剪切修复系统。

12.3.1.1 碱基类似物

碱基类似物是与 DNA 中正常碱基比较相似的化学物质,由于这些类似物与碱基很像,所以有时会被转变成脱氧核苷酸三磷酸加入到 DNA 分子中,这样往往引起突变,因为它们常常与碱基错配,导致 DNA 中的碱基对发生改变。图 12.9 中给出了两个碱基类似物,2 - 氨基嘌呤(2 - AP)和 5 - 溴尿嘧啶(5 - BU)。2 - AP 与 A 相似,仅是它的氨基在 2 号碳上,而 A 的氨基在 6 号碳上;5 - BU 与 T 相似,在 T 中 5 号碳上是一个甲基,而在前者中甲基被溴原子取代。

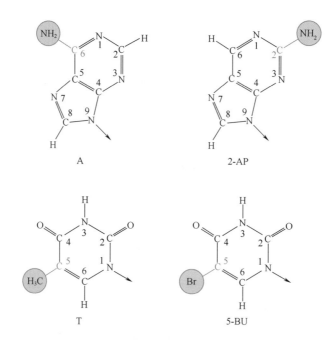

图 12.9　碱基类似物,2 - 氨基嘌呤(2 - AP)和 5 - 溴尿嘧啶(5 - BU)

碱基类似物如何错配造成突变如图 12.10 所示,在图中碱基类似物 2 - AP 已经进入细胞并转变为核苷酸三磷酸形式——脱氧核糖 2 - 氨基嘌呤三磷酸,在 DNA 合成中有时与 C 错配。由 2 - AP 造成的突变类型取决于它进入 DNA 后与 C 错配的时机,当刚进入 DNA 就与 C 错配而不与 T 配对,在随后的复制中再与 T 正确配对,就会造成 GC - AT 转换突变,然而,如果开始与 T 正确配对,随后复制中再与 C 错配,则会出现 AT - GC 转换突变,至于 5 - BU 引起的突变与上述的 2 - AP 造成的损伤类似。

12.3.1.2 移码突变剂

甲基化错配修复系统修复的另一类损伤是由于移码突变剂造成的损伤,这种物质一般属于吖啶染料中具平面结构的分子(第 2 章、第 8 章),能插入到碱基之间增长它们的距离,从而与另一条链不能正常结合。造成移码突变的突变剂有 9 - 氨吖啶原黄素、溴化乙锭和真菌产生的黄曲霉毒素。

移码突变剂导致突变的机理如图 12.11 所示,染料插入导致两个碱基分离。造成两个链相互滑

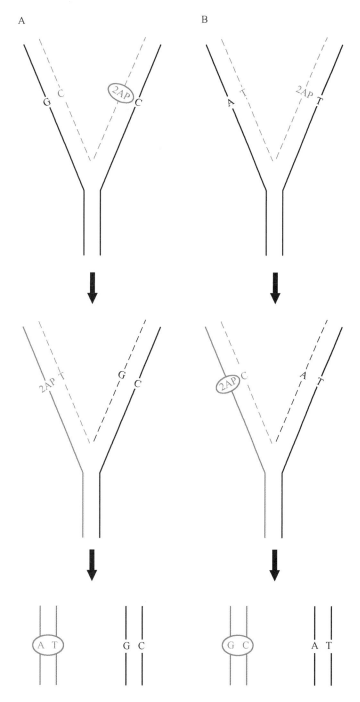

图 12.10 腺嘌呤类似物 2 – AP 插入 DNA 导致的突变

动错位,所以一个碱基与其互补碱基的相邻碱基配对,滑动容易在重复碱基处出现,如一段 AT 或 GC 的重复片段处。至于碱基对是被删除还是增加,有赖于链的滑动,如图 12.11 所示,如果染料在 DNA 链复制前插入,新合成的链就会滑动增加一个额外的核苷酸;如果在新合成的链上插入,则链可能向后滑动,并在随后的复制中遗漏一对碱基。

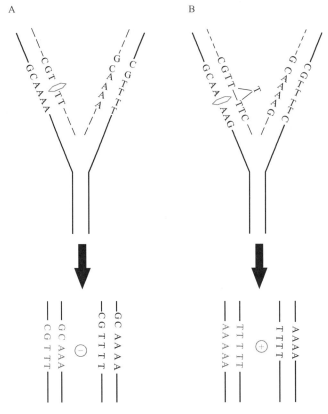

图 12.11　移码突变剂导致的突变

12.3.1.3　甲基化错配修复系统

在第 2 章中曾简要介绍了甲基化错配修复系统需要 *mutS*、*mutL* 和 *mutH* 基因产物参与，*mut* 基因产物似乎能避免 8 – oxoG 引起的突变，这些基因是在研究增加自发突变率的过程中被发现的。另一种参与此修复过程的基因产物是 *gam* 基因编码的 Dam 甲基酶，能将 GATC/CTAG 序列上的腺嘌呤甲基化，而且仅在合成的 DNA 上甲基化，在复制叉刚刚通过没有被甲基化的新合成链时，大多数错误都发生在新合成的链上，恰好 *mut* 基因产物用于新合成链的修复，有效地避免了突变的发生。如果旧链被降解后以新链为模板合成另一条新链，则损伤被修复，形成的突变体也将传给它的后代。

错配修复系统如何利用 GATC/CTAG 序列所处的甲基化状态指导自身与新合成链结合，还是比较奇妙的，因为它们改变链的地方与最近的 GATC/CTAG 序列还是有一定距离的。图 12.12 中的模型可以用来解释以上修复机制。首先，MutS 蛋白二聚体结合至受到轻微改变后双螺旋发生扭曲处(图中以 X 标记)，在附近的 GATC 序列中，新合成的链还没来得及甲基化，然后两分子 MutL 与 MutS 结合，一个拷贝的 MutH 分子再与它们结合，结合后的 MutH 核酸酶活力被激活，作用于最近的半甲基化 GATC/CTAG 序列，将新合成而未甲基化的新链降解，随后聚合酶Ⅲ填补缺口，连接酶将断裂处连接。这个模型已经被实验所证实，错配修复系统倾向于修复半甲基化 DNA 上的错配，能够更正未甲基化 DNA 链，与甲基化链配对。至于 DNA 链降解究竟是从 3′ – 5′还是 5′ –3′方向进行，取决于错配发生处与 GATC 序列的哪一端比较近。大肠杆菌利用四种不同的外切核酸酶解决以上问题，其中两种是 ExoⅦ和 RecJ，仅以 5′ –3′方向降解；另两种是 ExoⅠ和 ExoⅩ，仅以 3′ –5′方向降解，而且以上四种酶仅能降解单链 DNA，所以需要另一种解旋酶参与分离双链，这个工作由 UvrD 解旋酶完成，它也是剪切

修复途径中通用的一种解旋酶。当含有错配的链被降解后，DNA 聚合酶Ⅲ以另一条链为模板，消除 DNA 链中的扭曲变形，重新合成新链。

　　虽然上述模型解释了错配修复系统中的一些遗传和生物化学实验现象，但还不能完全解释所有实验现象。比较令人疑惑的是在修复时采用 DNA 聚合酶Ⅲ，因为在其他修复中采用 DNA 聚合酶Ⅰ和Ⅱ，它们是通常用到的修复酶。DNA 聚合酶是如何将自己装载至由外切核酸酶制造的缺口处？因为它通常是在复制起始时装载，或在 Pri 蛋白帮助下以重组中间体的形式在复制叉处阻断复制，所以如果修复在复制叉之前进行，它会阻断复制叉的前进，随后复制重启系统能对其进行校正，但在该模型中修复在复制叉之后进行。另一处疑点是，其他生物可以不依赖 Dam 甲基化过程帮助，识别出错配的新链，错配修复系统是普遍存在的，它具有从旧链中识别新合成链的能力，绝大多数生物或者其他细菌中没有 Dam 甲基化酶，所以就不能用半甲基化的标记识别新链。还有证据显示错配修复系统与复制过程中聚合酶的结合要比模型中的更紧密，MutS 能结合在 β 夹上，它的主要功能是将发挥复制功能的 DNA 聚合酶固定至 DNA 上。与细菌中的 MutS 相似，真核细胞中 MSH 结合在增殖细胞的核抗原蛋白上，它是真核细胞中与细菌中 β 夹相对应的蛋白质。最后我们不禁要问，SeqA 在整个修复过程中的作用如何？首先发现它能在 DNA 复制起始点与半甲基化 GATC 序列结合，阻止其附近新一轮复制的发生，从而延迟未甲基化链的甲基化（第 2 章），然而证据显示，SeqA 簇在整个复制过程中紧随复制叉，并不是仅待在复

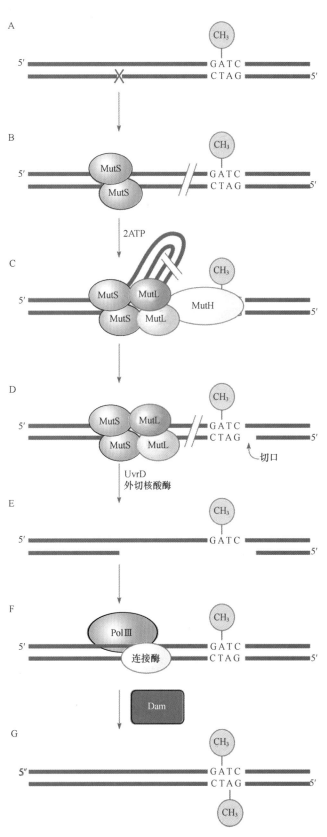

图 12.12　大肠杆菌中的 MutSLH DNA 修复

制起始位置。所以 SeqA 蛋白能帮助半甲基化 DNA 与复制聚合酶的结合,从而使细胞能够分辨旧链中的新链部分,尤其是当复制叉经过之后的某个位置上的新链。所以说在今后的研究中还有待于对细菌整个系统继续探索,使我们更好地认识 DNA 修复机制,该机制在人类癌症的防治中具有十分重要的作用(专栏 12.2)。

除了通用错误修复,MutS 和 MutL 蛋白还参与大肠杆菌中由于甲基化 C 脱氨基造成的 T - G 错配,进行非常短小片段的修复。首先 MusS 蛋白与错配的 T 结合,引起 Vsr 内切核酸酶对错配的注意,MutL 蛋白再召集 UvrD 解旋酶和外切核酸酶降解错配造成的链,其中蛋白质的功能与通用错配修复机制中的相同。

专栏 12.2

癌症与错配修复

癌症的发生是一个由原癌基因与肿瘤抑制基因突变引起的多级变化过程。这是一个令人惊奇的过程,DNA 修复系统形成一条重要的防护链,去防止癌症发生。几乎所有的组织都含有错配修复系统,来帮助减少突变的发生。然而,人类与细菌不同,细菌只含有一个或者两个 MutS 蛋白和 MutL 蛋白,人类含有至少五种 MutS 同源蛋白和四种 MutL 同源蛋白。大家都比较关注癌症的错配修复系统,因为发现一个错配修复基因发生突变的人更容易患某些类型的癌症,如结肠癌、卵巢癌、子宫癌以及肾癌。这种基因上的遗传缺陷称作 HNPCC(遗传性非息肉性结肠直肠癌),是由于一个称作 hMSH 2 的基因(与人类 mutS 基因同源)发生突变引起的。这种基因首先是在错配修复中发现的,因为那些遗传了突变基因的人表现出高频的短片段插入以及缺失,这些缺失应该由错配修复系统修复好。发现具有这种遗传性状的人们遗传了一个突变基因,这个基因与大肠杆菌的 mutS 基因同源。hMSH 2 基因在大肠杆菌中表达时能够增加自发突变的频率,也许是因为它能够干涉正常的错配修复系统。正像它的类似物,mutS 基因、hMSH 2 基因产物可以结合到错配碱基,但是不能正确影响 MutS 蛋白和 MutL 蛋白。

另一个使错配修复系统与人类癌症研究相关的原因是,对于医疗试剂,它具有标记那些对癌症敏感细胞的作用。显然,顺 - 二氯二氨络铂和其他烷化药剂对错配修复系统是有用的。肿瘤细胞经常会变得对药物产生抗性,是因为它们已经在人类 mut 基因位置获得了一个突变。

参考文献

Fishel, R., M. K. Lescoe, M. R. S. Rao, N. G. Copeland, N. A. Jenkins, J. Garber, M. Kane, and R. Kolodner. 1993. The human mutator gene homolog MSH2 and its association with hereditary nonpolyposis colon cancer. Cell 75: 1027 –1038.

Gradia, S., D. Subramanian, T. Wilson, S. Acharya, A, Makhov, J. Griffith, and R. Fishel. 1999. hMSH2 – hMSH6 forms a hydrolysis – independent sliding clamp on mismatched DNA. Mol Cell 3: 255 –261.

Harfe, B. D., and S. Jinks –Robertson. 2000. DNA mismatch repair and genetic instability. Annu. Rev. Genet. 34: 359 –399.

专栏 12.2(续)

　　Kang, J., S. Huang, and M. J. Blaser. 2005. Structural and Functional Divergence of MutS2 from Bacterial MutS1 and Eukaryotic MSH4 – MSH5 Homologs. J. Bacteriol，187：3528 –3537.

　　Karran, P. 2001. Mechanisms of tolerance to DNA damaging therapeutic drugs. Carcinogenesis 22：1931 –1937.

12.3.1.4　甲基化错配修复的遗传学证据

　　图 12.12 中修复模型是基于生化和遗传学实验基础提出的,实验得出 DNA 中 GATC 序列甲基化状态帮助指导错配修复系统合成新的 DNA 链,下面简要回顾其中的一些实验。

　　Mut 突变子的分离:如果大肠杆菌中的 *mut* 基因发生突变,它的自发突变率就会增加,于是发现了这些基因,这些基因的表型通常被称为突变子表型。*mutT*、*mutY* 和 *mutM* 的表型是能够降低由氧造成 DNA 损伤的突变,基因中的 *mutD* 突变引起 DNA 聚合酶编辑功能改变,*uvrD*、*vsp* 和 *dam* 突变尽管可以增加自发突变率,但由于是以其他方法发现的,所以没有以 *mut* 命名。

　　观察菌落凸起是发现不同寻常高突变率的通用方法,该方法基于带有特殊突变的所有细菌后代其表型相同。菌落都是从最中间长出来的,所以一个突变从最初的中间位置,随着生长会形成一个以此为中心的菌落,当菌落中含有不同的突变时,尤其是 *mut* 突变,能增加许多突变子类型出现频率,所以分离这种突变采用菌落挑选比较方便。

　　大肠杆菌中 *lac* 突变的回复突变子 Lac⁺,很容易通过菌落状况筛选,因为回复突变子在 5 - 溴 - 4 - 氯 - 3 - 吲哚 - β - 半乳糖吡喃糖苷(X - Gal)平板上形成蓝色菌落,图 12.13 示意了采用 *lac* 回复突变指示突变子活性的方法。如果具有比正常自发突变频率高的 *mut* 突变子,则蓝色菌落出现得比正常的要多,就是通过上述方法才发现了许多现在要讨论的 *mut* 基因。

　　我们将发现的 *mut* 基因划归到不同的互补组,赋予其一个字母就可以了(第 4 章),再与多突变子结合进行杂交看看它们之间的相互作用,由于 MutS、MutL 和 MutH 基因双突变子并不表现出比单突变子更高的自发突变率,所以预计它们会参与同一个修复途径,换句话说,通过突变使其中两个基因同时发生突变,并不能引起突变的叠加效应,这是因为通常影响相同修复途径的突变,不会具有叠加效应。

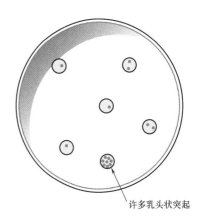

许多乳头状突起

图 12.13　*mut* 突变体菌落中含有较多的乳头状突起

　　Dam 甲基化在错配修复中的作用也是建立在以上的实验基础上,其中用到了异源双链 λDNA,在一些章节中我们已经讲过异源双链的合成与在研究中的应用,在第 10 章中讲到如何利用它从剪切 - 粘贴转座中区分复制型转座。

　　在确定甲基化在指导错配修复系统进行修复的过程中,首先准备含有两条不同突变单链组成的异源双链 λDNA,噬菌体突变子 1 和突变子 2 分别提供单链,其中由突变子 2 提供的 DNA 具有 *dam* 突

变。将两种 DNA 分别从噬菌体中提取出来,通过加热使 DNA 互补双链分开,再根据它们含有 poly (rG)数量不同而密度不同,利用 CsCl 密度梯度分离。将纯化好的单链混合重新使之杂交,使其在突变位点产生错配,也即在一条链的 GATC 序列上有甲基化,而另一条链没有甲基化。用异源双链 DNA 去转染细胞,结果发现在转染后代中,绝大多数表现出突变 1 的基因型,从而说明了甲基化 DNA 优先被修复。

另一个说明甲基化能指导错配修复系统进行修复的遗传学证据是有关大肠杆菌中 2 – AP 的研究。实验基于大肠杆菌中 *dam* 突变后,将对 2 – AP 敏感而被杀死。2 – AP 能够插入到双链中导致螺旋出现扭曲变形,在插入 DNA 时,复制链还没有甲基化,所以出现错配时修复系统不能很好地区分哪条链应该被修复,最后两条链在插入 2 – AP 处同时被剪切形成 DNA 双链缺口,而导致细胞死亡。

后来又发现如果细胞中含有 *mutL*、*mutS* 或 *mutH* 突变时,2 – AP 对 *dam* 突变子的毒性将降低,因为没有错配修复酶的参与,任意一条错配链都不会被切割,所以杂合双链被保留,尽管还存在错配,但仍然能保留下来,维持细胞的生存。后来研究表明可以用 *mutL*、*mutS* 或 *mutH* 突变作为 *dam* 突变子在 2 – AP 培养基上的阻遏子对其筛选,换句话说,在 2 – AP 培养基上出现的大量大肠杆菌突变体通常是 *dam* 和 *mutL*、*mutS* 或 *mutH* 双突变,人类细胞中也有类似的情况发生。

12.3.1.5　错配修复体系在防止同源和异位重组中的作用

在第 4 章中已经讲过,DNA 发生删除或回复突变,是由于在 DNA 不同位置上的相似序列发生了重组而导致的,一般将这种突变称为异位重组,在这种重组中序列并不相同只是相近,可以是来自不同细菌的 DNA 分子间的重组,更通用的称谓是同源重组,重组的序列相似而不相同。

错配修复系统能够降低同源重组中异位和其他类型的重组,实验中发现如果受体细胞中存在 *mutL*、*mutH* 和 *mutS* 突变,则能大大提高大肠杆菌与伤寒沙门菌之间的重组。如果细菌中存在 *mutL*、*mutH* 或 *mutS* 突变,那么该细菌中发生删除突变和其他类型 DNA 重排的频率也将增高。如果存在 *mutS* 突变,则采用基因工程导致的位点特异性重组几率也将增高。研究提示我们错配修复系统会干扰 RecA 形成联会,从而抑制同源重组和异位重组,在重组发生的异源双链处结合 MutS 和其他错配修复系统蛋白,从而干扰 RecA 的结合。

12.3.2　核苷酸切除修复

核苷酸剪切修复是细胞中最重要的通用修复系统之一,它将整个受损的核苷酸从 DNA 中切除,用新的核苷酸取而代之,该修复机制非常高效,似乎对地球上所有生物都适用,由于它的特异性较低,能修复大多数受损 DNA,从而使细胞避免死亡。

核苷酸剪切修复系统的特异性较低,所以像错配修复系统一样,它能识别大多数 DNA 螺旋中出现的扭曲,却对损伤本身的化学结构分辨得不是很清楚,它还能识别多数烷基化损伤和几乎全部的 UV 造成的损伤,包括环丁烯二聚体,6 – 4 损伤和碱基 – 糖基交联。由于核苷酸剪切修复系统仅修复 DNA 螺旋中较大的扭曲,所以当链中出现较小的甲基错配或碱基类似物时,它没法识别和修复,如 O^6 – 甲基鸟嘌呤,O^4 – 甲基胸腺嘧啶和 8 – oxoG 等造成的损伤,因为它们仅造成很小的 DNA 扭曲,所以这样的损伤需要其他修复系统来修复。

核苷酸剪切修复系统很容易与其他修复系统区别开,因为从 DNA 上剪切下之后,含有损伤的 DNA 将会排出细胞,所以当细胞被 UV 照射后,可以在培养基中发现嘧啶二聚体之类的寡脱氧核苷

酸,原因就是存在核苷酸修复系统对受损 DNA 的修复。

12.3.2.1 核苷酸切除修复机制

由于核苷酸剪切修复对于细胞中 DNA 损伤的修复非常重要,所以一旦与修复功能相关的基因发生突变,细胞就会对 DNA 损伤剂变得比较敏感,低剂量时就能造成细胞的损伤。在表 12.1 中列出了大肠杆菌中核苷酸剪切修复系统需要的基因,其中 *uvrA*、*uvrB* 和 *uvrC* 是所有真细菌中所需要的,部分古菌中也需要,而另一些基因,如 *polA* 和 *uvrD* 的产物仅在其他修复系统中所需要。

表 12.1 UvrABC 内切核酸酶修复途径涉及的基因	
基因	基因产物功能
uvrA	DNA 结合蛋白
uvrB	由 UvrA 装载形成 DNA 复合体;切开损伤 DNA 的 3′端
uvrC	结合 UvrB–DNA 复合体;切开损伤 DNA 的 5′端
uvrD	解旋酶Ⅱ;帮助清除含有受损寡核苷酸部分
polA	聚合酶Ⅰ;填充单链缺口
lig	连接酶;缝合单链切口

以上基因产物如何参与核苷酸剪切修复如图 12.14 所示,首先 *uvrA*、*uvrB* 和 *uvrC* 基因产物互相作用形成 UvrABC 内切核酸酶,它们的主要功能是在受损 DNA 处形成缺口,最终将受损 DNA 从链上剪切掉。详细来看,两个 UvrA 蛋白与一个 UvrB 蛋白形成一种复合体,即使 DNA 并没受到损伤,也能与之非特异性结合,随后复合体就会沿着 DNA 来回移动,当发现 DNA 扭曲出现时,就会停下来,UvrB 与受损部分结合,UvrA 蛋白解离,取而代之的是 UvrC 蛋白,结合了 UvrC 蛋白的 UvrB 将会在损伤的 3′端相距 4 个核苷酸,在 5′端相距 7 个核苷酸处,切割受损 DNA。一旦切开后,UvrD 解旋酶将会把含有受损 DNA 的链移除,DNA 聚合酶Ⅰ以互补链为模板合成新链。

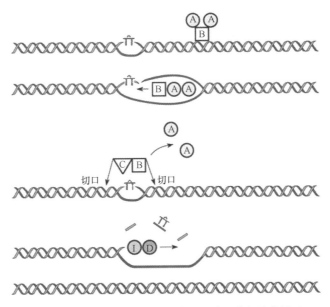

图 12.14 UvrABC 内切核酸酶对核苷酸剪切修复模型

12.3.2.2 核苷酸切除修复诱导

参与核苷酸剪切修复基因通常是以较低的量一直处于表达状态,但在 DNA 受损后将会受到诱导,表达量增高,这种机制保证修复蛋白在需要时能够被大量合成,因为受损修复系统能够受到 DNA 损伤诱导,所以这些 *uvr* 基因可以归入 *din* 基因中(*din* 基因是一类受损后诱导基因的总称),核苷酸剪切修复机制中的 *din* 基因包括 *recA*、*uvrA*、*uvrB* 和 *uvrD* 等,它们是细胞 SOS 调节子的一部分。

DNA 中受损区域的不同,对细胞的损伤效果会有所不同,在转录区域的 DNA 受到损伤后,会阻止 RNA 聚合酶的前进,从而转录不得不停止下来,所以首先修复转录基因就显得非常必要,只有这样才能保证这些基因被顺利地转录和翻译。专栏 12.3 中描述了转录 – 修复偶联过程,在此过程中将会清除受损部位的 RNA 聚合酶,指导核苷酸剪切修复系统对受损部位的修复。

专栏 12.3

转录 – 修复偶联

转录片段的 DNA 损伤对细胞表现出特殊问题,因为 RNA 聚合酶会在损伤处停止,这样会干扰基因表达以及基因损伤修复。可以预见有一套特殊的机制来处理 RNA 聚合酶富集在 DNA 损伤处,这种机制称作转录修复偶联,并且在细菌中这种影响因素称作 Mfd 蛋白(其作用是使突变瞬时下降)。该蛋白的基因——*mfd* 基因是在 40 多年前由 Evelyn Witkin 发现。如果蛋白合成因为 DNA 损伤而受到抑制,突变体中这种蛋白就会形成。相同的系统在真核生物中也存在,在酵母菌中称作 Rad26,人体中称作 Csb。一些早期证据表明转录修复偶联的存在是发生在 DNA 转录区域内部 DNA 损伤,并且转录链上的损伤被核苷酸修复系统首先修复。而且,正如我们所期待的,如果这条链上的损伤不被相关的防错修复系统修复,当 DNA 特殊区域的非转录链产生一个损伤突变时发生频率会增加。与损伤突变现象相关的 Mfd 蛋白,在损伤突变发生一段时间后才出现。

RNA 聚合酶在 DNA 中的这些损伤部位集合,为细胞带来了两个潜在问题。一个是积聚的 RNA 聚合酶会阻断核苷酸修复系统通过,不能到达损伤部位,阻止了核苷酸修复系统修复。另一个是 RNA 聚合酶的积聚能够阻止复制叉通过,Mfd 蛋白能够克服这些潜在问题,有赖于它的易位酶功能。当 RNA 聚合酶在 DNA 中停下来,它就会后退,并拽着延伸的 RNA 链 3′羟基端,将其拖出酶的活性中心,使之进入第二通道(第 3 章),它就会在那里停留,除非会出现什么物质使 RNA 聚合酶向前移动,使得 RNA 的 3′羟基末端回到原来位置。Mfd 蛋白依靠它与积聚的 RNA 聚合酶后的 DNA 结合,使它向前移动,推动了它前面的 RNA 聚合酶。这样产生了两种影响,如果损伤还在那里,RNA 聚合酶不能向前移动,并且向前的运动会干扰 RNA –DNA 转录泡结合在 DNA 上的 RNA 聚合酶,这样就会使 RNA 聚合酶解聚,使之脱离修复和复制过程。如果 RNA 聚合酶能够向前移动,阻塞就会缓解,RNA 聚合酶就能够继续合成 RNA。一些证据已经指出,Mfd 蛋白与 UvrA 蛋白结合,形成核苷酸剪切系统的一部分,并且它还会结合到 DNA 损伤部位,帮助指导修复系统在 RNA 聚合酶发挥解离作用。有其他蛋白参与的 Mfd 蛋白的换位作用,会从移动速度很快的复制工具中清除 RNA 聚合酶,这是一种有效方式。

参考文献

Park, J. S., M. T. Marr, and J. W. Roberts. 2002. *E. coli* transcription repair coupling factor (Mfd Protein) rescues arrested complexes by promoting forward translocation. Cell, 109:757 –767.

Witkin, E. M. 1966. Radiation induced mutations and their repair. Science 152:1345 –1353.

12.4　DNA 损伤耐受机制

在上面所有叙述过的修复机制中,损伤 DNA 修复都依赖于互补链的信息来复制出受损部分,所以最好是在复制之前,损伤 DNA 能被修复好,否则会出现染色体断裂或其他错误。细胞确实有延迟复制的机制,但是在复制叉到来之时,受损 DNA 没有及时修复将会发生什么现象呢? 在所有的例子中我们发现,如果受损 DNA 没来得及修复,细胞将没有其他选择只能忍受损伤,并对该部分进行同样的复制,我们把这一机制称为损伤耐受机制。

12.4.1　对受损复制叉的重组修复

有一种损伤耐受机制称为复制叉的重组修复,这种类型的修复允许复制叉通过受损 DNA 而不修复它,当复制叉从受损部位移动过去时,损伤仍然在原处,这个损伤可以被其他修复系统修复,也有可能给其他稍后的复制叉制造麻烦。以上的损伤通常是由于单链或双链断裂造成的,所以不能发生正常的碱基配对,而且还涉及 RNA 聚合酶在 DNA 上的停滞。当下一个复制叉碰到阻碍后,就会停下来,甚至发生解体,利用重组功能,在阻碍的另一端使前导链和后随链交换信息,重新组装复制装置,继续复制。

当重组首先在细菌中发现时,认为与真核细胞的有性生殖功能相类似,其目的就是交换基因增加生物多样性,现在发现重组的另一重要功能是当复制叉脱离 DNA 链或解离时,重新装配复制叉。有关重组回复复制叉功能的研究很早就开展了,最初发现大肠杆菌中的 *rec* 基因发生突变,整个细胞就会对 DNA 损伤剂变得比较敏感,在 RecBCD 或 RecFOR 途径中的基因突变后,DNA 损伤剂很容易将其杀死,如果帮助 Holliday 叉迁移和解离的 *ruvABC* 和 *recG* 基因发生突变,也有类似的现象发生。

我们不妨设想一下当 DNA 损伤后,复制叉移动受阻,它是如何再次启动的,在假设的场景中,应有如下的一些条件被满足才行。复制叉重新启动时,DnaB 核酸解旋酶必须首先装载至 DNA 上,而且 DNA 聚合酶全酶必须能够复制前导链和后随链及辅助蛋白,而且有一个游离的 3′ 端作为前导链延伸的引物。在第 11 章中我们已经讲过 RecBCD 途径中采用的是双链断裂,或者单链 DNA 末端 3′ 羟基端带有 RecA,它们能侵入到另一条双链 DNA 中,与互补序列形成一个叉,这些叉可以迁移,最后形成四链 Holliday 叉;然而在 RecFOR 途径中情况并不是这样,只是利用 DNA 中的缺口而没有自由的双链末端,它容许 RecA 蛋白与缺口处的单链结合,再侵入相邻的双链 DNA 互补序列,而且基本上也可以产生两个分支,它们分别侵入相邻的双链 DNA 后产生两个 Holliday 叉,以上两个途径产生的 Holliday 叉均能够迁移,在 RecA、RuvABC 和 RecG 的帮助下被切割。

还有一个问题是在 DNA 损伤后复制装置的重新装载,在第 2 章中已经讲过正常情况下 DnaB 核酸解旋酶仅在复制起点(*oriC*)装载至 DNA 上,DnaC 也帮助装载过程,随后 DNA 聚合酶Ⅲ和所有的辅助蛋白也将装载上来,然而在实际中,DNA 损伤可能不仅仅在复制起点发生,在 DNA 的任何位置都有可能发生,从而阻断复制叉的前进,因此 DnaB 核酸解旋酶必须能在任何复制叉脱开处重新装载,这需要 Pri 蛋白的帮助,它并不识别 DNA 上的特殊序列而是识别其结构,称为重组途径中间体。有三种 Pri 蛋白参与该过程,PriA、PriB 和 PriC,还需要其他蛋白的协助(DnaT、DnaC 和 Rep)。根据参与蛋白的不同可以将识别过程分为 PriA 途径和 PriC 途径,前者中 PriA、PriB 和 DnaT(或 DnaC)参与反应,而后者中 PriC 和 DnaC(或 Rep)参与反应,至于何时采用哪种途径主要取决于不同的重组途径,在 RecB-

CD 途径中采用 PriA 途径,在 RecFOR 途径中采用 PriC 途径。

至今还没有证据能证明重组功能在回复复制叉中的作用,但是有许多模型提出了参与该过程蛋白的作用机理,因为还有很多问题没有确切答案,所以我们完全可以绕过黑匣子大胆地提出更多模型。在所有模型中,我们可以发现不管假设复制如何绕过受损部位,它们都涉及一条完好无损子链 DNA 和一条受损 DNA 链间的重组,所以会碰到一条链继续复制,而另一条则要停止下来,双链复制会出现短暂的不同步,这将会出现一个新的问题,DNA 聚合酶中的 τ 蛋白同时与前导链和后随链结合,当这两条链复制不同步时,该蛋白上将会发生什么现象? 有些实验直接支持前导链和后随链复制的不同步性。

12.4.1.1 后随链发生损伤时

后随链的合成方向是 5′–3′,所以当后随链上出现 DNA 损伤时,其后果与前导链上出现的损伤完全不同,前导链的合成方向是 3′–5′。如果后随链上出现了 DNA 损伤,环绕在后随链上的 DnaB 解旋酶可以绕过损伤,使复制叉也能通过损伤部位,最多在链的相对位置处留下一个缺口,可以用 RecFOR 途径将缺口填平,使复制叉继续前进。

12.4.1.2 前导链发生损伤时

在前导链中如果发生 DNA 损伤,其后果要比后随链上发生损伤严重得多。如图 12.15 所示,在前导链上的复制聚合酶碰到损伤后,它不能继续前进,但是 DnaB 解旋酶继续前进,将在双链前面将其分开一段距离,后随链聚合酶继续复制后随链,留下单链、前导链 DNA 含有受损双链部分在同一区域中。这时 RecFOR 蛋白将 RecA 蛋白装载至单链 DNA 上,形成的丝状体可以侵入双链后随链 DNA,形成的中间体是 PriC 途径的优先作用的底物,将 DnaB 和复制装置装载上来,复制就可以

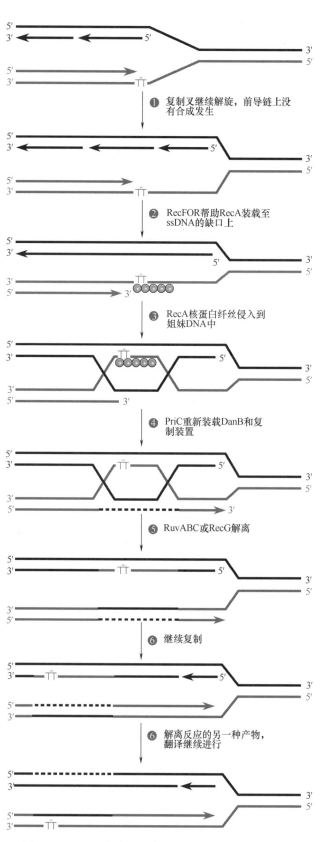

图 12.15   重组介导的修复前导链上 DNA 损伤的模型

通过受损部位了。

图 12.16 中给出了另一个令人满意的模型,在这种模型中,复制叉可以后退,模型中其他部分与前面讨论的相同,新合成的链自身的碱基彼此发生配对形成链交换,RecFOR 途径和 RecA 蛋白可以促进此反应的发生,这就产生了一个新的分支,称之为鸡爪结构,短的新链可以作为引物继续复制,直至两条链的长度相同为止。在图的右边我们随机给出了几个碱基使之通过胸腺嘧啶二聚体,鸡爪 Holliday 叉结构在 RecG 或其他一些解旋酶的作用下,通过受损部位,在受损链的另一侧将会有完好的复制叉结构,提供自由 3′ 羟基末端作为引物复制前导链。DnaB 解旋酶和其他复制蛋白可能通过 PriA – PriB – DnaT – DnaC 途径装载至 DNA 链上,复制也可以继续进行。

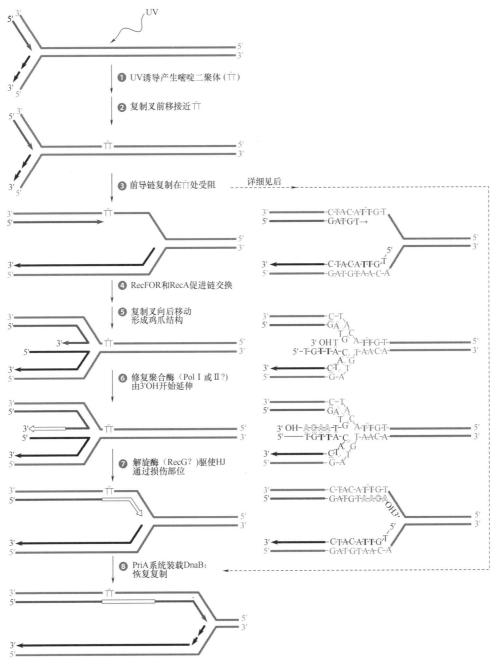

图 12.16　重组介导的通过前导链上胸腺嘧啶二聚体 DNA 损伤的复制叉后退模型

以上仅解释了重组功能帮助 DNA 模板链容忍损伤的遗传学证据,任何一种模型希望得到最终证明,还需要对复制叉遇到 DNA 严重损伤时的情况进行细致研究。

12.4.1.3 DNA 链间交联修复

重组功能还能与其他修复功能一起来完成 DNA 损伤修复,其中一个例子是对 DNA 的化学交联的修复(图 12.17)。许多化学物质如需光活化的补骨脂素、丝裂霉素、顺铂和乙烯甲基磺酸盐等都能导致 DNA 链间的交联,在该结构中,DNA 双链相对的两个碱基之间形成共价键。链间交联产生的特殊损伤,单凭核苷酸剪切修复或重组修复功能都不能对其进行修复,UvrABC 内切核酸酶切割双链,将导致双链断裂,最终导致细胞死亡,重组修复,由于不能在分开的两条链间形成复制叉,所以也不能单独修复这种损伤。

尽管 DNA 交联不能被剪切修复和重组修复单独修复,但是这两种修复功能同时作用就可以修复这种损伤。如图 12.17 所示,在第一步中,UvrABC 内切核酸酶在交联处的两侧切开一个切口,就像在修复其他损伤一样,这样在受损 DNA 的对面形成一个缺口;在第二步中,DNA 聚合酶 I 发挥

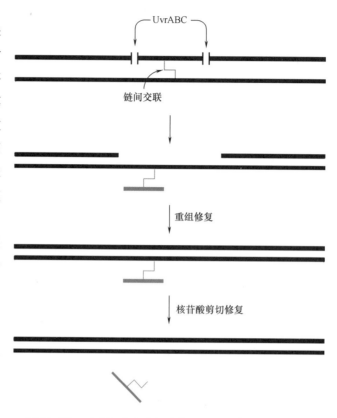

图 12.17 通过核苷酸剪切修复和重组修复的联合,修复 DNA 链间交联

外切核酸酶活力,将缺口继续扩大;在第三步中,重组修复系统按照另一条完好的子链合成新链,以取代损伤部位。需要注意的一点是以上修复过程必须是存在另一正常的 DNA 分子时才能进行,当然这对生长迅速的细菌来说不成问题,它们体内通常存在一种 DNA 分子的很多拷贝。

12.4.2 SOS 诱导修复

如前所述,DNA 损伤将诱导修复损伤的基因表达出产物,以这种方式细胞才能及时修复损伤而存活下来。Jean Weigle 首先指出 UV 造成 DNA 损伤后诱导修复系统应对 DNA 损伤,他以 λ 噬菌体为材料,进行 UV 辐射后研究它的存活情况。将经辐照后的噬菌体涂布在同样辐照后的大肠杆菌和未辐照过的大肠杆菌上,结果发现在前者表面形成更多的噬菌斑,因为预先辐照后的细菌使得辐照的噬菌体更多地回复活力,将这种现象称为 Weigle 反应或 W 反应。显然在辐照的细胞中修复系统被诱导,所以能修复进入细胞中的 λDNA,所以 λ 噬菌体的存活率提高。

12.4.2.1 SOS 应答

在前面章节中我们已经将 DNA 受损后诱导的基因称为 *din* 基因(损伤诱导基因),这些基因编码包括剪切修复和重组修复途径中所需的基因产物,还有一些 *din* 基因产物能够帮助细胞在其他情况下克服受损 DNA 的情况,比如,有些产物能瞬间延迟细胞分裂时间直至 DNA 损伤被修复,另一些产物

允许细胞在 DNA 损伤处继续复制。

　　许多 din 基因都是通过 SOS 应激反应进行调控的,之所以这样命名,是因为这些 DNA 损伤都十分严重,在 SOS 应激控制下的基因称为 SOS 基因,最初发现了 31 个 SOS 基因,后来又发现比这个数目要多,如一些隐性原噬菌体上也存在 SOS 基因。

　　图 12.18 中展示了在 SOS 控制下,SOS 基因是如何被诱导的,通常情况下这些基因被 LexA 抑制子抑制,它与 SOS 盒上游基因结合阻止其转录,SOS 盒实际上是一个操纵子序列,它与 lacO 相似只是其抑制子是 LexA 抑制子。任何由 LexA 直接控制的基因在其启动子附近均具有 SOS 盒。

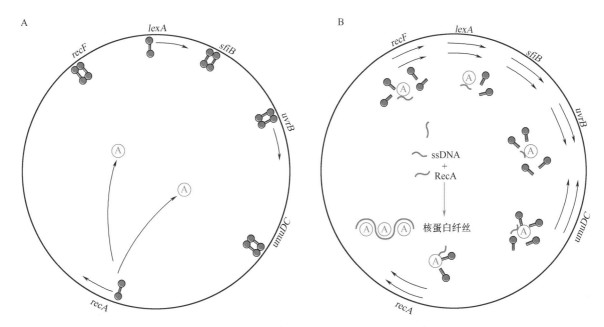

图 12.18　大肠杆菌 SOS 应激反应调控子的调节

　　LexA 抑制子结合在调控基因启动子上游的 SOS 盒上,当 DNA 受到 UV 辐射或其他 DNA 损伤剂破坏后,LexA 将会进行自身剪切,使之失活,从而允许 SOS 基因转录,至于它是如何从 DNA 上解离下来也有了更深入的研究,首先该抑制子有两个结构域:一个是二聚体结构域,用来与另一个 LexA 结合形成二聚体;另一个结构域是 DNA 结合域,与 SOS 基因上游的 DNA 操纵子结合,阻断该 DNA 的转录。LexA 只是在二聚体的状态下才与 DNA 结合,所以当 LexA 多肽间的结构域发生断裂后,也就是自剪切后,DNA 结合域就与二聚体结构域分离,而 DNA 结合域自身不能二聚化,所以它不能再与 DNA 结合来阻断 SOS 基因转录。

　　图 12.18 中给出了为什么 LexA 抑制子仅在 DNA 损伤后切割自身的答案。当 DNA 受损后,由于复制叉在受损部位受阻,细胞中出现单链 DNA,而单链 DNA 与 RecA 蛋白结合形成 RecA 核蛋白丝,这些纤丝再与 LexA 结合,导致其自身剪切。在某些情况下,即使没有 RecA,对 LexA 进行加热,它也能逐渐发生自身剪切,从这一实验结果可以看出 RecA 仅是一种辅助 LexA 进行自剪切的酶,而不是一个标准的能对 LexA 进行切割的蛋白酶。

　　因此在诱导 SOS 应答中 RecA 蛋白具有重要的作用,它能感知细胞中因 DNA 损伤造成单链 DNA 的积累量,导致 LexA 对自身进行剪切,从而诱导 SOS 基因表达。前面已经讲过 RecA 在重组修复中促进联会形成,后面我们将要讨论它在跨损伤合成中的功能。

　　我们可以猜测出为什么 RecA 蛋白会在重组和修复中扮演两种完全不同的角色。在重组中它必须与单链 DNA 结合促进联会形成,在细胞中它还必须是单链 DNA 的传感器,尽管它是由 SOS 基因编码,在 DNA 受损后被诱导,但它通常与大量 LexA 抑制子结合,并能迅速启动抑制子自身剪切。

　　通过 LexA 抑制子剪切调控 SOS 应答反应与通过 CI 抑制子自剪切诱导 λ 噬菌体的产生非常相似(第 9 章)。与 LexA 抑制子相似,λ 抑制子必须也是二聚体才能与 DNA 上的操纵子序列结合,从而抑制 λ 转录,每个 λ 抑制子多肽由 N – 末端 DNA 结合域与二聚体结构域构成。λ 抑制子自剪切是由活化状态 RecA 核蛋白纤丝激发的,剪切后的抑制子其 DNA 结合域与二聚体结构域分开,阻止 λ 抑制子继续与操纵子结合,允许 λ 裂解基因表达。在 LexA 和 λ 抑制子周围被剪切序列也有相似之处,所以对于 λ 原噬菌体来说,它可以利用宿主中的 SOS 调控系统,避免与宿主一起死亡。激活的 RecA 辅助蛋白酶还能促进 UmuD 蛋白的自剪切,这个过程涉及 SOS 诱变。

12.4.2.2　SOS 诱发突变的遗传学

　　我们已经知道许多类型的 DNA 损伤,包括 UV 辐射在内,都会造成细胞突变,这对细菌和人类都是适用的(专栏 12.4),以上事实也提示我们用于修复损伤的一种或多种修复机制存在易出错的特点。我们前面已经说过跨损伤合成途径(TLS),它允许复制叉通过损伤的 DNA 复制,所以该分子才能完成复制过程,使细胞得以存活,是没有其他更低出错率修复机制可用时,最后才被选用的修复机制。

　　易错修复机制最初也是在对 DNA 遭受损伤后诱导修复机制过程中被发现的,在 DNA 受损后,诱导率的增高是由于诱变修复系统被诱导而产生,这种诱导突变称为 Weigle 诱变,或直接称为 W 诱变。后来研究表明诱导突变的产生源自 SOS 一个或多个基因的诱导,当没有 RecA 或 LexA 抑制子的剪切,它是不会发生的,所以也称这种诱变为 SOS 诱变。

　　(1)确定哪一种修复途径可导致细胞突变　虽然 Weigle 的实验说明了在大肠杆菌受到 UV 损伤后,存在一种易错修复途径,导致突变的产生,但并没有指出是哪一种修复途径,在下面的遗传学实验中我们可以找到答案,首先为了找到 UV 诱导突变体,要选用 his 突变子的回复突变来做实验,基本方法是建立一个双突变子,一个是 his 突变,另一个是修复途径中的一个或多个基因突变。修复缺失的突变子在 UV 灯下照射,然后在不含组氨酸培养基上涂布,所以仅有 His⁺ 回复突变体才能繁殖形成菌落,在这种情况下,每一个菌落就是一次回复突变的结果,因此可以直接用来计算回复突变的数量除以存活细菌总的数量就能估算出 UV 辐照后细胞发生诱变的可能性。

　　实验结果说明重组修复阻断的复制叉,似乎不太可能是易错修复机制。recB 和 recF 突变能减少 UV 辐照后细胞的存活数量,所以 rec 基因是否突变与 His⁺ 回复突变体产生的数量没有多大关系。核苷酸剪切修复也似乎不存在易错修复机制。而在 recB 和 recF 突变的基础上增加 uvrB 突变之后,细胞更容易被 UV 杀死,但并不能增加 His⁺ 回复突变子的比率。

　　然而,recA 突变似乎能阻止 UV 诱变发生,突变使得细胞对 UV 极度敏感而被杀死,存活下来的必定含有其他突变。现在已经知道 umuC 和 umuD 在诱变修复中需要诱导,而 recA 突变能阻止对它们的诱导,因此 UmuC 和 UmuD 蛋白与大多数修复系统中蛋白的作用相反。UmuC 和 UmuD 蛋白在修复由于突变导致的损伤时,自身也会发生错误,如果细胞中没有这两种蛋白,在 UV 等损伤后存活下来的细胞其突变率很低,仅仅是存活的细胞会多一些。由此可以看出,RecA 蛋白除了能诱导 SOS 基因外,它还直接参与 SOS 诱变过程。

　　(2)分离 umuC 和 umuD 突变子　知道 UV 辐照后产生的诱变绝大多数是因为 SOS 诱导基因产物造成,而不是由于重组和核苷酸切除修复造成之后,接下来我们就需要鉴定未知基因,我们已经知道

这些基因产物与绝大多数修复系统中蛋白的功能相反。后来发现在 UV 辐射后,能降低突变子发生频率的基因有两种:一种是 *umuC*,另一种是 *umuD*。研究策略是,首先用诱变剂处理 *his* 突变体,诱导 DNA 损伤,如用 UV 照射,然后鉴定 His⁺ 回复突变体,在这些突变体中存在诱变修复途径失活的第二个突变,它能降低 *his* 突变体回复突变的发生率,具体筛选步骤如图 12.19 所示。

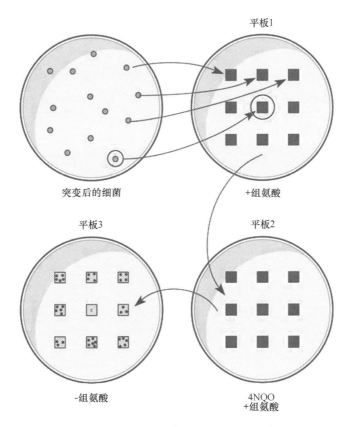

图 12.19　突变修复缺失突变子的检出

（3）实验显示在 SOS 突变中仅有 *umuC* 和 *umuD* 是必须被诱导的　在 DNA 损伤修复中,*umuC* 和 *umuD* 被诱导是 SOS 诱变所需的,但并不能说明在此途径中它们是唯一被诱导的基因,有些在 SOS 诱变中需要的基因很有可能在筛选突变体时被漏掉,有些研究者试图回答这个问题。他们的实验中用到了 *lexA*（Ind⁻）突变体,该突变体是永久抑制所有 SOS 基因的突变体,而且将其 *umuCD* 操纵子中操纵子位点突变,使之组成型表达而不受 LexA 抑制子控制。在这种情况下,仅有 *umuC* 和 *umuD* 基因产物表达,另外小段 *umuD* 基因形式被利用,改变后的基因仅表达出羧基末端 UmuD′ 形式,它在 SOS 诱变中也有活性,由于 *umuD* 基因的改变,所以不再需要 RecA 辅助蛋白酶对 UmuD 进行剪切激活。

实验显示以 UV 作为诱变剂,如果 UmuC 和 UmuD′ 组成型表达,即使细胞是 *lexA* 突变体,也表明在 SOS 诱变中,仅需要 *umuC* 和 *umuD* 被诱导表达,然而实验结果也不能完全排除不需要其他 SOS 基因产物的可能性。前面也已经讲过在 UV 诱变中,就需要 RecA 蛋白参与,所以在 UV 辐照后,*recA* 基因即使没有被诱导,也会大量积累促进 UV 诱变的发生。GroEL 和 GroES 蛋白对 UV 诱变来说也是需要的,因为它们能帮助突变修复蛋白进行正确折叠,但这些基因的表达并不在 LexA 抑制子的控制之下,所以在 *lexA* 突变子中也会表达。

（4）实验显示 RecA 除了辅助蛋白酶作用外,在 UV 诱变中还具有另一功能　相似的实验是有关 RecA 功能的研究,它除了促进 LexA 和 UmuD 自剪切外,是否在 UV 诱变中还有其他功能?一个非常充足的理由解释为什么 *recA* 基因突变能阻止 UV 诱变是:该基因的突变能阻止 SOS 所有基因包括 *umuC* 和 *umuD* 基因的诱导表达,从而阻止 UmuD 自剪切成 UmuD′,而后者是 TLS 过程中所需要的。然而以上实验还不能完全排除在 TLS 中,RecA 除了作为 LexA 和 UmuD 辅助蛋白外,还有什么功能。组成型表达 UmuC 和 UmuD′突变体可以用来回答此问题,如果在 TLS 中仅需要 RecA 辅助蛋白酶活力,在这样的遗传背景下 *recA* 突变将不会影响 UV 诱变的效果,然而发现即使在 UmuC 和 UmuD′组成型表达时,*recA* 突变将会阻碍 UV 诱变的产生,所以说明 RecA 直接参与了诱变过程,从而促成了 UmuD′$_2$C 诱变聚合酶模型的产生,该酶能够直接穿过 RecA 核蛋白纤丝对 DNA 进行复制。

专栏 12.4

跨损伤合成与癌症

　　从一个正常细胞转变成一个癌细胞需要大量的、多种多样的突变。脱离正常生长限制,变成无限增殖状态,一个癌细胞必须在一些基因上发生突变,这些基因产物控制普通细胞的生长周期,控制与周围细胞的交流。如果细胞失去和周围细胞的交流,还会通过程序性细胞死亡造成细胞自身凋亡。因此,那些造成细胞内部突变的因素也会增加正常细胞向癌细胞转变的可能性,就不会很奇怪。我们已经讨论过人体中 *mutY* 基因和错配修复系统中 *mutS* 基因发生突变,人们患癌症的频率会增高(专栏 12.1 和专栏 12.2)。

　　正如文中所述,大部分和大肠杆菌 *umuC*、*dinB* 基因相关的基因在包括人类的其他生物体中也被发现。当 *umuC* 基因产物被发现具有诱变作用酶活力后,这类基因的产物被纯化并且发现也具有 DNA 聚合酶活力,这一酶家族被称为 Y 聚合酶。其中最普遍的是 Rev1,它普遍存在于真核生物中。Rev1 基因最先在酵母菌中被发现,当时使用和隔离大肠杆菌中的 *umuC* 基因和 *umuD* 基因突变体相类似的方法进行筛选,但是在这个筛选中是通过 DNA 损伤后突变体瞬时增加的方式进行。Rev1 聚合酶总是插入碱基 C 对应的损伤处,不管损伤方式如何,所以这是非常容易产生突变的。有趣的是,在跨特殊形式损伤的合成中,Y 聚合酶起到非常重要的作用。其中一种酶是 DNA 聚合酶 η,酵母菌的这个基因产物称作 RAD30。酵母的 RAD 基因是孤立的,因为它们使酵母对紫外线照射更加敏感,这种 DNA 聚合酶看起来比大多数其他被诱变的聚合酶在结构上更精细,然而当它插入碱基 A 对面 T 的一个胸腺嘧啶二聚体环丁烷上时,不像 UmuC 蛋白,这种蛋白随机与对应的核苷酸配对。当遇到胸腺嘧啶二聚体时,DNA 聚合酶 η 不会发生错配,能修复原始片段。因为具有 η,所以可以通过胸腺嘧啶二聚体完成复制。Rev1 聚合酶能够避免出现基因突变,解释了为什么 Rev1 基因突变是非常容易被诱变。在人体中发现一个基因编码的一种 DNA 聚合酶与 DNA 聚合酶 η 同源,它是在一种称作 DNA 修复酶缺乏症的遗传皮肤病的突变体。患有 DNA 修复酶缺乏病的病人对光线特别敏感,甚至有限的暴露在紫外线照射下会造成他们患皮肤癌。多种 DNA 修复酶缺乏症归因于删除修复的不完整,然而这种类型称作变种 DNA 修复酶缺乏症(因为这种病已被证实有所不同),归因于 DNA 聚合酶 η 的一个突变。显然,在紫外线照射后皮肤细胞中增加的胸腺嘧啶二聚体,在缺少 DNA 聚合酶 η 时更容易产生诱变。如

果 DNA 聚合酶 η 不能够准确复制而正常通过胸腺嘧啶二聚体时,在其他方式处理下,胸腺嘧啶二聚体更容易突变而导致癌症。

参考文献

Guo, C., P. L. Fischhaber, M. Luk–Paszyc, Y. Masuda, J. Zhou, K. Kisker, and E. C. Friedberg. 2003. Mouse Rev 1 protein interacts with multiple DNA polymerases involved in translation DNA synthesis. EMBO J 22: 6621–6630.

Masutani, C., R. Kusumoto, A. Yamada, N. Dohmae, M. Yokoi, M. Yuasa, M. Araki, S. Iwai, K. Takio, and F. Hanaoka. 1999. The XPV (xeroderma pigmentosum variant) gene encodes human DNA polymerase eta. Nature 399: 700–704.

12.4.3 SOS 突变诱导机制

在 UmuC 和 UmuD 蛋白促进诱变使大肠杆菌具有 DNA 损伤耐受性的研究中,取得了很多卓有成效的成果,其中发现 UmuC 蛋白是一种 DNA 聚合酶,能从许多类型 DNA 损伤上复制过去,如因 UV 造成的胸腺嘧啶环丁烯二聚体,胞嘧啶–胸腺嘧啶 6–4 二聚体等 DNA 损伤,它也可以从缺少碱基的位点复制过去,显然它的移动是不依赖碱基的正确配对,因此 UmuC 也被命名为 DNA 聚合酶 V。因为它能够通过受损的 DNA 模板链进行复制,故能说明为什么 UmvC 具有很强的诱变性,胸腺嘧啶二聚体和其他 DNA 损伤不能正确地配对,DNA 聚合酶 V 只在损伤 DNA 的相对位置随机放置相应的碱基,于是造成 DNA 突变。

事实上,umuC 是一种 SOS 基因,因此仅在 DNA 受到广泛损伤时才会被诱导,这也能充分解释为什么 UV 诱变是可诱导的,然而细胞中的 UV 诱变还是比较复杂,因为只有当损伤不能被其他途径修复时,细胞才会被诱导进行 UV 诱变过程,具体解释如图 12.20 所示。当 DNA

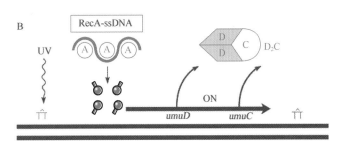

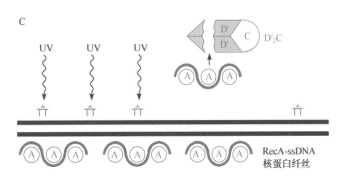

图 12.20 大肠杆菌中 SOS 突变调控

受到严重损伤后,LexA 抑制子将被切除,*umuDC* 操纵子和其他 SOS 基因被诱导,新合成的 UmuC 和 UmuD 蛋白聚在一起形成异源三聚体,两分子的 UmuD 蛋白和一分子的 UmuC 蛋白(UmuD$_2$C),该复合物是没有活力的 DNA 聚合酶 V,尽管它可以和 DNA 聚合酶Ⅲ结合暂时使复制停止下来。然而随着单链 DNA – RecA 核蛋白纤丝的积累,它们将导致 UmuD 对自身进行剪切形成 UmuD′,这与 LexA 和 λ 抑制子的剪切是相似的,不过在这过程中需要的 RecA 核蛋白纤丝的浓度要高于剪切 LexA 时所需的浓度,所以该过程并不即刻发生,而只在细胞受到严重损伤时,才启动 SOS 功能来修复它。然而一旦 UmuD 被剪切成 UmuD′,在 UmuD′$_2$C 中,UmuC 被激活作为跨损伤 DNA 聚合酶从受损部位上复制过去,造成的错误以突变形式出现,这一过程使得在损伤处能继续复制,细胞得以存活,但代价是增加了存活细胞中突变的发生频率。

三聚体 UmuD$_2$C 中的 UmuD 即使没有被切割,也将发挥作用,在低温条件下,该蛋白过量表达即使在没有 DNA 损伤时,也会抑制 DNA 复制。以上现象可以这样解释:UmuC 和 UmuD 蛋白在首次诱导表达后,它们或许可以抑制复制,给复制又一些时间,以便在遇到 DNA 损伤前可以停下来。有些实验证据显示 UmuD$_2$C 复合体通过干扰 DNA 聚合酶Ⅲ的编辑功能抑制复制。

12.4.4 UmuD′$_2$C 复合体跨损伤合成机制

图 12.21 中显示了最新的有关 UmuD′$_2$C 复合体跨损伤合成机制的模型,其中也可以看出突变是如何形成的。这个模型也试图解释有关 SOS 诱变的一些实验观察,其中之一是 RecA 不仅与切割 LexA 和 UmuD 有关,还直接涉及跨损伤合成功能(TLS)。在 TLS 中还需要 DNA 聚合酶Ⅲ的 β 夹及 β 夹装载蛋白。模型中的第一步是 DNA 聚合酶Ⅲ全酶碰到一处还没有修复的损伤(假设是环丁烯胸腺嘧啶二聚体),DNA 聚合酶Ⅲ的编辑功能使之不能越过损伤继续聚合,所以该酶停下来。然而后随

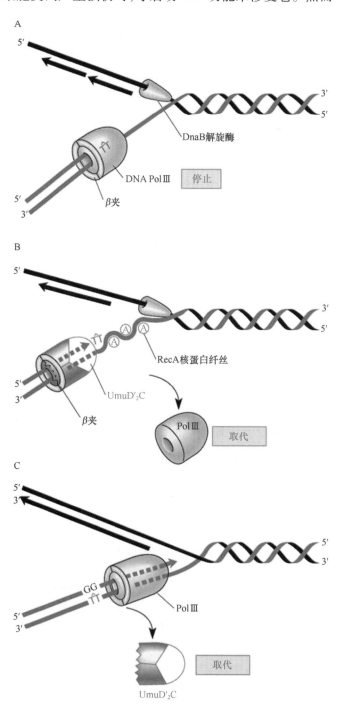

图 12.21 通过 UmuD′$_2$C 复合体进行损伤合成(TLS)的详细模型

链上的 DnaB 解旋酶在复制的前方,还可以继续将双链 DNA 分开,使得 DNA 在损伤处被打开,这时 RecA 蛋白在停下来的前导链单链 DNA 上聚合,与受损 DNA 部分一起形成螺旋状 RecA 核蛋白纤丝。在模型中形成 RecA 包裹的 DNA 单链有两个原因,UmuD′$_2$C 复合体对 RecA 包裹的 DNA 单链的复制最高效,而且包裹了 RecA 的 DNA 单链才能吸引 UmuD′$_2$C 复合体到这个部位。我们已经知道 RecA 蛋白很紧密地与 UmuD′$_2$C 复合体结合,所以一旦 UmuD′$_2$C 复合体结合至 DNA 上,则 β 夹就会从停止的 DNA 聚合酶Ⅲ上转移至 UmuD′$_2$C 复合体上,也有证据表明 β 夹确实是 UmuD′$_2$C 复合体固定在 DNA 上所需的。于是 UmuD′$_2$C 复合体聚合酶通过受损部位开始复制,在受损碱基的对面随机插入脱氧核糖核苷,因此造成突变。但是 UmuD′$_2$C 复合体聚合酶尽可能合成短的 DNA,通常不超过 5 个核苷酸,在这之后 DNA 聚合酶Ⅲ会继续开始正常复制,有许多理由要限制 UmuD′$_2$C 复合体聚合酶的复制,因为 UmuD′$_2$C 进行的复制不仅会带来 DNA 损伤部位对面的碱基错误,而且还会造成普遍错误,也称为非靶向突变。

随着研究的深入,以上关于 TLS 模型还需要不断修正,现在一些观察结果就很难与该模型相吻合。其中之一是在 TLS 过程中 DNA 聚合酶Ⅲ仅为 UmuD′$_2$C 复合体提供 β 夹,为什么还一直需要 DNA 聚合酶Ⅲ呢?有证据表明在 SOS 诱变过程中还直接需要 DNA 聚合酶Ⅲ的参与,所以在体外试管中用 UmuD′$_2$C 复合体进行 TLS 实验时必须添加一些 DNA 聚合酶Ⅲ,反应才能发生。也有证据表明在 TLS 中,RecA 并不需要形成单链 DNA – RecA 核蛋白纤丝,提供给聚合酶Ⅴ从其上复制过去,因为一些实验中发现在整个过程中仅需要两个 RecA 分子的参与。

突变修复的作用

在以上讨论中,我们猜测 SOS 诱变修复是细胞经受最严重 DNA 损伤时才会采取的修复过程,然而 SOS 诱变修复的真正功能还是一个谜,如果以上讨论是正确的,则 umuC 和 umuD 突变体缺乏突变修复机制,所以它们应该比野生型细菌对 DNA 损伤剂更敏感才对,但实验结果发现这种差异并不显著,合理的解释是有可能这些突变体仅对特定的 DNA 损伤剂具有保护作用,或者是实验室的条件与自然界中的条件差异较大,所以实验现象不明显。

另一些特殊的聚合酶 UmuC 是被称为 Y 聚合酶的一大类核酸聚合酶,对该酶的结构学研究发现,它具有比其他聚合酶更为开放的活性中心,使得聚合酶与 DNA 模板链的接触变少,有利于从 DNA 损伤处复制过去,它们也缺乏编辑功能,使之碰到错配也不会停止复制。绝大多数的细菌、古菌和真核细胞中均发现了与 UmuC 相近的 Y DNA 聚合酶,除此之外,一些自然界中存在的质粒中也发现了与 umuC 和 umuD 类似的基因,其中研究最多的是质粒 R46 中的 mucA 和 mucB 基因,在 R46 的衍生质粒 pKM101 中也存在,这些质粒基因产物能代替大肠杆菌和沙门菌中突变修复所需的 UmuC 和 UmuD′,因为 pKM101 质粒能使沙门菌对 DNA 损伤剂造成的诱变十分敏感,所以将该质粒转入沙门菌中用于 Ames 实验(专栏 12.5)。

除了 UmuC 外,在大肠杆菌中还有另外两种 Y 型聚合酶——聚合酶Ⅱ和聚合酶Ⅳ,它们也具有特殊的功能,在 DNA 损伤后,这两种酶被诱导,作为 SOS 应答的一部分,帮助某些类型 DNA 损伤处的复制。

聚合酶Ⅱ在 UV 辐射后,通过延伸 3′OH 端,帮助重新启动复制,这对于聚合酶Ⅲ来说是不可能的,如果 UmuD′$_2$C 复制的寡核苷酸过短而不稳定,则聚合酶Ⅲ全酶将拒绝接受这些寡核苷酸,但聚合酶Ⅱ缺乏编辑功能,可以延伸这条短的寡核苷酸链,直至聚合酶Ⅲ全酶能接受它为止。聚合酶Ⅱ的功能在枯草芽孢杆菌中是由不同的 DNA 聚合酶Ⅰ完成。

聚合酶Ⅳ的功能更加神秘,即使在没有 DNA 损伤时,它过量表达,就会造成自发突变,其中绝大多数是移码突变,但仅发生 – 1 移码突变。当细胞的 DNA 受到损伤后,它的表达受到诱导,而且经常在细胞处于稳定期不再生长时发生自发突变。

真核细胞中具有大量的与 UmuC 和聚合酶Ⅳ相近的突变聚合酶,每种类型负责对某种类型的 DNA 损伤进行修复,从而避免了某种类型 DNA 损伤造成的突变。有些基因发生突变将会增加患癌症的几率,如果缺乏某种类型的 Y 型聚合酶,那么其他的聚合酶将会取代它,造成突变增加,从而增加患癌症风险。

专栏 12.5

Ames 实验

　　众所周知,癌症是由基因突变所导致,包括癌基因激活和肿瘤抑制基因失活。因此,对于人类而言,化学试剂引起的基因突变常常是致癌的,越来越多的新化学试剂正被使用,如食品添加剂,它们的不当使用与人类患癌症具有密切联系,所以这些化学药品必须经过检测,看是否具有致癌潜能。然而,如果在动物体内进行检测,不仅耗费时间较长,而且价格昂贵。由于许多化学致癌物损伤 DNA,杀灭细菌像对人一样有害,所以细菌可以用于初步判断化学药品是否是致癌物质。在这类实验中最广泛使用的是 Ames 实验,是由 Bruce Ames 和他的合作者发明的。这种实验使用沙门菌的组氨酸突变体回复突变等位基因去探测突变体,化学药品被加入到缺少组氨酸的筛选组氨酸突变的沙门菌平板中,如果这种化学药品能够造成组氨酸基因突变,组氨酸突变体克隆就会出现在平板上,必须使用大量不同的组氨酸合成基因突变体,因为不同的突变基因造成不同种类的突变体,并且这些突变体都含有期望的突变位点。此外,这样的实验还可以变得更灵敏,利用一个 *uvrA* 突变,并且引进含有 *mucA* 基因和 *mucB* 基因的 pkm101 质粒来去除非诱变源的核苷酸切除修复系统。一些化学药品自己不是诱发有机体突变的物质,但是能够在哺乳动物的肝脏中可以被转变成诱变因素。去检测这些诱变因素前体,我们可以增加一个从小鼠主动脉组织到肝脏的表达,并且在提取物中选出含有化学药品的个体。如果提取物使这种药品转化为诱变因素,组氨酸突变的菌落也会出现在平板上。

参考文献

　　McCann, J., and B. N. Ames. 1976. Detection of carcinogens as mutagens in the *Salmonella*/microsome test assay of 300 chemicals: discussion. Proc. Natl. Acad. Sci USA 73: 950 –954.

12.5　大肠杆菌中修复途径小结

　　表 12.2 中列出了以上所讨论的修复途径中基因及其产物功能,一些途径,如光反应和绝大多数碱基切除途径,已经进化成修复特殊类型 DNA 损伤途径;有些途径,如 VSP 修复途径,仅能修复某段 DNA 损伤序列;其他的途径,如错配修复和核苷酸剪切修复等途径,只要 DNA 链出现扭曲,它就能修复这些损伤。

表12.2　受损修复和耐受的遗传学途径		
修复机制	**基因座**	**功能**
甲基化错配修复	dam	DNA 腺嘌呤甲基化酶
	mutS	错配识别
	mutH	在半甲基化位点切割的内切核酸酶
	mutL	与 MutS 和 MutH 相互作用
	uvrD(mutU)	解旋酶
非常小片段修复	dcm	DNA 胞嘧啶甲基化酶
	vsr	TG 错配中在 T 的 5′端切割的内切核酸酶
"GO"(鸟嘌呤氧化)	mutM	作用于 GO 的糖基化酶
	mutY	从 A:GO 错配中切除 A 的糖基化酶
	mutT	8–OxodGTP 磷酸酶
烷基化/适应性响应	ada	烷基转移酶和转录激活子
	alkA	烷基化嘌呤的糖基化转移酶
	alkB	α–酮戊二酸依赖型加双氧酶
核苷酸剪切	uvrA	UvrABC 组成成分
	uvrB	UvrABC 组成成分
	uvrC	UvrABC 组成成分
	uvrD	解旋酶
	polA	修复合成
碱基剪切	xthA	AP 内切核酸酶
	nfo	AP 内切核酸酶
光反应	phr	光解酶
重组修复	recA	链交换
	recBCD	在双链断裂处作用的解旋酶和核酸酶
	recFOR	重组功能
	ssb	单链 DNA 结合蛋白
SOS 系统	recA	辅蛋白酶
	lexA	阻遏蛋白
	umuDC	跨损伤合成(Pol V)
	dinB	产突变聚合酶(PolIV)
	polB	复制起始(Pol II)

　　把修复功能分为不同的途径是一个人为过程,其实这些功能间存在交叉,如重组修复机制中的 RecBCD 核酸酶,当 DNA 损伤后,能帮助生成单链 DNA,从而激活 RecA 活性,继而诱导 SOS 功能出现。RecA 蛋白在重组修复系统和 SOS 功能诱导中都起作用,而且还涉及 SOS 突变过程,所以修复

基因产物功能上的叠加使我们认识这些产物的单个功能变得更加困难。

12.6　噬菌体修复途径

噬菌体 DNA 基因组也是 DNA 损伤的攻击目标,无论其是以噬菌体颗粒存在还是在宿主中寄生,许多噬菌体编码自己的修复途径,这样使其 DNA 发生损伤后,能及时、高效地修复自己的损伤,而不是仅仅依赖于宿主修复系统。

T4 噬菌体的损伤修复系统是我们认识得比较清楚的一种,这个较大的噬菌体编码了至少 7 种不同种类的修复酶参与 UV 辐射造成的损伤,这些酶见表 12.3,同时也给出了细菌中与之同源的类似酶,噬菌体在用自己编码的酶修复 DNA 损伤的同时还要借助相应的宿主中的酶来进行修复。

表12.3　T4 噬菌体修复酶

修复酶	宿主中类似酶
DenV	藤黄微球菌中 UV 内切核酸酶
UvsX	RECA
UvsY	RecOR
UvsW	RECG
gp46/47 外切核酸酶	RecBCD 重组修复
gp49 解离酶	RecBCD 重组修复
gp59	PriA

T4 噬菌体中修复 UV 损伤最重要的一种酶是 *denV* 基因产物——AP 裂解酶,具有 *N* − 葡萄糖苷酶和 DNA 内切核酸酶活力,前者帮助特异性将嘧啶从嘧啶环丁烯二聚体的糖环上剪切下来(图 12.7),后者发挥作用在嘧啶二聚体的 3′ 处切开 DNA,在宿主细胞外切酶的作用下,将二聚体切除。由上也可看出,AP 裂解酶兼具两种酶的活力,所以与大肠杆菌中 UvrABC 内切核酸酶的作用方式不同,在藤黄微球菌(*Micrococcus luteus*)中也发现了类似的酶。DenV 蛋白在不发挥 *N* − 葡萄糖苷酶活力时,还能切除由于小片段插入或缺失造成的 DNA 上的无嘌呤位点,又因为该酶的作用位点一般是 DNA 上嘧啶二聚体的相邻位置,所以纯化后的 DenV T4 内切核酸酶,通常被用来确定经 UV 辐射后,DNA 中嘧啶二聚体存在与否。

小结

1. 地球上所有的生物都可能具有修复 DNA 损伤的能力,有些修复系统仅能修复特定的 DNA 损伤,而有些修复系统能修复任何 DNA 螺旋中扭曲等普遍性损伤。

2. 特殊的 DNA 葡萄糖苷酶能切除 DNA 上受损碱基,如尿嘧啶、次黄嘌呤、烷基化碱基、8 − oxoG 及与 8 − oxoG 错配的 A,在受损碱基被切除后,AP 内切核酸酶将 DNA 切开,受损链被降解掉,重新合成正确的碱基。

3. 在 DNA 中的 5 − 甲基胞嘧啶位点最容易被突变,因为 5 − 甲基胞嘧啶脱氨基后生成胸腺嘧啶而不是尿嘧啶,而胸腺嘧啶不能被尿嘧啶 − *N* − 葡萄糖苷酶切除。大肠杆菌中具有 VSP 修复系统,它能识别 5 − 甲基胞嘧啶位点上的 T − G 错配,将其切除从而防止突变发生,错配修复系统中 *mutS* 和 *mutL* 基因产物能使上述途径更有效,也许能帮助吸引 Vsr 内切核酸酶至错配部位。

4. 光反应系统在用到的光解酶能特异性地分离 UV 辐射造成的嘧啶二聚体,它在黑暗状态下与二聚体结合,但是需要在可见光的帮助下,分离聚合的碱基。

小结（续）

5. 甲基转移酶能将烷基化碱基上的甲基基团切除，并且磷酸化，然后转移至自己身上，另一些双氧化酶，能将甲基基团氧化，转化为甲醛而除去。在大肠杆菌中，一些烷基化防御蛋白是适应性反应的组成部分，Ada 蛋白甲基化后将转变为自身和其他修复基因的转录激活子。有些适应性反应基因在细胞进入稳定期后被开启，主要是因为它们是从 σ^s 启动子开始转录的。

6. 甲基化错配修复系统识别 DNA 上的碱基错配，能对双链中的一条链进行修复和重新复制，大肠杆菌中，参与此过程的基因是 *mutL*、*mutS* 和 *mutH*。Dam 甲基化酶是 *dam* 基因产物，帮助选择将要被降解的链。新合成的具有错配碱基链被降解并被重新合成，主要是因为在 GATC 序列中的 A 没有被 Dam 甲基化酶甲基化。

7. 在大肠杆菌中由 *uvr* 基因编码的核苷酸剪切修复途径能切除 DNA 螺旋中扭曲变形的损伤。UvrABC 内切核酸酶在损伤 DNA 的两边切割，整个受损寡核苷酸被切除，然后被重新合成。

8. 重组修复并不能真正修复损伤，只能使其耐受损伤。后随链可以通过受损部位继续复制，只是在受损部位的对面留下一个缺口，与另一条链发生重组就可以将一条好的链提供至受损 DNA 的对面，大肠杆菌中这种类型的重组需要 RecBCD、RecFOR、RecA、RecG 和 RuvABC 的重组功能，还需要 PriA、PriB、PriC、DnaC 和 DnaT 重新启动复制叉。

9. 剪切修复和重组修复的结合能清除掉 DNA 链间交联，剪切修复系统切断一条链，断开的单链被外切核酸酶继续降解，在 DNA 损伤处对面形成一个大的缺口，重组修复系统能转移一条未损伤链至受损链的对面，然后剪切修复系统根据未损伤链将损伤链上的部分片段切除，链间交联修复只有当染色体上同时存在正常 DNA 拷贝时才能被修复。

10. SOS 调节子包括在 DNA 受损后被诱导的许多基因，这些基因通常被 LexA 抑制子抑制，只有当 DNA 受到严重损伤后，抑制子才会被自剪切。DNA 受到损伤后，单链 DNA – RecA 核蛋白纤丝积累，随后激发 LexA 抑制子的自剪切。

11. SOS 突变是由于 DNA 受损后诱导 *umuC* 和 *umuD* 基因表达的结果，这些蛋白形成异源三聚体 $UmuD_2C$，它开始没有活性，直至当单链 DNA – RecA 核蛋白纤丝促使其发生自剪切，将 UmuD 剪切为 UmuD' 才具有活性。

12. $UmuD'_2C$ 异源三聚体是一种致突变 DNA 聚合酶，称为聚合酶 V，它能从各种损伤的 DNA 上复制过去，如无碱基位点、嘧啶二聚体位点等，在受损 DNA 的对面位置上随机插入碱基造成突变。这种酶也是跨损伤 DNA 聚合酶大家族中其中之一，称为 Y 聚合酶，该酶在生物界普遍存在，该基因发生突变将导致癌症的高发。

13. 在跨损伤合成中，除了聚合酶 V 起作用外，还需要聚合酶 III 的 β 夹及 β 夹装载蛋白，它们可能的作用是将聚合酶 V 固定在 DNA 上，RecA 除了促进 LexA 和 UmuD 的自剪切作用外，还直接参与 SOS 突变，因为聚合酶 V 仅对与 RecA 结合形成核蛋白纤丝的 DNA 进行复制。

思考题

1. 酵母菌等一些生物的 DNA 中没有甲基化碱基,因此也就没有甲基化错配修复系统。你能想出在复制过程中,除了甲基化作用标记新链进行错配修复之外的其他形式吗?

2. 如何解释 Pukkila 等的实验结果:用异源双链 DNA 实验发现未甲基化链优先被修复,实验中假设复制叉通过后,可能通过 SeqA,使 DNA 聚合酶 Ⅲ 全酶仍然与 GATC 序列接触。

3. 为什么存在许多修复途径用来修复某一类型的损伤?

习题

1. 从生活于海底生物肠道中分离出了一株细菌,简述如何说明该细菌具有基于光复活 DNA 修复系统?

2. 请详细说明错配修复系统优先修复没有被 Dam 甲基化酶甲基化链上的错误碱基(提示:挑选两个突变子中杂合双链 DNA)。

3. 简要说明如何确定光复活系统可被诱导。

4. 简要说明大肠杆菌的核酸剪切修复系统是否能修复由黄曲霉毒素 B 造成的损伤(提示:用一个 uvr 突变体进行实验)。

5. 如何确定 RecA 蛋白不采用切割 LexA 和 UmuD 蛋白,而是直接作用于 SOS 诱变?

6. 简要说明如何验证 recN 基因是否为 SOS 调节子的成员之一。

推荐读物

Bagg, A. ,C. J. Kenyon, and G. C. Walker. 1981. Inducibility of a gene product required for UV and chemical mutagenesis in Escherichia coli. Proc. Natl. Acad. Sci. USA 78:5749 –5753.

Courcelle,J,. A. Khodursky, B. Peter, P. O. Brown, and P. C. Hanawalt. 2001. Comparative gene expression profiles following UV exposure in wild –type and SOS –deficient Escherichia coli cells. Genetics 158:41 –64.

Deaconescu, A. M. , A. L. Chambers, A. J. Smith, B. E. Nickels, A. Hochschild, N. J. Savery, and S. A. Darst. 2005. Structural basis for bacterial transcription –coupled DNA repair. Cell 124:507 –520.

Dodson,M. L. ,and R. S. Lloyd. 1989. Structure –function studies of the T4 endonuclease V repair enzyme. Mutat. Res. 218:49 –65.

Duigou,S. ,S. D. Ehrlich,P. Noirot,and M. –F. Noirot –Gros. 2005. DNA polymerase I acts in translesion synthesis mediated by the Y –polymerases in Bacillus subtilis. Mol. Microbiol. 57:678 –690.

Friedberg, E. C. , G. C. Walker, W. Siede, R. D. Wood, R. A. Schultz, and T. Ellenberger. 2006. DNA Repair and Mutagenesis, 2nd ed. ASM Press, Washington,D. C.

Friedberg,E. C. ,A. R. Lehmann,and R. P. P. Fuchs. 2005. Trading places: how do DNA polymerases switch during translesion DNA synthesis? Mol. Cell 18:499 −505.

Glickman, B. W. , and M. Radman. 1980. *Escherichia coli* mutator mutants deficient in methylation instructed DNA mismatch correction. Proc. Natl. Acad. Sci. USA 77:1063 −1067.

Heller,R. C. , and K. J. Marians. 2005. The disposition of nascent strands at stalled replication forks dictates the pathway of replisome loading during restart. Mol. Cell 17:733 −743.

Kato,T. ,R. H. Rothman, and A. J. Clark. 1977. Analysis of the role of recombination and repair in mutagenesis of *Escherichia coli* by UV irradiation. Genetics 87:1 −18.

Kato,T. ,and Y. Shinoura. 1977. Isolation and characterization of mutants of *Escherichia coli* deficient in induction of mutations by ultraviolet light. Mol. Gen. Genet. 156:121 −131.

Landini,P. , and M. . R. Volkert. 2000. Regulatory responses of the adaptive response to alkylation damage: a simple regulon with complex regulatory features. J. Bacteriol. 182:6543 −6549.

Licb,M. ,S. Rehmat,and A. S. Bhagwat. 2001. Interaction of MutS and Vsr: some dominant −negative *mutS* mutations that disable methyladenine −directed mismatch repair are active in very −short −patch repair . J. Bacteriol. 183:6487 −6490

Michaels,M. L. ,C. Cruz,A. P. Grollman,and J. H. Miller. 1992. Evidence that MutY and MutM combine to Prevent mutations by an oxidatively damaged form of guanine in DNA. Proc. Natl. Acad. Sci. USA 89:7022 −7025.

Nohni,T. ,J. R. Battista,L. A. Dodson,and G. C. Walker. 1988. RecA −mediated cleavage activites UmuD for mutagenesis: mechanistic relationship between transcriptional derepression and posttranslational activation. Proc. Natl. Acad. Sci. USA 85:1816 −1820.

Pandya, G. A. , I. Y. Yang, A. P. Grollman, and M. Moriya. 2000. *Escherichia coli* response to a single DNA adduct. J. Bacteriol. 182:6598 −6604.

Pukkila, P. J. , Petersson, G. Herman, P. Modrich, and M. Meselson. 1983. Effects of high levels of adenine methylation on methyl directed mismatch repair in *Escherichia coli*. Genetics 1044:571 −582.

Rupp, W. D. , C. E. I. Wilde, D. L. Reno, and P. Howard −Flanders. 1971. Exchanges between DNA strands in ultraviolet irradiated *E. coli*. J. Mol. Biol. 61:25 −44.

Sommer,S. ,K. Knezevic,A. Bailone, and R. Devoret. 1993. Induction of only one SOS operon, *umuDC*, is required for SOS mutagenesis *in E. coli*. Mol. Gen. Genet. 239:137 −144.

Sutton, M. D. ,M. F. Farrow, B. M. Burton, and G. C. Walker. 2001. Genetic interactions between the *Escherichia coli umuDC* gene products and the β processivity clamp of the replicative DNA polymerase. J. Bacteriol. 183:2897 −2909.

Tnag,M. ,X. Shen, E. G. Frank, M. O′Donnell, R. Woodgate, and M. F. Goodman. 1999. UmuD′(2)C is and error −prone DNA polymerase *Escherichia coli* pol V. Proc. Natl. Acad. Sci. USA 96:8919 −8924.

Taverna,P. , and B. Sedgwick. 1996. Generation of endogenous DNA −methylating agent by nitrosation in *Escherichia coli*. J. Bacteriol. 178:5105 −5111.

Teo,I. ,B. Sedgwick, M. W. Kilpathick, T. V. McCarthy, and T. Lindahl. 1986. The intracellular signal for induction of resistance to alkylating agents in *E. coli.* Cell 45：315 −324.

Trewick,S. C. , T. F. Henshaw, R. P. Hausinger, T. Lindahl, andB. Sedgwick. 2002. Oxidative demethylation by *Escherichia coli* AlkB directly reverts DNA base damage. Nature 419：174 − 178.

Weigle,J. J. 1953. Induction of mutation in a bacterial virus. Proc. Natl. Acad. Sci. USA 39： 629 −636.

Worth, L. ,Jr. S. Clark, M. Radman, and P. Modrich. 1994. Mismatch repair proteins MusS and MutL inhibit RecAcatalyzed strand transfer between diverged DNAs. Proc. Natl. Acad. Sci. USA 91：3238 −3241.

13

基因表达调控：操纵子

细胞中含有成千上万个 DNA 分子,依细胞是简单的单细胞还是复杂的多细胞、原核细胞还是真核细胞的不同而异,生物所有的特征都与基因产物直接或间接相关,然而同一个细胞即使拥有相同基因,它们也不会表现得相同,甚至对于一个很简单的单细胞细菌来说,处于不同环境条件下,它会表现出不同的特点,因为细胞中基因并不同时表达。细胞中基因表达会根据条件的不同开启和关闭,这一过程称为基因表达调控。

细胞进行基因调控有许多原因,一个细胞仅在一定条件下表达某些基因,这样可以不浪费能量合成不需要的 RNA 和蛋白质,如果基因表达不被调控,则某过程中基因产物将会影响另一过程发生,而且基因表达调控也是发育过程的一部分,如胚胎发育和芽孢形成过程。

在第 3 章中讲过,基因表达有好几步,即使最终产物是 RNA,那么后面也需要进一步加工使其具有活性,如果最终产物是蛋白质,则首先从基因转录出 mRNA,然后翻译为蛋白质,最后蛋白质还必须被运送到相应位置被激活,而且即使基因产物被表达成最终形式,在某些条件下它的活性还是可以被改变。

最常见的基因表达调控是出现在合成 RNA 阶段的调控,在这个水平上的基因调控称为转录调控,这种形式的调控是最有效的调控,因为仅仅合成 mRNA,而没有继续耗费能量进行翻译,然而细胞中基因调控并不都是这种调控,还有一些调控是在 RNA 合成后进行的。

任何转录完成、合成 mRNA 后进行的基因调控,称为后转录调控,在这种调控中也有许多调控方式,其中最常见的是翻译后调控,如果一个基因是翻译后调控,那么该基因转录成 mRNA 后

继续被翻译,只是翻译有时会受到抑制。

13.1 细菌的转录调控

由于细菌中的遗传操作比较容易,所以对细菌的转录调控研究得较多。细菌与真核细胞转录调控差别,主要与核膜有关,然而生物界中许多规律是通用的,这些规律往往首先在细菌中被发现。

如第3章所述,绝大多数转录调控发生在转录起始,转录调控通常通过转录调节蛋白与DNA的螺旋-转角-螺旋基序结合进行调节(专栏13.1)。转录调控分为负调控和正调控,如果是负调控,抑制子与DNA上的操纵子序列结合,阻止RNA聚合酶启动转录。如果是正调控,RNA聚合酶在启动子处启动转录时需要激活子参与,激活子使RNA聚合酶与启动子更紧密地结合,打开启动子处DNA双链,使RNA聚合酶识别位点暴露出来,RNA聚合酶从其上经过,开始RNA合成。

专栏13.1

DNA结合蛋白的螺旋-转角-螺旋结构域

DNA上结合着各种不同的蛋白质,包括抑制子和激活子,这些蛋白质通常拥有一些相似的结构域,而这些结构域往往由蛋白质和DNA螺旋之间的相互作用来决定,螺旋-转角-螺旋(HTH)结构域就是这些结构域中的一种。在一个特定的区域内,由7~9个氨基酸组成一个α-螺旋结构的螺旋1,被大约4个氨基酸与另外一个由7~9个氨基酸组成的另一个α-螺旋结构的螺旋2分开。两个螺旋成近似直角角度,因此该结构域被命名为螺旋-转角-螺旋。当蛋白质结合到DNA上时,螺旋2镶嵌到DNA双螺旋结构的沟中,而螺旋1则与DNA相交在表面,如图所示。因为它们是附着在DNA双螺旋结构的大沟中,所以螺旋2中的氨基酸能够与DNA结构中的某些特殊碱基形成氢键。因此,这样一个包含螺旋-转角-螺旋(HTH)结构域的DNA结合蛋白就能对DNA结构中的某些特异性碱基进行识别和连接。许多DNA结合蛋白以二聚体形式存在,并经常结合到反向重复的DNA序列中。在这种情况下,二聚体中的两个多肽成头尾相连排列,以至于使每个螺旋两个多肽中的氨基酸都能与反向重复的相同碱基连接。

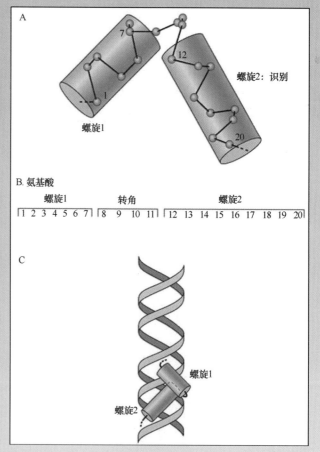

DNA结合蛋白的HTH结构域
(A)一个HTH结构域 (B)CAP蛋白HTH结构域中的氨基酸数量 (C)螺旋1、螺旋2与双链DNA的相互作用

专栏 13.1(续)

当有特定的结构信息存在时,可以从氨基酸的序列信息中预测螺旋－转角－螺旋(HTH)结构域的存在。因为一些氨基酸的多肽序列能够确保 α－螺旋结构和通常用来连接两个螺旋结构的中间一段含一个甘氨酸的无规卷曲结构被识别。一个蛋白出现一个螺旋－转角－螺旋(HTH)结构域时,一般就可以把它认定为一个 DNA 结合蛋白。

在螺旋－转角－螺旋(HTH)结构域中存在一个可变因素就是螺旋－转角－螺旋(wHTH)结构域,一般,转角是由 10 个或更长的氨基酸链组成,比普通螺旋－转角－螺旋(HTH)结构域长 3~4 个氨基酸。

参考文献

Kenney L. J. 2002. Structure/function relationships in OmpR and other winged－helix transcription factors. Curr. Opin. Microbiol. 5：135－141.

Steitz, T. A., D. H. Ohlendorf, D. B. Mckay, W. F. Anderson, and B. W. Matthews. 1982. Structural similarity in the DNA－binding domains of catabolite gene activataor and *cro* repressor proteins. Proc. Natl. Acad. Sci. USA 79：3097－3100.

正、负调控的遗传学证据

在遗传学实验中,负调控和正调控操纵子的行为差异很大。首先,如果操纵子是负调控,那么对调节基因的突变将导致操纵子基因即使在没有诱导物时也将被转录。如果操纵子是正调控,那么对调节基因的突变将导致操纵子基因即使在诱导物存在时也不能转录。对于没有诱导物存在,其操纵子基因也能转录的突变体,我们称之为组成型突变体,这种突变体在负调控操纵子中容易发生,在正调控操纵子中较难发生。

互补实验还发现正负调控的另一个差别。对负调控操纵子突变获得的组成型突变体,相对于野生型表型来说,通常是隐性的,而正调控操纵子突变获得的组成型突变体,通常是显性的。本节我们将讨论一些操纵子的调控,以及获得这些操纵子模型的遗传学证据。

13.2 负转录调控

13.2.1 大肠杆菌 *lac* 操纵子

大肠杆菌乳糖操纵子模型是负转录调控的一个典型例子。*lac* 操纵子主要用来编码利用乳糖的酶。由 Jacob 和 Monod 及其同事发现大肠杆菌乳糖操纵子,是利用遗传分析对细菌中生物学现象阐释的成功典范。实验是在 DNA、mRNA 结构发现之后的 19 世纪 50 年代做的,虽然过去了半个多世纪,但以上成果对今天基因调控研究还有重要的应用价值。

13.2.1.1 *lac* 操纵子突变

当 Jacob 和 Monod 开始他们的实验时,已经知道乳糖代谢酶是可诱导的,也就是只有培养基中出现乳糖时,这种酶才表达,如果没有乳糖,这种酶不表达,从细胞自身角度来看,这是一种明智选择,因

为没有乳糖出现,就没有必要合成利用乳糖的酶类。

为了了解乳糖基因的调控,Jacob 和 Monod 首先分离了许多影响乳糖代谢和调控的突变体,它们有两种不同的基本类型,一类突变体不能生长在以乳糖为唯一碳源或能源的培养基上,称之为 Lac⁻,另一类突变体无论培养基中是否含有乳糖,都可以合成乳糖代谢酶类,称之为组成型突变体。

13.2.1.2　*lac* 操纵子突变的互补实验

为了分析 *lac* 基因的调控,Jacob 和 Monod 需要知道哪些突变影响反式作用基因产物,突变中究竟有多少不同基因发生了改变,也想知道是否有一些突变发生在顺式作用因子上。

为了回答以上问题,需要做互补实验,要求实验对象是二倍体,细菌通常是单倍体,我们可以借助 F 因子,将一段 DNA 带入染色体中,形成部分二倍体。在实验中,将带有不同 *lac* 基因突变的 F 因子导入各种 *lac* 基因突变体中,导入方法根据突变类型的不同而异。

特殊 *lac* 突变究竟是显性还是隐性,我们可以将带有野生型 *lac* 基因的 F′因子导入带有 *lac* 基因突变的染色体中,如果以乳糖为唯一碳源出现 Lac⁺ 突变体,那么这个突变就是显性的,如果部分二倍体细胞的表型为 Lac⁻,则该突变体为隐性的。Jacob 和 Monod 发现绝大多数 *lac* 突变体是显性的,估计失活基因的产物是乳糖利用所需要的。

在不同 *lac* 突变体之间的互补实验可以回答隐性 *lac* 突变中含有多少个基因。将带有一个 *lac* 突变的 F′因子转入另一个在染色体上有 *lac* 突变的菌株中(图 13.1),如果出现 Lac⁺ 部分二倍体,那么这两种突变属于不同的互补组,可以发生互补,如果出现的是 Lac⁻,那么这两种属于相同的互补组,不能互补。Jacob 和 Monod 发现 *lac* 两个不同的互补组基因为 *lacZ* 和 *lacY*,再后来才发现了 *lacA*,最初没有发现它是因为在乳糖上生长并不需要该基因产物。

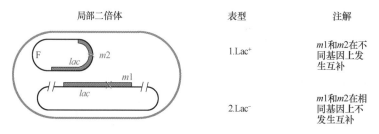

局部二倍体	表型	注解
	1.Lac⁺	*m1* 和 *m2* 在不同基因上发生互补
	2.Lac⁻	*m1* 和 *m2* 在相同基因上不发生互补

图 13.1　两个阴性 *lac* 突变间的互补

(1)顺式作用 *lac* 突变　并非所有的 Lac⁻ 突变体都具有影响可扩散基因产物的能力并被互补,与 *lacZ* 相邻的突变发生较少,而且具有非常不同的特性,这种突变不能在相同的 DNA 上被互补表达 *lac* 基因。这种不能互补的突变一般是顺式作用因子,而不是具有可扩散基因产物的 RNA 或蛋白质。

为了证明 *lac* 突变是顺式作用因子发生突变,我们可以将含有顺式作用 *lac* 突变基因的 F′因子导入细胞,该细胞的染色体上要么含有 *lacZ* 突变,要么含有 *lacY* 突变(图 13.2)。由 F′因子 *lacZ* 基因和 *lacY* 基因编码的反式作用基因产物将分别与 *lacY* 和 *lacZ* 突变体互补,然而,如果表型是 Lac⁻,那么 F′因子中的 *lac* 突变必定阻碍了 LacA 和 LacY 蛋白从 F′因子上的表达,在 F′上的这种突变是顺式作用因子突变。

启动子 *lacp* 的突变是顺式显性突变。Jacob 和 Monod 认为 *lacp* 突变改变的是供 RNA 聚合酶结合

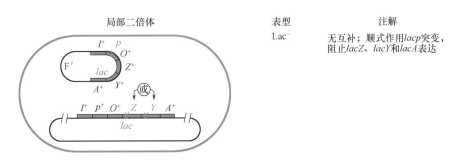

图 13.2 *lacp* 突变不能互补,它是顺式作用因子

的 DNA 序列,从而使 RNA 聚合酶不能通过 *lacp* 到达结构基因,其下游相应的 *lacZ*、*lacY* 和 *lacA* 不能被转录。

(2)Lac⁻ 突变体是显性突变　有些 Lac⁻ 突变子具有的突变能影响基因产物扩散,但不是隐性的,而是显性的。显性的 *lac* 突变细胞变为 Lac⁻,即使细胞的染色体或是 F′ 因子上具有另一个完整的乳糖操纵子,它也不能利用乳糖。这种显性突变称为 *lacIˢ* 突变,即超阻遏蛋白突变,后面将会讲到,该突变使阻遏蛋白发生改变,不再与诱导物结合。

13.2.1.3　组成型突变的互补实验

某些 *lac* 突变可使细菌表现为组成型 Lac⁺,使它们在没有诱导物——乳糖时,也能表达 *lacZ* 和 *lacY* 基因,对这样的组成型突变进行互补实验时,细菌染色体和 F′ 因子上至少有一个必须带有组成型突变。观察细菌表达 *lac* 基因的情况以判断突变的显隐性,如果细菌在没有诱导物时也表达 *lac* 基因,则组成型突变为显性;如果细菌在有诱导物时才表达 *lac* 基因,则突变为隐性的。通过这个实验,Jacob 和 Monod 发现某些组成型突变,无论其为显性或隐性,都能合成反式显性基因产物(蛋白质或 RNA),对其进行隐性组成型突变互补实验,发现它们都位于同一基因上,此基因后来被命名为 *lacI* (图 13.3A)。

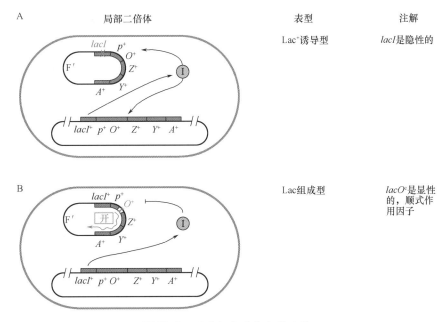

图 13.3　两种组成型突变的互补

（1）顺式作用 $lacO^c$ 突变　lac 操纵基因组成型突变 $lacO^c$，是一种较为少见的组成型突变，其下游的 $lacZ$、$lacY$ 基因能进行组成型表达，尽管也含有野生型 lac DNA 的拷贝。Jacob 和 Monod 称这种顺式作用组成型突变 $lacO^c$ 突变为 lac 操纵子组成型突变。图13.3B 给出了用于互补实验的部分二倍体细胞。

（2）反式作用显性组成型突变　$lacI^{-d}$ 突变是 $lacI$ 基因发生的显性组成型突变，正常 LacI 蛋白由 $lacI$ 基因合成的四个完全相同的多肽亚基构成，而 $lacI^{-d}$ 合成的亚基为缺陷亚基，使 LacI 蛋白失去其正常功能，导致细菌表现为组成型 LacI⁻。由于 $lacI^{-d}$ 突变可合成可扩散性基因产物，所以也是一个反式显性突变。表13.1 中对互补实验中不同 lac 突变行为做了总结。

表 13.1　Lac 突变的遗传学情况

突变	诱导性	互补实验
$lacZ$	非诱导	隐性；反式作用
$lacI$	组成型	隐性；反式作用
$lacI^s$	非诱导	显性；反式作用
$lacI^{-d}$	组成型	显性；反式作用
$lacI^q$	可诱导	显性；反式作用
$lacO^c$	组成型	显性；顺式作用
$lacP$	非诱导	隐性；顺式作用

13.2.1.4　Jacob 和 Monod 操纵子模型

在大量遗传分析的基础上，Jacob 和 Monod 建立了乳糖操纵子模型（图13.4）。lac 的结构基因包括 $lacZ$ 和 $lacY$，编码参与乳糖代谢的酶。$lacZ$ 编码 β-半乳糖苷酶，将乳糖分解为葡萄糖和半乳糖进入其他代谢途径；$lacY$ 编码渗透酶，转运乳糖进入细胞。实际上结构基因还包括当时未发现的 $lacA$，$lacA$ 编码酰基转移酶，该酶功能目前尚不清楚，当初误认为此酶由 $lacY$ 编码。

lac 在转录水平上对结构基因进行调控。当细菌不利用乳糖时，调节基因 $lacI$ 合成的阻遏蛋白 LacI 结合在操纵基因 $lacO$ 上，阻止 RNA 聚合酶与启动子 $lacp$ 结合，从而阻止结构基因的转录；当细菌需要利用乳糖时，诱导物（乳糖）结合阻遏蛋白，并通过改变其空间构象而使其失去结合 $lacO$ 的能力，从而解除了对 RNA 聚合酶和 $lacp$ 结合的抑制，启动 $lacZ$、$lacY$ 和 $lacA$ 转录。LacI 能十分有效地阻止结构基因转录，当解除 LacI 阻遏作用后，转录活性能提高1000多倍。

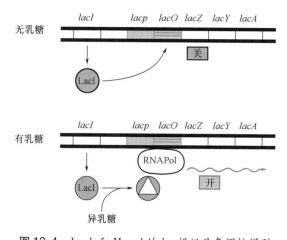

图13.4　Jacob 和 Monod 的 lac 操纵子负调控模型

值得强调的是，Jacob 和 Monod 操纵子模型同样解释了众多突变的各种表现。lac 结构基因突变，如 $lacZ$、$lacY$ 突变，使细菌表现为 Lac⁻，因为突变后合成的 β-半乳糖苷酶和渗透酶都没有活力。由于突变是隐性的，又能互补，根据互补实验原理，这些突变显然都是反式显性的。此时，若细胞内还存在一条野生型 DNA，则细菌可借助该 DNA 合成有活力的 β-半乳糖苷酶或渗透酶，利用乳糖。

启动子 $lacp$ 的突变是顺式显性突变，Jacob 和 Monod 认为 $lacp$ 突变改变的是供 RNA 聚合酶结合的 DNA 序列，从而使 RNA 聚合酶不能通过 $lacp$ 到达结构基因，其下游相应的 $lacZ$、$lacY$ 和 $lacA$ 不能

进行转录。

　　lacI 发生的是组成型突变,而且是个反式显性突变,因为正常 *lacI* 合成的阻遏蛋白都能与操纵基因结合,以反式显性方式阻止转录;而突变 *lacI* 合成的阻遏蛋白失去了与操纵基因结合的活性。$lacO^c$ 突变所改变的是 LacI 阻遏蛋白的 DNA 结合位点 *lacO*,因为无论乳糖存在与否,阻遏蛋白都不能与突变的 *lacO* 结合,RNA 聚合酶能自由地结合到启动子上转录结构基因,由此可看出,$lacO^c$ 突变是个顺式显性的组成型突变。

　　超阻遏蛋白 $lacI^s$ 突变改变了阻遏蛋白的分子结构,使其不能结合诱导物,但仍能结合 *lacO*。故而即使诱导物存在,此超阻遏蛋白仍结合在操纵子上,持续抑制基因的表达,使细胞表现为 Lac⁻。这同样也解释了为什么 $lacI^s$ 突变对野生型来说是显性的,因为无论诱导物存在与否,超阻遏蛋白都将抑制细胞内所有 *lac* 操纵子转录,使细胞表现为 Lac⁻。

　　有些 *lac* 突变不会使细胞形成 Lac⁻,而是在没有乳糖作为诱导物时仍旧表达 *lacZ* 和 *lacY* 基因。用两个组成型突变进行互补实验时,染色体或 F′因子上带有组成型基因,或者两者上同时带有组成型基因,互补实验中观察部分二倍体究竟是组成型表达 *lac* 基因还是在诱导物存在条件下表达 *lac* 基因。如果在没有诱导物存在条件下,部分二倍体细胞表达 *lac* 基因,它就是组成型显性,如果部分二倍体仅在诱导物出现时才表达 *lac* 基因,那么就是组成型隐性。用上述实验,Jacob 和 Monod 发现某些 *lac* 突变可使细菌表现为组成型

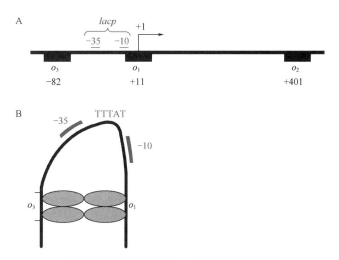

图 13.5 *lac* 操纵子上三个操作子的位置

Lac⁺,使它们在没有诱导物乳糖存在时,也能表达 *lacZ* 和 *lacY* 基因,对这样的组成型突变进行互补实验,细菌染色体和 F′因子上至少有一个必须带有组成型突变。观察实验中细菌表达 *lac* 基因的情况以判断突变的显隐性,如果细菌在没有诱导物时也表达 *lac* 基因,则组成型突变为显性;如果细菌在有诱导物时才表达 *lac* 基因,则突变为隐性的。通过这个实验,Jacob 和 Monod 发现某些组成型突变,无论其为显性或隐性,都能合成反式显性基因产物(蛋白质或 RNA),对其进行隐性组成型突变互补实验,发现它们都位于同一基因上,此基因后来被命名为 *lacI*。

13.2.1.5 *lac* 操纵子调控的研究进展

　　乳糖操纵子模型建立几年后,发现了编码酰基转移酶 *lacA* 基因。另外发现,Jacob 和 Monod 定义为启动子(*lacp*)突变中的绝大多数其实是 *lacZ* 的强极性突变,这种类型突变能阻止三个结构基因(*lacZ*、*lacY*、*lacA*)转录。还发现结合在阻遏蛋白 LacI 上的诱导物并不是乳糖,而是乳糖代谢产物中的异乳糖,后来实验中使用的诱导物绝大多数是异丙基–β–D–硫代半乳糖苷(IPTG),其结构类似半乳糖,但不会被细胞降解。

　　最显著的改进之处是:LacI 阻遏蛋白能结合的操纵基因不是一个而是三个,称为 o_1、o_2、o_3(图 13.5)。最靠近启动子的操作子 o_1 在 *lac* 转录抑制中最重要。然而,o_2 和 o_3 也不可或缺,如果将 o_2 和 o_3 全部删除,则转录抑制将降低大约 50 倍。

为什么 *lac* 操纵子有不止一个操作子? 特别是操作子(*o*₃)还位于远离启动子的上游,看上去并不能阻止 RNA 聚合酶与相应位点结合。目前有种看法认为 LacI 阻遏蛋白能同时结合两个操作子,使两者间 DNA 序列(包括启动子)弯曲(图 13.5)。弯曲后的启动子将无法与 RNA 聚合酶结合,或者无法进行启动转录所必需的结构变化。后面介绍的 *ara* 和 *gal* 操纵子也含有多个操纵基因,调节情况与此类似。

13.2.1.6　代谢物对 *lac* 操纵子的阻遏

lac 除了可被阻遏蛋白所调节,还存在所谓的分解代谢物阻遏作用。当有较好的碳源和能源(如葡萄糖等)可供利用时,降解物将通过反馈抑制调节操纵子,使合成乳糖代谢酶基因停止表达,但分解代谢物进行调节时还需要转录激活物的帮助,激活物包括分解代谢物激活蛋白(CAP)和一些小分子效应物如 cAMP 等(第 14 章)。

13.2.1.7　*lac* 操纵子控制区的结构

lac 操纵子调节区包括启动子、操纵基因及 CAP 结合位点(图 13.6)。*lac* 启动子是一个典型的 σ⁷⁰ 细菌启动子,−10 区和 −35 区为其特征性区域。操作子 *o*₁ 与结构基因 *lacZ*、*lacY* 和 *lacA* 转录起始点(+1 区)相重叠(图 13.6A),另一个 *lacO* 操纵子也位于附近(图 13.6B)。CAP 结合位点正好位于启动子上游,在缺乏葡萄糖时,该位点能增强 RNA 聚合酶的转录启动功能。

13.2.2　大肠杆菌 *lacI* 基因精细结构分析

在早期细菌遗传学实验中,最精细的实验莫过于对 *lacI* 基因结构的分析,这些实验证实了蛋白质结构域的存在,而且还说明了不同结构域具有不同的功能。

已经讲过 LacI 是四聚体阻遏蛋白,是由 *lacI* 基因编码的四条多肽构成,能与操作子区

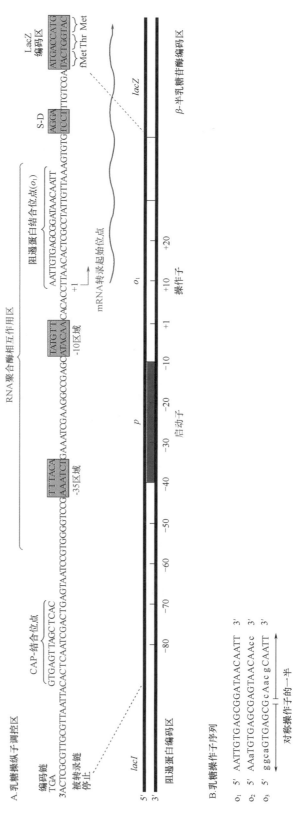

图 13.6　(A)*lac* 操纵子中启动子和操作子 DNA 序列,全长仅 100bp,图中仅给出了 *o*₁ 操作子的位置和序列　(B)三个天然的 *lac* 操作子序列比对

域结合阻止操纵子结构基因转录,然而当异乳糖诱导物或其他结构类似物与 LacI 阻遏蛋白结合,LacI 就不再与操作子结合,转录继续进行。由于 lacI 具有许多功能,所以它的突变将会导致不同现象(表 13.2)。lacI 突变可以分为隐性和显性两种突变,任何使阻遏蛋白失活不再与操作子结合的突变属于隐性突变,称为简单 lacI 突变,然而另一种突变,虽然使阻遏蛋白与操作子结合的结构域发生突变,但并没有影响四聚体形成结构域,它仍然能够形成四聚体,这种突变是显性突变称为 lacI^{-d},另一种显性突变称为 lacI^s 突变,即使有诱导物出现,也将导致永久性阻遏,还有一种突变刚好相反,能阻止诱导物结合至阻遏蛋白上,称为 lacI^{rc},这种突变改变了阻遏物结构,所以仅当诱导物出现时,才与操作子结合。

表 13.2 lacI 突变的类型

突变	受影响的功能	表型
lacI	操作子结合或四聚体形成	组成型;隐性
lacI^{-d}	操作子结合	组成型;显性
lacI s	诱导物结合	永久性阻遏;显性
lacI^{rc}	诱导物结合后构型改变	诱导物结合时才被阻遏;显性

研究者为了确定 lacI 基因上的无义突变,首先分离了 lacI 突变体,然后根据表型改变,推断 lacI 突变的不同类型,从而确定 lacI 基因确切位置。

13.2.2.1 lacI 基因删除突变的分离

删除作图是弄清众多突变体中一个特定基因最有效的方法。我们已经在第 8 章中讨论了 T4 噬菌体 rⅡ 突变的删除作图,与第 4 章利用 M13 噬菌体标记回复研究了 thyA 突变,用到的原理是一样的:只有当点突变不发生在删除基因内部,点突变个体才能与删除突变体重组,否则不发生重组。

第一步就是要分离较多删除突变个体,而且删除基因将延伸至 lacI 基因不同位置,删除基因的一个特点是能同时使多个基因失活,所以利用与 lacI 基因相邻基因失活与否筛选出突变体,可以利用 tonB 基因做这项工作,tonB 基因的产物是 T1 噬菌体受体蛋白,如果该基因被删除,突变体将对 T1 噬菌体具有抗性,在 Luria 和 Delbrück 以及 Newcombe 细菌遗传学实验中都用到了这个基因。

实际情况更为复杂,因为 lacI 基因正常情况下并不与 tonB 基因相邻,所以必须通过插入的方法将带有 lacI 基因的原噬菌体插入到 tonB 基因附近,而且还要保证在插入 lacI 基因的同时,不破坏 tonB 基因附近的必需基因,否则会发生致死突变。在 tonB 附近具有 lacI 基因的溶原菌株大肠杆菌 X7800,其基因组结构如图 13.7 所示。tonB 基因突变体可以通过噬菌体 T1 筛选,对删除了 lacI 基因个体可以将 tonB 突变体涂布在不含诱导物 X - Gal 平板上筛选。

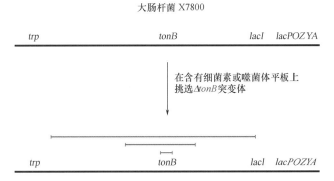

图 13.7 在大肠杆菌 X7800 中挑选 tonB 删除突变体,该 tonB 基因延伸至 lacI 基因中

13.2.2.2　*lacI* 基因无义突变的分离

下面一步就要分析 *lacI* 无义突变的不同类型,这样才能绘制基因图谱,为了作图方便,我们从 F′ 因子中分离 *lacI* 突变体,而不从染色体中分离,F′*lac – pro* 含有 *lac* 基因而且含有野生型 *proB* 基因用于筛选,F′ 因子染色体上的 *lac* 基因被敲除,所以任何 *lacI* 突变将出现在 F′因子上。

分离不同 *lacI* 无义突变需要不同的筛选步骤,分离组成型 *lacI* 突变时,在不含诱导物的 X – Gal 上挑选蓝色菌落,因为组成型 *lacI* 突变体表达 *lacZ* 基因,形成蓝色菌落。

分离 *lacI*ˢ 突变比较困难,这些突变在 X – Gal 平板上形成无色菌落,然而与其他仅仅形成无色菌落突变体不同,*lacI*ˢ 突变相对于野生型来说是显性突变体,换句话说,即使在染色体中含有 *lac* 操纵子,该突变也会形成无色菌落。因此可以将突变后的 F′ 因子与染色体上带有正常 *lac* 操纵子个体杂交,在这种条件下,形成无色菌落的个体大部分是 *lacI*ˢ 突变体。

13.2.2.3　*lacI* 基因无义突变作图

图 13.8 中给出了对 *lacI* 突变作图的步骤。对含有点突变的 F′ 因子进行基因作图,该突变体也含有野生型 *proB* 基因。先将 F′ 因子与大肠杆菌 X7800 交配,它们均含有 *lacI* 基因的删除突变,然后挑选 Pro⁺ 个体。含有 F′ 因子的部分二倍体菌株如果能生长,说明 F′ 因子上突变的 *lacI* 基因和染色体上部分被删除的 *lacI* 基因发生重组,出现的任何 *lacI*⁺ 重组子显示 F′ 因子上的 *lacI* 突变应该处于染色体上 *lac* 删除区域的外面,不过出现 *lacI*⁺ 突变子的几率较低,而且筛选方法根据 *lacI* 突变类型的不同而各异。

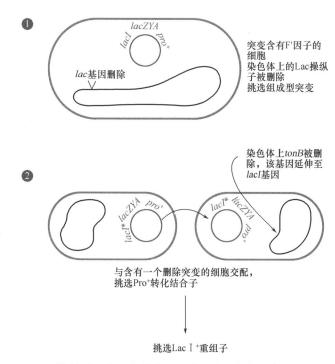

图 13.8　大肠杆菌中 *lacI* 基因的删除突变作图

（1）*lacI* 组成型突变作图　　为了检验具有组成型 *lacI* 点突变的 *lacI*⁺ 重组突变体,研究者利用 *galE* 突变体能被半乳糖杀死的原理,也即半乳糖不耐性,对突变体进行实验。Lac 删除突变菌株与 *galE* 突变体杂交产生 *galE* 突变体,可以利用苯 – β – D – 半乳糖(P – Gal)来筛选 *lacI*⁺ 重组子,筛选基于 *lacZ* 基因产物 β – 半乳糖苷酶可以将半乳糖从 P – Gal 上切下来杀死 *galE* 突变体菌株,但是 P – Gal 本身并不是 *lac* 操纵子的诱导物。如果没有诱导物存在,只有那些组成型表达 β – 半乳糖苷酶的菌株才能杀死自己,然而任何 *lacI*⁺ 重组体不能产生 β – 半乳糖苷酶,所以可以存活下来。如果在培养部分二倍体 *galE* 突变菌株的培养基中加入 P – Gal,*lac* 组成型表达菌株被杀死,仅 *lacI*⁺ 重组子可以繁殖并形成菌落。因此在图 13.8 中的第二步在 P – Gal 平板上形成的菌落一定是 *lacI* 点突变,处于删除区域的外面。

（2）*lacI*ˢ 突变作图　　上述方法并不能用于筛选 *lacI*⁺ 重组子中 F′ 因子上的 *lacI*ˢ 突变体,它是显性突变体,所以不表达 β – 半乳糖苷酶,甚至在染色体上出现 *lacI* 删除的部分二倍体也不会有 β – 半乳糖苷酶产生,因此不管是否与染色体发生重组,它们都会在 P – Gal 平板上存活,所以在该平板上挑选

lacI⁺ 重组子是不可能的。

　　挑选与 *lacI*ˢ 杂交后出现的 *lacI*⁺ 重组子可能的一种方法基于如下原理:在 F′ 因子中的 *lacI*ˢ 突变体是部分二倍体,在染色体上有 *lacI* 删除不能利用乳糖,因为 *lacZ* 和 *lacY* 基因不能被诱导,因此如果将转化接合子涂布在仅有乳糖作为唯一碳源和能源的平板上,任何 *lacI*⁺ 细胞中,F′ 因子上 *lacI*ˢ 基因与染色体上 *lacI* 删除基因发生重组,变成不可诱导型,会繁殖形成克隆。然而另一种表现出 Lac⁺ 的重组子类型,在 F′ 因子和染色体上均有 *lacI* 删除突变,因为在重组过程中染色体上的 *lacI* 删除突变转移到了 F′ 因子上。后面的重组类型也是组成型的,因此可以确定 *lacI*ˢ 突变是否处于删除区域外部。Lac⁺ 重组体仅当是 *lacI*⁺,而非组成型才被计数。实验中在培养基中加入诱导物 IPTG,如果是非组成型 *lacI*⁺,则在含 IPTG 培养基上形成蓝色菌落,在不含 IPTG 的培养基上形成无色菌落,而 *lacI* 组成型突变体则在两种培养基上均形成蓝色菌落。最后在总菌落数中减去在两种培养基上均形成蓝色菌落的菌落数就可以得到 *lacI*⁺ 菌落数。

13.2.2.4　*lacI* 阻遏物三维结构的不同区域分布

　　当 *lacI* 基因测序已经完成,*lac* 阻遏子的哪些氨基酸发生改变将被鉴定。不同部位的氨基酸改变将导致不同表型变化,所以可以推断 LacI 蛋白的哪些区域与阻遏蛋白的不同功能有关。例如,*lacI*ˢ 突变绝大部分引起与诱导物结合位点的突变。然而也发现不同的突变分散在整个基因中,并不在某个区域富集,为了搞清楚基因突变的分布,我们有必要观察蛋白质的三维结构,因为在折叠好的蛋白质上的氨基酸排布并不像线性分子中氨基酸分子的排列。

　　经多年研究后,最终将 LacI 蛋白结晶出来,而且用 X-射线衍射确定了它的三维结构,再利用核磁共振谱分析它与 *lac* 操作子的相互作用,而且也观察了当诱导物 IPTG 与 LacI 蛋白结合后,其构型变化。图 13.9 中显示了 LacI 阻遏蛋白的结构以及一些突变类型引起的氨基酸变化。

图 13.9　LacI 蛋白的三维结构

13.2.2.5　*lac* 操纵子的用途

　　lac 基因及其调节区域在分子遗传学中有许多用途,例如,*lacZ* 基因可能是被最广泛应用的报告基因,已经转入细菌、果蝇和人体细胞中。之所以被广泛采用,是因为它的基因产物 β-半乳糖苷酶采用 X-Gal 和 ONPG 为底物很容易通过显色反应观察。它也是非常稳定的一种蛋白质,可以和许多其

他蛋白融合,而依然保持活性,它的 *N* - 末端是活性非必需的,所以可进行翻译融合。*lacZ* 基因作为报告基因的唯一缺点是,它表达的多肽产物非常大,在其他表达体系中不易表达。

lac 启动子和它的衍生启动子多用于表达载体中,因为该启动子较强,所以使被克隆基因高水平转录,它也是可诱导启动子,当细胞浓度较高时,如果添加诱导物 IPTG,这时克隆基因方可表达,所以即使表达的基因产物对细胞有毒害,在细胞死亡之前,已经合成足够多的蛋白。*lacUV5* 启动子由 *lac* 启动子衍生而来,它不仅具有 *lac* 启动子的优点,而且对分解代谢物不敏感,即使培养基中有葡萄糖,它的表达也不会受到抑制。

trp - *lac* 启动子是一个杂合启动子,称为 *tac* 启动子,它比 *lac* 启动子强,对分解代谢物不敏感但仍然保留 IPTG 可诱导性。

由于 LacI 抑制子蛋白能与操纵子序列紧密结合,所以有很多用途,其中一个用途是对细菌细胞中 DNA 区域定位。将 LacI 抑制子蛋白与绿色荧光蛋白翻译融合,可以通过荧光显微镜观察其在细胞中的情况,如果多拷贝操纵子序列已经导入染色体中,融合蛋白就能在细胞中表达,所以通过荧光蛋白的观察就能对染色体的起始区域定位。

13.2.2.6 展望

lac 操纵子是最简单的调控系统,恰巧被第一个研究,所以 *lac* 操纵子相对简单的调控机制鼓励我们去认识其他更为复杂的操纵子,如果没有 *lac* 乳糖操纵子作为参考,其他操纵子的研究也将变得更为困难,后面我们将讨论其他一些有代表性的细菌操纵子。

13.2.3 大肠杆菌 *gal* 操纵子

与半乳糖利用有关的半乳糖操纵子也是个典型的负调节操纵子。*galE*、*galT* 和 *galK* 为 *gal* 的三个结构基因(图 13.10)。*galK* 编码磷酸化激酶,催化半乳糖磷酸化成半乳糖 - 1 - 磷酸;*galT* 编码转移酶,将半乳糖 - 1 - 磷酸的半乳糖基转至尿苷二磷酸(UDP)半乳糖取代葡萄糖基,生成 UDP 半乳糖,置换下来的葡萄糖可进入其他代谢途径;*galE* 编码差向异构酶,使 UDP 半乳糖变构为 UDP 葡萄糖进行循环(图 13.11)。目前尚不清楚为何大肠杆菌要通过如此复杂的途径使半乳糖转化为葡萄糖,然而许多生物(包括植物),都是通过该途径将半乳糖转化为葡萄糖。

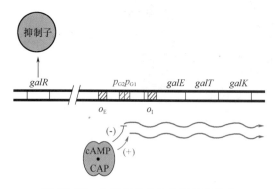

图 13.10　大肠杆菌半乳糖操纵子结构

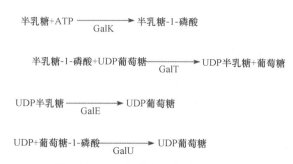

图 13.11　大肠杆菌中半乳糖的代谢途径

促进半乳糖代谢的基因在染色体分布较为松散,如结构基因 *galU* 位于染色体另一个区域,编码半乳糖渗透酶的基因不位于 *gal* 上,而且 *gal* 的调节基因也与 *gal* 相隔较远。出现这一现象与半乳糖

具有多种功能有关,半乳糖不仅可以作为碳源和能源,而且还可以参与其他代谢,如代谢过程中合成的 UDP 半乳糖可用于合成多糖、脂多糖和荚膜。

gal 操纵子的调控

(1)两种 *gal* 阻遏蛋白　*gal* 有两个阻遏蛋白:GalR 和 GalS,分别由 *galR* 和 *galS* 基因编码。GalR 和 GalS 密切相关,两者都能与诱导物半乳糖结合,但具体功能有所差异,当没有半乳糖时,阻遏作用以 GalR 为主,GalS 作用不大,但 GalS 能单独调节编码半乳糖转运系统基因。为何 *gal* 操纵子存在双重调控的原因目前尚不清楚,可能与半乳糖的功能多样性有关。

(2)两个 *gal* 操作子　*gal* 操纵子有两个操作子,一个在启动子的上游,另一个在第一个基因 *galE* 的内部(图 13.10),这两个操作子分别命名为 o_E 与 o_1,o_E 位于启动子上游,o_1 位于 *galE* 中。

分离 *gal* 操作子突变体:分离到第一株带 o_1 突变的突变株是在收集 *gal* 组成型突变株过程中发现的。在仅有半乳糖作为能源和碳源的培养基上,带 *galR*^{s} 突变的菌株无法增殖形成克隆,因为 *galR*^{s} 突变与前述 *lacI*^{s} 突变类似,合成的超阻遏蛋白 GalR^s 失去诱导性,并将导致菌株表现为组成型 Gal$^-$;然而,若菌株发生的是操作基因组成型突变,或使 GalR^s 失活的组成型突变,则可在平板上增殖形成克隆,从而被筛选出来。但是,通过这种方式筛选的组成型突变株绝大多数是 *galR* 突变株,而非操作基因突变株,因为操作基因比起 *galR* 来,突变的可能性小得多。因此,当初筛选了许多突变株后,才得到一株单独的操作基因突变株。

后来对该方法进行改进,将 *galR*^{s} 结合在 λ 噬菌体的 λ 附着位点上,然后将 λ 噬菌体导入细菌,使之转化为带双 *galR*^{s} 部分双倍体细菌,这样即使一个 *galR*^{s} 发生突变,另一个 *galR*^{s} 也能继续制造 GalR^s,使细胞表现为 Gal$^-$。只有当两个 *galR*^{s} 基因都发生突变,才使细胞成为组成型突变株,但这种情况发生频率较低。因此,操纵基因组成型突变株在分离出的突变株中所占比例相应升高,从而易于筛选。另外,可在 *gal* 操纵子上定位操纵基因突变,*galR*^{s} 突变则不能。

采用此法筛选了两株组成型突变株,并对突变进行了定位,推测其可能为操纵基因突变;进行 DNA 测序发现,一个突变发生在启动子上游操纵基因 o_E 内,而另一个突变却发生在 *galE* 内,推测 *galE* 内的这一序列起操纵基因的作用(该序列即现在的 o_1);进一步的证据为:当时还发现该序列与已知操纵基因有 15 个同源碱基对(实际上 o_E 和 o_1 有 12 个完全相同的碱基对),而且该突变是顺式作用突变,符合操纵基因突变的标准,因此断定此序列为操纵基因,并命名为 o_1。

Gal 酶的"逃脱"合成:组成型突变株的出现原因还有很多,因此,为进一步确定 o_1 真是一个操纵基因,用滴定法验证实验(图 13.12)。首先携带 *galE* 的 DNA 被克隆到多拷贝质粒上,然后将该质粒导入细胞,细胞因此将带有多拷贝 *galE* 基因,如果 *galE* 内 o_1 能与阻遏蛋白 GalR 结合,那么外来的多个 *galE* 将大量结合细胞内 GalR,仅余少量 GalR 用于阻遏 *gal* 表达,导致阻遏作用基本消失,细胞表现为组成型突变株。Gal 酶的这种合成方式称为"逃脱"合成,之所以如此命名,是因为 *gal* 在外来因素帮助下,"逃脱"了阻遏蛋白的阻遏。实验证实含多拷贝 *galE* 的菌株的确存在部分组成型表现型,而带多拷贝 *galE* 突变菌株内则无 Gal 酶的"逃逸"合成。这一结果进一步证实了 *galR* 基因上存在阻遏蛋白结合的第二位点,该位点可在突变后失活。

gal 操纵子存在两个操作子的原因:关于存在双操作子的原因现有两种假说,一种假说认为两个操作子分别独立地阻遏 *gal* 转录;另一种假说认为两个操作子相互协作,共同阻遏 *gal* 转录。其中,后者得到许多遗传学证据支持。如果前一假说成立,那么两个操作子阻遏效果应该是可以叠加的,也就是说,当两个操作子同时突变时,操纵子表达水平应该是两者分别突变时的水平之和,然而,遗传学实

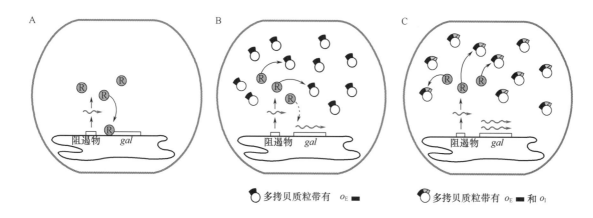

图 13.12 操作子区域拷贝数增加导致半乳糖操纵子酶合成逃逸

验显示两者同时突变时,操纵子的表达水平高于两者分别突变时的水平之和。

图 13.13 显示了在缺乏半乳糖时,两个操作子是如何协作阻断转录的。阻遏蛋白同时与两个操作子结合,并通过相互作用使两者间的启动子 DNA 弯曲,从而阻止转录启动。

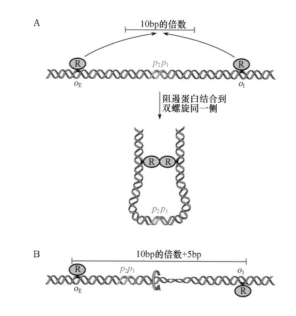

图 13.13 与 gal 操纵子两个操作子结合的阻遏蛋白分子(圆形的 R),
如果在双螺旋相对位置处结合,它们更容易相互作用
(A)若 o_E 和 o_1 间相距 10bp 倍数,能使 GalR 结合在双螺旋相对的一侧 (B)当
操作子相距 10bp 倍数 +5bp 时,DNA 分子会发生扭曲,如箭头所示

两个操作子间 DNA 间距对阻遏作用十分关键,其重要性与其结构紧密相关。两个操纵子 DNA 序列基本相同,故而功能也极为类似,阻遏蛋白均能识别并结合,但两个阻遏蛋白必须结合到 DNA 的同一侧,才能相互作用,否则只有通过扭曲 DNA 才能发生相互作用,但这么短的 DNA 片段发生扭曲较为困难。为满足两个阻遏蛋白结合在 DNA 同一侧这一条件,操纵基因 DNA 间距必须由多个 10bp 单位构成,因为 DNA 上每个 10bp DNA 片段之间表面结构都比较相似,如果 DNA 间距不是以 10bp 为单位,而是以 15bp 或其他数目碱基对为单位构成,那么阻遏蛋白就不能结合到 DNA 的同一侧,必须

通过扭曲 DNA 才能使阻遏蛋白相互作用。对操作子基因间距进行测序的结果证实该间距通常由多个 10bp 单位构成,当然这也可能仅仅是个巧合。

在检测操作子间距对阻遏的影响时发现,如果在操作子间插入一个额外的 DNA 序列增大间距,此时保持操作子功能正常的前提是插入序列的长度必须为 10bp 的倍数,如果插入序列长度是 15bp 的倍数,那么将有部分菌株的操作子失效,使菌株表现为组成型突变株。后来的研究工作也证实了以上模型的正确性,而且能更好地揭示环状结构(图 13.14),结合上的阻遏蛋白其实是四聚体,两两与每个操作子分别结合,启动子上的 DNA 形成大的环状结构被称为阻遏体。

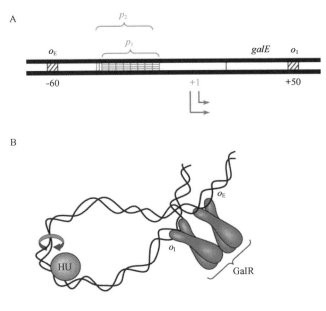

图 13.14 *gal* 操纵子阻遏体的形成
galR 阻遏物基因产物的两个二聚体分别结合在 o_E 和 o_1 操作子上。

(3)双 Gal 启动子和 *gal* 操纵子的分解代谢物阻遏   如前所述,*gal* 有两个启动子,它们是 p_{G1} 和 p_{G2}(图 13.10)。*gal* 有两个启动子的原因也与半乳糖的多功能性有关。*gal* 和 *lac* 一样,在有更好的碳源(如葡萄糖)时,能被降解物阻遏,但被阻遏的只是两个启动子中之一,另一个启动子仍保持活性,继续启动基因转录,因为细胞要利用半乳糖生成多糖,所以需要一个启动子仍然保持活性,合成 Gal 酶。关于两个 *gal* 启动子不同的调控,将在第 14 章分解代谢物阻遏中详细介绍。

13.2.4 生物合成操纵子的负调控:原阻遏物和辅阻遏物

lac、*gal* 和后面将介绍的 *ara* 操纵子编码的酶参与多种化合物分解代谢过程,所以称这些操纵子为分解代谢操纵子或降解操纵子。然而,并不是所有操纵子都参与分解代谢。某些操纵子所编码的酶参与合成细胞所需的化合物,如核苷酸、氨基酸、维生素等,这些操纵子被称为生物合成操纵子。

合成操纵子的调节过程与降解操纵子基本上是相反的,生物合成途径中的酶,将受到合成终产物的抑制,如终产物已有一定数量,则该酶不再合成。两者调节机制基本相同,合成操纵子受阻遏蛋白的负调节,即无论培养基中有无终产物,只要没有阻遏蛋白,生物合成操纵子的基因就能表达,如果有阻遏蛋白时,生物合成操纵子仍持续表达,说明此时进行的是组成型表达,与终产物的存在与否无关。

合成操纵子负调节过程所用术语与降解操纵子有所不同,通过结合阻遏蛋白,使阻遏蛋白能与操

纵基因结合的效应物称为辅阻遏物。对于不结合辅阻遏物而没有活性的阻遏蛋白,在未结合辅阻遏物时被称为原阻遏蛋白,一旦与辅阻遏物结合,就可称为阻遏蛋白。

大肠杆菌 *trp* 操纵子

大肠杆菌色氨酸操纵子(*trp*)的调节是阻遏蛋白对合成操纵子进行负调节的一个经典例子。Trp 操纵子编码的酶,能合成 L‒色氨酸,该氨基酸是多数蛋白质的组成成分,如果细菌无法从外界得到,就将在体内进行合成(图 13.15)。*trp* 操纵子的五个结构基因编码的酶都参与 L‒色氨酸合成,这些结构基因具有同一个启动子 p_{trp},受阻遏蛋白 TrpR 负调节。编码 TrpR 的 *trpR* 基因位于操纵子之外,而合成的 TrpR 是原阻遏物蛋白,需要辅阻遏物(色氨酸)的帮助,才能与操纵基因结合,发挥阻遏作用。

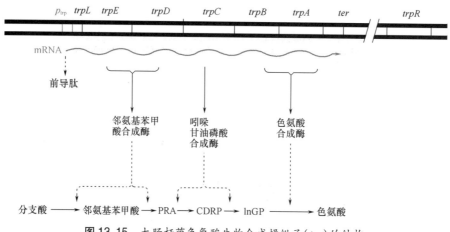

图 13.15 大肠杆菌色氨酸生物合成操纵子(*trp*)的结构

图 13.16 中给出了 TrpR 阻遏蛋白调控 *trp* 操纵子的模型,TrpR 阻遏物与操作子结合,将阻碍从 p_{trp} 开始的转录,然而在与操作子结合时,培养基中必须有色氨酸存在,色氨酸与 TrpA 原阻遏物结合后,改变了它的构型所以能与操作子结合。

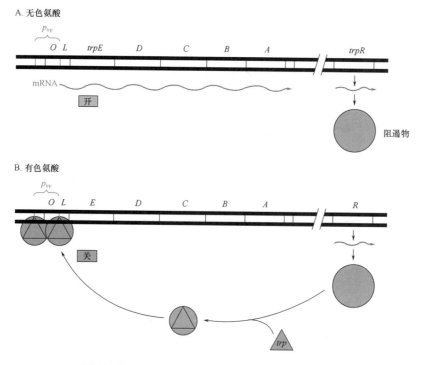

图 13.16 通过 TrpR 阻遏物对 *trp* 操纵子的负调控

如图 13.17 所示,TrpR 阻遏蛋白是一个二聚体,每个拷贝的 *trpR* 多肽都具有 α – 螺旋结构(图中以圆柱体表示),螺旋 D 和 E 形成螺旋 – 转角 – 螺旋(HTH)DNA 结合域,其中螺旋 D 与螺旋 1 相对,该序列对结合的 DNA 没有特殊要求,而螺旋 E 与螺旋 2 对应,该序列是 DNA 结合时的特定识别序列。以原阻遏物存在时,二聚体中的两个 HTH 结构域不能与大沟中的 DNA 螺旋正确作用,只有结合上色氨酸后,HTH 构型改变,使阻遏物能结合到操作子上。

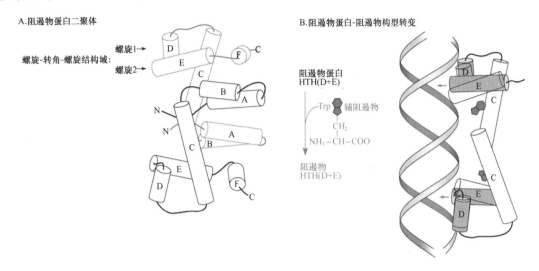

图 13.17　TrpR 阻遏物结构,以及色氨酸结合至阻遏物蛋白使之转变为阻遏物,然后与操作子结合

(1)*trpR* 基因的自调控　TrpR 不仅对 *trp* 转录进行负调节,而且对 *trpR* 转录也进行负调节。在 TrpR 缺乏时,*trpR* 的转录活性可提高 5 倍,基因表达产物对基因表达过程所进行的调节称为自身调节。通常认为,如果菌体内色氨酸浓度高,那么 TrpR 也相应升高,但由于 *trpR* 的自身调节,使细菌内存在一个令人惊奇的现象,在有色氨酸时,TrpR 的浓度反而没有无色氨酸时高。存在以上现象可能的原因是:如果周围环境中色氨酸浓度升高,细菌将通过 *trpR* 的自身调节迅速抑制体内色氨酸的合成过程,而如果是自身体内的色氨酸升高,细菌不能识别色氨酸来源,将同样通过 *trpR* 的自身调节抑制体内色氨酸合成。

(2)*trpR* 突变株的分离　*trp* 操纵子组成型突变很普遍,大多数定位于 *trpR*,使其合成的产物 TrpR 没有活性。筛选 *trp* 组成型突变株所用的培养基不含色氨酸,而含其衍生物 5 – 甲基色氨酸。5 – 甲基色氨酸也是 TrpR 的辅阻遏物,但它不参与蛋白质的合成。在培养基上,非组成型突变株由于 5 – 甲基色氨酸与 TrpR 结合而无法合成色氨酸,停止生长,而组成型突变株因为 TrpR 无活性,不受其阻遏,能够照常合成色氨酸,生长形成菌落。

(3)*trp* 操纵子其他调节类型　*trp* 的其他调节类型还包括衰减调节和反馈抑制调节,将在本章后面具体介绍。

13.3　正调控

前面介绍了受负调节的操纵子,实际上许多操纵子受激活蛋白的正调控,受激活蛋白控制的操纵子,仅当诱导物与激活蛋白结合后,操纵子才被转录,接下来,我们介绍细菌中的正调控。

13.3.1　大肠杆菌 L – *ara* 操纵子

L – *ara* 操纵子是第一个被发现受正调控的细菌操纵子,通常称为 *ara* 操纵子,促进 L – 阿拉伯糖(五

碳糖)的代谢。该操纵子基因负责将 L - 阿拉伯糖转化为 D - 木酮糖 - 5 - 磷酸,它可以被其他代谢途径利用。大肠杆菌也可利用 L - 阿拉伯糖的异构体 D - 阿拉伯糖,但代谢酶由另一个操纵子编码。

如图 13.18A 所示,ara 操纵子有三个结构基因:$araB$、$araA$ 和 $araD$,具有同一个启动子 p_{BAD},p_{BAD} 上游是激活蛋白结合位点 $araI$ 和代谢活化蛋白(CAP)结合位点。操纵子有两个操作基因:$araO_1$ 和 $araO_2$,操作基因若与激活蛋白 AraC 结合则可抑制转录,往上还有编码激活蛋白 AraC 的调节基因 $araC$。$araC$ 的启动子为 p_C,但转录方向与结构基因转录方向相反,合成的 AraC 是一个正调节激活蛋白,为激活蛋白大家族的成员之一(专栏 13.2)。

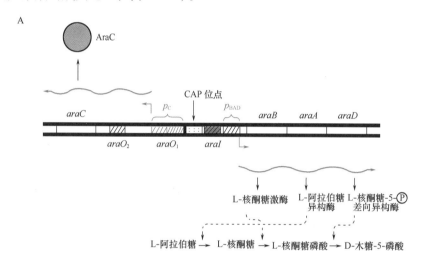

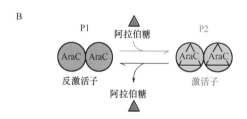

图 13.18 (A)大肠杆菌 L - 阿拉伯糖操纵子结构和功能 (B)结合诱导物阿拉伯糖之后,AraC 蛋白将从反激活子形式 P1 转变为激活子形式 P2

专栏 13.2

调节子家族

　　比较基因组学技术已经使在很广泛的细菌范围内鉴别抑制子和激活子成为可能。根据序列和结构保守性,即使它们调控的是功能各不相同的操纵子及反应各不相同的作用因子,这些转录调控因子都是属于一个数量有限的蛋白质家族。不管这些转录调节子是否结合到相同的 DNA 结合域,通过结构的同源性比较,可以把它们归类于这个家族中。这些调节因子中的许多都拥有螺旋 – 转角 – 螺旋(HTH)结构域,或者加翼螺旋 – 转角 – 螺旋(wHTH)结构域,或者它们还能使用环状 – 拉链螺旋或锌指等其他结构域。在其中至少有 15 种不同的激活子家族,还有不少因子还具有抑制因子作用,如 AraC。然而,有一部分家族却是相当庞大的,其中许多家族成员已经被认识。有些家族

专栏 13.2(续)

中仅仅只包括抑制因子,相反有些家族中却只包括激活子,还有一部分家族由抑制因子和激活子共同组成。大多数这些家族的名字都是以第一个被研究的家族成员的名字命名,例如,LacI 家族包括 GalR 和一些与调节碳源利用有关的操纵子和对 CAP 和 cAMP 有反应的调节因子。这些抑制因子通常以同源四聚体形式存在,在它们的 N 末端有一个结合到 DNA 中的螺旋－转角－螺旋(HTH)结构域,在中间有一个连接效应因子,在 C 末端有二聚化和四聚化的结构域。

　　以一个调节 Tn10 中四环素抑制基因的抑制因子来命名的 TetR 抑制因子家族是一个更为庞大的家族。到目前为止,已经知道该家族有 100 多个家族成员,包括能够调节化学发光细菌的光调节因子,LuxR(第 14 章)。这些家族的成员蛋白质在革兰阴性菌和革兰阳性菌中都有发现,它们能够抑制很多不同功能的操纵子,包括抗生素抑制和合成、渗透压调节、多重药物抗性泵出、致病菌的毒素基因。TetR 抑制因子自身被广泛地应用到真核细胞表达调控中,因为它能够非常紧密地连接到操纵子上,四环素能够稳定地分散到真核细胞当中,只是在四环素没有与抑制因子相连和部分没有卷曲的操纵子 DNA 穿过它的大沟时,TetR 抑制因子才能够使螺旋－转角－螺旋(HTH)的 DNA 结合域连接到 DNA 上。大概因为这样能够改变在启动子区域上 DNA 的结构。更有趣的是,在这个家族中一个蛋白质成员能够对多重药物的泵出进行调节,因为有一个非常宽的受体结合口袋,可以允许连接许多抗体。

　　AraC 激活子家族也是一个非常庞大的家族,根据序列的相似性分析,它拥有 100 多个已知的可能家族成员,这些激活子似乎可以分成至少两个亚族。一个是能够调节碳源利用的亚族,包括像 AraC 激活子蛋白和在该章中介绍的恶臭假单胞菌(*Pseudomomas putida*)的质粒中 XylS 激活子蛋白,它们在发挥功能时都是以二聚体形式存在。另一个亚族是对压力有反应的家族,如 SoxS,它们在发挥功能时都是以单体形式存在,这个家族具有一个标记,在它们的螺旋－转角－螺旋(HTH)的结构域中,连接到 DNA 上的是蛋白质链 C 末端而不是像许多其他激活子那样是 N 末端。

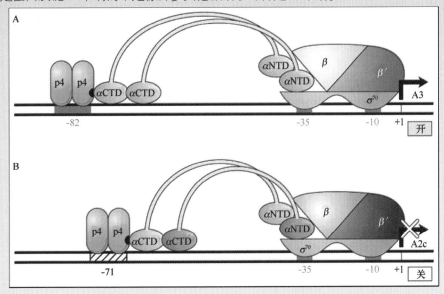

图1

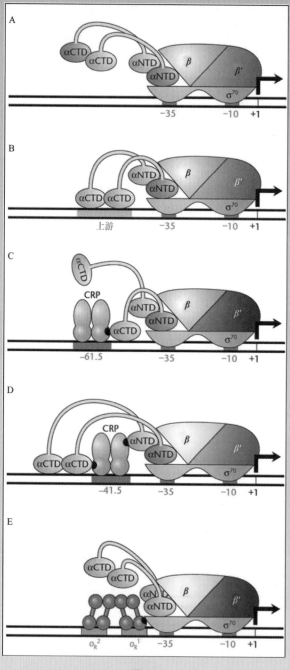

图 2

　　另外较大的家族有 LysR 激活子和 NtrC 激活子家族,NtrC 激活子家族是一个特别的家族,它们仅仅激活 σ^{54} 启动子[氮素 σ 启动子(第 14 章)],它们包括在本章中讨论过的 XylR 激活子中。这些激活子可以加入到两个可以被识别的结构域中(也可参见专栏14.3)。激活子蛋白质的结构域可以连接到诱导子或者在 N 末端被磷酸化,C 末端与 DNA 结合,该多肽链的中间部分包含一段能够与 RNA 聚合酶相互作用的区域和一段能够使 ATP 酶活化的区域。

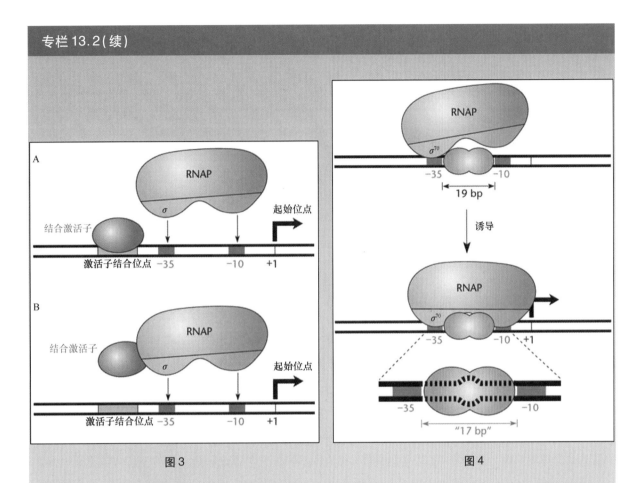

图 3　　　　　　　　　　　　　　　　　　　图 4

　　通过融合一个激活子蛋白的 C 末端 DNA 结合结构域和与来自同一家族的另外一个激活子蛋白的 N 末端诱导结合结构域形成一个杂合激活子，采用上述杂合激活子实验，给我们提供了生动的例证，证明一个家族中成员蛋白的调节因子都是利用一个相同的基本策略来激活它们相应操纵子的转录。有时，这种杂合激活子还能激活一个操纵子，但是该操纵子需要依靠杂合激活子 C 末端 DNA 结合结构域来激活，而诱导物需要 N 末端 DNA 结合结构域来诱导操纵子，这样将导致一个操纵子被另一个不同操纵子的诱导子所诱导。值得思考的是所有激活子蛋白可能都是由同一个原始蛋白通过在结合部位简单改变而演变来的。在某种程度上，它的 DNA 结合区域也能够通过相同的基本机制来继续激活 RNA 聚合酶。

　　调节蛋白几乎使用了所有可以想到的机制对转录进行调控，本质上，抑制因子在转录初始化的每一步中都起到很重要的作用，即使有许多影响也不是一步能够完成的，至少一些抑制因子通过在启动子上形成阻碍（位阻）或者是 DNA 链上启动子前端弯曲来阻止 RNA 聚合酶连接到启动子上。它们也可以通过阻止 RNA 聚合酶打开 DNA 启动子区域的双链（打开复合结构），或者甚至阻止 RNA 聚合酶从启动子上移除，然后开始合成 RNA（启动子脱离）。需要特别说明的一个例子，如图 1 所示，枯草芽孢杆菌噬菌体抑制因子或激活子 P4 蛋白通过增强启动子的活力以至于 RNA 聚合酶无法脱离，进而开始转录。图 1A 显示它结合在一个启动子起始位点 A3 上游 −82 序列处时，从这个启动子处激活转录（图中以"打开"表示），而当它结合在另一个启动子起始位点 A2C 上游 −71 序列处时，在此启动子处则抑制转录进行（图中以"关闭"表示）。

专栏 13.2(续)

　　激活子也可以作用于转录起始的任何一个阶段,其中很多激活子同时结合启动子和 RNA 聚合酶,使 RNA 聚合酶紧密地结合在 DNA 上,通过这种方式将 RNA 聚合酶吸引到启动子上,这样就可以稳固 RNA 聚合酶与启动子之间的结合。图 2 给出了一些例子,从中可以看出激活子与启动子周边序列是怎样将 RNA 聚合酶吸引到启动子上的。图 2A 显示了 RNA 聚合酶结合在 σ^{70} 启动子区域上游 −35 和 −10 序列上,图 2B 显示了 αCTD 结构域(RNA 聚合酶 α 亚基的 C 端结构域)与启动子上游被称为 UP 元件的一段序列结合来加固 RNA 聚合酶与启动子间的结合,图 2C 和图 2D 显示 CAP(图中为 CRP)结合在启动子上游不同位点,可以接触 RNA 聚合酶的不同结构域并稳定结合,在图 2C 中,CAP 结合在上游较远序列上,并与一个 αCTD 结构域接触,在图 2D 中,CAP 与起始位点紧密结合,并与其中一个 αNDT(α 亚基的 N 端结构域)和 αCDT 接触。图 2E 显示 λ 噬菌体的 C1 蛋白可以与操纵子 o_R^2 和 o_R^1 结合的同时,激活 p_{RM} 启动子转录,而且可以接触到 σ^{70} 和 αCTD。一些激活子如 SoxS 甚至可以在结合启动子之前就结合 RNA 聚合酶(图 3A),只有在 SoxS 激活子结合了启动子之后 RNA 聚合酶才能结合上去(图 3B)。还有一些激活子如 NtrC 型激活子不会吸引 RNA 聚合酶结合上来,而是促使已经结合到启动子上的 RNA 聚合酶打开 DNA,形成开放复体(第 14 章)。在新发现的一个机制中,如图 4 所示,MerR 家族的一个激活子确实可以改变启动子的构象来增强启动效率,起始转录。一般的,在 σ^{70} 型启动子中 −35 序列和 −10 序列的距离为 17bp,但这种启动子有 19bp(图 4),这样就使得两个元件旋转了 70°,使它们很难与 RNA 聚合酶的 σ^{70} 亚基接触(第 3 章)。甚至在诱导子未与激活子结合时,激活子也能与启动子结合。当诱导子随后结合到激活子上时,激活子就会使处于两个启动子元件之间的 DNA 弯曲并压缩这部分 DNA,甚至在此过程中还会切断一个氢键。因此 −35 和 −10 元件比先前靠得更近,旋转后它们的方向和空间更利于组装进正常的 σ^{70} 启动子中(图 4)。

参考文献

Dove, S. L., and A. Hochschild. 2005. How transcription initiation can be regulated in bacteria, p. 297 −310. In N. P. Higgins(ed.), The Bacterial Chromosome. ASM Press, Washington, D. C.

Egan, S. 2002. Growing repertoire of AraC/XylS activators. J. Bacteriol. 184:5529 −5532.

Huffman. J. L., and R. G. Brennan. 2002. Prokaryotic transcription regulators: more than just the helix −turn −helix motif. Curr. Opin. Struct. Biol. 12:98 −106.

Parek, M. R., S. M. McFall, D. L. Shinabarger, and A. M. Chakrabarty. 1994. Interaction of two LysR −type regulatory proteins CatR and ClcR with heterologous promoters: functional and evolutionary implications. Proc. Natl. Acad. Sci. USA 91:12393 −12397.

Ramos, J. L., M. Martinez −Bueno, A. J. Molina −Henares, W. Teran, K. Watanabe, X. Zhang, M. T. Gallegos, R. Brennan, and R. Tobed. 2005. The TetR family of transcriptional repressors. Microbiol. Mol. Biol. Rev. 69:326 −356.

13.3.1.1 ara 操纵子正调控的遗传学证据

早期遗传学证据表明,同样在调节蛋白无效时,ara 的表现型与受负调节的 lac 表现型完全不同。比如,araC 的缺失突变和无义突变,将导致出现超阻遏表现型、诱导物(阿拉伯糖)的诱导无效、ara 始终不表达;而如果类似突变发生在 lac 的调节基因,则 lac 将出现组成型表达,而非超阻遏。ara 和受负调节操纵子的区别还体现在组成型表达突变株的产生频率,后者产生突变株相对容易,只要突变能使合成阻遏蛋白的基因失活就可以。而 ara 的组成型表达突变株则十分罕见,也就是说在负调节操纵子中可导致组成型表达突变株的突变不能使 araC 失活。

在进一步分析之前,尚需先分离出 ara 组成型表达突变株。ara 组成型表达突变株十分罕见,分离方法也很特殊。一种分离方法是在仅含有 L－阿拉伯糖的培养基中加入反诱导物 D－岩藻糖;D－岩藻糖可结合 AraC。AraC 与 D－岩藻糖结合后就不能与诱导物 L－阿拉伯糖结合,从而失去激活功能,ara 不能转录。因此,野生型菌株无法在培养基上生存,只有 ara 组成型突变株可在此环境中生长形成菌落。

另一种更为聪明的方法是利用 D－ara 来进行分离,D－ara 是促进 D－阿拉伯糖代谢的操纵子。L－ara 和 D－ara 分别有各自的底物,也各自编码利用底物所需的酶。这些酶中,只有一个酶可以在两个代谢过程中通用,这个酶是 L－ara 上 araB 编码的核酮糖激酶,该酶不仅可使 L－核酮糖磷酸化,还可使 D－核酮糖磷酸化,因此它可以替代 D－ara 编码的核酮糖激酶的功能。具体分离方法:培养基中仅加入 D－阿拉伯糖,然后接种因 D－ara 突变而不能合成核酮糖激酶的突变株。由于 D－阿拉伯糖不能激活 L－ara,所以菌株缺失的核酮糖激酶不能通过 L－ara 合成来弥补,菌株在培养基上不能生存;只有 L－ara 发生组成型突变的菌株,由于有 L－ara 合成的核酮糖激酶,能在培养基生长,形成菌落。

13.3.1.2 ara 操纵子正调控模型

最初的模型建立在 lacI 突变株和 araC 突变株的表现型差异上。依据模型,AraC 有两种存在形式:P1 和 P2。在缺乏诱导物 L－阿拉伯糖时,AraC 处于 P1 状态,没有活性。如果 L－阿拉伯糖存在并与 AraC 结合,将改变 AraC 的结构,使其成为具有活性的 P2,此时 AraC 可与启动子内 araI 位点结合,激活 araB、araA、araD 转录。

早期模型能对 araC 突变的行为进行解释,但不能解释全部现象。根据这一模型,导致组成型表现型的突变(称为 araC^C)的结果是使 AraC 变构并一直处于 P2 状态,这样,即使缺乏 L－阿拉伯糖,操纵子也能持续进行转录。但在 AraC 多肽链上,只有改变某几个特异的氨基酸才能导致 AraC 变构为 P2,而这样的改变发生频率很低,大多数突变都不能做到,所以 araC 突变很难导致组成型表现型。

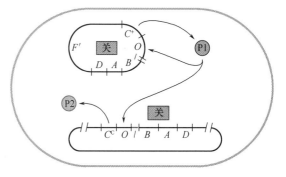

13.3.1.3 AraC 不仅仅是激活子

原有模型的设计存在一定的不足,其中一个原因是对 AraC 功能认识不完全。依据原模型可以推断:在互补实验所用的部分二倍体中,对野生型等位基因而言,araC 将是个显性突变;如果 AraC 只是一个激活蛋白,在互补实

AraC 在 P2 状态时,其 P1 形式与操纵子的所有操作子结合,阻止 araBAD 表达的激活

图 13.19 araC^C 阴性突变

验中,由于 *araC* 使 AraC 始终处于活性 P2 状态,那么菌株将组成型表达 *araB*、*araA* 和 *araD*,野生型 AraC 处于什么状态于事无补,但互补实验的结果不支持这个结论,菌株的表现型不是组成型的,而是诱导型的,说明 *araC*^{c} 是个隐性突变,与预测相反(图 13.19)。

图 13.20 中又给出了一个更为详细的模型,其解释了 *araC*^{c} 是个隐性突变:P1 状态的 *araC* 不只是个失活的激活蛋白,而是个反激活蛋白。P1 之所以没被称为阻遏蛋白,是因为它与一般的阻遏蛋白不同,它阻遏的是当表现为 P2 时所激活的转录。P1 状态的 AraC 优先与操作子基因 *araO*$_2$ 及另一位点 *araI*$_1$ 结合,使两个位点之间的 DNA 弯曲,阻止转录;而 P2 状态的 AraC 则优先与 *araI*$_1$ 及 *araI*$_2$ 结合,这样的结合可以激活转录。在上述互补实验中,*araC* 合成的 AraC 处于 P2 状态时,由于已发生变构,不能与 *araI*$_1$ 和 *araI*$_2$ 结合,因此不能激活转录,而野生型 AraC 处于 P1 状态,与 *araO*$_2$ 及 *araI*$_1$ 结合,阻止转录。

该模型还可以解释在与野生型互补实验中,为什么 *araC*^{c} 是隐性突变,因为 AraC^c 在 P2 状态时,不再与 *araI*$_1$ 和 *araI*$_2$ 结合激活转录,处于 P1 状态的野生型 AraC 已经与 *araO*$_2$ 和 *araI*$_1$ 结合。还可以解释某些删除突变的现象,如 Englesberg 删除,该删除是在不破坏 *araI*$_1$ 和 *araI*$_2$ 情况下,删除 *araO*$_2$,所以 *araC*^{c} 不再是隐性的,因为没有 *araO*$_2$ 可供结合,P1 状态的野生型 AraC 就无法表现其反激活蛋白特性。

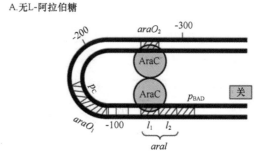

A. 无 L- 阿拉伯糖

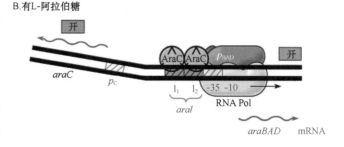

B. 有 L- 阿拉伯糖

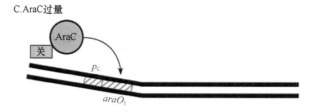

C. AraC 过量

图 13.20　有关 AraC 的模型,当 L- 阿拉伯糖出现时,它作为 *ara* 操纵子的正激活物,而缺乏 L- 阿拉伯糖时,它作为反激活子,可以负自主调控自身基因的转录

13.3.1.4　AraC 的自调控

AraC 蛋白不仅能够调控 *ara* 操纵子转录,而且能对自己的转录进行负调控。与 TrpR 类似,AraC 蛋白能够阻遏自身的合成过程。

图 13.20 给出了 AraC 合成自调控模型。在阿拉伯糖缺乏时,处于 P1 状态的 AraC 分子结合在 *araO*$_2$ 和 *araI*$_1$ 上,并通过相互作用使 *araC* 的启动子(p_c)序列弯曲,抑制 *araC* 转录;但阿拉伯糖存在时,处于 P2 状态 AraC 不再结合 *araO*$_2$,启动子可以顺利启动转录,合成 AraC。然而如果 AraC 太多,过量的 AraC 将与 *araO*$_1$ 结合,在启动子处阻断转录。

13.3.1.5　L- *ara* 操纵子的分解代谢物调控

ara 操纵子也受分解代谢物阻遏调控,当培养基中有更好的碳源可供利用时,*ara* 将停止表达。CAP 蛋白对基因转录所进行调节也是分解代谢物阻遏的一个类型,CAP 是一个激活蛋白,与 AraC 相类似。CAP 通过与 CAP 结合位点结合,可帮助打开当 AraC 结合 *araO*$_2$ 和 *araI*$_1$ 后形成的 DNA 环状结

构。打开环状结构可阻止 AraC 与 *araO*$_2$ 和 *araI*$_1$ 结合,促进 AraC 与 *araI*$_1$ 和 *araI*$_2$ 结合,激活转录。

13.3.1.6　L − *ara* 操纵子的用途

除了在研究正调控中具有重要的历史意义外,*ara* 操纵子在生物技术中有许多用途。在表达载体中,*p*$_{BAD}$ 启动子比 *lacZ* 启动子更广泛地被应用,因为前者的调控更为严谨,它结合了 AraC 激活蛋白正、负调控,所以培养基中如果没有阿拉伯糖出现,很少从该启动子发生转录,而且 *p*$_{BAD}$ 启动子受到分解代谢产物阻遏控制,比 *lacZ* 启动子更强,所以能积累大量有毒产物。

13.3.2　大肠杆菌麦芽糖操纵子

细菌正调节操纵子中研究得较彻底的还有促进麦芽糖代谢的麦芽糖操纵子(图13.21),但麦芽糖操纵子不止一个。大肠杆菌中促进麦芽糖转运和代谢的基因在基因图谱中呈四个簇排列,分别位于 36min、75min、80min 和 91min 处。位于 75min 的操纵子簇有两个结构基因:*malQ* 和 *malP*,这两个基因表达酶:MalQ 和 MalP,促进细胞质中麦芽糖和多聚麦芽糖转化为葡萄糖和葡萄糖 − 1 − 磷酸,这一簇还包括调节基因 *malT*。80min 处的操纵子簇上 *malS* 基因编码的酶 MalS 能分解多聚麦芽糖。91min 处的簇有两个操纵子,其编码产物负责将麦芽糖由胞外转运到胞内。36min 处操纵子编码的酶能降解多聚麦芽糖。

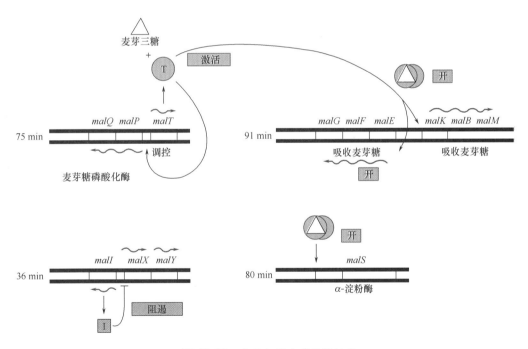

图 13.21　大肠杆菌麦芽糖操纵子

虽然这些操纵子使细菌能利用麦芽糖,但其更大的作用在于使细胞能够转运和降解麦芽糖多聚物——麦芽糊精。麦芽糖本身是一个二糖,由两个葡萄糖残基通过 1 − 4 糖苷键相连,麦芽糖和麦芽糊精都是大分子多糖——淀粉的分解产物(细胞贮存淀粉用作能源贮备)。*malP* − *malQ* 操纵子编码的酶降解麦芽糊精为麦芽糖,然后继续将麦芽糖降解为 G − 1 − P,进入其他代谢途径。有些细菌(如克雷伯杆菌)通过分泌胞外酶降解体外的长链淀粉分子来利用淀粉,而大肠杆菌缺乏类似的胞外酶,因此只有当邻近的微生物先将淀粉降解为麦芽糊精等短链分子后,

大肠杆菌才能接着利用。

13.3.2.1　麦芽糖转运系统

mal 操纵子合成的酶大部分都参与麦芽糊精和麦芽糖转运,使之通过细胞的外膜和内膜进入细胞(图 13.22)。*lamB* 基因合成的蛋白产物位于外膜,能与培养基中麦芽糊精结合,该蛋白在外膜上形成一条较大通道,麦芽糊精能借此穿过外膜,进入胞内;而麦芽糖分子较小,不需要这条通道的帮助。LamB 蛋白在细胞表面上可作为 λ 噬菌体的表面受体,其名也源于此,由 λ 衍生为 *lamB*;如果 *lamB* 基因发生突变,那么 λ 噬菌体就不能侵袭细菌,因此带 *lamB* 突变的突变株对 λ 噬菌体有抵抗力。当麦芽糖多聚物穿越外膜到达周质后,MalS 蛋白将降解其中较大的分子,使其可以穿过内膜;然后这些小多聚物与 MalF 结合,在 MalF、MalG、MalK 的帮助下穿过内膜。

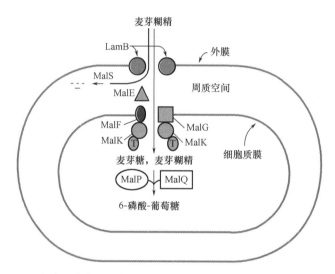

图 13.22　麦芽糊精在大肠杆菌中转运和加工时,麦芽糖调节子基因的功能

13.3.2.2　*mal* 操纵子的调控

mal 操纵子的调控如图 13.21 所示,其诱导物是麦芽三糖,麦芽三糖内的三个葡萄糖残基通过糖苷键连接而成。麦芽三糖的来源:①*mal* 编码的酶可以利用从胞外转运来的麦芽糖合成麦芽三糖;②细胞将葡萄糖合成麦芽糖的多聚物,在需要时,可将多聚物降解为麦芽三糖,因此能降解多聚麦芽糖的酶就能直接调节 *mal*。

第一个操纵子上的调节基因 *malT* 能编码激活蛋白,调节基因的其他三个操纵子簇。激活蛋白 MalT 能与麦芽三糖特异性结合,并由此活化操纵子的转录。MalT 的活化方式,能使 DNA 环绕在多拷贝的蛋白质上,从而改变 DNA 的构象。MalT 也是激活蛋白大家族的成员之一。

Mal 调控的遗传学分析较为复杂,因为麦芽糖多聚物是细胞本身具有的成分,功能较多,还能在高渗环境下保护细胞,因此在判断组成型突变是否发生于调节基因时,必须十分谨慎。例如,MalK 突变株使 *mal* 的其他基因出现组成型表达,通常据此即可认为 *malK* 编码的 MalK 是 *mal* 的阻遏蛋白。然而事实并非如此,在细胞中 MalK 的正常功能是降解麦芽三糖(图 13.22),而麦芽三糖是 *mal* 的诱导物,能诱导其基因进行表达,因此 *malK* 突变后,麦芽三糖的降解减少,在突变株中的含量高于野生菌株,从而诱导 *mal* 持续表达,使菌株看起来像组成型突变株。因此,研究麦芽糖代谢途径的调节不能单从表面现象入手,要将生化知识和遗传学知识联合起来进行研究。

13.3.2.3 *mal* 基因在实验中的用途

由于 *mal* 操纵子研究得较为透彻,故在分子遗传学上得到了广泛应用。MalE 蛋白也称为麦芽糖结合蛋白(MBP),能牢固结合麦芽糖,这一特征在许多生物技术中得到应用。许多克隆载体所携带的蛋白基因中就融合了 *malE* 基因,这样利用麦芽糖层析柱就能纯化带有 MalE 的蛋白。*mal* 编码的酶能将长链分子转至细胞内,这样的酶对研究大分子物质的转运系统非常有用。另外 *mal* 编码的蛋白分布在内膜,外膜和细胞质中,这一特性对蛋白转运系统的研究来说,是一个不可多得的理想研究对象。

13.3.3 *tol* 操纵子

许多土壤细菌能降解芳香族化合物,其相应的操纵子也受正调节。许多芳香族化合物,如杀虫剂和一些化工产品,自然界中并不存在,特别是绝大多数含氯芳香族化合物,在自然界中存在的历史很短,但有的细菌已经能对其进行降解。利用此类细菌和某些微生物能降解芳香族化合物的特性,将它们用于分解某些化学污染物,这一过程称为生物修复。研究降解芳香族化合物操纵子的调节,有助于采用更合理的方法利用生物修复去除有毒废弃物。

pWWO 质粒的 *tol* 操纵子,最初由土壤细菌——恶臭假单胞菌中分离得到,它能编码降解甲苯和二甲苯的酶。甲苯不含氯,估计长期存在于自然界中,发现 *tol* 操纵子可参与降解氯化芳香族化合物,如氯化儿茶酚。

图 13.23 中给出了 pWWO 质粒 *tol* 操纵子的结构,它含有两个操纵子,两者间有数千个碱基对。第一个操纵子编码上游途径的酶,该途径将甲苯转化为苯;另一个操纵子编码下游途径的酶,该途径可打开苯环,并将其降解为三羧酸循环(TCA)的中间产物,参与能量代谢或合成其他含碳化合物。

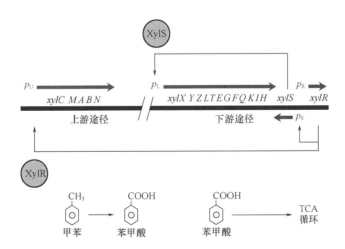

图 13.23　恶臭假单胞菌 Tol 质粒 pWWO 的 *tol* 操纵子的结构

13.3.3.1 *tol* 操纵子的调控

两个操纵子的调控既独立进行同时又相互影响。当培养基中有甲苯时,两个操纵子同时被激活,因为甲苯进入 TCA 的过程中,两个操纵子产物都不可缺少,如果培养基中仅有苯,那么只有一个下游途径操纵子被激活,因为此时没有必要激活上游途径操纵子。

当有甲苯存在时,可通过两个激活蛋白对上游途径和下游途径进行相互调节,其中一方的激活蛋

白可激活另一方的转录。上游途径操纵子的激活蛋白是 XylR(激活蛋白 NtrC 家族成员),诱导物为甲苯或二甲苯;下游途径的激活蛋白是 XylS(激活蛋白 LysR 家族成员),诱导物为苯。当甲苯或二甲苯存在时,XylR 从启动子 p_U 处激活上游途径操纵子转录,表达相应的酶,并作用于甲苯或二甲苯,将其降解为苯,但此时苯的量不足以结合 XylS,所以下游途径的转录不能被激活;但 XylR 同样能从启动子 p_s 处激活 xylS 基因的转录,从而促进 XylS 合成。当 XylS 浓度升高到一定程度时,即使不结合苯也能激活下游途径转录。如果培养基中有足量的苯,XylS 结合苯后即可诱发下游途径,但此时所需 XylS 浓度比苯不足时所要求的浓度低得多。这种调控的互补性,使得有甲苯存在时,上下游途径都能被激活,而在仅有苯存在时只激活下游途径。

    tol 操纵子及其调控基因的调控与细菌中其他分解代谢途径中的基因调控类似。例如,XylR 也可调节自身转录,即转录水平的自身调节,类似 AraC,因此,当诱导物甲苯存在时,XylR 浓度将不断增加,并激活其他基因转录。另一相似之处是启动子 p_u 和 p_s 都能被带有 σ^{54} 因子的 RNA 聚合酶识别,σ^{54} 因子可被其他 σ 因子替换,后面第 14 章中还将提到,σ^{54} 因子也可用于转录氮源调节基因。这些操纵子都使用 σ^{54} 因子的原因尚不清楚,但细菌操纵子表达之间却都有些远亲,大肠杆菌中的氮源调节基因和恶臭假单胞菌中的 tol 即为一例。

13.3.3.2　tol 操纵子的遗传学分析

    tol 的基因结构图由分子遗传学实验得来,携带 tol 的 pWWO 质粒宿主范围较广泛,且自身具有感染性,可从恶臭假单胞菌菌株扩散到大肠杆菌菌株;对大肠杆菌的实验技术已比较完善,因此易于在大肠杆菌菌株内进行有关 tol 结构与调控研究实验。pWWO 质粒进入大肠杆菌后,用 Tn5 转座子使质粒变得易于诱变,然后将此质粒再转至恶臭假单胞菌中,以检测某一特定转座子插入是否使利用甲苯所需基因失活。如果 tol 失活,即对此插入序列用限制性内切酶定位法进行定位。如此反复,可得到 tol 调控基因图谱。

    用分子遗传学实验同样可以得到上述调控基因图谱。最先被鉴定出的正调节蛋白是下游途径的 XylS,因为即使有苯存在,如果没有 xylS 基因,相应菌株也不能表达下游途径基因。同样方法证实,在 xylR 基因缺失的菌株中,上游途径不能表达,而且平时 xylS 的转录水平较低,这充分说明 XylR 是上游途径操纵子及 xylS 基因的正调节蛋白。xylS 过度表达的菌株在没有苯存在时也可激活下游途径,这一特点可用来判断 XylS 的含量,如果在没有苯的前提下,XylS 也能激活下游途径转录,那么说明此时 XylS 浓度较高。

13.3.3.3　用选择性遗传学手段扩展 tol 操纵子下游途径诱导物范围

    一种可行的方法是用选择性遗传学实验来改进已知途径,使其能利用更多的芳香族底物。例如,虽然 tol 下游途径操纵子能降解苯的一些衍生物,如 3 – 甲苯和 4 – 甲苯,但对 4 – 乙苯这样的衍生物却无法降解,其原因在于下游途径中的第二个酶无法以 4 – 乙苯为底物,同样 4 – 乙苯也不是操纵子的诱导物。即使操纵子编码的酶可以降解某些底物的衍生物,但如果这些衍生物不是途径的诱导物,操纵子也不能将酶表达出来进行降解。

    但对于某些 xylS 突变株,4 – 乙苯和其他苯衍生物可充当下游途径的诱导物。基因融合技术可以筛选这样的 xylS 突变株。研究用的大肠杆菌其下游途径操纵子能被 XylS 蛋白激活。实验中,将下游途径操纵子的启动子 p_1 融合到一个质粒的四环素抗性基因(tet)上,如果启动子 p_1 不被激活,那么四环素抗性基因也不会转录,菌株对四环素敏感。将该质粒转入大肠杆菌体内已存在一个表达 XylS 蛋白的相容性质粒。如果某种衍生物可诱导 XylS,使其激活转录,那么大肠杆菌菌株将因为四环素抗性基因同时表达

而获得对四环素的抗药性(Tet^r),能在含四环素的平板上生长;反之,如果该衍生物不能诱导 XylS 活化转录,那么细胞将仍对四环素敏感(Tet^s)。不出所料,苯可以使细胞变成 Tet^r,同时发现 2 - 氯苯等衍生物也可使细胞变为 Tet^r;但如 4 - 乙苯和 2,4 - 二氯苯这类衍生物则不能诱导转录,细胞仍是 Tet^s。

进一步进行选择性遗传学实验,可筛选出由 4 - 乙苯这样的非诱导衍生物激活的突变株。对携有上述两个质粒的细菌进行诱变,并大量涂布于含有四环素和潜在诱导物(如 4 - 乙苯)的培养基上。大部分菌株被杀死,只有极少数 Tet^{r}突变株才能幸存并形成菌落,但必须把筛选出的突变株中组成型突变株分离出来舍弃,因为即使没有诱导物的条件下,组成型突变株也是 Tet^r,不符合实验要求。

因此,提取带有 xylS 的质粒导入带有 tet 融合的细菌中,可以将可被 4 - 乙苯诱导并携有 xylS 突变的突变株从其他突变株中分离出来。因为只有当质粒发生突变,并且突变极有可能就发生在 xylS 上时,接受质粒的细菌在乙苯的诱导下,才表现为 Tet^r。为了确证突变的确发生在 xylS 基因上,将该 xylS 基因再克隆到一个新的质粒上。同样,当有 4 - 乙苯存在时,该质粒仍使细胞表现为 Tet^r。最终需对 xylS 基因进行测序,以确定 XylS 蛋白多肽链上的氨基酸改变,该改变使 XylS 能以 4 - 乙苯为诱导物。类似的实验也获得了成功,说明有时只需简单突变,就可以改变激活蛋白的诱导特异性,这也许是存在激活蛋白家族的根本原因。

13.4 转录衰减调控

在以上的例子中,对操纵子转录的调节是通过调节启动子来进行的,然而调节启动子并不是调节转录的唯一机制,转录衰减调节(简称衰减调节)就是另一机制。衰减调节的机制与正负调节都不同,在衰减调节过程中,转录启动时是正常的,但 RNA 聚合酶还未到达第一个结构基因,转录已被终止。最经典的衰减调节是大肠杆菌的 his 操纵子和 trp 操纵子,类似的大肠杆菌生物合成操纵子还有 leu 操纵子、phe 操纵子、thr 操纵子、ilv 操纵子和枯草杆菌编码氨基酰 - tRNA 合成酶的基因,在本章中只讨论 trp 操纵子的衰减调控、trp 操纵子编码色氨酸合成代谢过程所需的酶。

13.4.1 大肠杆菌 trp 操纵子的衰减调控

本章开头提过 trp 操纵子受 TrpR 阻遏蛋白的负调节,然而据遗传学实验分析认为,trp 操纵子的调节类型不止于此。如果 trp 操纵子仅受 TrpR 阻遏蛋白调节,那么 trp 突变株的表达水平应与色氨酸的存在与否无关。然而实验证实,即使是 TrpR 完全无效的突变株中,色氨酸存在与否与酶的表达水平有关,无色氨酸时的表达要高于有色氨酸时的表达,这说明 trp 操纵子存在其他调节途径。

有种假说认为 Trna^{Trp}在无 TrpR 时能对 trp 操纵子进行调节。根据这个假说,有几种突变,如编码色氨酰 - tRNA 合成酶(催化色氨酸和相应 tRNA 结合)的基因突变、tRNA^{Trp}结构基因的突变,以及修饰 tRNA^{Trp}基因的突变,都能促进操纵子表达,所以可以推测这些突变都能降低细胞内氨基酰 - tRNA^{Trp}含量,同时可以推测,调节机制与细胞内游离色氨酸含量无关,而与结合在 tRNA^{Trp}上的色氨酸数目有关。

另有证据显示,该调控类型目标区域不是启动子,而是启动子下游的前导区,又称 trpL(图 13.15、图 13.24)。如果位于启动子与 trpE 基因之间的这一区域发生缺失突变,将导致调节无效。带有前导区缺失突变和 trpR 突变的双突变株能完全组成型表达 trp 操纵子。前导区缺失突变是顺式显性突变,仅能影响同一 DNA 上的 trp 操纵子表达。后来的证据显示,如果不缺乏色氨酸,则转录将在这个前导

区停止,因为形成了过量的色氨酰–tRNA。因为该调节方式能阻断正常的转录过程,所以将它称为衰减调节。his 操纵子调节方式与此极为相似。

13.4.1.1 *trp* 操纵子的衰减调控模型

图 13.24、图 13.25 中给出了 *trp* 操纵子衰减调控模型,根据该模型,色氨酰–tRNA 含量将决定前导区 RNA 序列所形成的发夹结构(属二级结构)的种类。经检测发现,四个 RNA 前导序列能形成三种不同发夹结构。

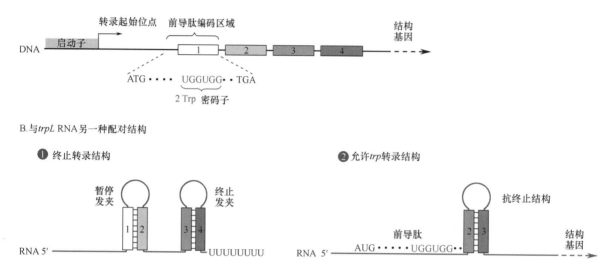

A. *trpL* 前导区域

B. 与 *trpL* RNA 另一种配对结构

图 13.24 *trp* 操纵子前导区域衰减调控的结构和特征

转录停止与否有赖于衰减机制对细胞中色氨酸含量高低的感应。*trpL* 含有两个毗邻的编码色氨酸密码子(AUG)序列,在转录到 RNA 上之后,可为调节提供信号。当该序列被转录后,核糖体与合成的 RNA 结合,尝试进行翻译,此时 RNA 聚合酶尚未进入操纵子的结构基因,如果此时细胞内色氨酸浓度较低,色氨酰–tRNA 的浓度相应也降低,那么核糖体遇到 AUG 时,会暂时出现停顿。如果出现这种情况,说明此时细胞内色氨酸浓度较低,转录可以继续。

图 13.24 和图 13.25 中也说明了发夹结构在衰减调节中如何运作。*trpL* 转录的前导区 RNA 序列有四个区:1 区、2 区、3 区和 4 区,能形成三个不同的发夹结构,即 1:2、2:3 及 3:4。3:4 发夹的形成迫使 RNA 聚合酶终止转录,因为该发夹是非因子依赖型转录终止信号中的一部分(第3 章)。

有两个过程影响了 3:4 发夹的形成,这两个过程是 *trpL* 区 AUG 处核糖体的翻译进程和 RNA 聚合酶在 *trpL* 区的转录进程,这两者的动力学关系决定是否形成 3:4 发夹。当 RNA 聚合酶在启动子处开始转录后,将迅速进入 *trpL* 区,并到达 2 区后紧邻的一个位点,在这里暂停,这一暂停由 1:2 发夹的形成所致,停顿很短暂(少于 1s),但就在这短暂的时间里,核糖体与 mRNA 结合,然后 RNA 聚合酶才进入 3 区,很可能由于核糖体的移动碰撞了暂停的 RNA 聚合酶,使之继续移动。核糖体能否顺利越过 AUG 决定了接下来形成的发夹类型。如果能越过,说明此时色氨酸并不缺乏,将形成 3:4 发夹终止转录;如果不能越过,说明此时缺乏色氨酸,将形成 2:3 发夹来阻止 3:4 发夹的形成,转录可以继续(图13.25C)。

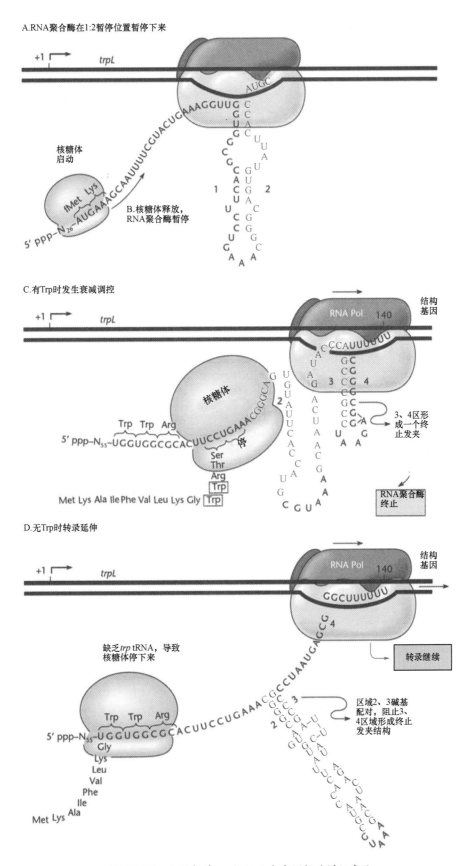

图13.25 大肠杆菌 trp 操纵子衰减调控的详细步骤

13.4.1.2　模型的遗传学证据

任何模型都必须得到直接实验证据支持才能令人信服。*trpL75* 突变发生的表型支持了2:3 发夹结构的存在及其在细胞内的功能。*trpL75* 突变株中有一个核苷酸突变,阻止用于发夹结构连接的碱基对的正常配对,从而使发夹结构不稳定,在 *trpL75* 突变株内,转录终止发生在 *trpL* 区域,甚至缺少色氨酸时,与模型中的预测一致,2:3 发夹形成会阻止 3:4 发夹的形成。

trpL29 突变株证实:从 *trpL* 区翻译合成一条前导肽链对调节来说是必需的。*trpL29* 突变导致mRNA上的起始密码子 AUG 改变为 AUA,从而使前导肽无法合成。在色氨酸浓度较低时,*trpL29* 突变株转录也会被终止,这一现象也可通过模型来解释。现在已经知道,RNA 聚合酶在 1:2 发夹处停顿,但即使没有核糖体的碰撞,RNA 聚合酶最终也将继续移动,并转录3:4 区。在 1:2 发夹形成的前提下,由于突变,AUG 变为 AUA,核糖体将迅速越过原有 AUG 的地方,导致 2:3 发夹不能形成,也就不能阻止形成 3:4 发夹而最终导致转录终止。

根据模型可预测:在 *trpL* 的其他密码子处终止翻译也可以解除衰减调节。*trpL* 上第二个 AUG 下游的第一个密码子是编码精氨酸的,如果使核糖体在这个地方停顿,也将形成 2:3 发夹。因此将细胞置于无精氨酸的环境中,也可同样消除 *trp* 操纵子的衰减调节。

13.4.2　枯草芽孢杆菌 *trp* 操纵子的衰减调控

我们习惯研究同一个操纵子在不同类型细菌中的调控情况,研究最多的要数 *trp* 操纵子,将枯草芽孢杆菌和大肠杆菌中的 *trp* 操纵子调控机制相比较,发现它们的调控完全不同,但达到相同的效果。

如图 13.26 所示,枯草芽孢杆菌遇到培养基中色氨酸缺乏时,将采用完全不同的抗终止方式调节它的 *trp* 操纵子转录。它并不像大肠杆菌一样靠核糖体在色氨酸密码子处停止,改变 mRNA 的二级结构进行调节,它利用一种称为 TRAP(*trp* RNA 结合衰减蛋白)调控。TRAP 蛋白具有 11 个亚单位,每个都与色氨酸结合,亚单位以环形排布,每一个与 mRNA 前导序列上重复的三联子(GAG 或 UAG)结合,但仅当与色氨酸结合后才发生上述结合。三联子之间的最佳间隔是 2bp,这样能使前导 RNA 与 TRAP 结合,不形成发夹结构。

结合色氨酸的 TRAP 可以直接与 *trpE* 上游 S-D 序列结合,而阻断 *trpE* 操纵子首个基因翻译,它还将与其他基因 mRNA 区域结合,所以培养基中出现色氨酸时会发生 *trp* 操纵子基因的转录和翻译。

比较基因组学已经用来研究其他类型的细菌中是否也用到 TRAP 或相近的机制调控 *trp* 操纵子,研究表明许多与枯草芽孢杆菌亲缘关系很近的革兰阳性菌确实采用 TRAP 蛋白进行调控,但是大多数没有 TRAP 蛋白,如炭疽芽孢杆菌虽然与枯草芽孢杆菌相近,但它并不用 TRAP,而是用 T - 盒核糖开关机制抗 *trp* 操纵子转录终止。

13.4.3　大肠杆菌 *bgl* 操纵子的调控

有时候抗终止蛋白并不会使抗终止发夹结构不稳定,而且恰恰相反,它能使发夹结构更稳定,TRAP 蛋白就是一例。以上调节策略在大肠杆菌 *bgl* 操纵子的调控中被使用,*bgl* 操纵子的基因产物能降解 β - 葡萄糖苷,用作细胞的碳源和能源,在调控中 BglG 是抗终止蛋白,能同时与两个发夹结构结合使其稳定。如果 BglG 蛋白结合到抗终止子发夹上,终止子就不能形成,所以转录继续从操纵子开始,表达降解 β - 葡萄糖苷所需产物。

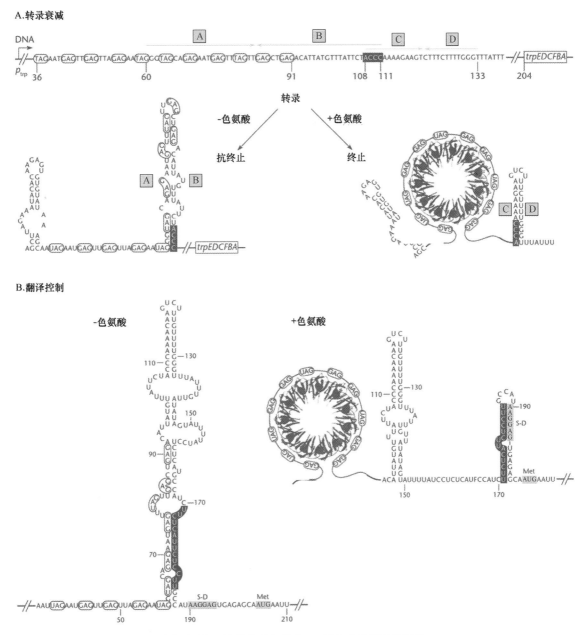

图13.26 枯草芽孢杆菌中 *trp* 操纵子的 TRAP 调控

与其他分解代谢途径相同, *bgl* 操纵子仅当培养基中出现了 β − 葡萄糖苷时才被诱导, 然而 β − 葡萄糖苷并不直接与抗终止蛋白 BglG 结合, BglG 是 β − 葡萄糖苷转运至细胞所必需的, 它的活性形式与抗终止环结合, 是 bglG 基因产物相同的两个单体组成的均一二聚体。BglG 蛋白只有未被磷酸化时才形成二聚体, 如果被磷酸化, 它以单体形式存在不与抗终止环结合。BglF 的磷酸化状态决定 BglG 磷酸化与否, BglF 是 PTS 膜转运系统的一部分, 也能特异性将 β − 葡萄糖苷转入细胞内, 如果没有 β − 葡萄糖苷要被转运, BglF 就转移一个磷酸给 BglG 使其失活, 它也可以结合到处于非活性状态的磷酸化 BglG 上形成活性形式。这样就能保证只有当 β − 葡萄糖苷转运至细胞中, 利用它的基因才被开启。

13.4.4 通过改变 mRNA 二级结构的调控

上面绝大多数调控例子,都涉及蛋白与启动子序列或 mRNA 的前导序列或者与前导序列核糖体翻译部位结合,然而还有一些调节不需要蛋白质的参与,只是根据外界变化,采用核酶切割自身 RNA 进行调控,mRNA 上的这段序列一般不翻译成蛋白,处于 mRNA 第一个基因起始密码子的 5′ 上游,称之为 5′ 非翻译序列(5′UTR)。

通过 mRNA 二级结构溶解的调控

5′UTR 影响基因表达可以通过温度对 RNA 二级结构的影响达到,在 mRNA 中碱基互补可以形成二级结构,如发夹结构或假结。如果在 mRNA 的 5′UTR 形成了以上的二级结构,核糖体经过时就会受阻,使其不能进入 mRNA 翻译起始区(TIR)。然而当温度升高,二级结构溶解,暴露出 TIR 时,核糖体能够结合并启动 mRNA 的翻译。mRNA 上 5′UTR 二级结构通过温度改变而溶解以调节基因表达,首先在大肠杆菌中被发现,如果大肠杆菌突然受到热激,一些基因将会从启动子 σ^{32} 转录,而不是常用的 σ^{70} 启动子转录,后来发现 σ^{32} 水平增高,其中原因之一是 5′UTR 二级结构在温度升高时被熔解。

许多致病菌就是通过温度升高熔解 mRNA 二级结构,帮助打开毒力基因。我们和温血动物的体温一般高于细菌所处的环境温度,所以当细菌进入人体时,它们就会感到温度升高,打开自己的毒力基因,在宿主中繁殖。鼠疫耶尔森菌的 lcrF(低钙响应基因 F)就是通过温度调控的,通常情况下,lcrF 基因所处的 mRNA 上 5′UTR 具有二级结构,阻断了翻译,当该菌进入小鼠或人体中,由于温度升高,二级结构被溶解,LcrF 转录调控蛋白的翻译才被启动。温度升高并不是表明进入真核宿主的唯一信号,对于鼠疫耶尔森菌来说,进入宿主后,它将感觉到钙的缺乏,于是毒力基因被打开。

13.4.5 核糖开关调控

有时调控还不仅仅是通过温度升高熔解 mRNA 二级结构达到,而是通过小的效应分子与 RNA 结合进行调节,这样也将影响转录的抗终止,影响基因调控,称这种调控为核糖开关调控,因为没有蛋白质的参与,仅有小分子与 mRNA 结合对它进行开关。现在越来越多的研究表明核糖开关调节不仅存在于细菌中,而且还存在于真核生物中,本节我们来讨论这种调节方式中的一些内容。

13.4.5.1 枯草芽孢杆菌中氨酰 tRNA 合成酶基因抗转录终止的核糖开关调控

氨酰 tRNA 合成酶基因抗转录终止的核糖开关调控首先在枯草芽孢杆菌中被发现,如果对细胞限制某种氨基酸,那么相应的那种氨基酸的氨酰基 tRNA 相对减少,细胞会调控生成更多那种氨酰基 –tRNA合成酶,促使 tRNA 与相应氨基酸结合。

氨酰 – tRNA 合成酶在枯草芽孢杆菌中的表达调控是通过抗转录终止进行的,如果某种氨基酸的 tRNA 绝大部分没有被氨酰基化,即氨基酸没有与 tRNA 结合时,在前导序列上转录终止较少发生,以便形成更多氨酰基合成酶,如果绝大多数 tRNA 上已经结合上相应的氨基酸,则转录氨酰基合成酶基因将被终止。所以每种氨酰基合成酶基因转录是否终止,有赖于 tRNA 非氨酰基化水平。

深入研究后发现整个抗转录终止过程中没有蛋白质参与,mRNA 仅对氨酰基化 tRNA 的水平进行响应。现在已经很清楚对合成酶基因是如何抗终止调节的(图 13.27)。根据热力学数据显示,RNA 可以通过氢键形成非常稳定的二级结构,tRNA 与 mRNA 的 5′UTR 结合后,mRNA 的结构更加稳定,tRNA 的反密码子与 mRNA 上的特殊环相连接,tRNA 的另外一端氨基酸接受端与 mRNA 的下游暴露区域结合(泡状结构),阻止了较不稳定的第三个发夹结构的形成,这个发夹结构是终止子。如果

tRNA已经被氨酰基化,那么接受的氨基酸干扰tRNA与mRNA上的泡状结构碱基互补配对,不能形成抗终止发夹结构,而形成了终止子发夹结构,在未进行合成酶转录之前就停止下来。该模型在体外实验中也得到了证实。

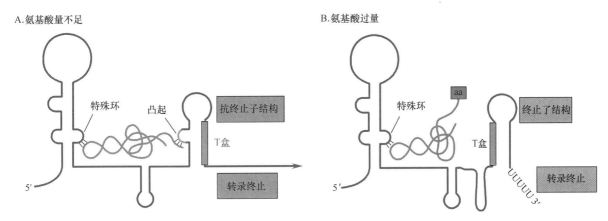

图 13.27 枯草芽孢杆菌中,tRNA 结合到氨酰合成酶前导 RNA 的 T-盒上进行核糖开关调节

13.4.5.2 核糖开关调控的另一些例子

自枯草芽孢杆菌中氨酰-tRNA合成酶基因抗转录终止的核糖开关调控被发现后,又有许多关于真核细胞中也具有类似调控的报道,许多涉及与小的代谢分子结合,有些是终产物,有些还是生物合成途径的中间代谢物,它们都能与mRNA结合,影响它的二级结构,从而对基因进行调控。核糖开关调节中小分子有氨基酸(赖氨酸、甘氨酸)、维生素(维生素 B_{12}、维生素 B_1)、核苷酸碱基(鸟嘌呤和腺嘌呤),还有单核苷酸核黄素和葡萄糖胺-6-磷酸。以上分子进行的核糖开关调控,有时与枯草芽孢杆菌中氨酰基 tRNA 合成酶基因调控相似,通过转录抗终止完成,然而有些时候发生在翻译阶段,可以通过阻断 mRNA 上 5′UTR,或者将 5′UTR 转变为核酶将自己剪切掉。在真核生物中,还可以采用 RNA 剪切功能发挥调节作用,代谢物与 mRNA 结合导致其二级结构的改变,从而抑制 mRNA 的编辑。

通过分子小代谢物进行核糖开关调节研究最好的一个例子是有关甲硫氨酸代谢基因的抗终止调控。甲硫氨酸不仅在体内是构成蛋白质的 20 种氨基酸之一,还将被转变为 S-腺苷甲硫氨酸,给细胞的生化反应提供甲基,前面已经讲过用限制性内切酶对 DNA 甲基化,其实甲基化在细胞体内还有很多用途。甲硫氨酸并不是效应分子,而是 S-腺苷甲硫氨酸充当效应分子,它与 mRNA 上 5′UTR 结合区域称为 S-盒,枯草芽孢杆菌等革兰阳性菌相近种中的上述区域是甲硫氨酸生物合成基因的高度保守区。

S-腺苷甲硫氨酸结合到 5′UTR 的 S-盒上如何导致转录终止如图 13.28 所示,它的转录终止调控方式有些像大肠杆菌中 trp 操纵子的转录终止调控,它不仅用抗终止子和终止发夹,而且还用到抗-抗终止子、抗终止子和终止发夹。抗-抗终止子结合了 S-腺苷甲硫氨酸使其结构更加稳定,阻止抗终止子发夹结构形成。如果抗终止发夹不能形成,则形成终止发夹,转录被终止。在 T-盒对氨酰基转移酶基因调控时,如果在单纯转录体系中仅有 RNA 聚合酶和 DNA 模板存在,当加入 S-腺苷甲硫氨酸时,将发生 S-盒介导的转录终止,这说明调控中确实不需要其他因子,而且一些发夹环的重要性已经通过突变实验得到证明。

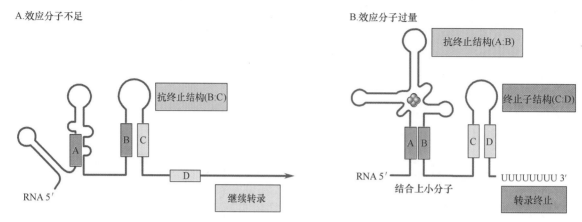

图 13.28　小效应分子结合至操纵子 mRNA 的前导序列进行核糖开关调节

13.5　翻译后调控：反馈抑制

生物合成过程所受调控是多方面的,既有上述的转录调节,也存在合成产物的反馈抑制。在反馈抑制中,合成的终产物与合成过程中的第一个酶结合,并使其失活,从而抑制合成过程。许多生物合成都存在反馈抑制,反馈抑制相对转录调控而言,更为敏感和快速,它能对终产物产量变化做出迅速反应,并进行调节,而转录调控对终产物的产量变化要迟钝得多。

13.5.1　色氨酸操纵子反馈抑制

色氨酸合成途径也受反馈抑制调节。色氨酸与色氨酸合成途径的第一个酶——邻氨基苯甲酸合成酶结合,并抑制其活力,从而阻止合成更多的色氨酸。可用 5 - 甲基色氨酸平板筛选出反馈抑制缺陷突变株。高浓度 5 - 甲基色氨酸可与邻氨基苯甲酸合成酶结合,并抑制该酶活力,阻止色氨酸合成,人为造成细胞缺乏色氨酸。但对于 *trpE* 基因发生突变,并因此失去反馈抑制特性的突变株,由于其邻氨基苯甲酸合成酶不能与色氨酸或 5 - 甲基色氨酸结合,不受反馈抑制,从而能在平板上生长增殖,形成菌落。

此前也应用了类似方法筛选 *trp* 操纵子突变组成型突变株,但实验条件有所不同,筛选组成型突变株所用的 5 - 甲基色氨酸浓度要低一些,如果 5 - 甲基色氨酸浓度太高,即使是组成型突变株,其色氨酸合成也会被抑制,从而导致色氨酸缺乏。

13.5.2　异亮氨酸 - 缬氨酸操纵子

对缬氨酸(Val)敏感的大肠杆菌也存在反馈抑制,如果培养基中有高浓度缬氨酸而没有异亮氨酸(Ile),则大肠杆菌将死亡。因为缬氨酸和异亮氨酸在细菌中通过同一途径由 *ilv* 操纵子合成,而该途径的第一个酶羟基乙酸合成酶被缬氨酸反馈抑制。如果缬氨酸浓度过高,将导致该酶失活,那么异亮氨酸也同样不能合成,同时培养基中如果没有异亮氨酸,那么细菌将因缺乏异亮氨酸而死亡。自然界中出现这种情况的几率很低,因为菌体内降解的蛋白质也是氨基酸的来源,而且缬氨酸和异亮氨酸甚为常见,绝大多数蛋白质中都有,所以来源较多,不至缺乏。

大肠杆菌的大多数种类都对缬氨酸敏感,在高浓度缬氨酸环境下不能存活。因此,用高缬氨酸无亮氨酸培养基很容易就可将抗缬氨酸突变株筛选出来,在此平板上生长的菌落都是抗缬氨酸突变株。

这种突变发生频率与 5 – 甲基色氨酸突变发生的频率很接近,原先认为它们在分子水平上有相近的机制。抗缬氨酸突变的来源通常还与合成另一个羟基乙酸合成酶基因有关:此基因合成的羟基乙酸合成酶不受缬氨酸反馈调节,其活力与缬氨酸浓度无关,参与的是异亮氨酸合成途径的第一个步骤,该基因突变会使其失活;当进行回复时,有可能发生回复突变,该回复突变所致的变异就是上述的抗缬氨酸突变。

13.5.3 翻译后酶的修饰

还有一些调控是通过对翻译的酶进行可逆共价修饰而获得的,其中一个例子是在谷氨酰胺合成酶上添加 AMP,我们知道谷氨酰胺合成酶是将谷氨酰胺转变为谷氨酸的酶。当谷氨酰胺浓度较高时,该酶就被加上 AMP,抑制其活力,直到谷氨酰胺水平降低。当 AMP 从谷氨酰胺合成酶上移走之后,该酶的活力回复。我们将在第 14 章、第 15 章中更详细地讲解酶的共价修饰调节。

13.6 已测序基因组中操纵子分析

前面讨论的操纵子都是通过正向遗传学分析发现的,即它们都是通过分离与野生型表型不同的突变体时发现的。通过突变筛选,我们可以得到大量操纵子代谢突变个体,正是对这些突变体的研究,使我们认识了前面讨论的操纵子及其调控机制。

13.6.1 操纵子等位基因

在突变体中等位结构基因发生改变后,将会消除、改变或增加基因产物活性。如果一种突变消除了基因的一个功能,我们就称为产生了一个无义等位基因,“失去功能的等位基因”与“无义等位基因”有时是互用的。有时可以通过基因敲除的方法,产生无义突变,但有时候效果并不明显,因为敲除的基因有时还会具有某些活性。另外还可以通过转座子诱变方法,产生无义突变,但也不能保证用此方法产生的所有突变都是无义突变,突变有可能是极性的,若在同一个操纵子中,有可能阻止下游基因表达,有些情况下,它们甚至提高操作子活性,表达上游基因。采用收集突变体研究操纵子及其调控,工作量大、难度高,突变体获得后,还需要用 PCR 扩增来鉴定突变基因。

13.6.1.1 用反向遗传学手段构建无义、无极性等位基因

当一个细菌的 DNA 序列已知,我们就可以采用使基因发生无义突变,来分析操纵子,这样避免了上述比较麻烦的方法。图 13.29 中介绍了在大肠杆菌中如何使用反向遗传学方法构建无义和无极性等位基因。在此过程中,要删除整个基因,只留下本基因最开始的 TIR 区域和终止密码子,还要保证上游基因的终止密码子和下游基因的 S – D 序列不受破坏。将改变后的基因片段通过电转化方式导入大肠杆菌中,该菌株具有 λ 噬菌体的 Red 功能或 Rac 原噬菌体的重组功能,促进扩增片段与染色体上的基因发生重组。由于导入序列两端带有抗生素抗性基因,发生重组后抗性基因会取代染色体上的基因存在于染色体中,再后来可以通过带有位点特异性重组酶的质粒将其清除掉,如酵母菌中的 FLP 重组酶。当导入的质粒将抗性基因清除后就会留下一个痕迹,如果该痕迹的形成是由于以 3 的倍数清除碱基对造成的,那么后面翻译过程中,还将表达有活性的寡核苷酸,不过由于序列变短,影响了它的极性及与下游基因翻译的偶合。同样过程还可以重复进行,用抗生素抗性基因取代另一些基因,从而评价多基因敲除对细胞造成的影响。

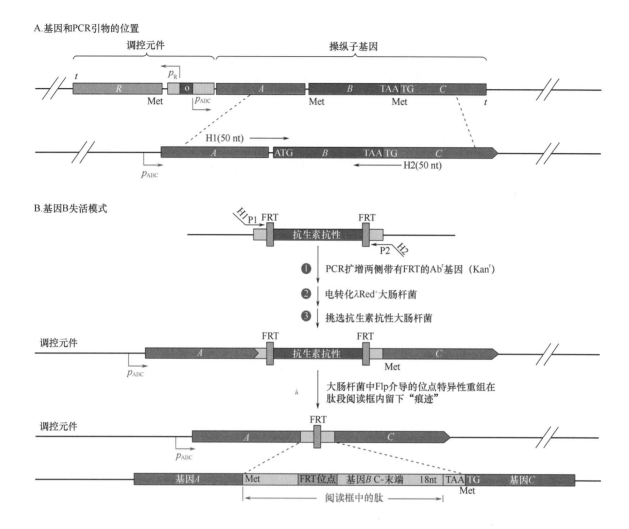

图 13.29 在大肠杆菌连续基因上构建无义突变,删除阅读框中的基因,不造成极性,也不影响翻译偶合的方法

13.6.1.2 用反向遗传学手段突变基因或构建新功能等位基因

重组工程也可以用来创造一个基因不同的等位基因,图 13.30 中给出了具体方法,要改变的基因既具有可选择性,如抗生素抗性,而且还具反向选择性,如蔗糖敏感性(sacB)。另外要经过两个回合的重组,第一次用一段短的序列取代含有抗性和反向筛选的基因,第二次用带有较小的、我们期望的突变取代第一次取代区域。在步骤 A 中,设计的 PCR 引物可以从质粒上扩增抗性盒,而且两端带有突变,其余能与染色体基因互补。将从质粒中扩增来的抗性盒转入大肠杆菌 λRed 表达系统,筛选抗生素抗性个体,这些个体中可能发生了我们期望的重组。在步骤 B 中,将一个带有期望点突变的单链 PCR 引物以电转化方式导入细胞中,最后在含有蔗糖的培养基中培养,挑选丢失了反向选择基因的突变体。在存活的细胞中,染色体上的盒已经被编码另一条寡核苷酸序列取代,至于是否在引入突变后不破坏其他基因,还取决于重组发生的位置,最后通过基因测序,可以找到蔗糖抗性菌株带有期望的碱基变化。

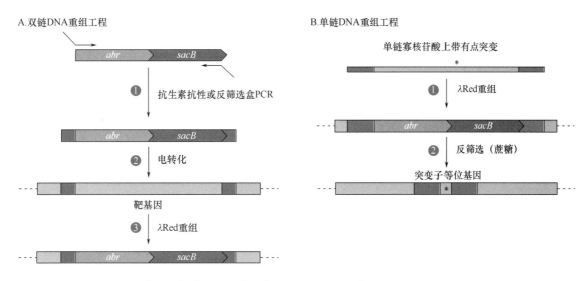

图 13.30　在大肠杆菌的已知序列基因上改变一个碱基对,或引入另一些突变的方法

13.6.2　调控等位基因和元件

以上方法也可用于估计某个基因是否是调节基因。例如,某个基因邻近基因组中某个操纵子,*lacI* 或 *araC*,它们还编码螺旋 - 转角 - 螺旋结构,我们就可以推断其具有编码调节蛋白功能。确定该基因是否是无义表型,还可以进一步判断它的产物是正调控蛋白还是负调控蛋白,产生其他等位基因改变类型,还能更好地认识调节蛋白是如何工作的。然而,我们还是很难预测改变哪一个氨基酸会带来哪种表型,所以可以想象如果不对调节基因深入研究,我们对基因调节的认识将会多么肤浅。

小结

1.基因表达调控会发生在基因表达的任何时期,在不同的条件下,如果从一个基因上合成 mRNA 的量不同,那么这个基因进行了转录调控。如果合成 mRNA 后才出现调控,那么称之为转录后调控。如果 mRNA 合成后并不以同样速度翻译,那么发生了翻译调控。

2.细菌中有时从同一个 mRNA 上转录出多个基因,这样的基因簇以及与之相邻的顺式作用控制位点一起形成一个操纵子。

3.操纵子转录调控可以是负调控也可以是正调控,或者兼具两种调控方式。如果一个蛋白阻断操纵子转录,那么操纵子进行的是负调控,该蛋白为阻遏蛋白;如果一个操纵子转录需要一种蛋白参与,那么这种调控为正调控,调节蛋白为激活子。

4.如果一个操纵子受到负调控,使调控基因产物失活的突变,将产生组成型突变体,其中操纵子基因将会一直表达。如果是正调控,那么使调控蛋白失活的突变将永远抑制操纵子表达。通常,负调控操纵子比正调控操纵子更容易出现组成型突变体。

5.同一个蛋白在不同条件下有时可以充当阻遏蛋白,有时充当激活子,这样使基因调控的遗传分析更为复杂。

小结(续)

6. 细菌操纵子转录调节通常需要较小的效应分子参与,它们能与阻遏蛋白或激活子结合改变其构型。如果效应分子出现导致操纵子被转录,我们称之为诱导物,如果它的出现阻断操纵子转录,我们称之为辅阻遏物。分解代谢操纵子作用底物往往是诱导物,而生物合成途径中的终产物通常是辅阻遏物。

7. DNA 上阻遏蛋白结合位点称为操作子,一些阻遏蛋白通过物理干扰使 RNA 聚合酶不能与启动子结合形成闭合复合体。另一些阻遏蛋白与启动子结合,阻止启动子上 DNA 打开,所以不能形成开放复合体。还有一些阻遏蛋白能阻止 RNA 聚合酶从启动子上离开,从而阻止 RNA 合成。还有些阻遏蛋白与两个启动子同时结合,所以使两个启动子间的 DNA 弯曲,最终导致启动子失活。

8. 激活子结合序列称为激活子序列,一些激活子能同时与启动子和 RNA 聚合酶结合,从而将 RNA 聚合酶召集到这个启动子上。另一些是作用于已经处于启动子上的 RNA 聚合酶,使之形成开放复合体。有些激活子能够通过弯曲 DNA 使启动子的方向和 −10、−15 区域更合适。

9. 有些调节蛋白结合在 DNA 的不同区域,这取决于是否出现效应分子,它既能作为阻遏蛋白,又能作为激活子。

10. 有些操纵子转录调节机制称为衰减调节,在这种调节方式中,转录开始于操纵子,如果操纵子编码的酶不需要时,转录会在已经转录出的短的前导序列处终止。

11. 生物合成和分解操纵子是否发生衰减调控,取决于在前导序列中的某个密码子是否被翻译。核糖体在这个密码子处停止,使前导 mRNA 二级结构改变,导致 RNA 聚合酶到达第一个基因密码子时转录终止。在其他操纵子中,衰减是由抗终止蛋白结合在抗终止发夹环上引起的,要么使终止环稳定,要么使之不稳定。

12. 另一些启动子是通过改变 mRNA 上 5′非翻译序列(5′UTR)进行调节的,温度的改变可以使 mRNA 中二级结构发生熔解。另一种通过 mRNA 调节类型称为核糖开关调节,小的效应分子与 mRNA 结合,影响操纵子的转录或翻译。

13. 生物合成操纵子活性并不仅仅通过操纵子基因的转录和翻译调控,也可以通过代谢途径中酶活力的可逆调节完成。生物合成途径中终产物与途径中第一个酶结合的反馈抑制是可逆调节,也可以通过对代谢途径中酶的共价修饰达到可逆调节。

思考题

1. 为什么正、负转录调控,都被用于细菌操纵子调控?

2. 为什么调节蛋白基因有时会发生自调控?

3. 为什么多数氨基酸生物合成基因,如精氨酸、色氨酸和组氨酸的基因等在操纵子中排列在一起,而甲硫氨酸的生物合成基因却分散排列在染色体组中?

4. 衰减调控的优点和缺点各是什么? 是否通过阻遏物或激活子对 RNA 合成启动子进行调控来达到对所有操纵子进行调控更经济?

⑦ 习题

1. 如何分离大肠杆菌的 *lacI*^s 突变体？

2. 处于 P1 和 P2 状态的 AraC 蛋白是否与 D – 岩藻糖结合？

3. 在以下大肠杆菌的部分二倍体中，部分操纵子区域在 F′ 因子上，另一部分在染色体上，它们的表型如何？

　a. F′ *lac*⁺/*lacI*^s

　b. F′ *lac*⁺/*lacO*^c *lacZ*(Am) ［*lacZ*(Am) 突变是 N 末端无义突变］

　c. F′ *ara*⁺/*araC*［*araC* 突变是不活跃的］

　d. F′ *ara*⁺/*araI*

　e. F′ *ara*⁺/ *araP*_{RAD}

4. 大肠杆菌 *phoA* 基因只有当培养基中磷酸盐受限制时才开启。采用何种遗传实验可以确定 *phoA* 基因是受正调控还是负调控？

5. 简述为何使用 5 – 甲基色氨酸分离 *trp* 操纵子的组成型突变，然后利用以上突变体分离反馈抑制突变体。

6. MalQ 蛋白参与麦芽糖的降解，为什么 MalQ 突变体对 *mal* 操纵子进行组成型表达调控？

7. BglG 突变体是组成型的还是超阻遏的？ BglF 突变体呢？

📖 推荐读物

Baba, T. , T. Ara, M. Hasegawa, Y. Takai, Y. Okumura, M. Baba, K. A. Datsenko, M. Tomita, B. L. Wanner, and H. Mori. 2006. Construction of *Escherichia coli* K – 12 in – frame, singlegene knockout mutants：the Keio collection. Mol. Syst. Biol. 2：2006. 0008. ［Online.］ www. molecularsystemsbiology. com.

Barker, A,. S. Oehler, and B. Müller – Hill. 2007. "Cold sensitive" mutants of the Lac repressor. J. Bacteriol. 189：2174 –2175.

Bel. , C. E. , and M. Lewis. 2001. The Lac repressor：a second generation of structural and functional studies. Curr. Opin. Struct. Biol. 11：19 –25.

Boos, W. , and A. Bohm. 2000. Learning new tricks from an old dog：MalT of the *Escherichia coli* maltose system is part of a complex regulatory network. Trends Genet. 16：404 –409.

Busby, S. , and R. H. Ebright. 1999. Transcription activation by catabolite activator protein (CAP). J. Mol. Biol. 293：199 –213.

Englesberg, E. , C. Squires, and F. Meronk. 1969. The arabinose operon in *Escherichia coli* B/r：a genetic demonstration of two fuctional states of the product of a regulator gene. Proc. Natl. Acad. Sci. USA 62：1100 –1107.

Fux, L. , A. Nussbaum – Shochat, L. Lopian, and O. AmsterChoder. 2004. Modulation of monomer formation of the BglG transcriptional antiterminator from *Escherichia coli*. J. Bacteriol.

186:6775 −6781.

Geanacopoulos, M. , G. Vasmatzis, V. B. Zhurkin, and S. Adhya. 2001. Gal repressosome contains an antiparallel DNA loop. Nat. Struct. Biol. 8:432 −436.

Gutierrez −Preciado, A. , R. A. Jensen, C. Yanofsky, and E. Merino. 2005. New insights into regulation of the tryptophan biosynthetic operon in gram −positive bacteria. Trends Genet. 21:432 −436.

Guzman, L. M. , D. Belin, M. J. Carson, and J. Beckwith. 1995. Tight regulation, modulation, and high −level expression by vectors containing the arabinose P_{BAD} promoter. J. Bacteriol. 177:4121 −4130.

Irani, M. H. , L. Orosz, and S. Adhya. 1983. A control element within a structural gene: the gal operon of Escherichia coli. Cell 32:783 −788.

Jacob, F. , and J. Monod. 1961. Genetic regulatory mechanisms in the synthesis of proteins. J. Mol. Biol. 3:318 −356.

Joly, N. , A. Bohm, W. Boos, and E. Richet. 2004. MalK, the ATP −binding cassette component of the Escherichia coli maltodextrin transporter, inhibits the transcriptional activator MalT by antagonizing inducer binding. J. Biol. Chem. 279:33123 −33130.

Lewis, M. , G. Chang, N. C. Horton, M. A. Kerche, H. C. Pace, M. A. Schumacher, R. G. Brennan, and P. Lu. 1996. Crystal structure of the lactose operon repressor and its complexes with DNA and inducer. Science 271:1247 −1254.

McDaniel, B. A. , F. J. Grundy, and T. M. Henkin. 2005. Transcription attenuation: a highly conserved regulatory strategy used by bacteria. Trends Genet. 21:260 −264.

Miller, J. H. , and U. Schmeissner. 1979. Genetic studies of the lac repressor. X. Analysis of missense mutations in the lacI gene. J. Mol. Biol. 131:223 −248.

Morse, D. E. , and A. N. C. Morse. 1976. Dual control of the tryptophan operon is mediated by both tryptophanyl −tRNA synthetase and the repressor. J. Mol. Biol. 103:209 −226.

Oxender, D. L. , G. Zurawski, and C. Yanofsky. 1979. Attenuation in the Escherichia coli tryptophan operon. Role of RNA secondary structure involving the tryptophan codon region. Proc, Natl. Acad. Sci. USA 76:5524 −5528.

Pace, H. C. , M. A. Kercher, P. Lu, P. Markiewicz, J. H. Miller, G. Chang, and M. Lewis. 1997. Lac repressor genetic map in real space. Trends Biochem. Sci. 22:334 −339.

Ramos, J. L. , C. Michan, F. Rojo, D. Dwyer, and K. Timmis. 1990. Singal −regulator interactions: genetic analysis of the effector binding site of xylS, the benzoate −activated positive regulator of Pseudomonas Tol plasmid meta −cleavage pathway operon. J. Mol. Biol. 211:373 −382.

Rojo, F. 1999. Repression of transcription initiation in bacteria . J. Bacteriol. 181:2987 −2991.

Roy, S. , S. Garges, and S. Adhya. 1998. Activatian and repression of transcription by differential contact: two sides of a coin . J. Bacteriol . Chem. 272:14059 −14062.

Schlegal, A. , O. Danot, E. Richet, T. Ferenci, and W. Boos. 2002. The N −terminus of the Escherichia coli transcription activator MalT is the domain of interaction with MalY. J. Bacteriol.

184:3069 −3077.

Schleif,R. 2000. Regulation of the L − arabinose operon of *Escherichia coli* . Trends Genet . 16:559 −565.

Schmeissner,U. ,D. Ganem,and J. H. Miller. 1997. Genetic studies of the *lac* repressor. II . Fine structure deletion map of the *lacI* gene ,and its correlation with the physical map. J. Mol. Biol. 109:303 −326.

Snyder,D. ,J. Lary,Y. Chen,P. Gollnick,and J. L. Cole. 2004. Interaction of the *trp* RNA − binding attenuation protein(TRAP) with antiTRAP. J. Mol. biol. 338:669 −682.

Trinh,V. ,M −F. Langelier,J. Archambault,and B. Coulombe. 2006. Structural perspective on mutations affecting the function of multisubunit RNA polymerases. Microbiol. Mol. Biol. Rev. 70: 12 −36.

Wray,L. V. ,Jr,and S. V. Fisher. 2007. Functional analysis of the carboxy −terminal region *Bacillus subtilis* TnrA ,a MerR family protein . J. Bacteriol. 189:20 −27.

Yanofsky,C. ,and I. P. Crawford. 1987. The tryptophan operon,P. 1453 − 1472. In F. C. Neidharda,J. L. Ingraham,K. B. Low,B. Magasanik,M. Schaechter,and H. E. Umbarger(ed.) ,*Escherichia coli* and *Salmonella typhimurium*:Cellular and Molecular Biology,vol. 2. American Society for Microbiology ,Washington,D. C.

Yousef,M. R. ,F. J. Grundy,and T. M. Henkin. 2005. Structural transitions induced by the interaction between tRNA^{Gly} and the *Bacillus subtilis glyQS* T box leader RNA . J. Mol. Biol. 349: 273 −287.

14

全局调控:调节子和激活子

细菌必须适应变化万千的外部条件才能生活下去,对细菌来说,外部营养是有限的,所以它必须找到足够的食物来源才能不被"饿死",不同环境中水分含量及溶解于其中的营养差别较大,所以细胞要时时刻刻准备适应脱水或不同的渗透压,而且外界温度是不断变化的,不像人和其他温血动物,它们能调节自己的体温,对细菌来说只能适应外界的温度变化。

仅仅存活对一个种来说还不行,因为在环境中它还要与其他的种一同竞争,也就是它们要利用较少的资源或较多的某种原料,高效利用,加速自身的生长,从而在整个种群中的比例较高。在碳源和氮源中有很多种类,细菌也要根据自身特点选择可以高效利用的进行利用,以减少额外的酶的合成。

细菌不仅要适应环境,还要根据生长需要,调节自身对细胞组分的合成速度。例如,不同碳源和氮源导致细菌的生长率不同,不同的生长率又要求对细胞中大分子、DNA、RNA 和蛋白质合成速度的不同,从而对合成这些物质的"分子工厂"浓度也有不同要求,如核糖体、tRNA 和 RNA 聚合酶,这些体内物质的合成也要不断调整,不至于使其过量积累。

适应环境的主要调节要求调控系统能同时调节无数的操纵子,这种调节系统称之为全局调控机制,在这种调节中,通常一个调节蛋白能够控制较多数量的操纵子,这些操纵子处于相同调节子中。绝大多数基因都处于调节子控制之下,而且调节子一般都很大,有些调节子的功能还互相交叉,同时对一些环境变化做出应答,我们把能对同一环境进行应答的调节子集合称之为激活子,微阵列

分析被用于发现调节子和激活子。研究表明大肠杆菌中仅用7个调节子控制了它几乎一半的基因。

表14.1中列举了大肠杆菌中一些全局调控机制,单个调控基因也被列出,有些调控基因已经在前面章节中讲过,如由TrpR抑制子控制的基因,是TrpR调节子的一部分;Ada调节子包括适应性应激基因,这些基因可以编码甲基转移酶用于修复DNA的烷基化损伤(第12章),所有这些基因都在Ada蛋白的控制之下,与此相似,细胞在遭受UV辐射后,SOS基因会被诱导,进行DNA损伤修复工作,它们都同时受控于LexA蛋白,所以它们是LexA调节子。在另一些例子中,全局调控的分子机制并不十分清楚,它们与其他多种细胞信号相互作用。

表14.1　大肠杆菌全局调控系统举例

系统	响应	调控基因(蛋白)	不同机制	一些基因、操纵子、调节子和激活子
营养限制				
碳源	分解代谢物阻遏	*crp*(CAP或称CRP)	DNA结合激活子或阻遏子	*lac*、*ara*、*gal*、*mal*和其他的碳源操纵子
	控制发酵和有氧代谢	*cra*(*fruR*)(CRA)	DNA结合激活子或阻遏子	糖水解和三羧酸循环中的酶
氮源	氨水限制后有反应	*rpoN*(NtrA)	σ^{54}	*glnA*(GS)和氨基酸降解操纵子
磷源	无机正磷酸盐(Pi)缺乏	*ntrBC*(NtrBC) *phoBR*(PhoBR)	双组分系统 双组分系统	38余种基因,包括*phoA*和*pst*操纵子
生长限制				
严谨型反应	没有足够的氨酰基-tRNA用于蛋白质合成时	*relA*(RelA),*spoT*(SpoT)	ppGpp代谢	rRNA、tRNA核糖体蛋白
稳定态	转向维持代谢和胁迫保护	*rpoS*(RpoS)	σ^{S}	带有σ^{S}启动子的许多基因;影响许多操纵子的复合体
氧	无氧环境时	*fnr*(Fnr)	DNA结合蛋白的CAP家族	31余种转录物,包括*narGHJI*
	有氧时	*arcAB*(ArcAB)	双组分系统	20余种基因,包括*cob*

表 14.1（续）

系统	响应	调控基因（蛋白）	不同机制	一些基因、操纵子、调节子和激活子
胁迫				
渗透压调控	突然渗透压上升	*kdpDE*（KdpD，KdpE）	双组分系统	*kdpFABC*
	调节渗透压环境	*envZ/ompR*（EnvZ/OmpR）	双组分系统	外膜蛋白 OmpC 和 OmpF
氧胁迫	抵抗不同的活性氧	*micF*	反义 RNA	*ompF*
		soxS（SoxS）	DNA 结合蛋白 AraC 家族	调节子（包括 *micF* 和 *ompF*）
		oxyR（OxyR）	DNA 结合蛋白 LysR 家族	调节子（包括 *katG*）
热激	耐受突然温度升高	*rpoH*（RpoH）	σ^{32}	激活子，Hsps 包括 *dnaK*、*dnaJ*、*grpE*、*lon*、*clpP*、*clpX* 和 *hflB*
外膜胁迫	错误折叠的 Omp 蛋白	*rpoE*（RpoE）	σ^{E}	10 余种基因，包括 σ^{32} 和 *degP*
	错误折叠的菌毛	*cpxAR*（CpxAR）	双组分系统	与 RpoE 调节子重叠
pH 胁迫	耐受酸性环境	许多	许多	复合体激活子

在本章中我们将从分子水平上讨论已经研究清楚的全局调控机制，并且讲解发现这些机制的遗传学实验，此领域的研究是当今分子遗传学研究的活跃领域，因此在阅读本章内容的时候，可能在此领域已经有了新的进展。

14.1 分解代谢物敏感型操纵子

细菌中最大的全局调控与碳源和能量利用的基因表达密切相关，所有细胞必须降解高能、含碳化合物产生 ATP，并提供其他分子合成时所需的其他有用小分子。

当细菌生长的环境中含有多种碳源时，细菌对它们的利用效率并不相同，在合成用于分解不同碳源所需酶时，消耗的能量也不同。因此，细菌在进化中形成了一套优先利用最佳碳源的机制——分解代谢产物阻遏，即当环境中有优质能源时，细菌对优质碳源的代谢产生较多的代谢产物，这将抑制与利用较差碳源相关的操纵子转录。分解代谢产物阻遏有时又称为葡萄糖效应，因为

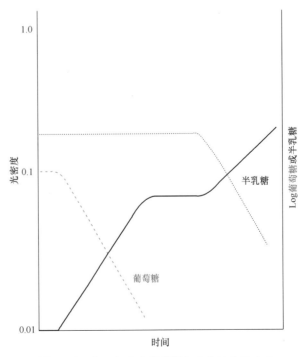

图 14.1 大肠杆菌在葡萄糖和半乳糖中的生长

单位葡萄糖消耗所产生的最多 ATP 和代谢产物,对利用其他碳源的操纵子有很强的转录抑制作用。

当大肠杆菌生长于葡萄糖和半乳糖混合物中时,糖的消耗和细胞生长状况如图 14.1 所示。

14.1.1　cAMP 和 cAMP 结合蛋白

我们已经知道绝大多数细菌和低等真核生物拥有代谢物阻遏系统。我们了解最清楚的是存在于大肠杆菌和部分肠道细菌中的依赖环状 AMP(cAMP)系统,cAMP 与 AMP 类似(第 3 章),在核糖上有一个单个的磷酸基团,该磷酸同时与糖上的 5′羟基和 3′羟基连接,因此在糖与磷酸间形成一个环状。仅大肠杆菌及其非常近缘的肠道菌采用 cAMP 依赖型系统。一些细菌具有完全不同的代谢物阻遏系统,它们根本用不到 cAMP。甚至在大肠杆菌中还存在第二种 cAMP 依赖型系统用于代谢物阻遏中,这个系统在专栏 14.1 中介绍。

专栏 14.1

不依赖 cAMP 的分解代谢物抑制

在细菌中并非所有的分解代谢物抑制作用都被 cAMP 调节,事实上许多革兰阳性菌,如枯草芽孢杆菌甚至其本身就不含有 cAMP。在大肠杆菌和其他肠道细菌中存在一种不依赖 cAMP 的分解代谢物抑制机制,这种机制中含有一种 Cra 蛋白,根据其功能,这种蛋白被命名为分解代谢物抑制因子(有时称为 FruR——果糖抑制子)。*cra* 基因编码了 Cra 蛋白,是一种类似于 LacI 和 GalR 的 DNA 结合蛋白。Cra 蛋白在抑制 *ptsH* 基因突变的突变体中被发现,可以抑制大肠杆菌和鼠伤寒沙门菌中的蛋白变异。*ptsH* 基因编码 Hpr 蛋白,此蛋白能通过 PTS 系统转移,这个转移过程中可以使多数糖发生磷酸化,包括葡萄糖(图 14.2)。因为磷酸化是糖分解途径的第一步,因此 *ptsH* 突变体不能利用这些糖,而 *cra* 突变体抑制 *ptsH* 突变体同时让 PTS 体系中果糖分解代谢操纵子组成型表达,其中一个基因编码的蛋白可以替代 Hpr。*cra* 突变体具有多效性,它们不能以包括醋酸盐、丙酮酸盐、丙氨酸和柠檬酸盐在内的物质为底物合成葡萄糖,然而这些突变体中与糖酵解有关的基因表达水平增高了。

cra 突变体异养表型说明 Cra 蛋白的作用可能是全局调控蛋白,能够激活某些基因表达而抑制某些基因产物合成。作为一种调控蛋白,Cra 增强或抑制转录取决于它所结合的操纵子,如果它结合的位点位于启动子上游,则增强操纵子的转录,如果结合位点部分重叠或者处于启动子的下游,则抑制转录。不管哪种情况,Cra 与糖代谢产物结合,如与果糖－1－磷酸盐或果糖－1.6－二磷酸盐(FBP)结合时,它都将与 DNA 分离,这会发生在细胞内糖浓度较高的时候。Cra 对某个操纵子转录的影响取决于该 Cra 蛋白是操纵子的抑制子还是激活子,如果是抑制子,操纵子的转录增强,如果是激活子,操纵子转录减弱,这一过程称为抗激活。通常 Cra 蛋白是作为一个操纵子的抑制子,它的产物交替进入糖分解途径中,正如糖酵解途径和 Entner－Doudoroff 途径,所以当有葡萄糖和其他充足的碳源可利用时,这些基因的转录被增强。相反情况下,它通常激活操纵子,其产物参与由醋酸盐和其他代谢产物(糖异生作用)合成葡萄糖。由此可知,当葡萄

糖存在于培养基中时,它不会激活这些操纵子的转录。

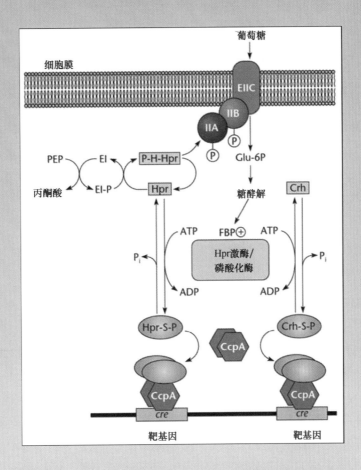

在枯草芽孢杆菌中,不依赖 cAMP 分解代谢物抑制机制已经得到广泛研究,该途径如图所示。正如所提到的这种细菌不含 cAMP 因此依靠专有的不依赖 cAMP 途径调控它的碳源利用途径,事实上,二次生长(图 14.1)现象是首先在枯草芽孢杆菌中被发现的。在某些方面,枯草芽孢杆菌中分解代谢物抑制途径类似于大肠杆菌中不依赖 cAMP 途径。这个途径中有一种称为 CcpA 的抑制子蛋白(分解代谢物控制蛋白 A),它是 LacI 和 GalR 调控因子家族中的一员,CcpA 抑制子结合的操纵子位点称为 cre 位点(分解代谢物抑制子位点),位于许多分解代谢敏感基因的启动子区,以抑制它们的转录。在枯草芽孢杆菌中有近 100 个基因在这种抑制子的控制之下,然而 CcpA 抑制子能否结合 cre 操纵子取决于其他称之为 Hpr 的蛋白质(组氨酸蛋白质)的磷酸化状况。如果细胞生长在充足碳源(如葡萄糖)环境中,糖分解途径积累处于较高水平,高水平的 FBP 刺激 Hpr 的一个丝氨酸发生磷酸化,使其与 CcpA 结合转化成一个共抑制子从而可以与 cre 操纵子结合,进而抑制转录。有趣的是,在 PTS 体系的糖转移过程中,Hpr 蛋白作为 CcpA 的共抑制子,当它的丝氨酸磷酸化时也作为磷酸盐供体,同样的其组氨酸也发生磷酸化。显然,Hpr 蛋白丝氨酸的磷酸化能够抑制组氨酸的磷酸化从而抑制糖通过此体系转移,这种情况说明糖转

移和代谢产物分解敏感操纵子之间有密切的联系。其他 CcpA 的共抑制子有 Crh,当 FBP 水平较高时丝氨酸同样发生磷酸化,存在于枯草芽孢杆菌中并作用于一些分解代谢物操纵子上,不过第二共抑制子可能只存在于芽孢杆菌属菌株中,而其重要性还是未知的。

参考文献

Deutscher, J., C. Francke, and P. W. Postma. 2006. How phosphotransferase system－related protein phosphorylation regulates carbohydrate metabolism in bacteria. Microbiol. Mol. Biol. Rev. 70:939 –1031.

Lorca, G. L., Y. J. Chung, R. D. Barabote, W. Weyler, C. H. Schilling , and M. H. Saier, Jr. 2005. Catabolite repression and activation in *Bacillus subtilis*: dependency on CcpA, HPr and HprK. J. Bacteriol. 187:7826 –7839.

Warner, J. B., and J. S. Lolkema. 2003. CcpA –dependent catabolite repression in bacteria. Microbiol. Mol. Biol. Rev. 67:475 –490.

14.1.1.1　cAMP 合成调控

大肠杆菌中分解代谢调控是通过细胞中 cAMP 水平的波动获得的,它往往与细胞中分解代谢产物含量水平相反,它是腺苷环化酶催化由 ATP 合成的,当细胞中分解代谢物较少时活力增高,当代谢物含量较高时活力较低。腺苷酸环化酶处于细胞内膜上,是 *cya* 基因产物。

图 14.2 给出了腺苷酸环化酶活力调控机制,调控中的重要因子是磷酸烯醇丙酮酸盐(PEP）－依赖糖磷酸转移酶系统(PTS),如名称所提示的,它主要负责将糖转运至细胞中,在第 13 章中我们已经讲到 PTS 系统与 *mal* 和 *bgl* 调节子的调节相关。PTS 的一个蛋白质组分称为ⅡA^{Glc},具有两种形态,一种是非磷酸化的(ⅡA^{Glc}),另一种是磷酸化的(ⅡA^{Glc} ~ P),其中ⅡA^{Glc} ~ P 能激活腺苷酸环化酶合成 cAMP,然而当培养基中有葡萄糖或其他糖转运时,ⅡA^{Glc} ~ P 含量较低,如果没有ⅡA^{Glc} ~ P 存在,则腺苷酸环化酶不能被激活,所以 cAMP 水平降低。

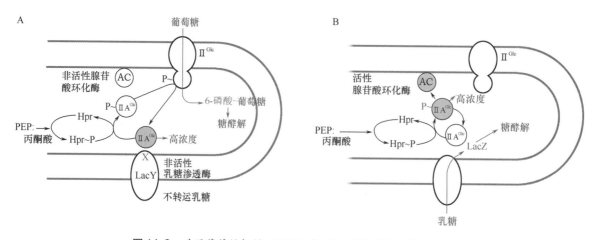

图 14.2　外源葡萄糖抑制 cAMP 合成,同时也抑制其他糖类的吸收

细胞中 $\mathrm{II}\,A^{Glc}\sim P$ 与 $\mathrm{II}\,A^{Glc}$ 的比率取决于 PEP 与丙酮酸的比率。当培养基中有可供快速代谢的底物，如葡萄糖存在时，PEP/丙酮酸的比率较低，当仅有较少的碳源时，该比率就高（专栏 14.1）。PEP 将其磷酸基团转移给被称为 Hpr 的蛋白（组氨酸蛋白，磷酸基团转移至该蛋白的组氨酸上），PEP 转变为丙酮酸。磷酸基团再从 $Hpr\sim P$ 转移至 $\mathrm{II}\,A^{Glc}$，生成 $\mathrm{II}\,A^{Glc}\sim P$。因此 PEP/丙酮酸比率越高，$Hpr\sim P/Hpr$ 比率越高，$\mathrm{II}\,A^{Glc}\sim P/\mathrm{II}\,A^{Glc}$ 比率越高。以上称为磷酸化级联反应，因为磷酸基团从一个分子转移至另一个分子，就像水向下流动最后形成瀑布。在本章后面部分我们还将列举另外磷酸化级联反应的例子。

非磷酸化 $\mathrm{II}\,A^{Glc}$ 也能抑制糖特异性透性酶对糖的转运，如乳糖（图 14.2）。如果有葡萄糖或其他较好利用的碳源，其他碳源进入细胞的机会就不会减少，所以相应操纵子的诱导子减少，这种效应称为诱导子排除（图 14.2），事实上要分辨像 cAMP 启动子的诱导排除效应较难。

14.1.1.2 分解代谢物激活蛋白

大肠杆菌中 cAMP 开启分解代谢物敏感操纵子机制研究得较为透彻，现在该机制已经用作转录激活模型。cAMP 与 *crp* 基因产物蛋白结合，该产物是分解代谢物敏感操纵子转录激活子。该激活蛋白有两个名称，CAP（分解代谢激活子蛋白）和 CRP（cAMP 受体蛋白），但通常采用 CAP 名称。激活子 CAP 与 cAMP 结合（CAP－cAMP），产生的激活蛋白与第 13 章中讲过的激活蛋白功能相似，在控制条件下，它与 RNA 聚合酶相互作用，激活从操纵子中启动子上启动的转录，这些操纵子包括 *lac*、*gal*、*ara* 和 *mal*，以上操纵子均是 CAP 调节子，也即分解代谢产物敏感调节子（表 14.1），然而 CAP－cAMP 调节机制不同，下面将会讨论到，CAP 既可以是抑制子，也可以是激活子，这取决于它结合的启动子种类。

14.1.1.3 CAP－cAMP 对 *lac* 的调控

CAP 激活转录机制因启动子不同而各异，一些机制如图 14.3 所示。启动子上游区域有一段短小序列称为 CAP 结合位点，所有分解代谢物敏感操纵子中的 CAP 结合位点类似，所以很容易被鉴定。只有当 CAP 结合了 cAMP 之后才能与 CAP 结合位点结合，所以只有当 cAMP 水平较高时 CAP 结合位点才能被占据。与其他激活蛋白功能一样，CAP 能与处于启动子处的 RNA 聚合酶接触，激发一个或更多转录起始步骤。转录激活蛋白在第 13 章中讨论。有趣的是 CAP 能与 RNA 聚合酶不同区域接触，激发转录起始的不同步骤，主要取决于与哪个相关启动子结合，图 14.3 中说明了以上过程。例如，

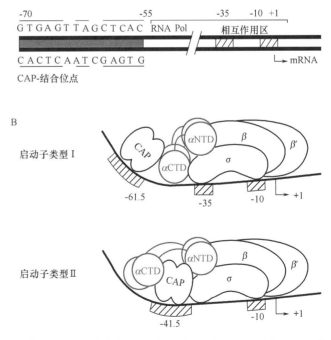

图 14.3 CAP（CRP）在类型 I、II CAP－依赖型启动子处的激活模型

lac 启动子属于 I 类 CAP 依赖型启动子,结合了 cAMP 的 CAP 二聚体与 *lac* 启动子上游结合,与 RNA 聚合酶的 α – 亚基 C 末端(αCTD)接触,从而使 RNA 聚合酶与启动子结合更加牢固。再例如,*gal* 启动子属于 II 类 CAP 依赖型启动子,CAP 二聚体结合位点稍稍与 RNA 聚合酶结合位点重叠,在聚合酶 α – 亚基 N 末端(αNTD)相互接触,在这个位置上激发 DNA 在启动子处打开,形成开放的复合体。还有一些启动子能同时容纳一个以上的 CAP 二聚体,所以同时激发两个启动反应步骤。CAP 结合到 CAP 结合位点后能使 DNA 弯曲,但使 DNA 发生弯曲的作用还不清楚。

　　lac 和 *gal* 启动子上 CAP 结合序列所处的位置完全不同。*ara* 操纵子中,CAP 结合位置处于操纵子上游远端,在 CAP 结合位置和启动子之间有 Ara 结合位置(图 14.4)。但无论如何 CAP 还是能与 RNA 聚合酶 α 亚基 C 末端接触,通过较长距离与 DNA 接触,在这种情况下,CAP 能通过与激活蛋白相互作用激活转录,或者通过阻止与阻遏子结合来激活转录。

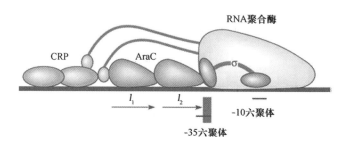

图 14.4　聚合酶和激活子在 p_{BAD} 处与启动子的相互作用

　　CAP 调控子中的某些操纵子,如 *gal* 操纵子,与其他操纵子相比,对分解代谢物阻遏更不敏感。第 13 章中已经讨论论过,*gal* 操纵子不能完全被培养基中的葡萄糖所阻遏,原因是 *gal* 操纵子具有两个启动子 p_{G1} 和 p_{G2}(图 13.10)。p_{G2} 并不需要 CAP 激活作用。实际上,CAP – cAMP 阻遏 p_{G2} 转录,因为 CAP – cAMP 能与 p_{G2} 上游 –35 序列结合。甚至当有葡萄糖时,启动子允许 *gal* 操纵子部分表达,这种低水平表达是为合成细胞壁提供组分所必需的。细胞壁合成中需要半乳糖,而操纵子表达就能提供生物合成反应中半乳糖的供体 UDP – 半乳糖。然而,从 p_{G2} 起始的 *gal* 操纵子表达水平并不高,还不足以使细胞在半乳糖作为碳源和能源时很好地生长。

14.1.1.4　从分解代谢阻遏物到诱导之间的关系

　　除了其他操纵子应该具有的调控措施外,对于 CAP 分解代谢物敏感型操纵子来说,其调控还有一个关键处(图 14.5)。分解代谢物敏感操纵子被转录之前必须满足两个条件:缺乏像葡萄糖一样优质碳源,有操纵子的诱导物出现。以 *lac* 操纵子为例,如果有比乳糖优质碳源存在时,cAMP 水平较低,所以 CAP – cAMP 不能结合到 *lac* 启动子上游激活转录,于是 *lac* 转运系统受到抑制,将诱导物排出细胞外。然而,即使 cAMP 水平较高,如果没有诱导物异乳糖出现,操纵子也不会被转录。当缺乏诱导物时,LacI 阻遏蛋白结合至操作子上,并阻止 RNA 聚合酶结合到操作子上,从而阻止了操纵子转录(第 13 章)。

14.1.2　大肠杆菌分解代谢物调控的遗传学分析

　　对大肠杆菌中分解代谢物抑制的遗传和生化分析结果均支持前面所述分解代谢物敏感操纵子调控模型,分析中要分离对代谢产物敏感操纵子全局调控缺失突变体,还要分离分解代谢物调控的特殊

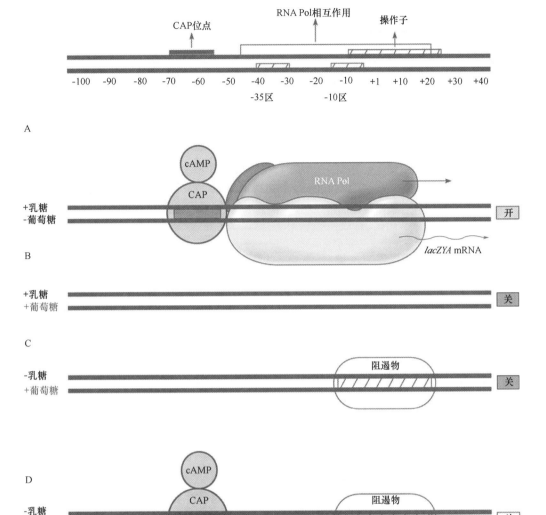

图 14.5 乳糖和葡萄糖作为诱导物对乳糖操纵子的调节

操纵子的缺失突变体。

14.1.2.1 分离 *crp* 和 *cya* 突变体

根据前面给出的模型,使 *cya* 和 *crp* 基因失活后的突变,将阻止所有分解代谢物敏感操纵子转录,这两个基因分别表达腺苷酸环化酶和 CAP。在以上突变体中,没有 CAP – cAMP 与启动子结合,换言之,*cya* 和 *crp* 基因突变体应该是 Lac⁻、Gal⁻、Ara⁻ 和 Mal⁻,按遗传学术语来说,*cya* 和 *crp* 突变是多效性的,因为这两个基因突变导致多种表型,它们将失去利用多种糖作为碳源和能源的能力。

在首次分离 *cya* 和 *crp* 基因突变体时,基于这些突变体对多种糖不能利用的事实,在平板中加入四唑盐,如果细菌能在其上繁殖,则培养基变为红色,假设培养基的 pH 较高。然而多数细菌能发酵碳源释放出有机酸,使 pH 降低,会阻止培养基转变为红色。所以在红色菌落中,我们可以分离得到 *cya* 和 *crp* 基因突变体。

根据上述实验,研究者推测,通过向四唑盐琼脂平板中添加含有两种不同可发酵糖,如乳糖和半乳糖或阿拉伯糖和麦芽糖,可以增加 *crp* 和 *cya* 突变体出现频率。为了阻止利用两种糖,或者在每一

个操纵子上发生突变,或者在两个操纵子中仅有 cya 或 crp 一个发生突变。因为单一突变比两个独立突变同时发生的频率高,所以在两种糖上生长形成红色菌落的突变体中,crp 和 cya 突变体比例较高。事实上,对形成红色菌落的突变体进行检测,绝大部分不能利用两种糖,而且缺乏腺苷酸环化酶活力或者缺少一种被称为 CAP 蛋白。这种蛋白是体外激活 lac 启动子所必需的。

14.1.2.2 影响 CAP 激活的启动子突变

对 lac 启动子的遗传实验也为 CAP 激活模型建立做出了贡献。已经分离到了 lac 启动子的 3 种突变体,属于 I 型的突变体改变了 CAP 结合位点,使 CAP 不再与操纵子结合。lac 突变体 L8 是其中一个例子(图 14.6),通过阻止 CAP - cAMP 与操作子上游区域结合,突变削弱了 lac 操作子,结果是:通过分析 β - 半乳糖苷酶活力发现,甚至当细胞处于乳糖丰富和 cAMP 较高水平时,lac 操纵子表达也相对微弱。然而,lac 操纵子低水平表达时受到碳源影响就弱一些,如果添加葡萄糖,低表达的 lac 操纵子表达不会降低太多,cAMP 水平会下降。

另一个启动子突变被称为 II 型突变,它改变了 RNA 聚合酶结合位置的 -35 区,所以当 cAMP 处于较高水平时,启动子也不活跃。然而,具有该类型突变,残余的 lac 操纵子表达仍然对分解代谢物敏感。结果是,当细胞处于乳糖和葡萄糖同时存在而 cAMP 水平较低时,其 β - 半乳糖苷酶合成量低,然而,当细胞处于含有乳糖的贫瘠碳源条件下且 cAMP 水平较高时,β - 半乳糖苷酶合成量高。

lac 第三种特别有用的突变是 III 型突变体,它是从 I 型突变体 Lac⁺ 显性回复突变子中被分离而发现的,如从 p_{L8}、cya 或 crp 突变后的回复突变体分离到。一个被称为 placUV5 的突变体就属于 III 型突变体,该突变后的启动子与野生型 lac 启动子一样属于强启动子,但是它不再需要 cAMP - CAP 激活。如图 14.6 所示,lacUV5 突变改变了 lac 启动子 -10 区域上的 2bp,新序列是 TATAAT,取代了旧序列 TATGTT。突变后的 -10 序列与 σ^{70} 启动子的共有序列极为相似(第 3 章),或许这可以解释突变启动子为什么不再需要 CAP 激活。有些表达载体用 lacUV5 启动子而不用野生型 lac 启动子,该表达载体能在细胞生长于含有葡萄糖培养基时被诱导表达。

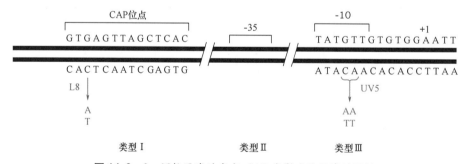

图 14.6 lac 调控区域的突变,CAP 能影响该区域的活性

14.1.2.3 CAP 与 RNA 聚合酶的相互作用

生化实验中首先证实 RNA 聚合酶 α - 亚单位的 C 末端能与启动子上 CAP 接触。在以上实验中,利用 rpoA 基因克隆,其产物是 RNA 聚合酶 α - 亚单位,在体外合成 α - 亚单位。如果 rpoA 基因编码 α - 亚单位羧基末端的区域被删除,则组装成的 RNA 聚合酶含有被剪短的 α - 亚单位,仍然具有从绝大多数启动子上发生转录的活性。然而,甚至当 CAP - cAMP 存在时,缺损的 RNA 聚合酶也不能从分解代谢物敏感型启动子起始转录。因此可以从实验中得出,CAP 与 RNA 聚合酶的 α - 亚单位羧基末端部分发生作用,激活从类型 I 分解物敏感型启动子上转录。遗传学实验证实了 RNA 聚合酶 α - 亚单位羧基末端功能,并鉴定出在相互作用中起重要作用的一些氨基酸。

14.1.3 cAMP 在其他生物中的作用

利用 cAMP 调控代谢物敏感型操纵子似乎仅仅存在于大肠杆菌及某些肠道细菌中,另外的细菌采用不同的机制调控代谢物敏感型操纵子(专栏 14.1)。有些细菌中压根不合成 cAMP,有些细菌中的 cAMP 也不因碳源的变化而变化。此外,CAP – cAMP – 介导的代谢产物调节系统也并非是大肠杆菌和其他肠道菌中唯一的调节系统(专栏 14.1)。

在真核生物中,cAMP 虽然不能调控碳源利用,但有许多其他应用,包括参与 G 蛋白调控和细胞间的通信。纵观 cAMP 在不同生物系统中的重要作用,令人惊奇的是,在细菌中似乎仅有肠道细菌才利用核苷酸调控碳源。

14.1.4 基于腺苷酸环化酶的细菌双杂交系统

双杂交系统称为 BACTH(代表细菌腺苷酸环化酶双杂交)系统,它基于 cAMP 信号级联过程中成分之间的相互作用,用于研究蛋白质与蛋白质之间相互作用(图 14.7A)。基于研究者的经验,双杂交

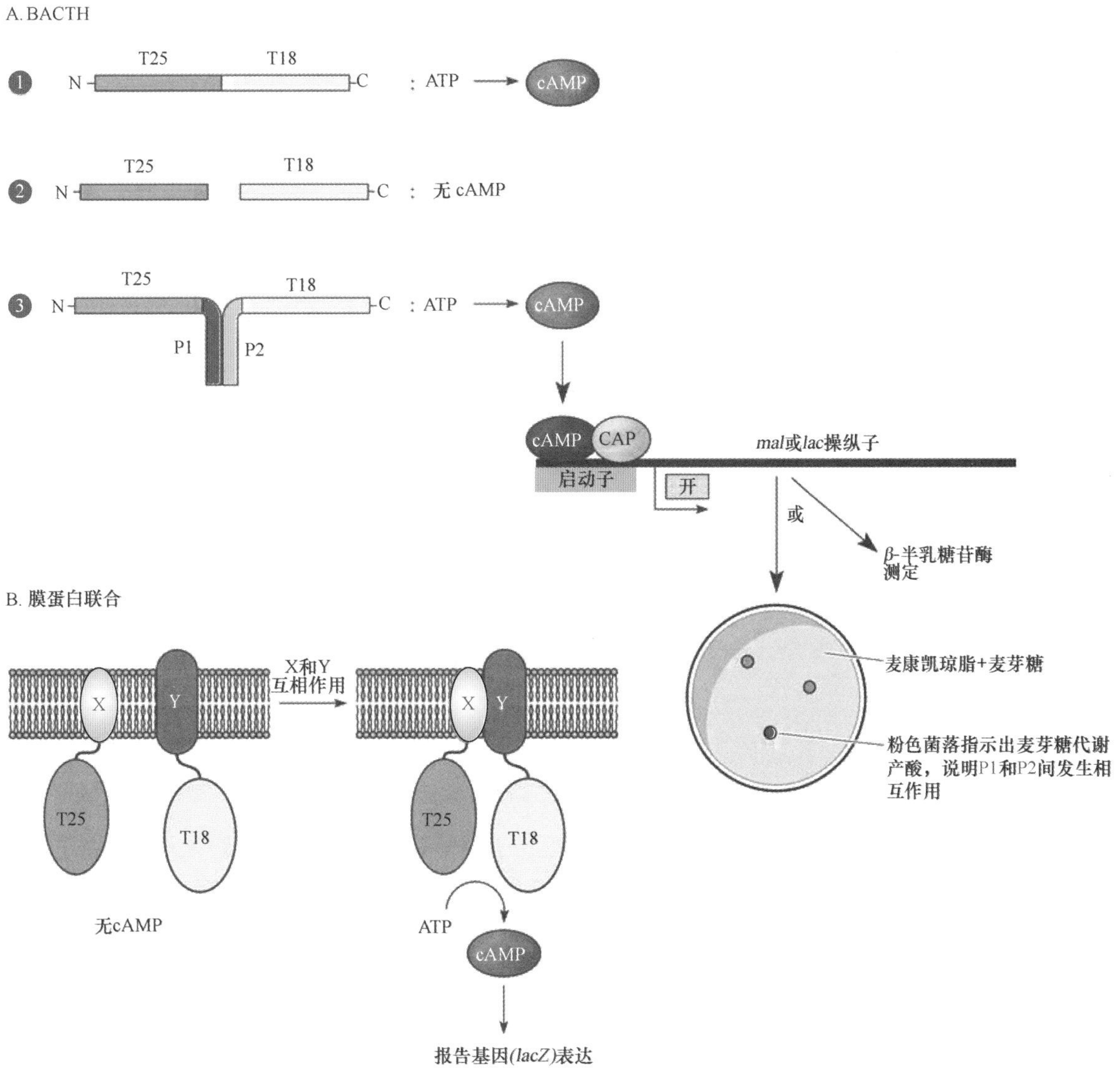

图 14.7　以 cAMP 为基础的细菌双杂交系统对蛋白质 – 蛋白质相互作用的研究

系统最好用于确定两种特定蛋白质之间是否会发生相互作用,而非发现蛋白质之间发生的相互作用,后者主要采用酵母双杂交系统来研究。已经从百日咳鲍特杆菌腺苷酸环化酶中分离到两个互补片段:其一是从氨基酸 1 到 224 的 T25,其二是从氨基酸 225 到 399 的 T18,这两个功能互补片段促使 cAMP 合成,进而转录出依赖 cAMP 的分解代谢物操纵子。克隆表达百日咳菌 T25 和 T18 基因,将它们导入含有腺苷酸环化酶突变的大肠杆菌中,例如 Δcya。假如 T25 和 T18 两个片段结合在一起,形成有功能的腺苷酸环化酶,则来自百日咳菌的腺苷酸环化酶基因与大肠杆菌突变体发生互补。对 T25 和 T18 在大肠杆菌中发生的功能互补,可以通过 β-半乳糖苷酶培养法或者含麦芽糖的麦康凯指示平板培养法检测。T25 和 T18 基因片段的最重要的作用是能在突变体中发挥功能互补,但仅当两个片段同时存在并表达融合蛋白时才起作用,仅一个片段存在时,不会发生功能互补作用。

与酵母双杂交系统不同,BACHTH 系统最明显的优势是不需要杂交蛋白和转录复合体同时产生。因此,它似乎能很好地应用于膜蛋白研究。例如,在一个应用中,研究了大肠杆菌中与膜相关的隔膜聚合蛋白间的相互作用(图 14.7B)。另一个应用是鉴定出链霉菌发育调节子内部的二聚体结构域。

14.2 氮素同化调控

氮元素是核酸、维生素和氨基酸等多种生物分子的构成元素,所有生物的生长都离不开氮元素。细菌可以利用的氮源有氨气(NH_3)、硝酸根(NO_3^-)及含氮有机分子,如核苷酸的碱基和氨基酸,有些细菌还能利用空气中氮气(N_2)作为氮源,这种固氮能力是地球上其他生物所没有的(专栏 14.2)。

无论氮元素来源如何,所有生物合成反应最终都涉及氮的加入,或者是直接转移 NH_3,或者是从谷氨酸或谷氨酰胺上转移 NH_2,而谷氨酸或谷氨酰胺的合成需要将 NH_3 分别加至 α-酮戊二酸和谷氨酸上。因此 NH_3 是生物合成氮素反应中的直接或间接原料,其他形式的氮源在被利用前,必须被还原为 NH_3,这个过程称为含氮化合物的同化还原反应,因为,被转化成 NH_3 的含氮化合物被引入或同化至生物分子中。另一类型的还原反应被称为异化还原反应,在这个过程中氧化态含氮化合物 NO_3 在无氧呼吸中(无氧气参与反应)作为电子受体被还原,但在此过程中并不是所有含氮化合物均被还原成 NH_3,也并非所有的氮元素均被同化进入生物分子中。本节中我们仅介绍含氮化合物同化还原。产物为无氧呼吸所必需的基因则受另一类诸如 FNR 调节子的调控,这些调节子仅在缺氧条件下被打开,而在其他条件下,需要电子受体参与,效率也不高(表 14.1)。

专栏 14.2

氮的固定

一些细菌能利用大气中的氮气(N_2)作为氮源,把氮气转化为 NH_3。这一过程称为固氮作用,这种情况是细菌所独有的,然而 N_2 作为氮源很不方便,两个氮原子结合在一起,要使其分开非常困难,消耗 16molATP 才能打开 1mol 四氧化二氮。能够进行固氮的细菌包括蓝细菌和克雷伯杆菌、固氮菌、根瘤菌、固氮根瘤菌等细菌,这些生物体在氮循环中起着重要作用。

根瘤菌、固氮根瘤菌等固氮细菌,它们有一套系统可以将 N_2 固定到植物的根或茎上的根瘤中,这样可以使植物在氮缺乏的土壤中生长,另一方面植物为细菌提供营养和固氮所需的无氧环境,这种共生现象对于植物和细菌都是有利的。现在生物技术的一个研究的热门领域是使用固氮细菌作为天然氮源肥料。

专栏 14.2(续)

固氮作用需要许多基因产物参与,这些基因称之为 *nif* 基因,在自由状态下生长的细菌如克雷伯杆菌,固定氮需要 20 个 *nif* 基因,其分布在 8 个相邻操纵子上。一些 *nif* 基因编码直接参与反应的固氮酶,其他基因编码一些参与装配固氮酶的蛋白,起调控作用。植物共生菌固氮作用同样要求许多基因参与,这些基因(根瘤基因)产物导致植物根瘤的形成,使细菌可以在根瘤中生长并固定氮气(固氮基因)。

大气中的氮气作为氮源使用非常不方便,参与固定氮气的基因是 Ntr 调节子的一部分,并且处于 NtrC 活化因子调控之下。克雷伯菌中 *nif* 基因的调控被广泛研究,NtrC 磷酸化并没有直接增强参与固氮的 8 个操纵子,取而代之的是磷酸化形成的 NtrC 激活其激活基因 *nifA* 的转录,*nifA* 基因的产物可以直接增强参与固氮的 8 个操纵子。固氮酶对氧非常敏感,在有氧存在的情况下,*nif* 操纵子不会被 *nifL* 基因的产物所调控。NifL 蛋白可以识别氧,因为它是一种和 FAD 基团结合的黄素蛋白,在有氧条件下会氧化,然后 NifL 蛋白和 NifA 蛋白形成稳定的复杂结构而处于不活跃状态,使 *nif* 基因不能翻译。因为固氮酶对氧敏感,细菌只能在无氧环境下固定氮气。在植物根部根瘤中或土壤中丝状蓝细菌异源胞中都存在这样的厌氧环境。

参考文献

Margolin, W. 2000. Differentiation of free – living rhizobia into endosymbiotic bacteroids, p. 441 – 466. In Y. V. Brun and L. J. Shimkets (ed.), Prokaryotic development. ASM Press, Washington, D. C.

Martinez – Argudo, I. ,R. Little, N. Shearer, P. Johnson, and R. Dixon. 2004. The NifL – NifA System: a Multidomain Transcriptional Regulatory Complex That Integrates Environmental Signals. J. Bacteriol. 186: 601 – 610.

14.2.1 氮素同化途径

肠道细菌采用哪种氮素同化途径取决于 NH_3 浓度的高与低(图 14.8)。例如,当氮源是氨基酸时,当 NH_3 浓度低时,必需分解氨基酸获得 NH_3。*glnA* 基因产物谷氨酰胺合成酶,将 NH_3 直接加入到谷氨酸上以合成谷氨酰胺。在其他的谷氨酸合成酶作用下,有时谷氨酸合成酶被称为 GOGA,它能移除谷氨酰胺中的 – NH_2 基团,加到 α – 酮戊二酸上,生成两个谷氨酸,这样大约 75% 的谷氨酰胺转化为谷氨酸。然后,这些谷氨酸被谷氨酰胺合成酶转化为谷氨酰胺。因为当 NH_3 浓度低时,NH_3 必须通过谷氨酰胺合成酶传递到谷氨酸。在这种情况下,细胞需要更多的谷氨酰胺合成酶。该氮素同化途径需要许多能量,但如果有可利用的氮源时,能量消耗水平也会被降低,其重要作用将在后面讲到。

当 NH_3 浓度较高时,它以 NH_4OH 形式溶解在培养基,这时假设碳源量有限,于是肠道细菌采用仅在 NH_3 浓度较高时才采用的另一种不同的低能耗的同化途径。谷氨酸脱氢酶直接将 NH_3 加到 α – 酮戊二酸上生成谷氨酸,接下来在谷氨酰胺合成酶作用下,部分谷氨酸转变为谷氨酰胺。与从培养基中获得有限氮源进行生物合成反应相比,当 NH_3 充足时,蛋白合成过程中需要谷氨酰胺的量很少,因此,生长在高浓度 NH_3 中的细胞比生长在低浓度 NH_3 中需要的谷氨酰胺合成酶更少。

当 NH_3 浓度高时,谷氨酸脱氢酶催化反应的效率很高,且需要能量少。在氮素快速同化条件下,细菌也快速增殖。然而,像枯草芽孢杆菌等一些细菌体内缺少该氮素同化途径,可能不具备利用 NH_3 无机氮源作为氮源的高效途径。为什么一些细菌倾向于利用如谷氨酰胺或其他氨基酸作为有机氮源,原因还不清楚,但是这或许反映出其正常生存环境中缺乏 NH_3。例如,酸性环境中几乎不含 NH_3,在低 pH 时 NH_3 易挥发,很快就被蒸发掉了。

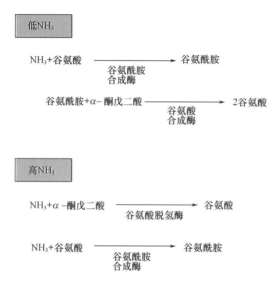

图14.8　大肠杆菌和其他肠道菌对氮素的同化途径

14.2.1.1　通过 Ntr 系统对氮素同化途径调控

氮利用操纵子是 Ntr 系统的组成部分,Ntr 指氮素调节的意思。当有可利用的 NH_3 时,在 Ntr 调节下以保证细胞不会浪费氨基酸和硝酸盐等来合成提供能量的酶类。各种不同氮源转运系统也属于本调节子的组成部分。然而,有一部分胁迫应答系统也可能属于该调节子,当氮源匮乏时,它指导细胞进入低速率生长阶段。在这里我们讨论目前已知的 Ntr 全局调控系统工作机制。通常,遗传学家首先鉴定出在调控中起作用的蛋白产物的基因,然后推断每个基因在调控中的作用。包括大肠杆菌、沙门菌、克雷伯菌和根瘤菌等在内的所有革兰阴性菌中的 Ntr 调节系统十分相似,但也有些特例将在本部分中说明。早先已经提到革兰阳性菌的 Ntr 系统与革兰阴性菌不同,尽管早期它们有相似的工作机制。

(1)通过信号转导途径对 *glnA* – *ntrB* – *ntrC* 操纵子调控　既然细胞在低 NH_3 浓度下生长比在高 NH_3 浓度下生长时,需要更多谷氨酰胺合成酶,那么应该根据氮源的多少调控 *glnA* 基因表达。*glnA* 基因是 *glnA* – *ntrB* – *ntrC* 操纵子的组成部分,可编码谷氨酰胺合成酶。操纵子中另外两个基因产物 NtrB 和 NtrC(氮素调节子 B 和 C),用于操纵子调节(这两个蛋白也分别被称为 NRII 和 NRI,但本章中采用 Ntr 的名称)。由于 *ntrB*、*ntrC* 基因与 *glnA* 基因一样也是操纵子的组成部分,所以当在低 NH_3 浓度时,它们三个基因自动调节,合成较高水平的产物。

图14.9 中给出了 *glnA* – *ntrB* – *ntrC* 操纵子调控模式和其他 Ntr 基因的详细情况。除了 NtrB 和 NtrC,GlnD 和 PII 也参与操纵子调控,以上四种蛋白组成了信号转导途径,该途径中可利用的氮源从一个蛋白质经过或转导至下一个蛋白,最终到达 NtrC,NtrC 是转录调节子,可以激活 Ntr 调节子上的基因。

细胞通过谷氨酰胺水平高低来感应是否有可利用的氮源。如果细胞生长于富含氮源环境,则细胞体内谷氨酰胺水平高,反之,如果生长于氮源贫瘠的环境,则谷氨酰胺水平低。谷氨酰胺水平影响对各种不同氮源利用的 Ntr 基因调控,可以很好地解释信号转导途径中处于末端的 NtrC 蛋白如何发挥反馈作用机制。NtrC 蛋白可以被磷酸化转变为 NtrC ~ P,磷酸化形式作为转录激活子,在氮源缺乏时,激活 Ntr 基因,开启转录(图 14.9)。信号传导途径中倒数第二个蛋白是 NtrB,它与 NtrC 共同组成双组分磷酸化系统,其中 NtrB 蛋白为感应激酶,NtrC 为应答调节蛋白。仅当氮源量较低时,NtrB 发生自身磷酸化,形成 NtrB ~ P,然后将磷酸转移至 NtrC,形成 NtrC ~ P,激活其他 Ntr 基因转录。

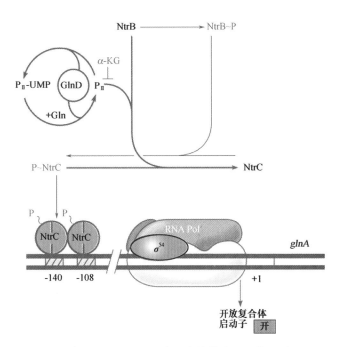

图 14.9 根据 NH_3 水平,通过信号转导途径调节 Ntr 操纵子

NtrB 是否发生磷酸化,取决于 P_{II} 的修饰状态,P_{II} 并不发生磷酸化,而是 UMP 能与之结合,形成 P_{II} ~ UMP。如果氮源量较低,绝大多数 P_{II} 以 P_{II} ~ UMP 形式存在。然而,如果氮源充足,谷氨酰胺量很高,则谷氨酰胺刺激一种称为 GlnD 的酶,将 UMP 从 P_{II} 上切除。未修饰的 P_{II} 蛋白与 NtrB 结合,抑制 NtrB 自身激酶活力,其不能发生磷酸化形成 NtrB ~ P,也就不能把磷酸基团转移给 NtrC,NtrC 不被磷酸化,也就不能激活 Ntr 基因转录,不能利用其他氮源。

(2)NtrB 和 NtrC:双组分、感应应答调控系统   如前所述,NtrB 与 NtrC 共同组成双组分系统,其中 NtrB 蛋白为感应激酶,NtrC 为应答调节蛋白。我们现在已经知道上述蛋白对在细菌中普遍存在,而且彼此间具有非常高的相似性。通常,这对蛋白中一个蛋白能感应环境中一个参数,在组氨酸上发生自身磷酸化,然后磷酸基团转移到第二个蛋白的天冬氨酸上。第二个蛋白是否具有活性,能否发挥应答调控子作用取决于其是否发生磷酸化。许多应答调控子是转录调控子,在第 7 章中我们已经讨论过一对 ComP 和 ComA 感应 – 应答调控蛋白的例子,它们与感受态枯草芽孢杆菌的转导过程有关。本章我们还将讨论另一些例子。

(3)其他 Ntr 操纵子调控   除了需要 NtrC ~ P 激活的 glnA – ntrB – ntrC 操纵子外,根据细菌种类不同和利用氮源的差异,还存在其他操纵子。当细胞利用较低浓度氮源时,其操纵子通常受 NtrC ~ P 控制。例如,大肠杆菌利用谷氨酰胺,鼠伤寒沙门菌利用组氨酸和精氨酸均在 NtrC ~ P 控制之下。肺炎克雷伯利用硝酸盐也受到 NtrC ~ P 控制,但在大肠杆菌和鼠伤寒沙门菌中就没有这样一个操纵子。

在一些细菌中,NtrC ~ P 虽然不直接控制 Ntr 基因,但却控制这些基因的转录。例如,产气克雷伯菌中负责氨基酸降解途径的操纵子,其启动子是 σ^{70},它不需要 NtrC ~ P 激活,然而上述基因转录激活子 nac 基因必须被 NtrC ~ P 激活才能表达。肺炎克雷伯菌中氮固定基因也受类似的间接控制,NtrC ~ P 能激活 nifA 基因转录,而 nifA 基因产物是固氮基因转录激活蛋白(专栏 14.2)。

(4)还有另外的 Ntr 调控途径吗　Ntr 调控系统中许多步骤究竟其功能如何还未完全搞清楚,但是这么多的步骤反映出氮素利用在细胞生理过程中的中心地位。细胞中其他途径会与氮素利用的信号转导途径不同步骤发生交叉,所以氮素利用相关基因表达时,其他细胞功能基因也会协同表达。一些 *ntrB* 突变体中出现 Ntr 调控就是对上述观点的一个有力支持。所以除了 NtrB 蛋白外,至少有一个途径能对氮源变化做出响应,对 NtrC 进行磷酸化和去磷酸化。

14.2.1.2　*glnA – ntrB – ntrC* 操纵子转录

glnA – ntrB – ntrC 操纵子由 3 个启动子开始转录,其中仅有一个启动子依赖于 NtrC ~ P,3 个启动子的位置和它们转录出的 RNA 如图 14.10 所示。3 个启动子中仅有 p_2 启动子被 NtrC ~ P 激活,并对高水平谷氨酰胺合成酶做出应答,在低 NH_3 时合成 NtrB 和 NtrC。另外两个启动子 p_1 和 p_3 将在后面讲到。

p_2 启动子恰巧处于 *glnA* 上游,RNA 合成启动后,将沿着该启动子一直进行下去通过如图 14.10 所示的所有 3 个基因,然而,一些转录会在 *glnA* 和 *ntrB* 基因间终止,因此 NtrB 和 NtrC 合成量低于谷氨酰胺合成酶的量。

(1)"氮素西格玛",σ^{54}　由 NtrC ~ P 激活的 p_2 等 Ntr 类型启动子与其他类型启动子相比,识别它们的 RNA 聚合酶全酶不同,大多数启动子是由 σ^{70} 识别,而 Ntr 类型启动子是由 σ^{54} 识别(专栏 14.3)。如图 14.11 所示,由 σ^{54} 全酶识别的启动子与由 σ^{70} 识别的启动子显著不同。典型 σ^{70} 识别启动子其 RNA 聚合酶结合位置在启动子序列上 RNA 合成起始位置上游的 – 35 和 – 10bp 处,而 σ^{54} 识别启动子其 RNA 聚合酶结合位置在 – 24 和 – 12bp 处。因为 Ntr 调控相关基因的启动子是由 RNA 聚合酶 σ^{54} 识别,所以开始把这个西格玛因子称为"氮素西格玛",其 σ^{54} 的基因称为 *rpoN*(表 14.1)。然而已经发现许多操纵子中的 σ^{54} 启动子与氮素利用无关,例如,柄杆菌属中该启动子与鞭毛相关基因有关,而恶臭假单胞菌 Tol 质粒中 σ^{54} 启动子与甲苯降解有关。有趣的是,所有已知的 σ^{54} 启动子均需要被一种激活蛋白激活(专栏 14.3)。

(2)转录激活蛋白 NtrC　图 14.12 给出了 NtrC 型激活蛋白多肽链的基本结构。在多肽链羧基末端有一个 DNA 结合域,能识别 σ^{54} 启动子,在氨基末端有一个调控结构域,它要么与诱导物结合,要么被磷酸化。位于多肽中间部位负责转录激活区域中含有 ATP 结合结构域,具有 ATPase 活力,能剪切 ATP 使之成为 ADP。如专栏 13.2 所述(第 13 章),除非 *N* – 末端结构域与诱导物结合或者被磷酸化,否则 *N* – 末端结构域发挥其作用掩盖中间部位的结构域。

NtrC 型激活蛋白的激活机制已经得到深入研究,包括 *glnA – ntrB – ntrC* 操纵子中依赖 NtrC 激活的 p_2 启动子,与绝大多数原核生物启动子不同,大多数启动子的激活蛋白结合序列位于 RNA 聚合酶的相邻位置,而 p_2 启动子的供激活蛋白 NtrC 结合的上游激活蛋白序列(UAS)却位于启动子上游 100bp 处。一些证据表明这些上游激活蛋白序列的功能是提高序列附近 NtrC 的浓度,如果细胞中有过量的 NtrC,则 UAS 对激活来说并不是必需的。与 NtrC 激活启动子在较远处激活类似,这种激活方式在真核细胞中较为普遍,已经有很多例子。

图 14.12 还给出了 NtrC ~ P 如何从 p_2 激活转录的详细模型及其他 Ntr 激活启动子。当氮源不受限,而且 NtrC 没被磷酸化时,RNA 聚合酶将结合至启动子上,NtrC 也能结合到还未磷酸化的 UAS 上。然而,当氮源受限,NtrC 转变为磷酸化型式时,NtrC ~ P 寡聚物(可能是十聚体)结合至 UAS 上,激活启动子转录。可能是因为磷酸化的 NtrC 分子彼此间结合非常牢固,激活了它们的 ATPase 活力。启动子激活过程必定涉及 DNA 弯曲,使 NtrC 激活蛋白与 RNA 聚合酶在启动子上结合。σ^{54} 启动子的转录激

活需要 NtrC 切除 ATP 以形成开放的复合体,这时 RNA 聚合酶就能自己工作而不需要像从其他启动子上开始转录一样还需要其他条件。在 NtrC 十聚体上的 8 个亚单位形成一个环状结构,并被 DNA 包裹住。有趣的是 NtrC 型的激活蛋白属于更大的一类 ATPase,被称为机械化学 ATP 酶,它能形成环状复合体,切割 ATP 提供机械能用于分开 DNA 链。

(3) *glnA – ntrB – ntrC* 操纵子中其他启动子的功能　前面已经提到 p_2 启动子仅是 *glnA – ntrB – ntrC* 操纵子中三个启动子中的一个(图 14.10),另两个启动子分别是 p_1 和 p_3。p_1 启动子位于 *glnA* 基因上游,比 p_2 启动子的位置远,由 p_1 启动子起始的转录,在 *glnA* 下游转录终止信号处终止,如图 14.10 所示。p_3 启动子位于 *glnA* 和 *ntrB* 基因中间,用于启动 *ntrB* 和 *ntrC* 基因。

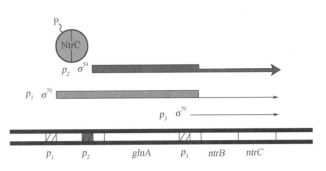

图 14.10　大肠杆菌 *glnA – ntrR – ntrC* 操纵子

p_1 和 p_3 启动子是由 σ^{70} 激活,所以并需要 NtrC ~ P 来激活。实际上,这两个启动子会受到 NtrC ~ P 的阻遏,在 NH_3 浓度较低时,它们不会起作用。据推测这些启动子的功能是保证细胞在 NH_3 浓度较高时细胞内有谷氨酰胺合成酶、NtrB 和 NtrC。除非培养基中提供谷氨酰胺,否则细胞必须有谷氨酰胺合成酶在某些生物合成反应和蛋白质合成中合成带—NH_2 的供体谷氨酰胺。细胞中也必须有 NtrB 和 NtrC,以防细胞突然从高 NH_3 环境进入低 NH_3 环境时,突然需要 Ntr 基因产物。Ntr 调控子的其他基因也需要 σ^{54} 启动子,该启动子能在遇到胁迫时启动,因此 Ntr 应答被认为还是一种胁迫应答。

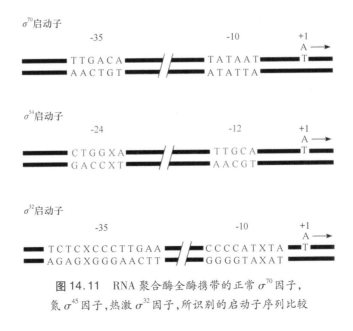

图 14.11　RNA 聚合酶全酶携带的正常 σ^{70} 因子,
氮 σ^{45} 因子,热激 σ^{32} 因子,所识别的启动子序列比较

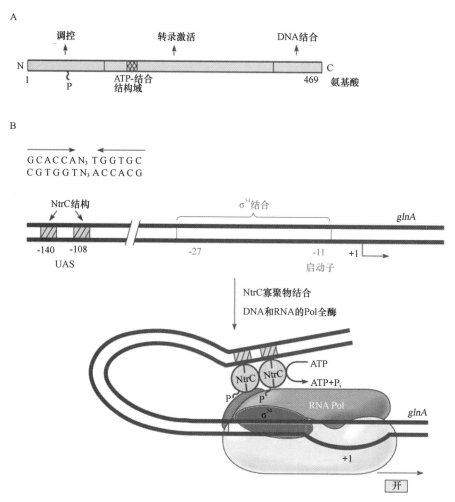

图 14.12　通过 NtrC 蛋白磷酸化激活 p_2 启动子模型

专栏14.3

σ 因子

在前面的章节已经讨论过,σ 因子似乎是细菌及其噬菌体所独有的,在真核生物中没有发现。这些蛋白能开启或关闭 RNA 聚合酶,并指导聚合酶转移到特异性启动子上,它们也帮助 RNA 聚合酶与启动子融合并开始转录,以及转录后对启动子的清除。它们通常含有连接激活子的蛋白位点,这些激活子帮助 RNA 聚合酶稳定在启动子上并激活转录(第 13 章)。σ 因子通常用于识别启动子,例如,σ70 启动子利用 RNA 聚合酶全酶和 σ70 结合而被识别,而 σs 启动子利用 RNA 聚合酶与 σs 结合对其识别。另外,不同的细菌中其 σ 因子常常采用相同的名字。例如,在大肠杆菌中 σH 和枯草芽孢杆菌中的 σH 虽然名字相同,但是它们是两个差异巨大的 σ 因子,大肠杆菌中 σH 是一种热休克因子,而枯草芽孢杆菌中的 σH 则参与芽孢形成。

由于 σ 因子在基因组序列中比较保守,所以容易被发现,而且不同细菌中的 σ 因子差异较大,幽门螺杆菌中至少有 3 种不同的 σ 因子,而天蓝色链霉菌中的 σ 因子多达 63 种。一般来说,

自由生长的细菌中比有寄生元件的细菌中含有更多的 σ 因子，因为前者要应对环境给它的更大的挑战。

　　通常在细菌中有两类 σ 因子，一类是 σ^{70}，它包括本书中讨论的大部分 σ 因子，如 σ^s、σ^{32}、σ^{28}、σ^E 等。另一类是 σ^{54}，就它一种自成一类。所有 σ^{70} 类的 σ 因子有相同的序列，在功能上具有同源性，在 σ^{70} 和 σ^{54} 类众多因子间没有相似序列，它们各自作用机制中两者也有不同的功能。σ^{70} 类的成员在所有的细菌中都被发现，并且发挥许多不同的功能，在前面章节已经讨论了其中一些。革兰阴性菌和革兰阳性菌中广泛分布

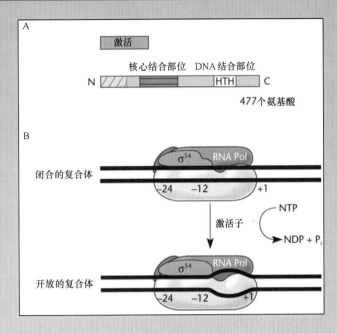

着 σ^{54} 类启动子，但并不是普遍存在，这种 σ 因子源自名称为氮源 σ，即 σ^N，因为它使用的启动子首先在 Ntr 调控基因中被发现，其会在大肠杆菌生长受氮源缺乏限制时打开。至今还没有发现 σ^{54} 表达基因的共同特征，在一些土壤细菌中这种 σ 因子常常表达用于生物降解的基因，如降解甲苯（第 13 章）。在其他细菌中，往往还与细菌致病性有关，如鞭毛基因，用来构成 Ⅲ 型分泌系统，在绿脓假单胞菌中用于合成海藻酸。

　　两类 σ 因子的最大的一个区别是它们的启动子激活方式不一样。例如，许多启动子使用 σ^{70} 家族的 σ 因子启动转录而不需要其他激活子帮助。如果一个 σ^{70} 需要一个激活子，一般情况下它会连接到启动子附近帮助 RNA 聚合酶结合到启动子上（第 13 章），然而至今所发现的 σ^{54} 启动子中，其激活子必须具有 ATPase 活力，而且可以处于启动子上游几百个碱基处增强子序列上（专栏 13.2），在某些方面使得 σ^{54} 启动子更像真核生物 RNA 聚合酶 Ⅱ 启动子。它的激活机制也与 σ^{70} 启动子不同，σ^{54} 启动子的激活过程在图中加以说明。图 A 显示了 σ^{54} 重要的功能区域，此区域结合 RNA 聚合酶核心区域和 DNA，σ^{54} N－末端区域是 σ^{54} 与激活子发生反应的部位。图 B 显示甚至在没有激活子结合到上游增强子序列时，σ^{54}－RNA 聚合酶和启动子也能形成一个稳定的闭合复合体。这种激活子有潜在的 ATPase 活力，经过磷酸化具有活性并通过调控的级联反应进行传递。许多 σ^{54} 启动子的激活子在磷酸化级联反应最后与 NtrC 一起形成最初的原型，激活子 N－末端的磷酸化使其与增强子位点的亲和力增强。DNA 结合复合物的形成和多聚化使 ATPase 在其中心区域发挥活力，ATPase 激活后能使 σ^{54} 构象发生改变，克服由于连接 σ^{54}－RNA 聚合酶形成的开放复合体的限制，同时从启动子开始转录（专栏 13.2）。

专栏 14.3(续)

参考文献

Buck, M., M. -T. Gallegos, D. J. Studholme, Y. Guo, and J. D. Gralla. 2000. The Bacterial Enhancer - Dependent σ^{54} (σ^N) Transcription Factor. J. Bacteriol. 182: 4129 -4136.

Kazmierczak, M. J., M. Weidmann, and K. J. Boor. 2005. Alternate sigma factors and their roles in bacterial virulence. Microbiol. Mol. Biol. Rev. 69:527 -543.

Paget, M. S. B., and J. D. Helmann. 2003. The sigma 70 family sigma factors. Genome Biol. 4:203 -215.

14.2.1.3　谷氨酰胺合成酶的腺苷化

细胞中对 *glnA* 转录活性调节并不只有通过对谷氨酰胺合成酶活力调节唯一途径实现。当 NH_3 浓度较高时,细胞还可以通过腺苷转移酶(ATase),将 AMP 转移至谷氨酰胺合成酶的酪氨酸上,从而调节它的活性。与未腺苷化的谷氨酰胺合成酶相比,腺苷化形式活力较低,容易受到谷氨酰胺的反馈抑制(第 13 章)。以上这一特点,导致谷氨酰胺合成酶在 NH_3 高、低浓度时具有不同作用。当 NH_3 浓度较高时,谷氨酰胺合成酶的基本作用是为蛋白质合成提供谷氨酰胺,这个过程需要的酶量很少;如果细胞内几乎没有谷氨酰胺合成酶活力,则无需反馈抑制确保细胞中不积累大量谷氨酰胺。当 NH_3 浓度较低时,就需要更多的谷氨酰胺合成酶,在这种情况下,谷氨酰胺合成酶不会受到反馈抑制,因为其主要作用就是氮素同化功能。

谷氨酰胺合成酶的腺苷化状态也受 GlnD 和 P_{II} 蛋白状态的调控。当细胞处于低 NH_3 浓度时,UMP 结合到 P_{II} 蛋白上,腺苷转移酶将 AMP 从谷氨酰胺合成酶上切除。当细胞处于高 NH_3 浓度时,UMP 不与 P_{II} 蛋白结合,P_{II} 蛋白结合到腺苷转移酶上,激发腺苷转移酶在谷氨酰胺合成酶上增加更多 AMP。

P_{II} 蛋白并非大肠杆菌中激发谷氨酰胺酶去腺苷化的唯一方式。一些研究发现 GlnK 蛋白也能以 GlnK - UMP 形式对氨匮乏做出响应。当 NH_3 浓度较高时,GlnK - UMP 蛋白也能激发腺苷转移酶对谷氨酰胺合成酶进行腺苷化。显然,细菌通过许多途径的相互作用达到氮素利用调节目的。

14.2.2　分解代谢阻遏物、Ntr 系统和氨基酸降解操纵子调控三者间的协同

细菌并不是必须利用 20 种氨基酸中的一种或多种作为氮源,有时必须将氨基酸用作碳源或能源。不同细菌利用的氨基酸种类不同,如大肠杆菌能利用大多数氨基酸作为氮源,除了色氨酸、组氨酸和带分支的缬氨酸,然而它仅能以丙氨酸、色氨酸、天冬氨酸、天冬氨酰、脯氨酸和丝氨酸为碳源。沙门菌能利用绝大多数氨基酸作为氮源,而只能以丙氨酸、半胱氨酸、脯氨酸和丝氨酸为碳源。与利用糖和生物合成的操纵子类似,利用氨基酸的操纵子,不仅有自己特殊的调控基因能在诱导物出现时转录,而且还是更大调控子中的一部分。本节中已经讨论过,它们也处于 Ntr 调控下,所以当培养基中有较好氮源时,如有充足的 NH_3,即使有诱导物出现氨基酸利用操纵子也不被诱导。某些细菌中,这些操纵子还处于分解代谢物调控子控制之下,如果有较好碳源,如葡萄糖,它也不表达。

有时操纵子多水平控制对细菌是不利的,例如,鼠伤寒沙门菌在含组氨酸和葡萄糖的培养基中生活,没有其他氮源时,它仍处在急需氮源的状态,显然葡萄糖阻止了 CAP 激活 *hut* 操纵子中的启动子,因此,细胞不能将组氨酸作为氮源利用。葡萄糖自身并不含氮素,在细胞中仅用作碳源,于是细胞仍处于急需氮素的状态。

氨基酸除了作为潜在的氮源、碳源和能量来源外,它还有另外重要作用,如蛋白质合成。如脯氨酸还可用于渗透压调节。因此对细胞来说将氨基酸作为碳源还是氮源还需要做出选择。细胞需要解决许多调节中潜在的冲突,注定这是一个非常复杂的过程。

14.2.3 肠道细菌氮素调节的遗传学分析

我们今天对细菌氮素调节机制的认识,开始于对它的遗传学研究。尽管有些基因首先是在鼠伤寒沙门菌或大肠杆菌中被发现,但绝大部分研究首先是在产气克雷伯菌中开展的。

人们发现在 Ntr 调节中,谷氨酸和谷氨酰胺合成酶居于核心地位,这都得益于对众多突变体分析,突变后能影响谷氨酰胺合成酶调节功能,或者使细胞生长过程中谷氨酸需求量成倍增加。Gln 基因最初定名为 *glnA*、*glnB*、*glnD*、*glnE*、*glnF*、*glnG* 和 *glnL*(表 14.2),这些基因名字并不连续,因为有些原先认为的基因表型可能与其他基因的相同,所以后来取消了本来的基因名称。对以上所有基因产物研究才使我们对氮素调节有了整体认识,其中花费了许多研究者数年时间,所以这也是一个非常瞩目的研究成果。本节中,我们将学习不同 *gln* 基因是如何发现的,而且它们突变后的表型如何。

表 14.2 氮素调节基因

基因	替换名称	产物	功能
glnA		谷氨酸合成酶	合成谷氨酸
glnB		P_{II}、P_{II} – UMP	抑制 NtrB 的磷酸酶活力,激活腺苷转移酶活力
glnD		尿苷转移酶(UTase)/尿苷清除酶(UR)	从 P_{II} 上转入、转出 UMP
glnE		腺苷转移酶(ATase)	将 AMP 转移至谷氨酸合成酶
glnF	*rpoN*	σ^{54}	识别 Ntr 操纵子启动子的 RNA 聚合酶
ntrC	*glnG*	NtrC,NtrC – PO_4	激活 Ntr 操纵子的启动子
ntrB	*glnL*	NtrB,NtrB – PO_4	自身激酶,磷酸酶;将磷酸根转移至 NtrC

14.2.3.1 *glnB* 基因

该基因编码 P_{II} 蛋白,该基因首个突变体是在产气克雷伯菌中筛选到的,具有 Gln⁻ 表型,在不含谷氨酰胺培养基中不能生长。对 *glnB* 突变后显然能阻止细胞合成足量谷氨酰胺供生长所需。然而,早期遗传学证据表明,抑制 P_{II} 蛋白活性并不能使 *glnB* 突变呈现 Gln⁻ 的表型。后来证明采用转座子插入或其他能完全使 *glnB* 基因失活(无义突变)的突变方法,*glnB* 突变体也不产生 Gln⁻ 表型。实际上,

后来的 *glnB* 无义突变是初始 *glnB* 突变（Gln⁻ 表型）转变为基因内抑制子突变体（第 4 章）。

现在我们已知当初的 *glnB* 突变并没有使 P_{II} 失活，而是改变了 P_{II} 上 UMP 结合位置，使 UMP 不能通过 GlnD 与 P_{II} 结合，结果产生两种效果：未结合 UMP 的 P_{II} 与 NtrB ~ P 结合；阻止 NtrC 磷酸化。因此，即使在低 NH_3 浓度时，几乎不合成谷氨酰胺，然而仅凭这点还不能解释 Gln⁻ 表型问题，原因是 *glnA* 基因能从 p_1 启动子转录，而不需要 NtrC ~ P 激活。恰恰是 P_{II} 第二个功能：能激活腺苷转移酶活力，从而导致 Gln⁻ 表型。在突变体中，当积累足够未结合 UMP 的 P_{II} 时，激活腺苷转移酶，使谷氨酰胺合成酶腺苷化程度增高至能合成足够生长所需的谷氨酰胺。以上解释了为什么 *glnB* 无义突变不能导致 Gln⁻ 表型。如果完全使 P_{II} 失活，无义突变将阻止 P_{II} 蛋白激活腺苷转移酶，导致较少的谷氨酰胺合成酶腺苷化，于是合成足够生长所需的谷氨酰胺。

14.2.3.2　*glnD* 基因

glnD 基因也是在 Gln⁻ 表型突变子中被发现，然而在对 *glnD* 基因无义突变实验中也会出现 Gln⁻ 表型，在对 *glnB* 基因进行无义突变时，结果抑制了 *glnD* 基因无义突变带来的 Gln⁻ 表型，以上观察与前面提到的模型一致，因为 GlnD 是将 UMP 转移至 P_{II} 的一种酶，*glnD* 基因的无义突变将导致其与初始的 *glnB* 突变非常像，它阻止 UMP 与 P_{II} 结合，使 P_{II} 蛋白自由存在，这就是细胞出现前面提到的 Gln⁻ 表型的原因。*glnD* 基因的无义突变受到 *glnB* 基因无义突变抑制，因为 P_{II} 蛋白与腺苷转移酶结合后，激发 AMP 结合到谷氨酰胺合成酶上，以上过程在 GlnD 蛋白缺失时也不受影响。谷氨酰胺合成酶不结合 AMP 时，它将保持活力，并合成足够的生长所需的谷氨酰胺。

14.2.3.3　*glnL* 基因

glnL 基因后来被重新命名为 *ntrB*，以便更好地反映它的功能。该基因并不是首先在 Gln⁻ 表型突变体中被发现，而是作为 *glnD* 和 *glnB* 突变的基因外抑制子被发现。*glnL* 基因突变并不能使 NtrB 完全失活，而是导致 NtrB 不与 P_{II} 蛋白结合，以至于无论 P_{II} – UMP 出现与否，NtrB 将其上的磷酸根转移至 NtrC 上。

14.2.3.4　*glnG* 基因

起初被称为 *glnG* 基因，现在被称为 *ntrC* 基因，是在研究该基因突变后能抑制 *glnF* 突变后产生 Gln⁻ 表型时被发现的。*glnF* 基因编码氮素西格玛，σ^{54}。进一步研究显示，*glnF* 抑制子是 *ntrC* 的无义突变，因为转座子插入和其他突变使 *ntrC* 基因失活后也能抑制 *glnF* 突变。*ntrC* 基因无义突变不能导致 Gln⁻ 表型，因为 *glnA* 基因也能从 p_1 启动子转录，而不需要 NtrC 的激活作用。然而 *ntrC* 基因无义突变却能阻止需要 NtrC ~ P 激活的其他 Ntr 操纵子，因为它们没有可以替换的启动子。

ntrC 突变会导致 Gln⁻ 表型。然而，据推测突变使 NtrC 蛋白发生改变，不再激活从 p_2 起始的转录，但是依然阻遏从 p_1 开始的转录，因为它能被磷酸化。

14.2.3.5　*glnF* 基因

前面已经讲到，*glnF* 基因编码氮素 σ 因子，σ^{54}，现在将该基因命名为 rpoN 基因，该基因也是在 Gln⁻ 突变体中被发现。如果没有 σ^{54}，p_2 启动子将不能启动 *glnA* – *ntrB* – *ntrC* 操纵子的转录。然而，仅仅使 p_2 失活，还不足以导致 Gln⁻ 表型，因为即使没有 σ^{54}，*glnA* 基因也可以从 p_1 启动子转录。然而，如果细胞生长在较低 NH_3 浓度下，NtrC 的 NtrC ~ P 形式将抑制 p_1 启动子。在高 NH_3 浓度下，p_1 启动子不受抑制，但是合成的少量谷氨酰胺合成酶被全部腺苷化，从而阻碍合成供生长所需的充足谷氨酰胺。rpoN 突变会导致 Gln⁻ 表型，而 *ntrC* 无义突变将抑制 rpoN 突变导致的 Gln⁻ 表型，这些已经得

到实验证明。如果没有 NtrC ~ P 出现来抑制 p_1 启动子,即使在低 NH_3 浓度下,也能从 p_1 启动子上合成充足的谷氨酰胺合成酶。

14.3　细菌应对胁迫的反应

在细菌中许多全局调节子是为了应对胁迫才具有的,所有生物都必须能应对突然变化的生存环境,如所处环境的渗透压、温度和 pH 可能会急剧增加或迅速降低,或者它们会突然停止生长转入休眠状态。如果细菌侵入真核宿主细胞,它们将被突然暴露在宿主活性氧或 NO 的防御之中。所以细菌不仅要对变化的环境做出应答,还要灵活地应对这种突如其来的胁迫,有时在同一时刻要应对一种以上的胁迫。在长期进化过程中,细菌已经演化出复杂的应对胁迫的机制,本节将介绍一些主要途径,以及它们之间的相互作用。

14.3.1　热激调控

细菌或其他生物受到热激后,它们基因的表达调控是被研究最广泛的全局调途径之一。细胞所面临的主要挑战之一是在温度骤变时能存活下来,为了适应温度突然升高,细胞被诱导产生至少 30 种被称为热激蛋白(Hsps)的蛋白。随着温度升高,以上蛋白浓度迅速增加,之后浓度逐渐降低,这种现象被称为热休克反应。除了突然升温,能诱导热激基因表达外,其他损伤蛋白质的胁迫类型,如培养基中出现酒精和其他有机溶剂时,热激基因也将被诱导表达。因此热激反应是一种更通用的胁迫反应,而不仅仅是对突然升温的特殊应答反应。但是热激反应名称已经固定下来,所以接下来的讨论还仍然沿用这个名称。

与绝大多数共有的细胞过程发现历程不同,热激反应在细菌中被发现以前,很早就在高等生物中被发现。某些 Hsps 在所有生物中都非常相似,据推测具有相似作用保护所有细胞免受热激损伤。从细菌到高等生物,所有生物的热激反应调控机制具有相似性。

14.3.1.1　大肠杆菌的热激调控

热激反应的分子机制首先在大肠杆菌中阐述清楚,具体机制如图 14.13 所示。大肠杆菌受到热激后,编码 30 种不同 Hsps 的将近 30 个基因被开启,这些 Hsps 的功能现在大部分是已知的(表 14.1)(第 3 章)。绝大多数 Hsps 蛋白在细胞正常生长状态下具有功能,因此一直以低浓度在细胞中出现,当受到热激后,它们合成效率显著提高,随后缓慢降低至正常水平。

有些 Hsps,包括 GRoEL、DnaK、DnaJ 和 GrpE,是分子伴侣指导新翻译蛋白的折叠(第 3 章)。这些蛋白的名字并不能反映其功能,但能反映其最初是怎么发现的。例如,DnaK 和 DnaJ 因能够影响 λ 噬菌体 DNA 复制所需蛋白的组装而被发现,但它们自身并不直接参与 λ 噬菌体 DNA 复制。分子伴侣结合至突然发生热激反应时变性的蛋白质上,帮助细胞存活下来。它们要么帮助变性蛋白正确折叠,要么以这些变性蛋白为靶标将其降解。前面已经提到,分子伴侣是细胞中最高度保守蛋白,从细菌到人类其分子伴侣几乎始终保持不变。

另一些 Hsps,包括 Lon 和 Clp,是蛋白酶,它们降解那些热激后严重变性,而无法修复的蛋白,以免这些损伤蛋白对细胞造成毒害。有些 Hsps 参与蛋白质合成,包括发生热激反应后被诱导表达的氨酰基转移酶,这类蛋白在温度升高后发挥什么作用还不清楚。

综上,我们知道 Hsps 参与蛋白质正确折叠及降解变性蛋白质的过程,这些帮助说明了热激反应具有瞬间反应的特点。在较低温度调节细胞生长的盐和其他细胞组分浓度,当温度立即升高,就不再适合保持蛋白质稳定性,于是导致大量蛋白质解折叠。在温度提升间歇,细胞内部环境有时间进行调

节,所以蛋白质不再被变性,而且分子伴侣数目增多,另一些 Hsps 蛋白变得不再是必需的,因此,Hsps 蛋白合成量降低。

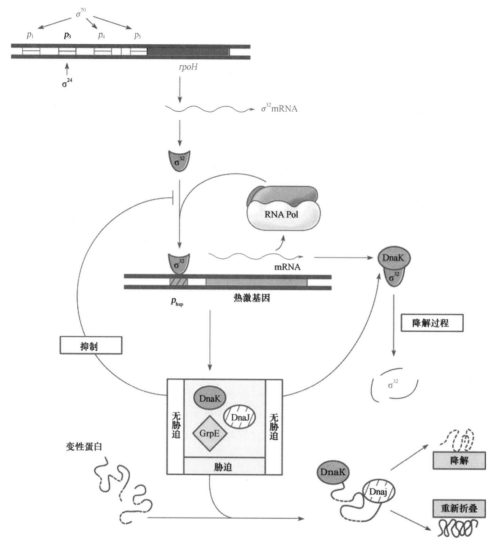

图 14.13 当细胞受到突然热激胁迫后,DnaK 蛋白对热激基因诱导作用

14.3.1.2　其他细菌的热激调控

一旦大肠杆菌的热激调控研究清楚,我们就可以与其他细菌进行比较,看它们是否也具有相同的调控机制,令人惊奇的是包括枯草芽孢杆菌在内的许多细菌采用了与大肠杆菌完全不同的调控机制。枯草芽孢杆菌并不采用与 σ^{32} 具有同源性的热激 σ 因子,它们利用正常的 σ 因子和一种抑制子蛋白 Hrc,它能抑制热激基因在较低温度下转录。HrcA 抑制子与 CIRCE 操纵子序列结合,该序列在众多细菌中具有保守性,所以推测是一类比较古老的调控方式。枯草芽孢杆菌使用 HrcA 而不使用 DnaK,作为细胞温度计,而且用到伴侣蛋白 GroEL(第 3 章),它也许是折叠 HrcA 所需的;当温度突然升高,GroEL 被召集起来帮助其他蛋白折叠,而 HrcA 可能发生折叠错误。在 HrcA 调控下热激基因受到的抑制可以被解除。

14.3.2　革兰阴性菌中通用的胁迫反应

除了热激 σ^{32} 因子外,大肠杆菌还有另一个用于应答突然温度增加的 σ 因子,我们称之为稳定阶段 σ^s

因子,它被用于转录那些对多数胁迫都有响应的基因表达。编码该因子的基因是 $rpoS$,在受到包括营养缺乏、氧化破坏和酸性条件等胁迫时,它的表达都能被开启。σ^s 因子与正常营养细胞中 σ^{70} 因子的同源性较高,唯一的不同是 σ^s 识别的 -10 序列还要向外延伸,实际上,有些启动子能同时被 σ^s 和 σ^{70} 因子所识别。

14.3.3　革兰阳性菌中通用的胁迫反应

许多革兰阴性菌对多数胁迫做出反应是基于 σ^s 因子的,在革兰阳性菌中却是 σ^B 因子,它的序列与 σ^s 的差别较大,而且用不同的代谢途径激活它的表达。激活 σ^B 因子的信号途径相当长而且非常复杂,主要采用了磷酸接力传递系统涉及丝氨酸 - 苏氨酸激酶和磷酸酶。它们似乎有两条不同的途径应对胁迫,其中之一感应能量的缺乏,主要当细胞中碳源和能量即将用尽时起作用,另一种途径用于感应环境变化,如热激和 pH 变化。

细胞周质中的五种蛋白 Rsb,能负调控抗 - 抗 - 抗 - σ 因子激活,因此诱导对胁迫做出反应,它们似乎都是大复合体的一部分(胁迫体),能感知外界胁迫,通过激活信号转导系统诱导发生胁迫反应,激活 σ^B 因子。所有的五个 Rbs 蛋白在羧基末端比较相似,但其中之一的羧基末端较其他的比较短,这些蛋白都是丝氨酸或苏氨酸激酶,根据外部胁迫不同,将磷酸基团转移至它们上或者将磷酸基团从它们上移走。这五个蛋白究竟如何发挥功能有两种可能的假设,具体如图 14.14 所示。

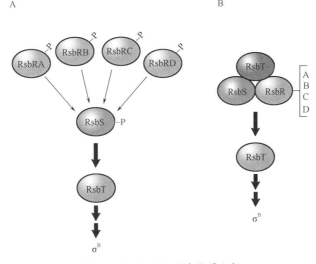

图 14.14　上位性的遗传学分析

14.4　细胞质外(细胞膜上)的胁迫反应

细胞膜是细菌对抗外界胁迫的第一道防线,而且对外界的变化特别敏感,如渗透压、损伤剂、疏水毒素、热激和 pH 改变等。所以也并不奇怪,细菌对胁迫反应的结果通常是保持细胞膜的完整性,以上对胁迫的反应是指细胞质外胁迫反应,因为它们主要是对细胞质外胁迫做出反应。

14.4.1　Porin 合成调控

细菌生活在自然环境中,除营养物质外,渗透压是对细菌影响较大的一种因素。通常情况下,细菌内部的渗透压比外部要高,这种渗透压之差能使细菌膨胀。细菌若不能将这种压力控制在其细胞壁能承受的范围之内,细菌细胞就会破裂。那么,细菌是如何调节细胞内外的渗透压平衡?这与细

细胞膜(内膜、外膜)上的离子通道蛋白有关。在大肠杆菌细胞膜上有两种离子通道,一类是由 OmpC 构成的通道,较小,能阻止对细菌有害物质(如胆盐)进入细菌细胞;另一类是由 OmpF 蛋白组成的通道,较大,主要作用是让离子快速通过细胞膜以迅速建立细菌在低渗环境中的膜内外渗透压平衡。细菌还能根据环境中渗透压调节不同通道蛋白合成以适应不同环境。例如,在高渗环境中 OmpC 蛋白明显多于 OmpF,反之,在低渗环境中,OmpF 蛋白则明显多于 OmpC。

经过对细菌突变的研究,现已比较清楚通道蛋白的合成与调节。OmpF 和 OmpC 蛋白分别由 *ompF* 和 *ompC* 基因编码,*ompF* 和 *ompC* 基因表达受 *ompB* 基因编码的两种膜敏感蛋白 EnvZ 和 OmpR 调控。EnvZ 蛋白是一个跨膜蛋白,其氨基末端位于膜周质间隙,而羧基末端位于细胞质内。EnvZ 蛋白的另一重要特性是不同信号可激活磷酸酶活力或磷酸基转移酶活力。当其氨基末端接收到低渗信号时,信号传到胞内激活其磷酸酶活力,反之,则激活其磷酸基转移酶活力,其不同酶活力激活引起 OmpR 蛋白去磷酸化或磷酸化。因而,当细菌在低渗环境时,其细胞内磷酸化 OmpR 蛋白(OmpR – P)浓度低,而细菌在高渗环境时,其细胞内 OmpR – P 浓度高。OmpF 启动子上游具有两个与 OmpR – P 结合的位点:高亲和力位点和低亲和力位点,OmpR – P 与高亲和力位点结合促进 *ompF* 表达,而 OmpR – P 与低亲和力位点结合则阻碍 *ompF* 表达。*ompC* 启动子上游则只有一个亲和力位点,其中 OmpR – P 结合则促进 *ompC* 表达。因此,细菌在低渗环境时,OmpR – P 在胞质内浓度较低,只与 *ompF* 上游高亲和力位点结合,促进 *ompF* 表达,故 OmpF 比 OmpC 高;反之,当细菌在高渗环境时,OmpR – P 在胞质内浓度高,不仅能与 *ompF* 启动子上游高亲和力位点结合,而且还与 *ompF* 和 *ompC* 上游的低亲和力位点结合,OmpR – P 与 *ompF* 上游的低亲和力位点结合阻碍 *ompF* 表达,而 OmpR – P 与 *ompC* 上游低亲和力位点结合则促进 *ompC* 表达,因而 OmpC 较 OmpF 为多。

14.4.1.1 通过渗透压调控孔蛋白的遗传分析

对孔蛋白合成突变体的分离基于孔蛋白是噬菌体或细菌素的受体这一事实,所以当孔蛋白突变后,它对给定的噬菌体和细菌素具有抗性,分离这种突变体比较容易。

对分离到的突变体分析后发现,突变发生在两个不同的基因位点 *ompF* 和 *ompB* 上,发生在 *ompF* 上的突变能完全阻断 OmpF 合成,而 *ompB* 突变后只能部分阻碍 OmpB 合成。在两个基因座上发生突变,其效果不同,提示我们 *ompF* 不仅是 OmpF 蛋白的结构基因,而且它的表达还需要 *ompB* 编码的蛋白。互补实验发现 *ompB* 是由两个基因 *envZ* 和 *ompR* 构成。利用 LacZ 与 *ompF* 融合,监控 *ompF* 基因表达情况,研究者发现 EnvZ 和 OmpR 确实是 *ompF* 基因最佳转录时所需要的。EnvZ 蛋白是内膜蛋白,其 *N* – 末端结构域位于细胞周质中,C – 末端结构域在细胞质中(专栏 14.4)。*envZ* 和 *ompR* 突变的许多相关表型见表 14.3。

表 14.3　*envZ* 和 *ompR* 突变的表型

基因型	表型
envZ⁺ ompR⁺	OmpC⁺ OmpF⁺
envZ⁺ ompR1	OmpC⁻ OmpF⁻
envZ(null) ompR⁺	OmpC⁻ OmpF⁺⁻
envZ⁺ ompR2(Con)	OmpC⁻ OmpF⁺(低渗透压)
	OmpC⁻ OmpF⁺(高渗透压)
envZ(null) ompR2(Con)	OmpC⁻ OmpF⁺(低渗透压)
	OmpC⁻ OmpF⁺(高渗透压)
envZ⁺ ompR3(Con)	OmpC⁻ OmpF⁺(低渗透压)
	OmpC⁺ OmpF⁻(高渗透压)
envZ⁺ ompR3(Con)/ envZ⁺ ompR⁺	OmpC⁺ OmpF⁺(低渗透压)
	OmpC⁺ OmpF⁻(高渗透压)

专栏 14.4

细菌中的信号转导系统

在许多调节机制中需要细胞感受到外部环境的变化,自身基因表达或蛋白活性的变化,这种感受器有很多种(图 A)。一些是苏氨酸丝氨酸激酶－磷酸酶(STYK),如枯草芽孢杆菌和其他很多细菌中能激活胁迫 σ 因子,σ^B 的 Rsb 蛋白。其他已经讨论过的是腺苷酸环化酶,可以在像大肠杆菌这样的肠道菌缺少碳源的营养环境下生成 cAMP。有趣的是,最近发现一种传输信号的分子环状－diGMP 分子,它由两个 GMP 分子通过 5′的磷酸端链接到彼此的 3′碳原子上形成小的环状磷酸－核糖基团,双鸟嘌呤环化酶使这种小分子形成效应物,特殊的磷酸二酯酶能破坏它。这些酶起初是通过基因分析发现的,因为这种环化酶存在 GGDEF 结构域,磷酸二酯酶具有 EAL 结构域。通常信号蛋白同时具有双鸟嘌呤环化酶和双鸟嘌呤磷酸二酯酶结构域,它们分布广泛,已经在多种细菌中被发现,并且有多种作用,如细菌附属物转移到表面、生物膜形成、控制光合作用以及自身运动,然而效应物如何发挥作用还不十分清楚,图中用问号标出。

一些最普遍和广泛研究的感受系统是所谓的双组分信号转导系统,它包含一个可以自主磷酸化(转移磷酸基团到自身)的感受因子组氨酸激酶,一个转移磷酸至自身的应激调控因子。双组分系统已经在所有的细菌和植物中检测到,但是在动物中还没有发现,大的细菌中有上百个这样的系统,如它们的名字所述,它们通常含有两种蛋白,但是在一些情况下,感受激酶和反应控制因子都被同一种蛋白控制,只有在少数情况下由感受激酶对刺激产生反应。系统反应的表现也是多样的,应激调控因子常常是具有 HTH 结构域或抗终止结构的结合 DNA 的转录调节器,但是我们也讨论了它以某些蛋白为靶点,使其不稳定并导致酶解的情况。这种包含双组分信号转导系统的细胞功能相当广泛,包括对化学引诱剂发生反应的运动,如它能对甲基化趋化蛋白发生反应(图 A 中的 MCP)(专栏 15.1);在进入适当宿主后还能诱发致病操纵子的启动转录;以及对细胞外胁迫做出反应。

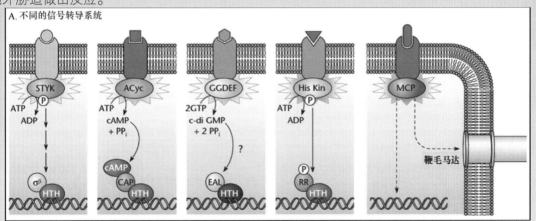

A. 不同的信号转导系统

这些双组分感受激酶和反应调节器系统的总体反应机理在图 B 中详细阐述。第一部分显示感受激酶通常是对外界信号有反应的膜中的内含肽,第二部分显示了蛋白结构域的功能。感受激酶的 C 末端是感受器激酶被磷酸化的保守的丝氨酸(第 1 步)。应激调节子的 N 末端是相似的,都含有磷酸化的天冬氨酸(第 2 步)。虽然应激调节子的亚基显示出与其他蛋白质高度的同源性,包括很多转录调节因子的 HTH 结构,但它的其余部分根据它们的功能不同而各异。

专栏 14.4(续)

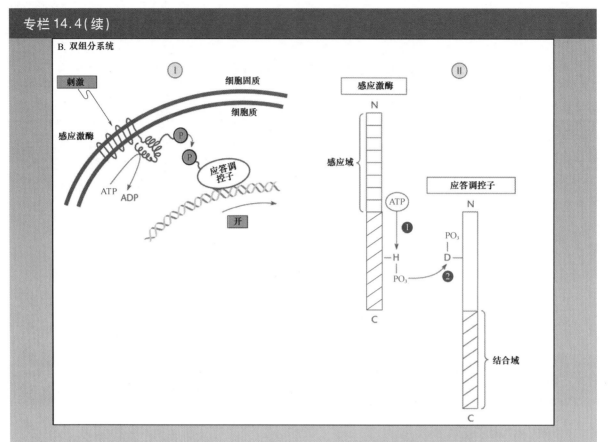

很多感受激酶和应激调节子不仅工作机理极其相似,而且它们的氨基酸序列也具有同源性,仿佛它们是彼此演化而来。图 C 阐述了丝氨酸激酶的保守序列,保守的氨基酸用字母标出,相对

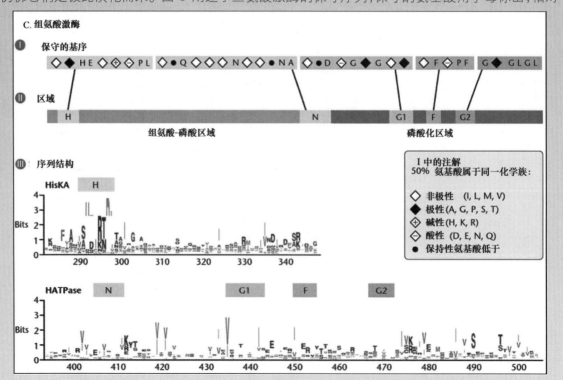

专栏 14.4（续）

保守的用菱形标出，不保守的氨基酸用点标出。结构方面的研究表明保守区域含有两个分割的结构域，包括激酶的 HisKA 和 HATPase 结构域。图中第三部分给出了两个结构域的保守序列，此序列来源于 WebLogo（http://weblogo.berkeley.edu），序列中标出了给定位置在统计学上的重要性。

参考文献

Bourret, R. B., N. W. Charon, A. M. Stock, and A. H. West. 2002. Bright lights, abundant operons：Fluorescence and genomic technologies advance studies of bacterial locomotion and signal transduction：review of the BLAST meeting, Cuernavaca, Mexico, 14 to 19 January 2001. J. Bacteriol. 184：1−17.

Galperin M. Y. 2006. Structural classification of bacterial response regulators：Diversity of output domains and domain combinations. J. Bacteriol. 188：4169−4182.

Mascher, T., J. D. Helmann, and G. Unden. 2006. Stimulus Perception in Bacterial Signal−Transducing Histidine Kinases. Microbiol. Mol. Biol. Rev. 70：910−938.

Ryan, R. P., Y. Fouhy, J. F. Lucey, and J. M. Dow. 2006. Cyclic di−GMP Signaling in Bacteria：recent advances and new puzzles. J. Bacteriol. 188：8327−8334.

14.4.1.2 通过 MicF 小 RNA 调控 OmpF

在应对多种形式胁迫过程中，OmpF 孔蛋白的合成会受到小的非编码 RNA MicF 调控（专栏 14.5），能与 *ompF* mRNA 的 TIR 碱基配对，MicF 能阻止核糖体经过 TIR，所以阻碍了 OmpF 翻译，于是细菌中 MicF RNA 含量较高，则该细胞中合成 OmpF 就少。

MicF 抑制 OmpF 翻译，但不抑制 OmpC。我们期望一种类似的调节应用在 OmpC 上，这样的话，在有利于 OmpF 的条件下，产生更少的 OmpC。事实上，OmpC 自身小 RNA，叫作 MicC，类似于 MicF 小 RNA，能抑制 OmpC 翻译。MicC RNA 的发现是由于其 5′UTR 序列与 ompC mRAN 序列同源。此外，MicC RNA 高拷贝时，能抑制 OmpC 的翻译。有趣的是，MicC 基因邻近孔蛋白基因，OmpN 在大肠杆菌中表达量极低，至少在实验室条件下是这样。但是在这种情况下，我们希望 OmpN 上也能形成与 OmpF 上类似的孔。也许小 RNA 能够调节 OmpA 和另外一种孔蛋白。显然，通过渗透压和其他环境因子调节孔蛋白的合成是细胞生存的核心问题，这也是为什么它如此复杂，涉及如此多相互作用系统和调节分子的原因。

专栏 14.5

起调节作用的 RNA

细胞中大部分调节工作都是由小的调控 RNA 完成，这一点已经变得越来越明显。这种调控机制有时被称为调控核糖核酸，可以在很多不同的条件下发生。一些调控 RNA 参与到转录调控中。例如，一种小 RNA 作用于粪肠球菌的外激素质粒转移中，其中 200 个核苷酸 mD RNA 在转移中能增强转录终止。其他小 RNA 可能结合到蛋白质上然后调控它们，例如，一个小的 6s RNA

结合在稳定期 σ^{70} RNA 聚合酶上，抑制其活力。除此之外，小 RNA 可以在转录之后调控基因表达，如反义 RNA，这些基因与它们调控的 mRNA 重叠，它们的活性依赖于与它们靶标中碱基相互配对情况。我们已经讨论过一些反义 RNA 与调控质粒复制转运之间的联系，对于反义 RNA，它们与目标 RNA 的互补很精确，而且可以延长到 100 个左右核苷酸长度。因为它们互补的精确性，反义 RNA 经常被当成互补链被利用，其名称也由此而来，而且一个靶 RNA 仅被一种反义 RNA 调控。

很多染色体的调控 RNA 基因与它们的目标基因并不重叠，甚至分布在离染色体较远的位置。一些小的 RNA 在文中提到：DsrA、MicF 和 Ryh RNA，分别调控 *rpoS*、*ompFh* 和调节含铁蛋白质 RNA，因为这些小的基因经常离调控基因较远，所以被称为在转移过程中调节。通过与目标 RNA 结合，它们可以通过很多方法进行基因表达调控，例如，它们能通过结合到一种 mRNA 的 TIR 上或者堵塞核糖体靠近 TIR 而阻止翻译，或者通过核糖核酸酶锁定 mRNA 而使其降解。相反的，它们可以通过结合到 TIR 和解离包括 TIR 的二级结构或者稳定的 mRNA 结构来激发翻译过程。对于这些准备翻译的 RNA，互补区域非常短，经常小于 12bp，分散在要翻译 RNA 的周围。因为如此短，单个翻译的 RNA 可以与不止一个调控基因结合，所以小 RNA 上的不同区域可以与不同的目标序列互补配对，而且 RNA 通常需要 Hfq 蛋白来帮助它们与目标 mRNA 进行配对。

DsrA 和 OxyS 反式作用因子是小 RNA 的例子，可以调控多个靶基因。DsrA 和 OxyS 小 RNA 可以根据特定的情况来决定是增加还是减少对目标基因的表达。DsrA 小 RNA 至少有两个靶基因：*hns*，产物可以是类似组蛋白的可以阻止附近基因表达；*rpoS*，用来编码稳定期的 σ 因子 σ^{s}（表 14.1）。DsrA 与其目标基因的相互结合既可以阻止，也可以促进 mRNA 的翻译，DsrA 与其目标 mRNA 碱基配对的多少，可以降低或增强 mRNA 的稳定性。DsrA 是阻碍还是激发翻译过程依赖于它怎样结合和影响 mRNA 的哪个区域。

OxyS 小 RNA 是由于受到氧胁迫后产生的，它也能调控多个靶基因。一种常见的靶基因是 *fhlA*，甲基化代谢的转录激活子。*fhlA* 表达的调控机制也类似于对其他 mRNA 的调控，OxyS 结合到 fhlA 翻译起始区，阻止与核糖体结合。

就像上面所提到的，很多小 RNA 需要在一种 Hfq 蛋白帮助下结合它们的目标 RNA。这种蛋白是宿主编码的一种 Qβ 复制酶，在小噬菌体用来复制基因组 RNA 时被发现，取名为 Hfq（代表宿主因子 Qβ）。这种蛋白在细菌细胞中无处不在，甚至与真核细胞中的 Sm RNA 结合蛋白同源，参与 RNA 的剪切。Hfq 基因的六种多肽产物形成一个环（一个六聚体环），这种蛋白帮助小 RNA，即使在没有足够互补碱基与目标 RNA 结合情况下与目标碱基结合，可以猜测到，Hfq 蛋白可以同时识别小 RNA 和目标 RNA 上的序列，尽管这些序列还没有被鉴定出来。

调控 RNA 的发现纯属偶然，当多拷贝质粒过度表达小 RNA 时，会抑制某个基因产物的合成。当时用经典遗传学方法并没有发现它，可能是因为这些基因太小，以至无法对其进行突变，或者因为它们具有多种功能，突变后并没有明显的表型。但是，现在采用分析细菌基因组序列的方法可以发现新的小 RNA，通过这种方法，已经在大肠杆菌中发现 60 余种小 RNA，它们将近占用基因组 2% 的编码能力。

专栏 14.5(续)

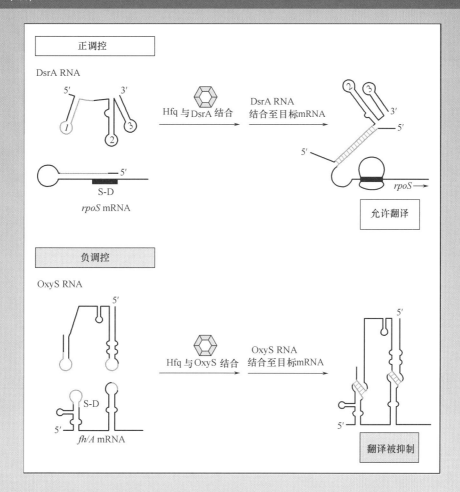

小 RNA 也许处于各基因之间,因为它们与其他基因具有共同的启动子和转录终止子。通过微阵列手段对相近细菌基因组比较后发现,小 RNA 序列具有保守性,可以结合计算机和微阵列方法在与大肠杆菌相近的沙门菌中发现大肠杆菌中所具有的小 RNA。可以推理得到,基因间的小 RNA 序列,在正常情况下是不同的,但只要是重要的小 RNA,则其序列应该是保守的。所以在最新采用的方法中,可以用 Hfq 蛋白从众多的 RNA 中找到我们想要的小 RNA,因为它们中的大多数可以结合到 Hfq 上,之后就很容易通过 RT –PCR 扩增来鉴定该小 RNA。

参考文献

Altuvia, S., and G. H. Wagner. 2000. Switching on and off with RNA. Proc. Natl. Acad. Sci. USA 97:9824 –9826.

Gottesman, S. 2005. Micros for microbes: non –coding regulatory RNAs in bacteria. Trends Genet, 21:399 –404.

Lease, R., and M. Belfort. 2000. A trans –acting RNA as a control switch in *Escherichia coli*: DsrA modulates function by forming alternative structures. Proc. Natl. Acad. Sci. USA 97: 9919 –9924.

专栏 14.5(续)

Storz, G., S. Altuvia, and K. M. Wassarman. 2005. An abundance of RNA regulators. Annu. Rev. Biochem. 74:199–217.

Tomita, H., and D. B. Clewell. 2000. A pAD1–encoded small RNA molecule, mD, negatively regulates Enterococcus faecalis pheromone response by enhancing transcription termination. J. Bacteriol. 182:1062–1073.

Trotochaud, A. E. and K. M. Wassarman. 2004. 6S RNA function enhances long term cell survival. J. Bacteriol. 186:4978–4985.

Valentin–Hansen, P., M. Eriksen, and C. Udesen. 2004. The bacterial Sm–like protein Hfq: A key player in RNA transactions. Mol. Microbiol 51:1525–1533.

Wassarman, K. M., F. Repoila, C. Rosenow, G. Storz, and S. Gottesman. 2001. Identification of novel small RNAs using comparative genomics and microarrays. Genes Dev. 15:1637–1651.

14.4.2　通过 CpxA – CpxR 调控外膜胁迫反应：双组分感应激酶反应——调节子系统

大肠杆菌感应细胞外膜胁迫的另一途径是通过双组分系统 CpxA 和 CpxR 完成的(图 14.15)。与其他许多双组分系统的工作方式类似，CPxA – CPxR 双组分系统中，CpxA 是感应激酶，将磷酸基因转移至响应调节子 CpxR 上，CpxR 是转录激活子，能激活 100 余个由它控制的基因。CpxA 感应子当感应到细胞周质中分泌蛋白质增多(如菌毛)、卷曲纤毛积累时，就会发生自身磷酸化。CpxR 编码细胞周质中蛋白酶及帮助折叠、降解蛋白质的分子伴侣。组成细胞附属结构的菌毛、卷曲纤毛等蛋白的合成受到磷酸化 CpxR 抑制，或许这样可以防止在细胞周质中积累它们的中间体。

通过对影响 OmpC 和 OmpF 比例的突变体的遗传筛查发现，CpxA – CpxR 双组分系统也能调节 OmpC 和 OmpF 之间的比例。由于使用的技术手段在前面章节已经描述过，这里仅论述一些细节问题。首先，研究者需要用一种简单方法判断 OmpF 和 OmpC 之间的比例是否发生了变化，因为他们将不得不筛选大量的突变株。为了达到这个目的，他们用转录融合将被称为 *yfp* 和 *cfp* 的 *gfp* 报告基因融合到 *ompF* 和 *ompC* 的启动子上。原本 Gfp 蛋白产生绿色荧光，但这些突变体分别会产生黄色和蓝色荧光。如果 *ompF* 启动子比较活跃，菌落会产生更多黄色荧光，反之，如果 *ompC* 启动子更活跃，则菌落产生更多蓝色荧光。他们构建了一株含有两种融合蛋白的溶原性噬菌体菌株，噬菌体将融合基因整合到细菌染色体上，而且仅有一个拷贝。

接下来是诱变菌株，获得 *ompF* 和 *ompC* 相对表达量发生改变的突变菌株。他们采用容易鉴定突变的转座子诱变操作方法，所用的转座子是 miniTn5，它缺少自己的转座酶，所以当菌株增殖时，转座子不能再次跳动，也不会导致染色体周围插入位点不稳定(专栏10.2)。在平板上培养约5000 株转座子插入突变株，观察其菌落的荧光颜色。在葡萄糖最低含量培养基上获得一株突变株，它的 OmpF 转录显著升高，而 OmpC 转录增幅最小。对转座子插入位点的两侧 DNA 进行测序，发现转座子插入到 *cpxA* 基因中。

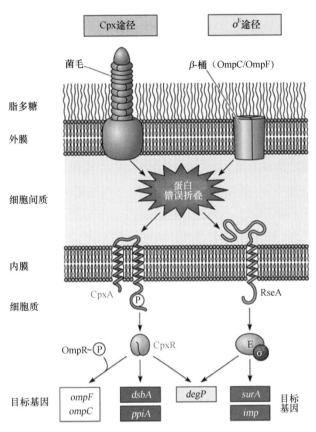

图 14.15 大肠杆菌中两种应对胁迫响应机制,它们对细胞周质中不同胁迫信号有应答

可以肯定的是转座子插入使 *cpxA* 基因产物失活,而 *cpxA* 基因表达会影响 OmpC 和 OmpF 的比例。研究者采用重组工程(专栏 11.3),用氯霉素抗性盒取代不同菌株中的整个 *cpxA* 基因,观察到重组菌株与先前分离的突变菌株有相同表型。为了确定荧光是否能准确反映蛋白质产物的量,他们也直接测定了突变菌株中的 *ompC* 和 *ompE* 蛋白量。由于大肠杆菌中 OmpC 和 OmpE 含量高,很容易通过十二烷基磺酸钠 – 聚丙烯酰胺凝胶染色检测这两种蛋白,能在凝胶中其他蛋白质条带中清晰地看到这两个蛋白质的条带。

他们还想知道在同一个菌株中同时使 *cpxR* 和 *cpxA* 基因失活会产生什么效果。我们预期当 CpxA 已经失活,再使 CpxR 失活,将对菌株不产生任何影响,因为已知 CpxA 的作用是将磷酸基团转移到 CpxR 上。但是,当他们使 *cpxR* 基因失活后,表型回复正常,OmpF 和 OmpC 产量也处于正常水平。他们做出如下推断:假如在 *cpxA* 突变菌株中,表型发生改变是由于 CpxR 高水平磷酸化,并非不存在 CpxR 磷酸化。与其他感应激酶 EnvZ 等一样,CpxA 蛋白既是磷酸转移酶,可以将磷酸转移至 CpxR 上,同时它又是磷酸酶,将磷酸从 CpxR 转运走。如果缺乏磷酸酶,CpxR 上可能积累磷酸盐,因为其他磷酸化蛋白酶将从常见的磷酸供体——乙酰磷酸上把磷酸转移到很多蛋白质中,当然包括 CpxR。他们认为高水平磷酸化的 CpxR,即 CpxR ~ P,会抑制 *ompF* 转录而促进 *ompC* 转录。显然,当某些毒素进入细胞时,CpxA 被磷酸化,因为毒素损伤了细胞周质中的蛋白质或者阻止蛋白质在细胞表面的组装,导致蛋白质亚单位在细胞周质中积累。磷酸化的 CpxA 将自身的磷酸转移至 CpxR,形成 CpxR ~ P。CpxR ~ P 或多或少会抑制 *ompE* 而激活 *ompC*,可能通过磷酸化的 OmpR(OmpR ~ P)激活它们的启动子,因为 *ompF* 和 *ompC* 都需要 OmpR ~ P 来激活。最终结果是进入细胞周质中的毒素变少,而产生更

多 OmpC,其上的孔比 OmpF 上的小。以这种方式,孔蛋白组成能对渗透压(EnvZ 和 OmpR)的改变或细胞周质中毒素或蛋白质(CpxA、CpxR 和 OmpR)出现与否做出应答。

14.4.3　细胞膜外的功能:大肠杆菌 σ^E

在大肠杆菌中,其他系统也能感受细胞外胁迫,它们用特殊西格玛因子在胁迫应答中转录基因。这种选择性西格玛因子被称为细胞周质外功能西格玛因子 σ^E。在大多数情况下,σ^E 表达细胞周质外功能基因,如分解细胞周质中缺陷蛋白的蛋白酶和有助于折叠蛋白穿过细胞周质的分子伴侣。转录热激西格玛 rpoH 基因在高温条件下需要 σ^E 识别,才首次将其发现。

前面已经提到,大肠杆菌中 σ^E 的激活让人想起枯草芽孢杆菌中 σ^B 的激活,它们都涉及一种抗西格玛的失活。但是,在应答膜胁迫时,σ^E 的抗－西格玛因子不是被一种抗－抗－西格玛所代替,而是被蛋白酶所降解。膜胁迫应答很容易理解,图 14.15 进行了举例说明。抗西格玛因子 RseA 是内膜蛋白,在细胞周质和细胞质中都有其结构域。细胞质中结构域结合 σ^E,使之失活并将其固定在细胞膜上。当外膜受到损伤时,包括 OmpC 在内的 Omp 蛋白在细胞周质中积累,因为在损伤的外膜上它们无法组装成孔蛋白。在细胞周质中,Omp 蛋白羧基末端结构域结合到一种被称为 DegS 蛋白酶的羧基末端结构域上。DegS 羧基末端结构域一般能抑制它自身蛋白酶活力,而结合 Omp 蛋白羧基末端的 DegS 可以激活 DegS 蛋白酶,它能切除 RseA 细胞周质中的结构域。然后,另一种被称为 YaeL 的蛋白酶降解 RseA 跨膜结构域,释放出 σ^E 去结合 RNA 聚合酶,从而转录与细胞膜胁迫反应相关的基因。

14.5　大肠杆菌中铁元素调控

对细菌和人类来说,铁是重要的营养素,许多酶的活性中心需要铁作催化剂,许多转录调节子,如 FNR 能调控无氧代谢,需要铁作为氧水平高低的感受器。然而过高的铁含量同样会对细胞造成损伤,激起细胞胁迫应答。铁可以催化过氧化氢转变,能将氧转化为另一种氢氧自由基活性形式,该状态是氧致突变最常见的形式。细胞中过量的铁能以铁蛋白形式贮存起来,以减少铁对细胞的损伤,但当铁需求量增多时,铁蛋白又能供细胞利用。

铁以两种状态存在于自然界中,一种是三价铁 Fe^{3+},另一种是二价铁 Fe^{2+},后者是许多细菌,特别是病原菌所需的一种重要营养物质,而宿主体内的 Fe^{2+} 往往以铁复合物的形式存在(如人体内 Fe^{2+} 是往往与转铁蛋白或珠蛋白结合),细菌要生长繁殖就必须从宿主的铁复合物中夺取 Fe^{2+}。因此,很多细菌都有一种铁载体基因,但只有当 Fe^{2+} 缺乏时才启动该基因的表达。

14.5.1　Fur 调节子

Fur 是一种典型的抑制子,在它 N 末端带有螺旋－转角－螺旋 DNA 结合结构域,C 末端具有二聚体结构域,中部是效应分子结合区域,通过 Fur 进行的调控如图 14.16 所示,与 TrpR 抑制子对 trp 调节子的调节类似。如果二价铁含量过量,Fe^{2+} 作为辅抑制子与 Fur 阻遏物蛋白结合,改变阻遏蛋白与 Fur 盒结合处的构型,使 σ^{70} 启动子上 -10 区域被掩盖,所以阻断了 RNA 聚合酶与之结合,抑制 Fur 调节子转录,然而当细胞中 Fe^{2+} 供应不足或缺乏时抑制子以阻遏蛋白形式存在,不与操纵子序列结合,所以启动载铁蛋白和铁转运蛋白的基因表达。Fur 调控系统在革兰阴性菌中高度保守,在革兰阳性菌中也有相似系统,如白喉棒杆菌中 DtxR 抑制子,虽然在序列上与 Fur 几乎没有相似之处,但是它们的结构和工作方式非常相似。

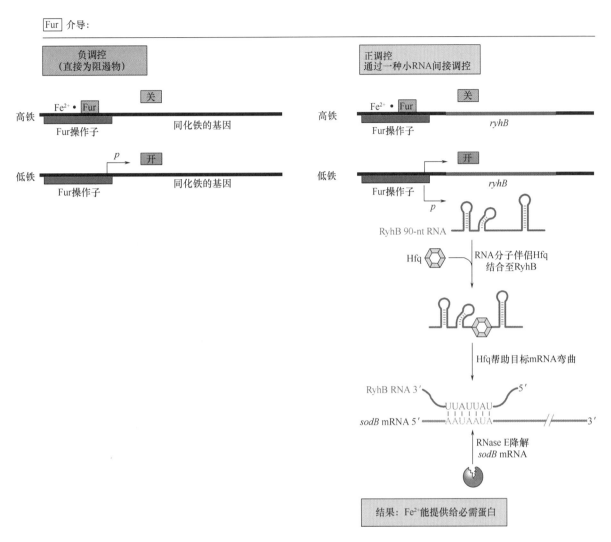

图14.16　Fur调节子中操纵子的调控
(左)负调控;Fur作为阻遏物当有铁存在时与Fur操作子结合,阻碍操纵子转录(右)。

14.5.2　RyhB RNA

当环境中铁过量时许多基因将被关闭,然而也有许多其他基因被打开。类铁蛋白贮藏蛋白,其他含铁蛋白,如TCA循环中的顺乌头酸酶(AcnA)、含铁超氧化物歧化酶。当铁过量时,这些酶的浓度增高,激活其他酶的活力,所以也可以推知,Fur既是一种抑制子又是一种激活子,但后来研究发现,Fur仅仅是一种抑制子,它表面上的转录激活作用是通过抑制RyhB的合成发挥作用的,RyhB是一个小RNA调控分子,它的合成能抑制铁感应基因表达,如果铁过量,Fur抑制小RNA转录,表面上看起来铁感应基因被激活。

14.5.3　顺乌头酸酶翻译抑制子

我们对细胞了解越多,就越能看到细胞的协同作用,这些发现往往是偶然的,如顺乌头酸酶被发现能调节细菌和真核细胞中铁代谢就属偶然。顺乌头酸酶的双重作用是在研究真核细胞中铁感应蛋

白(IRPs)时被发现,当铁较少时,IRPs 与涉及铁代谢蛋白 mRNA 序列结合,它可以与 mRNA 上5′UTR 结合阻止核糖体进入启动子抑制翻译过程,也可以结合在下一个基因 3′UTR 上使 mRNA 比较稳定,增加前一个基因的翻译水平。

细菌和线粒体中顺乌头酸酶与真核细胞细胞质中顺乌头酸酶相关。大肠杆菌中顺乌头酸酶有两种,它们相似但是有不同调节机制和对氧的敏感性。AcnA 是在稳态下由胁迫诱导,它的表达受到 RyhB小 RNA 调节。AcnB 主要在对数生长期由胁迫诱导,对氧极为敏感,它调节铁代谢中针对铁缺乏时 mRNA 翻译和稳定性,与真核细胞中顺乌头酸酶相似,至今还不清楚为什么顺乌头酸酶会在 TCA 循环和铁代谢中同时扮演双重角色。

14.6　病原细菌毒性基因调控

上述许多胁迫响应和不同种类调节子都与致病菌的毒力基因诱导有关,致病菌毒力基因是一类全局调节子,毒力基因使致病菌适应宿主体内环境,并导致疾病,绝大部分毒力基因仅在真核细胞时才表达,有时仅在宿主细胞内条件下毒力基因才能被开启。我们可以通过突变使致病菌致病性消失而该菌能继续存活的方法,研究致病菌毒力基因。本节列举一些毒力基因调节子调节的例子。

14.6.1　白喉

白喉是由革兰阳性菌白喉棒杆菌在人体喉部寄生导致的疾病,通过咳嗽或擤鼻涕等过程病菌能随气溶胶在人与人之间传播,单凭白喉杆菌在人体喉部还不会引起多少症状,主要是寄生于该菌的原噬菌体能在喉部分泌白喉毒素,它是引起白喉多数症状的罪魁祸首。白喉杆菌在喉部分泌毒素,随血液进入人体,造成多个部位的损伤。

白喉毒素属于 A－B 毒素的一员,它有两个亚基,A 和 B,在绝大多数 A－B 毒素中,A 亚基是能破坏宿主的一种酶,而 B 亚基可以与宿主细胞的特殊受体结合,帮助 A 亚基进入宿主。在细菌中 A 和 B 亚基首先由 tox 基因合成一条多肽链,当离开细菌时才被切割成两个亚基,两个亚基在转运至宿主细胞之前,它们由二硫键连接,直到进入宿主中,二硫键被还原打断,释放出独立的 A 和 B 亚基。

白喉毒素 A 亚基的作用机理研究得比较清楚,A 亚基是特殊 ADP－核糖转移酶,能修饰翻译延伸因子 EF－2 上的组氨酸,阻碍翻译进程,从而杀死细胞,有趣的是条件致病菌铜绿假单胞菌分泌的毒素虽然在序列上与白喉毒素有差异,但它们的作用机制相同。

我们研究细菌的目的之一就是要阐明细菌与疾病的关系。细菌导致疾病主要与两个因素有关:一个是宿主的易感性,另一个是细菌的毒力。现已发现许多细菌只有当其寄生在真核宿主时才启动毒力基因的表达。如肺炎链球菌在体外培养时一般不合成荚膜,而在体内却产生荚膜。那么,是何种因素启动细菌毒力基因表达? Fe^{2+} 是一个重要的启动因素,是许多细菌特别是病原菌所需的一种重要营养物质,而宿主体内 Fe^{2+} 往往以铁复合物形式存在(如人体内 Fe^{2+} 往往与转铁蛋白或珠蛋白结合),细菌要生长繁殖就必须从宿主的铁复合物中夺取 Fe^{2+}。因此,很多细菌都有一种铁载体基因,但只有当 Fe^{2+} 缺乏时才启动该基因表达。细菌调节该基因表达往往同时激活其他毒力基因表达。如白喉杆菌产生白喉毒素就是通过这种机制来调节的(图 14.17)。当白喉杆菌感染人体时,由于 Fe^{2+} 缺乏,细菌染色体上 dtxR 基因被激活,产生 DtxR 蛋白不仅具有激活铁载体及其他铁转运相关基因的作用,同时能启动白喉杆菌所携带溶原性噬菌体上编码白喉毒素的基因表达。在大肠杆菌中也有类似的毒力基因调节机制,其调节铁吸收蛋白是 Fur 蛋白,在细菌调节 fur 基因表达的同时也启动其他毒

力基因表达。

14.6.2 霍乱和群体感应

霍乱是另一个通过全局调控表达毒力基因的例子，该病是由革兰阴性菌霍乱弧菌通过人的粪便污染水源造成的，是世界上对人类健康危害较大的一种疾病，在世界范围内周期性爆发，尤其多发于卫生条件较差的国家。当人摄入霍乱弧菌后，它定植在人小肠上并合成霍乱毒素，该毒素作用于黏膜细胞导致严重腹泻。另一个毒力因素是，鞭毛和菌毛结构的存在使霍乱弧菌能够移动到小肠的深层，并与黏膜表面紧紧相吸。还有一个毒力因素是，它们具有群体感应性，霍乱弧菌会聚集在

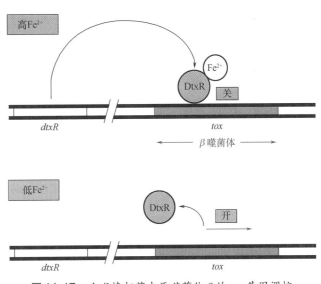

图 14.17　白喉棒杆菌中原噬菌体 β 的 *tox* 基因调控

一起，形成固不可摧的生物膜，使之不被冲洗出肠道，有效抵御宿主防御。

14.6.2.1　霍乱毒素

霍乱毒素作用机制成为大家的研究重点，其中一个原因是对该作用机制研究能揭示正常真核细胞的功能。霍乱毒素也是由两个亚基构成，CtxA 和 CtxB，是由 II 型分泌系统分泌。两个亚基先通过内膜系统由 SecYEG 通道分泌至细胞周质中，在分泌至外膜系统之外以前进行组装。一旦离开细菌，CtxB 亚基帮助 CtxA 亚基进入真核细胞。像白喉毒素一样，霍乱弧菌毒素 CtxA 亚基也是一种 ADP - 核糖转移酶，但它并不向翻译延伸因子转移核糖，而是向细胞膜表面蛋白 Gs 转移核糖，Gs 是一种信号转导途径的一部分，影响合成 cAMP 腺苷环化酶活力。Gs 发生 ADP 转核糖反应后，将导致 cAMP 水平升高，改变转运系统对钠和氯离子的转运能力，随着钠和氯离子排出细胞外，渗透压导致细胞大量脱水造成严重腹泻和脱水，所以当病人发病时要强制补水直至症状有所缓解。

14.6.2.2　*toxR* 基因克隆

研究表明，对霍乱弧菌毒力基因调控并不仅仅由单个激活子 ToxR 调控，而是具有非常复杂的调控机制，霍乱弧菌致病基因开启的不同调节途径如图 14.18 所示。要了解霍乱弧菌毒力基因调控，不克隆 *toxR* 基因是不可能的，在克隆 *toxR* 基因之前，我们除了将产生毒素较少霍乱弧菌突变体称为 *toxR* 突变外，其他什么都不清楚，这也提示我们 *toxR* 基因编码正调控蛋白，该蛋白能激活毒素基因转录。

为了方便起见，首先在大肠杆菌中克隆 *toxR* 基因，而没有直接从霍乱弧菌中克隆，在第 2 章和第 5 章中已经讲过，针对大肠杆菌已经开发出多个克隆载体，所以大肠杆菌克隆技术比其他任何细菌克隆技术要成熟。研究者推测，大肠杆菌与霍乱弧菌比较接近，所以 *toxR* 基因也应该在大肠杆菌中存在并表达，后来确实从大肠杆菌中克隆到 *toxR* 基因。

14.6.2.3　群体感应

在相当长一段时间，人们认为细菌都是单独生活的，因为它们没有办法与周围相同种类的其他成员交流，后来群体感应现象被发现，使人们认识到细菌是可以互相交流的，它们分泌一些小分子，然后

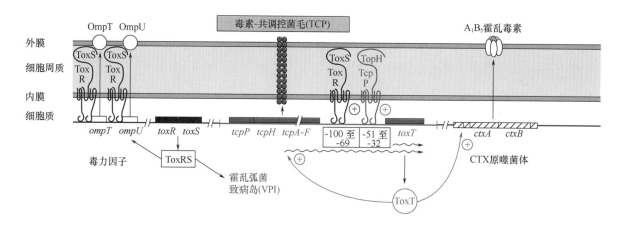

图 14.18　霍乱弧菌毒力因子的逐级放大调控

由其他相同种类成员吸收以达到交流目的。当细菌浓度较高时,分泌至细胞外的小分子浓度也较高,提示同类细菌周围有相同的种类存在,最后诱导某些基因表达,如形成生物膜以适应细胞交流。霍乱弧菌和夏威夷弧菌的群体感应系统如图 14.19 所示。

14.6.3　百日咳

另一种研究较多的疾病是百日咳,它的毒力基因表达也是通过全局调控控制的。百日咳是由革兰阴性菌百日咳鲍特菌引起,主要在小孩中发病,病症是不能控制地连续咳嗽。百日咳疫苗已经面市,但每年世界范围内还有数以千计的儿童死于百日咳,尤其没有接种疫苗的地区。这种细菌主要通过咳嗽产生的气溶胶感染人类,在人的喉部以外存活时间较短。

尽管霍乱和百日咳在症状上有差异,但它们的分子机理却是相同的,百日咳鲍特菌也能合成复杂的 A – B 毒素,在某些方面与霍乱毒素非常相似,鲍特菌毒素有六个亚基尽管只有两个亚基相同,S1 亚基是一种酶,另外的 S2 和 S5 亚基能粘附在喉部表皮的黏膜上。它们通过Ⅳ型分泌系统从细胞周质中排出细胞外,一旦分泌至细胞外,毒素 B 结构域与纤毛上皮细胞上受体结合,将 A 结构域转入上皮细胞。

除了鲍特菌毒素,百日咳鲍特菌也能合成其他毒素和毒蛋白,其中一种毒素是腺苷环化酶,进入宿主细胞后通过合成 cAMP 直接使细胞间 cAMP 水平升高,观察表明高水平 cAMP 环境对细菌致病性非常重要,但具体原因还不太清楚。

14.6.3.1　百日咳毒力基因调控

百日咳鲍特菌毒素基因与白喉棒杆菌中毒力基因相似,只有当细菌进入真核细胞宿主体内才能表达。鲍特菌毒素基因受到 BvgS 和 BvgA 感应和应答调控对调控,BvgS 编码感应子,BvgA 编码转录调控子。

BvgS – BvgA 系统与许多其他感应激酶和应答调控子对的功能相似。BvgS 是一种跨膜蛋白,N 末端在细胞周质中,而 C 末端在细胞质中,允许它从胞外获得信息通过细胞膜传至胞内,而且该蛋白以二聚体形式在细胞内膜上存在。从外界获得信息后,BvgS 蛋白还能自身磷酸化,然后将磷酸脱给 BvgA 蛋白,由它调控毒力基因转录。

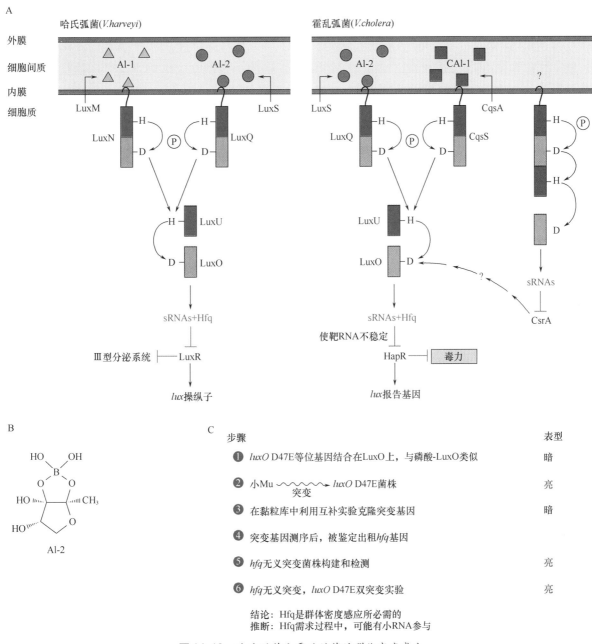

图 14.19 哈氏弧菌和霍乱弧菌的群体密度感应

14.6.3.2 *bvgA* – *bvgS* 操纵子克隆

前面谈到了 ToxR 调节子,如果没有克隆到 *bvg* 基因序列,我们也得不到上述结果。Bvg 基因座的发现是分离 Tn5 转座子插入突变体时得到的,该突变体中百日咳鲍特菌许多毒力因子不能合成,通过在 Tn5 转座子上引入卡那霉素抗性基因,其两侧带有染色体序列,研究者构建了 *bvg* 区域克隆,这个克隆用作基因探针从野生型百日咳鲍特菌 DNA 文库中鉴定出野生型 *bvg* 基因座。

当 *bvg* 基因座序列测序完成后,发现在其操纵子中有两个开放阅读框,其中一个编码蛋白序列与感应子自身激酶的序列同源性较高,所以推测是编码感应子自身激酶的基因,另一个开放阅读框编码蛋白是螺旋 – 转角 – 螺旋 DNA 结合结构域,还有其他一些转录激活子特征,所以推测编码这些蛋白质其中一种,后来将这两个基因分别命名为 *bvgS* 和 *bvgA*。

14.7 核糖体和 tRNA 合成调控

为了能在环境中处于竞争优势,细菌必须高效地利用它获得的能量,细胞贮备能量方式主要是通过调节核糖体和 tRNA 合成获得,在任一时刻合成的 RNA 有一半以上是 rRNA 和 tRNA,而且每个核糖体是由 50 余种不同的蛋白质构成,而且 tRNA 种类也相当多。

细胞中需要核糖体和 tRNA 分子的数量差异很大,主要取决于细菌的生长率,生长较快的细胞需要更多的核糖体和 tRNA 分子,以维持较高的蛋白质合成速率,供细胞快速生长之需。对大肠杆菌来说,生长较快的个体中含有近 70000 个核糖体,而生长较慢的个体中仅含 20000 个核糖体。大肠杆菌中核糖体和 tRNA 合成调控比其他任何细菌中研究得深入,所以本节主要介绍大肠杆菌中核糖体和 tRNA 合成调控。

14.7.1 核糖体蛋白

细菌的核糖体是细菌进行 mRNA 翻译的场所,合成蛋白质的机构。细菌在不同生长阶段需要不同的蛋白质合成水平,因此,细菌也必须能调节核糖体和 tRNA 合成以满足这种需要。细菌核糖体有两个亚基:50S 亚基和 30S 亚基。每个亚基都由核糖体蛋白和 rRNA 组成,组成核糖体蛋白有 50 多种。编码核糖体蛋白的基因命名以 rp 开头,后加 l(即 50S 亚基)或 s(即 30S 亚基)以表明该基因编码蛋白属于哪个亚基,再加一大写字母表示所编码蛋白的序号。如 rpsl 表示它编码的蛋白是核糖体的 S12 蛋白(L 在字母表中的位序为 12)。tRNA 起转运氨基酸作用,所以 tRNA 也有很多种。

14.7.1.1 核糖体蛋白基因作图

大肠杆菌核糖体是由 54 个不同基因编码的 54 种多肽构成。一些核糖体蛋白基因图谱绘制可以通过突变导致抗生素抗性进行,如链霉素抗性,该抗生素与核糖体蛋白 S12 结合,阻断了其他基因的翻译。还有一些核糖体蛋白基因需要利用特殊转导性噬菌体和 DNA 克隆等更为复杂的技术进行。

最后的基因图谱显示大肠杆菌中核糖体蛋白基因的组织并不是散乱分布,而是 54 个基因形成多个操纵子控制簇,最大的两个在大肠杆菌的 73min 和 90min 处,而且这些操纵子中除了核糖体蛋白基因外,还有合成其他大分子蛋白的基因,它们是 RNA 聚合酶、tRNA、DNA 复制装置等蛋白基因。

在图 14.20 中,我们可以看到 tRNA 的四个基因 thrU、tyrU、glyT、thrT 后面还跟着 tufB,该基因产物是翻译延伸因子 EF - Tu,由以上五个基因构成一个操纵子,它们共转录形成一个较长的 RNA 前体分子,最后再切割成单个 tRNA。下一个操纵子中含有两个核糖体蛋白基因 rplK 和 rplA。第三个操纵子中含有四个基因 rplJ、rplL(编码另外两个核糖体蛋白)rpoB 和 rpoC(分别编码 RNA 聚合酶的 β 和 β'亚基)。

thrU tyrU glyT thrT tufB   rplK rplA rplJ rplL rpoB rpoC

图 14.20 大肠杆菌中编码核糖体蛋白等大分子的基因簇的排列

为什么大肠杆菌中大分子合成基因会成簇排列?有关此现象的解释有以下几种。首先,这些基因产物在细胞生长中需要量较大,当基因簇在复制起点时容易使所有需要的基因同时表达。第二,基因处于基因簇上,形成环状结构,有利于所有基因被转运至核糖体上。第三,基因簇中基因可以共调节。

14.7.1.2 核糖体蛋白合成调控

现在,人们对大肠杆菌核糖体与 tRNA 的合成研究得比较清楚。在大肠杆菌中,核糖体组成成分——核糖体蛋白和 rRNA 是独立的,然后再组装成核糖体。但是,细菌细胞中既没有游离核糖体蛋

591

白,也没有游离 rRNA,这又说明核糖体蛋白与 rRNA 的合成是一致的。现已证明细菌能调节其核糖体蛋白表达,使其与细胞中 rRNA 水平一致,这种调节发生在转录水平。细菌核糖体蛋白中与 rRNA 结合的蛋白往往也能与编码自身的 mRNA 结合,且这种结合可阻断自身及其他属于同一操纵子的核糖体蛋白的表达,因而,核糖体蛋白的翻译可因细胞中游离 rRNA 的水平而变化。例如,*rplK* – *rplA* 操纵子的翻译就可被 *rplA* 编码的 L1 蛋白调节。L1 蛋白在细胞中没有游离 rRNA 时,与从 *rplK* – *rplA* 操纵子转录的 mRNA 的 TIR 结合而阻断其翻译(图 14.21)。当细胞中有游离 rRNA 时,L1 优先与 rRNA 结合,这就解除对 mRNA 的阻遏而启动翻译。每个细菌细胞中都有数以万计的核糖体,rRNA 的合成量也很大。与这种要求相适应,rRNA 基因往往都是多拷贝基因,且有较强的启动子,首先转录出一个前体 RNA,再加工成 16S、23S、55S rRNA 和 tRNA。

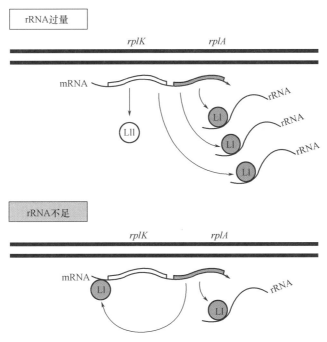

图 14.21　核糖体蛋白的翻译自调控

核糖体蛋白合成的自调控可以用基因剂量实验证明,也即基因的拷贝数增加,或称基因剂量增加,将影响蛋白产物合成速率(图 14.22)。如果基因不进行自调控,基因产物合成速率与基因的拷贝数有一个大概的比例关系。如果基因进行自调控,则基因产物将抑制其自身,不论基因拷贝数有多少,合成基因产物的量不会增加。

14.7.2　rRNA 和 tRNA 合成调控

在大肠杆菌中,rRNA 和 tRNA 基因调

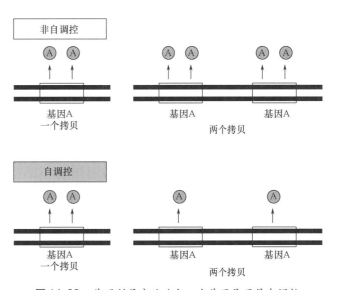

图 14.22　基因剂量实验确定一个基因是否属自调控

控至少有两种类型,第一种类型是严谨型调控,当细胞中氨基酸缺乏时,将停止 rRNA 和 tRNA 的合成。还有一种调控是生长率调控,当培养基中碳源或必需营养素较少时,细胞生长变慢,rRNA 和 tRNA 合成量减少;当有适量碳源和充足营养时,细胞生长速度加快,rRNA 和 tRNA 合成量增加。以上两种调节也具有共同特征,在调节中均需要小分子ppGpp的参与。

14.7.2.1 严谨型调控

蛋白质合成需要 20 种氨基酸的参与,要么细胞自身合成,要么从外部获得。在合成蛋白质时缺乏某种氨基酸,再假如核糖体遇到一个相应氨基酸缺乏的密码子,在此处将会停止下来,因为没有相应的氨基酸插入到多肽链中。

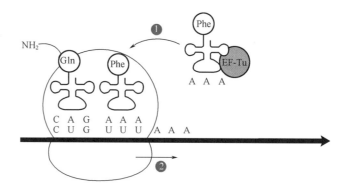

原则上,rRNA 合成并不需要氨基酸,然而在大肠杆菌和其他细菌中为了节省能量,rRNA 和 tRNA 的合成是偶联的,当 tRNA 没有氨基酸转运时,rRNA 合成也就没有必要,所以当培养基中缺乏氨基酸,rRNA 和 tRNA 的合成都会停止。

rRNA 合成的严谨型控制是由于鸟嘌呤四磷酸(ppGpp)积累的结果,图 14.23中给出了当细胞缺乏氨基酸时,刺激 ppGpp 合成的模型。

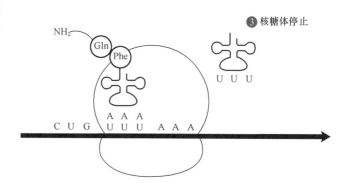

14.7.2.2 rRNA 和 tRNA 合成的生长率调控

上面已经讲到,如果细菌生长在营养丰富的培养基中,那么它体内核糖体和 tRNA 浓度就高;反之,如果在营养贫瘠的培养基中生长,那么它生长较慢,体内核糖体和 tRNA 浓度就低,这样的调节称为 rRNA 和 tRNA 合成的生长率调控。

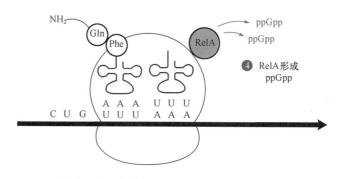

图 14.23 氨基酸缺乏时 ppGpp 的合成模型

研究发现 rRNA 启动子的起始有赖于起始核苷酸的浓度,间接与细胞能量和生长率相关。与大多数转录相似,rRNA 合成开始于 ATP 或 GTP,rRNA 启动子与 RNA 聚合酶的亲和力较高,形成一个较短的开放复合体,然而此开放复合体存在时间较短,除非初始核苷酸立即通过第二通道起始转录,否则该复合体将迅速逆转成闭合结构。当生长率较高时,ATP 或 GTP 浓度增加,导致更多 rRNA 启动子启动转录,因此合成更多 rRNA 和核糖体;当生长率较低时,ATP 或 GTP 的含量较低,从以上启动子开始转录的频率降低,tRNA 和 rRNA 合成量降低。

14.7.2.3 胁迫后稳定期,ppGpp 在生长率调控中的作用

当细胞在营养贫瘠的培养基中生长时,生长率低,ppGpp 的水平高,当营养耗尽时,ppGpp 水平趋

于稳定。许多胁迫调节将导致 ppGpp 水平升高,随之 rRNA 和 tRNA 合成量降低,但其他一些在胁迫中需要产物的合成被启动,这提示我们 ppGpp 是一种信号分子,能够感应基因表达变化,后来发现 SpoT 蛋白在严谨型控制过程中能降解 ppGpp。

14.7.2.4 ppGpp 作用原理

有些发现帮助我们澄清了 ppGpp 的作用机理,结合有 ppGpp 的 RNA 聚合酶晶体的获得,给我们展示了 ppGpp 与周围环境中分子的结合情况,知道它与 RNA 聚合酶结合还不足以阐明 ppGpp 的作用机制,当知道了它与 RNA 聚合酶结合部位时,我们才能推断出 ppGpp 的作用机制。后来发现 ppGpp 能从两个方向与 RNA 聚合酶活性中心结合,不同方向的结合能精细地改变与 RNA 聚合酶两种类型启动子(-1、-10 序列)的结合。ppGpp 以一种方向能与启动子未转录链上核苷酸碱基配对,从而使开放复合体更不稳定;以另一种方向与 RNA 聚合酶结合时,刺激其启动子核苷酸结合,促使开放复合体形成。

另一个重要发现是 ppGpp 不能单独发挥作用,而是要与 DskA 蛋白协同作用。编码 DskA 蛋白基因的发现也纯属偶然,很长时间人们并没想到 DskA 蛋白会参与 ppGpp 介导的调控。起初发现高拷贝 DskA 会抑制 *dnaK* 缺失突变株的生长(DskA 的名称其实是指 *dnaK* 抑制子 A 的意思),当时人们还不清楚为什么过量的 DksA 有这样的作用。回顾第 3 章,已知 DnaK 是细菌 Hsp70 蛋白的分子伴侣,帮助从核糖体出来的蛋白质完成折叠,并且作为细胞温度计诱导热激反应。为什么 *dnaK* 无义突变子会使细胞无法正常工作? 原因是正常情况下 DnaK 与热激 σ^{32} 结合,并使之降解。当缺乏 DnaK 时,σ^{32} 积累,热激基因表达增强,减缓细胞生长。观察发现过量 DksA 能减轻组成型诱导热激反应带来的细胞毒害,但 DksA 是如何做到的还不清楚。

起初并未发现 DksA 在 ppGpp 介导调控中的作用。后来注意到 *dksA* 基因缺失($\Delta dksA$)突变菌株表现型和不合成 ppGpp 的 *relA spoT* 双重突变菌株的表现型相似。$\Delta dksA$ 突变菌株是某些氨基酸的营养缺陷型,表现出 rRNA 转录速率增加,但缺乏对 rRNA 合成严谨控制和生长率调控。在体外实验中,向含或不含纯化 DksA 的 RNA 聚合酶中加入 ppGpp,研究 DksA 带来的影响。实验表明 DksA 能明显增强 ppGpp 抑制从 rRNA 启动子上的转录。它也大大增加了 rRNA 启动子的启动对起始物核苷酸(ATP 或 GTP)浓度的依赖,而且进一步缩短这些启动子上开放复合体的半衰期。后来同一研究团队发现,DksA 可增强 ppGpp 对氨基酸生物合成操纵子中启动子的激活作用,从而表明 ppGpp 的作用效果并不全是与 RNA 聚合酶竞争的结果,还有 DksA 的协同作用。

DksA 蛋白对 ppGpp 的影响可以通过以下线索得出结论:DksA 与 GreA 的结构非常相似。第 3 章中已经讲过 GreA 是转录因子,它通过脱氧核糖核酸进入的通道,插入到 RNA 聚合酶中。它具有一个加长的螺旋卷曲探头,探头能穿过整个通道进入活性中心,并且探头末端是两种酸性氨基酸(天冬氨酸和谷氨酸),它们能将在聚合反应中起作用的 Mg^{2+} 结合至活性中心。从 GreA 所处的位置处,GreA 能逆向降解 RNAs,使加载上来的转录复合体重新解体。与 GreA 相比,DksA 也有长度大致相当的伸展的螺旋卷曲结构,尽管氨基酸序列几乎没有相似性,但其末端仍有两个保守的酸性氨基酸(均为天冬氨酸)。与 GreA 结构上惊人的相似性表明,DksA 也可能通过辅助通道进入 RNA 聚合酶。在辅助通道中,DksA 可能帮助 ppGpp 进入这个通道,而且/或者直接帮助 ppGpp 与活性中心两个不同方向的结合部位之一结合。DksA 还可能影响起始物核苷酸的结合,进而缩短启动子上开放复合体的半衰期,或延长其在别处的半衰期。然而,DksA 不同于 GreA 的地方是,DksA 不能逆向降解 RNA 或者释放加载上的转录复合体。尽管有关 DksA 还有很多问题,但是我们确实非常希望在这方面取得进展,使我们不仅理解这个重要调控分子的作用机制,还能理解它在全局调控中的作用。

14.8 调控网络的微阵列和蛋白质组分析

为了全面了解细胞调控,每有一个新基因序列测出,就会给我们提出一个新的挑战,我们可以把一个生物所有的基因序列展示在电脑荧屏上,每日激增的序列数据库,促使我们寻求序列与假定的功能、酶学的和结构方面的对应关系。

14.8.1 转录组分析

利用高密度 DNA 微阵列,可以高效地完成 RNA 谱绘制,加工微阵列有多种方法,最经济的方法是将 ORF 特异性 PCR 产物点在尼龙膜或载玻片上,仅需三个载玻片就能将大肠杆菌整个基因组存放下,在载玻片上含有成千上万寡核苷酸探针。两个培养物间竞争性杂交能区分两种样品中 RNA 的相对丰度,以上类型的微阵列称为双色阵列(图 14.24)。

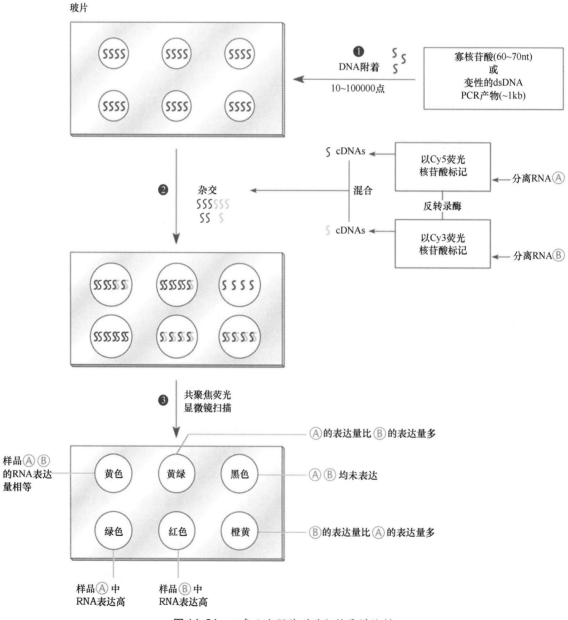

图 14.24 双色斑点微阵列进行转录谱绘制

14.8.1.1 双色微阵列

在微阵列中,颜色实际上是荧光数据的伪色,最普遍使用的色是红绿色,当两个样品等量杂交时,可以用红 – 黄 – 绿可见的颜色分辨出,有些人对红绿色并不敏感,所以选用蓝黄二色。

最近几年在刊物上发表的微阵列实验数量像雨后春笋,所以不可能对它们一一介绍,在此我们仅列举采用蓝黄二色进行微阵列实验的一个例子。

如图 14.25 所示,实验基于第 7 章中,有关细胞中肽的浓度和 ComA 转录调节子对枯草芽孢杆菌感受态的调控。PhrC 肽刺激 Co-mA 磷酸化,ComA 能激活感受态基因转录。在本实验中,ComA 依赖性 mRNA 受到 phr 基因删除影响,结果显示枯草芽孢杆菌与弧菌类似,利用多群体感应信号机制,进行感受态基因表达调控。

微阵列实验仅能测定稳态的 RNA 水平,通常需要蛋白组分析提供重要的互补信息。

一旦进行比较基因芯片分析,就应该进一步研究特定基因表达的不同之处。Q – RT – PCR(定量实时 PCR)是一种新兴的检测特定基因转录的方法。在该方法中,首先用逆转录酶获得 cDNA。逆转录反应中用的引物是随机六聚体。

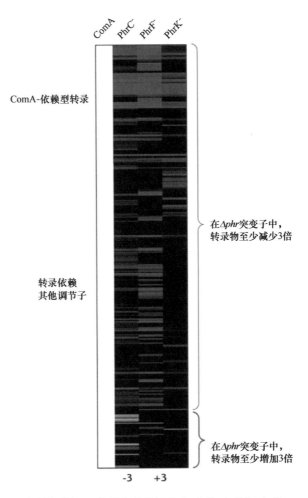

图 14.25　双色微阵列数据显示 phrC、phrF 和 phrK 基因删除后,由 ComA 激活基因的表达变化

然后,以 cDNA 为模板,用特定引物扩增 cDNA 对应的、待定量的 RNA。与反转录酶 PCR 的不同之处是,这种方法试图通过测量 PCR 产物积累量,估算 cDNA 的量和最初 RNA 的量,而不是像普通 PCR 扩增那样通过测定终产物的量。PCR 产物积累的速率取决于 cDNA 模板浓度,至少在反应之初是这样。直接测量方法是进行一定数量的平行实验,在不同时间点终止反应,对产物进行琼脂糖凝胶电泳确定产物的量。选择当产物积累和扩增循环数是线性关系时的数据点做标准曲线。为了保证定量的准确性,可以在反应混合物中添加已知浓度的不同模板,该模板最好与待测基因相同,仅是缺失或插入了一小段,因此,PCR 产物中将积累不同大小的片段。比较加入片段扩增产物积累量与其已知浓度的关系,就可以更准确地确定最初样品中未知浓度 RNA 的量。

更灵敏和省力的方法是采用配备专门荧光定量装置的 PCR 仪检测产物的积累量,这种方法成本较高。荧光定量装置之所以能测量产物的积累量,是基于荧光染料的量,当荧光染料嵌入 DNA 双链时,染料能发出荧光。为了将引物杂交引起的背景降至最低,仅在每个循环中的变性步骤之前进行测定。

14.8.1.2　基因芯片阵列

一种非常灵敏,但比较昂贵的转录组学分析方法是基因芯片技术(图 14.26),除了测定蛋白编码序列的转录外,该技术还用于对基因间序列短小转录子评估。

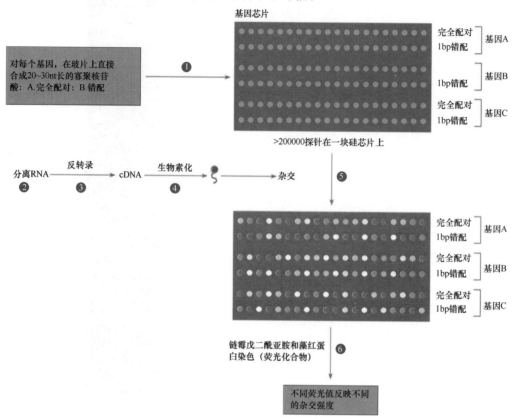

图 14.26　基因芯片进行转录谱绘制

经典的基因间区域分析发现,大肠杆菌对过氧化氢胁迫反应诱导了至少 140 个 mRNA 的转录,因为原先的遗传学分析已经鉴定出 OxyR 蛋白是过氧化反应的调节子。等基因野生型和 *oxyR* 删除菌株的比较确定了 OxyR 调控基因,也鉴定出 OxyR 调节子。利用生物信息学,用计算机搜索 OxyR 结合位点,发现了更多 OxyR 调控基因。

14.8.2　蛋白质组学分析

蛋白质组学技术可以用于细胞中蛋白质鉴定,分析蛋白质在细胞中的水平,确定调节子和激活子蛋白水平与蛋白变化之间的关系,评估蛋白质与蛋白质间的相互作用,研究蛋白在亚细胞结构中的位置等。

14.8.2.1　质谱分析

质谱分析是蛋白质组学中重要分析工具,它既可以用于蛋白质鉴定,也可用于对蛋白表达的定量分析。蛋白 MS 包括蛋白和肽的离子化,以及随后对质核比(m/z)的测定,具体步骤如图 14.27 所示。

14.8.2.2　串联质谱

串联质谱(MS – MS)使我们能直接鉴定生物样品中的蛋白质,如图 14.27B 所示,经过第一重 MS

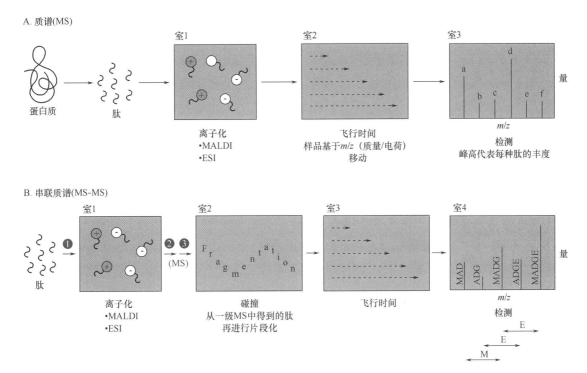

图14.27　质谱在蛋白质组学中的应用

后，分离单个肽，通过碰撞室分流，用氮气和氩气将它们打断成更小片段，这些小片段继续做一次MS，经MS-MS分析后该肽的序列就可以推理出来，再与数据库中数据比较，最后可以确定出肽的确切序列。

14.8.2.3 蛋白质样品制备

二维蛋白质电泳（2D-PAGE）可以在一张膜上将细胞中的许多蛋白质分离成单个点，这些单个点再通过MS鉴定。因为蛋白质的复杂性限制了对单个蛋白质的鉴定，后来采用了无胶蛋白分离技术，如LC对蛋白进行分析，该法能将蛋白样品分成更细的组分。

14.8.2.4 蛋白质注解

用LC-MS-MS方法已经鉴定出大肠杆菌中近1000种蛋白质；常用的肽鉴定数据库是SEQUEST和X！Tandem。

14.8.3 从基因到调节子到网络到遗传分析

微阵列和蛋白质组分析是提出假说时最有用的工具，但它并不能靠这些技术解释清楚提出的假说。可以利用遗传学技术中全基因组和高通量手段对调节子和激活子的组成进行鉴定。

基因敲除可避免基因的极性效应，是确定单个基因功能的必要手段，然而在遗传学中基因敲除并不像拳击比赛，将人打倒就宣告结束。在遗传学研究中，要了解清楚一个基因的功能，需要对碱基对改变后导致的等位基因不同类型进行分析。

转录组学、蛋白质组学和基因分析联合应用的例子

把结核分枝杆菌导致的肺结核病的研究，是将基因组学和遗传学技术结合应用的一个较好例子，Murray和Rubin描述了有关结核分枝杆菌发育的遗传分析，对遗传学家来说对基因调控的认识还没有一个共用平台，而仅仅是刚刚起步。

小结

1. 对大量基因的协同调控称为全局调控,由同一个调节蛋白调节的操纵子是调节子的一部分。

2. 在代谢物阻遏中,当有较好的碳源和能量来源时,对其他碳源利用的操纵子不能被诱导。在大肠杆菌或其他肠道细菌中,代谢物调控是通过 cAMP 实现的,cAMP 是由 cya 基因产物腺苷环化酶催化合成的。当细菌生长在不良碳源,如乳糖和半乳糖中,腺苷环化酶被激活,cAMP 水平升高;当细菌生长在较好的碳源中,如葡萄糖中,cAMP 水平将会较低。cAMP 是通过 CAP 蛋白,有时也称 CRP 蛋白发挥作用,CAP 蛋白是转录激活子,与 cAMP 结合后能激活代谢物敏感操纵子 lac、gal 等的转录。

3. 根据氮源的不同,细菌会诱导不同基因表达,通过氮源调控的基因称为 Ntr 基因。包括大肠杆菌在内的绝大多数细菌,在 NH_3 氮源环境中生长时优先利用 NH_3,而不转录利用其他氮源的基因。一般当 NH_3 的浓度较低时,谷氨酸浓度也较低,信号转导途径被激活,磷酸化 NtrC 量最大。信号转导途径开始于 GlnD 蛋白,它是一种尿苷转移酶,在细胞中对谷氨酸的浓度做出感应,当谷氨酸浓度较低时,GlnD 将 UMP 转移至 P_{II} 蛋白上,并使之失去活性,当谷氨酸浓度较高时,GlnD 将 UMP 从 P_{II} 蛋白上转移走,没有与 UMP 结合的 P_{II} 蛋白,可以与 NtrB 结合,阻止磷酸基团转移至 NtrC,导致磷酸基团从 NtrC 上脱除。磷酸化 NtrC 蛋白激活 glnA、ntrB 和 ntrC 基因转录,glnA 基因是谷氨酸合成酶基因,以上三个基因处于同一个操纵子中,同时也能激活对利用其他氮源操纵子的转录。

4. NtrB 和 NtrC 蛋白组成一个传感器和应答调节子对,与细菌中其他感应激酶和应答调节子对高度同源。

5. 大肠杆菌和其他肠道菌中被 NtrC 调节的启动子还需要特殊的 σ^{45} 参与,该因子也用于鞭毛基因转录和另外类型细菌的生物降解操纵子中。

6. 通过对谷氨酸合成酶转腺苷化,细胞调控谷氨酸合成酶活力。谷氨酸与 α - 酮戊二酸比率较高时,谷氨酸合成酶会高度转腺苷化,使之活力降低,并受到反馈抑制。

7. 细菌在受到温度突然升高刺激时,将被诱导产生热激蛋白,有些热激蛋白是分子伴侣,能帮助变性蛋白重新折叠;另一些是蛋白酶,可以降解已变性蛋白。热激反应在所有生物中都存在,而且在整个进化过程中热激蛋白高度保守。

8. 在大肠杆菌中热激基因启动子被 RNA 聚合酶和热激因子 σ^{32} 识别,当受到热激后,σ^{32} 因子迅速增多,加快热激基因转录。随着 σ^{32} 因子增多,作为分子伴侣的热激蛋白 DnaK 也相应增加,DnaK 正常情况下与 σ^{32} 结合,使 σ^{32} 成为降解的靶点,受到热激后 DnaK 与变性蛋白结合,使之不再与 σ^{32} 结合,所以随后 σ^{32} 得到积累。

9. 除了营养性 σ 因子外,细菌还有较多胁迫 σ 因子,当受到不同胁迫刺激后被激活。

10. 细菌还能察觉到来自细胞外的胁迫,如渗透压胁迫及外膜上受到的损伤,我们称这些胁迫为细胞质外胁迫。

11. 细胞是通过调节细胞中孔蛋白比例适应培养基中渗透压变化的,孔蛋白形成细胞外膜上的孔,盐溶液经孔蛋白进出细胞,从而调节细胞膜渗透压平衡。大肠杆菌的主要孔蛋白是 OmpC

小结(续)

　　和 OmpF,它们能在外膜上形成大小不一的孔道,供不同尺寸的溶解物通过,OmpC 与 OmpF 的比例随着培养基中渗透压改变而改变。大肠杆菌中 *ompC* 与 *ompF* 基因受到 EnvZ 和 OmpR 感受 – 应答调控对的调节,与 NtrB 和 NtrC 相似,EnvZ 是一种同时具有激酶和磷酸酶活力的内膜蛋白,对渗透压变化能做出反应,它能将磷酸基团从转录激活子 OmpR 上转出或转入,OmpR 磷酸化状态影响 *ompC* 和 *ompF* 基因转录比例。

　　12. OmpF 与 OmpC 孔蛋白比率受到反义 RNA MicF 的影响,MicF RNA 的一段区域能与 OmpF mRNA 翻译起始区域碱基互补配对,阻碍核糖体进入,抑制 OmpF 翻译。*micF* 基因受到许多转录调控蛋白调控,其中包括 SoxS 和 MarA,前者能诱导氧化胁迫调节子,后者诱导向细胞外排出化学物质和抗生素基因表达。

　　13. 可通过测定细菌外膜蛋白在周质中的积累状况判断其外膜受到的损伤状况。大肠杆菌中有两个感应外膜损伤系统,它们分别是 Cpx 和 σ^E,分别感应周质中的菌毛亚单位和 Omp 蛋白。

　　14. 致病性细菌对其毒力基因表达也采用全局调控,但仅当致病菌进入宿主中,毒力基因才能被转录。

　　15. 白喉毒素基因 *dtxR*,由白喉杆菌中原噬菌体编码,仅当铁元素缺乏时该基因才被开启,与在宿主中表达情况相似,它受到染色体编码的一种抑制子蛋白 DtxR 调控,DtxR 蛋白与 Fur 蛋白相似,与大肠杆菌和其他肠道细菌中铁代谢途径调控相关。

　　16. 霍乱弧菌毒素基因也是由原噬菌体携带,而且受到调节子级联放大调控,调控起始于转录激活子 ToxR。ToxR 蛋白穿过内膜,被第二个蛋白 ToxS 激活,然后这两种蛋白与另一组基因对 TcpP – TcpH 协同作用,激活 ToxT 转录,该基因产物能激活毒力基因转录。

　　17. 百日咳鲍特菌的毒力基因受感应子和应答调节子蛋白对 BvgS 和 BvgA 的调控,当该细菌进入宿主细胞时,其毒力基因的调控将经历两个以上阶段。

　　18. 细菌中编码核糖体蛋白 rRNA 和 tRNA 基因是细菌中较大的调节子,细胞大部分能量用于合成 rRNA、tRNA 和核糖体蛋白,因此对这些基因表达进行调控能节省细胞中相当多的能量。

　　19. 核糖体蛋白合成与核糖体蛋白基因翻译偶合,核糖体蛋白基因也排列在操纵子中,在每个操纵子中,有一个核糖体蛋白是翻译的抑制子,当细胞中有自由的 rRNA 时,抑制子蛋白就与之结合,所以也就没有多余的抑制子被翻译。

　　20. 如果缺乏氨基酸,rRNA 和 tRNA 合成会受到鸟嘌呤四磷酸(ppGpp)抑制,ppGpp 是在 RelA 酶作用下在核糖体中合成,所有类型的细菌都含有 ppGpp,所以它的调控具有普遍性。然而现在还不清楚为何高浓度 ppGpp 能抑制 rRNA 和 tRNA 基因转录,而激发其他基因转录。DksA蛋白进入第二通道能帮助 ppGpp 调节转录。

　　21. 细菌在贫瘠的培养基中生长缓慢,是因为细胞中核糖体含量低,以上过程称为生长率控制,在生长较慢的细胞中初始核糖核苷酸 ATP 和 GTP 含量较低。RNA 聚合酶在 rRNA 基因启动子处形成短暂的开放复合体,在 ATP 和 GTP 较高浓度时,马上启动转录使开放复合体趋于稳定。ppGpp 参与生长率控制时,能降低 ATP 和 GTP 浓度,或者与 ATP 和 GTP 竞争性地与初始复合体结合。

小结(续)

22. 细菌中许多小 RNA 对基因调控具有重要作用,小 RNA 可以与 mRNA 序列互补阻断其翻译,或者使 mRNA 成为 RNase 降解的靶标。

23. 微阵列等技术使同时检测多个基因表达成为可能,这些手段的应用使我们发现了许多属于相同调节子中的基因,在蛋白质组学技术中我们可以通过串联质谱对蛋白质进行分离和鉴定。如果一个生物的基因组序列已知,那么我们可以鉴定出其中的基因和蛋白。

💡 **思考题**

1. 为何与基因表达(即转录和翻译)相关的蛋白都属于热休克蛋白?

2. 为什么利用氨基酸作为氮源的基因在沙门菌中不受 Ntr 调控,而在克雷伯杆菌(*Klebsiella*)菌中却受 Ntr 调控?

3. 为什么不同种属细菌中的感受激酶和应答调节基因双组分系统彼此非常相似?

4. 为什么氨基酸缺乏时和生长率调控中负责合成 ppGpp 的酶不同? 为什么当氨基酸缺乏后 SpoT 可能被用于降解由 RelA 催化形成的 ppGpp,而在生长率调控期间,SpoT 可能被用于合成 ppGpp?

❓ **习题**

1. 假如你分离了一株大肠杆菌突变株,该突变株既不能利用麦芽糖也不能利用阿拉伯糖作为碳源和能源。如何确定该突变体是否具有 *cra* 或 *crp* 突变? *ara* 操纵子和 *mal* 操纵子同时发生突变是否形成双突变子?

2. 以下突变具有何种表型?

a. *glnA*(谷氨酸合成酶) 无义突变

b. *ntrB* 无义突变

c. *ntrC* 无义突变

d. *glnD* 无义突变,能使 UTase 活力下降,P_{II} 无 UMP 附着

e. *ntrC* 组成型突变,改变了 NtrC 蛋白,无需磷酸化就具有活性

f. *dnaK* 无义突变

g. 白喉棒杆菌 *dtrR* 无义突变

h. *relA* 和 *spoT* 双重无义突变体

3. 怎样证明致病菌的毒素基因不是正常染色体基因,而是携带在原噬菌体上,并且在所有细菌中并不常见?

4. 解释如何利用基因剂量实验证明热休克因子 σ^{32} 基因并不进行转录水平上的自调控。

5. 说明如何确定 *rplj – rplL* 操纵子上哪种核糖体蛋白是翻译阻遏物?

推荐读物

Alba，B.M.，and C.A.Cross，2004. Regulation of the *Escherichia coli* dependent envelope stress response. Mol. Microbiol. 52：613 −620.

Artsimovitch，I，V. Patlan，S. I. Sekine，M，N，Vassylyeva，T. Hosaka，K，Ochi，S，Yokoyama，and D，G，Vassylyev. 2004. Structural basis for transcription regulation by alarmone ppGpp. Cell 117：299 −310.

Auchtung ，J，M，C，A Lee，and A，D，Grossman. 2006 Modulation of the ComA − dependent quorum response in *Bacillus subtilis* by multiple Rap proteins and Phr peptides. J. Bacteriol. 188：5273 −5285.

Baba，T，. T，，Ara，M，Hasegawa，Y，Takai，Y，T. Takai，Y. Okumura，M. Bara，K. A. Datsenko，M. Tomita，B. L. Wanner，and H. Mori. 2006. Construction of *Escherichia coli* K −12 in −frame single −gene knockout mutants：the Keio collection. Mol. Syst. Biol. Epub 2006 Feb 21.

Barabote，R. D.，and M. H. Saier，Jr. 2005. Comparative genomic analysis of the bacterial phosphotransferase system. Microbiol. Mol. Biol. Rev. 69：608 −634.

Barker，M. M.，and R. L. Gourse. 2001. Regulation of rRNA transcription correlates with nucleoside triphosphate sensing. J. Bacteriol. 183：6315 −6323.

Batchelor，E.，D. Walthers，L. J. Kenney，and M. Goulian. 2005. The *Escherichia coli* CpxA − CpxR envelope stress response system regulates expression of the porins OmpF and PmpC. J. Bcteriol. 187：5723 −5731.

Blaszczak，A.，C. Georgopoulos，and K. Liberek. 1999. On the mechanism of FtaH − dependent degradation of the sigma 32 transcriptional regulator of *Escherichia coli* and the role of the DnaK chaperone machine. Mol. Microbiol. 31：157 −166.

Bothwell，D.，and J. Sambrook（ed.）. 2003. DNA Microarrays：a Molecular Cloning Manual. Cold Spring Harbor，N. Y.

Boucher，P. E.，M. − S. Yang，D. A. Schmidt，and S. Stibitz. 2001. Genetic and biochemical analyses of BvgA interaction with the secondary binding region of the *fha* promoter of *Bordetella pertussis*. J. Bacteriol. 183：536 −544.

Busby，S.，and R. H. Ebright. 1999. Transcription activation by catabolite activator protein（CAP）. J. Mol. Biol. 293：199 −213.

Cashel，M.，and J. Gallant. 1969. Two compounds implicated in the function of the RC gene in *Escherichia coli*. Nature（London）221：838 −841.

Condon，C，. C. Squires，and C. L. Squrires. 1995. Control of rRNA transcription in *Escherichia coli*. Microbiol. Rev. 59：623 −645.

Costanzo，A.，and S. E. Ades. 2006. Growth phase −dependent regulation of the extracytoplasmic stress factor σ^E by guanosine 3′，5′ −bispyrophosphate（ppGpp）. J. Bacteriol. 188：4627 −4634.

Cotter, P. A., and A. M. Jones. 2003. Phosphorelay control of virulence gene expression in *Bordetella*. Trends Microbiol. 11:367 –373.

Craig, E., and C. A. Gross. 1991. Is Hsp70 the cellular thermometer? Trends Biochem. Sci. 16:135 –140.

Cummings, C. A., H. J. Bootsma, D. A. Relman, and J. F. Miller. 2006. Species – and strain – specific control of a complex flexible regulon by *Bordetella* BvgAS. J. Bacteriol. 188:1775 –1785.

Eisen, M. B., and P. D. Brown. 1999. DNA arrays for analysis of gene expression. Methods Enzymol. 303:179 –205.

Fiil, N., and J. D. Friesen. 1968. Isolation of relaxed mutants of *Escherichia coli*. J. Bacteriol. 95:729 –731.

Fisher, S. H. 1999. Regulation of nitrogen metabolism in *Bacillus subtilis*: vive la difference! Mol. Microbiol. 32:223 –232.

Gall, T., M. S. Bartlett, W. Ross, C. L. Turnbough, Jr., and R. L. Gourse. 1997. Transcription initation by initiating NTP concentration rRNA synthesis in baceria . Science 278;2092 –2097.

Gibson, G., and S. V. Muse. 2004. A Primer of Genome Science, 2nd ed. Sinauer Associates, Inc., Sunderland, Mass.

Graves, P. R., and T. A. J. Haystead. 2002. Molecular biologist's guide to proteomics. Microbiol. Mol. Biol. Rev. 66:39 –63.

Hall, M. N., and T. J. Silhavy. 1981. Genetic analysis of the *ompB* locus in *Escherichia coli* K –12. J. Mol. Biol. 151:1 –15.

Han, M. – J. and S. Y. Lee. 2006. The *Escherichia coli* proteome: past, present, and future prospects. Microbiol. Mol. Biol. Rev. 70:362 –439.

Hernandez, V. J., and H. Bremer. 1991. *Escherichia coli* ppGpp synthetase II activity requires *spoT*. J. Biol. Chem. 266:5991 –5999.

Hirvonen, C. A., W. Ross, C. E. Wozniak, E. Marasco, J. R. Anthoay, S. E. Aiyer, V. H. Newburn, and R. L. Gourse. 2001. Contributions of UP elements and the transcription factor FIS to expression from the seven *rrn* P1 promoters in *Escherichia coli*. J. Bacteriol. 183:6305 – 6314.

Hucson, M. E., and J. R. Nodwell. 2004. Dimerization of the RamC morphogenetic protein of *Streptomyces coelicolor*. J. Bacteriol. 186:1330 –1336.

Garnshi, K., and A. Ishihama. 1991. Bipartite functional map of *E. coli* RNA polymerase α subunit: involvement of the Cterminal region in trascription activition by cAMP – CRP. Cell 1015 – 1022.

Nada, T., K. Kimata, and H. Aiba. 1996. Mechanisms responsible for glucose –lactose diauxie in *Escherichia coli*: challenge to the cAMP model. Genes Cells 1:293 –301.

Kadner, R. J. 2005. Regulation by iron: RNA rules the rust. J. Bacteriol. 187:6870 –6873.

Karimova, G., J. Pidoux, A. Ullmann, and D. Ladant. 1998. A bacterial two – hybrid system based on a reconstituted signal transduction pathway. Proc. Natl. Acad. Sci. USA 95:752 –5756.

Karimova, G. , N. Dautin, and D. Ladant. 2005. Interaction network among *Escherichia coli* membrane proteins involved in cell division as revealed by bacterial two – hybrid analysis. J. Bacteriol. 187:2233 –2243.

Kazmierczak, M. J. , M. Wiedmann, and K. J. . Boor. 2005. Alternative sigma factors and their roles in bacterial virulence. Microbiol. Mol. Biol. Rev. 69:527 –543.

Kendall. S. L. , S. C. G. Rison, F. Movahedzadeh, R. Frita, and N. G. Stoker. 2004. What do microarrays really tell us about *M. tuberculosis*? Trends Microbiol. 341:135 –150.

Kolker, E. , R. Rigdon, and J. M. Hogan. 2006. Protein identification and expression analysis using mass spectrometry. Trends Microbiol. 14:229 –235.

Krukonis, E. S. , R. R. Yu, and V. J. DiRita. 2000. The *Vibrio cholerae* ToxR/Tcp/ToxT virulence cascade: distinct roles for two membrane – localized transcriptional activators on single promoter. Mol. Microbiols. 38:67 –84.

Len Z, D. H. , K. C. Mok, B. N. Lilley, R. V. Kulkarni, N. S. Fingreen, and B. L. Bassler. 2004. The small RNA chaperone Hfq and multiple small RNAs control quorum sensing in *Vibrio harveyi* and *Vibrio cholerae*. Cell 118:69 –82.

Liberek, K. , T. P. Galitski, M. Zyliez, and C. Georgopoulos, 1992. The Dnak chaperon modulates the heat shock response *E. coli* by binding to the σ^{32} transcription factor. Proc. Natl. Acad. Sci. USA 89:3516 –3520.

Magasanik, B. 1982. Genetic control of nitrogen assimilation in bacteria. Annu. Rev. Genet. 16:135 –168.

Magnusson, L. U. , A. Farewell, and T. Nystrom. 2005. ppGpp: a global regulator in *Escherichia coli*. Trends Microbiol. 13:236 –242.

Mattison, K. , R. Oropeza, N. Byers, and T. J. Kenney. 2002. A phosphorylation site mutant of OmpR reveals different binding conformations at *ompF* and *ompC*. J. Mol. Biol. 315:497 –511.

Merkel, T. J. , C. Barros, and S. Stibitz. 1998. Characterization of the *bvgR* locus of *Bordetella pertussis*. J. Bacteriol. 180:1682 –1690.

Miller, V. J. , and J. J. Mekalanos. 1984. Synthisis of cholera toxin is positively regulated at the transcriptional level by toxR. Proc. Natl. Acad. Sci. USA 81:3471 –3475.

Mount, D. W. 2004. Bioinformatics: Sequence and Genome Analysis, 2nd ed. Cold Spring Harbor Laboratory Press, Cold Spring Harbor, N. Y.

Murray, J. P. , and E. J. Rubin. 2005. New genetic approaches shed light on TB virulence. Trends Microbiol. 13:366 –372.

Nagai, H. , H. Yuzawa, and T. Yura. 1991. Interplay of two cis –acting mRNA regions in translational control of σ^{32} synthesis during the heat shock response of *Escherichia coli*. Proc. Natl. Acad. Sci. USA 88:10515 –10519.

Nomura, M. , J. L. Yates, D. Dean, and L. E. Post. 1980. Feedback regulation of ribosomal protein gene expression in *Escherichia coli*: structural homology of ribosomal RNA and ribosomal protein mRNA. Proc. Natl. Acad. Sci. USA 77:7084 –7088.

Paul,B. J. ,M. M. Barker,W. Ross,D. A. Schneider,C. Webb,J. W. Foster,and R. L. Gourse. 2004. DksA:a critical component of the transcription initiation machinery that potentiates the regulation of rRNA promoters by ppGpp and the initiating NTP. Cell 118:311 −322.

Peredina,A. ,V. Setlov,M. N. Vassylyeva,T. H. Tahirov. S. Yokcyama,I. Artsimovitch,and D. G. Vassylyev. 2004. Regulation through the secondary channel −structural framework for ppGpp −DksA synergism during transcription. Cell 118:297 −309.

Pompeo,F. ,J. Luciano,and A. Galinier. 2007. Interaction of GapA with HPr and its homologue,Crh:novel level of regulation with a key step of glycolysis in *Bacillus subtilis*? J. Bacteriol. 189:1154 −1157.

Pratt,L. A. ,W. Hsing,K. E. Gibson,and T. J. Silhavy. 1996. From acids to *osmZ*:multiple factors influence synthesis of the OmpF and OmpC porins in *Escherichia coli*. Mol. Microbiol. 20:911 −917.

Reeves,A. ,and W. G. Haldenwang. 2007. Isolation and characterization of dominant mutations in the *Bacillus subtilis* stressosome components RsbR and RsbS. J. Bacteriol. 189:1531 −1541.

Rcitzer,L. ,and B. L. Schineider. 2001. Metabolic context and possoble physiological themes of σ^{54} −dependent genes in *Escherichia coli*. Microbiol. Mol. Biol. Rev. 65:422 −444.

Rhodius,V. A. ,andR. A. LaRossa. 2003. Uses and pitfalls of microarrys for studying transcriptional regulation. Curr. Opin. Microbiol. 6:114 −119.

Savery, N. J. , G. S. Lloyd, S. J. W. Busby, M. S. Thomas, R. H. Ebright, and R. L. Gourse. 2002. Determinants of the C −terminal domain of the *Escherichia coli* RNA polymerase α subunit important for transcription at class I cyclic AMP receptor protein −dependent promoters. J. Bacteriol. 184:2273 −2280.

Schmidt, M. , and R. K. Holmes. 1993. Analysis of diphtheria toxin repressor −operater interactions and the characterization of mutant repressor with decreasing binding activity for divalent metals. Mol. Microbiol. 9:173 −181.

Schwartz, D. , and J. R. Beckwith. 1970. Mutants missing a factor necessary for the expression of catabolite −sensitive operons in *E. coli*, p. 417 −422. In J. R. Beckwith and D. Zipser(ed.),The Lactose Operon. Cold Spring Harbor Laboratory Press, Cold Spring Harbor, N. Y.

Skorupski, K. , and R. K. Taylor. 1997. Control of the Tox R virulence regulon in *Vibrio cholerae* by environmental stimuli. Mol. Microbiol. 25:1003 −1009.

Slanch, J. M. , S. Garrett, D. E. Jackson, and T. J. Silhavy. 1998. EnvZ functions through OmpR to control porin gene expression in *Escherichia coli* K −12. J. Bacteriol. 170:439 −441.

Stibita, S. , A. A. Weiss, and S. Falkow. 1988. Genetic analysis of a region of *Bordetella pertussis* chromosome encoding filamentous hemagglutinin and the pleiotropic regulatory locus *vir*. J. Bacteriol. 170:2904 −2913.

Sutton, V. R. , E. L. Metert, H. Beinert, and P. J. Kiley. 2004. Kinetic analysis of the oxida-

tive conversion of the $[4Fe-4S]^{2+}$ cluster of FNR to a $[2Fe-2S]^{2+}$ cluster. J. Bacteriol. 186：8018-8025.

Tang, Y., J. R. Guest, P. J. Artymiuk, and J. Green, 2005. Switching aconitase B between catalytic and regulatory modes involves iron-dependent dimer formation. Mol. Microbiol. 56：1149-1158.

Tu, K. C., and B. Bassler. 2007. Multiple small RNAs act additively to integrate sensory information and control quorum sensing in *Vibrio harveyi.* Genes Dev. 21：221-233.

Van Heeswijk, W. C., S. Hoving, D. Molenaar, B. Stegeman, D. Kahn, AND H, V, Westerhoff. 1996. An alternative P_{II} protein in the regulation of glutamine synthetase in *Escherichia coli.* Mol. Microbiol. 21：133-146.

Weber, H., T. Polen, J. Jeuveling, V. F. Wendisch, and R. Hengge. 2005. Genome-wide analysis of the general stress response network in *Escherichia coli*：δ^s-dependent genes, promoters, and sigma factor selectivity. J. Bacteriol. 187：1591-1603.

Yates, J. L., and M. Nomura. 1980. *E. coli* ribosomal protein L4 is a feedback regulatory protein. Cell 21：517-522.

Yu, R. R., and V. J. DiRita. 2002. Regulation of gene expression in *Vibrio cholerae* by ToxT involves both antirepression and RNA polymerase stimulation. Mol. Microbiol. 43：119-134.

Zheng, M., X. Wang, B. Doan, K. A. Lewis, T. D. Schneider, and G. Stora. 2001b. Computation-directed identification of OxyR DNA binding sites in *Escherichia coli.* J. Bacteriol. 183：4571-4578.

Zhou, Y. N., N. Kusukawa, J. W. Erickson, C. A. Gross, and T. Yura. 1988. Isolation and characterization of *Escherichia coli* mutants that lack the heat shock sigma factor δ^{32}. J. Bacteriol. 170；3640-3649.

Zimmer, D. P., E. Soupene, H. L. Lee, V. F. Wendisch, A. B. Khodursky, B. J. Peter, R. A. Bender, and S. Kustu. 2000. Nitrogen regulatory protein C-controlled genes of *Escherichia coli*：scavenging as a defense against nitrogen limitation. Proc. Natl. Acad. Sci. USA 97：14674-14679.

细菌细胞的分区和出芽

高等真核细胞通常含有较多细胞器,而且细胞中分区明显,每个部分又通过信号彼此交流,高等生物体又由许多细胞组成,再以组织和器官形式出现,彼此间也能交流,而且真核生物要经过胚胎发育阶段,由单个细胞分裂,最终成为一个完整个体,该个体由成千上万个细胞构成,不同种类的细胞发挥不同功能。高等生物的这些特点在低等、简单的细菌中也能找到与之相对应的特点。

细菌细胞要比真核细胞简单,但它仍然是一个非常复杂的体系,甚至很简单的单细胞细菌也含有许多区块,这些部分之间可以相互交流。在细菌细胞质中含有 DNA、核糖体、翻译装置以及在生物合成和分解代谢中使用的酶等。细胞质由双层脂膜包裹,在膜上有许多蛋白,可以作为传感器使胞内和胞外进行信息交流,在细胞膜上还有电子转运系统,主要的 ATP 产生装置,可以选择大分子出入细胞的 SecYEG 等通道。细胞质膜的外面还包裹着一层坚硬的细胞壁,赋予细胞一定形状,也使细胞能抵御外界环境中渗透压的胁迫。在革兰阴性菌中,细胞膜外面还有一层双脂膜,称为细胞的外膜,该膜与细胞壁间形成细胞周质空间,在周质中含有许多降解大分子的酶,它们将降解大分子所获得的能量提供给分子伴侣,由它帮助一些蛋白折叠使之不被降解,顺利运输出细胞外膜,还有一些非正常蛋白被周质中的酶直接降解掉。另外细胞外膜提供通道,使一些蛋白、小分子和受体选择性地通过,而且含有锚定位点,使细胞外的附属器官,菌毛和鞭毛附着在其上。对于革兰阳性菌来说,虽然它不具有细胞外膜,但是它有很厚的细胞壁,行使与外膜相似的功能,它们也有可能在细胞膜和细胞

壁间形成空间,与革兰阴性菌的细胞周质空间类似。

最近在细菌中发现,包括蛋白质在内的大分子,不是散乱分布在细胞中,而是固定在具有亚细胞结构的基质上,与较大的、多细胞生物中的情况类似。在前面章节中已经讨论过高等生物中这些基质是如何由相同类型纤丝构成,基质有肌动蛋白、微管蛋白和中间体纤丝等。在细菌中,细胞分裂细胞壁合成过程中,酶能指导分离染色体蛋白质,使之出现在胞内的基质上。

细菌也有发育过程,有些类型细菌是多细胞的,不同的细胞具有不同的功能,这些发育过程严格程序化,而且需要不同细胞间在发育过程中交流。

在本章中,我们将介绍细胞的分区、交流和发育,解释如何用分子遗传学分析手段深入了解以上现象,这些内容在前面一些章节中已经有所提及,本章中对涉及的实验细节进行更为详细地介绍。以上研究内容也是生物科学最重要的研究领域之一,操作容易、结构简单的细菌无疑会给我们提供理解其他生物最好的证据。

15.1　大肠杆菌中蛋白质转运分析

蛋白质如何离开细胞质,被转运至周围区域,在革兰阴性菌大肠杆菌研究得较多。如第 3 章所述,细菌中近 1/5 蛋白将不会在细胞质中,而被运送或转运至细胞膜上或之外,在内膜中的蛋白称为内膜蛋白,在细胞周质中的蛋白称为周质蛋白,被运送至细胞外的蛋白称为分泌蛋白。

许多转运蛋白已经在其他章节中讨论过,例如,外膜上的 LamB 蛋白结合麦芽糖聚合物,并作为 λ 噬菌体的受体。处于细胞周质中的 β 内酰胺酶能使细胞具有青霉素抗性,因此 β 内酰胺酶必须穿过内膜排到细胞周质中。二硫化物异构酶也处在细胞周质,当其他蛋白质或胞外酶通过细胞周质时,在二硫化物异构酶作用下它们形成二硫键连接。细胞周质中的麦芽糖结合 MalE 蛋白有助于将麦芽糊精转入细胞,处在内膜的 MalE 有助于形成麦芽糊精进入细胞质的通道。大肠杆菌的 tonB 基因产物必须穿过内膜到达外膜目的地,然后参与转运过程并作为一些噬菌体和大肠杆菌素的受体。感应激酶,如 EnvZ,在内部的三个区域都存在。一些处于细胞周质的感应激酶能够感受外部环境变化。还有一些感应激酶处于跨膜区域,在跨膜区域中可以穿过内膜到达细胞质中其他区域,然后和细胞质中应答调节蛋白进行交流。

在第 3 章已经给出了蛋白质转移的整个过程,在此只做简单回顾。大部分被转移到细胞质周围其他区域的蛋白质是通过 SecYEG 通道实现的,有时 SecYEG 通道也被称为转运子,能进入或穿过内膜。但是,选择用于转移蛋白质的通道取决于被转移蛋白质最终的目的地。转移到细胞质或者越过外膜进入细胞外部的蛋白质,通常用 SecB – SecA 将目标蛋白定位到膜上的 SecYEG 通道。SecB 蛋白是分子伴侣,能够结合蛋白质中 N 末端短的疏水信号序列,阻止蛋白质过早折叠。然后,SecA 蛋白将蛋白质结合到 SecYEG 通道,利用 ATP 的断裂,促使未折叠蛋白质进入该通道。未折叠蛋白质通过 SecYEG 通道后,蛋白酶切断短的信号序列。而且蛋白转运全过程也已在第 3 章中讲过,因此本节将简单做一下回顾。

15.1.1　利用 mal 基因研究蛋白质转运:信号序列、sec 和 SRP

鉴定大肠杆菌蛋白转运系统中基因及蛋白的遗传实验非常微妙,采用麦芽糖转运操纵子基因进行实验,该系统转运麦芽糖、麦芽糊精等麦芽糖聚合物,进入细胞(第 13 章),为了能完成此项任务,mal 操纵子调控的许多基因产物是膜或者周质蛋白,必须被转运至内膜或通过内膜,它们是早期主要

的研究对象,而且现在仍然是我们认识所有生物体中蛋白转运过程的基础。

15.1.1.1　影响 MalE 和 LamB 蛋白信号序列突变体的分离

如前所述,*lamB* 和 *malE* 基因产物分别处于大肠杆菌外膜和细胞周质中(图13.22),为了能达到它们的最终位置,这些基因产物必须通过内膜转运至目的地。如大多数转运蛋白,LamB 和 MalE 蛋白首先在其 N 末端形成带有 25 个氨基酸的信号序列(第3章)。

基因融合技术和筛选遗传学实验用来确定在 LamB 和 MalE 蛋白链中哪个氨基酸对该蛋白分泌有重要作用,在较短信号序列上出现突变的几率较小,所以需要正选择对突变体进行选择。采用翻译融合方法将 LamB 或 MalE 蛋白 N 末端与 LacZ 蛋白(β-半乳糖苷酶)基因融合,后者是一种细胞质蛋白,融合蛋白 N 末端信号序列,指导融合蛋白进

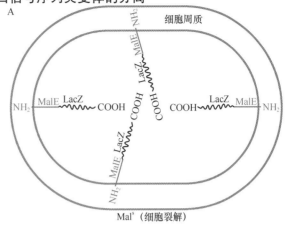

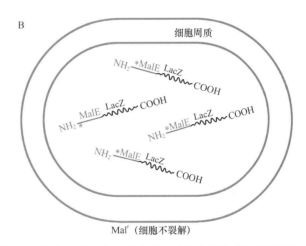

图 15.1　含有 *malE - lacZ* 融合基因的麦芽糖敏感细胞(Mal^s)模型

入膜中,转运系统准备将其转运出去,但不知何种原因,大的融合蛋白在膜中被套牢,将细胞杀死,也有可能导致细胞裂解。

对融合蛋白转运敏感的细胞,为我们提供了正选择转运缺失突变体的方法(图15.1)。融合蛋白只有在麦芽糖诱导下才大量产生,麦芽糖能开启从 *mal* 启动子的转录(图 13.21),含有这些融合蛋白基因的细菌是麦芽糖敏感型的(Mal^s),如果在培养基中添加麦芽糖将会杀死细胞,然而,含有阻止融合蛋白转运的突变对麦芽糖有抗性(Mal^r),能够存活下来。因此任何在含有麦芽糖平板上生长的含有融合基因的个体,如果它仍然大量合成融合蛋白,那么它的转运融合蛋白系统发生了突变。以上实验中的融合蛋白可以用 LacZ 蛋白的抗体做 Western 斑点印迹。

有些 Mal^r 突变子是在 LamB 或 MalE 蛋白信号序列上发生了突变,使之在蛋白转运中失去功能,所以融合蛋白不再进入细胞膜杀死细胞,细胞变得具有麦芽糖抗性。确定 Mal^r 突变体中氨基酸的变化,可以揭示信号序列中哪种氨基酸是信号序列发挥功能所必需的,这种突变可以根据与另一种编码分泌蛋白突变的相对距离分辨出来,信号序列突变应该发生在 *malE - lacZ* 基因中。

用以上筛选方法,我们可以分离到许多信号序列突变体,随后进行基因测序,确定哪种氨基酸突变后导致信号序列功能丧失。多数突变是信号肽 H 区域的疏水氨基酸转变为带电荷氨基酸,这种改

变可能干扰了信号序列插入处于疏水膜中的 SecYEG 通道,也可能干扰了 SecB – SecA 靶向系统的识别。

15.1.1.2 *sec* 基因突变体的分离

mal 基因常用来筛选基因中含突变的突变菌株,该基因产物是蛋白运输机制中的一部分蛋白。*mal* 基因也被称作 *sec* 基因(代表与蛋白分泌有关),因为它们的基因产物是一些膜蛋白、细胞周质蛋白和外运蛋白转运所必需的。与信号序列突变体不同,信号序列突变体仅仅影响一种蛋白的运输,而 *sec* 突变体会导致许多运输进入或穿过膜的蛋白的功能缺陷,而且将导致基因组中许多基因缺陷。

与分离信号序列突变体的方法不同,分离 *sec* 突变体需要更敏感的筛选方法。这是因为,信号序列突变体仅仅影响一种蛋白的运输,而 *sec* 突变体影响许多蛋白的运输,其中一些蛋白是非常重要的。因此,要想观察到仅含 *sec* 突变的突变体,就需要更灵敏的筛选方法。*secB* 突变体的筛选方法如图 15.2A 所示。含特定的 *malE – lacZ* 融合基因细胞能制造 MalE – LacZ 融合蛋白,即使在没有麦芽糖的培养基中,也不足以杀死细胞。尽管如此,它们似乎能合成充足的融合蛋白以使细胞表现为 Lac⁺,但是细胞仍然是 Lac⁻,无法以乳糖作为唯一的碳源和能源来增殖。研究者推测,细胞之所以无法呈现 β – 半乳糖苷酶活力,是因为融合蛋白被转运到细胞周质空间了(图 15.2A),在细胞周质中,β – 半乳糖苷酶中的半胱氨酸之间,在二硫化物异构酶作用下形成二硫键,从而抑制了 β – 半乳糖苷酶活力。

融合蛋白的转运抑制了其自身 β – 半乳糖苷酶活力,从而阻止菌株在乳糖上生长,利用这一点,可以筛选有转运功能障碍的阳性 *sec* 突变体,所有的突变体都是通过膜来阻止融合蛋白运输的。

举例来说,*secB* 突变可以使细胞转变为 Lac⁺,使之能在含有乳糖的基础培养基上生长,因为至少一些 MalE – LacZ 融合蛋白仍然存在细胞质中,保持 β – 半乳糖苷酶活力(图 15.2B),因此为了分离 *sec* 突变体,只需将含有 *malE – lacZ* 融合基因的突变体涂布在含有乳糖而不含麦芽糖的基础培养基上,就可以达到分离目的。以这种方式,鉴定出 6 种不同的 *sec* 基因,分别命名为 *secA*、*secB*、*secD*、*secE*、*secF* 和 *secY*,在第 3 章中已经讲过,*secE* 和 *secY* 基因产物在膜上形成通道,供其他蛋白质通过,*secG* 虽然也参与通道形成,但它并不是必需的,另外的 *sec* 基因编码分子伴侣,帮助带有信号序列的蛋白进入膜上的通道。

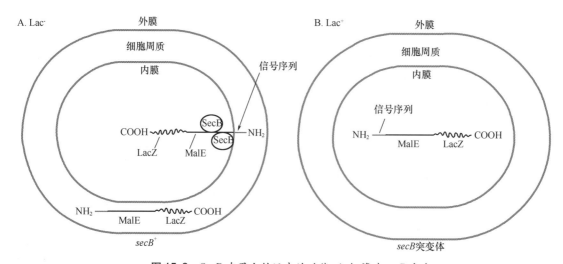

图 15.2 SecB 在蛋白转运中的功能,如何筛选 *secB* 突变

15.1.1.3　内膜蛋白 SRP 途径突变体的分离

mal 基因也通常用于分离 SRP 途径中的基因突变,该系统用于将蛋白转运至内膜系统上,由于 MalE 蛋白处于细胞周质,所以在分离内膜蛋白 SRP 途径突变体时,采用处于内膜蛋白上的 MalF 蛋白,它除了内膜中的部分,还有一部分在周质中,另一部分在细胞质中。将 MalF 基因的 N 末端编码区域,包括第一个跨膜域和周质域,与 *lacZ* 基因融合,将融合基因导入 λ 噬菌体载体,这个融合基因可以整合至染色体中。但是在筛选时,不是筛选对麦芽糖敏感或者以乳糖为唯一碳源,而是看能否在 X - Gal 上形成蓝色菌落。一般转运融合蛋白 β - 半乳糖苷酶会使之失活,所以不能作用平板中的 X - Gal,使菌落仍然保持白色。此外,现在不清楚为什么融合蛋白中的 β - 半乳糖苷酶部分没有活力。如果嵌入到膜中,它不可能形成二聚体,那是该酶具有活力所必需的;如果它在细胞周质中,正如上文讨论的那样,β - 半乳糖苷酶中的半胱氨酸会发生交联而使酶失去活力。无论是什么原因,融合蛋白中的 β - 半乳糖苷酶在转运过程中会失去活力,导致其不能切割平板中的 X - 半乳糖苷使菌落变蓝,因此菌落依然保持白色。

研究者推断,可以利用这个系统来分离基因产物是将蛋白质转运到内膜大肠杆菌中的突变株。如果该基因中的突变阻止融合蛋白的 MalF 部分进入内膜,那么它依然在细胞质中,它融合的 β - 半乳糖苷酶也会在细胞质中,β - 半乳糖苷酶还有活力,可以使 X - 半乳糖苷平板上的突变株菌落变蓝。用这种方式分离的突变株可能含有以下突变基因:编码 SRP 颗粒的 4.5S RNA 部分基因;编码 54 同源体的 *ffb* 基因,之所以这样命名是因为它与真核 SRP 中的 54ku 蛋白具有同源性;编码锚定蛋白的 *ftsY* 基因。令人惊奇的是,在 *sec* 基因中发现的唯一突变是 *secM*,它的基因产物在调控 SecA 中起作用。为什么没能在 *secY* 或者 *secE* 基因中找到突变的原因还不清楚,我们已知这些基因产物能形成通道,这些通道能转运由 SRP 系统靶向作用的蛋白到内膜上。

15.1.1.4　信号序列抑制子的突变

正如分离转运突变体一样,我们也能分离这些突变的抑制子,从这些实验中使我们能更好地认识蛋白质的分泌机制,在第 4 章中我们已经介绍了有关抑制突变的例子,以及它的遗传学分析方法。一般,带有抑制突变的突变子容易分离,尤其是对于那些在某些条件下,初始突变造成细胞死亡的抑制突变子的分离。将大量原始突变体涂布于致死条件下,凡是能够形成菌落的个体,要么是回复突变,要么发生了抑制突变,这两种突变也可以被区分开来。

(1)信号序列抑制子突变体的分离　首个分离的抑制子是 *lamB* 基因中信号序列的抑制突变体。预期可能在 *sec* 基因上发生突变的抑制子,能揭示信号序列和 Sec 装置上的组件之间的联系。被选择的信号序列突变是能阻止 LamB - LacZ 融合蛋白外运至外膜,从而阻止该融合蛋白成为在麦芽糖中生长的致死因子,从而为信号序列突变提供一种阳性筛选方法。这些信号序列突变体的抑制子将回复融合蛋白的外运功能,进而回复融合蛋白的致死性,产生 Mals 细胞。然而,这时一种阴性选择方法,还需要用阳性筛选方法筛选这些突变的抑制子,这种抑制子比较少见。

幸运的是,有一种方法可以用来选择 LamB 外运至外膜的回复突变的方法。LamB 的功能是结合外膜中的麦芽糊精(麦芽糖多聚物),并引导其进入麦芽糖运输系统。因此,外膜中若没有 LamB,则细胞无法以麦芽糊精为唯一碳源和能源进行生长(Dex⁻ 表型)。结果是,如果发生突变的信号序列体进入正常的 *lamB* 基因,取代染色体中正常的 *lamB* 基因,含突变信号序列的 LamB 蛋白无法外运,细胞变成 Dex⁻,无法在含麦芽糊精的单一碳源平板上生长。任何形成菌落的突变体可能含有抑制子突变,它能使含突变信号序列的 LamB 外运到细胞外膜。但研究者需要克服的另外一个问题是,最初信

号序列突变体的回复突变体也能够在含麦芽糊精的平板上生长,而且更为普遍。为了消除以上回复突变体干扰,研究者利用信号序列编码区较短阅读框的删除突变而取代点突变。即使是很短的缺失突变也很难发生回复突变,所以抑制突变体比回复突变体更容易出现。

利用这种选择方法和其他手段,很多信号序列突变的抑制突变体得以分离,并确定了其在染色体中的位置,如 prl 突变体。一些最感兴趣的突变是发生在 secY 基因(prlA)和 secE 基因(prlG)。这些抑制子突变甚至能够抑制整个信号序列编码区的缺失,使一些缺少信号序列的 LamB 外膜蛋白外运。这表明这些突变体在一定程度上可以打开通道,使得蛋白在没有信号序列的情况下穿过通道。抑制子突变体的发现,再结合 SecYEG 通道结构方面的数据,有助于建立更为详细的 SecYEG 通道工作模型。该模型中给出了 SecYEG 通道是如何被打开,允许外运蛋白穿过通道(图 3.4)。模型中,SecY 蛋白的一部分位于通道处,形成通道的塞子,通常情况下处于堵塞通道的状态。当信号序列和通道结合时,该塞子移向 SecE 区并且与其结合,SecE 举起塞子而使蛋白通过。显然在 secY 和 secE 基因上发生抑制突变时,通道上的塞子被打开而不需要信号序列打开通道。secY 和 secE 中抑制突变的位置,有助于识别 SecK 上与 SecY 结合形成塞子的区域,当蛋白质将要穿过通道时,SecY 结合至 SecK 上从而打开通道。

(2)用 prl 构建双突变体:合成性致死　结合对抑制突变体的研究还有助于我们认识仅凭蛋白质结构信息不易揭示蛋白质相互作用时结构的变化。一种假设是将不同的 prl 突变放在一起,使之形成双突变体,可能会产生致死作用。如果 prl 突变能取代塞子而使 SecYEG 通道保持部分打开状态,即使不需要外运蛋白,我们也能推测出通道不能打开太大,否则包括小分子代谢物和不需要外运的蛋白质也将穿过外运通道。然而,将两种致死 prl 突变结合到一起,可能会把通道打开得过大而使细胞死亡。将不同的突变结合到一起,观察结合突变是否致死,这一实验被称为合成性致死实验。在第 2 章讨论过合成性致死:当类核闭合有缺陷时,仅同时在 min 基因上也出现另一个突变时,才具有致死性。

一般情况下,构建双重突变子,首先要有含一个突变的菌株,然后通过位点特异性突变引入第二种突变。但如果两个突变结合能致死,我们又怎样将它们放到同一菌株中呢?位点特异性突变通常只能产生一个亚群,那么我们又怎样判断该亚群已经死亡?仅仅从大量最初突变的菌株中筛选,这种方法是不切实际的。一种更简便的方法是利用诱导表达载体,如 pBAD 质粒载体,克隆表达显性突变基因,该克隆基因将从受 L-阿拉伯糖诱导的启动子上开始表达(图 13.18)。因为 prl 突变是显性的,尽管与之对应的野生型基因存在于染色体中,当克隆基因被诱导表达时,菌株表现出 Prl 表型。研究者期望大多数的 prl 突变都是显性的,因为如果含 prl 突变的 SecY(或 SecE)亚单位形成 SecYEG 通道,即使构成 SecY(或 SecE)亚单位的其他通道被关闭,SecYEG 通道还是会被部分打开,蛋白就可以通过。将第二个突变导入到质粒或不同的染色体基因中,并且克隆基因不能被诱导表达。如果克隆基因被诱导表达,细胞就会死亡,该双重突变就属于合成性致死,此例中在培养基中加入 L-阿拉伯糖。用这种方法可以确定一些 prlA(secY)突变的组合具有致死性,如与 prlA 的其他突变结合,或与 prlA 和 prlG(secE)结合突变后再结合。由此可以得出结论,在 SecYEG 通道上的突变区域之间有相互作用,该结论在后续有关 SecYEG 通道结构研究中被证实。

15.1.2　Tat 分泌途径

并不是所有蛋白质转运都要利用 SecYEG 通道,仅仅那些没有折叠好的、较长、较细的多肽才能穿过窄小的 SecYEG 通道被转运,一旦蛋白质折叠成最终的三维结构,它的分子就变得较宽而不能再通

过狭窄通道,而有些蛋白确实是在细胞质中完成折叠才被转运的,这些蛋白通常是膜蛋白,含有氧化还原因子,如亚钼喋呤和 FeS 簇,它们在细胞质中合成,折叠好之后插入蛋白质中,而膜中没有供蛋白质结合的辅因子。

至少在绝大多数真细菌和古菌中以及植物的叶绿体中具有 Tat 分泌系统,它们的亚单位个数有差异,大肠杆菌中 Tat 系统具有三个亚单位 TatA、TatB 和 TatC,而枯草芽孢杆菌中仅有两个亚单位 TatA 和 TatB,而且一般结合在一起形成更大的亚单位,对 Tat 系统的了解远没有对 SecYEG 转座酶了解得多。所有的三个 Tat 亚基与膜结合,TatC 亚基具有许多跨膜结构域,似乎能在膜中形成通道,而且需要 TatB 的帮助。仅当 TatA 蛋白被转运蛋白与通道结合时才被召集过来,膜上质子梯度提供的电场是转运所需能量的唯一来源。

Tat 信号序列

被 Tat 途径转移的蛋白,同样也具有信号序列,当蛋白被转运后,信号序列被切除。该信号序列要比 SecYEG 通道转运蛋白信号序列更长,疏水性更弱一些。在它的 N 末端具有 S−R−R−X 结构域,X 代表任意氨基酸,因为结构域中出现了两个 R(精氨酸),所以有时也称此转运系统为双精氨酸转运系统。

这个特殊信号序列在 N 末端出现后,就给转运系统发出信号,此蛋白应该由 Tat 转运系统转运,而不是 SecYEG 通道。因为 Tat 转运系统转运的蛋白都必须是事先折叠好的蛋白,那么该系统必须具有质量控制系统,分辨哪些蛋白已经折叠好可以被转运。在第 3 章中已经讲过这种质量控制系统,主要是根据折叠好的蛋白质具有唯一的构型进行判断的。

15.2　革兰阴性菌内膜蛋白跨膜域的遗传分析

如前所述,绝大多数蛋白转运至细胞质膜上,而且大多数并不是被埋在膜中,而是跨膜存在,一部分在细胞质中,一部分在细胞周质中,还有一部分在膜中,将这样的蛋白称为跨膜蛋白,处于膜中的区域称为跨膜结构域。有些跨膜蛋白还能穿过细胞膜数次,跨膜结构域能随着暴露在细胞质(胞质结构域)和细胞周质(周质结构域)的环境变化而改变,膜的拓扑学是指蛋白质在膜内外的分布状况。

多肽的跨膜结构域通常能与周质或胞质结构域相区分,因为膜是疏水性的,所以在跨膜结构域中有较多的疏水性氨基酸,如苯丙氨酸、亮氨酸、甲硫氨酸等,而其他的两个结构域中含有带电荷的和极性氨基酸,如精氨酸、谷氨酸和天冬氨酸等,所以有时候可以根据蛋白质上的氨基酸确定其跨膜结构域,能分辨是处于细胞膜中还是处于细胞膜外,至于胞质结构域和周质结构域就不能分辨出来了。

大肠杆菌中碱性磷酸酶基因(*phoA*)的翻译融合,被用于编码跨膜蛋白基因的鉴定和革兰阴性菌中内膜蛋白拓扑学的研究,此方法适用于大肠杆菌及与之相近的革兰阴性菌。*phoA* 基因产物碱性磷酸酶是一种清除酶,它能从更大分子上剪下磷酸基团,将磷酸基团转运至细胞中提供给其他细胞反应,为了完成此任务,碱性磷酸酶一般处于细胞周质空间,在此它能够从大分子上剪切下磷酸基团。

大肠杆菌碱性磷酸酶的一个特点是它仅在细胞周质中具有活力,在细胞质中没有活力,因此对研究膜蛋白的拓扑学性质很有用处。为了获得活力,碱性磷酸酶必须由两个相同的 *phoA* 基因产物多肽链以二硫键连接形成碱性磷酸酶同源二聚体。在第 3 章中已经知道,二硫键一般在氧化环境中形成,而细胞质处于还原状态,所以碱性磷酸酶只能在细胞周质中具有活力。PhoA 酶的活力也很好测定,细菌能合成有活力的 PhoA 酶,它在含有 5−溴−4−氯−3−吲哚磷酸盐(XP)发色剂培养基上形成蓝色菌落,该发色剂中磷酸基团被碱性磷酸酶切下后,就会变为蓝色。

利用 *phoA* 基因翻译融合方法确定跨膜蛋白周质结构域的方法如图 15.3 所示,简要来说,去除信号序列 *phoA* 基因羧基末端与编码跨膜蛋白 N 末端不同长度的序列融合,如果融合序列处于周质结构域,那么与之融合的 *phoA* 基因也处于周质结构域,所以细菌经培养后在含有 XP 平板上形成蓝色菌落,而结构域是细胞质结构域时,将形成无色菌落。

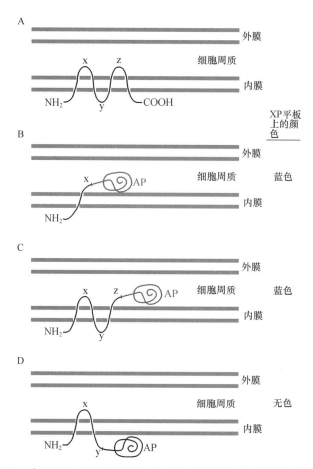

图 15.3 采用融合 *phoA* 基因的方法,确定跨膜蛋白在膜中的拓扑学结构

用随机 *phoA* 融合鉴定转运蛋白基因

PhoA 酶仅在周质中具有活力,我们可以利用此性质鉴定革兰阴性菌中的内膜蛋白。有一些转座子可以用于随机基因融合,该转座子带有报告基因,只有当它跳入一个能被表达的基因,并且方向一致时,报告基因才能被表达。PhoA 就是为了鉴定蛋白是进入膜中还是穿过膜而开发的转座子,它的报告基因 *phoA* 不携带自己的启动子或翻译起始序列,也缺乏自己信号序列的编码区域。一个带有 PhoA 的融合蛋白与另一个蛋白融合,当转座子跳入一个能表达的阅读框中,PhoA 在阅读框中被正确地翻译,但是融合了部分 PhoA 蛋白具有碱性磷酸酶活性,所以如果 TnphoA 整合到一个基因产物蛋白能够转座,*phoA* 基因恰好融合至蛋白质的周质结构域中,该菌就会在含 XP 的培养基上形成蓝色菌落。

15.3 蛋白分泌

我们已经讲过蛋白转运至细胞质膜或者通过细胞膜进入周围环境中的过程,因为所有类型的细

胞均具有细胞膜,所以蛋白质转运功能高度保守。

又因为革兰阴性菌和革兰阳性菌细胞膜外的结构不同,所以当遇见蛋白分泌至细胞外情况时,两种类型的细菌面临的挑战是不同的。在革兰阴性菌中,蛋白质被分泌至内膜外进入细胞周质,蛋白质还要面临通过非常疏水的外膜环境。然而对革兰阳性菌来说,一旦蛋白通过了内膜,它就直接来到细胞外,由于来自外膜的限制,革兰阴性菌已经进化形成比较精细的结构帮助蛋白质转运通过细胞外膜,下面我们就来讨论这些结构。

15.3.1 革兰阴性菌中蛋白分泌系统

革兰阴性菌中的蛋白分泌系统有五种基本类型,它们依次是 I ~ V 型分泌系统,所有这些分泌系统的共同点是在外膜上由 β – 叠片形成通道。令人不解的是为什么在外膜上的通道是由 β – 叠片构成其蛋白质疏水区域,而在内膜上的通道是由 α – 螺旋构成其蛋白质疏水结构域。β – 桶状结构的内部主要是由带电荷的或极性氨基酸分支构成,利于亲水性蛋白质通过,而外侧与外膜接触部分是由疏水性氨基酸构成,有利于在疏水膜上的稳定性,这个桶状结构其一端或两端通常是关闭的,开启仅仅是为了能使分泌蛋白通过。

在外膜上具有的通道,与处于细胞质膜上 SecYEG 通道一样,将产生一些共同问题。例如,它们是如何挑选一些蛋白通过而使另一些蛋白不通过,而且还要保证小分子不通过,这个过程称为通道的开合。只有被转运蛋白要通过时,门才能打开。而且外膜通道将遇到一个自身特有的问题,它们分泌蛋白所需的能量来自何处? 在周质空间中没有 ATP 或 GTP 提供能量,外膜中还没有发现能产生电场的质子梯度,而且它们是如何通过内膜进入外膜的? 通道可以自组装还是需要其他蛋白质帮助? 以上问题我们虽然不能一一回答,但本节我们将尽力阐明不同蛋白分泌系统可能的分泌机制,来解答以上可以解答的问题,同时我们也给出了每种分泌系统中蛋白分泌的例子。

15.3.1.1 I 型分泌系统(T1S)

I 型分泌系统直接将蛋白从细胞质分泌至细胞外,如图 15.4 所示,它们与另外的几种分泌系统存在较大差别,倒是与 ATP 结合盒(ABC)转运系统有些相似,ABC 转运系统能将小的抗生素或毒素直接分泌至细胞外,该系统由两种蛋白组成,一种是位于内膜上的 ABC 蛋白,另一种是连接内膜和外膜的整合蛋白,它们利用一种多用途蛋白 TolC,在外膜中形成 β – 桶状通道,因为 TolC 还能转运毒素化合物,所以只有分泌特殊蛋白时,动用此转运通道。当分泌蛋白与 ABC 蛋白结合后,整合膜蛋白就会召集 TolC 分子在外膜中形成 β – 桶状通道供分子通过,估计转运能量来自 ABC 蛋白对 ATP 的切割,然后在能量的推动下使分子通过 TolC 通道分泌至细胞外。

由 I 型分泌系统分泌蛋白的经典例子是致病性大肠杆菌 HylA 溶血素蛋白的分泌,该毒素将自身插入真核细胞膜上,然后形成孔洞使内容物流出。在这个分泌系统中,它也有自己特有的 I 型分泌系统,由 HylB(相当于 ABC 蛋白)和 HylD(相当于整合膜蛋白)蛋白构成。由于 HylA 不被 Sec 或 Tat 系统转运,所以它不含有被切割的 N – 末端信号序列,相反与其他的 I 型分泌系统分泌蛋白相似,它具有能被 ABC 转运系统识别的 C 末端,但在分泌至细胞外后,该末端不被切除。

另一个 I 型分泌系统分泌的蛋白的例子是,研究较透彻的百日咳鲍特杆菌的腺苷酸环化酶毒素。毒素进入真核细胞,产生环化 AMP,从而干扰细胞信号通路。在第 14 章讨论过百日咳腺苷酸环化酶在细菌双杂交筛选中的应用。

已经获得 TolC 通道蛋白结晶,并确定了其结构。该结构使我们更加深入地认识了感兴趣的 β –

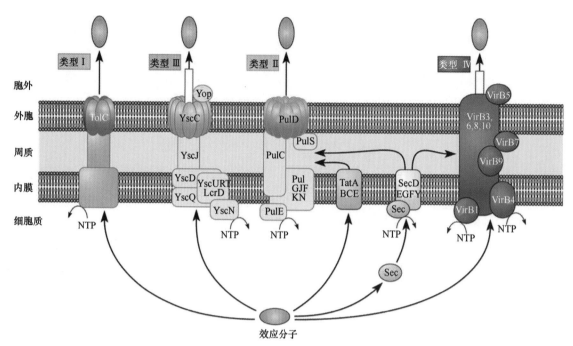

图 15.4　Ⅰ、Ⅱ、Ⅲ和Ⅳ型蛋白分泌系统示意图

桶状结构,了解其如何关闭和打开,以便转运特定的分子。简而言之,三个 TolC 多肽一起穿过外膜的通道。每个单体都有四个跨膜结构域形成 β - 桶状结构,该通道总是在外膜的一侧打开,这一侧处在细胞的外部。此外,每个单体都有四条较长的 α 螺旋区域,该区域的长度足以穿过细胞周质。这四个 α 螺旋区域形成第二通道,与第一通道相连并跨越细胞周质。正是因为存在这两种通道,才能将分泌蛋白从内膜转移到外膜。此外,细胞周质中的通道能够打开或关闭,因此像给通道装上了门。一般,细胞周质中的通道保持关闭状态,直到将被外运的分子与 ABC 蛋白结合为止,也许这是由于 α 螺旋结构域缠绕导致的。当外运分子和 ABC 转运子在细胞周质中结合后,TolC 通道分子被召集起来,细胞周质中通道的 α 螺旋结构域可能发生旋转,从而使 α 螺旋结构域不再缠绕通道,使朝向细胞周质侧的门被打开,于是外运分子通过两个通道被分泌到细胞外。

15.3.1.2　Ⅱ型分泌系统(T2S)

　　Ⅱ型分泌系统因为与感受态系统相关,所以在第 7 章中已经提及过,它们也与在细胞表面组装Ⅳ型菌毛系统紧密相关。Ⅱ型分泌系统原先被称为 Sec 分泌途径的主要终末端分支,因为起初认为任何革兰阴性菌中均存在Ⅱ型分泌系统,现在发现虽然此分泌系统相当普遍,但并不是所有革兰阴性菌中都具有此分泌系统。

　　利用Ⅱ型分泌系统分泌蛋白的例子是产酸克雷伯菌分泌普鲁蓝酶,该酶能降解淀粉。另一种蛋白是由霍乱弧菌产生的霍乱毒素,它能引起与霍乱病有关的水样腹泻,Ⅱ型分泌系统分泌的这两种蛋白差异较大,说明该分泌系统所分泌蛋白的多样性。以霍乱弧菌毒素为例,当 SecYEG 通道将其转运至细胞周质后,毒素的一个 A 和五个 B 亚单位在周质中组装,由分泌通道分泌至肠道,在此处 B 亚单位帮助 A 亚单位进入黏膜细胞,然后 A 亚单位 ADP 核苷核糖化,可以调节腺苷酸环化酶活力(第 14 章),这样一来打断信号途径,造成腹泻。因为毒素的 B 亚单位必须帮助 A 亚单位进入真核细胞,所以该毒素从细菌中分泌出去之后,A 和 B 亚单位必须结合在一起,否则它们就会彼此

找不着对方。

Ⅱ型分泌系统很复杂,包括15种不同的蛋白(图15.4)。这些蛋白中的大多数处在内膜和细胞周质中,只有一种在外膜上,形成供分泌蛋白通过的 β – 桶状通道。这种外膜蛋白属于称作分泌素的外膜蛋白中的一员,它与形成Ⅲ型分泌系统中 β – 通道蛋白相关。一般认为12个分泌素蛋白一同构成一个大的 β – 桶,其上的孔足以让已经折叠好的蛋白通过。该通道结构不能自发形成,还需要正常的细胞脂蛋白参与,或许它们还会变成通道结构的组成部分。分泌素蛋白具有长的N末端,该末端可能会一直延伸而穿过细胞周质,与Ⅱ型分泌系统中细胞内膜中的蛋白接触。该分泌素在细胞周质中的部分也能作为通道的门,与TolC通道中的情况类似。

尽管Ⅱ型分泌系统的许多成分处在内膜,但它们用SecYEG通道或者Tat途径通过内膜获取底物。因此,通过该系统分泌的蛋白在其N末端有可被切割的信号序列,要么是Sec型,要么是Tat型。在细胞周质中的蛋白质,在未被分泌到外膜之前通常会发生折叠。分泌系统中的有些细胞周质蛋白和内膜蛋白与菌毛的组成有关,被称为假菌毛蛋白(第7章),尽管通常不出现在细胞外。推测这些菌毛蛋白形成和撤回,如同活塞的工作原理,将蛋白质由外膜上的分泌素通道,推向细胞外部。以这种方式,分泌过程所需的能量来自内膜或细胞质,前面说过细胞周质中并没有能量来源。当把类菌毛蛋白基因克隆至大肠杆菌并过量表达时,能观察到大肠杆菌细胞外面生成假菌毛,这是对上述模型的有力支持。

15.3.1.3　Ⅲ型分泌系统(T3S)

Ⅲ型分泌系统或许是革兰阴性菌中特征最为明显的分泌系统,由近20种蛋白形成的注射器样结构,从细菌细胞质中吸取毒素蛋白,也称效应分子,直接穿过两层细胞膜注入真核细胞中(图15.4),由于上述原因,我们有时称此结构为注射器。Ⅲ型分泌系统一个突出的特点是,它在动物和植物致病性方面非常相似,该系统几乎存在于所有革兰阴性动物致病菌中,包括沙门菌、耶尔森菌,也在许多植物致病菌中发现,它们包括欧文菌属和黄单胞菌,在以上所有细菌中,该分泌系统分泌蛋白的行为都是相似的,唯一不同的是,用来注射的针不同。因为动物和植物细胞外包裹的细胞壁差异较大,所以能穿过哺乳动物细胞的注射器与穿透植物细胞壁的注射器肯定不同。

Ⅲ型分泌系统通常由致病基因岛编码,仅当遇见脊椎动物宿主时,或在相同情况下,它们才被诱导,然后组装注射器。它们注射的蛋白,有时称效应分子,是由相同的DNA单元编码,而且与分泌系统蛋白同时诱导表达。穿过外膜的注射器由分泌素蛋白组成,12个左右的分泌素蛋白亚单位构成 β – 桶状通道,与Ⅱ型分泌系统分泌素相似,此时需要正常细菌脂蛋白在膜上组装通道,但又不像Ⅱ型分泌系统那样,因为脂蛋白不会一直保留在通道结构中。它们或许还要其他的组成元件进行分泌系统组装。Ⅲ型分泌系统与鞭毛马达相关,该装置能驱动细菌在液体环境中运动(专栏15.1)。

与 sec 和 Tat 系统一样,至少某些Ⅲ型分泌系统是通过位于蛋白质N末端的短序列来识别分泌蛋白标识的,但当蛋白质注入时,并不切除这些信号序列。一些Ⅲ型分泌系统甚至利用编码蛋白的信使RNA 5′端序列,将蛋白质拽入注射器中,一边翻译一边分泌,尽管这个过程仍存在争议。

许多蛋白分泌后进入真核细胞都是由Ⅲ型分泌系统完成的,而且经常涉及细菌对宿主防御系统的破坏,这可以用造成黑死病的鼠疫杆菌为例来说明,而且Ⅲ型分泌系统首先就是在该菌中被发现的。

分泌系统和运动性

Ⅲ型分泌系统是一种与鞭毛马达在结构上相关的系统,鞭毛马达可以为许多在液体环境中生存的细菌提供动力。它们不仅是在结构上相关,在毒蛋白分泌过程中一些鞭毛系统也起到非常重要的作用,这意味着两个系统在表面上看是相似的。鞭毛马达有一个附属结构,这个附属结构以鞭毛的形式从细胞表面突出来,而不像Ⅲ型分泌系统那样是以针状的附属结构形式存在。它们也可能组成一个马达深藏在细胞膜中,能够使鞭毛旋转起来,而且这些蛋白质与Ⅲ型分泌系统的注射器状蛋白在结构上相关,而且反映在它们结构上的不同,导致它们这两个系统的主要功能各不相同。大量鞭毛聚集在细胞的一端,如果这些鞭毛以逆时针方向绕同一个方向旋转,鞭毛就会相互缠绕在一起成束状,所有的鞭毛都转向相同的方向,细胞就会沿着直线向前游动。如果它们以另外一个方向沿顺时针方向旋转,鞭毛就会彼此分开,细胞就会做不定向的圆周运动或翻转。鞭毛旋转的方向取决于细胞内膜上大量蛋白质受体的甲基化状态,也称 MCPs(易甲基化蛋白),它们连接在引诱剂上,如可以作为食物的氨基酸。这些受体甲基化程度决定了有多少引诱剂被连接上。如果甲基化水平不能达到引诱剂连接所需的数量,也就意味着细胞要开始调高或调低引诱剂浓度,这个信息向下传输到磷酸化系统,该系统是被称为 Che 蛋白的鞭毛马达的一个组成部分,这些马达能够持续不断地逆时针旋转(如果它们需要调高这个浓度和保持在相同方向)或顺时针方向旋转(如果它在调低浓度和转向另一个方向)。

Ⅲ型分泌系统与鞭毛之间的关系,不仅是已知的这个适用于可以为细胞提供动力的分泌系统的关系。Ⅱ型分泌系统也已经可以被用来组装细胞表明的Ⅳ型纤毛。这些纤毛通过延伸和收缩使细胞变长来为一些细菌包括黄色黏球菌(*Myxococcus xanthus*)的固定表面提供动力。纤毛一般在细胞的前端,这样能够使拉伸的作用得到最大发挥,而鞭毛是在细胞的另一端,它们使用的是推力作用。因此,分泌系统穿过外层细胞膜延伸出来的延长部分,似乎特别适用于提供动力。

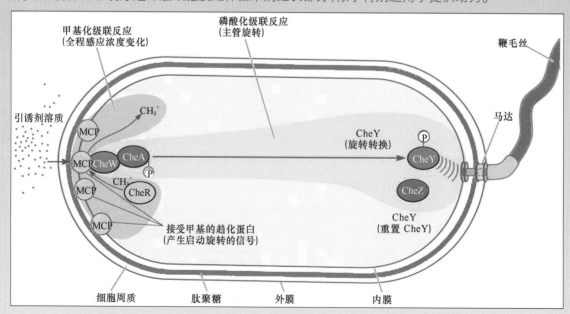

专栏 15.1(续)

参考文献

　　Blocker,A., K. Komoriya, and S. Aizawa. 2003. Type Ⅲ secretion systems and bacterial flagella : insights into their function from structural similarities. Proc. Natl. Acad. Sci. USA 100 :3027 –3030.

　　Bray, D. 2002. Bacterial chemotaxis and the question of gain. Proc. Natl. Acad. Sci. USA 99 :7 –9.

15.3.1.4　Ⅳ型分泌系统(T4S)

Ⅳ型分泌系统已经在第 6 章、第 7 章中讲到,因为它与接合和转化过程中 DNA 转运相关,与Ⅲ型分泌系统类似,它也能将蛋白通过两层膜直接注射到真核细胞中,不同的是它需要 Sec 系统使蛋白穿过内膜。

第 6 章中已经讲过,根癌农杆菌的 T – DNA 转移系统是Ⅳ型分泌系统的原形,是研究最清楚的系统,T – DNA 与一种松弛酶蛋白结合,指导 T – DNA 进入植物细胞核,然后整合至植物 DNA 上,T – DNA 也具有类似植物的基因,能编码植物生长激素,导致植物冠瘿的产生。

Ⅳ型分泌系统通过一种偶合蛋白发挥作用,在 T – DNA 中称为 VirD4,它能与被分泌蛋白结合,指导分泌蛋白进入通道,所以对于要分泌的蛋白,必须与偶合蛋白结合后才能被转运,推测在这些蛋白上存在一个较小的与 VirD4 结合的结构域。分泌所需的能量可能来自对 ATP 或 GTP 的剪切。

15.3.1.5　Ⅴ型分泌系统(T5S):自转运蛋白

以上所有的分泌系统都是在外膜中具有 β – 通道结构,被分泌的蛋白通过该通道被分泌出细胞外,然而并不是所有的分泌系统均具在外膜上存在这种通道结构,有些蛋白的结构域中包含β – 通道结构,当穿过外膜时形成通道,使自己穿过外膜,我们将这种蛋白称为自转运蛋白,因为它们的转运并不依赖已经存在的分泌系统,淋病奈瑟菌的免疫球蛋白 A 蛋白酶是最先发现的自转运蛋白,它能侵入宿主免疫系统,切断抗体分子,绝大多数已知的自转运蛋白是较大的毒力蛋白,如毒素和紧密黏附素,它们是细菌致病的原因,能帮助攻击宿主免疫系统。

自转运蛋白的工作机理如图 15.5 所示,它显示了绝大多数自转运蛋白的基本结构。自转运蛋白由四个结构域组成,C 末端的易位子结构域,在外膜中形成 β – 通道,与之相邻的连接子区域,它可以延伸至周质,这里是一个空间较大的结构域,含有分泌蛋白的功能部分,有时当蛋白酶结构域通过转运蛋白通道时,蛋白酶结构域将把空间较大的结构域从转座蛋白结构域上切下来。

自转运蛋白是典型的 SecYEG 通道转移蛋白,所以它们具有信号序列,当进入细胞周质时被切除,当易位子结构域进入外膜时在其中形成 β – 通道,于是灵活连接子结构域指导过客结构域通过通道分泌至细胞外。根据过客结构域功能不同,在自身蛋白酶结构域的作用下,将过客结构域切除或者仍然连接在易位子结构域上。

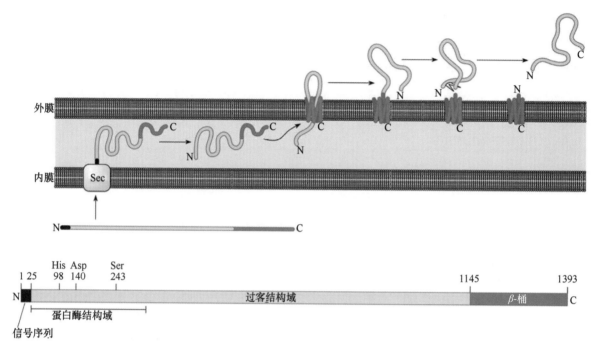

图 15.5   自转运蛋白的结构与功能

15.3.2   革兰阳性菌中蛋白分泌

以上讨论的分泌系统仅局限于革兰阴性菌,由于革兰阳性菌没有外层双脂膜,所以前面的蛋白分泌系统对革兰阳性菌并不适用,然而在自然界中有许多对我们有用的革兰阳性菌,当然有一些是非常有害的,所以我们不能忽视革兰阳性菌的蛋白分泌情况。有益的革兰阳性菌有:生产酸奶和奶酪的乳杆菌;产生生物可降解的杀虫药的苏云金芽孢杆菌;产生抗生素的链霉菌。有害的革兰阳性菌有:金黄色葡萄球菌,能引起许多严重的感染;炭疽芽孢杆菌,导致炭疽病;变异链球菌,导致龋齿。本节我们仅讨论革兰阳性菌所特有的分泌系统特征。

革兰阳性菌的注射体

上面已经讲过,致病性革兰阳性菌中缺乏 Ⅰ、Ⅲ、Ⅳ型分泌系统,它们需要将毒力因子转移至真核细胞中的机制,一些白喉 AB – 类型毒素,梭状芽孢神经毒素的肉毒毒素等能够发生自主转移(第 9 章)。B 亚基与真核细胞表面受体结合,帮助 A 亚基毒素进入细胞,但是还有一些化脓链球菌,能用类似革兰阴性菌Ⅲ分泌系统的机制,将毒力因子注入哺乳动物靶细胞中。为了区别起见,将革兰阳性菌中的该结构称为注射体,而革兰阴性菌中的类似结构称为注射器。如图 15.6 所示,革兰阳性菌中注射体要将效应分子转移至真核靶细胞中,还需要通过 Sec 依赖的分泌系统先将效应分子转移通过细菌细胞膜。图中也对革兰阳性菌注射体与革兰阴性菌注射器做了比较。

15.3.3   分选酶

由于革兰阳性菌在其细胞表面缺少一层双脂外膜,所以它们的细胞表面直接与外界接触,所以革兰阳性菌在其细胞壁表面粘附一些蛋白,并暴露在细胞表面,有一种酶称为分选酶,它能通过转肽反

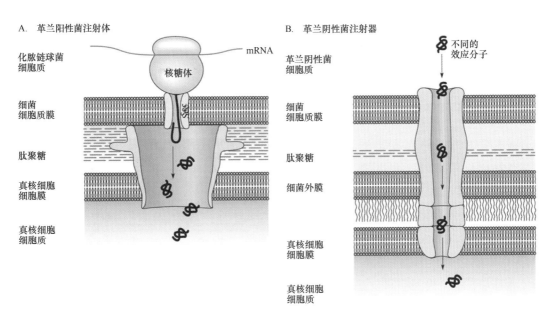

图 15.6　革兰阳性菌注射体结构

应催化蛋白以共价键与细胞表面结合,是一种细胞壁分选酶。转肽底物可以是细胞壁肽聚糖或特殊的多肽,分选酶可以指导蛋白质粘附于革兰阳性菌表面的特定位置,也可以参与菌毛组装。分选酶的靶蛋白包括 N 末端信号肽,和一个 30～40 个残基的 C 末端分选序列,它是由一个通常为 LPXTG 和疏水结构域的五肽切割位点构成(图 15.7A)。

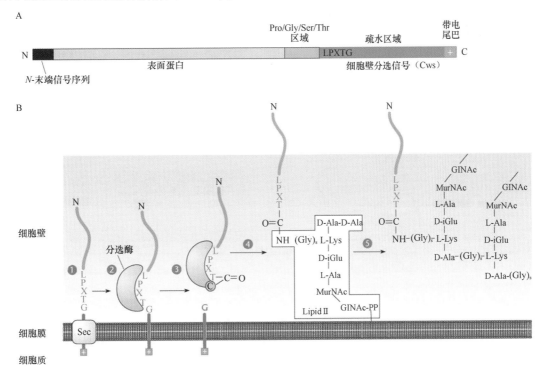

图 15.7　分选酶的工作途径

(A)典型的分选酶底物　(B)细胞壁分选酶工作途径模型

典型的分选酶作用途径如图 15.7B 所示,分选酶靶蛋白 N 末端信号序列引导蛋白至膜上易位酶

处,在这里信号肽被切除,当蛋白质穿过细胞质膜被转运后,分选酶就可以加工蛋白质上的分选信号,首先它将切掉五肽结构域,然后将蛋白的 C 末端与肽聚糖的氨基共价连接。

根据在不同革兰阳性菌中的出现情况以及五肽切割位点差异,将分选酶分为五个亚族。

15.3.4　分选酶依赖型途径的例子:链霉菌芽孢的形成

链霉菌是一种常见的土壤细菌,在它的某个特定生长阶段要利用分选酶。链霉菌是丝状的,让人将它与真菌联系起来(图 15.8),在平板上培养时,菌丝体将分化为孢子链,垂直向空中伸展,我们有时称之为气生菌丝,在自然界中土壤中,芽孢菌丝会随着土壤－水颗粒将孢子由原来土壤环境扩散至周围空间。

不论在平板还是土壤中,菌丝团的表面都需要处于疏水状态,这样才有利于孢子在气－水界面和水－土壤界面扩散,疏水性主要来自

图 15.8　成熟、分化和产芽孢链霉菌横切面扫描电镜图

菌丝产生的一层疏水蛋白,一个成熟、产生芽孢的菌落具有极强的疏水性(图 15.9)。

菌丝体表面的一种疏水蛋白称为 chaplin,*chp* 基因是一个多基因家族(图 15.10),有八个成员,所有的都具有一个 40 个残基疏水结构域(chaplin 结构域),所有成员均具有分泌信号,也有许多细胞壁分选信号,这些结构使疏水蛋白在分选酶的作用下与细胞表面结合,完成蛋白定位。

图 15.9　链霉菌的疏水性

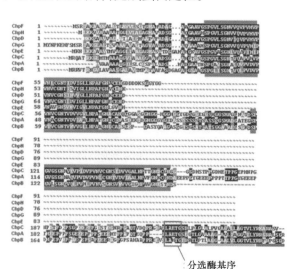

分选酶基序

图 15.10　8 种 chaplin 蛋白结构域比对

在链霉菌中,分选酶将 LAXTG 结构域中苏氨酸和甘氨酸的中间部位作为作用靶点进行切割(图 15.10),如图 15.7B 所示,于是分选酶把蛋白共价连接至细胞壁的肽聚糖上。因此,在链霉菌中,分选酶能将 chaplin 定位在菌丝体表面,帮助气生菌丝生长,形成芽孢。

多基因家族遗传分析

对编码 chaplin 蛋白多基因家族的遗传分析发现,菌体表面 chaplin 的出现对天蓝色链霉菌形态分化非常重要。因为 chaplin 是多基因家族,所以需要更为先进的技术来构建和分析突变菌株。事实

上,对 chaplin 多基因家族的分析提供了如何处理基因冗余模型。尽管整个天蓝色链霉菌基因序列是已知的,系统的基因敲除手段也是具备的,但还是需要分析多基因突变菌株。实际操作中,敲除一个 chaplin 基因没有表型变化,再敲除第二个 chaplin 基因也没有表型变化,直到敲除第四个 chaplin 基因时,表型才发生变化。

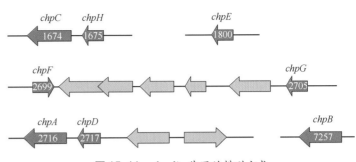

图 15.11 chaplin 基因的排列方式

(1)多基因突变菌株的构建   如图 15.11 所示,chp 基因在天蓝色链霉菌染色体上相邻排列,非常适合我们构建四重突变体菌株,基因敲除的步骤如图 15.12 所示,图中的突变包括抗生素抗性基因插

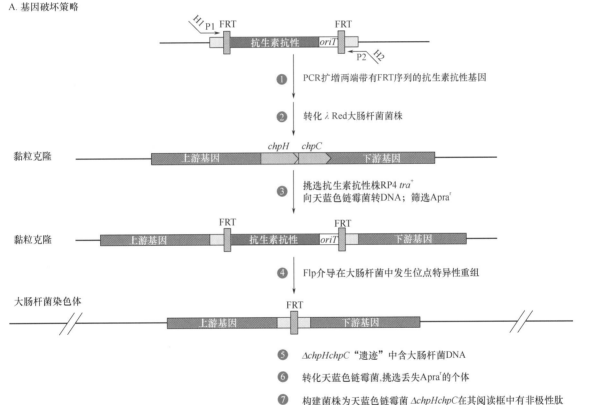

H1 和 H2:与 chp 基因两侧 DNA 序列有 39 个核苷酸的同源性。H1:从有意义链上 39 个核苷酸开始,以起始密码子的 3 个核苷酸结束。H2:从无意义链上 39 个核苷酸开始,以终止密码子的 3 个核苷酸结束,有可能包括下游 S–D 序列。P1 和 P2:与扩增的 FRT 序列有 19 或 20 个核苷酸的同源性。H1P1:"上游"PCR 引物。H2P2:"下游"PCR 引物。FRT:Flp 重组酶位点特异性重组(第 10 章)核心部位下游 40 个核苷酸处。Flp:位点特异性重组酶。oriT:来自质粒 RP4 的 oriT。"疤痕":编码短肽,含 FRT 核心序列,不影响下游基因极性。**抗生素抗性(Abr):**aadA;壮观霉素和链霉素抗性或 aac(3)IV;安普霉素抗性(Apra^r)。

B. 五重突变的构建

❶构建 ΔchpAD::aac(3)IV;出发菌株天蓝色链霉菌(Apra^r)。❷删除带有 FRT/FlP 的 Apra^r;出发菌株天蓝色链霉菌 ΔchpAD。❸构建 ΔchpCH::aadA;出发菌株 ΔchpAD ΔchpCH::aada。❹构建 ΔchpB::aac(3)IV;出发菌株 ΔchpAD ΔchpCH::aadA ΔchpB::aac(3)IV。

图 15.12 敲除多个基因的天蓝色链霉菌突变菌株的构建

入和阅读框删除等突变方式。

　　chp 四重突变体的突变表型如图 15.13 所示,这个突变体表现出表型变化,所以有利于我们对突变体观察和分离,最后发现删除 8 个 *chp* 基因的菌株,完全丧失产生气生菌丝的能力。

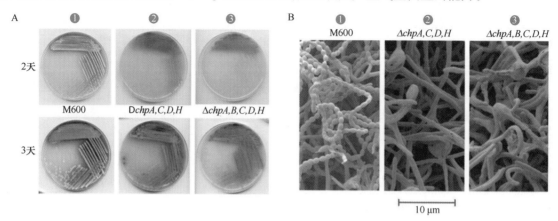

图 15.13   *chp* 突变体的表型

　　(2)*chp* 基因的定位和时空表达   另外,可以借助 MALDI－TOF 质谱分析分离到的表面蛋白,结果发现 chaplin 蛋白确实是在细胞表面,chaplin 基因在气生菌丝中转录表达可以用绿色荧光蛋白转录融合来观察,如图 15.14 所示。

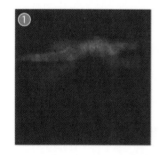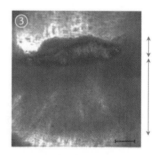

生气菌丝和孢子

基生菌丝

图 15.14   带有 *chp-gfp* 转录融合生型菌落横切面光学显微镜图

　　(3)功能基因组分析的例子   我们还未讨论过 Chaplin 基因是如何被发现的。事实上,发现该 Chaplin 基因过程说明了功能性基因组分析的重要性,功能性基因组分析基于以假设为基础的基因芯片实验,结合继续进行的单基因转录分析,最终按照反向遗传学需要,研究细菌的已知基因组序列。

　　首先,采用基因芯片鉴定细胞周质外调控子的替代物,σ 因子(第 14 章),σ^N 是链霉菌中产生分化气生菌丝所必需的。σ^N 在细胞生长过程中的重要作用很明显,因为缺乏 σ^N 的突变菌株不产生气生菌丝,呈现光滑菌落表型 Bld,指"秃子"(bald)的意思。而野生型链霉菌,表现出菌落上很多"毛发"的表型。因此,鉴定出依赖 σ^N 的基因。将从 *bldN* 菌株(σ^{N-} 突变株)和其野生型亲本中分离的 RNA 作为基因芯片上的模板,发现它能使依赖 σ^N 的基因转录下调。

　　进一步对 σ^N 突变株中被下调的基因进行单基因转录分析。基因芯片上的 7071 个基因中,有 17 个基因表现出两倍以上的差异,这些表现出差异性的基因大部分都是分泌蛋白。序列分析(如采用 BLAST)表明是多基因家族中一段确定的亚单位编码 chaplins。继续对其采取上文所述的深入研究。

　　总之,这些分析也说明了如何将基因芯片技术用于鉴定调节网络中的基因,以及鉴定是调节子中哪些基因影响表型,甚至对于冗余基因,也可以采用系统性敲除方法来研究。

15.4 枯草芽孢杆菌芽孢形成的遗传学分析

在第 1 章中已经讲过,许多细菌也具有复杂的发育过程,而且与高等生物有些类似:它们的调节会级联放大;细胞彼此间进行通信,而且分化后形成复杂的多细胞结构;细胞有分区和细胞间通信现象;细胞通过磷酸化对其他细胞或细胞外环境做出响应。因为细菌分子遗传学操作比较容易,所以可以通过研究模式细菌的发育过程,掌握更为复杂的发育过程。

细菌中研究最深入的发育过程是枯草芽孢杆菌芽孢形成过程,当细胞处于饥饿状态时,细胞首先试图从环境中获取营养物质,它们会产生抗生素和细胞外降解酶等,如果饥饿状态持续下去,细胞就会形成芽孢,产生具有很高抗性的休眠孢子抵御外部胁迫。

芽孢形成过程始于细胞的不对称分裂,产生的两个细胞在形态上差异较大,一个大一个小,而且它们最后的命运也不同,较大的细胞称为母细胞,通过胞吞作用将较小的前芽孢细胞吞入自己体内,为该孢子提供营养,最后母细胞裂解,释放出内生孢子。

细胞的芽孢形成过程的许多步骤能在电子显微镜下观察到,如图 15.15 所示。图片中也显示了在发育过程中具有调节作用的蛋白质,接下来我们介绍对这些关键调节子的鉴定实验。

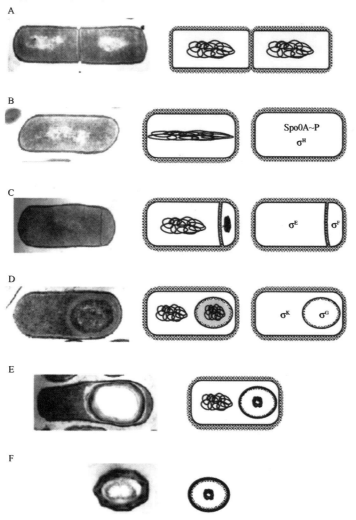

图 15.15　芽孢形成的不同阶段
（A）营养细胞　（B）0 阶段　（C）两级分裂（阶段Ⅱ）　（D）内吞（阶段Ⅲ）
（E）孢子外壁形成（阶段Ⅴ、Ⅵ）　（F）自由孢子

15.4.1 调控芽孢形成基因的鉴定

分离不产芽孢的突变体对于鉴定芽孢形成调节子非常重要,根据表型变化可分离到许多突变子,对于 Spo⁻ 突变子来说,它不形成与芽孢相关的色素,野生型将会产生深褐色的与芽孢相关的色素。

Spo⁻ 突变子表型可以用电子显微镜观察将其归入不同的发育阶段(图 15.16),对突变体分析后鉴定出一些关键基因,见表 15.1。枯草芽孢杆菌芽孢形成基因的名称能够反映它的遗传分析结果,罗马字母表示在该阶段芽孢形成受阻,名称中还会包含一到两个字母,首字母表示独立的基因座突变导致相似的表型变化,第二个字母表示独立的 ORF。

表 15.1	枯草芽孢杆菌芽孢形成调节子	
突变体终止阶段	基因	功能
0	spo 0A	转录调节子
	spo 0B	磷酸接力传递组分
	spo 0F	磷酸接力传递组分
	spo 0E	磷酸酶
	spo 0L	磷酸酶
	spo 0H	σ^H
II	spo II AA	抗 - 抗 -σ 因子
	spo II AB	抗 -σ 因子
	spo II AC	σ^F
	spo II E	磷酸酶
	spo II GA	蛋白酶
	spo II GB	前 σ^E
III	spo III G	σ^G
IV	spoIV CB – spo III C[b]	前 σ^K
	spoIV F (操纵子)[c]	σ^K 调节子

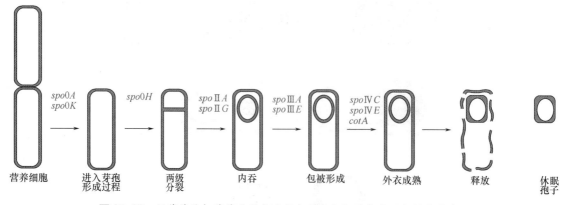

图 15.16 枯草芽孢杆菌芽孢形成过程中形态变化及芽孢形成所需的基因

15.4.2   芽孢形成的起始调控

绝大多数有关芽孢形成起始机制,都是建立在对 Spo$^-$ 突变体的研究基础之上,尤其对 Spo0 的研究,因为它是芽孢形成最初阶段发生的突变,对于 Spo0 突变体来说,除了不能形成芽孢外,还丧失分泌抗生素和降解酶类,而且不能形成转化用的感受态细胞。

spo0 基因包括 spo0A 和 spo0H 两个基因,由它们编码转录调节子。spo0A 编码双组分系统响应调节子,主要负责细胞处于饥饿状态时的细胞应答,而 spo0H 基因产物是 σ^H 因子,许多由 spo0A 基因调控的基因,其转录都需要 RNA 聚合酶全酶中的 σ^H 因子。

与其他响应调节因子相似,在执行转录调控功能时 Spo0A 蛋白必须磷酸化,而其磷酸化过程涉及磷酸化系统,如图 15.17 所示,在磷酸化过程中还需要另两个 spo0 基因产物,Spo0F 和 Spo0B,磷酸化过程至少需要五种蛋白激酶,每一种都会使 Spo0F 磷酸化形成 Spo0F～P,而 Spo0B 是一种磷酸转移酶,它能将 Spo0F～P 转变为 Spo0A,Spo0F～P 可以通过与它们启动子区域结合,激活或抑制目标基因。Spo0A 对目标基因调节的力度取决于细胞中 Spo0A～P 的数量(专栏 15.2)。

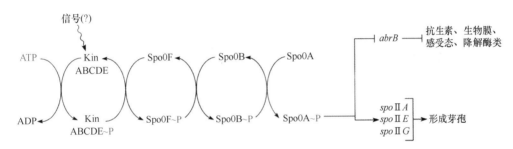

图 15.17   Spo0A 转录因子的磷酸传递激活过程

Spo0A 对给定靶基因的调控效应取决于细胞中 Spo0A～P,让人想起孔蛋白基因 OmpR～P 调节和鲍特杆菌毒力基因 BvgA～P 的调控。在低水平时,Spo0A～P 对抗生素合成和降解酶的基因进行调控,同时形成感受态和生物膜;而在较高水平时,Spo0A～P 直接激活许多芽孢形成相关的操纵子,包括 spoⅡA、spoⅡE、spoⅡG,以上基因激活将不可逆地导致细胞进入芽孢形成阶段。

专栏 15.2

转录因子 Spo0A 的磷酸化激活

一些细菌需要多重信号输入调节代谢途径,一个很典型的例子就是枯草芽孢杆菌形成芽孢的过程。正如图 A 所示,能在单个多肽上发现组氨酸激酶和磷酸化的天冬氨酸结构域。通过 1～4 步,磷酸基团从一个蛋白质转移到下一个蛋白质上。图 B 说明了 Spo0B 二聚体的共晶体结构,在此结构中含有保守的组氨酸残基,其中包括两个 Spo0F 和天冬氨酸残基。闭合的组氨酸和天冬氨酸活性中心允许磷酸基团的转移(如箭头所示)。图 C 给出了一个转录调节因子 Spo0A 和 DNA 结合位点的晶体结构图,在结晶实验中仅用到了 Spo0A 的 C 末端结构域。在这个应答调节因子中,未被磷酸化的 N 末端结构域抑制 C 末端结构域结合到 DNA 上,当磷酸化开始时,N 末端结构域磷酸化将会解除 N 末端结构域介导的抑制。

专栏 15.2(续)

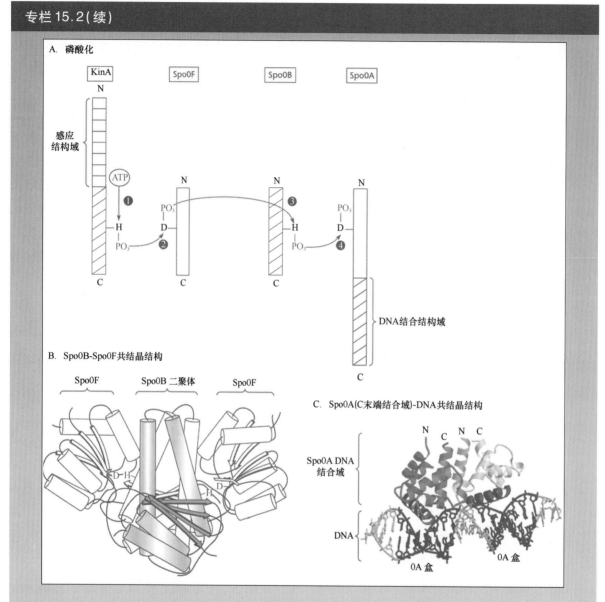

A. 磷酸化

B. Spo0B-Spo0F 共结晶结构

C. Spo0A(C末端结合域)-DNA共结晶结构

参考文献

Bourret, R. B., N. W. Charon, A. M. Stock, and A. H. West. 2002. Bright lights, a-bundant operons—fluorescence and genomic technologies advance studies of bacterial loco-motion and signal transduction: review of the BLAST meeting, Cuernavaca, Mexico, 14 to 19 January 2001. J. Bacteriol. 184:1 –17.

Hoch, J. A., and K. I. Varughese. 2001. Keeping signals straight in phosphorelay sig-nal transduction. J. Bacteriol, 183:4941 –4949.

SpoA 磷酸化系统的调控

　　许多基因参与调控细胞中 Spo0A ~ P 的数量,有些基因编码上述过程中的激酶,它们使 Spo0F 磷酸化,所以增加了 Spo0F ~ P 的水平。另一些基因编码磷酸酶,能使 Spo0F ~ P 脱磷酸,因此将磷酸基

团从 SpoOF ~ P 磷酸接力传递状态中分离出来,从而降低了 SpoOA ~ P 的水平,或者直接使 SpoOA ~ P 脱磷酸,这些磷酸酶也能对生理或环境信号发生响应。

图 15.18 给出了通过 RapA、RapB 和 SpoOE 磷酸酶对 SpoOA 磷酸接力传递的抑制。既然磷酸酶功能是减少 SpoOA ~ P 积累,在促进抗生素合成和芽孢形成条件下它们的活力必然受到抑制。

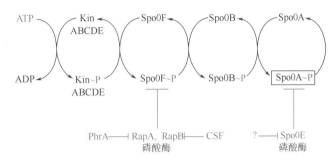

图 15.18　磷酸酶对磷酸传递的调控

磷酸化过程,除了上述提到的信号分子外,还涉及其他信号分子,细胞处于饥饿状态、细胞密度、代谢状态、不同细胞周期和 DNA 损伤均会影响 SpoOA ~ P 水平,然而这些信号及其影响 SpoOA ~ P 水平的机制还了解不多,是现在研究的活跃领域。

15.4.3　芽孢形成基因的分区域调控

母细胞和前芽孢从基因水平上来说是完全相同的,然而在孢子中肯定有新蛋白需要合成,在母细胞细胞质周围也将有其他成分合成,因此从母细胞 DNA 转录的基因与从前芽孢 DNA 转录的基因是不同的,是什么机制导致形成芽孢的基因在两个不同区域的转录不同呢?

通过序列区域特异性激活 RNA 聚合酶 σ 因子的芽孢形成基因调控

对所有芽孢形成基因分析后,可以将它们按照所需转录因子的不同进行分类。芽孢形成的 σ 因子取代了母细胞中的 σ 因子 $A(\sigma^A)$,或许与 σ^A 发生对 RNA 聚合酶的竞争。芽孢杆菌中的 σ^A 与大肠杆菌中的 σ^{70} 相似。表 15.2 中有五种差异明显的 σ 因子参与芽孢形成,它们是 σ^H、σ^E、σ^F、σ^G、σ^K,每一种 σ 因子在芽孢形成的某个阶段具有活性,四个 σ 因子分别在两个发育细胞的不同区域发挥作用。σ^E 和 σ^K 依次在母细胞中发挥作用,而 σ^F 和 σ^G 依次在前芽孢中发挥作用。

表15.2　芽孢形成的 σ 因子和它们的基因			
σ 因子	*spo* 基因	*sig* 基因	不同区域中的活性
σ^H	*spo0H*	*sigH*	分离前的芽孢囊
σ^F	*spo II AC*	*sigF*	前芽孢
σ^E	*spoL II GB*	*sigE*	母细胞
σ^G	*spoL II G*	*sigG*	前芽孢
σ^K	*spoIV CB – spo III C*	*sigK*	母细胞

15.4.4　σ 因子在芽孢形成调控中的作用分析

四方面的信息对于我们了解枯草芽孢杆菌基因调节具有重要作用。

15.4.4.1 调控的时序性

在产芽孢过程开始后,测定芽孢形成基因表达时机时发现,有些基因在特定时刻急剧增加其表达量,我们可以利用基因融合手段大规模比较完整的芽孢形成基因,最常用的报告基因是大肠杆菌的 *lacZ* 和 *gus* 基因(图 15.19),它们的产物分别是 β - 半乳糖苷酶和 β - 葡萄糖醛酸酶,采用减少营养诱导形成芽孢,并在培养基中加入人工合成的 ONPG 和 MUG 分析它们的活性。另外,对不同芽孢形成基因的 mRNA 测定结果与上述分解底物的方法一致,因此基因融合技术就成一种简便、容易操作的分析方法。

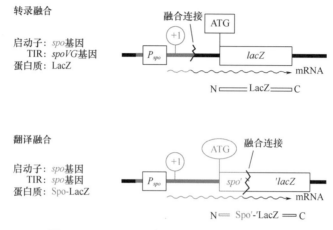

图 15.19 *lacZ* 报告基因融合至芽孢形成基因中

基因融合用于上述实验中,最大收获是能够估计和比较芽孢形成基因的表达时刻,而且 *lacZ* 基因表达的时刻可以用观察到的形态变化进行验证。

15.4.4.2 表达的依赖类型

用 *lacZ* 基因融合方法还可确定某个芽孢形成基因的表达是独立的,还是受到第二个基因调控。利用 *spo*0 突变,再结合 *spo - lacZ* 基因融合(图 15.20),可以测定出许多调控依赖,一些实验数据如图 15.20B 所示。在例子中,*spo*ⅡA:*lacZ* 基因表达依赖于 *spo*0 的所有基因座,但后面的基因座对它的表达没有什么影响,以上实验的部分结果见表 15.3。

表 15.3 基因表达时机与基因类型的依赖性

基因或融合操纵子	表达时间/min	在突变体中基因或操纵子的表达					
		*spo*0	*spo*ⅡA (σ^F)	*spo*ⅡE	*spo*ⅡG (σ^E)	*spo*Ⅲ (σ^G)	*spo*Ⅳ (σ^K)
*spo*ⅡA	40	−	+	+	+	+	+
*spo*ⅡE	30 ~60	−	+	+	+	+	+
*spo*ⅡG	0 ~60	−	+	+	+	+	+
gpr	80 ~120	−	+	−	+	+	+
*spo*ⅡG	120	−	−	−	−	+	+
ssp	>120	−	−	−	−	−	+
*spo*ⅣC	150	−	−	−	−	−	+
cotA	240	−	−	−	−	−	−

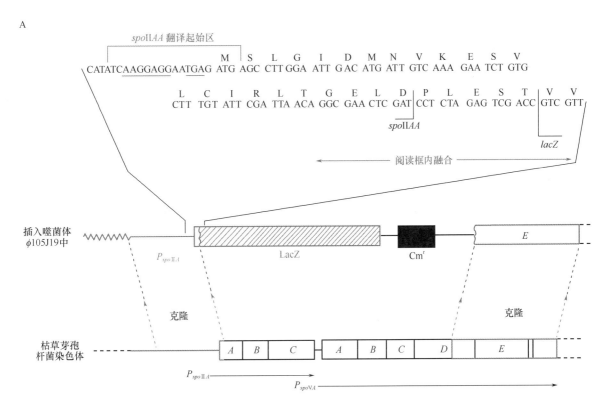

图 15.20 *spo* 基因调控依赖性实验

15.4.4.3 转录因子依赖

一旦 *spo* 基因被克隆和测序后,我们有可能确定某些蛋白,因为它们的氨基酸序列与调节蛋白家族相似,如 σ 因子。*spo0H* 基因能编码 σ 因子,后来发现 *spoⅡA*、*spoⅡG*、*spoⅢG* 和 *spoⅣC* 基因座均能编码 σ 因子,见表 15.2。体外实验也证实了这些蛋白是转录因子。

15.4.4.4 细胞定位

用于确定芽孢形成基因的表达部位有许多方法,例如,如何区分 β-半乳糖苷酶是在前芽孢中表达还是在母细胞中表达。因为前芽孢对溶菌酶的抗性更高,而且 β-半乳糖苷酶可以直接在免疫电子显微镜下观察到;绿色荧光蛋白融合技术使确定芽孢形成相关蛋白表达部位成为

可能。

从以上研究发现,在隔膜形成后,所有的基因仅在一个区域中表达,利用 σ^F 和 σ^G 的 RNA 聚合酶对基因转录发生在芽孢中,而利用 σ^E 和 σ^K 的 RNA 聚合酶对基因转录发生在母细胞中。

15.4.5　发育期中间状态的调控

综合上述有关芽孢形成基因的时序表达、依赖关系和基因表达部位,显示出非常复杂的基因调控,包括 σ 因子的级联反应和不同发育区间的信号传递。图 15.21 所示细胞隔膜形成后,在前芽孢中的基因表达,首先依赖 σ^F,后来依赖 σ^G。在依赖早期 σ^F 转录期间,gpr 基因编码一种蛋白酶,在芽孢形成过程中非常重要,除了依赖 σ^F,它还需要具有功能的 spo0 基因,因为 σ^F 表达及活力依赖于 spo0 基因。另一个 σ^F 转录操纵子是 spoⅢG,它编码晚期前芽孢中的 σ^G,对 spoⅢG 和 gpr 基因转录的差别在于虽然它们都出现在前芽孢中,但是前者在后期转录,而且还需要 spoⅡG 基因座发挥功能(表15.3),我们知道 spoⅡG 基因特异性编码母细胞中的 σ^E。

在母细胞中的基因表达,也表现出在不同分隔区中调控上的差异,如图 15.21 所示,在母细胞中由 RNA 聚合酶 σ^E 转录较早的基因是 gerM,它编码一种萌发蛋白,接着转录 σ^K,σ^K RNA 聚合酶接着转录 cotA,而该基因编码的蛋白可以掺入到孢子的外壳上,表 15.3 中有显示,cotA 的转录也需要晚期前芽孢中 σ^G 的活性。

两个分隔区之间 σ 因子活力的改变如图 15.22 所示,活性的持续变化需要分隔区之间的交流,最关键的信息是另一个分隔区中的有关形态变化和基因表达状况进展如何,分隔区之间的信息交流是当前研究的热点。

15.4.5.1　时序调控及 σ^E 和 σ^F 的区域化

sigE 和 sigF 两个基因分别编码 σ^E 和 σ^F 基因,它们在分隔膜将前芽孢从整个区域中分开之前就开始表达了(图 15.21),然而每种 σ 因子仅仅在分隔膜形成后才转录自己的目标基因,而且各自在不同区域发挥转录活性,σ^E 在母细胞中,σ^F 在前芽孢中。在分隔膜形成之前,σ 因子处于非活性状态,每种都有自己的抑制机制。σ^E 活性状态是经蛋白水解酶从非活性的前体前 $-\sigma^E$ 切割而来,具有活性的 σ^F 必须从含有抑制"抗 σ 因子"SpoⅡAB 的复合体中释放得到。一旦隔膜形成,σ^F 在前芽孢中具有活性,随后 σ^E 在母细胞中具有活性(图 15.22)。

前芽孢中 σ^F 的激活,需要两种 SpoⅡAA 和 SpoⅡAB 蛋白的相互作用才能完成,前面已经讲过 SpoⅡAB 蛋白是抗 σ 因子与非激活态 σ^F 结合,SpoⅡAA 是抗 - 抗 σ 因子,它能与 SpoⅡAB 结合,使之

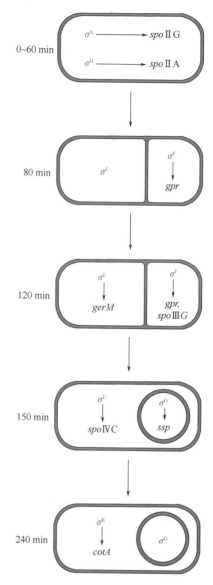

图 15.21　σ 因子的分区化以及它们转录的临时调控

丧失活力(图15.23)。

Spo Ⅱ AA 通过磷酸化和脱磷酸化循环,调节与 Spo Ⅱ AB 结合状况,一旦 Spo Ⅱ AA 非磷酸化,就会与 Spo Ⅱ AB 结合,在分隔膜形成之前,Spo Ⅱ AA 为磷酸化状态,不与 Spo Ⅱ AB 结合,未结合 Spo Ⅱ AA 的 Spo Ⅱ AB 能与非激活态 σ^F 自由结合。当分隔膜形成后,非磷酸化 Spo Ⅱ AA 与 Spo Ⅱ AB 结合,释放出 σ^F。

Spo Ⅱ AA 的磷酸化和脱磷酸化酶分别为 Spo Ⅱ AB 和 Spo Ⅱ E,在分隔膜形成前后它们具有相反的活力,调节 Spo Ⅱ AA 两个状态的平衡。分隔膜形成之前,Spo Ⅱ AB 对 Spo Ⅱ AA 激活处于主导地位,分隔膜形成之后,Spo Ⅱ E 磷酸酶活力在前芽孢中居主导地位。通过隔膜形成调控 Spo Ⅱ E 磷酸酶也是当前的一个研究领域。

(1) σ^F 调控　有关 σ^F 活性调控的研究来自对 spo Ⅱ AA 和 spo Ⅱ AB 两个基因的研究,它们与 sigF 基因在一个操纵子下共转录(图15.24A),两个重要发现是,spo Ⅱ AB 基因产物能抑制 σ^F 活性,而 spo Ⅱ AA 基因产物能抑制 spo Ⅱ AB 基因产物的活性,结论来自于 spo Ⅱ AA 和 spo Ⅱ AB 基因突变对 σ^F 活性的影响。发现 σ^F 具活性,要求 Spo Ⅱ AA 发挥功能,Spo Ⅱ AB 主要功能是抑制 σ^F 活性(图15.24B)。

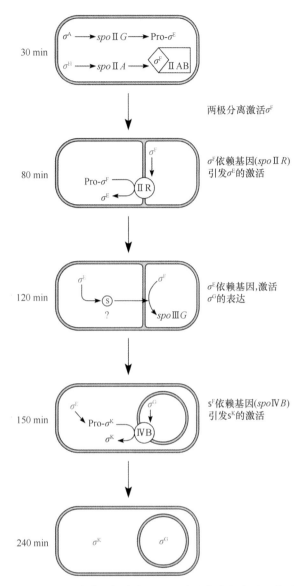

图 15.22　枯草芽孢杆菌中 σ 因子的时序性和分区化激活

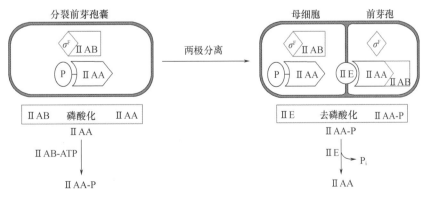

图 15.23　σ^F 活性调节模型

σ^F 活力测定实验中是测定 σ^F 依赖型启动子基因的表达情况。σ^F 依赖型启动子基因有 spo Ⅲ G 和 gpr 两种(表15.3)。可以通过分析 β－半乳糖苷酶的量,来研究融合了 lacZ 的上述基因的表达状

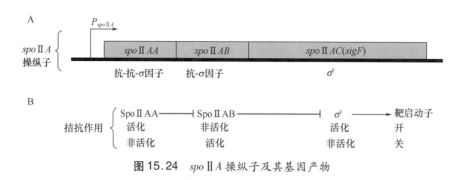

图 15.24 *spo*ⅡA 操纵子及其基因产物

况。对照实验表明 *sigF* 的转录和翻译是正常的,*β*-半乳糖苷酶活力的差异性源于依赖 *σ*ᶠ 的 *lacZ* 融合基因表达差异,确保了差异性反映的是 *σ*ᶠ 的活力而不是 *σ*ᶠ 的表达。

在 *spo*ⅡAA、*spo*ⅡBB 突变体和野生型比较 *β*-半乳糖苷酶活力,发现在 *spo*ⅡAB 突变菌株中 *spo*Ⅲ*G*:*lacZ* 和 *gpr*:*lacZ* 的表达量比在野生型菌株中显著升高。相反,实验融合基因在 *spo*ⅡAA 突变体中根本不表达。这些实验结果的出现,可能是 *σ*ᶠ 活力是 *spo*ⅡAA 发挥作用所必需的,而 *spo*ⅡAB 功能是抑制 *σ*ᶠ 活力(图 15.24B)。另一个在双重 *spo*ⅡAA 和 *spo*ⅡAB 突变体中分析测试融合基因,发现融合基因表达量与在 *spo*ⅡAB 突变体中表达量相似,因此可以推断,仅当 *spo*ⅡAB 具有活性时,*spo*ⅡAA 才是必需的。

进一步研究发现,*spo*ⅡAB 对 *σ*ᶠ 的抑制是芽孢形成过程中的重要环节。另一项观察发现,*spo*ⅡAB 突变菌株在形成芽孢时不能存活,而只能在抑制芽孢形成的环境中维持生长。因此可以解释由 *σ*ᶠ 进行的非调控转录是致死性的,而且有一点要注意,那就是实验中使用的 *spo*ⅡAB 突变菌株,并不是特意从突变库中分离的 Spo⁻ 菌株,而是构建的一株删除突变菌株。如果对营养细胞中从 *p*spac 启动子表达的 *sigF* 基因进行人工诱导,我们可以观察到去除 *σ*ᶠ 活性调控而导致的致死现象(图 15.25)。

在理解 *σ*ᶠ 调节中,另一重要的发现来自对 SpoⅡAA 和 SpoⅡAB 的生化研究。SpoⅡAB 的氨基酸序列表明它可能具有蛋白激酶活力。SpoⅡAB 的确能够磷酸化一种蛋白,这个蛋白底物恰恰是 SpoⅡAA!另外检测三种蛋白 SpoⅡAA、SpoⅡAB 和 *σ*ᶠ 之间的相互作用发现:①SpoⅡAA 能够结合 SpoⅡAB,但是只有在 SpoⅡAA 未被磷酸化时才能发生。②SpoⅡAB 能结合 *σ*ᶠ。遗传学证据还包括 SpoⅡAA 磷酸化靶点丝氨酸残基的定向位点突变,将自身转变为天冬氨酸或丙氨酸,分别模拟磷酸化或非磷酸化状态。综合以上所有发现可以得出形成芽孢的细胞中 *σ*ᶠ 调节模型(图 15.23)。只要三种 *spo*ⅡA 操纵子基因在细胞中表达,SpoⅡAB 与 SpoⅡA 结合,进而抑制 *σ*ᶠ 活性。SpoⅡAB 也能使 SpoⅡAA 磷酸化,阻止 SpoⅡAA-SpoⅡAB 的结合。因此,SpoⅡAB-*σ*ᶠ 复合体比较稳定,*σ*ᶠ 无法直接转录。然而,如果 SpoⅡAB 释放 *σ*ᶠ 后,细胞出现横隔,则在前芽孢中的 *σ*ᶠ 具有活性。因此,该模型提出,在前芽孢中 SpoⅡAA 被去磷酸化,所以 SpoⅡAA 能与 SpoⅡAB 结合,导致释放出有活性的 *σ*ᶠ。

为了释放 *σ*ᶠ 活力,SpoⅡAA 必需去磷酸化,据此可以推测,生成芽孢的细胞一定要表达 *spo*ⅡAA～P 磷酸酶。对收集的 *spo* 突变体进行筛查,以期获得假定存在,并编码磷酸酶的基因。*spo*ⅡE 基因产物可能是一种磷酸酶,因为 *spo*ⅡE 突变体中的表型和 *σ*ᶠ 激活缺陷菌株表型相同。它们能表达 *spo*ⅡA(*sigF*)操纵子,但不能表达 *σ*ᶠ 依赖型基因(表 15.3)。体外实验证实了 SpoⅡE 对 *spo*ⅡAA～P 去磷酸化的推测。

SpoⅡE 蛋白与极性的隔膜有关,它与一些我们还没有完全搞清楚的因子,可能对限制 *σ*ᶠ 活性有

关,而 σ^F 活性又会影响到前芽孢的形成。

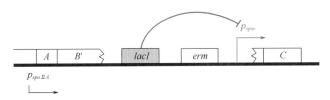

图 15.25 $spo\text{Ⅱ}AC(sigF)$ 基因从 p_{spac} 启动子上诱导,
该启动子由枯草芽孢杆菌噬菌体 SPO1RNA 聚合酶识别序列和 lac 操作子序列构成

(2) σ^E 调控   母细胞转录有赖于 σ^E,它是由 spo Ⅱ G 操纵子 spo Ⅱ GB 基因所编码,spo Ⅱ GB 基因产物是一个前- σ^E 非活性前体物,可以由它加工成具有活性的形式,切割前- σ^E 的蛋白酶是 spo Ⅱ G 操纵子中的第一个基因 spo Ⅱ GA。尽管 spo Ⅱ G 操纵子在细胞分裂前的芽孢囊中就已表达,但是 spo Ⅱ GA 基因产物,并不立即对 spo Ⅱ GB 基因产物进行加工,待 1h 左右,隔膜形成之后才开始加工。还发现前芽孢发育过程中,σ^F 通过信使 Spo Ⅱ R 才能转变为激活状态,Spo Ⅱ R 是 σ^F 转录基因,被分泌至细胞周质中,在此指导 Spo Ⅱ GA 加工前- σ^E。

对 spo Ⅱ R 突变体分析发现,前- σ^E 是合成的,而不是加工而成的,因此 spo Ⅱ R 基因似乎具有预期的特性,随后 Spo Ⅱ R 被发现确实分泌至细胞膜的间隙,能激活 Spo Ⅱ GA 加工前- σ^E。另外还有一些因子参与前芽孢中对前- σ^E 降解,这种操作有效地限制了 σ^E 在母细胞中积累(图 15.26)。

15.4.5.2 σ^G——第二个芽孢形成前特异性 σ 因子

Spo Ⅲ G 是 σ^G 编码蛋白,在前芽孢中由 RNA 聚合酶 σ^F 转录而来,它是由 σ^F 转录基因中比较靠后转录的基因,因为它的转录需要母细胞中的 σ 信号。另一个有关 σ^G 调控涉及 σ^F 调控,实际上,两种 σ 因子的氨基酸序列紧密相关,与 σ^F 相似,抗 σ 因子 SpoⅡAB 也能使 σ^G 失去活性,然而从 SpoⅡAB 上释放 σ^G 与前者不同,因为对于 σ^F 的磷酸接力传递,并不影响 σ^G 调节。

15.4.5.3 σ^K——母细胞 σ 因子

最后形成的 σ^K,仅在母细胞中合成,由 σ^E RNA 聚合酶转录 $sigK$ 基因而来。与 σ^E 类似,σ^K 加工过程有赖于来自前芽孢中的信号,在这种情况下,在前芽

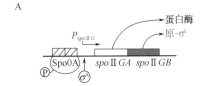

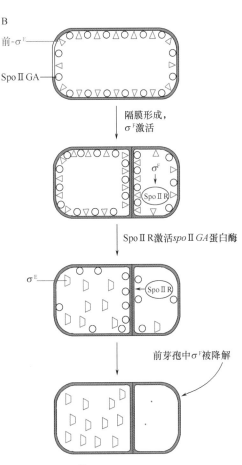

图 15.26 σ^E 在母细胞区域中的激活模型

孢 σ^G 的控制之下,*spo*ⅣB 基因表达出信号分子(图 15.22)。

(1)σ^K 激活 SpoⅣB 蛋白被认为是从包裹前芽孢的膜的最内层分泌出的,然后跨膜与前 – σ^K 加工因子交流,因此,它激活 SpoⅣFB 蛋白酶,对前 – σ^K 进行切割(图 15.27)。SpoⅣB 激活 σ^K 特异性蛋白酶并不直接发生,而是通过 SpoⅣFA 和 BofA 抑制蛋白酶活力。旁路抑制子突变体的分离揭示了该原理的复杂性。σ^K 激活突变体可以不需要 σ^G 的参与。

分离抑制子突变在于:观察晚期母细胞基因的表达不仅取决于母细胞 σ^K,还取决于前芽孢中 σ^G 和其他的前芽孢蛋白。另外,在前 – σ^K 加工过程中证实 σ^G 是必需的,因为前 – σ^K 蛋白在 *spo*Ⅲ G 突变细胞中有积累。可以推测绕过 σ^G 必需条件的突变体可能提供有关涉及 σ^G 作用机制的信息。

(2)σ^K 激活的遗传分析 分离抑制子突变体时,需要从 $\Delta sigG$ 菌株中筛选表达 σ^K 依赖型融合基因 *cotA*∷*lacZ* 的突变菌株。用亚硝基胍处理 *sigG* 突变菌株,获得广泛的突变体。将 *cotA*∷*lacZ* 融合基因通过特殊转导方式导入,然后在 X – 半乳糖苷平板上筛选出现蓝色菌落的溶原性细菌。将分离到的突变体分为两类,经定位后命名为 *bofA* 和 *bofB*。

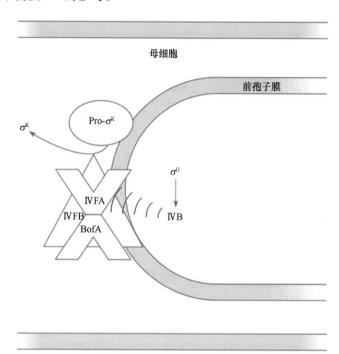

图 15.27 前 – σ^K 加工调控模型

bof 突变体表明 *cotA* 表达依然需要 σ^K,重要的是,在 *bof* 突变体中恢复了前 – σ^K 加工过程。*bofA* 突变被定义为一个新的基因,然而,*bofB* 突变是发生在 *spo*ⅣFA 上的错义或无义突变。正如上文提到的,该操纵子的第二个基因 *spo*ⅣFB,被认为是加工前 – σ^K 的蛋白酶。最近研究表明,SpoⅣFA 和 BofA 协同作用抑制 SpoⅣFB(图 15.27)。

通过观察发现,具有 *bof* 突变的 *spo*ⅣB 突变体,能像 *spo*Ⅲ G 突变体一样,恢复 *cotA*∷*lacZ* 的表达,因此可以确定 SpoⅣB 是依赖 σ^G 的信号。SpoⅣB 蛋白是一种丝氨酸蛋白酶,假设该蛋白在前芽孢中产生,能穿过前芽孢周围最内层的膜,切割 SpoⅣFA,引发前 – σ^K 蛋白质水解机制。

15.4.6 芽孢形成基因的发现:突变子捕获、抑制子分析和功能基因组学

前面已经提到许多用于分析枯草芽孢杆菌中芽孢形成基因的方法,许多调控基因被定义为通过突变能形成 Spo⁻ 表型,然而在 Spo⁻ 突变体集合中不包含另一种重要的调控基因类型——负调节子。丢失负调节子突变也时常发生,但是它不造成 Spo⁻ 表型。

另外,对于一些功能冗余、基因间互相重叠的突变体,在芽孢形成突变体中不会出现。举例来说,*kin* 基因能编码磷酸接力传递过程的激酶,那么对任意一个这种类型基因突变,几乎不造成 Spo⁻

表型。

　　还有一些与芽孢形成相关基因的发现采用了基因敲除和调节子分析手段,最近随着科技的发展,将基因与荧光探针融合,可以实时监控芽孢形成过程中蛋白质的动向(图15.28)。正是因为在分子遗传学和生化分析中采用了以上方法,所以使我们得到了有关枯草芽孢杆菌芽孢形成的大量宝贵信息。以上研究向我们展示了相对简单的发育过程是如何进行多区域间交流的,如果在更为复杂的多细胞中不采用这种简单机制,那么多细胞间的交流将会更令人惊叹不已。

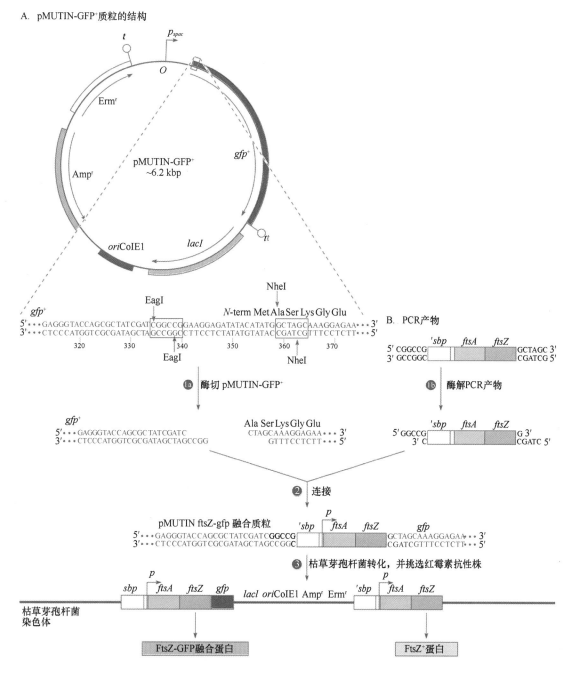

图15.28　构建报告基因间的融合,并将其整合到枯草芽孢杆菌中的方法

小结

1.遗传学实验中,采用融合麦芽糖转运系统,结合结构方面的研究,已经建立了蛋白质通过 SecYEG 进行蛋白转运模型。SecY 蛋白的一部分形成通道的塞子,被转运蛋白的信号序列与 SecE 蛋白结合,而 SecK 的 C 末端与通道蛋白接触。

2.细菌中,SRP 途径绝大多数用于那些插入内膜系统中蛋白的转运,而 Sec 系统(SecB 和 SecA)用于分泌至细胞周质、外膜或细胞外的蛋白转运。

3.Tat 途径转运那些在细胞质中已经折叠好的蛋白,一些蛋白在细胞质中折叠后与氧化还原因子结合才能被该系统转运。

4.大肠杆菌碱性磷酸酶基因融合实验能用于确定革兰阴性菌中跨膜蛋白周质结构域和胞质结构域。

5.革兰阴性菌和革兰阳性菌的蛋白分泌系统是不同的,因为前者具有外膜。

6.革兰阴性菌的外膜上形成孔状结构,这些孔状结构是由 β – 叠片环绕形成的 β – 桶状结构。

7.革兰阴性菌中有 5 种不同类型的蛋白质分泌系统,分泌系统 Ⅰ～Ⅴ,Ⅰ 型分泌系统利用特殊的 ABC 转运蛋白,及处于外膜中的 TolC 通道。Ⅱ 型分泌系统与感受态系统以及与组装菌毛的Ⅳ系统相关,它们利用 SecYEG 通道使蛋白通过内膜系统,利用假菌毛驱使蛋白穿过外膜上的分泌蛋白通道。Ⅲ 型分泌系统形成一个注射器样的注射枪结构,能穿过两层膜直接将效应蛋白注入真核细胞中,它们与鞭毛蛋白马达相关。Ⅳ型分泌系统与 DNA 结合系统某些感受态系统相关,也能穿过双层膜将蛋白直接注入真核细胞。Ⅴ 型分泌系统包括自转运蛋白、成对组分分泌系统和分子伴侣 – 引导系统,它们能利用被分泌蛋白的一部分在外膜上形成 β – 通道,分子伴侣 – 引导系统利用了处于周质中的分子伴侣,再利用外膜中的引导子组装某些类型菌毛蛋白,分子伴侣帮助菌毛蛋白亚单位结合至外膜 – 引导子通道的周质一侧,待组装完毕后,菌毛就可以通过分泌通道。

8.革兰阳性菌也有类似注射器的结构能将效应蛋白分子直接注射至真核细胞中。

9.革兰阳性菌由于细胞外没有包被外膜,所以在其细胞壁上会粘附一些蛋白,并暴露在细胞的外环境中。分选酶是一类特异性地将蛋白粘附于细胞壁的分子。

10.正向遗传学在鉴定调节基因中其功能是强大的,但有时对表型所对应的基因鉴定就显得美中不足,微阵列和基因组测序联用的方法能很好地完成上述工作,甚至能鉴定冗余基因。

11.枯草芽孢杆菌的芽孢形成是研究最深入的细菌发育系统,它涉及 σ 因子的调控级联放大作用,通过磷酸酶、激酶和蛋白酶进行细胞各区间的通信与交流。

💡 思考题

1. 为什么包括真核细胞的所有细胞都具有 SRP 系统和插入 SecYEG 通道的共翻译蛋白,但只有细菌具有 SecB 和 SecA 用来分泌翻译的蛋白?

2. 为什么 Ⅱ 型分泌系统在其内膜上具有多种蛋白质并利用 SecYEG 或 Tat 通道使蛋白质通过内膜,而仅利用自身的通道使蛋白通过外膜?

3. 为什么枯草芽孢杆菌并不轻易产生芽孢,而只有当细胞处于长期饥饿时才会产生? 有时甚至会采取杀死其他细胞的方式来延迟产生芽孢,这说明芽孢形成其目的是什么?

？ 习题

1. 为什么筛选 Sec 和 SRP 途径中突变基因时,不会得到 Tat 途径中的突变基因? 如何设计筛选 Tat 途径中的突变基因?

2. *envZ* 基因产物是位于大肠杆菌内膜上的跨膜蛋白(第 14 章)。描述一下如何确定 EnvZ 蛋白哪部分在细胞周质中,哪部分在细胞质中?

3. 简述如何分离 *malE* 基因信号肽编码区的阻遏突变体。

4. 如何鉴定枯草杆菌的调节基因?

5. 比较枯草芽孢杆菌磷酸传递和典型的双组分系统的异同(专栏 14.4)?

6. *spo0E* 和 *spo0L* 哪种类型的突变表明这些基因是在正调节子还是负调节子的调节下? 怎样通过抑制分析帮助我们理解 Spo0E 和 Spo0L 事实上为负调节子?

7. *spo – lacZ* 转录融合和 *spo – gfp* 翻译融合的差别是什么? 它们分别答了什么问题?

8. *tlp* 和 *cotD* 基因编码内生芽孢的结构蛋白,它们所依赖的表达模式分别类似于 *ssp* 和 *cotA* 基因。*tlp* 转录依赖于哪种 σ 因子? *cotD* 呢? 预计这些基因将在哪个部位表达?

📖 推荐读物

Anderson, D. M., and O. Schneewind. 1997. A mRNA signal for the type III secretion of Yop proteins by *Yersinia enterocolitica.* Science 278:1140 –1143.

Bassford, P., and J. Beckwith. 1979. *Escherichia coli* mutants accumulating the precursor of a secreted protein in the cytoplasm. Nature (London) 277:538 –541.

Bayan N., I. Guilvout, and A. P. Pugsley. 2006. Secretins take shape. Mol. Microbiol. 60:1 –4.

Britton, R. A., P. Eichenberger, J. E. Gonzalez – Pastor, P. Fawcett, R. Monson, R. Losick, and A. D. Grossman. 2002. Genomewide analysis of the stationary –phase sigma factor (sigma –H) regulon of *Bacillus subtilis.* J. Bacteriol. 184:4881 –4890.

Broder, D. H., and K. Pogliano. 2006. Forespore engulfment mediated by a ratchet – like mechanism. Cell 126:917 –928.

Brun, Y. V., and L. J. Shimkets (ed.). 2000. Prokaryotic Development. ASM Press,Washington, D. C.

Chater, K. F., and S. Horinouchi. 2003. Signaling early developmental events in two highly diverged *Streptomyces* species. Mol. Microbiol. 48:9 –15.

Cutting, S., V. Oke, A. Drikes, R. Losick, S. Liu, and L. Kroos. 1990. A forespore checkpoint for mother cell gene expression during development in *B. subtilis.* Cell 62:239 –250.

Diederich, B., J. F. Wilkinson, T. Magnin, S. M. A. Najafi, J. Errington, and M. D. Yud-

kin. 1994. Role of interactions between SpoIIAA and SpoIIBB in regulating cell – specific transcription factor σ^F of *Bacillus subtilis*. Genes Dev. 8:2653 –2663.

Elliot, M. A. , N. Katoonuthaisiri, J. Huang, M. J. Bibb, S. N. Cohen, C. M. Kao, and M. J. Buttner. 2003. The chaplins: a family of hydrophobic cell – surface proteins involved in aerial mycelium formation in *Streptomyces coelicolor*. Genes Dev. 17:1727 –1740.

Emr, S. D. , S. Hanley –Way, and T. J. Sihavy. 1981. Suppressor mutations that restore export of a protein with a defective signal sequence. Cell 23:79 –88.

Errington, J. 1993. *Bacillus subtilis* sporulation: regulation of gene expression and control of morphogenesis. Microbiol. Rev. 57:1 –33.

Errington, J. , and J. Mandelstam. 1986. Use of a *lacZ* gene fusion to determine the dependence pattern of sporulation operon *spoIIA* in *spo* mutants of *Bacillus subtilis*. J. Gen. Microbiol. 132:2967 –2976.

Feucht, A. , T. Magnin, M. D. Yudkin and J. Errington. 1996. Bifunctional protein required for asymmetric cell division and cell – specific transcription in *Bacillus subtilis*. Genes Dev. 10:794 –803.

Flardh, K. 2003. Growth polarity and cell division in *Streptomyces*. Curr. Opin. Microbiol. 6:564 –571.

Guest, B. , G. L. Challis, K. Fowler, T. Kieser, and K. F. Chater. 2003. Gene replacement by PCR targeting in *Streptomyces* and its use to identify a protein domain involved in the biosynthesis of the sesquiterpene odour geosmin. Proc. Natl. Acad. Sci. USA 100:1541 –1546.

Gutierrez, C. , J. Barondess, C. Manoil, and J. Beckwith. 1987. The use of transposon TnphoA to detect genes for cell envelope proteins subject to a common regulatory stimulus. J. Mol. Biol. 195:289 –297.

Hilert, D. W. , and P. J. Piggot. 2004. Compartmentalization of gene expression during *Bacillus subtilis* spore formation. Microbiol. Mol. Biol. Rev. 68:234 –262.

Hoch, J. A. , and K. I. Varughese. 2001. Keeping signals straight in phosphorelay signal transduction. J. Bacteriol. 183:4941 –4949.

Hoffman, C, S. , and A. Wright. . 1985. Fusions of secreted proteins to alkaline phosphatase: an approach for studying protein secretion. Proc. Natl. Acad. Sci. USA 82:5107 –5111.

Hueck, C. J. 1998. Type III protein secretion systems in bacterial pathogens of animals and plants. Microbiol. Mol. Biol. Rev. 62:379 –433.

Karow, M. , P. Glaser, and P. J. Piggot. 1995. Identification of a gene, *spoIIR*, that links the activation of σ^E to the transcriptional activity of σ^F during sporulation in *Bacillus subtilis*. Proc. Natl. Acad. Sci. USA 92:2012 –2016.

Koronakis, V. , J. Eswaran, and C. Hughes. 2004. Structure and function of TolC: the bacterial exit duct for protein and drugs. Annu. Rev. Biochem. 73:467 –489.

Kostakioti, M. , C. L. Newman, D. G. Thanassi, and C. Stathopoulos. 2005. Mechanisms of protein export across the bacterial outer membrane. J. Bacteriol. 187:4306 –4314.

Lazazzera, B., T. Palmer, J. Quisel, and A. D. Grossman. 1999. Cell density control of gene expression and development in *Bacillus subtilis*, p. 27 –46. In G. M. Dunny and S. C. Winans (ed.), Cell –Cell Signaling in Bacteria. ASM Press, Washington, D.C.

Levin, P. A., and R. Losick. 2000. Asymmetric division and cell fate during sporulation in *Bacillus subtilis*, p. 167 –190. In Y. V. Brun and L. J. Shimkets (ed.), Prokaryotic Development. ASM Press, Washington, D.C.

Madden, J. C., N. Ruiz, and M. Caparon. 2001. Cytolysinmediated translocation (CMT): a functional equivalent of type III secretion in gram –positive bacteria. Cell 104:143 –152.

Marraffini, L. A., A. C. DeDent, and O. Schneewingd. 2006. Sortases and the art of anchoring proteins to the envelopes of gram – positive bacteria. Microbiol. Mol. Biol. Rev. 70: 192 –221.

Oliver, D. B., and J. Beckwith. 1981. *E. coli* mutant pleiotropically defective in the export of secreted proteins. Cell 25:2765 –2772.

Palmer, T., F. Sargent, and B. C. Berks. 2005, Export of complex cofactor – containing proteins by the bacterial Tat pathway. Trends Microbiol. 13:175 –180.

Perego, M., C. Hanstein, K. M. Welsh, T. Djavakhishivili, P. Glaser, and J. A. Hoch. 1994. Multiple protein – aspartate phosphatases provide a mechanism for the integration of diverse signals in the control of development in *B. subtilis*. Cell 79:1047 –1055.

Ruvolo, M. V., K. E. Mach, and W. F. Burkholder. 2006. Proteolysis of the replication checkpoint protein Sda is necessary for the efficient initiation of sporulation after transient replication stress in *Bacillus subtilis*. Mol. Microbiol. 60:1490 –1508.

San Milan, J. L., D. Boyd, R. Dalbey, W. Wickner, and J. Beckwin. 1989. Use of *pboA* fusions to study the topology of the *Escherichia coli* inner membrane protein leader peptidase. J. Bacteriol. 171:5536 –5541.

Schatz, P. J., and J. Beckwith. 1990. Genetic analysis of protein export in *Escherichia coli*. Annu. Rev. Genet. 24:215 –248.

Schmidt, R., P. Margolis, L. Duncan, R. Coppolecchia, C. P. Moran, Jr., and R. Losick. 1990. Control of developmental transcription factor σ^F by sporulation regulatory proteins SpoIIAA and SpoIIAB in *Bacillus subtilis*. Proc. Natl. Acad. Sci. USA 87:9221 –9225.

Schroder, G., and C. Dehio. 2005. Virulence – associated type IV secretion systems of *Bartonella*. Trends Microbiol. 13:336 –342.

Smith, M, A., W. M. Clemons, Jr., C. J. DeMars, and A. M. Flower. 2005. Modeling the effects of *prl* mutations on the *Escherichia coli* SecY complex. J. Bacteriol. 187:6456 –6465.

Sonenshein, A. L., J. A. Hoch, and R. Losick (ed.). 2001. *Bacillus subtilis* and Its Closest Relatives: from Genes to Cells. ASM Press, Washington, D.C.

Stephenson, S. J., and M. Perego. 2002. Interaction surface of the Spo0A response regulator with the Spo0E phosphatase. Mol. Microbiol. 44:1455 –1467.

Sun, C., S. L. Rusch, J. Kim, and D. A. Kendall. 2007. Chloroplast SecA and *Escherichia*

coli SecA have distinct lipid and signal peptide preferences. J. Bacteriol. 189:1171 –1175.

Tian, H. , and J. Bechwith. 2002. Genetic screen yields mutations in genes encoding all known components of the *Escherichia coli* signal recognition particle pathway. J. Bacteriol. 194: 111 –118.

Wang, S. T. , B. Setlow, E. M. Conlon, J. L. Lyon, D. Imamura, T. Sato, P. Setlow, R. Losikck, and P. Eichenbetger. 2006. The forespore line of gene expression in *Bacillus subtilis*. J. Mol. Biol. 358:16 –37.

Wild, K. , K. R. Rosendal, and I. Sinning. 2004. A structural step into the SRP particle. Mol. Microbiol. 53:357 –363.

词汇表

Activator(激活子):在操纵基因部位与 RNA 聚合酶相互作用,允许 RNA 聚合酶通过操纵子进行转录的蛋白质,通过激活子调控转录通常被称为正调控,因为激活子处于活跃状态时操纵子转录得到加强。

Activator site(激活子位点):启动子上游的一段 DNA 序列,激活子在此处与之结合。

Adaptive mutation(适应性突变):见 Directed - change(adaptive) mutation hypothesis。

Adaptive response(适应性应答):Ada 调节子的转录激活,该调节子能够修复 DNA 的烷基化损伤。

Adenine(腺嘌呤 A):DNA 和 RNA 中两个双环嘌呤碱基中的一种。

Affinity tag(亲和标签):能与某些分子紧密结合的多肽,如果亲和标签的编码序列与想要表达的蛋白编码序列融合表达,则想要的蛋白就更容易分离、纯化。

Alkylating agent(烷基化试剂):与 DNA 分子作用,能使 DNA 分子中的原子形成碳键的一类化学物质。

Allele(等位基因):一个基因的某一种形式,如某一特殊的突变。

Allele - specific suppressor(等位基因特异性抑制子):第二号位抑制子突变,能够减缓其他突变的效果。

Allelism test(等位基因实验):一种检验两种突变是否发生在同一基因上的互补实验,如看能否在同一基因上产生不同的等位基因。

Allosterism(变构机制):在蛋白质中一个结构域的变化能引起另外不同结构域的变化,例如,当异乳糖诱导物与 LacI 阻遏物的诱导物结合域结合,则 LacI 阻遏物的另一 DNA 结合域夹角就会改变。

Amber codon(琥珀密码子):无义密码子 UAG。

Amber mutation(琥珀突变):使无义密码子 UAG 出现在编码蛋白质 mRNA 中的突变。

Amber suppressor(琥珀抑制基因):无义抑制基因(通常为突变的 tRNA),能插入一个氨基酸而取代无义 UAG 密码子。

Amino group(氨基):化学基团—NH_2。

Amino terminus(氨基末端):见 N terminus。

Antibiotic(抗生素):通常为天然微生物产物或其半合成物的衍生物,能够杀死或抑制细菌生长。

现在一些抗细菌的抗生素可以化学合成。

Antibiotic resistance gene cassette(抗生素抗性基因盒):含有便于基因克隆的限制性酶切位点的一段 DNA,含有抗生素抗性基因,其产物赋予菌体抗生素抗性,利于我们筛选。

Anticodon(反密码子):tRNA 上的三个核苷酸序列,能与 mRNA 上的密码子碱基互补。

Antiparallel(反平行):双链 DNA 或 RNA 的构型,一条链上磷酸基团是按照 $3'-5'$ 的方向连接在糖基上,而另一条链是按照 $5'-3'$ 方向进行连接。

Antisense RNA(反义 RNA):具有与 mRNA 序列互补的 RNA 分子。

Anti-sigma factor(抗 σ 因子):能与 σ 因子结合的蛋白质,可逆地使即将处于最后一步的信号转导途径失活。

Antitermination(抗终止):调控 RNA 聚合酶,使之能通过 DNA 的转录终止信号继续转录。

AP endonuclease(AP 内切核酸酶):从丢失碱基的脱氧核糖核苷酸 $5'$ 端切断 DNA 链,碱基的丢失通常由 DNA 糖苷酶引起,如脱嘌呤或脱嘧啶位点,经 AP 内切核酸酶将脱嘌呤或脱嘧啶碱基切除后,允许 DNA 链降解和重新合成正常的核苷酸。

AP lyase(AP 溶解酶):具有糖苷酶活力,从脱嘌呤或脱嘧啶位点的 $3'$ 端切断 DNA 链。

Aporepressor(阻遏物蛋白):小分子的辅阻遏蛋白与之结合,使该蛋白的构型转变为阻遏物。

Archaea(古菌):独立于原核单细胞生物的一个生物界,具有原核和真核生物共有的一些特征,通常生活在极端环境中。

A site(A 位点):核糖体上与即将进入的氨酰—tRNA 结合的位点。

Assimilatory reduction(同化还原):将电子添加到含氮化合物中使之还原为 NH_3,以辅助形成细胞组分。

Attenuation(弱化作用):在没有过多基因产物参与下,通过终止未成熟转录的方式对操纵子进行调控。

Autocleavage(自剪切):蛋白质剪切自身的过程。

Autokinase(自激酶):能将 ATP 中磷酸根转移给自身的蛋白质。

Autophosphorylation(自身磷酸化):不依赖于磷酸根的提供者,而是蛋白质将自身的磷酸根转移给自己。

Autoregulation(自调控):一个基因产物控制自身合成水平的过程。

Autotransporter(自转运):见 Type V secretion system。

Auxotrophic mutant(自养突变体):不能合成或利用某种生长物质的突变体,而正常的或野生型是可以的。

Backbone(主链):任何聚合物分子的线性支撑结构,从其上可以伸出侧链(如糖-磷酸是 DNA 的主链)。

Bacterial artificial chromosome (BAC)(细菌人工染色体):一个 6.5kb 的细菌克隆载体,基于大肠杆菌 F 质粒的单拷贝,允许克隆大于 300kb 的 DNA 片段(平均大小 150kb)。

Bacterial lawn(菌苔):一层均匀分布的互相接触的细菌细胞,完全覆盖了固体的生长介质。

Bacteriophage(噬菌体):见 Phage。

Base(碱基):一种杂环含氮分子,DNA 和 RNA 的组成成分。在 5 种最常见的嘌呤或嘧啶碱基中(腺嘌呤、鸟嘌呤、胞嘧啶、胸腺嘧啶、尿嘧啶),胸腺嘧啶特异地存在于 DNA 中,尿嘧啶特异地存在于

RNA 中。

Base analog(碱基类似物):任意嘌呤或嘧啶碱基的衍生物,与正常碱基的结构和组成不同。这样的碱基类似物可以代替正常碱基进入新生的核苷酸链中,可能引起核酸链延伸的中断或一个完整但核苷酸链中含有突变分子。

Base Pair(bp)(碱基对):两个碱基(A 和 T 或 C 和 G)之间靠氢键结合在一起,形成一个碱基对。DNA 的两条链就是靠碱基对之间的氢键连接在一起,形成双螺旋结构。

Base pair change(碱基对改变):DNA 中某种类型的碱基对(如 AT 碱基对),改变成不同碱基对(如 GC 碱基对)的突变过程。

Basic local alignment search tool(BLAST)(基本局部比对搜索工具):一种比较核苷酸或氨基酸序列以及确定这些序列与核苷酸或蛋白质数据库中同源(或假设同源)序列相似性的算法。

Binding(结合):分子间彼此通过共价键进行物理性连接过程。

Bioinformatics(生物信息学):DNA 和蛋白质序列数据中不同类型信息的获得、贮存、分析、建模和分配。

Bioremediation(生物修复):借助微生物从环境中清除化学有毒物质的过程。

Biosynthesis(生物合成):通过生物体合成化学物质。

Biosynthetic operon(分解代谢操纵子):该类操纵子控制的基因产物主要与合成氨基酸、维生素等化合物有关,见 Catabolic operon。

Blot(印迹):指转入了 DNA、RNA 或蛋白质的硝酸纤维膜或尼龙膜,或者指经过反应及显像的滤膜或放射自显影图。

Blotting(印迹法):任何将电泳分离后的 DNA、RNA 或蛋白质,从分离凝胶转移到纸或膜介质上的过程。

Blunt end(平端):由特殊的限制性内切酶产生的双链 DNA 片段的平端,也可用 S1 核酸酶除去单链部分,或用 DNA 聚合酶Ⅰ填补 5′多余末端对应的凹陷部分。平端 DNA 分子的碱基完全配对,即没有单链的 3′端或 5′端。

Branch migration(分支迁移):DNA 双链体中部分配对的 DNA 链,通过替代同源链而扩展其配对的过程。

Broad host range(广范围宿主):一种质粒或噬菌体,可以在不止一种生物体中复制。

Bypass suppression(忽略抑制):一种抑制子突变,突变后细胞可以忽略该基因产物的作用。

cAMP(环腺苷酸):单磷酸腺苷(AMP)的 3′、5′环化酯,由腺苷酸环化酶催化 ATP 产生。cAMP 介导细菌中的分解代谢物阻遏和高等动物中的激素作用。

Campbell model(凯姆拜尔模型):λ 噬菌体形成一个环状结构,然后通过重组将自己整合至染色体上,形成原噬菌体,所以该噬菌体的基因图谱是环状的,此模型首先由 Campbell 提出。

CAP(分解代谢激活蛋白):大肠杆菌中的二聚体蛋白,由 crp 基因编码,并与 cAMP 结合。这一复合物在糖类的分解代谢中,能增强 RNA 聚合酶与许多基因启动子的亲和力,提高操纵子编码酶的活力。

CAP - binding site(CAP 结合位点):细菌基因或操纵子 5′上游的 DNA 序列,分解代谢激活蛋白结合于此序列上。

CAP regulon(CAP 调节子):所有受 CAP 蛋白调控的操纵子。

Capsid(衣壳):包裹在病毒颗粒上的蛋白质外壳或膜结构。

Carboxyl group(羧基基团):化学基团—COOH。

Carboxyl terminus(羧基末端):见 C—terminus。

Catabolic operon(分解代谢操纵子):指大肠杆菌中的操纵子,在转录过程中,由抑制子－操纵子复合物和分解代谢激活蛋白质(CAP)协同作用进行的一种正调控。

Catabolism(分解代谢):有机化合物的分解,如糖降解为小分子伴随能量的释放。

Catabolite(分解代谢物):从较大的含碳有机化合物降解而来的小分子物质。

Catabolite activator protein(分解代谢激活蛋白):见 CAP。

Catabolite repression(分解代谢物阻遏作用):细胞置于可高效利用的碳源上生长时,高分解代谢物水平降低某些操纵子表达的作用。

Catabolite－sensitive operons(分解代谢物敏感操纵子):由分解代谢物水平调控的操纵子。

Catenenes(连环):由两个或(更多的)环连接而成的结构。

CCC:见 Circular and covalently closed。

Cell division(细胞分裂):一个细胞分裂为两个细胞的过程。

Cell division cycle(细胞分裂周期):细胞从母细胞分裂出来的时间。

Cell generations(细胞的代时):母细胞生长分裂成新细胞的数目倍数的总和。

Central dogma(中心法则):分子生物学的基础理论,遗传信息由 DNA 模板经信使 RNA 到蛋白质的过程。

Change－of－function mutation(功能改变的突变):改变蛋白质的活性,而不是使蛋白质的功能完全或部分失活的突变,如突变后激活子对不同的诱导物发生响应。

Channel gating(通道闸门):在底物不转运时将膜通道关闭,可以阻止其他分子通过细胞膜通道渗出或进入。

Chaperone(分子伴侣):能结合到其他蛋白上帮助它们正常折叠,或阻止它们过早地折叠的一类蛋白质。

Chaperone－usher secretion(分子伴侣引导型分泌):见 Type Ⅴ secretion system。

Chaperonin(伴侣蛋白):一类丰富的,存在于细菌、质体或线粒体中的组成型蛋白。

Chaplin:天蓝色链霉菌中的一种疏水蛋白,能提高菌丝疏水性,使气生菌丝能离开平板生长。

Chi (χ) mutation(X 突变):使 DNA 中产生 X 位点序列的突变。

Chi (χ) site(X 位点):大肠杆菌中 5′GCTGGTGG3′序列,在大肠杆菌中通过抑制 RecBCD 3′－5′核酸酶活力,激发 RecBCD 核酸酶重组功能的发挥。

Chromatography(色谱):一种基于电荷、大小、形状或亲和性不同而分离分子的方法。基于阳离子交换柱或疏水柱的液相色谱,是在质谱前分离肽段非常有用的方法。

Chromosome(染色体):真核细胞中能够自我复制,包含承载遗传信息的 DNA 分子。原核细胞中只有一个呈环状的染色体;而真核细胞中一般包含多个染色体,每条染色体都由 DNA 和蛋白质构成。

Circular and covalently closed(环状共价闭合):在环状双链 DNA 分子中,每一个链上都没有缺口或不连续的地方。

CI repressor(CI 阻遏子):λ 噬菌体 *cI* 基因所编码的阻遏蛋白。

cis－acting mutation(顺式作用突变):仅影响出现突变的 DNA 分子的突变,而不影响细胞内其他

DNA 分子的突变。

cis – acting site(顺式作用位点):DNA 分子上不编码基因产物的功能区域,仅影响停留在其上的 DNA 分子。

Clamp loader(滑夹装载物):帮助复制中的 DNA 聚合酶其环状滑夹附属蛋白装载至 DNA 上,如大肠杆菌中的 δ 和 δ′蛋白。

Classical genetics(经典遗传学):仅通过完整生物体研究遗传现象的遗传学。

Clonal(无性系的):一种生物的所有后代或复制的 DNA 分子聚集在一起,像琼脂平板上的菌落一样的状态。

Clone(克隆):(1)又称无性(繁殖)系。遗传组成完全相同的分子、细胞或个体及其组成的一个群体。(2)利用体外重组技术将某特定的基因或 DNA 序列插入载体分子的操作过程。

Cloning vector(克隆载体):能够在寄主细胞中自主复制并接受外源 DNA 的核酸分子。

Closed complex(闭合复合体):RNA 聚合酶刚刚与启动子结合,DNA 双链在启动子处还没有分离的结构。

Cluster of orthologous groups of genes(同源基因簇):假设部分基因来自不同的生物体,但基因的功能相似,也基于相似的序列有相似功能的这一假设。

Cochaperone(辅助分子伴侣):较分子伴侣小,能帮助分子伴侣进行蛋白质折叠和腺嘌呤核苷环化,如大肠杆菌中的 DnaJ 和 GrpE。

Cochaperonin(辅助伴侣分子):一类小分子蛋白质,当蛋白质被吸收进入腔体中时,形成腔体的帽子,从而帮助伴侣分子对蛋白质进行折叠。

Coding strand(编码链):又称有义链、正链,与模板链互补的链,即基因中编码蛋白质的那条链。

Codon(密码子):mRNA 分子中以三个核苷酸为一组,决定一种氨基酸以及多肽链合成起始与终止的信号。

COG:见 Cluster of orthologous groups of genes。

Cognate aminoacyl – tRNA synthetase(同源氨酰 – tRNA 合成酶):正确地将氨基酸转到 tRNA 上的酶。

Cointegrate(共整合):两个或更多的物理上分开的 DNA 分子同时整合进入相同的靶基因组中。

Cold – sensitive mutant(冷敏感突变株):在低温下为缺陷型的突变体,而在高温下是正常的。

Colony(菌落):来源于一个祖先的细菌或真菌毗邻细胞的群体。

Colony papillation(菌落乳头状突起):在菌落上出现与其他菌落不同的区块或部分的现象。

Colony purification(菌落纯化):在琼脂平板上分离单个菌落,培养后就会形成同一个细菌的多个后代。

Compatible restriction endonucleases(相容性限制性内切酶):能将 DNA 分子切出相同末端的限制性内切酶,这些末端可以配对,容许分子彼此连接。

Competence pheromones(感受态信息素):由细菌释放出的小肽,当细胞浓度较高时,该物质能诱导相邻细胞产生感受态。

Competent(感受态):细胞接受并整合外源核酸分子的能力。

Complementary(互补的):两个核苷酸分子通过碱基配对互相结合的性质。

Complementary base pair(互补碱基对):在 DNA 或 RNA 中任何能形成氢键的含氮碱基对。

Complementation(遗传互补):(1)两个同源基因或基因组协同产生的性状。(2)在二倍体基因型或部分二倍体情况下,一个基因的功能拷贝的表达能够替代同源突变基因丢失的功能。

Complementation group(互补组):一个顺反子中的突变群。

Composite transposon(复合转座子):含有两侧的插入序列,内部具有一个或多个基因的可转座的DNA片段。

Concatemer(串联体):由线性重复序列构成的DNA分子,相同单体DNA单元在相同方向上彼此连接。

Condensation(凝集):有丝分裂或减数分裂开始时,通过核蛋白复合物高度螺旋化,形成的紧密染色体结构。

Condensins(压缩蛋白):结合在染色体DNA两个不同部位上的蛋白质,将DNA折叠形成环形结构,使分子更加致密,枯草芽孢杆菌中以Smc蛋白为代表,大肠杆菌中以MukB蛋白为代表。

Conditional lethal mutation(条件致死突变):一种突变。在许可条件下,可以忍受;在不许可条件下,会导致细胞死亡或被病毒破坏。

Congenic(类等位基因):除了某些特殊的等位变异体外,基因型相同。

Conjugation(接合):依靠像质粒一类的自主转移DNA元件的转移功能,将DNA从一个细菌转移至另一个细菌的过程。

Conjugative transposon(接合转座子):在缺乏质粒和其他转移因子的情况下,促进接合的转座子。

Consense sequence(共有序列):一些遗传元件(如启动子)中反复出现且很少有改变的DNA序列。

Conservative(保守的):DNA分子发生复制时,新合成DNA分子中仍然保留初始链的现象。

Constitutive mutant(组成型突变株):能恒定地产生突变效应的突变体。

Context(上下关联):DNA或RNA核苷酸序列中,处于某特殊序列附近的序列,其转录或翻译效率受影响的现象。

Cooperative binding(协同结合):在DNA某位点结合一种蛋白质分子后,大大增强了另一种相同类型蛋白质在临近位点结合能力的过程。

Coprotease(辅助蛋白酶):一种结合到其他蛋白上能引起其他蛋白自剪切或具有其他蛋白酶活力的蛋白质。

Copy(拷贝):同一细胞中相同的特殊分子,尤其指基因,如果一个基因转移到基因组的其他位置,那么该基因会不止一个。

Copy number(拷贝数):每个细胞中特定质粒的数量,或每个基因组中特定基因的数量。

Core polymerase(核心聚合酶):不依赖辅助和调节蛋白的DNA或RNA聚合酶部分,能行使真正的聚合反应和功能。

Corepressor(协同阻遏物):又称辅阻遏物,是与调节蛋白结合后可阻止转录的小分子化合物。

Cosmid(黏粒):携带cos位点序列的质粒,它能将λ噬菌体包装进其头部。

cos site(黏性位点):λ噬菌体线性双链DNA分子两端各由12个核苷酸组成彼此完全互补的5端碱基突出序列。

Cotranscribed(共转录的):两个或更多的连续基因,从单一的启动子处经单个RNA聚合酶转录。

Cotransducible(共转导的):两个遗传标记在DNA分子上非常靠近,经转导后,被携带在同一个噬

菌体头部。

Cotransduction(共转导)：一个噬菌体同时转导两个宿主基因。

Cotransduction frequency(共转导频率)：用两个不同的遗传标记筛选转导子,筛选到的重组子占全部重组子的比例。

Cotransformable(可共转化的)：与共转导类似,但是在共转化时两个遗传标记靠得很近,被同时携带在相同的 DNA 片段上。

Cotransformation(共转化)：两个或多个 DNA 分子同时转化受体细胞。

Cotransformation frequency(共转化频率)：除了重组子属于转化重组子外,其他与共转化频率类似,可以用来测定 DNA 上遗传标记之间距离的远近。

Cotranslational traslocation(共翻译转座)：转座的一种,翻译得到的蛋白,被 SRP 系统插入到膜上,如果是插入内膜,则这种蛋白具有高度疏水性。

Counterselection of donor(供体的反筛选)：在供体细菌无法繁殖形成菌落的条件下筛选接合转化子。

Coupling model(偶联模型)：带有重复质粒的复制调控模型,这种质粒是由于两个或多个质粒连接在相同的 Rep 蛋白重复序列上而形成的。

Coupling protein(偶联蛋白)：自主转移质粒 Mpf 系统中蛋白的一种,偶联蛋白与 Dtr 系统中的松弛酶接触,从而指导受体细胞与之接触。

Covalent bond(共价键)：通过共用电子轨道使两个原子结合的键。

Covalently closed circular DNA(共价闭合环状 DNA)：通过共价键结合形成的封闭环状 DNA 分子。

Cross(杂交)：(1)不同基因型的个体之间交配,取得双亲基因重新组合个体的方法。(2)互补的核苷酸序列通过 Watson - Crick 碱基配对而形成稳定的双链体。

Crossing(交换)：一种生物的两个菌株的 DNA 分子进入同一个细胞后,彼此间发生重组。

Crossover(交换)：在减数分裂过程中同源染色体因断裂和重接产生遗传物质间的局部互换。

C - terminal amino acid(C 末端氨基酸)：多肽链末端,该末端最后一个氨基酸带有游离的 α - 羧基基团。习惯上,它被写在肽链分子式的右端。

C - terminus(C 末端)：多肽链具有自由 COOH 基团的一个末端。

Cured(丢失的)：细胞中丢失 DNA 元件,如质粒、原噬菌体或转座子的状态。

Cut and paste(剪切 - 粘贴)：转座的一种机制,整个转座子从 DNA 的某处剪切下来后,插入到另外的地方。

Cyclically permuted genome(环形排列的基因组)：基因组中没有唯一的终点,对于环形的噬菌体基因组来说,单个基因组虽然具有不同的终点,但它们含有所有的基因。

Cyclic AMP(环腺苷酸 cAMP)：单磷酸腺苷(AMP)的 3′,5′环化酯,由腺苷酸环化酶催化 ATP 产生。

Cyclobutane ring(环丁烷环)：四个碳通过单键形成的环状结构,出现在 DNA 的嘧啶二聚体中。

Cytoplasmic domain(细胞质结构域)：处于细胞质中跨膜蛋白质的多肽链的一个区域。

cytosine(胞嘧啶)：碱基的一种,和鸟嘌呤结合成碱基对。

Damage tolerance mechanism(损伤耐受机制)：DNA 损伤后,不进行修复的处理方式,如重新启动复制或不进行跨 DNA 损伤合成。

Daughter cell(子代细胞):母细胞经过分裂而得到的细胞。

Daughter DNA(子 DNA):由一个 DNA 分子复制而来的,两个 DNA 分子其中之一。

DDE transposon(DDE 转座子):转座子家族中之一,在它们的转座酶中含有 DDE 结构域(天冬氨酸 - 天冬氨酸 - 谷氨酸),这些氨基酸螯合了镁离子后,转座酶才具有活力。

Deaminating agent(脱氨基剂):与 DNA 发生作用的化学试剂,能移除 DNA 碱基上的 NH$_2$ 基团。

Deamination(脱氨基作用):从分子中移除 NH$_2$ 基团的过程,在突变中,将氨基从 DNA 分子中移除的过程。

Decatenation(去串联):Ⅱ型拓扑异构酶经过 DNA 链,将每个 DNA 链上的串联体结构解离成单体的过程。

Defective prophage(缺损的原噬菌体):细菌的染色体中的 DNA 元件中含有类似噬菌体的 DNA 序列,并且估计原先能被诱导形成噬菌体,现在丢失了裂解周期所需的必需基因。

Degenerate probe(简并探针):化学合成的寡肽,能与 DNA 或 RNA 中的编码蛋白质序列互补,但是在一些密码子中第三个碱基是随机的,包括了编码每种氨基酸的所有密码子。

Degradative operon(降解性的操纵子):类似代谢产物操纵子,该类型的操纵子中,基因编码的酶用于降解大分子物质形成小分子物质,并释放其他代谢途径中所需能量的酶。

Deletion mapping(缺失作图):通过与一组重叠缺失突变系进行重组测验,测定相应突变位点在染色体上位置的过程。

Deletion mutation(缺失突变):由于特定基因组中一个或多个碱基对的去除而造成的突变。

Deoxyadenosine(脱氧腺苷):含有一个嘌呤碱基,是构成 DNA 分子的 4 种基本单位之一。

Deoxyadenosine methylase (Dam methylase)(脱氧腺苷甲基化酶):一种向 DNA 腺嘌呤碱基上添加 CH$_3$(甲基)基团的酶。大肠杆菌上的 Dam 甲基化酶能将 GATC 序列中的 A 甲基化。

Deoxycytidine(脱氧胞嘧啶):胞嘧啶碱基与脱氧核糖连接。

Deoxyguanosine(脱氧鸟嘌呤):一种含嘌呤碱的核苷,是 DNA 中 4 种基本单位之一。

Deoxynucleoside(脱氧核苷酸):DNA 的组成成分,含有脱氧核糖的核苷。

Deoxyribose(脱氧核糖):2脱氧 - D - 核糖与嘌呤或嘧啶碱基共价结合的脱氧核糖分子间通过 3',5'-磷酸二酯键相互连接组成了 DNA 骨架。

Deoxythymidine(脱氧胸腺嘧啶):一种嘧啶核苷酸。

Dimer(二聚体):由两个多肽组成的蛋白质分子。

Dimerization domain(二聚体结构域):一个多肽区域与另一个相同类型的多肽结合形成的二聚体结构。

Dimerize(二聚化):两个相同的多肽彼此结合。

Diploid(二倍体):具有两套染色体组的细胞或个体。

Directed - change (adaptive) mutation hypothesis[定向改变(适应性)突变假说]:该假说认为,DNA 中出现的突变,是因为有利于生物体或帮助其适应新环境才发生的。

Directional cloning(定向克隆):将一段 DNA 仅以某一个方向克隆到克隆载体上,例如,可以采用不相容性限制性内切核酸酶,将 DNA 片段定向连接到克隆载体上。

Direct repeat(正向重复):存在于同一条 DNA 链上,方向一致的两个或多个完全相同或高度相关的 DNA 序列。

Dissimilatory reduction(异化还原):在无氧呼吸过程中,含氮化合物作为终端电阻子受体时被还原,被还原的含氮化合物不一定结合至细胞分子中。

Disulfide bonds(二硫键):两个硫原子间的共价键,如多肽链中两个半胱氨酸间形成的化学键。

Disulfide oxidoreductases(Dsb)(二硫氧化还原酶):在细胞周质空间的酶,通过还原或氧化作用在半胱氨酸间形成或断开二硫键。它们含有CXXC结构域,X代表任何一种氨基酸,在蛋白质中可以通过Dsb蛋白交换二硫键中的半胱氨酸。

Division septum(分裂隔膜):两个子代细胞即将分离时在其中间形成的隔膜。

Division time(分裂时间):新生细胞在特定环境条件下,生长再一次分裂的时间。

D-loop(D-环):当超螺旋DNA分子中的一小段序列被蛋白质或被一个同源的单链DNA片段取代时形成的单链环状结构。

DnaA box(DnaA盒):在DNA分子中的5′TTATCCACA3′序列,DnaA蛋白能与之结合。DnaA蛋白是大肠杆菌中启动染色体复制所需的蛋白质。

DNA-binding domain(DNA结合结构域):转录因子的一种特殊三维结构,负责将转录因子结合到特定的目标DNA上。

DNA box(DNA盒):DNA上供蛋白质结合的序列。

DNA clone(DNA克隆):使用DNA重组技术,将DNA片段插入到克隆载体,把载体转入合适的宿主细胞中,作为载体分子的一部分,可以扩增出这段DNA序列。

DNA glycosylase(DNA糖基化酶):通过裂解碱基和脱氧核糖间的N-糖苷键除去DNA上发生改变的碱基的酶。

DNA helicase(DNA解旋酶):一个结合DNA双螺旋并在结合位点的上游和/或下游局部解链的酶,每解开一对碱基消耗2分子ATP。

DNA library(DNA文库):来源于单个生物体基因组DNA的重组体DNA分子的集合,理想状态下应该包含该基因组中出现的全部序列。

DNA ligase(DNA连接酶):催化在DNA上相邻的两个核苷酸(分别暴露5′磷酸和3′羟基)间形成磷酸二酯键的酶。

DNA polymerase accessory proteins(DNA聚合酶辅助蛋白):DNA复制过程中随DNA聚合酶移动的蛋白质。

DNA polymerase Ⅲ holoenzyme(DNA聚合酶Ⅲ全酶):大肠杆菌中复制DNA所用的聚合酶,包括所有的辅助蛋白、滑夹和编辑功能等。

DNA polymerase Ⅴ(DNA聚合酶Ⅴ):大肠杆菌umuC基因产物,当与UmuD′结合发生自剪切形成UmuD后,UmuC变成DNA聚合酶能够进行跨损伤合成。

DNA replication complex(DNA复制复合体):在DNA复制叉处的DNA聚合酶和蛋白质的整个复合体。

DNA transfer functions(Dtr component)(DNA转移功能)(Dtr成分):质粒tra基因的功能,负责准备转移的DNA。

Domain(结构域):蛋白质中一个有着特定功能的独立单元。多个结构域共同构成蛋白质的功能。

Dominant mutation(显性突变):一个等位基因的突变即可显现其表型效应。

Dominant phenotype(显性表型):由突变或其他遗传标记产生的表型,甚至在二倍体时仍然含有从

野生型菌体中得到的相应的基因区域。

Donor allele(供体等位基因):如果供体菌株和受体菌株杂交,新形成的基因是原先供体菌株所具有的基因形式。

Donor DNA(供体 DNA):从供体菌中提取的,用于转化受体菌的 DNA 分子。在转座中,是转座子起初所在的 DNA 分子,后来转入靶 DNA 分子上。

Donor strain(供体菌株):能够提供给另一细菌遗传信息的细菌。

Double mutant(双突变体):DNA 中含有两个独立突变的生物体。

Downstream(下游):指线性 DNA、RNA 或蛋白质分子中的序列,按基因表达或蛋白质合成方向而定,该序列位于某一特定位点之后。

Dtr component(Dtr 成分):一个质粒转移系统中的 DNA 转移成分。质粒的 *tra* 或 *mob* 基因,准备质粒转移所需的 DNA 成分。

Duplication junction(重复会合处):交换发生处,是由于 DNA 中串联重复突变所致。

Early gene(早期基因):在发育过程中较早表达的基因,如与细菌的芽孢生成和噬菌体的感染有关的基因。

Ectopic recombination(异位重组):"非原位"重组:同源重组发生在具有不同序列、不同区域的两个 DNA。通常导致删除、反转和其类型 DNA 重排,有时也称为"非对等交叉"。

Editing(编辑):在 DNA 复制过程中,对错误插入的脱氧核苷酸的清除和替换,能有效减少突变频率。

Editing functions(编辑功能):$3'$ 外切核酸酶活力,能将复制过程中错误插入的脱氧核苷酸移除。DNA 聚合酶的部分多肽或与 DNA 聚合酶共同移动的附加蛋白,都可以具有此功能,大肠杆菌中的 ε 蛋白就具有编辑功能。

Effector(效应物):一种和很多被调节基因控制有关的小分子物质。

EF－G:见 Transtation elongation factor G。

EF－Tu:见 Transtation elongation factor Tu。

Eight－hitter(8 碱基切割酶):能识别和切断 DNA 序列中 8 个碱基对的 Ⅱ 型限制性内切核酸酶。

8－OxoG(8－氧鸟嘌呤):DNA 碱基损伤后的一种形式,活性氧原子在鸟嘌呤的小环八号碳原子上加上了氧原子。

Electroporation(电穿孔):把细胞放入电场使核酸或蛋白质进入到细胞中。

Electrospray ionization(电子溅射离子化):质谱中制备样品的一种方法,能够使肽分子产生单个或多个带电离子,在质谱分析中可以观察到多重峰。将液态样品通过很细的针孔注入电场,当溶剂挥发后,未受损的肽段就带有不同的电荷,而电荷的多少取决于肽段的氨基酸序列。

Elongation factor G(延伸因子 G):见 Transtation elongation factor G。

Elongation factor Tu(延伸因子 Tu):见 Transtation elongation factor Tu。

Estimated locations of pattern hits(ELPH)(估计识别和切割部位):能确定蛋白质和 DNA 序列中结构域的在线软件,如果提交一大段序列,该软件能够搜索到其中最常见的结构域。详细了解该软件,可以进入马里兰大学生物信息和计算生物学中心网站:www. cbab. umd. edu/software/ELPH/。

Endonuclease(内切核酸酶):能够切断聚核苷酸内部的磷酸二酯键的核酸酶。

Enrichment(富集):在微生物种群中,增加特殊类型突变子的操作,通常采用青霉素等抗生素,能

够杀死普通的细胞而突变子可以生长。

Epistasis(上位性)：基因相互作用的一种形式，即在一个座位上基因型表达为不同的表型取决于另一个座位上的基因。

Escape synthesis(逃逸合成)：由于阻遏物结合至操作子上的数量增加，诱导了操纵子的转录。

ESI：见 Electrospray ionization。

E site(E 位点)：核糖体上与 tRNA 结合的一个位点，当 tRNA 把氨基酸转移到增长的多肽链后，进入该位点，准备离开核糖体，该位点帮助维持正确的阅读框。

Essential genes(必需基因)：在任何已知条件下，基因产物是维持生长所必需的。

Eubacteria(真细菌)：生物界的一个类群，细胞结构相对简单，没有很多细胞器，含有 16S、23S rRNA，及 4 种组分的核心 RNA 聚合酶等特征。

Eukaryotes(真核生物)：生物界的一个类群，细胞中含有核膜包被的核，细胞中有高尔基体、内质网等细胞器，它们含有 18S、28S rRNA，而真细菌中却含有 16S、23S rRNA。

E – value(E 值)：相似程度和位点比对值的量度，用来报告所要考察的序列与数据库中序列的匹配度和出现几率等。例如，在数据库中与之相同的序列的 E 值接近于零，而且仅当 E 值低于 $1e^{-5}$ 时，两个序列才能认为具有可信的一致性。

Exons(外显子)：在基因中去除内含子序列后剩下的能够编码蛋白质和 RNA 的核苷酸序列。

Exonuclease(外切核酸酶)：仅从多聚核苷酸的端部切除核苷酸的核酸酶。

Expected value(期望值)：见 E – Value。

Exported proteins(外运蛋白)：合成后，离开细胞质而进入细胞膜、周质空间或细胞外的蛋白。

Expression vector(表达载体)：具有翻译起始区域的克隆载体，其上的基因分别从启动子和翻译起始序列开始转录和翻译。

Exteins(外显肽)：蛋白质前体中在内含肽侧翼的任何氨基酸序列。

Extracellular protein(细胞外蛋白)：合成后被分泌到细胞外的蛋白质。

Extragenic(基因外的)：涉及不同的基因。

Extragenic suppressor(基因外的阻遏子)：见 Intergenic suppressor。

Factor – dependent transcription termination site(因子依赖型转录终止位点)：与特殊蛋白结合后导致转录终止的一段 DNA 序列，如大肠杆菌中的 ρ 蛋白与某段 DNA 结合后导致转录终止。

Factor – independent transcription termination site(非因子依赖型转录终止位点)：没有其他蛋白的参与，转录终止仅仅依赖 RNA 聚合酶完成。在细菌中，模板链上 GC 含量丰富，并形成反向重复序列，后面紧跟一串 A。

FASTA(FASTA 数据格式)：早期的数据检索程序，现在大部分已经被 BLAST 和相关的搜索工具取代，但"FASTA 格式"现在仍然被用于向数据库提交原始序列。

Feedback inhibition(反馈抑制)：酶促反应的末端产物可抑制在该产物合成过程中起作用的酶的活力，是一种控制机制。

Ffh protein(Ffh 蛋白)：真细菌中信号识别颗粒蛋白的组成成分，与真核细胞中的信号识别颗粒的 54u 蛋白组分相似。

Filamentous phage(丝状噬菌体)：带有丝状衣壳的一系列噬菌体中任何一种，该衣壳由不同的衣壳蛋白组成，包裹着病毒 DNA。

Filter mating(滤膜杂交):两种细菌截留在滤膜后非常靠近,随后出现接合的过程。

Fimbriae(粉芽):菌毛的别称,但自主转移质粒编码的性菌毛除外,它通常称为菌毛而不能称之为粉芽。

5′end(5′端):线性 DNA 或 RNA 分子戊糖的 5′碳上携带自由磷酸基团的末端。一般在描述核酸分子的时候这个末端写在左侧。

5′ exonuclease(5′外切核酸酶):可催化 DNA 和 RNA 水解,通过外切自由 3′羟基末端产生 5′-单核苷酸磷酸。

5′ overhang(5′悬垂部分):双链 DNA 分子 5′端的一个单链区。5′悬垂部分的最后一个核苷酸携带磷酸基团。

5′ phosphate end(5′磷酸末端):线性 DNA 或 RNA 分子 5′端的磷酸基团。

5′-to-3′ direction(5′到 3′方向):一个用来描述线性核酸分子从 5′端到 3′端方向的术语。

5′ untranslated region(5′非翻译区):mRNA 分子未翻译部分,这一部分包括了从 5′端到起始密码 ATG 前的部分。

Flanking sequences(侧翼序列):真核基因编码区上游序列,这一区域不转录,但含有调控基因表达的必需序列元件,是启动子的同义词。

Formylmethionyl-tRNA$_f^{Met}$(甲酰甲硫氨酰转移核糖核酸):一种在甲硫氨酸上加上甲酰基的特殊修饰氨基酸,是原核生物和真核生物细胞器中多肽合成的第一个氨基酸,多肽合成开始后,它即从多肽链上被切除。

Forward genetics(正向遗传学):通过将一个基因用插入转座子的方法敲除(功能丧失)后带来的表型变化而将该基因分离的策略。

Forward mutation(正向突变):由野生型等位基因突变为突变型等位基因。

Four-hitter(四碱基切割酶):任何能同时识别四个核苷酸序列并能在其中引入双链切口的限制性内切酶。

4.5S RNA:真细菌信号识别颗粒的 RNA 成分。

Frameshift mutation(移码突变):由于碱基对的缺失或插入导致了蛋白翻译阅读框的改变,从而产生完全不同的产物。

Fts Y protein(锚定蛋白):可以与即将被 SRP 途径转运的蛋白结合,并被带至SecYEG通道。

Functional domain(功能域):多肽链上行使蛋白质特殊功能的区域。

Functional genomics(功能基因组学):破译 DNA 和 RNA 在从信息到功能表达过程中的作用的大规模、高通量技术和随后计算机分析采用的全部指令和算法。

Fusion protein(融合蛋白):融合基因编码的蛋白质。

Gain-of-function mutation(功能获得性突变):能将一个原先无活性或非编码的序列转变为一个有活性或编码序列(如一个基因)的任何突变。

Gel electrophoresis(凝胶电泳):利用分子的净电荷、形状和大小上的差异在电场和凝胶基质中分离带电分子的一系列不同技术。凝胶基质常用琼脂、琼脂糖、淀粉或聚丙烯酰胺制成。现已发展了多种不同的凝胶电泳技术,以满足各种不同的需要。

Gene(基因):遗传的基本物质和功能单位,它携带了逐代传递的信息,它是一个转录区域和转录调节区的一段 DNA 序列。

Gene chip(基因芯片):在玻片或膜上排列 DNA,用于核酸探针杂交。

Gene conversion(基因转变):引起基因改变的过程,在此过程中一个等位基因变成了同一座位的另一个等位基因。

Gene disruption(基因破坏):外源 DNA 片段通过同源重组插入基因的编码区从而破坏了它的通读和编码能力。基因破坏常被用来使一个基因失活以便研究它对生物体表型的影响。

Gene dosage experiment(基因剂量实验):每个基因组内一个特定基因的拷贝数和从这些基因转录而来的 mRNA 分子数量的直接比例。

Gene ontology(基因本体论):通过细胞组分、分子加工和生物加工对基因间的关系进行分类,基因本体联合会已经形成了从基因的一般功能到基因的特殊功能的体系框架。见www. geneontology. org。

Generalized recombination(通用型重组):见 Homologous recombination。

Generalized transduction(通用型转导):染色体基因从供体转移到受体细菌细胞的过程。

Generation time(代时):细胞处于对数生长期时,菌体数目倍增所需要的时间。

Gene replacement(基因替换):用不同基因取代特定染色体上特定基因的体内技术,为此,使用的基因首先插入到合适的替换载体上,然后把它导入靶细胞,在细胞中与染色体相应的位置发生同源重组。

Genetic code(遗传密码):信使 RNA 上每三个一组的核苷酸序列,决定了蛋白质肽链上的一个氨基酸。DNA 上的碱基序列控制形成信使 RNA 上的核苷酸序列,进而决定了蛋白质肽链上的氨基酸序列。

Genetic linkage map(遗传连锁图谱):沿着所谓的连锁群,基于交叉或重组频率划出分子标记和/或形态标记相对位置的线性排列图谱。

Genetic marker(遗传标记):以某个等位基因为探针检测一个个体、一个组织、一个细胞、一个核或一条染色体是否存在其等位基因。

Genetic recombination(遗传重组):通过两个不同基因型的亲本产生的后代中基因发生重组的过程。

Genetic redundancy(基因冗余):在大肠杆菌中的染色体有两到多倍的 tRNA 基因的现象。

Genetics(遗传学):研究基因遗传和变异的科学。

Genome(基因组):一套染色体遗传物质的总和。

Genomics(基因组学):描述基因组的结构的一个模糊术语,通过基因测序检出开放阅读框,以及随后鉴定相应基因和基因产物的特征。

Genotype(基因型):一个生物的遗传结构。

Glimmer(Gene locator and interpolated Markov models)[Glimmer 软件(基因定位和内插法马尔科夫模型)]:一种用来发现细菌基因组中编码区域的软件。见http://www. cbcb. umd. edu/software/glimmer/。

Global regulatory mechanism(全局调控机制):一种影响分布于基因组中许多操纵子的调控机制。

Glucose effect(葡萄糖效应):培养基中是否存在葡萄糖影响了碳源利用调节活动的现象。

Glutamate dehydrogenase(谷氨酸脱氢酶):一种将氨基直接加至 α - 酮戊二酸生成谷氨酸的酶,负责在氨浓度较高时氮素的同化。

Glutamate synthase(谷氨酸合成酶):一种能将氨基从谷氨酰胺上转移至 α - 酮戊二酸上生成谷氨

酸的酶。

Glutamine synthetase(谷氨酰胺合成酶):一种将氨基加至谷氨酸形成谷氨酰胺的酶,负责在氨浓度较低时氮素的同化。

GO:见 8 – OxoG。

GOGAT:见 Glutamate synthase。

Gradient of transfer(转移梯度):在结合过程中,染色体的标记离整合质粒的转移起点越远,转移的频率越低。

Gram – negative bacteria(革兰阴性菌):一类在脂蛋白膜上连接有一层很薄的肽聚糖或胞壁质囊的细菌。在用丙酮或乙醇脱色后,薄的肽聚糖层并不能有效地保持染料结晶紫的颜色。

Gram – positive bacteria(革兰阳性菌):带有肽聚糖或胞壁质结合磷壁酸囊的外膜的一类细菌,丙酮或乙醇脱色后,能完全保持染料结晶紫的颜色。

GroEL:见 Hsp60 chaperonin。

GroES:见 Hsp10。

Growth rate regulation of ribosomal synthesis(核糖体合成的生长率调控):核糖体合成的调控确保当细胞中核糖体减少时,细胞的生长速度减缓,据估计部分原因是由于初始的 GTP 和 ATP 的核苷酸较低,从而影响了 rRNAs 启动子开放复合物的稳定性。

GS:见 Glutamine synthetase。

Guanine(鸟嘌呤):碱基的一种,和胞嘧啶以氢键连接形成碱基对 C – G。

Guanosine(鸟苷):一种核苷,由鸟嘌呤连接到核糖分子上构成。

Guanosine tetraphosphate (ppGpp)(鸟苷四磷酸):鸟嘌呤核苷酸核糖的 3′、5′ 端分别连接两个磷酸根,它的形成与严谨型调控有关,并涉及许多胁迫反应。

Gyrase(促旋酶):DNA 拓扑异构酶 Ⅱ 的同义词。

Hairpin(发夹):一个核酸分子在配对区间形成一个不配对的单链环时,同一条单链上的互补序列退火形成的任何二级结构。DNA 上的这种发夹结构是多种核蛋白的潜在识别位点。

Handcuffing model(脚手架模型):一种带有重复序列质粒复制的调节模型,这种质粒通过重复序列与相同的 Rep 蛋白结合而成。见 Coupling model。

Haploid(单倍体):具有一个拷贝染色体的细胞和个体。

Haploid segregant(单倍体分离子):从部分或完全二倍体细胞或多倍体细胞衍生而来的单倍体细胞。

Hairpin secondary structure(发夹二级结构):RNA、单链 DNA 或蛋白质的二级结构,在分子内部反向平行的碱基或氨基酸发生非共价键配对结合形成的结构。

Headful packaging(满头包装):病毒包装 DNA 的一种机制。对串联排列的 DNA 按照能够充满整个头部的分子长度对 DNA 切割,然后包装的机制。

Heat shock protein (Hsp)(热休克蛋白):在环境温度升高至临界值以上诱导合成的蛋白质。有些热休克蛋白是普遍存在的,并在种属间高度保守,它们仅在温度变化后存在几分钟,转移到细胞核中与核染色质结合。

Heat shock regulon(热激调节子):在热激 σ^{32} 因子调控下的大肠杆菌基因组。

Heat shock response(热休克应答):编码热休克蛋白的特定热休克基因,当温度升高时,在细胞或

有机体中的表达。

Helix – destabilizing protein(螺旋蛋白):能够特异性结合到 DNA 双螺旋分子的单链部分并解开双螺旋的一系列蛋白。

Helper phage(辅助噬菌体):一种具有缺陷型噬菌体所缺失的一种或几种功能的噬菌体。辅助噬菌体和缺陷型噬菌体同时感染细胞,能使缺陷型噬菌体得以复制。

Hemimethylated(半甲基化):由于半保留复制导致的 DNA 双螺旋分子的一条链核苷酸被甲基化,通常新生成的链被甲基转移酶甲基化。

Heterodimer(异源二聚体):两种不同分子(如不同氨基酸序列的蛋白质)形成的聚合体。

Heteroduplex(异源双链):由来源不同的两条核苷酸单链形成的双链(螺旋)分子。这种杂交分子可以由退火的 DNA 链组成,也可以由 RNA – DNA 链组成(如 mRNA 与模板链杂交)。如果两条亲本链配对不完全,这种异源双链分子就会包含单链的非同源区,表现为环状。

Heteroimmune(异源免疫):相近的溶原性噬菌体带有不同的免疫区域,所以噬菌体彼此的转导不能抑制其他噬菌体的转录,它们能在其他溶原菌中繁殖。

Heterologous probe(异源探针):来自不同生物相同基因或区域 DNA 或 RNA 的杂交探针,它通常不能与杂交序列完全互补。

Heteromultimer(杂合多聚体):由一条以上多肽链(通常多于两条)构成,而这些链又由不同的基因编码形成蛋白质。

Hfr strain(高频重组菌株):大肠杆菌中一种雄性细胞,其 F 因子已整合到细菌的染色体中。当和 F⁻ 细胞接触时,供体基因以较高频率传递到受体细胞中,并进行重组,产生接合子。

HFT lysate(高频转化裂解物):含有相当数量细菌 DNA 的溶原性噬菌体的裂解物。

Hidden Markov model(隐马尔科夫模型):一种统计模型,通过氨基酸的保守与否,鉴别蛋白质是否属于同一家族,在基因组学中常用于核酸序列或氨基酸序列比对。

High multiplicity of infection(高倍感染):病毒或噬菌体感染细胞的一种情况,病毒或噬菌体的数量远远超过要感染的细胞数,绝大多数细胞被不止一个细菌所感染。

High negative interference(高阴性干扰):DNA 一处发生交换能增加与之相邻的另一处交换的现象,主要是由于异源双链错配处进行错配修复造成的。

HMM:见 Hidden Markov model。

Holliday junction(Holliday 连接):来自两个同源染色体之间的体内重组过程的 X – 型结构。

Holliday model(Holliday 模型):描述两条同源染色体之间交叉过程中所发生变化的模型。

Holoenzyme(全酶):由两个或两个以上亚基组成,且只有当所有亚基组合在一起时才有活力的酶。

Homing(归巢):断裂双链修复和基因回复的过程,在此过程中,内含子和内含肽进入到确实这些成分的新 DNA 的相同位置。靶 DNA 双链断裂是由内含子或蛋白质内含子编码的特殊内切酶切割产生,修复时 DNA 元件重新插入到原来的位置。

Homing endonuclease(归巢内切核酸酶):由内含子或内含肽编码的具有特殊序列的 DNA 内切核酸酶,能切断靶 DNA 双链而启动内含子或蛋白质内含子归巢。

Homodimer(同型二聚体):由两个相同肽链组成的一种蛋白质二聚体。

Homoimmune(同源免疫):两个相近的噬菌体具有相同的免疫区域,所以一个会抑制另一个转录,

因此一个不能在另一个形成的溶原菌中繁殖。见 Heterommune。

Homologous protein(同源蛋白质):由共同原始基因衍生而来基因所编码的蛋白质。

Homologous recombination(同源重组):在两个 DNA 分子间交换 DNA 序列,主要发生在两个同源染色体的竞争性位点或远端同源碱基序列附近。同源重组还可以发生在染色体与染色体外元件之间,结果会使后者带有近乎完整的互补序列,这也是基因取代技术的基础。

Homologs(同源染色体):一条来自父本,一条来自母本,且形态、大小相同,在减数分裂前期互相配对的染色体。

Homomultimer(同源多聚体):一个蛋白由不止一条多肽链组成,这些多肽链又完全相同,因为它们是由相同基因编码而来。

Host range(宿主范围):能够被特定噬菌体感染的不同细菌谱。

Hot spot(热点):基因或染色体中突变或重组发生频率比一般部位高得多的序列。

Hsp10(热休克蛋白 10):真细菌、叶绿体和线粒体中发现 10ku 的热激蛋白,是 Hsp60 的辅助伴侣分子,形成桶体的帽子,使变性蛋白在其中发生折叠,细菌中典型的代表是 GroES。

Hsp60 chaperonin(Hsp60 伴侣蛋白):进化中高度保守的 60ku 热休克诱导分子伴侣蛋白,存在于真细菌、叶绿体和线粒体中,细菌中的典型代表是 GroEL。

Hsp70(热休克蛋白 70):进化中高度保守 70ku 热休克诱导分子伴侣蛋白,细菌中的 DnaK 就属于此类蛋白。

Hybridization(杂交):在基因工程中,从两条互补的单链形成双链分子的过程。杂交实验用于检测两个不同核酸分子序列是否同源性。

Hybridization probe(杂交探针):利用标记核酸分子作为探针鉴定与其互补或同源性的技术。

Hypoxanthine(次黄嘌呤):由腺嘌呤脱氨基后衍生而来的嘌呤碱基。

IF2:见 Initiation factor 2。

IMM:见 Interpolated Markov model。

IMP:见 Inner membrane protein。

Incompatibility(不相容性):对于一个特定的质粒,在无外界选择压力下,由于共存的另一个质粒影响,抑制了该质粒的复制和遗传的现象。

Incompatibility (Inc) group(不相容性组):一类质粒,它们干扰彼此的复制和分离,所以不能稳定地存在于相同类型细菌的后代中。

Induced mutations(诱变):因诱变剂引发的突变。

Inducer(诱导物):一种化学效应因子,可诱导特定基因的转录。

Inducer exclusion(诱导物排阻):通过抑制细胞膜转运,使操纵子诱导物被截留在细胞之外的过程。通常一种可高效利用的糖如葡萄糖,能抑制另一些不能被高效利用的糖如乳糖转运的过程。

Inducible(可诱导的):操纵子通过诱导物提高转录水平的一种方式。

Induction(诱导作用):阻遏基因或操纵子表达的激活作用。激活的可能途径是,代谢物结合到活性阻遏蛋白上,改变其构象,阻遏蛋白从操作子基因上解离,邻近基因得以转录。

In-frame deletion(阅读框删除):删除发生在阅读框中,删除的碱基数是 3 个碱基的倍数,所以不造成移码突变,由于这种删除突变没有极性,仅从蛋白中删除部分结构域,所以具有特殊用途。

Initiation-codon(起始密码子):信使 RNA(原核细胞:AUG,GUG;真核细胞:AUG)中能够起始多

肽链合成的三核苷酸。细菌中的起始密码子编码 N－甲酰甲硫氨酸,真核细胞中编码甲硫氨酸。N－甲酰甲硫氨酸在翻译后通常被切除。

Initiation factor 2(起始因子2):在起始 mRNA 分子翻译中所包括的一系列具有催化功能的一种蛋白质,在大肠杆菌中,IF2 介导甲酰甲硫氨酰－tRNA 结合到 30S mRNA 起始复合体上。

Initiation transcription complex(起始转录复合体):由 RNA 聚合酶全酶、σ 因子、启动子和第一个核苷三磷酸构成的复合体。

Injectisome(注射器):见 Type Ⅲ secretion system。

Injectosome(注射体):革兰阳性菌中针状结构,能将蛋白质通过细菌的细胞膜和细胞壁直接注入真核细胞。

Inner membrane protein(内膜蛋白):革兰阴性菌中处于细胞膜上的蛋白质。

Insertional inactivation(插入失活):由于外源 DNA 的插入使编码区中断,导致基因功能丧失。插入失活使选择转化后重组体变得更容易。

Insertion element(插入元件):在原核生物中的一种最简单的转座因子,它插入基因后使基因失活,不带有抗性基因。

Insertion mutation(插入突变):因外源 DNA 插入引起 DNA 序列的中断。某些化学试剂(如吖啶类染料)能够引起单个碱基对的插入,而当转座子或插入序列发生整合时,等同于一个更长的插入突变。其中任何非 3 个碱基或 3 的整倍数碱基的插入可导致移码突变。在这些情况下,插入要么导致原来 DNA 功能丧失,要么导致先前有缺陷的 DNA 回复。

Insertion sequence element(插入序列元件):见 Insertion element。

Integrase(整合酶):催化 DNA 序列切割、整合及位点专一性重组的酶。

Integron(整合子):细菌的一个可移动元件,包含一个整合酶基因和一个基因盒的整合位点(attT)。

Intein(内含肽):在蛋白质剪切过程被切除的前体蛋白质中氨基酸序列。从前体蛋白质的 N 端开始,不同的蛋白质内含子被记为 intein－1、intein－2 等。

Intergenic(基因间的):在不同的基因上。

Intergenic suppressor(基因间阻遏子):一种基因突变抑制另一个基因突变的表型,而这两个基因在不同的位置。

Internal fragments(内部片段):由限制性内切酶对含有转座子或其他 DNA 插入元件进行剪切得到的片段,这些片段完全是 DNA 元件不包括插入元件的连接部分。

Interpolated Markov model(内插马尔科夫模型):隐马尔科夫模型的一种类型,用于以已知生物序列为基准,对特殊生物基因进行定位。

Interstrand cross－links(链间交联):双链 DNA 分子中两条互补双链间的共价化学键。

Intervening sequence(干扰序列):即内含子,基因内部不编码,在成熟 mRNA 中被切除。

Intragenic(基因内的):在相同基因中。

Intragenic complementation(基因内互补):同一基因内两个不同突变互补导致表型正常。

Intragenic suppression(基因内抑制):同一基因内第二个突变导致第一个突变造成的表型变化部分或完全回复野生型的过程。

Intron(内含子):基因内部不编码,在成熟 mRNA 中被切除。

Inversion junctions(倒位连接):一个片段从染色体或染色单体中被切除,反转180°,以相反方向重新插入切除点或另一位置,使原有正常序列遭到破坏(断裂愈合)。

Inversion mutation(回复突变):较长DNA中某段DNA序列,反转180°,以相反方向重新插入,使原有正常序列遭到破坏,该突变通常在同源重组时反向发生在同一分子中的反向重复序列间。

Inverted repeat(反向重复):碱基序列相同但方向相反的序列,常存在于转座子的两端。

Invertible sequence(可颠倒序列):DNA中一段可以经常颠倒的序列,位点特异性重组酶蛋白促使该序列两端反向重复序列发生重组。

In vitro mutagen(体外诱变剂):一类仅与纯DNA、病毒或噬菌体发生作用的诱变剂,因为它不能进入细胞或太活跃,在还未接触到DNA时就被破坏,所以不能用于对完整细胞的诱变。

In vitro packaging(体外包装):指在体外,把连接有外源DNA的噬菌体DNA或黏粒DNA包入一个完整的噬菌体头部颗粒。

In vivo mutagen(体内诱变剂):一种能进入完整细胞内,并使其DNA发生突变的诱变剂。

IS element(IS元件):见Insertion element。

Isogenic(等基因的):一种生物的不同菌株,除了一个小区域基因的差别外,在基因水平上几乎相同。

Isolation of mutants(突变子的分离):从数目众多的其他突变子和野生型菌株中获得某种类型突变体纯种培养物的过程。

Isomerization(异构化作用):不打断任何化学键,仅是改变分子的空间构型。在DNA重组中是指DNA在Holliday叉处发生旋转,从而使另一些链通过。

Iteron sequences(重复子序列):质粒上短的DNA序列在原来的位置上重复许多次,与Rep蛋白结合促进质粒发生偶联,从而调控质粒复制。

Junction fragments(连接片段):切割转座子DNA上或其他DNA元件时产生的片段,在这个片段中不仅含有部分DNA元件序列,还含有插入位置两侧的部分序列。

KEGG map (Kyoto encyclopedia of genes and genomes)[KEGG作图(京都基因和基因组百科全书)]:自动重建某种生物代谢途径数据库,见http://www.genome.adijp/kegg2.html。

Kinase(激酶):这是一系列可以催化ATP磷酸基团转移的酶,该酶使磷酸基团转移到蛋白质的丝氨酸、苏氨酸或酪氨酸羟基上或DNA、RNA分子5'端的羟基上。

Kleisins(压缩蛋白):结合至压缩蛋白上的蛋白,帮助压缩蛋白结合到DNA上并对DNA进行压缩。

Knockout mutation(敲除突变):指在基因内插入一段DNA序列而使该基因失活。该方法可打断正常基因编码顺序。

Lagging strand(后随链):在DNA复制中,合成方向与复制叉移动方向相反的链。

Late gene(晚期基因):指仅在细胞或病毒生活周期的最后阶段被表达出来的基因。

Lawn(菌苔):在琼脂平板的表面长满了一层细菌。

Leader region or sequence(前导区或序列):mRNA 5'端非编码序列。

Leading strand(前导链):在DNA复制时,合成方向与复制叉移动方向相同的链。

Leaky mutation(渗漏突变):保留部分功能的突变,实质上是产生了亚失效突变基因。

Lep protease(Lep蛋白酶):当分泌蛋白从SecYEG通道或Tat途径中分泌出来时,将信号肽从分

泌蛋白上剪切下来的酶。

Lesion(损伤)：化学物质对 DNA 分子的碱基、糖或磷酸造成的改变。

Linked(连锁)：在 DNA 中紧密相邻的两个遗传标记，发生基因重组时比别的任意分布的两个遗传标记更难分离的现象。

Locus(基因座)：染色体上一个基因或者标记的位置。位点有时特指 DNA 上有功能表达的部分。

Low multiplicity of infection(低倍感染)：在病毒或噬菌体感染细胞时，细胞的数目等于或超过病毒和噬菌体的数目，大部分细胞不会被感染，或者感染的细胞其体内仅有一个或很少病毒的现象。

Lysis(裂解)：细胞的破坏，尤其是感染了病毒颗粒后细胞的破坏，伴随着子代病毒的释放。细胞裂解也可在酶的催化下发生。

Lysogen(溶原菌)：温和噬菌体的染色体插入宿主染色体中，噬菌体以原噬菌体状态存在。

Lysogenic conversion(溶原转化)：对于温和噬菌体来说其生活周期有两种，一种是溶原状态，一种是裂解状态，两种状态在不同条件下交替进行。

Lysogenic cycle(溶原期)：温和噬菌体的染色体插入宿主染色体中，噬菌体以原噬菌体状态存在。

Macromolecule(大分子)：大的多聚物，如 DNA、蛋白和多糖。

Major groove(大沟)：B 型 DNA 中以氢键互补配对的两条 DNA 分子中，糖 – 磷酸骨架沿螺旋轴方向的间隔距离并不相等，相应的两条链间隔较远就形成了所谓的大沟，大沟中核苷酸内碱基环上原子的立体分布增大了形成氢键的可能性。因此，推测 DNA 结合蛋白主要识别沿大沟分布的碱基。

MALDI(matrix – assisted laser desorption ionization)(基质辅助激光解吸附离子化)：首先把 DNA 样品包埋入一种基质中，然后用短波长的脉冲激光使其汽化，然后把 DNA 样品释放到气相中，由于基质分子的冲击，DNA 样品离子化。主要用于测定 DNA 序列的质量。

Male bacterium(雄性细菌)：带有自主转移质粒或其他接合元件的细菌或菌株。

Male – specific phage(雄性专一性噬菌体)：这种菌体专门感染携带有自主转移质粒的细菌，因为这种质粒能产生性菌毛被噬菌体用作吸附位点。

Maltotriose(麦芽三糖)：由 α – 1,4 糖苷键连接的三个葡萄糖分子链。

Map expansion(图谱扩展)：基因连锁的一种现象，由于超强的重组使原先比较近的连锁变得似乎比较远，原因在于热点部位发生重组或一些错配部位发生错配修复。

Map unit(图距单位)：用来计算遗传图上的两个座位之间距离的单位。两个基因之间的交换频率为 1% 就是一个图距单位。

Marker effect(标记效应)：突变位点和遗传标记的基因连锁因突变类型的不同而各异的现象，其中错配修复的优先顺序不同。

Marker rescue(标记援救)：用基因直接转移技术将基因转入某宿主，然后从转基因宿主中重新分离遗传标记。标记援救可以检测基因转移入宿主或与宿主基因整合时发生的标记变化，如缩短、缺失、倒位、重排。

Mass spectrometry(质谱)：基于分子的质荷比(m/z)，测定离子丰度的一种分析方法。

Maxam – Gilbert sequencing(Maxam – Gilbert 测序)：由 Allan Maxam 和 Walter Gilbert 提出，他们采用不同的化学试剂使已标记的 DNA 中特异核苷酸的糖苷键断裂，然后水解 AP 位点使磷酸二酯键断裂经电泳和放射自显影读出 DNA 的顺序。

Membrane protein(膜蛋白)：部分停留在细胞膜或紧紧与细胞膜结合的蛋白质。

Membrane topology(膜拓扑学):膜蛋白在膜和膜的两个表面上的不同分布。在革兰阴性菌的内膜上,膜拓扑学是指膜蛋白哪些结构域在细胞质中,哪些在细胞周质中,哪些贯穿于整个细胞膜。

Merodiploid(部分二倍体):只接受一部分供体染色体的F⁻受体细胞。

Messenger RNA(信使RNA):含有编码信息的mRNA,是蛋白翻译的模板。

Methionine aminopeptidase(甲硫氨酸氨肽酶):一种从新合成的多肽上移除甲硫氨酸 N – 末端的酶。

Methyl – directed mismatch repair system(甲基化错配修复系统):肠道细菌中错配修复系统,能够识别新复制出的DNA上的错配,并重新合成新链,它与旧链的区别是该链没有在原先应该半甲基化的GATC序列处发生甲基化。

Methyltransferase(甲基转移酶):催化甲基从 S – 腺苷酰 – L – 甲硫氨酸转移到一个底物的酶。

Microarray(微阵列):不同的cDNA、DNA片段、基因、寡核苷酸或开放阅读框以极高的密度有序地排列在固体支持物上。这样的微阵列越来越多地用于高通量表达图谱分析。

Migration(迁移):群体间个体的流动或基因交流的过程。

Mini – Mu(小Mu):缩短的Mu噬菌体DNA,原先的Mu噬菌体DNA大部分被删除,仅留下反向重复末端、转座酶基因,使之在没有野生噬菌体Mu的帮助下不能完成复制和包装,在小Mu中还可以插入抗生素基因和某种质粒的复制起点。

Minor groove(小沟):B型DNA中以氢键互补配对的两条DNA分子中,糖 – 磷酸骨架沿螺旋轴方向的间隔距离并不相等,相应的两条链间隔较近就形成了所谓的小沟。

Minus (–) strand(负链):在单链DNA病毒中,该链同正链互补并能转录出mRNA。

–10 sequence(–10序列):6碱基DNA的共有序列5′–TATAAG–3′,位于原核细胞结构基因转录起始位点上游大约10bp处,作为大肠杆菌RNA聚合酶σ因子的结合位点。

–35 sequence(–35序列):在细菌σ⁷⁰–型启动子中,位于转录起始位置–35bp处的序列,共有序列为TTGACA/AACTGT。

Mismatch(错配):在DNA双链分子中出现不正确的碱基配对。这样的错配由复制错误或修复系统引发,是突变的根源。

Mismatch repair system(错配修复系统):清除DNA上发生错配碱基的途径,首先降解掉带有错配的碱基,用合成的含有正确碱基对的新链取代错配链。

Missense mutation(无义突变):一种突变使某个密码子改变成编码另一种氨基酸的密码子。

mob genes(*mob* 基因):位于可移动DNA元件上的基因,可以通过自主转移元件,如自主转移质粒移动,它们通常编码Dtr(DNA转移)功能和偶合蛋白,后者能与自主转移元件中的Mpf系统交流。

Mobilizable DNA element(可移动DNA元件):可移动的遗传因子。

Mobilization(移动):不能发生自主转移的移动DNA元件,通过自主转移元件结合功能转移至其他细胞中的过程。

mob region(Mob区):DNA上带有转移起始位点(*oriT* 序列)的区域,其基因产物允许质粒或其他DNA元件通过自主转移元件转移。

MOI:见Multiplicity of infection。

Molecular genetic techniques(分子遗传学技术):在试管中对DNA进行操作,然后将其转入细胞中的方法。

Moron gene(Moron 基因):噬菌体基因的一种,它的来源不清楚,带有自己的启动子转移至噬菌体DNA 中。

Mother cell(母细胞):一个能分裂或分化为新细胞或孢子的细胞。

Motif(基序):一段短的、保守的核苷酸或氨基酸序列,通常具有相似的功能。

Mpf component(Mpf 成分):在交配对形成过程中,自主转移质粒的 *tra* 基因产物,能通过形成的菌毛与另一个细胞接触并将 DNA 以结合方式转移给另一个细胞。还有偶合蛋白,它能与 Dtr 成分交流。

mRNA(信使 RNA):携带遗传信息,在蛋白质合成时充当模板的 RNA。

MS:见 Mass spectrometry。

Multigene family(多基因家族):一组密切相关的由同一祖先基因经重复和突变而产生的一套基因。它们可以在同一条染色体上成簇出现或者分散于基因组中。多基因家族的大多数成员都保留有广泛的同源编码区,但在内含子与启动子区域有所分化。

Multimeric protein(多亚基蛋白):由两个或更多个相同或不同的亚单位组成的蛋白质。

Multiple cloning site(多克隆位点):含有多个限制性酶切位点。

Multiplicity of infection(感染倍数):在感染细胞中,病毒或噬菌体与被感染细胞的比值。

Mutagen(诱变剂):一种能增加突变率的试剂。

Mutagenic repair(产生诱变的修复):修复 DNA 损伤的一种途径,但在修复好之后使 DNA 原有序列发生改变。

Mutagenic treatments or chemicals(诱变处理或化学诱变剂处理):采用诱变处理或使用化学诱变剂造成 DNA 损伤,从而产生突变的方法。

Mutant(突变体):发生突变的细胞或个体。

Mutant allele(突变等位基因):任何和野生型基因不同的基因。

Mutant enrichment(突变体富集):在培养中增加突变体数目的步骤。

Mutant phenotype(突变体表型):突变体区别于野生型的特征。

Mutation(突变):除重组外任何使遗传物质发生改变的过程。

Mutation rate(突变率):在每个单位时间(如每个世代)细胞发生突变的数。

Narrow host range(窄宿主范围):仅包括较少的相近的细胞类型,DNA 元件能进入其中并复制。

Natural competence(天然感受态):某些类型细菌在没有化学物质或其他方式处理时在生长周期的某个阶段具有吸收 DNA 的能力。

Naturally transformable bacteria(天然转化细菌):某些细菌在生长周期的某个阶段进入天然感受态状态,可以吸收 DNA。

NBU elements(NBU 元件):见 Nonreplicating *Bacteroides* units。

Negatively supercoiled(负超螺旋):共价闭合环状的双链 DNA 分子的螺旋与它的双螺旋方向正好相反(也就是左手螺旋方向)。

Negative regulation(负调控):由终止或关闭转录的因子介导的调控。

Negative selection(负筛选):是指筛选转化子的过程,由于含有转化子细胞的一个或多个特殊功能丧失,所以能够检测这种转化子的过程。

Nicked DNA(带切口的 DNA):含有至少一个单链缺口的开环 DNA 分子,不能形成超螺旋,但可形成一个松弛型构型。

Nonreplicating *Bacteroides* units(非复制拟杆菌属单位):在拟杆菌属细菌染色体中发现的 DNA 元件,能被接合转座子移动。

Noncomposite transposon(非复合型转座子):该类型转座子的转座酶基因和反向重复末端包括在小的可转座元件中,不是可自主转移 IS 元件。

Noncovalent change(非共价键改变):分子中任何不涉及化学键的断裂,而仅涉及分子中电子轨道的分享。

Nonhomologous recombination(非同源性重组):两个 DNA 分子断裂后重新组成新的分子,而不需要两个 DNA 分子重组区域具有相似的序列。

Nonpermissive conditions(非允许条件):不能让条件致死突变体存活的培养条件。

Nonpermissive host(不允许宿主):突变噬菌体或病毒不能在其中繁殖的宿主,而野生型噬菌体或病毒却能在其中繁殖。

Nonpermissive temperature(不允许温度):在此温度下野生型细菌或病毒能繁殖,而突变细菌或病毒却不能繁殖。

Nonselective(非选择的):在某种培养基或培养条件下,野生型和突变菌株都能繁殖。

Nonsense codon(无义密码子):链的终止密码子。

Nonsense mutation(无义突变):基因发生突变,使编码区中的某个密码子变为无义密码子。

Nonsense suppressor(无义抑制因子):在反密码子内发生突变而能够识别无义密码子的 tRNA。所以,特异性多肽合成能够通过终止密码子而延伸,使无义密码子被抑制了。

Nonsense suppressor tRNA(无义抑制子 tRNA):tRNA 的基因发生突变,在翻译过程中,能与 mRNA 上的一个或多个无义密码子结合,因此在无义密码子位置处插入氨基酸。此类型突变通常能改变 tRNA 上的反密码子。

Northern blotting(Northern 印迹):和 Southern 印迹技术相似的技术,不同的是其用来分析 RNA 而不是 DNA,将电泳的 RNA 转移到膜上,供探针杂交。

N – terminal amino acid(*N* – 端氨基酸):在多肽链中,此氨基酸的 NH_2 基不与其他氨基酸通过肽键连接。

N terminus(*N* – 端):一种蛋白质的末端,在那里的 NH_2 基不形成肽键。多肽合成从这一端开始。

Ntr (nitrogen regulation) system(Ntr 氮素调节系统):调控许多对氮素发生响应操纵子的全局调节系统。

Nuclease(核酸酶):催化核酸分子中磷酸二酯键的水解使其降解的任何酶。

Nucleoid(类核):细菌细胞质中的 DNA 团,由支架蛋白和四周的 100 个 DNA 环构成。

Nucleoid core(类核核心):类核的中心,其成分还不清楚。

Nucleoid occlusion(类核排阻):细胞分裂时隔膜形成受阻,类核仍然占据隔膜应该所处的位置。

Nucleotide excision repair(核苷酸剪切修复):DNA 损伤修复的一种,损伤的核苷酸全部被切除,而不仅仅是受损碱基被切除。

Null mutation(无效突变):突变后的基因不能合成产物或产物无功能。

Ochre codon(赭石密码子):无义密码子 UAA。

Ochre mutation(赭石突变):一个碱基置换使得一个特定氨基酸的密码子转变为终止密码子 UAA。通常这样一个突变将导致多肽合成的过早终止和非正常短肽的形成。

Ochre suppressor(赭石抑制基因):编码 tRNA 的基因发生突变,使它可以识别终止密码子 UAA,造成一个氨基酸插入到延长的多肽链的终止位点。

Okazaki fragment(冈崎片段):在 DNA 不连续复制中,后随链上先合成的 ss DNA 片段,然后由这些片段连接成连续的 DNA 链。

Oligopeptide(寡肽):仅有几个氨基酸构成的短的多肽链。

OMP:见 Outer membrane protein。

Opal codon(乳白密码子):终止密码子 UGA。

Opal mutation(乳白突变):将一个密码子改变为终止密码子 UGA(乳白密码子)的突变。

Opal suppressor(乳白抑制基因):编码突变转移 RNA 的一类基因,它的反密码子可识别终止密码子 UGA,并且允许继续合成多肽。

Open complex(开放复合体):RNA 聚合酶在 DNA 双链分开后的启动子上结合构成的复合物。

Open reading frame(开放阅读框):在 DNA 片段中一种潜在的蛋白编码序列,它具有起始密码子、终止密码子和两者之间的密码子。

Operator(操作基因):在操纵子中,与启动子相连的调节位点,可供反式调节蛋白(如阻遏蛋白)识别结合来调节原核基因的转录。

Operon(操纵子):原核生物多个相邻顺反子组成一个转录单元,在一个共同的操纵区控制下合成一个多顺反子信使 RNA。

Operon model(操纵子模型):由 Jaco 和 Monod 两人提出了乳糖操纵子模型,该操纵子的结构基因转录受到操纵子上结合的 LacI 阻遏物的抑制,从而阻碍 RNA 聚合酶与操纵子区域结合。如果出现乳糖诱导物,它与 LacI 阻遏物结合,改变其构型使之不能继续与操纵子结合,从而结构基因得以转录。

ORF(开放阅读框):在 DNA 片段中一种潜在的蛋白编码序列,它具有起始密码子、终止密码子和两者之间的密码子。

oriC(复制起始位点 C):复制子上起始染色体复制的序列。

Origin of replication(复制起始区):原核生物染色体上的特异区域,它是 DNA 复制蛋白的识别和结合区域,复制也是从此区域开始进行的。

Orthologs(直系同源):在两个不同基因组中具有相似序列和相同功能的两个或多个基因,它们是一个共同祖先序列的直接后代。

Outer membrane protein(外膜蛋白):革兰阴性菌外膜上的蛋白。

P site(P 位点):核糖体上供肽酰 tRNA 结合的位点。

pac site(*pac* 位点):噬菌体 DNA 中开始包装至噬菌体头部的 DNA 序列。

Packaging site(包装位点):见 *pac* site。

PAI:见 Pathogenicity island。

Papilla(乳突):细菌菌落中与其他菌落不同的部分。

Par function(Par 功能):与质粒分离有关的位点或基因产物。

Paralogs(同源基因):有共同祖先复制而来的基因,它们通常具有明显的功能,并且功能相似。

Parent(亲本):在遗传杂交实验中两个菌株的其中之一。

Parental types(亲本类型):遗传杂交中与两亲本之一在遗传上相同的后代个体。

Partial digest(部分降解):限制性内切酶酶解 DNA 时,所有酶切位点并没被全部切开,可能是酶量

过少,或者酶解时间偏短。

Partial diploid(部分二倍体):细菌中含有两部分基因组,通常因为细菌中质粒或原噬菌体上含有一些细菌 DNA,也称为局部合子。

Partitioning(分离):质粒或染色体等复制子在细胞每分裂一次时,至少有一个拷贝进入到子代细胞中。

Pathogenicity island(致病岛):整合在致病性细菌染色体中的 DNA 元件,与细菌的致病性有关。致病岛是整合性元件基因岛的一个亚类。

PCR:见 Polymerase chain reaction。

Peptide bond(肽键):连接两个氨基酸的键。

Peptide deformylase(肽脱甲酰基酶):一种能从新合成的多肽链上甲酰甲硫氨酸的氨基末端除去甲酰基的酶。

Peptidyltransferase(肽基转移酶):具有 23S rRNA 核酶活力(真核生物中是 28S rRNA),在增长的多肽链羧基与新加入氨基酸的氨基之间形成肽键。

Peptidyl tRNA hydrolase(肽基 tRNA 水解酶):从 tRNA 上清除多肽的酶。

Periplasm(周质):革兰阴性菌内外膜间的部分。

Periplasmic domain(周质结构域):膜蛋白在细胞周质中所处的位置。

Periplasmic protein(周质蛋白):处于周质中的蛋白。

Permissive conditions(允许条件):在条件突变下显示出野生型表型的环境条件。

Permissive host(允许宿主):允许某种突变病毒在其中增殖的菌株。

Permissive temperature(允许温度):在此温度下包括温度敏感型突变体(或冷敏感型突变体)和野生型都能繁殖。

Phage(噬菌体):一种以细菌为宿主细胞的病毒。

Phage genome(噬菌体基因组):包装在噬菌体头部的,包括噬菌体基因的 DNA 或 RNA。

Phase variation(相变):细菌表面的一个或多个抗原发生回复突变,其突变频率比正常的突变频率高。

Phasmid(噬粒):杂交 DNA 元件,同时含有质粒和噬菌体序列。

Phenotype(表型):一个生物体(或细胞)可以观察到的性状或特征,是特定的基因型和环境相互作用的结果。

Phenotypic lag(表型迟滞):DNA 上发生突变后,表型改变延迟发生的现象。

Phosphate(磷酸盐):带有划线基团磷酸根的盐。

Photolyase(光解酶):一种能利用可见光能量将 DNA 中的丁烷嘧啶二聚体切开使之回复原来嘧啶状态的酶。

Photoreactivation(光反应):细菌细胞发生 DNA 损伤后暴露在可见光中,其存活率高于处于黑暗中的细胞。因为光降解酶能使嘧啶二聚体回复至嘧啶单体。

Physical map(物理图谱):物理图谱描绘 DNA 上可以识别的标记位置和标记之间的距离(以碱基对的数目为衡量单位),这些可以识别的标记包括限制性内切酶的酶切位点、基因等。

Pilin(菌毛蛋白):形成菌毛结构的蛋白。

Pilus(性菌毛):F 因子使细菌表面长出 2~3 根性菌毛,长 2~3mm,外径 8nm,内径 2nm,用来和

F⁻细菌接合,或被单链 DNA 噬菌体吸附,但不能为 DNA 的转移提供通道,DNA 的转移可能通过膜上的蛋白形成的孔道。

Plaques(噬菌斑):由于噬菌体裂解在菌苔上形成的圆形区域。

Plaque purification(噬菌斑纯化):通过稀释和平板涂布的方法分离单个的噬菌体,每个噬菌斑中仅有一个噬菌体的多个后代。

Plasmid(质粒):核外的遗传因子,由双链 DNA 组成,可自我复制。

Plasmid incompatibility(质粒不相容性):又称质粒不亲和性。同一类型质粒不能在同一细胞中并存的现象。

Pleiotropic mutation(多效突变):使不同性状发生改变的突变。

Plus(＋)strand(正链):与模板链互补的链,即基因中编码蛋白质的那条链。

Poisson distribution(泊松分布):计算某种条件下事件发生几率的数学分布,是根据首先推导出这个分布的数学家的名字命名的。

Polarity(极性):一个操纵子中与操纵基因邻接的结构基因的突变体,可以影响操纵子中后面几个结构基因的蛋白质合成数量,并具有由近及远而递减的极性梯度效应。

Polycistronic mRNA(多顺反子 mRNA):一条 mRNA 编码多个蛋白。

Polyclonal site(多克隆位点):见 Multiple cloning site。

Polymerase chain reaction(多聚酶链式反应):一种扩增 DNA 的方法,可在混合的 DNA 中特异地扩增靶序列。

Polymerization(聚合反应):小分子互相连接形成更长分子链的反应。

Polymerizing(聚合):小分子连接起来形成的一条链的过程。

Polymorphism(多态性):在比较相近菌株中 DNA 序列间的差异。

Polypeptide(多肽):氨基酸通过肽键结合形成的长链,多肽是单个基因的产物。

Porin(孔蛋白):革兰阴性菌外膜上形成 β-桶状通道的蛋白。

Positive regulation(正调控):由转录诱导物启动转录的一种使目的基因表达量上调的调节方式。

Positive selection(正选择):仅期望的突变体或特殊的重组类型才能繁殖的选择条件。

Positively supercoiled(正超螺旋):DNA 分子中两条链每次缠绕超过 10.5bp 形成的双螺旋。

Postreplication repair(修复后翻译):见 Recombination repair。

Posttranscriptional regulation(转录后调控):基因表达调控发生在 mRNA 从基因上转录之后,如 mRNA 翻译后期调控。

Posttranslational translocation(翻译后转座):经翻译形成的蛋白质在 Tat、SecB 和 SecA 介导下通过细胞膜的转座,这种类型转座仅限于那些定位于周质、外膜或细胞外蛋白质的转座。

Precise excision(精确切除):从 DNA 上清除转座子或其他外源 DNA 元件,回复原来 DNA 序列的剪切方式。

Precursors(前体):用于聚合反应中合成聚合物的较小分子。

Presecretory protein(分泌前期蛋白):分泌蛋白在翻译后,其信号序列仍然依附其上的状态。

Primary structure(一级结构):RNA 上核苷酸的顺序或多肽链上氨基酸的顺序。

Primase(引物酶):DNA 复制中催化合成引物 RNA 的酶。

Prime factor(撇因子):携带细菌染色体一段序列、能发生自主转移的质粒。

Primer（引物）：DNA 合成时，任何 DNA 聚合酶都不能从头开始，而只能在 3′羟基上延伸 DNA，因此必须存在短片段的 DNA 或 DNA 结合在模板上为合成提供 3′羟基，这就是引物。

Primosome（引发体）：大肠杆菌的引物酶、解旋酶和其他一些多肽在一起构成引发体，催化 DNA 合成的起始。

Probe（探针）：在分子杂交中用以检测特异序列的标记 DNA 片段。

Prokaryotes（原核细胞）：细胞没有核膜，如细菌和蓝藻的细胞。

Prolyl isomerase（脯氨酰异构酶）：通常与分子伴侣一起，催化脯氨酸由一种构型转变为另一种构型的酶。

Promiscuous plasmid（泛主质粒）：可在多种宿主间传递的质粒。

Promoter（启动子）：基因 5′端的转录调控区，是 RNA 聚合酶识别和结合的特异区域。

Prophage（原噬菌体）：整合在宿主染色体中的噬菌体，这种状态的噬菌体称为原噬菌体。

Protein disulfide isomerase（蛋白质二硫异构酶）：氧化多肽链上的半胱氨酸的疏基，使半胱氨酸间形成二硫键的酶。

Protein export（蛋白质输出）：蛋白质通过细胞膜向外转运。

Protein secretion（蛋白质分泌）：通过细胞膜将蛋白质转运至细胞外的过程。

Proteome（蛋白质组）：由一个基因组所表达的全部相应的蛋白质。

Proteomics（蛋白质组学）：研究细胞内全部蛋白质的组成、结构与功能的学科。

Pseudoknot（假结）：在 RNA 三级结构中，碱基在氢键作用下连接形成的环状。

PSI - BLAST（PSI - 局部序列比对）：对重复序列进行比对，目标是找出潜在的功能相近的蛋白质家族，该程序基于相近的序列会出现在共有的序列类型中。

Purine（嘌呤）：一种含氮的单环结构物，是核苷酸的重要组成部分，有腺嘌呤 A 和鸟嘌呤 G 两种。

Pyrimidine（嘧啶）：一种含氮的双环结构，是核苷酸的重要组成部分，分为胞嘧啶 C、胸腺嘧啶 T 和尿嘧啶 U 三种。

Pyrimidine dimer（嘧啶二聚体）：DNA 损伤的一种类型，两个相邻的嘧啶通过共价键连接。

Quantitative reverse transcriptase PCR（Q - RT - PCR）（定量反转录酶 PCR）：定量测定细胞中某种 RNA 含量的方法。首先在反转录酶作用下，以细胞中的 RNA 为模板制备 cDNA，在 cDNA 与 RNA 的线性范围内，根据 PCR 合成的 cDNA 的浓度，确定那种 RNA 的量。

Quaternary structure（四级结构）：蛋白质所有多肽链的三维结构，以及每个肽链如何缠绕形成蛋白质。

Random gene fusion（随机基因融合）：转座子诱变技术用于将报告基因融合至染色体的不同区域，含有报告基因的转座子跳至染色体任意位置，导致转座子插入突变体的出现。转座子上的报告基因可以与不同的基因发生转录融合或翻译融合。

Random - mutation hypothesis（随机突变假说）：生物体适应环境的一种假说，该假说指出，突变是随机的，不受突变结果的影响，但如果突变后环境对突变体有利，则突变体会更适合存活和繁殖。

Random shotgun sequencing（随机鸟枪测序）：对较长 DNA 链测序的方法，首先通过机械剪切力将长的 DNA 分子随机打断成较小的片段，然后对小片段进行复制和测序，再借助计算机将重叠的序列进行比对、排序，得出连续的序列。

RBS finder（翻译起始区查找器）：一种用于找出真细菌和古菌基因组中翻译起始区的运算方法，

通常在 Glimmer 软件应用之后,对得到的基因,通过 RBS finder,找出与核糖体结合的序列。

RC plasmid(RC 质粒):见 Rolling – circle plasmid。

Reading frame of translation(翻译阅读框):以核苷酸三联体方式读取核酸序列的翻译信息。

Rec⁻(recombination – deficient) mutation[Rec⁻(重组缺失)突变]:与重组有关的 rec 基因突变菌株,表现为发生基因重组的能力减弱。

Recessive mutation(隐性突变):在互补实验中,不表现出突变表型,而是表现野生型等位基因表型。

Recessive phenotype(隐性表型):突变体或其他遗传标记呈现的表型,而在二倍体中由于此区域含有野生型基因,所以一般不显示其表型。

Recipient allele(受体等位基因):在受体细胞中出现的一个基因或等位基因的序列。

Recipient strain(受体菌株):在两个细菌菌株进行遗传杂交时,从另一细菌菌株中接受 DNA 的细菌菌株。

Reciprocal cross(反交):若以 A 为母本、B 为父本的杂交称为正交,以 B 为母本、A 为父本的杂交称为反交。

Recombinant DNA(重组 DNA):在试管中两个不同源的 DNA 分子彼此连接,形成的一个 DNA 分子。

Recombinant type(重组体类型):通过重组产生的不同于亲本基因型的个体或细胞。

Recombinase(重组酶):特异性识别 DNA 分子中两段序列,并能切断和重新连接使之发生序列交换的酶。

Recombination(重组):由于独立分配或交换在后代中产生新的基因组合。

Recombination frequency(重组频率):重组细胞或个体的比例。

Recombination repair(重组修复):通过重组酶类进行重组的过程来修复 DNA 的损伤。

Redundancy(冗余):在基因组中含有多份拷贝的 DNA 序列及重复序列。

Regulation of gene expression(基因表达调控):对一个基因活性产物合成速率的调控,所以活性基因产物的合成速率不同,这主要有赖于细菌所处的不同发育阶段。

Regulatory cascade(调节级联):基因表达调控的一种方式,在发育过程中,某一阶段的基因产物表达会开启下一阶段的基因表达,而关闭前一阶段的基因表达。

Regulatory gene(调节基因):与结构基因的打开和关闭有关的基因。

Regulon(调节子):由一个调节基因和几个操纵基因构成的一个代谢调节系统。

Relaxase(松弛酶):自主转移或运动性质粒的一种蛋白质,能在 oriT nic 位点切开链,并连接到切口的 5′端,分泌至受体细胞中,在受体细胞中再将切口重新连接起来。

Relaxed control(松弛控制):质粒的复制不受宿主染色体复制过程的严格控制。

Relaxed DNA(松弛 DNA):呈非超螺旋状态的环状 DNA 分子。

Relaxed plasmid(松弛质粒):细菌内复制不受严格控制的质粒。

Relaxed strain(松弛菌株):在缺乏氨基酸状态下,仍然连续合成 rRNA 或其他稳定 RNA 的菌株。这些菌株的 relA 基因发生突变,使 RelA 酶失活,所以在氨基酸缺乏时也不会合成 ppGpp。

Relaxosome(松弛体):供体细胞中自主转移或运动性质粒上与 oriT 序列结合的松弛酶等构成的蛋白质复合体。

Release factors(释放因子):蛋白质合成时,当核糖体移动到终止密码子时,没有相应的氨酰 tRNA 进入 A 位,而一种蛋白因子可进入,促使多肽的释放和核糖体的解离,此蛋白因子称为释放因子。

Replica plating(平板影印):将一块平板上的菌落按原来的分布转移到另一平板上的方法,即将丝绒包在与平板匹配的圆柱体上,灭菌后在有菌落的平板上印一下再转印到另一平板上,丝绒上无数的纤维起到接种针的作用。

Replication fork(复制叉):DNA 复制开始部位的 Y 型结构。Y 型结构的双臂含有模板以及新合成的 DNA。

Replication restart(复制重新开始):在复制装置与 DNA 分离后再一次装载至 DNA 上的过程,如在遇到切口或 DNA 损伤时,复制装置与 DNA 分离,等过了那些部位后,复制装置又重新装载至 DNA 链上。

Replicative bypass(复制旁路):复制叉跳过损伤处或者在新合成的链上形成缺口,再者是在损伤碱基对面插入任意脱氧核苷的复制过程。

Replicative fork(复制叉):复制时 DNA 双链解开形成的 Y 形结构。

Replicative form(复制型):受单链基因组噬菌体或病毒侵染而形成的含有互补负链的双链 DNA 或 RNA。

Replicative transposition(复制型转座):转座子以复制生成的一份拷贝进行转座的方式。

Replicon(复制子):一个复制单位,包括真核的复制起点和位于两侧的复制终点之间的区域。

Reporter gene(报告基因):一种表型表达易于测定的基因,用于研究重组 DNA 中启动子在不同的时间、不同发育阶段的活性。

Repressor(阻遏蛋白):一种可结合在操纵基因上并阻止转录的分子。

Resolution of a cointegrate(共整合解离):两个拷贝转座子中的重复序列通过重组形成的共整合体解离成一个拷贝的过程。

Resolution of Holliday junctions(Holliday 连接解离):Holliday 叉处相交的两条链被嗜 X 酶等酶类切开,两条链彼此分开。

Resolvase(解离酶):一种位点特异性重组酶能够在两个拷贝转座子形成的共整合体 res 序列处切割并重新连接,因此可以将共整合体解离为单个 DNA,使每个转座子上仅具有一个 DNA 的拷贝。

Response regulator protein(应激调节蛋白):双组分系统中的一部分蛋白,作为感应蛋白,能从其他蛋白上接受信号发挥调节功能,如激活操纵子的转录。

Restriction fragment(限制性片段):通过限制性内切酶切割较长 DNA 后得到的片段。

Restriction fragment length polymorphism(限制性片段长度多态性):在群体中不同个体基因的侧翼序列不同,但可稳定遗传。若用限制性酶来切割可得到很多不同长度的酶切片段,它们可作为一种标记。

Restriction modification system(限制修饰系统):原核细胞的限制酶和修饰酶选择性地降解外源 DNA 的系统,是原核细胞的一种保护机制。

Retrohoming(反向归巢):反向转座子将自己插入到缺失该转座子的不同 DNA 上相同部位的过程。

Retroregulation(反向调节):下游基因对上游基因活性反馈调节作用。

Retrotransposon(反转录转座子):由一个 RNA 分子经反转录产生的转座因子。

Reverse genentics(反向遗传学):为研究一个基因或蛋白的正常功能,可将它们的突变形式引入细胞,观察其表达,此方法称为反向遗传学。

Reverse transcriptase PCR(反转录 PCR):一种从 RNA 进行 PCR 扩增的程序,使用反转录病毒的反转录酶或热稳定的 DNA 聚合酶以 RNA 为模板合成 cDNA。再以 cDNA 为模板进行 PCR 扩增。

Reversion(回复突变):一种使突变基因变成野生型基因的突变。

Reversion rate(回复突变率):当生物体在复制时突变的 DNA 回复为野生型序列的几率。

Revert:见 Reversion。

Revertant(回复突变体):回复野生型表型的突变体。

RF:见 Replicative form。

RFLP(限制性片段长度多态性):在群体中不同个体基因的侧翼序列不同,但可稳定遗传。若用限制性酶来酶切可得到很多不同长度的酶切片段,它们可作为一种标记。

Ribonucleoside triphosphate(三磷酸核糖核苷):在 5′碳原子上带有三个连续的磷酸基团的核糖上连接碱基(通常为 A、U、G 或 C)的分子。

Ribonucleotide reductase(核苷酸还原酶):一种通过移去 2′碳上的羟基,以氢取代,催化二磷酸核苷还原为二磷酸脱氧核苷的酶。

Riboprobe(核糖探针):由 RNA 制备的杂交探针,而不是 DNA 杂交探针。

Ribosomal proteins(核糖体蛋白):与 rRNA 结合形成核糖体的蛋白。

Ribosomal RNA(核糖体 RNA):一种 RNA 分子,由核仁形成区编码,对核糖体的结构和功能都有一定的作用。

Ribosome(核糖体):由 rRNA 和核糖体蛋白构成的复杂的细胞器颗粒,是蛋白质合成的场所。

Ribosome‐binding site(核糖体结合位点):mRNA 分子上的一段序列,在此处核糖体定位正确阅读框并开始蛋白质合成。

Ribosome release factor(核糖体释放因子):见 Release factors。

Ribozyme(核酶):具有自我剪接功能的 RNA 分子。

R‐loop(R‐环):由 M Thomas、R White 和 R Davis 发展的技术,当双链 DNA 在变性温度下孵化,部分区域双链打开,而单链互补的 RNA 分子能和相应的 DNA 单链结合,被取代的 DNA 单链形成 R 环。

RNA modification(RNA 修饰):RNA 上共价键的改变,如某个碱基的甲基化,但不包括 RNA 骨架上的磷酸‐磷酸键或磷酸‐核糖键的断裂和重新连接。

RNA polymerase(RNA 聚合酶):以 DNA 或 RNA 为模板,催化三磷酸核糖核酸聚合成 RNA 链的酶。

RNA polymerase holoenzyme(RNA 聚合酶全酶):RNA 聚合酶Ⅱ和它的中间体。

RNA processing(RNA 加工):初始转录物在转运前或转运到胞质过程中的结构修饰。

Robust regulation(刚性调控):重叠的调控路线,降低调控的敏感性,使之不会在任何条件下都会发生改变。

Rolling‐circle plasmid(滚环复制质粒):采用滚环复制方式复制的质粒。

Rolling‐circle replication(滚环复制):一种产生双链分子多联体 DNA 分子的复制机制。复制的第一步是产生一个单链切口,暴露出一个游离的 3′‐OH 末端,用于由 DNA 聚合酶催化的链延伸。新

合成的链取代了初始的亲链,数次循环后,一条仍含有数个单位染色体组的 DNA 长链被合成。被取代的链随后可作为互补链合成的模板。

Rolling – circle transposon(滚环转座子):见 Y2 transposon。

rRNA:见 Ribosomal RNA。

RT – PCR(反转录 PCR):见 Reverse transcriptase PCR 和 Quantitative reverse transcriptase PCR。

Round of replication(复制回合):环状 DNA 复制周期,每个复制周期中能合成一个完整的 DNA 拷贝。

Sanger dideoxy sequencing(桑格双脱氧测序):一种用于测定单链 DNA 序列的方法。

Satellite virus(卫星病毒):自然存在的,其复制依赖于其他病毒的病毒。

Screening(筛选):对大量生物体进行检测以期发现突变个体的过程。

Seamless cloning(无缝克隆):用限制性内切酶在限制性位点的外侧进行切割,然后将 PCR 产物片段连接到克隆载体上,所以克隆片段与克隆载体间不会插入额外的碱基。

SecA(伴侣蛋白 A):具有 ATP 酶活力的蛋白质,能将蛋白质转运至 SecYEG 通道。

SecB(伴侣蛋白 B):伴侣分子,它能与被转运的蛋白质结合避免蛋白质在未成熟时就折叠,使这些蛋白质能够进入 SecYEG 通道。

sec gene(*sec* 基因):该类基因的产物是蛋白质转移通过内膜所需要的。

Secondary structure(二级结构):通过共价键结合的多聚核苷酸或多肽链。

Secretin(分泌素):革兰阴性菌类型 II、III 蛋白分泌系统编码的蛋白,能在外膜上形成多亚单位 β – 桶状的蛋白质分泌通道结构。

Secreted protein(分泌蛋白):一种合成后被分泌至环境中的蛋白质。

Sec system(Sec 系统):真细菌 *sec* 基因编码的通用系统用来分泌蛋白至细胞膜外,它由靶因子 SecA、SecB 和内膜上的 SecYEG 通道组成。

SecYEG channel, SecYEG translocase(SecYEG 通道,SecYEG 转座酶):真细菌内膜上的通道,由 SecY、SecE 和 SecG 蛋白组成,许多蛋白质都是通过此通道转移的。

Segregation(分离):杂合体中成对的等位基因保持独立,在形成配子时相互分开,随机进入不同配子的遗传现象。

Selected marker(选择标记):不同于参加杂交的细菌或噬菌体双方的 DNA 序列,经常用于筛选重组子,将杂交个体涂布于平板上,仅接受了供体序列或等位基因的重组子才能繁殖。

Selection(选择):将细菌或噬菌体涂布平板在一定条件下仅有野生型或期望的突变体或重组子才能繁殖的操作。

Selectional genetics(选择遗传学):用筛选突变体或重组子进行的遗传分析。

Selective conditions(选择条件):仅野生型或突变体才能繁殖的条件。

Selective media(筛选培养基):仅允许野生型或突变体繁殖的培养基,往往在其中缺少一种或几种成分或含有有毒物质。

Selective plate(筛选平板):筛选培养基的琼脂固体平板。

Self – transmissible plasmid(自主转移质粒):编码所有功能的质粒,这些功能对于靠细胞间结合传递的质粒是必需的。自转移质粒还可以带动非结合质粒和供体染色体的传递。

Semiconservative replication(半保留复制):在 DNA 复制两条子 DNA 链中,每条双链都含有一条亲代的单链。

Sensitive cell(敏感细胞):一类能作为某种类型病毒宿主的细胞。

Sensor kinase(感应激酶):在双组分系统中,一种蛋白能够在某种环境下或细胞信号出现时,将ATP上的γ磷酸转移至自己身上,然后再将磷酸转移给应激调控蛋白,该蛋白接着再完成某项细胞功能。

Sensor protein(感应蛋白):双组分系统中对环境变化做出响应的蛋白,能将此信息传给应激调节子,这通常是通过转移磷酸基团实现的。

Sequestration(隔离):染色体复制一个回合后,细菌染色体复制起点 oriC 进入到睡眠状态的现象。

Serial dilution(梯度稀释):取出溶液中一小部分在试管中稀释,在稀释后的溶液中再取一小部分在另一试管中稀释,如此反复进行,总的稀释是由每个单个的稀释构成。

7,8 – Dihydro – 8 – oxoguanine(7,8 – 二氢 – 8 – 氧鸟嘌呤):见 8 – OxoG。

Sex pilus(性菌毛):含接合质粒的革兰阴性菌胞外的丝状细胞器。借助于菌毛,供体和受体细胞形成杂交对,菌毛同时也是某些噬菌体的吸附位点。

Shine – Dalgarno sequence(S – D 序列):原核生物信使 RNA 的核糖体结合位点。

Shufflon(倒位基因):R64 质粒上的一个区域,簇集了多个倒位系统。

Shuttle vector(穿梭载体):某种质粒克隆载体包含的 DNA 序列允许其在两种不同生物中进行选择和自主复制。

Siblings(后代株):同一单亲或双亲的后代个体。

Signal recognition particle(信号识别颗粒):在进化过程中普遍保守,由 RNA 和蛋白质组成,与细胞质膜蛋白上信号序列结合,作为指引蛋白质离开核糖体通道的信号序列。含该颗粒的复合体与锚定蛋白结合指引蛋白质进入转运通道。在真细菌中,信号识别颗粒由 4.5S RNA 和 Ffh 蛋白组成。

Singal sequence(信号序列):分泌蛋白的末端存在的疏水氨基酸区域,提供跨膜信号,当进入 ER 中被切除和讲解。

Signal transduction pathway(信号转导途径):一套蛋白质通过直接接触将信号从一个身上转移至另一个身上,它们主要通过蛋白质水解进行化学改变,或通过转移化学基团如转移磷酸基团或甲基基团,或者通过互相结合。

Silent mutation(沉默突变):编码蛋白质的基因,其 DNA 序列改变并未引起蛋白质中氨基酸序列变化的一类突变。通常是因为密码子的最后一个碱基发生变化,而使之转变为另一个密码子,但它们均编码同一个氨基酸。

Single – gene transcriptional analysis(单基因转录分析):评价单个基因转录的方法,包括启动子定位和定量。

Single mutant(单突变体):一个仅含有研究的两个或多个突变中的一个突变的突变体。

Single mutation(单突变):一次突变事件造成的 DNA 序列改变,与该突变造成多少对碱基改变无关。

Site – specific (site – directed) mutagenesis[位点特异(位点指导的)突变]:使 DNA 分子中某一特定的核苷酸序列发生改变。

Site – specific recombinases(位点特异性重组酶):能识别 DNA 上两个特殊位点,并促进它们之间发生重组的酶。

Site – specific recombination(位点特异性重组):只发生在特异 DNA 区域间的重组,通常由位点特异性重组酶完成。

6 – 4 lesion(6 – 4 损伤):DNA 损伤的一种类型,在这种损伤中一个嘧啶的 6 号位碳原子与相邻嘧

啶的 4 号位碳原子共价键结合。

Six-hitter(六碱基内切核酸酶):Ⅱ型限制性内切酶,能够识别 DNA 中 6bp 序列并进行剪切。

Sortase(分选酶):革兰阳性菌中的一种酶,它在分选信号处对展示于细胞表面上的蛋白切割,再通过一个新的肽键将它与细胞壁连接。

SOS gene(SOS 基因):LexA 调节子中的一些基因,其转录往往受 LexA 阻遏物的抑制。

SOS mutagenesis(SOS 突变):见 Weigle mutagenesis。

SOS response(SOS 应答):针对 DNA 损伤,诱导 SOS 基因转录的一种响应。

Southern blot hybridization(Southern 斑点杂交):将电泳的 DNA 片段从胶上转移到膜上供分子杂交分析。

Specialized transduction(特异性转导):仅限于溶原性噬菌体 DNA 序列的转导。原噬菌体基因序列距离细菌基因组吸附位点较近的先被剪切,有时细菌基因组部分序列也将被剪切下来包装入噬菌体的头部。

Spontaneous mutations(自发突变):不用化学或物理诱变剂而引起的突变。

Sporulation(芽孢形成):产生芽孢的发育阶段,芽孢往往含有细菌的 DNA,并能抵御诸如干旱等恶劣的外部环境。

SRP(信号识别颗粒):见 Signal recognition particle。

Start point of transcription(转录起始点):转录的第一个核苷酸。

Starve(饥饿):不给生物提供自身无法合成的必需营养物质。

Sticky end(黏性末端):双链 DNA 分子末端,其中一条单链突出来,长于另一条缩进去的单链。

Stimulon(激活子):一组基因或蛋白质,其转录或合成受相同环境因素的影响。

Strain(菌株):纯合繁殖系,常用于单倍体生物,如细菌或病毒。

Strain typing(菌株分型):对噬菌体或临床上分离到的致病性细菌进行分类的方法,血清分型也是基于抗原的检测,分子生物学方法是基于用 PCR 方法分析 DNA。

Strand exchange(链交换):在双链 DNA 中,其中一条链与别的 DNA 发生互补的情况,如 D-环的形成。

Strand passage(链通过):由拓扑异构酶催化的反应,此反应中 DNA 双链中的一条或两条被切开,其中一个切口的末端由酶结合,防止其旋转,另一条链或不同链的 DNA 从切口处穿过。

Stringent plasmid(严紧型质粒):细菌内复制受到严格控制的质粒。

Structural gene(结构基因):任何编码蛋白质和氨基酸序列的基因。

Subclone(亚克隆):将大的克隆片段经限制性酶消化后得到小的 DNA 片段,然后再分别将它们克隆到载体上。

Sugar(糖):简单的碳水化合物,其分子式为:$(CH_2O)_n$,其中 n 可以是 3 到 9。

Suicide vector(自杀载体):任何含有编码寄主功能致死因子基因的克隆载体。

Supercoiling(超螺旋):DNA 双螺旋本身进一步盘绕称超螺。超螺旋有正超螺旋和负超螺旋两种,负超螺旋的存在对于转录和复制都是必要的。

Superinfection(超感染):噬菌体感染一个已有原噬菌体的细胞。

Suppression(抑制):发生在 DNA 其他部位的第二个突变减轻前一个突变效果的现象。

Suppressive effect(抑制效果):一个克隆以较高的拷贝数转入细胞后,虽然不与突变发生互补,但能间接降低突变效应。

Suppressor mutation(抑制子突变):一种二次突变,它能够全部或部分地回复特定 DNA 序列因一次突变所失去的功能。

Symmetric sequence(对称序列):DNA 双链上每条链上的一段核苷酸序列从 5′ 至 3′ 方向阅读都具有相同的序列。

Synapse(联会):在重组中,DNA 分子经碱基配对结合到一起的结构。

Synchronize(同步):自然地或人为地使培养细胞都处于细胞分裂周期中的同一阶段。

Synteny(同线型):位于同一条染色体上。

Synthetic lethality screen(合成致死筛选):一种筛选系统,主要是为了分离突变子,该突变基因产物是另一种基因产物没有时生长所必需的。通常另一个基因的转录需要启动子的诱导。仅当没有诱导物出现,另一个基因无法表达时,这样的突变才是致死的。

Synthetic phenotype(合成表型):两个或更多突变叠加形成的表型,而突变体单独存在时并没有特殊表型。

Tag(标签):添加至一个蛋白质上的氨基酸序列,这样使蛋白质的分离更为容易。

Tag vector(标签载体):一个克隆载体的阅读框中加入的蛋白质基因带有比较容易纯化的一段氨基酸序列,在克隆载体上还有翻译起始区域,而且不带间断的无义密码子。

Tandem duplication(串联重复):在染色体上一段序列的多次重复,常用来作为物理图谱中的标记物。

Tandem mass spectrometry(串联质谱):依次进行两次质谱分析,首次分析允许选择一些特殊肽离子,而第二次分析包括对被选择肽段的碎片化,对肽段的质量分析,从而能确定出部分肽段序列。在碎片化步骤中,沿肽段骨架的共价键被完全打开,因此第二次质谱分析能检测出几乎所有出现的肽离子种类。

Target DNA(靶 DNA):在一格基因组中有以下特征的所有 DNA:(1)能够利用同源探针分离;(2)有 DNA 结合蛋白质的结合位点;(3)能被克隆到克隆载体的 DNA。

Tautomer(互变异构体):某分子的暂时形式,往往是由于原子周围的电子排布不同造成的。

Temperature - sensitive mutant(温度敏感突变株):突变株存在一个能耐受的温度上限,此温度低于正常野生型的耐受温度(热敏感突变株);相应的,低温情况下被钝化(冷敏感突变株)。

Template strand(模板链):提供 DNA 合成或转录模板的 DNA 单链,或提供翻译信息的 mRNA 链。

Terminally redundant DNA(末端冗余 DNA):出现在基因组 DNA 两末端的同源性或者冗余的序列元件。

Termination of replication(复制终止):当 DNA 复制结束后,复制装置离开 DNA 链,子链 DNA 链也与模板链分开的过程。

Termination of transcription(转录终止):随着转录的终止,三联延伸复合体分离为信使 RNA、DNA 模板和 RNA 聚合酶。

Termination of translation(翻译终止):新合成的肽链、肽基转运 RNA、信使 RNA 和核糖体亚基的分离。被一个识别并结合到一个/多个终止密码子的终止因子催化。该过程终止了蛋白质的合成。

Tertiary structure(三级结构):在二级结构基础上进行折叠和超螺旋形成球状分子。

Tetramer(四聚体):由四条多肽构成的蛋白质。

Theta replication(θ 复制):环状 DNA 复制的一种形式,复制装置从复制起点开始以单向或双向绕

环复制前导链和后随链,复制中间状态整个分子像希腊字母 θ。

Three – factor cross(三因子杂交):涉及三个连锁基因的测交,可用来测定待测基因的顺序及相互之间的距离及双交换的频率和干涉。

3′end(3′端):核糖或脱氧核糖3′碳原子。

3′ exonuclease(3′外切酶):从多聚核苷酸3′端开始一个一个切除核苷酸的酶。

3′ hydroxyl end(3′羟基端):核酸分子3′端所有的游离羟基。

3′ overhang(3′突出端):DNA 双螺旋分子末端一条链比另一条链(凹端)长几个碱基,最后一个核苷酸携带自由羟基。

3′ untranslated region (3′ UTR)(3′非翻译区):在 mRNA 中,下游序列或编码蛋白的最后一个开放阅读框3′端的无义密码子。

Thymine(T)(胸腺嘧啶):一种嘧啶碱基(2,6 – 二氢 – 5 – 甲基 – 嘧啶),通常只存在于 DNA 中。

Time of flight(TOF)(飞行时间光度计):一种特殊类型的分光光度计,可以根据荷质比分离片段,离子在飞行箱中的飞行时间根据荷质比不同而不同,轻的离子比重的离子飞得快。

TIGRFAM(蛋白质家族数据库):在编码序列的分类上很有用,数据库的维护由 TIGR(基因组研究院)执行。

TIR(终端反向重复):位于转座子两侧,并且全部或部分相同但反向的序列。它的功能是作为转座子切割的识别位点。

Titration(滴度):增加两种互相结合分子浓度,直到所有分子被结合为止。

TLS(跨损伤合成):见 Translesion synthesis。

tmRNA(转运 – 信使 RNA):一个稳定的至少有300 个核苷酸长的细菌 RNA,兼有信使 RNA 和转运 RNA 的特点。功能是标记由缺损 mRNA 翻译过来的多肽。

TOF(飞行时间光度计):见 Time of flight。

Topo cloning(拓扑克隆):一种快速高效克隆 Taq DNA 聚合酶扩增 PCR 片段的技术。该技术使用牛痘病毒的拓扑异构酶Ⅰ代替 DNA 连接酶,用于载体和插入 DNA 的重组。该技术使用了拓扑异构酶Ⅰ与双螺旋 DNA 结合、切割一条链的磷酸二酯键构成的主链以及重新连接 DNA 链的能力。

Topoisomerase(拓扑异构酶):一种能改变 DNA 分子拓扑结构的酶。它能切断 DNA 分子一条或两条链,使另一 DNA 链通过切口,并且防止链自由旋转而将切口连接起来的酶。

Topoisomerase Ⅳ(拓扑异构酶Ⅳ):大肠杆菌中的Ⅳ型拓扑异构酶,染色体复制后对子代染色体脱除串联,还能释放前方复制叉中的正超螺旋。

Topology of DNA(DNA 拓扑学):研究 DNA 链的空间排布。

Tra functions(Tra 功能):由自主移动 DNA 元件上的 tra 基因编码的产物,能将质粒转移至其他细菌中。

trans – acting function(反式作用):DNA 通过其产物(mRNA 或蛋白质)间接调节基因的表达。

trans – acting mutation(反式作用突变):突变中使 DNA 离开它原来位置,从而影响了基因产物,这种突变可以被互补。

Transconjugant(反式接合):细菌细胞(受体)可以在细菌接合过程中从其他细菌中获得 DNA。

Transcribe(转录):由一条 DNA 链合成与之互补的 RNA 的过程。

Transcribed strand(转录链):双链 DNA 的某个区域被转录成 RNA,其中被用作模板链,形成互补

RNA 的那条 DNA 链即为转录链。

Transcript(转录):以某一 DNA 链为模板,按照碱基互补原则形成一条新的 RNA 链的过程,是基因表达的第一步。

Transcriptional autoregulation(转录自调控):蛋白质以阻遏物或激活物对编码自身基因的转录进行调控的过程。

Transcriptional fusion(转录融合):把两个编码蛋白的基因或者它们的片段连接起来形成一个融合基因。在这个融合基因中所有的编码蛋白质的序列都来源于一个基因,调节序列则来源于另一个基因(控制子)。

Transcriptional regulation(转录调控):对某个基因所对应的 mRNA 数量进行调控,从而达到对基因产物数量的调控。

Transcriptional regulator(转录调节子):任何调控基因转录的蛋白,如阻遏物、激活子或抗终止蛋白。

Transcription antitermination(转录抗终止):见 Antitermination。

Transcription bubble(转录泡):DNA 转录时,17bp 左右区域被 RNA 聚合酶分开,新合成的 RNA 与被转录链 DNA 形成 RNA – DNA 杂合链结构的部位。

Transcription start site(转录起始位点):转录时 RNA 聚合酶中 σ 因子识别 DNA 序列的第一个碱基,从该位点开始转录合成 RNA 分子的第一个核苷酸。

Transcription termination site(转录终止位点):DNA 序列中 RNA 聚合酶从模板上滑落,使转录终止的部位。转录终止过程可以是依赖 ρ 因子的,也可以是不依赖 ρ 因子的。

Transcription vector(转录载体):含有被克隆 DNA 转录所需启动子的克隆载体。

Transcriptome(转录组):由一套基因组转录产生的全部 RNA 分子。

Transducing particle(转导颗粒):头部中含有细菌 DNA 的噬菌体。

Transducing phage(转导噬菌体):包装宿主 DNA 的噬菌体颗粒,在感染其他细菌时将该宿主 DNA 转移至被感染细菌。

Transductant(转导子):在噬菌体转导过程中,接受供体菌 DNA 的细菌(受体)。

Transduction(转导):以噬菌体为载体,基因从供体菌转移到受体菌的过程。

Transfection(转染):细菌细胞或原生质体吸收噬菌体核酸,生成完整噬菌体的过程。

Transfer RNA(转运 RNA):转运 RNA 具有特殊的结构,其一端包含 3 个特定的核苷酸序列,能和信使 RNA 上的密码子按照碱基配对原则进行结合,另一端则带有一个氨基酸。因此转运 RNA 能够同细胞质中游离的氨基酸结合并运到核糖体上,核糖体按 mRNA 上的遗传信息将氨基酸装配成蛋白质。

Transformant(转化子):通过转化产生的重组体。

Transformasomes(转化体):某些类型细菌表面的球形结构,在发生天然转化时,DNA 首先通过此处进入受体细胞。

Transformation(转化):将外源 DNA 整合到某一细胞基因组中的过程。

Transformylase(甲酰基转移酶):将甲酰基转移至甲硫氨酸的氨基上形成甲酰甲硫氨酸的酶。

Transgenic organism(转基因生物):基因组中被导入外源 DNA 并被表达的生物。

Transgenics(转基因):把基因引入到本不具有这些基因的细胞或器官中。

Transition mutation(转换突变):DNA 双链中,嘌呤被另一嘌呤取代,嘧啶被另一嘧啶取代的现象。

Traslated region(翻译区):mRNA 上编码蛋白质的区域。

Translational coupling(翻译偶联):多顺反子 mRNA 上编码蛋白序列的排列,使一个基因翻译之后,另一个基因才能被接着翻译,因为第一个基因的翻译能够清除阻断下游序列翻译起始的障碍。

Translational fusion(翻译融合):两个编码蛋白质基因的联合或局部的联合,而形成融合基因。

Translational initiation region(翻译起始区):起始密码子,SD 序列,任何 mRNA 周围可以被核糖体识别起始翻译过程的序列,也称作核糖体结合位点(RBS)。

Translationally autoregulated(翻译自调控):有一类蛋白质能够影响 mRNA 上编码自身基因序列翻译的速度。通常是蛋白质能结合在自己的转录起始区域或者在此序列上游,与转录起始区域发生翻译偶联,因此该蛋白能阻止自身的翻译。

Translational regulation(翻译调控):不同条件下,多肽合成数量的变化受到从 mRNA 转录多肽速率变化的影响。

Translation elongation factor G(翻译延伸因子 G):在肽键形成后,能将肽酰－tRNA 从核糖体的 A 位点移动到 P 位点的蛋白质,伴随着 GTP 被切割成 GDP。

Translation elongation factor Tu(翻译延伸因子 Tu):与氨酰 tRNA 结合,并能伴随它进入核糖体的 A 位点,而后环化离开核糖体,仅留下氨酰 tRNA,而且伴随 GTP 被切割成 GDP。

Translation termination site(翻译终止位点):翻译阅读框中任意一个无义密码子。

Translation vector(翻译载体):含有克隆 DNA 序列翻译所需 TIR 的克隆载体。

Translesion synthesis(跨损伤合成):复制机制的一种,在复制过程中 DNA 的错配碱基不会被检测和切除,突变位点可以保留下来,而且能被复制。

Translocation(易位):(1)涉及染色体片段位置发生改变的染色体突变;(2)在多肽合成中核糖体在 mRNA 上移动一个密码子。

Transmembrane domain(跨膜结构域):穿过或埋于膜中蛋白质,其暴露在膜两侧部位中间的区域。

Transmembrane protein(跨膜蛋白):一种膜蛋白,其表面在膜的两侧都出现。

Transposase(转座酶):转座子 IS 因子编码的一种酶,它催化转座因子的转座活性。

Transposition(转座):转座子在原来位点上切除后转移到受体 DNA 上整合的过程。

Transposon(转座子):一种可移动的 DNA 片段,两侧有重复序列,中间有编码与抗药性及转座相关蛋白的基因。

Transposon mutagenesis(转座子诱变):一种借助转座子向靶 DNA 引入随机插入突变的方法。

Trans Term(信使 RNA 组分和翻译控制信号数据库):从 GenBank 中的 mRNA 序列编辑形成的一个数据库,可以从该数据库中找出序列的起始或终止区域等调控元件。

Transversion mutation(颠换突变):双链 DNA 中,嘌呤碱基被嘧啶碱基替代、嘧啶碱基被嘌呤碱基替代的过程。

Trigger factor(引发因子):大肠杆菌中的伴侣分子,与核糖体的输出孔紧密相连,帮助从核糖体出来的蛋白质的折叠,可以部分取代 DnaK 的作用。

Triparental mating(三亲交配):转移基因的一种方法,借助大肠杆菌家族提供的宽范围转移起点,将基因从大肠杆菌宿主转移到第二种无种属联系的宿主。

Triple－stranded DNA structure(三链 DNA 结构):DNA 三条链结合在一起形成的结构,如 RecA 核

蛋白纤丝侵入双链 DNA 形成的结构。

tRNA(转运 RNA):一类相对分子质量小、结构相似的 RNA,在翻译过程中把氨基酸运送到正在延伸的肽链。tRNA 分子采用"三叶草"形状的构象以获得最大的碱基配对。

tRNA$_f^{Met}$(甲酰甲硫氨酸转运 RNA):tRNA 上连接甲酰甲硫氨酸,它能与翻译起始区的起始密码子配对起始细菌多肽的翻译。

Ts mutant(Ts 突变体):温度敏感突变株。

Two – component regulatory system(双组分调节系统):有一对蛋白质,一种为感应蛋白,能感应环境变化,再将该信息传递给另一个蛋白,即响应调节子,从而引发相应的细胞反应,不同的双组分系统通常具有高度同源性,可以在已测序细菌中鉴定出该序列,有时也称为双组分信号转导。

Two – dimensional polyacrylamide gel electrophoresis (2D – PAGE)(双向聚丙烯酰胺凝胶电泳):一种蛋白质的分离方法,根据蛋白质的两种性质即等电点和相对分子质量大小分离蛋白质。通常首先将蛋白质混合液在聚丙烯酰胺凝胶上进行等电点聚焦,聚丙烯酰胺凝胶具有两性电解质稳定的 pH 梯度。这样就可以根据不同蛋白质的 pI 值把它们分离开。

Two – hybrid screen(双杂交筛选):确定两个蛋白或蛋白的区域是否彼此结合在一起的技术,或者用来鉴定结合在特殊蛋白或蛋白某一区域上的蛋白。主要基于将两部分蛋白重新结合之后其活力回复的原理进行。

Two – partner secretion(双组分分泌):见 Type V secretion system。

Type Ⅰ secretion system(Ⅰ型分泌系统):基于特殊 ATP 结合盒(ABC)转运体系的、革兰阴性菌的蛋白质分泌系统。

Type Ⅱ secretion system(Ⅱ型分泌系统):革兰阴性菌中,通过 SecYEG 通道或 Tat 通道转运蛋白质使之通过细胞内膜的蛋白质分泌系统。

Type Ⅲ secretion system(Ⅲ型分泌系统):致病性革兰阴性菌的蛋白质分泌系统,能形成注射器状结构,将效应蛋白通过两层膜直接注射到真核细胞中。

Type Ⅳ secretion system(Ⅳ型分泌系统):革兰阴性菌的蛋白质分泌系统,能将效应蛋白通过两层膜直接注射到真核细胞中,然而有时会用到 SecYEG 通道将蛋白质转运至内膜外。

Type Ⅴ secretion system(Ⅴ型分泌系统):包括子转运系统、成对分泌系统和伴侣分子引导系统等,这些系统都会在外膜上形成专门的 β – 通道,仅能分泌一种或有选择性的一组蛋白。它们都要用到 SecYEG 通道将蛋白运至细胞内膜外。

UAS:上游激活位点。

Umber codon(赭色密码子):密码子 UGA。

Unselected marker(非选择性标记):不影响微生物在选择性培养基上生长的标记。

Untargeted mutations(非靶向突变):DNA 上的突变并不出现在 DNA 损伤部位。

Upstream(上游):从假设的某点开始算起,RNA $5'$ 方向上的序列。

Upstream activator sequence(上游激活序列):在酵母和其他一些真核生物中存在着与增强子相似的序列,它可位于启动子上游的不同距离处,功能是定向的。

Uptake sequence(摄取序列):一条短的 DNA 序列,所含 DNA 序列在天然转化中被某些类型细菌所吸收。

Uracil（U）（尿嘧啶）：2,4 - 二羟基嘧啶的缩写,RNA 特有的嘧啶碱基,DNA 中不存在。

Uracil - N - glycosylase（尿嘧啶 - N - 糖基化酶）：来自大肠杆菌的酶,通过在尿嘧啶碱基和脱氧核糖磷酸骨架之间断裂 N - 糖苷键催化脱氧尿苷(dU)从含有 dU 的双链或单链 DNA 切除下来。

UTM：见 Untargeted mutations。

UvrABC endonuclease（UvrABC 内切核酸酶）：三个蛋白构成的复合体,能对任意 DNA 损伤的双螺旋两端进行切割,是 DNA 损伤剪切修复的第一步,也称 UvrABC 剪切核酸酶。

Very short patch（VSP）repair（非常小片段修复）：肠道细菌中的一种修复类型,能将序列 CT(A/T)GG/GG(T/A)CC 中错配的 T 清除,以 C 来取代。

Watson - Crick structure of DNA（DNA 双螺旋结构）：Watson 和 Crick 于 1953 年提出的 DNA 立体结构模型,认为 DNA 为双股反向平行的多聚脱氧核糖核苷酸,由互补碱基的氢键连接,并呈右手螺旋方式围绕同一轴心盘绕。

Weigle mutagenesis（Weigle 突变）：也称 SOS 突变,指噬菌体感染已经被 UV 辐射过的细胞时,发生突变噬菌体的数量将增多,是由于 umuCD 和 recA 基因的 SOS 诱导,该现象首先由 Jean Weigle 发现,所以以其名字命名。

Weigle reactivation（Weigle 复活）：如果噬菌体在受到 UV 辐射损伤之前已经受到过 UV 辐射,噬菌体的存活能力提高,这是由于 SOS 诱导产生修复功能,该现象首先由 Jean Weigle 发现,所以以其名字命名。

Western blot（Western 印迹）：类似 Southern 印迹的一种技术,检测聚丙烯酰胺凝胶电泳分离的特异蛋白质,并转移至膜上,通过特异放射性标记,荧光标记或酶联抗体检测特异性蛋白的一种技术。

Wild type（野生型）：在天然群体中最常见的表型。

Wild - type allele（野生型等位基因）：存在于野生型细胞中的一种基因形式。

Wild - type phenotype（野生型表型）：野生型特有的外部特征,与突变体的表型不同。

W - mutagenesis：见 Weigle mutagenesis。

Wobble（摆动）：反密码子的 5′端(密码子的 3′端)要求不像前两个碱基严格,可和密码子 3′端三种不同的碱基配对。

W - reactivation：见 Weigle reactivation。

Xanthine（黄嘌呤）：2,6 - 二羟基嘌呤,是嘌呤生物合成和转换代谢物。

XerC,D recombinase（XerC,D 重组酶）：是大肠杆菌和许多其他细菌中的重组酶,能促进二聚化染色体间重复的 dif 序列之间发生重组,从而使其分离。

X - phile（嗜 X）：能在发生交换的两条链中 Holliday 叉处进行切割的酶类的一种。

YidC protein（YidC 蛋白）：一种内膜蛋白,其功能还不清楚,能辅助 SecYEG 通道将内膜蛋白插入到内膜中。

Y polymerase（Y 聚合酶）：DNA 聚合酶的一大家族,以大肠杆菌中的 Pol Ⅱ、DinB(Pol Ⅳ)和 UmuC(Pol Ⅴ)为代表,它们具有跨损伤合成能力,也许是它们具有更多的开放活性中心,或缺乏编辑功能的原因。

Y2 transposon（Y2 转座子）：在其活性中心具有两个酪氨酸的转座子,有时也称滚环复制转座子,

因为它们的转座机制类似质粒和噬菌体的滚环复制机制。

Zero frame(零框架)：在一个基因的编码区域中，核苷酸的序列在翻译时每一次阅读三个核苷酸，最终全部编码成多肽。